프렌즈 시리즈 18

프렌즈 이탈리아

황현희 지음

Italy

중앙books

Prologue
저자의 말

미술관을 좋아하고, 커피홀릭이며, 무엇인가를 먹을 때 가장 행복해 하는 오래된 천주교 신자 가문의 자손인 저에게 이탈리아는 꿈의 여행지였습니다. 그러나 첫 이탈리아 여행은 당황스러움의 연속이었습니다. 무질서와 혼란, 나쁜 공기, 퉁명스러운 사람들 등 어느 것 하나 매력적이고 좋은 게 없었습니다. 예정했던 날보다 훨씬 일찍 이탈리아를 떠나면서 외쳤습니다. "이 나라 나랑 안 맞아! 다시는 안 올 거야!"

하지만 저는 로마에 출장으로, 여행으로, 휴가로 여러 번 가게 되었습니다. 첫 여행 때 트레비 분수 앞을 지나면서 남자친구를 만나게 해달라며 동전을 던질 때 한꺼번에 두 개를 던져야 하는데 한 개씩 두 번을 던진 거죠. 그것도 트레비 분수 앞을 지날 때마다 던졌으니 몇 개를 던졌는지 기억도 나지 않습니다. 그래서일까요? 동전의 효력으로 다시 찾은 로마에서, 이탈리아에서 저는 새로운 풍경들을 만나기 시작합니다.

위대한 도시 로마의 오래된 유적들의 이야기가 들렸고, 우아한 피렌체의 꽃향기는 저를 취하게 했습니다. 시원한 바람이 부는 베네치아의 풍성한 먹거리는 또 다른 여행의 즐거움을 안겨주었고 나폴리 시민들의 친절함은 지금도 잊을 수 없는 추억이 되었습니다. 풀리아 지방의 풍경은 그저 경이로울 뿐이었고, 시칠리아의 다양한 문화의 흔적과 다채로운 음식은 오감을 만족시켰습니다. 결국 저는 효력이 남아있는 동전이 있음에도 불구하고 또다시 트레비 분수에 갔습니다. 동전을 던지며 '다시 올 거야!' 하고 외치려고요.

'인생은 예측불허, 그리하여 생은 의미를 갖는다' 라는 말이 떠오릅니다. 여행작가가 되리라고는 생각하지도 못했고 참으로 싫어했던 나라 이탈리아를 사랑하게 되었고, 『프렌즈 이탈리아』를 오롯한 저의 책으로 출간하게 되었으니 말이죠.

『프렌즈 이탈리아』는 제가 보고 느끼고 생각했던 이탈리아를 모두 담으려 노력한 책입니다. 물론 아직도 저는 많이 부족한 여행자이고, 많이 소심한 여행자이고, 많이 허술한 여행자입니다. 편식쟁이에 겁도 많습니다. 하지만 제가 갖고 있는 시선, 생각, 경험, 느낌 모두를 이 책에 쏟아 부었다는 것을, 그리고 앞으로도 모든 것을 담겠다는 다짐을 기억해주세요.

감사드리고 싶은 분들이 많습니다. 험난한 길 함께 걷는 동지들, 가이드북 공작단원님들! 사방이 캄캄한 어둠으로 둘러싸인 벼랑 끝에 서 있던 시간 중에 만난 모든 언니들, 친구들, 동생들 그리고 선생님들께 감사의 인사 전합니다. 저보다 훨씬 더 큰마음으로 늘 제 앞길을 걱정해주시고 비춰주시는 가족들께 존경과 사랑과 감사의 마음을 전합니다. 그리고 이 모든 일을 허락하신 저의 하느님께 머리 숙여 감사드립니다. 불가능해 보이지만 해낼 수 있다고, 살아내라고 〈L'impossibile Vivere〉 격려해주고 여전히 제 글과 사진이 담긴 책을 세상에 내 놓는 것을 두려워하는 저에게 삶을 〈La Vita〉 아름답게 만들어준 당신들께 다시 한번 감사의 인사를 전합니다.

정치경제학을 연구하는 경제학자가 되고자 했던 시절 제 이름이 걸린 책 세 권을 쓰는 것이 저의 꿈이었습니다. 학자가 되어 쓴 책은 아니지만『프렌즈 이탈리아』는 제가 가졌던 꿈의 완성판입니다. 제 꿈의 완성이 여러분들이 꾸는 여행의 꿈에 조금이나마 도움이 되었으면 좋겠습니다.

Thanks To

취재 때마다 제게 발을 제공해 주시는 레일유럽의 신복주 소장님, 현지에서는 핫한 정보를, 서울에서는 전문정보를 도와주신 구지훈 교수님, 든든한 지원과 따끔한 충고를 함께 전해주시는 투어 원앤원의 박원희 대표님, 신문물 전파와 함께 늘 좋은 어떤 것들을 가져다주시는 인도환타 님 만세! 일일이 거명하기에는 너무 많은 호텔 매니저 언니, 오빠들 그리고 길 위에서 만나 함께 해주신 모든 분들께 감사의 인사를 전합니다.

Special Thanks to...

긍정의 힘으로 함께 해주는 편집자 허진 님, 멋진 디자인 뽑아주신 디자이너 변바희 님, 김미연 님, 인쇄, 제본, 포장 전 과정을 묵묵히 수행해주시는 모든 분 그리고 지금 이 문장을 읽고 있는 독자님들께 깊은 감사 인사를 전합니다. 마지막으로 딸이 여행을 하고 책을 쓰는 사람임을 누구보다 자랑스럽게 생각하셨던, 다른 별로 이사 가신 아빠, 고맙습니다.

How to Use
일러두기

이 책에 실린 정보는 2024년 7월까지 수집한 정보를 바탕으로 하고 있습니다. 따라서 현지의 물가와 여행 관련 정보(입장료, 운영시간, 교통 요금, 운행 시각, 레스토랑·숙소)는 수시로 바뀔 수 있습니다. 새로운 정보나 변경된 내용이 있다면 아래로 연락주시기 바랍니다.
저자 블로그 blog.naver.com/hacelluvia

이탈리아 여행을 위한 베스트 추천 루트

『프렌즈 이탈리아』에서 추천하는 루트는 휴가를 내어 여행하는 직장인이나, 평생에 단 한 번뿐인 허니무너의 일정에 맞춘 7일짜리 루트와 이탈리아 여행자들이 가장 선호하는 14일짜리 루트입니다. 또한 이탈리아 전국을 돌아보고자 하는 여행자를 위한 55일 루트, 영화 속 여행지를 돌아볼 수 있는 특별한 여행도 함께 제시합니다. 전체 일정을 한눈에 볼 수 있도록 표로 만들었으며, 실제 교통 어드바이스와 일정 어드바이스를 통해 여행자가 직접 일정을 짤 수 있도록 도와줍니다. 자신의 취향에 따라 일정을 가감하여 나만의 여행 루트를 디자인해 보세요!

이탈리아 7박 8일 베스트 추천 루트

국가·도시 매뉴얼

도시는 크기별로 대도시, 중도시, 소도시, 근교 도시 이렇게 총 4개의 형태로 구분됩니다.

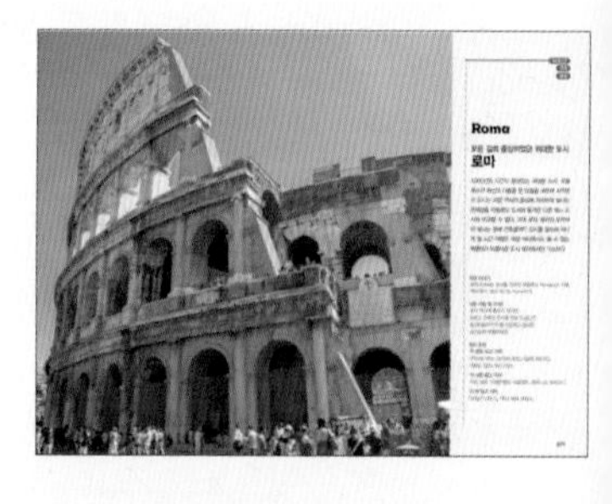
Roma
로마

❶ Information 여행 전 유용한 정보 & Access 가는 방법

여행의 기술만 잘 이해하면 초보 여행자라도 누구나 쉽게 현지에 익숙해질 수 있습니다. **여행 전 유용한 정보**에는 시내 여행에 필요한 모든 기초 정보를 수록했습니다. **가는 방법**과 **시내 교통**에서는 그 도시로 들어가는 국제·국내 교통편과 시내를 효율적으로 돌아다닐 수 있도록 시내 교통편을 최대한 자세히 소개합니다.

❷ ○○○ 완전정복

도시마다 효율적인 여행 동선과 적절한 여행 시간을 제시하여 루트를 짤 수 있도록 했으며, **시내 여행을 즐기는** Key Point와 **이것만은 놓치지 말자!**를 클로즈업해 낯선 도시에서도 당황하지 않는 핵심 정보를 제공합니다.

Verona
베로나
Information
피렌체
완전 정복

『프렌즈 이탈리아』에서는 여행자들이 여행을 준비하며 어려워하는 몇 가지 예약 방법을 QR코드를 통해 안내합니다. 휴대폰의 카메라로 촬영하면 자세한 안내 페이지로 이동하니 이용해보세요!

❸ ○○ 충분히 느끼기 코스

낯선 도시에 대한 두려움을 빨리 해소하고 도시마다 최적의 여행 일수에 맞는 일수별 코스를 제시합니다. 핵심 볼거리를 알차게 재미있게 여행할 수 있도록 도와주며 해당 볼거리에는 놓치지 말아야 할 미션을 설정해 놓아 여행의 재미를 더해줍니다.

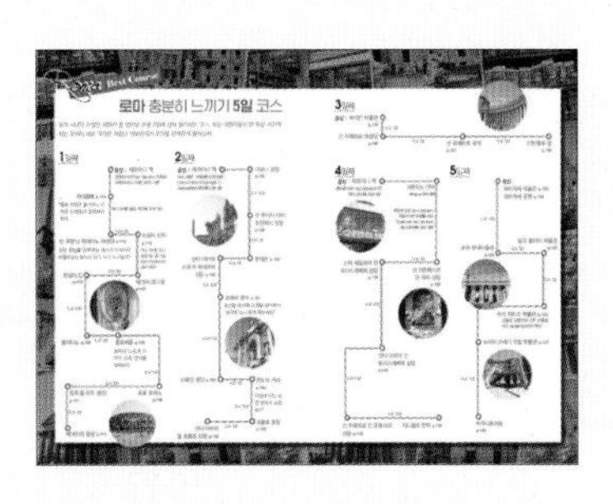
로마 충분히 느끼기 5일 코스

❹ 보는 즐거움 · 먹는 즐거움 · 사는 즐거움 · 노는 즐거움 · 쉬는 즐거움의 의미

보는 즐거움 기본 볼거리에 충실하면서도, 요즘 뜨는 핫스폿, 건축·미술·영화 등 취향을 고려한 곳까지 소개

먹는 즐거움 간단하게 식사할 수 있는 곳부터 현지 전통 레스토랑, 한국 식당까지 다양하게 소개

사는 즐거움 명품 숍에서 슈퍼마켓, 주말 시장까지 소개. 이탈리아에서 구입할 수 있는 선물 리스트와 생활용품까지, 쇼퍼홀릭이 되기 위해 필수!

노는 즐거움 즐길 줄 아는 여행자를 위해 준비한 엔터테인먼트.

쉬는 즐거움 우아한 최고급 호텔부터 활기찬 호스텔, 민박집의 소상한 정보(호텔 숙박비는 12월 1일 1박 2인 1실 최저가 기준)

보는 즐거움

두오모 주변

먹는 즐거움

❺ 볼거리에 대한 기준

국가, 도시, 볼거리를 망라하고 특징 있는 곳에 아래의 아이콘을 표시했습니다.

유네스코 세계적으로 보전 가치가 인정된 세계문화유산으로 지정된 곳

핫스폿 전 세계적으로 인기몰이를 하는, 요즘 뜨는 그곳

뷰포인트 도시의 아름다운 풍경을 감상할 수 있는 전망대

건축 중세 시대의 이탈리아 유럽 건축 양식을 볼 수 있는 곳

미술 교과서나 미술책에서 보아온 세계 거장들의 작품을 볼 수 있는 곳

영화 우리에게 알려진 영화 촬영지로 나온 곳

산 비탈레 성당 Basilica di San Vitale 유네스코

라벤나에서 단 한 곳의 성당만 봐야 하는 불상사가 벌어진다면 두말할 것 없이 추천하고 싶은 곳이다. 비잔틴 미술의 정수를 느낄 수

두오모 Duomo 건축, 영화

꽃으로 뒤덮인 것 같은 모습의 두말할 나위 없는 피렌체의 상징으로 정식 명칭은 '꽃의 성모마리아 성당 Basilica di Santa Maria del

바르젤로 미술관 Museo Nazionale del Bargello 미술

두오모와 베키오 궁 사이를 이어주는 조용하고 서늘한 골목길에 자리 잡고 있는 세계 최고의 조각전문 미술관. 메디치가에서 수집

지도에 사용한 기호

보는 즐거움	먹는 즐거움	사는 즐거움	쉬는 즐거움	노는 즐거움	여행 안내소	은행
우체국	분수	공항	역	버스 터미널	페리 터미널	메트로 역
성당	전망대	다리	역사	건물	성벽	페리 노선

Contents

베스트 추천 루트

이탈리아 중부 Middle Italy

이탈리아 북부 Northern Italy

이탈리아 남부 Southern Italy

시칠리아 섬 Sicilia Island

이탈리아 여행 준비 & 실전

여행 준비편

Let's Go 이탈리아

Say! Say! Say!

저자가 꼽은 이탈리아 볼거리 베스트 15

나라 전체가 여행지라 해도 과언이 아닌 이탈리아. 수많은 성당, 미술관뿐만 아니라 지역에 따라 특색 있는 자연까지 어느 것 하나 빼놓을 게 없다. 수많은 여행지와 풍경 중에서 엄선한 15곳!

Best 1

로마 판테온

이탈리아의 중심, 로마의 상징과도 같은 건물. 2천 년 넘게 자리를 지키며 고대 로마의 영광을 나타내는 건물로, 절로 옷깃을 여미게 하는 경건한 아우라가 가득하다. p.134

Best 2

바티칸 산 피에트로 대성당

인간이 만든 가장 위대한 종교건축물. 비록 종교개혁의 빌미를 제공했다 하더라도 그 속에 담겨 있는 예술혼까지 폄하할 순 없다. 봄날 오후 쿠폴라를 통해 들어오는 빛줄기는 감동적이다. p.151

Best 3

피렌체 **두오모**

'세상에서 가장 아름다운 쿠폴라'를 가진 두오모. 463계단을 밟고 쿠폴라 정상에 올라 발아래 펼쳐지는 풍경을 보고 있으면 절로 행복해진다. p.206

Best 4

베네치아 **부라노 섬**

짙은 안개로부터 어부와 어선의 안전을 위해 간절한 마음으로 칠해진 색색의 외벽이 오늘날 발랄한 여행지가 되어 색깔의 노래를 부른다. p.324

Best 5

밀라노 **두오모**

낮이나 밤이나 화려하게 빛나는 고딕 양식의 걸작. 600년 걸려 지어진 이 두오모가 있기에 오늘도 사람들은 밀라노를 찾는다. p.357

Best 6

피사 **피사의 사탑**

쓰러질 듯하면서도 그대로 서 있는 신기한 사탑. 내가 올라가면 더 기울어지는 것은 아닐까 싶어 오르기가 살짝 겁이 난다. p.266

Best 7

친퀘 테레

산비탈에 자리 잡고 있는 알록달록한 가옥들이 앙증맞고 재미있는 곳. 자연에 순응해 살아가는 이들의 여유를 느껴볼 수 있다. p.268

Best 8

라벤나 산 비탈레 성당

장엄하고 화려한 모자이크를 바라보고 있으면 입이 다물어지지 않는다. 이 복잡한 모자이크를 하나하나 맞췄을 장인의 정성과 예술혼이 놀랍다. p.293

Best 9

카프리 섬

레이스 가득한 드레스를 입고 걸어야 할 것만 같은 우아함을 가득 품은 아름다운 섬. p.408

Best 10

마테라

21세기라고는 믿을 수 없는 옛 풍경을 지닌 마을. 말 그대로 타임 워프 TIME WARP를! p.422

Best 11

알베로벨로

회색빛 돌로 만든 지붕을 가진 집들이 늘어선 동화 속 주인공이 될 수 있는 마을. p.424

Best 12

팔레르모 **발라로 & 부치리아 시장**

호객하는 상인들과 가격을 흥정하는 손님들로 언제나 북적거리는 정겨운 시장통. 1980년대 우리나라 서민들의 생활을 떠올리게 하는 풍경이다. p.448

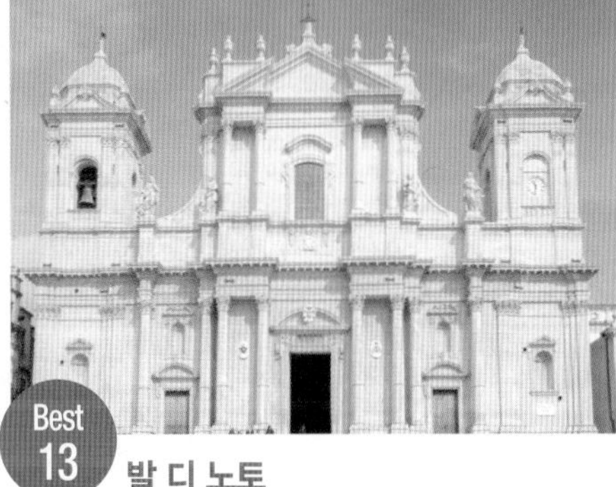

Best 13

발 디 노토

어마어마한 지진이 휩쓸고 지나간 이후 폐허가 된 흔적을 딛고 일어선 위대한 바로크의 향연. p.478

Best 14

타오르미나 **그리스 극장**

탁 트인 시야를 품은 아름다운 야외극장에서 아름다운 음악과 풍경을 즐기며 함께 하는 시간. 직접 노래를 불러보는 것도 좋다. p.492

아그리젠토 **신전들의 계곡**

오렌지빛 가득한 길 위에 남아있는 신전들과 그 신전의 주인인 신들의 속삭임에 귀 기울여 볼 수 있는 시간. p.458

Best 15

저자가 꼽은 이탈리아 뷰 포인트 베스트 10

도시에서 하루 여행이 마무리될 즈음 높은 곳으로 올라가 보자. 또 다른 즐거움이 나를 맞이한다. 쉽게 보기 어려웠던 풍경이 내 눈을 사로잡는다. 이탈리아에서 가장 아름다운 전망을 자랑하는 10곳을 선정했다.

Best 1

바티칸 산 피에트로 대성당 쿠폴라

산 피에트로 대성당의 화려함을 발아래에 두었다는 사실과 광장 기둥들의 웅장함, 그리고 내려다보고 있는 성인들이 나를 엄숙하게 만드는 곳. p.151

Best 2

베네치아 산 조르조 마조레 성당 종탑

베네치아 본섬을 한눈에 내려다볼 수 있는 장소. 석양이 질 때의 모습은 장관이다. 엘리베이터 덕분에 쉽게 오를 수 있어 더 좋다. p.319

Best 3

시에나 **만자의 종탑**

계단 오르기가 힘들지만 위에서 내려다보면 세계에서 가장 아름답다고 칭송되는 캄포 광장과 광장을 감싸고 있는 건물들, 그 사이에 유일한 흰색의 두오모가 만들어내는 하모니가 눈과 마음을 따뜻하게 한다. p.252

Best 5

아시시 **로카 마조레**

장난감처럼 보이는 산 프란체스코 성당과 그 주변의 움브리아 평야가 한눈에 들어오며 마음에 평화가 찾아온다. p.190

Best 4

베네치아 **리알토 다리**

대운하를 가로지르는 아름다운 다리 위에서 석양을 바라보면 마음이 애틋해진다. 노을 지는 풍경 속에 마치 로맨틱 영화의 주인공이 된 듯하다. p.320

Best 6 피렌체 **미켈란젤로 광장**

언제 찾아가도 멋진 풍경을 간직하고 있는 곳. 새벽의 어스름, 한낮의 뜨거움 그리고 한밤의 야경까지…. 피렌체를 다시 찾게 만드는 매력 가운데 하나. p.223

Best 7 친퀘 테레 **몬테로소에서 베르나차로 가는 길**

로마시대부터 사용됐던 천연의 항구가 내려다보이는 풍경은 그간 길을 걸으며 쌓인 피로감을 단번에 날려 버릴 만하다. p.270

Best
8
로마 핀치오 언덕

전망대 난간에 기대어 바티칸의 하늘색 쿠폴라가 붉게 물드는 모습을 보고 있으면 복잡한 도시 로마에서 받은 피로감이 씻겨 내려간다. Map p.118-A1

Best
9
에리체

길게 뻗은 트라파니 반도와 불룩 솟아있는 몬테 코파노 Monte Còfano의 모습만으로도 행복할 수 있는 곳. p.455

Best
10
라구사 마치니 거리 Corso Mazzini

굽이치는 협곡 사이에 우뚝 솟은 아기자기한 풍경의 도시. 거대한 지진을 딛고 일어섰다는 자부심과 함께 사진가들의 단골 피사체가 되는 곳이다. p.481

『프렌즈 이탈리아』와 함께 떠나는

유네스코 세계문화유산 탐방

이탈리아는 전 세계 국가 중 가장 많은 59개의 세계문화유산을 가진 나라. 그만큼 화려한 과거의 영광을 오늘날까지 누리고 있다. 과거의 유산을 바탕으로 살아가면서 그것을 지켜내기 위한 노력으로 미래를 바라보며 놀라운 시간의 흐름 속을 살아내는 그들을 바라보고 있으면 경외심을 금치 않을 수 없다. 이러한 시간이 만들어 준 이탈리아의 세계문화유산 중 『프렌즈 이탈리아』 속에서 만나볼 수 있는 세계문화유산들을 소개한다.

로마 역사 지구와 산 파올로 대성당
Roma, la città eterna (1980, 1990)
p.78, 117(산 파올로 대성당)
말이 필요 없는 시간의 더께가 가득한 도시 로마. 삼천년 가까운 시간동안 이어져 내려온 역사와 전통을 만끽하게 하는 위대한 도시.

밀라노 산타 마리아 델레 그라치에 성당, 도미니코 수도원 및 레오나르도 다 빈치의 〈최후의 만찬〉 Santa Maria delle Grazie e il Cenacolo (1980) p.358, 360
폭격 속에서도 기적처럼 살아남은 그림 〈최후의 만찬〉. 레오나르도 다 빈치의 천재성이 유감없이 발휘된 그림 앞에 서 있는 것도 기적처럼 느껴질 수 있다.

베네치아와 석호 Venezia e la laguna (1987)
p.298
바다와 함께 살아가는 도시. 물결과 바닷바람 사이로 오늘도 도시를 지켜내기 위한 인간의 노력이 눈물겹다.

피렌체 역사 지구 Firenze, il centro storico
(1982) p.192
도시 전체에 꽃향기가 흐르는 듯한 도시. 르네상스의 시작이고 전부인 도시. 이루지 못한 사랑을 슬퍼하는 연인들의 흔적이 곳곳에 머물러 어딘가 애잔함도 갖고 있는 우아한 도시.

피사 미라콜리 광장 Pisa e piazza dei Miracoli (1987) p.267
위태한 모습으로 그 자리를 지키고 있는 사탑과 폭격을 피해 살아남은 납골묘까지. 미라콜리 광장 Piazza di Miracoli라는 이름처럼 오늘도 기적이 일어나고 있는 광장.

산 지미냐노 역사 지구 San Gimignano (1990) p.254
순례자들이 지나다니던 그 시절 위용을 알게 해주는 탑들은 이제 거의 다 사라지고 몇 개 남지 않았지만 그 흔적과 기운을 느끼기 위한 여행자들의 발걸음은 오늘도 이어진다.

마테라의 동굴 주거지와 암석교회 Matera, i Sassi e le Chiese Rupestri (1993) p.422
선사시대로 시간 여행을 떠나게 해주는 놀라운 풍경. 선사시대 때부터 주거지로 사용되던 동굴 사시에서의 하룻밤은 여행 중 또 다른 색다른 경험.

베네토의 비첸차 시와 팔라디오 양식 건축물 Vicenza e le Ville Palladiane(1994, 1996) p.342
르네상스 건축의 완성자 팔라디오. 그의 걸작들이 모여 있는 비첸차, 그리고 모든 빌라건축의 원형이 된 빌라 로톤다를 비롯한 여러 건축물.

시에나 역사 지구 Siena, il centro storico (1995) p.248
붉은 기운의 조용한 아름다운 도시 시에나. 여행자들이 휴식을 취하는 망토 모양의 광장의 이 도시는 팔리오 기간이면 터져나갈 듯한 함성으로 가득 찬다.

나폴리 역사 지구 Napoli, il centro storico (1995) p.388
아름다운 항구의 이면에 복잡하고 혼란스러움이 가득한 도시. 그러나 골목 가득 널려있는 빨래와 맛있는 피자는 여행자들을 행복하게 한다.

알베로벨로의 트룰리 Alberobello e i suoi trulli (1996) p.424

랄랄라 라랄라~ 하면서 노래 부르는 스머프가 튀어나올 것 같은 풍경이 이색적인 곳. 마테라와 더불어 독특한 숙소체험을 하고 싶다면 꼭!

라벤나의 초기 기독교 기념물 Ravenna, monumenti paleocristiani (1996) p.293

잠시 잠깐 서로마 제국의 수도였던 작은 도시. 반짝 반짝 빛나는 모자이크로 가득한 성당들을 찾아다니다보면 주변이 별빛으로 가득찬 듯한 기분을 느낀다.

사보이 궁중저택 Torino, le Residenze dei Savoia (1997) p.383

16세기부터 시작된 사보이 가문의 주거 공간 프로젝트. 전 유럽의 왕가와 교류를 맺고 있는 탓에 예술과 문화의 국제적 융합이 이루어진 공간.

포르토 베네레, 친퀘 테레와 섬들 Porto Venere e le Cinque Terre (1997) p.268

절벽 위에 살포시 얹어있는 보석 같은 마을들. 절벽 위를 굽어굽어 다니는 산책로와 비탈을 따라 만들어진 와이너리와 오렌지 밭이 유쾌하고 즐거운 마을.

폼페이 및 헤르쿨라네움 고고학 지역과 토레 아눈치아타 Pompei, Ercolano e Torre Annunziata (1997) p.402

베수비오스 화산의 폭발로 오랫동안 잊혀져 있던 고대유적들. 상업도시 폼페이, 휴양지 헤르쿨라네움, 그리고 귀족들이 살았던 토레 아눈치아타까지 고대인의 흔적을 만나보자.

아말피 해안 Costiera amalfitana (1997) p.405
한 때 지중해를 호령하던 아말피 해상법의 중심인 곳. 지금은 차분하며 우아한 색감의 집들이 절벽에 들어선 아름다운 휴양지.

아그리젠토 신전들의 계곡 Agrigento, la Valle dei Templi (1997) p.458
따스한 바닷바람과 함께 신전들 사이를 걸으며 느끼는 사색의 시간. 한가로이 걷다보면 내 옆에 와 있는 신의 보살핌을 느낄 수도 있다.

빌라 아드리아나 유적지 Villa Adriana, la dimora dell'Imperatore (1999) p.179
고대 로마 황제가 건설한 작은 도시. 황제의 궁, 신전, 목욕탕, 극장 등 그가 꿈꾸던 이상향을 볼 수 있다.

아시시, 성 프란체스코의 바실리카 유적 Assisi e la Basilica di San Francesco (2000) p.189
빈자와 평화의 사도 성 프란체스코가 평생을 기도하고 수도했던 도시. 고요한 움브리아 평야와 단정한 성당들의 조화.

베로나 시 Verona, la città degli innamorati (2000) p.332
고대부터 중세, 르네상스까지 이어지면서 중요한 군사적 요새의 역할까지 수행했던 도시. 오페라와 로미오와 줄리엣의 이야기는 덤.

빌라 데스테, 티볼리 Villa d'Este: il trionfo del barocco (2001) p.176
한직으로 쫓겨온 추기경이 만든 아름다운 빌라. 정원의 수많은 분수들이 만들어내는 물소리를 들으며 시름을 잊어보자.

에트나 산 Monte Etna (2013) p.490
지금 현재 가장 뜨거운 화산. 불칸의 대장간이 자리해 있다는 전설이 내려오는 산으로 언제 다시 끓어오를지 모른다.

시칠리아 남동부 발 디 노토의 후기 바로크 도시 Val di Noto, il barocco (2002) p.478

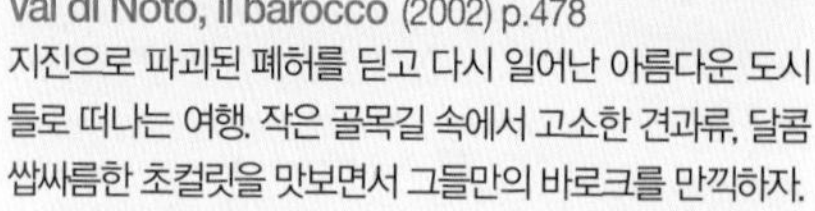

지진으로 파괴된 폐허를 딛고 다시 일어난 아름다운 도시들로 떠나는 여행. 작은 골목길 속에서 고소한 견과류, 달콤쌉싸름한 초컬릿을 맛보면서 그들만의 바로크를 만끽하자.

시라쿠사와 판탈리카 바위 네크로폴리스 Siracusa e la Necropoli di Pantalica (2005) p.470
가장 위대하고 아름다운 그리스의 도시로 칭해졌던 오래된 도시의 고전적인 아름다움, 그리고 아름다운 자연환경 속에 자리한 고대의 묘지터.

볼로냐의 회랑(포르티치) I Portici di Bologna (2021) p.274
길이 62km의 기나긴 회랑을 따라 걷는 볼로냐의 여행길은 날씨와 관계없이 아늑하고 그 안에 녹아있는 사람들이 숨결이 느껴진다.

팔레르모의 아랍-노르만 건축물과 체팔루, 몬레알레 대성당 Palermo arabo-normanna e le Cattedrali di Cefalù e Monreale (2015) p.416, 450, 452
침략의 역사 속에서 피어난 아름다운 건축물. 여러 가지 양식이 혼재되어 있으면서 그들만의 독특한 양식을 만들어낸 팔레르모와 체팔루, 몬레알레의 건축물 탐험.

책에 소개되지 못한 이탈리아의 세계문화유산들

2024년 7월 기준

**** 자연유산**

*** 국경을 넘은 유산**

01 발카모니카 암각화 Valcamonica, l'arte rupestre (1979)

02 크레스피 다다 Crespi d'Adda, il villaggio industriale (1995)

03 페라라와 포 삼각주 Ferrara e il Delta del Po (1995, 1999)

04 몬테 성 Castel del Monte, la fortezza dei misteri (1996)

05 피엔차 역사지구 Pienza, la città ideale (1996)

06 카세르타 18세기 궁전과 공원, 반비텔리 수로 및 산 루치오 Caserta, la reggia e il parco (1997)

07 파도바 식물원 Padova, l'Orto Botanico (1997)

08 모데나의 토레 치비카와 피아차 그란데 성당 Modena (1997)

09 카살레의 빌라 로마나 Villa romana del Casale, Piazza Armerina (1997)

10 수 누락시 디 바루미니 Su Nuraxi di Barumini (1997)

11 아퀼레이아 고고유적지 및 가톨릭 성당 Aquileia, le rovine e la basilica (1998)

12 치렌토·발로 디 디아노 국립공원, 파에스툼과 벨리아 고고 유적지 Cilento (1998)

13 우르비노 역사 지구 Urbino, il centro storico (1998)

14 에올리에 제도 Eolie: Le isole dei vulcani (2000)**

15 피에몬테와 롬바르디아의 지방의 영산 Sacri Monti in Piemonte e Lombardia (2003)

16 체르베테리와 타르퀴니아의 네크로폴리스 Le necropoli di Cerveteri e Tarquinia (2004)

17 발 도르차 Val d'Orcia (2004)

18 제노바의 스트라다 누오보와 팔라치 데이 롤리 Genova, Strade Nuove e Palazzi dei Rolli (2006)

19 만토바와 사비오네타 Mantova e Sabbioneta (2008)

20 알불라·베르니나 문화경관지역의 래티셰 철로 La Ferrovia Retica (2008)*

21 돌로미티 산맥 Dolomiti, le montagne rosa (2009)**

22 몬테 산 조르지오 Monte San Giorgio, i fossili (2010)***

23 알프스 주변의 선사시대 호상가옥 I Siti Palafitticoli (2011)*

24 이탈리아의 랑고바르드 유적지 Longobardi: i luoghi del potere (2011)

25 토스카나의 빌라 메디치와 정원 Ville dei Medici in Toscana (2013)

26 피에몬테의 란게-로에로, 몬페라토 포도밭 경관 Langhe, Roero e Monferrato (2014)

27 16~17세기에 만들어진 베네치아 공국의 요새들 (베네치아~크로아티아)
Opere veneziane della Difesa tra i secoli 16 e 17: Stato da Terra (2017)*

28 카르파티아 산맥과 기타 유럽 지역의 고대 및 원시 너도밤나무 숲
Antiche faggete primordiali dei Carpazi e di altre regioni d'Europa (2017)**

29 20세기 이상적인 산업도시 이브레아 Ivrea, Città Industriale del XX Secolo (2018)

30 코넬리아노와 발도비아데네의 프로세코 언덕
Le Colline del Prosecco di Conegliano e Valdobbiadene (2019)

31 파도바의 14세기 프레스코화 유적들
Cicli di affreschi del XIV secolo di Padova (2021)

32 유럽의 온천타운 중 몬테카티니
Grandi città termali d'Europa, Montecatini Terme (2021)*

33 북부 아펜니노 산맥의 퇴적암 카르스트 동굴
Carsismo e grotte nelle evaporiti dell'Appennino settentrio (2023)**

Enjoy 미술과 건축의 이탈리아

이탈리아가 전 세계에서 가장 멋진 여행지로 손꼽히는 이유 중 하나는 역시 화려한 역사 속에서 태어난 수많은 미술품과 건축물 때문이 아닐까. 어느 도시를 가도 개성 넘치고 유려한 건축물과 미술품들이 우리를 맞아주는 곳이 이탈리아이다. 유구했던 역사만큼 이탈리아의 미술과 건축은 다채롭다.

1. 그리스·로마 미술 & 건축

이탈리아에 있는 수많은 고대 그리스 시대의 건축물과 미술품은 헬레니즘 시대의 우아한 고전미(美)를 그대로 담고 있다. 그중에서도 이탈리아에 갔다면 절대 놓쳐서는 안 될 대표 미술품과 건축물로는 수많은 르네상스 예술가들에게 영감을 주었던 라오콘과 벨베데레의 아폴론, 고대 로마 시대에 지어져 현재까지 거의 원형 그대로 보존되어 더욱 의미가 있는 고대 로마 건축의 정수 판테온, 고대 로마 시대의 도시 계획의 흔적을 엿볼 수 있는 포로 로마노 등이 있다.

고대 로마 건축의 진수 판테온

대단한 역동성의 표현 라오콘

완벽한 인체상 벨베데레의 아폴론

고대 로마 도시 계획을 엿볼 수 있는 포로 로마노

2. 비잔틴 미술 & 건축

지중해 연안을 통치했던 거대 로마 제국이 서로마와 동로마(비잔틴 제국)로 분열되고, 서로마 제국이 멸망하면서 비잔틴 제국이 통치하기까지 5세기~8세기에 거쳐 수도였던 북서부 도시 라벤나 Ravenna에서 비잔틴 미술의 모든 것을 볼 수 있다. 특히 라벤나의 성당을 둘러보면 화려한 모자이크 예술이 발달했던 당시의 면면을 발견할 수 있다. 라벤나 외에도 베네치아의 산 마르코 성당 내에서도 금빛 화려한 비잔틴의 모자이크 솜씨를 볼 수 있다.

라벤나 산 비탈레 성당 내부

피사 두오모 파사드 상단의 기둥들

황금빛 모자이크로 장식된 베네치아 산 마르코 성당

3. 로마네스크 미술 & 건축

끝없이 늘어선 열주 列柱들로 대표되는 로마네스크 양식 건축의 진수를 보고 싶다면 두말할 것도 없이 피사 Pisa로 향해야 한다. 피사 두오모의 파사드(정면부)와 세례당, 그리고 종탑 기둥 장식된 기둥들의 장식을 보면서 로마네스크 건축만이 가지는 세심한 매력에 흠뻑 빠져보자. 피사 근교의 작지만 아담하고 매력 넘치는 도시 루카 Lucca에 있는 산 미켈레 성당의 파사드 역시 화려한 로마네스크 양식과 우아함이 어우러진 멋진 작품이다.

루카 산 미켈레 성당 파사드

4. 고딕 미술 & 건축

보통 고딕 양식이란 뾰족한 첨탑과 스테인드글라스가 특징이지만, 이탈리아의 고딕 양식은 모습이 조금 다르다. 이탈리아의 고딕 양식은 첨탑이나 스테인드글라스를 많이 사용하지 않고 바실리카 양식을 주로 사용했는데, 그중에서도 후기 고딕 양식 건축의 표본이라고 할 수 있는 건축물로는 시에나의 두오모와 오르비에토의 두오모를 꼽을 수 있다. 쌍둥이 같아 보이는 두 성당을 둘러보면 이탈리아의 후기 고딕 양식 건축의 정수를 보는 것이나 다름없다.

이란성 쌍둥이 같은 두 성당, 오르비에토의 두오모와 시에나의 두오모

5. 르네상스 미술 & 건축

이탈리아 르네상스의 상징 피렌체 두오모의 쿠폴라

문화로 나라를 통치했다고 해도 과언이 아닌 르네상스 시기의 미술과 건축은 이탈리아의 어느 곳이건 즐비하게 자리하고 있다. 이탈리아 르네상스의 발현지라 할 수 있는 피렌체 Firenze만 돌아보아도 충분히 느낄 수 있는데, 이탈리아 르네상스의 상징인 피렌체 두오모의 붉은 쿠폴라와 우피치 미술관, 프라 안젤리코의 프레스코로 장식된 산 마르코 수도원과 피티 미술관 등이 있다.

피티 궁의 가지런한 창문은 이탈리아 르네상스 건축의 특징이다.

르네상스 그 자체, 우피치 미술관

단정한 산 마르코 수도원 안뜰. 회랑 안쪽의 프레스코화가 근사하다.

6. 바로크 미술 & 건축

강렬하면서도 감각적인 이탈리아의 바로크 미술을 느낄 수 있는 곳은 로마이다. 르네상스 시대를 거치면서 많은 화가가 로마로 몰려들었고 로마의 많은 추기경과 교황들이 화가들을 후원하면서 멋진 바로크 미술과 건축 작품들을 많이 남겼던 것. 대표적인 바로크 화가 안니발레 카라치가 그린 천정화로 유명한 로마의 파르네세 궁전을 방문해 보자. 강렬한 빛의 콘트라스트가 인상적인 카라바조의 전성기 작품이자 바로크 조각의 1인자인 지안 로렌초 베르니니의 조각이 소장된 로마 보르게세 미술관도 필수다. 로마의 나보나 광장에서 시원한 음료수를 마시며 보로미니와 베르니니가 남긴 건축물과 조각품의 끝없는 대결을 느껴보아도 좋다.

페르세포네의 납치

아폴로와 다프네

바로크 조각의 대가 베르니니의 걸작들이 모여 있는 보르게세 미술관

필생의 라이벌 베르니니와 보로미니의 각축장, 나보나 광장

다비드

7. 현대 미술 & 건축

로마 현대 미술관(GNAM; Galleria Nazionale d'Arte Moderna)과 MAXXI에서 이탈리아의 근현대 미술을 마음껏 느낄 수 있다. 움베르토 보초니, 카를로 카라, 자코모 발라 등이 주도했던 20세기 초반의 미래파 Futurismo의 예술품들이 이탈리아 근현대 미술의 자존심이다. 밀라노 브레라 미술관에 소장된 근현대 미술품 컬렉션도 매우 훌륭하며, 밀라노 근교 코모에 가면 주세페 테라니의 파시스트 하우스도 볼 수 있다. 파시스트 하우스는 현재 이탈리아 재무성 건물로 쓰이며, 모더니즘 건축의 걸작으로 꼽힌다.

자하 하디드 설계로 유명한 MAXXI

로마 현대미술관 GNAM

주세페 테라니의 코모 파시스트 하우스

Enjoy 맛있는 이탈리아

최근 들어 한국에서도 유럽, 특히 이탈리아 본토에서 요리 학교를 수료하고 온 셰프들이 개업한 이탈리안 레스토랑이 늘면서, 훌륭한 맛의 이탈리아 음식을 쉽게 접할 수 있다. 그럼에도 불구하고 이탈리아 현지에서 먹는 음식의 맛은 그것과는 비교할 수도 없이 색다르고 강렬하다. 지리적으로 축복받은 지중해 연안에 위치한 이탈리아 반도는 따뜻한 햇볕과 비옥한 옥토가 빚어낸 신선하고 농익은 재료들로 음식을 만든다. 그래서일까, 세계 최고라 칭할 만한 음식을 먹으며 생활한다는 이탈리아인들의 자부심 하나는 끝내준다. 이름만 들어도 군침 도는 이탈리아 음식, 어떻게 하면 더 잘 즐길 수 있을까?

식당 선택 가이드

음식에서는 세계 최고라는 자부심을 잃지 않는 이탈리아인들의 정통 음식을 즐기기 위해선 약간의 사전 정보만 숙지하고 가면 된다. 우리네 한식도 간단한 동네 백반집부터 화려한 한정식 식당까지 다양한 형태로 있듯이, 이탈리아 음식도 다채로운 모습도 얼마든지 다양하게 즐길 수 있다.

1. 식사의 종류

리스토란테 Ristorante

가장 전형적인 형태의 식당. 시끌벅적하고 떠들썩한 느낌보다는 좀 더 본격적인 분위기에서 실력 있는 셰프의 감각적인 요리를 즐기고 싶다면 리스토란테로 가보자. 각 도시의 대표적인 전통 요리는 물론, 일반적으로 널리 알려진 요리와 소믈리에가 직접 따라주는 와인도 함께 맛볼 수 있다.

트라토리아 Trattoria

리스토란테와 비슷하지만 일반적으로는 그 지역의 전통 요리, 또는 주방장이 자신의 출신 지역의 특색 있는 요리를 부담 없이 내어놓는 형태의 식당이다. 와인 리스트도 인기 있는 품목들보다는 주로 그 지역에서 생산되는 와인들이 많이 구비되어있다. 물론 품위 있고 우아한 분위기의 식사도 가능하지만, 일반적으로 리스토란테보다는 가볍고 약간은 떠들썩한 분위기의 식당이다. '오스테리아 Osteria'라고도 부르는데 트라토리아보다 좀 더 캐주얼한 요리와 잔이나 유리병에 담은 향토 와인을 맛볼 수 있는 곳이다.

타볼라 칼다 Tavola Calda

직역하면 '따뜻한 테이블'이라는 뜻으로 여러 가지 형태를 갖고 있지만 흔히 우리의 휴게소 식당처럼 구비되어있는 음식들을 그 자리에서 바로 식판이나 접시별로 데워서 내어주는 형태나 아주 간단한 형태의 파스타나 파니노 같은 것들을 요리하거나 데워서 내주는 형태의 식당이다.

피체리아 Pizzeria

말 그대로 피자를 만들어 파는 곳으로, 가격대가 저렴한 편이다. 즉석에서 구워낸 피자를 조각별로 맛볼 수 있는 형태의 피체리아가 있고, 간단한 파스타와 함께 화로에서 장작불로 피자를 구워내는 형태도 있다. 피체리아의 파스타나 메인 요리라고 해서 얕보았다가는 큰 코 다치기 십상. 숨은 실력자들이 피체리아에서 파스타와 요리를 만들고 있는 경우가 허다하기 때문이다. 주머니는 가볍지만 맛있는 요리를 즐기고 싶다면, 피체리아에서 식사를 하는 것도 좋은 방법이다.

2. 메뉴판 잘 보는 법

리스토란테나 트라토리아에서 식사를 한다면 그날 새로 들어온 식재료를 사용한 요리가 있는지, 혹은 그날 일하고 있는 셰프의 특기가 무엇인지 물어보는 것은 매우 스마트한 꿀팁이다. 이러한 식당들은 점심시간에 안티파스토+파스타 또는 파스타+메인 요리에 물과 와인 1잔을 곁들인 런치 세트를 판매하는 경우가 많다. 점심 식사라면 런치 세트가 따로 있는지 물어보는 것도 좋다. 한 도시에서 2~3일 정도 머물러 이미 그 도시의 전통 메뉴를 여러 번 맛 본 후라면 지배인이나 종업원을 불러서 그날 메뉴판에 없는 요리가 있는지 물어본다면 식당 측에선 당신을 상당한 실력파 미식가로 생각할 것이다.

음식 주문 가이드

이탈리아에만 존재하는 독특한 식당 문화가 바로 '자릿세 coperto'이다. 식전에 제공되는 빵이나 올리브 등을 포함하는 개념이다. 엄연히 '자릿세'이므로 빵이나 올리브를 먹지 않았다고 자릿세를 못 내겠다는 강짜는 부리지 말자. 보통 안티파스토→프리모 피아토→세콘도 피아토→돌체 코스로 먹지만 리스토란테라고 해서 이것을 모두 주문할 필요가 있는 것은 아니니, 본인의 식성이나 양에 따라 결정하면 된다. 딱히 메인 요리인 세콘도 피아토에는 구미가 당기는 요리가 없고 대신 프리모 피아토에 먹어보고 싶은 요리가 많다면 프리모 피아토를 두 개 골라서 하나를 세콘도 피아토로 달라고 해도 된다.
최근에는 거의 영수증에 서비스 차지가 포함되어 나오므로 따로 팁은 주지 않아도 좋다. 메뉴 중 'della Casa'라는 이름의 메뉴들이 있다면 도전해보자. 그 레스토랑에서 가장 잘 하거나 그 레스토랑 특선 음식들을 의미한다.

❶ 안티파스토 Antipasto(전식)

'앞자리'를 뜻하는 'Ante-'란 접두어를 사용하여 '식사 Pasto' 전에 먹는 음식, 즉 전식이라는 뜻이 된다. 간단한 햄이나 다양한 살라미 종류가 있으며, 해산물 전문 식당일 경우 다채로운 해산물 모둠 요리도 있다.

멜로네 콘 프로슈토 Melone con Prosciuto
이탈리아를 비롯해 지중해 부근 유럽 국가에서 재배되는 노란색의 멜론 위에, 잘 먹여 기른 돼지의 뒷다리살을 염장하여 숙성시킨 것을 얇게 저며낸 프로슈토 Prosciuto를 얹어먹는 것. 익숙하지 않은 맛에 처음엔 살짝 어색하지만, 금세 입안에서 폭죽처럼 터지는 단짠단짠의 환상적인 하모니에 반하게 되는 음식이다.

멜로네 콘 프로슈토

살루미 아페타티 미스티 Salumi affettati misti
이탈리아의 지역마다 존재하는 독특한 햄과 돼지고기 소시지들이 있다. 이러한 종류를 통틀어 살루미라고 부른다. 각 지방을 여행하면서 식사를 하기 전에 이런 다양한 종류의 살루미 3종, 혹은 5종 모둠을 주문해 향토색 물씬 나는 레드 와인과 곁들여 먹어보자. 이 나라가 가지는 음식에 대한 자부심이 절로 이해될 것이다.

살루미 아페타티 미스티

브루스케타 Bruschetta
바삭하게 구운 바게트 빵 위에 신선한 토마토와 야채들, 혹은 버섯, 햄, 치즈 등을 올려 먹는 간단하면서도 다채로운 변주가 가능한 전채 요리. 말 그대로 신선한 재료들의 향연을 즐겨보고 싶다면 주저 말고 주문하자.

브루스케타

카르파치오 Carpaccio
원래 뜻은 고깃덩어리를 신선한 상태로 얇게 저며내는 것. 그러므로 단지 육류나 소고기에만 해당하는 것이 아니라 생선류에도 적용 가능하다. 청새치 혹은 황새치를 뜻하는 페쉐 스파다 Pesce Spada나 참치 Tonno 카르파치오도 해산물을 전문으로 하는 식당에서는 매력적인 안티파스토로 구비해 두고 있다.

일반적인 카르파치오

황새치 카르파치오

인살라타 알라 카프레제 Insalata alla Caprese
이탈리아 남부 카프리 지역에서 즐겨먹던 샐러드라는 뜻의 인살라타 알라 카프레제는 흔히 카프레제라고도 알려져 있다. 같은 두께로 썬 신선한 토마토와 물소 젖 치즈인 모차렐라를 번갈아 놓고 오리가노와 바질, 그리고 올리브를 얹어서 한 입에 넣으면 지중해의 모든 맛이 한데 어울려 입안에서 춤을 춘다.

인살라타 알라 카프레세

❷ 프리모 피아토 Primo Piatto
첫 번째 접시라는 뜻의 프리모 피아토는 대부분 파스타나 리조토처럼 밀가루로 만든 음식을 지칭한다.

파스타 Pasta
정확한 의미는 밀가루를 뭉쳐 만든 모든 덩어리를 지칭하는 말이다. 그러므로 아침에 이탈리아의 바에서 크로아상 하나에 에스프레소를 마시고 계산할 때 '운 카페에 우나 파스타'라고 하는 경우를 흔히 접할 수 있다. 하지만 우리가 아는 일반적 의미의 파스타는 밀가루를 빚어 매우 다양한 종류로 만들어 먹는 것을 가리킨다. 스파게티 Spaghetti나 링귀니 Linguini처럼 길게 생긴 파스타도 있고 나비 모양의 파르팔라 Farfalla, 펜 모양의 펜네 Penne, 배배꼬인 형태의 푸실리 Fusili 등이 있다. 파스타의 모양에 따라서 사용하는 소스나 재료가 달라진다.

스파게티 알라 카르보나라 Spaghetti alla carbonara
로마가 위치한 라치오 지역에서 탄생한 것으로 알려진 파스타. 살짝 태울 정도로 구운 돼지고기 삼겹살 부위인 판체타 Pancetta로 맛과 향을 내고 계란 노른자와 우유로 소스를 만든다. 목에 먼지가 많이 끼는 광부들이 열량을 높이고 목의 먼지를 제거하기 위해 즐겨 먹었다는 데서 유래한 파스타다.

대표적인 파스타
스파게티 알라 카르보나라

펜네 알아라비아타 Penne all'arabbiata
이탈리아어로 '화났다'는 뜻의 아라비아타 파스타는 의미처럼 매운 고추와 토마토로 맛을 낸 파스타이다. 대부분 펜네 파스타로 만드는 이 파스타는 심플하지만 그만큼 제대로 맛을 내기가 어려운 파스타로 꼽힌다.

펜네 알라라비아타

탈리아텔레 알 라구 볼로네제
Tagliatelle al Ragu bolognese
흔히들 파스타 하면 가장 먼저 떠올리는 이미지의 토마토 미트 소스 파스타의 원형은 유럽 최고의 미식 도시로 손꼽히는 볼로냐에서 만들어진 탈리아텔레 알 라구이다. 스파게티 면이 널리 알려졌기에 일반적인 여행자 접대 식당에서는 스파게티 알 라구 Spaghetti al ragu라는 이름으로 팔기도 하는데 정통 오리지널 레시피는 계란의 난황과 박력분으로만 만든 수제 면인 탈리아텔레라는 면을 사용해야 한다. 토마토와 소고기를 뭉근하게 오래 끓여 만드는 만큼 깊은 맛이 압권.

탈리아텔레 알 라구

링귀네 알레 봉골레 Linguine alle vongole
모시조개를 뜻하는 봉골레를 마늘과 올리브유, 조개 육수를 사용해 맛을 내는 파스타. 하지만 정통 레시피는 화이트 와인 소스를 사용한 것이다. 육수의 시원한 맛과 링귀니 면의 조합이 매우 잘 어울린다. 이탈리아에서 이 집이 맛집인지 아닌지 테스트할 때 가장 많이 주문하는 파스타가 바로 봉골레 파스타이다.

링귀네 알레 본골레

리조토 Risotto

서양, 특히 유럽권 국가 중에서 쌀을 주식에 가깝게 먹는 거의 유일한 나라인 이탈리아는 리조토라고 하는 우리에게 친숙한 메뉴가 있다. 여러 식재료들을 토마토, 혹은 소스와 함께 뭉근하게 끓여 냄으로서 쌀에 양념이 배어들게 하는 요리. 한 이탈리아 요리 학교의 교장은 '이탈리아 요리가 이탈리아 요리일 수밖에 없는 대표적인 예가 바로 리조토다. 이탈리아 리조토는 오직 이탈리아의 쌀만을 사용해야 제맛이 난다'라고 한 적이 있다.

대표적인 리조토

리조토 알라 밀라네세

리조토는 실제로 많이 즐겨먹는 요리는 아니지만 그 매력으로 인해 마니아들이 많은 메뉴이다. 보통 해산물을 이용한 해산물 리조토가 널리 알려져 있지만 이탈리아 리조토 중에서도 가장 전통적으로 명성을 얻은 것은 밀라노식 리조토, 즉 리조토 알라 밀라네세 Risotto alla milanese이다. 양파, 버터, 와인, 치즈, 그리고 빨간 가루지만 열을 받으면 샛노란 색으로 변하는 고급 향신료인 샤프란(이탈리아어로 자페라노 zafferano)을 이용한 리조토이다.

❸ 세콘도 피아토 Secondo Piatto + 콘토르노 Contorno

첫 번째 접시라는 뜻의 프리모 피아토는 대부분 파스타나 리조토처럼 밀가루로 만든 음식을 지칭한다.
두 번째 요리, 즉 '메인 요리 Main Dish'를 뜻한다. 한국과 마찬가지로 삼면이 바다인 이탈리아는 천혜의 자연환경에서 얻은 다양한 육류 요리를 칭하는 카르네 Carne와 해산물 페쉐 Pesce를 메인 요리에 다양하게 반영하고 있다. '테두리'를 뜻하기도 하는 콘토르노는 메인 요리를 먹으면서 곁들이는 간단한 야채나 채소 요리들을 말한다.

스칼로피네 알 비노 비앙코 Scaloppine al vino bianco

스칼로피네는 이탈리아에서만 찾아볼 수 있는 독특한 요리로서 지역을 가리지 않고 널리 즐겨 먹는 요리다. 닭 혹은 돼지고기를 넓게 펴서 밀가루를 입혀 팬에서 가볍게 소테하고 그 위에 바로 코냑이나 혹은 화이트 와인 등을 부어 졸여내는 요리. 담백한 흰 살 육류 고기에 코냑이나 화이트 와인, 혹은 레몬의 맛이 배어들어 상큼한 맛을 더한다.

스칼로피네 알 비노 비앙코

필레토 디 만조 Filetto di Manzo

주로 뼈가 없는 쇠고기의 연한 안심 부위를 덩어리로 떼어내어 스테이크 하듯 강한 불에 구워낸 요리.

필레토 디 만조

페쉐 미스타 알라 그릴리아 Pesce mista alla griglia

페쉐는 영어의 Fish를 연상하기 쉬운 까닭에 생선 요리만을 생각하는데, 이탈리아어에서 페쉐는 생선 외에도 새우나 오징어 같은 갑각류까지 모두 포함하는 개념이다. '알라 그릴리아'는 이러한 다양한 해산물 또는 생선들을 그릴에 직화로 구워내는 요리다. 단순해 보이지만 지중해 바다에서 건져 올린 해산물들의 신선함을 맛보는 좋은 기회다.

페쉐 미스타 알라 그릴리아

프리티 미스티 디 프루티 디 마레

Fritti misti di frutti di mare

오징어, 한치, 새우, 생선, 멸치 등 다양한 생선과 갑각류들을 일체 양념 없이 그대로 튀겨낸 요리. 먹기 직전에 레몬즙을 뿌리면 신선한 맛이 듬뿍 살아난다.

프리티 미스티 디 프루티 디 마레

피자

이탈리아 음식 중 가장 대표적인 메뉴이자 가장 이탈리아스러운 메뉴라고 한다면 역시 피자를 꼽지 않을 수 없다. 잘 발효시킨 밀가루 반죽을 넓게 펴서 토마토를 바르고 모차렐라 치즈를 오븐에 녹여 다양한 토핑을 얹어 먹는 이탈리아 피자는 특히 얇은 반죽을 바삭하게 구워내는 것이 진정한 기술이라 할 수 있다. 최근에는 전기 오븐도 많이 사용하지만 역시 제대로 된 맛을 보려면 벽돌로 쌓아 장작으로 불을 때는 포르노 Forno가 있는 피체리아에서 먹기를 추천한다.

피자 마르게리타 Pizza Margherita

이탈리아의 왕이었던 움베르토 1세의 부인인 마르게리타 왕비의 이름을 따서 만들어졌다. 토마토의 붉은색과 모차렐라의 흰색, 그리고 바질의 초록색이 이탈리아 국기의 3색을 상징한다고 해서 더욱 사랑받는 피자.

대표적인 이탈리아 피자

피자 마르게리타

피자 카프리초사

Pizza capricciosa

미국식 콤비네이션 피자에 가까운 피자. 버섯, 올리브, 햄 등 다양한 재료를 동시에 토핑한다.

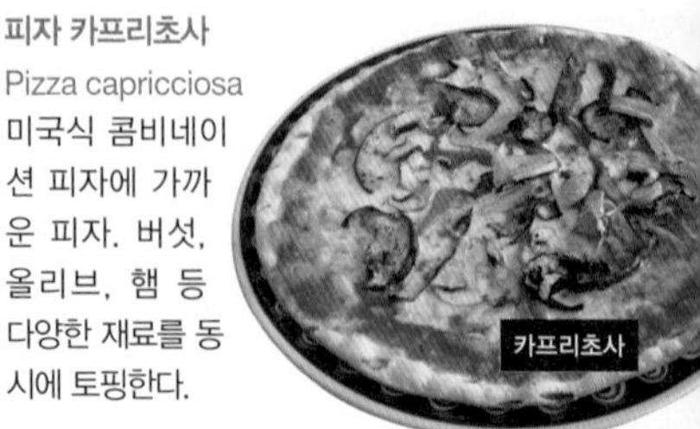
카프리초사

피자 콰트로 포르마지 Pizza Quattro Formaggi

네 가지 치즈라는 뜻으로 토마토 소스를 바르지 않고 오직 단순하게 네 가지 서로 다른 치즈 맛으로만 승부하는 피자. 토마토를 쓰지 않고 치즈로만 맛을 내기에 매우 느끼할 수 있지만 치즈 애호가라면 절대 빠트릴 수 없는 피자다.

피자 콰트로 포르마지

피자 나폴리타나 (또는 로마나)

Pizza Napoletana (or Romana)

둥글게 편 반죽에 토마토와 모차렐라를 올리고 앤초비와 오리가노, 그리고 케이퍼를 올린 피자. 짭조름한 멸치의 맛이 오리가노 향신료와 토마토와 어울려 환상적인 맛을 낸다.

피자 나폴리타나 (또는 로마나)

❹ 디저트 Dessert

이탈리아인들은 식사를 끝내고 상을 물리기 전 반드시 소화를 돕기 위한 후식 타임을 갖는 것이 일반적이다. 리몬첼로 Limoncello나 그라파 Grappa와 같은 도수가 높은 알코올류를 차게 얼린 작은 잔에 부어 마시기도 하고, 파인애플, 수박과 같은 제철 과일류 또는 여러 가지 과일을 섞어 만든 마체도니아 Macedonia도 즐긴다. 또한 이탈리아를 대표하는 티라미수 Tiramisu와 같은 돌체 Dolce류와 레몬을 이용해서 만든 샤베트도 인기가 높다.

마체도니아 디 프루타 Macedonia di Frutta

여러 종류의 과일들을 먹음직스럽게 잘라서 보기 좋게 그릇에 담아 냉장실에 보관했다가 시원하게 먹는 후식.

마체도니아 디 프루타

티라미수 Tiramisu

카카오 가루, 계란 노른자, 커피, 초콜릿, 설탕, 마스카르포네 치즈를 이용하여 여러 겹으로 쌓아 만드는 케이크. 이탈리아의 후식을 대표하는 가장 인기 있는 돌체다.

티라미수

젤라토 알 리모네 Gelato al Limone

레몬을 이용해서 만든 아이스크림 종류로 레몬 특유의 성분이 입안에 남아 있는 잡냄새를 없애 상쾌한 느낌을 준다. 특히 생선 요리를 먹은 후 후식으로 선택하는 것이 일반적이다.

젤라토 알 리모네

3. 지역별 대표 요리

볼 것이 많은 이탈리아지만 이동하는 도시마다 자기들만의 유명한 전통 요리가 있어 여행이 지루하지 않다. 피곤하면 여행은 쉴 수 있지만 밥을 먹지 않고는 못 버티는 법. 이동하는 도시에서 반드시 맛볼 음식들을 살펴보자.

로마에서 이 음식은 꼭!

천년 제국의 수도답게 로마는 다양한 음식 문화가 꽃 핀 곳이지만 반드시 맛봐야 할 단 한 가지를 꼽는다면 역시 카르초피 프리티 Carciofi fritti를 들 수 있다. 흔히 안티초크라고 알려진 식물을 익힌 뒤 기름에 바삭하게 튀겨낸 요리로, 원래는 로마에 살던 히브리인들의 음식이었다고 알려지는데 미묘하고도 깊은 맛이 압권이다.

카르초피 프리티

피렌체에서 이 음식은 꼭!

피렌체에는 피렌체 스타일이라는 이름이 붙은 비스테카 알라 피오렌티나 Bistecca alla Fiorentina라는 요리가 있지만 피렌체에서 꼭 맛봐야 할 음식이라고 보기는 어렵다. 진정한 피렌체 사람들의 소울푸드라고 한다면, 가죽은 지갑이나 가방을 만들고 고기는 비스테카에 쓰고 남은 소의 내장을 푹 끓여 만드는 람페르도토 Lamperdotto를 꼽을 수 있다. 브루스케타의 일종인 크로스티니 토스카니 Crostini Toscani도 맛볼 만하다.

비스테카 알라 피오렌티나

피렌체 최고의 람페르도토를 판매하는 Nerbone. 중앙 시장 내에 있다.

크로스티니 토스카니

볼로냐에서 이 음식은 꼭!

유럽 최고의 미식 도시로 첫손에 꼽히는 이탈리아 볼로냐는 정말 꼭 맛봐야 할 것이 한두가지가 아니다. 미트소스 파스타는 이미 널리 알려졌지만 정작 볼로녜제 사람들이 가장 사랑하는 자신들의 전통 음식은 이탈리아식 만둣국이라 할 수 있는 토르텔리니 인 브로도 Tortellini in brodo이다. 날씨가 선선해질 무렵이나 비 오는 날 먹으면 더할 나위 없이 좋지만 언제라도 이 깊은 육수 맛이 깃든 작은 손만두인 토르텔리니를 함께 맛보는 것은 볼로냐에서만 즐길 수 있는 사치다.

토르텔리니 인 브로도

밀라노에서 이 음식은 꼭!

밀라노의 대표 음식은 두 가지. 바로 앞에서 이야기했던, 샤프란을 사용한 리조토 알라 밀라네제, 그리고 오스트리아의 슈니첼, 우리의 돈가스와 비슷한 이탈리아식 커틀릿, 즉 코톨레타 알라 밀라네제 등이 있다.

코톨레타 알라 밀라네세

토리노에서 이 음식은 꼭!

프랑스 사보아 왕가와의 관련성 때문에 프랑스 요리 스타일이 많이 접목된 토리노식 요리에는 이탈리아에서 보기 힘든 독특한 요리가 한 가지 있다. 바로 비텔 톤네 Vitel Tonne라는 것인데, 얇게 잘라 구운 쇠고기 위에, 참치와 마요네즈, 앤초비를 넣고 고루 잘 섞은 것을 펴 발라서 먹는 전채 요리다. 매우 신기한 조합이지만 맛을 보면 묘한 매력에 중독되지 않을 수가 없다.

비텔 톤네

베네치아에서 이 음식은 꼭!

처음부터 모든 것을 사람의 손으로 일궈 세운 도시 베네치아는 딱히 도시의 전통 요리라고 내세울 만한 것은 없지만 그래도 멋진 대운하 아래 사는 오징어들의 먹물을 사용한 먹물 파스타인 스파게티 디 네로 디 세피에 Spaghetti di nero di seppie를 맛보지 않을 수 없다.

스파게티 디 네로 디 세피아

나폴리에서 이 음식은 꼭!

마늘과 올리브유만 사용한 순수한 알리올리오 파스타를 베이스로 하여 지중해의 특산물인 올리브와 작은 토마토, 그리고 오리가노라는 향신료를 뿌려 만드는 나폴리 전통 파스타 스파게티 알라 푸타네스카 Spaghetti alla puttanesca. 로마 쪽으로 올라가면 소금에 절인 앤초비를 넣기도 하는데, 나폴리 항의 가난한 이들이 만들어 먹던 파스타에서 기인한다.

스파게티 알라 푸타네스카

이탈리아 치즈의 끝판왕 부라타 치즈

바리에서 이 음식은 꼭!

바리에서 생산되는 이탈리아 치즈의 끝판왕 부라타 치즈 Burrata. 외관은 약간 사이즈가 큰 모차렐라처럼 생겼지만 치즈를 자르면 물소 젖이 그대로 흘러나오고 말랑함과 고소함이 단언컨대 이탈리아의 그 어떤 치즈도 넘볼 수 없는 환상적인 맛을 자랑한다.

시칠리아에서 이 음식은 꼭!

사실 어떤 면에서는 이탈리아 전역에서 가장 식문화가 풍성한 곳은 다름 아닌 시칠리아일 수도 있다. 8개의 문화권이 공존하는 시칠리아에서는 듣도 보도 못한 여러 가지 음식들이 길거리에서 팔린다. 그중에서도 섬세한 요리 솜씨를 요하는 정어리 파스타 스파게티 알레 사르데 Pasta alle sarde를 권한다. 시칠리아에서 가장 유명한 파스타 알라 노르마 Pasta alla norma와는 다른, 뭔가 더 클래식한 시칠리아스러움이 느껴지는 파스타이다. 달달하고 먹음직스러운 돌체들, 그리고 크로켓과 비슷한 아란치니 Arancini도 놓치면 아쉽다.

아란치니 Arancini

스파게티 알레 사르데 Pasta alle sarde

파스타 알라 노르마 Pasta alla norma

Enjoy 이탈리아 와인

세계 와인 시장을 양분하는 나라는 역시 프랑스와 이탈리아일 것이다. 하지만 프랑스에 비해 이탈리아가 와인 생산국의 입장에서 가지는 유리함이라고 한다면, 이탈리아는 그야말로 전 국토에서 개성 넘치는 와인이 생산 가능하다는 것이다. 여행하는 도시의 음식과 잘 어울리는 지역 토착 와인의 맛을 보는 것 또한 즐거운 여행을 만드는 필수 요소다.

1. 이탈리아 와인의 역사

3000년의 와인 역사를 갖고 있고, 유럽 전역에 와인을 전파한 나라가 이탈리아다. 그러나 명성은 프랑스에 미치지 못하는데 그 이유는 이탈리아인들은 와인을 음식으로 여겨 생산량 확대에만 주력하고 품질 향상에는 그리 신경을 쓰지 않았기 때문이다. 그러면서 이탈리아 와인은 명성을 잃어버리고 사람들에게 외면당했다.
하지만 이탈리아가 와인 종주국의 자존심을 되찾고자 움직이기 시작했다. "우리가 예전엔 최고였다!"라는 과거 회상에서 벗어나 품질 발전을 위해 수확량을 조절하고 여러 종류의 국제적인 포도 품종과 토종을 혼합해 현대인들의 세련된 입맛을 사로잡으려 노력하고 있다.
이탈리아 와인의 도약에 앞장선 가문은 안티노리 ANTINORI와 가자 GAJA다. 이들의 노력으로 만들어진 가자의 바르바레스코 Barbaresco나 바롤로 Barolo, 안티노리의 솔라이아 Solaia와 티냐넬로 Tignanello 등은 세계 최고의 와인이라 칭해지며 주목 받기 시작했다. 이러한 추세는 저명한 와인 잡지인 『Wine Spectator』가 해마다 선정하는 세계 최고의 와인 100선에서 4개 이상의 이탈리아 와인들이 10위권 안에 포진하며 점차 고정화되고 있다.

이탈리아는 예전부터 와인의 맛과 향이 다양한 것으로 유명하다. 북쪽의 알프스 산맥에서부터 남쪽의 시칠리아 섬까지 길게 뻗어 있는 지형 덕분에 대륙성 기후부터 지중해성 기후까지 다양한 기후와 토양을 가지고 있어서 지방마다 재배하는 포도 품종이 조금씩 다르기 때문이다. 이러니 와인 애호가들에게 이탈리아는 최상의 나라가 아닐 수 없다.

2. 좋은 포도주를 고르는 방법

현지인들도 그 종류를 다 알 수 없을 정도로 다양한 포도주가 범람하는 이탈리아. 도대체 어떻게 해야 이 많은 와인들 중 가장 맛있는 와인을 고를 수 있을까? 아래에 소개한 세 가지 팁을 참고한다면 자신이 원하는 맛과 향을 최상으로 즐기며 이탈리아 와인의 진가를 경험할 수 있을 것이다.

Tip1 품질에 따라 등급이 나뉜다

Vino da Tavola < I.G.T < D.O.C < D.O.C.G

Vino da Tavola 가장 낮은 등급. 저렴한 가격대의 와인이지만 맛까지 저렴하진 않다. 이 등급에 속하는 와인 대부분은 이탈리아 정부가 정한 고유 포도 품종의 기준을 지키지 못한 와인들이다. 한 병에 €100를 호가하는 슈퍼 투스칸 Super Tuscan 와인들도 한때 이 등급에 속했다.

I.G.T(Indicazione Geografica Tipica) 만드는 방법으로는 Vino da Tavola에 속하지만 맛과 품질은 월등한 와인들이 탄생한 1990년대 말 새로 도입된 등급. 주로 슈퍼 투스칸 와인들이 이 등급에 속해 있다. 라벨에 어떤 종의 포도로 어느 지역에서 생산되었는지가 표시된다.

D.O.C(Denominazione di Origine Controllata) 생산지와 포도 품종 및 혼합 비율, 숙성 기간 등을 엄격하게 검사하여 통과한 와인에 붙여주는 등급이다.

D.O.C.G(Denominazione di Origine Controllata e Garantita) 가장 높은 등급으로 D.O.C 등급 중에서 5년

이상 좋은 성적을 거둔 와인에 부여된다. D.O.C.G는 그 와인의 품질을 검사했으며 '보장한다 Garantita'는 뜻이다. 이 등급 표시가 붙은 와인을 선택하면 실패할 확률이 거의 없다.

Tip2 숙성 기간과 보관법에 따라 맛이 다르다

와인은 같은 포도 품종과 방법으로 만들어도 얼마 동안 어떤 환경에서 숙성하느냐에 따라 그 맛이 다르다. 그래서 같은 와인이라도 숙성 기간에 따라 가격이 달라지는 경우가 많다.

예를 들자면 이탈리아를 대표하는 최고의 와인 브루넬로 디 몬탈치노 Brunello di Montalcino는 가격이 상당히 비싸다. 그래서 원산지인 이탈리아에서도 그 맛을 쉽게 볼 수 없는데, 이 문제를 해결하기 위해서 같은 포도 품종으로 똑같은 과정을 통해 만든 와인이지만 숙성 기간을 단축해 저렴하고 대중적인 로소 디 몬탈치노 Rosso di Montalcino를 내놓았다.

좋은 와인을 만들기 위해서 숙성 기간이 중요한 것은 두 말할 것도 없지만 구매한 와인을 어떤 환경에서 보관하느냐에 따라서도 그 맛에 큰 차이가 난다. 일반적으로 와인은 온도 변화가 없는 어둡고 건조한 곳에 보관하는 것이 가장 좋다. 그뿐만 아니라 와인마다 마실 때 가장 적절한 온도가 있는데 그 온도를 맞춰서 마시면 그 와인의 맛과 향을 제대로 즐길 수 있을 것이다.

일반적으로 화이트 와인은 6~8℃, 레드 와인은 16~18℃로 마시는 것이 가장 좋다. 하지만 모든 와인이 똑같지는 않으며, 종류에 따라 그 적정 온도가 조금씩 다르다. 가장 정확한 정보는 와인 병에 표시된 적정 온도를 참고하는 것이다.

Tip3 포도 품종에 따라 맛이 다르다

이탈리아에는 전문가들도 다 기억하기 힘들 정도로 많은 포도 품종이 있다. 그중 아래 여섯 가지가 많은 이들에게 선택받는 대표적인 품종들이다. 품종 고유의 맛을 알고 자신에게 가장 맞는 와인을 선택해보자.

네비올로 Nebbiolo 주로 이탈리아 북부 지방에서 재배되는 포도 품종으로 수확기에 안개가 자욱하게 포도밭을 감싸기 때문에 안개를 먹고 자란 포도라는 의미에서 '안개'를 뜻하는 이탈리아어 네비아 Nebbia와 관련된 이름이 붙여졌다. 깊고 강한 맛에 석류의 붉은색을 지니며 레드 와인을 만들 때 주로 사용되고 두툼한 스테이크 같은 육류요리와 궁합이 잘 맞는다.
대표 와인 바롤로, 바르바레스코

모스카토 Moscato 달콤한 향과 맛에 투명한 금색을 지니고 있다. 화이트 와인으로 만들어지며 탄산을 넣은 스파클링 와인 Sparkling Wine과 탄산이 없는 와인으로 나뉜다. 특히 탄산을 넣은 와인은 목에서도 부드럽게 넘어가므로 음식을 먹지 않고 와인 고유의 맛을 느끼기에 좋고, 달콤한 돌체 Dolce류와 최상의 궁합이다. 여성들이 가장 좋아하는 품종이다.
대표 와인 모스카토 다스티 Moscato d'Asti

산조베세 Sangiovese 이탈리아 전역에서 가장 많이 재배되고 있는 포도 품종으로 이탈리아의 국민 와인인 키안티 Chianti를 만드는 데 주로 사용된다. 신선한 포도향과 가볍고 약한 신맛이 있어 모든 음식과 잘 어울린다. 산조베세의 한 종류인 산조베세 그로소 Sangiovese Grosso는 이탈리아 최고 와인 중 하나인 브루넬로 디 몬탈치노를 만들 때 사용된다.
대표 와인 키안티, 브루넬로 디 몬탈치노

몬테풀치아노 Montepulciano 이탈리아 중동부에서 주로 재배되는 품종. 산조베세와 혼합해 몬테풀치아노 다부르초 Montepulciano d'Abruzzo DOC를 만든다. 무거운 바디감을 지니고 있고 드라이하면서 목 넘김이 부드러우며 약간 떫은맛이 느껴진다. 대부분의 육류요리와 훌륭한 궁합을 자랑한다.
대표 와인 파르네세 몬테풀치아노 다부르초 Farnese Montepulciano d'Abruzzo

프로세코 Prosecco 이탈리아 북부 베네토 Veneto 주에서 많이 재배되는 포도 품종으로 주로 스파클링 와인을 만들 때 사용한다. 달콤하면서 드라이한 맛으로 안티파스토 Antipasto나 해산물류의 메인 요리는 물론, 디저트에도 곁들이면 좋다.
대표 와인 프로세코 디 코넬리아노 발도비아데네 Prosecco di Conegliano Valdobbiadene

람부르스코 Lambrusco 볼로냐가 위치한 에밀리아 로마냐 Emilia-Romagna 지방에서 생산되는 포도로 변이가 매우 잘 일어나는 품종으로 알려져 있다. 그만큼 다양한 맛과 바디감을 내는 와인을 만들어내는데 냉장 저장하는 발포성 레드 와인을 주로 만든다.
대표 와인 람브루스코 에밀리아 Lambrusco Emilia

3. 지역별 와인의 특성과 추천 와이너리

피에몬테

이탈리아의 여러 지역 와인 중에서 가장 다양한 맛과 형태를 자랑하는 피에몬테 지역의 와인은 주로 네비올로 Nebbiolo라는 품종을 사용해 와인을 만든다. 최고급인 바롤로 Barolo 와 바르바레스코 Barbaresco가 있고 랑게 Langhe 지역에서 만드는 랑게 네비올로 Langhe Nebbiolo, 그리고 그 외에도 바르베라, 돌체토 같은 다양한 품종을 사용해 멋지고 세련된 레드 와인을 많이 생산한다. 피에몬테의 화이트 와인 중에는 상큼한 배 맛이 일품인 로에로 아르네이스 Roero Arneis라는 화이트 와인이 돋보인다. 와이너리로는 역사와 전통을 가진 브루노 지아코사 Bruno Giacosa 와이너리를 추천한다.

베네토

가볍게 부드럽게 마실 수 있는 소아베 Soave 라는 화이트 와인으로 널리 알려졌지만 비교적 최근에는 와인의 깊이나 품질에서 이탈리아 최고의 레드 와인으로 꼽히는 토스카나의 브루넬로 디 몬탈치노와 겨뤄도 손색이 없다는 평을 받은 아마로네 델라 발폴리첼라 Amarone della Valpolicella라는 레드 와인이 바로 이곳 베네토에서 생산된다. 특히 베네토 지역은 최근에 무섭게 치고 올라오는 발포 와인인 프로세코의 주요 산지로서 이탈리아산 스파클링 와인의 성지로 주목받고 있다.

토스카나

이탈리아 와인의 역사와 깊이를 알고 싶다면, 이탈리아 최대의 포도 생산지이자 이탈리아를 대표하는 토착 품종인 산지오베제 Sangiovese 포도의 산지인 토스카나가 정답이다. 토스카나 와인 하면 대표적으로 키안티 Chianti 와인과 브루넬로 디 몬탈치노 Brunello di Montalcino를 꼽는데, 두 와인 모두 산지오베제를 사용해 만든다(브루넬로 디 몬탈치노는 브루넬로라는 포도 품종으로 만들어지는데, 브루넬로 자체가 산지오베제의 변종이다).

독특한 산미를 자랑하는 산지오베제는 같은 포도 품종이어도 와이너리에 따라 맛과 향이 달라진다. 덕분에 여행자들은 토스카나의 수많은 와이너리 중 어느 와이너리를 방문할지 고민하기 일쑤. '취향에 맞게 선택'하는 것이 최선이지만, 굳이 필자에게 한 곳만 꼽으라면 리카솔리 가문에서 만드는 키안티 와인을 추천한다.

시칠리아

다양한 문화권만큼이나 다양한 기후와 풍토를 지닌 시칠리아 역시 다양한 와인을 생산하는 곳이다. 섬 곳곳에 자리한 마을에서 개성 넘치는 와인들이 나오지만 그 중에서도 체라수올로 디 비토리아 Cerasuolo di Vittoria라는 와인을 추천한다. 프랑스 와인 중 12개의 포도 품종을 섞어서 만드는 샤토뇌프 디 파프 Châteauneuf-du-Pape라는 와인이 있는데, 이에 전혀 뒤지지 않을 만큼 복잡하면서도 섬세하고 미묘한 맛의 균형을 잡아주는 와인이 바로 체라수올로 디 비토리아다. 영화 〈살쾡이 Il Gattopardo〉의 배경이 되었던 '돈나 푸가타 Donna Fugata' 같은 와이너리도 인기를 얻고 있지만 시칠리아 곳곳에서 다양한 와인을 생산하는 플라네타 Planeta 와이너리의 와인들을 추천한다.

Travel Plus ● 영롱한 루비색 물방울의 유혹, 토스카나 와인

이탈리아를 대표하는 와인들 중에서도 21세기, 전 세계인들에게 가장 호평받고 있는 와인은 바로 토스카나 와인입니다.

과거 이탈리아인들은 전통을 고집해 고유 포도 품종들로만 와인을 만들며 새로운 변화를 거부했습니다. 그 결과 외국인들의 입맛에 맞는 와인을 만들어내지 못해 이탈리아 와인의 명성은 나날이 빛이 바래 갔습니다. 하지만 20세기에 접어들면서 젊고 패기 있는 양조인들의 노력으로 세련된 현대인들의 입맛까지 매혹시키는 와인들을 만들어내 다시 각광을 받고 있습니다. '슈퍼 투스칸'이라는 애칭으로 사랑을 독차지하는 이 모든 슈퍼 와인들의 고향이 바로 피렌체가 위치한 토스카나 주입니다.

토스카나 와인을 흔히 키안티 Chianti 와인이라 칭하기도 하는데 이는 와인의 주 생산지가 피렌체 남쪽과 시에나 사이에 위치한 키안티 지방이기 때문입니다.

이 지방은 토스카나 주의 중앙에 위치하며 끝없는 구릉지대가 펼쳐집니다. 옛 중세의 모습을 그대로 간직하고 있는 작은 마을들이 많아 유럽인들이 즐겨 찾는 휴양지이기도 합니다. 게다가 이탈리아의 국민 와인이라고 불릴 정도로 인정받는 맛을 내며 풍부한 생산량으로 가격까지 저렴한 훌륭한 와인의 본고장입니다.

키안티 와인은 이탈리아 고유 포도 품종인 산조베세 Sangiovese를 바탕으로 만들어집니다. 이 포도 특유의 신맛은 식욕을 자극하여 음식의 맛을 더욱 좋게 만들어 주기 때문에 식사할 때 함께 곁들이기에 알맞습니다.

키안티에서는 그 고유의 품질을 지키기 위해 산조베세 포도를 80~100%까지 넣어 와인을 만들게 합니다. 와인을 제조하는 많은 가문에서는 20% 미만의 다른 포도 품종을 섞음으로써 조금씩 다른 맛을 내는 술을 만들어 사람들의 입맛을 사로잡고 있습니다.

키안티 와인은 중앙정부에서 제정한 DOCG 외에도 지방 자체에서 그 품질을 인증하고 보장하는 품질 마크를 별도로 가지고 있어요. 와인을 좋아하는 사람이라면 많이 보았을 법한데, 검은 수탉 마크인 갈로 네로 Gallo Nero입니다. 이 마크는 "키안티 지방에서 나온 와인 중 이 병에 담긴 제품은 최상의 맛을 자랑합니다"라는 표시로 이것이 붙어있는 와인을 선택한다면 실패할 확률이 적습니다. 키안티 지역에서 좋은 와인을 만드는 가문들을 꼽자면 안티노리 Antinori, 루피노 Ruffino, 디에볼레 Dievole, 테누타 산 귀도 Tenuta San Guido를 들 수 있습니다.

1. 키안티 Chianti

숙성 기간이 짧아 깊은 맛을 내지는 못하지만, 젊은 포도의 맛과 향긋한 과일 향이 일품입니다. 모든 음식들과 궁합이 잘 맞고 가볍게 마실 수 있어요. 보통 1년 미만의 숙성기간을 거치는 와인이라 가격대도 부담스럽지 않습니다. 가격은 약 €4~10(마트 기준)

2. 키안티 클라시코 Chianti Classico

나무로 만든 오크통에서 24개월 정도 숙성을 거친 와인으로, 키안티에 비해 좀 더 깊은 맛과 숙성된 산조베세의 강하고 여운이 남는 맛을 느낄 수 있습니다. 가격은 €10~30(마트 기준).

3. 키안티 클라시코 리제르바 Chianti Classico Riserva

그해 경작한 포도 중 가장 좋은 20%만을 엄선하여 오랫동안 공들여 숙성시키는 와인이에요. 최소 3년의 숙성 과정을 거칩니다. 그 맛이 아주 강하고 깊기 때문에 스테이크류나 오래 숙성된 햄·치즈와 같이 먹으면 참맛을 즐길 수 있답니다. 가격은 €15~40(마트 기준).

4. 슈퍼 투스칸 Super Tuscan

위에서 소개한 전형적인 와인들과 함께 나라에서 지정한 고유의 포도 품종 함량을 무시하고 다른 품종의 포도들과 함량을 다양하게 섞어 새로운 맛을 만들어낸 와인을 칭합니다.

출시된 즉시 세계 와인 애호가들의 입맛을 사로잡고 단숨에 이탈리아 와인의 위상을 드높인 와인들로는 사시카이야 Sassicaia, 티냐넬로 Tignanello, 오르넬라이아 Ornellaia, 솔라이아 Solaia 등이 있습니다. 이들은 토스카나 고유 품종인 산조베세와 가장 대중적인 포도 품종인 카베르네 쇼비뇽 Cabernet Sauvignon, 멜롯 Merlot 등을 첨가해 산조베세의 강한 맛을 부드럽게 만들어 환상적이며 국제적인 맛으로 만들어 낸 것들입니다.

슈퍼 투스칸 와인들은 전 세계적으로도 최고의 와인으로 손꼽이고 있지만, 이탈리아 정부 기준에는 이탈되어 있어 1등급에 속하는 DOCG를 받지 못하고 3등급인 IGT(Indicazione Geografica Tipica)를 받습니다. 그러나 가격은 €40부터 시작하며 그 끝은 없습니다.

Enjoy 이탈리아 카페

여행 중 심신이 지치거나 피로를 풀고 싶을 때는 카페인만 한 것도 없다. 특히 이탈리아에서 커피 한 잔 마시지 않고 온다는 것은 말도 안 되는 소리! 부드러운 거품이 잔뜩 얹힌 카푸치노나 진한 원액의 에스프레소 한 잔 정도는 꼭 마셔봐야 한다. 다만 그 맛에 중독되면 헤어나오기 힘들지도 모른다. 한국과 다른 이탈리아의 카페 문화를 알아보고, 멋진 커피숍을 찾아 즐겨보자.

대표적인 카페 메뉴

카페 Caffe

우리가 흔히 생각하는 에스프레소. 진한 커피 원액이 작은 잔에 나온다. 크레마가 한가득 덮여 있으며, 설탕을 넣어 한 번에 마시면 진하고 고소한 맛이 난다. 좀 더 많은 양을 먹고 싶다면 '카페 도피오 Cafe Doppio'를 주문하자.

카푸치노 Capuccino

에스프레소 원액과 우유, 그 위에 풍성한 우유거품이 얹혀 나오는 커피.

카페 라테 Caffe Late

스팀 밀크에 에스프레소 원액을 넣은 커피. 부드럽고 따끈한 맛은 쌀쌀한 날 온 몸과 마음을 따뜻하게 감싸준다. 케이크나 쿠키를 곁들여 먹으면 가벼운 한끼 식사도 된다.

라테 마키아토 Late Macchiato

스팀 밀크에 에스프레소 원액을 아주 조금 넣은 커피. 마키아토는 이탈리아어로 '얼룩진'이라는 뜻이다. 즉 에스프레소로 얼룩진 우유라는 의미다.

카페 마키아토 Caffe Macchiato

Latte Macchiato와 반대로 에스프레소에 소량의 우유를 넣은 커피.

카페 샤케라토

Caffè shakerato

에스프레소에 얼음을 넣고 칵테일처럼 흔들어 부드러운 거품을 낸 커피. 겉모습이 마치 흑맥주 같다.

주문하는 법

이탈리아의 카페는 한국의 카페와 다르게 좌석이 거의 없다. 있어도 커피값의 2~3배에 달하는 비용을 추가로 지불해야 하므로 배보다 배꼽이 더 크다.

❶ 먼저 메뉴를 선택한 다음 카운터에서 주문을 하고 영수증을 받자.

❷ 바리스타에게 영수증을 전해주며 원하는 메뉴를 이야기한다.

❸ 약간 던지는 듯한 느낌으로 내 앞에 떨어지는 커피를 바라보면 당혹스럽기도 하지만 진정하고 한입 머금어보라. 그 향과 맛이 모든 것을 용서해준다.

도시별 추천 카페

로마

LA CASA DEL CAFFE TAZZA D'ORO (p.161)

한 번 가게 되면 매력에 푹 빠져 계속 갈 수밖에 없는 카페

피렌체

GiLLi (p.238)

카푸치노의 우아한 거품이 인상적이다.

볼로냐

Bar La LINEA (p.287)

가장 강렬한 맛의 에스프레소가 일품

베네치아

Caffée Lavena (p.328)

산 마르코 광장의 세 카페 중 가장 맛있는 커피

밀라노

Pasticceria Marchesi (p.370)

정겨운 느낌의 카페로 밀라노 최고의 커피를 맛볼 수 있다.

나폴리

Gran Caffè GAMBERINUS (p.399)

대통령이 드나든다는 카페에서 커피 한 잔

Enjoy 이탈리아 젤라토

덥고 지칠 때 옆을 지나가는 이가 들고 있는 수북한 젤라토를 봤다면 당장 뺏고 싶은 마음이 들 정도로 여름의 이탈리아는 고통스럽기까지 하다. 그런 당신에게 상큼발랄하게 기운을 북돋아 줄 젤라토 열전!

젤라토는 기원전 500년경 고대 그리스인들이 얼음과 과일즙을 이용해 만들어 먹기 시작한 음식이 소르베토 sorbetto라는 이름으로 이탈리아에 전해져 왔다.

지금 우리가 흔히 알고 있는 젤라토에 가장 가까운 모습은 16세기 메디치 가문이 주최한 '토스카나의 최고 요리사를 뽑는 경연 대회'에서 처음 등장한다. '한번도 맛본 적 없는 새로운 음식 만들기'라는 주제로 열린 이 대회에서 루게리라는 요리사가 과일 향을 첨가한 설탕을 이용해 달콤한 맛이 나는 아이스크림을 만들어 우승을 차지했고, 젤라토라는 이름으로 세상에 첫선을 보여 선풍적인 인기를 끌었다.

메디치 가문의 카트리나 데 메디치가 프랑스의 앙리 4세와 결혼할 때 루게리를 자신의 요리사로 데리고 가겠다고 할 정도로 젤라토의 인기는 하늘을 찔렀다.

이즈음에 건축가 겸 조각가였던 베르나르도 부온탈렌티도 차바이오네 크림 Crema di Zabaione(설탕과 달걀을 주재료로, 럼주 등을 넣어서 만든 것)과 과일을 섞은 젤라토를 만들어 큰 인기를 얻었다. 지금도 피렌체에서는 크레마 피오렌티나 Crema Fiorentina 또는 젤라토 부온탈렌티 Gelato Buontalenti라는 이름으로 불리며 많은 이들이 즐겨 찾는다.

거리 곳곳에서 신선한 과일들을 담고 수북이 쌓여있는 젤라토는 더위에 지친 여행자들을 향해 손짓한다. 젤라토를 한입 물고 혀에 사르르 녹이면, 아름다운 꽃향기와 신선한 과일 향, 시원한 감각이 여행자의 세포 하나하나를 일깨워줄 것이다.

프랜차이즈는 없을 것 같은 이탈리아에서 만날 수 있는 프랜차이즈 젤라토 체인 GROM과 Venchi. 길 가다 만나는 젤라테리아가 미심쩍다면 이 두 곳의 젤라토를 선택하는 것도 나쁘지 않은 선택.

젤라테리아를 이용하는 방법은 카페와 비슷하다. 먼저 쇼 케이스 위에 진열된 컵과 콘을 보고 원하는 크기의 컵 또는 콘을 선택해 카운터에서 계산 후 점원에게 영수증을 준다. 가격에 따라 원하는 젤라토 맛을 선택하거나 추천해달라고 하자. 점포에 따라 생크림 Panna이나 초콜릿, 또는 얇은 과자류를 얹어주기도 한다.

도시별 베스트 젤라테리아

로마

Da quinto gelateria (나보나 광장 부근, p.159)

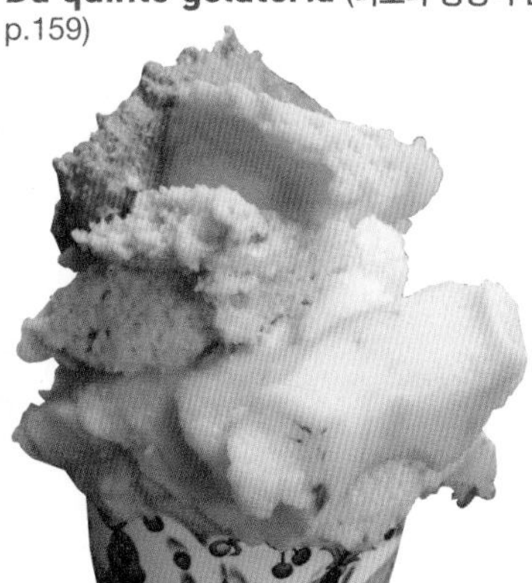

노토

Caffe Constanzo (두오모 맞은편 뒷골목, p.479)

밀라노

Cioccolati Italiani (비토리오 에마누엘레 2세 회랑 부근, p.369)

볼로냐

gelateria gianni (두개의 탑 부근, p.287)

피렌체

Gelateria Vivoli (산타 크로체 광장 부근, p.230)

Enjoy 이탈리아 쇼핑

수많은 유명 브랜드의 고향인 이탈리아. 현명한 쇼핑은 여행의 즐거움을 배가시킨다. 여행 가방의 빈 곳을 똑똑하게 채우기 위한 어드바이스를 소개한다.

1. 명품 쇼핑

이탈리아 시내에서도 '명품' 브랜드뿐만 아니라 세계 각지의 유명 브랜드 상품을 손쉽게 구할 수 있다. 특히 이탈리아가 고향인 브랜드들은 우리나라에 수입되는 가격에 비해 훨씬 저렴하다. 대표적인 브랜드로는 구치 Gucci, 프라다 Prada, 페라가모 Ferragamo, 막스마라 Max Mara, 돌체 앤 가바나 Dolce & Gabbana, 디젤 Diesel 등이 있다.

대표적인 쇼핑 거리

로마의 콘도티 거리(→p.166)
피렌체의 토르나부오니 거리(→p.237)
밀라노의 몬테 나폴레오네 거리(→p.373), 비토리오 에마누엘레 2세 갤러리(→p.358)
베네치아의 산 마르코 광장 뒤편(→ Map p.313-D2)

로마의 콘도티 거리

비토리오 에마누엘레 2세 갤러리

밀라노의 몬테 나폴레오네 거리

알아두세요!

한국으로 귀국할 때 반입 한도는 $800입니다. 환율에 따라 조금 차이는 있지만 유로로 €520 정도 됩니다. 이를 초과하는 물품 반입 시엔 자진신고를 해야 합니다. 필자가 €1,500 상당의 물품을 신고했을 때 12만 원 정도의 세금을 냈던 경험이 있어요. 자진신고 하시면 세금의 30%를 경감해주니 꼭 신고하세요! 적발 시에는 가산세와 함께 향후 출입국 시에 조금 불편한 일이 생깁니다.

2. 백화점 쇼핑

이탈리아의 대표적인 백화점은 라 리나센테와 코인. 도시별로 분위기가 조금 다르긴 하지만 주로 미국 브랜드 상품과 화장품, 패션 잡화, 생활용품들이 판매된다.

라 리나센테 La Rinascente
이탈리아 대표적인 백화점. 도시별로 차이는 있지만 고급스럽고 우아한 분위기로 유명브랜드 상품을 취급한다. 특히 속옷, 스타킹 제품들이 고급스럽고 옥상 카페나 식당가는 깔끔하고 좋은 분위기를 갖고 있다. 맨 윗층의 화장실이 무료라는 것도 매우 매력적!
로마 Map p.118-B1 피렌체 Map p.205-A2

코인 coin
라 리나센테에 비하면 서민적인 분위기. 특히 주방용품이나 생활용품 부분에 강점을 갖고 있으며 젊은 층들이 선호하는 중저가 의류들이 모여 있다.
로마 Map p.106-B2 피렌체 Map p.205-A2
베네치아 Map p.315-C2

3. 아웃렛 쇼핑

'신상품이 아니면 어때! 저렴하면 되지!'라고 생각하는 여행자라면 시간을 조금 투자해 근교의 아웃렛으로 가보자. 요즘은 아웃렛 쇼핑이 이탈리아 여행의 필수 코스가 돼버렸다 해도 과언이 아니다. 최신 유행 상품은 아니더라도 클래식한 디자인의 제품을 저렴한 가격에 구입할 수 있다.

아웃렛 쇼핑의 원칙

❶ '싼 거 있으면 살까?'라는 마음이면 시내 여행을 더 하자.
❷ 신상은 찾기 힘들다. 기본 디자인을 저렴하게 구입하고 싶다면 아웃렛 추천.
❸ 명품은 싸도 비싸다. 한국에서 구입할 때의 가격과 비교는 필수.

도시별 대표적인 아웃렛

로마

카스텔 로마노 CASTEL ROMANO

로마 근교에 위치한 대규모 아웃렛. 유럽에 20여 개의 지점을 갖고 있는 맥아더 글렌 계열 아웃렛으로 100여 개의 매장이 있다. 페라가모 Ferragamo, 펜디 Fendi, 에트로 Etro, 제냐 Zegna 등을 비롯한 이탈리아 명품 브랜드부터 캐주얼 브랜드 발디니 Baldinini, 캄페르 Camper, 제옥스 Geox 등과 기타 생활용품까지 다양한 브랜드 매장이 자리한다.

추천 매장 발디니니, 리플레이

가는 방법 테르미니 역 24번 플랫폼 외부 지올리티 거리 48번지 Via Giolitti 48에서 출발하는 셔틀버스 이용. 왕복 €15.

피렌체

더 몰 THE MALL p.235

피렌체에서 SITA 버스를 이용해 40분 정도 가면 도착할 수 있는 아웃렛. 구치 Gucci와 프라다 Prada 매장이 크게 자리하고 페라가모 Ferragamo, 아르마니 Armani, 디오르 Dior, 버버리 Burberry, 보테가 베네타 Bottega Veneta, 디젤 DIESEL, 몽클레어 MONCLER 등의 유명 브랜드의 할인매장이 우리를 유혹한다. 접근성이나 가성비가 가장 좋은 아웃렛.

추천 매장 구치, 크리스찬 디오르

가는 방법 피렌체 산타 마리아 노벨라 역 옆 버스터미널 맞은편 Via Orti Oricellari에서 버스 이용. 왕복 €13, 편도 40분.

프라다 스페이스 Prada Space p.235

말 그대로 프라다의 공간. 프라다 공장에 위치한 팩토리 아웃렛이다. 깔끔하고 단순하면서 실용적인 디자인의 제품들이 가득하다. 프라다에서 생산되는 남 · 여성용 모든 라인의 제품이 갖춰져 있다.

가는 방법 피렌체 산타 마리아 노벨라 역에서 레지오날레 기차로 몬테바르키 · Montevarchi 역까지 40분 소요, 역 앞에서 택시 이용

바르베리노 아웃렛 p.236

맥아더 글렌 계열의 아웃렛 매장. 100여 개의 부티크가 모여있고 프라다 Prada, D&G, 폴로 Polo, 미소니 Missoni, 캘빈클라인 Cavin Klein 등의 명품 브랜드와 아디다스 Adidas, 나이키 Nike, 게스 Guess 등의 캐주얼 브랜드들이 있다.

추천 매장 나이키, 비알레티

가는 방법 피렌체 산타 마리아 노벨라 기차역 중앙

매표소 내에 위치한 관광객 방문 센터 Sightseeing Experience Visitor Center에서 셔틀버스 이용(매주 금, 토, 일요일). 왕복 €13, 35분 소요.

밀라노

•• 팍스 타운 FOX TOWN p.371

이탈리아와 스위스 국경지대 맨드리시오 Mendrisio에 위치한 아웃렛. 스위스 영토에 속하기 때문에 결제는 스위스 프랑을 이용하는 것이 유리하다. 3개의 건물에 걸쳐 300여 개의 매장이 있어 반나절은 투자해야 한다. 페라가모 Ferragamo, 아르마니 Armani, 디오르 Dior, 버버리 Burberry, 보테가 베네타 Bottega Veneta 등의 명품 브랜드는 중저가 브랜드, 아동복, 생활용품 등 다양한 매장이 있다.

추천 매장 로로 피아나 Loro Piana

가는 방법 밀라노 중앙역에서 맨드리시오까지 기차 1시간 후 도보 20분, 또는 밀라노 메트로 1호선 Cairoli 역 부근 셔틀버스 이용. 왕복 €20

•• 세라발레 아울렛 Mcarthur Glen Designer Oulet Serravalle p.371

맥아더 글렌 계열 아웃렛. 밀라노 근교 최대의 아웃렛으로 35,000㎡의 면적에 180여 개 브랜드의 상점이 들어서 있고 30%~70%의 할인율을 보여준다. 구치 Gucci, 페라가모 Ferragamo, 아르마니 Armani, 디오르 Dior, 버버리 Burberry, 보테가 베네타 Bottega Veneta, 불가리 BVLGARI 등 유명 브랜드 상품은 물론, 중저가 브랜드 매장도 다양하게 구성되어 있다.

추천 매장 불가리, 라 페를라 La Perla, K.I.D.S.

가는 방법 밀라노 중앙역에서 Arquata Scrivia 역까지 기차로 이동한 후 역 앞 버스 정류장에서 버스로 이동. 버스 요금 €2, 또는 오전 10시에 밀라노 중앙역이나 메트로 1호선 Cairoli 역에서 셔틀버스 이용. 왕복 €25.

4. 식재료 쇼핑

미식가의 천국 이탈리아에서는 다양한 파스타와 향신료, 커피 등을 살 수 있다. 여행 후에 사 온 제품을 보면서 그리움을 달래기에도 안성맞춤. 특히 3대 건강 식품 중 하나인 올리브 오일은 우리나라와 비교하면 놀랄 만큼 저렴하며 질도 좋다. 커피 마니아라면 원두도 빼놓으면 섭섭한 제품. 일리 illy나 라바차 Lavazza는 맛도, 품질도 인정받는 제품이다.

•• 파스타 색깔과 모양이 다양한 파스타는 요리의 즐거움을 더해준다. 파스타별로 어울리는 소스가 따로 있으며 파스타마다 조리법이 다르다. 포장지를 잘 연구할 것. 대표적인 브랜드로는 데 체코 De Cecco와 바릴라 Barilla가 있다.

건 파스타

시장의 생파스타

향신료 우리나라에서 구하기 힘든 다양한 향신료들을 저렴하게 구할 수 있다. 대표적인 향신료인 바질 · 오레가노와 함께 파슬리 · 월계수 잎 등도 잘 쓰이는 향신료.

올리브 오일 & 발사믹 식초 우리나라와 비교해 매우 저렴하다. 발사믹 식초의 경우 모데나 Modena산이 가장 품질이 좋으며 숙성 기간에 따라 맛의 깊이가 다르다.

커피 향긋한 커피 냄새는 이탈리아 여행 중 지나칠 수 없는 유혹이다. 일리나 라바차 커피뿐만 아니라 각 카페 자체 원두도 훌륭하다.

각종 소스 특히 이탈리아 요리에 자주 쓰이는 토마토 소스나 바질 등의 향신료를 이용한 페스토 Pesto 소스는 우리 입맛에도 잘 맞는다.

이탈리아를 먹어라! EATALY

Eat+Italy라는 과감한 이름을 가진 식재료 전문점. 전통과 현대를 조화시키면서 착하고 깨끗한 유기농 먹거리를 전파하겠다는 철학으로 토리노에서 시작되어 이탈리아 전역에 점포를 개설하고 있다. 도시별로 매장 분위기가 조금씩 다른데 도시 중심에 위치한 피렌체 매장은 여느 수퍼마켓과 비슷한 분위기이며 대학 도시 볼로냐는 북카페 분위기를 갖고 있다. 도심에서 약간 떨어진 곳에 위치한 밀라노 매장은 3층 단독 건물에 위치하며 종합식품쇼핑몰의 구성을 갖고 있어 방문하는 도시별로 분위기를 살피는 것도 재미있다.(로마 p.167, 피렌체 p.232, 밀라노 p.372, 볼로냐 Map p.278-B2)

5. 패션 잡화

패션의 완성은 디테일한 소품에서 마무리된다. 형형색색의 양말과 스타킹, 각기 다른 디자인의 장갑, 일상을 함께하는 수첩 등 다양하고 아기자기한 상품들이 가득한 숍으로 가보자.

• FABRIANO
오래된 종이회사에서 만들어낸 모던한 느낌의 문구류가 가득한 곳.

• IL PAPIRO
수첩, 액자, 카드, 달력 등 종이로 만든 다양한 품목들이 모여 있는 곳으로 고전적 느낌의 제품이 특징이다.

• CALZEDONIA
다양한 양말과 스타킹들이 모여 있는 곳. 발랄한 디자인이 많다.

• goldenpoint, yamamay, INTIMISSIMI
포멀한 느낌의 란제리와 타이츠류가 주를 이루는 곳.

• SEPHORA
각종 브랜드의 화장품과 향수 전문점.

• SERMONETA GLOVES
핸드메이드 가죽장갑 전문점.

• CAMICISSIMA
여러 가지 디자인과 다양한 색상의 상품을 구비한 넥타이 전문점.

6. 선물하기 좋은 것

이탈리아 여행을 마치고 한국으로 돌아올 때 필자의 가방에 꼭 들어있는 물품들을 소개한다.

•• 커피 원두
라바차 원두. 한국보다
1/4 가격으로 사올 수
있다.

타차도로의 원두. 구수
한 맛이 일품.

•• 화장품 중세시대부터
내려오는 수도원 고유의
비법으로 만든 천연화장
품이 인기 품목.

•• MARVIS 치약
치약계의 샤넬이라
불리는 치약. 8개 정
도의 종류가 있다.

•• 가죽 소품
피렌체에서 늘 구입하
는 가죽장갑.

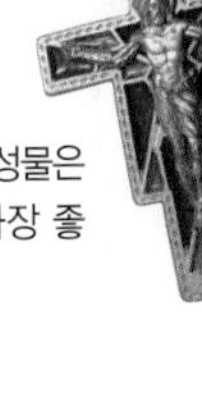

•• 성물
바티칸에서 구입하는 성물은
천주교 신자들에게 가장 좋
은 선물이 된다.

•• Pocket coffee 초콜릿
초콜릿 안에 에스프레소
샷이 들어 있다. 여름에
는 보기 힘든 제품.

•• 예술품을 이용한
기념품
천사 그림 표지 수첩.

•• 냉장고 자석
도시별로 대표적인 건축
물을 작게 만든 기념품.
부피도 작고 여행의 기
억을 되살리기 좋다.

동물 모양의 열쇠고리.
어린 조카들 선물용.

•• 모카포트 모카포트의 표준
인 비알레티 모카 Mokka. 원
두와 함께 커피 애호가들에게
더 이상의 선물은 없다.

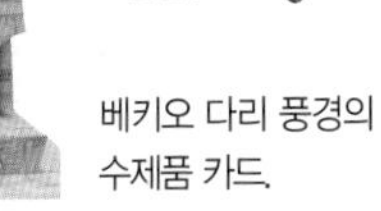

피노키오
연필.

베키오 다리 풍경의
수제품 카드.

About
이탈리아

이탈리아 프로파일

• 국호

La Repubblica Italiana, The Italian Republic

이탈리아공화국

• 정치체제

내각책임제

대통령 세르지오 마타렐라 Sergio Mattarella,
총리 조르자 멜로니 Giorgia Meloni

• 수도

Roma 로마

• 면적

302,072.84km²

• 인구

58,693,217명(2024년 7월 현재)

• 국가번호

39

• 시차

우리나라보다 **8시간 느리다.**
서머타임 기간은 **7시간 느리다.**

• 인종과 사람

이탈리아인

이탈리아인은 **다혈질이며 정이 많은** 것이 한국인과 매우 비슷하다고 생각하면 된다. 다만 이것도 지역적으로 좀 차이가 있는데 **북부 사람들은 사무적이며 냉정하고 남부 사람들은 정이 많고 친절하다**는 것이 일반적인 평가다.

• 언어

이탈리아어

지방마다 사투리가 강하다.
여행지, 식당 등에서 영어가 잘 통한다.

• 종교

종교	비율
가톨릭	83.3%
무교	12.4%
이슬람	3.7%
기타	0.6%

• 통화

유로(EUR, €), 보조통화 센트

€1≒1,492원

(2024년 7월 기준)

지폐 5 · 10 · 20 · 50 · 100 · 200 · 500€
동전 1 · 2€, 1 · 2 · 10 · 20센트

❗ 현금이 필요할 때에는 기차역이나 시내 중심거리에 설치된 ATM(현지에서는 Bancomat 라고 부른다)를 사용하는 것이 좋다.
BNL 은행이 수수료가 조금 저렴한 편이다.

• 국제관계

EU의 회원국 NATO 회원국

남유럽 및 지중해 방어 임무를 담당하며
나폴리에 NATO 남부군 사령부가 위치한다.

G7 그룹

(서방 선진국)의 일원이기도 하다.

• 행정구역

전국 지방자치제 실시

각 주별로 법률이 조금씩 다르다.
현재 행정구역은 20개 주, 103개 도,
8101개의 시로 구분되며

시칠리아 Sicilia와 **사르데냐** Sardegna,
북부 국경지역의 **발레 다오스타** Valle d'Aosta,
프리울리 베네치아 줄리아 Friuli-Venezia Giulia,
트렌티노 알토 아디제 Trentino-Alto Adige 등
5개 주는 **역사적 배경, 민족, 언어의 특성 등을 감안해 자치권을 강화한 특별주**로 관리되고 있다.

• 지역 정보

삼면이 바다로 둘러싸인 반도국가

이탈리아는 북쪽으로 프랑스, 스위스,
오스트리아와 국경을 접하고 있다.

로마와 주변 지방인 라치오·피렌체를 중심으로 한 중부 이탈리아, 밀라노·토리노·베네치아를 축으로 하는 북부, 나폴리를 중심으로 하는 남부 이탈리아로 나뉜다.

시칠리아와 사르데냐는 이탈리아와 다른 나라라고 생각될 만큼 상이한 문화를 갖고 있다. 상공업의 발달로 부유한 북부와 외세의 침략에 시달리던 남부는 빈부의 격차가 심해 오늘날까지 갈등의 원인이 되고 있다.

• 비자

무비자로 90일간 체류 가능

• 전압

220V, 50Hz

콘센트 모양이 우리나라와 동일하나
두 핀 사이의 폭이 좁다.

• 지리와 기후

지중해성 기후로 대체로 온화하고 사계절이 뚜렷하다. 우리나라와 비슷하긴 하지만 여름에 습하지 않고 겨울은 훨씬 따뜻하다. 겨울에는 온화한 남부와 알프스 산맥이 가까운 북부 간에 기온 차가 있는 편이다.

4~6월, 9~10월이 여행하기 좋다.

11월 이후에는 흐리고 비 오는 날들이 많은 편이고 7~8월에는 전 세계의 여행자들이 모여들어 혼잡하고 매우 덥다.

여행 패션코드 온난한 지중해성 기후를 보여주지만 겨울에 파카는 필요하며 일교차가 크다. 이탈리아의 여름은 길고 매우 무더우며 한낮의 더위를 대비해 선크림과 선글라스는 필수다.

이탈리아 전역의 성당 관람을 위해서라면 잠시 더위를 참아야 한다.

민소매 상의나 무릎 위로 훌쩍 올라가는 반바지 차림으로는 성당에 들어가지 못하는 경우가 있다.

• 축제

이탈리아의 축제는 주로 종교적인 기념일, 성인과 관계된 것들이 많다.
부활절, 성탄절과 함께 성모승천기념일인 8월 15일에 축제가 열리며, 6~8월은 각 도시의 **오페라 축제가 열리는 기간**이다.

주요 축제 리스트

- **1월** 주현절 행사(대부분 도시에서 개최)
- **2월** 카니발(대부분 도시에서 개최되나 베네치아의 카니발이 가장 유명하다)
- **3월** 한국영화제(피렌체)
- **4월** 국제음악제(피렌체), 볼로냐도서전(볼로냐)
- **5월** 산 니콜라 축제(바리)
- **6월** 오페라 페스티벌(베로나), 산 조반니 축제(로마), 칼치오(피렌체), 베네치아 비엔날레(베네치아), 루미나리에(피사)
- **7월** 카라칼라 욕장의 오페라 페스티벌(로마), 레덴토레(베네치아), 팔리오(시에나), 푸치니 페스티벌(루카)
- **8월** 팔리오(시에나), 예수의 수의 공개(토리노)
- **9월** 성 젠나로 축제(나폴리), 곤돌라 축제(베네치아), 베네치아 영화제(베네치아)
- **10월** 성 프란체스코 축제(아시시)
- **11월** 만성절 (대부분 도시)
- **12월** 에피파니아 축제(로마)

• 인터넷

한국과 비교하면 느린 편이지만 오래된 건물 안을 제외하고는 사용이 불편할 정도는 아니다. 공공장소의 무선 인터넷 Wi-fi는 아직 미흡한 편.

• 주요 기관 영업시간

관공서 월~금 08:00~14:00, 15:00~18:00
은행 월~금 08:30~13:30, 14:15~16:00
상점 화~토 09:00~13:00, 15:30~19:30
월 15:00~20:00
레스토랑 점심 12:00~15:00, 저녁 19:30~23:00

• 공휴일(2024년 8월~2025년 7월)

날짜	공휴일
8월 15일	성모 승천일
11월 1일	만성절
12월 8일	성모 수태고지의 날
12월 25~26일	크리스마스 연휴
1월 1일	새해
1월 6일	주현절
3월 29일	성금요일 *
4월 20일	부활절 *
4월 21일	부활절 다음 월요일 *
5월 1일	노동절
6월 2일	공화국 선포 기념일

* 해마다 날짜가 변하는 공휴일

** 그 외 도시별 수호성인의 날 휴무. 로마 6/29 성 베드로 축일, 피렌체 · 제노바 · 토리노 6/24 성 조반니(요한) 축일, 나폴리 9/19 성 젠나로 축일, 볼로냐 10/4 성 페트로니오 축일, 베네치아 11/21 성 마르코 축일, 밀라노 12/7 성 암브로지오 축일 등

• 의료 서비스

국립 병원에서는 여행자를 포함한 외국인이 응급 상황 시에 병원 **응급실 Pronto Soccorso**을 찾아가면 무료로 응급조치를 해준다. **응급실에서는 환자를 응급처치 필요등급으로 구분해 대기시킨 후 치료하며, 긴급하지 않은 경우 장시간을 기다려야 할 수 있다.**

• 우편 서비스

개선되었다고는 하나 여전히 느리다. 몇몇 사설 서비스가 운영되고 있으나 신용도는 국영 서비스인 Poste italiane에 미치지 못한다. 기차역이나 시내 우체국을 이용하거나 바티칸으로 가자.

• 긴급 연락처

응급전화 SOS(경찰·소방·응급) **☎118**
경찰 ☎112/113

국내 긴급연락처

영사콜센터(서울, 24시간 운영)
00 82 2 3210 0404 / 00 8007 82603 / 00 800 172 222+5

신용카드 분실신고
[BC카드] 00 82 2 950 8510
[KB국민카드] 00 82 2 6300 7300
[신한카드] 00 82 2 1544 7200
[현대카드] 00 82 2 3015 9000
[삼성카드] 00 82 2 2000 8100, 800 1588 8700

한국대사관
La Embajada de Repubblica de Corea

주소 Via Barnaba Oriani 30 (로마)
홈페이지 overseas.mofa.go.kr/it-ko
전화 대표 번호 06 802 461(평일), 335 185 0499(공휴일 · 주말), 사건·사고 신고·상담 06 8024 6228(평일), 335 185 0383(공휴일·주말), 여권(재발급, 분실) 06 8024 6227
이메일 공관 대표 koremb-it@mofa.go.kr
영사업무 consul-it@mofa.go.kr
운영 영사과 민원 업무
월~금 09:30~12:00, 14:00~16:30
휴무 이탈리아 휴일과 한국의 공휴일
가는 방법 테르미니 역에서 버스 223번을 타고 Piazza Santiago del Cile에서 하차, 도보 5분

이탈리아 역사

연대	주요 사항	
	이탈리아 역사	이탈리아 외 국가 역사
BC 753	로물루스에 의한 로마 건국	
BC 750~510	7대 왕이 다스리는 왕정 시대	BC 719 아시리아, 오리엔트 통일
BC 509	공화정 수립	
BC 450	로마의 12개법이 성문법으로 표기화됨	BC 431 펠로폰네소스 전쟁 발발
BC 390	갈리아족의 로마 약탈, 캄피돌리오 언덕으로 피신	
BC 340~338	라티나 전쟁	
BC 343~290	삼니움 전쟁	BC 334 알렉산더 대왕, 동방 정벌 시작
BC 282~272	타란토 전쟁	
BC 264~241	제1차 포에니 전쟁	
BC 218~201	제2차 포에니 전쟁	BC 221 진시황제 중국 통일
BC 200~190	갈리아 지방 일부 점령	
BC 168	마케도니아 전쟁의 승리로 그리스의 주인이 됨	
BC 149~146	제3차 포에니 전쟁, 카르타고 멸망	BC 108 고조선 멸망
BC 91~89	이탈리아 내란	
BC 82~79	쉴라 장군의 독재	
BC 73~71	스파르타쿠스의 반란	
BC 60	제1차 삼두 정치–폼페이우스, 크라수스, 시저	
BC 58~51	시저의 갈리아 전쟁	BC 57 신라 건국
BC 49~46	시저와 폼페이우스에 의한 내란, 시저의 승리	
BC 44	시저의 죽음–원로원들에 의한 암살	
BC 43	제2차 삼두 정치–안토니우스, 옥타비아누스, 레피두스	BC 37 고구려 건국
BC 31~30	악티움 해전에서 안토니우스가 옥타비아누스에게 패함, 안토니우스와 클레오파트라 자살	
BC 27	옥타비아누스, 아우구스투스 황제 등극, 제정 시대의 시작	BC 18 백제 건국
14	티베리우스 황제	
64	사도 바오로와 베드로, 순교	
68	네로황제 자살	
79	베수비오 화산 폭발로 인한 폼페이 파괴	
80	로마 시내에 콜로세움 건설	
98~117	로마의 최대 영토 확장 시기–트라이아누스 황제	
161~180	마르쿠스 아우렐리우스황제	184 황건적의 난
212	로마의 시민권이 전국으로 확장됨	
284~305	군인 황제시대의 혼란기	
313	콘스탄티누스 황제 밀라노칙령으로 기독교 공인	313 낙랑 멸망 325 니케아 종교회의
330	로마 제국 수도 콘스탄티노플 천도	
392	테오도시우스 황제의 기독교 국교 공인	375 게르만족의 이동 시작
395	서로마, 동로마 제국 분리됨	

404	서로마 제국 수도 라벤나 천도	
410	야만족들에 의한 로마의 약탈	
476	서로마 제국의 멸망	
493~526	테오도리코의 로마 침략	
535	비잔틴 제국이 이탈리아의 대부분 정복	
568	롱고바르디아족 이탈리아 대부분 정복	
		610 이슬람교 창시 660 백제 멸망 668 고구려 멸망 676 신라, 삼국 통일
728	교회의 힘이 강해지기 시작함	
774	샤를마뉴 대제 이탈리아 정복	751 불국사와 석굴암 건립
800	샤를마뉴 대제 (명목상) 서로마 왕국 황제로 추대	
878	사라센족 시칠리아 정복	
		918 고려 건국
1059	추기경들이 종교 회의에서 교황 선출	
1073~1085	교황 그레고리오 7세 교회와 교황권 강화	1077 카노사의 굴욕 1096 제1차 십자군 원정
1198~1216	이노센트 3세 교황, 강력한 교황권의 확보	1206 칭기즈칸, 몽골 권력 장악
1282	아라곤 왕가의 시칠리아 지배	
1300	보니파시오 8세 교황, 최초의 성년의 날 지정 및 기념 행사	
1309	아비뇽 유수(~1377)	
1347	흑사병 창궐	1337 백년 전쟁 1351 홍건적의 난 시작
1377	교황 그레고리우스 11세 교황청 로마로 옮김	
1406	피렌체, 피사 병합	1392 조선 건국 1394 한양천도 시작
1434	코스모 데 메디치가 피렌체를 다스림	
1453	콘스탄티노플 함락	1446 훈민정음 반포
1454	로디 조약 체결	
1458~1464	아라곤과 앙주 가문의 나폴리 분쟁	1467 일본 전국시대 개막
1483	교황 식스투스 4세 시스티나 소성당 봉헌	
1494	샤를마뉴 8세 이탈리아 침공	1492 콜롬부스 아메리카 발견
1503~1513	율리우스 2세 교황, 르네상스 시대의 꽃을 피움	1506 중종 반정
1513~1521	메디치 가문의 레오 10세 교황	1519 마젤란 세계일주 항해 시작
1527	카를 5세 황제에게 로마가 약탈당함	
1545~1563	트리엔트 공의회, 반 종교개혁안 제출	
1571	레판토 해전	
1572~1585	교황 그레고리오 8세 태양력을 만듦	1589 프랑스 부르봉 왕조 성립 1592 임진왜란 발발
1626	베드로 대성당 재건축되어 봉헌됨	1631 러시아 로마노프 왕조 시작
1631	교황 우르바노 8세 우르비노공국 교황령으로 흡수	
1634	갈릴레이 이단 심문에서 유죄 선고	1636 병자호란
1713	나폴리, 사르데냐는 오스트리아의 지배 시칠리아 피에몬테에게 지배당함	

1734	샤를 3세가 나폴리 왕국의 왕위에 오름	
1737	메디치 가문의 몰락으로 토스카나 공국 오스트리아에 넘어감	
1768	코르시카 프랑스령으로 귀속	1784 조선에 천주교 전래
1800	나폴레옹의 이탈리아 점령	
1815	비엔나 회의	1811 홍경래의 난 1815 나폴레옹 세인트 헬레나 유배
1849	비토리오 에마누엘레 2세가 피에몬테의 왕이 됨. 만치니와 가리발디 장군의 이탈리아 통일 혁명이 일어남	1840 아편 전쟁 1849 김대건 신부 순교
1861	통일 이탈리아 왕국 성립, 첫 수도 토리노	
1870	이탈리아 왕국, 로마 병합	1868 일본 메이지 유신 1894 청일 전쟁
1915	제1차 세계대전 참전	
1922	무솔리니의 파시스트 정부 수립	1919 3 · 1운동
1929	라테란 조약, 바티칸 시국 탄생	1929 세계경제공황
1940	제2차 세계대전 참전	
1946	국민 투표에 의한 공화국 수립	1945 광복
1960	올림픽 개최 (로마)	1950 한국전쟁
1979	교황 요한 바오로 2세 즉위	1971 미국의 아폴로 11호 달 착륙
1992	월드컵 개최	1995 EU 창설
2000	가톨릭의 성년 대축제	
2005	교황 베네딕토 16세 즉위	2002 한 · 일 월드컵
2006	동계 올림픽 개최(토리노)	
2013	교황 프란체스코 1세 즉위	

SAY! SAY! SAY!

이탈리아의 역사는 160년

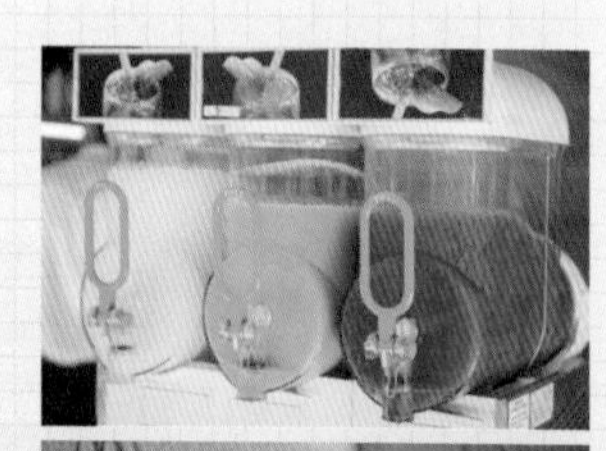

이탈리아는 이탈리아 남부에서 쓰이던 언어 오스크어의 비텔리우 Viteliu를 어원으로 하는데 이탈리아 남부 칼라브리아주 지역을 가리키는 이름이었습니다. 이탈리아 반도 전체를 의미하는 것은 고대 로마 시기인 기원전 1세기 경부터였고요. 로마 제국의 멸망 이후 이탈리아는 여러 나라로 쪼개져 있었습니다. 토스카나 지방의 피렌체와 시에나는 공화국의 형태를, 나폴리와 시칠리아는 왕국의 형태를 갖고 있었어요. 삼면이 바다이다 보니 해상 공화국의 힘 또한 강성했는데 대표적으로 베네치아 공화국, 제노아(제노바) 공화국, 피사 공화국, 아말피 공화국이 그러하고 이 네 공화국의 문장은 지금 이탈리아 해군기에 그려져 있습니다.

이탈리아 반도의 수많은 나라들이 하나가 된 시기는 1861년 이탈리아 통일 전쟁이 마무리된 시점부터입니다. 즉 '이탈리아'라는 국가의 역사는 160년 정도라 할 수 있는 거죠. 2011년 이탈리아는 통일 150주년 기념행사를 성대하게 치렀습니다. 도시의 쇼윈도마다 그들의 삼색기를 상징하는 디스플레이가 가득할 정도로요. 같은 반도 안에서 살았으나 천년 이상 찢어져 살던 나라가 통일을 이루고, 불협화음과 갈등이 아직도 존재하지만 융화되어 가는 과정을 걸어가고 있는 나라가 이탈리아입니다.

이탈리아어 기초 회화

인사

안녕하세요
아침 부온 조르노 Buon giorno
저녁 부오나 세라 Buona sera
항시 차오 Ciao!
헤어질 때 아리베데르치 Arrivederci
고맙습니다 그라치에 Grazie
실례합니다 스쿠시 Scusi
미안합니다 미 스쿠시 Mi scusi
도와주세요! 아이우토 Aiuto!
네 씨 Si
아니오 노 No
부탁합니다 페르 파보레 per favore

숫자

1 우노 Uno
2 두에 Due
3 트레 Tre
4 콰트로 Quattro
5 친퀘 Cinque
6 세이 Sei
7 세테 Sette
8 오토 Otto
9 노베 Nove
10 디에치 Dieci
100 첸토 Cento
1000 밀레 Mille

표지판

개점 아페르토 Aperto
폐점 키우소 Chiuso
화장실 바뇨 Bagno / 토일레떼 Toilette
경찰서 폴리치아 / 카라비니에리 Polizia / Carabinieri
병원 오스페달레 Ospedale
우체국 포스타 텔레그라포 Posta Telegrafo
기차역 스타치오네 Stazione
출발 파르테 Parte
도착 아리바 Arriva
매표소 빌레테리아 Biglietteria
플랫폼 비나리오 binario

요일

월요일 루네디 Lunedi
화요일 마르떼디 martedì
수요일 메르콜레디 mercoledì
목요일 죠베디 giovedi
금요일 베네르디 Venerdì
토요일 사바토 Sabato
일요일 도미니카 Domenica
하루 지오르노 giorno
주 세띠마나 settimana
월 메제 mese
년 아노 anno

식당에서

전식 안티파스토 antipasto
후식 돌체 dolce
맥주 비라 Birra
와인 비노 vino
에스프레소 카페 caffè
카페 라테 카페 라테 Cafe Latte
아이스커피 카페 프레도 caffè freddo
계산서 주세요 일 콘토 페르 파보레 Il conto, per favore

쇼핑센터에서

재킷 자켓 Jacket
블라우스 카미체타 Camicetta
스커트 곤나 Gonna
바지 판탈론 Pantalon
신발 스카르페 Scarpe
가방 보르사 Borsa
드레스 베스티에레 Vestire
얼마에요? 콴또 코스타 Quanto Costa?

GROCERIES • MEATS

이탈리아
베스트 추천 루트

볼거리 많고, 즐길 거리 많은 이탈리아에서 어떻게 여행하는 것이 효율적일까요? 여행을 떠나기 전 여행자들이 가장 많이 신경 쓰고 고민하는 것이 여행 루트일 것입니다. 『프렌즈 이탈리아』에서는 7박 8일, 14박 15일 크게 두 가지 일정으로 나누어 소개합니다. 휴가를 내어 여행하는 직장인이나, 평생에 단 한 번뿐인 허니무너의 일정에 맞춘 7일짜리 루트와 이탈리아 여행자들이 가장 선호하는 14일짜리 루트를 제시합니다.
소개하는 일정 안에는 이탈리아 전역을 돌아볼 수 있는 루트와 지역별로 각기 다른 특색을 갖고 있는 중부/북부/남부 그리고 시칠리아를 집중해서 돌아볼 수 있는 루트로 세분화하였습니다.
이렇게 나눈 루트는 여행자의 상황에 따라 응용이 가능합니다. 2주 이상을 여행하고자 한다면 본인들의 선호 지역을 선정한 후 각 루트별로 IN/OUT 도시를 기준으로 두 루트를 연결해 보세요. 충분히 개성 있고 창의적인 나만의 루트를 만들 수 있습니다.

추천루트 보는 법

여행 총 경비 항공권, 기차 티켓, 숙박비, 현지 여행경비 등을 포함한 대략적인 여행 경비. 숙소는 호스텔 도미토리를 기준으로 하기 때문에 호텔 숙박을 원한다면 1박 당 5만원 정도 추가해서 예산을 잡는 것이 좋다.
실제 여행 시간 이동 시간을 제외하고 도시에서 보낼 수 있는 시간을 제시했다.
준비 내역 항공권, 기차 티켓 등을 포함하는 필수 준비내역
교통 어드바이스 효율적인 여행을 도와주는 교통수단 이용에 대한 조언
일정 어드바이스 도시 여행함에 있어 빼놓을 수 없는 핵심 포인트를 짚어주는 조언

이탈리아 7박 8일 베스트 추천 루트

1년에 한 번 직장인들에게 달콤한 휴식을 안겨주는 휴가. 대부분의 직장인들이 토요일에 출발하 다음주 일요일에 귀국하는 일정으로 휴가를 즐긴다. 허니문도 마찬가지. 시간이 아쉬운 여행자들 에게 최고의 여행을 만들어줄 수 있는 루트. 이탈리아 전역을 여행할 수도 있고 지역별로 집중하 여행할 수도 있는 루트를 제안한다.

ROUTE 1 이탈리아 4대 도시 베네치아·밀라노·피렌체·로마 | 8일

일수	도시	교통편	간략 여행 일정
1일	인천→베네치아	비행기 12~16시간	도착 후 휴식
2일	베네치아→밀라노	기차 1시간 30분	반나절 자유 여행 후 주간기차로 밀라노 이동
3일	밀라노→피렌체	기차 1시간 30분	반나절 자유 여행 후 주간기차로 피렌체 이동
4일	피렌체		전일 자유 여행
5일	피렌체→로마	기차 1시간 30분	주간기차로 로마 이동, 반나절 자유 여행
6일	로마(바티칸 시국)		반나절 자유 여행 후 공항으로 이동
7일	로마		전일 자유 여행
8일	로마→인천	비행기 12~16시간	인천공항 도착

INFO.

여행 예상 경비 200만~230만원

실제 여행 시간 로마 2일 반, 피렌체 1일 반, 밀라노 반나절, 베네치아 반나절

준비 내역 ❶ **유럽 왕복 티켓** 베네치아 IN(또는 밀라노 IN), 로마 OUT *추천 항공권 국적기

❷ **베네치아~밀라노, 밀라노~피렌체, 피렌체~로마 구간 티켓**

교통 어드바이스

아시아나항공이 베네치아에 신규 취항하면서 항공 선택의 폭이 넓어졌다. 제시한 순서로 여행한다면 아시아나항공을, 베네치아와 밀라노의 순서를 바꾸어 여행하려면 대한항공을 선택하면 된다. 이 두 항공사가 아니더라도 항공 선택의 폭은 넓다. 만일 로마 IN/OUT의 항공을 선택했다면, 베네치아나 밀라노 중 한 도시를 생략하는 것이 여유 있는 여행을 할 수 있게 해준다.

각 도시 간은 기차로 이동해야 하므로, 미리 이탈리아 철도청에서 할인 기차 티켓을 구입해 두면 저렴한 여행이 가능하다. 이동하는 구간은 모두 고속기차 전용 구간으로 2등석이라도 편도 €45 이상을 생각해야 한다. 일정이 확정되었다면 저렴한 티켓 확보에 힘쓰자. 간혹 운행하는 IC를 이용한다면 피렌체의 경우 시내의 산타 마리아 노벨라 역이 아닌 외곽의 캄포 디 마르테 역이나 리프레디 역으로 가야 하는 경우가 있으니 티켓 구입 시 유념할 것!

일정 어드바이스

이탈리아의 4대 도시를 돌아보며 반도 국가 이탈리아를 종단하는 루트로 최대한 중복 이동 구간을 피했다. 이탈리아만큼 한국인 투어회사가 활발히 활동하는 나라도 없다. 그런 만큼 가이드의 도움을 받으며 여행하는 것이 효과적으로 시내 여행을 마칠 수 있는 방법이다.

밀라노에서 「최후의 만찬」 관람을 원한다면 한국에서 미리 예약하자. 각 도시에서 운영되는 가이드투어는 한국에서 미리 예약하는 것이 저렴하다. 얽매이는 것이 싫다 해도 바티칸 투어만큼은 참여하자. 아는 만큼 보이는 곳이 이탈리아다.

ROUTE 2 이탈리아의 중심부 로마·아시시·피렌체·시에나 | 8일

일수	도시	교통편	간략 여행 일정
1일	인천→로마	비행기 12~16시간	도착 후 휴식
2일	로마		전일 자유 여행
3일	로마(바티칸 시국)		전일 자유 여행
4일	로마→아시시(오르비에토)	기차 1시간 30분	주간기차로 아시시(오르비에토)로 이동, 반나절 자유 여행
5일	아시시→피렌체	기차 1시간 30분	주간기차로 피렌체 이동, 반나절 자유 여행
6일	피렌체		전일 자유 여행
7일	피렌체→시에나	버스 1시간 30분	버스로 시에나 이동, 반나절 자유 여행 후 피렌체로 복귀
8일	피렌체→인천	비행기 12~14시간	인천공항 도착

INFO.

여행 예상 경비 230만~250만원
실제 여행 시간 로마 2일, 아시시 또는 오르비에토 반나절, 피렌체 1일 반, 시에나 반나절
준비 내역 ❶ **유럽 왕복 티켓** 로마 IN, 피렌체 OUT ***추천 항공권** 유럽계 항공사
❷ 기차 티켓은 현지 구입하고 로마 OUT일 경우 피렌체~로마 구간 티켓은 미리 구입하자.

교통 어드바이스

로마 IN/피렌체 OUT 스케줄이라면 대부분의 유럽계 항공사를 이용해 이동할 수 있다. 항공 선택의 폭은 로마 왕복보다는 좁다. 로마 IN/OUT 항공권을 이용할 경우 마지막 날 아침 일찍 서두르면 피렌체에서 로마로 이동해 공항에 가는 것도 무리한 일정은 아니다. 이 경우 미리 기차 티켓을 예약해 두는 것이 좋다. 로마에서 피렌체로 올라가면서 아시시 또는 오르비에토를 둘러볼 때는 레지오날레 Regionale 기차를 이용할 가능성이 높다. 이때는 현지에서 티켓을 구입해도 무방하다. 시에나 여행 시에는 버스로 이동하는 것이 편하며 시에나에 도착한 후 피렌체행 버스 시간표는 미리 알아두자.

일정 어드바이스

로마와 피렌체는 이탈리아의 정치 · 경제 · 문화적 수도의 역할을 양분하고 있는 도시다. 그만큼 볼거리들이 많고, 주변 도시인 아시시, 오르비에토와 시에나 등도 풍부한 볼거리와 역사를 자랑한다. 로마는 하루는 시내, 하루는 바티칸으로 나눠서 여행하면 볼거리는 대부분 챙길 수 있다. 4일차에 오르비에토 당일치기 여행을 하고 다음 날 아시시를 거쳐 피렌체로 이동하는 것도 좋다. 이 경우 피렌체 여행은 하루로 줄기 때문에 시내 여행에 전력해야 한다. 우피치 미술관 관람을 원한다면 미리 예약해두는 것이 좋다. 피렌체 근교 아웃렛 쇼핑을 계획하고 있다면 시에나를 생략하거나 피렌체에 도착하는 날 바쁘게 움직여야 한다. 시간 관리에 각별히 신경 써야 하는 일정이다.

ROUTE 3 이탈리아의 북부 **베네치아와 근교 도시·베로나·밀라노** | 8일

일수	도시	교통편	간략 여행 일정
1일	인천→베네치아	비행기 12~16시간	도착 후 휴식
2일	베네치아		전일 자유 여행
3일	베네치아→비첸차	기차 1시간	주간기차로 비첸차 이동, 반나절 자유 여행 후 베네치아로 복귀
4일	베네치아→베로나	기차 1시간 20분	주간기차로 베로나 이동, 반나절 자유 여행
5일	베로나→밀라노	기차 1시간 30분	주간기차로 밀라노 이동, 반나절 자유 여행
6일	밀라노→코모	기차 1시간 30분	주간기차로 코모로 이동, 반나절 자유 여행 후 밀라노로 복귀
7일	밀라노		전일 자유 여행
8일	밀라노→인천	비행기 12~14시간	인천공항 도착

INFO.

여행 예상 경비 210만~240만원

실제 여행 시간 베네치아 1일, 비첸차 반나절, 베로나 반나절, 밀라노 1일 반, 코모 반나절

준비 내역 ❶ **유럽 왕복 티켓** 베네치아 IN, 밀라노 OUT *추천 항공권 유럽계 또는 중동계 항공사
❷ 기차 티켓은 현지에서 구입하자.

교통 어드바이스

우리나라에서 출발하는 1회 경유 유럽계 항공사나 중동계 항공사를 이용하는 것이 좋다. 도시 간 기차 이동 구간은 대부분 레지오날레 Regionale로 이동할 수 있으므로 미리 티켓을 구입할 필요는 없고 기차 시간표만 미리 알아놓자. 주말이나 공휴일에는 기차 운행 편수가 줄어들기도 한다. 밀라노에서 코모 호수로 이동할 때 레지오날레 기차는 밀라노 중앙역 Centrale이 아닌 가리발디 역 Stazione Garibaldi에서 탄다.

일정 어드바이스

여유롭게 이동하며 이탈리아 북부 도시의 분위기를 만끽하는 일정. 베네치아에서 바다와 함께 좀 더 여유로운 휴식을 취하고 싶다면 근교 도시인 비첸차 일정은 생략해도 좋다. 비첸차는 건축학적으로 의미 깊은 도시이므로 건축에 문외한이거나 관심이 없다면 굳이 방문하지 않아도 된다. 4일째 베로나 여행하는 날 오페라 공연 관람을 계획했다면 숙소 사전 예약은 필수! 현대적인 도시 밀라노의 도회적인 모습과 코모의 한가로움은 무척이나 대비되는 느낌을 가져다 줄 것이다. 「최후의 만찬」 관람을 원한다면 미리 한국에서 예약할 것. 도시에 큰 흥미가 없다면 근교 아웃렛에 다녀오거나 몬테 나폴레오네 거리 주변에서 쇼핑을 즐기자. 저녁 시간 나빌리오 지구도 낭만적이다.

ROUTE 4 이탈리아의 남부 나폴리와 나폴리 근교, 바리와 바리 근교 | 8일

일수	도시	교통편	간략 여행 일정
1일	인천→나폴리	비행기 12~16시간	도착 후 휴식
2일	나폴리		전일 자유 여행
3일	나폴리→폼페이	사철 30분	오전에 사철로 폼페이 이동, 반나절 자유 여행 후 나폴리로 복귀해 시내 여행
4일	나폴리→아말피	해안버스 1시간 30분	나폴리~소렌토~포시타노~아말피 순으로 여행 후 나폴리 복귀
5일	나폴리→카프리	페리 1시간 30분	오전에 페리로 카프리 이동, 반나절 자유 여행 후 나폴리로 복귀
6일	나폴리→바리	기차 3시간 40분	주간기차로 바리 이동, 반나절 자유 여행
7일	바리→알베로벨로(마테라)	기차 1시간 30분	주간기차로 알베로벨로 이동, 반나절 자유 여행 후 바리로 복귀
8일	바리→인천	비행기 12~16시간	인천공항 도착

INFO.

여행 예상 경비 230만~250만원
실제 여행 시간 나폴리 1일 반, 폼페이 반나절, 아말피 해안 반나절, 카프리 반나절, 바리 반나절, 알베로벨로 또는 마테라 반나절
준비 내역 ❶ **유럽 왕복 티켓** 나폴리 IN, 바리 OUT *추천 항공권 알이탈리아항공, 유럽계 항공사
❷ **나폴리~바리 구간 티켓**

교통 어드바이스

알이탈리아항공이나 유럽계 항공사를 이용하는 것이 일정상 시간을 절약할 수 있다. 기차는 나폴리~바리 구간만 미리 예약하면 되고 그 외 이동 구간은 현지에서 티켓을 구입해도 무방하다. 다만 버스나 사철, 페리 등의 운행 시간과 날씨의 변수가 크다. 시간표를 미리 알고 움직여야 다음 날 일정에 차질이 안 생긴다. 날씨로 인해 카프리 섬 여행에 차질이 생긴다면 나폴리 시내를 구석구석 돌아보거나 아말피 주변 마을인 파에스트룸 Paestrum, 라벨로 Ravello 등을 둘러보는 것을 추천한다.

일정 어드바이스

이탈리아 남부 도시를 둘러보는 특색 있는 일정. 로마나 피렌체와는 전혀 다른 분위기와 자연이 여행자를 반긴다. 중 · 북부에 비해 영어가 잘 통한다거나 여행 인프라가 발달한 곳은 아니지만 현지인들도 자주 찾는 여행지이므로 크게 걱정하지는 말자. 도시, 마을마다 다른 풍경이 기다리고 있어 지루할 틈이 없다. 다만 치안이 불안정할 수 있으니 소지품 관리에 주의하자. 이 지역은 각기 다른 개성의 소도시를 여행하는 것이 하이라이트인 만큼 본인의 취향과 도시의 특색을 살펴서 여행 계획을 짜는 것이 중요하다.

ROUTE 5 시칠리아 핵심 도시 | 8일

일수	도시	교통편	간략 여행 일정
1일	인천→로마→카타니아	비행기 14~18시간	로마 경유한 항공 이동, 도착 후 휴식
2일	카타니아→에트나	버스 1시간	버스로 에트나 섬 이동, 반나절 자유 여행 후 카타니아로 복귀
3일	카타니아→타오르미나	버스 1시간	오전에 버스로 타오르미나 이동, 반나절 자유 여행
4일	타오르미나→시라쿠사	버스 3시간	오전에 버스로 시라쿠사 이동, 반나절 자유 여행
5일	시라쿠사→아그리젠토	버스 3시간	반나절 여행 후 오후 버스로 아그리젠토로 이동, 휴식
6일	아그리젠토→팔레르모	버스 2시간 30분	반나절 여행 후 오후 버스로 팔레르모로 이동, 도착 후 휴식
7일	팔레르모		전일 자유 여행
8일	팔레르모→인천	비행기 14~16시간	인천공항 도착

INFO.

여행 예상 경비 230만~250만원

실제 여행 시간 카타니아 반나절, 에트나 반나절, 타오르미나 반나절, 시라쿠사 1일, 아그리젠토 반나절, 팔레르모 1일

준비 내역 ❶ **유럽 왕복 티켓** 카타니아 IN, 팔레르모 OUT *추천 항공권 ITA항공 또는 유럽계 항공사
❷ 도시 간 이동하는 교통 티켓은 현지에서 구입해도 무방하다.

교통 어드바이스

우리나라에서 시칠리아로 가는 가장 빠른 방법은 알이탈리아항공을 이용하는 것이다. 대한항공과 공동운항편을 이용할 수 있다면 로마만 경유해 도착한다. 그 외 항공사는 두 번 경유하거나 경유지에서 1박해야 한다. 알이탈리아항공으로 이동하면 카타니아, 팔레르모 두 도시 모두 이용할 수 있기에 가장 좋은 선택. 시칠리아 내에서는 버스를 타고 이동해도 큰 불편함이 없다. 오히려 기차보다 더 정확하고 편리한 교통수단이다.

일정 어드바이스

시칠리아에서는 고대 유적, 신비한 자연, 복합적인 문화의 현장을 모두 만날 수 있다. 그만큼 바쁘게 움직여야 하는 일정. 에트나 산은 현재도 활동하는 활화산이다. 따라서 화산 활동이 있다면 여행이 불가능하다. 이 경우 카타니아나 팔레르모에 하루를 더 배정하는 게 좋다. 시라쿠사는 오르티지아와 구시가를 나눠서 여행해야 한다. 각각 반나절씩 배정한다. 아그리젠토에서 신전들의 계곡을 여행한 후 바로 팔레르모로 이동하자.

ROUTE 6 바다와 함께 하는 로맨틱 허니문 | 8일

일수	도시	교통편	간략 여행 일정
1일	인천→베네치아	비행기 12~16시간	도착 후 휴식
2일	베네치아		베네치아 본섬 여행
3일	베네치아		주변 섬 여행
4일	베네치아→친퀘테레	기차 5시간	주간기차를 타고 친퀘테레 이동, 반일 여행 후 휴식
5일	친퀘테레→피렌체	기차 3시간	오후 기차로 피렌체 이동
6일	피렌체		전일 자유여행
7일	피렌체		전일 자유여행
8일	피렌체→인천	비행기 12~16시간	인천 도착

INFO.	
여행 예상 경비	300만~320만원
실제 여행 시간	베네치아 2일 반, 친퀘테레 1일, 피렌체 2일
준비 내역	**유럽 왕복 티켓 베네치아 IN, 피렌체 OUT** *추천 항공권 유럽계 항공사

교통 어드바이스

베네치아 IN 피렌체 OUT 스케줄이려면 우리나라에서 출발하는 1회 경유 유럽계 항공사를 이용하는 게 좋다.

베네치아→친퀘테레(라 스페치아).는 고속기차가 운행하는 구간으로 이탈리아 철도청에서 미리 티켓을 구입하는 것이 저렴하고 친퀘테레(라 스페치아)→피렌체 구간은 현지에서 구입해도 무방하다.

일정 어드바이스

이탈리아에서 가장 로맨틱한 장소인 베네치아, 친퀘테레, 피렌체를 둘러보는 일정. 결혼 준비와 예식으로 지친 커플이라면 휴식을 취하며 여행하기 좋은 일정이다. 베네치아, 피렌체 모두 이탈리아에서 훌륭하기로 손꼽히는 미술관을 갖고 있고 다른 도시에서 느끼지 못할 여유로움이 가득한 풍경을 갖고 있다. 주변 사람들의 선물 쇼핑을 목적한다면 피렌체가 좋다. 주변에 아웃렛도 많고 도시 전체가 쇼핑가다. 베네치아에서 주변 섬 여행은 크루즈 여행 기분을 낼 수 있는 절호의 찬스.

베네치아와 친퀘 테레의 신선한 해산물 요리와 피렌체의 풍성한 육류요리, 그리고 각 지역의 특선 와인과 함께 하는 식사를 곁들인다면 오감 만족의 여행이 완성될 것이다.

이탈리아 14박 15일 베스트 추천 루트

이탈리아에서 2주라는 시간은 짧지는 않지만 그렇다고 긴 것도 아니다. 그만큼 볼거리가 많은 나라다. 그래서 선택과 집중이 무엇보다 중요하다. 전반적으로 훑어볼 것인지, 지역을 나눠서 집중할 것인지 선택하자. 어떤 선택이든 환상적인 2주를 보낼 수 있다.

ROUTE 1 이탈리아 핵심 일주 | 15일

일수	도시	교통편	간략 여행 일정
1일	인천→로마	비행기 12~16시간	도착 후 휴식
2일	로마		전일 자유 여행
3일	로마(바티칸 시국)		전일 자유 여행
4일	로마→나폴리	기차 1시간 30분	주간기차로 나폴리 이동, 반나절 자유 여행
5일	나폴리→카프리	페리 1시간	페리로 카프리 섬 이동, 반나절 자유 여행
6일	카프리→소렌토→폼페이→로마	페리 1시간, 기차 2시간	카프리 섬에서 페리로 소렌토 이동 후 다시 사철로 폼페이 이동, 폼페이 반나절 여행 후 기차로 로마 이동
7일	로마		전일 자유 여행
8일	로마→피렌체	기차 1시간 30분	주간기차로 피렌체 이동, 반나절 자유 여행
9일	피렌체		전일 자유 여행
10일	피렌체→친퀘테레	기차 2시간 30분	주간기차로 친퀘테레 이동, 반나절 자유여행
11일	친퀘테레→밀라노	기차 3시간	주간기차로 밀라노 이동, 반나절 자유여행
12일	밀라노(코모)	기차 1시간	밀라노 자유 여행 또는 코모 당일 여행
13일	밀라노→베네치아	기차 2시간 30분	주간기차로 베네치아 이동, 베네치아 주변 섬 반나절 자유 여행
14일	베네치아		베네치아 본섬 자유여행
15일	베네치아→인천	비행기 12~16시간	인천공항 도착

INFO.

여행 예상 경비 300만~330만원

실제 여행 시간 로마 3일, 나폴리 반나절, 베네치아 1일 반, 밀라노 1일 반, 친퀘테레 반나절, 피렌체 1일 반, 카프리 반나절, 폼페이 반나절

준비 내역 ❶ **유럽 왕복 티켓** 로마 IN, 베네치아 OUT *추천 항공권 국적기
❷ **로마~나폴리 왕복, 로마~피렌체 구간 티켓**

교통 어드바이스

제시한 대로 여행하고자 한다면 아시아나항공을, 피렌체에서 베네치아를 먼저 여행한 후 밀라노에서 귀국을 계획한다면 대한항공을 이용하는 것이 좋다.

로마에서 카프리로 가려면 나폴리를 거쳐야 한다. 나폴리의 치안이 불안하다면 살레르노 Salerno로 이동해 페리를 이용하는 것도 좋다. 소렌토~폼페이는 사철, SITA 버스 모두 이용 가능하다. 로마~피렌체 구간은 고속기차 전용 구간으로 철도청 할인 요금으로 저렴하게 이용 가능하다. 일정이 확실하다면 미리 우리나라에서 구간권을 구입해 가자. IC를 이용하게 되면 피렌체 구시가에 위치한 중앙역인 산타 마리아 노벨라 역이 아니라 외곽의 캄포 디 마르테 역에 정차하는 경우가 많다. 두 역은 기차로 10분 정도 걸린다. 피렌체에서 친퀘테레에 가려면 라 스페치아 La Spezia를 거쳐야 한다. 밀라노로 이동할 때는 제노바 Genova로 이동한 후 밀라노로 가는 것이 효율적이다. 밀라노~베네치아 구간은 고속기차와 IC가 함께 운행한다. 상대적으로 저렴하고 예약이 필요없는 IC는 붐비니 역에 일찍 도착해 자리를 잡는 것이 현명하다.

일정 어드바이스

이탈리아 각 지방의 대표 도시들과 주변을 둘러볼 수 있는 일정이다. 나폴리에서 돌아와 로마에서 머무는 날에는 미처 돌아보지 못한 시내 명소를 여행하거나 오르비에토, 티볼리, 비테르보 등을 둘러보는 것도 좋다. 로마~피렌체 이동 중간엔 아시시를 찾아가 보자. 나폴리와 친퀘테레에서의 해변 여행이 지루하다면 한 곳을 생략하고 로마 주변 도시나 피렌체 주변의 시에나, 루카 등을 여행하자. 로마의 바티칸 투어, 피렌체 우피치 미술관, 밀라노 「최후의 만찬」 관람은 미리 예약하고 떠나는 것이 좋다.

ROUTE 2 미식의 도시 탐방, 이탈리아 중북부 여행 | 15일

일수	도시	교통편	간략 여행 일정
1일	인천→밀라노	비행기 12~16시간	도착 후 휴식
2일	밀라노		전일 자유 여행
3일	밀라노→토리노	기차 2시간	주간기차로 토리노 이동, 반나절 자유 여행 후 밀라노 복귀
4일	밀라노→코모	기차 1시간	주간기차로 코모 이동, 반나절 자유 여행 후 밀라노 복귀
5일	밀라노→베로나	기차 1시간 30분	주간기차로 베로나 이동, 반나절 자유 여행
6일	베로나→베네치아	기차 1시간 30분	주간기차로 베네치아 이동, 베네치아 주변 섬 반나절 자유 여행
7일	베네치아		전일 자유 여행
8일	베네치아→볼로냐	기차 2시간	주간기차로 볼로냐 이동, 반나절 자유 여행
9일	볼로냐→피렌체	기차 1시간	주간기차로 피렌체 이동, 반나절 자유 여행
10일	피렌체		전일 자유 여행
11일	피렌체→시에나 →산 지미냐노	버스 1시간 30분	오전에 버스로 시에나 이동, 반나절 자유 여행 후 산 지미냐노로 이동, 여행 후 피렌체 복귀
12일	피렌체→로마	기차 1시간 40분	주간기차로 로마 이동, 반나절 자유 여행
13일	로마		전일 자유 여행
14일	로마(바티칸)		전일 자유 여행
15일	로마→인천		인천공항 도착

INFO.

여행 예상 경비 300만~320만원

실제 여행 시간 로마 2일 반, 피렌체 1일 반, 시에나 반나절, 산 지미냐노 반나절, 볼로냐 반나절, 베네치아 1일 반, 베로나 반나절, 밀라노 1일, 토리노 반나절, 코모 반나절

준비 내역 ❶ **유럽 왕복 티켓** 밀라노 IN, 로마 OUT *추천 항공권 대한항공
❷ **베네치아~볼로냐, 볼로냐~피렌체, 피렌체~로마 구간 티켓**

• 교통 어드바이스

밀라노 IN/로마 OUT 스케줄이라면 대한항공을 포함해 우리나라에서 출발하는 대부분의 항공사 중에서 선택이 가능하다. 베네치아~볼로냐~피렌체~로마는 대표적인 고속기차 구간. 이 도시들 사이의 교통 티켓은 미리 이탈리아 철도청에서 할인 요금 티켓을 구입해 두는 것이 편하나 일정의 신축성이 떨어진다. 티켓 구입을 결정하기 전 이 점을 염두에 두자. 그 외 구간은 IC나 레지오날레 Regionale로 이동 가능하므로 미리 구입할 필요는 없다.

• 일정 어드바이스

이탈리아의 4대 도시와 함께 주변 소도시들을 둘러볼 수 있는 일정. 특히 밀라노와 베네치아는 도시 자체도 매력이 있지만 주변의 코모나 베로나에서 색다른 분위기를 느낄 수 있다. 밀라노에서 「최후의 만찬」 관람을 원한다면 우리나라에서 미리 예약하는 것이 좋다. 밀라노와 토리노는 비슷한 분위기인데, 조금 더 색다른 풍경을 보고 싶다면 토리노 대신 볼로냐 근처의 라벤나를 둘러보는 것도 좋은 선택일 것이다. 피렌체에서 시에나를 여행한 후 시간에 여유가 있으면 산 지미냐노를 둘러보는 것도 좋다. 이 루트의 모든 도시는 각자 특색 있는 음식을 갖고 있다. 맛있는 여행을 원하는 여행자들이라면 놓치지 말 것.

ROUTE 3 뜨거운 태양과 차가운 이성의 도시 탐험, 이탈리아 중남부 여행 | 15일

일수	도시	교통편	간략 여행 일정
1일	인천→밀라노	비행기 12~16시간	도착 후 휴식
2일	로마		전일 자유 여행
3일	로마(바티칸)		전일 자유 여행
4일	로마→나폴리	기차 1시간 20분	주간 기차로 나폴리 이동, 반나절 자유여행
5일	나폴리→폼페이	사철 30분	사철로 폼페이 이동, 반나절 자유여행 후 나폴리로 복귀
6일	나폴리→아말피	버스 1시간 30분	버스로 아말피 이동, 반나절 자유여행 후 나폴리로 복귀
7일	나폴리→카프리	페리 1시간 30분	페리로 카프리 섬 이동, 반나절 자유여행
8일	카프리→나폴리→바리	페리 1시간 30분, 기차 4시간	카프리에서 나폴리로 나와 바리로 기차 이동 후 휴식
9일	바리→알베로벨로	기차 1시간	알베로벨로 이동 후 자유여행
10일	알베로벨로→바리→마테라	기차 2시간 30분	알베로벨로에서 바리로 이동 후 마테라로 이동 후 자유여행
11일	마테라→바리	기차 2시간 30분	마테라에서 바리로 이동 후 바리 자유여행
12일	바리→피렌체	비행기 1시간 30분	저가항공으로 피사로 이동 후 피렌체 여행 후 휴식
13일	피렌체		전일 자유 여행
14일	피렌체/시에나 또는 친퀘테레	기차 1시간 30분	피렌체에서 시에나 또는 친퀘테레 여행 후 휴식
15일	피렌체→인천	비행기 12~16시간	인천공항 도착

INFO.

여행 예상 경비 320만~350만원

실제 여행 시간 로마 2일 반, 나폴리 반나절, 폼페이 반나절, 아말피 반나절, 카프리 1일, 바리 1일 반, 알베로벨로 반나절, 마테라 1일, 피렌체 1일 반, 시에나 반나절

준비 내역 ❶ **유럽 왕복 티켓** 로마 IN, 피렌체 OUT *추천 항공권 유럽계 항공사
❷ **피사 편도 항공권**

• 교통 어드바이스

제시한 대로 로마 IN/피렌체 OUT으로 여행하기에는 유럽계 항공사를 이용하는 것이 가장 좋다. 마지막 날 조금 서둘러서 로마로 이동해 공항을 간다면 항공 선택의 폭은 더 넓어진다. 로마→나폴리, 나폴리→바리, 피렌체→로마 구간의 고속기차 티켓과 바리→피사 구간의 저가 항공 티켓은 미리 구입해두자. 바리→피렌체 항공을 구하지 못했다면 야간기차로도 이동이 가능하지만 대신 볼로냐에서 환승을 해야 한다.

• 일정 어드바이스

남부 지방 여행은 예상치 못한 변수들이 존재하기 때문에 여유를 갖고 움직이는 것이 좋다. 아말피 여행의 경우 하루 종일 버스를 타고 움직이는 것이 부담스럽다면 카프리와 아말피 여행 중 하나를 선택하고 남는 하루를 로마 또는 바리 근교에 할애하는 것도 여유로운 여행을 도와주는 선택. 나폴리 부근의 불안정한 치안이 부담스럽다면 투어회사의 투어 프로그램을 이용하는 것도 좋은 대안이다. 이 경우 로마 · 피렌체 여행에 여유가 생긴다. 근교 소도시들 여행에 집중할 수 있는 시간이 만들어진다.

ROUTE 4 시칠리아 섬 일주 여행 | 15일

일수	도시	교통편	간략 여행 일정
1일	인천→카타니아	비행기 12~16시간	도착 후 휴식
2일	카타니아		전일 자유 여행
3일	카타니아→에트나	버스 1시간 20분	투어 이용 또는 버스로 에트나 이동, 반나절 자유 여행 후 카타니아로 복귀
4일	카타니아→타오르미나	기차 1시간 30분	오전에 버스로 타오르미나 이동, 반나절 자유 여행
5일	타오르미나→시라쿠사	버스 2시간 30분	오후에 버스로 시라쿠사로 이동, 도착 후 휴식
6일	시라쿠사		전일 자유 여행
7일	시라쿠사→노토 (모디카)	기차 1시간	노토 또는 모디카 당일 여행 후 시라쿠사 복귀
8일	시라쿠사→라구사	기차 1시간 30분	라구사 이동 후 반나절 자유여행
9일	라구사→팔레르모	기차 2시간 30분	팔레르모 이동 후 반나절 자유여행
10일	팔레르모		전일 자유 여행
11일	팔레르모→아그리젠토	기차 2시간	아그리젠토 당일 여행 후 팔레르모 복귀
12일	팔레르모 →몬레알레(또는 체팔루)	버스 30분	몬레알레 두오모 관람 후 팔레르모로 돌아와 반나절 자유여행
13일	팔레르모→트라파니	버스 2시간	트라파니 이동 후 반나절 자유여행
14일	트라파니→에리체→팔레르모	버스 30분, 버스 2시간	에리체 반나절 여행 후 팔레르모 복귀
15일	팔레르모→인천	비행기 12~16시간	인천공항 도착

INFO.

여행 예상 경비 300만~320만원

실제 여행 시간 카타니아 1일, 에트나 반나절, 타오르미나 반나절, 시라쿠사 1일 반, 노토 (또는 모디카) 반나절, 라구사 반나절, 팔레르모 1일 반, 아그리젠소 반나절, 몬레알레 반나절, 트라파니 1일, 에리체 반나절

준비 내역 ❶ **유럽 왕복 티켓** 카타니아 IN, 팔레르모 OUT *추천 항공권 알이탈리아항공
❷ 도시 간 이동 티켓은 현지 구입

교통 어드바이스

우리나라에서 시칠리아로 가장 편하게 갈 수 있는 방법은 유럽계 항공사를 이용하는 것이다. 시간에 여유가 있다면 로마 왕복 항공권을 구입한 후 야간기차 또는 야간 페리로 이동하는 것도 좋다. 시칠리아 섬 내에서의 이동은 기차와 버스를 모두 이용할 수 있는데, 카타니아에서 타오르미나, 시라쿠사로의 이동과 팔레르모에서 체팔루로의 이동은 기차를 이용하는 것이 좋으며, 그 외에는 버스를 이용하는 것이 도시별 이동 소요 시간을 줄일 수 있다. 도시에 도착하고 나면 다음 도시로의 이동을 위한 교통 수단과 시간표를 알아두자.

일정 어드바이스

카타니아에서 에트나 산 여행은 도시에서 시행하는 투어를 이용하는 것이 효율적이다. 타오르미나 여행은 잠시 동안 휴식한다 생각하고 천천히 음미하며 시간을 보내는 것이 좋다. 아그리젠토에 도착한 날은 휴식을 취해야 다음 날 신전들의 계곡을 둘러보는 데 지장이 없다. 팔레르모는 복잡한 도시이니만큼 여유롭게 시간을 갖자. 시장을 둘러보려면 오전에 움직이고 그 외 여행지들은 오후에 보는 것이 좋다. 몬레알레 · 체팔루 모두 여행하는 데 하루 꼬박 걸리는 곳이다. 시칠리아 섬 여행에서 가장 중요한 것은 마음의 여유다.

이탈리아 완전 정복 55일 베스트 추천 루트

이탈리아 주요 도시를 최대한 만끽할 수 있는 루트. 이왕 간 김에 이탈리아 주요 도시를 모두 돌아보고 싶어하는 욕심많은 당신을 위한 프렌즈 이탈리아의 제안! 북부 토리노에서 남부 시칠리아까지 모두 둘러볼 수 있는 루트다. 최대한 느끼고 만끽하며 여행하자.

일수	도시	교통편	간략 여행 일정
1일	인천→로마	항공 12~16시간	
2일	로마		시내 여행 1
3일	로마		시내 여행 2
4일	로마/티볼리	버스 1시간	티볼리 당일 여행
5일	로마→나폴리	기차 1시간 30분	반일 여행 후 오후 기차로 이동
6일	나폴리		전일 자유여행
7일	나폴리/폼페이	사철 30분	폼페이 당일 여행
8일	나폴리/아말피	버스 1시간	아말피 당일 여행
9일	나폴리-카프리	페리 1시간 30분	오전 페리로 이동 후 카프리 여행
10일	카프리-나폴리-팔레르모	페리 1시간 30분& 야간열차 10시간	오후 페리로 이동 후 야간기차나 야간 페리로 팔레르모 이동
11일	팔레르모		전일 자유여행
12일	팔레르모/몬레알레	버스 20분	몬레알레 당일 여행
13일	팔레르모/체팔루	기차 1시간	체팔루 당일 여행
14일	팔레르모→트라파니	버스 2시간	오전 버스로 이동 후 트라파니 여행
15일	트라파니/에리체→팔레르모	버스 30분 & 버스 2시간	오전 에리체로 이동해 여행 후 트라파니로 돌아와 팔레르모로 복귀
16일	팔레르모/아그리젠토	기차 1시간 반	아그리젠토 당일 여행
17일	팔레르모→시라쿠사	기차 4시간	오전 기차 이동 후 시내 여행
18일	시라쿠사		전일 자유여행
19일	시라쿠사/노토	기차 1시간	노토 당일 여행
20일	시라쿠사/모디카	기차 1시간 30분	모디카 자유여행
21일	시라쿠사→라구사	기차 2시간 30분	오전 라구사로 이동 후 시내 여행
22일	라구사→카타니아	기차 4시간	오전 기차 이동 후 카타니아 시내 여행
23일	카타니아/에트나	버스 1시간	에트나 당일 여행
24일	카타니아→타오르미나	버스 1시간 30분	오전 버스 이동 후 타오르미나 시내 여행
25일	카타니아→바리	항공 1시간 30분 또는 버스 9시간	주간 버스 이동 또는 야간 기차나 버스로 이동 후 휴식
26일	바리→알베로벨로	기차 1시간	오전 알베로벨로 이동 후 시내 여행
27일	알베로벨로→마테라	기차 2시간 30분	오전 마테라로 이동 후 시내 여행

28일	마테라→바리	기차 1시간 반	오전 바리로 이동 후 휴식
29일	바리/트라니→볼로냐	기차 1시간 후 야간이동	트라니 당일 여행 후 볼로냐로 야간 이동
30일	볼로냐		전일 자유여행
31일	볼로냐/라벤나	기차 40분	라벤나 근교 여행
32일	볼로냐→베네치아	기차 1시간	오전 이동 후 휴식
33일	베네치아		전일 자유여행
34일	베네치아/비첸차	기차 1시간	비첸차 근교 여행
35일	베네치아→베로나	기차 1시간 30분	오전 이동 후 베로나 여행
36일	베로나→밀라노		오전 이동 후 밀라노 여행
37일	밀라노		전일 자유여행
38일	밀라노/코모	기차 2시간	코모 당일 여행
39일	밀라노–토리노	기차 1시간 30분	오전 기차 이동 후 토리노 여행
40일	토리노		전일 자유여행
41일	토리노–밀라노–친퀘테레	기차 4시간 40분	오전 이동 후 친퀘테레 여행
42일	친퀘테레		전일 자유여행
43일	친퀘테레–피사–피렌체	기차 3시간	오전 이동해 피사 여행 후 피렌체 휴식
44일	피렌체		시내 여행 1
45일	피렌체		시내 여행 2
46일	피렌체		시내 여행 3
47일	피렌체/시에나	버스 1시간	시에나 당일 여행
48일	피렌체/루카		루카 당일 여행
49일	피렌체–아시시–로마	기차 2시간	오전 이동해 아시시 여행 후 로마 도착, 휴식
50일	로마		시내 여행 3
51일	로마		시내 여행 4
52일	로마		바티칸 여행
53일	로마/오르비에토/ 치비타디바뇨레지오	기차 1시간 30분	오르비에토 당일 여행
54일	로마–인천	항공 12~16시간	
55일	인천	비행기 12~16시간	인천공항 도착
INFO.	여행 예상 경비 500만~600만원 실제 여행 시간 로마 5일, 아시시 1일, 오르비에토 1일, 티볼리 반일, 피렌체 3일, 루카 1일, 시에나 1일, 볼로냐 1일 반, 라벤나 1일, 베네치아 2일, 베로나 1일, 비첸차 1일, 밀라노 1일, 코모 1일, 토리노 1일 반, 친퀘테레 1일 반, 피사 반일, 나폴리 1일 반, 폼페이 1일, 아말피 1일, 카프리 1일 반, 팔레르모 1일 반, 몬레알레 1일, 체팔루 1일, 트라파니 반일, 에리체 반일, 아그리젠토 1일, 시라쿠사 1일 반, 노토 반일, 모디카 반일, 라구사 1일, 카타니아 반일, 타오르미나 1일, 에트나 1일, 바리 1일 반, 알베로벨로 1일, 마테라 1일, 트라니 반일 준비 내역 ❶ **로마 왕복 티켓** *추천 항공권 국적기		

▪ 교통 어드바이스

항공은 로마 왕복이 선택이 넓다. 철도청 할인 요금을 예약하기에 앞서 일정이 길기 때문에 생길 수 있는 일정상의 변수를 고려해야 한다. 야간 이동 3회, 편도 2시간 이상 구간이 2구간 있으므로 철도패스도 나쁘지 않은 선택이다. 시칠리아 섬과 피렌체 부근을 여행할 때에는 버스로 이동하는 것이 좋다. 그 외 구간은 저렴한 레지오날레 Regionale 구간이므로 현지에서 그때그때 구입해서 이동하자. 카타니아에서 바리로 이동할 때 항공 이동이 편리할 수도 있다. VOLOTEA 항공이 운항하니 미리 알아두자.

▪ 일정 어드바이스

이탈리아 전역은 크게 원을 그리며 여행하면서 시칠리아까지 둘러볼 수 있는 코스이다. 바리에서 그리스나 크로아티아 여행을 다녀오게 되면 두달 이상을 생각하고 여행하는 것도 좋다. 일정에 대한 큰 그림을 갖고 있지만 생겨날 수 있는 변수에 대해서 여유를 갖고 여행하자. 각 도시별로 충분히 느낄 수 있는 일정이므로 최대한 만끽하고 도시 속으로 들어가볼 것.

영화 속 풍경으로 들어가기

이탈리아는 유명 감독들이 자신의 영화에 한 장면으로 꼭 담고 싶어 하는 고전의 아름다움을 가득 품고 있는 나라이다. 전 세계에서 만들어지는 영화의 배경으로 이탈리아의 도시 도시들이 자주 등장하며 한 때 제2의 헐리우드라 불릴 정도로 수많은 영화들이 촬영되었던 곳이기도 하다. 이러한 이유로 이탈리아는 다양한 명화들 속에서 그 모습을 쉽게 찾아 볼 수 있다. 영화를 보는 즐거움과 함께 영화에 배경이 되었던 도시를 여행할 때 자신만의 영화보다 101배 더 큰 감동을 만들어 보자.

시칠리아 체팔루&팔레르모&시라쿠사

체팔루에 서면 토토[영화 <시네마 천국>]가 알프레도를 부르며 뛰어가는 모습을 볼 수 있을 것만 같다. 팔레르모의 복잡한 거리를 걸으며 마주치는 검은 양복의 신사들은 마피아 조직원[영화 <대부> 시리즈] 중 한 사람이 아닐까 하는 생각을 한다. 시라쿠사 거리를 거닐다가 팔랑거리는 짧은 스커트를 입고 자전거를 타고 지나가는 아가씨를 만나면 괜스레 긴장이 된다[영화 <말레나>].

나폴리&폼페이

혼란스러운 나폴리 항[영화 <본 아이덴티티>]을 벗어나 아말피 해안의 따뜻한 햇살 아래 바닷바람을 쐬면서 한가로이 시간을 보내보자. 주변 마을은 페리나 버스로, 혹은 렌터카로 이동하며 각각의 다른 분위기를 감상해보자[영화 <일 포스티노>, <리플리>, <온니 유>]. 휴화산 중 하나인 베수비오 화산을 배경으로 처연하게 서 있는 폼페이 유적지들이 없어지기 전에 감상하는 것도 보람찬 일이다.

로마

찬란한 역사 만큼이나 오래된 도시 로마. 나보나 광장의 분수[영화 <천사와 악마>]는 오늘도 물줄기를 뿜으며 여행자를 맞이한다. 스페인 계단[영화 <로마의 휴일>]은 최첨단 패션쇼 준비로 오늘 한가롭다. 베네토 거리[영화 <자전차 도둑>]에서 여유롭게 커피 한잔 마시고 찾아간 콜로세움[영화 <글래디에이터>] 주변에는 여전히 여행자들로 붐빈다. 포로로마노[미국드라마 <로마>]에서 옛 로

마인들의 삶의 열기를 느껴본다. 바티칸의 산 피에트로 광장[영화 <천사와 악마>]에서 베르니니의 천재성에 다시 한번 감탄사를 내뱉는다.

피렌체

아르노 강변의 조용한 도시 피렌체. 붉은 지붕의 쿠폴라[영화 <냉정과 열정 사이>]에는 오늘도 수많은 연인들이 함께 올라 사랑을 기원한다. 미켈란젤로 언덕[영화 <전망좋은 방>, <먹고 사랑하고 기도하라>]에서 바라보는 도시는 우아하고 차분한 느낌. 두오모 옆 골목의 화구상[영화 <냉정과 열정사이>]에서 나오는 미술학도의 열정이 새삼 부럽다.

시에나

운이 좋다면 시에나 팔리오[영화 <007> 시리즈 22편] 축제에 동참해보자. 고요한 도시가 터져나갈지도 모른다는 괜한 걱정을 하게 될 터이니.

베네치아

폼페이와 더불어 언제 사라질지 모르는 베네치아의 여유로움은 리도 섬[영화 <베네치아에서의 죽음>]에서 극대화된다. 도시 곳곳을 누비는 곤돌라 위에서 시간의 흐름에 몸을 맡겨보자. 다시 돌아갈 일상 속에서는 다시 느끼지 못할 여유일터이니.

베로나 & 밀라노

이루지 못한 사랑의 연인들의 도시 베로나[영화 <레터스 투 줄리엣>]에서 엉뚱하게도 사랑을 이루기를 기원하는 것도 재미있다. 그리고 그 기운은 도회적인 도시 밀라노에서 기적의 그림이 위치한 산타 마리아 델레 그라치에 성당[영화 <냉정과 열정 사이>]에서 마감하며 여행을 마무리 짓는다.

• 추천 일정

팔레르모/체팔루(3일) → 아그리젠토(1일) → 시라쿠사(2일) → 야간기차 → 나폴리/아말피 해안(2일) → 로마(3일) → 시에나(1일) → 피렌체(2일) → 베네치아(2일) → 베로나(1일) → 밀라노(2일)

• 교통 어드바이스

항공권은 팔레르모 in 밀라노 out으로 구한다. 여의치 않다면 로마로 in 한 후 야간기차나 야간페리로 팔레르모로 이동하는 것도 좋은 선택. 시라쿠사-나폴리 구간의 야간기차는 한국에서 미리 예약하는 것이 좋다. 로마-시에나-피렌체 구간은 버스로 이동해도 좋다. 차분한 느낌의 이탈리아 중부 지방의 풍경을 만끽할 수 있다. 그 외 구간은 현지에서 티켓을 구입해도 무방한 구간.

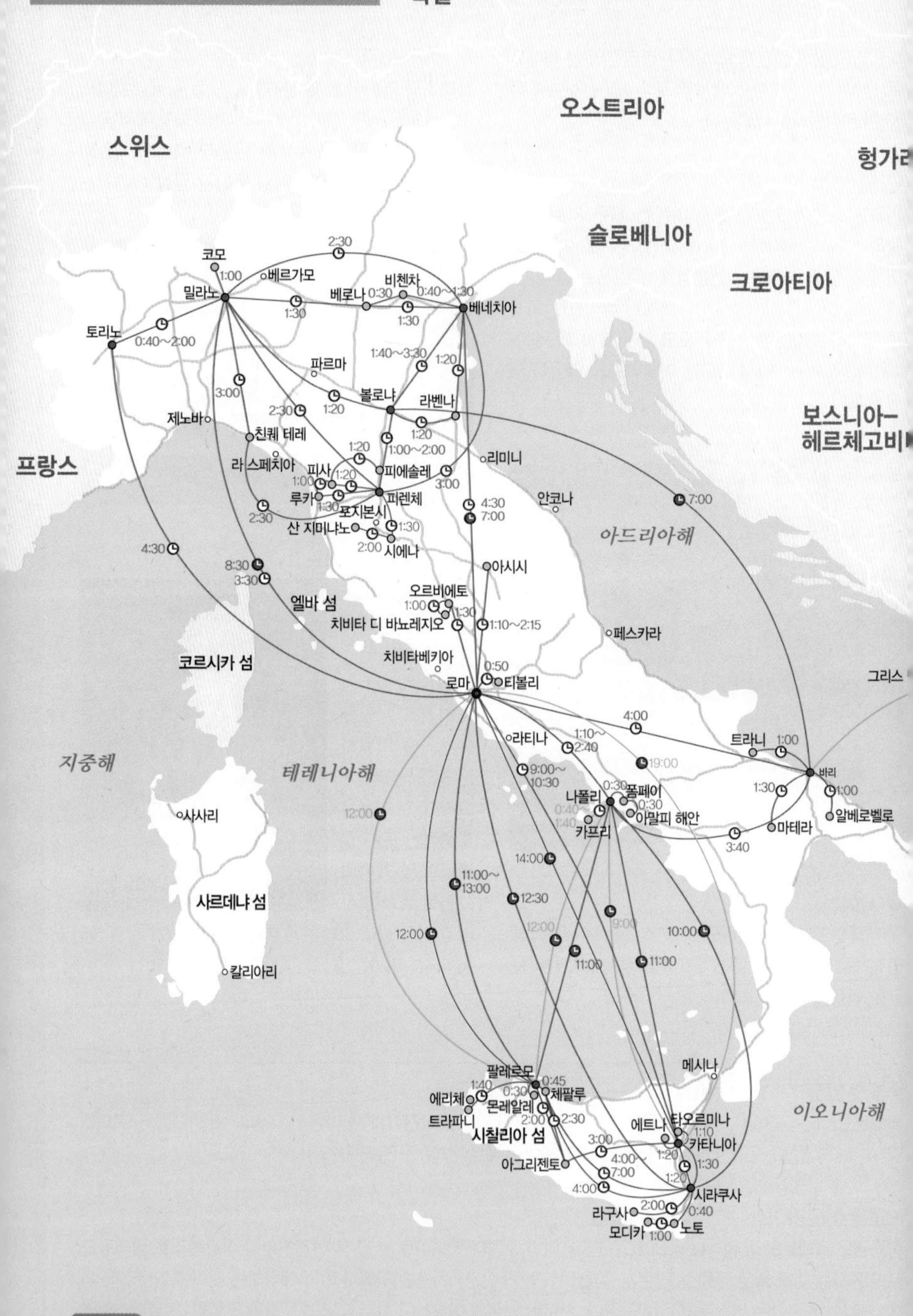
이탈리아 도시 간 주요 교통 노선도
독일
오스트리아
스위스
헝가리
슬로베니아
크로아티아
보스니아-
헤르체고비
프랑스
그리스
코모
베르가모
밀라노
비첸차
베로나
베네치아
토리노
파르마
볼로냐
라벤나
제노바
친퀘 테레
라 스페치아
피사
루카
피에솔레
피렌체
리미니
포지본시
산 지미냐노
시에나
안코나
아드리아해
아시시
엘바 섬
오르비에토
치비타 디 바뇨레지오
페스카라
코르시카 섬
치비타베키아
로마
티볼리
라티나
트라니
바리
지중해
테레니아해
나폴리
폼페이
아말피 해안
카프리
알베로벨로
마테라
사사리
사르데냐 섬
칼리아리
메시나
팔레르모
에리체
트라파니
몬레알레
체팔루
시칠리아 섬
이오니아해
에트나
타오르미나
카타니아
아그리젠토
시라쿠사
라구사
모디카
노토

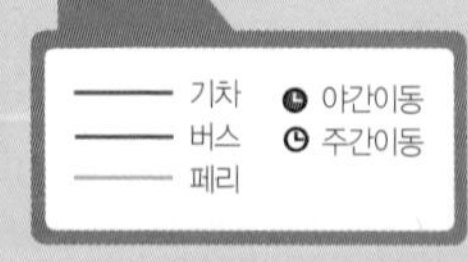
기차
버스
페리
야간이동
주간이동

이탈리아 중부
Middle Italy

유네스코
건축
미술

Roma

모든 길의 중심이었던 위대한 도시
로마

3,000년의 시간이 묻어있는 위대한 도시. 로물루스가 자신의 이름을 딴 마을을 세우며 시작된 이 도시는 서양 역사의 중심에 자리하며 빛나는 존재감을 자랑했고 도시의 품격은 다른 여느 도시와 비교할 수 없다. 고대 로마 제국의 유적부터 빛나는 현대 건축물까지 도시를 걸으며 떠나게 될 시간 여행은 세상 어디에서도 볼 수 없는 특별하고 아름다운 도시 로마에서만 가능하다.

지명 이야기
로마 Roma는 로마를 건국한 로물루스 Romulus의 이름에서 왔다. 영어 표기는 Rome이다.

이런 사람 꼭 가자!!
로마 역사에 흥미가 있다면
바로크 건축의 진수를 맛보고 싶다면
종교미술의 진수를 감상하고 싶다면
성지순례 여행자라면

저자 추천

이 영화 보고 가자
〈천사와 악마〉, 〈로마의 휴일〉, 〈글래디에이터〉, 〈점퍼〉, 〈로마 위드 러브〉

이 사람 알고 가자
시저, 네로, 미켈란젤로, 라파엘로, 베르니니, 보로미니

이 책 읽고 가자
『로마인 이야기』, 『로마 제국 쇠망사』

Information 여행 전 유용한 정보

클릭! 클릭!! 클릭!!!

로마 관광청 www.turismoroma.it
바티칸 시국 www.vatican.va

여행 안내소

Tourist Information Point
로마 시내 지도, 이벤트 정보는 물론 로마 패스와 교통권 구입도 가능하다. 가장 많이 방문하게 되는 곳은 테르미니 역에 자리한 ⓘ로 24번 플랫폼 옆 복도에 자리하고 있다.

테르미니 역 ⓘ Map p.106-B1
위치 테르미니역 24번 플랫폼 옆 복도
운영 08:00~20:30

※ 시내 주요 여행지 부근에 작은 팔각형 철제건물 형태의 ⓘ가 자리한다.

트레비 분수 ⓘ Map p.118-A2
나보나 광장 ⓘ Map p.132-A2
산탄젤로 성 ⓘ Map p.139-B2
산타 마리아 마조레 성당 ⓘ Map p.106-B1
트라스테베레 ⓘ Map p.132-B2

환전소

여행자들이 많이 찾는 도시답게 대부분의 레스토랑이나 상점에서 신용카드가 통용되므로, 신용카드를 사용하거나 국제현금카드를 준비하는 것이 좋다. 현지 은행 중 BNL 은행의 ATM(현지에서는 Bancomat라 부른다)을 이용하는 것이 수수료가 저렴하다.

BNL Bancomat
위치 테르미니 역 내, 테르미니 역 맞은편 로열 산티나 호텔 건물 1층, 바티칸 박물관 부근(Map p.139-A1), Via del Corso Gap 매장 옆(Map p.118-A2) 등

바티칸 우체국 환전소 Map p.139-A2
다른 나라를 여행한 후 남은 지폐가 있다면 바티칸 우체국 환전소로 가자. 시내 은행보다 낮은 환율이지만 수수료 없이 환전할 수 있다.
주소 Via di Porta Angelica 23(산 피에트로 광장 왼쪽 주랑 끝에 위치)
운영 월~금 09:00~17:30, 토 09:00~12:30
휴무 일요일

통신사

이탈리아 통신사로는 팀 Tim과 윈드 Wind, 독일계 통신사 보다폰 Vadafone이 대표적이다. 회사마다 여행자용 요금을 마련해 두고 있으며, 이탈리아와 함께 다른 나라 여행을 계획한다면 로밍 데이터 여부, 전화 통화 사용 여부 등을 꼼꼼하게 따져본 후 구매하는 것이 좋다(요금제 변동이 자주 있음). 코르소 거리에도 점포가 있다.

Tim
위치 테르미니역 2층, 지하 1층 코나드 옆
운영 08:00~21:00

Wind
위치 테르미니역 1층 19번 플랫폼 맞은편 중앙홀, 지하 1층 Tim 맞은편
운영 08:00~21:00

Vodafone
위치 테르미니역 지하 1층 16번 플랫폼 앞 에스컬레이터로 내려가 오른쪽
운영 08:00~20:00

슈퍼마켓

여행자들이 가장 쉽게 접근할 수 있는 슈퍼마켓은 테르미니 역 1번 플랫폼 앞 지하도에 코나드 CONAD로, 이른 아침부터 밤늦게까지 영업한다. 주변 환경이 좋지 않으므로 너무 늦은 시간에 혼자 가는 것은 삼가도록 하자. 스위스에서 자주 볼 수 있는 슈퍼마켓 체인 COOP도 1번 플랫폼 옆, 25번 플랫폼 지하에 위치하며 카르푸 익스프레스 Carrefour Express도 조금씩 늘어나고 있다. 산타 마리아 마조레 성당 부근에 한국식품점도 있다.

COOP Map p.106-B1
위치 테르미니 역 1번 플랫폼 옆, 25번 플랫폼 지하
운영 08:00~21:00

CONAD Map p.118-B2
위치 테르미니 역 1번 플랫폼 지하
운영 06:00~24:00

한국식품점 Alimentary Coreani Map p.106-A1
주소 Via Cavour 84(산타 마리아 마조레 성당 뒤편에 위치) 운영 09:30~19:30

우체국

많이 개선되었다고는 하나 다른 유럽 국가에 비하면 여전히 느리고 사고율도 높은 이탈리아 우편 시스템. 그나마 바티칸 우체국은 빠르지는 않아도 정확도는 믿을 수 있다. 중요한 우편물이라면 바티칸 우체국에 가서 처리하자. 바티칸 우체국에서는 바티칸 시티 발행 우표만 취급한다.

테르미니 역 우체국 Map p.106-B1
위치 테르미니 역 내에 2곳 있다. 1번 플랫폼 옆 슈퍼마켓 COOP을 지나 바로 옆에 한 곳이 있고, 다른 한 곳은 24번 플랫폼 옆 쇼핑센터 COIN를 지나 통로로 나가면 왼쪽 복도에 있다.
운영 월~금 08:00~19:00, 토 08:00~13:15

바티칸 우체국 Map p.139-A2
주소 Via di Porta Angelica 23(산 피에트로 광장 왼쪽 주랑 끝에 위치)

경찰서

사건, 사고 많기로 이름난(?) 로마의 거리 곳곳에는 경찰들이 배치되어 있다. 치안에 신경 쓰는 편이어서 나아졌다고는 하지만, 언제나 위험은 존재한다. 여행자 자신이 조심하는 것이 최선이다. 사건이 터졌다면 신속하게 처리하자. 특히 테르미니 역 경찰서는 로마 시내 경찰서 중에서 업무 처리가 신속하다는 평가를 받는다.

테르미니 역 경찰서 Map p.118-B2
위치 1번 플랫폼 오른쪽에 있는 우체국을 지나 중간 출구 오른쪽에 위치. 13번 플랫폼 정면이다.
전화 06 4620 3401 운영 24시간

Questura di Roma Map p.118-B2
주소 Via di S. Vitale, 15(나치오날레 거리 Via Nazionale의 GUESS 매장을 끼고 도보 5분)
전화 06 468 61(영어 통화 가능) 운영 24시간

Commissariato della Polizia di Stato di Roma Map p.118-A2
주소 Piazza Collegio Romani 3(코르소 거리에서 Dante BAR 맞은편 골목에 위치)
전화 06 679 34 65

병원

응급실이 있고 여행자들이 이용하기 편리한 병원 두 곳. 이탈리아에서 외국인 여행자들의 치료비는 무료다.

Azienda Ospedaliera San Giovanni Addolorata(산 조반니 병원) Map p.106-B2
주소 Via dell'Amba Arradam 9
운영 24시간

Policlinico Umberto I (폴리클리니코 움베르토 프리모 병원) Map p.105-D2
주소 Viale Policlinico 155
운영 월~금 07:30~16:30

Presidio Ospedaliero Santo Spirito In Sassia (산토 스피리토 병원) Map p.139-B2
주소 Lungotevere in Sassia 1
운영 24시간

약국

Farmacrimi – Gruppo Farmacie Italiane SRL Map p.118-B2
주소 Stazione Termini, Via Marsala, 29
운영 매일 07:00~21:00

Farmacia Scipioni Map p.139-A1
주소 Via degli Scipioni 59
위치 바티칸 부근 운영 매일 08:00~20:00

Access 로마 가는 법

로마는 해마다 수백만 명의 여행자들이 찾아오는 도시답게 비행기나 기차 등 교통망이 잘 발달해 있다. 우리나라에서는 직항편, 경유편 등의 비행기를 이용해야 한다. 독일, 오스트리아에서는 야간기차로 연결되며 스페인이나 포르투갈 등 이베리아 반도나 그리스 쪽에서는 페리와 기차를 이용할 수 있다. 전 유럽에서 운행하는 저가 항공편도 많은 편이다. 코로나 바이러스의 팬데믹 선언 이후 항공편이 많이 줄어들었고, 다시 재개되는 중이다.

비행기

우리나라에서는 국적기인 대한항공과 아시아나항공이 취항하고 있으며 대부분의 동남아계 항공사와 유럽계 항공사가 취항하고 있어 선택의 폭이 매우 넓은 편이다. 그 외 이지제트 easyJet, 라이언에어 RYANAIR, 부엘링 Vueling 등 저가 항공편도 많은 수가 취항한다.
로마에는 두 개의 공항이 있다. 주요 국제선을 연결하는 레오나르도 다 빈치 국제공항(일명 피우미치노 Fiumicino 공항)과 저가 항공이 취항하는 참피노 공항이다.
로마공항 종합정보 www.adr.it

레오나르도 다 빈치 국제공항
Aeroporto Leonardo da Vinci (FCO)

로마의 관문으로 통하는 레오나르도 다 빈치 국제공항은 르네상스 3대 천재 중 한 명이며 비행기를 발명한 레오나르도 다 빈치의 이름을 따서 명명했다. 일명 피우미치노 공항이라고도 한다. 로마에서 남서쪽으로 약 35㎞ 떨어져 있다.
터미널은 T1, T2, T3, T5로 나뉘어 운영되었으나 현재 T1과 T3만 운영 중이다.
우리나라로 돌아가기 위해 시내에서 레오나르도 익스프레스를 타고 공항에 도착하는 여행자라면 기차에서 하차한 후, 통로를 따라 걷다가 갈림길에서 게이트 현황을 알려주는 모니터에서 자신이 탈 항공편을 확인하고 각 터미널로 이동해야 한다.

각 터미널별 취항 항공사

T1 ITA 항공 AZ, 에어 프랑스 AF, 유로윙즈 EW, 루프트한자 LH, KLM 네델란드 항공 KL, 라이언에어 FR, 볼로테아 항공 V7, 뷰엘링 VY 등
T3 대한항공 KE, 아시아나항공 OZ, 핀 에어 AY, 영국항공 BA, 에티하드 항공 EY, 아랍 에미레이트항공 EK, 에어차이나 CA, 중국항공 CI, 중국남방항공 CZ, 카타르항공 QR, 싱가포르항공 SQ, 타이항공 TG, 일본항공 JL, 캐세이퍼시픽 CX 등 유럽 내 저가 항공사
※ 항공사 터미널 배정이 자주 바뀌는 편이다. 공항으로 가기 전 꼭 확인할 것.

공항 내 여행 안내소

위치 터미널 T3 국제선 항공 도착 구역
전화 06 659 54 471
운영 09:30~19:30

택스 리펀드 오피스 Agenzia delle Dogane

위치 T3 181번 카운터 부근(2번 게이트로 들어가면 가깝다)
※택스 리펀드 절차 항공권 체크인 전에 택스 리펀드를 받을 수 있다. 이탈리아에서 구입한 물건은 기계로 택스 리펀드를 처리할 수 있고, 이탈리아 이외의 나라에서 구매한 물건을 처리하려면 창구로 가야 한다. 이때 물건은 소지해야 한다.

레오나르도 다 빈치 공항에서 시내로

시내로 들어가는 방법이 다양해서 요금 대비 선택의 폭이 넓다. 직행기차인 레오나르도 익스프레스가 가장 빠르고, 셔틀버스가 수시로 운행된다. 늦은 시간이라면 코트랄 버스를 이용하고 짐이 많거나 아이를 동반한 가족여행자라면 택시를 이용하는 것이 좋다.

기차

교통 상황과 관계없이 정확한 시간에 도착하는 이점이 있는 교통수단. 테르미니 역까지 운행하는 레오나르도 익스프레스와 티부르티나 역까지 운행하는 일반 열차 두 가지가 있다.

1) 레오나르도 익스프레스 Leonardo Express

시내로 가는 교통편 중 가장 빠르고 편리하지만 그만큼 비싸다. 공항에서 테르미니 역까지 논스톱으로 운행하는 직행기차로, 약 35분 정도 소요된다. 티켓은 공항 내 타바키 Tabacchi에서 구입하거나 플랫폼 맞은편 바 Bar 옆에 있는 티켓 박스에서 구입하면 된다. 이 플랫폼에서는 레오나르도 익스프레스뿐만 아니라

티부르티나 Tiburtina 역까지 운행하는 일반 기차도 출발하므로 전광판을 통해 테르미니 Termini 역행 기차의 출발 시각과 플랫폼 번호 Binario를 확인하고 탑승하자.

테르미니 역에서 하차한 후, 로마 시내로 이동할 여행자라면 지하로 연결되어 있는 메트로를 타고 이동하면 된다. 역 앞 광장에는 시내를 거미줄처럼 연결하는 버스가 운행하고 있다.

알아두세요!

레오나르도 익스프레스가 운행되는 플랫폼에서 피렌체, 볼로냐, 베네치아에 정차하는 고속기차가 하루에 2번 운행됩니다. 09:38에 출발하는 기차는 로마를 거쳐 나폴리에 도착하며, 13:53에 출발하는 기차는 로마를 거쳐 피렌체, 볼로냐, 파도바를 거쳐 베네치아 산타루치아 역에 도착합니다. 로마에 머무르지 않고 바로 다른 도시로 이동할 예정이라면 참고하세요.

알아두세요! 사진으로 보는 레오나르도 익스프레스 타는 법

❶ 입국장으로 나와 기차 표시를 따라간다. 에스컬레이터를 타고 이동해 구름다리를 건너면 기차 플랫폼과 연결된다.

❷ 공항 내 타바키 Tabacchi나 티켓 판매소에서 티켓을 구입한다.

❸ 테르미니 역 Roma Termini으로 출발하는 기차의 플랫폼을 확인한다.

❹ 구입한 티켓의 QR코드를 스캔하면 문이 열린다.

❺ 플랫폼에서 도착하는 기차에 탑승한다.

로마 시내에서 공항으로 갈 때는 테르미니 역 23번 또는 24번 플랫폼에서 출발하는 기차를 타면 된다. 익스프레스 기차에 오를 때 짐을 들어주고 돈을 요구하는 일이 빈번하므로, 짐을 들어준다고 할 때는 무조건 거절하자. 기차 탑승 전 티켓 펀칭을 잊지 말 것!
운행 공항→시내 04:50~23:05, 시내→공항 05:38~23:53(30분 간격) **소요 시간** 35분
요금 €14

2) 일반 기차 FR1+ 메트로 Metro
공항에서 출발하는 국철 FR1선을 타고 시내로 들어가는 방법인데 티부르티나 역까지 약 45분 걸린다. 기차는 레오나르도 익스프레스 탑승장과 같은 곳에서 출발하니 플랫폼 안내 표시를 잘 확인해야 한다.
티부르티나 역에 도착해 역 밖으로 나와 메트로 B선 티부르티나 역으로 환승한 후 시내로 이동하면 된다. 숙소가 테르미니 역 부근이라면 492번 시내버스를 타도 된다.
로마 시내에서 공항으로 갈 때는 티부르티나 역 내에 있는 타바키에서 공항행 기차 티켓을 구입한다. 개찰기에 넣어 펀칭하고 탑승하는 것을 잊지 말자.
운행 공항→시내 월~토 첫차(05:57) 후 06:27~21:27(15분 간격), 21:27~23:27(30분 간격), 일 · 공휴일 05:57~23:27(30분 간격)
시내→공항 월~토 첫차(05:05) 후 05:33~21:03(15분 간격), 21:03~22:33(30분 간격), 일 · 공휴일 05:57~23:27(30분 간격)
요금 공항↔티부르티나 역 €8

버스

공항에서 로마 시내까지 운행하는 공항버스 노선은 모두 5개. 가격은 엇비슷하며 탑승권을 인터넷으로 미리 구입하거나 왕복으로 구입해 두면 조금 저렴하게 이용할 수 있다. 거의 24시간 버스가 있다고 생각해도 무방할 만큼 다양한 시간대에 버스가 운행된다. 소요 시간은 1시간.
버스 정류장은 T3 6번 출입구로 나와 Bus Station 표지를 따라가면 정류장이 나오고 회사별로 표지판이 서 있으니 골라서 탑승하면 된다. 코트랄 Cotral 버스 탑승 예정이라면 T1 외부 Regional Bus Station 표지판을 찾도록. 버스 정류장은 수시로 변화하니 여행을 떠나기 전 미리 버스 회사 홈페이지에서 확인해두자. 주의할 점은 탑승할 때 짐에 대한 티켓 없이 트렁크에 짐을 넣는다. 안쪽 깊숙이 짐을 넣거나 마지막에 좌석에 탑승하는 것도 짐 분실 방지를 위한 하나의 방법이다.

일반 전세버스

• Terravision

홈페이지 www.terravision.eu
운행시간 공항→테르미니 역 07:10~00:30, 테르미니 역→공항 04:00~19:50
요금 공항→테르미니 역 €5.90, 테르미니 역→공항 €6, 왕복 €11
공항 탑승 장소 14번 정류장
시내 탑승 장소 테르미니 역 24번 플랫폼 출구로 나가 Via Giolitti 38 (Map p.106-B1)

• SIT Bus Shuttle

홈페이지 www.sitbusshuttle.it
운행시간 공항→테르미니 역 07:45~00:40, 테르미니 역→공항 04:15~20:30
요금 편도 €7, 왕복 €13
공항 탑승 장소 12번 정류장
시내 탑승 장소
테르미니 역 1번 플랫폼 쪽 출구 왼편 로열 산티나 호텔 Royal Santina 맞은편 via marsala 5 (Map p.118-B2)
바티칸 부근 Via Crescenzio 2 (Map p.139-B2)

• AIRPORT-ROMA BUS SCHIAFFINI

홈페이지 www.romeairportbus.com

운행시간 공항→테르미니 역 05:40~00:05, 테르미니 역→공항 04:15~23:00
요금 공항→테르미니 역 €5.90, 테르미니 역→공항 €6.90, 왕복 €9.90
공항 탑승 장소 15번 정류장
시내 탑승 장소 테르미니 역 24번 플랫폼 출구로 나가 Via Giolitti 34/36 (Map p.106-B1)

심야 운행 버스
• T.A.M. 버스

홈페이지 www.tambus.it
운행시간 공항→테르미니 역 05:40~02:30 (오스티엔세역 정차는 23:30 출발 편까지), 테르미니 역→공항 04:30~03:30 (오스티엔세 역 첫차 04:45, 막차 20:55)
요금 편도 €6, 왕복 €11
공항 탑승 장소 13번 정류장
시내 탑승 장소
오스티엔세 Ostiense 역 부근 이탈리 Eataly 맞은편
테르미니 역 옆 Via Giovanni Giolitti 34 (Map p.106-B1)
• Cotral 버스

홈페이지 www.cotralspa.it
운행시간 공항→테르미니 역 월~토 01:45/03:45/05:45, 일 01:45/02:45/03:45/04:45/05:45/00:45, 테르미니 역→공항 월~토 00:34/02:34/04:35, 일 00:35/01:35/02:35/03:35/04:35/23:35
요금 편도 €5 (버스에서 구입하면 €7)
공항 탑승 장소 T1 맞은편 Regional Bus Station
시내 탑승 장소
500인 광장 Piazza dei Cinquecento 마시모 궁 앞 (Map p.118-B2)
티부르티나 역
메트로 A 선 코르넬리아 Cornelia 역
메트로 B 선 에우르-마랴나 Eur-Magliana 역

택시

짐이 많고 가족여행이라면 생각해볼만한 교통수단. 입국장 밖 택시 TAXI 표지판을 따라가자. 최대 4명까지 이용 가능하며 짐에 대한 요금은 따로 부과되지 않는다. 승강장이 아닌 공항 내에서 호객행위 하기도 하는데 바가지 요금을 지불할 위험이 있으니 택시 승강장에서 탑승하도록. 시내까지 요금은 정액제로 운영되니 탑승 전 미리 확인하자.
요금 공항→시내 €50, 공항→오스티엔세 역 €47, 공항→티부르티나 역 €57, 공항→참피노 공항 €52, 공항→치비타베키아 항구 €125

참피노 공항 Aeroporto Ciampino

이지제트 easyJet, 라이언에어 RYANAIR 등 유럽 내 저가 항공사들이 취항하는 로마의 서브 공항. 시내에서 15㎞ 정도 떨어져 있다. 시내로 이동할 때는 버스가 편리하다. 입국장을 나오면 버스 정류장이 있다.
여행안내소
위치 국제선 도착홀 수하물 수취 구역
운영 09:00~18:30

참피노 공항에서 시내로
전세 버스를 이용한다면 갈아타지 않고 시내의 테르미니 역까지 갈 수 있다. 낮 시간에 도착했다면 시내 버스와 메트로를 이용하자. 갈아타는 불편함이 있지만 대신 비용이 저렴하다.

버스

공항에서 로마 시내까지 3개의 공항버스가 직행으로 운행한다. 다빈치 공항행 버스와 마찬가지로 탑승권을 인터넷으로 미리 구입해 두면 조금 저렴하게 이용할 수 있다. 버스 정류장은 도착 홀 외부에 있으며 회사별로 표지판이 서 있으니 골라서 탑승하면 된다.

• Terravision

홈페이지 www.terravision.eu

운행시간 공항→테르미니 역 09:00~22:30, 테르미니 역→공항 04:05~18:20
요금 편도 공항→테르미니 역 €5, 테르미니 역→공항 €6, 왕복 €11 (4세 이하 무료)
시내 탑승 장소 테르미니 역 24번 플랫폼 출구로 나가 Via Giolitti 38 (Map p.106-B1)

• SIT Bus Shuttle

홈페이지 www.sitbusshuttle.it
운행시간 공항→테르미니 역 08:45~23:30, 테르미니 역→공항 04:30~18:30
요금 편도 €6, 왕복 €11
시내 탑승 장소
테르미니 역 1번 플랫폼 쪽 출구 왼편 로열 산티나 호텔 Royal Santina 맞은편 via marsala 5 (Map p.118-B2)

• AIRPORT–ROMA BUS SCHIAFFINI

홈페이지 www.romeairportbus.com
운행시간 공항→테르미니 역 03:30~23:30, 테르미니 역→공항 04:15~00:30
요금 편도 €6.90, 왕복 €9.90
시내 탑승 장소
테르미니 역 24번 플랫폼 출구로 나가 Via Giolitti 34/36 (Map p.106-B1)

버스 Bus + 메트로 Metro

시내까지 저렴하게 갈 수 있는 방법. 입국장 출구 밖으로 나오면 보이는 버스 정류장에서 Atral 버스나 ATAC 버스 520번이나 720번을 타고 메트로 역으로 가서 환승 하는 방법이다. 짐이 적다면 시도할 만하다.

• **Atral 버스 + 메트로 A선 아나니나 Anagnina 역**
홈페이지 www.atral-lazio.com
운행 공항→아나니나 역 평일 06:54~22:40, 공휴일 05:35~23:00, 아나니나 역→공항 평일 07:25~23:05, 공휴일 06:00~23:30
요금 버스 €1.20+메트로 €1.50

• **ATAC 버스 720번 + 메트로 B선 라우렌티나 Laurentina 역**
운행 공항↔라우렌티나 역 05:30~23:30, 20분 간격
요금 로마 시내 교통권 1회권 사용 €1.50

• **ATAC 버스 520번 + 메트로 A선 수바우구스타 Subaugusta 역**
운행 치네치타 광장 Piazza Cinecittà / 치네치타 Cinecittà 역→공항 05:30~11:30
요금 로마 시내 교통권 1회권 사용 €1.50

• **참피노 에어링크 Ciampino Airlink**
공항 외부에서 출발하는 버스를 타고 참피노 역에 가서 바로 이어지는 기차로 로마 테르미니 역까지 갈 수 있다.
운행 공항→참피노 역 평일 06:15~23:30, 공휴일 06:30~22:05, 시내→참피노 역 평일 06:05~23:40, 공휴일 06:40~22:46
요금 €2.70

택시

너무 이르거나 늦은 시간에 도착했거나 짐이 많고 가족여행이라면 생각해볼만한 교통수단. 입국장 밖 택시 승강장에서 탑승한다. 최대 4명까지 이용이 가능하며 짐에 대한 요금은 따로 부과되지 않는다. 호객 행위 택시는 바가지 요금의 위험이 있다. 피우미치노 공항과 마찬가지로 시내까지 요금은 정액제로 운영되고 있으니 탑승 전 미리 확인하자.
요금 공항→시내 €31, 공항→오스티엔세 역 €31, 공항→티부르티나 역 €36, 공항→피우미치노 공항 €52

철도

로마는 이탈리아 전역을 촘촘히 연결하는 기차 노선의 중심지라 할 수 있다. 많은 여행자들이 찾아오는 도시인 만큼 빠른 속도를 자랑하는 이탈리아 고속기차 레 프레체 Le Frecce(FR)부터 근교를 연결하는 완행기차까지 많은 종류의 기차가 운행한다.

테르미니 역 Stazione Termini Map p.105-D3

테르미니 역은 로마 최초의 성벽이 지나던 자리였고, 성벽이 철거된 이후 건설된 로마 시대 목욕탕 유적지

위에 지어졌다. '종착역'이라는 의미를 지닌 테르미니 역은 로마의 중앙역이다. 1867년 지어진 역을 1937년 무솔리니가 재건축하기로 결정해 1947년에 완성했다. 밖에서 보기에는 매우 단순한 대리석 건물로 큰 특징이 없어 보이지만, 내부로 들어가면 넓은 공간을 가리고 있는 커다란 곡선 형태의 지붕을 지탱하는 기둥이 하나도 보이지 않는 것이 신기하다. 당시에는 최첨단 공법으로 지어진 것이라고 한다.

역내에는 식당 · 스낵바 · 서점 · 환전소 · 은행 · 슈퍼마켓 · 쇼핑몰 등이 들어서 있다.

쇼핑 아케이드를 지나 역 안으로 들어가면 24개의 플랫폼이 눈앞에 펼쳐진다. 대부분의 기차는 1~22번 플랫폼에 정차한다. 레오나르도 다 빈치 공항행 익스프레스는 24번 플랫폼을 사용하고 일부 Regionale 기차는 역 뒤편에 위치한 25~29번 플랫폼에 정차하기도 한다. 이 플랫폼을 이용할 경우, 중앙 홀에서 뒤쪽으로 10분 정도 걸어가야 하니 주의하자.

역내 곳곳에는 노란색의 기차 운행 안내 패널이 있는데, 이 패널 속에 명시된 플랫폼이 자주 바뀌는 경향이 있다. 가장 정확한 것은 역 곳곳에 위치한 모니터와 상가 앞에 위치한 커다란 모니터다. 이를 통해 본인이 탑승할 기차의 플랫폼 번호를 미리 확인하자.

유럽 곳곳에서 테러가 발생하면서 플랫폼으로 가려면 열려있는 게이트를 통해 티켓 검사를 받아야만 플랫폼으로 갈 수 있다. 그러니 기차 출발 시각보다 여유 있게 역에 가는 것이 좋다.

테르미니 역은 기차뿐만 아니라 로마 대중교통의 중심지다. 중앙 출구로 나가면 500인 광장 Piazza Cinquecento이 보인다. 이 광장은 로마 시내를 거미줄처럼 연결하고 있는 시내버스 노선의 출발지다. 각 정류장마다 정차하는 버스 노선이 안내되어 있다. 시내버스뿐만 아니라 2층 관광버스들도 이곳에서 출발한다. 또한 역 지하로 내려가면 메트로 A · B선 테르미니 Termini 역과 연결된다.

역을 중심으로 1번 플랫폼 출구로 나가면 저렴한 호텔과 호스텔이, 24번 플랫폼 출구로 나가면 한국인 민박 등 숙박시설이 밀집해 있고, 레오나르도 다 빈치 국제공항이나 참피노 공항을 오고가는 전세버스들의 발착지이기도 해서 역은 항상 사람들로 붐빈다. 늦은 시간에는 취객과 노숙자들이 많아 위험하다. 실제로 약물사용자를 목격한 경험도 있다. 일행을 만들어 다니거나 너무 늦은 시간 통행은 삼가는 게 좋다.

기차역 홈페이지 www.romatermini.com

알아두세요! **테르미니 역은 소매치기들의 천국! 도난 사고 주의하세요**

소매치기에 대한 대비는 어디에서나 철저히 해야합니다. 이탈리아는 다른 여행지에 비해 심하므로 몇 배 이상의 주의가 필요해요. 특히 테르미니 역은 대다수의 여행자가 소매치기나 도난 사고를 당하는 곳으로 악명 높습니다. 공항에서 로마 시내로 발을 딛는 여행의 시작점이고, 이탈리아 전역을 연결하는 기차가 발착하는 곳답게 늘 여행자들로 붐비므로 짐 관리에 신경을 써야 합니다. 특히 캐리어를 사용하는 여행자라면 항상 본인의 몸 앞에 캐리어를 두도록 하세요. 모든 가방과 귀중품은 눈앞에 보이는 곳에 두는 것이 안전합니다. 일행과 함께 있다고 해서 안심할 수는 없습니다. 혼자서 여러 사람의 짐을 지키다가 오히려 주의가 산만해지는 때를 노리는 소매치기들이 많기 때문입니다.

만일 도난 사고를 당했다면 바로 경찰서로 가세요. 테르미니 역 내 경찰서는 13번 플랫폼 정면과 1번 플랫폼 중간쯤에 있습니다. 도난 신고서(폴리스 리포트)를 작성할 때는 'Stolen'이라고 표기해야 합니다. 'Lost'로 표기하게 되면 본인의 실수로 분실한 것이기 때문에 추후 여행자보험 보상을 받을 수 없습니다. 여권을 분실했다면 폴리스 리포트를 작성한 후 한국 대사관(가는 방법 p.55 참조)으로 가세요. 미리 준비해 간 여권용 사진을 꼭 가져가야 합니다.

티켓 오피스 Ticket Office

500인 광장에서 들어오는 출입구와 상가 사이의 넓은 홀에 기차티켓 자동발매기가 늘어서 있고 그 뒤편으로 티켓 창구가 있다. 기차 티켓 예약, 구매, 유레일 패스 개시 등 업무별로 창구가 다르므로 안내 직원에게 본인의 용무를 이야기 하고 번호표를 발급받아 창구 앞에서 기다리다 본인 번호가 호출되면 들어가자.

운영 06:30~22:00

유인 짐 보관소

24번 플랫폼 옆에 위치한다. 맡길 수 있는 최대 무게는 가방 한 개당 20㎏이며 먼저 짐을 검색대에 통과시킨 후 티켓을 받고 나중에 찾을 때 요금을 지불한다. 보관기간은 최대 5일.

운영 07:00~21:00 **요금** €6/5시간, 이후 6~12시간 €1/시간, 그 이후 €0.50/시간

유료 화장실

위치 지하 CONAD 슈퍼마켓 앞, Foot Locker 매장 옆

운영 06:00~23:00 **요금** €1

티부르티나 역 Stazione Tiburtina Map p.105-D1

테르미니 역 북동쪽에 위치한 로마 제2의 기차역. 밀라노와 나폴리 사이를 운행하는 고속기차 운행을 위해 만들어졌다. 남부로 내려가는 일부 기차는 테르미니 역에 정차하지 않고 티부르티나 역에서만 정차하기 때문에 탑승 전 미리 확인하는 것이 좋다.

역 앞 광장에는 시내버스 정류장이 있고, 역 오른쪽 고가도로 아래 길 건너편에는 유로라인과 이탈리아 국내를 운행하는 장거리 버스 터미널이 있다. 테르미니 역과는 메트로 B선으로 연결되며 네 정거장 거리에 위치하며, 버스 492번을 타고 이동할 수도 있다.

페리 Ferry

로마에서 기차로 1시간 정도 떨어진 치비타베키아 Civitavecchia 항구에서 스페인 바르셀로나(유레일 패스 소지자 20% 할인) · 튀니지 · 시칠리아행 페리가 운행된다. 특히 시칠리아행 페리는 야간기차와 비교해 안전하고 아늑한 여행이 가능하다.

- **그리말디 Grimaldi 라인**

튀니지, 바르셀로나 연결

홈페이지 www.grimaldi-lines.com

- **GNV Grand Navi Veloci**

팔레르모 연결

홈페이지 www.gnv.it

근교이동 가능 도시

출발지	목적지	교통편/소요 시간
로마 Termini	아시시	기차 2시간
로마 Termini	오르비에토	기차 1시간 30분
로마 Termini	티볼리	기차 또는 메트로 + 버스 50분

주간이동 가능 도시(고속기차 기준)

출발지	목적지	교통편/소요 시간
로마 Termini	베네치아 Santa Lucia	기차 3시간 45분
로마 Termini	피렌체 S.M.N.	기차 1시간 45분
로마 Termini	밀라노 Centrale	기차 3시간
로마 Termini	나폴리 Centrale	기차 1시간 10분
로마 Termini	바리 Centrale	기차 4시간

야간이동 가능 도시

출발지	목적지	교통편/소요 시간
로마 Tiburtina	밀라노 Porta Garibaldi	기차 7시간
로마 Termini	베네치아 Santa Lucia	기차 7시간 50분
로마 Termini	팔레르모 Centrale	기차 13시간 20분
로마 치비타베키아 항구	팔레르모 Molo Vittorio Veneto	페리 10시간
로마 Termini	카타니아 Centrale	기차 11시간 30분
로마 Termini	시라쿠사	기차 12시간 50분

Transportation 시내 교통

로마는 메트로 노선 2개와 거미줄처럼 얽혀 있는 버스, 그리고 트램까지 갖추고 있긴 하나 시내 중심부 3㎞ 반경에 거의 대부분의 볼거리가 집중되어 있기 때문에 대부분 도보로 이동하면 된다. 시간이 많지 않거나 걷는 게 부담스럽다면 적절하게 대중교통을 이용해 보자.

티켓 구입 요령

대부분의 여행자용 숙소가 위치해 있는 테르미니 역 주변에 머물면서 로마 시내만 둘러본다면 먼저 숙소에서 가장 멀리 떨어진 장소로 대중교통을 이용해 이동한 후 천천히 도보로 여행하며 숙소 쪽으로 거슬러 오는 방법이 효율적이다. 이 경우 1회권 2장이면 하루 여행을 마칠 수 있다.

하루 종일 바티칸에서 시간을 보내고 싶은 여행자도 마찬가지다. 바티칸 여행을 마치고 산탄젤로 성을 거쳐 5분 정도 걸어 나오면 포폴로 광장 또는 나보나 광장으로 연결된다.

조만간 없어질 종이 티켓

도심에서 조금 떨어진 카타콤베나 티볼리를 여행하고 시내로 돌아올 예정이거나, 시내 여행 후 로마의 각 투어회사에서 진행하는 야경투어에 참가할 생각이라면 24시간권을 구입하는 것이 현명하다. 로마에서의 일정이 3일이라면 대체적으로 24시간권과 1회권을 적절히 섞어 사용하는 것이 경제적이다.

대중교통 티켓은 모든 시내교통수단에 공용이며 메트로 역, 버스 정류장, 자동티켓판매소, 신문가판대, 그리고 타바키 Tabacchi 등에서 구입할 수 있다. 버스나 트램 탑승 후에는 펀칭해야 한다. 메트로의 경우 우리나라처럼 티켓을 넣어 개표한 후 탑승하면 된다.

티켓은 하차할 때까지 꼭 보관해야 한다. 간혹 검표원이 티켓을 검사하는데 이때 티켓을 갖고 있지 않으면 무임승차로 간주해 교통요금 €1.50와 함께 벌금 €100~500를 내야 한다.

알아두세요! 자동발매기에서 대중교통 티켓 구입하는 법

교통 티켓은 타바키 등에서도 구입 가능하지만 메트로 역이나 주요 버스 정류장에 설치되어 있는 자동발매기를 이용하는 것이 편리하다.

❶ 티켓 종류와 매수를 선택한다.

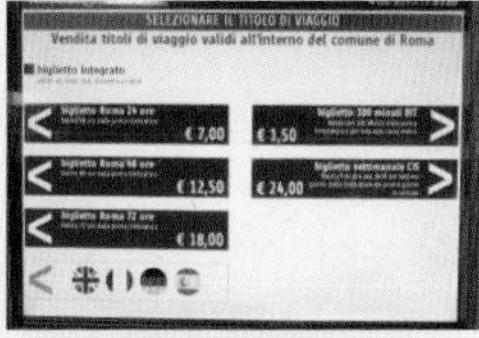

❷ 금액을 확인한다.

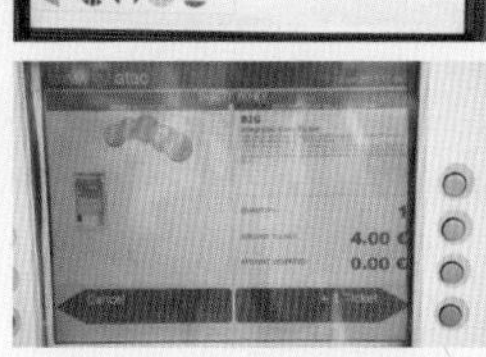

❸ 동전을 자리에 맞춰 넣고 레버를 밀어 올리거나

❹ 지폐를 잘 펴서 넣는다. 이때 거스름돈이 €4 이상이 되면 지폐가 다시 나오니 주의하자.

❺ 기계 하단에서 티켓과 거스름돈을 찾는다.

대중교통 요금

1회권 BIT €2.00 표 개시 후 100분 동안 사용 가능.
다회권 MULTIBIT €3~15 개시 후 100분이 지나면 다시 활성화 해서 쓸 수 있는 티켓. 최대 10번까지 추가로 쓸 수 있다.
24시간권 ROMA 24H €9.30 표 개시 후 24시간 동안 사용 가능.
48시간권 ROMA 48H €16.70 표 개시 후 48시간 동안 사용 가능.
72시간권 ROMA 72H €24 표 개시 후 72시간 동안 사용 가능.
일주일 권 CIS €32 표 개시 후 7일째 되는 날 자정까지 사용 가능.
홈페이지 www.atac.roma.it

메트로 Metro

로마의 메트로 노선은 현재 2개로 테르미니 역을 중심으로 로마 시내를 X 자로 관통하고 있다. 땅만 파면 유적지가 나오는 도시의 특성상 도시 규모나 여행자 수에 비해 적은 노선이지만 이 두 노선이 주요 여행지와 연결되어 있어 그리 불편하지는 않다.

여행자들이 주로 이용하는 라인은 메트로 A선으로 바티칸 근처의 오타비아노 Ottaviano와 스페인 광장 Spagna, 테르미니 역을 거쳐 산 조반니 성당 S. Giovanni을 지나 시내 동남쪽의 아나니나 Anagnina 역까지 운행한다. 메트로 A선은 2024년 4월 8일부터 12월 5일까지 전 노선에서 리모델링을 시행한다. 시기에 따라 역이 폐쇄되고, 일찍 메트로가 끊길 수 있다.

메트로 B선은 로마 북동쪽 레빕비아 Rebibbia 역에서 시작해 티볼리행 버스를 탈 수 있는 폰테 맘몰로 Ponte Mammolo를 지나 콜로세움 Colosseo, 산 파올로 대성당 Basilica S. Paolo을 거쳐 무솔리니가 만든 뉴타운 에우르 EUR를 지나 라우렌티나 Laurentina 역까지 운행한다. 중간에 볼로냐 Bologna 역에서 조니오 Jonio 역 방향으로 갈 수 있는 메트로 B1 선으로 환승할 수 있다. 현재 메트로 C선 공사로 인해 간혹 운행시간 변동이 있으니 주의하자.

새로운 노선인 C선은 바티칸 북쪽에서 도심을 지나 로마시 남동쪽 외곽까지 뻗어있는 노선으로 계획되어 공사 중이며 현재 로마 남동쪽에서 산 지오바니 San Giovanni 역까지 완공되어 운행 중이다.

메트로 역에서 티켓 넣는 법

로마 메트로 노선도

Jonio
Conca D'oro
Libia
S. agnese / Annibaliano
Bologna
Policlinico
Castro Pretorio
Termini(테르미니 역)
Cavour
Colosseo (콜로세움, 포로 로마노, 팔라티노)
Circo Massimo (대전차 경기장)
Piramide (Ostiense 역 연결)
Garbatella
Basilica-S. Paolo (산 파올로 대성당)
EUR Marconi
EUR Magliana-Ostia Antica
EUR Palasport
EUR Fermi-Cotral
Laurentina (참피노 공항행 720번 버스 환승)

Tiburtina-F.S.Cotral (티부르티나 역& SENA 버스 터미널)
Quintiliani
M. Tiburtini
Pietralata
S.M.Del Soccorso
Ponte Mammolo (티볼리행 버스 터미널)
Rebibbia

Battistini
Cornelia
Baldo d.Ubaldi
Valle Aureli
Cipro
Ottaviano-San Pietro (바티칸 박물관, 산 피에트로 대성당)
Lepanto-cotral
Flaminio(포폴로 광장)
Spagna(스페인 광장)
Barberini(바르베리니 광장)
Repubblica(공화국 광장, 산타 마리아 델리 안젤리 성당)
Vittoroi Emanelle
Manzoni
S. Giovanni(산 조반니 인 라테라노 대성당, 스칼라 산타, 카타콤베행 버스 정류장, 산니오 시장)
Re di Roma
Ponte Lungo
Furio Camillo
Colli Albani
Arco di Travertino
Porta Furba
Numidio Quadrato
Lucio Sestio
Giulio Agricola
Subaugusta (참피노 공항행 520번 버스 탑승)
Cinecitta (치네치타 스튜디오)
Anagnina (참피노 공항행 Atral 버스 환승)

Clodio-Mazzini
Lodi
Pigneto
Malatesta
Teano
Gardenie
Mirti
Alessandrino
Torre Spaccata
Torre Maura
Giardinetti
Torrenova
Torre Angela
Torre Gaia
Grotte Celoni
Fontana Candida
Borghesiana
Bolognetta
Finocchio
Graniti
Monte Compatri/ Pantano

A선
B선
C선(공사 중인 구간)

버스

로마는 메트로 노선이 두 개뿐인데 반해 버스 노선이 잘 발달되어 있다. 로마의 버스는 시내를 거미줄처럼 연결하고 있어 편리한 교통수단이다. 특히 최근 도입된 신형버스에는 정차하는 정류장 이름을 알려주는 모니터가 설치되어 있고 방송도 나온다.

시내에서 여행자들이 가장 많이 이용하게 되는 정류장은 베네치아 광장 부근의 정류장. 테르미니 역에 숙소가 있다면 이 부근에서 버스를 이용할 확률이 높다.

버스는 문이 세 개인데, 탈 때는 앞문과 뒷문을, 내릴 때는 가운데 문을 이용한다. 앞, 뒷문으로 버스에 오르면 노란 박스가 보인다. 티켓을 처음 사용한다면 박스에 티켓을 넣어 펀칭하는 것을 잊지 말자. 깜빡하고 잊었다가 단속에 걸리면 €100~500를 내야 한다.

버스 정류장은 이탈리아어로 페르마타 Fermata라고 하며 정류장에 설치된 패널은 많은 정보를 제공한다. 반원형 패널에는 그곳의 위치가 표시되어 있고 그 아래 직사각형 패널에는 이곳에 정차하는 버스 번호와 정차하는 정류장이 표시되어 있다. 굵은 글씨로 맨 위에 출발지, 맨 아래에 종착지가 나와 있다. 중간에 빨간 선으로 둘러져 있는 정류장이 현재의 버스 정류장이다. 종착지 아래에는 첫차와 막차 시간이 표시되어 있으니 참고하자.

복잡해 보이는 로마의 버스 시스템이지만 우리나라와 마찬가지로 관련 애플리케이션이 개발되어 있다. 자세한 안내는 QR 참조.

트램

트램은 테르미니 역 남쪽 비토리오 에마누엘레 공원 부근에서 볼 수 있고 트라스테베레 지구와 아르헨티나 광장 부근을 연결한다. 포폴로 광장 북쪽에서 MAXXI 21세기 국립 박물관이나 로마 올림피코 경기장으로 갈 때도 이용하면 편리하다.

알아두면 유용한 버스 노선

버스 번호	노선의 특징
64번	테르미니 역에서 바티칸까지 운행하는 노선. 시내 주요 여행지를 거치면서 많은 정류장에 정차하기 때문에 늘 붐비고 시간이 오래 걸린다. 소매치기를 조심하자.
40번	64번 버스와 비슷한 노선을 운행하나 좀 더 적은 수의 정류장에 정차한다. 종점은 산탄젤로 성 옆 피아 광장 Piazza Pia이다. 이곳에서 하차해 Via della Conciliazione를 따라가면 산 피에트로 광장에 도착한다.
H번	테르미니 역에서 트라스테베레 지구를 연결하는 노선으로 일요일 아침 벼룩시장에 갈 때도 유용하다.
492번	티부르티나 역에서 출발해 테르미니 역을 지나 바티칸 부근 리소르지멘토 광장까지 운행한다.
70번	한국인 민박이 밀집한 Via Giolitti에서 출발해 테르미니 역, 퀴리날레 언덕, 베네치아 광장, 나보나 광장 부근, 바티칸 부근을 지나는 노선.
910번	테르미니 역에서 보르게세 미술관, 아우디토리움에 간다면 유용하다. 보르게세 공원을 지나 로마 올림피코 경기장 부근인 만치니 광장까지 운행한다.

택시

흰색의 로마 택시는 지정된 정류장에서만 탑승할 수 있다. 택시 기본 요금은 평일 €3, 공휴일 €4.50, 오후 10시 이후 €6.50이며 1km 당 €1.10의 요금이 부과된다. 예를 들어 12시 이후 트라스테베레 지역에서 테르미니 역까지 이용하면 €15 정도 지불했다. 테르미니 역에서 탑승할 경우 추가 요금 €2가 붙게 되니 알아두자.

투어버스

서울 도심에서도 볼 수 있는 지붕이 열려있는 2층 버스. 로마에는 3~4개의 2층 버스가 운행되고 있는데 요금은 이용 기간에 따라 다르지만 대략 €25~40 정도다. 길눈이 어둡거나 시내를 혼자 찾아다니는 것이 두렵다면, 편안하게 시내 여행이 가능한 투어버스를 이용해보자.

알고 가면 좋아요

길게 늘어선 줄이 두렵다면, 로마 패스 Roma Pass

로마에 체류하는 동안에 콜로세움을 비롯한 여러 유적지와 미술관들을 둘러보고 싶으나 늘어선 여행자들의 줄이 무섭다면 구입을 고려해보자. 패스를 구입하면 로마 지도, 패스 가이드와 함께 로마 시내 공연, 이벤트에 관한 알찬 정보가 담긴 안내 잡지 〈Roma New〉가 함께 제공된다. 꽤 유용한 정보가 담겨 있으니 잠시라도 시간을 내어 읽어보자.

로마 패스는 2종류가 있는데 48시간용(€32), 72시간용(€52)으로 나뉜다. 이 패스로 정해진 시간 동안 로마 시내 대중교통을 무제한으로 이용할 수 있고, 시내의 미술관 · 박물관 · 유적지 중 48시간용은 첫 번째 방문지까지 무료, 72시간용은 두 번째 방문지까지 무료, 이후 방문지부터는 학생 요금이나 단체 요금으로 입장할 수 있다. 게다가 로마 패스를 갖고 있으면 단체 여행자용 입구로 들어갈 수 있기 때문에 성수기에 입장권을 구입하려고 길게 줄 서서 기다리지 않아도 되는 장점이 있다. 로마패스 구입은 ⓘ와 유적지, 미술관 등에서 가능한데, 여행지에서 구입하는 것보다는 여행을 시작하기 전 ⓘ에서 미리 구입하는 것이 여러모로 편리하다.

• 패스 사용 가능한 곳: 콜로세움 · 포로 로마노 · 팔라티노, 보르게세 미술관, 빌라 줄리아, 카피톨리니 미술관, 바르베리니 궁, 로마 현대 미술관, 카라칼라 욕장, 아라 파치스, 산탄젤로 성 등

로마
완전 정복

3천 년에 가까운 역사를 가진 로마는 오래된 도시의 역사만큼이나 볼거리들이 곳곳에 숨어 있다.
로마를 처음 여행하는 사람이라면 최소한 2일은 필요하다. 아주 기본적인 볼거리들을 살펴볼 수 있는 기간이다. 여유롭게 로마 곳곳을 돌아볼 여행자라면 최소 5일은 잡아야한다. 로마 시내 여행 구역 기준은 베네치아 광장으로 삼는 것이 좋다.
하루는 베네치아 광장을 중심으로 남쪽인 포로 로마노, 팔라티노 언덕, 콜로세움, 산 조반니 라테라노 성당 등 고대 로마의 영광의 흔적을 둘러보고 이탈리아 통일을 기념하는 아름다운 건물을 바라보며 다음 날을 기약한다.
다른 하루는 베네치아 광장에서 쭉 뻗은 코르소 거리 Via del Corso를 따라 여행한다. 트레비 분수, 스페인 광장, 판테온, 나보나 광장 등을 돌아보며 주변의 쇼핑가와 분위기 좋은 카페, 시원한 분수와 함께 로마를 만끽한다. 포폴로 광장과 이어지는 핀치오 언덕에서 멀리 보이는 바티칸의 쿠폴라를 감상하거나 보르게세 공원에서 한가로운 시간을 보내며 하루를 마무리한다. 이 이틀의 여정은 하루 만에 돌아볼 수도 있는데 매우 빡빡한 일정은 각오해야 한다.
또 하루는 로마 속에 위치한 작은 나라 바티칸을 여행한다. 규모가 큰 박물관과 어마어마한 규모의 성당을 관람하다 보면 하루가 금방 간다.
이렇게 로마의 유명 여행지와 함께 3일을 보낸 후 남은 2일은 숨어 있는 로마의 보물들을 찾아보자. 하루는 아벤티노 언덕 주변과 트라스테베레 지역을 둘러보자. 대전차 경기장 맞은편의 아벤티노 언덕 주변은 조용하고 고급스러운 주택가이며 몰타 기사단 수도원과 사비나 성당, 안셀모 성당이 위치한다. 트라스테베레로 가면 작은 골목에 분위기 좋은 식당, 카페들이 있고 곳곳에 유서 깊은 성당들이 있어 저녁시간 보내기 좋은 구역이다.
하루는 포폴로 광장과 그 이북 지역을 돌아보자. 보르게세 공원 끝자락에 위치한 빌라 줄리아 박물관, 로마 현대미술관의 예술품들을 살펴보자. 포폴로 광장에서 트램을 타면 로마에서 가장 오래된 다리 폰테 밀비오와 로마 올림피코 경기장, 로마 음악당 아우디토리움 등에 갈 수 있다.

5일간의 로마 여행을 끝내고 시간에 여유가 있다면 근교의 티볼리 Tivoli, 아시시 Assisi, 오르비에토 Orvieto 등 아담하고 아름다운 소도시들을 여행하자. 아시시는 피렌체로 올라가는 길목에 위치한 도시. 로마 이후의 여행지가 피렌체라면 하루 머물며 소도시의 여유를 만끽하는 것도 추천한다.

시내 여행을 즐기는 Key Point

여행 포인트 고대 로마 제국의 영광을 보여주는 여러 흔적, 종교미술이 집대성된 성당, 광장마다 자리하며 시원한 물줄기를 뿜어내는 분수
랜드마크 베네치아 광장(통일기념관), 테르미니 역, 코르소 거리
뷰 포인트 통일기념관 옥상, 바티칸 쿠폴라, 자니콜로 언덕, 핀치오 언덕
점심 먹기 좋은 곳 나보나 광장 부근, 트레비 분수 부근
쇼핑하기 좋은 곳 스페인 광장 부근, 코르소 거리

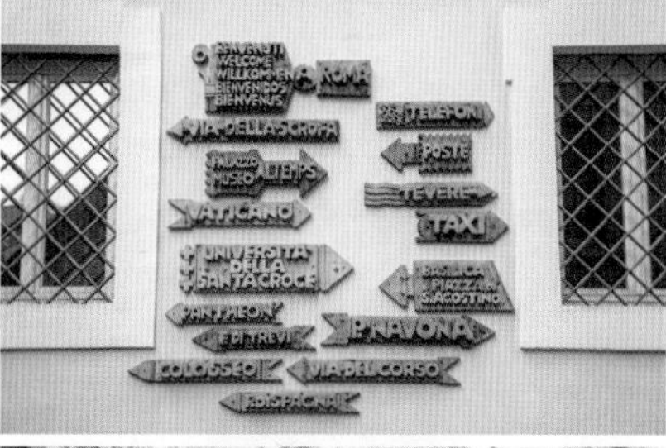

이것만은 놓치지 말자!

❶ 전 세계 가톨릭의 중심지 바티칸, 모든 시대의 미술 작품이 집대성된 곳으로 가자.
❷ 스페인 광장부터 콘도티 거리를 거쳐 코르소 거리를 지나 포폴로 광장까지 걸으며 쇼핑을 즐기자.
❸ 포로 로마노에서 석양을 바라보며 로마 제국의 흥망성쇠를 생각해보자.
❹ 콜로세움 – 베네치아 광장 – 트레비 분수로 이어지는 로마의 환상적인 야경 투어
❺ 100년 넘게 자리를 지키고 있는 카페와 아이스크림 가게 찾아가기!

충분한 시간이 없는 여행자를 위한 2일 코스

1일째 테르미니 역 → 콜로세움 → 콘스탄티누스 대제의 개선문 → 포로 로마노 → 캄피돌리오 광장 → 베네치아 광장 → 나보나 광장 → 판테온 → 트레비 분수 → 콘도티 거리 → 스페인 광장
2일째 바티칸 박물관 → 산 피에트로 대성당 → 산 피에트로 광장 → 산탄젤로 성

Roma Best Course

로마 충분히 느끼기 5일 코스

로마 시내의 수많은 여행지 중 엄선된 곳을 5일에 걸쳐 돌아보는 코스. 모든 여행자들이 한 번은 거치게 되는 곳부터 새로 개관한 최첨단 미술관까지 로마를 완벽하게 돌아보자.

1일째

출발 : 테르미니 역
메트로 A선 San Giovanni 역에서 하차해 버스 218번 승차, 15분

카타콤베 p.116
*홀로 관람은 불가하니 가까운 단체팀과 합류해야 한다.

버스 218번 종점 하차해 도보 5분

산 조반니 라테라노 대성당 p.114
성당 중앙홀 양쪽에는 예수의 11제자와 바오로상이 늘어서 있다. 누가 누구일까?

도보 2분

스칼라 산타 p.115
버스 81번 타고 대전차 경기장 Circo Massimo에서 하차

대전차 경기장 p.109

도보 5분

진실의 입 p.112

도보 10분

팔라티노 p.108

도보 3분

콜로세움 p.107
층마다 다르게 지어진 건축 양식을 살펴보자.

도보 5분

포로 로마노 p.110

도보 5분

캄피돌리오 광장 p.113

도보 5분

베네치아 광장 p.113

2일째

출발 : 테르미니 역
버스 40번 · 64번을 타고(15분) Corso Vittorio Emanuelle II : Navona에서 하차해 도보 5분

나보나 광장 p.131

도보 10분

산 루이지 데이 프란체시 성당 p.135

도보 5분

판테온 p.134

도보 3분

산타 마리아 소프라 미네르바 성당 p.135

도보 10분

트레비 분수 p.123
동전을 준비해 소원을 빌어보자. "로마에 다시 오게 해주세요!"

도보 10분

스페인 광장 p.124

도보 3분

콘도티 거리 p.169
마음에 드는 상점 앞에서 쇼핑 놀이

도보 15분

포폴로 광장 p.124

도보 5분

산타 마리아 델 포폴로 성당 p.125

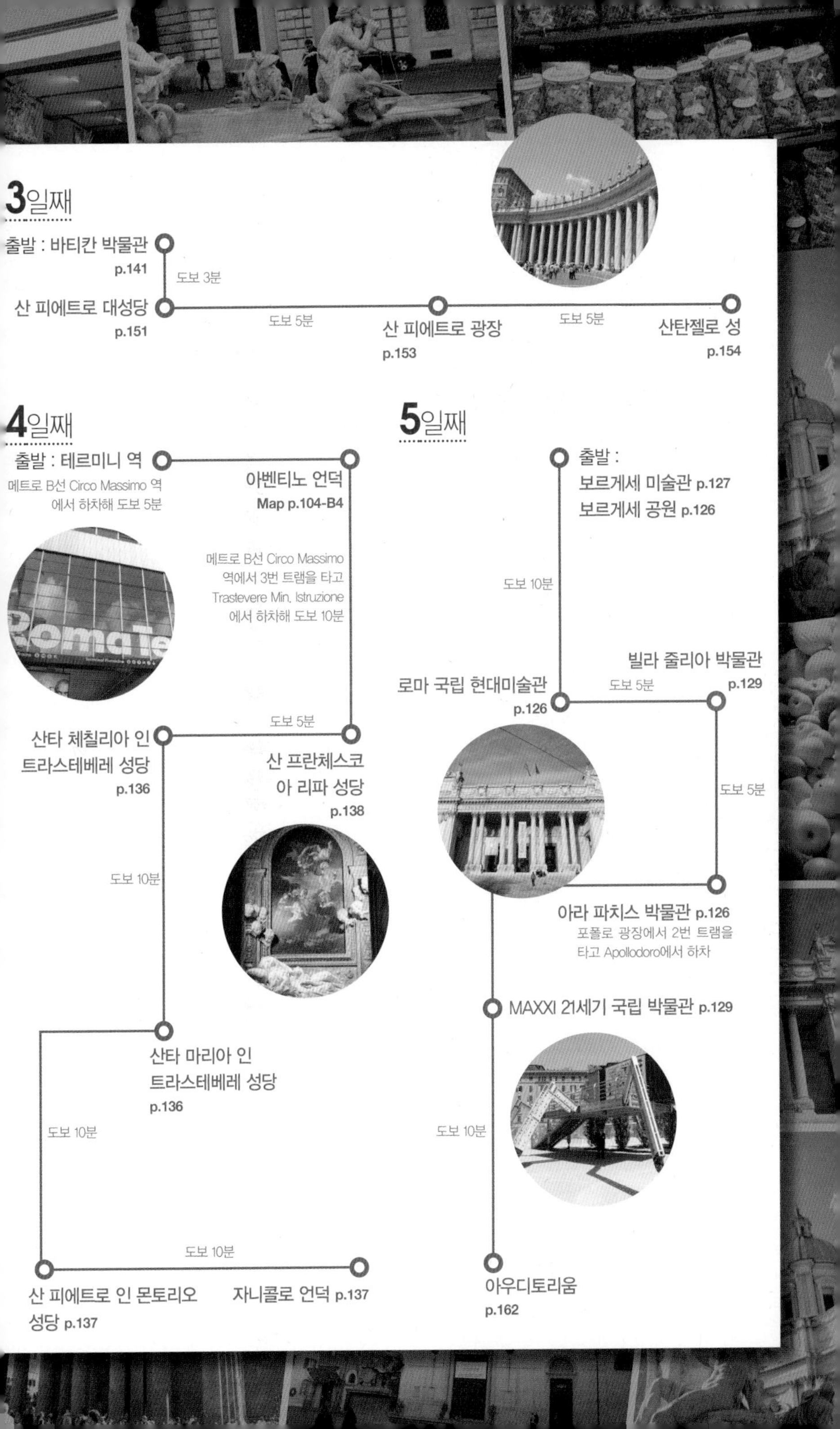

3일째

출발 : 바티칸 박물관 p.141
도보 3분
산 피에트로 대성당 p.151
도보 5분
산 피에트로 광장 p.153
도보 5분
산탄젤로 성 p.154

4일째

출발 : 테르미니 역
메트로 B선 Circo Massimo 역에서 하차해 도보 5분
아벤티노 언덕 Map p.104-B4
메트로 B선 Circo Massimo 역에서 3번 트램을 타고 Trastevere Min. Istruzione 에서 하차해 도보 10분
산 프란체스코 아 리파 성당 p.138
도보 5분
산타 체칠리아 인 트라스테베레 성당 p.136
도보 10분
산타 마리아 인 트라스테베레 성당 p.136
도보 10분
산 피에트로 인 몬토리오 성당 p.137
도보 10분
자니콜로 언덕 p.137

5일째

출발 :
보르게세 미술관 p.127
보르게세 공원 p.126
도보 10분
로마 국립 현대미술관 p.126
도보 5분
빌라 줄리아 박물관 p.129
도보 5분
아라 파치스 박물관 p.126
포폴로 광장에서 2번 트램을 타고 Apollodoro에서 하차
MAXXI 21세기 국립 박물관 p.129
도보 10분
아우디토리움 p.162

Theme Route

베르니니와 함께하는 로마 여행

17세기 바로크의 대가로 대리석 다루는 솜씨가 뛰어났던 천재 조각가이자 건축가 지안 로렌초 베르니니. 그가 없었다면 판테온 전면 상단의 청동 조형물은 그대로 남아있었겠지만 바티칸의 발다키노는 지금의 모습이 아닐 것이고, 콜로세움의 모습도 원형과 조금 더 가까웠겠지만 그의 아름다운 조각상과 건축물을 보긴 힘들었을 것이다. 그런 의미에서 로마 여행에서 그의 발자취를 쫓는 것은 빼놓을 수 없다. 로마 안에 있는 수많은 베르니니의 작품들 중 여행자들이 그냥 지나치기 쉬운 작품들을 찾아가보자.

01 산 프란체스코 아 리파 성당 p.138

성령을 받고 환희에 찬 루도비카 성녀의 모습이 너무도 아름답다 못해 섹슈얼한 느낌이라는 오해와 눈총을 함께 받은 작품. 같은 처지의 작품으로는 산타 마리아 델라 비토리아 성당(p.120)의 「성녀 테레사의 환희」가 있다.

테르미니 역

출발

버스 H번 타고 가리발디 다리 건너 벨리 광장 Piazza Belli 하차해 길 건넌 후 버스 오던 방향으로 걷다가 Banco di Sicilia 있는 골목 Via di San Francesco a Ripa를 따라 도보 5분

01

벨리 광장에서 트램 8번을 타고 Argentina에서 하차, Corso Vittorio Emanuele II를 따라 오른쪽으로 200m 직진 후 Corso del Rinascimento 건너 길 따라 들어가다가 왼쪽으로 두 번째 골목 안에 있다.

02

광장 중앙의 주방용품 상점 있는 골목에서 Corso del Rinascimento로 나가 맞은편 골목으로 진입한다. 판테온을 오른쪽에 끼고 우회전해 도보 5분

02 나보나 광장 p.131

광장 중앙의 4대 강의 분수를 다 봤다면 왼쪽으로 눈을 돌려보자. 나팔을 입에 대고 물을 뿜어내고 있는 형상의 모로 분수 가운데 우뚝 서 있는 무어인이 베르니니의 작품이다.

03 산타 마리아 소프라 미네르바 성당 앞 광장 p.1

소박한 성당 앞에 작은 오벨리스크를 등에 지고 있는 코끼리가 있다. 특히 코끼리의 표정을 주목할 것. 흐뭇하게 웃고 있는 코끼리는 지금 배변 중!

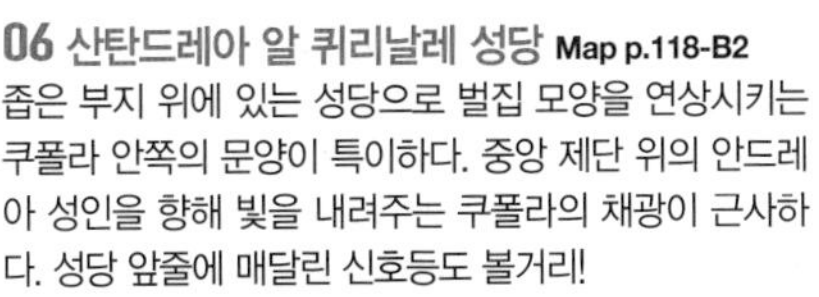

06 산탄드레아 알 퀴리날레 성당 Map p.118-B2

좁은 부지 위에 있는 성당으로 벌집 모양을 연상시키는 쿠폴라 안쪽의 문양이 특이하다. 중앙 제단 위의 안드레아 성인을 향해 빛을 내려주는 쿠폴라의 채광이 근사하다. 성당 앞줄에 매달린 신호등도 볼거리!

04 산탄드레아 델레 프라테 성당 Map p.118-A2

스페인 광장으로 가는 길목에 자리하고 있는 조그마한 성당. 눈에 잘 띄지 않는 외관에 개관시간도 짧지만 베르니니의 팬이라면 그냥 지나치기 아쉽다. 프레스코화로 장식된 중앙 제단 양 옆에서 아름다운 천사상들이 당신을 맞아줄 것이다.

운영 06:30~13:00 · 16:00~19:00

성당 뒤편으로 나와 Via del Corso를 건너 포폴로 광장 방향으로 도보 10분, Energie 매장이 있는 골목으로 들어가서 도보 7분. Capellini 매장 맞은편에 있다.

성당에서 나와 오른쪽 뒤로 돌아 Via Due Macelli를 따라 도보 5분, 만나는 교차로에서 왼쪽으로 도보 5분

05

Via Quattro Fontane를 따라 도보 6분, 교차로 바로 오른쪽으로 도보 6분

06

다시 길 따라 나와 산 카를로 알레 콰트로 폰타네 성당에서 우회전 후 Via Quattro Fontane를 따라 언덕 끝까지 도보 15분

07 산타 마리아 마조레 성당 p.122

중앙 제단 오른편 한구석에 그의 무덤이 자리하고 있다. 오늘 하루 특별한 여행을 만들어준 그에게, 로마를 아름답게 만들어준 그에게 감사하며 여행을 마무리 짓는다.

05 바르베리니 광장 p.121

광장 중앙의 트리톤의 분수와 메트로 역 부근에 있는 벌의 분수. 물 위로 솟구치는 듯한 트리톤의 역동적인 모습과 귀여운 벌의 조각상을 감상해 보자. 트리톤의 분수 뒤의 호텔 이름도 베르니니다.

Theme Route

보로미니와 함께하는 로마 여행

베르니니와 함께 로마를 대표하는 바로크 시대 건축가 프란체스코 보로미니 Francesco Borromini (1599~1667). 스위스 태생으로 로마에서 활동했다. 베르니니가 단정함 속에 화려함을 추구했다면, 보로미니는 지형을 이용해 구불거리는 외형의 화려함과 내부의 조화를 이뤄낸 것이 특징. 당대 최고의 건축가로서 베르니니와 자웅을 다퉜던, 그러나 우리에게는 조금 낯선 보로미니의 흔적을 따라 로마를 여행해보자.

01 산 카를로 알레 콰트로 폰타네 성당 p.121
좁고 구불거리는 대지 위에 지어진 작은 규모의 성당. 내부의 곡선이 아름답고 우아하다. 성당이 위치한 교차로에 매달려 있는 신호등도 볼거리!

01

성당에서 나와 대각선 방향으로 길 건너 왼쪽 길 Via delle Quattro Fontane를 따라 도보 200m

02

길 건너 Via Rasella로 들어가 길 끝까지 직진 후 우회전, Via del Traforo를 따라 계속 직진. 맥도날드 있는 지점 왼쪽 코너 건물

03

건물 옆길 Via di Propaganda로 직진 도보 100m

04

성당에서 나와 오른쪽 앞길 Via della Mercede을 따라 직진 500m, 크루치아니 매장 앞에서 왼쪽 Via di Campo Marzio로 걷다가 Grom 매장 앞길 Via della Maddalena로 직진해 판테온 앞 광장에서 왼쪽 길 Via Giustiniani를 따라 직진. 길 끝 왼쪽 건물

05

02 바르베리니 궁전
Palazzo Barberini p.122
국립 회화관으로 사용되고 있는 건물의 우아한 안쪽 계단과 2층의 창이 보로미니의 작품.

03 인류 복음화 성 Palazzo di Propaganda Fide
Map p.118-A2
교황청 심의기관으로 사용되는 보로미니 설계로 지어진 건물.

04 산탄드레아 델레 프라테 성당 Map p.118-A2
스페인 광장으로 가는 길목에 자리하고 있는 조그마한 성당. 눈에 띄지 않는 외관에 운영 시간도 짧지만 (06:30~13:00, 16:00~19:00), 로마의 루르드(치유의 기적이 일어난 프랑스 남부 성지)라는 이름이 붙을 정도로 치유의 기적이 일어난 곳이다. 보로미니가 리모델링을 맡아 뒤편의 종탑을 설계했고 성당 안에는 그의 평생 라이벌인 베르니니의 아름다운 천사상들이 소장되어 있다.

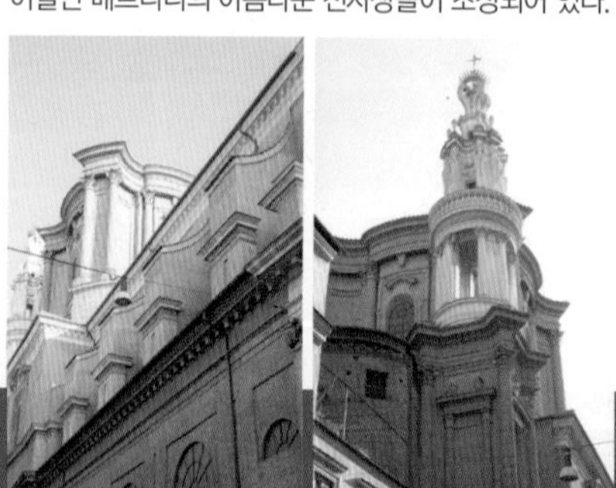

05 귀스티니아니 궁전 Palazzo Giustiniani

Map p.132-B1

카를로 폰타나와 함께 작업한 건물로 상원 의회 의장 집무실이 위치하며 한때 이탈리아 내 프리메이슨의 근거지였다.

06 산티보 알라 사피엔차 Sant'Ivo alla Sapienza

Map p.132-B1

이탈리아 내에서 보기 힘든 특이한 형태의 돔과 나선형 첨탑. 내부가 개방되지 않는 것이 아쉬울 따름이다.

07 산타네세 인 아고네 성당 Map p.132-B1

맞은편의 4대강의 분수와의 일화로 유명한 성당. 성녀 아네스의 순교터에 자리한 성당이다.

06

건물 앞길 Via della Dogana Vecchia를 따라 직진 후 작은 광장 나오면 왼쪽 길 Via degli Staderari로 들어가 직진. 큰길 Corso del Rinascimento에서 왼쪽 옆 건물

길 건너 나보나 광장 진입, 4대 강의 분수 앞

07

나보나 광장 북쪽으로 나와 큰길 건너 캄포 데이 피오리 광장을 가로질러 도보 5분

08

건물 뒤편 길을 따라 강변으로 나와 버스 23 또는 280번을 타고 4번째 정류장 L.go Fiorentini 하차. 또는 강변길 따라 도보 10분

09

08 스파다 궁 Map p.132-B1

보로미니가 스파다 추기경을 위해 리모델링 한 건물로 안뜰의 트롱프뢰유 벽화와 회화관이 유명하다.

09 San Giovanni de' Fiorentini Map p.132-A1

중앙 제대 祭臺 왼편 한쪽에 자리한 그의 무덤을 찾아보자. 오늘 하루 여행의 동반자가 되어준 그의 영원한 안식을 기원하며….

FRANCISCUS BORROMINI
1599-1667

Theme Route

영화로 떠나는 로마 여행

과거와 현재가 공존하는 도시 로마. 부모님들의 향수를 자극하는 흑백 고전영화부터 근래 개봉한 SF · 어드벤처 영화까지 다양한 장르의 영화 속 무대가 된 도시 로마에서 떠나는 영화 여행!

콜로세움 in 〈점퍼 Jumper〉(2008), 〈글래디에이터 Gladiater〉(2010) p.107

거대한 원형 경기장 콜로세움. 영화 〈글래디에이터〉 속에서는 피비린내 나는 검투사들의 경기장으로, 〈점퍼〉 속에서는 주인공이 이탈리아 여행이 소원인 여자친구와 함께 여행을 떠나 그녀를 위해 단독 관람을 시행한다. 이 영화 속에서 콜로세움은 최초로 내부를 공개했다.

판테온 in 〈천사와 악마 Angels & Demons〉(2009) p.134

존재 자체가 신비인 건물 판테온은 로마를 배경으로 펼쳐지는 미스터리 영화 〈천사와 악마〉. 사건의 실마리를 찾아 나서는 곳으로 등장한다.

진실의 입 in 〈로마의 휴일 Roman Holiday〉(1953) p.112

신분을 속였다고 생각하는 공주 오드리 헵번과 신문기자 그레고리 펙이 즐기는 하루 데이트 장소. 이 영화 덕택에 진실의 입은 일약 로마의 유명 관광지로 떠올랐다.

대전차 경기장 in 〈벤허 Ben-Hur〉(1959) p.109

영화 속 명장면 중 하나인 전차 경주의 실제 무대인 장소. 촬영은 이곳이 아니라 스튜디오에서 진행되었다고 한다.

포로 로마노 in 〈로마 Rome〉(2005, 2007) p.110

미국 드라마 〈로마〉. 시저의 갈리아 정복기부터 후에 황제로 등극하는 아우구스투스 시대의 이야기를 다룬 드라마로 종종 포로 로마노의 풍경이 등장한다.

스페인 계단 in 〈로마의 휴일 Roman Holiday〉(1953) p.124

헤어스타일을 바꾼 오드리 헵번이 젤라토를 먹으면서 시간을 보내는 곳. 그러나 아쉽게도 오늘날 이곳에서 젤라토 먹는 것은 금지되어 있다.

산타 마리아 델 포폴로 성당 in 〈천사와 악마 Angels & Demons〉(2009) p.125

소박한 외관과 달리 훌륭한 미술품이 가득한 포폴로 성당. 천사와 악마의 첫 번째 희생자가 발견되는 성당으로 베르니니의 조각품과 카라바조의 명작이 숨어 있는 성당이다. 이 외 산타 마리아 델라 비토리아 성당의 〈성녀 테레지아의 환희〉도 영화 속에 등장한다.

바티칸 담장 in 〈미션 임파서블 3 Mission: Impossible III〉(2006) p.139

바티칸에 침투하기 위해 이용되는 장소. 즉석 사진기로 사진을 찍고 그 사진을 이용해 CCTV를 속이고 멋지게 침투하는 톰 크루즈가 인상적이다. 이후 탈출해서 모터보트를 이용해 테베레 강을 유유히 지나는 그들의 모습도.

산 피에트로 광장 & 산 피에트로 대성당 in 〈2012〉(2009), 〈천사와 악마 Angels & Demons〉(2009) p.153, p.151

세계 최고의 성당 산 피에트로 성당은 재난 영화 〈2012〉 속에서는 해일에 모조리 파괴되고, 〈천사와 악마〉 속에서도 약간의 피해를 입는다. 광장에서는 희생자가 발견되고, 다음 사건의 실마리를 주기도 한다.

나보나 광장 in 〈리플리 The Talented Mr. Ripley〉(1999), 〈허드슨 호크 Hudson Hawk〉(1991), 〈천사와 악마 Angels & Demons〉(2009) p.131

아름다운 분수와 주변의 식당, 카페, 그리고 거리 예술가들로 인해 여유로운 분위기를 풍기는 이곳은 로마를 배경으로 하는 영화 속 단골 장소. 특히 〈허드슨 호크〉는 넵튠의 분수 부근에서 촬영되었는데 실제로 볼 수 없는 전화박스가 인상적이다.

통일기념관 in 〈시네마 천국 Cinema Paradiso〉(1988) p.114

유명 영화감독이 된 토토가 차를 타고 집으로 가던 길 그의 뒤편에 모습을 보이는 통일기념관. 야경이 근사하다.

베네토 거리 in 〈자전거 도둑 Ladri Di Biciclette〉(1948) Map p.118-B2

〈자전차 도둑〉 속에 종종 등장하는 거리. 로마 시내에서 보기 드물게 가로수가 우거져 있고 평화로운 기운이 감돈다.

산타 마리아 인 트라스테베레 광장 in 〈온니 유 Only You〉(1994) p.136

운명적인 사랑을 믿는 여주인공이 무작정 운명의 상대라고 믿는 남자를 찾아 나선 곳 로마. 하지만 그녀가 이곳에서 처음 만난 그는 누구?

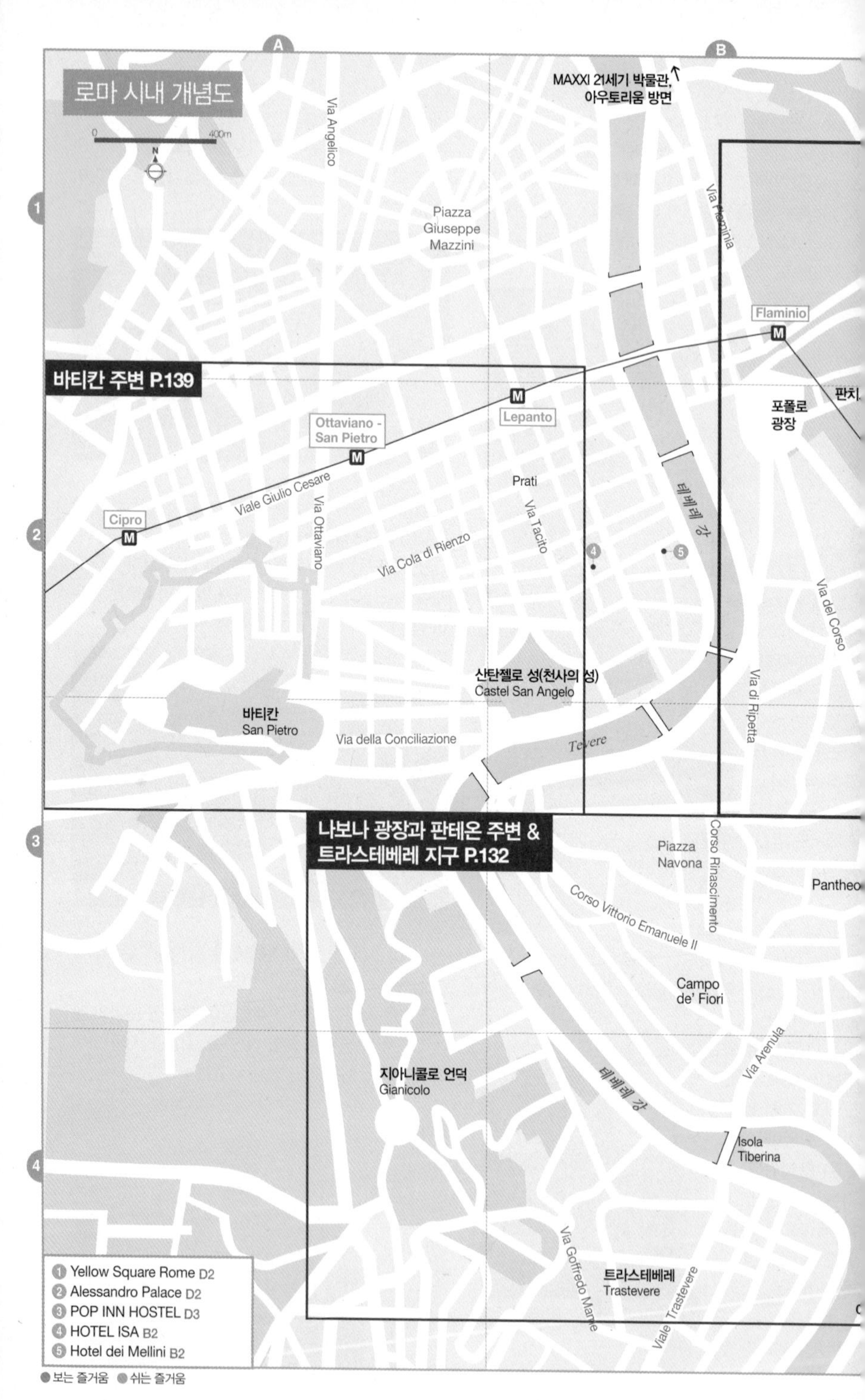
로마 시내 개념도
0
400m
N
A
B
1
2
3
4
MAXXI 21세기 박물관, 아우토리움 방면
Via Angelico
Piazza Giuseppe Mazzini
Via Flaminia
Flaminio
바티칸 주변 P.139
Lepanto
Ottaviano - San Pietro
포폴로 광장
Prati
Viale Giulio Cesare
Via Ottaviano
Via Tacito
테베레 강
Cipro
Via Cola di Rienzo
Via del Corso
산탄젤로 성(천사의 성)
Castel San Angelo
Via di Ripetta
바티칸
San Pietro
Via della Conciliazione
Tevere
나보나 광장과 판테온 주변 & 트라스테베레 지구 P.132
Piazza Navona
Corso Rinascimento
Corso Vittorio Emanuele II
Campo de' Fiori
Via Arenula
지아니콜로 언덕
Gianicolo
테베레 강
Isola Tiberina
Via Goffredo Mame
트라스테베레
Trastevere
Viale Trastevere
1 Yellow Square Rome D2
2 Alessandro Palace D2
3 POP INN HOSTEL D3
4 HOTEL ISA B2
5 Hotel dei Mellini B2
보는 즐거움 쉬는 즐거움

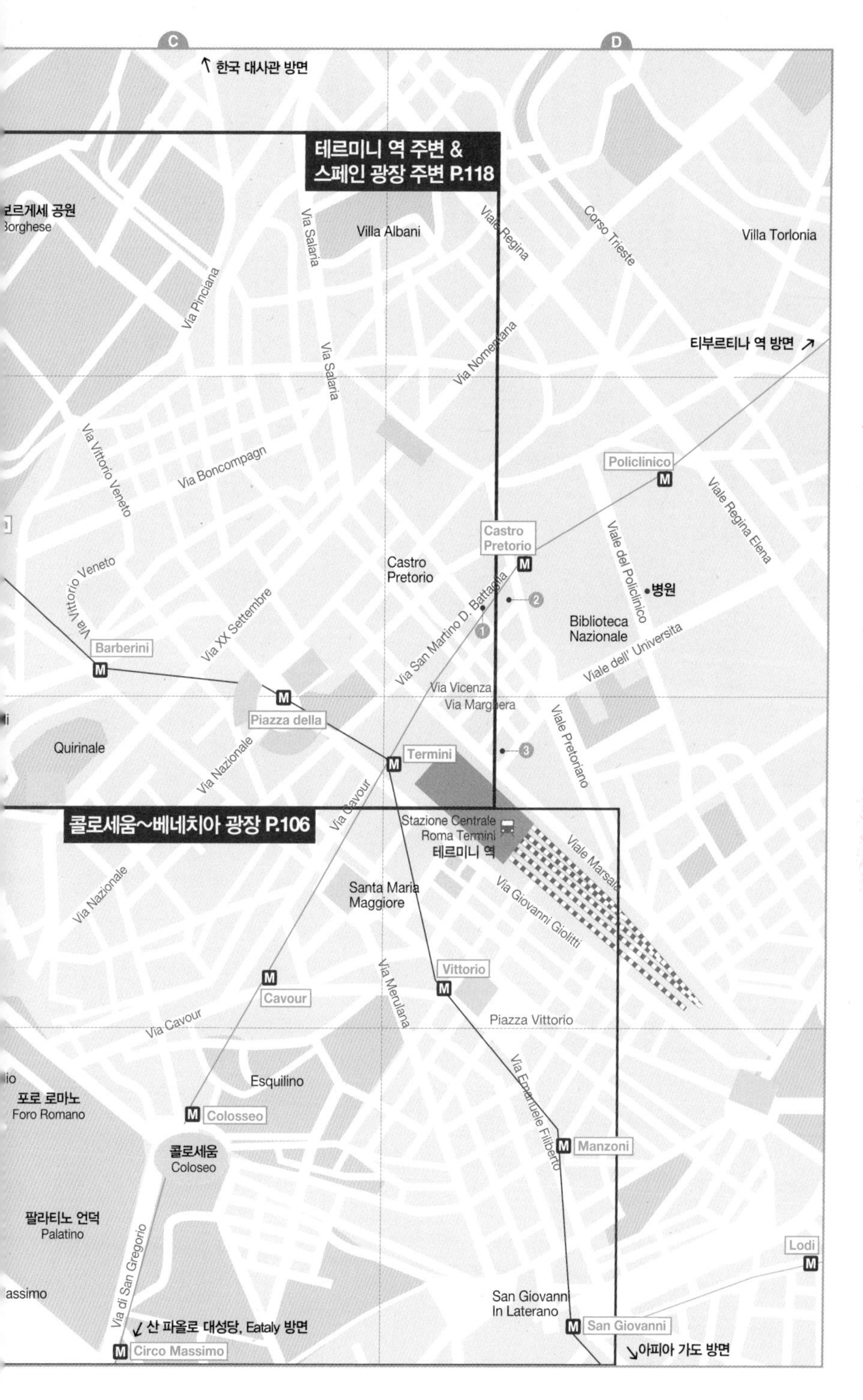

↑ 한국 대사관 방면
테르미니 역 주변 &
스페인 광장 주변 P.118
Villa Albani
Villa Torlonia
Via Salaria
Viale Regina
Corso Trieste
Via Pinciana
Via Nomentana
티부르티나 역 방면 ↗
Via Vittorio Veneto
Via Boncompagn
Policlinico
Viale Regina Elena
Castro Pretorio
Viale del Policlinico
병원
Biblioteca Nazionale
Via Vittorio Veneto
Via XX Settembre
Via San Martino D. Battaglia
Viale dell' Universita
Barberini
Via Vicenza
Via Margherera
Piazza della
Viale Pretoriano
Quirinale
Via Nazionale
Termini
Via Cavour
콜로세움~베네치아 광장 P.106
Stazione Centrale
Roma Termini
테르미니 역
Viale Marsala
Santa Maria Maggiore
Via Giovanni Giolitti
Via Nazionale
Via Merulana
Vittorio
Cavour
Via Cavour
Piazza Vittorio
Via Emanuele Filiberto
Esquilino
포로 로마노
Foro Romano
Colosseo
콜로세움
Coloseo
Manzoni
팔라티노 언덕
Palatino
Via di San Gregorio
Lodi
San Giovanni In Laterano
↙ 산 파올로 대성당, Eataly 방면
San Giovanni
Circo Massimo
↘아피아 가도 방면

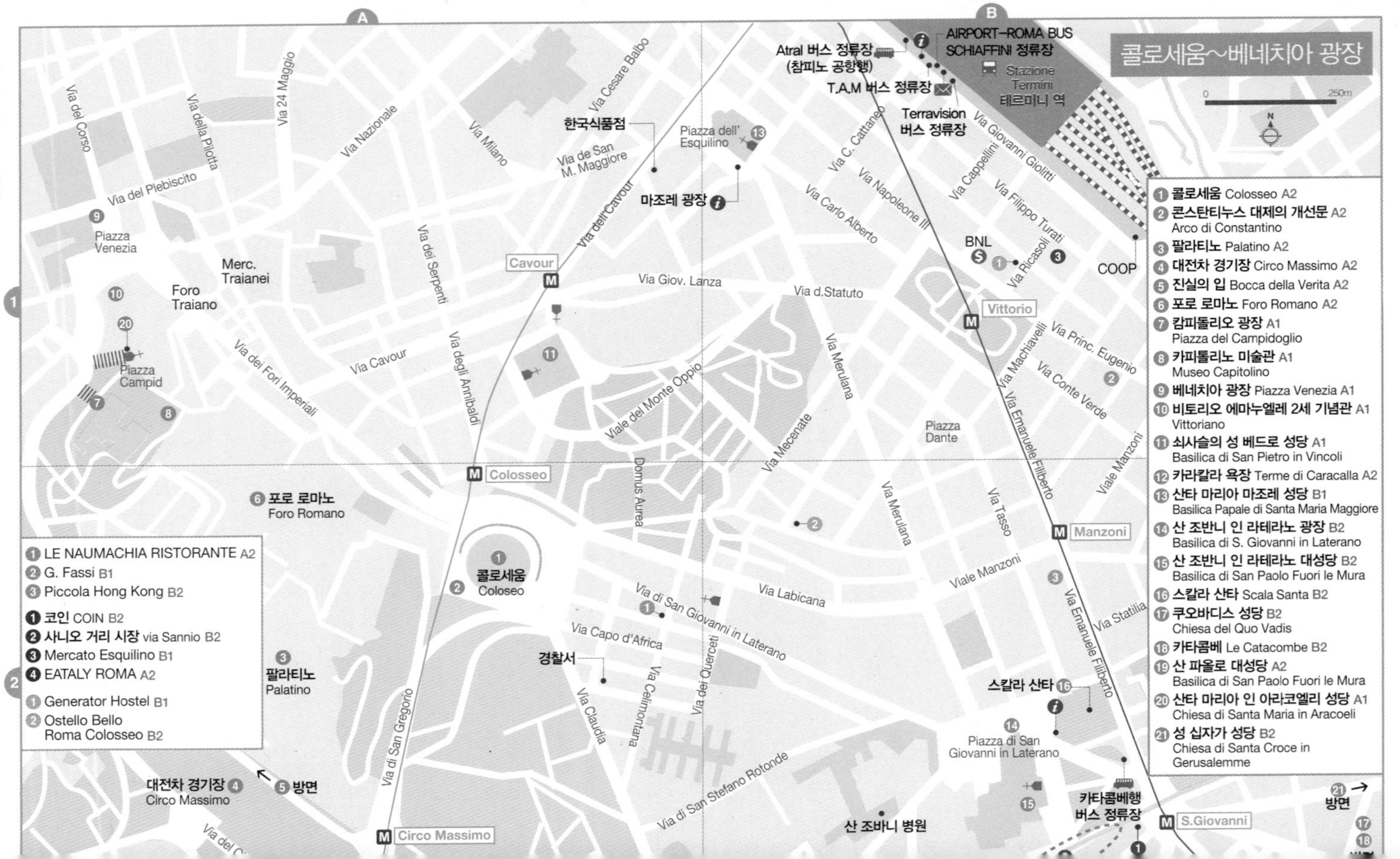
콜로세움~베네치아 광장
0 250m
N
1 콜로세움 Colosseo A2
2 콘스탄티누스 대제의 개선문 A2 Arco di Constantino
3 팔라티노 Palatino A2
4 대전차 경기장 Circo Massimo A2
5 진실의 입 Bocca della Verita A2
6 포로 로마노 Foro Romano A2
7 캄피돌리오 광장 A1 Piazza del Campidoglio
8 카피톨리노 미술관 A1 Museo Capitolino
9 베네치아 광장 Piazza Venezia A1
10 비토리오 에마누엘레 2세 기념관 A1 Vittoriano
11 쇠사슬의 성 베드로 성당 A1 Basilica di San Pietro in Vincoli
12 카라칼라 욕장 Terme di Caracalla A2
13 산타 마리아 마조레 성당 B1 Basilica Papale di Santa Maria Maggiore
14 산 조반니 인 라테라노 광장 B2 Basilica di S. Giovanni in Laterano
15 산 조반니 인 라테라노 대성당 B2 Basilica di San Paolo Fuori le Mura
16 스칼라 산타 Scala Santa B2
17 쿠오바디스 성당 B2 Chiesa del Quo Vadis
18 카타콤베 Le Catacombe B2
19 산 파올로 대성당 A2 Basilica di San Paolo Fuori le Mura
20 산타 마리아 인 아라코엘리 성당 A1 Chiesa di Santa Maria in Aracoeli
21 성 십자가 성당 B2 Chiesa di Santa Croce in Gerusalemme
1 LE NAUMACHIA RISTORANTE A2
2 G. Fassi B1
3 Piccola Hong Kong B2
1 코인 COIN B2
2 사니오 거리 시장 via Sannio B2
3 Mercato Esquilino B1
4 EATALY ROMA A2
1 Generator Hostel B1
2 Ostello Bello Roma Colosseo B2
Atral 버스 정류장 (참피노 공항행)
AIRPORT-ROMA BUS SCHIAFFINI 정류장
Stazione Termini
테르미니 역
T.A.M 버스 정류장
Terravision 버스 정류장
COOP
BNL
한국식품점
마조레 광장
Piazza dell' Esquilino
Via de San M. Maggiore
Cavour
Vittorio
Colosseo
Manzoni
S.Giovanni
Circo Massimo
Piazza Venezia
Merc. Traianei
Foro Traiano
Piazza Campid
포로 로마노 Foro Romano
콜로세움 Coloseo
팔라티노 Palatino
대전차 경기장 Circo Massimo
5 방면
경찰서
Domus Aurea
Piazza Dante
스칼라 산타
Piazza di San Giovanni in Laterano
산 조바니 병원
카타콤베행 버스 정류장
21 방면
Via del Corso
Via della Pilotta
Via 24 Maggio
Via Nazionale
Via Milano
Via Cesare Balbo
Via del Plebiscito
Via dei Serpenti
Via Cavour
Via dei Fori Imperiali
Via degli Annibaldi
Via dell Cavour
Via Giov. Lanza
Via d.Statuto
Via C. Cattaneo
Via Napoleone III
Via Carlo Alberto
Via Cappellini
Via Giovanni Giolitti
Via Filippo Turati
Via Ricasoli
Via Machiavelli
Via Princ. Eugenio
Via Conte Verde
Via Emanuele Filiberto
Viale Manzoni
Via Merulana
Via Mecenate
Viale del Monte Oppio
Via Tasso
Via Labicana
Via di San Giovanni in Laterano
Via Capo d'Africa
Via Celimontana
Via dei Querceti
Via Claudia
Via di San Gregorio
Via di San Stefano Rotonde
Via Statilia

ATTRACTION

보는 즐거움

로마는 도시가 온통 박물관이다. 거리나 건물, 무엇 하나 그냥 지나칠 수 없다. 꼼꼼히 둘러보려면 석 달 열흘도 모자라지만 한정된 시간 안에 여행을 마쳐야 하는 것이 아쉬운 도시다. 그러므로 그만큼 부지런히 탐방해 보자.

콜로세움~베네치아 광장

고대 로마가 시작되고 가장 번성했던 시기에 정치·경제의 중심지였던 이 지역은 통일된 이탈리아를 기념하는 곳이다. 풀 한 포기, 돌멩이 하나까지 어느 것 하나 그냥 지나칠 수 없는 곳으로 명소마다 각각의 의미를 되새겨보는 시간을 갖게 될 것이다.

콜로세움 Colosseo 건축, 영화

서기 72년 베스파시아누스 황제가 네로 황제의 궁전터였던 도무스 아우레아에 있는 인공 연못에 세운 고대 로마 시민들의 최고의 사교 · 유흥 장소. 고대 로마 유적 중 가장 큰 원형경기장으로 원래 명칭은 플라비오 원형극장 Anfiteatro Flavio이다. 콜로세움은 '거대하다'라는 뜻의 Colossale에서 유래했는데, 콜로세움 앞에 서 있던 네로 황제의 거대한 동상 때문에 그런 이름이 붙었다.

로마의 대표선수 콜로세움

콜로세움은 지름 156~188m, 둘레 527m, 높이 48.5m의 4층으로 된 타원형 건축물이다. 80여 개가 넘는 아치 문을 통해 5만 명이 넘는 사람이 입장해도 단 10분 만에 모두 자리를 잡고 앉을 수 있었다. 외부는 모두 대리석으로 장식되어 있었고 각 층마다 기둥의 모양이 다른데 1층은 도리아식, 2층은 이오니아식, 3층은 코린트 양식이다. 예전에 2층과 3층 아치문에는 당시의 명망있는 검투사들의 대리석 입상이 세워져 있었고 가장 위 층에는 나무로 연결된 가죽 차양이 햇볕을 가리는 역할을 했다. 오늘날의 올림픽 스타디움이나 축구경기장 모습의 근원이 된 곳이다.

중앙에는 마룻바닥이 깔려있었다.

내부로 들어가면 신분에 따라 자리가 구분되어 있다. 1층은 넓고 질 좋은 대리석이 깔렸던 귀빈석, 2층과 3층은 일반석이며 마지막 4층은 목재로 만든 좁은 입석으로 천민들의 자리였다. 중앙 무대는 나무판으로 만들어져 있었고 이곳에서 검투사끼리, 또는 바닥에 갇혀 있던 맹수와 검투사의 목숨을 건 혈투가 벌어졌다. 검투사들은 콜로세움에서 약 200m 정도 떨어진 곳에 흔적이 남아있는 합숙소에서 지하통로를 통해 이동했다.

피비린내 나는 검투사들의 치열한 혈투는 438년에 금지되었고 이후 442년 일어난 대지진의 영향으로 일부가 파괴되어 지금의 모습이 되었다. 자세히 살펴보면 겉의 대리석이 뜯겨나간 흔적들을 볼 수 있는데 이는

콜로세움 예약 방법

굶주린 맹수와 검투사들이 대기하던 미로와 같은 지하

분위기가 완전히 다른 콜로세움의 야경

중세 · 르네상스 시대에 왕궁, 다리, 산 피에트로 대성당의 건축자재로 이용되었기 때문이다.

콜로세움은 로마의 상징과도 같은 곳. 따라서 늘 수많은 여행자와 잡상인, 그리고 소매치기들이 혼재되어 있다. 조심조심 또 조심하자.

주소 Piazza del Colosseo, Via dei Fori Imperiali **운영** 11~2월 09:00~16:30, 3/1~3/26 09:00~17:30, 3/27~8/31 09:00~19:15, 9월 09:00~19:00, 10월 09:00~18:30 **휴일** 1/1, 12/25 **입장료** 콜로세움+포로 로마노/팔라티노 24시간 유효한 티켓 €16, 로마 패스 소지자 할인요금 €9.50, 예약비 €2, 예약 필수 **가는 방법** 메트로 B선 Colosseo 역 하차, 또는 버스 75 · 175번 Map p.106-A2

콘스탄티누스 대제의 개선문
Arco di Constantino 건축

모든 문의 원조 콘스탄티누스의 개선문

로마에서 가장 큰 개선문으로 콜로세움 바로 옆에 있다. 서기 312년에 콘스탄티누스 황제가 밀비오 다리 Ponte di Milvio에서 정적 막센티우스를 물리친 것을 기념해 세운 것으로 높이 21m, 폭 25m이며 3개의 아치를 갖고 있다. 전쟁과 지진 등으로 황폐하게 방치되어 있다가 로마 고대 유적지에서 출토된 조각상들을 덧붙여 지금의 모습을 갖게 되었다. 나폴레옹은 로마 원정 당시 매우 탐을 냈으나 운반하기 어려워 파리로 옮기지 못하고 대신 이 문을 본따서 파리 샹젤리제 거리의 개선문을 만들었다. 이후 샹젤리제의 개선문은 우리나라의 독립문, 인도 델리의 인디아 게이트의 모형이 되었다. 모든 길이 로마로 통했던 것처럼 모든 (개선)문의 원조 역시 로마에 있었다. 콘스탄티누스 개선문 앞의 커다란 원형 터는 메타 수단 Meta Sudans이라는 이름의 고대 로마 시대에 건설된 거대한 원뿔형의 기념비적 분수대가 있던 흔적이다. 1858년까지 분수대 하단을 볼 수 있었으나 1936년 도로 건설을 위해 철거되었다고.

주소 Piazza del Colosseo **가는 방법** 콜로세움 바로 옆에 있다.
Map p.106-A2

대전차 경기장에서 바라본 팔라티노 언덕의 궁전

팔라티노 Palatino 건축

로마의 7개 언덕 중 역사가 가장 오래된 곳으로 로마 건국 시조 로물루스가 살았던 곳이며 로마의 시발지라고 할 수 있다. 황제와 귀족의 호화로운 저택 유적들이 숲과 함께 잘 어우러져 있어 산책하기에 좋다. 그중 아우구스투스 황제의 사저 안뜰, 그의 부인 리비아가 살던 리비아의 집 Casa di Livia, 팔라티노 언덕에서 가장 아름다운 저택이라고 하는 도미티아누스 황제의 저택 도무스 플라비아 Domus Flavia 등이 예전의 아름다움을 간직한 채 남아 있다.

아우구스투스 황제의 집무궁 내부 모습

가장 인기 있는 곳은 로마의 초대 황제인 아우구스투스의 집무궁이다. 한 번에 10명 정도의 인원을 입장시키며 관람 시간은 약 2~3분 정도 주어진다. 내부는 붉은 염료로 그려진 벽화 장식이 전부다. 실망스러울 수도 있으나 이곳이 로마를 건국한 로물루스와 레무스가 기거했다고 알려진 동굴 위에 세워진 궁임을 생각하면 의미가 있다. 즉 로마를 건국한 시조의 집 위에서 로마 초대 황제가 정무를 살폈던 것이다. 팔라티노 언덕은 로마의 기원이면서 '궁'을 뜻하는 낱말들의 기원이다. 언덕 위에 세워졌던 여러 궁을 팔라티움 Palatium이라 불렀고 이것이 팔라쪼 Palazzo(이탈리아어), 팰리스 Palace(영어), 팔레 Palais(프랑스어) 등으로 변화했다.

주소 Piazza di Santa Maria Nova **운영** 11~2월 09:00~16:30, 3/1~3/26 09:00~17:30, 3/27~8/31 09:00~19:15, 9월 09:00~19:00, 10월 09:00~18:30 **휴무** 1/1, 12/25 **입장료** 콜로세움+포로 로마노/팔라티노 24시간 유효한 티켓 €16, 리비아의 집, 로물루스의 신전 등 입장할 수 있는 티켓 Roman Forum-Palatine Super €16, 로마 패스 소지자 할인요금 €9.50 **가는 방법** 메트로 B선 Colosseo 역에서 하차해 Colosseo 방면으로 나와 도보 3분, 또는 버스 75 · 175번

Map p.106-A2

원형 유적과 멀리 팔라티노의 소나무

황제들의 거처 도무스 아우구스타나 정원

대전차 경기장 Circo Massimo 영화

고대 로마 제국의 가장 오래되고 가장 큰 경기장으로 약 25만 관중을 수용할 수 있었다고 한다. 지금은 경사진 비탈로 남아있는 곳이 모두 계단식으로 지어진 관중석이었다고. 주로 전차 경주장으로 이용되었으며, 많은 그리스도교 신자들이 순교한 장소이기도 하다. 영화 〈벤허〉의 촬영지라고 알려져 있지만 사실이 아니다. 지금은 로마 시민들이 반려견과 함께 산책하는 곳으로 애용되고 있는데, 자칫 잘못하면 반려견들의 배설물을 밟게 되니 조심할 것! 간혹 한쪽 구석에서 경찰이나 군부대의 모의 훈련이 진행되기도 하는데 흔치 않은 볼거리가 되기도 한다. 이곳에서 바라보는 팔라티노의 건물들과 소나무가 어우러진 전경은 매우 아름답다.

주소 Via del Circo Massimo **발굴 정비 구역 입장료** €5, 로마패스 소지자 €4 **가는 방법** 메트로 B선 Circo Massimo 역에서 도보 1분

Map p.106-A2

지금은 흔적만 남은 대전차 경기장

SAY! SAY! SAY!

저 좁은 구멍 사이에 무엇이 있을까?

사람들이 큰 대문에 붙어서 뭔가를 보고 있죠? 이곳은 아벤티노 언덕에 위치한 산타 사비나 성당 옆의 몰타 기사국 수도원 정문입니다(주소 Piazza dei Cavalieri di Malta 2). 몰타 기사국은 인구 80명의 초미니 국가로, 국제사회에서 정식 국가로 인준을 받지는 못했으나 나름의 화폐를 발행하고 있는 '국가'입니다.

대문의 구멍을 통해서 보면 정원 너머로 산 피에트로 대성당의 쿠폴라가 보입니다. 인구 6,000만 명의 대국 이탈리아 땅에 발을 디디고 서서 인구 80명의 몰타 기사국 정원을 통해 인구 900여명의 바티칸 시국의 상징을 바라볼 수 있는 것이죠.

몰타 기사국 수도원이 위치한 지역은 아벤티노 언덕입니다. 로마의 7개의 언덕 중 한 곳으로 메트로 B선 Circo Massimo 역에서 대전차 경기장 맞은편으로 나와 그 길을 따라 올라가면 만날 수 있습니다.

포로 로마노 전경

티투스의 개선문

팔라티노 언덕에서 내려다 본 베스탈의 집

베스타 신전

시저가 암살당한 원로원

포로 로마노 Foro Romano 건축, 영화

팔라티노 언덕과 캄피돌리오 언덕 사이에 자리한 곳으로 고대 로마 제국의 정치 · 종교 · 경제의 중심지이자 시민의 대화의 장이며 번화한 상가 거리였다. 그러나 지금은 화려한 과거를 짐작할 수 있는 기둥이나 초석만 남아있어 황량하기까지 하다. 한여름에는 그늘도 없고 식수대도 없어 고생스러울 수 있지만 역사적 사건들을 떠올리며 당시 모습을 상상해 본다면 매우 매력적인 곳이다. 미국 드라마 〈ROME〉을 미리 봐둔다면 그 감동은 배가 될 것이다.

주소 Piazza Santa Maria Nova 53 **운영** 1/2~2/28 09:00~16:30, 3/1~3/26 09:00~17:30, 3/27~8/31 09:00~19:15, 9월 09:00~19:00, 10월 09:00~18:30, 11 · 12월 09:00~16:30 **휴일** 1/1, 12/25 **입장료** 콜로세움+포로 로마노/ 팔라티노 24시간 유효한 티켓 €16, 리비아의 집, 로물루스의 신전 등 입장할 수 있는 티켓 Roman Forum–Palatine Super €16, 로마 패스 소지자 €9.50 **가는 방법** 메트로 B선 Colosseo 역 하차, 또는 버스 75 · 175번

Map p.106-A2

티투스의 개선문 Arco di Tito

81년 도미티아누스 황제가 그의 형 티투스와 아버지가 예루살렘과 벌인 전투에서 거둔 승리를 기념해 세운 것으로 로마의 개선문 중 역사가 가장 오래되었다. 전투 상황을 표현한 아치 내부의 부조가 매우 섬세하고 아름답다. 아치 안쪽 기둥에 4마리의 말이 끄는 개선마차가 조각되어 있는데 우리에게 자동차 모델명으로 친숙한 에쿠스라고 부른다.

베스타 신전 Tempio di Vesta

불의 여신 베스타를 모시던 신전으로 포로 로마노에서 가장 신성한 곳이다. 원래 20개의 기둥으로 둘러싸여 있었으나 지금은 반도 남아 있지 않다. 베스탈 Vestal이라고 불리는 6명의 처녀가 베스타의 신성한 불꽃을 하루 종일 지켰는데, 밤에 그 불꽃이 타오르는 모습을 볼 때 매우 아름다웠다고 전해진다. 6~10세의 귀족 가문의 딸들 가운데 선발된 베스탈은 30년 동안 일했으며 그동안 처녀성을 간직해야 했고 베스탈들은 어떤 죄를 지어도 사람의 손으로 죽일 수 없었다. 하지만 두 가지의 잘못은 용서받지 못했는데, 불씨를 꺼뜨리거나 처녀성을 상실하는 것이었다. 이런 경우 베스탈들은 생매장당했다.

베스탈의 집 Casa delle Vestali

베스탈이 살던 기숙사로 3층 규모의 건물에 50개의 방을 가진다. 중앙 정원을 감싸고 있는 거대한 사각형 건물이었다. 여성적인 분위기가 가득하고 아름다운 건물이었을 것으로 추정되나 지금은 중앙 정원과 연못, 그리고 주변의 조각상들만 남아 있다. 아름다움을 제대로 감상하려면 팔라티노 언덕 쪽에서 내려다봐야 한다.

원로원 Curia

원로원은 공화제 시대의 최고 정치기관으로 입법 · 자문 기관 구실을 담당하고 집정관(행정 · 군사를 통솔하는 최고 관직)을 선출하던 곳이었다. 중세시대에 성 아드리아노 성당으로 쓰였기에 보존 상태가 포로 로마노의 건물들 중 가장 좋다. 지금의 건물은 1930년대에 무솔리니가 복원한 것이다.

셉티미오 세베루스의 개선문

셉티미오 세베루스의 개선문 Arco di Settimio Severo

포로 로마노에서 가장 먼저 발굴된 것으로 세베루스 황제와 그의 아들인 카라칼라 · 제타에게 헌정된 개선문이다. 3개의 아치문이 조화를 이루고 있는 아름다운 형태지만 권력다툼에서 승리한 카라칼라가 동생 제타를 죽이고 이름을 지워버린 비극의 흔적이 남아 있다.

사투르누스 신전

사투르누스 신전 Tempio di Saturno

기원전 5세기에 지어진 농업의 신, 사투르누스를 모시던 신전이다. 현재 8개의 기둥과 지붕 일부만이 남아 있는데, 지붕 위에 쓰여 있는 'SENATUS POPOLUS QUE ROMANUS'라는 라틴어는 '로마의 원로원과 시민들' 즉, 로마 공화정이라는 뜻으로 로마 자체를 의미하며, 단어들의 첫 글자들을 딴 S.P.Q.R은 지금도 로마 시청의 상징으로 되어 있다. 이 신전 지하에 엄청난 보물이 보관되고 있었다고 전해진다.

주요 연설이 이루어지던 로스트리

로스트리 Rostri

세베루스의 개선문 정면 왼쪽의 연단. 기원전 44년 시저가 암살되기 직전에 만든 곳으로 키케로 · 안토니우스 등이 연설했던 장소다. 미국 드라마 〈ROME〉을 봤다면 드라마 속 배우의 손짓과 말투가 금세 연상될 것이다.

늘 꽃이 놓여있는 시저의 신전

시저의 신전 Tempio di Cesare

원로원에서 브루투스 등에 의해 살해당한 시저의 시신이 화장되었던 곳으로 훗날 아우구스투스 황제로 등극한 시저의 조카 옥타비아누스가 시저를 위해 신전을 세웠다.

신전의 뒤로 돌아가면 시저의 명복을 비는 사람들이 늘 가져다 놓는 꽃이 그의 넋을 위로하고 있다.

마메르티노 감옥

마메르티노 감옥 Carcere e Mamertino

고대 정치범 수용소였던 곳으로 성 베드로(산 피에트로)와 성 바오로(산 파올로)가 이곳에 갇혀 있었다. 감옥에 갇혀있던 성 베드로의 얼굴 자국과 그가 마시던 지하 샘이 아직도 존재한다. 성 베드로를 굶겨 죽이려던 로마군은 결국 그를 십자가에 거꾸로 매달아 처형했고 그의 무덤은 지금 바티칸의 산 피에트로 대성당 지하에 있다. 로마 시민이었던 성 바오로는 이곳에 갇혀있다가 십자가형 대신 교수형을 받고 지금의 산 파올로 대성당 자리에 매장되었다.

진실의 입이 자리한 산타 마리아 인 코스메딘 성당

진실의 입

카피톨리노 미술관

「메두사」

진실의 입 Bocca della Verità 영화

영화 〈로마의 휴일〉에 등장해 유명해진 곳이다. 보카 델라 베리타 광장 Piazza Bocca della Verita에 있는 산타 마리아 인 코스메딘 성당 Basilica di Santa Maria in Cosmedine 입구의 한쪽 벽면에 진실을 심판하는 입을 가진 얼굴 모양의 원형 석판이 있는데 항구의 신 포르투누스의 얼굴을 조각한 것이다. 원래는 맞은편에 위치한 헤라클레스 신전의 하수구 뚜껑이다. 거짓말쟁이가 포르투누스의 입에 손을 넣으면 포르투누스의 입이 다물어진다는 속설이 있었는데 실제로 옆의 문을 통해 들어간 자객이 하수구의 입에 손을 넣은 정적의 손을 잘라내는 일이 자행되었기에 전해지는 이야기이다.
진실의 입이 위치하고 있는 산타 마리아 인 코스메딘 성당은 로마 시내에서 아름다운 성당으로 손꼽히는데, 매우 독특한 로마네스크 양식 종탑과 모자이크로 장식된 바닥이 볼만하다. 그리고 지하 무덤에서 안식을 취하고 있는 여러 성인들 중 발렌타인 데이의 발렌티노 성인도 이 곳에서 휴식을 취하고 있다.
주소 Piazza Bocca della Verità **운영 겨울** 매일 09:30~17:00, **여름** 매일 09:30~18:00 **가는 방법** 대전차 경기장에서 Via del Circo Massimo를 따라 도보 10분 **Map p.106-A2**

카피톨리니 미술관 Musei Capitolinoi 미술

교황 식스투스가 자신이 수집한 다수의 동상을 기증하고 설립한 미술관이다. 광장을 사이에 두고 미켈란젤로가 설계한 콘세르바토리 궁과 누오보 궁전의 두 갤러리로 이루어져 있으며 두 건물은 지하 통로로 연결된다.
광장 오른쪽에 위치한 콘세르바토리 궁 Palazzo del Conservatori에는 16 · 17세기 장식품과 조각품, 르네상스 시대와 바로크 시대의 회화들이 전시되어 있다. 박물관 입구로 들어가면 안쪽 정원에 콘스탄티누스 2세의 거대한 흉상과 손 · 발 조각상 등을 볼 수 있다. 대표적인 작품은 「메두사 Medusa」, 「가시를 빼는 소년」과 카라바조의 「세례자 요한」 등이 있다.
누오보 궁전 Palazzo Nuovo에는 15~18세기 역대 교황들이 모은 조각상이 전시되어 있다. 주요 작품으로는 「죽어 가는 갈리아인 Gallo Morente」, 「큐피드와 프시케 Amore e Psiche」, 「카피톨리니의 비너스 Capitolinie Venere」가 있다.
주소 Piazza del Campidoglio 1 **홈페이지** www.museicapitolini.org **운영** 09:30~19:30, 12/24 · 31 09:30~14:00, 1/1 14:00~20:00 **휴무** 5/1, 12/25 **입장료** 상설전시 €13, 특별전시 있을 때 요금 변동 가능, 로마패스 소지자 할인요금 €9.50 **가는 방법** 베네치아 광장에서 도보 5분, 캄피돌리오 광장에 있다.
Map p.106-A1

「카피톨리니의 비너스」

캄피돌리오 광장 Piazza del Campidoglio 

로마의 7개 언덕 중 가장 성스러운 곳으로 여기던 캄피돌리오 언덕에 자리 잡고 있는 이 광장은 미켈란젤로가 설계했다. 로마의 다른 주요 광장이 바로크의 화려함을 뽐내고 있다면 이 광장은 르네상스의 안정된 아름다움을 풍기고 있다. 수도를 뜻하는 'Capital'이 이 광장 이름에서 유래했으며 포로 로마노의 장관을 한눈에 볼 수 있다. 캄피돌리오 광장으로 오르는 계단 코르도나타 Cordonata는 위로 갈수록 넓게 설계해 밑에서 보면 계단 전체가 직사각형으로 보이는데 미켈란젤로의 천재성이 보이는 일면이다.

광장 중앙에 우뚝 솟아 있는 동상은 마르쿠스 아우렐리우스 황제의 청동 기마상이다. 이 황제는 기독교를 공인한 콘스탄티누스 황제로 오해 받기도 했는데, 실제로는 무시무시한 기독교 박해를 행한 주인공이다. 광장 바닥에 보이는 별 모양의 선은 모두 하나로 이어진 형태이다. 기마상 뒤편의 건물은 로마 시장의 집무실과 시의회가 있는 세나토리오 궁전이다. 세나토리오 궁 오른쪽 뒤로 돌아가면 포로 로마노가 한눈에 들어오는 뷰 포인트가 나온다.

가는 방법 메트로 B선 Colosseo 역에서 도보 10분, 또는 버스 40 · 64번 Map p.106-A1

로마 유일의 르네상스 양식 광장인 캄피돌리오 광장

산타 마리아 인 아라코엘리 성당
Chiesa di Santa Maria in Aracoeli

과거 화폐 주조창이 있던 자리에 세워진 성당. '아라코엘리'는 '하늘 위에'라는 뜻으로, 성당은 높은 계단 위에 자리하고 있다. 이 계단을 무릎 꿇은 채 끝까지 올라가면 복권에 당첨된다는 전설이 있다. 성당 내부에는 산타 밤비노 Santa Bambino라는 아기의 목각상이 있는데 환자들을 치유해주는 능력을 갖고 있다고 전해진다. 그러나 지금 전시되어 있는 조각상은 아쉽게도 모조품이다. 진품은 1994년에 도난당했고 지금까지 행방이 묘연하다. 성당으로 오르는 계단 왼쪽에는 로마 인슐라 Roman Insula라는 유적지가 있는데, 이는 공동주거지로 주로 가난한 이들이 살던 곳이다.

주소 Piazza del Campidoglio 4 **운영** 월 · 목 · 금 07:45~13:45, 화 · 수 07:45~13:15 · 14:00~17:30 **가는 방법** 캄피돌리오 광장으로 오르는 계단 왼쪽 끝에 있다. Map p.106-A1

산타 마리아 인 아라코엘리 성당

베네치아 광장 Piazza Venezia

광장 앞에는 6개의 도로가 사방으로 뻗어 있어 로마에서 가장 혼잡한 곳 중 하나. 광장 양쪽에 1546년부터 230여 년 동안 베네치아 공국의 대사관으로 쓰였던 베네치아 궁전이 있어 광장 이름이 베네치아 광장이다. 이 건물은 제2차 세계대전 때 무솔리니가 집무실로 이용했으며 이곳에서 군중연설을 했었다.

가는 방법 버스 40 · 64 · 117 · 119번 Map p.106-A1

베네치아 광장

흰색으로 빛나는 통일기념관

로마에서 가장 오래된 산 조반니 인 라테라노 광장의 오벨리스크

산 조반니 인 라테라노 대성당

예수의 11 사도와 성 바오로의 석상이 늘어서 있는 성당 내부

통일기념관 (비토리오 에마누엘레 2세 기념관)

Vittoriano 뷰포인트

1861년 이탈리아를 통일해 1870년 이탈리아 왕국을 세운 초대 국왕 비토리오 에마누엘레 2세를 기념하기 위해 지은 신고전주의 양식의 흰색 대리석 건물이다. 정면에 있는 기마상이 비토리오 에마누엘레 2세의 동상이며 그 아래에는 제1차 세계대전 당시 전사한 무명 용사를 기리는 불꽃이 늘 타오르고 있다. 이 건물에 대한 로마 시민들의 반응은 매우 시큰둥하다. 포로 로마노 유적의 일부를 밟고 있어 로마 시민들은 이 건물을 '타자기'라고 부르며 폄하하기 일쑤. 하지만 여행자들의 입장에서는 맑은 날 눈부시게 빛나는 외관이 아름답고, 밤에 보는 모습 또한 하얗고 예쁘다. 내부에는 이탈리아 독립의 역사를 전시하는 통일운동 역사관 Museo Centrale del Risorgimento이 있고 기념관 우측 입구로 들어가면 건물 옥상으로 올라갈 수 있는 전망대가 나온다. 로마 시내에 몇 안 되는 전망 좋은 곳이니 올라가보자. 전망대 입구 옆에 위치한 커피숍은 포로 로마노의 뷰 포인트다.

주소 Piazza Venezia 186 **홈페이지** vive.beniculturali.it **운영** 매일 09:30~19:30 **가는 방법** 버스 40 · 64 · 175 · 714번, 베네치아 광장 맞은편에 있다. Map p.106-A1

전망대

운영 매일 09:30~19:30 **휴무** 1/1, 12/25 **입장료** 전망대, 통일운동 역사관, 베네치아 궁전 입장권 복합티켓 €17(매월 첫 번째 일요일 무료)

산 조반니 인 라테라노 광장

Piazza S. Giovanni in Laterano

바티칸 다음으로 로마의 중요한 종교적 건물이 모여 있는 곳이다. 광장 가운데에 있는 오벨리스크는 로마에서 가장 오래된 것이며, 광장 한쪽에 위치한 팔각 세례당은 로마의 유일한 세례당이다. 매년 6월 24일 세례자 요한 축일이면 이 광장에서 축제가 열린다.

가는 방법 메트로 A선 San Giovanni 역에서 p.le. San Giovanni 방향 출구로 나가 도보 5분 Map p.106-B2

산 조반니 인 라테라노 대성당

Basilica di S. Giovanni in Laterano 건축

로마에서 첫 번째로 건설된 바실리카로 로마 시내의 성당 중에서 가장 높은 지위를 지니고 있다. 콘스탄티누스 대제가 기독교를 공인한 후 314년에 건립해 교황에게 기증한 것으로 현재의 모습은 1650년 건축가 보로미니가 개축한 것이다. 성당 정면의 흰색 파사드는 알렉산드로 갈릴레이가 1735년에 만든 작품으로 꼭대기에는

약 6m 높이의 예수와 그의 제자들의 석상이 있다. 내부는 전형적인 바실리카 양식으로 양쪽 회랑에는 11사도와 성 바오로의 석상이 각자의 상징을 지닌 채 늘어서 있으니 누가 누구인지 맞혀보는 것도 재미있다. 사도들이 늘어서 있는 중앙 홀 끝에 교황의 제단을 감싸고 있는 발다키노 위에는 성 베드로와 성 바오로의 두개골이 모셔져 있으며, 발다키노 왼쪽에는 최후의 만찬에 사용했다는 나무 탁자도 보관되어 있다.

본당에서 왼쪽 출입구를 통해 나가면 바살레토 가문에서 건설한 수도원이 나오는데 꼬인 모양의 기둥들과 대리석 모자이크가 유명하다.

성당과 붙어있는 3층 건물은 라테라노 궁전이다. 바티칸이 독립국가로 인정을 받게 된 라테라노 조약이 서명된 곳이며, 아비뇽 유수 사건 전까지는 역대 교황의 거처로 사용되었다.

주소 Piazza S. Giovanni in Laterano 4 **운영** 07:00~18:30 **미사** 평일 08:00 · 09:00 · 12:00, 일 07:00 · 08:00 · 09:00 · 10:30 · 12:00 · 17:30 **가는 방법** 메트로 A선 San Giovanni 역에서 p.le. San Giovanni 방향 출구로 나가 성벽 문을 지나서 도보 3분 **Map p.106-B2**

꼬임 모양의 기둥이 독특한 수도원 정원

스칼라 산타

스칼라 산타 Scala Santa

라테라노 궁전에서 대각선 방향으로 있는 작은 규모의 성당. 스칼라 산타 Scala Santa는 '성스러운 계단'이라는 뜻으로 예수가 빌라도 총독관에서 십자가에 매달리기 전 올라갔다고 전해지는 계단을 콘스탄티누스 대제의 어머니 성녀 헬레나가 예루살렘에서 로마로 옮겨온 것이다. 성당 입구로 들어가면 중앙에 보이는 계단이 그것이다. 계단에는 예수의 수난을 기억하며 고통을 함께 나누는 의미로 무릎으로 계단을 올라가는 신자들이 가득하다.

주소 Piazza S. Giovanni in Laterano 14 **홈페이지** www.scala-santa.com **운영** 평일 06:00~13:30 · 15:00~18:30, 공휴일 07:00~13:30 · 15:00~18:30 **미사** 평일 06:30 · 07:30 · 08:30 · 17:30, 공휴일 07:30 · 09:30 · 11:30 · 17:30 **입장료** 계단 무료, 성당 €3.50 **가는 방법** 메트로 A선 San Giovanni 역에서 p. de. San Giovanni 방향 출구로 나가 바로 앞에 보이는 성벽 문을 지나서 도보 5분 **Map p.106-B2**

계단을 무릎으로 오르며 기도하는 사람들

성 십자가 성당
Chiesa di Santa Croce in Gerusalemme

스칼라 산타와 더불어 예수 그리스도와 관련된 유물을 보관하고 있는 성당. 콘스탄티누스 대제의 어머니 헬레나 성녀가 예루살렘에서 가져온 예수 그리스도의 십자가 조각, 못 등이 전시되어 있다. 예수 그리스도의 부활을 의심했던 성 토마스의 손가락뼈도 보관되어 있다.

주소 Piazza di Santa Croce in Gerusalemme 12 **홈페이지** www.santacroceroma.it **운영** 월~금 08:00~12:45 · 15:30~19:30, 토 · 일 · 공휴일 07:30~19:30 **가는 방법** 산 조반니 인 라테라노 대성당 앞 광장에서 왼쪽으로 도보 5분 **Map p.106-B2**

예수 그리스도와 관련된
주요 유물이 전시되어 있는 성 십자가 성당

고대 로마제국의 최대 오락시설 카라칼라 욕장

쿠오바디스 성당

예수와 베드로의 발자국

산 칼리스토 카타콤베 입구

카라칼라 욕장 Terme di Caracalla

211~217년 카라칼라 황제가 지은 이 욕장은 6세기까지 목욕탕으로 사용되었던 곳으로 1600명이 동시에 입장해 목욕을 할 수 있는 규모였다. 지금은 폐허가 되었지만 남아 있는 모자이크 바닥 등으로 당시를 더듬어 볼 수 있는데, 물의 온도별 코스로 된 욕탕들과 사교장, 야외 수영장, 운동실, 도서관, 예술전시장, 심지어는 정원까지 갖춘 일종의 초호화 종합 레저 타운이었다. 여름철에는 로마 최고의 이벤트인 야외 오페라공연이 열리는데 음향이 매우 훌륭하다고.

주소 Via Antonina 52 **운영** 화~일 10월 마지막 일요일~2/15 08:30~16:30, 2/16~3/15 08:30~17:00, 3/16~3월 마지막 토요일 08:30~17:30, 3월 마지막 일요일~8/31 09:00~19:15, 9월 09:00~19:00, 10/1~10월 마지막 토요일 09:00~18:30, 월 09:00~14:00 **휴무** 월요일, 1/1, 12/25 **입장료** 일반 €8, 로마패스 소지자 €2 **가는 방법** 메트로 B선 Circo Massimo 역에서 도보 10분, 또는 버스 760 · 628번 Map p.106-A2

쿠오바디스 성당 Chiesa del Quo Vadis 영화

로마의 기독교도들에 대한 박해가 시작되었을 때 두려움에 떨며 성 밖으로 도망치던 베드로가 예수를 만나서 이렇게 물었다. "쿠오 바디스 도미네 Quo Vadis Domine(주여 어디로 가십니까)?" 이에 예수는 "네가 내 양들을 버리고 도망치니 너 대신 내가 십자가에 못 박히러 가노라"라고 대답했다. 이때 베드로는 자신의 잘못을 깨닫고 로마로 돌아갔다는 일화를 바탕으로 만든 성당이다. 성당 안에는 그때 예수와 베드로가 남겼다는 발자국의 모조품이 있다(진품은 산 세바스티아노 카타콤베 안에 있다).

주소 Via Appia Antica **홈페이지** www.dominequovadis.com **운영** 11~3월 매일 08:00~19:00, 4~10월 매일 08:00~20:00 **가는 방법** 메트로 A선 San Giovanni 역에서 버스 218번을 타고 Appia Antica에서 하차 Map p.106-B2

카타콤베 Le Catacombe

그리스어로 '낮은 지대의 모퉁이'를 뜻하는 말로 초기 교회시대에 기독교인들의 지하묘소로 조성되어 박해시대에는 피난처로 사용되면서 전례도 행해졌다. 로마의 전형적인 묘지이지만 나폴리, 시칠리아, 북아프리카, 소아시아, 파리 등지에서도 그 유적이 발견되었다. 로마에는 일반인에게 개방하는 카타콤베가 다섯 군데 있는데, 산 칼리스토 카타콤베와 산 세바스티아노 카타콤베가 가장 중요한 곳으로 여겨진다. 카타콤베 내부는 매우 복잡하기 때문에 개별 방문은 불가능하고 가이드를 동반해야 한다. 자칫 길을 잃어버리면 평생 이 안에서 나올 수 없다는 이야기가 전해지므로, 절대로 일행과 떨어지지 않도록 주의하자.

산 칼리스토 카타콤베 Catacombe di San Callisto

가장 대표적인 카타콤베로 2세기 중엽부터 만들기 시작했다. 면적은 약 4만5000평에 달하며 가장 깊은 곳은 지하 20m가 넘는다. 이곳에서 발굴된 성녀 체칠리아의 시신은 산타 체칠리아 인 트라스테베레 성당(p.136)으로 옮겨졌으며, 그 자리에는 모습을 그대로 조각한 조각상이 자리하고 있다.

주소 Via Appia Antica 110 **홈페이지** www.catacombesancallisto.it **운영** 목~화요일 09:00~12:00, 14:00~17:00 **휴무** 수요일, 2023/1/20~2/15, 1/1, 부활절(2025/4/20), 12/25 **입장료** €10(예약 필수) **가는 방법** 메트로 A선 San Giovanni 역에서 버스 218번을 타고 Fosse Ardeatine에서 하차. 또는 메트로 B선 Colosseo 역 또는 Circo Massimo 역에서 118번 버스 타고 Catacombe di San Callisto 하차. ※홀로 방문했다면 다른 단체 팀에 합류해 관람하게 도와주며 한국어 리플릿도 구비되어 있다. Map p.106-B2

기독교도들의 상징 중 하나

산 세바스티아노의 석상

산 세바스티아노 카타콤베 Catacombe di San Sebastiano

로마 장교 세바스티아노의 이름을 딴 곳이다. 세바스티아노는 수십 개의 화살을 맞고 순교했는데 그의 몸에 꽂혔던 화살이 아직도 보관되어 있다. 산 칼리스토 카타콤베와 연결되어 있다.

주소 Via Appia Antica 136 **홈페이지** www.catacombe.org **운영** 1~11월 매일 10:00~ 17:00(입장 마감 16:30) **휴무** 1/1, 12/25, 12월 **입장료** €10 **가는 방법** 메트로 B선 Colosseo 역 또는 Circo Massimo 역에서 버스 118번을 타고 Basilica S. Sebastiano 하차 또는 메트로 A 선 San Giovanni 역에서 버스 218번 타고 Fosse Ardeatine 하차 후 도보 1분.

산 파올로 대성당

산 파올로 대성당 Basilica di San Paolo Fuori le Mura

로마 시내 4대 바실리카 중 한 곳이다. 사도 바오로(산 파올로)의 무덤 위에 세운 성당으로 산 피에트로 대성당에 이어 로마 시내에서 두 번째로 큰 성당이다.

386년 발렌티아누스 황제가 대규모 성당을 세웠으나 1823년 대화재로 완전히 파괴되었고 지금의 모습은 1854년에 복구된 것이다. 성당 앞에는 큰 칼을 들고 있는 사도 바오로의 석상이 있고 뒷면에 보이는 성당 전면은 화려한 모자이크로 장식되어 있다. 중앙 제단 아래에는 사도 바오로가 수감되었을 때 사용했다고 전해지는 쇠사슬이 모셔져 있고 그 아래로 성인의 무덤이 보인다.

주소 Via Ostiense 186 **홈페이지** basilicasanpaolo.org **운영** **성당** 매일 07:00~18:30, **수도원 Cloister** 매일 08:30~18:00 **미사** 평일 07:00 · 08:00 · 09:00 · 10:30, 일요일 07:00 · 08:00 · 09:00 · 10:30 · 12:00 · 18:00 **입장료** **성당** 무료, **수도원** €4 **가는 방법** 메트로 B선 Basilica di San Paolo 역에서 하차해 Via Otiense 방향 출구로 나가서 길을 건넌 후 오른쪽으로 도보 3분 Map p.106-A2

사도 바오로가 묶였던 사슬과 그의 무덤

테르미니 역 주변 & 스페인 광장 주변
1 레푸블리카 광장 Piazza della Republica B2
2 산타 마리아 델리 안젤리 에 데이 마르티리 B2 Basilica di Santa Maria degli Angeli e Martrir
3 마시모 궁전(로마 국립 박물관) Palazzo Massimo B2
4 산타 마리아 델라 비토리아 성당 B2 Chiesa Santa Maria della Vitoria
5 산 카를로 알레 콰트로 폰타네 성당 B2 Chiesa di San Carlo alle Quattro Fontane
6 바르베리니 광장 Piazza Barberini B2
7 해골사원 B2 Chiesa di Santa Maria della Concezione
8 바르베리니 궁전 Palazzo Barberini B2
9 트레비 분수 Fontana di Trevi A2
10 콜론나 광장 Piazza Colonna A2
11 스페인 광장 Piazza di Spagna A2
12 포폴로 광장 Piazza Poplol A1
13 산타 마리아 델 포폴로 성당 A1 Chiesa di Santa Maria del Popolo
14 아우구스투스 황제 영묘 A2 Mausoleo di Augusto
15 아라 파치스 박물관 A2 Museo dell'Ara Pacis
16 보르게세 공원 Villa Borghese A1
17 보르게세 미술관 B1 Museo e Galleria Borghese
18 로마 국립 현대미술관 A1 Galleria Nazionale d'Arte Moderna e Contemporanea
19 빌라 줄리아 박물관 A1 Museo Nazionale Etrusco di Villa Giulia
20 MAXXI 21세기 국립 박물관 A1 MAXXI Museo Nazionale delle Arti del XXI Secolo
21 산탄드레아 델레 프라테 성당 A2 Baslica di Sant'Andrea delle Fratte
22 산탄드레아 알 퀴리날레 성당 B2 Chiesa di Sant'Andrea al Quirinale
23 인류 복음화 성 A2 Propaganda Fide Palace
24 디오클레치아누스의 욕장터 B2 Terme di Diocleziano
1 Galleria Alberto Sordi A2
2 A.S. Roam Store A1
3 Sermoneta Gloves A2
4 A.S. Roma Store A2
5 Focacci A2
6 Vertecchi A2
7 Herzel De Bach A2
8 THE DISNEY STORE A2
9 Rinascente B1
10 Farmaceutica di Santa Maria Novella A2
1 La focaccina di Serafina A2
2 Obicà A2
3 Ristorante Alfredo(Il Vero Alfredo) A2
4 POMPI A2
5 CANOVA TADOLINII A2
6 Giolitti A2
7 Caffé Greco A2
8 Ristorante Agrodolce Roma A2
9 Gelateria del Teatro A2
10 Pizza Re A1
11 La focaccina di Serafina A2
1 Hotel Borgognoni A2
2 Roma Boutique Hotel B1
3 Leon's Place Hote B2
4 InterContinental Rome Ambasciatori Palacee B2
19 방면
20 1 방면
9 방면
보르게세 공원
핀치오 언덕
Villa Torlonia
Via Salaria
Via Po
Viale Giorgio Washington
Viale dei Pupazzi
Viale d' Museo Borghese
Via Pinciana
Corso D'Italia
Via Puglie
Via Abruzzi
Via Sicilia
Via Boncompaqni
Via Flaminia
Flaminio
Porta d. Popolo
Piazza del Popolo
Via di Ripetta
Via del Corso
Via del Babuino
Via del Greci
Spagna
Via Porta Pinciana
Via Vittorio Veneto
Via Lucullo
Via Piemonte
BNL
Wind Vodafone
Trinita dei Munti
Via Condotti
쇼핑가 P.169
Via Frattina
Via d. Due Macelli
Via XX Settembre
Piazza d. Finanz
Via Montebello
Via Marsala
Via Gaeta
로마 중앙 ART
Barberini
Via del Clementio
Via delle Scrofa
Via del Prefetti
Piazza di S.Silvestro
Via del Tritone
Lgo. d. Tritone
쇼핑가
Piazza della
셔틀버스 정류장
Cotral 버스 정류장
Termini
Piazza d. Cinquecento
Via Vicenza
Farmacrimi - Gruppo Farmacie Italiane SRL
Stazione Termini
경찰서
CONAD COOP
Via d. Quattro Fontane
Tim

테르미니 역과 퀴리날레 언덕

로마 여행의 시작점이자 로마 여행을 마감하는 장소라 할 수 있는 테르미니 역 주변과 로마에서 가장 높은 언덕인 퀴리날레 언덕 주변은 작은 성당과 소장예술품이 훌륭하다.

레푸블리카 광장 Piazza della Repubblica

이탈리아 통일 직후인 1870년에 통일을 기념하여 조성된 광장이다. 광장 중앙에는 1885년에 만든 분수가 있고, 4인의 청동여신상이 조각된 나이아디 분수는 조명을 밝히는 밤에 매우 아름다운 풍경을 자아내는데 한때 선정적이라는 비난을 받기도 했다. 남서쪽의 반원형 아케이드에서부터는 에세드라(회랑이 있는 반원형 광장)라고도 부른다. 아케이드 건물은 북이탈리아 토리노의 건축 양식으로 지어졌으며 내부에 바와 영화관이 있다.
이탈리아에서는 유명한 감독의 할리우드 영화라 해도 모두 더빙을 해서 개봉한다. 그나마 요즘은 영어의 필요성을 느끼는지 더빙하지 않고 그대로 상영하는 극장들이 있는데 이곳에 있는 The Space Cinema Moderno Roma가 대표적이다.
가는 방법 테르미니 역 앞 500인 광장 왼쪽 끝으로 나가 도보 5분, 또는 메트로 A선 Republica 역에서 하차 Map p.118-B2

레푸블리카 광장 중심에 있는 나이아디 분수

산타 마리아 델리 안젤리 에 데이 마르티리 Basilica di Santa Maria degli Angeli e dei Martiri 건축

306년에 만든 디오클레티아누스의 목욕탕 Terme di Diocleziano을 미켈란젤로가 리모델링한 성당이다. 한 번에 3000명 이상이 목욕을 할 수 있었던 고대 로마 최대의 목욕탕 유적이다. 리모델링 공사를 끝마친 후 이 욕장에서 순교한 초기 기독교인들과 천사들에게 봉헌하였다. 그래서인지 성당 안에는 천사상 조각들이 많이 있다.
널찍한 강당 같은 내부 곳곳에 18세기부터 20세기까지 만든 훌륭한 예술품이 있으며, 로마의 천문기술의 흔적을 엿볼 수 있다. 성당 바닥에는 트랜셉트의 두 개의 자오선이 있는데 하나는 북극성의 궤적을 따라가는 것이고, 하나는 태양의 천정을 따라가는 것이다. 원 모양의 금색 선은 계절에 따른 태양빛의 궤적을 나타내는 일종의 해시계와 같은 것이다. 중세시대에 개수한 고대 로마 시대의 목욕탕 유적에서 18세기에 만들어진 해시계를 21세기를 살고 있는 사람들이 볼 수 있는 2000년이라는 시간이 응축된 타임캡슐과 같은 곳이다.
주소 Via Cernaia 9 **홈페이지** www.santamariadegli angeliroma.it **운영** 월~금 10:00~13:00 · 16:00~19:00, 토 · 일 10:00~13:00 · 16:00~19:00 **미사** 일 10:30 · 12:00 **가는 방법** 레푸블리카 광장 바로 옆
Map p.118-B2

레푸블리카 광장의 야경

산타 마리아 델리 안젤리 성당

「디스코볼로」
「부상당한 니오베의 딸」
「리비아 저택 벽화」

마시모 궁전 Palazzo Massimo 미술

로마 국립 박물관 Museo Nazionale Romano 중 한 곳. 로마와 근교에서 출토된 조각, 비석, 부조 작품들과 티볼리의 빌라 아드리아노에서 출토된 프레스코화와 모자이크들이 전시되어 있다.
특히 2층에 전시되어 있는 프레스코화와 모자이크들 중 「리비아 저택 벽화 Il Giardino dipinto della Villa di Livia」는 고대 미술의 귀중품 중 하나다. 진한 올리브색 바탕에 월계수 · 종려나무, 그리고 여러 과일나무와 함께 꽃들이 그려져 있으며 하단의 흰색 돌담이 눈에 띄는 사실적인 풍경화다. 그밖에 「디스코볼로 Il Discobolo」, 「부상당한 니오베의 딸 Niobide Morente」 등의 작품도 유명하다.
로마 국립 박물관은 1889년에 설립되었으며, 그리스와 로마의 예술 작품을 전시하고 있다. 로마에서 발견된 그리스 · 로마 시대의 유물 대부분을 소장하고 있으며 고전주의 예술품에 대해서는 최고의 컬렉션을 자랑한다. 로마 국립 박물관은 마시모 궁전 이외에 디오클레치아노 욕장 Terme di Diocleziano(Viale E De Nicoli 79), 알템프스 궁전 Palazzo Altemps(Piazza Sant' Apollinare 46) 그리고 크립타 발비 Crypta Balbi(Via delle Botteghe Oscure 31)로 나뉘어 있다.
주소 Largo di Villa Peretti 1 **운영** 화~일 09:00~19:45(입장 마감은 19:00까지) **휴무** 월요일 **입장료** €12, 로마패스 소지자 €8 **가는 방법** 테르미니 역 앞의 500인 광장 왼쪽 끝에 있다. Map p.118-B2

산타 마리아 델라 비토리아 성당
Chiesa Santa Maria della Vitoria 미술, 영화

「성녀 테레사의 환희」

길모퉁이에 자리한 작은 성당으로 특이점 없어 보이는 외관 때문에 그냥 지나치기 쉽지만 꼭 내부에 들어가 볼 것. 바로크 양식으로 화려하게 꾸며진 실내와 한곳에 자리한 베르니니의 조각상이 그냥 지나가면 아쉬운 볼거리이다.
초기 바로크 건축가 카를로 마데르노 Carlo Maderno가 설계하고 완성한 유일한 건축물로 코르나로 예배당의 조각상, 베르니니의 「성녀 테레사의 환희 Estasi di Santa Teresa」가 이 성당을 찾게 하는 이유인데 꿈에 나타난 천사에게 금으로 된 불화살을 맞고 희열을 느꼈다는 스페인의 성녀 테레사의 이야기를 형상화한 작품이다. 댄 브라운의 소설 『천사와 악마』 속에서 네 번째 추기경의 희생 장소를 알려주는 작품으로 성녀의 표정이나 몸짓이 너무 관능적이어서 당시에 교회 내부에서 많은 비난을 받았으나 대중들 사이에서 화제에 오르면서 성당에 많은 인파가 몰리기도 했다. 조각상 위의 금색 장식품이 마치 창문에서 쏟아지는 빛과 같은 효과를 나타내며 주변 발코니 조각 등 건축과 조각의 조화가 매우 뛰어나다.
주소 Via XX Settembre 17 **운영** 평일 09:00~12:00 · 15:30~18:00, 일요일 15:30~18:00 **미사 평일** 07:05 · 08:00 · 18:30, 일 · 공휴일 10:30 · 12:00 · 18:30 **가는 방법** 메트로 A선 Republica 역에서 도보 5분 Map p.118-B2

산타 마리아 델라 비토리아 성당

산 카를로 알레 콰트로 폰타네 성당
Chiesa di San Carlo alle Quattro Fontane 건축

산 카를로 알레 콰트로 폰타네 성당

베르니니와 더불어 바로크 건축의 양대 산맥을 이루는 보로미니가 설계한 성당이다. 구불구불한 정면 파사드가 드라마틱한 바로크의 특성을 그대로 보여주고 있다. 내부는 정갈하고 소박한 느낌이며 천장 돔의 올록볼록한 문양이 재미있다. 성당은 두 개의 도로가 교차하는 지점에 있으며 네 귀퉁이에 있는 분수들 때문에 이러한 이름이 붙었다.

주소 Via del Quirinale 23 **운영** 월~토 10:00~13:00 **휴무** 평일 오후, 일요일 **미사** 일 11:00 **가는 방법** 메트로 A선 Barberini 역에서 하차해 Via della Quatro Fontane 방향 출구로 나와 도보 3분
Map p.118-B2

다이아나(아르테미스) 여신의 분수

피렌체 아르노 강의 분수

로마 테베레 강의 분수

유노(헤라) 여신의 분수

바르베리니 광장 Piazza Barberini

로마 시내의 주요 도로들이 만나는 기점이면서도 조용하고 우아한 느낌을 주는 광장이다. 광장 중앙에 있는 베르니니의 트리톤 분수가 근사하다. 돌고래 4마리가 받치고 있는 조개 위에서 고동을 불고 있는 바다의 신 트리톤을 멋지게 표현한 이 분수는 교황 우르바누스 8세를 위해 만든 것으로 350년이 지난 지금도 힘찬 물줄기를 뿜어낸다. 광장에서 베네토 거리로 향하는 초입에 위치한 「벌의 분수」 또한 베르니니의 작품이다.

가는 방법 메트로 A선 Barberini 역에서 하차 Map p.118-B2

바르베리니 광장의 트리톤 분수

해골사원 Santa Maria della Concezione dei Cappuccini

로마의 우아한 거리 베네토 거리 초입에 있는 로마의 엽기 명소. 성당 앞에 있는 나무에 가려서 그냥 지나치기 쉬우며 음산한 기운이 감도는 곳이다. 겉으로 보기에 평범한 분위기의 성당인데 지하에 자리한 1528~1870년 사이에 사망한 4,000여 명 수도사들의 뼈로 장식한 지하 성당이 여행자의 흥미를 당긴다. 서늘하고 조용한 분위기 속에서 잠시 삶과 죽음에 대해 생각할 수 있는 시간이기도 하다.

주소 Via Vittorio Veneto 27 **홈페이지** www.cappucciniviaveneto.it **운영** 매일 10:00~19:00, 11/2 ~15:00, 12/24 · 31 ~14:30 **휴무** 1/1, 부활절(2025/4/20), 12/25 **요금** €8.50 **가는 방법** 메트로 A선 Barberini 역에서 하차, 바르베리니 광장에서 베네토 거리로 진입하여 언덕길을 조금 올라가면 보인다. Map p.118-B2

나무그늘에 가려져 으슥한 분위기를 풍기는 해골사원

바르베리니 궁전

라파엘로의 「라 포르나리나」

바르베리니 궁전 Palazzo Barberini 미술, 건축

바로크 양식으로 지은 대표적인 궁전으로 2층을 로마 국립 회화관으로 사용하고 있다. 건물은 교황 우르바누스 8세를 위해 지었다. 건축가 카를로 모데르노 Carlo Moderno가 설계를 시작해 그의 조카인 보로미니 Borromini가 창문과 위층 장식을 했고 그의 라이벌이었던 베르니니가 건물 뒤쪽으로 올라가는 계단을 만들었다. 또한, 건물 양옆에 자리한 2층으로 올라가는 나선형 계단을 각각 두 사람이 만들었는데 곡선으로 만들어진 계단은 보로미니가, 직선형으로 만들어진 계단은 베르니니가 만든 것이다. 필생의 라이벌 관계였던 두 사람이 한 공간에서 각자 대비되는 분위기의 계단을 만들어 낸 것이 이채롭다.

내부에는 13세기부터 17세기 사이에 그려진 라파엘로, 카라바조, 귀도 레니, 필리포 리피, 한스 홀바인 등의 작품이 전시되어 있다. 이 중 한스 홀바인의 「헨리 8세의 초상」과 라파엘로의 「라 포르나리나 La Fornarina」는 놓치지 말아야 할 작품. 특히 「라 포르나리나」는 라파엘로의 애인을 육감적으로 표현한 작품으로 경건하고 우아하게 여인을 표현했던 그의 작품과 달라 화제가 되기도 했다. 또한 스탕달 신드롬이 시작되었던 「베아트리체 첸치의 초상」(p. 138)도 이곳에 전시되어 있다.

주소 Via delle Quattro Fontane 13 **홈페이지** www.barberinicorsini.org **운영** 화~일 10:00~19:00 (매표소 마감 18:00) **휴무** 월요일, 1/1, 12/25 **입장료** €15, 로마패스 소지자 €6 **가는 방법** 메트로 A선 Barberini 역에서 하차 후 Via delle Quattro Fontane 따라 도보 3분 Map p.118-B2

산타 마리아 마조레 성당

산타 마리아 마조레 성당
Basilica Papale di Santa Maria Maggiore 건축

로마 4대 바실리카 중 한 곳으로 에스퀼리노 언덕 위에 우뚝 솟아 있다. 몇 차례에 걸친 개축 과정을 통해 13세기 초기 기독교 양식부터 로마네스크 양식의 종루, 바로크 양식의 실내 장식과 파사드 등 각 시대별 건축양식이 한데 어우러진 모습을 하고 있다. 325년 교황 리베리우스의 꿈에 나타난 성모 마리아가 눈이 내리는 곳에 성당을 지으라고 계시했고, 그해 8월에 실제로 눈이 내려 그곳에 성당을 지었다고 전해진다. 미켈란젤로가 설계한 예배당과 아메리카 대륙에서 가져온 황금으로 장식한 격자무늬의 천장화가 매우 화려하다. 이 성당에도 바티칸의 산 피에트로 대성당처럼 성스러운 문(또는 천국의 문)과 발다키노, 교황의 제단이 있고 그 아래 예수가 태어날 당시에 쓰였던 말구유가 유리 진열장에 보관되어 있다.

화려한 발다키노

주소 Piazza di Santa Maria Maggiore **홈페이지** www.basilicasantamariamaggiore.va **운영** 매일 07:00~19:00 **미사** 평일 07:00·08:00·09:00·10:00·11:00·12:00·18:00 일요일 07:00·08:00·09:00·10:00·12:00·18:00 **가는 방법** 테르미니 역에서 도보 5분 Map p.106-B1

쇠사슬의 성 베드로 성당
Basilica di San Pietro in Vincoli 미술

로마 제국의 황제 발레티아누스 3세의 부인 에우도시아가 교황 레오 1세로부터 기증받은 성 베드로의 쇠사슬을 보관하기 위해 5세기경에 세운 성당이다. 18세기에 개축해 지금의 모습을 하고 있다. 내부는 흰색으로 깔끔하고 우아하게 장식되어 있으며 성 베드로를 묶었다는 쇠사슬(빈콜리)은 성당의 중앙 대제대 밑에 보관되어 있다. 이곳을 찾는 또 하나의 이유인 미켈란젤로의 「모세」상은 1505년 교황 율리우스 2세의 영묘 작업 때 만들어진 것으로 모세의 머리 위에 달린 뿔은 히브리어 성서의 오역 때문에 생긴 것이다.

주소 Piazza di San Pietro in Vincoli 4a **전화** 06 488 28 65 **운영** 4~9월 매일 08:00~12:30 · 15:00~19:00, 10~3월 매일 08:00~12:30 · 15:00~18:00 **가는 방법** 메트로 B선 Colosseo 역에서 Vincoli 방향 출구로 나와 도보 5분 Map p.106-A1

미켈란젤로의 걸작「뿔 달린 모세」
성 베드로의 쇠사슬

스페인 광장 주변 지역

영화 〈로마의 휴일〉에 나온 트레비 분수와 쇼핑가인 콘도티 거리, 그밖에 골목골목의 상점들을 구경할 수 있는 곳이다. 포폴로 광장에서 핀치오 언덕을 오르면 푸른 숲과 잔디밭이 당신을 맞이한다. 잠시 산책을 즐기며 걷다보면 베르니니의 걸작품들이 가득한 보르게세 미술관과 만나게 된다.

트레비 분수 Fontana di Trevi 미술, 영화

로마에 다시 오고 싶다면 꼭 들러야 하는 곳. 이곳에서 동전을 던지면 로마에 다시 올 수 있다는 전설 때문에 늘 여행자들로 붐빈다. 1732년 공모전에 당선된 니콜라 살비의 작품으로 1762년에 완성되었다. 폴리 궁전의 벽면을 이용해 바로크 양식으로 조각된 분수다. 중앙에는 두 마리의 해마가 끄는 조개마차를 타고 있는 바다의 신 넵튠(포세이돈)이 있고 양쪽으로 반인반어인 트리톤 Trition(만화

트레비 분수

SAY! SAY! SAY!

트레비 분수에서 동전 던지는 법

트레비 분수에서 동전을 던질 때 오른손에 동전을 쥐고 왼쪽 어깨 너머로 동전을 던지며 소원을 빌어야 이루어진다고 합니다. 던지는 동전의 개수에 따라서 의미도 달라진다고 하는데요. 동전을 하나만 던지면 로마에 다시 올 수 있고, 두 개를 던지면 평생의 연인을 만날 수 있다고 전해집니다. 간절히 원하는 소원이 있다면 동전 세 개를 한꺼번에 던지세요. 동전 세 개를 던지면 이혼을 바라는 것이라고들 하는데 이것은 이탈리아의 국교가 이혼을 금지한 가톨릭이기 때문에 만들어진 이야기에요. 이렇게 전 세계에서 모여든 여행자들이 소원을 빌면서 던진 동전은 일정 기간을 두고 거둬들여 자선사업에 사용됩니다.

콜론나 광장

이제는 앉아서 쉴 수 없는 스페인 계단

포폴로 광장

〈인어공주〉의 주인공 에어리얼의 아버지)이 조화를 이루어 역동적인 모습으로 배치되어 있다. 무엇보다 놀라운 것은 이 조각을 한 개의 원석으로 만들었다는 사실! 트레비 분수의 야경은 매우 아름다워 로마 여행의 마무리 코스로도 적당하다.

가는 방법 베네치아 광장에서 Via Corso를 따라 걷다가 Via della Muratte로 들어가 도보 3분, 또는 스페인 광장에서 도보 10분, 또는 메트로 A선 Spagna 역이나 Barberini 역에서 도보 10분 Map p.118-A2

콜론나 광장 Piazza Colonna

코르소 거리를 걷다 보면 커다란 원기둥 콜론나 Colonna가 서 있는 광장이 나온다. 높이 42m의 이 기둥은 176년 로마 황제 마르쿠스 아우렐리우스의 승리를 기념하기 위해 세운 것으로 표면의 부조는 당시의 전투 모습이 새겨져 있다. 원주 꼭대기에 있는 동상은 사도 바오로의 동상이다. 이 광장에 이탈리아 축구 클럽 AS Roma의 기념품 숍이 있으니 축구팬이라면 들러보자.

가는 방법 베네치아 광장에서 Via Corso를 따라 도보 10분

Map p.118-A2

스페인 광장 Piazza di Spagna 영화

스페인 광장은 17세기 이곳에 스페인 대사관이 있었기에 붙여진 이름이다. 영화 〈로마의 휴일〉이 히트한 이후 이탈리아뿐만 아니라 전 세계 젊은이들의 사랑을 받는 광장이 되었다. 광장에 있는 137개의 계단은 광장의 이름을 따 '스페인 계단'이라고 부른다. 계단 맨 위쪽에는 성심회 소속의 삼위일체 성당 Trinita dei Monti이 있고, 계단에서 종종 유명 디자이너의 패션쇼가 열리곤 한다. 〈로마의 휴일〉에서는 오드리 헵번이 이 계단에서 젤라토를 먹는 장면이 나오지만 지금은 엄격히 금지되어 있고, 계단에 앉아 휴식을 취하는 것도 엄격히 금지되어 있다. 주의하자.

계단 밑에 있는 배 모양의 분수는 베르니니의 아버지인 피에트로 베르니니가 만든 「난파선의 분수 Fontana della Barcaccia」다. 홍수가 났을 때 이곳까지 떠내려온 배를 보고 만들었다고 한다. 이곳의 수압이 다른 곳의 분수들보다 낮아서 낮은 곳에 만들었으며, 위쪽에서 흘러나오는 물은 사람이, 아래쪽에서 흘러나오는 물은 동물이 마셨다고 한다. 이 광장에서 로마 최대의 쇼핑가 콘도티 거리가 시작된다.

가는 방법 메트로 A선 Spagna 역에서 하차 Map p.118-A2

포폴로 광장 Piazza Popolo

삼각형 도로인 트리덴트 Trident 꼭대기에 위치한 광장으로 1820년에 주세페 발라디에르가 완성했다. 광장 가운데 오벨리스크 앞에 서면 광장을 정점으로 시작되는 세 갈래의 큰 길이 보이고 가운데

길 끝은 베네치아 광장에 이르는 코르소 거리 Via del Corso다. 시력이 좋은 사람이라면 베네치아 광장 맞은편의 비토리오 에마누엘레 2세 기념관도 볼 수 있다. 이 광장의 오벨리스크는 아우구스투스 황제가 이집트에서 가져온 것이다. 광장 남쪽에는 쌍둥이 성당이 자리 잡고 있는데 오벨리스크를 중심으로 오른쪽이 산타 마리아 미라콜리 성당, 왼쪽이 산타 마리아 몬테산토 성당이다. 이 광장에서 18~19세기에는 사형수의 공개 처형이 이루어지기도 했다.
가는 방법 메트로 A선 Flaminio 역에서 하차, 또는 스페인 광장에서 Via del Corso나 Via del Babuino를 따라 도보 10분 **Map p.118-A1**

산타 마리아 델 포폴로 성당

산타 마리아 델 포폴로 성당
Chiesa di Santa Maria del Popolo 미술,영화

체라시 예배당의 카라바조의 작품들

포폴로 광장 북쪽에 자리 잡고 있는 성당으로 소박한 겉모습과 달리 내부는 로마에서 가장 많은 예술품을 소장하고 있다. 라파엘로의 최대 후원자였던 아고스티노 키지를 위해 만든 키지 예배당 Cappella Chigi에는 베르니니의 「하바쿡과 천사상 Abacuc e l'angelo」이 있다. 또한 체라시 예배당 Cappella Cerasi에는 카라바조의 「성 베드로의 순교 Crocifissione di san Pietro」와 「성 바오로의 개종 La Conversione di san Paolo」이 있다. 모두 놓치기 아까운 작품들이므로 꼭 감상해 보자. 제단 뒤쪽의 스테인드 글라스는 로마에서 가장 오래된 것으로 알려져 있다.
이 성당에서 가장 흥미로운 점은 지금의 성당이 들어서기 전에 네로 황제의 무덤이었다는 것이다. 성당 입구 맞은편 제단이 있는 곳의 벽면과 천장을 장식하는 금색의 부조들이 이 사실을 말해준다.
주소 Piazza del Popolo **운영** 2024년 11월까지 보수공사로 폐쇄 **가는 방법** 메트로 A선 Flaminio 역에서 포폴로 광장 출구로 나와 문을 통과하면 왼쪽에 있다. **Map p.118-A1**

사이프러스 나무만 무성한 아우구스투스 황제의 묘

아우구스투스 황제 영묘 Mausoleo di Augusto

무질서하게 솟아있는 사이프러스 나무와 잡초들 때문에 그냥 지나치기 쉬운 이곳은 로마의 초대 황제 아우구스투스와 그의 가족들의 무덤이다. 기원전 28년에 아우구스투스 자신과 후손들을 위해 만든 이곳은 지름 87m에 이르는 거대한 원통형 건물로 중세시대에 방치되며 도굴과 약탈의 대상이 되었다. 그 후 요새, 정원, 원형극장 등으로 사용되다 1930년대 주변 지역이 정비되며 리모델링을 시작해 70여년의 시간이 흐른 2021년 일반에 공개되었다. 시간당 25명이라는 한정된 인원만 감상할 수 있고 예약이 필수라 불편하겠지만 지금의 로마를 있게 해 준 주인공의 흔적을 따라갈 수 있는 의미 있는 시간이 될 것이다.
주소 Piazza Augusto Imperatore **홈페이지** www.mausoleodiaugusto.it (예약 필수) **운영** 화~일 3/27~4/21 09:00~17:00, 4/22~9/30 09:00~19:00, 10/1~14 09:00~18:00, 10/15~30 09:00~18:15,

©Turismoroma.it

10/31~3/ 26 09:00~16.00 (주변 광장 재개발 공사로 인해 운영시간 변동 가능, 방문 전 확인 요망) **입장료** €5, 로마패스 소지자 €4 **가는 방법** 메트로 A선 Flaminio 역에서 하차 후 Via di Ripetta를 따라 도보 10분, 또는 버스 716번을 타고 Petroselli에서 내리거나 버스 628번을 타고 Lgt Augusta/ Ara Pacis에서 하차 **Map p.118-A2**

아라 파치스 박물관

아라 파치스 박물관 Museo dell'Ara Pacis 미술

로마 시내와 어울릴 것 같지 않은 현대적인 건물. 기원전 13년 로마 원로회가 위탁해 4년 후 완공된 평화의 제단이 주 전시물이다. 평화의 제단은 아우구스투스 황제가 지중해 전역에 이룩한 평화를 축하하기 위해 만든 것이다. 제단을 둘러싸고 있는 대리석 울타리는 카라라 대리석으로 만들어졌으며 기원전 12년에 벌어진 행진이 부조로 조각되어 있다.

주소 Lungotevere in Augusta **홈페이지** www.arapacis.it **운영** 09:30~19:30, 12/24 · 31 09:30~14:00 **휴무** 1/1, 5/1, 12/25 **입장료** 일반 €11, 로마패스 소지자 €9 **가는 방법** 메트로 A선 Flaminio 역에서 하차해 포폴로 광장 출구로 나온다. 포폴로 광장에서 Via di Ripetta를 따라 도보 10분, 또는 버스 716번을 타고 Petroselli에서 내리거나 버스 628번을 타고 Lgt Augusta/ Ara Pacis에서 하차
Map p.118-A2

평화의 제단

보르게세 공원 Villa Borghese

17세기 보르게세 추기경 임명을 기념하여 조성한 호화스러운 개인 정원을 1902년 국유화한 것이다. 로마 시내에서 가장 큰 공원으로 총면적이 6㎢다. 보르게세 미술관, 로마 현대미술관, 외국학술원, 고고학학교, 동물원, 승마학교, 원형극장, 인공호수, 별장, 각종 조각상 등이 들어서 있으며, 공원을 거닐다 보면 바이런, 괴테, 빅토르 위고, 움베르토 1세 등의 조각상과도 만날 수 있다. 공원과 연결되어 있는 핀치오 언덕에서 내려다보는 포폴로 광장과 산 피에트로 성당의 쿠폴라가 매우 아름답다.

가는 방법 메트로 A선 Spagna 역에서 Villa Borghese 방향 출구로 나온다. 또는 메트로 A선 Flaminio 역에서 포폴로 광장 출구로 나가면 왼쪽 출구와 연결된다. **Map p.118-A1**

보르게세 공원

로마 국립 현대미술관 Galleria Nazionale d'Arte Moderna e Contemporanea 미술

이탈리아 근 · 현대 미술 작품들이 가득한 곳으로 웅장한 벨에포크 양식으로 되어 있다. 이탈리아 인상파 화가들, 모딜리아니 등 미래파 화가들의 그림과 함께 드가, 세잔, 칸딘스키, 클림트, 몬드리안, 헨리 무어 등의 작품들도 볼 수 있다. 일반 여행자들은 그냥 지나치

로마 현대미술관

ㅣ 쉽지만 베네치아의 페기 구겐하임 미술관 컬렉션(p.322)과 더불
ㅓ 현대 미술 애호가라면 방문해봐도 좋다. 미술관 내의 카페도 세
련되고 멋있다.
주소 Via Gramci 71 **홈페이지** lagallerianazionale.com **운영** 화~일 09:00~19:00(입장 마감 18:15) **휴무** 월요일, 1/1, 12/25 **입장료** 일반 €10, 로마패스 소지자 €5 **오디오 가이드** €5 **가는 방법** 메트로 A선 Flaminio 역에서 하차해 Viale Washington 따라 도보 5분. 피오코 광장, 파올리나 보르게세 광장을 지나 파르두시 광장에서 계단으로 내려가야 한다. 또는 트램 3 · 19번 타고 Galleria Arte Moderna 하차 Map p.118-A1

클림트의 「삼대의 여인 Le tre età della donna」

보르게세 미술관 Museo e Galleria Borghese 미술

1613년 시피오네 보르게세 추기경이 자신의 저택으로 지은 건물로 바로크와 신고전주의 양식이 혼합되어 있다. 교황의 영빈관으로 사용되기도 했던 이 건물은 추기경 사후 저택과 수집품을 정부가 구입해 미술관으로 개조, 일반에게 공개하고 있다. 규모가 크진 않지만 베르니니와 카라바죠의 명작들을 만나볼 수 있는 곳이다. 1층은 조각 작품들이 전시되어 있는데 바로크 시대의 조각가 베르니니의 걸작 〈아폴로와 다프네〉와 〈플루토와 페르세포네〉가 전시되어 있고 2층의 회화 갤러리에는 카라바죠, 라파엘로, 티치아노 등 이태리 화가들과 루벤스, 크라나흐 등의 다른 나라 화가들의 그림들이 소장되어 있으며 매우 높은 수준을 자랑한다. 전시되어 있는 각 작품들의 수준도 훌륭하지만 전시실 천정과 벽면의 프레스코화들도 놓치지 말자.
지하 뮤지엄숍에서 판매하는 가이드북은 미술관 내 각 방과 주요 작품들에 대한 설명을 담고 있으니 미술 애호가라면 한번 살펴보자 (자세한 안내는 별책 p.24 참조).
주소 Piazzale Scipione Borghese 5 **홈페이지** galleriaborghese.beniculturali.it **운영** 화~일 09:00~19:00(목 ~21:00) **휴무** 월요일, 1/1, 12/25 **입장료** €15(예약비 €2.00), 특별전시시 입장료 변동 가능 **예약 방법** QR 코드 참조. 예약하지 않으면 입장 불가. **가는 방법** 메트로 A선 Barbernini 역 하차 Veneto 거리 따라 10분 정도 걷거나, 메트로 A선 Spagna 역에서 Via Veneto 방향 지하보도 따라 출구로 나오면 핀치오 문을 통과해 도보 10분. 테르미니 역에서 버스 92 · 910번, 바르베리니 광장에서 버스 52 · 53 · 63 · 83번 타고 Pinciana / Museo Borghese에서 하차 후 길 건너 공원으로 들어와 도보 3분, 또는 바르베리니 광장에서 버스 61 · 160번, 포폴로 광장에서 61 · 89 · 160 · 490 · 495번 타고 S.Paolo del Brasile 하차 후 공원 안쪽 길 따라 도보 10분 Map p.118-A2

「플루토와 페르세포네」

화려한 전시실 내부

보르게세 미술관

보르게세 미술관 인터넷 예약하기

로마패스 소지자 보르게세 미술관 예약방법

나를 찾아보세요

예술가들은 대부분 작품 속에 자신의 서명을 넣음으로써 자신의 작품임을 표시하지요. 하지만 간혹 작품 속에 자신의 얼굴을 담는 작가들도 있으니 찾아보는 것도 쏠쏠한 재미가 될 거예요.

우리, 사랑하게 해 주세요! by 라파엘로

르네상스 시대 3대 천재 중 막내였던 라파엘로는 부유한 집안에서 자라난 꽃미남이었다고 합니다. 여자들에게 인기도 많았던 라파엘로의 평생의 연인은 창녀였다고 하지요. 집안과 주변인들의 극심한 반대 속에서도 라파엘로는 그녀에 대한 사랑을 놓지 않았고 그림 속에 자신의 사랑을 담았습니다.
바티칸 박물관 서명의 방 Stanza della Segnatura의 「아테네 학당」 속에 그들이 담겨 있습니다. 제일 앞부분 왼쪽에 그녀가, 그리고 오른쪽 끝에 라파엘로가 관람객들을 바라보고 있습니다. 마치 '우리 사랑하게 해 주세요!'라고 말하는 것처럼요. 이 그림 속 라파엘로의 그녀는 매우 미인으로 그려져 있죠. 그러나 다른 방 속에 그려져 있는 그녀는 매우 뚱뚱하고 못난 얼굴로 그려져 있습니다. 그녀와 그의 사랑을 반대하는 그의 제자들이 그렸다나요.

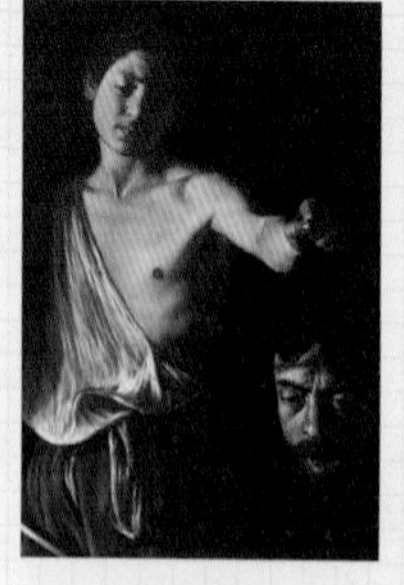

예술? 너무 힘들어... by 미켈란젤로

자신의 인생과 시스티나 성당을 바꾼 미켈란젤로. 미켈란젤로는 시스티나 성당을 장식하면서 자신의 모든 예술혼과 재능을 쏟아부었습니다. 시스티나 성당 천장화 작업 후 평생 몸에 장애를 얻었고 「최후의 심판」을 그린 후 그의 건강은 손쓸 수 없을 만큼 악화되었다고 하네요. 미켈란젤로는 이러한 자신의 마음을 「최후의 심판」 속에 표현했으니 바르톨로메오 성인이 들고 있는 몸가죽의 얼굴을 자신의 얼굴로 그려넣었습니다.

인생? 덧없어... by 베르니니

산 피에트로 성당 안 천개를 만들면서 온갖 욕을 다 먹었던 베르니니. 하지만 그는 대리석을 떡 주무르듯이 다룰 수 있는 천재적인 조각가였습니다. 일생을 바쳐 산 피에트로 성당을 건축한 후 쉬고 있던 그에게 교황 알렉산데르 7세는 자신의 석상을 만들어 달라는 부탁을 하지요. 노구를 이끌고 작업에 참여했던 그는 자신의 생을 되돌아보며 덧없음과 앞으로 다가올 죽음을 예견했습니다. 바로 교황의 상 밑에 보이는 해골과 모래시계가 그것입니다.

잘못했어요! by 카라바조

빛의 효과를 그 누구보다 적절히 사용해 그림을 그렸던 바로크 시대 화가 카라바조. 그는 그림에 훌륭한 재능을 가졌지만 소문난 말썽꾼이었다고 합니다. 술김에 시비가 붙었고 다툼 끝에 사람을 죽인 그는 형벌을 피해 나폴리로 도망을 갔습니다. 당시 이탈리아는 공국으로 나뉘어 있었기 때문에 나폴리로 피신하면 로마의 법망을 피할 수 있었기 때문이죠. 나폴리에서 반성의 나날을 보내던 그는 교황청으로 반성문을 보내게 되는데 이 그림이 보르게세 미술관에 전시되어 있는 「다윗과 골리앗」입니다. 다윗이 들고 있는 골리앗의 얼굴이 바로 카라바조 자신의 얼굴이라고 해요. 이 반성의 표현을 본 교황청은 그에게 사면령을 내리고 그는 로마로 돌아오기 위해 나폴리 항구에서 막 떠나려는 배를 잡아 탔습니다. 그러나 그 배는 침몰했고 카라바조는 비극적으로 생을 마감했습니다. 더 비극적인 사실은 그가 탔던 배는 로마행 배가 아니었다네요.

빌라 줄리아 박물관

Museo Nazionale Etrusco di Villa Giulia 미술

기원전 7세기경 로마를 지배했던 에트루리아인의 문화 수준을 엿볼 수 있는 박물관이다. 로마의 르네상스 양식으로 지은 건물 중 가장 아름다운 것으로 손꼽힌다. 율리우스 3세의 개인 별장이었으며 한때 병원으로 사용되기도 했던 건물이다.

가장 유명한 작품은 9전시실에 위치한 「사르코파고 부부 Sarcofago degli Sposi」. 사르코파고는 정교하게 조각된 고대 석관을 의미한다. 이 석관 위의 두 부부 상은 표정과 자세가 자연스러우며 비례감각과 함께 세련된 멋을 풍긴다.

주소 Piazzale di Villa Giulia 19 **홈페이지** www.museoetru.it **운영** 화~일 09:00~20:00 **휴무** 월요일, 1/1, 12/25 **입장료** 일반 €12, 로마패스 소지자 €4 **사진 촬영** 정원에서만 가능 **가는 방법** 메트로 A선 Flaminio 역에서 Via Flaminio 따라 도보 15분 Map p.118-A1

빌라 줄리아 박물관

프레스코화로 장식된 정원 복도

MAXXI 21세기 국립 박물관

MAXXI Museo nazionale delle arti del XXI secolo 건축, 미술

오래된 도시 로마에서 새로운 미술의 흐름을 느껴볼 수 있는 곳. 로마 시내와 바티칸에서 지난 역사의 영광과 예술을 만끽했다면 도시 외곽에 위치한 이곳에서 현대미술의 흐름을 느껴보자.

이 미술관은 로마뿐만 아니라 이탈리아 내에서 보기 힘든 대규모의 현대건축물로, 여성 최초로 건축계의 노벨상 프리츠커 Pritzker 건축상을 받은 자하 하디드 Zaha Hadid의 설계로 건설되었다.

박물관은 미술관과 건축관 두 파트로 나뉘며 하나의 건물처럼 보이지만 여러 개의 건물이 유기적으로 연결되어 있으며, 각각의 복도와 공간은 별도의 칸막이 없이 공간을 구분지어 전시 작품에 따라 공간 구성이 가능하게 했다. '사물을 담는 그릇이 아닌 예술을 위한 캠퍼스'로 설계했다는 이 건물은 자하 하디드의 건물 중 가장 최고라는 찬사를 받으며 그녀에게 2010년 영국 왕립 건축가협회에서 수여하는 스털링상을 안겨주었다.

상설 전시 컬렉션은 게르하르트 리히터 Gerhard Richter, 가브리엘 바실리코 Gabriele Basilico, 길버트 앤 조지 Gilbert & George, 마이클 래데커 Michael Raedecker의 작품뿐만 아니라 카를로 스카르파 Carlo Scarpa, 알도 로시 Aldo Rossi, 피에르 루이지 네르비 Pier Luigi Nervi 등의 건축 작품들이 전시되어 있으며, 수준 높은 현대 미술, 건축 관련 기획전도 상시 열린다.

주소 Via Guido Reni 4/A **홈페이지** www.maxxi.art **운영** 화~일 11:00~19:00 **휴무** 매주 월요일, 5/1, 12/25 **입장료** €15, 로마패스 소지자 €12 **가는 방법** 테르미니 역에서 버스 910번을 타고 FLAMINIA(RENI)에서 하차, 또는 포폴로 광장에서 트램 2번 타고 Apollodoro에서 하차 후 귀도 레니 거리 Via Guido Reni 따라 도보 2분 Map p.118-A1

MAXXI 21세기 국립 박물관

MAXXI는 21세기 미술을 뜻한다.

SAY! SAY! SAY!

이탈리아 성당의 종류

유럽, 특히 이탈리아를 여행하다 보면 수많은 성당들을 만나게 되죠. 그 성당들의 원어 이름을 살펴보면 바실리카 Basilica로 시작되는 곳이 있어요. Duomo 역시 성당을 나타내는 말로 자주 등장합니다. 그 밖에 Chiesa로 시작하는 곳들도 있습니다. 왜 성당들을 부르는 이름들이 이렇게 다 다를까요? 그건 성당에도 '급수'가 있기 때문입니다. 이들이 어떻게 다른지 알아볼까요?

바실리카 Basilica

Basilica는 고대 로마의 공공건축 양식에서 나온 말입니다. 건물 안 홀의 양쪽에 기둥들이 늘어서 있어 중앙 홀과 양 옆 회랑이 구분되는 양식의 건축물을 바실리카라고 불렀습니다. 현재는 로마 가톨릭과 그리스 정교회에서 교회법에 따라 역사가 아주 오래됐거나 위대한 성인, 중요한 역사적 사건 등과 관련되어 신앙의 중심지 역할을 하는 성당에 그 이름을 붙입니다. Basilica라는 이름이 붙은 성당은 교황 · 추기경 · 총대주교를 위해 대제단 Baldacchino(天蓋)을 보유할 수 있는 권리와 특별사면권이 있습니다. 로마에는 현재 4개의 대Basilica가 있는데, 대표적인 바티칸의 산 피에트로 대성당 Basilica di San Pietro 외에 산 조반니 인 라테라노 대성당 Basilica di San Giovanni in Laterano, 산타 마리아 마조레 대성당 Basilica di Santa Maria Maggiore, 산 파올로 대성당 Basilica di San Paolo Fuori le Mura 등이에요. 그 외 로마와 전 세계에는 수많은 소Basilica가 있어요.

두오모 Duomo

가장 친숙한 호칭이죠. 가톨릭에서는 교구라는 개념을 사용합니다. 교구는 주로 지역별로 구분되고 교구의 관할은 주교가 하게 되는데 Duomo는 각 교구의 중심성당이자 주교가 기거하는 성당입니다. 한국에서는 주교좌 성당이라고 부르지요.

Duomo란 단어는 라틴어로 '집'을 뜻하는 domus에서 왔습니다. 간혹 이것을 영어의 Dome과 혼동해서 Duomo에는 늘 둥근 지붕이 있다고 생각하는 경우가 많은데 이탈리아에서 그 둥근 지붕은 Cupola라고 부릅니다.

이탈리아의 Duomo는 갖추고 있는 요소가 있는데 그것은 바로 종탑과 세례당입니다. 피렌체의 두오모가 그 대표적인 예이지요. 화려한 피렌체의 두오모는 그 옆에 조토의 종탑을 거느리고 있고 맞은편에는 단아한 느낌의 산 조반니 세례당이 있습니다.

키에사 Chiesa

이러한 이름이 붙은 성당들은 동네성당이라고 생각하시면 쉽게 다가올 거예요. 가톨릭에서는 교구라는 개념을 사용하고 교구 안에 각 동네별로 성당이 하나씩 있어요. 이러한 동네 성당의 이름에 붙는 명칭이 Chiesa입니다.

한국에는 Basilica는 없고 Duomo는 있습니다. 다만 종탑과 세례당이 없을 뿐이죠. 서울의 명동성당과 각 지방 교구의 주교좌 성당이 그것이지요. Chiesa는 각 동네 이름을 딴 성당들을 생각하시면 됩니다.

나보나 광장과 판테온 주변

고대 로마 시대부터 바로크 시대 사이에 지어진 멋진 건축물들을 둘러볼 수 있는 지역. 건물만 멋진 것이 아니다. 그 건물 안을 장식하고 있는 조각상과 그림들도 걸작이 많으니 빼놓지 말 것!

나보나 광장 Piazza Navona 미술, 영화, 건축

도미티아누스 황제의 운동 경기장 터에 조성된 광장으로 '치르코 아고날레 Circo Agonale'라고도 부른다. 차량 통행 금지 구역이라 로마 시내에서 드물게 여유로운 기분이 드는 곳이다.

광장에는 3개의 분수가 있는데 북쪽 분수는 데라 포르타의 작품인 네투노의 분수 Fontana di Nettuno이고 남쪽의 모로 분수 Fontana dei Moro는 베르니니의 작품으로 '무어인의 분수'라고도 한다.

오벨리스크를 받치고 있는 가운데의 분수가 가장 유명한 4개 강의 분수 Fontane dei Quattro Fiumi로 역시 베르니니의 작품이다. 아프리카의 나일 강, 인도(아시아) 대륙의 갠지스 강, 남미의 라 플라타 강(아르헨티나와 우루과이 사이에 흐르는 강), 유럽의 도나우 강(다뉴브 강)을 각각 네 명의 신의 모습으로 형상화한 분수다.

나보나 광장

이 분수의 맞은편에 위치한 산타그네세 인 아고네 성당 Chiesa di Sant'Agnese in Agone을 설계한 건축가는 베르니니와 라이벌 관계에 있던 당대 최고의 건축가 보로미니. 기독교 박해 중 처녀성을 간직하고 신앙을 지키던 아그네세(아네스) 성녀가 처형된 자리에 지어진 성당이다. 바로크 양식의 전형에 충실하면서 보로미니의 장기인 구불구불한 형태로 지어진 이 성당과 베르니니의 분수에 얽힌 재미있는 이야기가 있다.

베르니니는 라이벌 보로미니가 만든 이 성당 파사드가 너무나 마음에 들지 않아 분수에 조각되어 있는 4명의 신 중 2명이 이 성당을 외면하게 만들었다고 한다. 성당을 등지고 서서 분수를 바라보면 앞면 왼쪽에서 성당을 향해 손을 내밀고 있는 신이 라 플라타 강을 형상화한 신으로 성당이 언제 무너질지 몰라서 손으로 막고 있는 모습이라고 한다. 그 뒤편에 머리에 수건을 뒤집어쓰고 눈을 가리고 있는 신은 나일 강의 신으로 성당을 차마 볼 수 없어 외면하고 있는 모습이라고 한다. 그리고 성당 꼭대기에는 성녀가 한 손을 들어 그들을 진정시키는 듯한 모습을 하고 있다. 그러나 이 이야기는 호사가들이 만들어낸 것으로 베르니니의 4대 강의 분수는 성당 파사드가 완성되기 2년 전에 만들어졌다.

광장 주변에는 분위기 좋은 노천카페들이 여행자들을 유혹하며, 곳곳에 걸려있는 화가들의 그림과 거리 예술가들의 퍼포먼스로 늘 생동감이 넘친다. 또한 광장 주변을 에워싸고 있는 작은 골목 사이에는 개성 있는 빈티지 상품들을 판매하는 숍들과 저녁시간을 흥겹게 즐길 수 있는 펍, 바 등이 있다.

로마를 배경으로 한 영화 중 이곳에서 촬영되지 않은 영화가 없을

4대 강의 분수

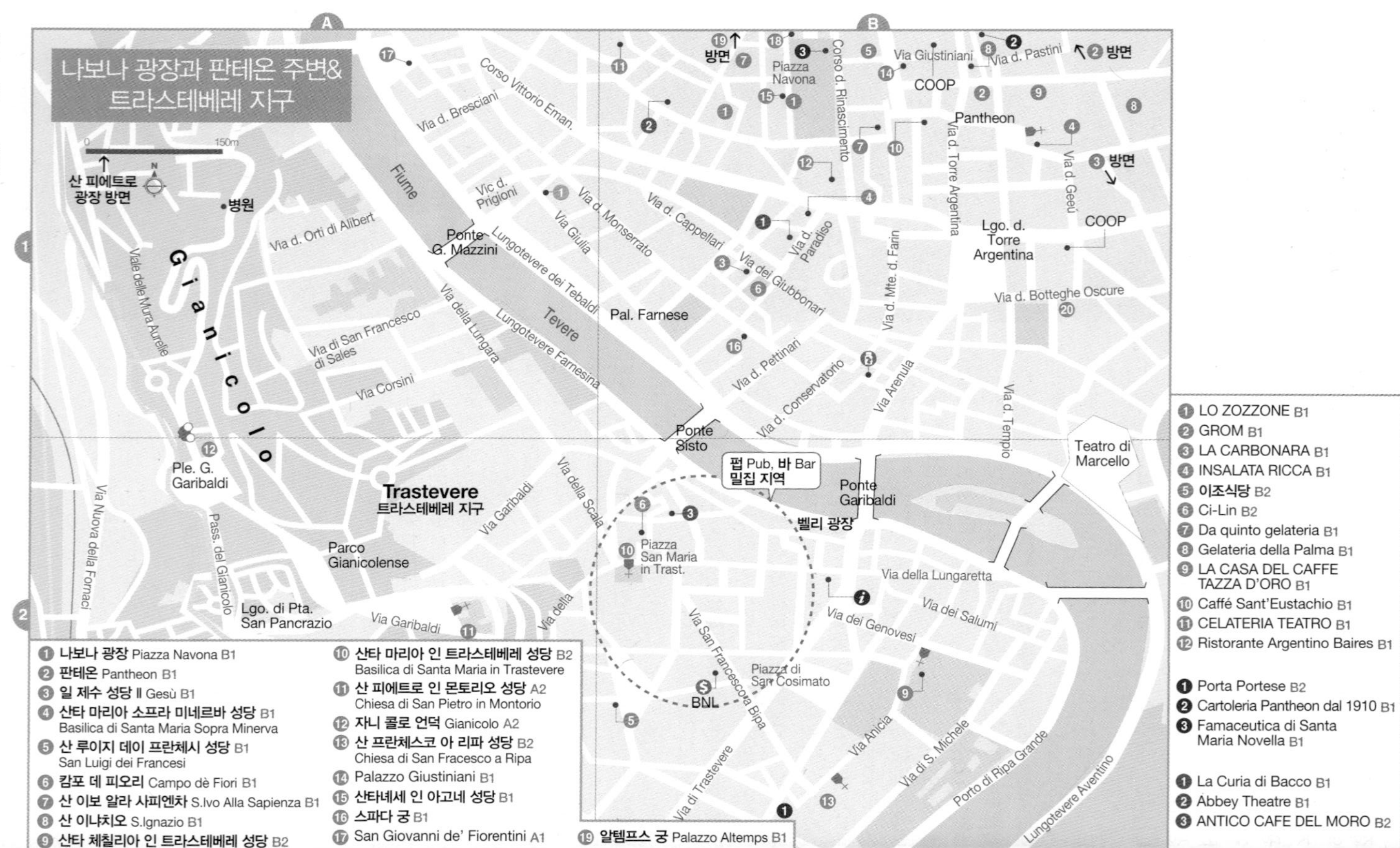

나보나 광장과 판테온 주변&
트라스테베레 지구
0 150m
산 피에트로 광장 방면
병원
Gianicolo
Viale delle Mura Aurelie
Via d. Orti di Alibert
Via di San Francesco di Sales
Via Corsini
Ple. G. Garibaldi
Via Nuova della Fornaci
Pass. del Gianicolo
Lgo. di Pta. San Pancrazio
Parco Gianicolense
Trastevere
트라스테베레 지구
Via Garibaldi
Via della Scala
Via della
Via della Lungara
Lungotevere Farnesina
Tevere
Fiume
Ponte G. Mazzini
Lungotevere dei Tebaldi
Vic d. Prigioni
Via d. Bresciani
Corso Vittorio Eman.
Via Giulia
Via d. Monserrato
Via d. Cappellari
Via dei Giubbonari
Via d. Paradiso
Pal. Farnese
Via d. Pettinari
Via d. Conservatorio
Ponte Sisto
펍 Pub, 바 Bar
밀집 지역
벨리 광장
Ponte Garibaldi
Piazza San Maria in Trast.
Via San Francesco a Ripa
Piazza di San Cosimato
BNL
Via di Trastevere
Via Anicia
Via di S. Michele
Porto di Ripa Grande
Lungotevere Aventino
Via dei Genovesi
Via dei Salumi
Via della Lungaretta
Teatro di Marcello
Via d. Tempio
Via Arenula
Via d. Mte. d. Farin
Via d. Botteghe Oscure
Lgo. d. Torre Argentina
Via d. Torre Argentina
COOP
Via d. Geeú
Pantheon
Via Giustiniani
Via d. Pastini
Piazza Navona
Corso d. Rinascimento
19 방면
2 방면
3 방면
1 나보나 광장 Piazza Navona B1
2 판테온 Pantheon B1
3 일 제수 성당 Il Gesù B1
4 산타 마리아 소프라 미네르바 성당 B1 Basilica di Santa Maria Sopra Minerva
5 산 루이지 데이 프란체시 성당 B1 San Luigi dei Francesi
6 캄포 데 피오리 Campo dè Fiori B1
7 산 이보 알라 사피엔차 S.Ivo Alla Sapienza B1
8 산 이냐치오 S.Ignazio B1
9 산타 체칠리아 인 트라스테베레 성당 B2
10 산타 마리아 인 트라스테베레 성당 B2 Basilica di Santa Maria in Trastevere
11 산 피에트로 인 몬토리오 성당 A2 Chiesa di San Pietro in Montorio
12 자니 콜로 언덕 Gianicolo A2
13 산 프란체스코 아 리파 성당 B2 Chiesa di San Fracesco a Ripa
14 Palazzo Giustiniani B1
15 산타녜세 인 아고네 성당 B1
16 스파다 궁 B1
17 San Giovanni de' Fiorentini A1
19 알템프스 궁 Palazzo Altemps B1
1 LO ZOZZONE B1
2 GROM B1
3 LA CARBONARA B1
4 INSALATA RICCA B1
5 이조식당 B2
6 Ci-Lin B2
7 Da quinto gelateria B1
8 Gelateria della Palma B1
9 LA CASA DEL CAFFE TAZZA D'ORO B1
10 Caffé Sant'Eustachio B1
11 CELATERIA TEATRO B1
12 Ristorante Argentino Baires B1
1 Porta Portese B2
2 Cartoleria Pantheon dal 1910 B1
3 Famaceutica di Santa Maria Novella B1
1 La Curia di Bacco B1
2 Abbey Theatre B1
3 ANTICO CAFE DEL MORO B2

정도로 아름답고 여유로운 풍경을 자랑하는 이 광장은 물소리, 음악 소리와 함께 잠시 피곤한 다리를 쉬게 해주기 좋다. 물소리가 춥게 느껴질 12월이면 로마의 전통적인 겨울 축제 에피파니아가 열려 광장은 반짝반짝 빛나는 크리스마스 장식품들로 가득 찬다.

가는 방법 테르미니 역에서 버스 40 · 64번을 타고 Corso Vittorio Emanuelle II : Navona 하차 후 버스 진행 반대 방향으로 걷다가 동상 있는 광장에서 오른쪽 길 Via della Cuccagna로 들어가 도보 5분

Map p.132-B1

모로 분수

성당이 무너질까 두려워하는 라 플라타 강의 신

Travel Plus ∞ 도미티아누스 황제의 운동 경기장 Stadio di Domiziano

나보나 광장에 있었던 도미티아누스 황제의 운동 경기장의 모습이 궁금하다면 광장 북쪽 끝에 위치한 발굴 장소로 가보자. 부분마다 남아있는 경기장의 아치, 선수들이 입장했던 문, 통로의 계단들이 전시되어 있으며, 곳곳에서 상영되는 영상이 이전의 모습을 상상하게 한다. 고대 유적과 함께 살아온 이탈리아를 다시 한번 느끼게 해주는 곳 중 하나다.

주소 Via di Tor Sanguigna 3 **홈페이지** www.stadiodomiziano.com **운영** 10:00~19:00 **입장료** €9(오디오 가이드 포함)

Map p.132-B1

고대 로마 건축의 결정체인 판테온

채광과 환기를 담당하고 있는 판테온 돔의 구멍

금방이라도 살아 움직일 것 같은 프레스코화

일 제수 성당 외부

판테온 Pantheon 건축, 영화

앞에 섰을 때 경건한 마음으로 옷깃을 여미게 하는 건물. 고대 로마의 영광을 대변해주는 기념비적인 건물로 거의 원형을 유지하고 있는 유일한 고대 로마 시대의 건축물이다. 미켈란젤로가 '천사의 설계'라 극찬한 판테온은 콘크리트 구조에 벽돌을 덧댄 원형 평면 건물로, 직경 43.2m의 반원형 돔은 그 어떤 기둥도 없이 지지되고 있다. 콘크리트로 만든 이 지붕을 받치고 있는 벽이 유일한 지지대. 수치적으로 완벽한 구의 형태인 이 건물을 재현해보려는 시도가 있었으나 현대 건축기술로도 풀기 어려운 과제라고 판명된 후 포기했다고 한다. 판테온은 그리스어로 '모든 신들에게 바치는 신전'이라는 뜻이며 기원전 27년 집정관이던 아그리파가 지은 건물이다. 기원전 80년 대화재로 파괴된 것을 125년에 재건했으며, 기독교 공인 이후 609년 성당으로 바뀌어 '순교자들의 성모 마리아 성당 Chiesa Santa Maria dei Martiri'이 되었다.
입구는 코린트 양식의 기둥 16개가 지붕을 받치고 있으며 지붕 정면을 장식하고 있던 청동은 산 피에트로 대성당 발다키노의 재료로 쓰여 지금은 뜯겨진 자국만 남아 있다. 내부로 들어가면 천장에는 지름 9m의 구멍이 뚫려 있는데 이 구멍이 채광과 환기창 구실을 하고 있다.
현재 판테온은 비토리오 에마누엘레 2세, 움베르토 1세와 라파엘로의 납골당으로 쓰이고 있다. 성모 마리아 조각 아래에 있는 라파엘로의 무덤은 소설 『천사와 악마』에서 사건의 실마리를 찾아가는 시작점이기도 하다.
주소 Piazza della Rotonda **홈페이지** www.pantheonroma.com (예약은 www.museiitaliani.it에서 'Pantheon' 검색) **운영** 매일 09:00~19:00 (입장 마감 18:30) **휴무** 1/1, 12/25 **입장료** €5 **가는 방법** 버스 40 · 64번을 타고 Largo di Torre Argentina에서 하차 후 도보 5분
Map p.132-B1

일 제수 성당 Il Gesù 미술

로마 최초의 예수회 성당으로 1554년 미켈란젤로가 설계한 것을 1568년에 비뇰라가 이어받아 1684년에 완성했다. 정면에 있는 파사드는 바로크 시대에 지은 다른 성당들의 모델이 되었으며 내부는 모든 기독교인들의 통합을 바라며 기둥 하나 없이 탁 트인 구조로 만들었다. 천장의 프레스코화는 살아 움직이는 듯한 역동적인 느낌을 주는 17세기 후반 바로크 양식의 최대 걸작으로 평가받는다.
주소 Piazza del Gesù **홈페이지** www.chiesadelgesu.org **운영** 10~6월 월~토 07:30~12:30 · 16:30~19:30(토 ~20:00), 일 07:45~13:00 · 16:30~20:00, 7~9월 월~토 07:30~12:00 · 17:00~19:30(토 ~20:00), 일 07:45~12:30 · 17:00~20:00 **가는 방법** 버스 64번을 타고 베네치아 광장이나 Largo di Torre Argentina에서 하차
Map p.132-B1

산타 마리아 소프라 미네르바 성당
Basilica di Santa Maria Sopra Minerva 미술

고대 로마의 여신 미네르바 Minerva 신전 위에 세워진 성당으로 13세기에 건립되었다. 소프라 sopra는 '~위에'라는 뜻이다. 로마 유일의 고딕 양식 성당으로 중앙제단 아래에 있는 대리석 관에는 시에나의 성녀 카타리나의 유체가 안치되어 있다. 성당 앞 광장에 서 있는 오벨리스크는 기원전 6세기경에 만든 것이며 이 오벨리스크를 이고 있는 「코끼리」 상은 베르니니의 수제자 페라타 Ferrata의 작품이다. 내부의 푸른색 천장 장식이 인상적이며 성당 안의 필리피노 리피의 프레스코화와 제단 옆 조각상 「십자가를 쥔 그리스도」는 놓치지 말 것. 미켈란젤로의 잘 알려지지 않은 또 하나의 걸작품이다.

주소 Piazza della Minerva 42 **운영** 월~금 08:00~20:00, 토 · 일 10:30~13:00 · 14:00~19:30 **가는 방법** 판테온을 마주보고 왼쪽 골목으로 진입해 도보 2분 Map p.132-B1

산타 마리아 소프라 미네르바 성당

산 루이지 데이 프란체시 성당
San Luigi dei Francesi 미술

과거 로마 주재 프랑스 대사관이었으며 현재는 프랑스 국립 가톨릭 성당으로 쓰이고 있다. 외관은 평범해 보이지만 카라바조를 세상에 알린 종교화가 소장되어 있는 성당이다. 중앙제단 왼쪽에 있는 「성 마태오의 간택」, 「성 마태오의 순교」, 「성 마태오와 천사」 이 3점의 그림이 바로 그것이다. 세리였던 마태오가 예수의 제자로 간택돼 성서를 집필하고, 마침내 순교하는 모습을 삼분하여 그린 것이다. 빛의 효과를 적절히 사용해 그림의 효과를 극대화한 카라바조의 화풍이 특히 돋보이는 그림이다.

주소 Piazza San Luigi dei Francesi 3 **운영** 월~금 09:30~12:45 · 14:30~18:30, 토 09:30~12:15 · 14:30~18:30, 일 11:30~12:45 · 14:30~18:30 **가는 방법** 판테온 앞 분수대 맞은편의 왼쪽 코너에 위치한 은행 Bonca del Lavoro를 끼고 왼쪽 길인 Via Giustiniani를 따라 도보 2분 Map p.132-B1

산 루이지 데이 프란체시 성당

카라바조의 「성 마태오의 간택」

캄포 데 피오리 Campo dè Fiori

'꽃밭'이라는 이름을 가진 광장으로 주변에 분위기 좋은 식당과 바 등이 많이 있다. 오전 7시부터 오후 2시까지 신선한 채소와 생선 등을 파는 식료품 시장이 들어서면 분위기가 활기차다. 로마 사람들이 즐겨 찾는 시장이기도 하다. 그러나 이 광장은 예전에 화형장으로 쓰이던 시절도 있었으며 광장 중앙에 서 있는 동상은 1600년 이곳에서 이단죄로 화형에 처해진 조르다노 부르노 상이다.

가는 방법 나보나 광장에서 Corso Rinascimento로 나와 Corso Vittorio Emanuele II를 건너 맞은편의 성당 오른쪽 골목으로 도보 3분 Map p.132-B1

캄포 데이 피오리 광장

트라스테베레 지구

자니콜로 언덕에서 테베레 강까지 펼쳐져 있는 지역으로 고대 에트루리아인의 마을이 있던 곳이다. 작은 골목들 사이에 유서 깊은 성당이 자리 잡고 있으며 아담하고 친절한 피체리아 · 트라토리아 · 클럽, 펍 등 밤 문화를 즐길 수 있는 곳이 많아 현지인과 여행자 모두에게 인기가 좋다.

산타 체칠리아 인 트라스테베레 성당

산타 체칠리아 인 트라스테베레 성당
Basilica Santa Cecilia in Trastevere

건물의 입구를 통해 들어가면 정원이 있고 그 정원 너머 성당이 자리하고 있는 구조가 특이하다. 3세기에 순교한 성녀 체칠리아의 남편 발레리아누스의 저택 자리에 세운 성당으로 지하에는 성녀 체칠리아의 석관이 있다. 성녀 체칠리아는 귀족 신분으로 기독교 박해 시절 목욕탕에서 쪄죽이는 형벌을 당했으나 24시간이 지나도 죽지 않아 참수형에 처해졌다. 제단 아래쪽에 위치한 스테파노 마데르노의 산타 체칠리아 상은 산 칼리스토 카타콤베에서 성녀의 시체가 상처 없이 발견되었을 때의 모습을 조각해 놓은 것이다. 그녀는 음악의 수호성인으로 오늘날 많은 성가대의 이름이 체칠리아 성가대이거나 로마 국립 음악원의 이름이 산타 체칠리아 음악원인 것도 여기에 기인한다.

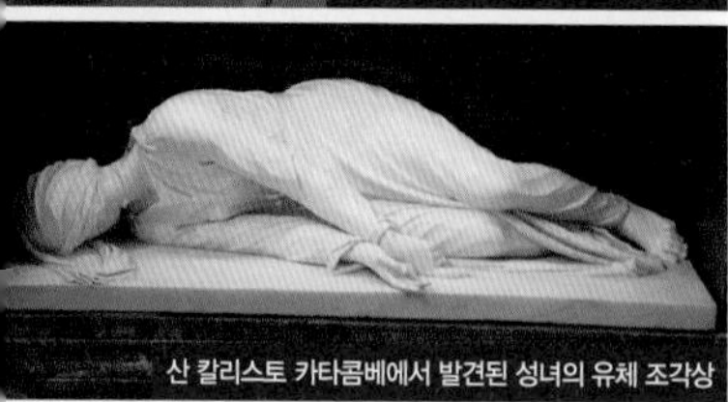

산 칼리스토 카타콤베에서 발견된 성녀의 유체 조각상

주소 Piazza di Santa Cecilia **운영** 월~토 10:00~12:30 · 16:00~18:00, 일 11:30~12:30 · 16:00~18:00 **가는 방법** 테르미니 역에서 버스 H 번 타고 테베레강 건너 Sonnino/S. Gallicano 하차, ⓘ 지나 걷다 길 건너 Via Giulio Cesare Santin 따라 8분 정도 걷다 서점 있는 골목 안쪽. 또는 Largo Argentina에서 트램 8번 타고 테베레강 건너 두 번째 정류장 Trastevere (Mastai)하차, 뒤돌아 걷다 두 번째 코너로 들어와 Via Giulio Cesare Santin 따라 8분 정도 걷다 서점 있는 골목 안쪽. Map p.132-B2

산타 마리아 인 트라스테베레 성당

산타 마리아 인 트라스테베레 성당
Basilica di Santa Maria in Trastevere

221년부터 건축을 시작한 성당으로 성모 마리아를 위해 지어진 로마 최초의 성당이다. 현재 건물은 1130년부터 재건한 것이다. 전설에 따르면 예수가 태어나던 날 기름이 뿜어져 나온 자리에 세운 것이라고 한다. 로마네스크 양식을 채택했지만 비잔틴 예술의 영향을 많이 받았다. 창이나 성단의 아치를 장식하고 있는 모자이크는 카발리니의 걸작이고 광장의 분수는 1569년 베르니니가 만든 것이다.

주소 Piazza Santa Maria in Trastevere **홈페이지** www.

santamaria intrastevere.it **운영** 매일 07:30~21:00 (금 09:00~, 토 · 일 ~20:00), **휴무** 8월 13:00~15:30, **미사** 평일 08:30 · 17:00, 일 · 공휴일 09:30 · 11:00 · 17:30 · 19.00 **가는 방법** 베네치아 광장에서 버스 H번 타고 가리발디 다리 건너 벨리 광장 Piazza Belli 하차 후 ⓘ가 있는 Via della Lungaretta를 따라 도보 3분

Map p.132-B2

산 피에트로 인 몬토리오 성당

산 피에트로 인 몬토리오 성당
Chiesa di San Pietro in Montorio 건축

브라만테의 작품 템피에토

성 베드로가 십자가에 거꾸로 매달려 처형된 것을 기리기 위해 세운 성당이다. 단순한 외부만 보고 그냥 지나치기 쉬운데, 내부는 르네상스 시대의 뛰어난 예술가들의 작품으로 가득하다. 또한 이곳에는 르네상스 건축의 걸작이 자리하고 있는데 성당 옆에 자리한 템피에토 Tempietto가 그것. 성 베드로가 십자가에 매달렸던 바로 그 자리에 세워진 건물로 브라만테의 작품이다. 작은 사원이라는 뜻을 가진 이 건물은 로마에 세워진 최초의 르네상스식 건물이다. 계단 위에 세워진 둥근 건물 위에 돔을 얹고 있는 형태는 훗날 성당 돔 건축의 모델이 되었다. 템피에토 관람 안내는 성당 오른쪽에 자리한 스페인 왕립 문화원 Accademia Di Spagna에 문의하자.

주소 Piazza San Pietro in Montorio 2 **홈페이지** www.sanpietroinmontorio.it **운영 성당** 월~금 08:30~12:00 · 15:00~16:00, 토 · 일 · 공휴일 08:30~12:00, **템피에토** 화~일 10:00~18:00 **가는 방법** 산타 마리아 인 트라스테베레 성당 옆길 Via d. Paglia를 따라 가다 만나는 계단 올라가서 길을 건넌 후 다시 오르막길을 따라 도보 10분

Map p.132-A2

자니콜로 언덕 Gianicolo 뷰포인트

가리발디 장군이 지키고 있는 자니콜로 언덕

자니콜로 언덕에서 바라본 로마 시내

해발 88m의 남북으로 길게 늘어진 언덕으로 트라스테베레 서쪽에 있다. 언덕의 중앙에 있는 가리발디 광장에 서면 로마 시내가 한눈에 들어온다. 광장에는 가리발디 장군의 동상이 있다. 주위에는 회전목마도 있어 로마 시민들의 가족 나들이 장소로 사랑받고 있다. 언덕 기슭에는 르네상스 양식의 파르네시나 별장 Villa Farnesina이 있는데 라파엘로의 「갈라테아」 등 많은 그림과 프레스코화가 전시되어 있다.

가는 방법 산 피에트로 인 몬토리오 성당에서 오르막길로 도보 10분, 또는 버스 115 · 870번을 타고 Piazzale Garibaldi에서 하차

Map p.132-A2

소박한 산 프란체스코 아 리파 성당

베르니니의「루도비카 알베르토니」

산 프란체스코 아 리파 성당

Chiesa di San Francesco a Ripa 

아담하고 차분한 모습을 가진 베네딕투스 수도회 성당으로 조용한 주택가에 자리하고 있다. 중앙제단 왼편에 위치한「루도비카 알베르토니 Beata Ludobica Albertoni」조각이 최대 볼거리로 베르니니의 작품이다. 황홀경에 빠진 복녀(교황청에 의해 성인품에 오르기 직전 받는 품계로 모범적인 신앙의 증거자들)의 얼굴 표정과 금방이라도 흘러내릴 듯한 옷자락의 표현이 베르니니의 천재성을 다시 한 번 느끼게 한다. 이 성당은 13세기 성 프란체스코가 로마를 방문했을 때 머물렀던 곳으로 그가 베개 삼아 베고 잤던 돌이 아직도 남아 있다.

주소 Piazza di San Francesco d'Assisi **홈페이지** www.santrancescoaripa.it **운영** 07:30~12:30 · 16:00~19:30 **미사** 평일 18:30, 일 · 공휴일 09:00 · 18:30 **가는 방법** 베네치아 광장에서 버스 75번을 타고 가리발디 다리를 건너 Piazza Belli에서 하차, 길 건너 버스가 오는 방향으로 걷다가 Banco di Sicilia에 있는 골목 Via di San Francesco a Ripa를 따라 도보 5분 Map p.132-B2

SAY! SAY! SAY!

비극적인 삶을 살다간 그녀, 베아트리체 첸치 Beatrice Cenci

우리나라에 전해오는 옛이야기 중에는 억울하게 죽은 원혼이 자신이 죽은 날, 죽은 장소에 나타나는 장면들이 있습니다. 로마에도 그러한 전설의 주인공이 있었습니다. 지금 보시는 아름다운 초상화의 여인 베아트리체 첸치가 바로 그 주인공입니다.

베아트리체 첸치는 로마의 부유한 귀족 가문에서 태어났습니다. 아버지 프란체스코 첸치는 매우 폭력적인 사람이었는데, 그녀의 새어머니인 루크레치아와 친오빠 자코모, 이복동생인 베르나르도에게 폭력을 일삼았고 베아트리체를 성폭행하기도 했습니다.

가족들은 아버지를 고발했지만 그가 교황청과 친분이 두터웠기 때문에 처벌 받지 않았어요. 오히려 그는 베아트리체와 가족들을 자신의 별장에 감금시킵니다. 참다 못해 가족들은 하인들과 짜고 프란체스코를 유인, 둔기로 가격해 죽입니다. 그리고 그가 실족사한 것처럼 보이도록 시체를 발코니에서 정원으로 던져버립니다.

「베아트리체 첸치의 초상화 Ritratto di Beatrice Cenci」, 바르베리니 궁전

그의 악행을 알면서도 교황청에서는 조사를 시작했고(그 가문의 재산을 탐냈다는 뒷이야기도 있습니다) 결국 그들은 모두 살인 혐의로 체포되어 유죄 판결을 받게 됩니다. 로마 시민들은 재판 결과에 거세게 항의하지만 1599년 9월 11일 나이 어린 이복동생 베르나르도를 제외한 세 사람은 로마 시민이 가득 모인 천사의 다리 위에서 사형당합니다. 그녀는 산 피에트로 인 몬토리오 성당에 매장되었고 로마 시민들은 그녀를 귀족에 대한 저항의 상징으로 삼았다고 합니다.

억울한 죽음을 당한 베아트리체는 그 후 매년 자신의 처형일 전날인 9월 10일 밤이면 자신의 잘린 목을 들고 천사의 다리 부근을 배회했다고 전해집니다.

그림을 보면 어떤 마음이 드시나요? 그녀가 살인자라고, 비극적인 삶을 살았다고 생각되시나요? 사형대로 오르기 직전 그녀의 모습을 그렸다는 이 그림은 여러 가지 이야기를 갖고 있습니다. 불행하고 힘들었던 그녀의 삶처럼 말이죠.

바티칸 시국

모든 길의 중심이었던 도시 로마 속에 자리한 세계에서 가장 작은 나라. 신과 인간이 어우러져 사는 도시로 전 세계 가톨릭의 중심이며 가톨릭 신도들의 정신적 구심점인 교황이 기거하는 곳이다. 바티칸은 가톨릭 신자라면 한 번쯤은 방문해야 할 최고의 성지 聖地이며 신자가 아니라도 로마를 방문한 여행자 역시 한 번쯤은 이곳에 들르게 될 것이다. 특히 부활절, 크리스마스 시기에는 발 디디기도 힘들다. 모든 미술사의 흐름을 만끽할 수 있는 바티칸 박물관을 관람할 예정이라면 개관 시간에 맞춰서 가야 한다. 조금만 늦어도 대기 시간은 금세 1시간 이상으로 늘어나기 때문. 피곤하고 인내심을 시험당하는 시간이겠지만 충분히 즐겨라. 위대한 바로크의 영광의 정점으로 당대 최고의 예술가들의 땀과 혼이 가득한 이곳에서 당신이 받게 될 감동이 모든 것을 보상해 줄 것이다.

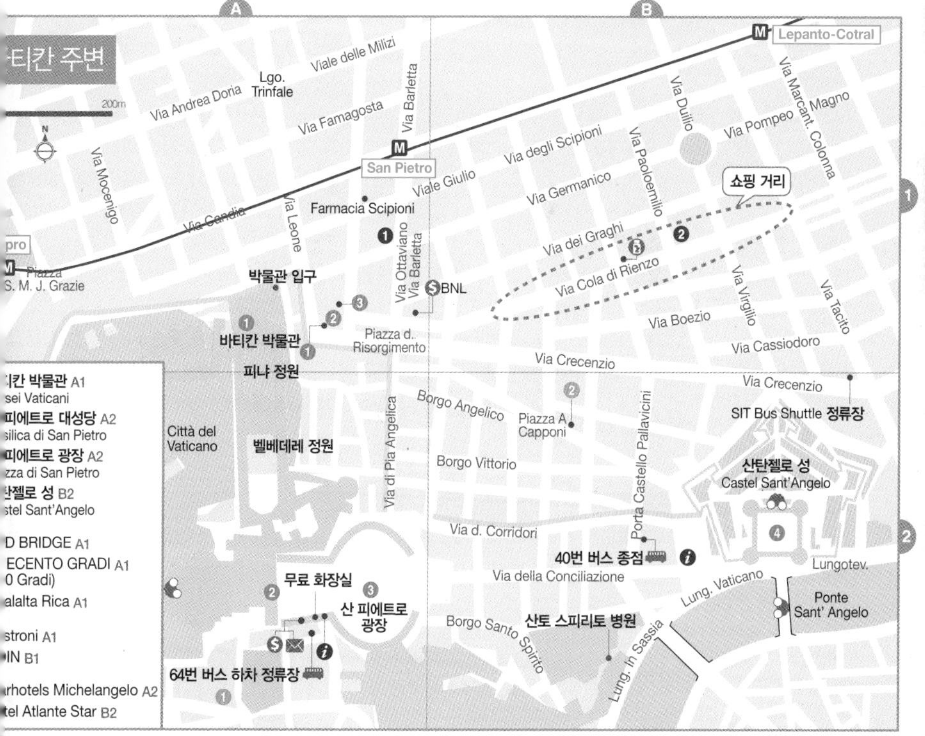

바티칸 시국
완전 정복

가는 방법

메트로 A선 Ottaviano 역에서 Vatican 출구로 나온 뒤, Via Ottaviano를 따라 3분 정도 걸으면 리소르지멘토 광장 Piazza Risorgimento이 나오고 건너편에 높은 담장이 보인다. 이곳이 바티칸 시국과 로마의 경계다. 박물관을 먼저 관람할 여행자라면 이 담장을 따라 오른쪽으로 가자. 바티칸 박물관의 입구가 나올 것이다. 산 피에트로 광장과 산 피에트로 대성당만 관람할 여행자라면 Via Ottaviano를 따라 그대로 직진한다. 광장을 둘러싸고 있는 열주에 도착하면 여행자들이 보안검색을 받기 위한 줄이 보일 것이다.

또는 버스 40번을 타고 종점에서 내린다. 뒤돌아서 나와 콘칠리아치오네 거리 Via Conciliazione를 따라가면 산 피에트로 광장이 나온다. 이곳에 줄 서 있는 여행자들을 따라가면 산 피에트로 대성당으로 들어가기 위한 보안검색대가 보일 것이다.

64번 버스를 탔다면 테베레 강을 건너서 터널을 지나 바로 내린다. 내려서 만나는 담을 따라 온 방향의 반대로 가다보면 산 피에트로 광장이 보인다.

바티칸 효율적으로 돌아다니기

바티칸은 크게 바티칸 박물관, 산 피에트로 대성당, 산 피에트로 광장으로 나눌 수 있다. 전체를 여행한다면 하루 정도는 투자해야 한다. 박물관을 관람할 예정이라면 늦어도 08:30에는 박물관에 도착하는 것이 좋다. 조금만 늦어도 대기 시간이 확 늘어난다.

최근 티켓을 인터넷으로 예약할 수 있게 되었으나 성수기에는 티켓을 구하는 것이 만만치 않다. 부지런히 준비해 일찍 도착하는 것이 최선이다.

박물관에 관심이 없는 여행자라면 산 피에트로 대성당과 산 피에트로 광장을 둘러본 후 산탄젤로 성을 거쳐 나보나 광장 쪽으로 이동하거나 자니콜로 언덕을 오른 후 트라스테베레 지역을 여행하는 것도 좋다. 쿠폴라를 먼저 오를 경우에는 산 피에트로 대성당의 오른쪽 앞 계단으로 올라간 후 바로 우회전하자. 쿠폴라 Cupola 방향 표시를 따라서 성당의 오른쪽으로 걷다 보면 쿠폴라 입구와 매표소가 나온다.

주의할 점

1 맨발에 슬리퍼, 소매가 없는 옷, 무릎 위로 올라가는 짧은 치마나 반바지 차림으로는 산 피에트로 대성당에 입장할 수 없다. 조금 덥더라도 복장을 갖춰 입고 관람에 나서자.

2 바티칸 주변에는 집시와 불법 노점상들이 다른 로마 시내에 비해 많이 보인다. 줄을 서며 일행과 수다 떨다 털리는 여행자들이 생각보다 많으므로 주의하자. 수많은 여행자들 사이에서 소매치기를 하고 유유히 사라지는 그들이 놀랍기도 하다.

3 산 피에트로 광장 주변의 레스토랑들은 가격이 비싸고 자칫 바가지를 쓰기 쉬우니 주의하자. €10가 채 안 되는 파스타 한 접시를 먹고 자릿세, 포크, 나이프, 접시, 물컵 사용료까지 추가해 €100가 넘는 금액을 지불했다는 어느 여행자의 이야기가 전설처럼 전해져 오는 곳이기도 하다.

Travel Plus ● 교황 알현하기

매주 수요일 오전 9시 30분에 산 피에트로 광장에서는 교황의 일반 알현이 진행된다. 이날 오전 산 피에트로 광장으로 향하는 메트로나 버스는 러시아워를 방불케 하는 인파로 북적이니 소매치기에 특별히 유의해야 한다. 산 피에트로 광장에서 멀리서나마 교황을 만나고 싶다면 2시간 전에는 출발하는 것이 좋다. 산 피에트로 광장으로 모든 인파가 몰리면서 바티칸 박물관 입장 대기 줄은 조금 한갓지지만, 성당으로 들어가는 줄은 매우 길어진다. 여행 계획을 세울 때 꼭 참고하자.

바티칸 박물관 Musei Vaticani 미술

18세기 후반 역대 로마 교황의 궁전인 바티칸 궁을 개조해 일반에 공개했다. 런던의 영국박물관, 파리의 루브르 박물관과 더불어 세계 3대 박물관에 꼽힌다.
16세기 초 교황 율리우스 2세가 바티칸을 세계적인 권위의 중심으로 만들기 위해 수많은 예술가를 로마로 불러들여 그들에게 궁전의 건축과 장식을 맡겨 오늘날 바티칸 박물관의 기초를 다졌다. 그후 600년에 걸쳐 전 세계의 명작을 수집해 현재의 모습을 갖추었다. 한자리에서 고대 그리스, 로마, 이집트의 예술품에서부터 현대미술 작품까지 감상할 수 있는 유일한 박물관이다.
박물관의 규모나 전시품에 비해 개관 시간이 다른 박물관들에 비해 상대적으로 짧고 대기 시간도 길어 관람 전에 무엇을 볼 것인지 숙지하고 가는 것이 좋다.

주소 Viale Vaticano 100 **홈페이지** www.museivaticani.va **운영** 월~토 09:00~19:00(입장 마감 17:00), 3~10월 금 · 토 09:00~20:00 추가 개관(입장 마감 18:00), 매월 마지막 주 일 09:00~14:00(입장 마감 12:30) **휴무** 일요일(매월 마지막 주 제외), 1/1, 1/6, 2/11, 3/19, 부활절(2025/4/20), 부활절 다음 월요일(2025/4/21), 5/1, 6/29, 8/14, 8/15, 11/1, 12/8, 12/25, 12/26 **입장료** 일반 €20, 학생 €8(매달 마지막 주 일요일 무료) **오디오 가이드** €7 Map p.139-A1
※성수기 기나긴 줄서기를 피하고 싶다면 홈페이지에서 예약하자. 예약비 €5. 자세한 안내 QR 참조.

바티칸 미술관 인터넷 예약하기

왼쪽은 미켈란젤로, 오른쪽은 라파엘로

주세페 모모의 나선형 계단

• 놓치지 말아야 할 작품
시스티나 성당의 프레스코화들, 벨베데레 정원의 「라오콘」, 「아폴로」 이루지 못한 사랑의 아픔을 간직한 라파엘로와 평생의 그녀

• 효율적으로 둘러보기
1. 입구로 들어가면 보안검색대가 나온다. 부피가 큰 백팩은 로커에 맡겨야 하므로 최대한 가볍게 가는 것이 좋다. 포크, 칼 등 뾰족한 물건과 카메라 삼각대, 장우산도 반입 금지 품목이다. 접이 우산으로 준비하자.
2. 짐 검색대를 통과한 후 마주치는 계단을 오르면 매표소와 만난다. 국제학생증 소지자 매표 창구는 따로 있다.
3. 티켓을 구입하고 나면 메트로 개찰구와 유사한 형태의 기계에 티켓을 넣고 통과한 후 에스컬레이터에 오른다.
4. 에스컬레이터 끝에 야트막한 계단이 보이는데 이곳부터 본격적인 박물관 관람이 시작된다. 왼쪽으로 나가면 솔방울의 정원, 오른쪽으로 가면 피나코테카(회화관)다.

관람 동선 피나코테카 → 피냐의 정원 → 벨베데레의 정원 → 동물의 방 → 뮤즈 여신의 방 → 원형 전시관 → 그리스 십자가형 전시관 → 아라치의 회랑 → 지도의 회랑 → 라파엘로의 방 → 시스티나 성당

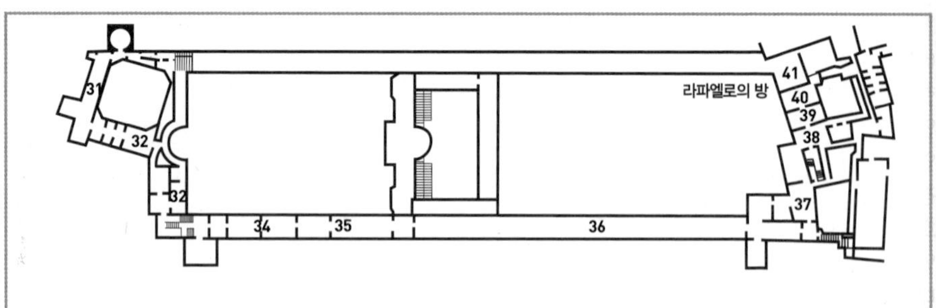

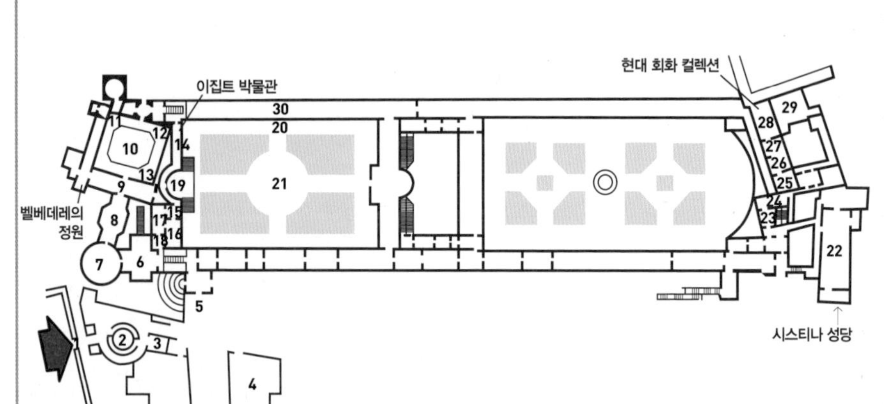

1 입구
2 주세페 모모의 나선형 계단
3 짐 보관소
4 회화관 Pinacoteca
5 식당
6 그리스 십자가형 전시관
7 원형 전시관
8 뮤즈 여신의 방
9 동물의 방
10 벨베데레의 정원
11「페르세우스」
12「아폴론」
13「라오콘」
14~18 이집트 박물관
19 청동 솔방울
20 피냐 정원
21「천체 안의 천체」
22 시스티나 성당
23~29 현대 회화 컬렉션
30 키아라몬티 뮤지엄
31~33 에트루리아 박물관
34 촛대의 방
35 아라치의 회랑
36 지도의 회랑
37 소비에스키의 방
38 보르고 화재의 방
39 서명의 방
40 엘리오도로의 방
41 콘스탄티누스의 방

피냐 정원에서 가이드 설명을 듣는 여행자들

아르날도 포모도로의「천체 안의 천체」

피나코테카 Pinacoteca

비오 6세 시대부터 수집된 미술품을 전시하기 위해 1931년에 건축한 미술관이다. 16개의 전시실에 중세부터 19세기 사이의 회화들이 연대순으로 전시되어 있어 종교미술의 변천사를 한눈에 살펴볼 수 있다. 납작하고 답답해 보이는 중세시대의 패널화부터 화사한 색감의 프레스코화를 거쳐 뚜렷한 입체가 드러나는 르네상스 시대의 회화와 극적인 표현이 극대화된 바로크 시대의 그림들이 전시되어 있다.

대표작으로는 조토의 제단화와 라파엘로의 「예수 그리스도의 변모」, 「성모 대관 Incoronazione della Vergine」, 「폴리뇨의 성모 La Madonna di Foligno」, 레오나르도 다 빈치의 미완성 작품인 「성 제롤라모 San Girolamo」, 카라바조의 「십자가에서 내리심 Deposizione nel Sepolcro」 등이 있다.

피나코테카는 회화관을 뜻한다.

라파엘로의 「예수 그리스도의 변모 La Transfigurazione」

라파엘로 최고의 걸작으로 평가받는 작품으로 그의 사후에 발견되어 장례식장을 장식했다. 다른 화가의 작품이나 모방하며 자신의 화풍을 제대로 만들지 못했다고 비난 받았던 라파엘로 자신의 신앙 고백이라고 여겨지는 작품이다. 마태오 복음서 17장의 내용을 그렸는데, 예수 그리스도가 제자들과 함께 수난 직전 게세마니 동산에서 기도하다 모세와 엘리야 예언자를 만나면서 앞으로 자신에게 다가올 고난 뒤의 영광을 미리 예고하는 모습을 묘사하고 있다. 예수 그리스도가 위치한 평온한 분위기의 상단과 혼란스러운 분위기의 하단이 대비되어 신의 아들인 예수 그리스도의 신비함과 존엄함이 더욱 극대화됐다. 상단과 하단의 명암의 차이와 사용된 색채, 그리고 인물들의 역동적인 자세 등으로 인해 바로크의 씨앗이 된 그림으로 평가받고 있다.

이 그림 양 옆에 전시되어 있는 작품도 라파엘로의 것인데, 오른쪽이 「성모 대관」(1502~1503), 왼쪽이 「폴리뇨의 성모」(1511~1512)다. 각 그림에서 점점 독창성을 찾아가는 라파엘로의 화풍의 변화를 느껴볼 수 있다.

라파엘로의 「예수 그리스도의 변모」

카라바조의 「십자가에서 내리심 Deposizione nel Sepolcro」

현실적이고 사실적이며 극적인 표현을 추구했던 바로크 회화의 거장 카라바조의 작품. 십자가에서 죽음을 맞이한 예수 그리스도의 시신을 거두는 장면을 묘사하고 있다.

인물들이 전체적으로 만들어내는 대각선 구도와 개성 있는 포즈, 섬세한 근육과 피부 주름의 표현 등이 매우 사실적이다. 그러나 예수 그리스도의 상체를 안고 있는 요셉, 다리를 들고 있는 니고데모의 모습이 힘겨워 보이고 인간적으로 보인다는 이유로 비난의 대상이 되었던 작품이다.

카라바조의 작품들은 대체적으로 성인을 성스럽게 묘사하지 않고 주변 인물과 별 차이 없이 표현하고 있다. 작가가 갖고 있는 자신감과 신념이 그대로 보이는 작품 중 하나.

카라바조의 「십자가에서 내리심」

피냐 정원의 상징인 솔방울

피냐 정원 Cortile della Pigna

브라만테가 설계한 정원이다. 중앙 벽감 내에 있는 높이 4m의 솔방울 조각에 연유하여 '솔방울 정원'이라고도 불린다. 많은 단체 여행자들이 패널 앞에 모여 설명을 듣는 장소다. 솔방울은 공기를 정화하는 작용을 하는데 예전에 교황청을 방문하는 이들이 이 솔방울 앞에서 죄를 씻어내고 자신을 정화시키라는 의미에서 만들어진 것이라고 한다. 정원 한복판에 있는 지구 모형은 바티칸에 소장되어 있는 작품 중 유일한 현대 조형물로 아르날도 포모도로의 1990년 작 「천체 안의 천체 Sfera con Sfera」다.

벨베데레의 정원 Cortile del Belvedere

15세기에 브라만테가 교황 인토켄티우스 8세를 위해 지은 별장의 중심부로, 정원의 모양이 팔각형이어서 '팔각형의 안뜰'이라고도 부른다. 작은 면적이긴 하나 이 안에는 바티칸 박물관의 조각품 중 가장 중요한 작품들이 전시되어 있다. 벨베데레는 전망대라는 뜻. 이곳에 소장된 작품들만큼이나 이곳 창에서 바라보는 로마 시내 또한 멋지다.

「라오콘」

「라오콘」

트로이 신화를 바탕으로 만들어진 헬레니즘 시대 최고의 걸작. 1506년 에스퀼리노 언덕에서 발견되었다. 트로이 전쟁 당시 신의 경고를 무시하고 트로이의 목마를 들이지 말라고 경고한 라오콘이 아테나 여신이 보낸 커다란 두 마리의 뱀에 물려 두 아들과 함께 죽어가는 모습을 실감 나게 묘사하고 있는 작품이다. 고통스러워하는 라오콘의 얼굴 표정과 뱀에게서 벗어나고자 하는 근육의 묘사가 매우 생생하게 표현되어 있다. 라오콘 상 앞의 사진은 발견 당시 팔이 없는 라오콘을 상상에 의거해 팔을 붙였던 모습이다. 이후 팔이 발견되어 지금의 모습으로 남게 되었다고 한다.

완벽한 비율을 자랑하는 「아폴론」

「아폴론」

인체의 완벽한 비율을 보여주는 작품으로 기원전 4세기에 만들어진 청동상의 모작품이다. 팔이 잘려진 상태로 발견되었는데 왼손에는 활을 들고 있고, 오른손으로는 등에 메고 있는 화살통에서 화살을 꺼내려는 모습을 묘사하고 있다고 추정된다.

「메두사의 머리를 들고 있는 페르세우스」

안토니오 카노바가 만들었으며 신고전주의 시대 작품의 진수 중 하나라고 칭해지는 작품. 늘어지는 옷자락과 메두사 머리카락의 묘사가 섬세하다.

동물의 방 Sala degli Animali

2세기의 작품인 황소를 죽이는 미트라스 신상이 가장 큰 볼거리. 바닥의 섬세한 모자이크 역시 놀라운 수준이다.

「메두사의 머리를 들고 있는 페르세우스」

뮤즈 여신의 방 Sala delle Muse

뮤즈란 그리스 신화에 등장하는 학예, 음악, 무용, 시가 등을 관장하는 신들을 말한다. 이 방에는 뮤즈와 그들의 보살핌을 받은 그리스 시대의 유명 문호인 소포클레스, 소크라테스, 호메로스 등의 조각상이 전시되어 있다.

「토르소」

토르소란 목, 팔, 다리 등이 없는 인체의 조각품을 말한다. 기원전 1세기경의 작품으로 강한 근육의 표현이 역동적이다. 미켈란젤로는 이 작품을 보고 '가장 완벽한 인체의 표현'이라 칭했으며, 이후 시스티나 성당의 「최후의 심판」을 그릴 때 성 바르톨로메오의 몸으로 그렸다. 학자들은 이 조각을 '헤라클레스' 또는 그리스의 영웅 '아이아스'라고 추정하고 있다.

「토르소」

원형 전시관과 그리스 십자가형 전시관 Sala Rotonda & Sala a Croce Greca

이곳은 로마의 신상을 모아 놓은 방이다. 방 한가운데는 도무스 아우레아에서 출토된 지름 13m의 네로 황제의 욕조가 놓여 있다. 실내에는 판테온과 유사한 형태의 고대 조각상들이 전시되어 있으며 바닥 모자이크가 매우 섬세하다.

네 부분의 길이가 같은 그리스 십자가형 전시관에는 콘스탄티누스 황제의 어머니인 헬레나 성녀와 황제의 딸인 콘스탄티나의 석관이 있다.

섬세한 로마시대 모자이크

아라치의 회랑 Gelleria degli Arazzi

그리스 십자가형 전시관과 연결된 계단을 올라가면 라파엘로의 방과 시스티나 소성당으로 가는 복도가 나온다. 복도를 따라 앞으로 가면 양쪽 벽에 대형 카펫이 걸린 곳이 나오는데 이곳이 아라치의 회랑이다.

회랑 한쪽에는 예수의 일생이, 다른 한쪽에는 우르바누스 8세의 일화를 수놓은 태피스트리(카펫)가 걸려 있다. 이렇게 조명이 어두운 것은 태피티스트리의 변색을 방지하기 위한 것이다.

지도의 회랑 Galleria delle Carte Geografiche

어둑한 아라치의 회랑을 벗어나면 눈을 뗄 수 없을 만큼 아름다운 금빛 천장이 눈에 들어올 것이다. 회랑에 들어서면서부터 천장을 향해 카메라를 들이대는 여행자로 늘 정체 현상이 나타난다. 사실 이 회랑의 주인공들은 천장이 아니라 벽면에 프레스코화로 그려져 있는 지도들이다. 지금의 이탈리아 모습과 별반 다를 것이 없는 지도들이 그저 감탄을 자아내게 할 뿐이다. 1480~1585년 사이에 이탈리아 내에서 중요한 위치를 차지했던 도시와 주요 성당을 갖고 있는 도시들이 지도에 표시되어 있다. 이곳의 지도들을 살펴보노라면 이탈리아와 우리나라는 매우 유사한 지형을 갖고 있다는 것을 알 수 있다.

황금빛으로 빛나는 지도의 회랑 천장

「성 베드로의 해방」

라파엘로의 방 Stanze di Raffaello

1503년 율리우스 2세가 라파엘로에게 의뢰해 꾸민 공관의 방이다. 서명의 방, 엘리오도로의 방, 콘스탄티누스의 방, 보르고 화재의 방 등 네 개로 이루어져 있다.

콘스탄티누스의 방 Stanza di Costantino

교황 클레멘스 7세 때 라파엘로의 제자들이 완성한 방이다. 이교도에 대한 기독교의 승리를 주제로 한 작품들이 전시되어 있다. 특히 「밀비오 다리 전투 La Bottaglia di Ponte Milvio」는 312년 콘스탄티누스 황제가 밀비오 다리 전투에서 정적인 막센티우스를 물리치는 전투 장면을 묘사한 것이다. 이 전투 이후 콘스탄티누스 황제는 밀라노 칙령을 발표하며 기독교를 공인했다. 밀비오 다리는 로마에서 가장 오래된 다리로 포폴로 광장 북쪽에 남아 있다.

보르고 화재의 방 Stanza dell' Incendio di Borgo

874년 교황 레오 4세 때 산 피에트로 대성당 근처의 보르고에서 일어난 대화재를 신앙의 힘으로 진압한 일을 찬양하는 그림이 있다.

엘리오도로의 방 Stanza di Eliodoro

외국 군대를 물리친 율리우스 2세의 행적을 찬양하는 내용들로 꾸며진 방. 「불세나의 미사」는 빵과 포도주가 그리스도의 살과 피라는 사실에 의심을 품고 있던 한 신부가 1263년 미사 도중 성찬식의 빵에서 피가 흐르는 것을 목격하게 되는 기적을 소재로 한 그림이다.
「성 베드로의 해방」은 감옥에 갇힌 베드로를 천사가 깨워 밖으로 인도하는 내용으로 빛에 의한 명암 처리가 돋보이는 작품이다. 이 그림 속 베드로의 얼굴이 교황 율리우스 2세의 얼굴인 걸 보면 당시 교황의 권세가 어느 정도였는지를 짐작할 수 있다.

「아테네 학당」

서명의 방 Stanza della Segnatura

라파엘로의 4개의 방 중 가장 유명한 작품들이 모여 있어 여행자들로 붐비는 곳이다. 1508~1511년에 완성된 방으로 4개의 테마를 나타내고 있다. 「전례에 관한 논쟁」은 이론에 대한 우의를, 「아테네 학당」은 철학에 대해서, 「파르나스 산의 정경」은 시에 대해서, 나머지 한 장면은 정의에 대한 우의를 표현한다.
가장 잘 알려진 작품인 「아테네 학당」은 원근감이 돋보이는 작품이다. 바실리카를 배경으로 고대 그리스 철학자와 과학자들의 모습이 그려져 있다. 가운데 두 사람 중 손가락으로 하늘을 가리키는 사람이 레오나르도 다빈치를 모델로 한 플라톤❶이며 이상주의를 대표한다. 그 옆에서 손바닥을 아래로 하고 있는 인물은 아리스토텔레스❷로 합리론을 대표한다. 맨 앞에 턱을 괴고 생각에 잠겨 있는 인물은 미켈란젤로를 모델로 해서 그린 헤라클레이토스❸다. 그 외 피타고라스, 유클리드 등 수학자들과 철학자들이 저마다의 표지로 그려져 있다. 많은 인물을 그려 넣었지만 번잡해 보이지 않는 화면 구성과 색채감이 이 그림의 특징이다. 이루지 못한 사랑의 아픔을 가진 라파엘로와 그의 애인이 관객들을 바라보며 자신들의 사랑을 응원해달라는 무언의 메시지를 보내고 있다.

시스티나 성당 Capella Sistina

1473~1484년 교황 식스투스 4세가 니콜라우스 3세 시대의 성당 자리에 다시 지은 성당이다. 길이 40.93m, 폭 13.41m, 높이 20.73m의 작은 규모이지만 오늘날 바티칸의 가장 중요한 여행명소이자 교황을 선출하는 콘클라베 Conclave 장소다. 사방 벽면을 가득 메운 프레스코화 속의 등장인물 수와 그림을 감상하고 있는 여행자의 수까지 합친다면 바티칸 내에서 단일 면적당 가장 많은 사람들로 붐비는 곳이라 해도 과언이 아닐 것이다.

성당 벽면의 프레스코화들은 모두 기를란디요, 페루지노, 보티첼리 등 르네상스 시대의 거장들이 맡아 그렸다. 오른쪽 벽면에는 모세의 일생이, 왼쪽 벽면에는 그리스도의 일생이 그려져 있으며 창 옆에는 이전 시기의 주요 교황의 초상이 그려져 있다.

교황 율리우스 2세는 브라만테에게 비어 있는 천장과 제단 뒤 벽면의 장식을 맡겼으나 그는 미켈란젤로를 추천했다. 그 이유는 미켈란젤로의 천재성은 인정하나 그가 이 방 전체를 꾸미는 것, 특히 천장화는 불가능할 것이라고 생각했고 미켈란젤로가 실패하면 자신의 제자인 라파엘로의 입지가 더욱 단단해질 것이라 생각했기 때문이다. 마침 미켈란젤로는 율리우스 2세의 영묘 작업 중이었고 교황은 자신의 영묘 작업에 비난이 쏟아지자 그 일을 중단시키고 대신 이 성당 작업을 미켈란젤로에게 맡겼다.

미켈란젤로는 이에 응하면서 작품이 완성되기 전까지는 교황이나 어떤 사람의 출입도 금한다는 약속을 받은 후 홀로 1508년부터 작업을 진행했다. 작업 도중 교황과 마찰을 빚어 잠시 피렌체로 돌아가기도 했으나 교황의 회유로 다시 돌아와 작업에 매진했으며, 1512년 드디어 완성한 그림이 바로 「천지창조」다. 그러나 미켈란젤로는 이 그림을 완성한 이후, 천장화라는 작업조건과 프레스코화의 특성 때문에 건강이 급격히 나빠지면서 장애를 얻었다.

1541년 완성된 「최후의 심판」은 미켈란젤로가 교황 바오로 3세에게 위임받아 제작한 프레스코화다. 미켈란젤로가 60세가 넘어 그린 이 그림은 이전 회화 속 성인의 상징, 성서의 일화, 단테의 신곡을 인용하면서 미켈란젤로의 비극적 상상력을 더해 구성했다.

그 시절 최고의 화가들이 그린 성당 양옆 벽면의 그림들은 미켈란젤로가 천장화를 그리기 시작할 때 그것을 보고 기가 죽었다는 일화가 전해져올 만큼 훌륭한 작품들이었다. 그러나 현재는 미켈란젤

SAY! SAY! SAY!

교황 선거 콘클라베 Conclave

교황 선거 콘클라베는 '자물쇠로 잠근다'는 뜻으로, 외부와 격리된 채 행해지는 교황 선거를 이르는 말입니다. 교황 선거는 80세 미만의 전 세계 추기경들이 한 자리에 모여 시스티나 성당에서 진행됩니다. 교황이 서거한 후 또는 사임한 후 15일 안에 열리며 철저한 비밀투표로 진행되는데 오전과 오후 두 번 3분의 2 이상의 찬성표를 얻을 때까지 계속 진행됩니다. 한 번의 투표가 끝나면 투표 용지는 소각되는데 이때 외부로 검은 연기가 올라가면 미결, 흰 연기가 올라가면 새 교황이 탄생했다는 뜻입니다. 콘클라베를 통해 선출된 교황은 죽을때까지 직분을 유지하는 종신제로 운영되나 사임할 수도 있습니다. 가장 최근의 콘클라베는 2013년 3월 12일에 열렸으며 이 콘클라베에서 제266대 교황 프란체스코 1세가 선출되었습니다.

로의 작품 때문에 다른 그림들이 눈에 들어오지 않을 정도다. 「천지창조」와 「최후의 심판」은 미켈란젤로의 일생과 바꾼 그의 인생이었고, 그의 전부였던 것이다. 이 두 그림을 포함한 성당 안에 있는 모든 그림은 프레스코화로 소음과 진동에 치명적이다. 따라서 성당 내에서는 정숙을 요하며 사진 촬영도 엄격히 금지되고 있다. 촬영하다 적발 시 바로 퇴장 조치되므로 주의하자.

「시스티나 성당 천장화 Soffitto della Cappella Sistina」
시스티나 성당 천장 800㎡를 가득 채우고 있는 위대한 프레스코화. 중앙에는 천지창조의 에피소드와 노아의 이야기가 그려져 있고 가장자리를 둘러싸고 있는 사각형의 공간에는 이스라엘의 예언자들이 묘사돼 있다. 삼각형의 공간에는 예수 그리스도의 선조들이 그려져 있으며 모서리 네 귀퉁이에는 이스라엘 민족의 구원의 신화가 그려져 있다. 한마디로 구약 성서의 주요 내용이 집대성되어 있고 주요 인물들이 등장하는 종합선물세트와 같은 그림이다.

중앙에 그려져 있는 그림 중 가장 유명한 장면은 「아담의 창조」❹다. 성서 속 내용으로는 하느님이 아담의 콧구멍을 통해 공기를 불어넣음으로써 아담이 호흡을 하며 생명을 얻었다고 하나 당시의 교리로 남자 둘이 그러한 포즈를 연출하는 것은 위험하다고 판단한 미켈란젤로의 재치가 돋보이는 작품이다. 영화 〈ET〉에서 차용했던 이 장면은 각종 CF와 영화에 패러디 될 만큼 인상적이다.

「원죄와 낙원으로부터의 추방」❻은 뱀이 감고 있는 나무를 중심으로 왼쪽에는 선악과를 따먹는 원죄의 현장이, 오른쪽에는 그로 인해 에덴동산에서 추방당하는 아담과 이브가 묘사되어 있다. 한 공간에 두 가지 사건이 효과적으로 배치되어 있는 것이 돋보인다.

「대홍수」❽는 천장화에서 가장 먼저 작업됐던 장면이다. 등장인물이 무려 60여명이나 되어 아래에서는 형태도 구분하기 힘들 정도. 천재적 감각을 가진 미켈란젤로도 실수할 수 있다는 것을 보여준 그림으로 이 작품 이후 그려진 장면들은 점차 등장인물 수가 줄고 형태는 단순화된 것을 볼 수 있다.

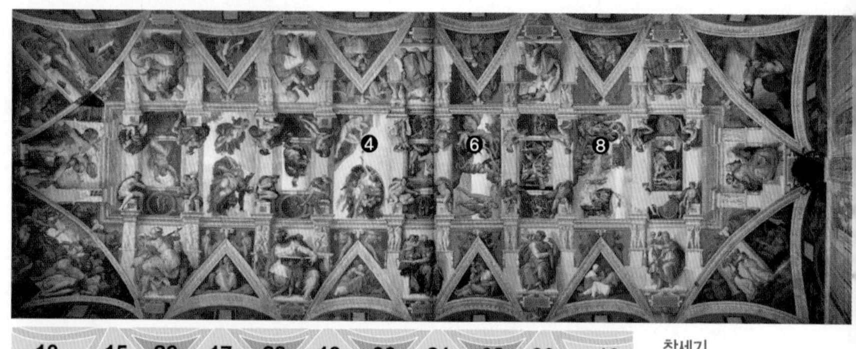

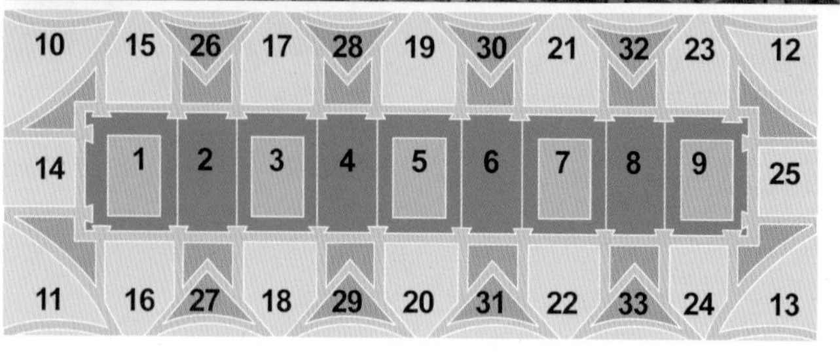

창세기
1 빛과 어둠을 가르다
2 천체와 나무들을 창조하다
3 땅과 물을 가르다
4 아담의 창조
5 이브의 탄생
6 원죄와 낙원으로부터의 추방
7 노아의 제물
8 대홍수
9 술 취한 노아

구약 속 구원의 신화
10 하만의 징벌
11 모세와 뱀
12 다윗과 골리앗
13 유디트와 홀로페르네스

예언자
14 요나
15 예레미야
16 리비아의 예언자
17 페르시아의 예언자
18 다니엘
19 에스겔
20 쿠마엔의 예언자
21 에트리아의 예언자
22 이사야
23 요엘
24 델포이의 예언자
25 스가랴

예수의 조상
26 솔로몬과 어머니
27 이새의 부모
28 르호보암과 어머니
29 아사와 부모
30 웃시야와 부모
31 히스가야와 부모
32 스룹바벨과 어머니
33 요시야와 부모

「최후의 심판 Il Giudizio Universale」
교황 바오로 3세의 명으로 시작된 그림으로 주제 또한 교황이 정했다. 중앙제단 뒤쪽 벽면을 장식하고 있는 이 작품은 미켈란젤로가 61세 때 홀로 그렸다. 그림 속에는 391명의 인물이 등장하는데 당시 종교개혁의 사회적인 혼란 속에서 민중의 신앙을 굳건히 하려는 의도로 그려진 것이라고 한다.
예수 그리스도❶와 성모 마리아❷를 중심으로 양쪽에는 초기 교회 시대에 순교한 성인들이 각자의 형구와 상징을 들고 모여 있다. 불에 달군 석쇠에 올려져 순교한 성 로렌초❸, 가죽옷을 양손에 쥐고 있는 세례자 요한❹, 로마 시민이었기에 참수형에 처해진 성 바오로❺, 천국의 열쇠를 갖고 있는 성 베드로❻, 가죽이 벗겨지는 형벌을 받았던 성 바르톨로메오❼, 화살에 맞아 순교한 성 세바스티아노❽ 등이 그들이다. 아래로는 나팔을 부는 천사들을 중심으로 왼쪽에는 구원받는 이들이, 오른쪽에는 심판 후 지옥으로 떨어지는 이들이 모여 있다. 가장 하단에는 부활하는 이들과 지옥으로 끌려가는 이들의 모습이 그려져 있다. 재미있는 것은 지옥으로 인도하는 카론테❾가 죄인들을 향해 막대기를 휘두르고 있는데 교황이 제단에 서면 마치 그가 교황의 머리를 향해 막대기를 휘두르는 것처럼 보인다고 한다.
미켈란젤로는 그림을 통해 자신을 비난한 이에게 소심한 복수를 꾀했다. 성당으로 들어오는 문 바로 위에 그려져 있는 뱀에 칭칭 감긴 미노스가 그것인데 미노스의 얼굴은 이 그림을 대중목욕탕 풍경만도 못하다고 혹평한 교황의 의전관 체세나❿ 추기경의 얼굴이라고. 미켈란젤로는 또한 예수 그리스도 오른쪽 아래의 바르톨로메오 성인이 들고 있는 가죽 속 얼굴에 자신의 얼굴을 그려 넣음으로써 자신의 육체적 · 정신적 · 고통을 표현하기도 했다⓫.
전체적으로 그림은 매우 유기적인 구성을 갖고 있다. 공간을 딱히 구분하지 않았지만 인물들의 분위기와 구성으로 천당과 지옥, 연옥을 구성했다.
지옥으로 사람들을 밀어 넣는 카론테는 단테의 『신곡』에서, 심판의 나팔을 부는 천사들은 '요한 묵시록'에서 차용한 장면이라고 하나 전체적인 구성은 미켈란젤로의 상상력과 탁월한 구성력을 보여주는 일면이라 할 수 있다.

우여곡절 끝에 그림이 완성되어 처음 공개되었을 때 쏟아진 찬사만큼이나 비난도 엄청났다. 카론테의 막대기 방향, 성모 마리아의 자세, 근육질로 그려진 예수 그리스도와 성인들의 몸 등으로 이단 시비가 일어났는데 가장 큰 문제는 대부분 등장 인물들이 나체로 그려졌다는 점이었다.
많은 논쟁과 논란 끝에 결국 1563년 트리엔트 공의회 이후 이 그림에 대해 수정 작업이 진행됐다. 미켈란젤로의 제자 볼테라가 일부 등장 인물의 중요 부분을 가리는 작업을 맡았다. 이로 인해 볼테라에게는 '기저귀 채우는 사람'이라는 애칭 아닌 애칭이 붙게 되었다.

About 바티칸 시국

바티칸 라디오 방송국의 송신탑

바티칸 시국은 1929년 2월 체결된 라테라노 조약을 통해 탄생했습니다. 이 조약으로 교황청은 이탈리아를 국가로 승인하고, 이탈리아는 바티칸 시국에 대한 교황의 주권과 독립을 보장하면서 세속적 국가인 이탈리아의 수도 '로마'와 신이 지배하는 교황령의 수도 '바티칸' 간의 갈등은 해결되었습니다. 이를 기념해 산 피에트로 광장 끝 바티칸 시국의 경계와 산탄젤로 성 사이에 화해의 길 Via della Conciliazione을 조성했습니다. 덕분에 광장에서 느낄 수 있었던, 베르니니가 의도했던 '바로크적인 극적 감동'은 조금 덜해졌지만 말이죠.

바티칸의 면적은 0.44㎢로 산 피에트로 광장, 산 피에트로 대성당, 바티칸 박물관, 산탄젤로 성과 로마 시내의 산 조반니 라테라노 대성당, 산 파올로 대성당 등을 그 영토로 합니다. 작은 영토를 가진 도시국가이나 엄연한 독립국이며 UN, FAO(세계식량기구) 등 국제기구의 정회원이기도 하고 각 나라와 외교관계를 수립하고 있으며(한국과는 1963년에 외교관계 수립) 독자적인 화폐, 우표를 발행합니다. 또한 오세르바토레 로마노 Oservatore Romano라는 신문사와 라디오 방송국도 소유하고 있습니다. 여기서 한 가지. 바티칸에서 발행하는 화폐는 이탈리아 내에서 자유롭게 사용할 수 있으나 우표는 아니라고 하네요. 바티칸 안에서는 바티칸에서 발행한 우표만 쓸 수 있어요. 한 가지 재미있는 것은 바티칸에 은행이 있는데 이 은행의 ATM은 세계에서 유일하게 라틴어로 사용법이 설명돼 있답니다.

바티칸을 여행하다보면 오렌지색, 파란색으로 장식된 유니폼을 입고 있는 이들을 보실 수 있어요. 이들은 바티칸 시국을 지키는 과르디아 스비체라 Guardia Svizzera라고 불리는 스위스 근위병들입니다.
유럽의 중심에 위치한 작은 나라 스위스는 산지가 대부분인 국토 사정으로 늘 빈곤에 시달렸습니다. 이런 스위스의 유일한 자원은 젊은 청년들이었습니다. 이들은 외국으로 건너가 용병에 투신했고 유럽 내에서 가장 용감한 군인으로 명성이 높았죠. 특히 프랑스대혁명 당시 유배된 루이 16세가 1792년 탈출을 꾀하다 국민군과 민중시위대의 공격을 받았을 때 끝까지 남아 그를 지킨 스위스 용병 768명은 모두 전사했습니다. 이러한 스위스 용병들의 신의와 충성심은 결국 가난한 산악국가였던 스위스가 국가발전을 이루는 원동력이 되었고, 그 전통이 현재 바티칸에서 이어지고 있는 것이죠. 2006년 1월 22일 창설 500주년을 맞이한 바티칸의 스위스 근위대는 입대 조건이 매우 까다롭습니다. 우선 가톨릭 신자이고 대학을 졸업했으며 3개 국어에 능통한 키 180㎝ 이상인 미혼남이어야 한답니다.

현재 바티칸의 인구는 약 900여 명입니다. 이 중 바티칸 시민권자는 약 580여 명이며 대다수는 바티칸이 아닌 국외에 거주하는 추기경들입니다. 우리나라의 바티칸 시민권자는 염수정 추기경, 유흥식 추기경 두 분입니다.

산 피에트로 대성당 Basilica di San Pietro

건축, 미술, 영화

산 피에트로 대성당

세계에서 가장 큰 성당이자 전 세계 가톨릭의 중심지이며 바로크 건축기술과 예술의 집대성지다. 콘스탄티누스 황제가 밀라노 칙령을 발표한 이후 성 베드로(산 피에트로)의 무덤이 있던 언덕 위에 세운 성당을 천년이 지난 1506년 교황 니콜라우스 5세의 명에 따라 증개축하기 시작해 1626년에 완공하였다. 길이 187m, 돔의 높이 132.5m의 어마어마한 성당 안에 900여 톤의 황금과 이탈리아 최고급 대리석으로 치장한 르네상스와 바로크 예술의 명품들이 가득하다.

브라만테의 주도로 시작한 성당의 건축은 라파엘로와 미켈란젤로를 거쳐 비뇰라, 폰타나, 마데르노와 같은 건축가들에 의해 완성되었다. 내부의 주요 작품들은 당대 최고의 조각가 베르니니가 담당했다. 화려함과 웅장함이 여행자들의 감탄을 자아내지만, 건축 당시에는 성당 건립 기금을 마련하기 위한 궁여지책으로 면죄부를 발급하는 등 여러 문제를 일으켰고 이 일은 결국 종교개혁을 부르는 신호탄이 되었다.

성당 정면 중앙부에는 베르니니의 제자들이 만든 13개의 조각상이 있다. 중앙에 예수그리스도와 세례자 요한이 있고 둘레에 11명의 사도들이 있다. 성당 뒤의 돔은 미켈란젤로가 설계한 것이다.

주소 Piazza San Pietro, 00120 Città del Vaticano **홈페이지** www.basilicasanpietro.va **운영** 매일 07:00~19:10

Map p.139-A2

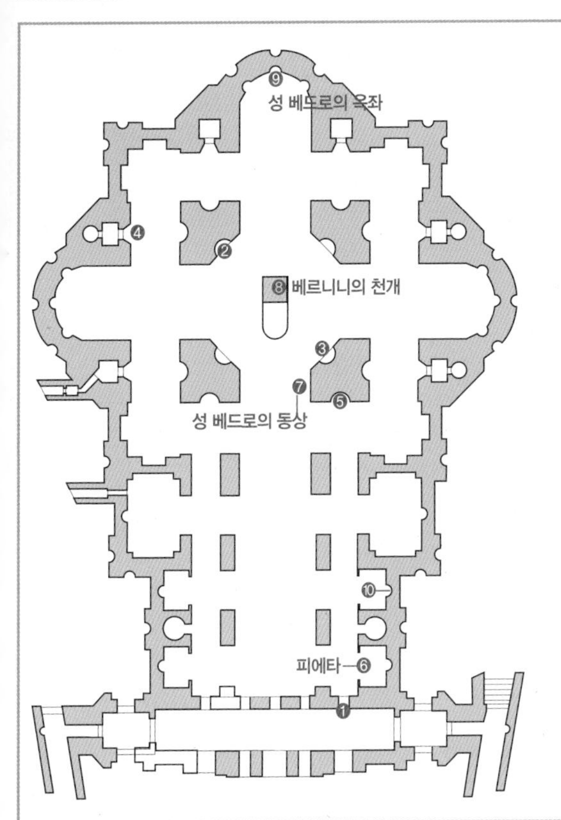

❶성스러운 문
성당으로 들어가는 3개의 문 중 오른쪽에 있는 문. 25년마다 돌아오는 성년(聖年)에만 교황에 의해 열린다. 지난 2000년에 열렸으니 다시 열리는 해는 2025년이다.

❷성녀 베로니카의 상
골고다 언덕으로 오르는 예수의 얼굴을 수건으로 닦아드렸다는 성녀의 상. 손에 예수의 얼굴이 그려진 수건을 들고 있다.

❸성 론지노의 상
십자가에 못 박힌 예수의 옆구리를 창으로 찌른 로마 장교. 이후 개종하고 성인으로 추앙되었다. 과거의 잘못이 있더라도 회개한다면 새 삶을 살 수 있다는 메시지를 전해주는 성인.

❹교황 알렉산데르 7세 기념비
베르니니가 죽기 직전에 만든 기념비. 대리석 다루는 데에 천재적인 재능을 갖고 있던 그의 역량이 여실히 드러난 작품.

❺교황 요한 23세의 밀납
261대 교황으로 제2차 바티칸 공의회를 통해 가톨릭의 대개혁을 주도한 인물. 특히 중세시대 부패한 가톨릭의 치부를 도려내고 잘못을 인정했다. 2014년 성인품에 올랐다.

❿교황 요한 바오로 2세의 무덤
요한 23세와 더불어 2014년 4월 성인으로 시성된 폴란드 출신 교황 요한 바오로 2세의 무덤.

「피에타」

웅장한 베르니니의 천개

「성 베드로의 옥좌」

「피에타 Pieta」

1499년 미켈란젤로 나이 24세에 만든 조각상으로 미켈란젤로를 세상에 널리 알린 작품이다. 죽은 예수를 품에 안은 어머니 마리아의 처연한 모습을 표현하고 있다. 온화한 표정으로 슬픔을 감내하고 있는 성모 마리아의 표정이 인상적이다. 마리아의 모습이 젊게 표현된 것은 성녀를 아름답게 묘사하기 위해서 또는 미켈란젤로가 어릴 때 돌아가신 어머니의 모습을 그대로 묘사했기 때문이라는 설이 있다. 이 작품은 미켈란젤로의 서명을 볼 수 있는 유일한 작품으로 마리아의 어깨에 걸쳐있는 띠에 그의 이름이 새겨져 있다.
죽은 예수의 무력한 육신과 아들을 먼저 보낸 어머니의 슬픈 표정, 옷자락의 주름살과 인체의 곡선 등이 대리석이라 믿기 힘들 정도로 섬세하게 조각되어 있다. 금방이라도 마리아의 눈에서는 눈물이 떨어질 것 같고, 옷자락은 바람에 날릴 것 같다. 보는 이들을 숙연하게 만드는 이 아름다운 조각상은 불행히도 괴한의 습격을 당해 마리아의 코가 깨진 이후 방탄유리 너머로만 그 모습을 볼 수 있다.

성 베드로 동상

성당 한쪽 구석에 있는데도 사람들의 주목을 가장 많이 받는 동상이다. 성자의 발을 문지르면 (원래는 입을 맞추면) 행운이 온다는 말 때문에 그 누구도 그냥 지나치는 일이 없다. 그 덕에 성 베드로는 현재 발가락이 없다. 성자의 발을 문지르며 각자 소원을 빌어보자.

베르니니의 천개 天蓋 Baldacchino

베르니니가 교황 우르비누스 8세의 명으로 만든 높이 20m의 바로크 양식의 천개(天蓋 · 발다키노). 당시 판테온 정면 지붕을 장식하고 있던 청동조각상을 뜯어와 만들어 '야만인도 하지 않은 짓을 바르베리니가 한다'는 비난을 받기도 했는데 이는 베르니니에게 발다키노 제작을 맡긴 교황 우르비누스가 바르베리니 가문 출신이기 때문이다. 엄청난 비난을 받으며 만든 이 작품은 현재 큰 칭송을 받는다. 어마어마한 크기이면서 세부의 장식과 조각품들은 청동작품이라 믿기 어려울 만큼 매우 섬세하고 화려하다. 특히 기둥을 나선형으로 휘감아 올라가는 것처럼 보이는 선의 움직임과 기둥 윗부분의 나뭇잎 장식, 지붕 등 그 어느 것 하나 눈을 뗄 수 없는 화려함으로 뒤덮여 있다. 발다키노 밑에 있는 제단은 교황의 제단이며 발다키노는 바실리카라 명명된 성당의 상징물이기도 하다.

성 베드로의 옥좌

성당 가장 안쪽에 위치한 작품으로 역시 베르니니가 만들었다. 옥좌는 성 베드로가 설교할 때 앉았던 것으로 추정되는 나무 의자 위에 청동을 입힌 것으로 네 명의 주교가 의자를 받쳐 들고 있다. 왼쪽의 두 주교는 로마 가톨릭을 대표하는 성 암브로조 San Ambrogio와 성 아우구스티누스 San Augustino, 오른쪽의 두 주교는 그리스 정교회를 대표하는 성 아타나시우스 San Athanacio, 성 존 크리소스톰 San John Chrysostom이다. 옥좌 위 창문을 보자. 성령을 상징하는 비둘기가 새겨진 크기 2m의 원통형 창문을 통해 은은하게 들어오는 햇빛이 신비롭고 성스러운 느낌을 준다.

2014년 성인으로 시성된 요한 바오로 2세의 무덤

지하 무덤

10세기 이후 수많은 왕과 여왕 교황들이 안식을 취하는 곳이다. 초대 교황인 성 베드로의 무덤을 가까이서 볼 수 있으며 역대 교황뿐만 아니라 종교 개혁 이후 망명한 영국의 가톨릭교도 왕족인 제임스 프랜시스 에드워드 스튜어트와 그의 두 아들도 이곳에 묻혀 있다. 왕위를 포기하고 가톨릭 신앙으로 개종한 스웨덴의 크리스티나 여왕도 이곳에 묻혀 있다. 이곳에서 휴식을 취하고 있던 요한 바오로 2세는 2014년에 성인품에 오르기 직전 산 피에트로 성당 내 산 세바스티아노 경당으로 옮겨졌다.

산 피에트로 광장을 한눈에 볼 수 있는 쿠폴라

쿠폴라 Cupola 뷰포인트

지름 42m, 지상에서 꼭대기까지 높이가 132.5m인 거대한 돔으로 산 피에트로 광장을 가장 아름답게 볼 수 있는 곳이다. 이 돔을 처음 설계한 브라만테는 판테온의 돔보다 크게 만들기를 원했으나 후대 건축가들의 반대와 기술적인 한계에 부딪쳐 뜻을 이루지 못했다. 이후 1547년, 미켈란젤로가 72세 때 공사를 맡아 1593년에 완성하였으나 정작 미켈란젤로 자신은 돔의 완성을 보지 못하고 죽었다.

봄날 오후 성당에 들어섰을 때 돔을 통해 떨어지는 빛줄기의 풍경은 산 피에트로 대성당에서 맛볼 수 있는 최고의 감동이다. 그만큼 채광 능력이 뛰어나다고 할 수 있다. 안쪽은 모자이크로 장식되어 있고 라틴어로 '너는 반석이며 이 반석 위에 나의 성당을 세우고 너에게 천국의 열쇠를 주노라'라는 뜻의 라틴어 문구 'TU ES PETRUS ET SOPER HANC PETRAM AEDIFICABO ECCLESIAM MEAM ET TIBI DABO CLAVES REGNI CAELORUM'이 새겨져 있고 4대 복음서 저자인 마태오, 마르코, 루카, 요한이 그려져 있다.

엘리베이터나 계단을 이용해 올라가면 로마 시내 전경과 함께 좀처럼 들어가 볼 수 없는 바티칸 시국의 정원을 한눈에 내려다 볼 수 있으니 꼭 올라가 보자.

운영 여름 시즌 07:30~18:00, 겨울 시즌 07:30~17:00 **입장료** 계단 €8, 엘리베이터 €10

쿠폴라 내부

산 피에트로 광장 Piazza San Pietro 건축, 영화

베르니니가 1656~1667년에 만든 광장이다. 길이 340m, 너비 240m의 타원형 광장과 사다리꼴의 광장이 이어져 있으며 베드로가 예수에게서 받았다는 천국의 열쇠 형상을 하고 있다. 혹자는 이것을 팔을 벌려 사람들을 감싸 안는 예수 그리스도의 모습을 형상

이곳에 서면 열주의 기둥이 모두 하나로 보인다.

화한 것이라고 해석하기도 한다.

타원형 광장 중앙에 서있는 높이 25.5m의 오벨리스크는 칼리굴라 Caligula 황제가 이집트에서 가져온 것이다. 크리스마스 기간이 되면 이 주변에 크리스마스 트리와 예수의 탄생이 이루어진 마구간이 설치된다. 크리스마스 트리는 해마다 다른 나라에서 기증하는 나무로 만들어진다.

오벨리스크 좌우에는 두 개의 분수가 있다. 각각 스테파노 마데르노와 카를로 폰타나가 만들었다. 광장을 둘러싸고 있는 주랑에는 도리아식으로 만들어진 284개의 기둥이 있고 그 위로는 3m 높이의 140인 성인상이 서 있다. 4열로 이뤄진 이 기둥들은 신기하게도 광장에 표시되어 있는 어느 지점에 서면 기둥들이 한 개로 겹쳐 보인다. 베르니니의 수학적 재능을 엿볼 수 있는 장면이다.

일요일 낮 미사 후에는 교황이 창문에서 신도들을 향해 인사를 하는데, 가끔 "안녕하세요"라는 한국어 인사도 들을 수 있다. 가톨릭 중요 축일 미사 후에는 이따금씩 광장으로 직접 나올 때도 있다.

광장 왼편의 건물에는 각종 기념품 판매점과 여행 안내소 그리고 우체국과 환전소가 있다. 이곳의 환전소에서는 커미션 없이 환전할 수 있으니 유로화가 아닌 화폐를 갖고 있다면 여기서 환전하는 것도 좋다. 바티칸은 독립국가이니만큼 독자적인 우표를 발행하고 있다. 기념 삼아 구입하면 좋으며 우체국은 정확성을 자랑한다.

Map p.139-A2

산 피에트로 광장

산 피에트로 광장의 크리스마스 트리

산탄젤로 성 Castel Sant'Angelo 영화

2세기 경에 하드리아누스 황제의 묘로 사용하기 위해 건축했다가 이후 아우렐리우스 황제 때 요새로 개조한 성이다. 유사시에 교황의 피난처로 사용하기도 했고, 감옥으로도 이용했으며 지금은 산탄젤로 성 국립박물관으로 이용하고 있다. 푸치니의 오페라 〈토스카 Tosca〉 3막의 배경이기도 하다. 성 내부에는 고대 무기, 장신구와 회화 작품이 전시되어 있다. 발코니에서 보는 로마 시내의 전경이 매우 아름답고 특히 노을 지는 시간의 뷰는 가히 환상적이다.

로마에 흑사병이 창궐하던 당시, 교황 그레고리우스 1세가 성 꼭대기에서 미카엘 대천사가 칼을 칼집에 꽂는 환상을 본 후 흑사병이 사라져 그 자리에 천사의 상을 세우고 이름을 바꿨다. 성 앞 성 천사의 다리는 로마에서 가장 아름다운 교량으로 손꼽히는데, 다리 위의 천사 조각상들은 베르니니와 그의 제자들의 작품이다. 아름다운 천사들을 보면 사랑스러운 기분이 들겠지만 사실 그들은 예수 그리스도를 고문했던 기구들을 들고 있다. 예전에 이 부근에 사형터가 있었으며 억울한 죽임을 당한 이가 유령이 되어 나타났다는 전설이 전해지기도 한다. 대표적인 인물은 베아트리스 첸치(P.138).

주소 Lungotevere Castello 50 **운영** 화~일 09:00~19:30 **휴무** 월, 1/1, 12/25 **입장료** €13, 로마패스 소지자 €6.50 **가는 방법** 산 피에트로 광장에서 Via della Conciliazione를 따라 도보 10분. 또는 버스 40번을 타고 종점에서 하차 Map p.139-B2

산탄젤로 성과 산탄젤로 다리

산탄젤로 성은 로마의 야경 포인트 중 한 곳이다.

RESTAURANT

먹는 즐거움

여행의 큰 즐거움 가운데 하나는 식도락이다. 로마는 종류별, 가격별로 풍성한 식도락을 즐길 수 있는 곳이다. 이탈리아 하면 가장 먼저 치즈를 듬뿍 얹은 피자와 상큼한 젤라토가 떠오를 것이다. 빠듯한 일정에 볼 것은 많으니 피자 한 조각 물고 거리를 활보하는 것도 좋지만 한 번쯤은 여유 있게 자리 잡고 앉아 본고장의 맛을 제대로 만끽해 보자. 금강산도 식후경이라는 말이 있듯 로마도 식후경이다.

피자 & 샌드위치

도시에 산재해 있는 수많은 볼거리 덕에 자리 잡고 앉아 밥 먹을 시간이 아깝다면 테이크아웃해 여행을 즐겨보자. 시간이 그리 많지 않은 여행자들에게 추천하는 샌드위치와 피자 전문점을 소개한다.

DUECENTO GRADI (200 Gradi)

파니니 전문점으로 식당 이름은 200℃를 뜻하는 이탈리아어다. 신선한 재료를 가득 채운 빵을 200℃로 달군 오븐 속에 넣고 구운 파니니가 일품이다. 빵의 표면이 단단해 입천장이 까질 우려가 있으니 너무 맛있다고 허겁지겁 먹으면 안 된다. 로마의 광장, 거리 이름을 딴 샌드위치가 준비되어있다. 가장 많이 팔리는 베스트 메뉴와 여행자들도 쉽게 먹을 수 있는 메뉴들이 추천되어 있으니 메뉴를 고르기 어렵다면 참고하자.

주소 Piazza Risorgimento 3 **홈페이지** www.duecentogradi.it **영업** 일~목 11:00~03:00, 금 · 토 11:00~04:00 **예산** 샌드위치 €5.50~, 자릿세 €1 **가는 방법** 메트로 A선 Ottaviano 역에서 바티칸 방향 출구로 나와 버스 정류장이 모여있는 리소르지멘토 광장 따라 도보 3분, 왼쪽에 있다.

Map p.139-A1

La focaccina di Serafina

특별할 것 없는 무심한 외관의 포카치아 전문점. 피자 도우와 비슷하나 조금 더 폭신한 포카치아 빵 위에 여러 토핑을 얹어 구워낸 일종의 조각 피자를 먹을 수 있다. 종류는 15가지 정도가 넘고 음료와 조각 피자로 간단히 한끼를 해결할 수 있다.

주소 Via Sant'Andrea delle Fratte 28/29 **홈페이지** www.lafocaccina.it **영업** 화~토 09:00~21:00 **휴무일** · 월요일 **예산** 조각 피자 €2.50~ **가는 방법** 스페인 광장에서 성모의 원주 방향 오른쪽 길 따라 도보 2분 Map p.118-A2

레스토랑

로마 곳곳을 바쁘게 돌아다니며 여행하는 것도 좋지만 잠시 앉아 주린 배를 채우며 원기를 회복하는 것도 중요한 일이다. 입을 즐겁게, 몸을 가볍게 그리고 기분은 상쾌하게!

PIZZA RÉ

문을 열고 들어가자마자 보이는 화덕이 피자에 대한 기대감을 증폭시킨다. 가장자리가 도톰한 도우의 형태는 로마식 피자의 전형을 보여주며 쫄깃한 피자 도우와 토핑이 잘 어울린다. 토핑이 조금 박한 느낌이 드는 것은 아쉽다.

주소 Via di Ripetta 14 **전화** 06 32 11 468 **홈페이지** www.pizzare.it **영업** 매일 12:00~24:00 (금 · 토 ~24:30) **예산** 전식 €6~, 샐러드 €7~11, 피자 €8~14, 어류 · 육류 요리 €10~16 **가는 방법** 포폴로 광장에서 베네치아 광장 바라보며 오른쪽 성당 산타 마리아 데이 미라콜리 성당 옆길 리페타 거리 Via di Ripetta로 들어가 첫 번째 블록 코너 Map p.118-A1

LE NAUMACHIA RISTORANTE

로마 시내에서 드물게 Pizza Blanche(흰색 소스의 피자)를 먹을 수 있는 곳으로 분위기가 깔끔하다. 안티파스토도 여러 종류가 있으므로 피자만으로 부족하다면 간단하게 한 가지 정도 추가해서 먹으면 뿌듯하다. 스테이크도 저렴하면서 맛있다.

주소 Via Celimontana 7 **전화** 06 70 02 764 **홈페이지** www.naumachiaroma.com **영업** 11:30~24:00 **예산** 전식 €1.80~, 피자 €5.00~, 스테이크 €18.00~ **가는 방법** 콜로세움에서 Via dei Starada Statale 따라 두 블록 지나 왼쪽 코너에 있다. Map p.106-A2

Ristorante Argentino Baires

나보나 광장 부근에 위치한 아르헨티나식 스테이크 전문점. 질 좋은 고기로 구운 스테이크를 맛볼 수 있다. 피렌체에서 비스테카 알라 피오렌티나가 부담스러워서 먹어보지 못했다면 이곳에서 그 아쉬움을 채울 수 있다.

주소 Corso Rinascimento 1 **전화** 06 686 12 93 **홈페이지** www.baires.it **영업** 12:00~15:30 · 18:30~24:00 **예산** 스테이크 €13~, 샐러드 €5~ **가는 방법** 나보나 광장에서 Corso Rinascimento로 나와 길을 따라가면 Corso Vittorio Emanuele II 방향에 있다.

Map p.132-B1

LA CARBONARA

'Carbonara'라는 식당 이름에서 알 수 있듯 정통 카르보나라를 맛볼 수 있는 레스토랑. 로마에서 시작된 카르보나라 파스타의 원조집으로 1912년부터 영업 중이다. 한국에서처럼 걸쭉한 크림소스를 생각한다면 오산. 치즈와 계란으로 버무린 파스타를 만나게 될 것이다. 마음의 준비를 하자.

주소 Campo de'Fiori 23 **전화** 06 686 47 83 **홈페이지** www.ristorantelacarbonara.it **영업** 수~월 12:00~15:00, 19:00~23:00 일 12:00~15:00 **휴무** 화요일 **예산** 전식 €10~16, 파스타류 €14~20, 메인 요리 €16~24, 디저트 €8, 자릿세 €2 **가는 방법** 캄포 데이 피오리 광장에서 몬세라토 광장 쪽으로 나가는 골목 부근에 있다. Map p.132-B1

Obicà

조용한 골목에 자리한 모차렐라 바. 매일 아침 공수되는 신선한 모차렐라 치즈를 이용한 여러 음식을 맛볼 수 있다. 오후 시간 아페리티보도 근사하다. 2004년 로마에서 시작해 현재 밀라노, 피렌체, 팔레르모를 비롯, 런던, 뉴욕, 도쿄 등에 지점을 갖고 있다.

주소 Via dei Prefetti 26a **전화** 06 683 26 30 **홈페이지** www.obica.com **영업** 월~목 10:00~23:30, 금 10:00~24:00, 토 · 일 11:00~24:00(아페리티보 매일 17:00~20:00) **예산** 치즈 요리 €9~16, 전식 €5~17, 샐러드 €12~18.50, 파스타류 €12~18, 디저트 €4~13 **가는 방법** 판테온 앞 분수를 등지고 오른쪽 길 Via del Pantheon 따라 직진 후 GROM을 왼쪽에 두고 도보 100m Map p.118-A2

INSALATA RICCA

약 20가지의 샐러드가 준비되어 있는 샐러드 전문점. 냉면 그릇만 한 샐러드 보울 속에 신선한 야채와 과일 등이 듬뿍 담겨 드레싱과 함께 나온다. 파스타와 스테이크로 느끼해진 속을 달래기 위해 상큼한 식사를 원한다면 이곳을 추천한다. 바티칸 부근 리소르지멘토 광장에도 지점(Map p.139-A1)이 있다.

주소 Largo dei Chiavari 85 **전화** 06 683 07 81 **홈페이지** www.insalataricca.it **영업** 11:00~23:00 **예산** 샐러드 €6~, 파스타 €5.50~, 피자 €4.50~ **가는 방법** 나보나 광장에서 Corso Rinascimento로 나와 Corso Vittorio Emanuele II 가 만나는 지점에 있다.

Map p.132-B1

Ristorante Alfredo(Il Vero Alfredo)

1908년부터 운영되고 있는 식당. 알프레도 파스타가 이 집에서 시작되었다. 벽면 가득한 유명인사의 사진에서 식당의 역사를 느낄 수 있다. 주메뉴는 페투치네 알랄프레도 Fettuccine all'Alfredo. 카르보나라와 유사해 보이지만 소스의 베이스가 버터라는 것이 다르다. 메뉴를 주문하면, 탁자 앞에서 종업원이 직접 소스를 비벼주는 것도 볼거리 중 하나. 이 외 로마 전통 파스타도 맛볼 수 있다.

주소 Piazza Augusto Imperatore 30 **전화** 06 687 87 34, 06 687 86 15 **홈페이지** www.ilveroalfredo.it **영업** 화~일 12:30~15:30 · 19:30~23:30 **휴무** 월요일 **예산** 자릿세 €2, 전식 €16~20, 파스타 €16~22, 어 · 육류 요리 €18~35 **가는 방법** 스페인 광장에서 Via Condotti로 직진 후 Via Tomacelli에서 우회전한다. 도보 7분

Map p.118-A2

Ristorante Agrodolce Roma

트레비 분수로 가는 길목에 위치한 레스토랑. 외부 테이블보다는 내부의 정갈한 분위기가 인상적이다. 풍부한 와인리스트가 강점이다. 로마 전통 스테이크를 먹을 수 있고 깔끔한 샐러드와 피자가 맛있다.

주소 Via del Crociferi 25 **전화** 06 67 88 251 **홈페이지** www.agrodolceroma.it **영업** 11:30~23:00 **예산** 전식 €9~18, 파스타류 €12~22, 자릿세 €2 **가는 방법** 트레비 분수 왼쪽의 SEGATORI 매장을 끼고 좌회전 후 도보 5분, 왼쪽에 있다. Map p.118-A2

한식 & 중식당

김치 없으면 못 사는 여행자, 뭐니 뭐니 해도 한국 사람에게는 국물 요리가 최고라고 생각하는 여행자들을 위한 선택! 오랜 여행 끝에 느끼한 음식에 지쳤다면 찾아가자. 뜨끈하고 얼큰하고 시원한 국물이 속을 확 풀어준다.

이조 식당 IGIO Ristorante Coreano Roma

트라스테베레 지구에 위치한 한식당. 깔끔한 실내와 정갈한 음식으로 로마에 거주하는 교민들뿐만 아니라 현지인들에게도 인기가 높은 식당이다. 전체적으로 음식이 깔끔하고 메뉴 구성도 다양하고 푸짐하다. LA 갈비가 특히 맛있다는 평가.

주소 Via Roma Libera 24/25/26 **홈페이지** www.ristoranteigio.com **영업** 화~일 12:00~15:00 · 18:00~23:00 **휴무** 월요일 **예산** 국수류 €15, 백반류 €15, 전골류 €30~35 **가는 방법** 트램 진행 방향으로 걷다 오른쪽 첫 번째 골목으로 들어가 걷다 다시 오른쪽 첫 번째 골목으로 들어가 100m 정도 가면 왼쪽에 보인다. Map p.132-B2

Ci-Lin

산타 마리아 인 트라스테베레 광장 한 쪽에 위치한 일식 & 중식당. 뷔페 형식으로 운영되며, 양이 적다면 조금 저렴한 세트 메뉴를 선택해도 좋다. 단품 요리도 준비되어 있으니 일행 구성과 식사량에 따라 선택할 수 있다.

주소 Via della Fonte d'Olio 6 **전화** 06 58 80 395 **영업** 11:00~15:00 · 18:30~23:15 **예산** 면 · 밥류 €2.60~3.10, 육류 요리 €4.10~5.50, 해산물 요리 €4.90~7.50 **가는 방법** 산타 마리아 인 트라스테베레 광장의 왼편 골목에 있다. Map p.132-B2

Piccola Hong Kong

이름처럼 작은 중식당. 꽤 오래 자리하고 있는 중식당으로 테이크 아웃 해서 먹기 좋다. 홍콩식 볶음밥이 특히 맛있고 한국어 메뉴판도 있다.

주소 Via Emanuele Filiberto 209 **홈페이지** www.lafocaccina.it **영업** 매일 11:30~02:00 **예산** 볶음밥 €2.80~4, 만두 €2.80, 면요리 €4.50 **가는 방법** 메트로 A선 만초니 Manzoni 역에서 도보 2분 Map p.106-B2

젤라테리아

타들어 갈 것 같은 태양 아래 머금는 한 입의 젤라토는 그야말로 천상의 맛. 몇몇 젤라테리아는 우리나라에도 매장이 들어와 있지만, 현지의 맛을 따라갈 수는 없다. 여행을 상큼하고 시원하게 해 줄 젤라토를 찾아가 보자.

DA QUINTO GELATERIA

나보나 광장 근처에 위치한 젤라테리아로 제철 과일을 이용한 젤라토가 풍성하다. €3짜리 스페셜을 주문하면 7가지 맛의 아이스크림이 수북하게 담겨 나온다. 아이스크림이 싫다면 제철 과일로 만든 과일주스도 좋은 선택.

주소 Via del Tor Millina 15 **홈페이지** www.italiaquintogel.it **영업** 10:00~02:00 **예산** 아이스크림 €2~, 과일주스 €4 **가는 방법** 나보나 광장에서 아그네세 성당 오른편 옆 골목으로 도보 5분 Map p.132-B1

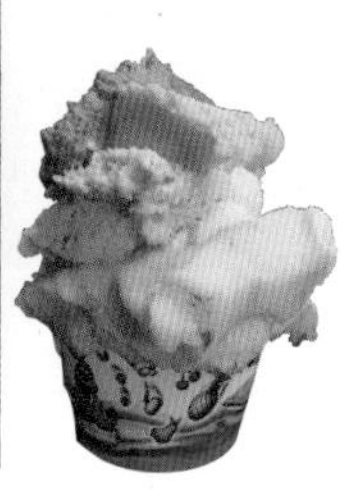

G. Fassi

1880년에 오픈해서 설립자의 5대손이 운영하고 있는 젤라테리아로 한국에도 매장이 있다. 쌀로 만든 아이스크림 Riso가 유명하고 진한 초콜릿맛 아이스크림도 일품이다. 인근에 한국인 민박집이 몰려 있어 저녁 때면 한국인들로 북적인다. 11~3월에는 50% 세일도 한다.

주소 Via Principe Eugenio, 65 **홈페이지** www.gelateriafassi.com **영업** 월~토 12:00~24:00, 일 10:00~24:00 **예산** 아이스크림 €2~ **가는 방법** Vittorio Emanuele II 공원에서 두 블록을 걷는다. Moscatello Hotel 옆에 있다. Map p.106-B1

OLD BRIDGE

바티칸 박물관 옆에 위치한 젤라테리아. 더운 여름이면 바티칸 입장을 기다리며 잠시 들르는 여행자들로 매우 붐빈다. 과일맛 아이스크림이 매우 맛있다. 특히 레몬맛을 추천한다.

주소 Via dei Bastioni **홈페이지** gelateriaoldbridge.com **영업** 매일 10:00~00:30 **예산** 아이스크림 €3~ **가는 방법** 바티칸 박물관 담장 맞은편에 있다.
Map p.139-A1

Gelateria della Palma

현지인들이 더 좋아한다는 젤라테리아. 150여 개의 젤라토가 늘어서 있는 쇼케이스를 보고 있으면 어떤 걸 골라야 할지 조금 혼란스럽다. 다른 젤라테리아들에 비해 아이들이 좋아할 맛의 젤라토가 많다.

주소 Via della Maddalena 20 **홈페이지** www.dellapalma.it **영업** 08:30~24:00 **예산** 아이스크림 €3.50~ **가는 방법** 판테온 맞은편 골목으로 직진한다. 두 번째 골목 왼쪽 코너에 있다. Map p.132-B1

Giolitti

사시사철 여행자들로 북적거리는 젤라테리아. 레몬과 오렌지 등 과일맛 아이스크림이 특히 맛있다. 아이스크림뿐만 아니라 파르페도 맛볼 수 있다.
주소 Via Uffici del Vicario 40 **홈페이지** www.giolitti.it **영업** 매일 07:00~24:00 **예산** 아이스크림 €3.50~ **가는 방법** 판테온 앞 맥도날드에서 오른쪽 골목으로 직진한다. 두 번째 골목에서 우회전해 왼쪽 첫 번째 골목 안쪽에 있다. Map p.118-A2

GELATERIA DEL TEATRO

나보나 광장 뒷골목에 위치한 젤라테리아. 빈티지스러운 주변 분위기와 잘 어울린다. 복숭아맛 젤라토가 특히 맛있고 한가로운 분위기가 장점.
주소 Via dei Coronari 65 **홈페이지** www.gelateriadelteatro.it **영업** 매일 12:00~21:00 **예산** 젤라토 €3~ **가는 방법** 나보나 광장에서 넵튠의 분수를 지나서 길 끝까지 간 후 좌회전해 도보 5분
Map p.118-A2

POMPI

이탈리아를 대표하는 디저트 티라미수를 전문으로 판매하는 곳. 시내에서 약간 떨어진 레 디 로마 Re Di Roma에 본점을 두고 있으며, 부드럽고 달콤한 디저트를 즐기는 로마인들이 사랑하는 곳이다. 이 곳 티라미수를 한 번 맛보게 되면 다른 곳의 티라미수는 그저 크림 덩어리로만 느껴진다는 단점 아닌 단점이 있는 곳. 시내 곳곳에 지점이 생겼다.
주소 Via Della Croce 82 **홈페이지** www.barpompi.it **영업** 월~금 10:00~22:30, 토 10:30~22:30 **휴무** 일요일 **예산** 티라미수 €5~, 젤라토 €3~ **가는 방법** 스페인 광장에서 콘도티 거리 Via Condotti로 직진 후 테스토니 매장을 오른쪽에 끼고 우회전해서 두 블록
Map p.118-A2

GROM

깔끔한 분위기의 젤라테리아. 2003년 토리노를 시작으로 이탈리아 전역에 분점이 생겨났다. 아기자기한 인테리어와 한눈에 젤라토를 볼 수 있는 다른 젤라테리아들과는 달리, 심플한 인테리어와 뚜껑 있는 용기에 담긴 젤라토로 인해 색다른 분위기를 풍기지만 맛만큼은 여타 젤라테리아들과 견주어 빠질 것이 없다.
주소 Via Agonale 3 **홈페이지** www.grom.it **영업** 일~목 11:00~23:00, 금 · 토 11:30~00:30 **예산** €3.20~ **가는 방법** 나보나 광장 넵튠의 분수 방향 끝 부분
Map p.132-B1

카페

바쁜 여행 중 달콤 쌉싸름한 커피 한 잔이 가져다주는 휴식은 생략하기 어려운 유혹. 북적거리는 분위기 속에서 나만의 시간을 가져보자. 향기로운 커피 향과 함께.

LA CASA DEL CAFFE TAZZA D'ORO

판테온 근처에 위치한 카페. 로마에 왔다면 꼭 한 번 이상 방문하게 되는 카페다. 그만큼 중독성 강한 커피 맛으로 여행자를 유혹한다. 아라비카 원두를 사용해 고유의 비율로 배합한 후 로스팅한 원두를 판매한다. 찬 음료가 먹고 싶다면 그라니타 Granita를 마셔보자. 살얼음 낀 커피를 갈아서 생크림과 섞어주는데 한 번 맛보고 나면 로마를 떠난 후에도 종종 생각날 것이다.

주소 Via degli Orfani 84 **홈페이지** www.tazzadoro.it **영업** 월~토 07:00~20:00, 일 10:00~19:00 **예산** 에스프레소 €1.20 카푸치노 €1.50, 그라니타 €4 **가는 방법** 판테온을 바라보고 왼편 골목 초입에 있다. Map p.132-B1

CANOVA TADOLINI

신고전주의 조각가 안토니오 카노바의 작업실로 쓰였던 곳에 자리한 카페 겸 레스토랑. 내부에는 그의 습작품들이 모여 있고 약간 정신없고 괴기스러움도 느낄 수 있는 분위기. 그러나 바 Bar에 기대어 마시는 커피 한 잔은 콘도티 거리의 번잡함에서 오는 피로를 씻어준다.

주소 Via del Babuino 150/a-b **홈페이지** www.canovatadolini.com **영업** 카페 08:00~24:00, 레스토랑 12:00~23:00 **예산** 에스프레소 €1.20, 카푸치노 €1.60 **가는 방법** 스페인 광장에서 포폴로 광장 쪽으로 바부이노 거리 Via del Babuino를 따라 걷다 엠포리오 아르마니 매장 지나 첫 번째 블록 코너에 위치 Map p.118-A2

Caffé Sant'Eustachio

소박하고 밋밋해서 다소 촌스럽게 느껴지기도 하지만, 현지인에게 인기가 많은 카페다. 직접 수입한 원두를 이 집만의 방법으로 로스팅해 뽑아준다. 에스프레소와 카푸치노는 잊기 힘든 강렬한 맛을 전해준다.

주소 Piazza Sant' Eustachio 82 **영업** 일~목 07:30~01:00, 금 07:30~01:30, 토 07:30~02:00 **예산** 에스프레소 €1, 카푸치노 €1.50 **가는 방법** 판테온 오른쪽의 Replay 매장 앞으로 난 길 Via della Rotonda을 따라 직진한다. 오른쪽 첫 번째 골목으로 우회전해 도보 3분 Map p.132-B1

Caffé Greco

콘도티 거리에 위치한 카페로 로마를 찾는 유명 인사들도 간혹 들른다고 한다. 우아한 실내 인테리어가 고풍스럽다. 바에서 마시면 €1.50인 에스프레소를 테이블에 앉아 마시려면 €9 이상을 내야 한다. 맛보다는 분위기와 명성 때문에 찾게 되는 카페.

주소 Via dei Condotti 86 **영업** 09:00~21:00 **예산** (Bar 기준) 에스프레소 €1.50, 카푸치노 €2 **가는 방법** 콘도티 거리의 프라다 매장 옆에 있다. Map p.118-A2

ENTERTAINMENT

노는 즐거움

워낙 볼거리가 많은 도시여서 여행하기에도 벅찬 로마지만 시간이 맞는다면 재미있게 놀 수 있는 곳이 또한 로마다. 축제, 오페라 외에 밤문화를 즐길 수 있는 곳을 소개한다.

축제

로마는 가톨릭의 총본산답게 종교적인 축제가 많이 열린다. 6월 24일 성 요한 탄신 축일이면 산 조반니 라테라노 광장에서 음악 공연과 댄스파티가 있는 산 조반니 축제가 열린다. 12월 8일 성모 수태고지 기념일에는 스페인 광장 옆의 성모 무염시태 원주 부근까지 퍼레이드가 이어진다. 나보나 광장에서는 12월부터 1월 6일까지 에피파니아 축제가 열리며 이때 광장은 크리스마스 장식품으로 가득 찬다.

9월 8일 밤은 로마시가 주최하는 Roma Europa(유럽의 수도) 페스티벌로 일명 '하얀 밤 La Notte Bianca'으로 불린다. 이날은 밤새도록 로마 시내에 흰색 조명이 켜지고 상점들도 밤샘 영업을 한다. 게다가 이날부터 11월까지는 500개의 연극, 콘서트, 전시회들이 로마 시내 곳곳에서 열린다.

콘서트·오페라

로마에 있는 한국인 유학생 대부분이 음악을 공부한다고 한다. 그만큼 음악으로 유명한 도시이기 때문에 훌륭한 공연장과 시설들을 많이 갖추고 있다. 특히 렌초 피아노 Lenzo Piano의 설계로 만들어진 아우디토리움 Auditorium은 공연장이자 멋진 건축물로 여행자들을 사로잡는다. 각 성당에서는 무료 콘서트가 열리기도 한다. 카라칼라 욕장에서 펼쳐지는 한여름밤의 오페라 축제 역시 빼놓을 수 없는 이벤트! 베로나, 루카와 더불어 이탈리아에서 열리는 3대 야외 오페라 축제다.

아우디토리움 Auditorium

주소 Viale Pietro de Coubertin 30 **전화** 06 802 41 281 **홈페이지** www.auditorium.com **가는 방법** 테르미니 역 앞 500인 광장 Piazza Cinquecento에서 버스 910번을 타고 De Coubertin Argentina에서 하차. 길 건너 정면에 있는 붉은색 건물이 공연장이다. 약 30분 소요

Map p.118-A1

바 Bar

100m마다 유적지가 있는 고색창연한 도시 로마에서 엄숙하고 차분한 낮 시간을 보냈다면 조금 다른 밤 시간을 보내볼까? 다른 유럽 도시만큼 화려한 야경은 아니지만 곳곳의 야경 포인트를 둘러보고 왁자지껄한 분위기 속에서 즐거운 시간을 보내보자.

❶ 2018년 11월부터 야간 음주 금지를 주 내용으로 하는 자치경찰훈령 Regolamento Polizia Urbana이 시행됨에 따라 자정에 시내 대부분의 레스토랑, 바 Bar가 폐점하며 22:00 이후 주류의 구입, 이동이 금지되었다. 주의하자.

La Curia di Bacco

오래된 건물을 그대로 사용하고, 내부는 독특한 인테리어로 장식되어 있는 곳. 매주 월요일 오후 5시부터 새벽 2시까지 Maxi Happy Hour가 적용되며 맥주값이 저렴하다. 게다가 다양한 안주를 제공하므로 선택의 폭이 넓어지는 것이 장점이다.

주소 Via del Biscione 79 **홈페이지** www.lacuriadibacco.it **영업** 16:00~24:00 **예산** €2.50~ **가는 방법** 나보나 광장과 캄포 데이 피오리 광장 사이에 있다. 캄포 데이 피오리 광장에서 나보나 광장을 가려면 세 개의 골목이 있는데 그중 오른쪽에 있는 Via del Biscione를 따라 도보 2분 **Map p.132-B1**

Abbey Theatre

나보나 광장에서 그리 멀지 않은 곳에 있다. IRISH PUB으로 다양한 이벤트를 제공하는데, 맥주를 좋아하는 사람이라면 기분 좋게 분위기를 즐길 수 있다. 또한 해피 아워에 맞춰 간다면 저렴한 가격에 맥주를 마실 수 있다. 해피 아워는 오후 3시부터 오후 8시까지다.

주소 Vicolo del Governo Vecchio 51 **홈페이지** http://abbey-rome.com **영업** 12:00~02:00 **예산** €7~ **가는 방법** 나보나 광장에서 브라질 대사관을 등지고 광장 오른쪽 끝에 있는 길에서 다시 오른쪽 골목으로 도보 7분. 왼쪽에 있다. **Map p.132-B1**

ANTICO CAFFE DEL MORO

1873년에 문을 연 오래된 카페. 길모퉁이에 자리하고 있어 찾기 쉬우며 친절하고 연륜있는 바텐더들이 만들어주는 칵테일 맛이 일품이다. 특히 럼, 라임, 민트 잎, 설탕, 탄산수를 배합해 만드는 모히토는 로마 최고의 맛을 자랑한다. 18:00~20:00에 진행되는 해피아워(아페리티보 Aperitivo) 시간대에 방문하면 로마에서도 소문난 예쁘고 푸짐한 핑거푸드와 맛있는 음료를 즐길 수 있다.

주소 Via del Moro, 38A **홈페이지** www.anticocaffedelmoro.com **영업** 매일 11:30~02:00 **예산** 아페르티보 €7~, 칵테일 €5~ **가는 방법** 테르미니 역에서 버스 H번을 타고 7번째 정거장인 TRASTEVERE/MIN. PUBBLICA ISTRUZIONE에서 하차해 도보 5분

Map p.132-B2

SHOPPING

사는 즐거움

쇼핑 천국이라 불러도 한 치 모자람이 없는 로마는 세계 패션을 이끌어 가는 도시 중 하나라 할 수 있다. 명성에 걸맞게 값비싼 명품부터 아주 저렴한 물건까지 가격별로 다양한 쇼핑 아이템을 구할 수 있다. 가장 유명한 쇼핑가는 콘도티 거리 Via Condoti와 그 주변 지역인데 유명 브랜드숍이 즐비하다. 코르소 거리 Via del Corso는 캐주얼한 브랜드가 많은데, 휴일이면 차량통행을 금지할 정도로 많은 사람들이 몰린다. 쇼핑 인파가 부담스럽다면, 바티칸 주변 콜라 디 리엔초 거리 Via Cola di Rienzo나, 공화국 광장에서 베네치아 광장에 이르는 나치오날레 거리 Via Nazionale로 가자. 이곳에서는 조금 한산한 분위기 속에 쇼핑을 즐길 수 있다.

백화점

이탈리아는 백화점이라는 개념이 그리 발달한 나라는 아니지만 한 곳에서 쇼핑하기를 원한다면 찾아가 볼만하다.

COIN

중저가 의류와 생활용품들이 모여 있는 백화점. 식기류, 실내 인테리어 용품 등에 관심 있다면 들러보자. 그 외 이탈리아 현지 브랜드에서 생산하는 여성용 액세서리와 화장품, 중저가 의류 등을 살 수 있다. 바티칸 부근에도 지점(Via Cola di Rienzo 173, Map p.139-B1)이 있다.

주소 Piazzale Appia 7 **영업** 매일 10:00~20:00 **가는 방법** 메트로 A선 San Giovanni 역에서 Piazzale di San Giovanni 방향 출구로 나간다. Map p.106-B2

Galleria Alberto Sordi

콜론나 광장 맞은편에 위치한 쇼핑몰. 환한 유리창 아래 여러 패션 브랜드 숍과 이탈리아 대표 서점인 laFeltrinelli와 대표 백화점 체인인 La Rinascente가 자리한다. 중간에 위치한 카페에서 지친 다리를 쉬어갈 수도 있으며 특히 비 오는 날 쉬어가기 좋은 곳이다.

주소 Galleria di Piazza Colonna **홈페이지** www.galleriaalbertosordi.it **영업** 매일 09:00~20:00 **가는 방법** 베네치아 광장과 포폴로 광장 중간, 콜론나 광장 맞은편 Map p.118-A2

시장

그 도시의 생활 모습을 제대로 느껴보고 싶다면 필수로 방문해야 하는 시장! 로마에는 곳곳에 큰 규모의 시장들이 열린다. 각기 다른 특색이 있는 로마의 시장들을 방문해보자.

Porta Portese

로마에서 가장 큰 벼룩시장으로 일요일 오전마다 열린다. 단속 등으로 인해 예전보다 규모가 작아지긴 했지만 여전히 여행자뿐만 아니라 로마 시민들의 알뜰쇼핑 명소로 사랑받고 있다. 입구 쪽보다는 안쪽에 싸고 질 좋은 물건들이 많다. 꼼꼼히 살펴보면 마음에 드는 물건을 만날 수 있을 것이다. 단 소매치기와 집시들이 많으므로 소지품을 잘 간수할 것!

영업 일 07:00~13:30 **가는 방법** 테르미니 역에서 버스 75번이나 H번을 타고 Porta Portese에서 하차. 또는 라르고 아르젠티나 Largo Argentina에서 8번 트램을 타고 Piazza Ippolito Nievo에서 하차 Map p.132-B2

사니오 거리 시장 via Sannio

평일 오전에만 열리는 시장으로 빈티지 의류, 가방, 소품 등을 판매한다. 역시 흥정은 필수이며 특히 청바지와 가죽 재킷 종류에 좋은 물건이 많다. 이곳 상인들이 일요일 오전에는 포르타 포르테세로 가서 장사를 하기도 한다고.

영업 월~토 08:00~13:00 **가는 방법** 메트로 A선 San Giovanni 역 하차 후 P. de. San Giovanni 방향으로 나와 코인 Coin과 성벽 사이 길 Map p.106-B2

기념품

로마에서 ROMA라고 쓰여있지 않으면서도 로마에서만 살 수 있는 상품을 찾는 건 사실 힘들다. 하지만 조금만 눈을 크게 떠보자. 골목골목 숨어있는 작은 숍들을 발견할 수 있을 것이다. 그중 엄선한 두 곳을 추천한다.

A.S. Roma Store

로마를 연고지로 하는 A.S. 로마 구단에서 운영하는 매장으로, 유니폼과 각종 로고상품을 구입할 수 있다. 축구팬이라면 꼭 한 번 들러야 할 곳으로 로마 시내 매장 중 가장 규모가 크고 상품의 종류도 다양하다. 여러 물품뿐만 아니라 경기 티켓 예약도 가능하다. 콜론나 광장(Map p.118-A2)에도 자리하고 있다.

주소 Via del Corso 26~27 **홈페이지** www.asroma.com **영업 상점** 매일 10:00~20:00, **티켓 오피스** 10:00~18:00 **가는 방법** 포폴로 광장에서 베네치아 광장 방향 도보 5분, LUSH 매장 옆 Map p.118-A1

패션 기타 잡화

유명 브랜드의 본점이 자리한 로마. 많이 알려진 브랜드는 아니더라도 다른 곳에서는 만나기 힘든 품질 좋은 현지의 명품들을 찾아가 보는 것은 어떨까?

Sermoneta Gloves

스페인 광장에 있는 가죽장갑 전문점. 질 좋은 가죽으로 만든 저렴한 가격의 장갑들이 여행객들을 유혹한다. 각양각색의 색상과 디자인이 사이즈별로 구비되어 있으며, 가격도 천차만별. 베네치아와 밀라노, 그리고 로마 공항 면세점에도 지점이 있다.

주소 Piazza di Spagna 61 **홈페이지** www.sermonetagloves.com **영업** 11:00~19:00 **예산** 가죽장갑 €55~ **가는 방법** 스페인 계단에서 도보 1분

Map p.118-A2

Debach Herzel

흰 기둥에 각양각색의 신발들이 매달려 있는 특색 있는 수제화 전문점. 40년 경력을 가진 장인이 이탈리아 내에서 생산되는 고급 가죽을 사용해 전통 기법 그대로 만든 신발들이 가게 안을 가득 채우고 있다. 이탈리아 고유의 브랜드 상품 쇼핑에 관심 있는 슈어 홀릭이라면 꼭 한번 들러볼 것.

주소 Via del Babuino 123 **운영** 월~토 10:30~19:30 **휴무** 일요일 **예산** €150~ **가는 방법** 스페인 광장에서 포폴로 광장 방향으로 가다 티파니 매장 옆

Map p.118-A2

Officina Profumo - Farmaceutica di Santa Maria Novella

피렌체에 본점이 있는 약국으로 중세 때부터 내려오는 비법이 담긴 천연 소재 화장품과 보디 용품들, 직접 생산한 꿀과 잼 종류도 있다. 다른 곳에서 구할 수 없는 제품이 많으므로 선물용으로 구입하는 것도 좋다. 나보나 광장 부근에도 점포가 있다. Map p.132-B1

주소 Via delle Carrozze, 87 **영업** 매일 10:00~19:30 **가는 방법** 콘도티 거리에서 토즈 Tod's 매장 있는 골목으로 들어가 직진하다 첫 번째 코너에서 오른쪽

Map p.118-A2

주방용품 & 식재료 상점

현지에서 구입한 식재료로 여행 기간 동안 나를 기다려 준 이들에게 식사 한 끼 대접하는 것은 어떨까? 한국에서 고가로 팔리는 올리브유와 파스타와 각종 향신료 등을 다양한 가격대로 만날 수 있는 곳이 로마다.

Castroni

바티칸 근처에 위치한 규모가 큰 식재료상. 파스타와 각종 향신료 등 이탈리아 요리에 필요한 거의 모든 식재료와 다양한 종류의 차와 커피도 구입할 수 있다.

주소 Via Ottaviano 55 **영업** 월~토 09:00~20:00, 일 11:30~20:00 **예산** 올리브 오일 €12~ **가는 방법** 메트로 A선 Ottaviano–San Pietro 역에서 바티칸 방향 출구로 나가 도보 5분 Map p.139-A1

EATALY ROMA

토리노에서 시작된 대형 식품점. 유기농 제품과 슬로우 푸드를 주 콘셉트로 운영된다. 널찍하고 시원한 4개 층의 공간에 층별로 구분되어있는 식재료 배치가 인상적이고 메인 식재료와 어울리는 부재료, 소스뿐만 아니라 연관된 주방용품, 요리 서적 등이 배치되어있는 것이 인상적이다. 두어 시간만 이곳에서 시간을 보내면 이탈리아 요리 전문가가 될 것 같은 착각에 빠져들게 하는 공간.

주소 Piazzale XII Ottobre **운영** 09:00~24:00 **가는 방법** 메트로 B선 라우렌티나 Laurentina 방향을 탑승해 피라미데 Piramide 역 하차, 플랫폼에서 기차가 온 방향으로 따라가면 지하 보도로 연결 된다. 도보 5분

Map p.106-A2

Focacci

현지인들도 자주 찾는 식재료상으로 파스타와 각종 향신료 등이 가득하다. 쇼케이스 안에는 질 좋은 햄과 치즈들이 구비되어 있어 직접 보고 선택할 수 있다. 한쪽에 마련된 코너에서는 빵을 주문하면 직접 샌드위치로 만들어주기도 한다.

주소 Via della Croce 43 **홈페이지** www.salumeriafocacci.it **영업** 월~토 08:00~20:00 **휴무** 일요일 **예산** 올리브 오일 €8~, 향신료 €4~ **가는 방법** 콘도티 거리에서 토즈 Tod's 매장 있는 골목으로 들어가 직진, 왼쪽 두 번째 코너에 위치 Map p.118-A2

문구 소품

문구류 덕후들에게 오아시스 같은 곳. 독특한 느낌의 다이어리, 수첩뿐만 아니라 고급스러운 필기구까지 다양한 상품들을 만날 수 있다. 이곳에서 판매하는 엽서는 기념품으로도 좋고 우편으로 보내면 한국의 지인들에게 깜짝 선물로도 제격이다.

Cartoleria Pantheon dal 1910

1910년부터 운영되고 있는 오래된 문구류 상점. 독특한 문양의 포장지부터 다양한 크기의 수첩, 노트가 다양하고 중세시대에 만들어진 것 같은 모양의 앨범들도 눈길을 끈다. 고급스러운 문양의 편지지 세트는 잊고 있던 손편지의 추억을 되살리게 하며 멋스러운 가죽가방들도 흥미롭다. 나보나 광장 넵튠의 분수 앞에도 지점이 있다.

주소 Via della Maddalena, 41 **홈페이지** www.cartoleriapantheon.it **예산** 수첩 €7~, 편지지 세트 €10~ **운영** 매일 11:00~20:00 **가는 방법** 판테온 맞은편 끝에서 오른쪽 길 Via del Pantheon을 따라 걷다 세 번째 블록 오른쪽에 위치 Map p.132-B1

VERTECCHI

1948년부터 운영되고 있는 문구점. 파티를 위한 장식 소품 제조로 시작해 종합 문구 기업이 된 곳이다. 콘도티 거리 매장 외에 로마 시내에 두 군데의 매장이 더 있다. 이탈리아의 다른 문구회사와 마찬가지로 다양한 종이로 만든 제품(수첩, 노트, 포장지, 카드)과 함께 다양한 종류의 필기구가 이 곳의 자랑. 높은 품질만큼 가격대가 높지만 격식 있는 선물용으로 매우 적합하다.

주소 Via Della Croce 70 **영업** 월~토 10:00~19:30 일 11:00~19:30 **홈페이지** www.vertecchi.com **가는 방법** 콘도티 거리 티파니 매장을 오른쪽으로 끼고 우회전해 두 블록 Map p.118-A2

Travel Plus ∞ 로마 최대의 쇼핑가 콘도티 거리를 파헤치다

콘도티 거리는 스페인 계단 앞을 가로지르는 Via del Babuino와 Via Corso 사이에 있는 로마 최대의 쇼핑 스트리트다. 길 양쪽에 수많은 명품숍들이 늘어서 있다. 이탈리아 로컬 브랜드들의 화려한 숍과 쇼케이스에 디스플레이되어 있는 상품들은 여행자들의 눈길을 잡아끈다. 여름 · 겨울 세일 기간에는 걷기 힘들 정도로 인파가 몰리지만 한국에 비해 저렴한 가격으로 마음속에 담아두었던 물건을 구입할 수 있다는 생각 하나로 에너지가 샘솟을지도 모른다. 하지만 명품은 명품이다. 비싸다는 것을 명심하고, 과소비하지 않도록 하자.

불가리 BVLGARI

콘도티 거리에 본점을 두고 있는 이탈리아 최고의 보석 브랜드로 1884년에 설립되었다. 대대로 유럽 왕실과 각국의 귀족 · 영화배우 등의 사랑을 받고 있다. 선글라스, 가방, 피혁제품, 향수 등도 유명하지만 화려하고 섬세함의 극치를 달리는 보석 세공으로 이름이 높다.

다미아니 DAMIANI

1958년 설립된 브랜드로 짧은 역사에도 불구하고 새로운 감각의 독창적인 디자인과 기술력, 장인기질로 세계적인 명성을 얻게 되었다. 화이트골드를 대중화시켰으며 화려함보다는 순수하고 단아한 아름다움을 강조한다.

막스 마라 MAX MARA

'카멜색 캐시미어 롱코트'가 트레이드 마크인 여성복 브랜드. 차분한 느낌의 우아한 선을 가진 캐시미어나 알파카 원단의 코트가 전 세계 여성들의 감성을 자극한다. 단정한 커리어 우먼들이 선호하는 브랜드.

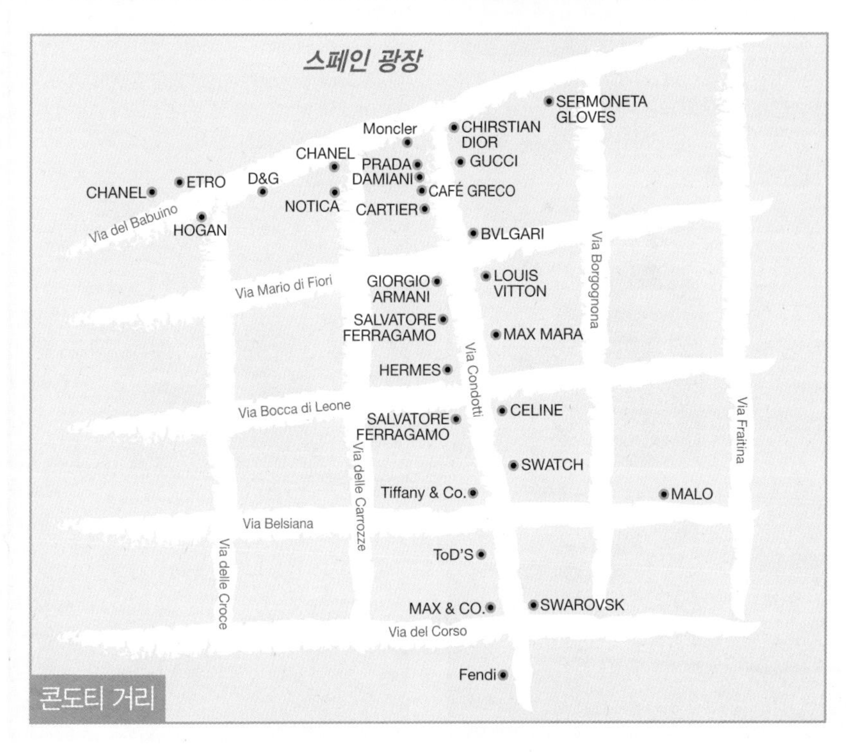

STAY

쉬는 즐거움

로마는 전 세계 곳곳에서 여행자들이 몰려드는 만큼 다양한 가격대의 숙소가 많이 있다. 여행자들은 주로 테르미니 역 주변의 한국인 민박을 선호하는데 이는 아침과 저녁을 한식으로 먹을 수 있기 때문. 한국 음식에 미련 없고 외국 여행자 친구를 사귀고 싶다면 호스텔을 찾아보자.

호텔

로마의 호텔들은 다양한 가격대를 형성하고 있다. 장중한 건물 속에 세련된 인테리어를 갖춘 디자인 호텔과 부티크 호텔이 늘어나는 추세. 나홀로 여행, 신혼여행, 가족 여행 등 여행의 성격에 따라 선택할 수 있는 폭이 넓다. 쇼핑을 목적으로 한다면 트레비 분수 부근을, 조용히 쉬고 싶다면 바티칸 부근을, 신혼여행을 떠났다면 베네토 거리 부근의 호텔을 찾아보자.

HOTEL DEI BORGOGNONI ★★★★

바르베리니 광장과 트레비 분수 사이에 위치한 55개 객실의 소규모 호텔. 시내 중심에 위치하면서도 신기하리만큼 조용하고 차분한 분위기이다. 방마다 커피, 차 종류가 늘 완비되어 있고 슬리퍼, 목욕 가운 등 충실한 비품과 별도 어댑터가 필요 없는 전기 플러그도 준비되어 있다.

주소 Via del Bufalo 126 **전화** 06 6994 1505 **홈페이지** www.hotelborgognoni.com **숙박비** €260~ **가는 방법** 테르미니 역에서 버스 85번 타고 5번째 정류장 Tritone-Fontana Di Trevi 하차 후 도보 3분 **주차** 1박 €30 Map p.118-A2

Leon's Place Hotel ★★★★

공화국 광장에서 조금 떨어진 곳에 위치한 디자인 호텔. 호텔 내부는 웅장하면서도 세련된 분위기다. 전반적으로 무채색 소품을 사용한 객실은 거울을 이용해 널찍해 보인다. 자쿠지 욕조가 완비된 사우나가 24시간 운영되며, 마사지 룸도 있어 여행 중 쌓인 피로 풀기에 그만이다.

주소 Via XX Settembre 90/94 **전화** 06 89 08 71 **홈페이지** www.leonplacehotel.it **요금** €195~ **가는 방법** 테르미니 역 1번 플랫폼 쪽 출구로 나와 도보 10분 **주차** 호텔 인근 전용주차장(무료)

Map p.118-B2

InterContinental Rome Ambasciatori Palace

★★★★★

베네토 거리에 자리한 150개 객실을 갖고 있는 5성급 호텔. 베네토 거리의 랜드마크로 우아한 객실과 서비스가 일품이다.

주소 Via Vittorio Veneto, 62 **홈페이지** www.ihg.com **요금** €340~ **가는 방법** 테르미니역에서 버서 85번 타고 4번째 정류장 Bissolati 하차, 오던 길 따라 직진. 도보 3분 **주차** 하루 €50 Map p.118-B2

STARHOTELS Michelangelo

★★★★

바티칸 부근에 위치한 179개 객실의 호텔. 피렌체, 베네치아, 밀라노, 토리노 등에 체인이 있다. 침대 머리맡에 그려진 판테온 돔의 내부 그림 장식이 독특한데, 잠시 고대 로마인이 되어 숙박하는 기분을 선사한다.

주소 Via della Stazione di S. Pietro 14 **전화** 06 398739 **홈페이지** www.starhotels.com **요금** €180~ **가는 방법** 테르미니 역에서 64번 버스 타고 종점 하차 후 도보 3분 **주차** 전용주차장 1일 €36 Map p.139-A2

Roma Boutique Hotel ★★★★

미국 대사관 뒤편에 자리한 14개 객실의 소규모 호텔. 객실마다 다른 분위기로 꾸며져 있고 호텔 곳곳을 장식하는 소품이나 가구도 멋스럽다. 친환경 어메니티가 갖춰져 있으며, 소규모의 호텔인 만큼 가족적인 분위기로 서비스를 제공한다.

주소 Via Toscana 1 **전화** 06 4201 2023 **홈페이지** www.romaboutiquehotel.com **요금** €120~ **가는 방법** 테르미니 역 앞 500인 광장에서 910번 타고 3번째 정류장 Piemonte/boncompagni 하차 후 도보 3분 **주차** 인근 공영주차장 1일 €20 Map p.118-B1

Hotel dei Mellini ★★★★

카보우르 광장 부근에 위치한 호텔. 공항까지 운행하는 셔틀버스 정류장과 가깝다. 깔끔한 분위기와 함께 놀이방 시설 등 아이와 함께하는 가족 여행자들을 위한 시설이 잘 갖춰져 있는 것이 장점.

주소 Via Muzio Clementi 81 **전화** 06 324 771 **홈페이지** www.hotelmellini.com **요금** €140~ **가는 방법** 메트로 A선 타고 Lepanto 역 하차 후 도보 7분 **주차** 전용주차장 1일 €30 Map p.104-B1

Hotel Atlante Star ★★★★

산 피에트로 광장과 산탄젤로 성 사이에 위치한 호텔. 옥상 루프 가든의 풍경과 분위기가 좋아 주변 직장인들과 로마의 셀럽들에게 이름난 곳이다. 객실은 널찍하고 고풍스러운 분위기로, 특히 스위트룸에는 자쿠지 욕조와 산 피에트로 대성당의 쿠폴라가 한눈에 보인다.

주소 Via Giovanni Vitelleschi, 34 **전화** 06 687 3233 **홈페이지** www.atlantehotels.com **요금** €160~ **가는 방법** 테르미니 역에서 버스 40번을 타고 종점에서 하차 후 도보 5분 **주차** 호텔 전용주차장 1일 €40

Map p.139-B2

DOM HOTEL ROMA ★★★★★

로마에서 가장 우아한 거리라고 칭해지는 줄리아 거리 Via Giuila에 위치한 호텔. 이전에 수도원으로 쓰이던 건물을 현대미술 컬렉터인 오너가 개조해 갤러리와 같은 분위기가 인상적인 호텔이다. 수도원에서 쓰였던 벽 장식과 현대미술품의 조화도 이색적이다.

주소 Via Giulia 131 **전화** 06 683 2144 **홈페이지** www.domhotelroma.com **요금** €280~ **가는 방법** 테르미니 역에서 40번 또는 64번 타고 Chiesa Nuova 하차 후 도보 10분 **주차** 불가 Map p.132-A1

HOTEL ISA ★★★★

산탄젤로 성 부근에 위치한 54개의 객실을 보유한 디자인 호텔. 층마다, 객실마다 조금씩 다른 분위기를 갖고 있다. 이 호텔의 인기 요소는 산 피에트로 대성당 쿠폴라를 바라보며 식사할 수 있는 옥상 테라스. 객실마다 회전식 원형 침대, 자쿠지 욕조, 캐노피, 테라스 등 방마다 재미있는 시설이 하나씩 갖춰져 있다.

주소 Via Cicerone 39 **전화** 06 321 2610 **홈페이지** www.hotelisa.net **요금** €160~ **가는 방법** 메트로 A선 타고 Lepanto 역 하차 후 도보 10분 **주차** 불가 Map p.104-B1

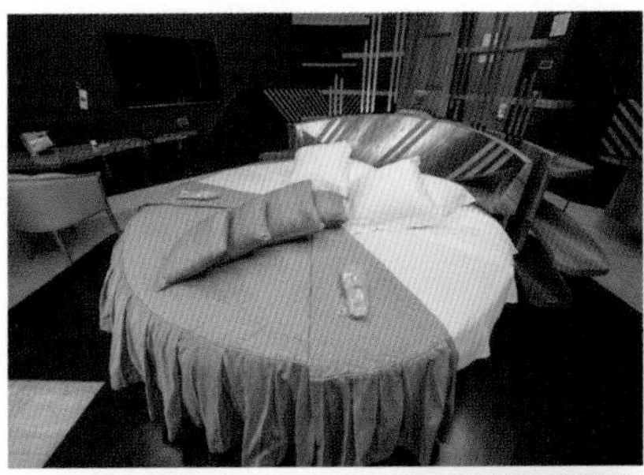

호스텔

테르미니 역 주변은 세계 각지에서 모여든 여행자들을 위한 천국. 외국인 친구들을 사귀고 싶다면 호스텔을 선택해 보자. 최근 로마에는 깔끔한 분위기의 호스텔들이 점차 느는 추세다. 숙소에 따라 피자, 파스타 파티가 열리기도 하고 주방 시설이 잘되어 있다.

Yellow Square Rome

외국 배낭여행자들이 많이 찾는 곳으로 유쾌한 분위기의 사설 호스텔.

주소 Via Palestro 44 **전화** 06 49 382 682 **홈페이지** www.yellowhostel.com **요금** €28~(시트 포함) **가는 방법** 테르미니 역에서 Via Marsa 방향 출구로 나와서 4블록을 직진한다. 왼쪽으로 돌면 Via Palestro가 나온다.

Map p.105-D2

Generator Hostels

유럽 각지에 지점이 있는 대규모 호스텔 체인. 산뜻하고 세련된 분위기로 여행자들의 인기를 얻고 있다. 다음 도시 숙박 예약을 대행해주며 이때 약간의 할인 혜택을 제공한다.

주소 Via Principe Amedeo 257 **전화** 06 492330 **홈페이지** generatorhostels.com/destinations/rome **요금** 도미토리 €15~, 4인실 €60~, 2인실 €40~, 1인실 €40~ **가는 방법** 테르미니 역 24번 플랫폼 출구 (Via Giolitti 방향)로 나와 도보 5분 Map p.106-B1

Ostello Bello Roma Colosseo

밀라노에서 시작된 호스텔 체인. 발랄하고 활기찬 분위기와 푸짐한 아침 뷔페와 저녁 시간의 아페리티보와 타파스를 제공한다.

주소 Via Angelo Poliziano 75 **전화** 06 9259 6170 **홈페이지** ostellobello.com **숙박비** 도미토리 €45~ **가는 방법** 메트로 B선 콜로세오 Colosseo 역에서 도보 10분 Map p.106-B2

Hostel Alessandro

테르미니 역 근처 2개의 건물에 나뉘어 있는 호스텔로 아침 식사와 시트가 무료로 제공된다. 개인 사물함과 수하물보관소, 세탁기 등이 잘 갖춰져 있다.

홈페이지 www.hostelalessandro.com(예약)

Alessandro Palace

주소 Via Vicenza 42 **전화** 06 4461958 **요금** 도미토리 €27~37, 2인실 €110~, 3인실 €120~ **가는 방법** 테르미니 역 1번 플랫폼 쪽으로 나와 Via Marsala로 좌회전 후 Via Vicenza로 우회전하면 보인다.

Map p.105-D2

한인 민박

한인 민박은 주로 테르미니 역 주변에 있으며 역에 도착해 연락하면 픽업 서비스를 제공한다. 한국인이 많이 찾는 만큼 대동소이한 시설과 체계로 운영되고 있다. 도미토리룸이 많은 비중을 차지하며 가족룸을 운영하는 곳들도 있다. 요금은 도미토리룸 기준으로 €50 내외. 시기별로 서비스와 요금은 변한다.

Tivoli · 물소리 가득한 로마 귀족들의 휴양지 티볼리

우리에게 소형 SUV 차량의 이름으로도 친숙한 티볼리는 로마 북동쪽에 위치한 고대 도시로, 산과 계곡이 만나는 지형적 특성이 만들어내는 그림 같은 풍경과 시원한 바람 때문에 예로부터 로마 시민들의 피서지로 유명했던 곳이다. 특히 아드리아누스 황제는 아름다운 풍경에 반해 이곳에 작은 도시를 만들어 기거하기도 했고, 교황 선거에서 패배한 이폴리토 데스테 Ippolito d'este 추기경은 자신의 별장을 짓기도 했다. 번잡한 대도시 로마에서 벗어나 산과 바람, 물이 함께 하는 티볼리에서 느긋하게 휴식을 즐겨보자.

이런 사람 꼭 가자!!
나는야 조경학도 / 물소리 속에서 사색을 즐기고 싶은 여행자 / 고대 황제의 흔적을 보고 싶은 여행자

Information 여행 전 유용한 정보

클릭! 클릭!! 클릭!!!

티볼리 정보 및 이벤트 정보 www.visittivoli.eu
티볼리 시내 버스 정보 www.catbustivoli.com

여행 안내소

티볼리의 지도와 빌라 아드리아나로 가는 버스 등 교통편의 정보도 얻을 수 있다.
주소 Piazzale Nazioni Unite
운영 여름 화~일 10:00~14:00 15:00~18:00, 겨울 화~일 10:00~14:00 **휴무** 월요일, 1/1, 12/25

Access 티볼리 가는 법

티볼리로 가는 방법은 버스와 기차 두 가지가 있다. 기차는 로마 테르미니 역, 티부르티나 역 두 곳에서 모두 운행한다. 운행 시간표는 유동적이며 역별로 오전 시간대에 1대씩 운항한다. 여행 계획이 있다면 미리 시간표를 알아두고 움직이는 것이 좋다. 요금은 테르미니 역 출발 기준 €2.60, 티부르티나 역 출발 기준 €3.
버스로도 갈 수 있는데 테르미니 Termini 역에서 메

트로 B선을 타고 폰테 맘몰로 Ponte Mammaolo 역에서 하차한 후 역 외부의 시외버스 정류장에서 티볼리행 버스를 이용하면 된다. 버스 티켓은 출구에 인접한 Bar에서 살 수 있으며, 가급적 왕복으로 사는 것이 좋다. 버스는 Piazzale Nazioni Unite에서 정차하며 버스에서 내려 길을 건너면 빌라 데스테 Villa d'este행 이정표가 보인다. 버스를 이용할 경우 교통체증으로 악명 높은 도로를 지나가며, 만원 버스에 실려서 로마까지 와야 하는 경우도 있다. 오전에 티볼리로 갈 때에는 버스를, 오후에 로마로 돌아올 때에는 기차를 이용하는 것도 좋은 선택이다.

티볼리 완전 정복

티볼리의 볼거리는 빌라 데스테, 빌라 그레고리아나, 빌라 아드리아나 세 곳. 빌라 데스테와 빌라 그레고리아나는 인포메이션이 있는 Piazzale Nazioni Unite 부근에 위치하지만 빌라 아드리아나는 티볼리의 중심인 가리발디 광장에서 버스를 타고 이동해야 한다.

유럽 최고의 정원 양식을 관람하고 싶다면 빌라 데스테를, 자연과 함께 하는 풍경을 보고 싶다면 빌라 그레고리아나를, 황제가 만든 고대유적을 보고 싶다면 빌라 아드리아나를 관람하자. 세 곳 모두 보고 싶다면 빌라 아드리아나를 먼저 관람한 후 빌라 데스테와 빌라 그레고리아나를 보는 것이 시간 · 거리상 효율적이다.

겨울에 티볼리를 방문했다면 빌라 데스테, 빌라 그레고리아나보다는 빌라 아드리아나를 선택하는 것이 좋다. 겨울 시즌에는 빌라 데스테의 분수가 절반 정도 가동하지 않고 빌라 그레고리아나는 휴장하기 때문.

시내 여행을 즐기는 Key Point

여행 포인트 유럽 최고의 정원 양식, 수많은 분수, 고대 황제의 이상향

이것만은 놓치지 말자!

❶ 빌라 데스테 속 파이프 오르간 분수 연주

❷ 물에 비치는 포세이돈 분수 사진 찍기

❸ 자연이 만들어준 공원 빌라 그레고리아나

❹ 빌라 아드리아나의 모의 해전이 열렸던 연못에서 대칭 사진 찍기

Best Course

빌라 아드리아나 → 빌라 데스테(타원형의 분수→백 개의 분수→로마 분수→올빼미 분수→포세이돈 분수→자연의 여신 분수→오르간 분수) → 빌라 그레고리아나

ATTRACTION

보는 즐거움

번잡한 로마에서 벗어나 여유로운 시간을 보낼 수 있는 티볼리. 고대 황제의 이상향, 자연과 인공이 함께 어우러진 정원, 추기경의 별장이 여행자를 기다리고 있다. 고즈넉한 구시가 산책은 보너스.

빌라 데스테 Villa d'este 유네스코, 건축

빌라 데스테에서 전망대 역할을 하는 발코니

교황 선출 선거(콘클라베)에서 낙선한 이폴리토 데스테 Ippolito d'este 추기경이 만든 별장. 이탈리아를 대표하는 권력가의 후손인 이폴리토 데스테가 율리우스 3세에 의해 쓰디쓴 패배의 잔을 든 후 한직으로 밀려나 이곳에서 시간을 보냈다. 그는 다시 로마로 돌아갈 날을 꿈꾸며 자신의 빌라를 리모델링할 계획을 세웠다. 1550년부터 매너리즘 조각가인 피로 리고리오 Pirro ligorio 주도로 시작된 리모델링은 건물을 더욱 크고 화려하게 짓고 빌라 정원을 수백 개의 분수로 꾸며, 부호들과 권력가들의 메카로 만들고자 했다. 그러나 1572년 이폴리테 추기경이 사망하면서 잠시 방치되다 알렉산드로 에스테 Alessandro d' Este 추기경의 주도로 바로크 최고의 거장 지안 로렌초 베르

니니의 손으로 완성 시켰다.
그 후 빌라 데스테는 추기경들과 교황의 여름 휴양지로 각광을 받았으나 에스테 가문이 몰락하면서 방치되었고 전쟁 이후 이탈리아 정부 재산으로 편입되어 복구 작업을 거친 후 일반에게 공개되었다.
복구된 빌라 데스테는 이폴리테 데스테 추기경의 바람대로 아름다움을 인정받아 2000년에는 유네스코에서 지정한 세계문화유산으로 지정되었고 2007년에는 유럽에서 가장 아름다운 정원으로 선정되기도 했다.

빌라 내부의 화려한 천정화

※ 관람 순서 빌라 → 페가수스 분수 → 오르간 분수 → 넵튠의 분수 → 사이프러스 원형 정원 → 자연의 여신 분수 → 메테 분수 → 아리아드네 분수 → 3개의 연못 → 용의 분수 → 올빼미 분수 → 프로세피나 분수 → 로마 분수 → 백 개의 분수 → 타원형의 분수

로마 분수

같은 모티브가 계속 반복되는 백 개의 분수

로마 분수 La Rometta

정원 통로를 따라가면 가장 먼저 등장하는 분수로, 창을 들고 있는 늠름한 여전사의 모습을 한 로마의 여신 옆에 로마의 시조 로물루스와 레무스가 암늑대의 젖을 먹고 있는 모습이 형상화되어 있다.

백 개의 분수

백 개의 분수 Le Cento Fontane

100개의 분수로 만들어진 100m짜리 분수. 총 3개 층으로 이루어져 있는데, 가장 상단은 에스테 가문의 상징인 독수리와 오벨리스크, 노아의 방주 3가지를 반복해 만들었고 가장 아랫단은 마치 빨대를 물고 힘을 줘서 물을 뿜어내는 귀여운 모습의 동물들이 제각기 입을 내밀고 물을 뿜어내는 형상으로 만들어졌다. 처음 이 분수를 만들 때는 분수마다 다른 소리를 내는 장치가 되어있어 하나의 오케스트라처럼 곡이 연주됐다고 하지만 지금은 파손되었다.

타원형의 분수 La Fontana dell'ovato

작은 티볼리라 불리는 분수로 타원형 형태로 되어 있어 타원형의 분수라 불린다. 빌라를 설계한 건축가 피로 리고리오가 수상극장의 형태로 설계한 분수이다. 분수 윗부분의 두 개의 산은 티볼리 주변의 티부르티나 산들을 상징하며, 그 사이를 흘러내려 오는 3개의 물줄기는 티볼리의 3개의 강 아니에네 Aniene, 에르콜라오네오 Erculaneo, 알부네오 Albuneo를 나타낸다. 떨어지는 폭포의 모습은 빌라 그레고리아나 폭포의 모습을 형상화한 것이다.

타원형의 분수

올빼미 분수 La Fontana della Civetta

여러 가지 색으로 칠해진 테라코타들과 각종 장식으로 화려하게 꾸며진 분수. 수압을 이용한 기계 장치로 새 소리가 나도록 만들어졌는데 정원에서 아름다운 새 소리를 듣고 싶어 했던 에스테 가문 사람들의 요구로 만들어졌다고 한다. 올빼미가 나무에 다가가면 새들이 놀라 소리를 멈출 정도였다.

자연의 여신 분수 La Fontana della Natura

정원에서 가장 외진 곳에 있는 분수. 여신 다이아나의 모습으로 대부분 비슷한 모양을 한 여신상과 마찬가지로 다산과 영생을 상징한다. 여신상의 많은 젖가슴에서 시원하게 물을 뿜어내는 모습이 흥미롭다.

넵튠의 분수 La Fontana di Nettuno

유일하게 20세기에 만들어진 분수. 베르니니가 만든 것을 1930년대에 리모델링했다. 뒤쪽에 보이는 오르간 분수와 함께 하나의 분수처럼 보여 더욱 웅장해 보인다. 분수 앞에 있는 3개의 연못은 거울과 같은 효과를 나타내며 마치 운하 끝에 분수가 있는 듯한 착각을 일으키기도 한다.

분수만의 모습도 멋있고 웅장하지만 가장 먼 곳에 위치한 세 번째 연못에서 분수가 연못에 반사될 수 있게 사진을 찍어보자. 미술 시간에 만들었던 데칼코마니와 같은 효과를 볼 수 있다.

오르간 분수 La Fontana dell'Organo

정원 내 다른 분수들과는 달리 바로크 양식의 분수로, 알렉산드로 에스테 Alessandro d' Este의 주문으로 만들어졌다. 빌라 정원 가장 높은 곳에 위치한 이 분수는 음악을 주관하는 아폴로 신이 하프와 바이올린을 들고 연주하는 모습의 조각상들로 꾸며져 있으며, 매우 장엄하고 화려하다.

올빼미 분수

자연의 여신 분수

넵튠의 분수

오르간 분수

중앙에 있는 로마 신전 형태의 분수 속에 파이프 오르간이 설치되어 있고 물이 떨어지며 생기는 바람의 힘만으로 파이프 오르간이 연주된다. 빌라 데스테에서 놓치면 안 되는 볼거리이니 입장 시 연주 시간(10:30 · 12:30 · 14:30 · 16:30 · 18:30)을 꼭 확인하자.

주소 Piazza Trento 1 **운영** 08:30~19:45(월 14:00~) **정원** 폐장시간 1 · 11 · 12월 16:45, 2월 17:30, 3월 18:15, 4월 19:30, 5~8월 19:45, 9월 19:15, 10월 18:30 **휴무** 월요일, 1/1, 12/25 **입장료** 성인 €10, 18세 미만 · 학생 €5(전시회 등이 있을 시 입장료 변동이 있을 수 있음) **가는 방법** 티볼리 인포메이션이 있는 Largo Nazioni Unite에서 Via boselli 따라 도보 2분

빌라 그레고리아나

빌라 그레고리아나 Villa Gregoriana

1835년 아이에네 Aiene 강의 범람으로 티볼리는 홍수 피해를 보았다. 이를 방지하기 위해 댐을 만들고 그 아래쪽에 조성된 정원이 바로 이곳. 댐에 모여진 물이 만들어 낸 100m 이상의 시원한 폭포와 그 아래쪽의 계곡 풍경이 시원하고 멋있다. 빌라라는 이름을 갖고 있지만 자연적으로 만들어진 동굴, 산책로, 기암괴석들이 어우러진 자연공원이다.

주소 Largo Sant'Angelo **홈페이지** www.fondoambiente.it **운영** (2024년) 3/22~6/30 · 9/2~10/13 09:30~18:30, 7/1~9/1 09:00~19:00, 10/14~10/26 09:30~18:00, 10/27~11/17 09:30~16:30, 11/18~12/15 09:30~16:00 **휴무** 12/16~3/20 **입장료** €10 **가는 방법** 기차역에서 내려 Viale Giuseppe Mazzini 길을 따라 이동. 도보 7분

빌라 그레고리아나

빌라 아드리아나 Villa Adriana 유네스코

로마의 5현 황제 중 한 명이었던 아드리아누스 황제의 별장. 빌라라고 이름 붙여졌지만 규모나 구성은 하나의 마을을 연상시킨다. 아드리아누스 황제가 개인 별장지로 조성을 시작해 방문객들을 위한 시설이 하나둘 들어서며 하나의 작은 신도시처럼 구성되었다. 아드라이누스 황제는 로마 제국을 여행하던 중 인상 깊게 봤던 그리스, 이집트의 건축물을 구현하면서 로마의 팔라티노가 아닌 이곳에서 집무를 볼 정도로 좋아했다고 한다.

그러나 황제 사후 방치되면서 점점 폐허가 되어갔고 이폴리토 추기경은 빌라 데스테를 리모델링하기 위해 이곳에 방치되어 있던 대리석, 조각상 등을 갖고 가기도 했다고. 1999년 유네스코 세계문화유산으로 지정된 후 지금까지 발굴과 복원이 진행되고 있다.

주소 Largo Marguerite Yourcenar 1 **홈페이지** www.villaadriana.beniculturali.it **전화** 0774382733 **운영** 매일 1 · 11 · 12월 09:00~17:00, 2월 09:00~18:00, 3 · 10월 09:00~18:30, 4 · 9월 09:00~19:00, 5~8월 09:00~19:30(입장 마감 폐장 1시간 전) **입장료** €12 **가는 방법** 가르발디 광장에서 CAT 4번 버스를 타고 Via di Villa Adriana에서 내려 약 300m를 걸어서 이동. 도보 10분

빌라 아드리아나의 정원

빌라 아드리아나

건축

Orvieto · 성벽 위의 치타 슬로(슬로우 시티) 오르비에토

시간이 멈췄거나 느리게 가거나. 오르비에토에 들어서면 드는 생각이다. 고대 에트루리아의 12개의 도시 중 하나였던 오르비에토는 해발 300m 고원에 위치하며, 로마 시대 이전으로 거슬러가는 역사를 갖고 있는 오래된 도시다. 한때 교황의 은거지이기도 했던 이 도시에는 이를 증명하듯 최고의 로마네스크 고딕 양식 성당인 두오모가 있다.

오르비에토에 갈 때는 시간을 흘려보낼 준비를 하고 떠나자. 작은 골목골목 사이에 숨어있는 조각품, 예쁜 숍들을 보는 것만으로도 충분한 여행이 될 터이다. 돌아다니다 지치면 마음에 드는 레스토랑에 앉아 와인을 마시며 휴식을 취하면 된다. 오르비에토는 질 좋은 화이트 와인 산지로도 유명하다. 자연 그대로의 음식과 함께 곁들이는 화이트 와인 한잔에 여행의 피로가 눈 녹듯 풀어질 것이다.

이런 사람 꼭 가자!!
달달한 화이트 와인 애호가라면 / 아무 생각 없이 걷고 싶다면

Information 여행 전 유용한 정보

클릭! 클릭!! 클릭!!!

오르비에토 관광청 www.comune.orvieto.tr.it

여행 안내소 Map p.182

주소 Piazza del Duomo 24
운영 월~금 08:15~16:00, 토 · 일 · 공휴일 10:00~13:00, 15:00~18:00 **가는 방법** 두오모 맞은편에 있다.

우체국 Map p.182

주소 Via Largo M Ravelli **운영** 월~토 08:10~16:45 **휴무** 일요일 **가는 방법** 두오모에서 왼쪽 골목으로 도보 3분

Access 오르비에토 가는 법

로마와 피렌체 양 방향에서 많은 수의 직행기차가 운행된다. 피렌체보다는 로마에서 운행하는 기차 편수가 더 많고 소요 시간도 짧아 로마에서 당일치기로 다녀오는 것이 편하다. 로마에서 출발하게 되면 레지오날레 Regionale와 IC를 이용하게 되는데, 소요 시간은 차이가 거의 없다. IC는 예약이 필요한 구간이므로 상대적으로 저렴한 레지오날레 기차를 이용하는 편이 좋다. 로마에서 오르비에토 역까지는 1시간 30분 정도 소요되며 역 건너편 푸니콜라레(등산기차) 정류장에서 오르비에토 마을로 올라가는 푸니콜라레를 타면 된다. 짐은 역 뒤편에 자리한 여행 안내소에서 보관해준다. 기차에서 내려 역 앞 광장 방향이 아닌 반대편으로 나가면 보이는데 요금은 하루에 €4이며, 17:30까지 운영한다. 치비타 디 바뇨레지오 행 버스 티켓은 역 내 카페에서 구입할 수 있으며 카페에 버스 시간표가 붙어있다.

주간이동 도시

출발지	목적지	교통편/소요 시간
오르비에토	로마 Termini	기차 1시간 30분
오르비에토	피렌체 S. M. N.	기차 1시간 30분~2시간 30분
오르비에토	치비타 디 바뇨레지오	버스 1시간

Transportation 시내 교통

오르비에토는 성벽 위에 위치한 마을로 역에서 마을까지 올라가려면 1시간 이상 등산을 하거나 역 맞은편에 위치한 푸니콜라레 정류장에서 푸니콜라레를 타야 한다. 탑승장 입구에서 티켓을 구입한 후 푸니콜라레를 타고 5분 정도 올라가면 카엔 광장 Piazza Cahen에 도착한다. 밖으로 나오면 버스가 정차해 있는데, 이 버스를 타면 두오모까지 갈 수 있다. 푸니콜라레 요금은 €1.30. 이 탑승권에는 버스 요금까지 포함되어 있다. 카엔 광장에서 두오모까지는 도보 10분 정도면 충분하다. 마을을 돌아볼 때에 특별한 교통수단은 없다. 그저 마음 가는 대로, 발길 닿는 대로 걷는 것이 최고!

오르비에토 완전 정복

오르비에토 여행은 두오모에서 시작된다. 지하도시 여행을 원한다면 두오모 광장의 여행 안내소 옆에 있는 사무실에서 투어 티켓을 구입하고 입장 가능 시간을 지정해 놓은 후 두오모를 관람하면 된다. 지하도시 투어 후 발길 닿는 대로 마을을 산책하자. 두오모 거리 Via del Duomo를 따라 걷다보면 작은 상점들과 레스토랑이 나타나고 숨어 있는 예쁜 골목들이 눈에 들어올 것이다. 역으로 돌아가기 위해서는 푸니콜라레 정류장으로 가야 하는데, 푸니콜라레를 타기 전에 정류장 옆쪽에 있는 산 파트라치오의 우물에 들르는 것을 잊지 말자.

근교 도시 치비타 디 바뇨레지오까지 묶어서 돌아볼 계획이라면 로마에서 8시대에 출발하는 기차를 타자. 오르비에토에 도착해 역내에 위치한 바 Bar에 들러 버스 출발 시각을 미리 알아둔 후 여행에 나서자. 두오모 외부만 보고 도시 골목길만 걸으며 돌아본다면 2~3시간이면 충분하다.

시내 여행을 즐기는 Key Point

여행 포인트 아기자기한 골목, 성벽 밖으로 보이는 풍경
랜드 마크 두오모
뷰 포인트 성벽
쇼핑하기 좋은 곳 Via Duomo, Via dei Magoni, 일요 벼룩시장이 열리는 Via del Costituente
점심 먹기 좋은 곳 두오모 거리, 레푸블리카 광장

이것만은 놓치지 말자!

❶ 로마네스크 고딕 양식의 최고봉, 두오모!
❷ 마음에 드는 레스토랑에서 달콤한 와인 즐기기

Best Course

두오모 → 지하도시 → 산 파트라치오의 우물
예상 소요 시간 3~4시간

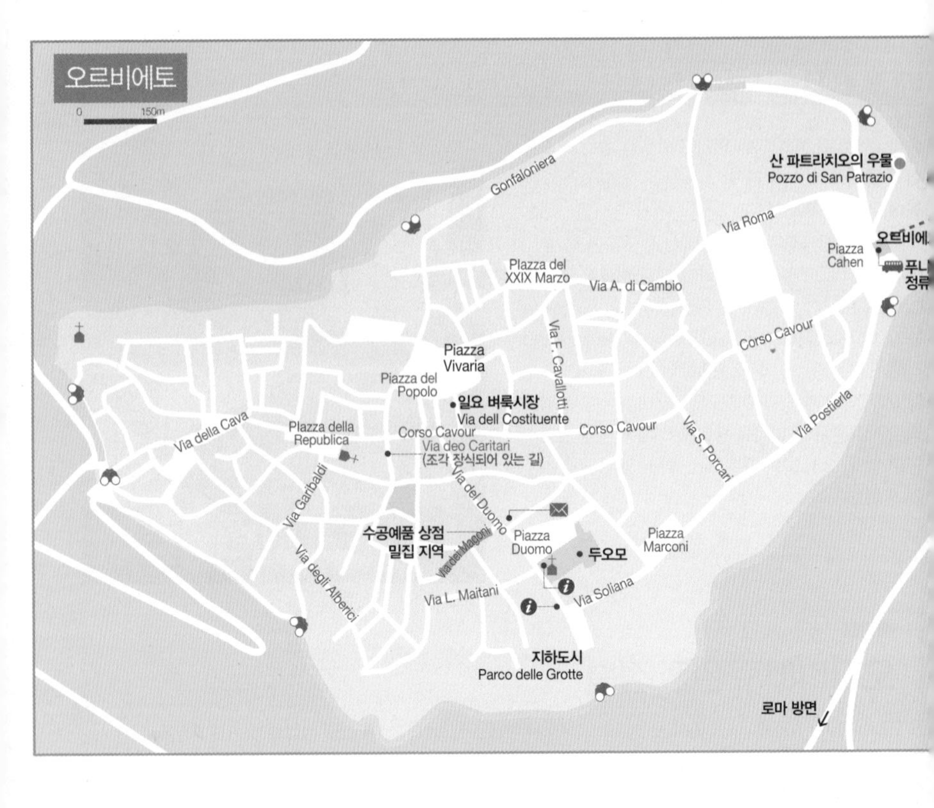

ATTRACTION

보는 즐거움

고즈넉하고 작은 도시에 위치한 웅장하고 화려한 두오모는 이 도시를 찾는 모든 여행자의 이목을 집중시킨다. 고요함 속에서 눈부시게 빛나는 두오모와 옛 사람들의 흔적, 느리게 살기 운동 치타 슬로의 오묘한 조화는 색다른 매력이다.

두오모의 화려한 프레스코화

두오모 Duomo

조용하고 소박한 마을과는 다소 어울리지 않는 화려한 성당. 성당 파사드의 외형은 시에나의 두오모와 유사한 형태이나 훨씬 더 화려하다. 1290년부터 건축을 시작해 300여 년에 걸쳐 완성된 성당으로 오르비에토의 상징이라 할 수 있다. 이 성당은 근처 볼세나의 성당에서 '성체에서 피가 흘러나와 제대포를 적신' 기적을 기리기 위해 세워졌다. 로마네스크 양식으로 건축이 시작되었으나 시간이 지나면서 고딕 양식의 첨탑이 첨가돼 지금의 형태가 되었다. 정면 파사드의 금색 찬란한 모자이크화와 섬세한 조각들은 보는 이로 하여금 감탄을 금치 못하게 한다. 성당 안의 정문 위에 있는 장미창과 산 브리치오 예배당의 프레스코화를 놓친다면 두오모를 관람했다고 할 수 없다. 특히 프라 안젤리코의 「최후의 심판」은 이후 미켈란젤로가 바티칸 시스티나 성당 벽화 작업 시 참고했던 작품으로 구성이나 형태가 매우 유사하다.

주소 Piazza del Duomo **홈페이지** www.opsm.it **운영** 평일 4~9월 09:30~19:00, 3·10월 09:30~18:00, 11~2월 09:30~17:00, 일·공휴일 11~2월 13:00~16:30, 3~10월 13:00~17:30 **미사** 일요일 09:00, 11:30, 17:00(3~10월 18:00) **입장료** €5 **가는 방법** 푸니콜라레 정류장 앞에서 대기하고 있는 버스로 3분, 또는 카엔 광장에서 Via Postierla 따라 도보 10분 Map p.182

화려한 두오모의 파사드

산 파트라치오의 우물 Pozzo di San Patrazio

1527년, 프랑스와 연합한 카를 5세의 군대가 로마를 침공했을 때 이곳으로 피신 온 교황 클레멘티 7세가 의뢰해 피렌체의 건축가 안토니오 다 산갈로가 설계한 깊이 62m, 폭 1.4m의 우물. 우물 안에는 72개의 창문이 있고 248개의 나선형 계단을 따라 밑으로 내려갈 수 있는데 혼잡을 방지하기 위해 상행과 하행이 나뉜다. 이후에 주세페 모모가 바티칸 박물관의 이중 나선 계단을 설계할 때 모델로 삼은 곳이기도 하다.

주소 Viale Sangallo **운영** 1·2·11·12월 10:00~16:45, 3·4·9·10월 09:00~18:45, 5~8월 09:00~19:45 **휴무** 1/1, 12/25 **입장료** 일반 €5 **가는 방법** 푸니콜라레 정류장 오른쪽에 있다. Map p.182

산 파트라치오의 우물

지하도시 Orvieto Underground

3,000년의 역사를 갖고 있는 지하동굴로 터널, 계단, 통로로 이어진 440여 개의 방이 층층이 쌓여 있다. 내부로 들어가면 곡식 창고, 와인 창고, 방앗간 등으로 쓰이던 곳들이 당시 도구들과 그 모습 그대로 남아 있다. 냉장고가 발명되기 전까지 오르비에토의 음식 저장 창고로 쓰이기도 했다고. 사시사철 12~15℃의 기온을 유지해 여름엔 시원하고 겨울엔 포근한 느낌이다. 온통 부드러운 화강암으로 둘러싸인 실내 분위기도 한몫한다. 이곳에서 내려다보는 주변 풍경도 근사하다.

주소 Piazza Duomo **홈페이지** www.orvietounderground.it **운영** 11:00, 12:15, 16:00, 17:15(가이드와 함께 입장, 영어 또는 이탈리아어), 여름 성수기에는 매 15분 간격으로 입장 **휴무** 12/25 **입장료** 일반 €8, 학생 €6 **가는 방법** 두오모 광장의 관광 안내소 바로 옆 사무실에서 티켓을 구입한다. 정해진 시각에 모여 출발한다. Map p.182

지하도시

오르비에토 근교 여행

Civita di Bagnoregio
아득한 절벽 위의 그들만의 세상 치비타 디 바뇨레지오

귀여운 느낌의 두오모

벽을 타고 오르는 담쟁이덩굴이 자연스러운 장식의 효과를 준다.

일본 애니메이션의 거장 미야자키 하야오 감독의 대표작 중 하나인 「천공의 성 라퓨타」의 배경으로 알려진 치비타 디 바뇨레지오. 2500년 전부터 에투르스칸인들의 마을로 시작된 역사가 지금까지 이어져 오는 곳이다. 철학자이자 신학자인 토마스 아퀴나스 Thomas d'Aquino와 함께 중세 스콜라 철학의 쌍두마차인 보나벤투라 성인 Sanctus Bonaventura이 태어나고 살았던 곳이다.
부드러운 질감의 응회암 지대가 풍화작용과 지진으로 조금씩 무너지면서 마을은 점차 쇠락해서 현재는 20여 명만 남아 '죽음의 마을'이라 불린다.
치비타 디 바뇨레지오에 가려면 오르비에토에서 파란색 코트랄 버스를 타고 40여 분을 달려야 한다. 출발하며 보는 절벽 위 오르비에토의 모습은 앞으로 만나게 될 치비타의 모습을 기대하게 한다. 가는 길은 고즈넉한 분위기가 펼쳐지는데, 올리브 나무와 간간이 보이는 주택들이 만들어내는 풍경을 보고 있노라면 마음이 절로 편안해진다. 버스의 종점은 바뇨레지오. 이곳에서 로마 거리 Via Roma를 따라 20여 분 정도 걸어보자. 쭉 뻗은 길의 양옆으로 가득한 꽃들과 펄럭이는 빨래가 정감 있다. 표지판을 따라 걷다 보면 치비타가 한눈에 들어오는 전망대를 만날 수 있다.
전망대에서 보이는 치비타는 까마득한 계곡 너머로 어릴 적 친구들과 하던 모래 놀이를 연상시키는 모습으로 절벽 위에 얹힌 형상이다. 비바람에 약한 응회암이 지금까지도 계속깎여 나가고 있어 언제 무너질지 모르는 위태위태함을 불러일으키는데, 마치 이곳이 죽음의 마을이라 불리는 이유를 나타내는 듯하다.
€5의 입장료를 내고 마을 입구로 가기 위해 건너는 다리는 바람이

까마득한 구름다리는 바람이 불면 흔들린다.

소박한 느낌의 건물들

불면 흔들린다. 고소공포증이 있다면 조금 무섭게 느껴질 수도 있는 다리를 건너 마을의 관문으로 들어서면 고즈넉하고 아늑한 풍경이 눈 앞에 펼쳐진다.
마을의 가장 중심이자 가장 넓은 곳인 Piazza S. Donato 한쪽에 자리한 분홍빛 성당이 눈길을 끈다. 양지바른 곳에 자리해 꾸벅꾸벅 졸고 있는 고양이, 울퉁불퉁하지만 정감 있는 벽돌, 곳곳에 놓여있는 화분들이 의도하진 않았지만 함께 어우러져 마을을 예쁘게 꾸며주고 있다. 유럽인들에게 많은 사랑을 받는 여행지라는 것을 증명하듯 곳곳에 보는 B&B 간판과 작은 규모의 식당들이 정감 있다.
30분 정도면 마을 곳곳을 모두 둘러볼 수 있을 정도의 규모로, 치타 슬로(슬로우 시티) 운동의 시작점인 오르비에토의 분위기를 따라 주변에서 생산되는 식재료로 만든 음식, 와인을 판매하는 식당들이 마을 내 가득하다. 바삐 달려온 삶에서 벗어나 신선하고 맛있는 음식, 달콤한 와인과 함께 지친 다리를 쉬어가고 느긋하게 앞으로의 여행을 계획해보는 것은 어떨까.

• 여행 정보

www.civitadibagnoregio.it

• 가는 방법

오르비에토 기차역 마테오티 광장 Piazza G. Matteotti에서 맞은편에 위치한 푸니쿨라 정류장 앞에서 코트랄 버스를 타고 종점인 바뇨레지오 Bagnoregio 시내의 Via Garibaldi 23에서 하차한다. 버스 티켓은 오르비에토 기차역 내의 바 Bar에서 구입이 가능하며, 왕복권으로 구입하면 된다(편도 €3, 이동시간 45분).
주의할 점은 공휴일에는 버스가 운행하지 않는다는 것. 공휴일에 여행을 떠났다면 택시를 이용하자. 요금은 2인 기준 편도 €50 내외, 왕복 €80 정도로 흥정할 수 있다. 4인 정도의 일행이라면 택시 이용도 나쁘지 않은 선택. 오르비에토에서 출발할 때 기차 시간에 맞춰 치비타에서 돌아오는 시간까지 약속을 정하고 여행을 떠나자.
버스를 이용할 경우, 하차한 정류장에서 Via Roma를 따라서 20분 정도 걷다 보면 치비타 디 반뇨레지오를 한눈에 볼 수 있는 Belvedere 전망대를 만날 수 있다. 여기서 조금 아래쪽으로 내려가면 마을로 진입하는 다리가 등장하는데, 입구에서 입장료(€5)를 지불하면 여행이 시작된다.

Assisi · 평화와 사랑 가득한 중세도시 아시시

움브리아 지방 평원의 수바시오 Subasio 언덕 위에 자리 잡은 작은 도시. 성 프란체스코가 태어나고 자라서 생을 마감하는 날까지 가난한 자와 평화를 위해 기도하며 사랑을 실천했던 곳이다. 그런 연유로, 그의 뜻을 기리기 위해 찾아오는 성지순례단을 심심찮게 발견할 수 있고, 거리의 상점들은 여러 종류의 성물로 가득하다. 하지만 종교적 의미만으로 아시시를 평가할 순 없다. 오래된 돌로 만들어진 가옥들이 마주하고 있는 골목과 집 외벽을 장식하고 있는 작은 화분이 사랑스러운 느낌을 주는 이 도시는 이탈리아에서 아름답기로 손꼽히는 소도시들 중 하나이기 때문이다. 잠시 여행의 피로를 잊고 속세의 어지러움에서 벗어날 수 있는 곳으로 가보자. 아시시에서 느낄 수 있는 평화로움이 앞으로의 여행길에 힘을 줄 것이다.

이런 사람 꼭 가자!!
성지순례를 하는 여행자라면 / 고즈넉한 분위기를 즐기고 싶다면

저자 추천
이 사람 알고 가자 성 프란체스코, 성녀 글라라

Information 여행 전 유용한 정보

클릭! 클릭!! 클릭!!!

아시시 여행 정보 www.visit-assisi.it

여행 안내소

무료 시내 지도를 얻을 수 있으며, 한글 안내문도 구입할 수 있다.

코무네 광장 ⓘ Map p.188-B1
주소 Piazza del Comune
전화 045 800 08 61
운영 07:00~21:00

Access 아시시 가는 법

아시시는 로마와 피렌체 중간에 위치해 있는데 당일치기 여행보다는 두 도시로 이동하는 중간에 여행하기를 권한다. 당일치기를 원한다면 피렌체에서 여행하는 것이 운행하는 기차 편수를 볼 때 편리하다.
로마 테르미니 역에서 직행기차는 하루에 3회 운행한다. 피렌체에서 가려면 산타 마리아 노벨라 역에서 하루에 5회 정도 운행하는 폴리뇨행 레지오날레 Regionale 기차를 타면 된다.
당일치기 여행이라면, 역에 도착해 돌아가는 기차 시간표를 미리 확인해 놓는 것이 좋다. 기차역 신문 판매소에서 짐을 맡아준다 (06:30~12:30 · 13:00~19:30, 점심시간 휴무, 비용 €6).

주간이동 가능 도시

출발지	목적지	교통편/소요 시간
아시시	로마 Termini	기차 2시간 15분
아시시	피렌체 S.M.N.	기차 2시간 30분

Transportation 시내 교통

역에서 아시시 시내(산 프란체스코 성당)까지는 도보로 30분 이상 걸리며, 가는 길도 오르막이다. 걷기 싫다면 역 앞 버스 정류장에서 E006번이나 C번 버스를 타면 된다. 요금은 €1.30이며, 10분 정도 걸린다. 티켓은 아시시 역내 매점에서 구입 가능하며, 왕복으로 구입하는 것이 편리하다. 시내는 도보로 충분히 돌아볼 수 있다. 아시시 역으로 다시 돌아갈 때는 산 프란체스코 성당에서 5분 정도 내려와 산 피에트로 광장 Piazza San Pietro에서 버스를 타면 된다.

아시시 완전 정복

아시시 역에서 버스를 타고 시내 마테오티 광장 Piazza Matteotti에서 내린다. 먼저 아시시의 뷰 포인트라 할 수 있는 로카 마조레에 오른다. 전망대에서 내려다보는 움브리아 평원과 탁 트인 시내 전경, 한눈에 보이는 산 프란체스코 성당의 모습을 감상한 후 Via Maria delle Rose를 따라 내려와 아시시의 두오모인 산 루피노 성당과 산타 키아라 성당까지 둘러본다. 관람을 마친 후 마치니 거리 Corso Mazzini를 따라 걷다 보면 코무네 광장에 이른다. 아시시의 번화가여서 식사와 간단한 기념품 쇼핑을 즐길 수 있다. 아기자기한 수공예품과 성물은 종교적 의미를 떠나서라도 여행자의 눈길을 사로잡는다.

광장에서 Via San Francesco를 따라 아시시의 최대 볼거리인 산 프란체스코 성당으로 가보자. 역으로 다시 돌아갈 때는 산 피에트로 광장 Piazza San Pietro으로 내려와 버스를 타는 게 편하다. 로카 마조레를 생략하고 싶다면 산 루피노 성당–산타 키아라 성당–코무네 광장–산 프렌체스코 성당 순으로 돌아봐도 된다. 산 다미아노 수도원이나 역 옆에 있는 산타 마리아 델리 안젤리 성당에 들러 보는 것도 좋다.

시내 여행을 즐기는 Key Point

여행 포인트 고즈넉한 골목
랜드 마크 산 프란체스코 성당, 코무네 광장
뷰 포인트 로카 마조레, 산타 키아라 성당 앞 광장
점심 먹기 좋은 곳 코무네 광장 주변
쇼핑하기 좋은 곳 마치니 거리 Corso Mazzini

이것만은 놓치지 말자!

❶ 산 프란체스코 성당 안을 가득 채우고 있는 조토의 프레스코화
❷ 산타 키아라 성당 앞 광장에서 바라보는 움브리아 평원
❸ 꽃으로 장식한 아기자기한 아시시의 집
❹ 골목마다 달려있는 가로등

Best Course

로카 마조레→산 루피노 성당→산타 키아라 성당→코무네 광장 → 산 프란체스코 성당

예상 소요 시간
5~6시간

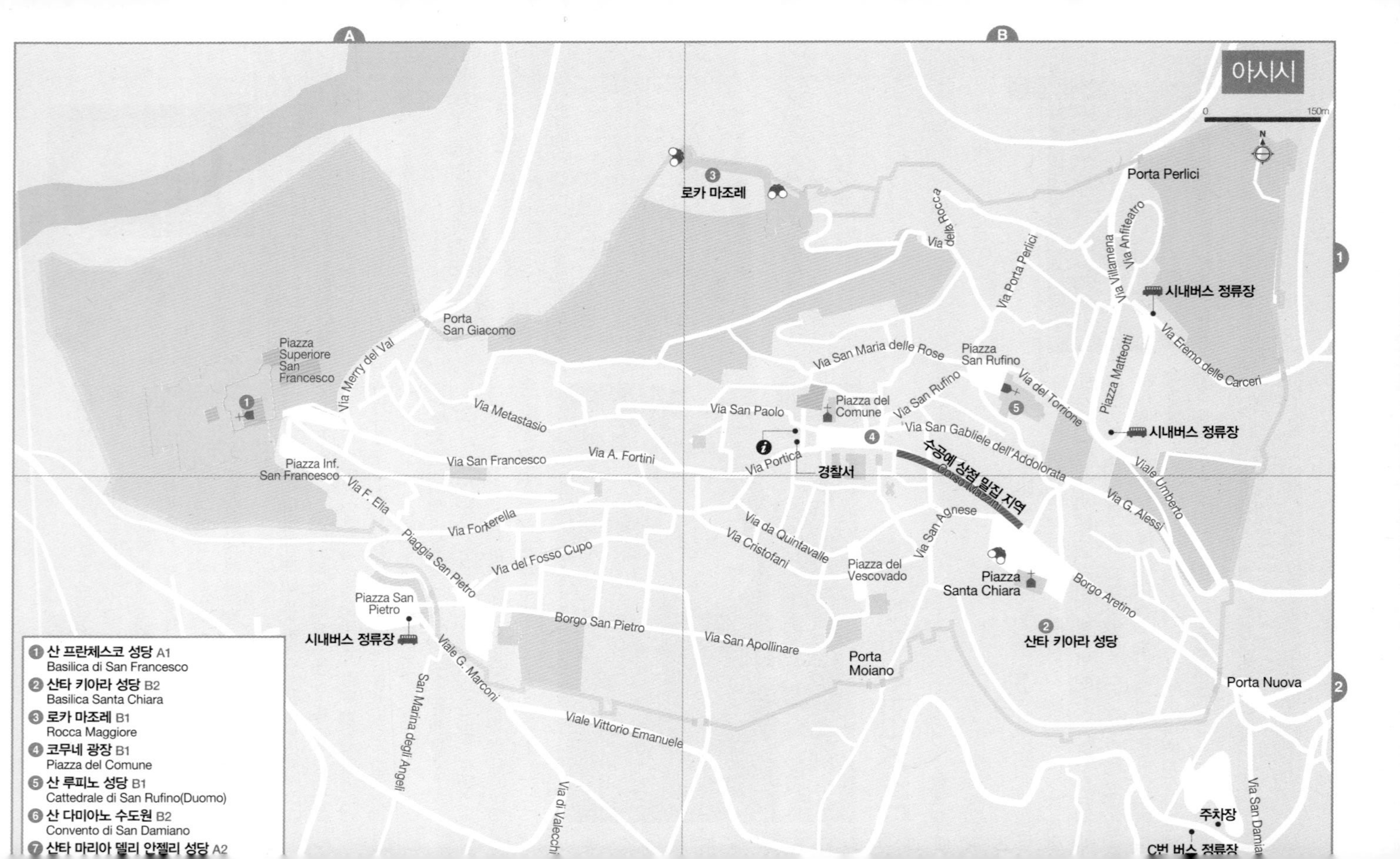

아시시
0
150m
N
Porta Perlici
Via Anfiteatro
Via Villamena
시내버스 정류장
Via Eremo delle Carceri
Piazza Matteotti
시내버스 정류장
Viale Umberto
Via G. Alessi
Via della Rocca
Via Porta Perlici
3
로카 마조레
Porta San Giacomo
Piazza Superiore San Francesco
1
Via Merry del Val
Via Metastasio
Via San Maria delle Rose
Piazza San Rufino
Via San Rufino
Via del Torrione
5
Via San Paolo
Piazza del Comune
4
Via San Gabliele dell'Addolorata
수공예 상점 밀집 지역
Corso Mazzini
Via Portica
경찰서
Via San Francesco
Via A. Fortini
Piazza Inf. San Francesco
Via F. Elia
Via Fonterella
Via del Fosso Cupo
Piaggia San Pietro
Via da Quintavalle
Via Cristofani
Via San Agnese
Piazza del Vescovado
Piazza Santa Chiara
Borgo Aretino
2
산타 키아라 성당
Piazza San Pietro
시내버스 정류장
Borgo San Pietro
Via San Apollinare
Porta Moiano
Porta Nuova
Viale G. Marconi
San Marina degli Angeli
Viale Vittorio Emanuele
Via di Valecchi
Via San Damia
주차장
C번 버스 정류장
A
B
1
2
1 산 프란체스코 성당 A1
Basilica di San Francesco
2 산타 키아라 성당 B2
Basilica Santa Chiara
3 로카 마조레 B1
Rocca Maggiore
4 코무네 광장 B1
Piazza del Comune
5 산 루피노 성당 B1
Cattedrale di San Rufino(Duomo)
6 산 다미아노 수도원 B2
Convento di San Damiano
7 산타 마리아 델리 안젤리 성당 A2

ATTRACTION

보는 즐거움

아시시의 가장 큰 볼거리는 산 프란체스코 성당과 산타 키아라 성당이다. 비슷한 모양이지만 다른 느낌을 갖고 있는 성당을 관람한 후 성당 사이의 골목길을 걸으며 움브리아 평원의 고즈넉함과 중세도시의 고요함을 한껏 느껴보자. 골목 사이에 숨어있는 작은 성당들도 놓칠 수 없는 볼거리다.

산 프란체스코 성당

Basilica di San Francesco 유네스코, 건축, 미술

아시시의 가장 큰 볼거리이며 성 프란체스코의 유해와 유품을 안치한 곳이다. 이곳은 13세기까지 죄수들의 교수형이 집행되던 자리로 '지옥의 언덕'이라고 불렸다. 현재 성당 맞은편에 자리한 언덕 잔디밭에는 평화를 뜻하는 PAX가 새겨져 있고 평화의 성인을 모시는 성당이 있다. 성 프란체스코는 이곳에 성당을 세우고 자신이 죽으면 묻어달라고 유언을 남겼는데 이는 예수 그리스도의 뒤를 따르겠다는 다짐의 표현이었다고 한다. 성당은 2층 구조로 지어졌으며 공간은 독립적이다. 성당 건축은 성 프란체스코가 성인품에 오른 후인 1228년부터 시작되어 1253년에 완공되었다. 성당 하층 내부는 묵직하고 엄숙한 분위기에 마르티니, 조토, 치마부에 등의 프레스코화로 장식되어 있고 지하로 내려가면 성인의 유체가 유품들과 함께 안치되어 있다. 상층 벽면은 성인의 생애를 표현한 조토의 프레스코화 28 장면으로 가득 차 있으며, 마치 미술관에 온 듯한 느낌이다. 「새들에게 설교하는 프란체스코」, 「소명의 순간」, 「교회의 꿈」 등 유명한 그림들을 감상할 수 있다. 지난 1997년 대지진 때 큰 손상을 입었으며 지금도 일부 프레스코화는 복원 중이다.

주소 Piazza San Francesco **홈페이지** www.sanfrancescoassisi.org **운영 하층** 평일 08:30~18:30, 일 · 공휴일 10:30~16:30 **상층** 평일 08:30~18:45 일 · 공휴일 13:00~18:45 **미사** 평일 **하층** 07:15 · 10:00 · 11:00 · 18:00, 일 · 공휴일 **하층** 07:30 · 09:00 · 17:00 · 18:30 **상층** 09:00(영어) · 18:00 **가는 방법** 산 피에트로 광장에서 도보 5분

Map p.188-A1

산 프란체스코 성당

평화를 뜻하는 PAX

산타 키아라 성당 Basilica di Santa Chiara 뷰포인트

맑은 날 눈부시게 빛나는 흰색과 분홍색 대리석으로 만들어진 파사드가 매우 근사한 성당. 성 프란체스코의 삶에 감명 받아 평생을 처녀로 지내며 영적으로 결속되어 동반자의 삶을 살았던 성녀 키아라(글라라)를 기리기 위해 13세기에 로마네스크 양식으로 지어진 성당이다. 성녀 키아라는 청렴, 빈곤, 고행의 길을 성 프란체스코와 함께 하며 뜻을 같이 하는 이들과 글라라 수녀회를 시작하게 된다. 그녀 역시 죽을 때까지 가난한 삶을 살았다. 성당 지하로 내려가면 생전에 성녀가 입고 쓰던 물건과 함께 성녀의 유체가 모셔져 있다.

내부에 걸려 있는 비잔틴 양식의 다미아노 십자가는 성 프란체스코

산타 키아라 성당

에게 머리를 숙이며 "신의 교회를 복구하라"고 말했다는 것으로 산 다미아노 수도원에 있던 것을 이곳으로 옮겨온 것이다. 성당 앞 전망대에서 바라보는 움브리아 평야의 모습도 근사하다.

주소 Piazza Santa Chiara **홈페이지** www.assisisantachiara.it **운영** 여름 09:00~12:00 · 14:00~19:00(겨울 ~18:00) **미사** 평일 07:15 · 17:30(겨울 16:30), 일 · 공휴일 07:15 · 11:00 · 17:30(겨울 16:30) **가는 방법** 코무네 광장에서 Corso Mazzini를 따라 도보 5분

Map p.188-B2

마을이 한눈에 내려다 보이는 로카 마조레

로카 마조레 Rocca Maggiore 뷰포인트

14세기에 재건된 로마 시대 요새로 도시의 가장 높은 곳에 위치해 있다. 성에 오르면 마을의 전체 풍경과 아시시 주변 움브리아 평원의 모습이 한눈에 들어온다. 성 내부는 박물관으로 쓰이고 있으며, 서쪽 탑 끝에서 보는 풍경은 매우 근사하다.

주소 Via della Rocca **운영** 10:00~18:15(일 ~19:15) **휴무** 12/25 **입장료** €8 **가는 방법** 마테오티 광장에서 오르막길을 따라 도보 10분

Map p.188-B1

코무네 광장 앞에 보이는 성당

코무네 광장 Piazza del Comune

고대의 포로 로마노와 같이 모든 도시 활동의 중심이었던 광장으로 여행 안내소가 있다. 광장에 우뚝 솟아있는 탑은 시민의 탑이라 불리며 4t 무게의 찬미의 종이 걸려있다. 그 옆의 미네르바 신전은 1세기경에 세워진 것으로 당시의 모습을 그대로 유지하고 있으나 내부는 14~16세기에 걸쳐 성당으로 바뀌었다. 바로크와 로코코 양식이 혼재된 내부 장식이 매우 아름답다. 광장 주변에는 여행자와 현지인들이 애용하는 레스토랑들이 모여 있으며 주말에 시장이 열린다.

가는 방법 산 프란체스코 성당에서 도보 15분 Map p.188-B1

산 루피노 성당

산 루피노 성당 Cattedrale di San Rufino (Duomo)

13세기에 로마네스크 양식으로 지어진 성당으로 16세기에 리모델링했다. 산 프란체스코 성당에 비해 규모는 작지만 아시시의 대성당 역할을 하고 있다. 입구 오른편에 위치한 세례용 수반에서 성 프란체스코와 성녀 키아라가 세례를 받았다.

주소 Piazza San Rufino **홈페이지** www.assisimuseodiocesano.it **운영** 월~금 10:00~13:00 · 15:00~18:00, 토 · 일 11:00~18:00 **가는 방법** 코무네 광장에서 Via San Rufino를 따라 도보 5분 Map p.188-B1

산 다미아노 수도원의 안뜰

산 다미아노 수도원 Convento di San Damiano 유네스코

1212년 성녀 키아라가 설립한 수도원으로 아시시 시내에서 1.5㎞ 떨

어져 있다. 성 프란체스코가 예수의 목소리를 들었고, 키아라 성녀가 신앙생활을 했던 곳이기도 하다. 이곳에 서 있는 산 다미아노 수도원은 청빈과 검소를 주창하는 프란체스코 성인과 그를 따르는 프란체스칸들의 정신이 살아있는 곳이다. 산타 키아라 성당 안에 있는 다미아노 십자가는 원래 이곳에 있었다.
주소 Vocabolo San Damiano **홈페이지** www.santuariosandamiano.org **운영** 여름 10:00~12:00 · 14:00~18:00(겨울 ~16:30) **미사** 07:30 · 09:30 **가는 방법** 포르타 누오바 Porta Nuova에서 Via San Damiano를 따라 도보 15분 아시시 역에서 C번 버스 타고 11번째 정류장 Viale Vittorio Emanuele Ii 8에서 내린 후 도보 8분 Map p.188-B2

산 다미아노 수도원

산타 마리아 델리 안젤리 성당
Santa Maria degli Angeli 유네스코

산타 마리아 델리 안젤리 성당

프란체스코 수도회가 시작된 곳으로 지금의 성당은 16세기에 재건된 것이다. 성당에 들어서면 작은 건물이 보이는데 이곳이 프란체스코 성인이 머물렀던 포르춘콜라 Porziuncola이다. 여기에서 수도원이 시작되었으며 트란시토 예배당 Cappella del Transito에서 성인은 숨을 거뒀다. 바로크 양식의 화려한 성당 외부와 넓은 광장의 깔끔한 모습이 아시시 시내와는 다른 느낌을 준다. 성당에는 아시시의 기적이라고 불리는 세 가지가 있다. 성당 안뜰에서 자라고 있는 가시 없는 장미와 프란체스코 성인상을 700년 가까이 지키고 있는 흰색 비둘기, 그리고 복도를 은은하게 채우고 있는 장미 향이 그것이다.
주소 Santa Maria degli Angeli **홈페이지** www.porziuncola.org **운영** 평일 06:15~12:40 · 14:30~19:30, 일 · 공휴일 06:45~12:50 · 14.30~19:30 **가는 방법** 아시시 역에서 나와 왼쪽으로 가다가 교차로에서 좌회전해 도보 5분 Map p.188-A2

SAY! SAY! SAY!

평화를 사랑한 빈자의 성자, 성 프란체스코 San Francesco (1182~1226)

「Saint François d'Assise recevant les stigmates」 Giotto DI BONDONE, 루브르 박물관

이탈리아의 수호성인이자 동물들의 수호성인인 성 프란체스코는 많은 성인 중 가장 예수님을 닮은 사람으로 알려져 있습니다. 성인은 유복한 가정에서 태어나 방탕하고 무의미한 청년기를 보내다 병을 얻게 됩니다. 요양 중이던 성 다미아노 수도원에서 벽면 십자가의 못 박힌 그리스도가 움직이며 '프란체스코야, 너는 가서 쓰러져가는 나의 집을 바로 세워라'라는 환영을 접하고, 마태오복음 10장의 내용에 크게 깨달음을 얻어 청렴, 빈곤한 생활을 시작하기로 마음 먹고 수도자의 길을 걷기 시작합니다.
청렴한 삶과 끝없는 사랑에 대해서 설교하던 그는 제자들과 프란체스코 수도회를 설립합니다. 하느님이 모르는 세 가지 중 한 가지가 '프란체스코 수도회 재산이 얼마인지를 모른다'라는 이야기가 있는데, 이는 셀 수 없을 만큼 재산이 많아서가 아니라 셀 필요가 없을 만큼 적어서라고 합니다.
가난과 고난으로 일관된 삶을 살던 성인은 예수 그리스도가 십자가에 못 박힐 때 생겨난 것과 같은 상처인 그리스도의 성흔을 받고 일생 동안 빈곤한 사람들을 아낌없이 사랑하고 보살피다 1226년 생을 마감했습니다.

유네스코
미술
영화

Firenze

꽃향기 가득한 풍요롭고 우아한 도시
피렌체

따뜻한 햇살과 비옥한 토양으로 인해 풍요로움이 가득한 토스카나의 주도 피렌체. 예부터 강력한 공국으로서 위세를 떨쳤고 메디치라는 걸출한 지배세력의 부를 기반으로 예술가를 후원하고 르네상스를 주도하여 유럽의 문화와 지성을 선도했다. 그 결과 피렌체는 오래된 자부심과 당당함이 깃들어 있으며 다른 어느 유럽의 도시보다 화려한 예술품이 가득한 도시가 되었다. 천천히 도시를 음미해보자. 곳곳에 가득한 꽃향기를 느끼며.

지명 이야기
피렌체의 영어 표현은 Florence로 로마시대 꽃의 여신 플로라를 찬미하는 플로라리아 Floraria 축제에서 유래한 것이다.

이런 사람 꼭 가자!!
르네상스 미술의 걸작품들을 감상하고 싶다면
맛있는 음식과 와인을 즐긴다면
저렴한 가격으로 명품쇼핑을 즐기고 싶다면

저자 추천
이 영화 보고 가자
〈냉정과 열정 사이〉, 〈전망 좋은 방〉, 〈인페르노〉
이 책 읽고 가자
『르네상스 미술과 후원자』, 『아주 미묘한 유혹』, 『피렌체 르네상스』

Information 여행 전 유용한 정보

클릭! 클릭!! 클릭!!!

피렌체 관광청 www.firenzeturismo.it
피렌체 미술관 www.polomuseale.firenze.it

여행 안내소

Azencia Per il Turismo

시내 곳곳에 위치한 여행 안내소. 피렌체와 주변에서 열리는 축제, 이벤트 정보 소식지와 공연 정보를 얻을 수 있다. 피렌체 카드를 구입 할 예정이라면 이 곳에서 구입하는 것이 시간을 절약할 수 있는 지름길이다.

산타 마리아 노벨라 광장 ⓘ Map p.204-A1
주소 Piazza della Stazione
운영 월~토 09:30~19:00, 일 09:30~14:00
가는 방법 산타 마리아 노벨라 역 맞은편에 있다. 역과는 지하도로 연결된다.

산타 크로체 광장 ⓘ Map p.205-B3
주소 Borgo Santa Croce 29r
운영 월~토 09:00~19:00, 일 09:00~14:00
가는 방법 산타 크로체 성당에서 광장 왼쪽 끝의 골목 안에 있다.

카보우르 거리 ⓘ Map p.204-B1
주소 Via Cavour 1r
운영 월~토 08:30~18:30, 일 08:30~13:30
가는 방법 두오모에서 Via Martelli를 따라 도보 5분

아메리고 베스푸치 공항 ⓘ
운영 08:30~20:30
가는 방법 공항 도착홀 중앙에 위치

환전소

두오모에서 시뇨리아 광장으로 가는 칼차이우올리 거리 Via dei Calzaiuoli에 몇몇 환전소가 있으며, 시내 곳곳에 Bancomat(ATM)가 있다. 거리에 있는 환전소는 환율이 그리 좋지 않으며, 수수료도 각기 다르다.

미국 달러나 일본 엔화가 있다면 베키오 궁전 부근에 No Commission, 또는 No Extra Fee라는 문구와 함께 가격을 제시하고 있는 환전소가 있으니 몇 군데 다니며 비교하고 결정하는 것이 좋다.

통신사

Tim Map p.204-A1
주소 Piazza della Stazione, 60/61
운영 매일 09:00~19:00
가는 방법 산타 마리아 노벨라 역 정면 출구로 나와 오른쪽 길 건너편

Wind Map p.204-A1
주소 Piazza della Stazione 14
운영 월~토 10:00~19:30
가는 방법 산타 마리아 노벨라 역 16번 플랫폼 쪽 출구 나와 길 건너

Vodafone Map p.204-A1
운영 매일 09:00~19:30 **가는 방법** 산타 마리아 노벨라 역 지하 에스컬레이터 맞은편

슈퍼마켓

CONAD(시내) Map p.204-A1
주소 Largo Fratelli Alinari, 6/7

운영 월~토 08:30~20:00, 일 10:00~19:00
가는 방법 산타 마리아 노벨라 역 16번 플랫폼 쪽 출구로 나와 길 건너편 맥도날드가 있는 건물 코너

CONAD(산타 크로체) Map p.204-B1
피렌체 시내에서 규모가 가장 큰 슈퍼다.
주소 Via Pietrapiana 4/R
운영 월~토 08:30~21:00, 일 09:30~18:00
가는 방법 산타 크로체 성당 앞에서 Via dei Pepi를 따라 도보 5분

우체국

산타 마리아 노벨라 역 Map p.204-A1
주소 Via Alamanni 18 Rosso
운영 월~금 08:15~19:00, 토 ~12:30 **휴무** 일요일
가는 방법 기차역 오른쪽 출구 부근에 있다.

중앙우체국 Map p.205-A2
주소 Via Pellicceria 3 **운영** 월~토 08:15~19:00 **휴무** 일요일 **가는 방법** 레푸블리카 광장 부근에 있다.

경찰서

산타 마리아 노벨라 역 Map p.204-A1
위치 16번 플랫폼 옆에 있다. **운영** 24시간(연중무휴)

Police Station Map p.204-B1
외국인 전용 사무실을 운영한다.
주소 Via Zara 2
가는 방법 중앙시장 광장에서 Via Rosina 거리 끝까지 가서 좌회전한다. 오른편의 Via S. Orsloa로 진입해 도보 10분

병원

Careggi(카레찌 병원)
주소 Viale Pieraccini,17

Santa Maria Nuova Hospital Map p.205-B1
(산타 마리아 누오바 병원)
주소 Piazza Santa Maria Nuova, 1 **운영** 24시간

Clinical Research Prof. Manfredo Fanfani
주소 Piazza della Indipendenza, 18/b
운영 월~금 07:30~15:30, 토 07:30~12:30

약국

Farmacia Comunale Santa Maria Novella
주소 Piazza della Stazione
가는 방법 산타 마리아 노벨라역 16번 플랫폼 앞 출구

Access 피렌체 가는 법

피렌체는 로마에서 밀라노와 베네치아를 잇는 Y자형 철도 노선의 분기점에 위치하고 있어 기차로 이동하는 것이 가장 편리하다. 또한 피렌체에서 SITA 버스를 타고 토스카나 지방 주변 도시로 이동하기에도 좋은 위치다. 비행기로 갈 때는 유럽계 항공사를 이용해야 한다.

비행기

우리나라에서 피렌체로 가는 직항편은 없고 ITA항공, 에어프랑스나, 루프트한자 등 유럽계 항공사가 운항한다. 라이언에어를 이용한다면 피렌체 근교 피사의 갈릴레오 갈릴레이 국제공항(P.263)에 도착한다.

아메리고 베스푸치 공항 Aeroporto Amerigo Vespucci (FLR)

피렌체의 대표 공항으로, 피렌체 출신의 탐험가 아메리고 베스푸치의 이름을 따왔다. 페레톨라 공항 Aeroporto Peretola이라고도 부른다. 시내에서 5㎞ 정도 떨어져 있으며, 규모는 크지 않다. 로마와 카타니아 Catania, 칼리아리 Cagliari 등에서 운항하는 ITA항공 국내선과 루프트한자, 에어프랑스 등 유럽계 항공사를 이용한다면 이 공항에 도착한다. 저가 항공은 피사의 갈릴레오 갈릴레이 공항 Aeroporto Galileo Galilei으로 도착하는 항공이 많다. 피사 공항에서 피렌체 시내로 연결되는 버스는 1시간 30분 정도 소요된다.
※ 택스 리펀드 오피스 에스컬레이터를 이용해 출국장으로 올라가면 왼편에 위치한다.
공항 정보 www.aeroporto.firenze.it

공항에서 시내로

1) 볼라 인 버스 Vola in Bus

공항과 피렌체 시내는 셔틀버스 볼라 인 버스가 연결한다. 티켓은 공항 내 타바키에서 구입하거나 운전사에게 구입하면 된다.

버스는 공항 도착홀에서 밖으로 나와 NCC 버스 정류장에서 탑승하며, 시내의 산타 마리아 노벨라 역을 거쳐 종착지인 SITA 버스 터미널까지 운행한다. 30분 정도 소요.

시내에서 공항으로 갈 때는 SITA 버스 터미널 1번 플랫폼이나 산타 마리아 노벨라 역 정면에서 탑승하면 된다.

운행 공항→시내 05:30~00:30(30분 간격, 20:30 이후 1시간 간격) 시내→공항 05:00~00:10(30분 간격, 20:00 이후 1시간 간격)

요금 편도 €6, 왕복 €10

2) 트램

친환경적 수단일 뿐만 아니라 가장 빠르고 가장 경제적으로 시내로 갈 수 있다. 시내에서 공항으로 갈 때는 Piazza dell'Unità Italiana (Map p.204-A1)나 산타 마리아 노벨라 역 바라보고 왼쪽의 트램 정류장 Alamanni-Stazione (Map p.204-A1)에서 타면 된다.

운행 공항→시내 일~목 05:00~00:04, 금 · 토 05:00~01:31, 시내→공항 일~목 05:00~00:30, 금 · 토 05:00~02:00

요금 €1.50 **홈페이지** www.gestramvia.com

3) 택시

피렌체 시내까지 인원에 관계없이 정액 요금으로 평일은 €22, 공휴일은 €24이며 오후 10시 이후에는 €25이다. 짐 요금은 가방 한 개당 €1.

기차

피렌체로 가는 가장 편리한 수단은 기차다. 피렌체를

SAY! SAY! SAY!

신대륙을 알아본 탐험가, 아메리고 베스푸치 Amerigo Vespucci (1454~1512)

아메리카 대륙을 발견한 콜럼버스는 처음에 그곳을 인도라고 생각했습니다. 그곳이 신대륙임을 알아본 이는 바로 피렌체 출신의 탐험가 아메리고 베스푸치입니다.

아메리고 베스푸치는 시빌리아 Siviglia의 메디치 은행에서 일을 하다가 그만두고 탐험가의 길로 들어섭니다. 콜럼버스가 발견한 신대륙을 네 차례 방문한 뒤 인도가 아닌 새로운 대륙이라는 것을 가장 먼저 밝혀내게 됩니다. 이 공을 인정한 마틴 발트시뮬러는 1507년에 세계전도에 그려진 신대륙을 그의 이름을 따서 아메리카로 명명합니다. 피렌체에서는 우리가 알고 있는 수많은 위인들이 탄생했습니다. 그중 유독 아메리고 베스푸치를 공항 이름으로 한 것은 새롭게 부상하고 있는 피렌체 공항을 알리고, 신대륙 이름의 기원이 된 아메리고 베스푸치를 재조명하고자 하는 피렌체 시 당국의 노력이라 생각됩니다.

기점으로 남쪽으로는 로마와 나폴리, 북쪽으로는 밀라노와 베네치아와 연결된다. 근교의 아시시, 시에나, 피사 등을 연결해주는 Regionale 기차도 여러 대 운행하고 있어 근교 도시를 여행하는 데 편리하다. 피렌체에는 3개의 역이 있는데 산타 마리아 노벨라 역이 중앙역이다.

산타 마리아 노벨라 역
Stazione Santa Maria Novella Map p.204-A1

피렌체의 중앙역으로 영화 〈냉정과 열정 사이〉 마지막 부분에 잠시 등장한다. 역 내부에는 여행 안내소, 약국, 매점, 유인 짐 보관소, 경찰서 등이 있고 5번 플랫폼 쪽 출구로 나가면 우체국이 있다.
대부분의 기차가 산타 마리아 노벨라 역에 도착한다. 역에는 총 16개의 플랫폼이 있다. 5~16번 플랫폼은 눈에 잘 띄어 쉽게 찾을 수 있다. 피사 Pisa나 시에나 Siena행 기차가 출발하는 3 · 4번 플랫폼은 5번 플랫폼을 오른쪽에 두고 뒤로 한참 걸어가야 나온다.
산타 마리아 노벨라 역은 시내버스의 중심지로 버스는 16번 플랫폼 왼쪽의 출구로 나가 횡단보도 건너에 있는 시내버스 정류장을 이용하면 된다. 도보로는 시내 중심지까지 10분 정도 걸린다. 16번 플랫폼 왼쪽 출구로 나가면 왼쪽에 맥도날드가 보인다. 그 앞에서 길을 건넌 후 바타 Bata 매장을 지나서 큰길을 따라 직진한다. 이어서 GEOX 매장 지나 소피텔 호텔 Hotel Sofitel과 베네통 매장을 지나 길을 따라가면 두오모 광장이 나온다.
그 밖에 역내 지하도를 통해 역 반대편으로 건너가면 여행 안내소와 산타 마리아 노벨라 성당 방향으로 접근이 가능하다.

기차 티켓 사무소

역내 곳곳에 자동발매기가 있으며 국내 · 국제선 기차티켓 예약은 별도 매표창구를 이용해야 한다.
위치 7 · 8번 플랫폼 맞은편 **운영** 06:00~21:00

유인 짐 보관소

위치 16번 플랫폼 옆 **운영** 07:00~23:00
요금 €6/5시간, 이후 6~12시간 €1/시간, 그 이후 €0.50/시간

근교이동 가능 도시

출발지	목적지	교통편/소요 시간
피렌체 S.M.N.	아시시	기차 2시간 30분
피렌체 S.M.N.	시에나	기차 1시간 30분, 버스 1시간 40분
피렌체 S.M.N.	친퀘테레(라 스페치아)	기차 1시간 30분
피렌체 S.M.N.	루카	기차 1시간 20분
피렌체 Lazzi 버스 터미널	루카	버스 1시간 10분
피렌체 S.M.N.	피사	기차 1시간 30분
피렌체 Lazzi 버스 터미널	피사	버스 2시간 30분
피렌체 SITA 버스 터미널	산 지미냐노	버스 1시간 40분

주간이동 가능 도시(고속기차 기준)

출발지	목적지	교통편/소요 시간
피렌체 S.M.N.	베네치아 Santa Lucia	기차 3시간
피렌체 S.M.N.	로마 Termini	기차 1시간 45분
피렌체 S.M.N.	밀라노 Centrale	기차 1시간 40분
피렌체 S.M.N.	볼로냐 Centrale	기차 1시간

리프레디 역 Stazione Rifredi

로마, 베네치아, 밀라노 등에서 IC기차를 이용하면 북쪽의 리프레디 Rifredi 역에 도착한다. 피렌체에서 다른 도시로 이동할 때도 마찬가지로, IC기차를 이용할 계획이라면 산타 마리아 노벨라 역이 아닌 리프레디 역에서 탑승한다. 리프레디 역과 산타 마리아 노벨라 역 간은 기차로 5분 정도 걸린다. 두 역 사이의 기차 요금은 €1.50. 짧은 거리라고 무임승차했다가는 €50 이상의 벌금을 내야 하므로 주의하자. 역 정면에 있는 버스 정류장에서 20번 버스를 타면 산타 마리아 노벨라 역까지 갈 수 있다.

캄포 디 마르테 역 Stazione Campo di Marte

Map p.204-B1

북부의 베로나나 토리노 등에서 IC기차를 이용한다면 시내 동쪽에 위치한 캄포 디 마르테 역에 도착한다. 산타 마리아 노벨라 역과는 기차로 5분 정도 거리이고 역 앞의 버스 정류장에서 12번 버스를 타면 산타 마리아 노벨라 역까지 갈 수 있다. 기차 요금은 €1.50.

버스

피렌체는 토스카나 주의 주도이면서 교통의 요지로 중부의 주변 소도시를 연결해주는 버스 편이 발달했다. 기차보다 버스가 더 편리하고 저렴한 경우도 있으므로, 기회가 된다면 이용해보자. SITA 사와 Lazzi

사의 버스가 피렌체를 거점으로 운행하고 있다. SITA 사 버스는 시에나, 산 지미냐노 등 토스카나 지방의 소도시를 연결하며, 아웃렛 매장인 더 몰 The mall, 아메리고 베스푸치 공항까지 운행하는 버스도 있다. 산타 마리아 노벨라 역 5번 플랫폼 출구로 나가서 길을 건넌 후 왼쪽 길로 따라가면 SITA 버스 터미널(Map p.204-A1)이 나온다.

Lazzi 사 버스는 피사, 루카 등을 연결한다. 산타 마리아 노벨라 역 16번 플랫폼 출구로 나가 시내버스 정류장을 지나면 횡단보도가 나온다. 길을 건넌 후 맥도날드 앞에서 왼쪽으로 직진하면 코너에 Lazzi 버스 터미널(Map p.204-A1)이 나온다.

최근 저렴한 가격으로 여행자들의 사랑을 받고 있는 플릭스버스 Flixbus와 유로라인 Euro Line 버스는 산타 마리아 노벨라 역 뒤 Piazzale Montelungo (Map p.204-A1)에 발착한다. 산타 마리아 노벨라 역 16번 플랫폼 뒤를 따라 역 끝까지 간 후 통로를 따라 내리막길로 내려가면 나온다. 역 광장에서 캐리어를 끄는 성인 여자의 발걸음 기준으로 10분 정도 걸린다.

Transportation 시내 교통

산타 마리아 노벨라 역에서 두오모 광장까지는 도보 5분 정도 걸리며, 시내의 주요 볼거리들은 두오모를 중심으로 가까운 거리에 모여 있기 때문에 버스를 탈 일은 거의 없다. 산타 마리아 노벨라 역에서 미켈란젤로 광장으로 바로 갈 경우에는 버스를 이용한다. 역 왼쪽의 버스 정류장에서 12 · 13번 버스를 타면 된다. 버스 티켓은 카페, Bar, 타바키에서 미리 구입하자. 버스에 타면서 운전기사에게 구입할 수 있으나 가격이 비싸다. 미켈란젤로 광장에서 야경을 볼 계획이라면 왕복 두 장을 구입해 두는 것이 좋다. 미켈란젤로 광장에서 늦은 시간에 피렌체 시내로 내려오는 버스는 여행자들이 많이 이용하는 동시에 자주 무임승차 단속이 이루어지는 버스이기도 하다.

시내버스 정보 www.ataf.net

대중교통 요금

1회권(70분 유효) €1.50(운전사에게 구입 시 €2.50)

피렌체 완전 정복

사람들에게 널리 알려진 두오모 광장 주변과 시뇨리아 광장 주변만 둘러본다면 오전에 도착해 오후에 다른 곳으로 이동해야 하는 여행자라도 소화 가능하다. 그러나 피렌체의 참맛을 충분히 느끼기에는 부족한 시간이다. 특히 피렌체 여행의 하이라이트인 우피치 미술관은 내부 관람은커녕 건물만 슬쩍 보고 돌아와야 하므로 아쉬움이 남을 것이다. 피렌체를 제대로 감상하려면 최소한 이틀은 할애해야 한다.
하루는 두오모와 그 주변, 시뇨리아 광장을 둘러보고, 또 하루는 시내 곳곳에 위치한 각기 다른 특색을 지닌 성당들을 순례해 보자. 하루 정도 더 여유가 있다면 미술관 데이로 정하고, 우피치 미술관으로 향하자. 우피치 미술관은 여행자들에게 인기가 많아서 대기시간도 길고 많은 그림이 소장되어 있기 때문에 반나절 이상은 할애해야 한다. 그 밖에 조각에 관심 있는 여행자라면 우피치 미술관 티켓을 오후 시간으로 예약해두고 바르젤로 미술관과 아카데미아 미술관을 가는 것이 효율적이다.
여행 명소가 취향에 맞지 않는다면 시내의 작은 골목길을 산책하듯 걷고, 마음에 드는 카페에 들어가 차를 마시며 오후 시간을 보내고, 저녁에는 미켈란젤로 광장이나 피에솔레에 올라가 해가 지는 풍경을 감상하는 것도 좋다.
아주 여유롭게 일정을 잡았다면, 피렌체 주변에 위치한 피사, 시에나, 산 지미냐노, 루카 등의 소도시를 방문해 보자. 서양인들이 왜 이곳에서 노후를 즐기기를 소망하는지 몸소 느낄 수 있을 것이다.

시내 여행을 즐기는 Key Point

여행 포인트 르네상스 시대의 건축물과 미술품
랜드 마크 두오모 광장, 시뇨리아 광장, 베키오 다리
뷰 포인트 미켈란젤로 광장, 두오모의 쿠폴라, 조토의 종탑
점심 먹기 좋은 곳 산 로렌초 거리 Borgo San Lorenzo
쇼핑하기 좋은 곳 토르나부오니 거리 Via Tornabuoni, 로마 거리 Via Roma

이것만은 놓치지 말자!

❶ 르네상스 시대의 걸작들을 전시하고 있는 우피치 미술관
❷ 두오모의 쿠폴라와 조토의 종탑이 어우러진 시내 전경
❸ 미켈란젤로 광장에서 바라보는 피렌체의 저녁 노을
❹ 멋진 조각 작품들이 가득한 바르젤로 미술관과 아카데미아 미술관
❺ 골목골목 숨어있는 아기자기한 상점과 모던한 카페&바

충분한 시간이 없는 여행자를 위한 하루 코스

우피치 미술관 → 베키오 다리 → 시뇨리아 광장 → 두오모 → 조토의 종탑 → 산 조반니 세례당 → 메디치가 예배당 → 산타 마리아 노벨라 성당 → 미켈란젤로 광장
예상 소요 시간 하루

알고 가면 좋아요

피렌체 카드

피렌체에 3일 머물면서 시내 미술관, 박물관 등을 모두 돌아볼 예정이라면 구입을 고려해볼 만한 카드. 구입은 여행 안내소와 주요 여행지에서 가능하다. 피렌체 내 두오모를 제외한 모든 성당, 미술관, 박물관에서 사용 가능하며, 피렌체 카드 소지자 전용 입구를 사용하기 때문에 입장 시 줄을 서지 않아도 된다. 유적지뿐만 아니라 시내 상점, 식당 등에서도 약간의 할인 혜택을 받을 수도 있다.
요금 €85. 72시간 유효. 교통카드는 €7를 추가하며 별도 카드가 발급된다. 버스 탑승 시 두 카드 모두 함께 갖고 있어야 한다.
홈페이지 www.firenzecard.it

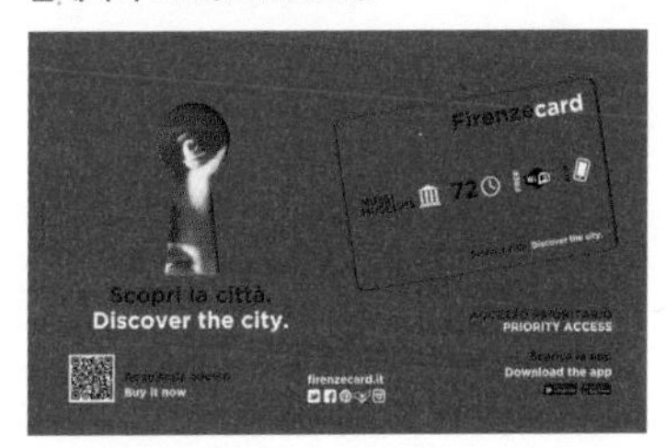

Firenze Best Course

피렌체 충분히 느끼기 3일 코스

르네상스가 시작된 도시 피렌체에서 즐기는 르네상스 미술품의 향연. 세계 최고 수준의 미술품을 마음껏 감상할 수 있다. 미술품을 소장하고 있는 건물들도 모두 르네상스 건축의 백미. 다양한 양식의 성당들을 눈에 담고 르네상스를 만끽하자. 지루하다면 근교에 위치한 아웃렛을 탐방하는 것도 좋다. 튼튼한 두 다리를 준비할 것.

1일째

여행자들로 북적이는 두오모 광장, 각종 가죽제품을 구경할 수 있는 산 로렌초 성당 광장, 고요한 산마르코 수도원 앞 광장 등을 둘러보고, 영화 〈냉정과 열정 사이〉에 나온 산티시마 아눈치아타 성당 앞 광장을 눈에 담는다. 분위기 좋은 와인바와 클럽들이 즐비한 산타 크로체 성당 쪽으로 이동해 저녁시간을 보내자.

출발 : 두오모 p.206

쿠폴라에 오른다면 밑에서 보지 못한 천장 반대편의 그림과 바닥의 섬세한 대리석 장식을 보자.

도보 1분

조토의 종탑 p.207

도보 1분

산 조반니 세례당 p.208

두오모 광장 오른쪽 끝으로 나가서 첫 번째 골목 Via Ferdinando Zannetti로 들어가 길 끝까지 도보 5분

메디치가 예배당 p.210

도보 3분

산 로렌초 성당 p.210

성당 앞 광장 왼쪽 끝으로 나가서 왼쪽 두 번째 길 Via Ricasoli로 들어가 도보 10분

아카데미아 미술관 p.213

미술관에서 나와 길 따라 오른쪽으로 도보 2분

산 마르코 수도원 p.213

광장 왼쪽 길 Via Cesare Battisti 따라 도보 3분 산티시마 아눈치아타 광장 맞은편 건물

브루넬레스키의 고아원 p.214

오른쪽 길 Via della Colonna 따라 걷다 두 번째 골목 Borgo Pinti로 들어가 첫 번째 블록에서 다시 왼쪽 길로 진입해 바로 오른쪽 Via Fiesolana으로 들어가 직진해 도보 10분

산타 크로체 성당 p.216

2일째

르네상스식 정원의 진수라 불리는 보볼리 정원과 숨막히게 아름다운 프레스코화로 가득한 산타 마리아 델 카르미네 성당을 둘러본다. 바로크 양식의 오니산티 성당을 거쳐 산타 마리아 노벨라 성당에 가자. 원근법을 이용한 최초의 회화인 마사초의 「삼위일체」를 볼 수 있다.

출발 : 피티 궁전 & 보볼리 정원 p.221, p.223

피티 광장에서 맞은편 Il Gelato와 Pitti Mosaici 사잇길 Sdrucciolo de' Pitti로 들어가 직진 후 산토 스피리토 광장에서 왼쪽 끝 길 Via Sant'Agostino로 진입해 길 따라 계속 직진, 도보 5분

산타 마리아 델 카르미네 성당 p.224

성당 앞 광장에서 오른쪽 끝 길로 들어가 직진하다 길 끝에서 우회전, 다시 첫 번째 교차점에서 좌회전 해 강 건넌 후 만나는 광장에서 왼쪽 길 Borgo Ognissanti로 들어가 직진, 도보 3분

오니산티 성당
Map p.204-A1

성당 앞에서 왼쪽 길 Borgo Ognissanti로 들어가 걷다 첫 번째 골목 Via del Porcellana로 들어가 길 끝까지 직진 후 우회전 해 조금 걸으면 만나는 광장

산타 마리아 노벨라 성당
p.212

Tip 성당 순례에 관심이 없다면 근교 아웃렛으로 쇼핑을 가자. 구치, 페라가모 등 유명 럭셔리 브랜드가 모여 있는 더 몰 The Mall과 프라다 팩토리 아웃렛인 스페이스가 피렌체 근교에 있다.

3일째

피렌체를 예술의 도시로 만드는 데 일조한 메디치 가문의 소장품을 감상할 수 있는 우피치 미술관이나, 조각 컬렉션을 감상할 수 있는 바르젤로 미술관을 둘러보는 날이다. 먼저 오전에만 개관하는 바르젤로 미술관을 관람하고, 오후에는 우피치 미술관을 관람하자. 저녁에는 베키오 다리를 건너 미켈란젤로 광장에 올라 피렌체의 석양을 감상한다.

출발 : 바르젤로 미술관
p.220

미술관에서 나와 Via del Proconsolo 따라 직진해 반원형의 Piazza di S. Firenze 광장을 지나 만나는 사거리에서 우회전해 Via dei Gondi 따라 직진

시뇨리아 광장 p.215

우피치 미술관 p.216
Mission!! 맘에 드는 그림 속 등장인물 따라하기!

미술관에서 강 쪽으로 나와 강 따라 도보 3분

베키오 다리 p.220

다리 끝에서 Cafe Maioli가 있는 길 Via de Bardi로 들어가 길 따라 15분 정도 직진, 갈래길에서 오른쪽 작은 광장 지나 길 따라 직진 후 왼쪽 계단 위

미켈란젤로 광장 p.223
숨막힐 듯 아름다운 노을과 붉은 지붕의 피렌체를 감상한다.

시간의 흐름에 따른 성당 건축의 변화를 따라서

로마만큼은 아니지만 피렌체에도 수많은 성당들이 있다. 이곳은 중세시대부터 도미니크회와 프란체스코 수도원의 세력이 강성했던 지역이었다. 수도원들은 자신의 수도회 소속 성당을 지음으로써 세력을 과시하기도 했다. 또한 상공업이 발달하면서 부를 축적한 유력한 가문들이 등장했고 이들의 기부금으로 만들어진 예배당이 일부 성당에 자리하게 됐다. 이에 따라 특색 있는 미술작품이 많으니 지루하다는 선입견을 버리고 성당을 찾아보자.

01 산 미니아토 알 몬테 성당 p.223

이탈리아에서 손꼽히는 로마네스크 양식의 성당으로 미켈란젤로 광장에서 뒤편으로 5분 정도 걸어 올라가면 있다. 내부의 모자이크가 매우 화려하고 이곳에서 내려다보이는 피렌체 풍경 또한 일품이다.

01

성당에서 나와 큰 길 Viale Galileo에서 오른쪽으로 직진하다 왼쪽 계단으로 내려가 만나는 길 Via del Monte alle Croci를 따라 직진 하다 작은 광장 지나 왼쪽 길 Via di S. Niccolò을 따라 걷다 왼쪽 첫 번째 길을 따라 직진해 강 건넌 후 계속 직진, 도보 10분

02

성당 맞은편 광장 끝 가운데 길 Via dell'Anguillara로 들어가 길을 따라 계속 직진, 안경점을 끼고 우회전, Via dei Calzaiuoli 따라 도보 5분

03

두오모 광장 오른쪽 끝으로 나가서 첫 번째 골목 Via Ferdinando Zannetti로 들어가 길 끝까지 도보 5분

04

02 산타 크로체 성당 p.216

13세기 후반에 지어지기 시작했으며 종탑은 19세기 말에 추가로 건설됐다. 피렌체 출신 유명 인사의 무덤이 모여 있고 회랑으로 나가면 르네상스 건축의 백미 중 하나인 파치 예배당을 볼 수 있다.

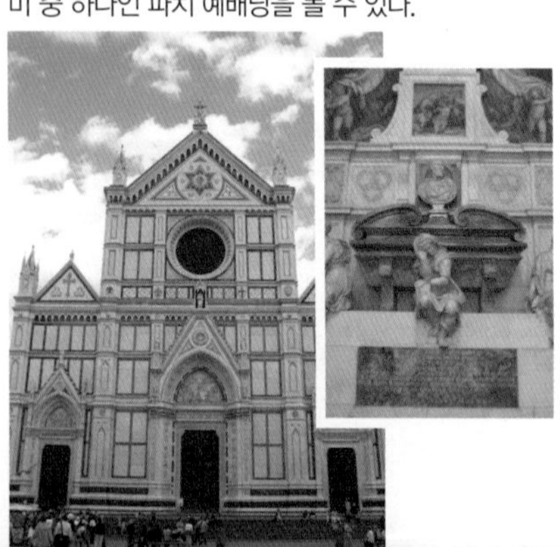

03 두오모 p.206

피렌체 최고의 여행지. 르네상스의 안정된 화려함이 무엇인지 한눈에 보여준다. 성당 외벽을 장식하고 있는 삼색 대리석, 곳곳에 서있는 성상과 화려한 조각상들로 인해 마치 꽃들로 뒤덮인 듯한 착각을 불러일으킨다.

04 산 로렌초 성당 p.210

밋밋한 외관이지만 내부에 화려한 예술품들이 가득 찬 성당. 도나텔로의 조각상과 브루넬레스키의 돔, 보기 드문 현대 화가의 종교화를 한데 어우르고 있다.

05 산타 마리아 노벨라 성당 p.212

고딕과 르네상스 양식이 절묘하게 조화된 성당. 정갈한 외부와 달리 매우 훌륭하고 화려한 성미술품으로 꾸며져 있다. 특히 원근법을 최초로 사용해 그려진 마사초의 「삼위일체」는 놓쳐서는 안 될 그림. 성당 옆의 수도원 회랑을 가득 메우고 있는 프레스코화 또한 걸작이다.

07 산타 마리아 델 카르미네 성당 p.224

마사초의 프레스코화가 가득한 브란카시 예배당으로 유명한 성당. 13세기에 건축이 시작된 성당으로 외형은 소박하고 조용하지만 수도원 회랑의 모습이 근사하고 내부 프레스코화는 눈을 뗄 수 없다.

05

성당 뒤로 돌아와 Via del Giglio 따라 걷다 길 끝 Via dei Banchi에서 우회전 후 직진

06

성당 맞은편 광장 왼쪽 끝 Via dei Fassi로 들어가 길 따라 직진 해 강 건너 강변길 Lungarno Guicciardini 따라 직진, 오른쪽 번째 골목 Via dè Coverelli로 들어가 직진

07

성당 앞 광장 끝에서 왼쪽으로 Via Sant'Agostino 따라 직진, 도보 8분

08

성당 앞 광장에서 오른쪽 끝 길로 들어가 직진하다 길 끝에서 우회전, 다시 첫 번째 교차점에서 좌회전 해 강 건넌 후 만나는 광장에서 왼쪽 길 Borgo Ognissanti로 들어가 직진, 도보 3분

06 산토 스피리토 성당 p.224

브루넬레스키의 마지막 작품인 아우구스투스 수도회 소속 성당. 밋밋한 외관으로 평범해 보이지만 고딕, 르네상스, 바로크 세 가지 양식을 모두 볼 수 있다. 성당 앞 광장은 저녁이면 젊은이들의 모임 장소로도 쓰인다.

08 오니산티 성당 Map p.204-A1

전형적인 바로크 양식의 외관을 갖고 있는 성당으로 보티첼리의 무덤이 있으며 그의 프레스코화를 볼 수 있다.

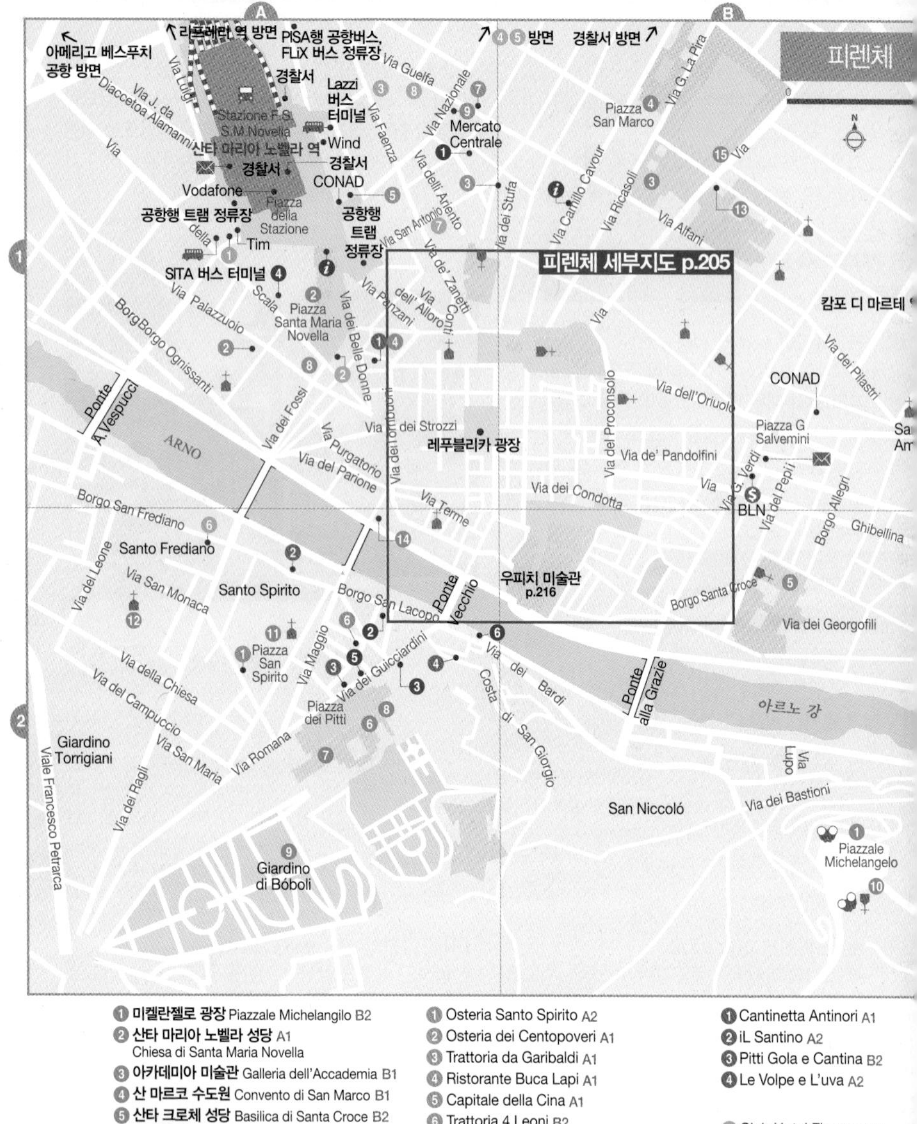

① 미켈란젤로 광장 Piazzale Michelangilo B2
② 산타 마리아 노벨라 성당 A1 Chiesa di Santa Maria Novella
③ 아카데미아 미술관 Galleria dell'Accademia B1
④ 산 마르코 수도원 Convento di San Marco B1
⑤ 산타 크로체 성당 Basilica di Santa Croce B2
⑥ 피티 궁전 Palazzo Pitti A2
⑦ 팔라티나 미술관 Galleria Palatina A2
⑧ 근대미술관 Galleria d'Arte Moderna A2
⑨ 보볼리 정원 Giardino di Boboli A2
⑩ 산 미니아토 알 몬테 성당 B2 Chiesa di San Miniato al Monte
⑪ 산토 스피리토 성당 Basilica di Santo Spirito A2
⑫ 산타 마리아 델 카르미네 성당 A2 Basilica di Santa Maria dell Carmine
⑬ 브루넬레스키의 고아원 B1 Ospedale degli Innocenti
⑭ 살바토레 페라가모 박물관 A2 Museo Salvatore Ferragamo
⑮ 산티시마 아눈치아타 성당 B1 Chiesa della Santissima Anunnziata

① Osteria Santo Spirito A2
② Osteria dei Centopoveri A1
③ Trattoria da Garibaldi A1
④ Ristorante Buca Lapi A1
⑤ Capitale della Cina A1
⑥ Trattoria 4 Leoni B2
⑦ 강남식당 A1
⑧ Il Latini A1
⑨ Le Sorgenti A1

❶ 중앙시장 Mercato Centrale A1
❷ Obsequium A2
❸ Modova Gloves A2
❹ 산타 마리아 노벨라 약국 Officina Profumo A1
❺ Guilio Giannini e Figloi A2
❻ SIGNORVINO A2

❶ Cantinetta Antinori A1
❷ iL Santino A2
❸ Pitti Gola e Cantina B2
❹ Le Volpe e L'uva A2

① Club Hotel Florence A1
② The Place Firenze A1
③ Archi Rossi A1
④ Plus Florence Hostel A1
⑤ 우노 피렌체 A1
⑥ Palazzo Magnani Feroni A2
⑦ HOTEL GLOBUS B1
⑧ Ostello Bello Firenze A1

● 보는 즐거움 ● 먹는 즐거움 ● 사는 즐거움 ● 노는 즐거움 ● 쉬는 즐거움

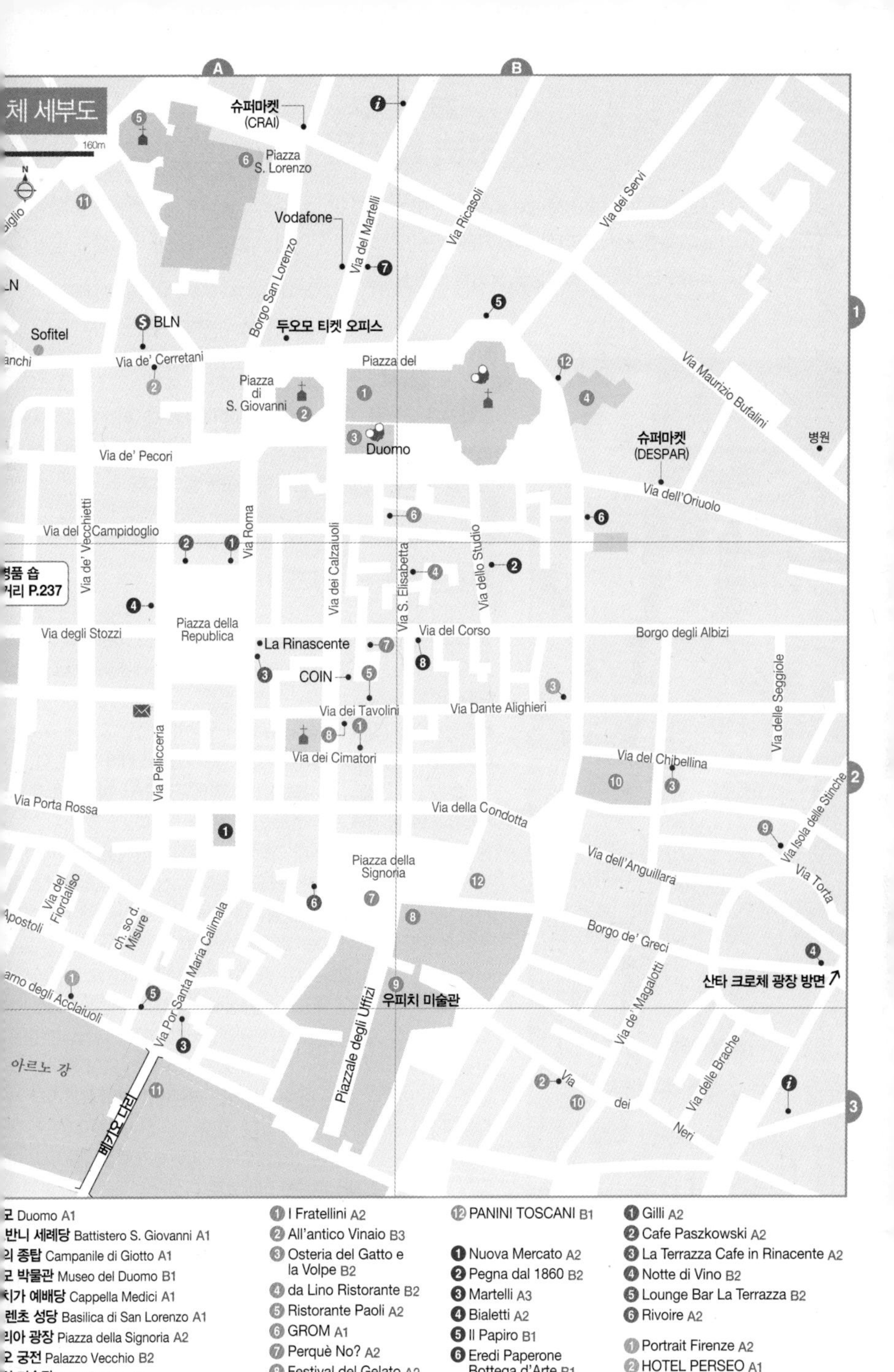

ㄹ Duomo A1
반니 세례당 Battistero S. Giovanni A1
의 종탑 Campanile di Giotto A1
ㄹ 박물관 Museo del Duomo B1
치가 예배당 Cappella Medici A1
렌초 성당 Basilica di San Lorenzo A1
리아 광장 Piazza della Signoria A2
ㄹ 궁전 Palazzo Vecchio B2
치 미술관 Uffizi Gallery A2
젤로 미술관 Museo Nazionale del Bargello B2
ㄹ 다리 Ponte Vecchio A3
박물관 Gucci Museo B2

1 I Fratellini A2
2 All'antico Vinaio B3
3 Osteria del Gatto e la Volpe B2
4 da Lino Ristorante B2
5 Ristorante Paoli A2
6 GROM A1
7 Perquè No? A2
8 Festival del Gelato A2
9 Gelateria Vivoli B2
10 Gelateria del'Neri B3
11 Osteria Cipolla Rossa A1
12 PANINI TOSCANI B1

1 Nuova Mercato A2
2 Pegna dal 1860 B2
3 Martelli A3
4 Bialetti A2
5 Il Papiro B1
6 Eredi Paperone Bottega d'Arte B1
7 Eataly A1
8 Fabriano Boutique B2

1 Gilli A2
2 Cafe Paszkowski A2
3 La Terrazza Cafe in Rinacente A2
4 Notte di Vino B2
5 Lounge Bar La Terrazza B2
6 Rivoire A2

1 Portrait Firenze A2
2 HOTEL PERSEO A1
3 Grand Hotel Cavour B2

● 보는 즐거움 ● 먹는 즐거움 ● 사는 즐거움 ● 노는 즐거움 ● 쉬는 즐거움

ATTRACTION

보는 즐거움

한때 토스카나의 맹주였고 르네상스가 시작된 곳이며 이탈리아의 문화 · 예술의 중심지였던 만큼 볼거리와 이야기로 가득한 도시가 피렌체다. 기품 있는 도시 속의 우아한 미술품, 정갈한 건축물과 함께 에너지 충전을 도와주는 맛있는 음식으로 오감을 만족시켜보자.

두오모의 화사한 파사드

쿠폴라 내부의 천정화 「최후의 심판」

두오모 주변

꽃향기가 물씬한 피렌체 여행의 하이라이트다. 피렌체의 역사와 문화가 고스란히 묻어 있는 지역으로 어느 것 하나 놓치기 아까운 명소들이 모여 있으니 천천히 음미하듯 둘러보자.

두오모 Duomo 건축, 영화

꽃으로 뒤덮인 것 같은 모습의 두말할 나위 없는 피렌체의 상징으로 정식 명칭은 '꽃의 성모마리아 성당 Basilica di Santa Maria del Fiore'이다.

원래 산타 레파라타 Santa Reparata 성당이 있었던 자리에 1296년 아르놀포 디 캄비오가 설계해 1436년 브루넬레스키가 완성했다. 그 후 19세기 말 원래의 파사드를 허물고 에밀리오 데 파브라스가 고딕 양식으로 재건해 지금의 모습을 갖추게 되었다.

성단 전면 파사드는 카라라 Carrara산 흰색 대리석 바탕에 마렘마 Maremma 산 분홍색 대리석과 프라토 Prato산 녹색 대리석이 조화롭게 박혀있고, 섬세한 기둥 장식과 건물 벽면을 가득 채우는 성상들이 어우러져 매우 화려하고 장엄한 분위기를 풍기고 있다.

이 두오모 성당을 찾는 이유 중 하나는 소설을 바탕으로 한 영화 〈냉정과 열정 사이〉에 배경으로 등장해 유명해진 쿠폴라 Cupola를 보기 위해서다. 이 쿠폴라는 브루넬레스키의 작품으로 거대한 붉은 타일로 덮여 있으며 지름이 45.5m로 당시 사다리 없이 지어진 가장 큰 건물이었다. 완공 이후 쿠폴라는 피렌체를 넘어 토스카타 사람들의 안식처라는 평가를 받았다. 그 후 바티칸의 산 피에트로 대성당 쿠폴라 공사를 맡은 미켈란젤로는 피렌체의 쿠폴라를 두고 이렇게 말했다고 전해진다. '산 피에트로 대성당의 쿠폴라는 피렌체 두오모의 쿠폴라보다 크게 지을 수는 있어도 아름답게 만들 수는 없다'. 그만큼 아름다움을 인정받는 건축물인 것이다.

쿠폴라 내부에는 바사리 Vasari와 주카리 Zuccari의 프레스코화 「최후의 심판」이 그려져 있다. 5단으로 이루어진 이 그림은 성당 내부에서 올려다보면 천국의 모습이 보이고 사제가 미사를 집전하는 제단에서 보면 지옥의 모습이 실감나게 묘사되어 있다. 지옥의 모습은 쿠폴라를 오를 때 더 실감나게 볼 수 있다.

높이 106m의 쿠폴라를 463계단을 통해 올라가면 정상에서 시내를 조망할 수 있으며 이곳에서 바라보는 조토의 종탑과 한눈에 들어오는 세례당의 모습 또한 근사하다. 화려한 내부에 비해 내부는 약간 썰렁한 느낌이 들기도 하는데 곳곳에 귀한 예술품이 숨어 있으니 하나하나 살피며 천천히 걸어보자. 섬세하고 화려한 로렌초 기베르티의 스테인드글라스, 루카 델라 로비아의 천사 모양 촛대, 디비치 디 로렌초의 성 고스마와 성 다미아노 목판화 등이 유명하다. 지하로 내려가면 원래 이 성당 자리에 있던 산타 레파라타 성당의 유적과 이 성당을 건축한 브루넬레스키의 묘지가 있다. 성당 외부로 나와 종탑을 지나 오른쪽 옆으로 가면 쿠폴라를 흐뭇한 표정으로 올려다보고 있는 브루넬레스키를 만날 수 있다.

주소 Piazza del Duomo **홈페이지** duomo.firenze.it **운영** 월~토 10:15~15:45, 일 · 공휴일 13:30~15:45 **미사** 평일 07:30 · 08:30 · 09:30 · 18:00, 일 07:30 · 10:30 · 12:00 · 18:00(영어 미사 토 17:00) **휴무** 1/1, 1/6 **가는 방법** 산타 마리아 노벨라 역에서 도보 5분

Map p.205-A1

쿠폴라

운영 월~금 08:15~18:45, 토 08:15~16:30, 일 · 공휴일 12:45~16:30

휴무 1/1, 1/6

※쿠폴라는 예약제를 실시한다. 미리 홈페이지에서 시간을 예약해 두는 것이 긴 줄을 서서 시간을 소비하지 않는 지름길이다. 자세한 예약 안내는 QR코드 참조.

지하 박물관

운영 월~토 10:15~16:00, 일 · 공휴일 13:30~16:00

휴무 5/1

연인들의 성지로 이름 높은 브루넬레스키의 쿠폴라

조토의 종탑

조토의 종탑 Campanile di Giotto 

두오모 옆에 있는 84m의 종탑으로 14세기 말에 건축되었다. 두오모와 마찬가지로 흰색, 분홍, 녹색의 삼색 대리석으로 장식되어 있다. 조토가 디자인한 이 종탑은 그가 죽은 후 제자 안드레아 피사노와 프란체스코 탈렌티, 루카 델라 로비아가 차례로 맡아 완성했다.
종탑 전체 문양의 주제는 인간의 구원이다. 스콜라 철학에서 기인한 문양들이 종탑 전체를 장식하고 있는데 제일 아래의 육각형 대리석 부분에는 인간의 창조와 농업, 예술, 법률 등에 관한 내용이 새겨져 있다. 두 번째 층에는 고대 신들의 문양이 새겨져 있으며, 세 번째 층은 세례자 요한, 시빌리 무녀, 고대 예언자들의 상으로 장식되어 있다. 세 번째 층부터 창문이 만들어져 있는데 창 주변의 섬세한 꽃 모양 조각이 매우 아름답고 두오모와 조화를 이루고 있다. 종탑의 정상까지는 414계단을 올라가야 하는데 이곳이 두오모의 쿠폴라를 가장 아름답게 바라볼 수 있는 장소다.

주소 Piazza del Duomo **운영** 08:15~18:45 **휴무** 1/1 **가는 방법** 두오모 바로 옆 Map p.205-A1

알아두세요!

두오모 광장의 모든 시설(쿠폴라, 종탑, 세례당, 두오모 지하 성당 유적, 두오모 박물관)은 통합입장권으로 입장할 수 있는데, 총 세 가지 티켓으로 나뉜다.

브루넬레스키 패스 Brunelleschi Pass
모든 유적지에 입장할 수 있는 티켓으로 3일 유효하며 가격은 €30.

지오토 패스 Giotto Pass
산 지오바니 세례당과 두오모 박물관, 조토의 종탑, 산타 레파라타 성당 유적지 입장이 가능한 티켓. 3일 유효하며 가격은 €20.

기베르티 패스 Ghiberti Pass
산 지오바니 세례당과 두오모 박물관, 산타 레파라타 성당 유적지 입장이 가능한 티켓. 3일 유효하며 가격은 €15.

산 조반니 세례당

산 조반니 세례당 Battistero S.Giovanni

두오모 바로 앞에 있는 팔각형의 건물. 단테가 이곳에서 세례를 받았으며, 제2차 세계대전 직후까지도 이곳에서 세례식이 거행되었다. 5세기경에 세워진 고대의 세례당 터에 건축됐으며 두오모가 완성되기 전까지 피렌체 대성당으로 사용한 곳이다. 외부는 흰색과 녹색의 프라토산 대리석으로 깔끔하게 장식되어 있다.

❶ 아담과 이브의 창조, 낙원에서의 추방
❷ 카인과 아벨
❸ 방주를 떠난 후 감사 드리는 노아
❹ 천사가 아브라함에게 나타남
❺ 야곱과 에사오
❻ 요셉의 지혜
❼ 십계명 받는 모세
❽ 요단강 건너는 이스라엘 민족
❾ 다윗이 골리앗을 죽임
❿ 시바여왕에게 선물 받는 솔로몬

세례당에는 세 개의 출입문이 있는데 남쪽 문 Porta a Sud은 안드레아 피사노의 작품으로 세례자 요한의 삶을 묘사하고 있다. 셋 중 하이라이트는 동쪽 문인 「천국의 문 Gates of Paradise」이다. 로렌초 기베르티의 청동문으로 28년에 걸쳐 만든 것이다. 이 문은 두오모 앞에서 바로 보여서인지 늘 사람들로 북적인다. 문 위에는 세례받는 예수와 세례자 요한, 그리고 천사의 조각상이 서 있다. 청동문의 조각은 구약성서의 10개 에피소드를 상징화한 것으로, 이 문이 완성된 후 미켈란젤로가 그 아름다움에 감탄한 나머지 "이 문은 천국의 입구에 서 있는 것이 옳다"라며 '천국의 문'이라 명명했다. 현재 진품은 두오모 박물관에 소장되어 있으며 복사본이라 해도 그 정교함은 매우 섬세하다. 예수의 삶이 조각되어 있는 북문 역시 기베르티의 작품이다. 「천국의 문」은 처음에는 북문으로 계획된 작품이었다. 그러나 공모가 끝나고 문이 완성된 이후 그 모습이 너무 아름다워 원래 있던 문을 북쪽으로 옮기고 「천국의 문」을 지금의 자리에 설치해 두오모에서 미사를 마치고 나오는 이들이 감상할 수 있게 했는데 학자들은 이를 진정한 르네상스 정신의 구현이라고까지 평가하는 일화이다.

세례당 외부는 다소 소박한데 반해 내부는 매우 화려하다. 역시 녹색 대리석과 모자이크로 장식되어 있으며, 지붕 내부는 비잔틴 양식의 모자이크로 화려하게 꾸며져 있다. 총 5층으로 구성된 모자이크의 가장 아래 층은 세례자 요한의 일생을, 그 위층은 예수 그리스도의 일생을, 세 번째 층은 구약성서 속 요셉의 일생을, 그리고 네 번째 층은 창세기의 주요 장면을 그리고 있다.

주소 Piazza San Giovanni **운영** 매일 08:30~19:30 **미사** 평일 10:30 · 11:00 **가는 방법** 두오모 맞은편 **Map p.205-A1**

매우 화려한 내부의 모자이크

두오모 박물관 Museo del Duomo 건축, 미술

두오모 뒤쪽에 자리 잡고 있는 이곳은 놓치기엔 아까운 명작들이 가득하다. 산 조반니 세례당 '천국의 문'의 진품과 세례당 문 위를 장식하고 있는 그리스도의 세례 장면 조각상 진품, 두오모와 종탑 외벽을 장식하고 있는 조각상들의 진품이 전시되어 있다.
그 외에 피렌체 관구 주교들이 사용했던 화려한 제의, 성구들도 전시되어 있다.
가장 흥미로운 것은 브루넬레스키가 돔을 건설한 과정을 모형으로 보여주고 있다는 것이다. 당시 첨단 기술이었다는 사다리 없이 돔을 만드는 과정이 세세하게 재현되어 있는데 완성을 나타내는 곳에는 브루넬레스키의 데스마스크가 전시되어 있다.
가장 볼 만한 작품은 미켈란젤로의 「반디니의 피에타 Pieta di Bandidni」와 도나텔로의 「막달라 마리아 Maddalena」. 미켈란젤로는 모두 3점의 피에타를 남겼는데 「반디니의 피에타」는 그중 강렬한 표현이 돋보이는 작품이다(상세 설명은 p.362 참조).

두오모 박물관

미켈란젤로의 「반디니의 피에타」

도나텔로 「참회하는 막달라 마리아 Maddalena penitente」

전시실을 찾는 이들의 눈길을 한 번에 잡아끄는 처참한 몰골의 목각상. 도저히 성녀의 모습이라 생각되지 않는 모습이다. 〈막달라 마리아〉로 명명된 이 조각상은 중세 이후 첫 나체상 〈다비드 David〉 이후 파격적이면서 독창적인 예술세계를 구현했던 도나텔로의 마지막 작품이다.
작품이 발표되었을 당시, 그리고 필자가 박물관에서 이 작품을 처음 만났을 때도 큰 충격을 주었던 이 작품은 도저히 성녀의 조각상이라고 생각할 수 없을 만큼 비참하고 처참한 모습을 하고 있다. 해골처럼 보이는 얼굴과 처연한 표정, 뼈만 남은 팔과 다리, 갈기갈기 찢어진 옷까지 그저 길거리를 헤매는 걸인의 모습이라고 해도 믿을 수 있을 것 같은 모습의 조각상이다.
막달라 마리아는 당시 방탕함의 대명사로 불리던 여인으로 예수 그리스도를 만난 이후 자신의 죄를 참회하고 예수 그리스도를 평생 따르고 섬겼으며 예수 그리스도의 승천 이후 광야로 나가 남은 생을 보낸 인물이다. 혹자는 동유럽 정교회의 성녀 이집트 마리아라고도 하는데 역시 방탕한 삶을 살았던 여인으로 이후 사막에서 회개와 참회의 나날을 보냈던 인물이다. 공통적인 것은 방탕한 삶을 살았고, 광야/사막에서 회개와 참회의 시간을 가지며 삶을 마감했던 인물이라는 것이다.
도나텔로는 이러한 성녀를 가장 비참하고 처참한 모습으로 만들어 아름다운 여인이 여유롭게 행하는 고백이 아닌, 가장 낮은 자가 자신의 가진 모든 것을 내놓으면서 고백하는 절절한 신앙을 투영했다. 더불어 젊은이의 아름다운 육체가 아닌 노년의 신체를 통해 사실적이면서도 시대를 앞서간 작품을 만들어 냈다.
주소 Piazza del Duomo 9 **운영** 08:30~19:00 **휴무** 매월 첫 번째 화요일 **가는 방법** 두오모 뒤편 Map p.205-B1

도나텔로의 「막달라 마리아」

산 로렌초 성당

메디치가 예배당

네모우르스 공작의 영묘

산 로렌초 성당 Basilica di San Lorenzo 건축, 미술

르네상스 양식으로 지은 이 건물은 메디치 가문의 전용 성당이었다. 4세기에 건축된 성당을 브루넬레스키가 1418년에 다시 짓기 시작해 그가 죽은 뒤 안토니오 마네티가 1461년 마무리했다. 성당 정면은 미켈란젤로가 몇 가지의 설계안을 제출했으나 공사가 진행되지 않고 미완성 상태로 지금까지 남아 있다. 장식성이 강한 피렌체의 성당들 사이에서 독특한 모습으로 기억될 만한 성당이다.

문을 열고 들어서면 단조로워 보이는 외관과는 달리 화려한 치장에 감탄하게 된다. 내부는 양쪽에 열주가 늘어서 있는 바실리카 양식으로 구성되어 있고 화려함 속에 질서가 느껴지는 분위기다. 왼쪽 회랑에는 피에트로 안니고니의 「작업장의 성 요셉과 예수」가 있는데, 이 그림은 피렌체에서 보기 힘든 현대 화가의 작품이다. 안쪽으로 들어가면 브루넬레스키가 설계하고 도나텔로가 장식한 옛 성구실과 연결되는데 이는 피렌체 초기 르네상스의 걸작이다. 또한 도나텔로의 설교단도 놓치지 말자.

성당 정면에서 왼편 입구로 들어가면 수도원 중정 中庭과 연결되고, 회랑을 따라 올라가면 미켈란젤로가 설계한 라우렌치아나 도서관 Biblioteca Laurenziana이 나온다. 로마의 캄피돌리오 광장으로 올라가는 계단 코르도나타 Cordonata를 연상시키는 우아한 계단과 내부 좌석 모두 미켈란젤로가 설계한 것이다.

주소 Piazza San Lorenzo 9 **홈페이지** sanlorenzofirenze.it **운영** 월~토 09:30~17:30(입장 마감 16:30) **휴무** 1/1, 1/6, 8/10 **입장료** €9 **가는 방법** 두오모에서 Borgo San Lorenzo를 따라 도보 5분

Map p.205-A1

메디치가 예배당 Cappella Medici 미술

독립된 구조물로 생각하기 쉽지만 사실은 산 로렌초 성당의 일부다. 메디치 가문의 가족 묘소로 무덤, 군주들의 예배당 Cappella dei Principi, 새 성구실 Sacresita Nuova의 세 부분으로 구성되어 있다. 입구로 들어가면 메디치 가문의 마지막 후손인 안나 마리아 루이자 데 메디치 Anna Maria Luisa de'Medici 등의 무덤이 있는 가족 묘실이다.

가족 묘실을 지나 계단을 올라가면 군주들의 예배당과 연결된다. 오랜 보수공사 끝에 새 단장을 마친 이곳은 각국에서 수집한 대리석과 보석들로 화려하게 장식되어 있으며 천장 돔의 프레스코화가 근사하다.

새 성구실 Sacresita Nuova

군주들의 예배당에서 계단으로 연결되어 있는 곳으로 메디치가 예배당의 하이라이트. 정사각형 내부에는 총 3개의 묘지와 하나의 제단이 있다. 로렌초 일 마니피코의 아들인 교황 레오 10세가 자신의 아버지와 삼촌, 그리고 동생과 조카를 위한 영묘를 미켈란젤로에 의뢰해 만든 것으로 미켈란젤로의 예술적 표현이 극에 달했다

는 평가를 받고 있다. 입구에 들어서면 왼쪽에 메디치 가문의 두 형제, 로렌초 일 마니피코와 정치적 암투에 휘말려 일찍 요절한 그의 동생 줄리아노의 묘소가 있다. 밋밋한 기단 위에 미켈란젤로가 만든 성 모자상을 중심에 두고 양 옆에 메디치의 수호성인 성 고스마 Cosma와 다미아노 Damiano 상이 서 있다.
다른 두 묘지는 유사한 형태로 조성되어 있는데 가장 윗부분에 자리한 조각상이 묘지 주인을 구분해준다. 고개를 왼쪽으로 돌리고 있는 곱슬머리 남자는 교황 레오 10세의 동생인 줄리아노(네모우르스 공작 Ducca di Nemours)다. 미술 시간에 만나봤을 낯익은 조각상(줄리앙)으로 그의 전신상 아래의 남녀는 각기 밤(여자)과 낮(남자)을 나타낸다. 나머지 하나는 교황 레오 10세의 조카 로렌초(우르비노 공작 Ducca di Urbino)의 영묘다. 그는 생각에 잠긴 영웅으로 표현되었는데 메디치 가문이 피렌체에서 쫓겨난 후 다시 돌아오는 데 큰 공을 세운 사람으로 그 아래 조각상은 각기 황혼과 여명을 표현한 것이다.
주소 Via Madonna degli Aldobrandini, 6 **운영** 수~월 08:15~17:30 **휴무** 화요일, 제1·3·5주 일요일, 1/1, 5/1, 12/25 **입장료** €9, 매월 첫 번째 일요일 무료 입장 **가는 방법** 산 로렌초 성당 뒤편 Map p.205-A1

우르비노 공작의 영묘

군주들의 예배당

SAY! SAY! SAY!

영원한 피렌체의 통치자, 메디치 가문

13세기 피렌체 북쪽의 작은 도시 무겔로에서 온 메디치는 모직물 제조업을 하며 부를 쌓았습니다. '조반니 디 비치 데 메디치' 대에 와서는 메디치 은행을 열고 유럽에서도 굴지의 가문으로 성장합니다.
'코시모 데 메디치'는 메디치가를 더 이상 단순한 상인 가문이 아닌 피렌체를 이끌어 나가는 권력자 가문으로 만들었습니다. '로렌초 데 메디치'가 등장하면서 메디치가는 최고의 전성기를 맞게 됩니다. 그는 축적된 가문의 부와 권력으로 능력 있고 재능 있는 많은 예술가들의 작품 활동을 적극적으로 도우며 피렌체를 유럽을 이끌어가는 중심지로 만들어 갑니다. 당시 메디치 가문의 도움으로 미켈란젤로, 레오나르도 다 빈치, 보티첼리 등 이름만 들어도 알 만한 르네상스의 거장들이 피렌체를 중심으로 활발하게 활동했습니다. '로렌초 데 메디치'가 죽은 후 피렌체인들은 그를 '위대한 로렌초 Lorenzo il Magnifico'라 칭송했습니다. 그러나 메디치가는 그의 뒤를 이은 아들 피에로가 무능으로 추방되었고 신성로마황제 카를로스의 침입으로 어려움을 겪었습니다.
그 후 '코시모 1세 데 메디치'가 당시 피렌체를 위협했던 시에나를 물리치고 토스카나의 대공으로 등극하며 메디치 가문은 다시 피렌체에서 영향력을 되찾게 됩니다. 이후 메디치 가문은 프랑스 왕가뿐만 아니라 유럽의 많은 명문가와 혼맥을 맺고 교황을 3명이나 탄생시키며 탄탄대로를 걸어갑니다. 영원할 것 같던 메디치가의 권력은 마지막 계승자였던 '잔 카스토네 데 메디치'의 죽음으로 마감됩니다.
그의 누나였던 안나 마리아 루이자 데 메디치는 '메디치가가 소유하고 있던 모든 작품과 궁전들은 피렌체 시민의 것'이라는 유언을 남기며 피렌체 시에 모든 것을 기증합니다. 시는 우피치 미술관을 만들어 메디치 가문의 소중한 작품들이 매각되는 것을 막았습니다. 이로써 피렌체는 전 세계에서 가장 풍족한 르네상스 문화의 중심지로 다시 태어나게 됩니다.
피렌체 시내를 걷다보면 곳곳에서 동글동글한 여섯 개의 원이 박혀 있는 메디치 가문의 문장을 보게 됩니다. 그들은 자신의 부를 과시하고 통치기반을 합리화하기 위해 예술가를 후원하고 르네상스를 일으켰습니다. 하지만 결국 그로 인해 피렌체와 이탈리아는 세계인들에게 문화의 도시, 문화의 나라로 각인되었지요. 그리하여 메디치 가문은 영원히 피렌체인들의 가슴에 살아남게 되었고요. 현재까지도 그들은 노블레스 오블리주를 실천한 모범적인 통치 가문으로 기억되고 있습니다.

산타 마리아 노벨라 성당

녹색 회랑의 프레스코화

마사초의 「삼위일체」

고즈넉한 산타 마리아 노벨라 성당 안뜰

산타 마리아 노벨라 성당

Chiesa di Santa Maria Novella 건축, 미술

산타 마리아 노벨라 역에서 나오면 맞은편에 갈색 외벽과 탑이 보일 것이다. 고딕과 르네상스 양식이 절묘하게 조화된 도미니코 수도회 성당으로 1360년에 완공되었다. 투박한 뒷면과 달리 전면 파사드는 흰색과 녹색 대리석으로 장식되어 있다. 아래층은 고대 로마의 개선문 형태, 위층은 고대 그리스 신전 형태이며, 전체적으로 원과 곡선을 주로 사용해 깔끔하면서도 우아하다.

라틴 십자가 형태(가로와 세로 위쪽의 세 부분은 같은 길, 세로축의 아래쪽 가지는 나머지 부분보다 2배 긴 십자가. 예수 그리스도가 못 박혔던 십자가가 이 형태였다)의 내부 천장은 전형적인 고딕 양식을 따르고 있으며 예배당마다 수많은 미술품들로 화려하게 장식되어 있다. 곤디 예배당 Cappella Gondi의 나무로 만든 단아한 십자가는 브루넬레스키가 만든 것으로 색채감이 뛰어나고 사실적이다.

왼쪽 벽을 따라 그림들을 감상하다보면 궁륭(활이나 무지개같이 한가운데가 높고 길게 굽은 형상으로 주로 성당 내벽 그림 주변을 장식하고 있다) 없이 벽화만 덩그러니 걸려 있는 것을 볼 수 있다. 하나의 조각상과도 같은 이 그림은 마사초의 「삼위일체 Triniti」. 이탈리아 르네상스를 통틀어 가장 중요한 그림 중 하나로 평가받으며, 브루넬레스키가 발견한 원근법 원리를 적용한 최초의 그림이다.

그림 중앙의 십자가에 달린 예수 그리스도, 그리고 그 뒤편에서 십자가를 들어올리는 성부, 십자가 아래에 발치에 서 있는 마리아와 성 요한, 그리고 그 아래 그림을 기증한 부부를 배치했는데 이들의 구도선이 모두 하나로 연결되어 있다. 이 그림이 공개되었을 때 사람들은 그림이 입체적으로 보이다 못해 마사초가 성당 벽에 구멍을 낸 것이 아니냐는 물음을 던졌다는 일화가 전해질 정도.

성당 정면 왼쪽에 나 있는 입구로 들어가면 두 개의 회랑을 만나게 된다. 녹색 회랑 Chiostro Verde은 파올로 우첼로의 작품으로 아름다운 프레스코화가 벽면을 장식하고 있다. 안쪽에 위치한 대회랑 Chiostro Grande은 역시 아름다운 프레스코화로 장식되어 있는데 도미니코의 일생, 예수 그리스도의 일생을 그 내용으로 한다.

성당에서 나와 광장 끝 오른쪽 길 스칼라 거리 Via della Scala를 따라가면 산타 마리아 노벨라 약국 Officina Profumo-Farmaceutica di Santa Maria Novella에 갈 수 있다. 성당의 대회랑을 사이에 놓고 위치한 이곳은 품질 좋은 화장품이 많아서 인기가 높다.

주소 Piazza di Santa Maria Novella 18 **홈페이지** www.smn.it **가는 방법** 산타 마리아 노벨라 역에서 도보 5분 Map p.204-A1

운영 월~토 4~9월 09:30~17:30, 10~3월 09:00~17:30(금 11:00~), **일 · 공휴일** 10~6월 13:00~17:30, 7~9월 12:00~17:30 **미사** 일요일 10~6월 10:30 · 12:00 · 18:00, 7~9월 10:30 · 19:00 **입장료** 성당 €7.50(0~11세 무료)

약국 주소 Via della Scala 16 **홈페이지** eu.smnovella.com **운영** 09:00~20:00 Map p.204-A1

산 마르코 광장 주변

미술애호가라면 꼭 방문해야 하는 지역으로 피렌체에서 빼놓을 수 없는 미술관이 자리하고 있는 지역이다. 피렌체 대학과 세계 최고의 역사를 자랑하는 미술학교 Academia di Belle Arti가 자리하고 있어 학구적인 분위기와 함께 학생들의 열정과 신선함과 함께 수도원이 자아내는 고즈넉함이 공존하는 곳이다.

산 마르코 수도원 Convento di San Marco 미술

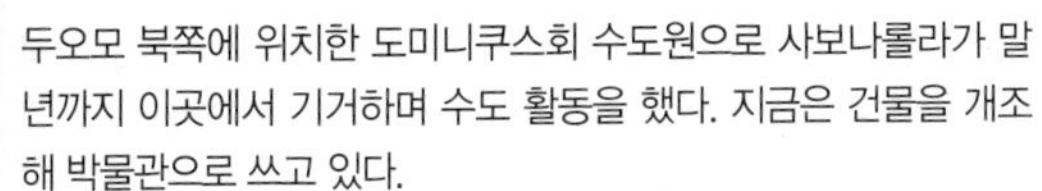

두오모 북쪽에 위치한 도미니쿠스회 수도원으로 사보나롤라가 말년까지 이곳에서 기거하며 수도 활동을 했다. 지금은 건물을 개조해 박물관으로 쓰고 있다.

입구를 통해 들어가면 단아하고 고요한 느낌의 안토니오 회랑이 먼저 보인다. 로렌초 일 마니피코가 이곳에서 조각을 공부하던 미켈란젤로의 재능을 발굴했다는 일화가 전해지는 곳이다. 2층 수도원 건물로 들어가 계단을 오르면 이 수도원에서 가장 유명한 작품인 프라 안젤리코의 「수태고지」를 볼 수 있다. 이 그림을 지나 복도를 따라가면 한쪽에 사보나롤라가 기거하던 방과 그의 유품이 전시되어 있으며 각 방마다 그려진 프레스코화는 예수의 일생을 묘사하고 있다.

산 마르코 수도원

프라 안젤리코의 「수태고지 Annunciazion」

르네상스 시대 회화의 걸작 중 하나이며 수도원에서 가장 유명한 작품이다. 가브리엘 천사와 성모 마리아가 있는 공간은 코린트 양식과 이오니아 양식이 혼합된 형태의 회랑으로 수도원 입구에서 그림이 있는 계단 입구를 연결해주던 회랑의 모습과 흡사하다. 성모 마리아의 순결을 나타내는 백합 등의 다른 장식적인 요소는 없지만 충분히 거룩함이 가득한 그림이다.

프라 안젤리코의 「수태고지」

주소 Piazza San Marco 1 **운영** 08:15~13:50 **휴무** 제 1 · 3 · 5주 일요일, 제2 · 4주 월요일 **입장료** €4(수도원 성당 무료) **가는 방법** 두오모를 마주 보고 왼편 Via del Martelli를 따라 걷다가 Via Cavour로 진입해 도보 10분 Map p.204-B1

아카데미아 미술관 Galleria dell'Accademia 미술

18세기 중엽 설립된 미술관으로 미술학교 학생들의 작품을 보관하면서 시작된 미술관이다. 가장 대표적인 작품은 미켈란젤로의 〈다비드〉와 그에게 가기 위해 지나가는 복도 양 옆의 노예 시리즈. 특히 미완성 상태로 전시된 노예 시리즈는 대리석을 뚫고 나오고 싶어 하는 노예들의 에너지가 느껴지는 작품이다. 또한 매너리즘 조각의 정수라고 하는 잠볼로냐의 〈사비네 여인의 능욕〉도 이 미술관에 소장되어 있다. 이 외에도 르네상스 전후의 프레스코화, 패널화, 종교화와 19세기 아카데미아 교수들의 조각품이 전시되어 있다. 갈

은 공간에 마련되어 있는 악기 박물관에는 이탈리아에서 제작된 수많은 명품악기들이 전시되어 있고 그 악기로 연주되는 소리를 들을 수도 있다. 자세한 안내는 별책 P.20 참조.

주소 Via Ricasoli 58-60 **홈페이지** www.galleriaaccademiafirenze.it **운영** 화~일 08:15~18:50(2024/6/4~9/26 화 ~22:00, 목 ~21:00) **휴무** 월요일, 1/1, 12/25 **입장료** €16 **예약비** €4, 예약 권장 **가는 방법** 두오모 광장 북쪽 Via Ricasoli 따라 직진, 도보 5분

산티시마 아눈치아타 성당

Chiesa della Santissima Anunnziata  건축

산티시마 아눈치아타 성당

13세기에 성모 마리아에게 봉헌하기 위해 지어진 성당으로 정갈한 외관을 갖고 있으나 내부는 바로크의 화려함을 갖고 있다. 입구로 들어가 바로 옆에 있는 성모상에는 신혼부부들이 부케를 봉헌하고 영원한 사랑을 기원하는 곳이라고. 화려한 내부 천정의 프레스코화는 천사의 도움으로 한 수도사가 그리던 그림이 기적적으로 완성되었다는 전설을 갖고 있다. 성당 앞 산티시마 아눈치아타 광장은 브루넬레스키가 설계한 곳으로 중앙에 서 있는 기마상의 주인공은 페르난디도 공작 1세이다. 기마상의 뒷모습과 멀리 두오모를 함께 보고 있다보면 영화 〈냉정과 열정 사이〉에서 다시 만난 두 주인공이 밀당의 대화를 나누던 그 장면이 떠오른다.

산티시마 아눈치아타 광장

주소 Piazza della SS Annunziata **홈페이지** annunziata.xoom.it **운영** 07:30~12:30, 16:00~18:30 **가는 방법** 산 마르코 광장에서 피렌체 대학과 아카데미아 미술관 사잇길 via Cesare Batistti로 직진

Map p.204-B1

브루넬레스키의 고아원

Ospedale degli Innocenti 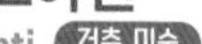 건축, 미술

유럽 최초의 고아원으로 지금도 일부는 고아원, 일부는 수도원과 모자보건 관련 사회복지 시설로 사용하고 있다. 외부 회랑을 브루넬레스키가 설계해 '브루넬레스키의 고아원'이라고 불리는데 초기 르네상스 양식의 중요한 건물 중 하나로 로지아(지붕 있는 외부 갤러리 또는 복도)의 기둥과 아치가 보여주는 규칙적인 질서는 르네상스 건축의 중요한 요소가 되었다. 각 기둥 위에 붙어있는 원형 도자기 안에는 보자기에 싸인 아이의 모습이 조각되어 있는데 각 아이의 모습이나 표정이 전부 다르다. 건물을 바라보고 왼쪽 끝으로 가면 아이 어머니가 아이를 놓고 가는 돌로 만든 원통 로타가 그대로 남아 있다. 건물 안으로 들어가면 정갈한 정원이 인상적이며 건물 옥상 카페는 아름다운 전망으로 이름 높다.

브루넬레스키의 고아원

주소 Piazza della SS Annunciata **홈페이지** www.museodeglinnocenti.it **운영** 수~월 11:00~18:00 **휴무** 화요일, 1/1, 12/25 **요금** €9 **가는 방법** 산티시마 아눈치아타 성당 오른쪽에 있다.

Map p.204-B1

시뇨리아 광장 주변

피렌체가 도시국가이던 시절 정치의 중심지였던 곳으로 지금은 시간에 따라 모습이 매우 다채롭다. 낮에는 광장 주위 식당에서 식도락을 즐기는 여행자들의 미소가 가득하고,저녁에는 악사들의 악기 연주 소리가 울려 퍼진다.

시뇨리아 광장 Piazza della Signoria 미술

위풍당당하게 서 있는 베키오 궁전의 보호를 받는 넓은 광장. 중세 도시국가 시절 시민들이 토론을 벌이거나 정사를 결정하던 곳이다. 현재도 국가의 주요 기념식과 행사가 이 광장에서 열리고 행사가 끝나면 칼차이우올리 거리 Via del Cazaiuoli를 따라 두오모 광장까지 퍼레이드가 이어진다. 피렌체를 무대로 활동하던 수도사 사보나롤라가 이 광장에서 화형에 처해졌다. 광장 한쪽에는 그가 화형당한 장소임을 알려주는 표지가 있다.

베키오 궁전 앞쪽의 회랑은 란치 로지아 Loggia dei Lanzi로 독일 용병들이 주둔하던 곳이었으며 피렌체 시의 행사 때 VIP들의 대기석 역할을 했던 곳이다. 지금은 르네상스 시대 걸작의 모사품들이 가득한 또 하나의 미술관 역할을 하고 있다. 특히 밤에는 조명 받은 조각상들이 만들어 내는 음영의 실루엣이 아름답다.

가는 방법 두오모 광장에서 Via del Calzaiuoli를 따라 도보 5분

Map p.205-A2

시뇨리아 광장

베키오 궁전

베키오 궁전 Palazzo Vecchio 건축, 미술

피렌체 공국의 정부청사로 쓰이던 곳으로 94m의 종탑이 건물 가운데 서 있으며, 볼록볼록 튀어나온 벽 끝이 특징인 토스카나 고딕식 건물이다. 궁 옆으로는 「넵튠의 분수」가 있으며, 미켈란젤로의 「다비드」 상의 모사품과 「헤라클레스」, 「유디트」 등이 서 있다. 현재 일부는 시청사로, 일부는 박물관으로 사용하고 있다. 단순한 외형과 다르게 내부는 매우 화려하게 장식되어 있다. 궁전에서 가장 볼만한 곳은 500인의 방 Salone del Cinquecento이다. 영화 「인페르노 Inferno」에서 중요한 실마리를 제공하는 곳으로 등장하는 이곳은 오른쪽 벽면에 그려진 바사리의 〈마르시아노 전투 La battaglia di Marciano〉 아래 다빈치의 〈앙기아리 전투 La Battaglia d'Anghiari〉가 숨겨져 있다고 해 화제가 되기도 했다. Cerca Trova!(찾아라, 그러면 발견할 것이다)

주소 Piazza della Signoria **운영 박물관** 매일 09:00~19:00(목 ~14:00) **종탑** 매일 09:00~17:00(목 ~14:00) **휴무** 12/25 **입장료** 박물관 €12.50, 종탑 €12.50 **가는 방법** 시뇨리아 광장에 있다.

Map p.205-B2

친퀘첸토 홀

바사리의 〈마르시아노 전투〉 벽화, 이 아래 〈앙기아리 전투〉가 있다는 힌트가 깃발 속에 있다.

산타 크로체 성당

피치 예배당

우피치 미술관

산타 크로체 성당
Basilica di Santa Croce 건축, 미술

1295년 공사를 시작해 14세기 후반에 완성된 고딕 양식의 프란체스코 수도회 성당이다. 간혹 여행자들은 산타 마리아 노벨라 성당과 혼동하기도 하는데 산타 마리아 노벨라 성당이 여성적이고 부드러운 느낌이라면 산타 크로체 성당은 고딕 특유의 뾰족함과 직선으로 인해 남성적인 느낌이 강하다.
내부는 기둥이 없어 넓은 시야를 확보할 수 있는 구조가 특징이다. 성당 벽면을 따라 미켈란젤로, 갈릴레오, 로시니, 마키아벨리 등 피렌체 태생 유명인의 묘지와 단테의 기념비(묘지는 라벤나 Ravenna에 위치, P.296)가 있어 '묘지 성당' 또는 '피렌체의 판테온'이라고 불리기도 한다. 그 외 도나텔로의 「수태고지」, 치마부에의 「십자가에 달린 예수」 등을 감상할 수 있다. 성당 뒤편으로 가면 잔잔한 느낌의 정원이 나오는데 르네상스 건축의 백미로 손꼽히는 파치 예배당 Cappella Pazzi이 자리 잡고 있다.
회랑을 따라 걷다보면 가죽가공학교 Scuola del Couio와 연결된다. 직접 가죽을 가공하고 제품을 제조하는 모습을 볼 수 있고 구입도 가능하다. 가방이나 지갑 등 소품류도 좋고 디자인이 특이한 의류도 구비되어 있다.
성당 앞 광장은 시뇨리아 광장과 더불어 피렌체에서 보기 힘든 넓은 공간. 성탄절 즈음이면 크리스마스 장이 열리고 각종 전시, 축제의 장소가 되는 곳이다. 주변의 가죽제품 상점에서는 품질 좋은 물건들을 취급하고 있으니 가죽을 좋아한다면 들러볼 만하다.

주소 Piazza di Santa Croce **홈페이지** www.santacroceopera.it **운영** 월~토 09:30~17:30, 일 · 1/6 · 8/15 · 11/1 · 12/8 12:30~17:45(입장 마감 17:00) **휴무** 1/1, 부활절(2025/4/20), 6/13, 10/4, 12/25 · 26 **입장료** €6 **가는 방법** 시뇨리아 광장에서 베키오 궁 왼쪽길 via dei Gondifh 들어가 길 따라 직진 500m Map p.204-B2

우피치 미술관 Uffizi Gallery 미술, 건축

르네상스의 시작과 절정, 그리고 바로크로 이어지는 흐름을 감상할 수 있는 미술관. 메디치 가문의 수많은 소장품들 중 회화 작품이 모여 있는 곳으로 메디치 가문의 마지막 후손 안나 마리아 루이자 데 메디치 Anna Maria Luisa de'Medici가 사후 소장품 모두와 건물을 피렌체시에 기증하면서 생겨난 미술관이다. 소장되어 있는 작품뿐만 아니라 미술관 건물도 르네상스 양식으로 건축되어 있는 곳으로 원래는 시의 관공서로 사용되던 건물이다. 미술관 이름인 Uffizi는 office라는 의미. 기다란 두 건물이 마주 보고 있고 두 건물 사이의 공간은 낮에는 여행자과 잡상인들로, 밤에는 공연을 펼치는 음악가들로 늘 붐빈다.
주요 작품으로는 원근법의 발전사를 보여주는 〈마에스타 Maestà〉를 시작으로 미술관의 하이라이트인 보티첼리 Boticelli의 〈봄 La

Primavera〉과 〈비너스의 탄생 Nascita di Venere〉, 10년의 복원작업 끝에 다시 대중의 품으로 돌아온 라파엘로 Rafaello의 〈검은 방울새의 성모 Madonna col Bambino e san Giovannino (Madonna del cardellino)〉과 함께 레오나르도 다 빈치 Leonardo da Vinci 〈수태고지 Annunciazion〉, 미켈란젤로 〈성 가족 Sacra Famiglia〉등 르네상스 시대의 미술품을 비롯해 틴토레토, 베로네세, 만테냐 등 이탈리아 화가들의 작품을 주로 이룬다. 또한 메믈링, 뒤러 등 북유럽 르네상스 대표 작가들의 작품과 이들과 바로크를 연결지어주는 루벤스, 램브란트의 그림도 감상할 수 있다.

소장 작품의 수준, 작품 수에 비해 전시공간이 협소해 시간대별로 일정 인원만 입장시키고 있어 성수기라면 예약하는 것이 좋다. 예약법은 QR 참조. 만일 예약하지 못했을 경우 최소 1시간에서 5시간까지 기다려야 하니 무조건 아침 일찍 일어나 가서 줄을 서자. 자세한 안내는 별책 P.6 참조.

주소 Piazzale degli Uffizi 6 **홈페이지** www.uffizi.it **운영** 화~일 08:15~18:30(2024/12/17까지 매주 화 ~22:00) **휴무** 월요일, 1/1, 12/25 **입장료** €25, 예약비 €4 ※매월 첫 번째 일요일 무료 입장. 입구 맞은편 티켓 오피스에서 티켓을 발급받아야 하며 예약은 불가. 특별 전시는 입장료 변동 있음. **가는 방법** 시뇨리아 광장 뒤편

Map p.205-A2

입장을 기다리는 여행자들. 예약하자

우피치 미술관 인터넷 예약하기

구치 가든 Gucci Garden 핫스폿

피렌체를 대표하는 유명 브랜드 구치의 역사가 한 곳에 모인 공간. 2011년 구치 창립 90주년을 기념하기 위해 기획되어 시뇨리아 광장의 오래된 건물 메르칸치나궁 Palazzo della Mercantina에 2013년 가을에 개관 후 리모델링을 거쳐 2017년 가을에 재개관했다.

1층의 카페, 레스토랑도 매력적이며 구치 가든 Gucci Garden이라고 이름 지어진 부티크에서는 이곳에서만 구입할 수 있는 한정판 상품들이 전시 · 판매 중이다. 다소 화려한 문양이 조금 부담스럽기도 하지만 구치만의 독특한 매력을 한껏 뽐내며 여행자들을 유혹한다.

갤러리라 이름 지어진 공간으로 올라가 첫 번째로 만나는 공간에는 구치의 시작을 알리는 오래된 여행 가방들, 구치의 상징색이라 할 수 있는 붉은색과 녹색으로 장식된 가방들, 콘셉트 카 등이 전시되어 있다. 그 위층에는 화려한 꽃무늬와 구치의 로고로 장식된 여러 제품들, 그리고 화려한 이브닝드레스들이 여행자들의 눈길을 끈다. 피렌체에서 시작된 브랜드의 자부심과 역사가 가득한 곳으로 패션에 관심 많은 여행자라면 들러보자.

주소 Piazza della Signoria 10 **홈페이지** guccipalazzo.gucci.com **운영 박물관** 10:00~19:00, **카페 · 레스토랑** 10:00~23:00, **서점 · 기프트숍** 10:00~22:00 **휴무** 1/1, 12/25 **입장료 박물관** €7(학생증 소지자 무료), **카페** 커피 €1~2.50 **가는 방법** 시뇨리아 광장에 위치

Map p.205-B2

구치 박물관

SAY! SAY! SAY!

조각가들이 사랑한 소년 영웅, 다비드 David

다비드는 이스라엘 민족을 이민족으로부터 구원한 대표적 사건인 거인 골리앗을 작은 조약돌로 물리친 소년 영웅으로 수많은 작품의 모티브가 되었던 인물이지요.

이탈리아에서 만날 수 있는 대표적인 다비드 조각상은 총 네 작품입니다. 르네상스 시대에 만들어진 「다비드」 셋, 그리고 바로크 시대에 만들어진 「다비드」 하나입니다. 이 중 가장 유명한 작품은 미켈란젤로의 「다비드」라고 할 수 있죠. 진품은 피렌체 아카데미아 미술관에 소장되어 있고 베키오 궁전 앞과 미켈란젤로 광장에 모사품이 서 있는 피렌체 최고의 인기남입니다. 이 작품은 르네상스 최고의 작품이라 평가받고 있는데요, 미켈란젤로의 「다비드」 상 이전에 어떤 작품들이 만들어졌을까요? 그리고 미켈란젤로의 「다비드」 상은 기존의 「다비드」 상들과 어떤 차이점들이 있을까요? 또 바로크 시대의 「다비드」는 앞선 르네상스 시대의 「다비드」와 어떤 차이점을 갖고 있을까요?

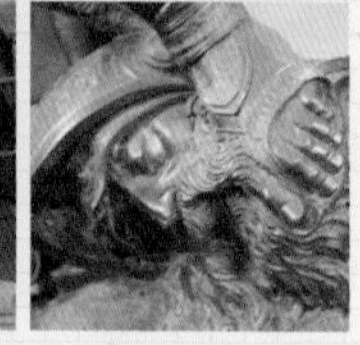

먼저 르네상스 조각의 선구자 도나텔로 Donato di Niccolò di Betto Bardi (1386~1466)의 작품부터 살펴보겠습니다. 이 작품은 피렌체 바르젤로 미술관에 소장되어 있으며 바르젤로 미술관의 대표 선수라고 할 수 있죠. 1440년경에 제작된 청동 작품으로 다비드는 골리앗을 돌팔매질로 쓰러뜨린 후 목을 칼로 자르고 그 머리를 밟고 있는 모습의 미소년으로 묘사되어 있습니다. 완숙하지 않지만 소년 특유의 아름다운 육체의 선이 잘 드러나 있는 작품이죠. 그의 「다비드」 상은 중세 이후 처음의 나체상으로 만들어진 작품으로 그 당시 다른 어느 작품에서도 찾아볼 수 없었던 사실적인 관찰을 통해 인체를 묘사했습니다. 기독교 교리 때문에 남녀노소 모두 어깨선 하나 다리 하나 마음대로 내놓고 다니지 못 했던, 문화적으로 시베리아 벌판 같았던 중세에 만들어졌다는 사실만으로도 필자는 물론, 세상을 화들짝 놀라게 한 작품이지요. 이 작품이 발표된 후 사람들은 "젊은 남자의 몸을 너무나 육감적이고 여체를 연상케 할 만큼 만들어내 동성연애를 조장하는 것이 아니냐?"라고 비판했다고 합니다. 요즘말로 하면 악플에 시달렸던 거지요.

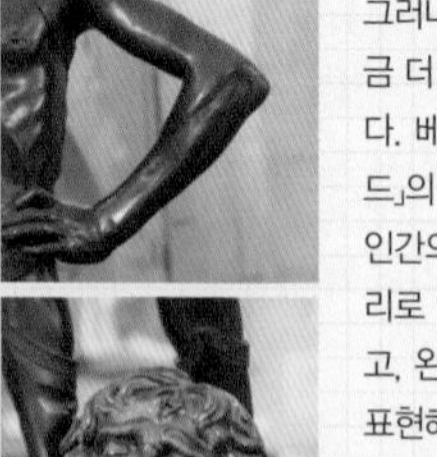

다음으로 도나텔로의 제자였던 베로키오 Andrea del Verrocchio (1438~1488)의 「다비드」를 살펴볼까요? 역시 피렌체 바르젤로 미술관에 소장되어 있고 도나텔로의 「다비드」와 같은 방에 위치합니다. 1473~75년 사이에 제작된 이 작품 역시 청동으로 제작되었으며 도나텔로의 다비드 상과 많이 비슷해 보이죠.

그러나 자세히 살펴보면 도나텔로의 「다비드」보다 조금 더 마른 모습의 「다비드」라는 것을 알 수 있을 겁니다. 베로키오는 더욱 우아한 인체 표현을 위해 「다비드」의 육체를 앙상하게 마른 모습으로 조각해 한층 더 인간의 골격 묘사에 치중했습니다. 특히 짧은 단발머리로 인해 가는 목선과 어깨선이 드러나며 강조되었고, 왼쪽 허리에 얹힌 왼팔의 팔꿈치가 튀어나오도록 표현해 날카롭고 가늘고 긴 선을 이용해 우아함을 최대한 부각시켰습니다.

하지만 도나텔로가 「다비드」를 나체로 만들어 비난받은 것을 잘 알고 있던 베로키오는 「다비드」 상에 얇은 갑옷을 입힘으로써 다른 조각가들과 같이 시대와 타협했습니다. 외로운 천재가 되기보다 현생의 영광을 선택했었던 거죠.
그럼 이 두 거장 이후에 등장한 미켈란젤로 Michelangelo di Ludovico Buonarroti Simoni(1475~ 1564)의 「다비드」는 이전의 「다비드」와 어떻게 다른 색을 가지고 있을까요? 또 왜 이 두 「다비드」를 제치고 이후의 「다비드」들의 추격 또한 허용하지 않은 채 최고의 「다비드」라는 평을 받을까요?

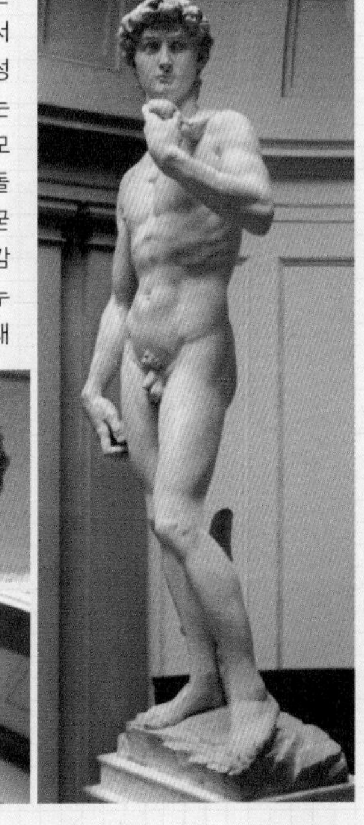

이 작품은 피렌체 시의 주문에 의해 만들어졌는데 당시 피렌체를 위협하고 있던 외부 세력들에게 경고의 메시지를 전하려 했고 이것을 파악한 미켈란젤로는 성서 속 내용을 거부하고 자신 나름대로 인물을 해석해 「다비드」 상을 만들었습니다. 성경 속 어린 목동 다비드를 미켈란젤로는 연약한 소년의 모습이 아닌, 힘이 넘치는 건장한 청년의 모습으로 조각해냈습니다. 이전의 두 조각상처럼 승리에 도취된 모습이 아니라 다가오는 적을 무서울 만큼 인중에 힘을 주어 노려보며 잡고 있는 돌이 터지도록 잔뜩 힘을 주어 한 발짝만 더 다가오면 돌을 던져 쓰러뜨리겠다는 굳은 결심을 보이고 있는 모습으로 만들어낸 것이죠. 조각상 전체에 감도는 긴장감으로 인해 그 어떤 남성상보다 강인해 보이고 당당해 보이는 이 「다비드」는 그 누구도 시도하지 않았던 미켈란젤로만의 「다비드」였던 것입니다. 이 「다비드」는 고대 그리스 이후 가장 아름답고 완벽한 남성의 나체상으로 평가받았고 르네상스 시대를 대표하는 조각상인 동시에 르네상스 그 자체가 구현된 조각상이라는 칭송을 받게 됩니다. 이렇게 거장 미켈란젤로의 대단한 다비드 상이 탄생할 수 있었던 것은 이전의 두 선배들의 다비드가 있었기 때문입니다. 역시 하늘에서 뚝 떨어지는 천재는 없는 법인가 봅니다.
미켈란젤로가 앞선 「다비드」들을 보고 자신만의 「다비드」를 만들어냈듯이 이후 만들어진 「다비드」들은 청년의 모습을 한 「다비드」가 많이 만들어졌습니다. 대표적인 작품인 로마 보르게세 미술관에 소장되어 있는 베르니니의 「다비드」를 들 수 있어요.

17세기 바로크의 대가, 대리석을 찰흙처럼 다뤘던 베르니니 Giovanni Lorenzo Bernini(1598~1680)가 25세 때 만든 작품인 이 작품은 바로크의 극적 감동을 한눈에 볼 수 있게 해주는 작품입니다. 도나텔로와 베로키오가 승리에 도취된 「다비드」를 만들었고, 미켈란젤로의 「다비드」가 골리앗과의 승부를 앞둔 결연함과 다짐을 표현하고 있다면 이 「다비드」는 온 마음을 다하여 골리앗에게 돌을 던지는 그 순간을 묘사하고 있습니다. 돌을 던지기 위해 비틀린 몸의 다이내믹한 표현, 꽉 다문 입술의 결연함, 잔뜩 찌푸린 미간의 표현의 섬세함까지 어느 하나 그냥 넘어가지 않고 팽팽한 긴장감과 함께 금방이라도 움직일 듯한 정적으로 표현된 동작의 움직임의 묘사가 바로크의 완성을 보여주고 있습니다.

험난한 평가를 받았던 도나텔로의 「다비드」, 타협점을 찾았지만 자신의 색을 잃지 않았던 베로키오의 「다비드」, 그리고 앞선 두 작가의 「다비드」와 완전히 다른 모습의 미켈란젤로의 「다비드」, 새로운 미술사조의 진면목을 보여준 베르니니의 「다비드」까지 이렇게 이탈리아의 「다비드」의 흐름을 살펴봤습니다. 어떤 「다비드」가 가장 마음에 드실까요. 그리고 어떤 「다비드」에게 가장 많은 시선이 머무실까요.

베키오 다리

세계 최고의 조각 전문 미술관 바르젤로 미술관

따뜻한 느낌의 안뜰

살바토레 페라가모 박물관

베키오 다리 Ponte Vecchio 건축

피렌체의 다리 중 가장 오래된 역사를 갖고 있으며 그만큼 가장 많은 여행자들이 모이는 곳이다. 1117년, 1333년 두 차례 무너졌다가 재건되었으며 지금의 형태는 1345년에 설계됐다. 제2차 세계대전 때 피렌체의 다리가 많은 피해를 입었지만, 이 다리는 다행히도 무사히 남아 지금의 모습을 간직하고 있다. 다리 양쪽에는 귀금속 세공소와 보석상이 늘어서 있어 늘 반짝거린다. 예전에는 이곳에 정육점과 가죽공방들이 있었다고 한다. 단테와 베아트리체가 처음 만나 사랑에 빠진 곳으로도 유명하다. 다리 왼쪽의 2층으로 올라가면 우피치 미술관과 피티 궁전을 연결하는 통로가 있고, 다리 중간에는 유명한 금세공사 벤베누토 첼리니의 흉상이 있다. 한때 이곳이 사랑을 이뤄준다는 이야기가 전해져 흉상 주변에는 연인들이 채워 놓은 자물쇠가 가득했으나 지금은 대부분 철거되었다. 혹여 절실한 마음에 자물쇠를 채웠다가 벌금을 낼 수 있으니 시도도 하지 말 것.

가는 방법 우피치 미술관에서 강변으로 나와 오른쪽으로 도보 2분 **Map p.205-A3**

바르젤로 미술관 Museo Nazionale del Bargello 미술

두오모와 베키오 궁 사이를 이어주는 조용하고 서늘한 골목길에 자리 잡고 있는 세계 최고의 조각전문 미술관. 메디치가에서 수집한 미술작품 중 회화작품이 모여 있는 곳이 우피치 미술관이라면 이 바르젤로 미술관은 그들이 수집한 조각 작품들이 소장, 전시되어 있는 곳이다. 주요 작품으로는 미켈란젤로의 〈바커스 Bacco〉와 〈브루투스 Bruto〉, 그리고 도나텔로와 베로키오의 〈다비드 David〉이다. 그 외 피렌체 지역 귀족들이 사용하던 식기와 주교들의 성구들이 전시되어 있는 공간도 볼만하다. 자세한 안내는 별책 P.17 참조.

주소 Via del Proconsolo 4 **홈페이지** bargellomusei.it **운영** 수~월 08:15~13:50 **휴무** 화요일, 12/25 **입장료** €10(매월 첫째 주 일요일 무료) **예약비** €3, 예약 권장 **가는 방법** 두오모 광장 뒤편의 Via del Proconsolio를 따라 도보 5분 **Map p.205-B2**

살바토레 페라가모 박물관 Museo Salvatore Ferragamo 핫스폿

구두를 좋아하는 여행자라면 꼭 한 번 들러봐야 할 곳. 피렌체에서 생겨난 이탈리아 유명 브랜드 페라가모의 역사를 한눈에 볼 수 있는 박물관이다. 중세시대에 지은 웅장한 느낌의 스피니 페로니 Spini Feroni 성에 위치한 페라가모 본점 지하에 있다. 1995년에 개관했으며 1920년대부터 만들어진 1만여 족 이상의 구두 컬렉션과 구두 제조의 역사, 페라가모 브랜드의 역사가 한눈에 들어오는 사진·문서들이 전시되어 있다. 창업자인 살바토레 페라가모가 작업하는 사진이나 생전 활동 모습이 담긴 사진들도 전시되어 있다. 편안해 보이는 샌들부터 아찔한 높이의 하이힐까지, 단아한 단색의 구두들부터 차마 신고 다니지는 못할 것 같은 강렬하고 컬러풀한 색감의 구두들까지 다채로운 구두의 향연을 만끽할 수 있다. 또한 마릴린 먼로, 오드리 헵번, 드류 베리모어 등 페라가모를 찾은 유명 고객들의 발 모형과 그녀들을 위해 만들어진 구두도 전시되어 있다. 시즌별로 대표적인 상품들을 주기적으로 바꿔 전시한다.

주소 Piazza Santa Trinita 5r **홈페이지** www.museoferragamo.com **운영** 10:30~19:30 **휴무** 1/1, 8/15, 12/25 **입장료** €8 **가는 방법** 베키오 다리 입구에서 강변길을 따라 오른쪽 산타 트리니타 다리 초입에 있다. Map p.204-A2

SAY! SAY! SAY!

같은 듯 다른 모습, 아름다운 정원들

여행을 하면서 유럽의 건축물들을 감상하다 보면 건물 내에 작은 정원(중정)이 있는 구조를 많이 보게 될 겁니다. 이는 나인 스퀘어 Nine Square라고 하는데 사각형을 9개 면으로 나눠서 가운데 부분을 가장 중요한 공간으로 두는 형식으로 유럽 건축의 전형입니다. 예부터 유럽인들은 이 형식에 맞추어 공간을 꾸미는 데 매우 신경을 썼다고 합니다. 피렌체의 각 성당들은 주변부의 회랑과 조화로운 중앙정원 모습이 조금씩 차이가 나므로, 눈을 크게 뜨고 비교해 보세요. 흥미로운 점들을 발견하게 될 것입니다.

볼거리 산타 마리아 노벨라 성당, 산타 크로체 성당, 산 로렌초 성당, 산 마르코 수도원, 산타 마리아 델 카르미네 성당

아르노 강 건너편

아르노 강 건너편은 예부터 조용하고 부유한 주택가였다. 골목 사이로 유니크한 디자이너 숍과 와인바, 레스토랑들이 곳곳에 숨어 있다. 늦은 시간 산토 스피리토 지역의 활기찬 젊음의 에너지는 고요한 피렌체의 또 다른 모습을 보여준다.

피티 궁전 Palazzo Pitti 건축,미술

베키오 다리를 건너 길을 따라 계속 직진하면 넓은 광장이 나오고 그 뒤로 웅장한 느낌의 건물이 하나 보인다. 비스듬하게 경사진 광장에서 휴식을 취하고 있는 여행자들을 보고 있으면 시에나의 캄포 광장을 보는 듯하다. 어느 작가는 여름 한낮 이 광장을 '해변'이라고 표현하기도 했다.

광장 끝에 서 있는 단단해 보이는 건물은 15세기 중엽 메디치가의 라이벌이었던 대부호 루카 피티가 브루넬레스키에게 의뢰해 지은 르네상스식 궁전이다. 루카 피티가 죽은 뒤 메디치가가 저택으

피티 궁전

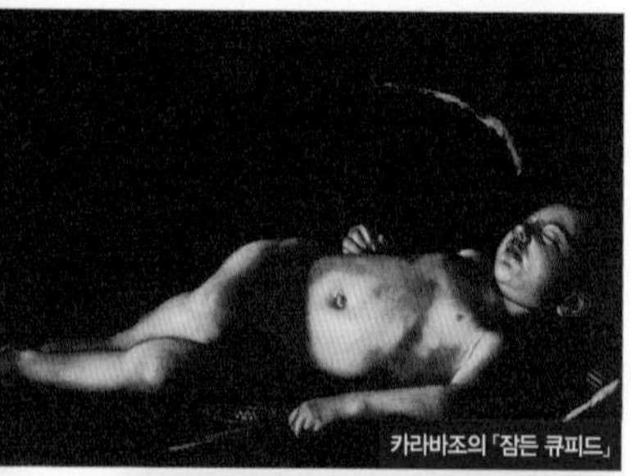
카라바조의 「잠든 큐피드」

라파엘로의 「대공의 성모」

아르테미지아 젠틸레스키 「유디트」

로 사용하면서 내부 장식을 했고, 그후 사보이 왕가의 저택으로 사용되었다. 1620년부터 시작된 개인 컬렉션이 점점 규모가 커지고 1915년 사보이 왕가가 피티 궁전을 국가에 헌납하면서 공공미술관이 됐다.

궁전 내부는 6개의 공간으로 나뉘어 있다. 르네상스에서 바로크 시대까지의 회화작품을 감상할 수 있는 팔라티나 미술관과 19~20세기 토스카나 지방에서 활동하며 프랑스 인상주의 화풍을 추구한 화가들의 작품이 전시되어 있는 근대 미술관이 대표적이다. 그리고 피티 궁전 거주자들의 생활상을 볼 수 있는 로열 아파트먼트와 피티 궁전에서 살았던 왕가의 여인들이 입었던 드레스를 모아놓은 의상 박물관, 장신구를 볼 수 있는 보석세공 박물관(공사로 폐쇄 중), 그들이 사용했던 식기류를 전시하고 있는 도자기 박물관이 있다. 궁전 뒤편에는 전형적인 이탈리아 정원 양식을 갖고 있는 보볼리 정원이 펼쳐진다.

주소 Piazza de'Pitti **홈페이지** www.uffizi.it/palazzo-pitti **요금** 피티 궁전+보볼리 정원 복합티켓 €22, 5일 동안 유효한 피티 궁전+보볼리 정원+우피치 미술관 복합티켓 €38 **가는 방법** 베키오 다리를 건너서 Via Guicciardini를 따라 도보 10분 **Map p.204-A2**

팔라티나 미술관 · 현대미술관 · 의상박물관 · 러시아 이콘 박물관

운영 화~일 08:15~18:30 **휴무** 월요일, 1/1, 12/25 **입장료** €16 **예약비** €3, 예약 권장.

보볼리 정원

운영 11~2월 08:15~16:30, 3월 08:15~17:30, 4 · 5 · 9 · 10월 08:15~18:30, 6~8월 08:15~19:10 **휴무** 매월 첫째 주 · 마지막 주 월요일, 12/25 **입장료** €10

팔라티나 미술관 Galleria Palatina

메디치 가문의 소장품을 일부 전시하고 있는 곳으로 우피치 미술관의 분관이라고 생각해도 큰 무리는 없다. 그리스 신화의 여러 신들을 상징하는 이름의 24개 전시실에는 16~17세기의 이탈리아와 플랑드르 지역 회화와 조각, 태피스트리, 고가구 등이 전시되어 있다. 처음 다섯 개의 전시실 천장에 그려진 메디치 가문을 찬양하는 프레스코화도 매우 수준이 높다. 주요 작품으로는 빛의 음영을 통해 극적 효과를 주는 데 천재적이었던 카라바조의 「잠든 큐피드 Sleeping Cupid」, 아르테미지아 젠틸레스키의 「유디트 Giuditta」, 라파엘로의 「의자에 앉은 성모 Madonna della Seggiola」와 「대공의 성모 Madonna del Granduca」 등의 회화 작품과 대리석으로 인체의 부드러운 질감을 묘사하는 데 재능이 뛰어났던 안토니오 카노바의 「이탈리카 비너스 Venere Italica」 등이 있다.

라파엘로 〈의자에 앉은 성모〉

안토니오 카노바의 「이탈리카 비너스」

보볼리 정원 Giardino di Boboli (유네스코)

16세기에 조성된 정원으로 이탈리아 정원 양식의 표본이다. 피티 궁전 뒤쪽에 펼쳐진 언덕 능선에 수많은 분수와 산책로, 동굴, 야외 극장 등이 있다. 정원 끝까지 올라가면 한쪽에 도자기박물관이 있다. 메디치 가문에서 쓰였던 식기들과 독일, 중국, 일본의 명품 도자기들이 전시되어 있다. 언덕 끝으로 올라가 출구로 나가면 미켈란젤로 광장으로 이어지는 길이 나온다.

보볼리 정원

미켈란젤로 광장

Piazzale Michelangelo (뷰포인트)

피렌체 시내를 한눈에 바라볼 수 있는 광장. 미켈란젤로 서거 400주년을 기념해 만들었으며 광장 중앙에는 모조품 「다비드」상이 자리 잡고 있다. 아르노 강 너머 보이는 피렌체의 붉은 지붕 집들이 인상적이다. 해질 무렵 노을빛에 물드는 풍경은 기억에 남을 만큼 아름답다. 날씨가 좋은 주말에는 웨딩 촬영을 하는 커플들이 많이 보이고, 해질 녘에는 데이트를 즐기는 연인들이 곳곳에 자리한다. 아마도 나홀로 여행자들은 사무치는 외로움에 눈물짓게 될 것이다.

가는 방법 산타 마리아 노벨라 역에서 버스 12 · 13번을 타고 Piazzale Michelangiolo에서 하차. 또는 베키오 다리에서 도보 25분

Map p.204-B2

미켈란젤로 광장

산 미니아토 알 몬테 성당

Chiesa di San Miniato al Monte (뷰포인트, 건축)

11세기에 지어진 로마네스크 양식의 성당이다. 250년 아르노 강 부근에서 순교한 성인 산 미니아토가 참수형에 처해진 후 자신의 목을 들고 평소 묻히고 싶어했던 이곳으로 걸어왔다는 전설이 깃든 곳이다. 전면 파사드는 두오모 광장의 세례당과 같이 흰색과 초록색 대리석으로 장식되어 있으며 단순하면서도 단아한 멋을 풍긴다. 파사드 상단 모자이크에는 예수와 성모 마리아, 산 미니아토가 그려져 있다. 내부는 전면 파사드와 유사한 형태의 패턴을 가진 대리석으로 장식되어 있고 중앙 본당 바닥은 대리석으로 조각된 꽃, 식물, 12개의 별자리를 묘사하고 있는데 그 문양이 매우 아름답다. 안쪽 앱스 모자이크는 전면 파사드 상단 모자이크와 같은 인물의 배치로 구성되어 있어 외부와 통일감을 갖는다. 베네딕토 성인의 생애를 묘사한 성구실의 프레스코화도 근사하다. 성당 주변은 묘지로 조성되어 있는데 삶과 죽음이 공존하고 있는 풍경이 인상적이며 동화 『피노키오』의 작가 콜로디의 무덤도 한쪽에 자리하고 있다.

주소 Via delle Porte Sante 34 **홈페이지** sanminiatoalmonte.it **운영** 월~토 09:30~13:00 · 15:00~19:00, 일요일 08:15~13:00 · 15:00~19:00 (수도원 약국 매일 10:00~12:15 · 16:00~18:00) **가는 방법** 미켈란젤로 광장에서 길 건너 Viale Galileo를 따라 도보 5분 Map p.204-B2

산 미니아토 알 몬테 성당

성당 내부의 화려한 모자이크

산토 스피리토 성당

섬세하게 장식되어 있는 발다키노의 상층부

브란카치 예배당의 화려한 프레스코화

마사초의 「낙원에서의 추방」

마솔리노의 「아담과 이브의 유혹」

산토 스피리토 성당 Basilica di Santo Spirito 건축

아우구스티누스 재단에서 설립한 성당. 13세기에 지었고, 현재 건물은 브루넬레스키의 마지막 작품이다. 건물 외관은 로마네스크부터 시작해 고딕을 거쳐 르네상스 양식까지 모두 갖고 있어 건축학도라면 한 번쯤 가볼 만한 곳이다.
소박한 외관과 달리 내부는 화려하게 꾸며져 있다. 35개의 기둥이 조화롭게 늘어서 있는 실내를 지나가면 바로크 양식의 화려한 천개 Baldaccino와 제단이 자리하고 있고, 오른쪽에 위치한 네를리 예배당에서 필립보 리피의 「성모 마리아와 아기 예수」를 볼 수 있다.
주소 Piazza Santo Spirito **홈페이지** www.basilicasantospirito.it **운영** 월 · 화 · 목~토 10:00~13:00 · 15:00~18:00, 일 · 공휴일 11:30~13:30 · 15:00~18:00 **휴무** 수요일 **요금** 대성당 무료, 미켈란젤로의 십자가 관람 €2 **가는 방법** 피티 궁전 앞 광장에서 Via dei Piti를 따라 도보 3분 Map p.204-A2

산타 마리아 델 카르미네 성당
Basilica di Santa Maria dell Carmine 미술

조용한 주택가 사이에 자리한 성당으로 13세기에 지어졌으나 화재로 파손된 것을 18세기에 재건했다. 성당으로 들어가는 문은 두 개. 일반적인 문으로 들어가서 보이는 성당 내부는 크게 특이한 점은 없으나 출입 통제된 중앙 제단에서 오른쪽 구역이 이 성당의 가장 큰 볼거리인 브란카치 예배당 Cappella Brancacci이다. 이곳은 정문 옆 유리문으로 들어가야 하는 별도 구역으로 입장료가 필요하다. 티켓을 구입하고 수도원 회랑을 지나 예배당으로 들어가면 삼면 가득 프레스코화로 가득한 브란카치 예배당이 눈앞에 펼쳐진다. 바깥쪽 양쪽 기둥에 그려진 아담과 이브의 우화를 제외하고는 모두 성 베드로의 일생을 그 내용으로 한다. 등장 인물 중 오렌지색 망토를 입고 있는 사람이 성 베드로다.
그림은 마사초가 그리기 시작해 필리피노 리피가 완성했다. 원근법을 처음으로 사용한 마사초는 이곳의 프레스코화를 통해 그 기법을 완성했고 르네상스 회화의 선구자적 위치에 올라섰다. 특히 왼쪽 끝의 기둥에 그려져 있는 「낙원에서의 추방」은 그의 감정 표현 능력이 얼마만큼 대단했는지 알려준다. 맞은편에 그려져 있는 마솔리노의 「아담과 이브의 유혹」과 비교해 보자. 브란카치 예배당은 30분마다 10명씩 입장시키며, 예약 필수다(예약비 무료).
주소 Piazza del Carmine **홈페이지** bigliettimusei.comune.fi.it(티켓 예약) **전화** 055 27 68 224(예약) **운영** 월 · 수~토 10:00~17:00, 일 13:00~17:00 **휴무** 화요일, 1/1, 1/6, 부활절(2025/4/20), 7/16, 8/15, 12/25 **요금** €10 **가는 방법** 산토 스피리토 성당 앞 광장에서 오른쪽으로 난 길 Via Sant'Agostino 따라 걷다가 Via de Serragli와 만나는 큰 사거리에서 길 건너 Via Santa Monica로 들어가서 도보 3분 Map p.204-A2

RESTAURANT

먹는 즐거움

토스카나 요리는 제철에 생산되는 재료를 이용해 각 식자재의 풍미를 잘 살려냄으로써 담백하면서도 풍성한 느낌을 준다. 여행자들이 주로 찾는 식당가는 두오모와 산 로렌초 성당을 이어주는 Borgo San Lorenzo 주변과 중앙시장 부근이다. 두오모와 시뇨리아 광장을 이어주는 Via dei Calzaiouli 주변에는 카페테리아 형식의 식당들과 젤라테리아가 많다. 베키오 다리 북단과 피티 궁전 맞은편의 작은 골목에 있는 식당이나 산타 마리아 노벨라 성당 주변의 식당들도 저렴하면서도 맛있는 곳이 많다.

파니니

작은 도시지만, 볼거리 풍부한 피렌체. 바쁜 시간을 쪼개서 여행해야 한다면 점심 식사는 간단하게 파니니를 선택해보자. 다양한 속 재료로 자신만의 파니니를 만들 수 있다. 단, 길거리에서 파니니 등을 먹는 것은 삼가자. 주요 지역에서 단속을 시행하고 있고 적발 시 €150~500의 벌금을 내야 한다.

I Fratellini

오르산미켈레 성당 맞은편 골목 안쪽에 자리한 유명한 파니니 전문점. 벽 안쪽으로 움푹 들어가 있지만, 식사 시간이면 줄이 길게 늘어서 쉽게 찾을 수 있다. 피렌체에서 가장 맛있는 파니니 전문점으로 1875년에 문을 열었다. 왼쪽 벽에 길게 나열된 메뉴 중에서 마음에 드는 것을 번호로 주문하면 5분 이내에 파니니가 나온다. 바삭한 빵과 신선한 재료, 고유의 소스가 어우러진 파니니는 한끼 식사로 적당하며, 가격도 저렴하다. 벽을 가득 채우고 있는 와인도 별미. 다 마신 와인 잔은 가게 옆 벽에 걸려있는 나무 선반에 얹으면 된다.

주소 Via dei Cimatori 38r **영업** 월~금 11:00~16:30, 토·일 11:00~18:00 **예산** 파니니 €5~7, 와인(1잔) €1.50~ **가는 방법** 두오모 광장에서 Via Calzaiuoli를 따라 걷다가 오르산미켈레 성당 맞은편의 Via dei Cimatori 거리 안쪽에 있다. Map p.205-A2

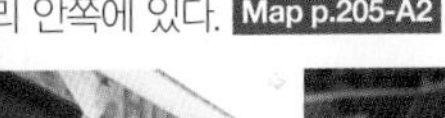

All'antico Vinaio

베키오 궁전에서 산타 크로체 광장으로 가다 보면 만날 수 있는 파니니 전문점 & 와인바. 늘 가게 앞으로 긴 줄이 늘어서 있는 인기 맛집이다. 끊임없이 만들어져 나오는 푸짐한 크기의 파니니는 혼자 먹기 힘들 정도. 파니니를 먹다가 또는 길을 걷다 와인이 생각난다면 매장 앞 셀프 와인 코너를 찾아보자. 여행자는 물론 현지인들에게도 인기가 많은 덕에 가게 맞은편에도 좌석이 마련되어 있다.

주소 Via de' Neri 65r **홈페이지** www.allanticovinaio.com/it/ **영업** 매일 10:00~22:00 **예산** 와인(1잔) €3, 파니니 €7~ **가는 방법** 시뇨리아 광장에서 베키오 궁전 오른쪽 골목으로 들어가 직진. 도보 100m

Map p.205-B3

PANINI TOSCANI

쿠폴라 입구와 가까운 곳에 위치한 파니니 전문점. 위치상으로 유동인구가 많은 곳이기도 하지만 푸짐하고 질 좋은 음식 덕분에 가게는 늘 많은 사람으로 붐빈다. 간판에 적힌 'SLOW FOOD'라는 말 그대로 인근 지역에서 전통의 자연적 방법으로 생산한 식재료만을 사용해 요리를 만든다. 여러 종류의 치즈도 시식할 수 있고 파니니와 잘 어울리는 와인도 판매한다.

주소 Piazza del Duomo 34r **전화** 347 004 3391 **영업** 매일 10:00~19:00 **예산** 와인(1잔) €3, 파니니 €6 **가는 방법** 두오모 광장 쿠폴라 입장 입구 맞은편 Map p.205-B1

스테이크

피렌체에서 꼭 맛봐야 할 음식 중 하나인 피렌체식 스테이크 비스테카 알라 피오렌티나 Bistecca alla Fiorentiana. 피렌체 대부분의 식당에서 판매하며 1㎏이 기본이다. 일부 식당에서는 나홀로 여행자를 위한 1인분 (500g) 분량의 비스테카가 있기도 하지만, 맛과 풍미가 1㎏만 못하니, 혼자 여행을 떠났다면 꼭 일행을 구해서 가는 것을 추천한다. 최근 여러 종류의 소고기를 준비해놓는 식당이 있는데 이 지역 최고의 고기는 키아니나 Chianina 품종의 고기다.

Il Latini

현지 주민들이 더 좋아하는 스테이크 전문점. 오픈 시간 30분전부터 식당 앞에 삼삼오오 모여있는 사람들이 이 식당의 인기를 실감하게 한다. 두툼한 스테이크로 사랑받고 있으며, 이름 높고 질 좋은 햄으로 구성된 전식도 풍성하고 맛있다.

주소 Via dei Palchetti 6R **홈페이지** illatini.com **전화** 055 210916 **영업** 화~금 19:30~22:30, 토 · 일 12:30~14:30 · 19:30~22:30 **휴무** 월요일, 7월 마지막 주~8월 첫 주 **예산** 전식 €5~12, 전식 7~12, 육류요리 €14~25, 비스테카 알라 피오렌티나 1kg €60, 자릿세 €2 **가는 방법** 산타 마리아 노벨라 성당 앞에서 도보 5분

Map p.204-A1

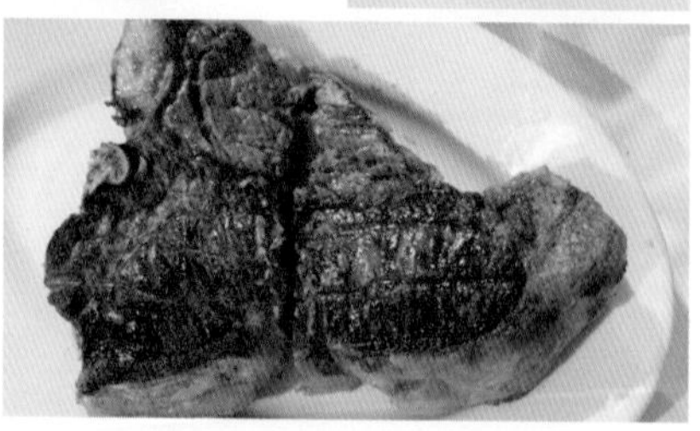

Ristorante Buca Lapi

안티노리 궁전 Palazzo Antinori 지하에 위치한 피렌체에서 가장 오래된 식당. 정갈하고 따뜻한 분위기 속에서 토스카나 지역의 전통요리를 맛볼 수 있다. 저녁에만 영업을 하기 때문에 방문 전 홈페이지를 통해 예약은 필수다. 비스테카를 비롯한 육류 요리가 전반적으로 뛰어나며, 그날그날 추천 메뉴도 별미. 위층 안티노리 와인을 종류별로 저렴한 가격에 즐길 수도 있다.

주소 Via dei Trebbio 1r **전화** 055 21 37 68 **홈페이지** www.bucalapi.com **영업** 월~토 19:00~23:00 **휴무** 일요일, 8월 **예산** 전식 €12, 파스타 €20, 메인 육류 €20~45, 비스테카 알라 피오렌티나 1kg €140 **가는 방법** 토르나부오니 거리 끝 안티노리 궁전 지하

Map p.204-A1

Osteria del Gatto e la Volpe

'고양이와 여우 식당'이라는 귀여운 이름의 스테이크 맛집으로, 바르젤로 미술관 부근에 자리한다. 피자 도우와 같은 식전 빵이 매우 맛있어 자꾸 손이 가

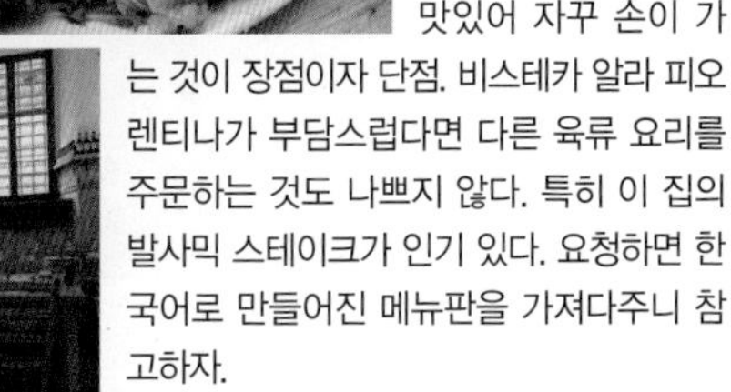

는 것이 장점이자 단점. 비스테카 알라 피오렌티나가 부담스럽다면 다른 육류 요리를 주문하는 것도 나쁘지 않다. 특히 이 집의 발사믹 스테이크가 인기 있다. 요청하면 한국어로 만들어진 메뉴판을 가져다주니 참고하자.

주소 Via Ghibellina 151r **전화** 055 289264 **홈페이지** osteriadelgattoelavolpe.it **영업** 매일 10:00~22:00 **예산** 전식 €10~22, 파스타 €13~20, 비스테카 알라 피오렌티나 1kg €65~99, 자릿세 €1.50 **가는 방법** 바르젤로 미술관 옆 골목으로 들어가 직진하다 만나는 두 번째 코너 **Map p.205-B2**

Ristorante Paoli

옛 귀족 저택을 개조한 고풍스러운 분위기의 식당으로 육류요리가 특히 맛있다. 우리나라 여행 예능 프로그램에 자주 등장하는 곳이기도 하다. 풍부한 와인리스트를 갖추고 있으며 다른 식당에 비해 하프보틀(375ml) 사이즈의 와인 종류가 많다. 와인을 사랑하는 나홀로 여행자에게 특히 추천.

주소 Via dei Tavolini 12r **전화** 055 216215 **홈페이지** www.ristorantepaoli.com **영업** 매일 12:00~22:30 **예산** 비스테카 알라 피오렌티나 1kg €55~188, 전식 €9~, 파스타류 €16~, 메인 요리 €21~, 자릿세 €4 **가는 방법** 두오모 광장에서 칼차이우올리 거리 Via Calzaiuoli를 따라 시뇨리아 광장 방향으로 이동하다가 왼쪽으로 세 번째 골목에서 Stefanel 매장을 끼고 좌회전한 후 Via dei Tavolini 초입에 있다. **Map p.205-A2**

레스토랑

관광지 주변뿐만 아니라 조용한 골목 안에도 맛집이 가득한 도시 피렌체. 토스카나 지역에서 생산되는 식재료로 풍미 가득한 음식을 먹을 수 있다.

Osteria dei Centopoveri

예전에 가난한 사람 100명에게 식사를 대접해왔던 전통을 이름으로 쓰고 있다. 지금도 그 전통을 이어가며 꾸준히 자선 사업에 참여하고 있다고. 세트 메뉴가 가격 대비 푸짐하다. 음식은 전반적으로 토스카나 지방 가정식이며 특히 금요일에 선보이는 생선 요리가 신선하다.

주소 Via Palazzuolo 31/r **전화** 055 21 88 46 **홈페이지** www.icentopoveri.it **영업** 12:00~15:00 · 19:00~24:00 **예산** 전식 €5~, 피자 €5~, 파스타류 €8~, 메인 요리 €9~ **가는 방법** 산타 마리아 노벨라 성당 앞 광장에서 Via della Scala로 직진해 왼쪽 첫 번째 골목에서 좌회전해 걷다가 첫 번째 사거리 코너에 있다. **Map p.204-A1**

da Lino Ristorante

토스카나 지방 요리를 전문으로 하는 곳. 깔끔하고 정갈한 분위기로 일본인 여행자들이 많이 찾는다. 단품요리를 먹기보다는 전식와 파스타류 또는 메인 요리 중 하나를 주문하는 것이 좋다. 피렌체 고유의 디저트도 별미.

주소 Via S. Elisabetta 6r **전화** 055 28 45 79 **영업** 매일 11:30~23:30 **예산** 전식 €8~, 파스타류 €20~, 메인 요리 €22~, 자릿세 €3 **가는 방법** 두오모 광장에서 Via Calzaiuoli 따라 걷다가 왼쪽의 첫 번째 골목 Via delle Oche로 들어가 첫 번째 골목에서 다시 오른쪽으로 도보 3분 **Map p.205-B2**

Osteria Cipolla Rossa

산 로렌초 성당 뒤쪽에 자리한 맛집. 피렌체 지역 전통 음식과, 식당 고유의 음식을 적절히 만드는 식당으로 현지인들이 많이 찾는 맛집 중 하나다. 비스테카 알라 피오렌티나를 포함한 육류요리가 훌륭하다.

주소 Via dei Conti, 53/r **전화** 055 214 210 **홈페이지** osteriacipollarossa.com **영업** 매일 12:00~15:00 · 18:00~23:00 **예산** 전식 €5~, 본식 €15~, 비스테카 알라 피오렌티나 1kg €52~, 후식 €6~ **가는 방법** 두오모에서 도보 4분, 메디치 예배당에서 도보 2분 Map p.205-A1

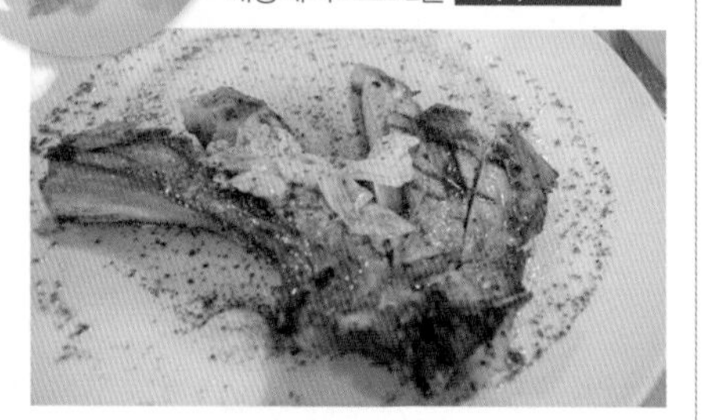

Trattoria da Garibardi

매우 저렴한 가격으로 맛좋은 식사를 즐길 수 있는 곳으로, 현지인들도 손꼽는 음식점이다. 육류 요리들이 전반적으로 저렴하고 좋은 평가를 받고 있으며 파스타류가 특히 맛있다. 다른 식당들에 비해 널찍한 분위기도 강점.

주소 Piazza del Mercato Centrale 38r **전화** 055 21 22 67 **홈페이지** www.garibardi.it **영업** 매일 11:00~23:00 **예산** 파스타 €11~, 스테이크 €12~, 자릿세 €2 **가는 방법** 로렌초 성당 뒤편 Map p.204-A1

Trattoria 4 Leoni

'4마리의 사자'라는 가게 이름의 레스토랑. 영어로 된 메뉴판이 없는 점이 아쉽지만 종업원들이 잘 설명해 주니 염려할 정도는 아니다. 주로 피렌체와 토스카나 지역의 음식을 맛볼 수 있으며, 부담스러울 정도로 진한 크림소스를 사용한 메뉴도 많이 준비되어 있다. 음식만큼 식당 분위기가 따뜻하지 않다는 것은 옥의 티.

주소 Via Vellutini 1/r **전화** 055 218 562 **홈페이지** www.4leoni.com **영업** 12:00~24:00 **예산** 전식 €7~14, 파스타류 €12~16, 생선 · 육류 요리 €16~22, 비스테카 알라 피오렌티나 €50/65, 디저트 €6~7, 자릿세 €3 **가는 방법** 베키오 다리 건너 피티 궁 쪽으로 가다가 오른쪽 Via dello Sprone로 들어가 길 끝에서 만나는 작은 광장에 위치 Map p.204-B2

Osteria Santo Spirito

산토 스피리토 광장 한쪽에 자리한 식당. 나무를 주로 사용한 실내가 따뜻하고 정감 있다. 계절에 맞는 추천 메뉴가 따로 마련되어 있어 선택하는 데 도움을 준다. 파스타와 메인 요리는 두 가지 사이즈로 준비되어 있는데 전체적으로 음식 양은 매우 푸짐한 편.

주소 Piazza Santo Spirito, 16/r **전화** 055 238 2383 **영업** 목~월 12:30~14:15 · 19:30~22:00 **휴무** 화 · 수요일 **예산** 전식 €5.50~, 파스타류 €5.50~, 생선 · 고기 요리 €8~, 비스테카 알라 피오렌티나 €45, 디저트 €7, 자릿세 €2 **가는 방법** 피티 광장 왼쪽 끝 약국 앞길 Via Mazzetta로 들어가 직진, 산토 스피리토 광장에 위치 Map p.204-A2

아시안 푸드

느끼한 음식에 질렸다면 우리에게 익숙한 한 · 중 · 일 요리가 제격이다. 멀리 이국땅에서 만나는 정겨운 음식으로 떨어진 체력과 기력을 보충해 보자.

강남식당

중앙시장과 가까운 곳에 위치한 한국 식당. 이탈리아 내 한국 식당 중 고기류가 가장 푸짐하다는 평가다. 메뉴들이 전체적으로 평균 이상의 맛을 내고 있으며 볶음밥, 찌개류가 특히 맛있다.

주소 Via Guelfa, 46 **전화** 055 384 2434 **홈페이지** gangnam-firenze.ipratico.com **영업** 목~화 12:00~15:00 · 18:30~23:00 **휴무** 수요일 **예산** 밥류 €10~, 면류 €9~, 고기류 €14~, 볶음요리 · 안주류 €12~, 탕류 €12~ **가는 방법** Via Cavour 맥도날드 끼고 좌회전 Via Guelfa를 따라 직진, 네 번째 블록 오른편에 위치 Map p.204-A1

Capitale della Cina

중앙역에서 가까운 중식당. 널찍한 실내에서 갑갑하지 않게 식사할 수 있다. 볶음밥, 볶음면류가 푸짐하고 맛깔스러운데 특히 해물짬뽕의 시원한 국물맛이 일품이다. 혼자 또는 여러 명이 방문해도 푸짐하고 저렴하게 식사할 수 있는 것이 강점이다.

주소 Largo Fratelli Alinari 13 **전화** 055 010 6405 **홈페이지** capitaledellacina.it **영업** 매일 11:00~15:00, 17:00~22:00 **예산** 세트 메뉴 €10~, 전식 €2.50~, 볶음면 · 밥류 €5.50~, 두부요리 €5.50~, 육류요리 €8~, 자릿세 €2 **가는 방법** 중앙역 16번 플랫폼 쪽 출구로 나와 맥도날드를 끼고 돌아 코너

Map p.204-A1

Le Sorgenti

피렌체 1세대 중국집이라고 일컬어지는 곳. 조용한 골목에서 내공 깊은 음식을 내어준다. 푸짐하고 맛있는 음식이 저렴하기까지 하다. 해물짬뽕이 특히 인기메뉴.

주소 Via Chiara 6 **전화** 055 213 959 **영업** 매일 11:00~15:00 · 17:30~23:00(화 17:30~) **휴무** 화요일 오전 **예산** 밥류 €3.50~5, 면요리 €5~9, 자릿세 €1.80, **가는 방법** 피렌체 중앙시장에서 도보 3분

Map p.204-A1

젤라테리아

젤라토의 고향 피렌체에서 맛보는 화려한 젤라토의 향연. 이탈리아 어느 도시나 그렇겠지만 피렌체에서 먹는 젤라토는 특별히 더 의미 있고 맛있다.

GROM

두오모 근처의 조용한 골목에 있지만 점심시간 이후에는 늘 사람들로 북적이는 젤라테리아. 피렌체 최초의 젤라토를 맛볼 수 있는 곳 중 하나로 이탈리아 전역과 파리에도 지점이 있는 프렌차이즈 매장이다.

주소 Viale di Lerda Mario **홈페이지** www.gromgelato.com **영업** 10:00~23:30 **예산** €3.50~ **추천** 최초의 젤라토 맛을 재현한 코메 우나 볼타 Come Una Volta, 크레마 디 그롬 Crema di Grom **가는 방법** 두오모 광장에서 Via Calzaiuoli를 따라 걷다가 왼쪽의 Bata 매장을 끼고 좌회전하면 첫 번째 코너에 있다. Map p.205-A1

Perquè No?

1946년에 오픈한 'Why not?'이라는 뜻의 젤라테리아. 영미권 일간지를 통해 세계에서 가장 맛있는 아이스크림 집 Best 10에 선정될 정도로 소문난 집이다.

주소 Via del Tavolini 19r **영업** 수~월 11:00~22:00 **휴무** 화요일 **예산** €3~ **추천** 바치오 젤라토 Baccio, 꿀과 깨가 섞인 우유 젤라토 Miele con Sesamo, 아이스크림 케이크 Semifreddi **가는 방법** 두오모 광장에서 도보 5분 Map p.205-A2

Festival del Gelato

80여 가지의 젤라토를 선보이는 곳. 기본에 충실하고, 정직한 맛의 젤라토가 입맛을 당긴다.

주소 Via del Corso N. 75/r **영업** 10:30~22:00 **예산** €3.30~ **추천** 초콜릿맛 젤라토, 우유맛 젤라토 Fiori di Latte **가는 방법** 두오모 광장에서 Via Calzaiuoli를 따라 걷다가 왼쪽의 Corona's Cafe를 끼고 좌회전해 Via del Corso로 들어가면 골목 초입의 오른쪽에 있다. Map p.205-A2

Gelateria Vivoli

조용한 골목길 사이에 위치한 젤라테리아로 현지인들 사이에서 넘버원으로 꼽힌다. 계절마다 특선 젤라토가 준비되어 항상 기대되는 곳이다.

주소 Via dell'Isola delle Stinche 7 **홈페이지** vivoli.it **영업** 화~토 08:00~21:00, 일 09:00~20:00 **휴무** 월요일 **예산** €2.50~ **추천** 커피맛 젤라토, 가을에만 먹을 수 있는 홍시로 만든 젤라토 Persimmon, 아포카토 **가는 방법** 산타 크로체 광장 끝에서 Via Torta로 들어가서 오른쪽 골목으로 우회전하면 왼쪽에 있다.

Map p.205-B2

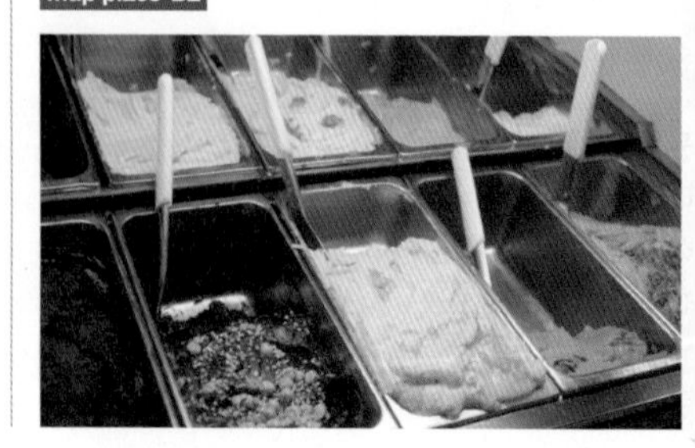

Gelateria del'Neri

맛있는 젤라토와 함께 크레페를 맛볼 수 있는 곳이다. 제철 과일을 사용한 다양한 컬러의 그라니타도 별미!

주소 Via del Neri 26r **영업** 화~일 10:30~24:00 **휴무** 월요일 **예산** 젤라토 €2.50~7 **추천** 피스타치오, 헤이즐넛 Nocciola, 치즈 맛, 무화과 젤라토 **가는 방법** 베키오 궁전과 우피치 미술관 사잇길로 도보 3분 Map p.205-B3

SHOPPING

사는 즐거움

은근히 쇼핑 욕구를 자극하는 도시가 피렌체다. 가장 많이 눈에 띄는 것은 가죽제품인데 시내 곳곳에 제품을 만들고 파는 숍이 즐비하다. 한국에서 구하기 힘든 디자인과 소재, 컬러로 만든 장갑이 눈길을 끌며, 소품류는 선물용으로도 좋다. 산타 크로체 성당 주변 상점들과 베키오 다리와 피티 궁전을 연결하는 Via dei Guicciardini 주변이 좋다. 가격은 비싸지만 퀄리티는 훌륭하다.
명품 쇼핑을 원한다면 구치, 페라가모의 본점이 있는 토르나부오니 거리 Via Tornabuoni로 가자. 차분하면서 고급스러운 분위기 속에서 쇼핑을 즐길 수 있다. 대중적이고 캐주얼한 브랜드 쇼핑을 원한다면 Via Roma로 가자. 대중적인 브랜드, 명품 브랜드의 세컨드 레이블 등을 구입할 수 있다. 유명 브랜드의 본사와 공장이 위치해 있어 근교 아웃렛 쇼핑도 쇼퍼홀릭들에게는 피할 수 없는 유혹이다.

시장

사람들의 사는 모습과 향기가 물씬 풍기는 시장 구경은 쇼핑을 즐기는 여행자라면 빼놓을 수 없는 즐거움. 잠시 현지인이 되어 그들의 일상 속으로 빠져보자.

중앙시장 Mercato Centrale

커다란 2층 건물 안에 위치한 시장. 2014년 리모델링을 거쳐 새로운 분위기로 변신했다. 기존에 1, 2층으로 나뉘던 식재료 매장은 1층으로 모두 옮겨왔고 2층에는 여러 종류의 식당들이 자리한다. 한 곳에서 둘러보고 원하는 메뉴를 골라먹을 수 있어 일반 레스토랑 찾아다니기 부담스럽다면 도전해 보자. 1층의 식재료 매장에의 육류 코너는 한국과 매우 흡사한 모습이고 향신료, 올리브오일 등 식재료도 구입할 수 있다.

영업 매일 08:00~24:00(토 ~17:00) **가는 방법** 산 로렌초 성당 옆에 있다. Map p.204-A1

Nuova Mercato

레푸블리카 광장과 시뇨리아 광장 사이에 위치한 작은 규모의 시장으로 주로 가죽 제품, 섬유류, 기념품용 소품 등을 판매한다. 시장 한쪽에 있는 멧돼지 동상은 늘 소원을 비는 사람들로 붐빈다. 멧돼지 입에 동전을 놓고 떨어뜨려 그 밑 하수구로 한 번에 들어가면 소원이 이루어진다고 믿기 때문이다.

주소 Piazza del Mercato Nuovo, 5 R **홈페이지** www.mercatodelporcellino.it **영업** 매일 09:00~18:30 **휴무** 1/1, 12/25 · 26 **가는 방법** 레푸블리카 광장에서 베키오 다리 방향으로 도보 5분 Map p.205-A2

와인 · 식재료상

이탈리아 음식 중에서도 풍성한 맛을 자랑하는 토스카나 지방의 중심 피렌체. 올리브유, 발사믹 식초 외 각종 향신료와 소스가 여행자의 눈과 손을 유혹한다. 주변 와인 농장에서 생산되는 와인 역시 피렌체에서 놓쳐서는 안 될 쇼핑 품목.

PEGNA dal 1860

두오모 옆 골목에 위치한 깔끔한 식료품상. 일반 슈퍼마켓에서 파는 제품과 고급 레스토랑에서 사용할 법한 질 좋은 발사미코 식초와 올리브유, 각종 소스, 다양한 와인을 구입할 수 있다. 한쪽 냉장 코너에는 프로슈토도 있다. 피렌체에서 최고의 품질을 자랑한다고 해도 과언이 아니며 그 외 신선한 치즈와 올리브 등도 구비되어 있다.

주소 Via dello Studio 26r **홈페이지** www.pegna.it **영업** 월~토 10:00~19:00 **휴무** 일 · 공휴일 **가는 방법** 두오모 광장 옆 골목에 있다. Map p.205-B2

EATALY

2007년 토리노에서 문을 열어 전국으로 퍼져나가고 있는 대형식품매장. 깨끗하고 건강한 먹거리와 전통음식을 현대적으로 해석하는 콘셉트로 현지 주민들의 사랑을 듬뿍 받고 있다. 깔끔하고 쾌적한 분위기에서 식재료 쇼핑을 즐길 수 있으며 식재료 뿐만 아니라 요리책과 조리도구도 구입할 수 있다. 직접 식사도 가능하다.

주소 Via De' Martelli 22 **영업** 매일 09:30~22:00 **가는 방법** 두오모 앞 광장에서 Banca Tosca 있는 마르텔리 거리 Via De' Martelli 따라 도보 50m

Map p.205-A1

Obsequium

고요한 골목길 사이에 위치한 커다란 규모의 와인숍. 토스카나 지방뿐만 아니라 이탈리아 전역에서 생산되는 유명 와인과 함께 각종 관련 용품 및 치즈, 살라미를 구입할 수 있으며, 각양각색의 파스타와 디저트 식품도 있다. 와인을 구입하진 않더라도 한번쯤 들어가볼 만한 곳.

주소 Borgo San Jacopo 17/39r **홈페이지** www.obsequium.it **영업** 월~목 11:00~20:00, 금 · 토 11:00~21:00, 일 12:00~20:00 **가는 방법** 베키오 다리를 건넌 후 왼쪽 길로 들어가 도보 3분. 왼쪽에 있다.

Map p.204-A2

BIALETTI

세계적으로 유명한 모카포트를 생산하는 비알레티 Bialetti의 매장. 매장 안은 다양한 모카포트 뿐만 아니라 커피잔, 후라이팬, 냄비 등 주방에 필요한 것들로 가득 차 있다. 커피를 사랑하는 여행자들이라면 유혹을 뿌리치기 어려운 곳이다. 다양한 종류로 선택을 망설이게 하고 저렴한 가격으로 여행자를 행복하게 만든다.

주소 Piazza della Republica 25 **영업** 매일 10:00~19:00 **예산** 모카포트 €15~ **가는 방법** 리퍼블리카 광장 안쪽 Map p.205-A2

SIGNORVINO

피렌체를 중심으로 시작된 와인숍 & 레스토랑. 토스카나 와인뿐만 아니라 이탈리아 전역의 와인을 전시 및 판매하고 있다. 와인을 비롯해 보드카, 맥주 등의 주류도 전시 및 판매된다. 전문 소믈리에로부터 예산, 취향에 맞는 와인을 추천받을 수 있고 시음도 가능하다. 바에서 한 잔씩 주문해 마실 수 있고 한쪽에 마련돼 있는 레스토랑에서는 와인과 궁합이 맞는 음식도 함께 즐길 수도 있다.

주소 Via de' Bardi 46R **홈페이지** www.signorvino.com **영업** 매일 10:00~24:00 **가는 방법** 베키오 다리 건너 오른쪽 도보 3분 Map p.204-A2

가죽제품

피렌체 시내를 걷다 보면 수많은 가죽제품과 신발을 만날 수 있다. 특히 중앙시장 주변, 산타 크로체 성당 주변에 가죽제품 상점이 많이 모여 있다. 시장보다는 가격대가 약간 높더라도 브랜드 상점에서 구입하는 것이 안전하다. 산타 크로체 성당을 관람하는 여행자라면 수도원 회랑과 연결된 가죽 공방에서 판매하는 의류나 가방을 살펴보자. 가격은 시내 상점보다 약간 높지만 퀄리티는 보장된다.

Modova Gloves

가죽 질이 좋기로 손꼽히는 장갑 전문점으로 부근에 직접 만드는 공장도 있다. 손 크기에 따라 사이즈별로 구비되어 있어 착용감이 아주 좋다. 디자인, 컬러, 크기별로 다양하게 전시되어 있으므로, 취향에 따라 선택해보자. 가격은 €35부터 시작한다.

주소 Via Guicciardini, 1R **홈페이지** www.madova.com **예산** 장갑 €40~ **영업** 월~토 10:30~19:00 **휴무** 일요일 **가는 방법** 피티 궁전에서 베키오 다리로 가는 길 오른쪽 코너에 있다. Map p.204-A2

Martelli

베키오 다리 못 미치는 곳에 자리한 장갑 전문점. 60년대 중반부터 운영되고 있으며 위층에 공장이 있다. 노란색, 주황색, 연두색 등 다른 곳에서 보기 어려운 화사한 컬러의 장갑과 손목 부분에 여러 장식이 특징이다.

주소 Via Por Santa Maria 18 **홈페이지** www.martelligloves.it **예산** 장갑 €52~ **영업** 매일 10:30~19:00 **가는 방법** 시내에서 베키오 다리로 가다 다리로 가기 직전 왼쪽 Map p.205-A3

종이 · 문구류

피렌체는 가죽제품과 실크도 유명하지만 유럽인들에겐 종이공예로도 잘 알려져 있다. 중세시대부터 내려오는 기법으로 만들어내는 포장지, 노트류가 독특하고 예쁘다. 가격은 좀 비싸지만 특별한 선물을 원한다면 찾아가 볼만한, 문구류 마니아인 필자가 가장 피하고 싶은 상점들을 소개한다.

Eredi Paperone Bottega d'Arte

수공예로 만든 독특한 문양의 포장지가 대표 상품인 종이 상점. 빈티지 분위기 가득한 편지봉투, 스탬프, 카드, 수첩 등이 가득하다. 상점 안쪽에 직접 자신의 카드나 종이를 만들 수 있는 코너도 마련되어 있다.

주소 Via del Proconsolo 26/R **홈페이지** www.erediperone.com **영업** 매일 10:30~13:00 · 14:30~19:00 **가는 방법** 두오모 박물관에서 나와 오른쪽 프로콘솔로 거리 Via del Proconsolo로 들어가 도보 100m

Map p.205-B1

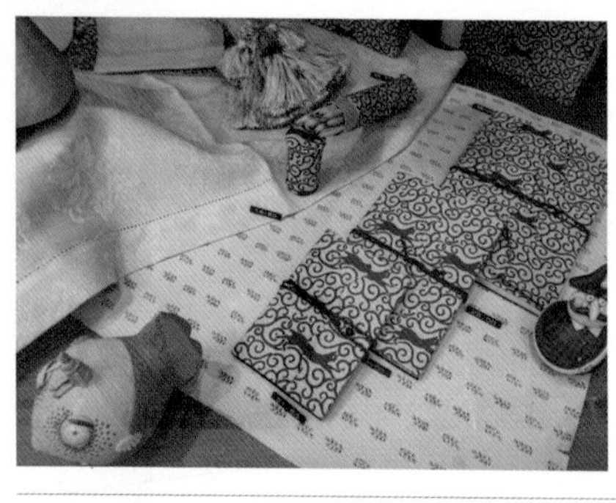

IL PAPIRO

고전적 분위기의 다이어리, 카드, 포장지 등을 구입할 수 있는 상점. 1976년 피렌체에서 설립되었고 이탈리아 전역은 물론 미국 플로리다, 호주 멜버른에서도 만나볼 수 있다. 각 도시별로 대표적인 랜드마크 건축물들을 모티브로 만든 상품들이 판매되어 있어 상점마다 다른 분위기를 갖고 있다. 도시별로 특별한 기념품을 생각한다면 들러볼 것.

주소 Piazza del Duomo 24 **홈페이지** www.ilpapirofirenze.it **영업** 매일 10:30~19:00 **가는 방법** 두오모 광장에 위치 Map p.205-B1

FABRIANO Boutique

13세기부터 종이를 만들어 온 제지 회사에서 만든 브랜드. 다른 상점들과 비교해 단순하면서 세련된 분위기의 노트와 문구류를 구입할 수 있다. 컬러풀하고 단순한 디자인의 노트뿐만 아니라 물감, 화구, 연필 등의 품질은 가히 이탈리아 최고라 할 수 있다.

주소 Via del Corso 59 **영업** 10:00~19:30 **가는 방법** 두오모에서 Via Calziuoli 따라 걷다가 두 번째 골목 Via del Corso에 들어가 만나는 첫 번째 코너

Map p.205-B2

아웃렛

피렌체와 피렌체 주변에는 유명 브랜드의 본사와 공장이 위치해 있으며 자연스럽게 아웃렛 타운이 형성되어 있어 여행자들의 눈길을 잡아끈다. 운이 좋다면 정 가격의 절반 가격으로 구입할 수도 있고 갓 시즌이 지난 상품을 저렴한 가격으로도 구입할 수 있다. 다만 충동구매는 금물!

더 몰 The Mall

피렌체에서 버스로 1시간 정도 걸리는 위치에 있다. 접근성이 가장 좋아서 여행자들이 많이 몰리는 아웃렛이다. 구치와 프라다 매장이 가장 큰 규모로 자리하고 페라가모, 펜디, 버버리, 에트로, 몽클레어, 발렌티노 등 대중적인 명품 브랜드와 디젤, 아르마니 진 등 캐주얼 브랜드까지 두루 갖추고 있다.

주소 Via Europa 8, Leccio Reggello **홈페이지** firenze.themall.it **영업** 10:00~20:00 **휴무** 1/1, 부활절(2025/4/20), 12/25 · 26 **가는 방법** 피렌체에서 버스로 1시간 소요(요금 편도 €8, 왕복 €15) ※피렌체에서 출발 전에 왕복 티켓을 구입하는 것이 좋다.

돌체 & 가바나 아웃렛 DOLCE & GABBANA Outlet

인치사 Incisa 역에서 택시를 타고 갈 수 있다. 고즈넉한 풍경을 지나 갑자기 스타일리시한 건물이 나오면 도착한 것이다. 돌체 & 가바나 본사 건물 1층에 위치한 팩토리 아웃렛으로 정장, 캐주얼, 속옷 등의 의류 전반과 시계, 가방, 구두 등의 액세서리까지 돌체 & 가바나 전 라인의 제품을 갖추고 있다. 시계는 €70부터, 지갑은 €120부터 구입 가능하다. 깔끔한 매장 내부의 분위기가 그대로 이어진 2층 카페에서 잠시 쉴 수도 있다. 음식 값도 합리적이다.

주소 Via Europa 8 **영업** 매일 10:30~19:30 **휴무** 1/1, 부활절(2025/4/20), 12/25 · 26 **가는 방법** 피렌체에서 아레초 Arezzo행 기차를 타고 인치사 Incisa 역에서 하차(€2.90) 후 택시로 15분(편도 €15)

프라다 스페이스 PRADA SPACE

프라다 제조 공장에 위치한 팩토리 아웃렛. 넓은 매장과 쾌적한 실내가 인상적이다. 프라다와 미우미우 Miu miu의 이월상품들을 갖추고 있으며, 시중에 비해 30~40% 정도 저렴한 가격으로 판매된다. 간혹 Final이라고 써 있는 제품들이나 우리가 알지 못하는 흠집 있는 물건들은 추가로 할인해주기도 하므로 구입 전에 눈을 크게 뜨고 살펴볼 것.

주소 Starada Statale 69, Levanella - Montevarchi **영업** 매일 10:30~19:30(토 09:30~) **휴무** 1/1, 부활절(2025/4/20), 12/25 · 26 **가는 방법** 피렌체에서 로마나 아레초 Arezzo행 레지오날레 Regionale 기차를 타고 몬테바르키 Montevarchi 역에서 하차(35분~1시간 소요), 역 앞에서 택시 이용(€3)

Barberino Designer Outlet

맥아더 글렌 계열의 아웃렛 매장. 산타 마리아 노벨라 역 앞에서 셔틀버스로 30분이면 도착한다. 잘 알려진 유명 브랜드 매장보다는 유럽 내 브랜드 매장이 많이 자리한다. 독특하고 색다른 패션의류 쇼핑을 생각한다면 들러보자.

주소 Via Meucci, 50031 Barberino di Mugello **영업** 매일 10:00~20:00 **휴무** 1/1, 부활절(2025/4/20), 12/25 · 26 **가는 방법** 산타 마리아 노벨라 역 16번 플랫폼 Sightseeing Experience Visitor Centre에서 출발. 왕복 요금 €13

Travel Plus • 하루에 피렌체 근교 아웃렛 돌아보기

피렌체 주변 아웃렛은 어느 하나 생략하기 조금 아쉽다. 현지의 투어를 이용한다면 편안하게 돌아볼 수 있지만 비용이 만만치 않다는 것이 함정. 조금 수고스럽고 시간 맞추기 까다롭지만 기차와 대중교통을 이용해 하루에 돌아보자.
※돌체 & 가바나 아웃렛 쇼핑을 원한다면 몬테바르키역에서 인치사 Incisa 역에서 하차 후 택시를 타면 된다. 아웃렛에서 택시 기사와 시간 약속을 한 후 더 몰로 가면 된다.

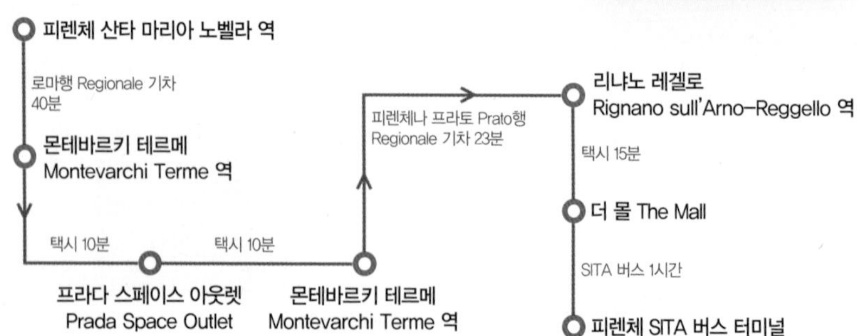

Travel Plus ● 피렌체 명품 쇼핑의 1번지, 토르나부오니 거리 Via Tornabuoni

산타 트리니타 다리 입구부터 안티노리 궁전 Palazzo Antinori까지 300m 정도 뻗은 토르나부오니 거리는 피렌체 명품 쇼핑의 중심지다. 구치, 페라가모, 베르사체, 막스마라 등 여러 명품 브랜드 숍이 모여 있다. 특히 구치와 페라가모는 피렌체에 본점이 있어 다른 어떤 매장보다 다양한 디자인의 상품들을 전시 및 판매하고 있다.

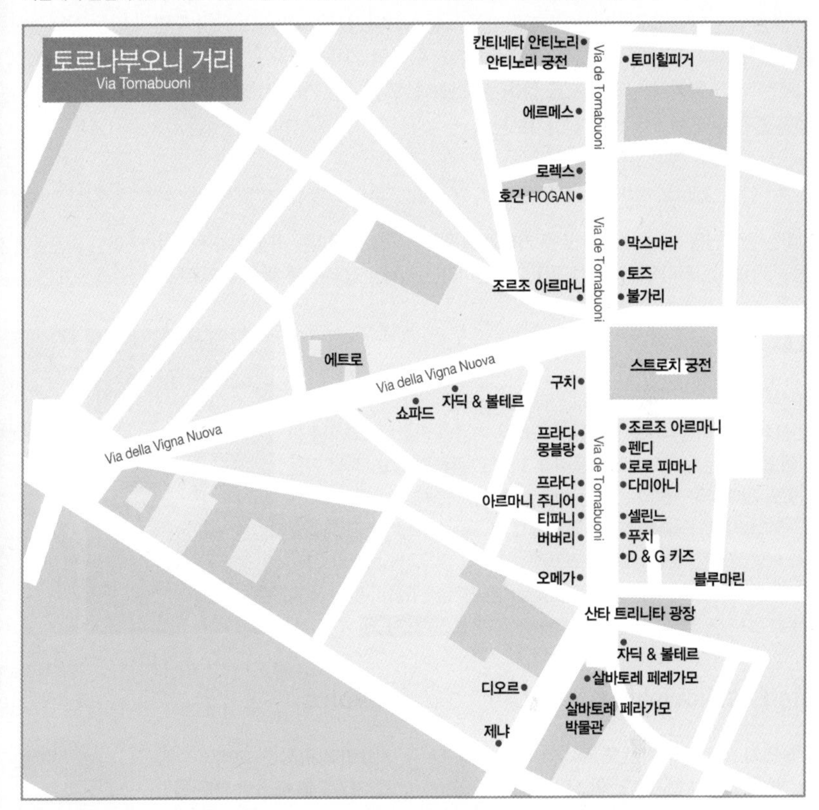

구치 GUCCI

1921년에 구치오 구치 Guccio Gucci에 의해 시작된 이탈리아 대표 브랜드. 귀족들을 대상으로 승마용품을 만들었고, 제2차 세계대전 이후 출시한 대나무 손잡이가 달린 뱀부백 Bamboo Bag과 말 안장 끈에서 영감을 얻어 만든 초록-빨강-초록색의 띠는 구치의 시그니처가 되었다.

살바토레 페라가모 SALVATORE FERRAGAMO

리본 모양의 장식이 달린 신발로 대표되는 브랜드. 1927년 살바토레 페라가모에 의해 설립되었다. '아름다움은 모방할 수 있지만 편안함은 모방할 수 없다'고 말할 정도로 신발의 편안함을 중요시하면서 창조적인 디자인은 신발을 하나의 예술의 경지까지 올려놓았다.

ENTERTAINMENT

노는 즐거움

피렌체는 이탈리아의 다른 도시들에 비해 늦은 시간까지 안전하게 즐길 수 있는 문화공간들이 많다. 젊음의 열기를 느끼고 싶다면 산타 크로체 성당 부근의 주세페 베르디 거리 Via Giuseppe Verdi로 가자. 최신 유행 음악들이 흘러나오는 클럽과 바들이 즐비하다. 산토 스피리토 광장 주변의 바는 상대적으로 차분한 분위기다. 여행에 지쳐 피로한 몸을 쉬고 싶다면 레푸블리카 광장에 위치한 카페로 가도 좋다. 향기로운 커피 향이 당신의 피로를 풀어 줄 것이다. 와인 애호가라면 햇살 좋은 토스카나 지방 와인을 마음껏 즐길 수 있는 와인바를 찾아가보자.

카페 · 바

북적이는 현지인들 사이에서 향기로운 커피와 달콤한 케이크로 즐기는 아침 식사는 어떨까? 아님 피곤함에 지친 몸을 깨워주는 커피 한잔? 낯선 곳의 이방인이라는 생각을 잠시 잊게 해 줄 향기로운 카페들을 소개한다.

GiLLi

1733년부터 영업을 시작한 전통의 카페 겸 바. 오픈 250주년 기념 장식이 인상적이다. 아침식사로 즐기는 부드러운 거품의 카푸치노와 따뜻한 크림이 들어있는 브리오슈가 일품이다. 타르트 종류도 있고, 직접 만든 초콜릿도 판매하며 저녁 시간에는 칵테일바도 운영한다.

주소 Piazza della Republica 39 **홈페이지** www.caffegilli.com **영업** 매일 08:00~24:00 **예산** (Bar 기준) 에스프레소 €1.30, 카푸치노 €1.80, 코르네토 €1.70~, 타르트 €4~ **가는 방법** 세레당에서 레푸블리카 광장 방향으로 도보 3분, 레푸블리카 광장 직전에 있다. Map p.205-A2

Cafe Paszkowski

레푸블리카 광장에 위치한 또 하나의 카페. 각종 타르트, 케이크 등의 디저트와 파스타 샐러드 등의 식사도 즐길 수 있다.

주소 Piazza della Repubblica 32/r **홈페이지** www.caffepaszkowski.com **영업** 매일 08:00~01:00 **예산** (Bar 기준) 에스프레소 €1.30, 카푸치노 €1.80, 코르네토 €1.60~, 타르트 €5~ **가는 방법** 레푸블리카 광장 안쪽의 카페 Gilli 바로 옆에 있다. Map p.205-A2

Rivoire

시뇨리아 광장 한 코너의 카페. 직접 카카오를 배합해 만든 초콜릿이 유명하다. 진한 핫초코 한 잔이면 여행의 피로가 모두 씻겨 내려가는 느낌이며 커피맛 또한 수준급이다.

주소 Piazza della Signoria 5/R **홈페이지** rivoire.it **영업** 매일 07:30~24:00 **예산** 에스프레소 €1.50, 핫초코 €4 **가는 방법** 시뇨리아 광장 샤넬 매장 옆 Map p.205-A2

와인바

이탈리아 내에서도 와인 산지로 유명한 토스카나 지방에 위치한 피렌체에서 와인을 놓치고 간다면 섭섭하다. 피렌체 시내 곳곳에 와인숍과 와인바가 위치하고 있다. 대부분의 와인바에서 와인도 판매하고 있으니 마셔보고 마음에 드는 와인이 있다면 종업원에게 요청하자. 우리나라에서보다 훨씬 저렴한 가격으로 구입할 수 있다. 나 홀로 여행자이기 때문에 뻘쭘한가? 걱정 마시라, 한 잔씩 간단하게 즐길 수 있는 와인바들도 거리 곳곳에 있으니 말이다.

Cantinetta Antinori

피렌체에서 600여 년 이상 와인을 생산해온 안티노리 Antinori 가문 소유의 안티노리 궁전에 위치한 와인바 겸 레스토랑. 간단하게 와인을 즐기고 싶다면 바에서, 근사하게 저녁 식사를 하고 싶다면 2층 테라스 좌석이 좋다. 식사는 미리 예약하는 게 안전하다. 안티노리 가문에서 생산하는 와인을 시중보다 저렴한 가격으로 구입할 수 있는 장점이 있다.

주소 Piazza degli Antinori 3 **전화** 055 29 22 34, 055 23 59 827 **홈페이지** cantinetta-antinori.com **영업** 월~토 12:30~14:30 · 19:00~22:30 **휴무** 일요일 **예산** 와인(1잔) €5~, 식사 €16~, 치즈류 €12~(Tax 10% 별도) **가는 방법** 세레당 앞 구치 매장 맞은편 Via de' Pecori로 들어가 도보 10분. 토미 힐피거 Tommy Hilfiger 매장 건너편에 있다. Map p.204-A1

SAY! SAY! SAY!

Cantinetta Antinori 매니저 다니엘레가 추천하는 와인!

칸티네타 안티노리의 매니저 다니엘레 벤치 Daniele Benci가 한국 여행자들에게 추천하는 와인을 소개합니다. 슈퍼 투스칸의 효시로 알려진 티냐넬로 Tignanello. 이 와인은 몇 년 전 모 대기업 회장이 추석 때 그룹 사장들에게 선물했다는 루머가 돌면서 한국에 알려졌습니다.

새로운 품종, 슈퍼 투스칸

전형적인 키안티 와인과 달리, 나라에서 지정한 기준을 무시하고 품종과 함량을 다양하게 섞어 실험적인 맛을 낸 새로운 와인입니다.

대표적인 슈퍼 투스칸으로는 사시카이아 Sassicaia, 티냐넬로 Tignanello, 오르넬리아 Ornellaia, 솔라이아 Solaia 등이 있습니다. 출시된 즉시 세계 와인 애호가들의 입맛을 사로잡고 이탈리아 와인의 위상을 드높였습니다.

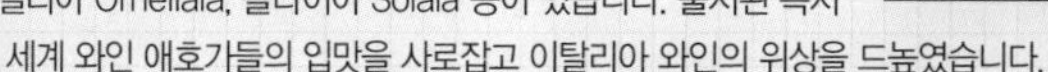

이들은 토스카나에서 자생하고 있는 고유 품종인 산조베세에 국제적인 포도 품종인 카베르레 소비뇽 Cabernet Sauvignon, 메를롯 Merlot 등을 첨가해 산조베세의 강한 맛을 부드럽게 만듦으로써 더욱 환상적이며 국제적인 맛을 창조해냈다는 평가를 받습니다.

슈퍼 투스칸 와인들은 전 세계적으로도 최고의 와인으로 손꼽히지만, 이탈리아 정부 기준에서 벗어나 인증 등급 중 1등급에 속하는 DOCG를 받지 못하고 있습니다. 3등급인 IGT (Indicazione Geografica Tipica)에 속해 오히려 훨씬 저렴한 키안티보다 등급이 낮으나 가격은 €40부터 시작하며 그 끝은 없다고 합니다.

iL Santino

작은 규모의 캐주얼한 와인바. 바에 놓여있는 빨간색의 살라미 절단기가 눈에 띈다. 벽돌로 장식된 내부가 정감 있고 붉은 벽돌과 대비되는 흰색 의자가 인상적이다. 유리로 된 입구 바닥을 통해 지하의 와인 저장고가 보인다. 간단한 핑거푸드와 함께 와인을 짝지어놓은 메뉴가 일품.

주소 Via Santo Spirito 60r **홈페이지** www.ilsantobevitore.com **영업** 화~금 10:00~14:00 · 17:00~20:00, 토 · 일 10:00~20:00 **휴무** 월요일 **예산** 와인(1잔) €4~7.50, 치즈류 €6.50~7.50, 살라미류 €7.50~8.50 **가는 방법** 카라이아 다리를 건너서 직진하다 오른쪽 첫 번째 골목인 Via Santo Spirito 안으로 도보 3분

Map p.204-A2

Le Volpe e L'uva

'여우와 포도'라는 의미의 가게 이름이 이솝 우화 속 한 장면을 떠올리게 하는 와인바. 피렌체의 다른 와인바들과는 달리 이탈리아 전 지역의 와인을 맛 볼 수 있어 인기가 높다. 특히 주말 저녁이면 발 디딜 틈이 없을 정도. 살시체 Salsiccia, 프로슈토, 치즈의 품질이 가히 피렌체 최고라고 평가받는 곳 중 한 곳.

주소 Piazza dei Rossi 1 **영업** 매일 12:00~21:00 **예산** 와인(1잔) €6~, 식사 €9~ **가는 방법** 베키오 다리 건너서 피티 궁전 쪽으로 가면서 길 건너서 왼편 작은 광장 안쪽 Map p.204-A2

Note di Vino

바람 좋은 날 골목에 준비되어 있는 테이블에 앉아 산타 크로체 성당과 함께 와인을 마실 수 있는 곳. 와인과 함께 제공되는 브루케스타도 매력적이다. 와인과 잘 어울리는 프로슈토, 치즈 등 여러 식품들의 구입도 원스탑으로 가능하다는 점이 매력적이다.

주소 Borgo dei Greci 4/6r **영업** 매일 11:00~01:00 **예산** 와인(1잔) €5~, 식사 €9~15 **가는 방법** 산타 크로체 광장 끝 부분 왼쪽 골목 안쪽 Map p.205-B2

Pitti Gola e Cantina

피렌체에서 가장 귀한 공간이었던 피티궁과 건배를 외칠 수 있는 곳. 외부 테이블에 앉으면 차가 다니는 도로 옆이라 시끄럽다는 단점이 있지만 와인병들로 가득찬 실내보다는 훨씬 편안한 분위기이다. 신선한 식재료들과 합리적인 가격의 와인을 마실 수 있다.

주소 Piazza Pitti 16 **홈페이지** www.pittigolaecantina.com **영업** 매일 12:00~23:00 **예산** 와인(1잔) €6~, 식사 €12~ **가는 방법** 피티 궁전 맞은편 Map p.204-B2

Travel Plus • 시원한 바람과 탁 트인 전망을 즐길 수 있는 곳, 루프톱 테라스

분지 지형인 피렌체는 조금만 높은 건물에 올라도 도시 전경을 한눈에 볼 수 있다. 맛있는 식사와 함께 탁 트인 전망을 즐길 수 있다면 금상첨화! 피렌체에서 특별한 저녁 시간을 보내고 싶다면 루프톱 테라스를 추천한다. 피렌체의 상징인 두오모의 쿠폴라와 여러 종탑, 아름다운 건축물을 손에 잡힐듯한 위치에서 바라보며 즐길 수 있다. 시원한 바람은 덤!

우피치 미술관 카페

미술관 관람 후 지친 심신을 달래기 좋은 곳. 베키오 궁전과 탑이 바로 눈 앞에 펼쳐진다. 간혹 미술관이 야간 개장하는 날이면 미술관보다는 카페를 찾는 인파가 더 많을 정도. 커피나 음식 맛이 풍경만큼 좋진 않지만 미술관에서 소진한 기력을 보충하는 데는 충분하다.

주소 Piazzale degli Uffizi 영업 미술관 운영 시간과 동일 예산 커피 €2.50~, 샌드위치 €6~ Map p.205-A2

La Terrazza in Rinacente

이탈리아의 대표 백화점 체인인 리나센테 백화점. 여행자들은 굳이 갈 필요 없다고 생각할 수 있지만, 이 백화점에는 엄청난 매력 2가지가 있다. 하나는 화장실이 무료라는 것(대부분 유럽 화장실들이 유료인 점을 생각하면 엄청난 장점이다) 다른 하나는 옥상에 자리한 근사한 테라스 바다. 레푸블리카 광장 맞은편에 위치한 덕에 두오모, 종탑 그리고 베키오 궁전의 종탑까지 가까이에서 볼 수 있다.

주소 Piazza della Repubblica 1 영업 매일 10:00~24:00 예산 커피 €3~, 칵테일 €8~ Map p.205-A2

La Terrazza Rooftop Bar

컨티넨탈 호텔 Hotel Continentale 옥상에 위치한 바. 중세 시대 만들어진 탑의 고풍스러운 외벽과 아르노 강을 향해 탁 트인 전망이 시원하다. 유쾌한 바텐더가 만들어 주는 다양한 칵테일과 함께 시간을 보내기 좋은 곳.

주소 Lungarno degli Acciaiuoli, 2/r 컨티넨탈 호텔 영업 매일 15:00~21:00 예산 와인 €12~, 칵테일 €16~ Map p.205-B2

STAY

쉬는 즐거움

전 세계인이 열광하고 오랫동안 머물다 가기를 원하는 도시인 피렌체에는 다양한 숙소가 있다. 저렴한 호스텔부터 비싼 최고급 호텔, B&B, 아파트먼트까지 선택의 폭이 넓다. 중앙역인 산타 마리아 노벨라 역 부근과 Via Guelfa, Via Nazionale 부근에 저렴한 호텔들이 모여 있다. 조금 조용한 분위기를 원한다면 산타 마리아 노벨라 성당 부근의 호텔을 이용하는 것이 좋다.

호텔

전 세계 사람들이 사랑하는 여행지답게 다양한 호텔들이 도시 곳곳에 자리한다. 호텔 가격은 이탈리아 내에서 약간 높은 편. 귀족 가문의 궁전에 자리한 호텔과 산뜻하고 세련된 분위기의 디자인 호텔들도 점차 늘고 있다.

Portrait Firenze ★★★★★

아르노 강변에 위치한 럭셔리 호텔. 명품 브랜드로 잘 알려진 페라가모 가문에서 운영하는 룽가르노 컬렉션 소속 호텔로 37개의 객실 모두 스위트 룸 형태로 만들어져 있다. 1층의 Caffe d'Oro에서 아침 식사를 할 수 있는데, 이 카페는 피렌체 셀럽들의 애용 장소로도 유명하다.

주소 Lungarno degli Acciaiuoli 4 **전화** 055 2726 8000 **홈페이지** www.portraitfirenze.com **요금** €765~, 도시세 €8 **가는 방법** 두오모 광장에서 Via Roma 따라 베키오 다리까지 직진, 다리 입구에서 오른쪽 강변 길을 따라 도보 50m Map p.205-A2

Palazzo Magnani Feroni ★★★★★

16세기에 지어진 스피니 페로니 Spini Feroni 궁전에 자리한 호텔. 14개의 객실 모두 스위트룸의 형태이다. 로비와 층마다 간단한 차, 음료, 스낵이 상시 준비되어 있다.

주소 Via Cicerone 39 **전화** 06 321 2610 **홈페이지** www.hotelisa.net **요금** €450~, 도시세 €8 **가는 방법** 산타 마리아 노벨라 광장 오른쪽 끝으로 직진 후 Carraia 다리를 건너 직진하다 오른쪽 첫 번째 골목 진입 Map p.204-A2

The Place Firenze ★★★★★

산타 마리아 노벨라 광장에 자리한 부티크 호텔. 카프리 섬과 로마에도 같은 계열의 호텔을 운영하고 있다. 20개의 객실을 갖고 있으며 전체적으로 편안하고 부드러운 색조의 인테리어가 특징이고 투숙객들과의 교감을 중히 여기는 스태프들의 미소가 따뜻하다.

주소 Piazza Santa Maria Novella 7 **전화** 055 264 5181 **홈페이지** www.theplacefirenze.com **요금** €485~, 도시세 €8 **가는 방법** 산타 마리아 노벨라 성당 맞은편 광장 끝에 위치 Map p.204-A1

Grand Hotel CAVOUR ★★★★

바르젤로 미술관과 가까운 곳에 위치한 호텔. 고풍스러운 분위기의 건물 안에서 객실 100개를 갖추고 있다. 1층 로비 한쪽은 피렌체를 중심으로 활동하는 젊은 작가들의 전시장으로도 쓰이고, 두오모, 바르젤로 미술관, 베키오 궁전 등 피렌체 주요 랜드마크를 바라볼 수 있는 테라스 바의 풍경도 일품이다.

주소 Via del Proconsolo 3 **전화** 055 266271 **홈페이지** www.hotelcavour.com **요금** €160~, 도시세 €7 **가는 방법** 산타 마리아 노벨라 역에서 도보 15분

Map p.205-B2

HOTEL GLOBUS ★★★★

중앙시장 부근에 위치한 4성급 호텔. 건물 입구에서 리셉션까지 올라가는 엘리베이터가 없다는 것이 단점. 일본을 여행하면서 일본 비즈니스 호텔에 숙박했던 경험이 있다면 익숙함을 느낄 만큼의 크기다. 신선한 재료를 사용하고 풍성한 메뉴를 자랑하는 조식 뷔페가 인상적.

주소 Via Sant'Antonino 24 **전화** 055 288210 **홈페이지** www.globusurbanhotel.com **요금** €120~, 도시세 €7 **가는 방법** 산타 마리아 노벨라 역 앞 광장 건너 셔틀버스 정류장 뒤 보이는 작은 광장에서 Via San'Antonio를 따라 직진. 도보 100m

Map p.204-B1

HOTEL PERSEO ★★★

산타 마리아 노벨라 역에서 두오모로 가는 길에 위치한 3성급 호텔. 시원시원한 성격의 여사장과 아트 디렉터인 남편이 함께 운영하는 호텔이다. 단정하고 차분한 색조의 인테리어와 군더더기 없는 시설이 인상적. 객실과 욕실 모두 널찍하고 시원하게 꾸며져 있으며, 조식 또한 훌륭하다.

주소 Via de' Cerretani 1 **전화** 055 212504 **홈페이지** www.hotelperseo.it **요금** €150~, 도시세 €6 **가는 방법** 산타 마리아 노벨라 역 앞 광장 왼쪽 끝 Grand Hotel Baglioni 호텔 옆길 Via Panzani로 들어가 길 따라 두오모 방향으로 직진. 도보 5분 Map p.205-A1

Club Hotel Florence ★★★★

산타 마리아 노벨라 역 광장에 자리한 호텔. 깔끔한 객실 분위기도 좋고 푸짐한 조식 또한 일품이다. 역 광장에 자리해 있어 아침 일찍 이동하거나 저녁 늦게 도착할 때 편리하다. 2박 이상 숙박해야 하는 것이 단점.

주소 Via Santa Caterina da Siena 11 **전화** 055 217707 **홈페이지** www.hotelclubflorence.com **요금** €130~, 도시세 €7 **가는 방법** 산타 마리아 노벨라 역 정면으로 나와 오른쪽 코너 Map p.204-A1

호스텔 & 한인 민박

이탈리아에서도 시설 좋은 호스텔들이 많은 피렌체. 로마나 베네치아에 비해 깔끔하고 시설 좋은 호스텔들이 있어 알뜰 여행자들의 사랑을 받는다.

우노 피렌체

자상하고 섬세한 서비스를 자랑하는 한인 민박. 정성 가득하고 깔끔한 아침식사가 여행자들의 사랑을 받는다. 객실마다 화장실이 있는 것도 다른 민박과의 차이점.

주소 Piazza Indipendenza 22 **전화** 345 802 4271 **카카오톡** UNOFIRENZE **홈페이지** www.unofirenze.com **요금** 도미토리 €40~, 2인실 €100~, 4인실 €160~ **가는 방법** 산타 마리아 노벨라 역에서 버스 6 · 11 · 14 · 17 · 23번을 타고 첫 번째 정류장 Indipendenza에서 하차 Map p.204-A1

Ostello Bello Firenze

밀라노에서 시작해 로마, 나폴리에도 지점이 있는 호스텔. 깔끔한 시설, 발랄한 분위기, 넉넉한 서비스로 여행자들의 인기가 높아지고 있다. 루프탑 테라스에서 보는 메디치 예배당의 돔이 아름답고, 활기찬 분위기와 저렴한 가격의 바도 매력적이다.

주소 Via Faenza 56 **전화** 055 213 806 **홈페이지** ostellobello.com/en/hostel/florence **요금** 도미토리 €40~, 2인실 €120~ 1인실 €180~ **가는 방법** 산타 마리아 노벨라 역에서 도보 5분. 역 맞은편 Conad 지나 두번째 왼쪽 길 안쪽 Map p.204-A1

Archi Rossi

피렌체에서 가장 인기가 좋은 사설 호스텔. 중앙역에서 가깝고 깨끗해 늘 붐빈다. 깔끔하고 아기자기한 인테리어가 일품이며 침대마다 개인 독서등, 전기 플러그가 제공된다. 푸짐한 아침 식사도 여행자들을 유혹하는 중요한 요소.

주소 Via Faenza, 94r **전화** 055 290 804 **홈페이지** www.hostelarchirossi.com **요금** 도미토리 €30~, 1인실 €65~, 2인실 €85~, 3인실 €100~(아침 · 시트 포함) **가는 방법** 산타 마리아 노벨라 역에서 도보 5분. 역 왼쪽 출구로 나와 맥도날드를 끼고 들어가서 두 번째 블록에서 좌회전해 도보 3분 Map p.204-A1

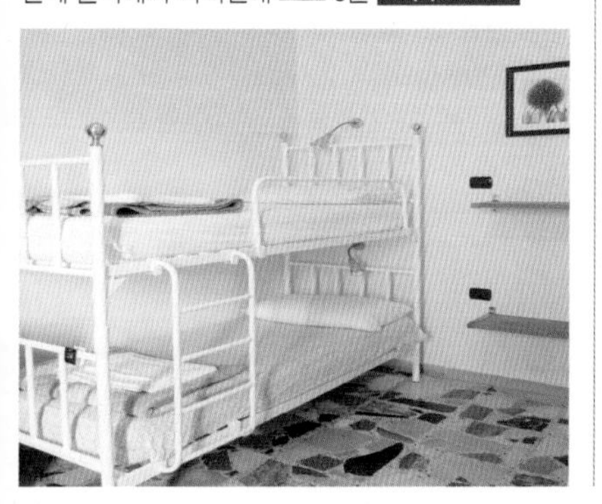

PLUS HOSTEL FLORENCE

베를린, 프라하에 체인을 두고 있는 사설 호스텔. 170개의 객실을 갖고 있으며 깨끗하고 깔끔한 시설로 여행자들의 인기를 한 몸에 받고 있다. 수영장과 헬스장 시설이 완비돼 있으며 방마다 욕실이 있다.

주소 Via Santa Caterina D'Alessandria 15 **전화** 055 628 6347 **홈페이지** plushostels.com/plusflorence **요금** 2인실 €25~45, 3인실 €30~40, 도미토리 €21~30(시트 포함), 아침 €5 **가는 방법** 산타 마리아 노벨라 역에서 맥도날드 끼고 좌회전, Via Nazionale 따라 직진 후 인디펜덴차 광장 Piazza delle Independenza 광장 지나 도보 100m Map p.204-A1

Fiesole
피렌체의 전경이 한눈에 보이는 고즈넉한 도시 **피에솔레**

고고학 공원 내 목욕탕 유적

로마식 극장

피에솔레 박물관

고대 에트루리아인의 비석

피렌체를 굽어보고 있는 비스듬한 언덕에 자리한 도시 피에솔레. 초기 이탈리아를 주도했던 에트루리아인들이 정착하면서 시작된 이 도시는 BC 283년에 처음 등장한다. BC 59년 로마인들에게 정복당했고, 초기 중세 시대에는 몇 세기간 독립 상태로 있다가 1125년에 피렌체에 정복되었다. 이후 피에솔레를 지배하던 가문들은 피렌체로 옮겨갔고, 반대로 메디치를 비롯한 부유한 피렌체 가문들은 이곳에 별장을 지었다.

구릉 지대에 위치한 피에솔레는 아름다운 피렌체의 전경이 한눈에 내려다보여 '피렌체의 전망대'라 불리기도 한다. 이 도시의 아름다움에 반한 이탈리아의 대문호 보카치오 Giovanni Boccaccio는 「피에솔레의 요정」이라는 작품 속에서 도시를 언급했고, 프라 안젤리코는 이곳에 거주하며 작품 활동을 펼치기도 했다.

고즈넉하고 조용한 분위기의 피에솔레는 피렌체에서 타고 온 버스의 종착역인 미노 광장을 중심으로 볼거리들이 자리한다. 가장 큰 볼거리는 초기 에트루리아인들이 만들고 로마인들이 재건한 고고학 공원 Area Archeologico. 로마식 극장과 목욕탕, 신전 등 고대의 유적들이 모여 있는 곳으로, 고대 로마인들의 숨결이 가득 묻어있는 곳이다. 다른 로마식 극장들이 그러하듯 높은 지대에 위치해 있어 스탠드 맨 끝자리에 앉으면 멀리 토스카나 주의 산등성이들이 그림처럼 눈에 들어온다.

고고학 공원에서 나와 미노 광장의 오른쪽 오르막길로 오르면 벽돌로 지어진 단아한 건물을 만날 수 있다. 소박하고 정갈한 이 건물은 산 프란체스코 성당과 수도원 Chiesa e Convento di San

Francesco. 피에솔레에서 가장 높은 곳에 위치해 있는데, 피렌체의 번잡함을 피해서 온 피에솔레에서 가장 고요한 곳이기도 하다.
거리 양쪽으로 나무들이 빼곡히 심어진 피톤치드 가득한 길을 따라 걸어가면, 피에솔레 북쪽 산 몬테 체체리 Monte Ceceri가 나온다. 레오나르도 다 빈치가 처음으로 비행물체를 설계해 비행 연습을 한 곳으로 유명한 곳으로, 눈앞에 펼치는 피렌체의 아름다운 전경을 보고 있노라면 그동안의 피로가 눈 녹듯 사라질 것만 같다.

미노 광장을 지키고 있는 비토리오 에마누엘레 2세와 가리발디 장군의 동상

레오나르도 다 빈치가 비행 연습을 했다는 몬테 체체리의 표지석

몬테 체체리로 가는 길의 고대 유적

산 프란체스코 수도원

잠시 잊고 삼림욕을 즐겨보자

피에솔레에서 바라보는 피렌체 시내

알아두세요!

홈페이지 www.comune.fiesole.fi.it 가는 방법 피렌체 산타 마리아 노벨라 역 옆 아두아 광장 Piazza Adua에서 7번 버스를 타고 종점인 미노 광장 Piazza Mino에서 하차. 버스 요금은 €1.50, 25분 소요

피에솔레 볼거리

고고학 공원 Area Archeologica

주소 Via Portigiani 1 **전화** 055 59 477 **입장료** 성인 €10, 학생 €6 **운영** 3~10월 09:00~18:00, 7~8월 09:30~19:00, 11~2월 09:30~17:00 **휴무** 동절기(11~3월) 화요일 **가는 방법** 미노 광장 Piazza Mino에서 San Romolo 성당을 끼고 정면 오른쪽 길로 직진

산 프란체스코 성당과 수도원 Chiesa e Convento di San Francesco

주소 Via S. Francesco 13 **전화** 055 59 175 **운영** 여름철 월~토 09:00~12:00 · 15:00~19:00, 공휴일 09:00~11:00 · 15:00~18:00, 겨울철 월~토 09:00~12:00 · 15:00~18:00 **가는 방법** 미노 광장 Piazza Mino 버스 정류장에서 왼쪽 건너편 길 Via S. Francesco를 따라 도보 10분

몬테 체체리 Monte Ceceri

가는 방법 미노 광장 중앙 동상 뒤 Hotel Villa Aurora 앞길 Via Giuseppe Verdi를 따라 도보 15분

유네스코

Siena · 붉은빛 가득한 나른한 중세도시 **시에나**

조가비 모양의 거대한 광장 곳곳에 여행자들이 누워 하늘을 보고 있다. 광장 앞에 우뚝 솟은 탑에 오른 여행자들은 그들을 내려다보며 시선을 맞춘다.

넓은 포도밭에 둘러싸인 아늑하고 조용한 도시 시에나는 13~14세기 피렌체 공국과 토스카나 지방의 맹주 자리를 놓고 세력 다툼을 벌이기 전까지 정치 · 경제 · 문화적으로 강성했던 도시였다. 그러나 지금은 골목마다 남아있는 중세시대의 흔적과 르네상스 시대에 만든 여러 건축물만이 조용히 도시를 지키고 있다. 이탈리아에서 가장 아름다운 도시로 손꼽히고 세계인들이 말년을 보내고 싶은 도시라고 칭찬하는 이곳이 늘 고요한 것만은 아니다. 17개의 콘트라데(구역)가 모여 경합을 벌이는 팔리오 축제 때가 되면 오래된 건물이 함성에 무너지고 사람들의 정열에 도시가 터져나갈지도 모른다.

이런 사람 꼭 가자!!
멋들어진 광장에 누워 휴식을 취하고 싶다면
중세시대의 전생을 체험해보고 싶다면

Information 여행 전 유용한 정보

클릭! 클릭!! 클릭!!!

시에나 관광청 www.terresiena.it
시에나 정부 www.comune.siena.it

여행 안내소 Map p.250-A2

주소 Piazza del Campo 56
운영 09:00~19:00
가는 방법 캄포 광장의 가이아 분수 뒤편에 있다.

우체국 Map p.250-A1

주소 Piazza Matteotti 1
운영 월~금 09:00~17:30

Access 시에나 가는 법

시에나는 피렌체에서 로마로 내려가는 길목에 위치하며, 여행자들은 주로 피렌체에서 당일치기로 여행하는 편이다. 시에나까지는 버스나 기차를 이용해서 가는데, 버스가 편리하다.

버스 Map p.250-A1

여행자들이 주로 찾는 이탈리아 도시 중 드물게 버스편이 잘 발달되어 있어서 기차보다는 버스가 훨씬 편리하다. 피렌체에서 SITA 버스를 타면 시에나의 그람시 광장 Piazza Gramsci에 도착한다. 하루에 30회 이상 운행하며, 요금은 €8.40, 1시간 15분 정도 소요.
로마에서는 티부르티나 역 앞 버스 터미널에서 Baltour 버스를 타면 그람시 광장에 도착한다. 하루 6

회 운행하며, 요금은 €33, 3시간 소요된다.
피렌체를 기점으로 당일치기 하는 여행자나 시에나를 거쳐 산 지미냐노 San Gimignano를 여행할 계획이라면 미리 티켓을 구입해 두는 게 좋다. 그람시 광장에서 내려 왼쪽 계단을 이용해 지하로 내려가면 버스티켓 매표소가 있다. 짐 보관소도 운영하는데, 요금은 하루에 €5.50이며, 운영시간은 07:00~19:00이다.
버스 정보 SITA 버스 www.sitabus.it
Baltour 버스 www.baltour.it

기차 Map p.250-A1

시에나는 주요 철도 노선 상에 위치하지 않으며, 주요 여행지가 모여 있는 시내와 역 간의 거리가 떨어져 있기 때문에 버스보다는 불편하다. 피렌체에서는 매시간 직행 기차가 운행하며, 1시간 30분 정도 걸린다. 로마에서는 직행 기차는 없고 키우시 Chiusi행이나 그로세토행을 탄 후 갈아타거나, 피렌체에서 갈아타야 한다. 총 3시간 30분~4시간 30분 정도 걸린다. 시에나 역은 작은 간이역 수준이다. 주요 시설로는 바, 타바키, 매표소가 있으며 SENA 버스 매표소가 운영된다. 역에는 짐 보관소가 없다. 시내 그람시 광장까지 가서 버스 매표소에서 운영하는 짐 보관소에 맡겨야 한다.
역에서 시내 그람시 광장까지는 버스 0S3 · 0S7 · S10번을 타면 된다. 기차역 맞은편에 쇼핑센터가 있다. 쇼핑센터 지하로 내려가면 버스 정류장을 표시하는 표지판(Fermata Urbana Direzione Centro)이 보인다. 요금은 편도 €1.50이며, 티켓은 역 앞 신문가판대에서 구입한다. 역으로 돌아올 때는 S10번 버스를 타면 된다.

주간이동 가능 도시

출발지	목적지	교통편/소요 시간
시에나	피렌체 S.M.N.	기차 1시간 30분
시에나	피렌체	버스 1시간 15분~1시간 30분
시에나	산 지미냐노	버스 1시간 30분

시에나 완전 정복

이 도시는 매우 작아 시내를 돌아볼 때는 도보면 충분하다. 시에나 여행의 시작과 끝은 그람시 광장에서 이루어진다. 광장에서 Viale F Tozzi를 따라 걸으면 마테오티 광장이 나온다. 이곳에 패스트푸드점과 아이스크림 가게 등이 있으니 점심을 해결하는 것도 좋다. 마테오티 광장에서 캄포 광장까지는 도보로 5분 정도 걸린다. 길 옆에 작은 상점과 화려한 명품숍들이 늘어서 있으니 천천히 구경하며 걸으면 금방이다. 시에나에서 꼭 봐야할 곳은 캄포 광장, 푸블리코 궁전, 두오모다. 이 세 곳을 모두 둘러봐도 3~4시간이면 충분하다. 좀 더 깊숙이 도시를 둘러보고 싶다면 성녀 카타리나의 생가, 산 도미니쿠스 성당이나 근교의 산 지미냐노로 가는 것도 좋다. 산 지미냐노로 가기 위해서는 버스를 타야 한다. 버스는 그람시 광장에서 출발한다.

시내 여행을 즐기는 Key Point
여행 포인트 아름다운 광장, 좁은 골목
뷰 포인트 푸블리코 궁전, 두오모 박물관
점심 먹기 좋은 곳 캄포 광장 주변, 마테오티 광장 주변
쇼핑하기 좋은 곳 소프라 거리 Via Sopra

이것만은 놓치지 말자!
❶ 캄포 광장에 누워서 보는 시에나의 높은 하늘
❷ 만자의 탑에서 내려다보는 캄포 광장의 풍경
❸ 전생을 떠올리게 하는 시내 곳곳의 작은 골목들

Best Course
그람시 광장 → 캄포 광장 → 푸블리코 궁전 → 두오모
예상 소요 시간 3~4시간

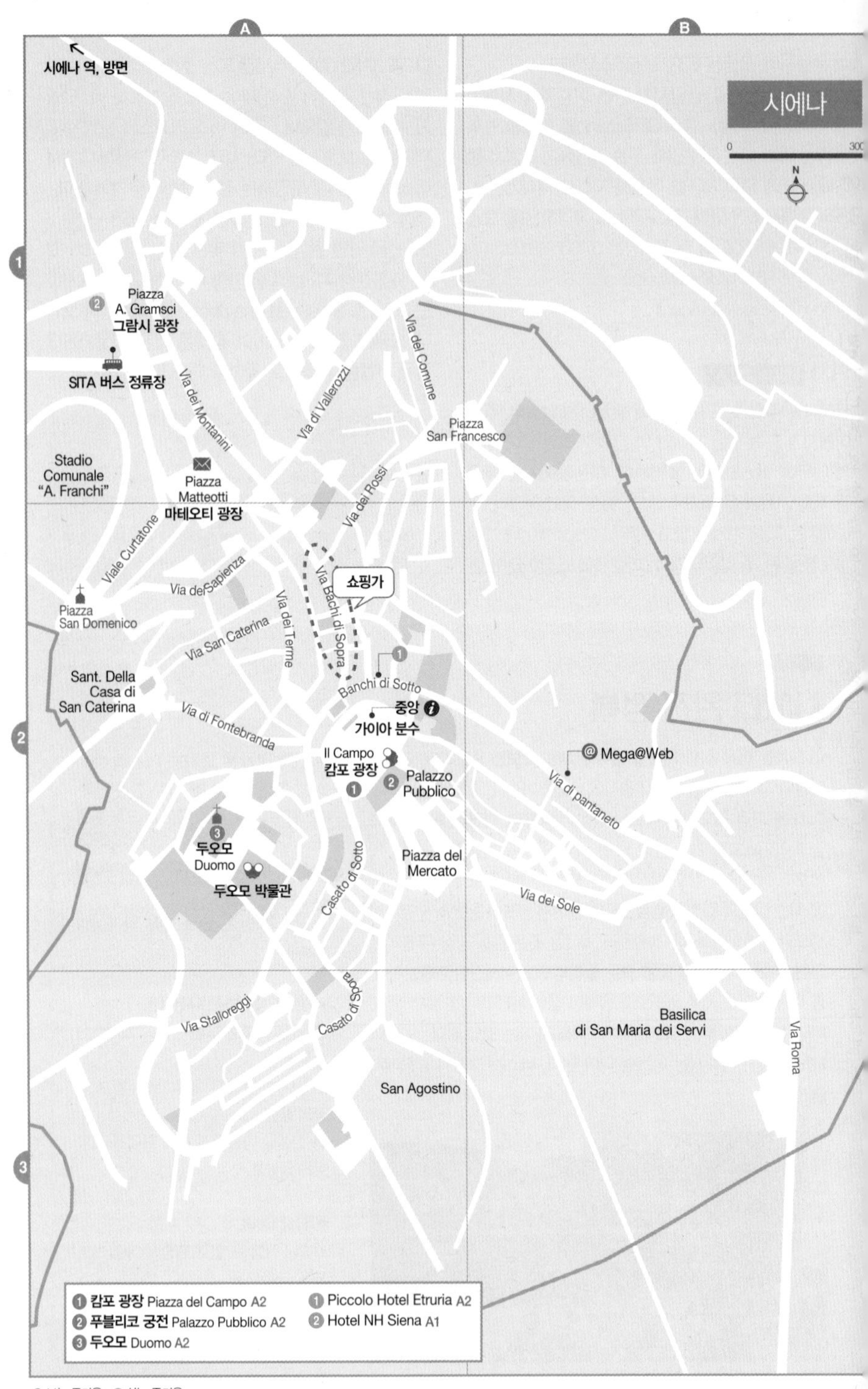
A
B
1
2
3
시에나 역, 방면
시에나
0
N
Piazza
A. Gramsci
그람시 광장
SITA 버스 정류장
Via dei Montanini
Via di Vallerozzi
Via del Comune
Piazza
San Francesco
Stadio
Comunale
"A. Franchi"
Piazza
Matteotti
마테오티 광장
Via dei Rossi
Viale Curtatone
Via dei Sapienza
Via Bachi di Sopra
쇼핑가
Piazza
San Domenico
Via San Caterina
Via dei Terme
Sant. Della
Casa di
San Caterina
Banchi di Sotto
중앙
가이아 분수
Via di Fontebranda
Il Campo
캄포 광장
Palazzo
Pubblico
Mega@Web
Via di pantaneto
두오모
Duomo
두오모 박물관
Casato di Sotto
Piazza del
Mercato
Via dei Sole
Via Stalloreggi
Casato di Sopra
Basilica
di San Maria dei Servi
Via Roma
San Agostino
1 캄포 광장 Piazza del Campo A2
2 푸블리코 궁전 Palazzo Pubblico A2
3 두오모 Duomo A2
1 Piccolo Hotel Etruria A2
2 Hotel NH Siena A1

● 보는 즐거움 ● 쉬는 즐거움

ATTRACTION

보는 즐거움

시에나의 최대 매력은 작은 골목들이다. 고요하고 좁은 골목을 걸으며, 잠시 명상의 시간을 갖다보면 시에나의 참멋을 즐길 수 있을 것이다. 또한 최대 번화가인 캄포 광장 바닥에 누워 나른한 햇살을 즐기는 것도 또 다른 재미. 캄포 광장에는 레스토랑과 상점 등이 몰려 있다. 이탈리아 최고의 성당으로 손꼽히는 두오모와 푸블리코 궁전도 있다.

캄포 광장 Piazza del Campo

나른한 기운이 가득한 시에나의 중심 광장. 곳곳에 앉거나 누워서 휴식을 취하고 있는 여행자들의 모습이 눈에 띈다. 로마 시대에 공회당과 시장이 있었던 이곳은 시에나 초기 역사의 중심지였다. 광장은 전체적으로 조개껍데기와 같은 형상을 하고 있다. 방어와 보호, 포용의 이미지를 지닌 성모 마리아의 망토 형상을 딴 것이라고도 한다. 하얀 돌을 경계 삼아 광장을 9개 구역으로 나누고 있는데 이것은 중세 시대 9개 의회를 기념하기 위한 것이다. 광장에서는 각종 행사, 집회, 투우가 열리는데 한때는 사형장으로 쓰였다.
여행자들에게 휴식을 제공하는 이곳에서 팔리오 축제가 열리면 광장이 무너지지 않을까 싶을 정도로 사람들이 몰려든다. 광장 자체도 멋있지만 바닥에 누워 휴식을 취하면서 광장을 둘러싸고 있는 건물을 감상하는 것이야말로 이곳의 큰 매력이다.
광장 북쪽에 있는 가이아 분수 Fonte Gaia는 시에나 출신의 조각가 퀘르차의 진품을 모방한 작품으로 500년이 넘은 지금도 오래된 수도관을 통해 물이 흘러나온다. 이 물은 여행자들에게 식수를 제공한다.
가는 방법 그람시 광장에서 도보 10분 Map p.250-A2

캄포 광장

가이아 분수

푸블리코 궁전 Palazzo Pubblico

기울어진 캄포 광장 아래를 든든히 받쳐주고 있는 건물로 현재 일부는 시에나 시청으로 사용되고 있다. 중세시대에 만들어진 몇몇 방들은 시립 박물관 Museo Civico으로 개방하고 있다. 이 박물관에서 가장 중요한 그림은 시모네 마르티니의 프레스코화인 「마에스타

시모네 마르티니의 「마에스타」

SAY! SAY! SAY!

작은 도시 전체가 들썩이는 팔리오 Palio 축제

고요함만이 존재할 것 같은 시에나도 들썩이는 때가 있습니다. 매년 7월 2일, 8월 16일 시에나의 중심 캄포 광장에서 열리는 팔리오 축제는 토스카나 지방에서 가장 유명한 축제로 1283년부터 시작되었습니다. 시에나의 17개 콘트라데(구역 또는 교구를 나타내는 말)를 대표하는 깃발을 들고 각 콘트라데의 상징물로 장식된 중세시대 복장을 한 사람들이 퍼레이드를 펼치며 캄포 광장에서는 전통 경마경기인 팔리오가 열립니다. 2008년 개봉한 영화 007 시리즈 22편 〈퀀텀 오브 솔러스 Quantum of Solace〉 전반부에서 팔리오 경기의 모습을 짧게나마 감상할 수 있답니다.

푸블리코 궁전

두오모. 오르비에토의 두오모와 다른 점을 찾아보자.

밤하늘을 연상시키는 두오모 내부

Maesta」. 1315년 제작된 작품으로 12명의 사도, 세례자 요한, 사도 바오로와 천사들에게 둘러싸인 성모 마리아와 아기 예수의 모습을 표현했다. 옆의 예배당에 그려진 성모 마리아의 일생과 성가대석의 목재 패널들도 놓치지 말 것.

평화의 방 Salla de Pace에서는 매우 정치적인 그림을 볼 수 있는데 암브로조 로렌체티의 「선한 정부, 나쁜 정부의 비유」다. 선한 정부는 모든 시민이 직업을 갖고 있고, 당당하게 삶을 살아가면서 번영하는 도시의 모습을 보여주며, 나쁜 정부는 악마의 지배를 받고 피폐한 삶을 살아가는 도시의 모습을 보여준다. 선한 정부의 한쪽 구석에 보이는 시에나 두오모와 종탑을 보면 이 그림이 제작된 정치적 배경을 알 수 있다.

우뚝 솟아 오른 종탑은 높이가 102m나 되며 만자의 종탑 Torre del Mangia이라고도 불린다. 1338~1348년 사이에 건설되었으며 '만자'라는 이름은 최초 종치기의 별명이라고. 500여 개의 계단을 통해 종탑에 오르면 붉은 기운의 시에나 풍경과 캄포 광장의 한가로운 모습이 한눈에 내려다보인다.

주소 Piazza del Campo 1 전화 0577 29 22 63 운영 **시립 박물관** 매일 11~2월 10:00~18:00(입장 마감 17:15), 3~10월 10:00~19:00(입장 마감 18:15) **종탑** 매일 11~2월 10:00~16:00(입장 마감 15:15), 3~10월 10:00~19:00(입장 마감 18:15) 입장료 시립 박물관 €9, 종탑 €10, 복합티켓 €15 가는 방법 캄포 광장에 있다. Map p.250-A2

두오모 Duomo

전체적으로 붉은 기운이 가득한 시에나에서 독특하게 흰색과 핑크, 회색 대리석으로 이루어진 성당. 조각과 회화, 고딕과 로마네스크 양식이 잘 어우러져 있는 이탈리아 최고의 성당 중 하나로 꼽힌다. 200여 년의 공사 기간을 거쳐 완공되었다. 1348년 도시를 덮친 페스트가 아니었다면 바티칸의 성 베드로 대성당을 제치고 이탈리아 최대 규모의 성당이 되었을 것이다.

고딕 양식으로 지어졌지만 로마네스크 양식의 균형감을 강조해 안정적으로 보이고 높이에 비해 성당이 갖고 있는 위압감은 덜하다. 외벽은 흰색, 핑크색, 회색 대리석에 여러 조각상과 회화로 아름답게 장식되어 있으며 뒤에 보이는 종탑의 줄무늬는 통일감을 준다. 이 종탑은 1313년에 세워졌다. 엇비슷한 시기에 건축된 오르비에토 Orvieto의 두오모(p.182)와 비슷한 외관이나 시에나의 두오모가 조금 차분한 느낌이다.

내부는 매우 화려하게 꾸며져 있다. 흑백 대리석으로 만든 기둥이 둥근 천장을 받치고 있고 중앙 홀 천장은 짙푸른색 바탕에 금색 별이 그려져 있어 밤하늘을 보는 것 같다. 화려한 프레스코화로 장식되어 있는 피콜로미니 도서관 Biblioteca di Piccolomini도 또 하나의 볼거리.

매년 여름 시즌 일정 기간 동안 경내의 의자를 치워내면 바닥의 대리석 모자이크가 나타나는데 이 또한 볼거리다. 입장료가 조금 오르지만 충분히 지불할 만한 가치가 있고 흔치 않은 기회이니 시기가 맞는다면 방문해 보자.
두오모에서 나와 왼편으로 건물을 따라가면 지하로 내려가는 계단이 나오고 계단을 내려가면 세례당 입구가 보인다. 세례당은 두오모와 마찬가지로 화려한 프레스코화로 장식되어 있으며 세례당 가운데에 자리하고 있는 황금으로 장식된 세례반은 도나텔로의 작품이다.
두오모 왼쪽에 위치한 두오모 박물관에는 두오모 외벽을 장식하고 있던 동상들과 스테인드글라스의 원본들이 전시되어 있고 시에나 화파 두초의 「마에스타」가 전시되어 있다. 조금 힘이 들더라도 박물관 옥상으로 올라가보자. 캄포 광장과 푸블리코 궁전이 한눈에 들어오는 멋진 광경을 감상할 수 있다.
주소 Piazza del Duomo **전화** 0577 4 73 21 **홈페이지** www.operaduom.siena.it **가는 방법** 캄포 광장에서 도보 5분
Map p.250-A2

두오모
운영 (2024년) 3/1~11/3 평일 10:00~19:00, 일 · 공휴일 13:30~18:00, 11/4~12/24 평일 10:30~17:30, 일 · 공휴일 13:30~17:30, 12/26~2025/1/7 평일 10:30~19:00, 일 · 공휴일 13:30~17:30
세례당
운영 3월~11/1 10:30~19:00, 11/2~12/26 · 1/9~2월 10:30~17:30, 12/26~1/8 10:30~18:00
※두오모 · 세례당 · 박물관 종합티켓 Opa Si Pass
2024년 €14(단, 6/27~7/31 · 8/18~10/16 €16)

도나텔로가 만든 세례당 안의 세례반

STAY
쉬는 즐거움

팔리오 축제 기간에 숙소 잡기는 거의 전쟁에 가깝다. 가격이 오르는 것은 물론이고 4~5개월 전에 예약하려고 해도 숙소를 구하기 힘들다. 아주 서두르거나, 주변 도시에 숙소를 정하는 것도 좋다.

Hotel NH Siena ★★★★

피렌체 등에서 오는 버스가 도착하는 그람시 광장 앞에 자리하고 있는 대규모 호텔. 편리한 위치로 인해 여행자들이 많이 찾는다. 바로 뒤에 축구 구장이 있어 게임이 있다면 구장에서 발생하는 소음은 감수해야 하는 불편함이 있다.
주소 Via La Lizza 1 **홈페이지** www.nh-hotels.com **전화** 055 213 959 **부대시설** 레스토랑, 피트니스 **숙박비** €85~ **주차** 인근 공영주차장 1일 €30 **가는 방법** 그람시 광장 바로 앞
Map p.250-A1

Piccolo Hotel Etruria ★★

캄포 광장에서 가까운 곳에 위치한 작은 호텔. 가족적인 분위기로 스태프가 따뜻하고 친절하다. 각 방마다 에어컨 시설이 완비되어 있어 한여름에도 쾌적한 것이 최대 장점.
주소 Via delle Donzelle, 3 **전화** 0577 288088 **홈페이지** www.hoteletruria.com **요금** 1인실 €40~55, 2인실 €60~110, 3인실 €90~138(시트 포함), 아침식사 €8 **가는 방법** 소프라 거리 Via Sopra에서 캄포 광장으로 가기 직전 왼쪽 길인 Banchi di Sotto로 들어가 왼쪽 두 번째 골목에 있다. Map p.250-A2

시에나 근교 여행

San Gimignano
13개의 높은 탑이 있는 마을 산 지미냐노 유네스코

웅장한 13개의 탑이 마을의 스카이라인을 이루고 있는 산 지미냐노. 중세시대 북유럽에서 로마로 향하는 순례길의 중요한 경유지였던 이곳은 12~13세기에 최고의 번성기를 누렸다. 그 시절 귀족들은 자신의 세력을 나타내기 위해 하나 둘씩 탑을 세우기 시작했고 그 탑의 수는 무려 72개나 되었다. 그러나 14세기 중반 창궐한 페스트로 순례 경로가 바뀌면서 점차 쇠락하고 잊혀져가는 마을이 되었으며 현재는 13개의 탑만 남아 마을을 지키고 있다.

버스에서 내려 Via San Giovanni를 따라 걷다보면 성문이 나오고 성문을 통과하면 마을의 중심 두오모 광장 Piazza del Duomo에 도착한다. 이곳의 주요 볼거리는 광장 주변에 모두 모여 있는데 시립 미술관이 위치한 포폴로 궁전과 두오모가 그것. 또한 마을 주변을 감싸고 있는 포도밭에서 생산되는 와인을 시음할 수 있는 와인박물관 Museo del Vino도 있으니 관심 있는 여행자라면 꼭 들러보자.

볼거리를 챙기는 일상이 지루하다면 작은 골목들을 걸어보자. 여행 안내소에서 구한 지도를 들고 지나간 골목을 하나하나 체크해가며 걷는 재미가 있다.

도시의 축을 이루는 두 길 Via San Giovanni와 Via San Matteo뿐만 아니라 골목 사이에 숨어있는 아기자기한 와인 · 식품 숍, 기념품 가게와 작은 파니니 식당, 젤라테리아 등이 발걸음을 심심하지 않게 한다. 마을 구석구석을 걸어도 넉넉잡아 3시간이면 모두 볼 수 있다. 이걸 봐야 하고 저길 가야 하는 숙제 같은 여행이 아닌, 휴식과 같은 산책을 즐길 수 있는 중세시대의 작은 마을 산 지미냐노로 가보자.

∞ 여행 정보
www.sangimignano.net

∞ 가는 방법 & 돌아다니기
피렌체 SITA 버스 터미널에서 시에나행 버스를 타고 포지본시 Poggibonsi에서 산 지미냐노행으로 갈아탄다. 요금은 편도 €7.50, 1시간 30분 정도 걸린다. 피렌체에서 포지본시까지는 기차도 운행된다. 요금은 €2.40, 30분 정도 걸린다. 시에나에서 갈 경우 그람시 광장 Piazza Gramsci에서 버스를 타면 요금은 €6.90, 1시간 10분 정도 걸린다. 산 지미냐노에서 피렌체로 돌아갈 때 버스 티켓은 Porta San Giovanni로 나가기 직전 왼쪽에 위치한 타바키 Tabacchi에서 구입하면 된다.

∞ 여행 안내소
IAT–Informazioni e Accoglienza Turistica
주소 Piazza del Duomo 운영 4~10월 09:00~13:00, 15:00~19:00, 11~3월 09:00~13:00, 14:00~18:00

한 때 숲처럼 세워졌던 탑은 이제 13개만 남기고 모두 무너졌다

두오모 앞 광장

Lucca · 푸치니 오페라의 선율이 가득한 도시 루카

르네상스 시대 건설된 성벽 안에 옹기종기 모여있는 성당과 우뚝 솟은 탑들이 어우러져 재미있는 풍경을 선사하는 도시, 루카. 에트루리아인들의 도시로 시작해 9, 10세기에는 토스카나 맹주의 자리에 올랐던 도시이기도 하다. 18세기 후반 프랑스에 함락되기 전까지 독립 국가의 위치를 유지하며 주변의 피렌체, 피사, 시에나 등 토스카나의 강성한 도시들 사이에서 많은 분쟁을 겪으면서도 묵묵히 자신의 모습을 유지하고 지켜나갔다. 여러 문화의 영향을 받은 성당들은 많은 사연을 품고 오늘날 여행자를 맞이하고 있고, 높이 솟은 탑들은 이전 시대의 영화를 보여준다. 이탈리아를 대표하는 음악가이자, 이 도시 출신인 푸치니와 보케리니의 음악을 들으며, 도시를 걸어보자. 낭만과 여유를 품은 도시를 제대로 만끽할 수 있을 터이니.

이런 사람 꼭 가자!!
푸치니 오페라 곡을 사랑한다면 / 푸치니 오페라를 사랑하는 클래식 마니아 / 자전거 여행자

저자 추천
이 사람 알고 가자 자코모 푸치니, 루이지 보케리니
이 음악 듣고 가자 푸치니 오페라 〈마농 레스코〉, 〈나비부인〉, 〈투란도트〉 등
이 책 읽고 가자 〈아이 앰 어 히어로〉 190화, 191화

Information 여행 전 유용한 정보

클릭!클릭!!클릭!!!

루카 관광청 www.luccaturismo.it
루카 도시 정보 www.comune.lucca.it

여행 안내소

베르디 광장 ⓘ Map p.257-A1

주소 Piazzale G.Verdi **운영** 09:00~19:00
휴무 1/1, 12/25

나폴레오네 광장 ⓘ Map p.257-B2

주소 Piazza Napoleone(두칼레 궁전 Palazzo Ducale 내부)
운영 월~토 10:00~13:00 · 14:00~18:00
휴무 일 · 공휴일, 1/1, 12/25

우체국 Map p.257-B2

주소 Via Vallisneri 2
운영 월~토 08:30~19:00
가는 방법 두오모 성당 옆 안텔미넬리 광장 Piazza Antelminelli에서 도보 2분

경찰서 Map p.257-B2

주소 Viale Cavour Camillo Benso 62 **운영** 24시간
가는 방법 루카 역 왼쪽 카보우르 거리 Viale Cavour를 따라 도보 7분

Access 루카 가는 법

루카는 피렌체와 피사 사이에 위치하며, 기차와 시외버스로 이동이 가능하다. 부지런히 움직인다면 피렌체에서 피사를 거치는 여행도 가능하다. 기차는 피렌체와 피사에서 각각 시간당 1~2편 정도 운영하고 있고, 버스는 Lazzi 버스가 운행된다. 단, 버스의 경우 시즌별로 운영 시간과 횟수가 자주 바뀌어 불편할 수 있다. 피사와 함께 여행하고자 한다면 역에 도착해 기차 시간표와 버스 시간표를 같이 알아두는 것이 좋다.

주간이동 가능 도시

출발지	목적지	교통편/소요 시간
피렌체 Santa Maria Novella	루카	기차 1시간 20분
피렌체(Lazzi 버스 터미널, Piazza stazione 4/6r)	루카	버스 1시간 10분
피사 Centrale	루카	기차 25분
피사(Piazza S. antonio, 1)	루카	버스 35분

루카 완전 정복

기차를 타고 루카에 왔다면 역에서 나와 건너편 성벽으로 들어가자. 루카의 두오모, 산 마르티노 성당이 등장한다. 성당 곳곳에 자리한 조각품과 구조물들을 살펴본 후 구이지니탑, 시계탑을 차례로 둘러본다. 체력이 허락한다면 두 탑에 모두 올라 탑 꼭대기에서는 각기 어떤 풍경이 보이는지, 어떤 모습인지 살펴보는 재미도 쏠쏠하다. 시계탑에서 나오면 가장 번화가인 필룽고 거리 Via Fillungo가 나온다. 여기에서 점심을 먹거나 잠시 쉰 후 산 미켈레 성당, 푸치니 생가박물관 등을 둘러본다. 이후 타원형의 광장인 안피테아트로 광장과 프레디아노 성당을 둘러본 후 성벽 위를 따라 걸어보자.
루카는 라벤나와 더불어 이탈리아 내에서 자전거로 여행할 수 있는 몇 안 되는 도시이다. 자전거를 능숙하게 탈 수 있다면, 시원한 바람을 가르며 자전거로 루카를 둘러보는 것도 추천 방법 중 하나다(약 5~6시간 소요). 자전거 대여는 베르디 광장에 위치한 ⓘ 또는 시내 곳곳에 있는 자전거 대여소에서 가능하다.

시내 여행을 즐기는 Key Point

여행 포인트 산 미켈레 광장
뷰 포인트 구이지니탑, 시계탑
점심 먹기 좋은 곳 & 쇼핑 명소 필룽고 거리 Via Fillungo, 안피테아트로 광장

이것만은 놓치지 말자!

❶ 루카를 굽어보며 걸어보자, 성벽 산책로
❷ 구이니지탑과 시계탑에서 바라보는 루카 시내
❸ 검투사 경기장 형태로 만들어진 타원형의 안피테아트로 광장 Piazza dell'Anfiteatro
❺ 푸치니의 고향에서 감상하는 푸치니 오페라

Best Course

성벽 → 산 미켈레 성당 → 산 마르티노 성당 → 자코모 푸치니 생가 박물관 → 팔라초 모리코니 콘트로니 판네르 → 원형극장 광장 → 바실리카 산 프레디아노 → 구이니지 탑 → 시계탑 예상 소요 시간 3~4시간

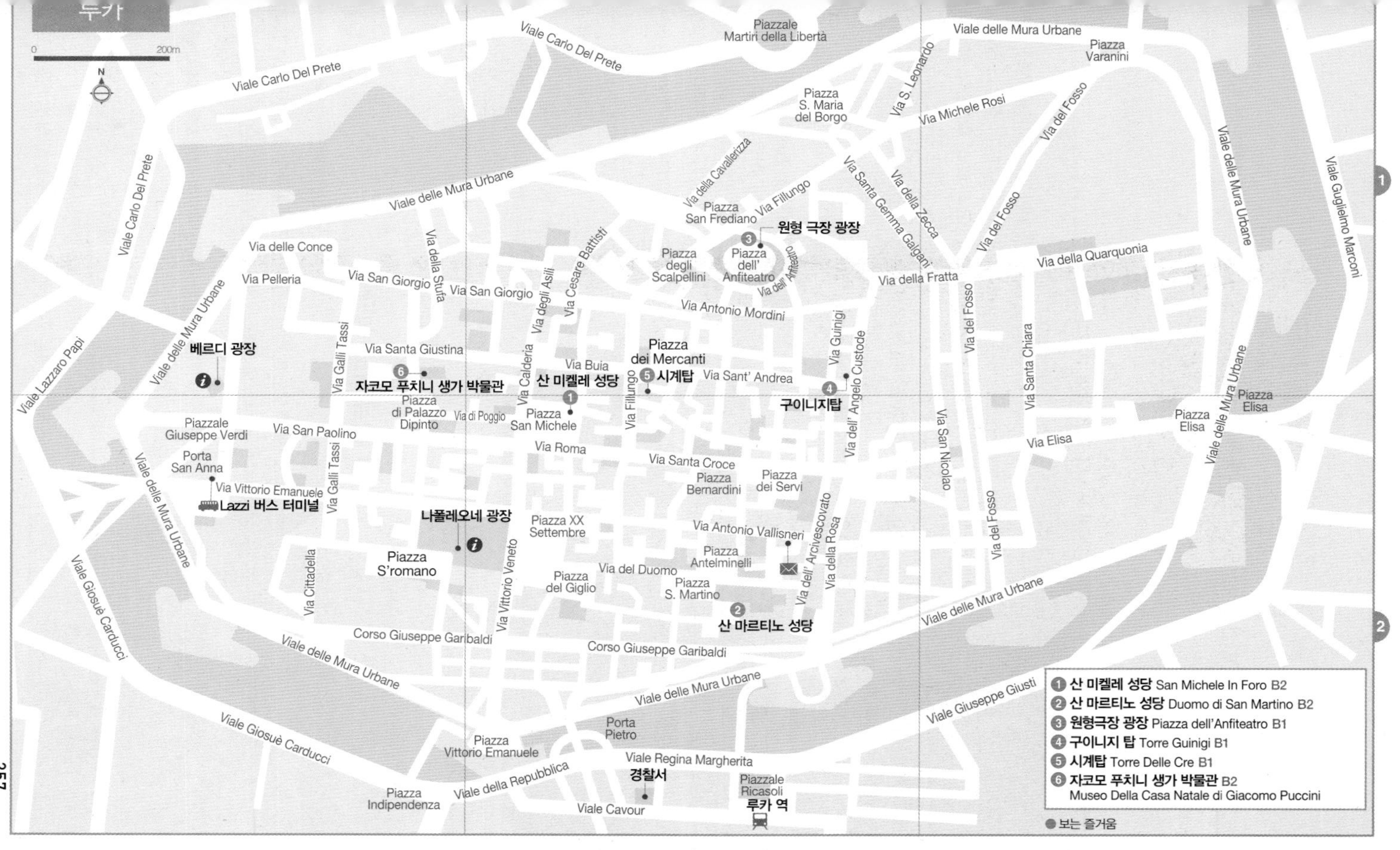
0 200m
N
Piazzale Martiri della Libertà
Viale Carlo Del Prete
Viale delle Mura Urbane
Piazza Varanini
Piazza S. Maria del Borgo
Via S. Leonardo
Via Michele Rosi
Via del Fosso
Viale Guglielmo Marconi
Via della Cavallerizza
Piazza San Frediano
Via Fillungo
원형 극장 광장
Via della Zecca
Via Santa Gemma Galgani
Piazza degli Scalpellini
Piazza dell' Anfiteatro
Via dell' Anfiteatro
Via della Fratta
Via della Quarquonia
Via delle Conce
Via Pelleria
Via San Giorgio
Via della Stufa
Via degli Asili
Via Cesare Battisti
Via Antonio Mordini
Viale Lazzaro Papi
베르디 광장
Via Galli Tassi
Via Santa Giustina
자코모 푸치니 생가 박물관
Via Calderia
Via Buia
산 미켈레 성당
Piazza dei Mercanti
시계탑
Via Sant' Andrea
Via Guinigi
Via dell' Angelo Custode
구이니지탑
Via Santa Chiara
Piazza Elisa
Piazza di Palazzo Dipinto
Via di Poggio
Piazza San Michele
Piazzale Giuseppe Verdi
Via San Paolino
Via Roma
Via Santa Croce
Piazza Bernardini
Piazza dei Servi
Via San Nicolao
Via Elisa
Porta San Anna
Via Vittorio Emanuele
Lazzi 버스 터미널
나폴레오네 광장
Piazza XX Settembre
Via Antonio Vallisneri
Via dell' Arcivescovato
Via della Rosa
Piazza S'romano
Via Cittadella
Via Vittorio Veneto
Piazza del Giglio
Via del Duomo
Piazza Antelminelli
Piazza S. Martino
산 마르티노 성당
Viale Giosuè Carducci
Corso Giuseppe Garibaldi
Porta Pietro
Viale Giuseppe Giusti
Piazza Vittorio Emanuele
Viale Regina Margherita
Viale della Repubblica
경찰서
Piazzale Ricasoli
루카 역
Piazza Indipendenza
Viale Cavour
1 산 미켈레 성당 San Michele In Foro B2
2 산 마르티노 성당 Duomo di San Martino B2
3 원형극장 광장 Piazza dell'Anfiteatro B1
4 구이니지 탑 Torre Guinigi B1
5 시계탑 Torre Delle Cre B1
6 자코모 푸치니 생가 박물관 B2
Museo Della Casa Natale di Giacomo Puccini
● 보는 즐거움

ATTRACTION

보는 즐거움

성벽 안으로 들어서면 뭔가 비밀스러운 것들이 가득할 것 같은 도시 루카. 차분하고 우아한 도시에서 푸치니 음악을 들으며 걸어보자. 전설을 가진 조각상, 독특한 형태의 종탑, 비슷한 것 같으면서도 다른 모습의 성당들 등 매력적인 모습의 광장이 우리를 기다리고 있다.

산 미켈레 성당

악을 물리치는 미켈레(미카엘) 대천사

산 미켈레 성당 San Michele In Foro

로마 시대부터 루카의 중심 역할을 하던 광장에 자리한 성당. 얼핏 보면 두오모와 비슷하게 보이나 산 미켈레 성당이 조금 더 길고 날씬한 느낌이다. 8세기경에 건축되었고 11세기에 확장됐다. 성당 파사드 상단 기둥은 루카 기둥 양식이라 불리는 독특한 모습을 하고 있으며, 각기 다른 모습과 장식을 지녔다. 가장 꼭대기에는 대천사 미켈레(미카엘)가 창으로 악을 상징하는 용을 물리치고 있고 그 양쪽으로 미켈레의 승리를 축하하는 승리의 나팔을 부는 두 천사상이 만들어져 있다. 성당의 정면 오른쪽에는 성모 마리아와 아기 예수상 모작 조각상이 있다. 1476년 페스트의 종식을 축하하기 위해 만든 조각상으로, 루카 출신의 조각가 마테오 치비탈리 Matteo Civitali가 만들었다.

성모 마리아와 아기 예수

주소 Piazza San Michele **홈페이지** www.luccatranoi.it **운영** 매일 09:00~18:00 **가는 방법** 버스 종착점인 베르디 광장에서 Via San Paolino을 따라 도보 7분. 또는 두오모에서 Via Duomo을 따라 직진 후 나폴레오네 광장 Piazza Napoleone 끝에서 오른쪽 Via Pozzotorelli를 따라 도보 3분 Map p.257-B2

산 마르티노 성당

산 마르티노 성당 Duomo di San Martino 건축, 미술

루카의 두오모로, 성당 곳곳에 사연이 가득한 조각들이 있어 흥미로운 곳이다. 로마네스크와 고딕 양식이 혼합되어 있으며, 이탈리아 성당 중 오랜 역사를 갖고 있는 곳 중 하나이기도 하다. 6세기에 지어진 후 13세기에 확장해 지금의 규모를 갖게 되었으며, 매년 많은 순례자가 이곳을 찾고 있다.

성당의 파사드는 하단에 3개의 아치가 있고 상단은 3층으로 쌓은 작은 아치들로 구성되어 있다. 아치들은 각기 문양과 기둥의 형태가 다르며, 특유의 화려하고 독특한 멋을 풍긴다.

성당의 정면에 있는 기마상은 산 마르티노 성인의 일화를 담고 있

성당 내부

이 안에 신성한 얼굴이 자리한다

는 조각상이다. 일화의 내용은 다음과 같다. 성당의 주보 성인인 산 마르티노 성인이 추운 겨울 말을 타고 길을 가다 추위에 떨고 있는 거지와 만났고, 그에게 자신이 입고 있던 망토의 반을 잘라서 나누어 주었다. 잠시 후 비바람이 그치고 따뜻한 햇볕이 나와 여름과 같은 날씨로 변했다. 그날 밤 산 마르티노는 꿈 속에서 예수 그리스도를 만나 선행을 치하받았다고 한다. 성당 정면에 있는 조각상은 모사품이며, 진품은 성당의 내부에 따로 보관돼 있다.

성당 입구에서 오른쪽 종탑 벽면을 보면 원형 모양이 반복된 미궁 Labirinto 조각이 보인다. 그리스 신화 테세우스 영웅전에서 그 유래를 찾을 수 있는 미궁은 악마들이 성당에 침입하기 위해 몰래 성당 입구를 찾았다가 미궁을 헤매다 빠져나오지 못 하게 하기 위해서 만들어졌다고 하는데, 이는 중세시대 사람들이 악마를 쫓는 방법 중 하나였다고 한다.

성당 내부는 전형적인 십자가 구조로 되어 있으며, 길쭉길쭉한 느낌이 고딕의 특징을 여실히 보여준다. 특히 이러한 구조는 이탈리아 건축물 중에서 보기 드문 형태라고 한다. 중앙 홀 왼쪽에 자리한 팔각형의 구조물 안에는 〈신성한 얼굴 Il Volto Santo〉이 있다. 니코데모 성인이 이 조각상을 만들면서 마지막 얼굴 부분을 완성하지 못한 채 잠에 빠졌고 천사들이 내려와 나머지를 만들었다는 전설이 내려온다. 유럽에서 보기 드문 어두운색의 피부로 흡사 아랍인들의 얼굴을 하고 있는 모습이 특징.

이 밖에도 강렬한 컬러와 독특한 시선을 갖고 있는 틴토레토 Tintoretto의 〈최후의 만찬 La Ultima Cena〉과 어린 나이에 출산 후 유증으로 사망한 파올로 구이니지의 부인이었던 일라리아의 대리석 관도 그냥 지나치기 어려운 예술품이다.

주소 Piazza Antelminelli **홈페이지** www.museocattedralelucca.it **운영 성당** 월~토 10:00~18:00, 일요일 12:00~18:00 **종탑, 박물관, 세례당, 고고학유적** 매일 10:00~18:00 **입장료** 성당 + 종탑 + 박물관 + 고고학유적지 €10, 성당과 일라리아의 석관 €3, 종탑 €3, 박물관 €4, 고고학유적지 €4 **가는 방법** 기차역에서 나와 맞은편 성벽 문을 지나 왼쪽 Corso Giuseppe Garibald 따라 걷다 오른쪽 첫 골목 Via del Molinetto으로 들어가 도보 2분 **Map p.257-B2**

산 마르티노 성인의 일화를 나타내는 조각상

악마를 물리치는 부적 같은 미궁의 조각

고대 원형경기장의 형태를 그대로 살린 원형극장 광장

원형 극장 광장 Piazza dell'Anfiteatro 건축

유럽에서 보기 드문 타원형 모양의 광장. 로마인들이 만든 원형극장 터를 그대로 살려 만든 광장이다. 이곳의 원형경기장은 검투사 경기장으로 시작하여 소금창고, 감옥, 화약고로 사용되다 9세기부터는 시장으로 사용됐다.
광장는 총 4개의 문을 통해 들어갈 수 있는데 가장 낮은 문이 로마시대의 원형경기장 문을 그대로 사용하는 것이라고. 이 광장에 있던 원형경기장은 약 만여 명의 관중을 수용할 수 있던 크기로 현재에는 카페, 음식점, 공방 등이 자리하고 있다.
주소 Via dell'Anfiteatro **가는 방법** 산 미켈레 광장 Piazza San Michele 오른쪽 길 Via Roma를 따라 걷다가 왼쪽 두 번째 골목 Via Fillungo로 들어가 도보 10분 **Map p.257-B1**

정상의 참나무가 특징인 구이니지탑

구이니지탑 Torre Guinigi 뷰포인트

중세 시대 루카는 산 지미냐노 San Gimignano와 함께 우뚝 솟은 탑들로 유명했던 도시이다. 당시 루카에는 250개 이상의 종탑과 탑들이 있었는데, 그 탑들을 대표하는 구이니지탑은 루카를 이끌었던 구이니지 가문이 만들었다. 44.25m 높이의 탑 정상으로 올라가는 계단 벽면에는 중세시대 루카를 둘러싼 전쟁과 침략의 역사 속 구이니지 가문의 활약상이 그림으로 전시되어 있다.
로마네스크 고딕 양식으로 지어진 구이니지탑은 정상의 참나무로 인해 다른 도시의 탑들과 확연히 다른 모습을 보여준다. 16세기에 그려진 그림에도 나무가 있는 것으로 보아 그 시절부터 정상에 나무를 심어놓은 것으로 생각된다. 그리고 이 참나무는 루가노 출신의 현대 건축가 마리오 보타 Mario Botta를 떠올리게 한다. 서울 강남구 논현동의 교보타워를 생각해 볼 것.
주소 Sant'Andrea, 45 **운영** 1·2·11·12월 09:30~16:30, 3·10월 09:30~17:30, 4·5월 09:30~18:30, 6~9월 09:30~19:30 **휴무** 12/25 **입장료** 일반 €8, 학생 €4(시계탑과 식물원 복합 티켓 일반 €19, 학생 €6) **가는 방법** 산 미켈레 광장에서 왼쪽 네 번째 골목 Via Guinigi로 들어가 도보 3분 **Map p.257-B1**

도시에서 가장 높은 시계탑

시계탑 Torre Delle Ore 뷰포인트

루카에서 가장 높은 탑으로 벽면에 커다란 시계가 사람들에게 시간을 알려준다. 처음 만들어진 1390년에는 하나의 종으로 시간을 알렸고, 1754년 현대적인 메커니즘을 가진 시계탑으로 리모델링되었다. 총 207개의 계단을 오르면 종탑의 정상에 도착할 수 있는데, 인근의 토스카나 포도밭으로 가득한 언덕들과 중세의 정취를 고스란히 간직한 루카의 모습을 한눈에 볼 수 있다. 더불어 구이지니탑의 전체 모습을 가장 아름답게 볼 수 있는 곳이기도 하다. 마치 피렌체 두오모 쿠폴라와 종탑의 관계처럼.

주소 Via Fillungo 운영 3/21~5/31 · 9/21~9/30 10:30~18:30, 6/1~9/20 10:30~19:30, 10/1~11/2 10:30~16:00 휴무 1/1~3/20 · 11/3~12/31 입장료 일반 €8, 학생 €4(구이지니탑 · 식물원 복합 티켓 일반 €19, 학생 €6) 가는 방법 산 미켈레 광장에서 Via Roma를 따라 걷다가 왼쪽 첫 번째 골목 Via Fillungo을 따라 도보 5분 Map p.257-B1

이 도시 출신 오페라 작곡가 지아코모 푸치니

지아코모 푸치니 생가 박물관

Museo Della Casa Natale Di Giacomo Puccini 

이탈리아를 대표하는 오페라 작곡가 지아코모 푸치니가 1858년 태어나 22세가 될 때까지 살았던 집이다. 건물은 허름하고 자칫 그냥 지나가기 쉽지만 내부에는 푸치니의 필적이 남아있는 노트들과 그가 직접 작곡에 사용했던 피아노 등이 보관되어 전시되고 있다.

푸치니는 루카 토박이인 음악가 집안의 아들로 태어나, 1893년 〈마농 레스코 Manon Lescaut〉를 시작으로 〈라 보엠 La Boheme〉, 〈토스카 Tosca〉, 〈나비부인 Madama Butterfly〉 등을 발표하며 베르디 이후 이탈리아 대표 오페라 작곡가가 되었다. 그의 작품들은 전통적인 이탈리아 선율을 바탕으로 등장인물들을 사실적으로 묘사해 풍부한 인간미를 보여준다. 루카에서는 매년 그의 오페라의 진수를 맛볼 수 있는 페스티벌 열린다. 공연은 루카에서 40분 정도 떨어진 곳에 위치한 야외공연장 Torre del Lago에서 열린다.

주소 Corte San Lorenzo, 9 홈페이지 www.puccinimuseum.org 운영 2 · 3 · 10월 수~월 10:00~17:30, 4~9월 매일 10:00~19:00, 11~1월 수~월 10:00~14:00(금~일 ~17:00) 휴무 10~3월 화요일, 12/25 입장료 €9 가는 방법 산 미켈레 광장에서 Via di Poggio를 따라 도보 3분 Map p.257-B2

※Torre del Lago 가는 방법

루카에서 Regionale 기차를 타고 토레 델 라고 푸치니 Torre Del Lago Puccini 역에 하차. 역 앞 Viale Giacomo Puccini를 따라 도보 100m. 기차는 1시간에 한 대꼴로 운행, 40분 소요. 페스티벌 기간에는 공연장과 루카 사이에 셔틀버스(왕복 €35)를 운행한다.

※페스티벌 기간 2024/7/12~8/24 요금 €25~€165 홈페이지 www.puccinifestival.it

페스티발이 열리는 토레 델 라고 공연장

성벽 Le Mura

루카가 다른 도시들과 비교해 가진 가장 큰 특징이라 할 수 있는 성벽. 유럽의 성벽 중에서도 보존 상태가 가장 좋은 성벽 중 하나인 이 성벽은 총 4.5km 길이의 성벽으로 1645년에 완성되었으며 다른 성벽들이 그러하듯 외부와의 전쟁을 대비해 만들어졌다. 그러나 실제로 실제로 전쟁에 사용된 적은 없고 방치되다가 오늘날 시민들이 조깅을 즐기고 여행자들이 산책을 즐기는 명소로 사용되고 있다. Map p.257 전체

도시를 감싸고 있는 단단한 성벽

루카 시민의 산책로로 이용되고 있다.

Pisa · 특명! 사탑을 구하라!! 피사

피사는 한때 제노바 Genova, 베네치아와 함께 북부 이탈리아의 대표적 항구도시로 강력한 세력을 자랑했고 특유의 건축양식인 피사 로마네스크 양식은 도시를 빛나게 했다. 그러나 피렌체 공국에 합병된 후 세력이 점차 쇠락해 지금은 토스카나 지방의 작은 소도시로 전락했다. 그럼에도 이 도시에 사람이 모이는 이유는 불가사의한 유적 피사의 사탑을 보기 위함이다. 붕괴의 위험에 저항하며 700여년 동안 그 자리를 지키고 있는 사탑이 무너지기 전에 발걸음을 재촉해보자.

이런 사람 꼭 가자!!
멋진 건물을 배경으로 재미있는 사진을 찍고 싶다면 /
세계의 불가사의 현장을 눈으로 목격하고 싶다면

저자 추천
이 사람 알고 가자 갈릴레오 갈릴레이

Information 여행 전 유용한 정보

클릭! 클릭!! 클릭!!!

피사 여행 정보 www.pisaturismo.it
미라콜리 광장 유적지 정보 www.opapisa.it

여행 안내소

중앙 ⓘ
주소 Piazza dei Miracoli 1(사탑 티켓 판매소 옆)
전화 050 56 04 64 **운영** 5~9월 09:00~18:00, 10~4월 09:30~17:00

시내 ⓘ Map p.265-B1
주소 Piazza Vittorio Emanuele II 16
전화 050 4 22 91 **운영** 월~금 09:00~19:00, 토 09:00~13:30 **휴무** 일요일

Access 피사 가는 법

토스카나 지방의 작은 소도시이나 국제공항이 있으며, 기차, 버스 등 교통의 요충지여서 접근성이 뛰어나다. 주로 피렌체에서 당일치기로 여행하는 여행자들이 많고 친퀘테레 여행 전, 후에 둘러보기에도 편리하다.

비행기

우리나라에서 피사로 가는 직항편은 없고 터키항공, 에어프랑스, 루프트한자 등 유럽계 항공을 이용해 1회 경유하는 것이 가장 편리하다. 시칠리아나 남부로 가거나 이탈리아 여행을 마치고 다른 나라로 갈 때 많이 이용하는 라이언에어나 뷰엘링 등의 저가항공도 취항하고 있다.

갈릴레오 갈릴레이 공항 Aeroporto Galileo Galilei (PSA)

피사 공항은 지동설을 주장했던 피사 출신의 과학자 갈릴레오 갈릴레이의 이름을 따서 갈릴레오 갈릴레이 공항이라고 부르며 토스카나 지방의 메인 국제공항의 역할을 한다. 공항에 도착해 피사를 여행하지 않고 다른 도시로 이동할 수도 있기에 공항 활용도가 높은 편이다.
공항 정보 www.pisa-airport.com

공항에서 시내로

피사 공항은 피사 시내와 매우 가까운 곳에 위치해 있다. 공항과 시내 접근성은 이탈리아 제일이라는 평가를 받을 만큼 가까운 곳에 위치한다.

1) 피플 무버 People Mover

공항 1층에 위치한 정류장에서 피사 중앙역인 피사 공항역 Pisa Stazione Centrale까지 운행한다. 중앙역

피플 무버

까지는 10분 정도 걸린다.
운행 공항↔피사 중앙역 06:00~24:00(5~8분 간격 운행) **요금** €6.50

2) 버스

공항 도착 구역 3번 주차장에 있는 버스 정류장에서 E3 버스를 타면 중앙역으로 갈 수 있다. 요금은 €1.50이며 소요 시간은 10분. 티켓은 운전사에게 구입해도 된다. 이 버스는 피사의 사탑이 있는 미라콜리 광장으로 갈 수 있는데 중앙역을 거쳐 Ospedale S. Chiara 정류장에서 하차하면 된다. 공항에 도착해 사탑만 보고 다른 도시로 이동할 여행자라면 버스를 이용하는 편이 낫다. 다만 짐이 가벼울 경우 시도하자. 짐 때문에 고생스러울 수 있다.

기차 Map p.265-B1

피사는 로마 Roma와 라 스페치아 La Spezia를 연결하는 철로 라인 위에 위치하며 피렌체에서 가깝다. 피렌체에서 피사 중앙역 Pisa Centrale 사이에는 1시

간에 1~2대 정도 기차가 운행하며 약 1시간 정도 걸린다. 로마에서 피사행 직행기차는 2시간마다 운행되고, 기차 종류에 따라 2시간 40분~4시간 정도 걸린다. 따라서 피렌체에서 당일치기로 다녀오거나 밀라노 · 피렌체 순으로 여행하며 잠시 들를 수도 있고 친퀘테레와 함께 1박 2일로 여행하기에도 좋다.

역에는 작은 규모의 카페와 신문가판대 등이 있으며 역 규모에 비해 짐 보관소가 크게 운영되고 있다. 역 앞 광장에서는 시내 곳곳을 연결하는 시내버스들이 정차해 있다.

주간이동 가능 도시

출발지	목적지	교통편/소요 시간
피사 Centrale	피렌체 S.M.N	기차 1시간
피사	피렌체 Lazzi 버스 터미널	버스 1시간 30분
피사 Centrale	라 스페치아 La Spezia Centrale	기차 1시간
피사 Centrale	루카	기차 30분
피사	루카	버스 35분

짐 보관소

위치 3번 플랫폼 왼쪽 **요금** €6/5시간, 이후 6~12시간 €1/시간, 그 이후 €0.50/시간

버스 Map p.265

유레일패스가 없다면 피렌체에서 운행하는 Lazzi 버스를 타는 것이 좋다. Lazzi 버스는 피렌체에서 매시간 운행되며 요금은 €6.50, 2시간 정도 걸린다. 버스는 ⓘ 부근의 산탄토니오 광장 Piazza Sant' Antonio에 도착한다. 시내버스 정류장이 바로 옆에 있고 이곳에서 4번 버스나 붉은색의 LAM Rossa 버스를 타고 시내 중심가인 미라콜리 광장으로 갈 수 있다.

Travel Plus ∞ 피사에서 피렌체나 다른 도시로 이동하려면?

Sky Bus Lines Caronna & Terravision 버스

피사 공항 외부 버스 정류장에서 출발해 피렌체 공항 부근 Guidoni 주차장까지 운행한다. 3분 정도 걸어가면 보이는 트램 정류장에서 €1.50짜리 티켓을 사서 피렌체 시내로 향하는 2번 트램을 타면 피렌체 시내로 들어갈 수 있다. 같은 회사에서 몬테카티니 Montecatini, 프라토 Prato를 거쳐 피렌체 공항까지 운행하는 버스가 있으니 탑승 전 행선지를 꼭 확인하도록.

Sky Bus Lines Caronna

홈페이지 www.caronnatour.com **운행** 공항→피렌체 07:30~23:59, 피렌체→공항 07:30~18:50 ※요일과 시기별로 운행시간이 다르다. 미리 확인해두자. **요금** 편도 €14

Terravision 버스

홈페이지 www.terravision.eu **운행** 공항→피렌체 06:00~23:59, 피렌체→공항 02:50~19:15 **요금** 편도 €13.99

Transportation 시내 교통

중앙역 앞에 시내버스 정류장이 모여 있고 이곳에서 사탑이 있는 미라콜리 광장까지는 4번 버스와 LAM Rossa가 운행되고 10분 정도 걸린다. 티켓은 역내 신문가판대나 타바키에서 살 수 있다. 역으로 다시 돌아올 때를 대비해 1회권 두 장을 구입해두자. 버스에 탑승한 후 펀칭하는 것을 잊지 말 것. 티켓은 펀칭 후 60분 동안 유효하며, 요금은 €1.50. 미라콜리 광장으로 가는 이 두 버스는 늘 여행자들로 붐비기 때문에 소매치기에 주의해야 한다. 소지품 조심할 것.

티켓 요금

60분 유효 티켓 €1.50

피사
완전 정복

도시 최대의 볼거리인 피사의 사탑과 두오모는 미라콜리 광장 Piazza Miracoli에 위치하고 있다. 공항이나 역에서 버스로 이동할 수 있고 도보로 약 25분 정도 걸린다. 광장에 사탑과 세례당, 두오모 등 볼거리가 모여 있다. 겉에서 건물만 본다면 15분이면 충분하다. 사탑에 올라가려면 티켓을 먼저 구입하고, 입장 시간을 지정 받고 기다려야 한다. 기다리는 동안 광장에서 시간을 보내거나 다른 건물들을 관람하자. 특히 두오모의 화려함과 웅장함은 그냥 지나가기 아쉬울 정도. 두오모 왼쪽에 보이는 담장 안쪽의 납골당은 아름다운 회랑과 프레스코화로 장식되어 있다. 숙연하면서도 고요한 분위기를 자아내면서 신비로운 기운이 감돈다.

여행을 마치고 역으로 돌아갈 때는 사탑 왼쪽으로 나오는 길인 산타 마리아 거리 Via Santa Maria 초입의 바 두오모 맞은편에서 4번 버스를 타면 된다. 중앙역까지는 10분 정도 걸리는데, 기차 티켓을 미리 예약했다면 적어도 기차 출발 시간 30분 전에는 버스에 타는 것이 좋다.

시내 여행을 즐기는 Key Point

랜드마크 피사 중앙역, 피사의 사탑
뷰 포인트 사탑 정상
점심 먹기 좋은 곳 사탑 맞은편 버스 정류장 부근의 산타 마리아 거리에 식당들이 모여 있다. 여행지 주변이지만 음식 가격도 합리적이다.

이것만은 놓치지 말자!

❶ 언제 쓰러질지 모르는 피사의 사탑
❷ 피사 로마네스크 양식의 진수를 볼 수 있는 두오모

알아두세요!

사탑 관람 시간을 기다리며 미라콜리 광장 주변에 위치한 유적지를 둘러볼 여행자라면 종합 티켓을 구입하자. 두오모, 세례당, 납골당, 오페라 박물관 Museo dell'Opera, 시노피에 박물관 Museo delle Sinopie 등에 입장할 수 있으며 요금은 €10. 유적지 1곳에 입장할 경우 €5, 2곳에 입장할 경우 €7, 3곳에 입장할 경우 €8이다.

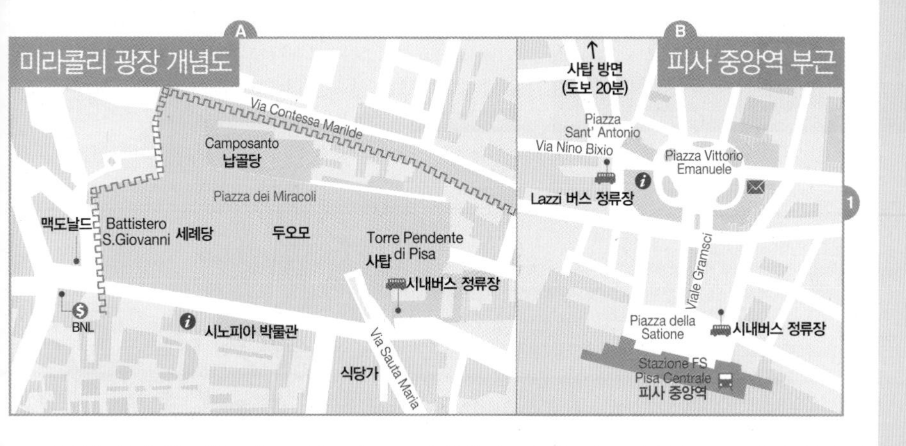

ATTRACTION

보는 즐거움

사탑이 서 있는 미라콜리 광장이 최대 볼거리. 이곳에 피사의 볼거리들이 모두 모여 있다. 광장에 서 있는 사탑, 두오모, 세례당, 납골당을 차례차례 찬찬히 둘러보면 된다. 강성했던 피사 공국의 위엄을 느낄 수 있으며, 쓰러질 듯 쓰러지지 않는 사탑은 신비롭기만 하다.

쓰러질 듯하면서 굳건히 서있는 피사의 사탑

피사의 사탑 Torre Pendente di Pisa

이탈리아에는 언제 없어질지 모르는 유적지가 세 곳이 있는데 그 중 한 곳이 이 사탑이다. 1173년 피사 출신의 건축가 보난도 피사노가 공사를 시작해 1372년에 완성했다. 높이 55m이며 흰색 대리석으로 치장된 로마네스크 양식의 아름다운 탑이다. 두오모에 속한 종탑으로 건립되었으나 약 10m 정도 건설되었을 때 지반이 내려앉으며 탑 전체가 기울어지기 시작했다. 두 번에 걸쳐 공사가 중단된 후 연구를 통해 무너질 기울기가 아니라는 판단과 동시에 설계를 약간 수정하고 나서야 공사가 재개되었고 오늘날의 모습을 갖추게 되었다. 탑의 외형을 자세히 살펴보면 꼭대기의 종루가 아랫부분의 기울기보다 좀 더 수직인 것을 알 수 있다. 갈릴레오 갈릴레이가 이 탑에서 자유낙하 실험을 행했다는 일화가 전해져 내려오는데 이는 갈릴레이의 제자가 지어낸 것이라고 한다.

1990년부터 보수공사를 진행해 2001년 재개장한 이후 한정된 인원이 순차적으로 관람할 수 있다. 40분 간격으로 입장하며, 가이드투어만 가능하다. 입장 시 백팩, 카메라, 캠코더 등은 반입이 불가하고 탑의 경사로가 조금 미끄럽기 때문에 주의해야 한다. 올라가는 길은 피렌체 조토의 종탑에 비하면 훨씬 수월하다. 이곳에서 내려다보는 피사 두오모와 세례당은 또다른 느낌으로 다가올 것이다.

주소 Piazza dei Miracoli **홈페이지** www.opapisa.it **운영** 12~1월 09:00~18:00, 2월 10:00~17:00, 3월 10:00~18:00, 4 · 11월 09:00~19:00, 5~9월 09:00~22:00, 10월 09:00~20:00 **입장료** €20(두오모 입장권 포함), €27(미라콜리 광장 내 모든 유적지 입장권) **가는 방법** 중앙역에서 도보 25분, 또는 버스 1+번을 타고 Torre 1 하차

Map p.265-A1

SAY! SAY! SAY!

세울까? 무너뜨릴까?

미라콜리 광장 곳곳에는 기묘한 자세로 사진 찍는 사람들이 있습니다. 바로 원근법을 이용해 사탑을 구하거나 무너뜨리는 사람들이죠. 어떤 역할을 행하고 싶으세요? 헤라클레스처럼 어깨로 사탑을 밀어 올려 세울까요? 아님 축구 선수처럼 사탑을 뻥~차서 무너뜨릴까요?

두오모 Duomo

피사가 한참 번성했던 11세기에 지은 성당으로 피사 로마네스크 양식의 완성판이다. 정면의 작은 기둥과 아치들이 화려함을 더해준다. 자세히 살펴보면 기둥 모양이 모두 다른 것을 볼 수 있다. 내부에는 고딕 시기의 건축가 조반니 피사노가 만든 제단이 있고 제단 앞에는 갈릴레이가 '진자의 원리'를 발견하게 된 계기가 된 갈릴레이의 램프가 있다.

피사 로마네스크 양식의 완성판 두오모

주소 Piazza dei Miracoli **홈페이지** www.opapisa.it **운영** 1 · 4 · 11월 10:00~19:00, 2월 10:00~17:00, 3 · 12월 10:00~18:00, 5~10월 10:00~20:00 **입장료** 무료 **가는 방법** 사탑 정면에 있다.

Map p.265-A1

세례당 Battistero S.Giovanni

모두 흰색 대리석으로 장식되어 있는 다른 건물들과 달리 지붕의 붉은색이 눈에 띄는 우아한 건물. 1153년 디오티살비가 건축을 시작해, 1278년 니콜라 피사노가 재건한 건물로 세월이 흐르는 과정에서 로마네스크 양식과 고딕 양식이 혼합됐다. 피사노가 1260년에 만든 걸작 설교단에는 「그리스도의 탄생」, 「동방박사의 경배」, 「십자가에 달린 예수」, 「최후의 심판」이 부조로 조각되어 있으며 그 앞에 있는 대리석 세례반이 매우 아름답다.

주소 Piazza dei Miracoli **운영** 11~1월 09:00~18:00, 2월 10:00~17:00, 3월 10:00~18:00, 4월 09:00~19:00, 5~10월 09:00~20:00 **입장료** €7(두오모 입장권 포함) **가는 방법** 두오모 뒤편에 있다.

Map p.265-A1

단아한 모습의 세례당

납골당 Camposanto

팔레스타인 성지에서 가져온 흙으로 만들어진 건물로 1277년 조반니 사모네가 착공해서 1464년에 완공했다. 높은 벽 안에 꾸며져 있는 정원이 매우 아름답다. 정원을 감싸고 있는 회랑에는 프레스코화와 조각품, 묘비가 전시되어 있다. 제2차 세계대전 당시 폭격으로 프레스코화들이 대부분 소실되고 「죽음의 개선 Trionfo della Monte」만이 남아 있어 쓰러질 듯 쓰러지지 않는 사탑과 함께 피사의 신비로운 기운을 더해주고 있다.

주소 Piazza dei Miracoli **운영** 12~1월 09:00~18:00, 2월 10:00~17:00, 3월 10:00~18:00, 4 · 11월 09:00~19:00, 5~10월 09:00~20:00 **입장료** €7(두오모 입장권 포함) **가는 방법** 세례당 오른편에 위치 Map p.265-A1

신비로운 기적의 산물 납골당

Cinque Terre · 절벽 위의 다섯 개의 보석 친퀘 테레

이탈리아 북부 리구리아 주의 리비에라 해안은 예로부터 지중해의 강렬한 태양 아래 알록달록한 색채를 뽐내는 마을들과 울창한 숲이 어우러져 휴양지로 사랑받아온 지역이다. 이중 친퀘 테레는 이탈리아어로 다섯 개의 땅이라는 뜻인데 리오 마조레에서 몬테로소 사이의 다섯 개 마을을 이르는 말이다. 유네스코 자연문화유산으로 지정되어 있는 이들 지역은 로마 시대부터 마을이 형성되었고 그때부터 지금까지 자연과 더불어 살아가는 모습을 우리에게 보여준다. 도시 여행에 지치고 숨가쁘다면 친퀘 테레로 가보자. 편안한 휴식을 당신에게 선사할 것이다.

이런 사람 꼭 가자!!

연인과 함께 길을 떠났다면 / 내 다리는 무쇠다리! 하이킹 마니아라면 / 알록달록 예쁜 마을에서 해수욕을 즐기고 싶다면

Information 여행 전 유용한 정보

클릭! 클릭!! 클릭!!!

친퀘 테레 국립공원 www.parconazionale5terre.it

여행 안내소

라 스페치아 중앙역 ⓘ에서 친퀘 테레 카드 구입이 가능하고, 호텔 리스트, 각 마을을 운행하는 기차 시간표를 구할 수 있다. 각 마을의 역에도 작은 규모의 ⓘ가 있다.

라 스페치아 중앙역 ⓘ

운영 09:00~19:00

가는 방법 라 스페치아 중앙역 1번 플랫폼 옆의 맥도날드 왼쪽에 있다.

Access 친퀘 테레 가는 법

친퀘 테레 마을을 여행하려면 우선 기차를 타고 라 스페치아 La Spezia로 간 후 이곳에서 마을 사이를 운행하는 Regionale 기차를 타고 이동하는 것이 일반적인 패턴이다. 라 스페치아 중앙역에는 친퀘 테레의 여행정보를 얻을 수 있는 가장 큰 여행 안내소가 있고, 유인 짐 보관소도 운영되고 있어 당일치기 여행자라도 짐 걱정 없이 여행이 가능하다.

대부분의 여행자들은 피렌체를 기점으로 여행을 시작한다. 피렌체에서 라 스페치아까지는 한 시간에 1대꼴로 기차가 운행하고 있으며 오전(09:00~13:00)의 홀수 시간대에 운행하는 기차가 직행기차다. 이 기차를 놓쳤다면 피사에서 갈아타고 갈 수 있다.

밀라노에서도 라 스페치아까지는 직행기차가 운행되고 있다. 직행기차를 타지 못했다면 제노바 Genova나 파르마 Parma에서 갈아타면 된다.

유인 짐 보관소

위치 1번 플랫폼 옆 화장실 방향에 있다.

요금 €6/5시간, 이후 6~12시간 €1/시간, 그 이후 €0.50/시간(짐 맡길 때 여권 지참 필수)

주간이동 가능 도시

출발지	목적지	교통편/소요 시간
라 스페치아 Centrale	피렌체 S. M. N.	기차 2시간 20분~2시간 40분
라 스페치아 Centrale	밀라노 Centrale	기차 3~4시간
라 스페치아 Centrale	피사 Centrale	1시간

알고 가면 좋아요

친퀘 테레 카드 Cinque Terre Card

친퀘 테레 지역 다섯 마을 사이의 산책로를 입장할 수 있는 카드. 산책로를 입장하려면 필수로 구입해야 한다. 산책로 입장만 허용되는 Trekking Card와 산책로 입장은 물론 La Spezia와 Levanto 사이를 운행하는 철도도 함께 이용할 수 있는 Carta Treno MS 두 가지로 나뉜다. 자신의 일정과 철도패스 유무를 따져본 후 카드를 구입하자. 산책로 입장 이외에 각 마을마다 있는 박물관, 여행센터 등에 입장이 가능하고 화장실을 무료로 사용할 수 있으며 코르닐리아 마을과 역 사이를 운행하는 셔틀버스 탑승도 가능하다.

	Trekking Card	Carta Treno MS
1일	€7.50	€19.50~32.50
2일	€14.50	€34~59
3일	€21	€46.50~78.50

※ 3/30~4/1, 4/25~28, 5/1, 5/31, 6/1~2, 8/14~18, 11/1~3 기간에는 Trekking Card 요금이 2배로 인상된다.

친퀘 테레 지역 개념도

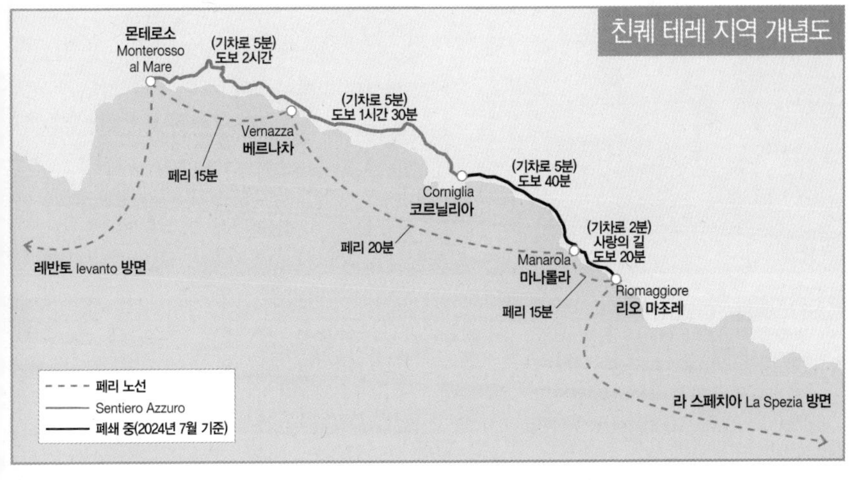

친퀘 테레
완전 정복

친퀘 테레 여행의 시작은 라 스페치아 La Spezia. 기차를 이용해 라 스페치아에 도착하면 기차역 ⓘ에서 본인 일정에 맞는 친퀘 테레 카드를 구입하고 마을 사이를 운행하는 기차 시간표와 하이킹 지도를 받은 후 여행을 시작하자.
당일치기 여행자라면 피렌체에서 다녀오는 것이 편리하다. 라 스페치아에서 리오 마조레로 이동해 마을을 둘러본 후 다음 마을로 떠난다. 마을과 마을 사이는 기차로 이동해야 한다. 4월 중순부터 9월까지는 마을 사이를 유람선이 운행된다. 바다 위에서 바라보는 마을의 모습 또한 일품. 조금 서두른다면 친퀘 테레 여행을 마치고 피사도 함께 여행할 수 있다.
해수욕을 즐기고 싶다면 마을 중 한 곳에서 숙박하는 것이 좋다. 친퀘 테레 마을은 여름이면 숙소 전쟁. 인근의 라 스페치아나 레반토에 숙소를 정하는 것도 나쁘지 않은 선택이다.

Sentiero Azzuro (Blue Pass No. 2)

친퀘 테레의 하이킹 코스 중 가장 잘 알려진 하이킹 코스로, 리오 마조레에서 시작해 몬테로소까지 13km에 달하는 코스다. 잘 알려진 만큼 다니기 쉽고 풍경도 예쁘다. 2019년부터 시작된 공사로 인해 리오마조레에서 마나롤라로 가는 터널 구간과 마나롤라에서 코르닐리아로 가는 길이 폐쇄되었다. 공식 홈페이지에서도 공사 완료일의 예측이 불가하다는 공지가 걸렸을 정도라, 아쉽지만 지금으로서는 이 길이 언제쯤 재개될 수 있을지 알 수 없다.
4월 이후에 방문했다면 유람선에 탑승해 바다에서 마을을 바라보는 풍경을 감상하는 것도 좋고 각 마을을 연결해주는 기차나 버스를 이용해 방문하는 것도 좋다.

이것만은 놓치지 말자!

❶ 마을을 한눈에 바라보자. 유람선 탑승!
❷ 길을 걷다 보면 나오는 파스텔 색 집들이 모여 있는 마을들

구간	거리	소요시간(기차/하이킹)	난이도(하이킹)	비고
리오마조레 Riomaggiore – 마나롤라 Manarola	1.0km	2분/20분	하	폐쇄 구간
마나롤라 Manarola – 코르닐리아 Corniglia	2.8km	4분/40분	중	일부 개방
코르닐리아 Corniglia – 베르나차 Vernazza	3.4km	5분/1시간 30분	중상	
베르나차 Vernazza – 몬테로소 Monterosso	3.8km	5분/2시간	상	

ATTRACTION

보는 즐거움

친퀘 테레의 매력은 마을마다 분위기와 색깔이 다르다는 것이다. 굽이굽이 산길 끝에 나타나는 마을의 풍경을 기억하며 걷도록 하자. 산책을 즐기고 해수욕과 일광욕을 즐기다 보면 나도 모르는 새에 시간이 흘러가 있을 것이다.

리오 마조레 Riomaggiore

라 스페치아에서 가장 먼저 만나게 되는 마을로 친퀘 테레 5개 마을들 중 가장 크다. 역에서 나와 터널을 빠져나오면 언덕 중간에 있는 전망대로 가는 엘리베이터를 탈 수 있다. 친퀘 테레 카드를 이용할 수 있으니 탑승해 볼 것. 여행자들의 사랑을 독차지하던 '사랑의 길 Via dell'Amore'은 폐쇄되었지만 대신 유람선을 타보자. 4월부터 9월까지 운행한다는 것이 매우 아쉽지만 이 시기에 여행을 떠났다면 놓치면 아쉽다. 바다 위에서 바라보는 마을의 모습은 색다른 풍경을 선사한다.

만일 스킨스쿠버를 배워보고 싶다면 역에 위치한 여행 안내소를 찾아갈 것. 여러 다이빙 코스를 소개해주며 강습도 가능하다.

유람선 홈페이지 www.navigazionegolfodeipoeti.it 운행 4~9월 요금 리오 마조레~몬테로소 편도 €15

리오 마조레

마나롤라 Manarola

친퀘 테레 5개의 마을 중 가장 포토제닉한 마을. 알록달록한 집들이 옹기종기 모여 있는 모습이 깜찍하다. 친퀘 테레를 대표하는 이미지에 늘 등장하는 마을로 단체 여행객들도 많이 방문해 늘 사람들로 붐빈다. 여름 성수기에는 식당에 자리 잡기 어려울 정도. 마을 주변에 포도밭이 형성되어 있으며 포도밭 사이사이에 세워 놓은 순례자와 양 떼들의 모형이 특이하고 귀엽다. 12월 8일부터 다음해 1월 말까지 1만2000개의 등을 밝히는 커다란 트리가 장식된다.

역에서 나와 마을 위로 올라가는 길을 따라가면 1338년에 건축된 산 로렌초 성당 Chiesa San Lorenzo이 있다. 마나롤라 마을에서 다음 마을인 코르닐리아로 가는 길목에서 보는 풍경은 마치 한 폭의 그림 같다. 해질 녘 노을빛에 물든 마을의 모습 역시 장관이다.

노을빛 물든 마나롤라

맑은 날의 마나롤라

밤의 마나롤라

코르닐리아

코르닐리아 Corniglia

해발 95m 언덕 위에 위치한 마을로 친퀘 테레 마을들 중 유일하게 배가 닿지 않는 곳이다. 역에서 지그재그로 난 계단을 따라 올라가면 마을이 나오고 이곳에서 바라보는 포도밭의 전경은 매우 아름답다. 여름 시즌에는 역과 마을 정상 사이에 셔틀버스가 운행하기도 한다.

몬테로소 가는 길에서 바라본 베르나차

베르나차 Vernazza

자연 모습 그대로의 작은 항구가 있는 마을이다. 이 항구는 로마 시대 때부터 사용되었다고 한다. 항구 오른편에 있는 노란 건물은 산타 마르게리타 성당으로 1318년에 지어졌다. 반대편에 위치한 성은 11세기에 세워졌으며 지금은 전망대로 사용된다. 현재는 항구의 역할보다는 해수욕을 즐기는 사람들에게 좋은 자리를 제공해준다.

가장 번화한 마을 몬테로소

몬테로소 Monterosso

1214년부터 형성되었으며, 친퀘 테레 다섯 마을 중 가장 번화하다. 해변을 따라 호텔과 식당들이 늘어서있다. ⓘ가 있으며, 각 마을 사이를 운항하는 배가 출발하는 기점이기도 하다. 시내 중심부는 역에서 나와 베르나차 쪽으로 터널을 빠져나가면 만나게 된다. 중심부를 지나 좀 더 가다보면 14세기에 지어진 성과 카푸친 수도원이 있다. 여름이면 해변은 해수욕을 즐기는 여행자들로 붐빈다.

RESTAURANT

먹는 즐거움

해안가에 위치해 있어 해산물 요리가 신선하고 풍성하다. 주변에 위치한 포도밭에서 생산되는 와인을 곁들인다면 대도시보다 저렴한 가격으로 훌륭한 정찬을 즐길 수 있다.

Bar il Porticciolo

마나롤라에 위치한 식당으로 해물 파스타가 특히 인기다. 물고기 모양의 접시에 수북이 담긴 해물이 신선하다. 다른 이탈리아 식당과 다르게 풍성한 크림소스 파스타도 먹을 수 있다. 어떤 음식을 선택해도 나쁘지 않을 것이다.

주소 Via Birollli 101, Manarola **전화** 0187 920 747 **운영** 목~화 12:00~15:00 · 18:30~21:00, 수 12:00~17:30 **예산** 파스타 €6.00~, 자릿세 €2.00 **가는 방법** 마나롤라 항구로 내려가는 중심 거리 오른쪽에 있다.

이탈리아 북부
Northern Italy

Bologna · 뭘 먹어도 맛있는 뚱보와 현자들의 빨간 도시 볼로냐

시 전체가 붉은 벽돌로 지어진 건물들 때문에, 이 도시를 대표하는 파스타 소스의 색깔 때문에, 다른 도시들에 비해 축구보다는 농구가 있기 있는 스포츠이기 때문에, 그리고 이탈리아 도시 중에서 유독 사회주의와 공산주의 인기가 높은 도시였기에 빨간색의 도시라는 별칭이 있는 볼로냐.
세계 최초의 종합대학이 있어 학생과 교수들이 만들어내는 지성의 기운과 전쟁 중 공습의 여파 속에서도 살아남은 르네상스, 바로크 스타일의 유적지가 가득한 도시이기도 하다. 그러나 무엇보다도 볼로냐는 이탈리아 음식의 수도라는 별칭이 붙을 만큼 맛있는 음식을 자랑한다. 하나하나 맛보다 보면 허리둘레는 늘어나고 지갑은 탕진할 위험이 가장 높은 도시로 맛있는 여행을 떠나보자. 다이어트는 내일부터!

저자 추천
이 사람 알고 가자 움베르토 에코, 굴리엘모 마르코니, 코페르니쿠스

Information 여행 전 유용한 정보

클릭! 클릭!! 클릭!!!

볼로냐 시 정부 www.comune.bologna.it
볼로냐 관광청 www.bolognawelcome.com

여행 안내소

각종 행사와 여행 정보를 얻을 수 있고 항공, 선박, 기차 등의 교통수단 티켓 예매, 숙박이나 공연 예약도 가능하다.

마죠레 광장 ⓘ Map p.278-A2
주소 Piazza Maggiore 1
운영 월~토 09:00~19:00, 일 · 공휴일 10:00~17:00
휴무 1/1, 부활절 이후 월요일(2025/4/21), 12/25 · 26

슈퍼마켓

Conad City Map p.278-B1
주소 Via Guglielmo Oberdan 37
운영 월~토 09:00~21:00, 일 09:00~14:00
가는 방법 두 개의 탑 앞길 Via Rizzoli를 따라가다가 왼쪽 길 Via Guglielmo Oberdan을 따라 도보 5분

COOP Map p.278-B2
주소 Via Luigi Carlo Farini, 30
운영 매일 09:00~21:00
가는 방법 산토 스테파노 성당에서 Via Santo Stefano에서 두 개의 탑 반대 방향으로 60m쯤 가다가 오른쪽 Via Farini를 따라 50m

우체국 Map p.278-B1

주소 Piazza dell'Otto Agosto, 24(Montagnola 공원 앞쪽) **운영** 09:00~17:30

경찰서

기차역 Map p.278-A1
위치 역 앞 Piazza Medaglie d'Oro으로 나가는 메인 출입구 옆 **운영** 24시간

시내 Map p.278-A2
주소 Piazza Galileo Galilei, 7 **전화** 051 6401111
가는 방법 산 페트로니오 성당을 등지고 오른쪽 Via 4 Novembre를 따라가다 만나는 갈릴레오 광장 Piazza galileo에 위치

병원

Ospedale Maggiore
주소 Via Emilia Ponente **가는 방법** 볼로냐 역에서 버스 19 · 38 · 39번을 타고 Ospedale Maggiore에서 하차

Poliambulatorio CMR fisios–punto prelievo
Map p.278-B1
주소 Via Ottaviano Mascherino, 9/b
연락처 051–362089

Poliambulatorio MG Map p.278-B1
주소 Via Irnerio, 53 **연락처** 051–019–5360

근교이동 가능 도시

출발지	목적지	교통편/소요 시간
볼로냐 Centrale	라벤나	기차 1시간 20분
볼로냐 Centrale	모데나	기차 30분

주간이동 가능 도시(고속기차 기준)

출발지	목적지	교통편/소요 시간
볼로냐 Centrale	피렌체 S.M.N.	기차 1시간
볼로냐 Centrale	밀라노 Centrale	기차 1시간
볼로냐 Centrale	베네치아 Santa Lucia	기차 1시간 30분

야간이동 가능 도시

출발지	목적지	교통편/소요 시간
볼로냐 Centrale	바리 Centrale	기차 8시간 10분

Access 볼로냐 가는 법

베네치아와 밀라노에서 로마로 내려오는 이탈리아 고속철도 노선이 만나는 곳에 위치해 많은 기차 노선이 볼로냐를 지난다. 모터쇼, 도서전을 비롯한 많은 박람회가 열리는 도시로 기차뿐만 아니라 버스 노선도 풍부하다.

비행기

한국에서 볼로냐까지 비행기로 오려면 유럽계 항공을 이용해 한 번 갈아타는 것이 가장 좋다. 볼로냐 국제공항은 무선 전신을 발명한 볼로냐 출신 과학자의 이름을 따서 지은 굴리엘모 마르코니 공항 Aeroporto Marconi di Bologna. 작은 규모이긴 하나 루프트한자, 에어프랑스, 터키항공, SAS 등 주요 유럽계 항공사가 취항하며 라이언에어 등 저가 항공도 취항 편수가 많은 국제공항이다.

공항 홈페이지 www.bologna-airport.it

1) Marconi Express

공항에서 볼로냐 중앙역까지 모노레일인 마르코니 익스프레스 Marconi Express가 운행한다. 도착할 로비와 연결된 정류장에서 탑승하며, 볼로냐 중앙역 뒤편의 고속열차 전용구역에 도착한다.

홈페이지 www.marconiexpress.it **운행** 05:40~24:00 (8분 소요) **요금** 편도 €12.80, 왕복 €23.30

2) 택시

너무 늦은 시간에 도착하거나 3명 이상이 함께 움직인다면 택시를 이용하는 것도 좋다. 요금은 주중 €16, 주말이나 공휴일은 €19. 짐은 개당 €0.50.

기차 Map p.278-A1

이탈리아에서 5번째로 큰 규모의 볼로냐 중앙역. 외부에서 보기에는 그저 그런 이탈리아 기차역이라 생각되지만 하루에 800여 편의 기차가 운행되고 매일 16만 명이 이용하는 복잡한 역이다. 늘 사람이 많고 북적대니 소지품 관리에 신경 쓰자.

지상 플랫폼은 3곳으로 나뉘어 있다. 주요 기차가 운행되는 1~11번 플랫폼뿐만 아니라 Ovest 구역, Est 구역이 나뉘어 있으며 그리고 고속기차 전용인 16~19번 플랫폼은 지하에 있다. 역 동선이 조금 복잡하므로 예정된 기차 시간보다는 30분 정도 먼저 가서 기다리는 것이 좋다. 역 내에는 유인 짐 보관소와 바 Bar, 쇼핑센터가 들어서 있으며, 역 앞 금메달 광장 Piazza delle Medaglia D'Oro은 택시와 볼로냐 시내로 들어갈 수 있는 버스들의 집합소이다.

기차역 홈페이지 www.bolognacentrale.it

유인 짐 보관소 KI POINT

위치 역사 내 1층 **운영** 08:00~20:00

요금 €6/6시간, 이후 6~12시간 시간당 €1, 그 이후 시간당 €0.50

버스

기차역에서 나와 오른쪽으로 100m 정도 떨어진 곳에 버스 터미널이 자리한다. 볼로냐 외곽 지역을 연결하는 시외버스, 유로라인 등의 장거리 버스들이 이 터미널에서 운행된다. 람보르기니 박물관에 가려면 여기서 576번 버스를 타면 된다.

Transportation 시내 교통

시내 곳곳은 버스가 거미줄처럼 연결되어 운행하고 있으나 여행할 때 유용한 수단은 아니니, 최대한 걷자. 간혹 시내를 누비는 빨간 관광버스나 미니 기차 같은 경우 재미 삼아 탈만하다. 늦은 시간에 도착했거나 날씨가 험할 땐 택시를 이용해야 할 수도 있다. 전화로 불러 예약하거나 정해진 정류장에서 탑승하자. 체크인할 호텔에 연락하면 택시를 불러주기도 하니 참고하자.

대중교통 이용권 요금 1회권(60분 사용) €1, 1일권 €3

※ 볼로냐 COTABO 택시

전화 051 534141, 051 372727

홈페이지 www.cotabo.it

볼로냐 완전 정복

볼로냐의 주요 여행지는 마조레 광장 부근. 중앙역 앞에서 Via dell'Indipendenza을 따라 15분 정도 천천히 걸어가면 마조레 광장에 도착한다. 이곳에 자리한 산 페트로니오 성당을 중심으로 광장, 시청사, 아르키진나시오 궁전을 둘러보자. 마조레 광장 주변 골목이나 두 개의 탑 주변에 식당과 바 등이 몰려있으니 점심을 해결하기에도 무난하다.

식사 후 두 개의 탑 아래쪽에 성 스테파노 수도원을 둘러보거나 위쪽 길 Via Zamboni를 따라가면 볼로냐 대학과 미술관이 나온다. 대학가의 활기찬 분위기를 느껴볼 수 있는 시간이 될 것이다.

자동차 마니아라면 놓치기 아쉬운 볼로냐 주변의 페라리, 람보르기니 박물관을 관람하고자 한다면 1박을 예상하자.

페라리 박물관은 모데나와 모데나 주변 마라넬라 두 곳에 자리하고 람보르기니 박물관은 시 외곽에 위치한다. 들어오는 길에 두카티 박물관도 위치하니 시간이 허락한다면 둘러보는 것도 좋겠다.

시내 여행을 즐기는 Key Point

여행 포인트 아케이드 거리, 볼로냐 유명 먹거리
랜드마크 두 개의 탑, 마죠레 광장
뷰 포인트 아시넬리 Asinelli탑
점심 먹기 좋은 곳 볼로냐 대학교 근처, 두 개의 탑 부근

이것만은 놓치지 말자!

❶ 아시넬리 탑에 올라 빨간 볼로냐 직접 보기
❷ 해부학 실험이 펼쳐졌던 아르키진나시오 궁전에서 옛 해부학 도구들 구경하기
❸ 500년 넘게 운영되고 있는 술집에서 와인 한 잔!
❹ 비 오는 날 우산 필요 없는 아케이드 거리 따라 여행하기
❺ 볼로냐 명물, 볼로네제 스파게티 먹어보기

Best Course

마조레 광장 → 시청 → 산타 마리아 델라 비타 성당 → 두 개의 탑 → 산스테파노 성당 → 국립 회화관 → 피엘라 거리의 작은 창

SAY! SAY! SAY!

유럽 최고 지성의 산실에서 미래의 지성들을 위해 열리는 볼로냐 아동 도서전

세계 최고 最古의 대학인 볼로냐 대학교가 자리한 볼로냐는 대학 개교 이래 유럽 학문과 예술의 중심지로 명성을 떨쳤고 유럽 내 지성 知性들의 각축장이 되기도 했습니다. 그리고 오늘날 볼로냐는 매년 미래의 지성들을 위한 세계 최대 규모의 어린이 책 박람회, 볼로냐 아동 도서전을 개최합니다.

1964년부터 시작된 이 도서전은 매년 세계 70여 개국 천여 개 이상의 출판사, 7천여 명의 관계자들이 참석하는 대규모 행사로 우리나라는 2003년부터 매년 참가하고 있으며 2009년에는 주빈국으로 참여했습니다. 출품작 중 작품성이 우수한 작품에는 '볼로냐 라가치상 Bologna Ragazzi Award'이, 멀티미디어 관련 작품에는 '볼로냐 뉴미디어상 Bologna New Media Prize'을 수여합니다. 라가치상은 연령대별로 유아, 아동, 어린이 부문으로 구분해 픽션과 논픽션으로 나누어 시상하는데 우리나라의 여러 작가들이 수상했습니다. 2000년부터는 '어린이에게 예술 세계를'이라는 모토 아래 제정한 '새로운 예술상 New Art Award'과 문학성이 풍부한 제 3세계 아동문학작품에 주는 '새로운 지평상 New Horizons Award'이 추가되었습니다.

도서전 홈페이지 www.bolognachildrensbookfair.com

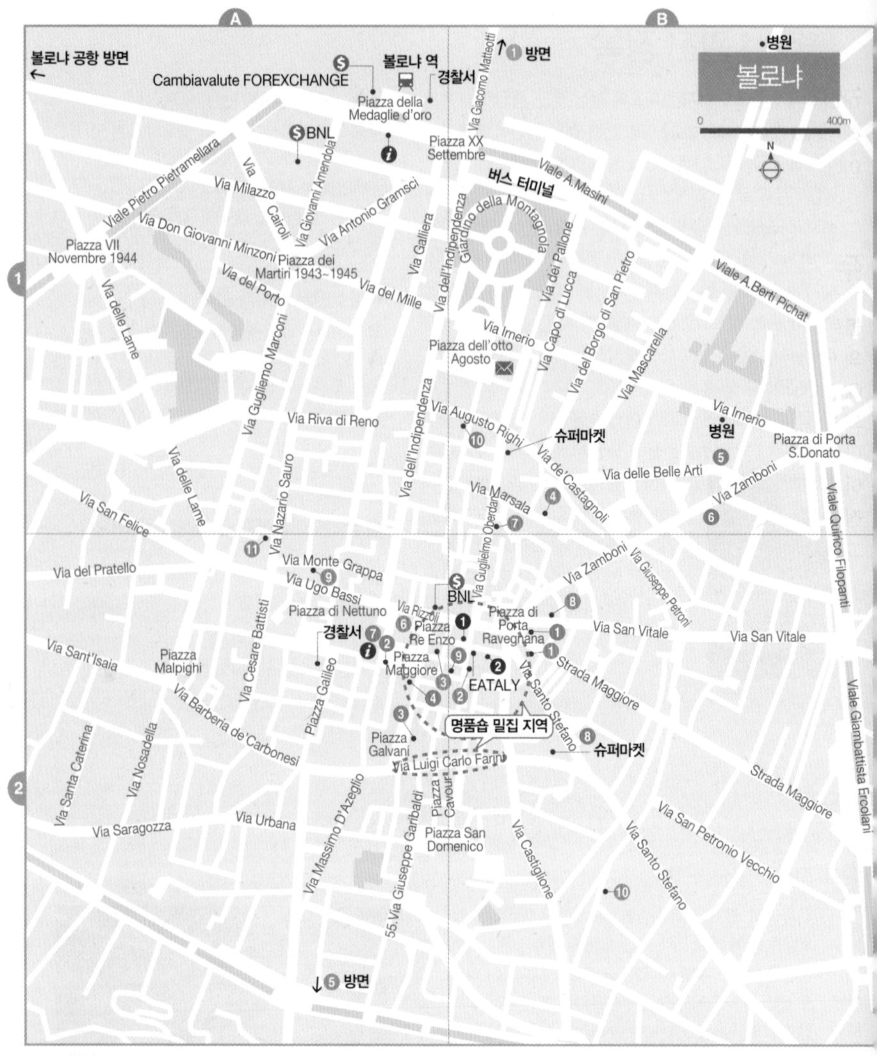

1 두 개의 탑 Le Due Torri B2
2 마조레 광장 Piazza Maggiore A2
3 아르키진나시오 궁전 Palazzo Archiginnasio A2
4 산 페트로니오 성당 Basilica di San Petronio A2
5 국립 회화관 Pinacoteca Nazionale B1
6 볼로냐 대학 Palazzo dell'Universita B2
7 시청사 Palazzo Comunale A2
8 성 스테파노 수도원 Abbazia di Santo Stefano B2
9 산타 마리아 델라 비타 성당 B2
Santuario di Santa Maria della Vita
10 피엘레 거리의 작은 창 B1

1 Pizzeria Due Torri B2
2 Mercato di Mezzo B2
3 Osteria del Sole A2
4 Osteria dell'Orsa B1
5 Osteria al 15 A2
6 Bar La LINEA A2
7 Caffè TERZI B1
8 GELATERIA GIANNI B2
9 GELATERIA GIANNI A2
10 RUDE B2
11 Fun Cool Oh! A2

1 Bottega del Caffe B2
2 TAMBURINI B2

1 Hotel Il Guercino B1

● 보는 즐거움 ● 먹는 즐거움 ● 사는 즐거움 ● 쉬는 즐거움

ATTRACTION

보는 즐거움

끊임없이 이어지는 아케이드 속 상점을 구경하며 걷는 것은 볼로냐에서만 할 수 있는 일. 이정표가 없어 헤매기도 쉽지만 이마저 볼로냐의 매력이 되는 이유는 아마도 곳곳에 자리한 맛있는 점포들 때문일 것이다. 보기만 해도 먹음직스러운 젤라토 하나를 들고 걸으며, 볼로냐의 매력 속으로 빠져보자.

두 개의 탑 Le Due Torri 뷰포인트

볼로냐에서 우뚝 솟아 있어 이정표 역할을 하는 탑. 97m 높이의 아시넬리 Asinelli탑과 그 옆에 자리한 48m 높이의 가리센다 Garicenda탑 두 탑을 말한다. 가리센다탑은 처음 지어졌을 땐 60m의 높이였으나 조금씩 기울면서 지금의 높이를 갖게 되었다.

아시넬리 Asinelli탑은 볼로냐에서 가장 높은 탑으로, 1109년 귀족 아시넬리 Asinelli를 위해 건설되었다. 486개의 계단을 올라가면 탑 정상의 전망대에 도달하는데, 내부는 탑이 만들어졌던 당시 모습을 그대로 유지하고 있다.

주소 Piazza di Porta Ravegnana **운영** 2024년 7월 현재 보수공사로 폐관 중 **가는 방법** 마조레 광장에서 Via Rizzoli를 따라 왼쪽 방향으로 도보 5분 정도 Map p.278-B2

어디선가 만날 것 같은 두 개의 탑

마조레 광장 Piazza Maggiore 건축

현재 시청이 있는 광장으로 과거에는 왕궁이 자리했던 곳이다. 광장 남쪽에는 산 페트로니오 성당이, 서쪽에는 반키 궁전 Palazzo dei Banchi이, 북쪽에는 포데스타 궁전 Palazzo del Podestà과 엔초 궁전 Palazzo Re Enzo, 그리고 동쪽에는 볼로냐 시청사 Palazzo Comunale가 자리한다. 엔초 궁전과 시청사 사이에 자리한 〈넵튠의 분수〉는 잠볼로냐의 작품으로 볼로냐 시내에서 두 개의 탑과 더불어 약속 장소로 자주 쓰이는 곳이다.

포데스타 궁전은 이탈리아가 여러 공국으로 나뉘어 있던 시절, 볼로냐 정부가 들어서 있던 곳으로, 13세기 초반에 지어진 것을 15세기 벤티볼리오 Bentivoglio 가문에 의해 리모델링 되었다. 바로 옆에 있는 엔초 궁전은 포데스타 궁전이 지어진 직후 지어진 것으로, 고딕 양식으로 건설되었다.

16세기에 지어진 반키 궁전은 르네상스 양식으로 지어져 다른 건물과 좀 다른 형태를 지니고 있다. 건물 너머로 시장이 오래전부터 자리해 있었는데 이 시장을 감추기 위해 반키 궁전을 지었다고 한다. 이렇게 광장을 에워싸고 있는 건물들로 인해 마조레 광장은 정치(시청), 경제(시장), 종교(성당)의 중심지라는 큰 의미를 가진다.

주소 Piazza Maggiore **가는 방법** 볼로냐 중앙역 앞 Via dell' Indipendenza를 따라 도보 15분 Map p.278-A2

마조레 광장

마조레 광장의 넵튠의 분수

시청 벽면의 레지스탕스의 초상

시청사 Palazzo Comunale 건축

산 페트로니오 성당 왼편에 위치한 건물로 1336년부터 시청사로 사용되고 있다. 건물 외벽의 청동상은 볼로냐 출신의 교황 그레고리 13세로 현재 통용되는 양력을 만든 사람이다. 건물은 15세기 양식으로 장식되어 있으며, 내부에는 13세기부터 19세기까지의 회화, 조각, 가구 등을 전시하는 시립미술관 Collezioni Comunali d'arte이 있다. 건물 끝 입구로 들어가면 시립도서관 Biblioteca Sala Borsa이 있다. 여행 중 잠시 쉬어갈 수 있는 1층은 바닥이 유리로 만들어져 있어, 건물 아래쪽에 있는 로마시대 유적을 볼 수 있다. 건물 외벽을 장식하고 있는 인물사진들이 가득한 커다란 패널은 제2차 세계대전 당시 점령군 독일에 저항한 레지스탕스들로 그들의 정신을 기리며 추모하고 있다.

주소 Piazza Nettuno, 3 **전화** 051 2194400 **운영** 월 14:30~20:00, 화~금 10:00~20:00, 토 10:00~19:00 **휴무** 월요일 오전, 일요일, 공휴일 **가는 방법** 볼로냐 중앙역에서 왼쪽의 교차로 벤티 세템브레 광장 Piazza XX Sttembre에서 역 등지고 인디펜덴차 거리 Via dell' Indipendenza 따라 직진 15분, 마조레 광장에 위치 Map p.278-A2

산 페트로니오 성당

산 페트로니오 성당 Basilica di San Petronio

볼로냐의 수호성인 산 페트로니오를 위해 만든 성당으로도 잘 알려져 있는데, 바티칸의 산 피에트로 성당보다 크게 계획되어 1390년에 착공했다. 그러나 교황청의 반대로 건설이 중단되었고 미완성으로 끝나면서 절반은 붉은 벽돌, 절반은 분홍색 대리석으로 된 현재의 파사드를 갖게 되었다.

내부는 붉은 기둥이 줄지어 있고 천정은 장식 없이 깔끔한 모양이다. 중앙 제단의 발다키노는 주로 대리석을 사용해 만들어져 고상하면서 화려한 멋을 풍긴다. 성당의 오르간은 1476년, 1596년 각각 완성되었는데 볼로냐가 이탈리아 바로크 음악의 중심이었다는 것을 상징한다.

주소 Piazza Galvani 5 **홈페이지** www.basilicadisanpetronio.org **운영 성당** 매일 08:30~13:30 · 15:00~18:30 **성당 지붕** 매일 10:00~13:00 · 15:00~18:30 **미사** 일요일 09:00 · 10:00 · 11:30 **입장료** 성당 무료, 사진 촬영권 €2, 성당 지붕 €5 **가는 방법** 마죠레 광장 남쪽 Map p.278-A2

탑에서 바라본 산 페트로니오 성당

해부학 실습이 열렸던 해부학 강의실

아르키진나시오 궁전 Palazzo Archiginnasio

세계 최초의 대학인 볼로냐 대학의 본부로 1805년까지 이용되던 곳이다. 평범해 보이는 건물 안 뜰로 들어서면 이 대학에서 수학한 학자들과 학생들의 문장으로 장식되어 있는 풍경이 범상치 않은 기운을 뿜어내고 있다.

2층으로 올라가면 지금은 70만권의 장서를 소장하고 있는 시립 도서관 입구가 보인다. 여행자들의 출입을 금하고 있어 아쉬운 마음으로 돌아서야 하지만, 이 곳의 최고 볼거리는 최초의 해부학 실습이 이루어졌던 해부학 강의실 Teatro Anatomico이다. 중앙에 있는 흰색 탁자에 시신이 놓이고 극장식으로 만들어진 좌석에서 의과대 학생들 뿐만 아니라 관심 있는 이들이라면 모두 해부학 실습을 관람할 수 있었다. 해부학 강의실로 가는 복도에는 그 시절에 만들어진 여러 표본, 해부학 교본 등이 전시되어 있는 것이 눈길을 끈다. 2층에 위치한 10개의 강의실은 대부분 도서관 열람실로 사용되고 있다. 그중 법대 강의실로 사용되었던 Stabat Mater만 유일하게 개방 중이다. 내부는 이 대학 출신 법률가, 성직자 가문의 문장들로 장식되어 있고 현재는 중요한 특강이나 학술회의 장소로 사용되고 있다.

주소 Piazza Galvani 1 **홈페이지** www.archiginnasio.it **운영** 월~토 10:00~18:00 **입장료** 해부학 실습실 & Stabat Mater €3 **가는 방법** 마조레 광장에서 산 페트로니오 성당 오른쪽 아르키진나시오 길 Via dell'Archiginnasio 따라 직진 200m Map p.278-A2

법대 강의실로 사용되었던 Stabat Mater

성 스테파노 수도원

성 스테파노 수도원 Abbazia di Santo Stefano 건축

'7개의 성당'이라는 별칭을 갖고 있는 수도원 건물. 실제로 7개의 건물이 한 공간에 어우러졌던 성당으로 지금은 4개의 건물만이 남아 있다. 로마, 비잔틴, 란고바르드 시대의 흔적이 건축물이 어우러진 독특한 공간이다.

예루살렘에 위치한 예수 그리스도의 무덤에 자리한 성묘성당 Church of the Holy Sepulchre을 모티브로 해 만든 성당으로 5세기 경 이시스 여신의 신전 위에 세워졌다. 입구의 성당은 11세기에 지어진 십자가 성당 Chiesa del Crocifisso이고 왼쪽 출구로 연결된 성묘성당 La basilica del Sepolcro에는 성 페트로니오의 무덤이 위치한다. 이 성당에서 밖으로 나가면 빌라도의 안뜰과 연결되며 빌라도의 안뜰 뒤편의 삼위일체 성당 Chiesa della Trinità o del Martyrium con il presepio più antico은 이 도시에서 가장 오래된 성당 건물 중 하나다.

주소 Via S. Stefano 24 **홈페이지** www.santostefanobologna.it **운영** 화~일 07:30~12:30 · 14:30~19:30, 월 18:00~19:30 **가는 방법** 두 개의 탑 중 오른쪽에 위치한 아시넬리 탑 오른쪽 WIND 점포를 오른쪽에 끼고 직진하다 왼쪽 첫 번째 골목 Via Santo Stefano로 들어가 길 따라 직진, 도보 5분 Map p.278-B2

빌라도의 안뜰

국립 회화관 Pinacoteca Nazionale 미술

밀라노 브레라 미술관과 마찬가지로 18세기 나폴레옹의 통치하에 있을 때 폐쇄된 성당, 수도원이 소장하고 있던 미술작품을 모아놓은 곳이다. 특히 13세기에서 18세기 사이에 그려진 에밀리아 로마냐 지방 화가들의 종교화를 중심으로 전시되어 있다. 지오토, 라파엘로, 카라치 형제, 귀도 레니 등의 작품도 주를 이룬다. 주변은 볼로냐 국립 미술학교와 대학이 있어 학생들이 만들어내는 특유의 활

국립 회화관

기찬 분위기로 가득하고 곳곳에 미술용품 상점들이 자리한다.
주소 Via Belle Arti, 56 **전화** 051 4209411 **홈페이지** www.pinacotecabologna.beniculturali.it **운영 9~6월** 화~일 08:30~19:30, **7·8월** 화·수 09:00~14:00, 목~일 10:00~19:00 **휴무** 월요일, 1/1, 12/24·25·26 **입장료** €6 **가는 방법** 두 개의 탑 옆 Via Zamboni를 따라 20분 정도 걸으면 등장하는 Piazza V.Puntoni 왼쪽 모퉁이 건물. Map p.278-B1

볼로냐 대학 Università di Bologna

볼로냐 대학

볼로냐를 활기차게 만들어주는 에너지 가득한 곳. 학문의 모교라는 뜻의 '알마 마테르 스투디오룸 Alma Mater Studiorum'를 표어로 지을 만큼 세계 최초의 대학임을 자랑하는 곳으로 1088년에 설립되었다. 대학 설립 당시 교회법과 민법을 주로 강의했고 이후 유럽의 여러 지식인이 이곳에 모이면서 볼로냐 대학은 유럽 지식활동의 중심지가 되었다. 도시 곳곳에 대학 건물로 쓰이던 옛 흔적이 남아 있는데, 아르키진나시오 궁전(p.280)도 그 중 하나다.
현재 23개의 학부와 68여 개의 학과 그리고 93개의 도서관을 가지고 있는 대규모의 학교로, 볼로냐 대학 출신 유명인으로는 신곡을 쓴 단테, 페트라크, 에라스무스, 지동설을 주장한 코페르니쿠스, 무선 통신의 선구자 굴리엘모 마르코니 등이 있다. 〈장미의 이름〉, 〈푸코의 진자〉의 저자이자 기호학자, 그리고 21세기 최고의 지성이라 칭해졌던 움베르토 에코 Umberto Eco(1932~2016)는 이 대학의 교수로 재직했었다.
주소 Via Zamboni 33 **홈페이지** www.unibo.it **가는 방법** 두 개의 탑 옆에 있는 Via Zamboni를 따라 도보 5분. 오른쪽에 있는 건물이다.
Map p.278-B2

고풍스러운 분위기의 강의실

SAY! SAY! SAY!

공항 이름으로 알아보는 이탈리아의 위인들

이탈리아 공항에는 지명과 더불어 그 지역 출신 위인의 이름이 함께 하는 경우가 많습니다. 공항 이름만 봐도 이탈리아가 얼마나 대단했는지 알 수 있지요.
한국에서 로마로 입국할 때 이용하는 공항은 비행기를 발명한 레오나르도 다 빈치의 이름을 따라 다 빈치 공항이라고 부릅니다. 피렌체 공항은 신대륙을 먼저 인식한 탐험가 아메리고 베스푸치, 제노바는 신대륙을 발견했던(하지만 인도라고 생각했던) 크리스토퍼 콜럼버스, 피사는 지동설을 주장한 과학자 갈릴레오 갈릴레이, 베네치아는 〈동방견문록〉을 쓴 탐험가 마르코 폴로의 이름을 땄어요.
대도시의 국제공항만 이럴까요? 산 마리노 공화국으로 가는 길에 있는 작은 도시 리미니 공항은 20세기 위대한 영화감독 중 한 명인 페데리코 펠리니의 이름을 땄고, 질 좋은 햄과 치즈로 유명한 파르마 공항은 오페라 작곡가 베르디의 이름을 따 왔습니다. 발칸 반도, 그리스행 페리를 탈 수 있는 도시 앙코나 공항은 라파엘로 산치오라고도 불리며, 밀라노 근교의 베르가모 공항은 바로크의 거장 카라바조의 이름을 땄습니다. 이탈리아 중부 도시 페루지오의 공항은 부근에서 활동한 위대한 성인 아시시의 산 프란체스코라고도 부르며 베네치아 주변의 트레비소 공항은 신고전주의 조각가 안토니오 카노바의 이름을 땄습니다.
이 외에도 수많은 공항의 이름이 지역 위인의 이름을 갖고 있지만 바리 공항만은 예외입니다. 바리 공항은 폴란드 출신 교황 요한 바오로 2세의 본명을 따서 카롤 보이티야 공항이라고 부르고 있습니다.

피엘레 거리의 작은 창 Finestrina di Via Pielle

피엘라 거리 중앙을 걷다 보면 만날 수 있는 곳. 작은 창을 통해 붉은빛 가득한 도시 볼로냐의 가장 알록달록한 풍경을 볼 수 있는 곳이기도 하다. 과거에는 섬유나 상품 등을 운반하던 수로였는데, 현재는 건물들 사이에 숨어 있어 잘 보이지 않는다.
수로변 가옥은 유럽 대부분 도시가 그러하듯 알록달록 칠해져 있는데, 그 모습이 아름다워 수로를 바라볼 수 있는 작은 창을 만들었고, 이것이 오늘날 여행자들의 포토 포인트가 된 것이다. 수량이 풍부한 여름철에는 짧지만 수로를 따라 보트를 운행하기도 한다. 이는 볼로냐 대학생들의 아르바이트 거리 중 하나라고.

주소 Via Piella 5 **가는 방법** 마조레 광장에서 Via dell'Indipendeza을 따라 중심부로 가다가 보다폰 Vodafone 상점을 끼고 우회전, Via Marsala를 따라 걷다가 왼쪽 세 번째 골목 Via Piella 중간 왼쪽

Map p.278-B1

피엘레 거리의 작은 창

산타 마리아 델라 비타 성당 미술
Santuario di Santa Maria della Vita

마조레 광장 옆 한적한 골목에 위치한 작은 성당. '생명의 성 마리아 성당'이라는 뜻을 갖고 있는 곳으로 예전에 맞은편에 산타 마리아 델라 모르테 병원 Ospidale della Santa Maria della Morte(죽음의 성모 마리아 병원)이 있었고 그 병원에서 사망한 이들이 이 성당으로 옮겨와 장례미사를 치루고 묘지로 떠났기 때문이라고 한다.
성당의 가장 큰 볼거리는 중앙 제대 우측의 테라코타상 〈예수 그리스도의 죽음에 대한 애도 Compianto del Cristo Morto〉. 바리 출신의 르네상스 시대 조각가 니콜로 델라르카 Niccolò dell'Arca가 1463년에 만든 작품으로 예수 그리스도의 죽음을 맞이한 순간의 한 장면을 표현하고 있다. 조각상 앞에 서는 순간 스산한 바람이 불어오는 듯한 착각에 빠질 것 같은 분위기로 예수 그리스도 발치의 여인(막달라 마리아로 추정)이 가장 극한의 슬픔을 나타내고 있으며 다른 여인들과 대비되게 남성들은 차분한 모습을 하고 있다. 바람에 휘날리는 듯한 옷자락, 극심한 충격과 슬픔 가득한 여인들의 표정은 이후 바로크 시대 조각에 영감을 주었다고. 피렌체 두오모 박물관에서 도나텔로의 〈막달라 마리아〉(p.209)상을 관람했다면 슬픔을 표현하는 방법을 비교해 볼 수 있을 것이다. 2층으로 올라가면 1522년에 만들어진 알폰소 롬바르디 Alfonso Lombardi의 작품이 있다. 조르지오 바사리는 이 작품을 볼로냐에서 가장 유명한 작품이라고 평가했는데 성모 마리아의 장례식 장면으로 각 인물의 표정과 모습에서 슬픔이 가득함을 알 수 있다.

주소 Via Clavature, 10 **전화** 051 236245 **운영** 매일 10:00~18:30(입장 마감 18:00) **휴무** 월요일 **입장료** 조각상 관람료 €5 **가는 방법** 마조레 광장으로부터 시청사와 반대편 Via Clavature로 들어가 왼쪽

Map p.278-B2

예수 그리스도의 죽음에 대한 애도 Compianto del Cristo Morto
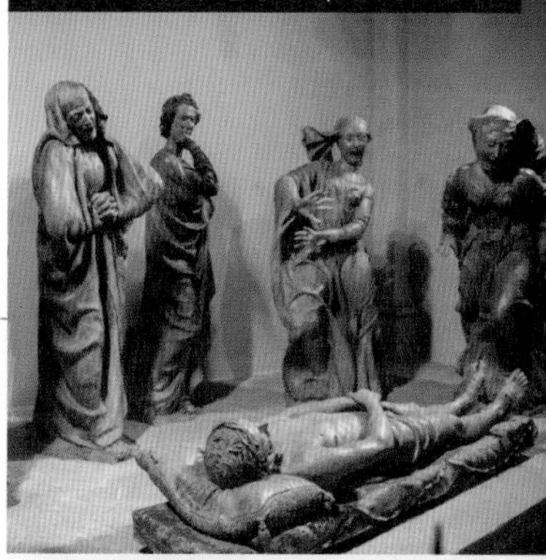

성모 마리아의 매장

SAY! SAY! SAY!

멋진 자동차를 찾아 떠나는 볼로냐 근교 여행
페라리 박물관 & 람보르기니 박물관

이탈리아는 수많은 유명 브랜드의 고향입니다. 구치, 페라가모 등 패션 브랜드뿐만 아니라 '악마의 잼'이라는 별칭으로 불리는 누텔라 Nutella와 달콤한 초콜릿 페레로 로쉐 Ferrero Rocher를 생산하는 페레로 Ferrero 사도 이탈리아에서 시작한 기업입니다. 전 세계인들의 시선을 사로잡은 세련된 디자인 감각과 이전 시대 훌륭한 건축물을 만들어낸 기술력으로 세계 최고의 자동차를 생산할 수 있었지요. 특히 볼로냐 주변에서 시작된 자동차 산업은 이름만으로도 자동차 마니아들의 심장을 두근거리게 합니다.

엔초 페라리 박물관 Museo Enzo Ferrari

강렬한 빨간색 스포츠카의 대명사 페라리. 포르쉐와 더불어 전 세계 스포츠카 시장을 양분하고 있는 대표적인 고급 자동차 제조사입니다.
F1 경주팀 일원이었던 엔초 페라리 Enzo Ferrari가 F1 자동차를 만들기 위해 1939년 모데나에 공장을 설립한 것으로 페라리의 역사가 시작되었습니다. 이후 1950년대와 1960년대, 그리고 1990년대 후반부터 2000년대 중반까지 F1을 석권하면서 F1 역사상 가장 많은 우승을 차지한 레이싱팀 및 자동차 제조 회사의 기록을 갖게 됩니다. 그러나 1960년대부터 자금난에 시달리면서, 결국 피아트에 인수되었습니다. 페라리에서 가장 잘 알려진 모델로는 F40, 엔초 Enzo, 360 모데나 360 Modena 등이 있습니다.
현재 페라리의 본사는 볼로냐 근교의 마라넬로 Maranello에 위치하고 있고 박물관은 이곳과 모데나 Modena 두 군데에 위치합니다. 모데나에 위치한 엔초 페라리 박물관은 2012년 3월에 개장했으며, 최초의 페라리가 제작된 공장이 위치한 곳에 만들어졌습니다.
붉은 벽돌 외벽을 가진 건물은 최초의 페라리가 제조된 공장 건물로 엔초 페라리의 집무실과 페라리 초창기의 역사적인 모델들을 살펴볼 수 있습니다.
페라리의 곡선을 구현한 듯한 형상을 가진 산뜻한 노란색 건물 내부에는 엔초 페라리가 태어난 2월 18일을 기점으로 페라리의 역사적 모델들을 테마로 하는 기획 전시가 주로 열립니다.
주소 Via Paolo Ferrari 85 홈페이지 www.ferrari.com/it-IT/museums/enzo-ferrari-modena 운영 11~3월 09:30~18:00, 4 · 5 · 9 · 10월 09:30~19:00, 6~8월 09:00~19:00 휴무 1/1, 2/17, 12/25 입장료 9~5월 €27, 6~8월 €32, GT 시뮬레이터 €25, 마라넬로 박물관과 복합티켓 9~5월 €38, 6~8월 €42 가는 방법 모데나 역에서 도보 8분

페라리 박물관 Museo Ferrari Maranello

페라리의 과거부터 현재까지, 그리고 미래를 보고 싶다면 마라넬로에 위치한 박물관을 둘러보세요. 모데나에서 마라넬로 박물관까지는 셔틀버스를 운행합니다. 박물관은 대중교통으로 접근하기 힘든 곳에 있기 때문에 방문을 계획한다면 모데나의 박물관을 관람한 후 셔틀버스로 이동하는 것이 좋습니다. 다만 예고 없이 셔틀버스가 운행하지 않는 날도 있으니 미리 확인하고 가기를 권합니다.
마라넬로의 박물관은 모데나의 박물관보다 좀 더 큰 규모로 만들어졌으며, 페라리의 역사적인 F1 우승 자동차들과 현재 판매되고 있는 모델들이 함께 전시돼 있습니다. 시판 모델이나 F1 우승 모델로 실제로 운전하는 기분을 느낄 수 있는 시뮬레이션 코너(입장료 €30)도 마련되어 있고, 각종 의류와 소품 판매는 물론 공장 견학도 가능합니다. 박물관에 도착하자마자 인포메이션 센터에 문의해 티켓을 구입하고 박물관 관람에 나서는 것이 편리합니다.

페라리 Ferrari 290MM (1956년 생산)

페라리 피닌파리나 세르지오 Ferrari Pininfarina Sergio

실제로 페라리를 운전하고 싶다면 셔틀버스가 도착한 주차장 주변을 살펴보세요. 몇몇 업체가 시승 프로그램을 시행하기도 한답니다. 요금은 €250 정도입니다.

주소 Via Paolo Ferrari 85 홈페이지 www.ferrari.com/it-IT/museums/ferrari-maranello 운영 11~3월 09:30~18:00, 4·5·9·10월 09:30~19:00, 6~8월 09:00~19:00 휴무 1/1, 12/25 입장료 9~5월 €27, 6~8월 €32, 엔초 페라리 박물관과 복합티켓 9~5월 €38, 6~8월 €42, 공장투어 €25, F1시뮬레이터 €30 가는 방법 모데나 역 앞 4번 정류장이나 모데나 엔초 페라리 박물관에서 셔틀버스로 이동, 왕복 €12, 편도 €6, 40분 소요(모데나 역 버스 www.vivaraviaggi.it에서 예약 권장)

람보르기니 박물관 Museo Automobili Lamborghini

람보르기니 미우라 콘셉트 카 Lamborghini Miura Concept Car

람보르기니는 고성능 슈퍼카 · 스포츠카 제조 부문에서 페라리와 함께 경쟁 관계인 또 하나의 이탈리아 자동차 제조업체입니다. 흥미로운 점은 페라리와의 악연에서 회사가 시작되었다는 점인데요.

자동차 정비공이었던 페루치오 람보르기니가 전쟁 후 트랙터 제조 회사를 세웠습니다. '절대 고장이 나지 않는다'는 명성을 얻은 그의 트랙터는 이탈리아 전역으로 팔려 나갔고 막대한 부를 쌓았지요. 어릴 때부터 자동차를 좋아했던 그는 자동차를 수집하기 시작했고 페라리 250 GT를 만나게 됩니다. 이전부터 페라리는 잦은 클러치 결함이 있었고 그가 구입한 페라리 250 GT도 클러치 결함이 있었다고 합니다. 페루치오는 이를 페라리 측에 알려주려고 했으나 엔초 페라리는 그의 말을 무시했습니다. 화가 난 페루치오는 1963년 볼로냐 인근에 자동차 공장을 설립해 '무조건 페라리보다 빠른 자동차'를 만들자 하여 만든 것이 1964년에 출시된 람보르기니 최초의 모델 350GT입니다.

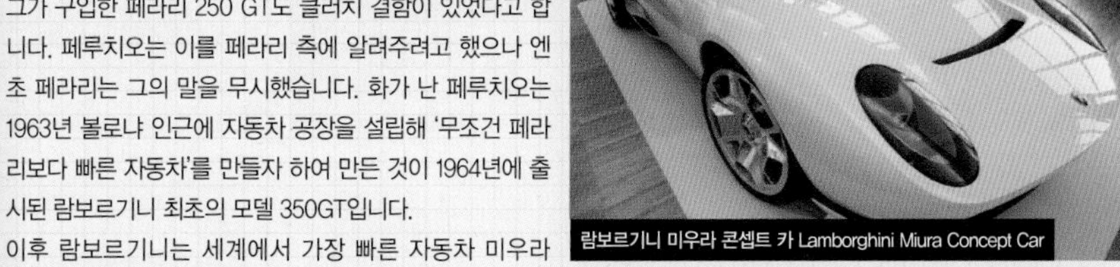

이후 람보르기니는 세계에서 가장 빠른 자동차 미우라 Miura를 비롯해 디아블로 Diavlo, 무르시엘라고 Murciélago 등 여러 모델을 생산했습니다. 이후 페루치오가 떠난 후 람보르기니의 소유주는 몇 차례 바뀌었고 1987년에 크라이슬러에 인수됐다가 1998년 폭스바겐 그룹의 아우디 산하의 자회사로 편입되어 있습니다.

람보르기니 박물관은 볼로냐 외곽에 위치하며, 볼로냐에서 버스로 갈 수 있습니다. 모던한 느낌의 전시장은 람보르기니 공장에 위치해 있고 큰 규모는 아니지만 람보르기니의 역사적인 슈퍼카들을 만날 수 있습니다. 엔초 페라리 박물관이 발랄한 분위기라면, 람보르기니 박물관은 좀 더 엄숙하고 차분한 분위기 속에서 매우 고가의, 엄청난 기술력의 집약체인 자동차들과 함께할 수 있는 공간입니다.

주소 Via Modena 12, Sant'Agata Bolognese, Bologna 홈페이지 www.lamborghini.com/experience/museum 운영 10~4월 09:30~18:00, 5~9월 09:30~19:00 휴무 2/22, 2/26, 3/27, 5/1, 6/6, 6/17, 12/24, 12/25, 12/31(휴무 일정 유동적, 방문 전 홈페이지 체크 필수) 입장료 €18, 홈페이지 예약 필수 가는 방법 볼로냐 중앙역 옆 버스 터미널에서 Crevalcore Porta Modena행 576번 버스를 타고 Sant Agata Bolognese Chiesa Frati에서 하차 후 도보 5분(편도 1시간 소요)

RESTAURANT

먹는 즐거움

어딜 들어가도 맛있는 음식을 먹을 수 있다는 볼로냐. 주변의 산지에서 생산되는 육류 요리뿐만 아니라 베네치아나 라벤나 등을 통해 들어오는 해산물 요리도 유명하다. 게다가 비옥한 포 Po 강 계곡에 위치한 덕에 고기와 치즈 요리도 발달해 있다. 이 때문인지 볼로냐 지방의 음식은 고기와 치즈를 아주 많이 사용하는 것으로 유명하다. 볼로냐에서 꼭 맛봐야 할 음식은 탈리아텔레 알 라구 Tagliatelle al Ragù와 이 지역 특선 소시지 모르타델라 Mortadella가 있다. 이 두 음식은 볼로냐 대부분의 식당에서 판매하니 이 메뉴와 함께 그 집에서 가장 잘하는 음식을 추천받자. 뭘 먹어도 맛있는 볼로냐라 행복하다.

Osteria dell'Orsa

우리나라 여행프로그램에도 등장했던 소박한 식당. 현지인들에게도 여행자들에게도 인기가 좋은 곳으로 식사시간에 대기는 각오해야 한다. 볼로냐 특선 파스타인 탈리아텔레 알 라구와 토르텔리니는 물론 그날 그날 바뀌는 파스타 찾아 먹는 재미도 좋다.

주소 Via Mentana, 1f **전화** 051 231 576 **홈페이지** www.osteriadellorsa.it **영업** 매일 12:30~23:00 **예산** 전식 €5.50~, 샐러드 €9~, 파스타 €9~

Map p.278-B1

Pizzeria Due Torri

두 개의 탑 옆에 위치한 피자 테이크아웃 전문점. 큼지막한 크기와 풍성한 토핑, 성인 2~3명이 먹기에도 충분한 양을 자랑한다. 조각 피자나 샌드위치도 판매하고 있어 지나가다 출출함을 달래기에도 좋다. 좋아하는 재료의 추가 토핑도 가능해 나만의 피자를 먹을 수도 있다.

주소 Strada Maggiore 3 **전화** 051 271 958 **홈페이지** www.pizzeriaduetorribologna.it **영업** 일~목 10:50~24:00, 금·토 10:50~02:15 **예산** 피자 €3.50~16, 조각 피자 마르게리타 €1.50, 샌드위치 €5 **가는 방법** 아시넬리탑 오른쪽 Map p.278-B2

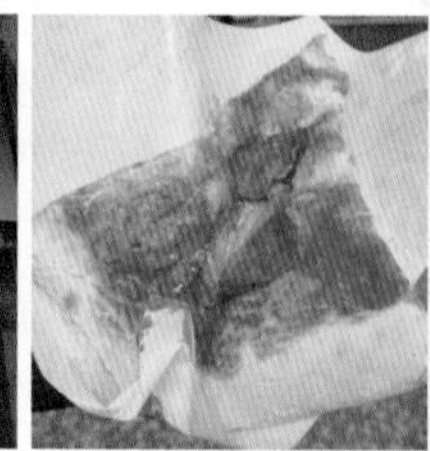

Osteria al 15

중심가에서 조금 떨어진 곳에 위치한 조용한 레스토랑. 정감 있는 실내에서 정통 볼로냐 음식을 먹을 수 있는 곳으로 여행자 보다는 현지인들을 주로 상대하는 곳. 저녁에만 운영되고 약간 늦은 시간에 찾는 것이 허탕치지 않는 지름길. 숙소로 돌아올 길이 막막하다면 택시를 요청하자.

주소 Via Mirasole, 13 **전화** 051 331 806 **영업** 월~금 19:00~23:00, 토 12:00~15:00 · 19:00~23:00, 일 12:00~15:00 **예산** 전식 €3~, 파스타류 €10~, 생선 · 고기 요리 €10~, 자릿세 €2.50 **가는 방법** 마조레 광장에서 Via Massimo d'Azeglio로 진입해 직진하다 만나는 로터리에서 오른쪽 길 Via Solferino로 들어가 첫번째 골목에서 우회전 후 다시 첫번째 골목에서 좌회전 도보 50m Map p.278-A2

MERCATO DI MEZZO

일종의 푸드코트로 저렴하고 신선한 음식들로 볼로냐 시민들에게도 사랑받는 장소이다. 간단히 한 끼 때우기 좋은 샌드위치나 파스타 메뉴도 많고, 다채로운 미니 케이크류도 있다. 레스토랑에 들어가는 것이 두려운 여행자들을 위해 추천하는 맛집이다.

주소 Via Clavature 12 **전화** 051 271 958 **영업** 09:00~24:00 **예산** 샌드위치 €3.50~5, 파스타 €6~10 **가는 방법** 산 페트로니오 성당 왼쪽 반키 궁전 중앙 Liu Jo 있는 골목 Via Pescherie Vecchie로 들어가 도보 100m **Map p.278-B2**

Caffè TERZI

조용한 골목길 안에 위치해 자칫 지나칠 수 있는 카페. 취향에 맞는 원두를 골라서 커피 마실 수 있다. 이 집의 추천 메뉴는 초콜릿을 갈아서 커피 위에 얹어 주는 카푸치노. 커피뿐만 아니라 차 종류도 다양하게 마련되어 있다.

주소 Via Oberdan 10/D **전화** 051 0344 819 **홈페이지** www.caffeterzi.it **영업** 매일 08:00~18:00(일 09:00~) **예산** 에스프레소 €1.50, 카푸치노 €2 **가는 방법** 엔초 궁 입구에서 오른쪽으로 가다가 왼쪽 길 Via Guglielmo Oberdan 따라 직진. 도보 270m **Map p.278-B1**

Bar La LINEA

마조레 광장에 위치한 엔초 궁 한 귀퉁이에 자리한 카페. 편안한 분위기 속에서 커피 한잔 하며 쉬어가기 좋은 분위기다. 카푸치노 거품은 부드럽고 커피 맛은 약간 강한 편. 샌드위치도 저렴하고 신선하다.

주소 Piazza Re Enzo 1/h **전화** 051 296 0134 **영업** 월~토 08:00~03:00, 일 08:00~24:00 **예산** 커피 €1~2, 샌드위치 €3.5~ **가는 방법** 마조레 광장 성당 맞은편 엔초 궁 뒤편 **Map p.278-A2**

gelateria gianni

볼로냐 시민들이 이탈리아 최고의 젤라테리아로 손꼽는 집. 특유의 가벼우면서도 신선한 맛과 함께 담백한 맛을 자랑한다. 1972년부터 영업을 하고 있으며 두 개의 탑 근처 지점 이외에 마조레 광장 부근(**Map p.278-A2**)에도 지점이 있다. 셔벗류가 특히 맛있다.

주소 Via S. Vitale 2 **홈페이지** www.gelateriagianni.com **영업** 월~토 12:00~23:30, 일 11:00~23:30 **예산** €3.30~ **가는 방법** 두 개의 탑 중 가리센다탑 왼쪽 건너편 **Map p.278-B2**

Fun Cool Oh!

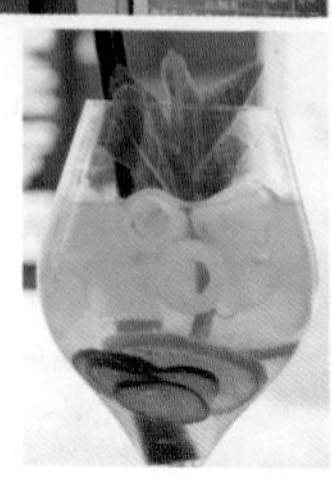

벨베데레 거리에 위치한 캐주얼 바. 상쾌한 브런치부터 가벼운 점심식사 메뉴까지 갖추고 있으며, 맛의 도시 볼로냐다운 음식을 맛볼 수 있다. 하지만 이 바의 진가는 저녁에 펼쳐진다. 야외 테이블에서는 볼로냐 젊은이들이 삼삼오오 모여 맥주나 와인을 곁들이며 즐거운 시간을 보내고, 내부 홀에서는 간간이 문화 이벤트가 열려 젊은 아티스트들의 축제의 장으로 변모하는 매력적인 곳이다.

주소 Via Belvedere, 2/a **전화** 339 576 4816 **홈페이지** www.funcooloh.it **영업** 월~금 12:00~01:00, 토 · 일 17:00~01:00, 아페르티보 19:00~ **휴무** 동절기 월요일 **예산** 칵테일 €4~8, 브런치 €2.50~6 **가는 방법** 넵튠의 분수에서 Via Independenza를 따라 역 쪽으로 가다가 Calzedonia 상점을 끼고 좌회전 후 길을 따라 도보 200m Map p.278-A2

Osteria del Sole

1465년부터 무려 550년 넘게 운영되고 있는 술집. 낮술 애호가라면 꼭 들러봐야 할 곳이다. 자유로운 분위기 속에서 맥주, 와인을 즐길 수 있으며, 오로지 주류만 판매한다. 가게 앞 벽에 붙여진 '술 마실 생각 없는 자는 출입 금지'라는 종이가 흥미로운 곳. 함께 즐길 피자나 살라미 등 안주류는 주변 식료품 상점이나 피체리아에서 구입해 오면 된다. 한 가지 놀라운 것은 이곳이 이탈리아에서 가장 오래된 술집이 아니라는 것. 더 오래된 집은 페라라에 있다.

주소 Vicolo Ranocchi 1/d **전화** 347 968 0171 **홈페이지** www.osteriadelsole.it **영업** 월~토 11:00~21:30 **휴무** 일요일 **예산** 맥주 €4~, 와인 €10~ **가는 방법** 산 페트로니오 성당 왼쪽 반키 궁전 중앙 Liu Jo에 있는 골목 Via Pescherie Vecchie로 들어가 왼쪽 첫 번째 골목 안쪽 Map p.278-A2

RUDE

시내 중심에서 조금 떨어져 있지만 질 좋은 음식으로 볼로냐에서 핫한 곳으로 떠오르고 있는 곳. 푸짐하고 질 좋은 살라미 세트 Taglieri가 가성비가 좋고 직접 만드는 맥주도 맛있다. 파니니 등 가벼운 식사부터 와인까지 한 곳에서 모두 즐기기 좋은 곳.

주소 Via Rialto 10/4 **전화** 051 221 383 **홈페이지** www.rudeosteria.it **영업** 화~일 18:00~24:00 **휴무** 월요일 **예산** 맥주 €4~, 와인 €10~ **가는 방법** 산토 스테파노 수도원에서 Via Santo Stefano을 따라 직진. 약국 맞은편 골목 Via Rialto로 들어가 도보 200m Map p.278-B2

SHOPPING

사는 즐거움

볼로냐는 미식의 도시로 소문난 곳. 그만큼 전통 있는 식료품점들이 시내에 자리한다. 마조레 광장 옆 식료품 시장은 옛 모습 그대로 운영되고 있으며 사람 냄새 물씬 풍기는 곳. 유명 브랜드 상점을 둘러보고 싶다면 산 페트로니오 성당 양쪽 길을 탐방해보자. 볼로냐에 본사를 두고 있는 훌라 Furla와 다양한 디자인의 질 좋은 구두 상점을 만날 수 있다.

BOTTEGA DEL CAFFE

볼로냐 최고의 커피, 차 전문점. 커피와 차에 관한 모든 것을 구입할 수 있다. 직접 선별, 로스팅 한 원두는 신선하고 선물용으로 적합하다. 함께 위치한 카페 Caffè 14 Luglio에서 먼저 맛 보고 구입할 수 있는 것도 장점.

주소 Via Orefici, 6 **홈페이지** www.caffe14luglio.com **영업** 월~토 08:30~19:30 **휴무** 일요일 **가는 방법** 마조레 광장 중앙 엔초 궁전 Palazzo Enzo 오른쪽 Via degli Orfeci 따라 직진 두 번째 블록 코너에 위치 Map p.278-B2

TAMBURINI

1932년부터 지금까지 볼로냐 최고의 식료품점의 자리를 유지하고 있는 곳. 매장 가득한 수제햄, 치즈 등은 보기만 해도 포만감을 불러일으키고 점심 때 방문했다면 셀프로 운영되는 레스토랑에서 마음에 드는 것을 골라 맛 볼 수 있다. 아쉽지만 수제햄은 귀국 시 반입금지 품목이니 양껏 먹고 오자.

주소 Via Caprarie 1 **홈페이지** www.tamburini.com **영업** 월~토 09:00~20:00, 일 10:00~18:30 **가는 방법** 마조레 광장 중앙 엔초 궁전 Palazzo Enzo 오른쪽 Via degli Orfeci를 따라 직진 오른쪽 세 번째 블록 코너에 위치 Map p.278-B2

STAY

쉬는 즐거움

볼로냐의 숙소 가격은 이탈리아 내에서 비싼 편에 속한다. 시내 중심부에는 유적지들이 모여 있어 호텔이 자리하기 힘들고 그나마 도서전이나 모터쇼가 열리는 기간에는 방을 찾기조차 어렵다. 방을 구하기 어렵다면 근교의 모데나 또는 라벤나의 숙소를 알아보자.

Hotel Il Guercino ★★★★

중앙역 뒤편 조용한 골목 안에 위치한 부티크 호텔. 깔끔한 설비와 푸짐한 조식이 매력적이다. 빈티지 느낌의 가구들과 산뜻한 컬러의 내부 장식이 편안한 느낌이다. 무료로 제공되는 차와 커피포트가 있는 것도 큰 장점 중 하나.

주소 Via Luigi Serra 7 **전화** 051 369 893 **홈페이지** www.guercino.it **요금** €110~ **가는 방법** 볼로냐 중앙역 광장 왼쪽 맥도날드 방향으로 길 따라 나오다 좌회전 해 Via Giacomo Matteotti 따라 직진 하다 Testoni 극장까지 오면 호텔 표지판이 보이고 그 골목으로 들어와 왼쪽 첫 번째 골목으로 들어가 도보 100m

Map p.278-B1

Ravenna · 반짝반짝 눈부신 잊혀진 서로마 제국의 수도 라벤나

이탈리아 반도 북서부에 자리한 조용하고 작은 도시 라벤나. 로마 황제 아우구스투스 황제가 인근 클라시스 항구에 해군기지를 건설하면서 번성하기 시작해 잠시 서로마제국의 수도 역할을 하던 도시로, 도시 안에 자리한 오래된 성당 안의 모자이크를 통해 그 시절의 영광을 만날 수 있다. 기차역을 나서는 순간 눈 앞에 펼쳐지는 무언가 이탈리아답지 않은 깔끔한 풍경에 잠시 잠깐 당황스러운 마음도 들게 하는 도시 라벤나. 반짝반짝 빛나는 모자이크만큼이나 반짝반짝 빛나는 도시 속으로 들어가 보자.

이런 사람 꼭 가자!!
눈부신 모자이크의 진수를 맛보고 싶은 여행자
깨끗한 유럽을 보고 싶다면
깔끔한 이탈리아와 만나고 싶은 여행자

저자 추천
이 사람 알고 가자 단테

Information 여행 전 유용한 정보

클릭! 클릭!! 클릭!!!

라벤나 관광청 www.turismo.ra.it
라벤나 모자이크 유적지 www.ravennamosaici.it

여행 안내소 Map p.292-A1

주소 Via Salara 8 **전화** 0544 35 404 **운영** 09:30~19:00 **휴무** 공휴일 **가는 방법** 라벤나 역에서 Viale Farini를 따라 700m 정도 걸어가면 나오는 작은 광장에서 오른쪽 Via Giacomo Matteotti을 따라 길 끝까지 직진, 왼쪽 Via Camillo Benso Cavour를 따라가다 오른쪽 첫 번째 골목

슈퍼마켓 Map p.292-B2

InCOOP
주소 Via di Roma 85
운영 월~토 8:00~20:30, 일 9:00~13:30 · 16:30~20:30 **가는 방법** 라벤나 역 앞길 Viale Farini 따라 300m 정도 걷다 만나는 OVS 왼쪽

우체국

라벤나 중앙우체국 Map p.292-A2
주소 Piazza Garibaldi 1 **전화** 0544 24 3311
가는 방법 라벤나 역 앞에서 Viale Farini를 따라 직진, 도보 10분

라벤나 역 Map p.292-B2
주소 Via Carducci 38 **전화** 0544 24 9411
가는 방법 라벤나 역 앞 광장을 보고 왼쪽 첫 번째 삼거리에서 다시 오른쪽

경찰서 Map p.292-B1

주소 Piazza Mameli
전화 0544 48 2999
가는 방법 라벤나 역 앞에서 Viale Farini를 따라가면 나오는 오른쪽 첫 번째 광장

근교이동 가능 도시

출발지	목적지	교통편/소요 시간
라벤나	볼로냐 Centrale	기차 1시간 20분
라벤나	베네치아 Santa Lucia	기차 2시간 20분~3시간 45분

Access 라벤나 가는 법

라벤나는 이탈리아 반도 동쪽 선로 상에 위치해 있고, 볼로냐에서 한 시간에 한 대꼴로 기차가 운행한다. 그러나 공휴일이면 기차 운행 편수가 많이 줄어드니, 여행을 계획할 때 참고하자.
기차역에는 짐 보관소가 없다. 역 앞 광장 자전거 대여소에 문의하거나 인근 호텔에 문의해보자.

Transportation 시내 교통

라벤나는 시내는 걸어 다니면서 관광하기에 충분하다. 외곽의 산타 클라세 성당이나 해변으로 가려면 버스를 이용할 수 있다. 평일과 주말 운행횟수가 많이 차이 나니, 유의할 것. 버스 티켓은 타바키 Tabacchi에서 판매하며 요금은 75분 유효한 1회권 가격이 €1이다.
라벤나는 루카와 더불어 자전거로 여행하기 좋은 여행지이다. 교통량은 적은 편이지만 돌길이 있으니 주의하자. 기차역 앞에 자전거 대여소가 있으며, 요금은 1시간에 €1.50이다.

라벤나 완전 정복

시내는 하루면 충분히 돌아볼 수 있다. 이탈리아 도시 중 안전한 편에 속하는 곳이라 저녁 식사 후 느긋하게 도시 산책을 즐겨도 좋다. 모자이크로 유명한 성당들은 모두 도시 안에 옹기종기 모여있고 테오도리코 영묘만 기차역 옆에 위치한다. 모자이크가 다 비슷하게 보일 수도 있지만 각기 다른 특징을 찾아보는 것도 재미. 하루 정도 여유가 있다면 근교의 클라세 항구를 찾아가 보자. 로마 시대에 번성했던 항구의 위용과 또 하나의 멋진 성당을 관람할 수 있다.

알아두세요!

라벤나의 성당에 들어갈 때는 통합 입장권이 통용된다. 시기에 따라 입장할 수 있는 성당이 나뉘니 유의하여 사용하자.

유적지 통합 티켓
요금 일반 €10.50, 할인 €9.50 산 비탈레 성당, 산타 아폴리나레 누오보 성당, 대주교 박물관 Museo Arcivescovile(갈라 플라치디아 영묘와 네오니아니 세례당 입장은 €2 추가)

시내 여행을 즐기는 Key Point

여행 포인트 초기 기독교 비잔틴 문화의 진수를 볼 수 있는 화려한 모자이크
랜드 마크 라벤나 역 앞길 Viale Farini
점심 먹기 좋은 곳 산 비탈레 성당 주변, 포폴로 광장 주변

이것만은 놓치지 말자!

❶ 각기 다른 특색의 모자이크
❷ 고향에 가지 못한 단테의 안식처, 단테 무덤

Best Course

산 비탈레 성당→갈라 플라치디아 영묘→네오니아노 세례당→단테의 무덤→산타 아폴리나레 누오보 성당→아리아니 세례당→테오로디코 영묘

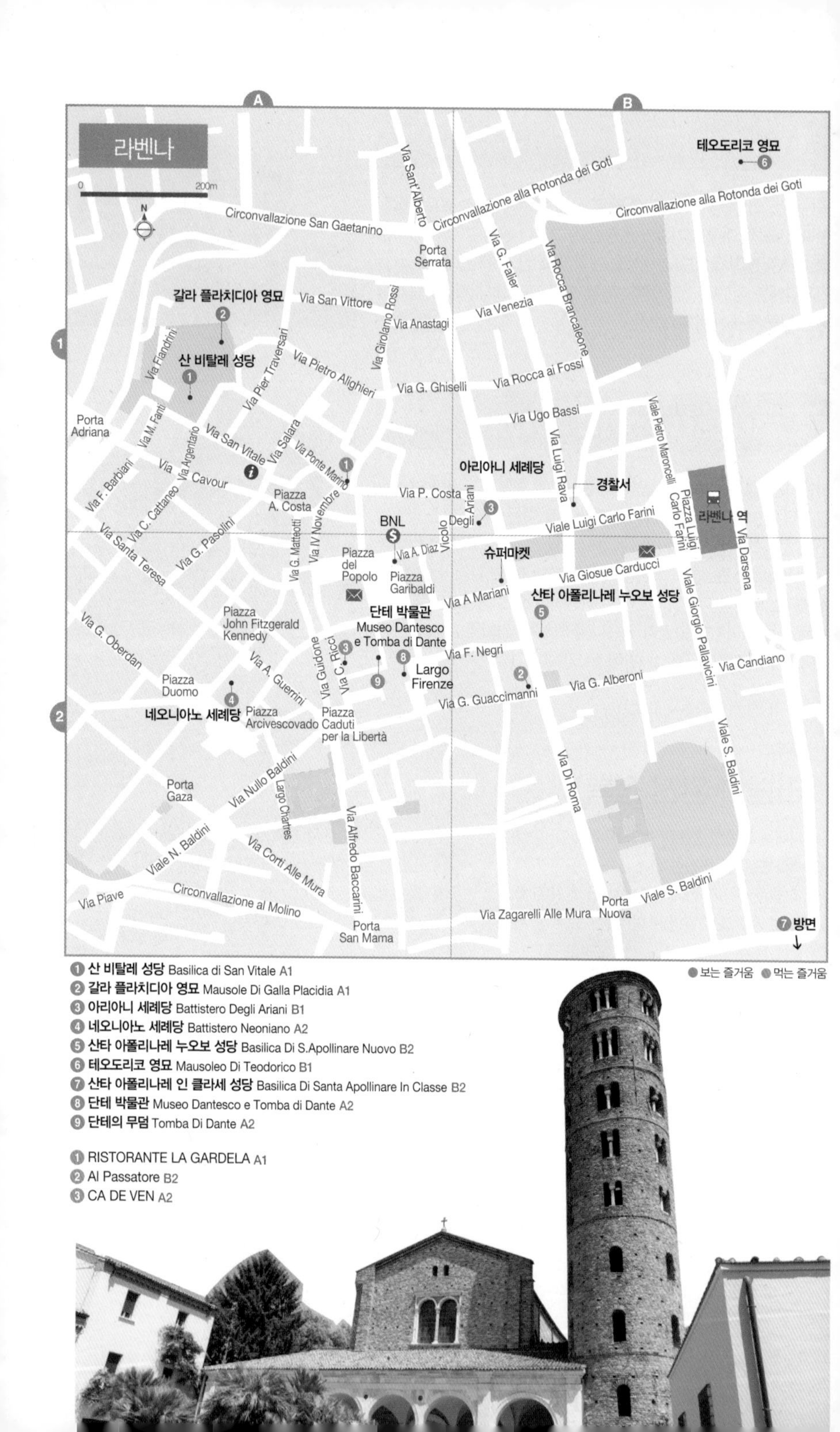

1. 산 비탈레 성당 Basilica di San Vitale A1
2. 갈라 플라치디아 영묘 Mausole Di Galla Placidia A1
3. 아리아니 세례당 Battistero Degli Ariani B1
4. 네오니아노 세례당 Battistero Neoniano A2
5. 산타 아폴리나레 누오보 성당 Basilica Di S.Apollinare Nuovo B2
6. 테오도리코 영묘 Mausoleo Di Teodorico B1
7. 산타 아폴리나레 인 클라세 성당 Basilica Di Santa Apollinare In Classe B2
8. 단테 박물관 Museo Dantesco e Tomba di Dante A2
9. 단테의 무덤 Tomba Di Dante A2

1. RISTORANTE LA GARDELA A1
2. Al Passatore B2
3. CA DE VEN A2

ATTRACTION

보는 즐거움

한 때 서로마 제국의 수도였다는 것이 믿기지 않을 만큼 규모가 작고 조용하다. 그러나 시내 곳곳에 옹기종기 모여 있는 성당과 세례당의 반짝반짝 빛나는 모자이크 앞에 서면 그 시절의 번성함과 위엄이 온몸으로 와 닿는다. 작은 도시의 힘을 마음껏 즐겨보자.

산 비탈레 성당 Basilica di San Vitale 유네스코

라벤나에서 단 한 곳의 성당만 봐야 하는 불상사가 벌어진다면 두말할 것 없이 추천하고 싶은 곳이다. 비잔틴 미술의 정수를 느낄 수 있는 곳으로 6세기 중반에 완공되었는데, 로마와 비잔틴 건축양식이 적절히 섞여 있다. 소박함이 느껴질 정도로 별다른 장식 없이 붉은 벽돌로만 지어진 팔각형 모양의 외관이 눈에 띈다.

내부는 2층의 원형 회랑으로 구성되어 있다. 그중 소박한 느낌의 프레스코화로 가득한 위층은 마트리모네움 Matrimoneum이라 불리며, 기혼 여성들의 공간이었다.

원형 형태의 중앙 홀은 중앙 제단이 위치한 곳으로, 천장은 화려한 프레스코화로 가득하다.아치의 안쪽은 예수 그리스도와 열두 사도, 성 제르바시오와 성 프로타시오를 그린 열다섯 개의 원형 모자이크를 비롯해 구약의 여러 에피소드와 예언자들로 장식되어 있다. 채광창 위에는 자주색 옷을 입은 예수 그리스도가 오른쪽의 비탈리스 성인에게 관을 씌워주고 있고 왼쪽의 에클레시우스 주교는 산 비탈레 성당을 그리스도에게 봉헌하는 모습을 나타내고 있다.

아치 창 옆의 두 개의 그림이 있는데, 왼쪽은 유스티니아누스 1세를, 오른쪽은 테오도라 황후의 모습을 그린 것이다. 모두 유명한 모자이크 패널화로 동로마 제국의 영광을 나타낸다. 산 비탈레 성당은 이후 많은 성당의 건축에 영향을 주었으며, 독일의 아헨 대성당과 피렌체의 두오모 쿠폴라의 건축에 특히 많은 영향을 끼쳤다.

주소 Via Fiandrini Benedetto **운영** 매일 2024/3/9~11/3 09:00~19:00(입장 마감 18:30), 11/4~2025/3/7 10:00~17:00(입장 마감 16:30) **휴무** 1/1, 12/25 **입장료** 일반 €10.50, 할인 €9.50(유적지 통합 티켓 사용) **가는 방법** 라벤나 역에서 Viale Farini를 따라 700m 정도 걸어가 만나는 작은 광장에서 오른쪽 Via Giacomo Matteotti를 따라 길 끝까지 직진, 왼쪽 Via Camillo Benso Cavour 따라가다 오른쪽 두 번째 골목 Map p.292-A1

산 비탈레 성당의 모자이크

모자이크로 꾸며진 소성당

모자이크로 꾸며진 소성당

갈라 플라치디아 영묘 Mausole Di Galla Placidia 유네스코

산 비탈레 성당 맞은편에 있는 작고 아담한 건축물로, 산 비탈레 성당과 마찬가지로 소박한 외관과 달리 내부는 유럽에서 가장 아름다운 무덤이라는 별칭이 붙을 만큼 매우 화려하고 아름답다. 서로마 제국 마지막 황제 호노리우스의 이복누이 갈라 플라치디아의 무덤

갈라 플라치디아 영묘 내 모자이크

갈라 플라치디아 영묘 내 모자이크

으로 5세기 중반에 건축되었다.
내부는 가로 세로 길이가 같은 그리스식 십자가 형태로 만들어졌고 가운데 천장에는 별이 가득한 하늘에 십자가를 새겨 두었고 모서리엔 복음사가의 상징을 그려 놓았다. 구역별로 천장 문양이 다른데, 갈라 플라치디아의 석관이 놓여있는 벽 위 모자이크 속에는 석쇠 위에서 화형을 당해 순교한 라우렌시오 성인이 그려져 있는데, 다른 모자이크들과 비교해 휘날리는 옷자락이 표현이 섬세하다.
주소 Via San Vitale 17 **운영** 매일 2024/3/9~11/3 09:00~19:00(입장 마감 18:45), 11/4~2025/3/7 10:00~17:00(입장 마감 16:45) **입장료** 라벤나 유적지 통합 티켓 사용 일반 €10.50+€2, 할인 €9.50+€2 **가는 방법** 산 비탈레 성당 경내, 도보 2분

Map p.292-A1

아리아니 세례당 Battistero Degli Ariani 유네스코

5세기 초반에 건설된 자그마한 세례당. 8각형 형태의 소박한 실내 천장에는 왼쪽의 하느님으로부터, 그리고 오른쪽 세례자 요한으로부터 세례를 받는 예수 그리스도의 모습이 화려한 모자이크로 묘사되어 있다. 그 위쪽으로는 옥좌가 있고 양옆으로 사도 바오로와 베드로를 위시한 열두 제자가 늘어서 있다. 세례당 안은 공간이 협소해 15명씩 입장시킨다.

아리아니 세례당의 천장

주소 Vicolo Degli Ariani **운영** 월~금 09:00~12:00, 토 · 일 · 공휴일 09:00~12:00 · 14:00~17:00 **휴무** 1/1, 12/25 **요금** €2 **가는 방법** 산 비탈레 성당 앞 골목 끝까지 가서 우회전, 왼쪽 첫 번째 길로 들어가 길 따라 직진. 도보 5분 Map p.292-B1

아리아니 세례당

네오니아노 세례당 Battistero Neoniano 유네스코

라벤나 두오모 부속 건물로 4세기 후반에 건설되었다. 아리아니 세례당과 마찬가지로 8각형의 외형과 소박한 벽돌로 지어졌다.
실내는 아리아니 세례당보다 화려한 모자이크로 장식되어 있다. 아리아니 세례당의 모자이크와 유사한 내용의 천장 모자이크가 있는데, 중앙 부분의 예수 그리스도 세례 장면에서 예수 그리스도와 세례자 요한 외에 죽음을 상징하는 요르단 강의 신이 그려져 있는 것이 차이점이다. 그뿐만 아니라 모자이크가 좀 더 넓은 범위까지 장식되어 있고 색채나 문양도 훨씬 강렬하면서 화려하다.
주소 Piazza Duomo **운영** 매일 2024/3/9~11/3 09:00~19:00(입장 마감 18:45), 11/4~2025/3/7 10:00~17:00(입장 마감 16:45) **휴무** 1/1, 12/25 **입장료** 라벤나 유적지 통합 티켓 사용 일반 €10.50+€2, 할인 €9.50+€2 **가는 방법** 두오모 광장 Piazza duomo에 위치

Map p.292-A2

네오니아노 세례당

산타 아폴리나레 누오보 성당
Basilica Di S.Apollinare Nuovo 유네스코

테오도리코 대왕이 왕궁 부속 성당으로 건축한 성당을 후대 왕들이 이 지역의 첫 주교인 성인의 이름을 따서 산타 아폴리나레 누오보라고 이름 지은 성당. 5세기 후반에 건축을 시작해 6세기 초반에 완공되었다. 9세기경에 지어진 원형 타워가 특이하고 성당 앞 파사드는 작은 회랑 형태로 만들어져 있다.

바실리카 양식으로 지어진 건물은 코린토 양식의 기둥 24개가 양옆으로 늘어서 있다. 황금색 모자이크로 장식된 내부는 높은 천장과 양쪽에 줄지어 있는 창을 통해 들어오는 빛으로 인해 전체적으로 환한 분위기를 풍긴다.

모자이크는 성모 마리아와 예수 그리스도, 동방박사의 경배, 구약성서 속 성인 성녀들과 함께 클라세 항구와 성의 모습, 테오도리코 대왕의 궁전 등을 잘 묘사했다.

양쪽 회랑 벽에 비해 중앙 제단이 있는 앱스 Apse(반원형의 지성소)는 상대적으로 소박해 보인다. 앱스는 그리스산 대리석과 코린토 양식으로 된 4개의 대리석 기둥으로 되어 있다.

주소 Via Di Roma **운영** 2024/3/9~11/3 09:00~19:00(입장 마감 18:30), 11/4~2025/3/7 10:00~17:00(입장 마감 16:30) **휴무** 1/1, 12/25 **입장료** 일반 €10.50, 할인 €9.50(유적지 통합 티켓 사용) **가는 방법** 라벤나 역 앞에서 Viale Farini를 따라 걷다가 Via Di Roma에서 좌회전 후 도보 150m Map p.292-B2

산타 아폴리나레 누오보 성당

산타 아폴리나레 누오보 성당 내부

테오도리코 대왕의 궁전을 묘사한 모자이크

테오도리코 영묘 Mausoleo Di Teodorico 유네스코

테오도리코 대왕은 동고트 왕국의 초대 국왕으로, 488년에 이탈리아를 침략해 이탈리아 반도 전역과 시칠리아를 정복한 후 이탈리아의 왕이 되어서 라벤나에 수도를 세운 인물이다. 현재 라벤나에 남아있는 많은 유적지는 그의 집권기에 만들어진 건물들이 많다. 테오도리코 영묘는 테오도리코의 무덤으로, 520년에 만들어져 526년 테오도리코가 사망한 후 이곳에 안치했다. 외부는 대리석으로 꾸며진 원통형 건물이고 2개 층으로 만들어졌다. 과거 어떤 용도로 사용됐는지 추측이 불가한 1층은 현재 비어 있으며, 2층은 테오도리코가 매장되어 있었던 붉은색 대리 석관이 놓여있다. 영묘 외부로는 현재 넓은 산책로가 조성돼 있다.

테오도리코 영묘에 있는 관

테오도리코 영묘

단테 무덤

주소 Via Delle Industrie **운영** 2024/3/31~11/7 화~목 08:30~13:30 (입장 마감 13:00), 금~월 08:30~18:30(입장 마감 18:00), 11/8~2025/3/30 월~목 08:30~13:30(입장 마감 13:00), 금~일 08:30~16:30(입장 마감 16:00) **휴무** 1/1, 12/25 **입장료** €4 **가는 방법** 라벤나 역 앞에서 도보 15분 **Map p.292-B1**

산타 아폴리나레 인 클라세 성당

Basilica Di Santa Apollinare In Classe 유네스코

산타 아폴리나레 누오보 성당 완공 이후 만들어진 성당으로 북적이는 클라세 항구 지역의 중심에 있는 성당이었다. 6세기에 완공되었으며, 산타 아폴리나레 누오보 성당과 흡사한 외형과 내부 구조로 인해 마치 쌍둥이 건물을 보는 듯하다. 그러나 내부 장식은 누오보 성당과 다르게 중앙 앱스 부분의 모자이크가 화려하고 양쪽 회랑 위쪽은 18세기에 그려진 라벤나 지역의 대주교들의 초상으로 장식되어 있다.

제대 뒤쪽 모자이크 중앙에는 아폴리나레 성인이 목자의 모습으로 묘사되어 있고 그 위에 붉은 십자가가 예수그리스도를 상징하는 모습으로 그려져 있으며, 주변의 녹색과 황금색이 잘 어우러져 화려한 멋을 자아낸다.

주소 Via Romea Sud **운영** 월~토 08:30~19:30, 일 · 공휴일 · 5/1 13:30~19:30(입장 마감 19:00) **입장료** €5 **가는 방법** 라벤나 역에서 Regionale 기차를 타고 Classe 역에서 하차 도보 5분. 또는 라벤나에서 버스 4번 이용(25분 소요) **Map p.292-B2**

알아두세요!

주말에는 기차, 버스 편이 거의 없다. 평일에 가자.

단테의 무덤 Tomba Di Dante

피렌체 출신 작가이자 정치가, 우리에게 잘 알려진 〈신곡〉을 쓴 단테(Dante Alighieri, 1265~1321)의 무덤이다. 단테의 신곡은 출간되자마자 전 유럽에 영향을 줄 정도로 지옥, 연옥, 그리고 천국에 대한 생생한 묘사를 그리스도교적 시각으로 그려냈고 근세 문학의 기본이 되었으며 저술 당시 토스카나 방언으로 쓰여져 이탈리아어의 생성 과정에 큰 영향을 끼쳤다. 이후 단테는 정치에 몸을 담아 1300년부터 1303년까지 피렌체 최고 지위인 통령의 지위에 선출되었으나 임기가 끝나자마자 정권을 잡은 반대파에 의해 추방당해 라벤나로 이주한다. 1321년 단테는 피렌체로 돌아가지 못하고 라벤나에서 일생을 마쳤고 이곳에 매장되었다. 피렌체에서 단테의 무덤을 피렌체로 이장하려 했으나 실패했고, 현재 단테의 무덤 유지 비용을 지급하고 있다.

주소 Piazzale Dante **운영** 월~금 10:00~16:00, 토 · 일 · 공휴일 10:00~18:00 **가는 방법** 네오니아노 세례당에서 도보 5분 **Map p.292-A2**

RESTAURANT

먹는 즐거움

라벤나는 항구와 가깝지만 해산물보다는 육류 요리가 발달해 있다. 가장 중요한 여행지인 산 비탈레 성당 주변과 포폴로 극장 주변에 식당들이 많이 모여 있는데, 주변에서 생산되는 와인도 독특한 맛과 향으로 이름나 있다.

RISTORANTE LA GARDELA

라벤나를 비롯한 에밀리아 로마냐 지역 음식을 먹을 수 있는 레스토랑. 가격대도 저렴하고 세트 메뉴 구성이 잘 되어 있으며, 와인 리스트 또한 훌륭해 여행자는 물론 라벤나 시민들도 많이 찾는 레스토랑이다. 마른 빵과 질 좋은 햄을 함께 먹을 수 있는 Tagliere가 전식 메뉴 중 가장 잘 나가는 메뉴. 그 외 생파스타로 요리해주는 파스타류도 맛있다.

주소 Via Ponte Marino 3 **전화** 0544 217147 **홈페이지** www.ristorantelagardela.com **영업** 화~일 12:00~14:30 · 19:00~22:30 **휴무** 월요일 **예산** 전식 €10~, 파스타류 €10, 메인 요리 €12~, 자릿세 €2 **가는 방법** 산 비탈레 성당 앞에서 오른쪽으로 나와 Via San Vitale 따라 직진, 길 끝에서 왼쪽 골목으로 가다 오른쪽 첫 번째 골목으로 진입 도보 100m

Map p.292-A1

Al Passatore

소박한 분위기의 식당으로, 피자 메뉴가 다양하다. 파스타나 다른 메인 요리도 준비되어 있지만 피자 주문량이 압도적으로 많다. 여러 가격대의 피자가 있어서 선택하기도 즐겁다. 다른 피체리아에 비해 흰색 소스의 피자 Pizza Bianche 종류가 많다는 것도 특색.

주소 Via G. Guaccimanni 76 **전화** 0544 213808 **홈페이지** www.ristorantealpassatore.com **영업** 목~화 12:00~14:30 · 19:00~24:00 **휴무** 수요일 **예산** 전식 €4~7, 피자 €3.50~10, 파스타류 €5.50~10, 메인 요리 €8~18, 자릿세 €2 **가는 방법** 산타 아폴리나레 누오보 성당 등지고 왼쪽 길 맞은편 코너에 위치

Map p.292-B2

CA DE VEN

넓고 시원한 분위기에서 질 좋은 음식과 와인을 마실 수 있어서 인기 좋은 곳. 여행 중 바 Bar에서 간단하게 와인으로 기분 내기 좋은 곳이다. 에밀리아 로마냐 지역 와인 리스트가 풍성하며 함께 내오는 음식도 깔끔하고 맛있다. 레스토랑 가격대는 약간 높은 편.

주소 Via G. Guaccimanni 76 **전화** 0544 213808 **홈페이지** www.ristorantealpassatore.com **영업** 화~일 11:00~14:30 · 18:30~22:00 **휴무** 월요일 **예산** 전식 €4~7, 피자 €3.50~10, 파스타류 €5.50~10, 메인 요리 €8~18, 자릿세 €1.50 **가는 방법** 산 비탈레 성당 앞에서 오른쪽으로 나와 Via San Vitale를 따라 직진, 길 끝에서 왼쪽 골목으로 가다 오른쪽 첫 번째 골목으로 진입, 도보 100m Map p.292-A2

유네스코
건축
미술

Venezia

바다와 결혼한 도시
베네치아

베네치아는 6세기 무렵 형성된 도시로 12세기 무렵에는 아드리아해의 해상무역권을 장악해 막강한 부와 권력을 지닌 도시국가였으며 그 부를 바탕으로 찬란한 문화를 꽃피웠다. 신대륙 발견 이후 점차 쇠락해진 베네치아 공화국은 나폴레옹의 침입으로 종말을 맞이하고 1866년 이탈리아 왕국에 편입되고 만다.
그러나 베네치아의 여유로움은 사라지지 않고 오늘날까지 베네치아를 찾는 이들에게 낭만과 멋을 선사한다. 다른 어느 도시에서도 볼 수 없는 풍경을 자랑하는 도시로의 여행을 떠나보자.

지명 이야기
베네치아 Venezia의 영문명은 베니스 Venice다.

이런 사람 꼭 가자!!
저렴한 비용으로 크루즈 여행을 즐기고 싶다면
파란 바다와 함께 서있는 알록달록한 집들이 보고 싶다면
좁은 골목길에서 하염없이 헤매고 싶다면

저자 추천

이 사람 알고 가자
안토니오 비발디, 카사노바

이 영화 보고 가자
〈툼 레이더〉, 〈이탈리안 잡〉, 〈007 21편 카지노 로열〉, 〈투어리스트〉

이 책 읽고 가자
『베니스의 상인』, 『베니스에서의 죽음』, 『베니스의 개성상인』

Information 여행 전 유용한 정보

클릭! 클릭!! 클릭!!!

베네치아 관광청 www.turismovenezia.it
베네치아 이벤트 · 전시 정보 www.meetingvenice.it
미술관 · 박물관 관련 정보 www.visitmuve.it
예술 · 축제 · 엔터테인먼트 · 교통 관련 정보 www.hellovenezia.com

관광 안내소

숙소 정보를 제공하고, 바포레토(수상버스) 탑승권, 베네치아 카드 등의 구입도 가능하다. 지도는 유료(€0.50)로 판매한다.

산타 루치아 역 ⓘ Map p.310-A1
운영 매일 08:00~18:30(여름 ~20:00)
가는 방법 산타 루치아 역 정면의 출입구 오른편에 있다.

산 마르코 광장 ⓘ Map p.310-C2
운영 월~토 09:00~15:30
휴무 일요일
가는 방법 산 마르코 광장 끝에서 오른쪽으로 걷다가 바포레토 S. Marco Vallaresso 정류장 맞은편에 있다.

환전소

이탈리아 대표적인 여행도시이니만큼 상점이나 식당에서 신용카드 사용이 보편화되고 있다. 현금 인출을 원한다면 기차역 등에 자리한 ATM 기계를 이용해야 한다.

BNL Bancomat
위치 아카데미아 미술관 왼쪽 옆 골목에 있다.

통신사

Tim Map p.314-B2
주소 Ruga dei Spezieri, 385
운영 매일 09:00~19:00
가는 방법 산타 루치아 역에서 도보 20분

Wind Map p.310-B1
주소 Rio Terà S. Leonardo 1519
운영 매일 09:30~19:30
가는 방법 산타 루치아 역에서 왼쪽 길 따라 첫 번째 다리 건너

Vodafone Map p.314-B1
주소 Strada Nova 3683 **운영** 매일 09:00~19:30
가는 방법 산타 루치아 역에서 큰 길 따라 도보 15분

슈퍼마켓

DESPAR Map p.310-A1
주소 Rio Terà Lista di Spagna 124
운영 매일 08:00~21:30
가는 방법 산타 루치아 역에서 왼쪽 길 따라 도보 3분

COOP Map p.310-A1
주소 Santa Croce 502 **운영** 매일 08:30~21:00
가는 방법 로마 광장에 위치

우체국 Map p.310-A1

주소 Fondamenta Santa Chiara 511(로마 광장 부근)
운영 월~토 08:30~18:30 **휴무** 일요일

경찰서

산타 루치아 역 Map p.310-A1
위치 1번 플랫폼 옆 **운영** 24시간

시내 Map p.310-A1
주소 Piazza Roma
가는 방법 로마 광장 버스 티켓 판매소 옆에 있다.

병원

Ospedale Civile Map p.315-D2
주소 Campo SS Giovanni e Paolo 6777
가는 방법 산 파올로 성당 옆에 있다. 리알토 다리서 도보 10분

Istituto Sherman
주소 San Marco, 5369/A
연락처 041 522 8173
이메일 info.isve@bianalisiveneto.it

Centro di medicina – Mestre
주소 Viale Ancona 5,4 Piano, Mestre (Laguna Palace Hotel 앞)
연락처 041 5322 500
이메일 laboratorio.mestre@centrodimedicina.com

Access 베네치아 가는 법

베네치아는 이탈리아 반도 북부에 위치해 있다. 항공편을 이용해 베네치아로 들어가 이탈리아 여행을 시작하거나, 베네치아에서 여행을 마치고 출국하도록 계획을 짜면 남북으로 긴 이탈리아 지형의 특성을 이용한 효율적인 여행이 가능하다.

비행기

베네치아의 주공항은 마르코 폴로 국제공항이다. 우리나라의 아시아나항공과 두바이를 경유하는 아랍에미레이트항공, 그리고 많은 유럽계 항공사가 취항한다. 라이언에어를 이용했다면 트레비소 공항을 이용하게 된다.

마르코 폴로 국제공항 Map p.312-A1
Aeroporto di Venezia Marco Polo (VCE)

베네치아의 메인 공항으로 시내에서 북쪽으로 10㎞ 떨어져 있다. 유럽계 항공사와 이지제트, 브리티시미들랜드, 부엘링 등 저가 항공편이 취항한다.
택스 리펀드 오피스 Agenzia delle Dogane는 에스컬레이터를 이용해 출국장으로 올라가면 왼쪽 끝(51번 카운터 건너편)에 위치한다.
공항 정보 www.veniceairport.it

공항에서 시내로

공항에서 베네치아 시내까지는 버스와 보트를 이용한다. 숙소 위치에 따라 선택이 달라지는데 산타 루치아 역이나 메스트레 역 부근의 숙소를 예약했다면 버스를, 산 마르코 광장과 리알토 다리 부근의 숙소를 예약했다면 보트를 이용하는 것이 편리하다.
숙소를 예약하지 않고 베네치아에 도착했거나 당일로 베네치아를 둘러보고 이동할 여행자라면 버스를 이용해 여행지와 가까운 산타 루치아 역으로 가는 것이 여러모로 편리하다.

1) 버스

베네치아 공항과 시내를 연결하는 버스는 ATVO와 ACTV, 두 가지가 있다. 입국장에서 B번 출구로 나가면 바로 보이는 버스 정류장에서 탑승한다. 티켓은 공항 수하물 수취 구역에 위치한 자동발매기나 도착 홀 내의 버스 회사 매표소, 버스 정류장의 자동발매기에서 구입한다.
산타 루치아 역으로 가는 버스와 메스트레 역으로 가는 버스가 따로 운행되므로 버스 앞에 표시되어 있는 행선지를 반드시 확인하고 탈 것. 산타 루치아 역으로 가는 버스는 산타 루치아 역 건너편에 위치한 로마 광장 Piazza Roma에 하차한다. 약 20~30분 정도 소요된다. 로마 광장과 산타 루치아 역은 바포레토 한 정거장 거리이고 도보로는 5분 정도 걸린다.

※버스 운영 시간 및 요금

①공항→로마 광장

• ATVO VENEZIA EXPRESS 35번
운행 공항 출발 06:00~01:10, 로마 광장 출발 04:08~01:10 **소요시간** 20분 **요금** 편도 €10, 왕복 €18

• ACVT 버스 5번
운행 공항 출발 06:10~01:10, 로마 광장 출발 04:20~00:40 **소요시간** 35분 **요금** 편도 €10, 왕복 €18

②공항→메스트레 역

• ATVO VENEZIA EXPRESS 25번
운행 공항 출발 06:06~01:10, 메스트레 역 출발 04:30~00:40 **소요시간** 20분 **요금** 편도 €10, 왕복 €18

• ACVT 버스 15번
운행 공항→메스트레 역 월~토 05:45~20:15(30분 간격), 일 · 공휴일 07:25~20:25, **메스트레 역→공항** 월~토 06:32~20:00, 일 · 공휴일 06:55~19:55
소요시간 25분 **요금** 편도 €10, 왕복 €18

2) 보트 ALILAGUNA

숙소가 산 마르코 광장 부근이거나 리알토 다리 부근이라면 이용해볼 만하다. 바포레토와 유사한 형태의 보트로 공항에서 출발해 리도와 본섬을 연결한다. 노선은 Blu, Arancio, Rossa, 이렇게 3개다.
보트 정보 www.alilaguna.it **요금** 공항~리도/베네치아 편도 €15 왕복 €27, 공항~무라노 편도 €8 왕복 €15

노선 정보 & 운행 시간

Linea BLU

노선 공항~무라노 섬~폰다멘테 노베~리도 섬~산 마르코 광장~산타 루치아 역

운행 공항→산타 루치아 역 05:20~00:20, 산타 루치아 역→공항 08:20~21:20

Linea ARANCIO

노선 공항~Guglie(산타 루치아 역 부근)~리알토 다리~S. Maria del Giglio(아카데미아 다리 부근)

운행 공항→S. Maria del Giglio 08:35~23:05, S. Maria del Giglio→공항 06:15~19:15

LINEA ROSSA

노선 공항~무라노~리도~산 마르코

운행 공항→산 마르코 08:50~17:30, 산 마르코→공항 07:21~15:45

택시

늦은 시간 도착했거나 짐이 많고 일행이 있다면 이용을 고려해봐도 좋겠다. 가격은 고정되어 있으며 홈페이지를 통해 미리 이용권을 구입할 수도 있다.

Radiotaxi www.radiotaxivenezia.com

요금 공항→로마 광장 €40, 공항→메스트레 시내 €35

근교이동 가능 도시

출발지	목적지	교통편/소요 시간
베네치아 Santa Lucia	비첸차	기차 40분~ 1시간 10분
베네치아 Santa Lucia	베로나 Porta Nuova	기차 1시간 10분~ 2시간 10분

주간이동 가능 도시(고속기차 기준)

출발지	목적지	교통편/소요 시간
베네치아 Santa Lucia	로마 Termini	기차 3시간 40분
베네치아 Santa Lucia	밀라노 Centrale	기차 2시간 35분
베네치아 Santa Lucia	피렌체 S. M. N.	기차 2시간
베네치아 Santa Lucia	볼로냐 Centrale	기차 1시간 30분

야간이동 가능 도시

출발지	목적지	교통편/소요 시간
베네치아 Santa Lucia	로마 Termini	기차 6시간 50분

트레비소 공항 Map p.312-A1
Aeroporto di Treviso A. Canova (TSF)

시내와 30㎞ 정도 떨어진 곳에 위치한 공항으로 카노바 Canova 공항이라고도 부른다. 주로 저가항공이 취항하며 공항에서 베네치아 사이를 ATVO 버스와 Terravision 버스가 운행한다. 비행기 출발 · 도착 시간에 맞춰 버스가 운행하므로 사전에 버스 스케줄을 알아두고 움직이는 것이 좋다.

공항 정보 www.trevisoairport.it

• ATVO 버스

공항을 출발해 메스트레 역을 거쳐 산타루치아 역 부근 로마 광장까지 운행한다.

운행 공항→로마 광장 07:45~22:10, 로마 광장→공항 04:30~19:00(요일별 변동 있음)

요금 편도 €12, 왕복 €22 **소요시간** 1시간

• Terravision Bus

공항을 출발해 메스트레 역을 거쳐 크루즈 터미널 부근 트론체토 Tronchetto까지 운행한다.

운행 공항→메스트레/트론체토 07:40~21:10, 트론체토→공항 05:30~18:30(요일별 변동 있음)

요금 편도 €10, 왕복 €18 **소요시간** 40분

기차

베네치아는 이탈리아 여행의 관문이 되는 도시. 북쪽에 위치한 파리, 뮌헨, 빈 등의 인근 유럽 도시와 로마, 나폴리, 바리 등의 이탈리아 도시를 연결한다.

베네치아에는 메스트레 역과 종착역인 산타 루치아 역, 두 곳이 있다. 내릴 때는 역 이름을 알리는 표지판을 꼭 확인하고 내리자.

산타 루치아 역 Map p.310-A1
Stazione Venezia Santa Lucia

종착역인 산타 루치아 역은 바다를 건너 도착하게 된다. 늘 여행자들로 붐비므로 소지품 관리에 각별히 신경을 써야 한다. 특히 야간기차로 이동하는 여행자들이 많기 때문에 이들을 노리는 소매치기들이 많다. 여행 안내소는 승강장 밖으로 나와 정문 오른편에 있다. 시내 지도를 구입(€1)할 수 있으며, 숙소 정보도 얻을 수 있다. 베네치아 카드도 구입 가능하다. 유료 화장실(€1)과 짐 보관소, 경찰서는 1번 플랫폼 옆에 있다. 그 외 환전소와 식당, 호텔 예약사무소 등이 위치한다. 역에서 시내까지는 바포레토를 타고 이동한다. 역에서 나오면 맞은편에 바포레토 승선장이 보인다.

유인 짐 보관소

위치 1번 플랫폼 옆 **운영** 06:00~23:00 **요금** €6/5시간, 이후 6~12시간 €1/시간, 그 이후 €0.50/시간

메스트레 역 Map p.310-A1
Stazione Venezia Mestre

베네치아에서 호텔을 이용하게 되면 이곳에서 내려야 하는 경우도 있지만 대부분 산타 루치아 역에 내려야 한다. 역 1번 플랫폼 옆에 여행자들이 필요로 하는 여행 안내소, 경찰서, 화장실 등의 시설이 있다.

유인 짐 보관소

위치 1번 플랫폼 옆 **운영** 06:00~23:00

요금 €6/5시간, 이후 6~12시간 €1/시간, 그 이후 €0.50/시간

Transportation 시내 교통

베네치아 내에서 모든 교통수단은 배. 버스도, 택시도, 심지어 경찰차와 소방차도 모두 배다. 섬들을 연결해 만들어진 도시라 곳곳에 위치한 계단과 다리 등으로 인해 자동차가 다닐 수 없다. 골목으로 이어져 있는 길을 산책하듯 걷거나, 바포레토와 곤돌라, 트라게토 등을 이용해 베네치아만의 특별한 매력을 최대한 즐겨보자.

베네치아 교통 정보 www.ACTV.it

바포레토 Vaporetto

베네치아의 대표적 교통수단으로 수상버스라고도 불린다. 티켓은 승선장이나 산타 루치아 역 내 여행 안내소에서 구입하는데, 티켓을 사용할 수 있는 시간별로 요금이 다르다. 같은 노선이라도 운행 방향에 따라 승선장이 다르므로 대합실 안에 붙여놓은 노선도를 꼭 확인하자.

바포레토에 탈 때는 탑승장 입구에 서있는 작은 기계에 티켓을 대고 개시한다. 이때 안에 들어 있는 작은 칩에 개시 시간이 입력되며, 이후에는 바포레토를 탈 때마다 체크해야 한다. 티켓은 재활용이 가능하고 자판기를 통해 원하는 시간만큼 충전해서 쓸 수 있다.

여행자들이 주로 이용하는 노선은 대운하를 따라 산타 루치아 역에서 산 마르코 광장까지 운행하는 1번과 2번 바포레토다. 1번은 대운하 변의 모든 정류장에 정차하기 때문에 시간도 오래 걸리고 사람들로 붐벼서 소지품 보관에 신경 써야 한다. 2번은 같은 노선을 운행하나 정차하는 정류장 수가 1번에 비해 적다. 간혹 사람이 많고 검표원이 없다고 해서 무임승차를 시도하는 여행자들이 있는데 절대 금물이다. 여행자들에 대한 검표는 철저하다.

티켓 요금 75분 유효한 1회권 €9.50, 24시간 €25, 48시간 €35, 72시간 €45, 7일권 €65

바포레토 주요 노선

시기별로 노선이 조정되기도 하니 현지에서 꼭 확인해 볼 것. 운행시간표는 산타 루치아 역 출발 기준.

1번 산타 루치아 역을 출발해 대운하를 따라 리알토 다리, 아카데미아 등 거의 모든 정류장에 정차하며 산 마르코 광장을 거쳐 리도 섬까지 연결한다.

2번 대운하 변을 운행하지만 1번 바포레토보다 정차하는 정류장 수는 적다. 본섬의 서쪽 외곽을 돈다.

4.1 · 4.2번 산타 루치아 역, 로마 광장, 주데카 섬, 산 마르코 광장, 폰다멘테 노베 Fondamente Nove 등 본섬 외곽을 돌고 무라노까지 연결한다.

3번 산타 루치아 역 앞에서 무라노 섬까지 직행한다.

바포레토 노선도

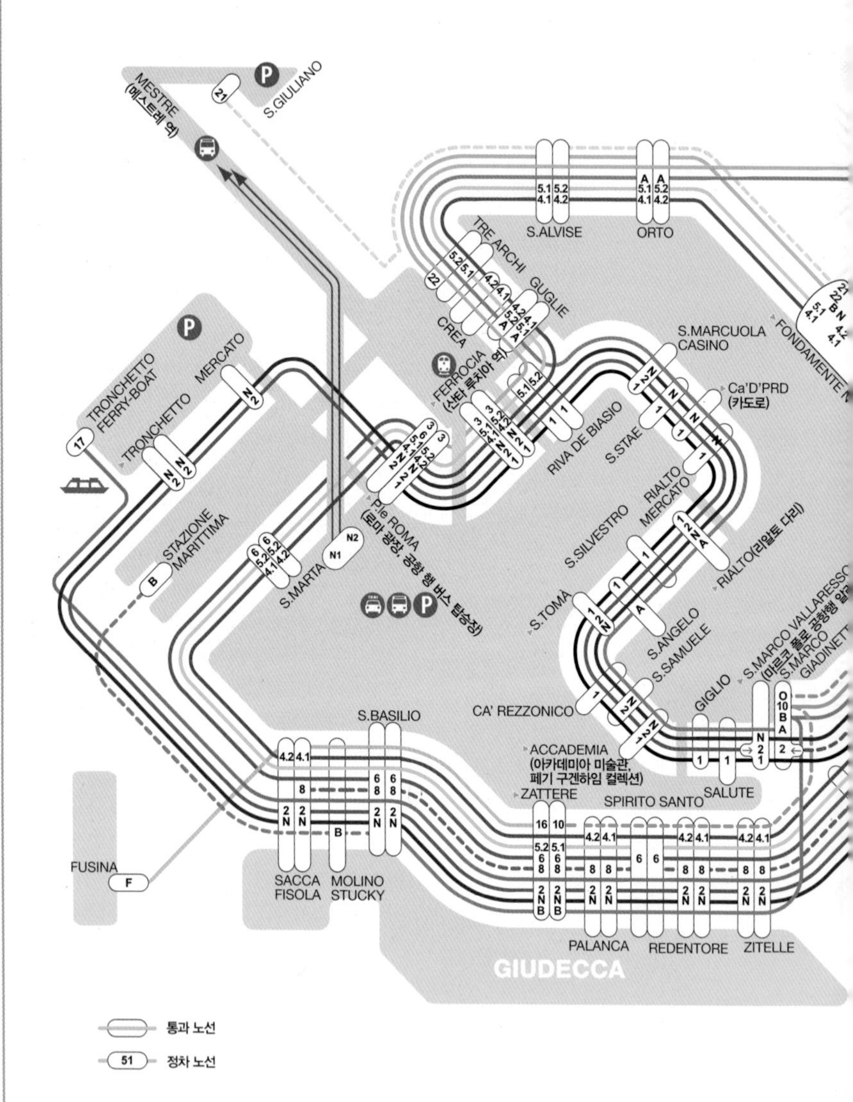
MESTRE
(메스트레 역)
S.GIULIANO
S.ALVISE
ORTO
TRE ARCHI
GUGLIE
CREA
FERROCIA
(산타 루치아 역)
S.MARCUOLA
CASINO
FONDAMENTE N
Ca'D'PRD
(카도로)
TRONCHETTO
FERRY-BOAT
MERCATO
TRONCHETTO
RIVA DE BIASIO
S.STAE
RIALTO
MERCATO
STAZIONE
MARITTIMA
P.le ROMA
(로마 광장, 공항 행 버스 탑승장)
S.MARTA
S.SILVESTRO
RIALTO(리알토 다리)
S.TOMÀ
S.ANGELO
S.SAMUELE
S.MARCO VALLARESSO
S.MARCO
GIGLIO
CA' REZZONICO
S.BASILIO
ACCADEMIA
(아카데미아 미술관,
페기 구겐하임 컬렉션)
ZATTERE
SPIRITO SANTO
SALUTE
FUSINA
SACCA
FISOLA
MOLINO
STUCKY
PALANCA
REDENTORE
ZITELLE
GIUDECCA
통과 노선
정차 노선

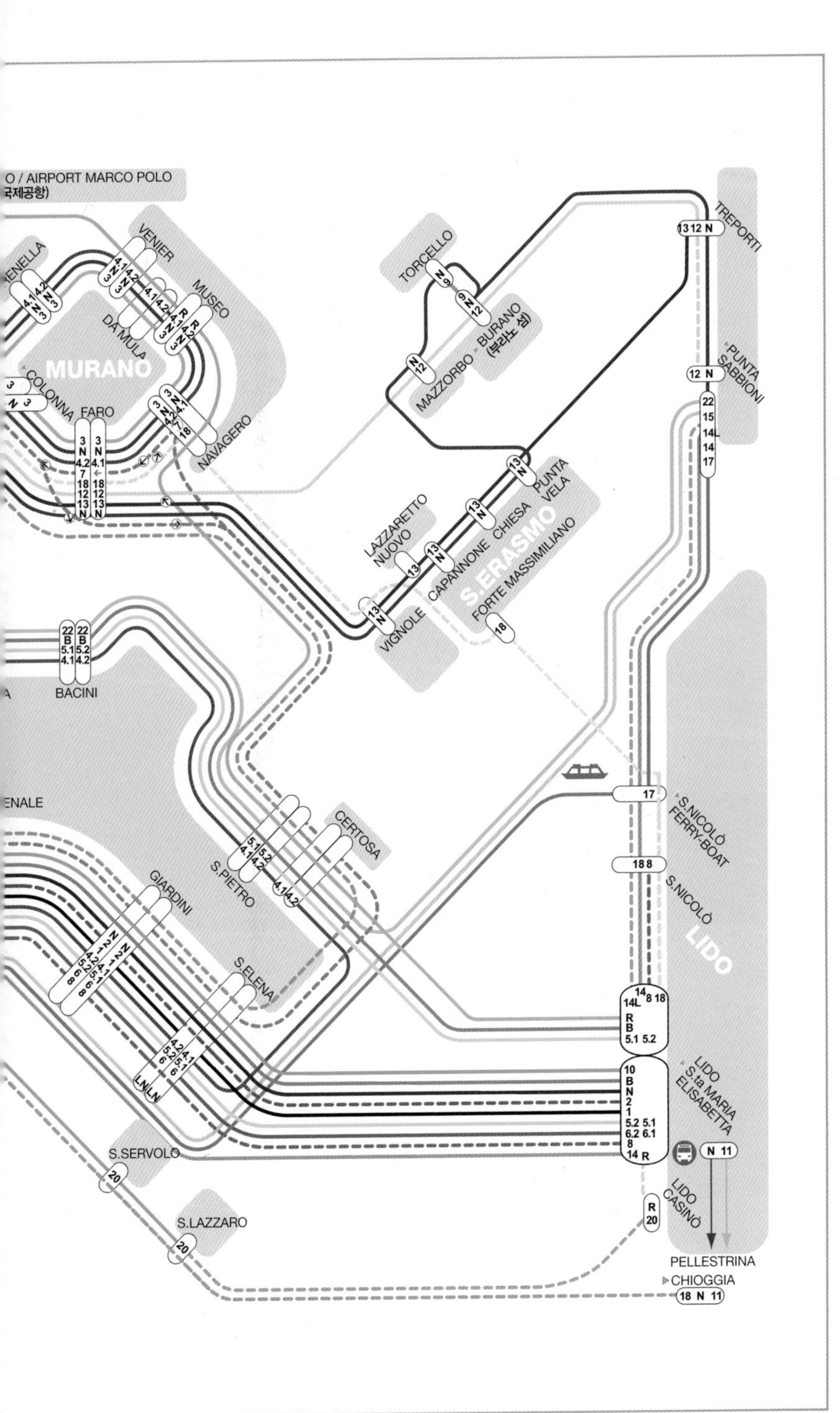
O / AIRPORT MARCO POLO
국제공항)
MURANO
VENIER
MUSEO
DA MULA
COLONNA
FARO
NAVAGERO
TORCELLO
BURANO
(부라노 섬)
MAZZORBO
TREPORTI
PUNTA SABBIONI
PUNTA VELA
S.ERASMO
CHIESA
CAPANNONE
LAZZARETTO NUOVO
VIGNOLE
FORTE MASSIMILIANO
BACINI
ENALE
CERTOSA
S.PIETRO
GIARDINI
S.ELENA
S.NICOLÒ FERRY-BOAT
S.NICOLÒ
LIDO
LIDO S.ta MARIA ELISABETTA
LIDO CASINÒ
S.SERVOLO
S.LAZZARO
PELLESTRINA
CHIOGGIA

곤돌라 Gondola

베네치아의 낭만을 대표하는 교통수단. 한쪽에서만 노를 젓기 때문에 약간 기울어져 있는 모양으로 검정색이다. 걷다가 지치면 곤돌라를 타고 좁은 운하 사이를 누비는 것도 좋다. 베네치아 대운하의 탁 트인 시야와 바람, 바로 밑에서 찰랑거리는 물소리는 여행의 즐거움을 더해줄 것이다. 시내 여러 곳에 곤돌라 승선장이 있지만 여행 안내소에 요청해 예약하거나 산타 루치아 역과 산 마르코 광장 등에 위치한 공식 곤돌라 승선장에서 탑승하는 것이 좋다. 요금은 €80 정도이며 여름 성수기와 축제기간에는 약간 오른다. 곤돌라 최대 탑승 인원은 6명이므로, 일행을 모아서 타는 것이 저렴하다.

수상택시 Taxi

시간이 애매하고 숙소가 바포레토 정류장과 떨어져 있을 때 이용해 볼 만한 교통수단. 기차역에서 산 마르코 광장까지 €60 정도다. 탑승 전 기사와 요금에 대한 이야기를 꼭 나누도록. 호텔에서 체크아웃해서 기차역 갈 때 베네치아 골목길 지나가기 힘들 때 이용하기도 좋다. 이 경우 호텔 프런트 데스크에 호출을 요청하면서 요금을 미리 알아두자.

알아두세요!

세계 최초로 입장료를 징수한 도시 베네치아

오버투어리즘으로 몸살을 앓던 베네치아에서 특단의 조치를 취했습니다. 코로나 이전부터 논의되던 당일치기 여행자들에게 입장료를 받는 정책을 시행한 것입니다. 베네치아는 2024년 4월 25일부터 7월 둘째 주 사이의 주말에 (메스트레 포함) 베네치아에 숙박하지 않고 당일치기로 여행하는 여행자들에게 €5의 입장료를 징수했습니다. 당일치기 여행자들은 베네치아로 들어가기 전 미리 웹사이트에서 입장료를 납부한 후 QR을 발급받아 소지해야 했습니다. 그렇게 하지 않을 경우 검표원들에게 걸려 벌금을 내야 했고요. 현재는 시범운영 기간이 종료되었지만 향후 어떤 변화가 있을지 지켜볼 일입니다.

트라게토 Traghetto

다리가 3개밖에 없는 대운하를 건너기 위해 고안된 교통수단으로 소박한 형태의 곤돌라라고 생각하면 된다. 곤돌라 요금이 비싸서, 혹은 시간이 없어서 타지 못해 아쉽다면 트라게토에서 그 아쉬움을 풀어버릴 수 있다. 트라게토를 타고 운하를 건널 때 대부분 일어서 있는데 운하에서 볼 때 일어서 있는 승객들의 그림이 매우 근사하다. 리알토 다리와 카도로 부근, 산타 마리아 살루테 성당과 맞은편을 연결하는 노선이 인기 있고 그 외 3개의 노선이 더 있다. 운영시간은 노선별로 조금씩 다르다. 지도를 참조할 것. 요금은 €2. 탑승할 때 뱃사공에게 지불하면 된다.

베네치아의 낭만을 한껏 느낄 수 있는 곤돌라

서서 타는 소박한 곤돌라 트라게토

베네치아
완전 정복

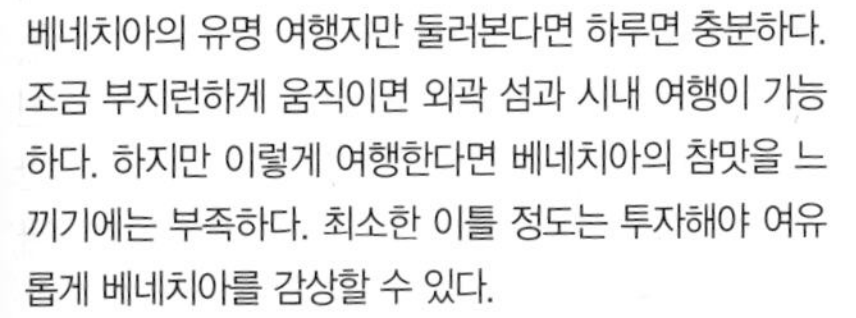

베네치아의 유명 여행지만 둘러본다면 하루면 충분하다. 조금 부지런하게 움직이면 외곽 섬과 시내 여행이 가능하다. 하지만 이렇게 여행한다면 베네치아의 참맛을 느끼기에는 부족하다. 최소한 이틀 정도는 투자해야 여유롭게 베네치아를 감상할 수 있다.

하루는 대운하 주변을 탐색한다. 유명 볼거리의 대부분이 모여 있으므로 미리 여행할 곳의 위치를 파악해두고, 바포레토를 타고 대운하를 따라 가다 원하는 정류장에 내려서 미술관이나 건물을 구경하거나 미로와 같은 골목 사이를 누비며 베네치아 본섬 구석구석을 살피다 보면 어느새 하루해가 저문다. 좁고 복잡한 골목을 헤매지 않으려면 노란 표지판의 화살표를 따라가면 된다. 리알토 다리로 갈 때는 Per Ponte di Rialto, 산 마르코 광장으로 갈 때는 Per San Marco, 산타루치아 역으로 갈 때는 Per Ferrovia S. L, 로마 광장으로 가려면 Per P. Roma라고 쓰여 있는 표지판의 화살표를 따라가면 된다.

다른 하루는 외곽 섬 투어에 할애하자. 바포레토를 타고 외벽을 갖가지 색깔로 칠한 집들이 아름다운 부라노 섬, 유리공예로 유명한 무라노 섬, 해변이 아늑한 리도 섬을 돌아보자. 무라노 섬으로 가는 길에 위치한 산 미켈레 섬의 묘지도 특색 있고 부라노 섬에서 왕복할 수 있는 토르첼로 섬 또한 색다른 분위기다.

시내 여행을 즐기는 Key Point

여행 포인트 미로 같은 골목길, 간간이 보이는 작은 운하들
랜드 마크 산타 루치아 역, 리알토 다리, 산 마르코 광장
뷰 포인트 산 마르코 광장 종탑, 산 조르조 마조레 성당 종탑, 리알토 다리
점심 먹기 좋은 곳 리알토 다리 주변, 산타 루치아 역 주변
쇼핑하기 좋은 곳 산 마르코 광장 주변

이것만은 놓치지 말자!

❶ 정박되어 있는 곤돌라 사이로 보이는 산 조르조 마조레 성당
❷ 해 질 녘 나타나는 산타 마리아 살루테 성당의 실루엣
❸ 종탑에서 내려다보는 산 마르코 광장
❹ 해 질 녘 리알토 다리에서 바라보는 대운하
❺ 알록달록 부라노 섬의 마을

충분한 시간이 없는 여행자를 위한 하루 코스

시내도 보고 싶고, 외곽 섬도 보고 싶은데 시간은 하루밖에 없는 여행자를 위한 코스. 바포레토 1일 승차권을 들고 바포레토에 오르자. 알록달록한 부라노 섬을 먼저 다녀온 후 리도 섬을 다녀오거나 생략한 후 대운하를 중심으로 베네치아의 랜드마크를 모두 섭렵할 수 있는 멋진 코스다. 산뜻한 섬, 멋진 건물, 웅장하고 화려한 성당, 아름다운 광장을 둘러보고 노을 진 대운하를 감상한다.

산타 루치아 역(바포레토 4.2 · 5.2번을 타고 Fondamente Nove에서 하차해 LN번으로 환승. 40분 소요) → 부라노 섬(매시 30분 출발하는 바포레토 12번을 타고 1시간) → 리도 섬 (여름이 아니라면 생략해도 좋다. 바포레토 1번을 타고 20분, S. Zaccaria에서 하차) → 종탑(도보 3분) → 산 마르코 광장 & 성당 & 두칼레 궁전(도보 3분) → 탄식의 다리(곤돌라가 지나갈 때 사진 한 방! 바포레토 1번을 타고 10분) → 산타 마리아 살루테 성당(가족 등 주변 사람들의 건강을 빌어보자. 바포레토 1번을 타고 20분) → 리알토 다리

Venezia Best Course

베네치아 충분히 느끼기 2일 코스

아드리아해의 바닷바람이 도시 곳곳에 스며 있는 낭만적인 도시 베네치아를 만끽해 보자. 이탈리아의 다른 도시에서 경험할 수 없는 수상버스 바포레토에 몸을 싣고 대운하 주변을 감상하거나, 좁은 골목길을 따라 산책하듯 걸어 보자.

1일째

대운하를 따라 성당과 미술관 등의 주요 여행지들을 둘러보는 일정. 두칼레 궁전과 감옥을 잇는 탄식의 다리, 페기 구겐하임 미술관의 예쁜 정원도 볼 수 있다.

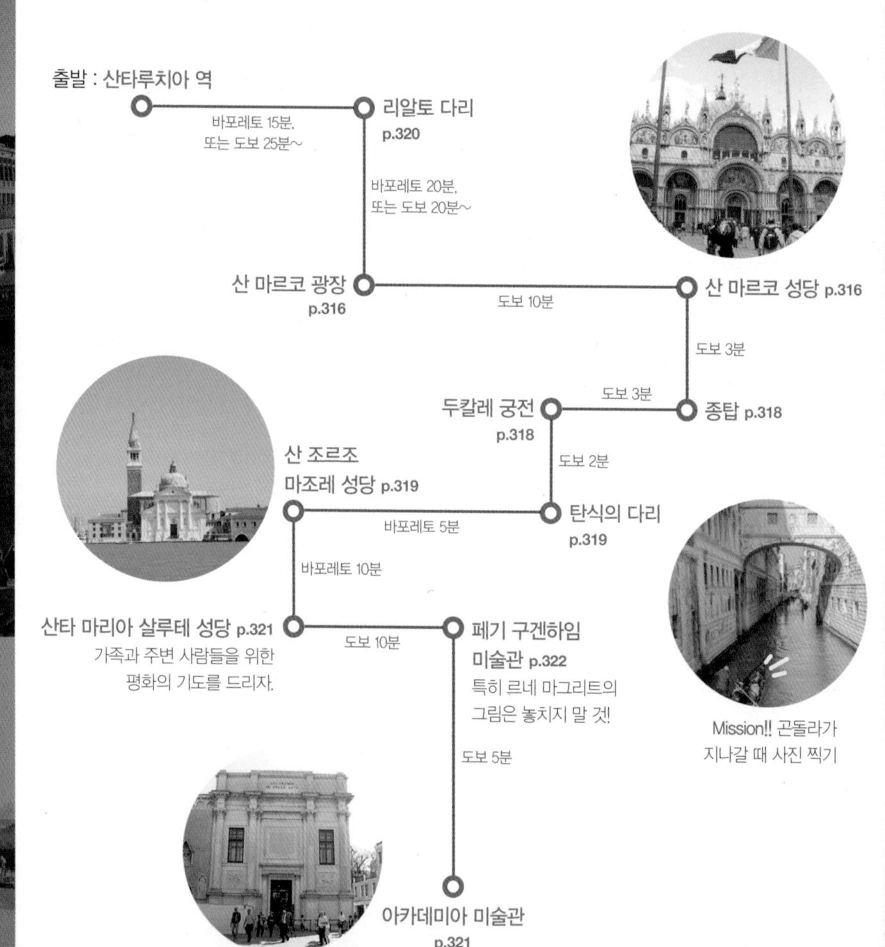

2일째

베네치아에서는 거대하고 호화로운 크루즈 유람선이 주변을 지나가는 것을 종종 보게 된다. 아주 저렴한 가격으로 일생 동안 기억에 남는 크루즈 여행을 떠나보자. 바포레토 1일권 한 장이면 완벽하다.

출발 : 산타 루치아 역

산타 루치아 역 앞에서
바포레토 4.2번을 타고
Cimitero 하차(20분 소요)

산 미켈레 섬
p.325

바포레토 4.2번으로
20분

무라노 섬
p.323

무라노 파로 Murano Faro에서
바포레토 12번을 타고 35분

부라노 섬 p.324

바포레토 9번을 타고 5분
(매시 정각, 30분)

토르첼로 섬 p.325

바포레토 9번(매시 15분, 45분)을 타고
부라노로 돌아와 12번(매시 30분)을 탄다
(1시간 소요)

리도 섬
p.324

바포레토 1, 5.2번 20분

산 마르코 광장
p.316

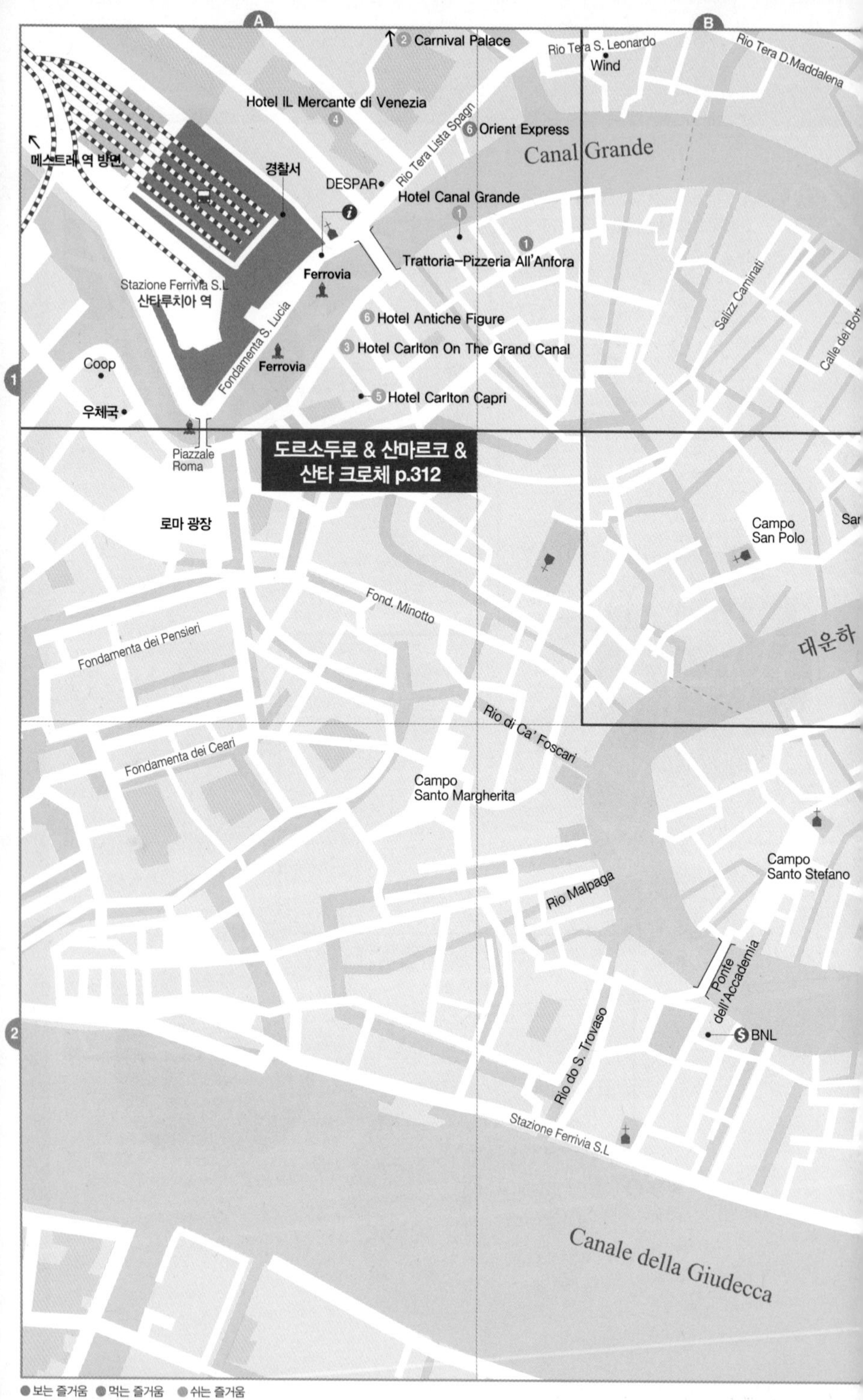

● 보는 즐거움 ● 먹는 즐거움 ● 쉬는 즐거움

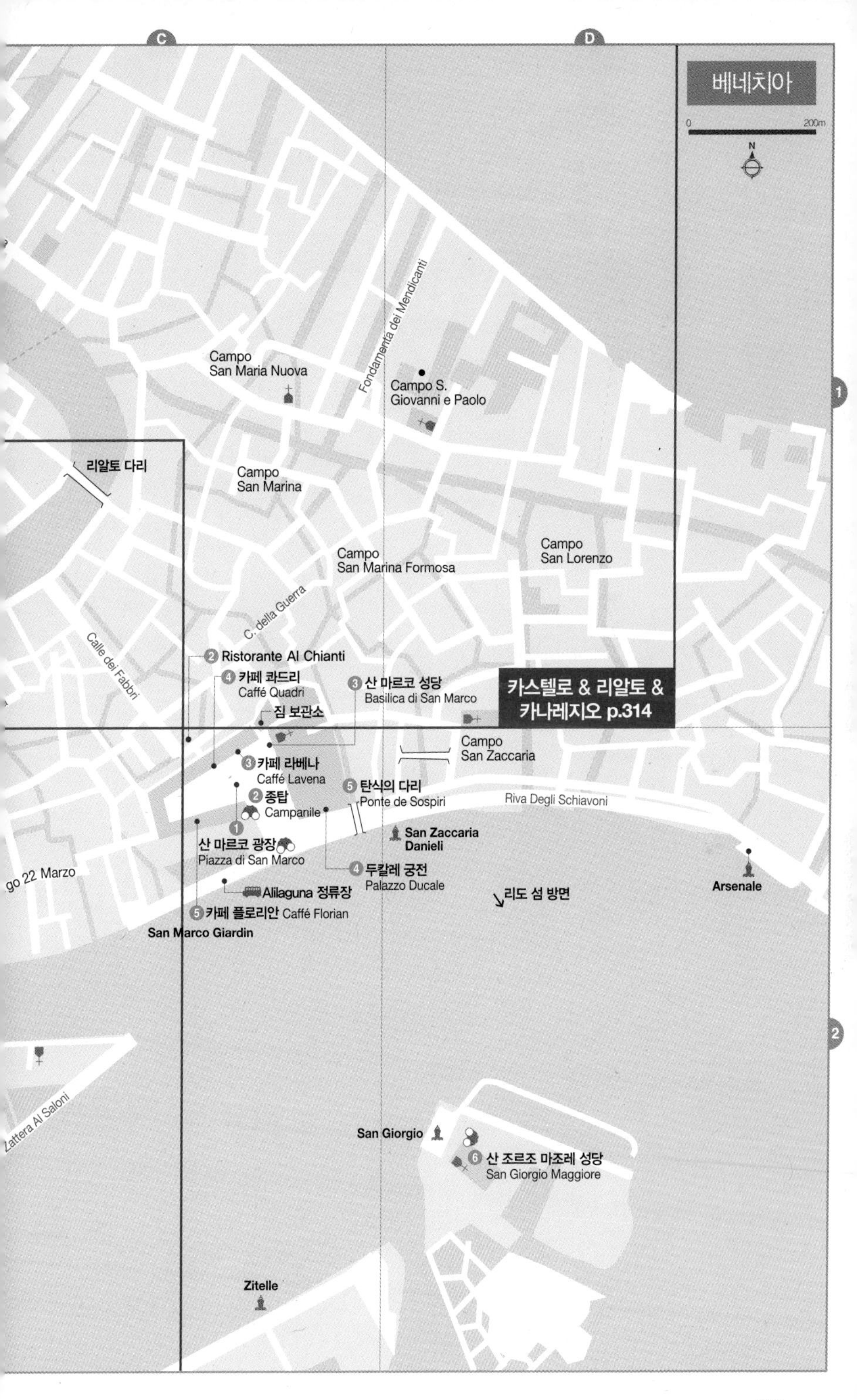
베네치아
0
200m
N
C
D
1
2
Campo
San Maria Nuova
Fondamenta dei Mendicanti
Campo S.
Giovanni e Paolo
리알토 다리
Campo
San Marina
Campo
San Marina Formosa
Campo
San Lorenzo
C. della Guerra
Calle dei Fabbri
2 Ristorante Al Chianti
4 카페 콰드리
Caffé Quadri
3 산 마르코 성당
Basilica di San Marco
카스텔로 & 리알토 &
카나레지오 p.314
짐 보관소
Campo
San Zaccaria
3 카페 라베나
Caffé Lavena
5 탄식의 다리
Ponte de Sospiri
2 종탑
Campanile
Riva Degli Schiavoni
1
산 마르코 광장
Piazza di San Marco
San Zaccaria
Danieli
go 22 Marzo
4 두칼레 궁전
Palazzo Ducale
Alilaguna 정류장
리도 섬 방면
Arsenale
5 카페 플로리안 Caffé Florian
San Marco Giardin
Zattera Al Saloni
San Giorgio
6 산 조르조 마조레 성당
San Giorgio Maggiore
Zitelle

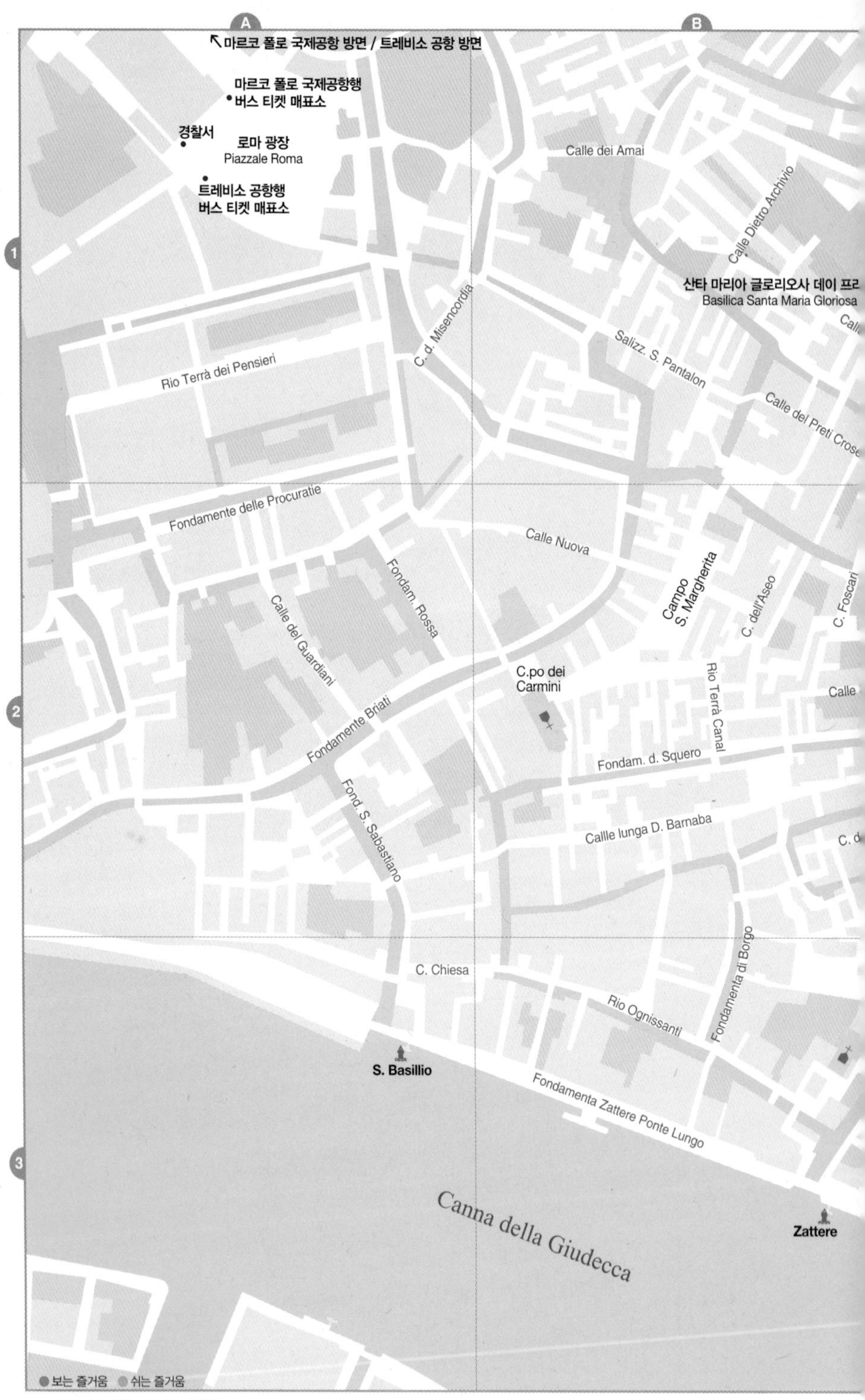

A
B
1
2
3
↖마르코 폴로 국제공항 방면 / 트레비소 공항 방면
마르코 폴로 국제공항행
버스 티켓 매표소
경찰서
로마 광장
Piazzale Roma
트레비소 공항행
버스 티켓 매표소
Calle dei Amai
Calle Dietro Archivio
산타 마리아 글로리오사 데이 프리
Basilica Santa Maria Gloriosa
C. d. Misencordia
Salizz. S. Pantalon
Rio Terrà dei Pensieri
Calle del Preti Crose
Fondamente delle Procuratie
Calle Nuova
Fondam. Rossa
Campo
S. Margherita
C. dell'Aseo
C. Foscari
Calle del Guardiani
C.po dei
Carmini
Rio Terrà Canal
Fondamente Briati
Fondam. d. Squero
Fond. S. Sabastiano
Callle lunga D. Barnaba
C. Chiesa
Rio Ognissanti
Fondamenta di Borgo
S. Basillio
Fondamenta Zattere Ponte Lungo
Canna della Giudecca
Zattere
보는 즐거움
쉬는 즐거움

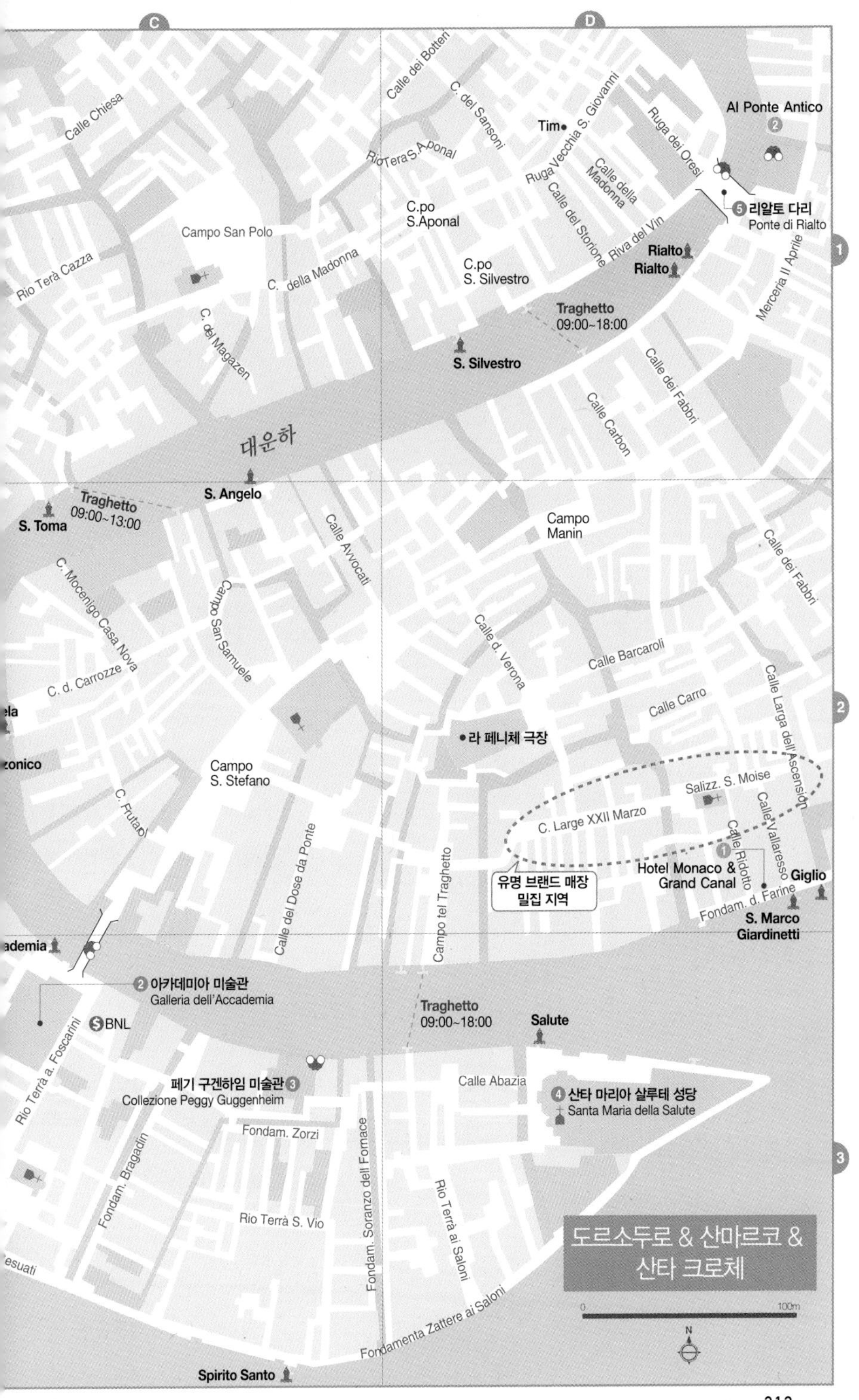

도르소두로 & 산마르코 & 산타 크로체
Al Ponte Antico
Tim
리알토 다리
Ponte di Rialto
Rialto
Traghetto
09:00~18:00
S. Silvestro
대운하
S. Angelo
Traghetto
09:00~13:00
S. Toma
Campo San Polo
C.po S.Aponal
C.po S. Silvestro
Campo Manin
라 페니체 극장
Campo S. Stefano
Salizz. S. Moise
C. Large XXII Marzo
Hotel Monaco & Grand Canal
유명 브랜드 매장 밀집 지역
Giglio
S. Marco Giardinetti
아카데미아 미술관
Galleria dell'Accademia
BNL
Traghetto
09:00~18:00
Salute
페기 구겐하임 미술관
Collezione Peggy Guggenheim
산타 마리아 살루테 성당
Santa Maria della Salute
Spirito Santo
Calle Chiesa
Calle dei Botteri
C. del Sansoni
Ruga Vecchia S. Giovanni
Ruga dei Oresi
Calle della Madonna
Calle del Storione
Riva del Vin
Merceria II Aprile
Rio Terà Cazza
C. della Madonna
C. del Magazen
Calle dei Fabbri
Calle Carbon
Calle Avvocati
C. Mocenigo Casa Nova
Campo San Samuele
C. d. Carrozze
Calle d. Verona
Calle Barcaroli
Calle Carro
Calle Larga dell'Ascension
Calle Vallaresso
Calle Ridotto
Fondam. d. Farine
C. Frutarol
Calle del Dose da Ponte
Campo tel Traghetto
Rio Terrà a. Foscarini
Calle Abazia
Fondam. Zorzi
Fondam. Bragadin
Rio Terrà S. Vio
Fondam. Soranzo dell Fornace
Rio Terrà ai Saloni
Fondamenta Zattere ai Saloni

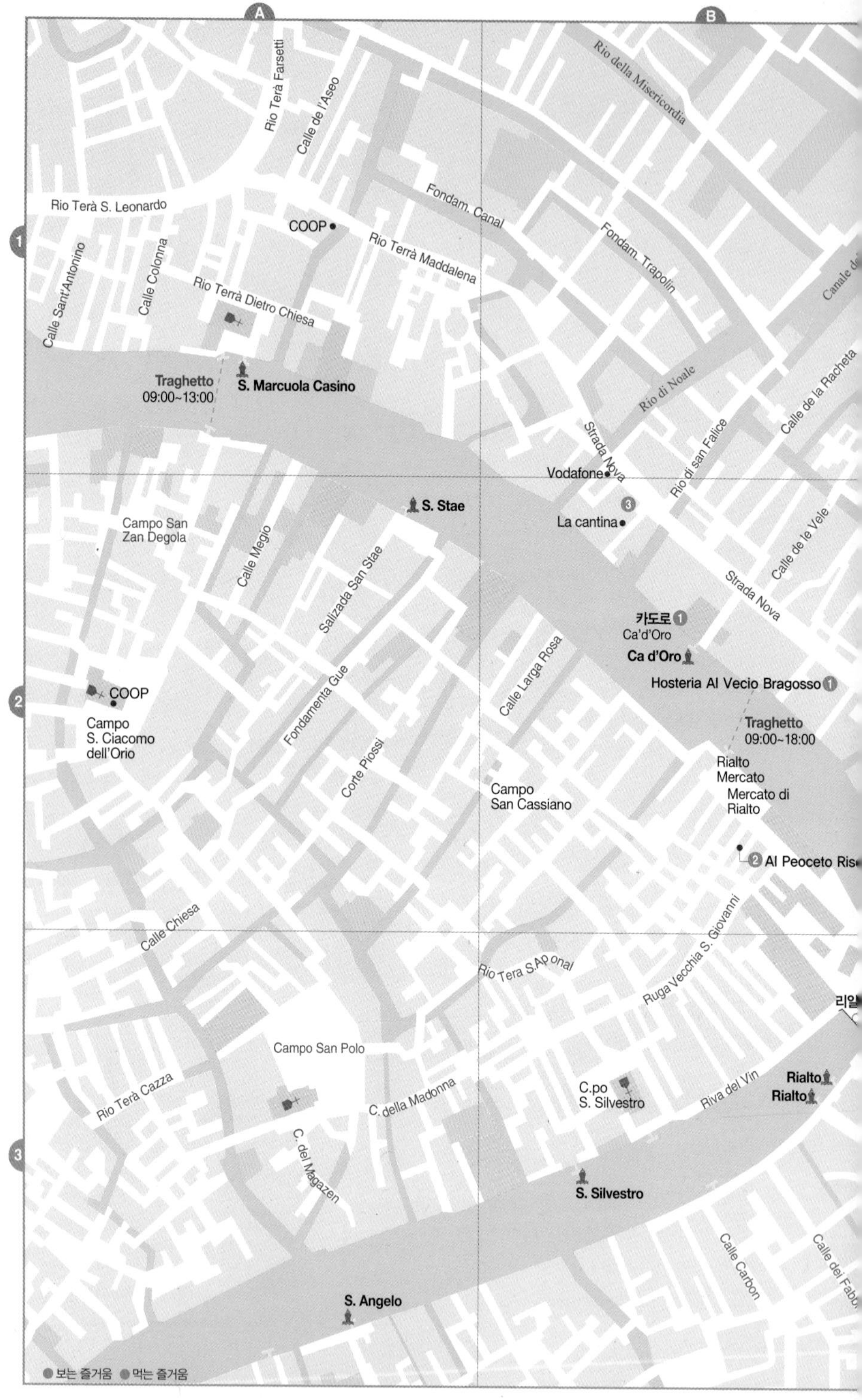
A
B
1
2
3
Rio della Misericordia
Rio Terà Farsetti
Calle de l'Aseo
Rio Terà S. Leonardo
COOP
Fondam. Canal
Rio Terrà Maddalena
Fondam. Trapolin
Calle Sant'Antonino
Calle Colonna
Rio Terrà Dietro Chiesa
Traghetto
09:00~13:00
S. Marcuola Casino
Rio di Noale
Calle de la Racheta
Strada Nova
Rio di san Falice
Vodafone
S. Stae
La cantina
Campo San
Zan Degola
Calle Megio
Salizada San Stae
Calle de le Vele
Strada Nova
카도로
Ca'd'Oro
Ca d'Oro
Hosteria Al Vecio Bragosso
COOP
Campo
S. Ciacomo
dell'Orio
Fondamenta Gue
Calle Larga Rosa
Traghetto
09:00~18:00
Rialto
Mercato
Mercato di
Rialto
Corte Piossi
Campo
San Cassiano
Al Peoceto Ris
Calle Chiesa
Rio Tera S.Ap onal
Ruga Vecchia S. Giovanni
Campo San Polo
Rio Terà Cazza
C. della Madonna
C.po
S. Silvestro
Riva del Vin
Rialto
Rialto
C. del Magazen
S. Silvestro
Calle Carbon
S. Angelo
● 보는 즐거움 ● 먹는 즐거움

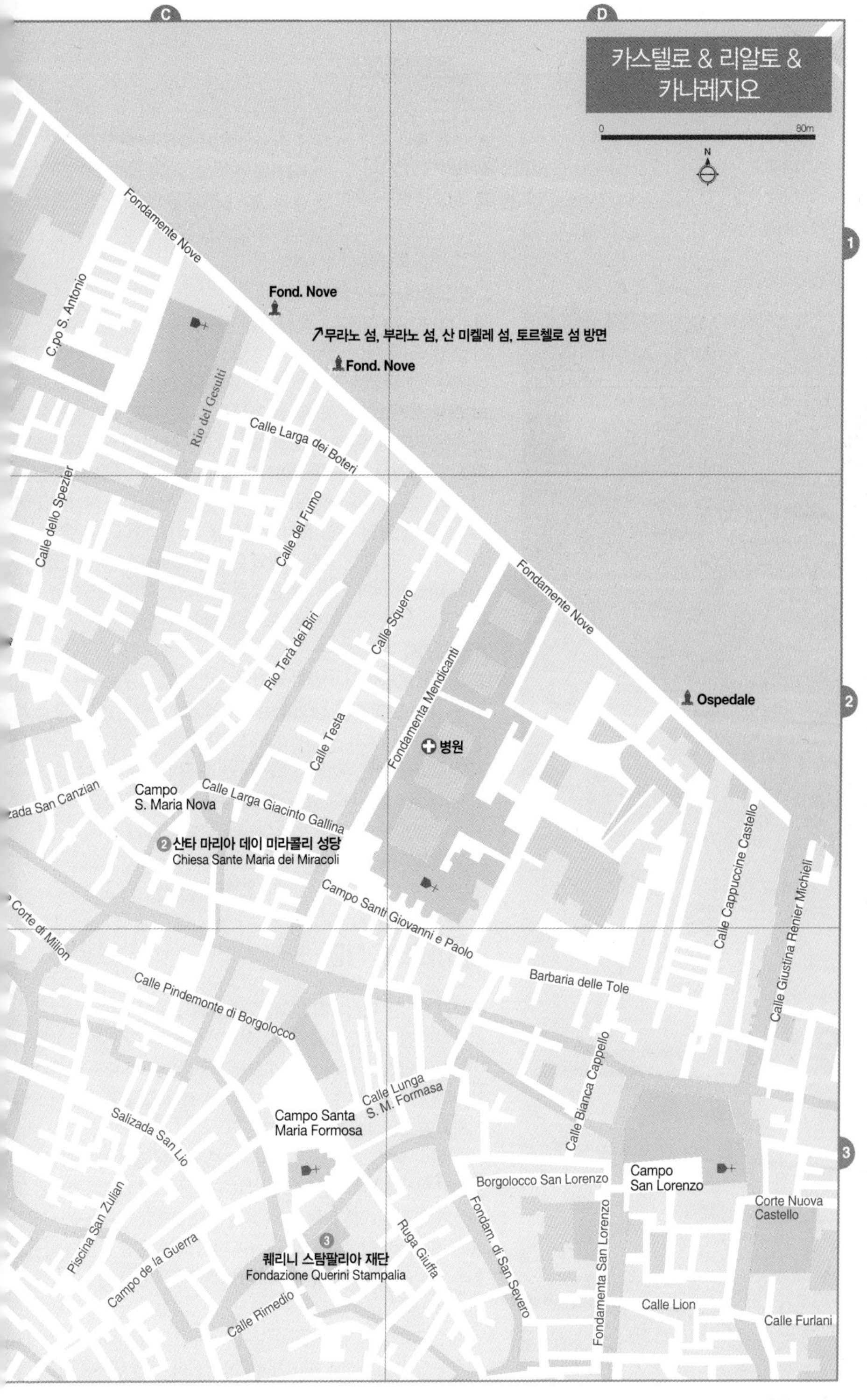

카스텔로 & 리알토 & 카나레지오
0
80m
N
C
D
1
2
3
Fondamente Nove
C.po S. Antonio
Fond. Nove
↗무라노 섬, 부라노 섬, 산 미켈레 섬, 토르첼로 섬 방면
Fond. Nove
Rio del Gesuiti
Calle Larga dei Boteri
Calle dello Spezier
Calle del Fumo
Fondamente Nove
Calle Squero
Rio Terà dei Biri
Fondamenta Mendicanti
Ospedale
Calle Testa
병원
Campo S. Maria Nova
zada San Canzian
Calle Larga Giacinto Gallina
2 산타 마리아 데이 미라콜리 성당
Chiesa Sante Maria dei Miracoli
Calle Cappuccine Castello
Calle Giustina Renier Michieli
Campo Santi Giovanni e Paolo
Corte di Milion
Barbaria delle Tole
Calle Pindemonte di Borgolocco
Calle Bianca Cappello
Calle Lunga S. M. Formasa
Campo Santa Maria Formosa
Salizada San Lio
Borgolocco San Lorenzo
Campo San Lorenzo
Corte Nuova Castello
Piscina San Zulian
Fondam. di San Severo
Ruga Giuffa
3
퀘리니 스탐팔리아 재단
Fondazione Querini Stampalia
Campo de la Guerra
Calle Rimedio
Fondamenta San Lorenzo
Calle Lion
Calle Furlani

ATTRACTION

보는 즐거움

베네치아는 물 위를 가로지르는 오밀조밀한 골목길 사이사이에 각각의 사연을 가진 성당들, 아름다운 미술관과 건축물들이 여행자들을 기다리고 있다. 무라노, 부라노, 리도 등 주변 섬들의 이국적인 풍경도 베네치아의 신비로움을 더해준다.

비 오는 밤의 산 마르코 광장 야경

종탑에서 바라본 산 마르코 광장

산 마르코 성당

산 마르코 광장 Piazza di San Marco

베네치아에 들르는 여행자들이 예외 없이 찾는 곳. 베네치아 여행의 중심 포인트이며 세계에서 가장 아름다운 광장으로 알려져 있다. 하얀 대리석 주랑이 삼면을 둘러싸고 있어 마치 홀과 같은 느낌이 난다. 그래서 나폴레옹은 이 광장을 '세계에서 가장 아름다운 응접실'이라고 칭했다. 베네치아 최고의 명소 산 마르코 대성당을 비롯해 두칼레 궁전, 종탑 등이 광장 변을 지키고 있다. 광장은 늘 음악 소리로 가득하다. 광장 주변에 위치한 세계 최초의 카페 '플로리안'을 비롯한 여러 카페에서 연주하는 라이브 악단들이 그 소리의 주인공이다. 광장은 무료로 음악회를 즐길 수 있는 훌륭한 공연장이기도 하다.

산 마르코 광장에서 바닷가로 나와 정박해 있는 곤돌라와 함께 멀리 산 조르조 마조레 성당이 보이게 앵글을 잡으면 소위 '달력 사진'을 찍을 수 있다.

비오는 밤을 베네치아에서 보낸다면 꼭 산 마르코 광장을 찾도록 하자. 광장을 둘러싸고 있는 주랑의 불빛이 물 고인 광장 바닥에 비치며 만들어내는 모습은 눈과 마음에 콕콕 박힌다.

가는 방법 바포레토 1 · 4.1 · 4.2번을 타고 San Zaccaria에서 하차. 또는 리알토 다리에서 도보 15분 Map p.311-C2

산 마르코 성당 Basilica di San Marco 건축, 미술

기원전 828년 이집트의 알렉산드리아에서 운반해 온 베네치아의 수호성인 성 마르코의 유해를 안치하기 위해 세운 성당으로 베네치아의 대성당이다. 여러 차례의 화재로 인한 복구와 증축 공사로 원래 건축 양식인 비잔틴 양식을 기본으로 로마네스크와 르네상스 양식까지 복합된 모습을 하고 있다.

둥근 돔이 뒤에 보이고, 곡선이 유려한 아치문 상단의 모자이크는 비잔틴 양식에 따라 금색으로 화려하게 장식되어 있으며 주변은 마치 섬세한 레이스를 붙여 놓은 것 같은 느낌으로 천사와 여러 성인들의 조각상이 장식되어 있다. 하단 아치 다섯 개 중 중앙의 반원은 최후의 심판을, 양쪽 면은 성 마르코의 유해가 운반되는 과정을 묘사하고 있다.

중앙 문으로 들어가면 내부는 12세기 대리석과 모자이크로 장식되어 있는데 그 섬세하고 화려함에 압도당한다. 성당 내부를 장식하고 있는 모자이크는 총 면적 4000㎡에 달하며 모자이크를 통해 성서 내용을 신자들이 이해할 수 있도록 하기 위해 제작되었다고 한다. 천장 모자이크의 화려함에 눈이 어지럽다면 잠시 바닥으로 시선을 돌리자. 기하학적인 모양의 대리석들이 크게 물결을 이루고 있다. 성당에서 가장 볼만한 유물은 중앙제단 뒤쪽의 팔라도로 Pala d'Oro. 예수 그리스도와 천사들, 4명의 복음사가가 새겨진 섬세한 금세공품 안에 알알이 박혀있는 보석이 눈부시다.

주소 Piazza San Marco **홈페이지** www.basilicasanmarco.it **운영** 매일 09:30~17:15(일 14:00~), 입장 마감 16:45 **입장료** 성당 €3, 팔라도로 €5 **미사** 평일 08:30 · 10:00 · 17:45 · 18:45, 일 · 공휴일 08:30 · 10:00 · 12:00 · 17:45 · 18:45 **가는 방법** 바포레토 1 · 5.1 · 14번을 타고 San Zaccaria 하차, 또는 리알토 다리에서 도보 15분, 산 마르코 광장에 있다. **Map p.311-C2**

성 마르코의 시신을 옮길 때 쓴 마차를 상징하는 조형물

알아두세요!

산 마르코 성당에 들어갈 때 배낭이나 우산은 성당 왼쪽 건너편에 있는 짐 보관소(Ateneo San Basso, Piazzetta dei Leoncini)에 맡겨야 한다. 민소매 상의, 무릎 위로 올라오는 반바지나 스커트는 금물이다. 복장에 신경 쓸 것. 산 마르코 성당은 다른 성당에 비해 복장 규제가 엄격한 편이다.

산 마르코 성당 모자이크 배치도

1. 천지창조
2. 최후의 심판
3. 아브라함 일대기
4 · 5 · 6. 요셉의 일대기
7. 모세
8. 묵시록
9. 성령 강림
10. 예수 승천
11. 산 마르코의 일생
12. 사도 요한
13. 산 레오나르도

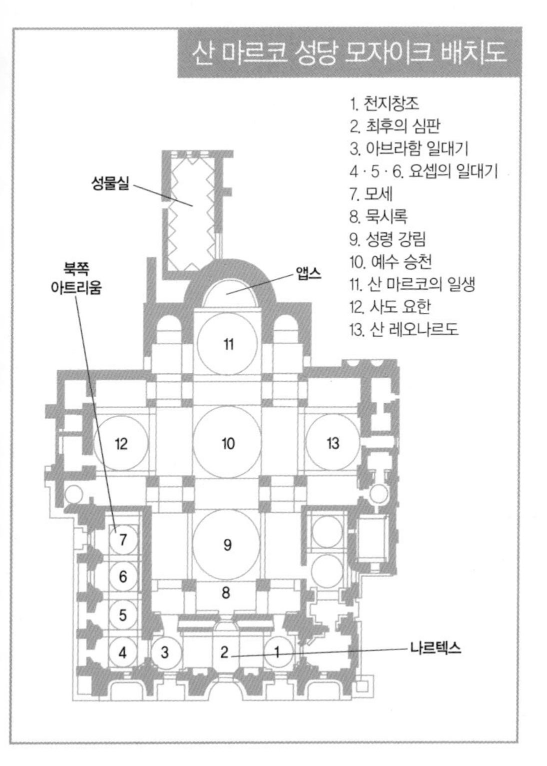

모자이크로 표현된 「최후의 심판」

13세기에 만들어진 모자이크

종탑

종탑 Campanile 뷰포인트

12세기 말 등대로 쓰기 위해 세운 탑이었으며 중세시대에는 감옥으로도 사용됐다. 1902년에 갑작스럽게 붕괴되었으나 복구공사 끝에 1912년에 완공됐다. 까마득한 높이를 갖고 있지만 엘리베이터가 설치되어 있어 100m 높이의 전망대까지 단번에 올라갈 수 있다. 종루에 오르면 탁 트인 전망이 가슴속까지 시원하게 해주며 베네치아 특유의 빨간 지붕과 파란 바닷물의 조화가 산뜻하다. 종루는 산 마르코 광장을 가장 아름답게 볼 수 있는 곳 중 하나로 광장에 섰을 때는 잘 보이지 않던 바닥의 하얀 벽돌 장식이 또렷하게 눈에 들어온다.

주소 Piazza San Marco **운영** 매일 09:30~21:15(입장 마감 20:45) **휴무** 1/7~24 **입장료** €10 **가는 방법** 바포레토 1 · 5.1 · 14번을 타고 San Zaccaria에서 하차. 또는 리알토 다리에서 도보 15분, 산 마르코 성당 앞에 있다. Map p.311-C2

두칼레 궁전 Palazzo Ducale 건축, 미술

두칼레 궁전

카도로와 함께 베네치안 고딕의 진수라 칭해지는 핑크색의 우아한 건물로 산 마르코 성당 옆에 있다. 9세기에 베네치아 공화국의 총독 관저였다가 여러 차례 보수공사를 거쳐 15세기 때 지금의 모습으로 완성됐다. 흰색 · 회색 · 핑크 대리석이 만들어낸 마름모꼴 문양을 가진 외벽이 창문 · 기둥들과 어우러져 독특한 아름다움을 자아낸다. 베네치아를 다스리던 도제(총독)가 기거했으며, 모든 정부기능이 집중되어 있던 곳으로 베네치아 공국의 정치적 심장부 역할을 했다. 궁전 앞 작은 광장과 면해 있는 외벽은 나란히 규칙성을 가지고 장식되어 있다. 그중 다른 컬러의 기둥이 있는데 이곳에서 사형이 선고되었으며 사형 집행은 궁 앞 작은 두 기둥 사이에서 이루어졌다. 내부에는 15~16세기에 활약한 베네치아파 화가들의 벽화와 천장화가 있는데 대평의원회의 방 Sala del Maggior Consiglio에는 세계에서 가장 큰 유화라고 하는 틴토레토의 벽화 「파라다이스 Paradiso」가 그려져 있다.

이 기둥 사이에서 사형이 선고되었다.

세계에서 가장 큰 유화 틴토레토 「파라다이스」

산 마르코 성당과 붙어있는 문은 '문서의 문 Porta della Carta'이라고 하며 이곳에 정부의 법령이나 포고령을 내다 붙였다고 한다.
주소 Piazzetta San Marco 30170 **홈페이지** palazzoducale.visitmuve.it **운영** 4~10월 09:00~19:00(입장 마감 18:00), 11~3월 09:00~18:00(입장 마감 17:00) **입장료** 일반 €30(코레르 궁, 마르시아나 도서관 입장권 포함) **가는 방법** 바포레토 1 · 5.1 · 14번을 타고 San Zaccaria에서 하차. 또는 리알토 다리에서 도보 15분, 산 마르코 성당 앞에 있다. **Map p.311-C2**

탄식의 다리 Ponte de Sospiri

탄식의 다리

1602년에 만든 이 다리는 운하를 사이에 두고 두칼레 궁전과 감옥 Prigioni을 잇고 있다. 두칼레 궁전에서 열린 대평의원회에서 형을 선고받은 죄인들이 이 다리를 건너 감옥으로 가면서 다리 창문으로 두 번 다시 나오지 못할 바깥 세계를 바라보며 탄식을 한 데서 그 이름이 유래했다고 한다. 우리가 잘 아는 카사노바 역시 이 다리를 통해 투옥됐는데 그는 그 감옥에서 탈출한 유일한 인물이라고 한다. 다리 밑으로 곤돌라가 지나갈 때의 풍경은 베네치아를 가장 잘 나타내주는 모습 중 하나다. 이때를 놓치지 않기 위해 여행자들은 카메라의 셔터를 분주하게 누르고, 서로 기념 촬영도 많이 해준다. 다리 난간 부분은 늘 사람들로 붐빈다. 그만큼 소매치기의 위험도 크므로 소지품에 신경 쓰자.
주소 Sestiere di San Marco **가는 방법** 바포레토 1 · 5.1 · 14번을 타고 San Zaccaria에서 하차. 또는 리알토 다리에서 도보 15분, 두칼레 궁전 오른쪽의 작은 운하에 놓인 다리 위에서 탄식의 다리가 보인다. **Map p.311-C2**

산 조르조 마조레 성당
San Giorgio Maggiore 뷰포인트, 건축

산 조르조 마조레 성당

바다를 가운데 두고 산 마르코 광장과 마주보고 있는 성당. 산 마르코 광장을 배경으로 사진을 찍을 수 있다. 그리스 신전을 보는 듯한 형태의 흰색 대리석으로 만들어진 파사드가 견고하고 단단해 보인다. 이탈리아 북부에서 주로 활동했던 르네상스 건축가 팔라디오 Palladio의 설계에 따라 지어진 성당으로 1566년에 공사가 시작되어 1610년에 완공되었다. 성당 내부를 장식하고 있는 틴토레토의 「최후의 만찬」, 「하늘에서 내리는 만나」가 유명하지만 무엇보다도 빼놓을 수 없는 것은 종탑에 올라 바라보는 베네치아의 전경이다. 뉘엿뉘엿 저무는 노을빛에 물들어가는 베네치아의 모습은 영원히 머릿속에서 지워지지 않을 것이다.
주소 Isola di San Giorgio, Venice, 30100 **홈페이지** www.abbaziasangiorgio.it **운영** 매일 09:00~19:00(일요일 11:00 미사로 인해 10:40~12:00 동안 폐쇄) **입장료** 종탑 엘리베이터 €6 **가는 방법** 바포레토 2번을 타고 S. Giorgio에서 하차 **Map p.311-D2**

대운하를 빠져나가는 대형 크루즈 선박

SAY! SAY! SAY!

재능을 덮어버린 부도덕한 일생
카사노바 Giacomo Girolamo Casanova de Seingalt(1725~1798)

〈카사노바의 초상 A portrait of Giacomo Girolamo Casanova〉
안톤 라파엘 멩스 Anton Raphael Mengs

15세 성직 입문, 17세에 파도바대학 법학 박사학위를 받은 7개 국어 능통한 천재적인 법학자. 이력만 보면 위인전기 속 인물이라 생각할 수 있겠으나 이는 희대의 바람둥이 지아코모 지롤라모 카사노바의 이력입니다.
그는 18세기에 베네치아에서 희극 배우와 성악가 사이에서 태어난 실존 인물로 천재적인 두뇌와 함께 뛰어난 음악적 재능을 소유했던 인물이라고 합니다. 그러나 성직자의 신분으로 여인들을 유혹해 관계를 맺고 수녀까지 끌어들여 난교파티를 여는 등의 패륜적인 행동을 저지르고 베네치아 두칼레 궁에 있는 피옴비 감옥에 수감되고 그 유명한 탈옥 사건의 주인공이 됩니다.
탈옥 후 영국, 프랑스, 독일 등지를 떠돌며 살다가 여러 스캔들을 일으키고 다시 이탈리아로 돌아와 출판업에 종사하다 출간한 책 내용으로 인해 이탈리아에서 추방당해 떠돌다 체코 프라하 근교에서 쓸쓸히 생을 마감합니다.
그가 바람둥이의 대명사가 된 것은 자서전 〈나의 인생 이야기 Histoire de ma vie〉를 통해' 서술 한 여자들과의 관계에 관한 내용 때문입니다. 이 책에서 그는 자신과 관계한 수 많은 여자들의 신상과 성행위까지 자세하게 묘사했는데 큰 파란을 일으키며 그간의 엽기적인 행각이 세상에 드러나는 계기가 됩니다. 일각에서는 단순한 성관계가 아닌 강간과 매춘도 일삼았었다고 하네요. 뿐만 아니라 여러 사기 사건에 휘말린 전적으로 인해 그가 가진 놀라운 학문적, 예술적 재능은 사람들의 뇌리에서 사라지게 되었습니다.
그는 아래 문장에서 보이듯 자신의 생에 대해 잘못이 없다고 생각하는 것 같습니다.
"나는 내가 인생을 살아오면서 행한 모든 일 들이 선한 일이든 악한 일이든 자유인으로서 나의 자유 의지에 의해 살아왔음을 고백한다"

리알토 다리

© 이장원

리알토 다리 Ponte di Rialto 뷰포인트

대운하의 가장 좁은 곳에 놓여 있는, 베네치아를 대표하는 대리석 다리다. 19세기까지 대운하에 놓인 유일한 다리였으며 처음에는 목조교량이었다고 한다. 잦은 화재로 붕괴되었는데 설계 공모전을 통해 1588~1592년 대리석으로 개조했다. 피렌체 베키오 다리처럼 다리 양쪽으로 가진 상가들이 늘어서 있고 베네치아 특산품인 유리공예품이 주로 판매되고 있다. 이 일대는 베네치아에서 가장 번화한 곳이다. 산 마르코 광장이 가깝고 주변에 어시장과 식료품 시장이 들어서 있으며 주변에 기념품 숍들도 많이 있어 저렴한 가격으로 쇼핑을 즐길 수 있다. 늘 많은 사람으로 붐비는 만큼 소지품 관리에 신경써야 하는 지역이기도 하다.
리알토 다리 뒤편으로 가면 예전에는 우체국으로 사용되다가 DFS 면세점으로 리모델링 한 T Fondaco dei Tedeschi by DFS가 있다. 베네치아 건축물 중 중정을 볼 수 있는 몇 안 되는 건물로, 옥상에 올라서면 근사한 운하의 풍경을 바라볼 수 있다. 장소가 협소해 예약제를 실시하고 있으니 미리 방문해 예약할 것.
가는 방법 산타 루치아 역에서 도보 30분. 또는 바포레토 1 · 2번을 타고 Rialto에서 하차 Map p.311-C2, Map p.313-D1, Map p.314-B3

산타 마리아 글로리오사 데이 프라리 성당
Basilica Santa Maria Gloriosa dei Frari

13~14세기 사이에 프란체스코 수도회 수도사들이 짓기 시작해 15세기 중반 고딕 양식의 거대한 성당으로 증축되었다. 붉은색 벽돌로 만들어진 외벽과 수수한 장식이 밋밋하지만 내부 예술품들은 장엄함의 극치를 보여준다. 내부에는 카노바 Canova, 티치아노 Tiziano 등 베네치아 태생의 유명인과 3명의 총독들의 무덤이 있어 베네치아의 판테온으로도 불린다.

주소 Campo dei Frari 30170 **홈페이지** www.basilicadeifrari.it **운영** 월~금 09:00~19:30, 토 09:00~18:00, 일 · 공휴일 13:00~18:00 **입장료** €5(코러스 패스 사용 가능) **오디오 가이드** €3 **가는 방법** 바포레토 1 · 2번을 타고 Santo Tome에서 하차해 도보 3분 Map p.315-C2

산타 마리아 글로리오사 데이 프라리 성당

산타 마리아 살루테 성당
Santa Maria della Salute 건축

대운하 입구에 서 있는 크고 둥근 지붕의 바로크 양식 성당. 대운하를 드나드는 선박들을 보호하는 수호신 같은 분위기를 풍긴다. 베네치아에 창궐했던 흑사병(페스트)이 사라진 것에 감사드리기 위해 17세기에 건립된 성당으로 Salute는 이탈리아어로 '건강과 구원'을 의미한다. 내부는 팔각형의 공간에 여섯 개의 예배당이 둥글게 배치되어 있으며 티치아노를 비롯한 여러 화가들의 16~17세기 작품들을 볼 수 있다. 해질 녘 산 마르코 광장 쪽에서 바라보는 실루엣과 물에 비친 야경이 아름답다.

주소 Campo della Salute, Dorsoduro **홈페이지** www.basilicasalutevenezia.it **운영** 매일 4~10월 09:00~12:00 · 15:00~17:30, 11~3월 09:30~12:30 · 15:00~17:00 **미사** 평일 16:00, 일요일 11:00 **입장료** 돔 €8 **가는 방법** 바포레토 1번을 타고 Salute에서 하차 Map p.313-D3

산타 마리아 살루테 성당

아카데미아 미술관 Gallerie dell' Accademia 미술

베네치아 공화국이 이탈리아 왕국에 편입되면서 폐쇄된 주요 관공서 · 종교기관 등을 장식하고 있던 미술품을 모아 놓은 것에서 시작된 미술관이다. 중세시대부터 르네상스 · 바로크 시대의 베네치아 화파 그림까지 800여 점의 회화를 소장하고 있다. 베네치아 미술을 이해하려면 꼭 보아야 할 미술관이며 주요 작품으로는 조르조네의 「폭풍우 La Tempesta」와 티치아노의 「피에타 Pieta」 등이 있다. 그 외 카르파치오, 틴토레토, 티에폴로 등 베네치아 화파 화가들의 그림이 모여 있으며 특히 베로네제의 작품을 많이 볼 수 있다.

주소 Campo della Carita, Dorsoduro **홈페이지** www.gallerieaccademia.org **운영** 월 08:15~14:00, 화~일 08:15~19:15(입장 마감 18:15) **휴무** 1/1, 12/25 **입장료** €15 **가는 방법** 바포레토 1 · 2번을 타고 Accademia에서 하차 Map p.313-C3

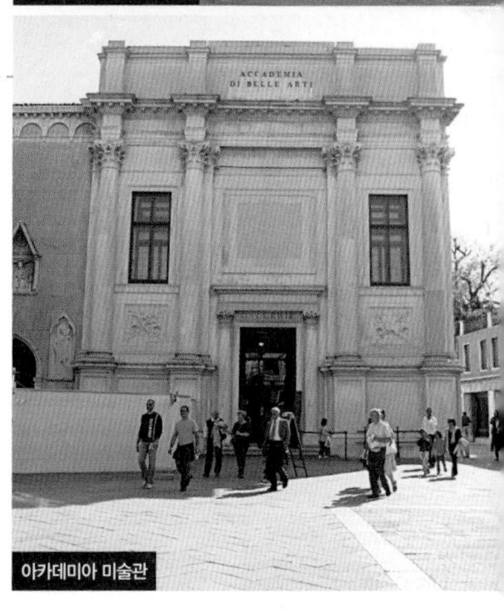

아카데미아 미술관

페기 구겐하임 미술관

카도로

페기 구겐하임 미술관

Collezione Peggy Guggenheim 미술,뷰포인트

현대미술 애호가라면 절대 놓쳐서는 안 되는 미술관. 베네치아의 고급 주택가 도르소두로 지역에 위치한 저택에 위치한 미술관으로 뉴욕 구겐하임 미술관의 설립자 솔로몬 구겐하임의 조카 페기 구겐하임 여사의 개인 컬렉션이 전시품의 대부분을 차지한다. 베네치아의 아름다움에 반한 그녀가 이곳에 집을 구입해 살며 자신의 저택을 미술관으로 꾸몄고 이곳에 매장되는 조건으로 저택을 베네치아에 기증해 개관한 미술관이다. 뉴욕의 구겐하임 미술관과 더불어 현대미술컬렉션으로는 가장 수준 높은 개인컬렉션이다.

추상주의, 초현실주의 등 현대 회화와 조각품이 전시되어 있으며 주요 작품은 르네 마그리트 René Magritte의 〈빛의 제국 L'impero della luce〉, 피카소 Pablo Picasso의 〈La Baignade〉, 몬드리안 Mondrian의 〈컴포지션 Composition〉 등을 포함해 달리, 샤갈, 미로, 브랑쿠시, 칸딘스키 등의 작품들이 있다. 또한 1910년까지 주요 예술운동을 펼친 미국인 페기 구겐하임의 베네치아에서의 생활상과 베네치아의 변모과정을 담은 작품들과 여러 개의 조각품들로 잘 꾸며진 정원이 있다. 운하 쪽으로 난 테라스에서 본 베네치아의 풍경도 멋지고 미술관 카페와 기념품 숍도 잘 꾸며져 있다. 자세한 설명은 별책 p.2 참조.

주소 Palazzo Venier dei Leoni Dorsoduro 701 **운영** 수~월 10:00~18:00(입장 마감 17:00) **휴무** 화요일, 12/25 **입장료** €16 **오디오 가이드** €7 **홈페이지** www.guggenheim-venice.it **가는 방법** 바포레토 1 · 2번 Accademia 하차 후 아카데미아 미술관 왼쪽으로 들어가 좌회전 후 직진 도보 3분 Map p.313-C3

카도로 Ca'd'Oro 건축

베네치아 고딕 양식의 최고 걸작으로 대운하 주변에서 가장 아름다운 건물로 손꼽힌다. 1043년부터 1676년 사이에 8명의 베네치아 도제(총독)를 배출한 콘타리니 가문을 위해 지어진 것으로 1420년에 완성됐으며 화려한 발코니가 바포레토 승객들의 눈길을 끈다. 원래는 궁의 정면이 모두 황금으로 장식되어 있어서 황금의 성이라는 이름이 붙었다고 한다. 1797년 베네치아 공화국이 멸망하면서 카 도로의 소유자는 수차례 바뀌다가 미술 후원가 프란체티 남작이 인수한 후 국가에 기증해 현재는 프란체티 박물관으로 쓰이고 있으며 안드레아 만테냐 Andrea Mantegna의 걸작품이 다수 소장되어 있다.

주소 Cannaregio 3931-3932 **홈페이지** www.cadoro.org **운영** 화~일 10:00~19:00(입장 마감 18:30) **휴무** 월요일, 1/1, 5/1, 2/25 **입장료** €8 **가는 방법** 바포레토 1번을 타고 Ca'd'Oro에서 하차

Map p.314-B2

산타 마리아 데이 미라콜리 성당
Chiesa Santa Maria dei Miracoli 건축

초기 르네상스 양식의 건물로 베네치아의 작은 골목 사이에 숨어 있는 아름다운 성당이다. 베네치아 시민들이 최고의 결혼식 장소로 꼽는 이곳은 내부가 흰색, 회색, 핑크 대리석으로 화려하게 꾸며져 있다. 기적을 일으킨다는 그림 「성모 마리아와 아기 예수」를 보관하기 위해 지은 이 성당은 아기자기하면서 화려해서 '보석상자'라는 별명을 갖고 있기도 하다.

주소 Campo dei Miracoli **운영** 월~토 10:30~17:00(1/6, 11/1, 12/8 12:00~) **휴무** 일요일, 1/1, 부활절(2025/4/20), 8/15, 12/25 **입장료** €3(코러스 패스 사용 가능) **가는 방법** 리알토 다리에서 도보 5분

Map p.315-C2

산타 마리아 데이 미라콜리 성당

퀘리니 스탐팔리아 재단
Fondazione Querini Stampalia 

건축이나 인테리어를 공부하는 사람이라면 꼭 한번 들러보아야 하는 곳. 산타 마리아 포르모사 성당 뒤편에 위치한 저택으로 16세기에 지어진 저택을 1961~1963년 이탈리아 건축가 카를로 스카르파 Carlo Scarpa가 리모델링했다. 가장 인상적인 공간은 1층으로 점령지의 문화를 자신의 문화와 동화시켰던 로마제국의 전통을 고수하며 현대적인 감각을 버리지 않은 건축가의 솜씨를 한 껏 엿볼 수 있다. 스카르파는 베네치아가 섬이라는 것에 착안해 전체적인 디자인을 구성했고 이는 로비까지 들어와 있는 물줄기와 뒤편 정원의 분수에서 볼 수 있다. 이후 1993~2003년에는 스위스 건축가 마리오 보타 Mario Botta에 의해 서점과 카페테리아 증축이 이루어졌다.
현재 건물은 도서관과 미술관으로 사용되고 있다. 3층 미술관에는 조반니 벨리니 Giovanni Bellini와 피에트로 론기 Pietro Longhi 등 14~18세기 베네치아의 바로크 Baroque와 로코코 Rococo 시대의 중요한 미술작품 등을 소장하고 있으며 스탐팔리아 가문의 일원들이 사용했던 가구 등이 전시되어 있다.

주소 Campiello Querini Stampalia 5252 **전화** 041 271 14 11 **홈페이지** www.querinistampalia.it **운영** 화~일 10:00~18:00(입장 마감 17:30) **휴무** 월요일 **입장료** 일반 €15, 사진촬영권 €1 **가는 방법** 산 마르코 광장에서 도보 5분. 산 마르코 성당 왼편 Bar Americano를 왼쪽에 끼고 골목으로 들어가 우회전 후 Calle Large San Marco를 따라 직진, 왼쪽 세 번째 골목으로 들어가 다시 오른쪽 첫 번째 골목 진입해 다리를 건너 끝까지 직진해 왼쪽으로 길 따라 도보 1분

Map p.315-C3

퀘리니 스탐팔리아 재단

무라노 섬 Murano

베네치아 주변에서 가장 큰 섬으로 본섬에서 북쪽으로 1.5㎞ 떨어

무라노 섬

리도 섬의 호화로운 호텔

해변에서 해수욕을 즐기는 사람들

여행자들을 기다리는 자전거

부라노 섬

져 있다. 고대에는 염전과 어업으로 번영을 누렸으나 12세기부터 유리 세공 공장들이 화재 위험 때문에 본섬에서 이곳으로 옮기면서 유리공업의 중심지로 발달했다. 현재도 자신만의 기법으로 제품을 만들어 파는 상점들이 있다. 성수기에는 바포레토 승선장 앞에 공방으로 안내해주는 사람들이 서 있다. 그들을 따라가면 현장에서 직접 공예품 만드는 시범을 볼 수 있다. 본섬에서보다 약간 저렴한 가격으로 액세서리나 공예품을 구입할 수도 있다.
유리 제작 역사를 알고 싶다면 무라노 무제오 Murano Museo에서 하차하고, 공방과 상점에 관심 있는 여행자라면 무라노 콜론나 Murano Colonna에서 하차해 오른쪽 길을 따라가면 나오는 Rio dei Vetrai로 가자. 부라노로 가는 LN번을 타려면 Rio dei Vetrai의 두 번째 다리를 건너 Viale Garibaldi를 따라 길 끝까지 가면 Faro 정류장이 나온다.
가는 방법 바포레토 1 · 4.1 · 4.2 · 3번 Map p.315-C1

리도 섬 Lido 영화

베네치아 본섬에서 남쪽으로 4㎞ 떨어진 곳에 위치한 섬으로 니스, 마이애미와 더불어 유명한 국제적인 휴양지다. 4~9월에는 카지노가 운영돼 도박을 하거나 해변에서 해수욕을 즐기는 인파로 북적댄다. 특히 매년 베네치아 국제 영화제가 열리는 기간이 되면 여행자와 더불어 세계적인 스타들의 모습도 직접 볼 수 있으며 섬 전체에 피서객과 유럽 부유층 사람들이 저마다의 패션을 뽐내며 거리를 활보한다. 하지만 그 외 기간에는 콘퍼런스 등 비즈니스가 아니라면 굳이 찾을 이유가 없을 만큼 썰렁하다.
이곳에서는 매년 5월이 되면, 바다에 반지를 던지며 바다와 결혼식 Lo Sposalizio del Mare을 하는 의식이 펼쳐지는데 섬 북단의 산 니콜로 성당 앞에서 행사가 열린다. 998년부터 시작된 이 행사는 당시 총독이 달마시아 해안(지금의 크로아티아 연안 해안)을 평정한 것을 기념해 열리기 시작했으며 매년 예수 승천일에 개최된다.
베네치아에서 객사한 음악가들의 이야기를 다룬 토마스 만의 소설 『베네치아에서의 죽음』의 배경이 되기도 했고 소설과 동명의 영화를 촬영한 곳이기도 하다.
자전거에 능숙한 여행자라면 바포레토 정류장 앞에 늘어서 있는 자전거를 빌려 여행하는 것도 괜찮다. 우리가 생각하는 것보다 리도 섬은 훨씬 큰 규모이고 섬 구석구석에 볼거리들이 있는 편이다. 요금은 하루 €9.
가는 방법 S. Zaccaria(산 마르코 광장 주변)에서 바포레토 1 · 5.1번 Map p.311-D2

부라노 섬 Burano 핫스폿

본섬에서 북쪽으로 9㎞ 떨어진 곳에 위치한 작은 섬으로 알록달록한 외벽을 가진 집들이 인상적이다. 조용한 어촌마을로 안개 자욱

한 날 어선이 안전하게 운항할 수 있도록 가옥 외벽을 화사하게 칠하면서 시작된 것이 지금은 여행자들을 모으는 매력 포인트가 되었다. 현재는 시 정부에서 페인트를 제공하고 컬러는 집주인이 선택한다고. 어디서든 잡지 화보 사진을 찍을 수 있을 듯한 선명한 컬러가 주는 발랄함과는 다르게 섬은 조용한 편. 선착장에서 내려 왼쪽으로 걸어가면 나오는 큰 공원에서는 조용히 휴식을 취할 수 있다. 선착장 안쪽 골목으로 들어가 왼쪽에 위치한 운하를 따라가면 Via Galuppi가 나오는데 이곳이 중심지. 이곳에 가서야 사람 사는 섬임을 느낄 수 있을 정도로 섬은 조용하다. 양쪽 길에 기념품 숍과 식당들이 길게 늘어서 있으며 특히 눈길을 끄는 것은 레이스로 만들어진 양산, 손수건, 부채 등의 섬유 제품. 부라노 섬은 지금은 명성이 많이 쇠퇴했지만 한때 유럽 왕실과 귀족 가문의 여인들을 사로잡은 베네치안 레이스 생산의 중심지였다. 섬세한 레이스 제품을 구입할 수 있는데 안타깝게도 지금은 중국 등지에서 수입한 제품들이 대부분이며 진짜 부라노 레이스는 매우 비싸다. 레이스 제작 과정이나 역사를 알고 싶다면 레이스 박물관(Piazza Galuppi, 선착장에서 도보 10분)으로 가 볼 것. 가격은 조금 비싸지만 정통 부라노 레이스를 구입할 수 있다.

가는 방법 산타 루치아 역 앞에서 바포레토 4.2번을 타고 Fondamente Nove에서 하차 후 12번으로 환승, 40분 소요 **Map p.315-C1**

부라노 섬의 특산품인 레이스 제품들

알록달록한 가옥은 안개에서 어선을 보호하는 목적으로 칠해졌다.

산 미켈레 섬 San Michele

본섬 바로 북쪽에 있는 섬으로 부라노나 무라노 섬으로 가기 전에 보인다. 벽돌로 된 벽과 벽 위로 솟은 나무가 특이하다. 섬의 대부분은 나폴레옹이 만든 묘지가 차지하고 있으며 스트라빈스키 등 예술가들의 묘소가 있다.

묘지 개방 4~9월 07:30~18:00, 10~3월 07:30~16:00 **가는 방법** 바포레토 4.1 · 4.2번을 타고 Cimitero에서 하차 **Map p.315-C1**

산 미켈레 섬

토르첼로 섬 Torcello

부라노 섬에서 바포레토로 5분 걸린다. 토르첼로는 베네치아 공국 시절 베네치아와 경쟁 관계였으며 베네치아에 점령당하기 전까지 2만 명이 넘게 살았던 섬이었다. 그러나 베네치아와의 계속된 전쟁과 말라리아 때문에 사람들이 죽거나 떠나면서 황량해졌다. 현재는 80여 명이 살고 있다.

선착장과 이어지는 길을 따라가면 만날 수 있는 산타 마리아 아순타 성당 Cattedrale di Santa Maria Assunta은 7세기경 지어진 성당으로 허름한 외형과 다른 내부의 화려한 모자이크가 보는 이를 압도한다.

운영 아순타 성당 3~10월 10:30~17:30, 11~2월 10:00~17:00 **입장료** €5 **가는 방법** 부라노 섬에서 바포레토 9번이 왕복 운행한다(편도로 5분). **Map p.315-C1**

토르첼로 섬의 산타 마리아 아순타 성당

RESTAURANT

먹는 즐거움

바다와 함께 있는 도시이기 때문에 해산물 요리가 신선하고 좋지만 그만큼 음식값이 비싸다. 그렇다고 해서 어디서나 먹을 수 있는 피자로만 끼니를 때우기는 아쉽다. 베네치아에서 꼭 먹어봐야 할 음식은 오징어 먹물 파스타로 우리 입맛에 좀 짜긴 하지만 그 담백함은 어디에서도 찾아볼 수 없다.

Trattoria-Pizzeria All'Anfora

조용한 골목길에 위치한 피체리아. 가격도 저렴하고 피자 자체가 큼직하고 맛있다. 50여 종류의 피자를 만들며 찾기 힘든 흰색 소스의 피자 Pizza Bianca도 있다. 샐러드 종류도 신선하고 저렴하다. 안뜰에도 테이블이 마련되어 있어 아늑한 분위기에서 식사가 가능하다.

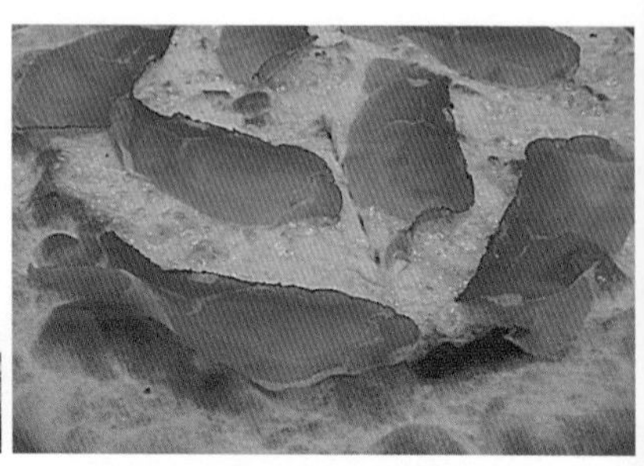

주소 Lista dei Bari Santa Croce 1223 **전화** 041 524 0325 **홈페이지** www.pizzeriaallanfora.com **영업** 목~월 12:00~15:00 · 18:30~22:30 **휴무** 화 · 수요일 **예산** 피자 €6.50~, 자릿세 €2 **가는 방법** 산타 루치아 역 맞은편의 다리를 건너서 왼쪽 골목길로 들어가 직진한다. 성당이 있는 광장을 지나 도보 5분 Map p.310-B1

Al Peoceto Risorto

나무 느낌 가득한 실내와 노란 테이블보가 인상적이다. 해산물 요리가 특히 많고 와인 리스트도 풍성한 편이다. 그날그날 재료 상태에 따른 오늘의 요리가 식당 앞에 적혀 있으며 영어 메뉴도 준비되어 있다.

주소 Rialto(Mercato del Pesce) S. Polo. 249 **전화** 041 522 8459 **홈페이지** www.alpeocetorisorto.com **영업** 매일 10:00~23:00 **휴무** 월요일 **예산** 전식 €10~, 파스타류 €10~, 생선 요리 €16~, 자릿세 €3 **가는 방법** 리알토 다리 건너 걷다보면 왼쪽에 향신료 가게가 보인다. 가게 바로 맞은편 골목 안쪽에 있다.

Map p.314-B2

Hosteria Al Vecio Bragosso

스트라다 누오바 변에 위치한 파란 차양이 인상적인 식당. 따뜻한 실내 분위기, 친절한 종업원이 반갑게 맞아준다. 모든 해산물 요리에 자신있다고 말하는 셰프가 인상적이고 그 자신감을 음식으로 표현해준다.

주소 Strada Nuova 4386 S.S. Apostoli **전화** 041 523 7277 **홈페이지** www.alveciobragosso.com **영업** 화~일 12:00~15:00 · 18:30~22:30 **휴무** 월요일, 1/1, 12/25~26 **예산** 전식 €14~, 파스타류 €16~, 해산물 요리 €22~, 자릿세 €3 **가는 방법** 카도로에서 오른쪽으로 도보 5분 Map p.314-B2

Ristorante Al Chianti

산 마르코 광장 뒤편 식당 골목에 늘어서 있는 레스토랑 중 한 곳. 단품 메뉴 보다는 오늘의 메뉴 Menu di Giorno가 €15로 합리적이다. 여럿이 찾았다면 오늘의 메뉴와 단품을 적절히 섞어서 주문하는 것이 좋다. 자릿세 Coperto가 없는 대신 빵 가격이 별도(€3)라는 것이 흠.

주소 San Marco 655 **전화** 041 522 4385 **운영** 월~토 09:00~23:00 **휴무** 일요일(부활절, 가면축제 기간 제외), 11/22~12/26 **예산** 전식 €13.50~, 수프 · 파스타류 €9~, 생선 · 육류 요리 €19.50~, 피자 €8.50~ **가는 방법** 산 마르코 광장에서 도보 5분. 산 마르코 성당 왼편 Bar Americano를 왼쪽에 끼고 골목으로 들어가 우회전 해 Calle Large San Marco 따라 직진. 왼쪽에 위치 Map p.311-C1

La Cantina

스트라다 누오바 변에 있는 와인 바. 캐주얼한 분위기 속에서 와인과 핑거푸드를 저렴하게 즐길 수 있다. 지나가다 부담없이 들어갈만한 분위기가 강점.

주소 Cannaregio 3689, Campo San Felice **전화** 041 5228258 **영업** 월~토 11:30~23:00 **휴무** 일요일 **예산** 와인(1잔) €3.50~, 치케티 €2.50~, 파니니 €5.50~ **가는 방법** 카 도로에서 왼쪽으로 도보 3분, 펠리체 성당 맞은편 Map p.314-B2

Orient Express

산타 루치아 역 부근에서 중국 음식과 일본 음식을 함께 먹을 수 있는 식당. 입구에 짬뽕, 마파두부, 탕수육, 만두라고 쓰여 있는 한글이 반가운 곳. 그만큼 한국 여행자들이 자주 찾는 이 집의 인기 메뉴이다. 한국인, 중국인 여행자뿐만 아니라 서양인 여행자들도 많이 찾는다. 중국 음식 특유의 불맛 가득한 청경채 볶음도 별미.

주소 Cannaregio 189 30121 Venezia **전화** 041 522 4624 **홈페이지** orientexpressvenezia.it **영업** 매일 10:00~15:00 · 18:00~23:00 **예산** 자릿세 €2, 전식 €6, 면 · 밥류 €8~10, 육류 요리 €10~13 **가는 방법** 산타 루치아 역 앞에서 왼쪽 길 따라 도보 3분. 오른쪽에 위치 Map p.310-A1

SAY! SAY! SAY!

산 마르코 광장의 카페들

이탈리아 카페는 여행자들에게 잠시 잠깐의 휴식처가 됩니다. 특히 산 마르코 광장의 카페들은 고풍스러운 실내 장식으로 잠시 시간여행을 떠날 수 있게 해주죠. 카페 플로리안 Caffé Florian(주소 Piazza San Marco 56, 홈페이지 www.caffeflorian.com, 영업 매일 09:00~23:00)이 대표적입니다. 세기의 바람둥이 카사노바가 즐겨 찾았다는 이 카페는 산 마르코 광장의 카페 중 유일하게 여성의 출입이 가능했기 때문이라고도 합니다. 그 외 괴테, 바이런, 카를로 골도니, 마르셀 프루스트, 찰스 디킨스 등이 이 카페를 자주 방문하기도 했지요. 카페 콰드리 Caffé Quadri(주소 Piazza San Marco 120, 영업 매일 09:00~24:00)는 베네치아에 처음으로 커피를 소개한 곳으로 유명합니다. 오후에 악단의 연주가 열려 많은 여행자들에게 무료 음악회를 선사하는 곳이기도 하지요. 카페 라베나 Caffé Lavena(주소 Piazza San Marco 133, 영업 09:30~21:00)는 1750년에 오픈한 카페로 바그너가 즐겨 찾았다고 합니다.

필자의 개인적 의견으로 이 세 카페의 순위를 매겨볼까요?

① **커피 맛** 라베나 〉 콰드리 〉 플로리안 ② **친절도** 콰드리 〉 라베나 〉 플로리안 ③ **분위기** 플로리안 〉 라베나 〉 콰드리 순서입니다. 이제 선택은 독자 여러분의 판단에….

SHOPPING

사는 즐거움

베네치아의 대표 쇼핑 품목은 각양각색의 축제 가면과 유리공예품. 리알토 다리 주변의 기념품 숍들이 저렴하다. 특히 베네치아에서는 흥정 능력과 물건 고르는 안목이 필요하다. 유명 브랜드 쇼핑을 원한다면 발라레소 거리 Calle Vallaresso(구치 · D&G · 보테가 베네타), 산 모이세 거리 Salizzada S. Moise(프라다 · 펜디 · 베르사체), 22 마르초 거리 Via 22 Marzo(구치 · 페라가모), 메르첼리에 델 오롤로조 거리 Mercelie dell'Orologio(막스마라 · 구치)로 가자. 다른 도시들에 비해 여유로운 쇼핑을 즐길 수 있다.

축제가면

사람 얼굴 크기를 기준으로 저렴한 품목은 €15부터 시작하지만 가격이 저렴하다면 조악한 편이고 여행 내내 들고 다니는 데 문제가 있어 구입하기에 어려움이 많다. 한국으로 발송해주기도 하나 파손 위험이 크므로 신중히 생각하고 구입할 것.

유리 제품

여행자들이 가장 많이 구입하게 되는 제품. 작은 인형이나 액세서리, 핸드폰 고리, 열쇠 고리, 액자 등을 추천한다. 부피가 작아도 특이한 디자인들이 많아 기념품 또는 선물용으로 사랑받는다. 유리공예 상점에 들어갈 때 백팩을 메고 있다면 주의하자. 산 마르코 광장 회랑에 있는 유리제품 상점은 가격은 조금 비싸지만 품질은 보증한다.

ENTERTAINMENT

노는 즐거움

베네치아는 축제의 도시다. 사람 많고 숙소 구하기 힘들고 물가가 오르겠지만 흔히 볼 수 없는 축제를 즐길 수 있다면 그 정도의 불편쯤은 감수하자.

베네치아 국제 영화제 Venezia International Film Festival

1932년 시작된 국제 영화제로 매년 9월 초순에 리도 섬의 팔라초 델 시네마 Palazzo del Cinema에서 열린다. 우리나라와 인연이 깊은 영화제다. 1987년 배우 강수연이 〈씨받이〉로 여우주연상을, 2002년에는 〈오아시스〉로 이창동 감독이 감독상을, 배우 문소리가 신인배우상을 받았다. 2004년에는 김기덕 감독이 〈빈집〉으로 감독상을, 2012년에는 〈피에타〉로 황금사자상을 수상했다. 2024년에는 8/28~9/7 열린다.

베네치아 카니발 Carnevale di Venezia

사순절이 시작되는 재의 수요일 10일 전부터 열리는 베네치아 최대의 축제. 베네치아 공국 시절에는 12월 26일에 시작해 사순절 전 마지막 목요일에 끝나는 기나긴 여정이었으나 베네치아 공국의 몰락과 함께 중단되었다가 1979년 부활했다. 산 마르코 성당에서 오페라 프리마돈나가 천사의 모습으로 분장하고 광장으로 하강하는 의식으로 시작하는 이 축제 기간에 사람들은 고풍스러운 중세시대 의상과 카니발 가면을 쓰고 무도회, 연회, 음악회, 연극 등을 즐길 수 있다. 이 시기에 베네치아는 발 디딜 틈 없이 붐빈다. 마지막 날에는 과거를 청산하고 새로운 앞날을 기약하면서 할머니 모양의 인형을 태우는 로고 델라 베키아 Rogo della Vecchia를 끝으로 축제를 마감한다. 돌아오는 축제는 2025년 2월 22일~3월 4일 열린다.

축제 정보 www.carnevale.venezia.it

곤돌라 축제 Regatta Storica Canal Grande

1315년부터 시작된 곤돌라 경기로 매년 9월 첫째 주 일요일 오후에 시작된다. 본행사 직전 귀족 가문이 소유하고 있는 화려하게 치장된 곤돌라들이 대운하에서 벌이는 퍼레이드가 볼만하고 이어지는 곤돌라 레이스가 이 축제의 백미.

베니스 비엔날레 Venezia Biennale

1895년 시작된 국제 미술전으로 브라질의 상파울루 비엔날레, 미국 뉴욕 휘트니 비엔날레와 더불어 세계 3대 비엔날레에 속한다. 옛 조선소를 리모델링한 아르세날레 공원을 중심으로 베네치아 전역에서 행사가 진행된다. 우리나라는 1995년 처음으로 한국관을 열었고 1993년 비디오 아티스트 고 백남준(독일관 대표로 참석)이 황금사자상을 수상했고, 2015년 임흥순 작가가 은사자상을 수상했다. 2024년에는 5/11~11/24에 열릴 예정이다.

축제 정보 www.labiennale.org

베니스 건축 비엔날레 Venezia Biennale

2016년 비엔날레 한국관

미술전의 부설 행사로 열리다가 1988년 독립된 행사로 개최하기 시작한 국제적인 건축 전시회. 미술전과 마찬가지로 아르세날레 공원을 중심으로 열린다. 우리나라는 1996년에 최초로 참가했으며 2014년에 대상인 황금사자상을 수상하기도 했다. 전시는 단순히 건축물과 관련된 것만이 아닌 도시디자인, 도시 인프라와 사회 다양성, 건축, 사회와 지속성의 관계 등에 초점을 두어 열린다. 2025년에는 5/24~11/23 열릴 예정이다.

STAY

쉬는 즐거움

베네치아는 좁은 면적에 많은 여행자들이 모여들기 때문에 저렴한 숙박비가 비싼 편이다. 산타 루치아 역 옆 골목에 저렴한 호텔들이 몰려 있고 메스트레 역 주변에 호스텔 체인지점이 영업 중이다. 축제 기간에는 베네치아 주변의 비첸차, 베로나, 파도바 등에 숙소를 구하는 편이 좋다.

Hotel Monaco & Grand Canal ★★★★

산 마르코 광장 부근에 위치한 호텔로 베네통 그룹에서 운영한다. 15세기에 지어진 건물 3채를 연결해 사용하는데, 건물 중앙의 파티오의 우물과 유리로 된 천장이 이채롭다. 92개의 객실을 보유하고 있으며 무라노 글라스로 만든 샹들리에와 베네치아의 유명 패브릭 디자이너가 제작한 침구 등 지역에서 생산된 제품으로 내부를 꾸몄다. 바포레토 정류장과 매우 가깝고 바 Bar에서 산 조르지오 마조레 성당과 산타 마리아 살루테 성당을 마주 볼 수 있는 것이 장점이다. 베이지와 골드를 사용한 객실은 차분하고 따뜻한 느낌이며 황금색 문양의 레이스 장식에 사용된 것은 모두 진짜 금이라고 한다.

주소 Piazza San Marco, 1332 **전화** 041 520 0211 **홈페이지** www.hotelmonaco.it **요금** €380~ **가는 방법** 바포레토 1번 타고 S. Zaccaria (Danieli) 하차 후 선착장 옆 왼쪽 길로 도보 3분 Map p.313-D2

Hotel Canal Grande ★★★★

대운하와 맞닿은 곳에 위치한 22개의 객실을 가진 소규모 호텔. 로코코 스타일의 가구와 캐노피가 늘어진 침대가 18세기 유럽 귀족 가문의 실내를 연상시킨다. 객실마다 욕조가 있다는 것도 장점. 창을 열었을 때 보이는 대운하의 바람이 시원하고 가족적인 분위기의 스태프들이 따뜻하다. 조식당과 연결된 테라스가 대운하와 인접해 있어 늘 경쟁이 치열하다고. 시원한 바닷바람과 함께 식사하고 싶다면 일찍 일어나자.

주소 Campo San Simeon Grande, 932 **전화** 041 244 0148 **홈페이지** www.hotelcanalgrande.it **요금** €200~ **가는 방법** 산타 루치아 역 앞 다리 건너 직진하다 왼쪽 두 번째 골목으로 들어간 후 작은 운하 건너 왼쪽 첫 번째 골목 끝에 위치 Map p.310-A1

Carnival Palace ★★★★

유대인 거주 지역인 게토 Ghetto 지역에 자리한 4성급 호텔. 호텔 파사드가 주변 건물과 다르게 깔끔하고 그만큼 내부도 군더더기 없는 인테리어를 갖고 있다. 객실 인테리어는 브라운과 골드를 주로 사용해 고급스러운 느낌이며 대리석을 사용한 욕실은 화려하기까지 하다. 반면 어두운 톤의 복도는 장중한 느낌인데 객실 내에서 휴식을 취하는 다른 이들에 대한 배려를 요청하는 뜻이라고. 산타 루치아 역에서 가까운 곳에 자리하고 작은 운하를 마주하고 있어서 시원한 전망도 일품이다.

주소 Fondamenta di Cannaregio, 929 **전화** 041 244 0320 **홈페이지** www.carnivalpalace.com **요금** €130~ **가는 방법** 산타 루치아 역 앞에서 바포레토 5.1번 타고 Tre Archi 하차, 또는 산타 루치아 역 앞 왼쪽 길 따라 직진 하다 첫 번째 다리 건너 왼쪽으로 도보 300m Map p.310-A1

Hotel Carlton On The Grand Canal ★★★★

산타 루치아 역 정면에 위치한 호텔. 연한 노란색의 호텔 정면 파사드처럼 실내도 화사하고 따뜻한 분위기를 갖고 있다. 로코코 양식의 가구와 벽지 컬러가 전반적으로 여성 취향적인 인테리어를 갖고 있다. 명품 브랜드인 에트로 Etro 어메니티를 사용하며 객실마다 샤워가운과 슬리퍼가 제공된다. 건물 중앙에 자리한 따뜻한 분위기의 파티오, 옥상 바도 좋은 분위기로 인기 좋다.

주소 Sestiere Santa Croce, 578 **전화** 041 275 2200 **홈페이지** www.carltongrandcanal.com **요금** €150~ **가는 방법** 산타 루치아 역 앞 다리 건너 직진 하다 왼쪽 두 번째 골목으로 들어가 작은 운하 건너 왼쪽 첫 번째 골목 끝 Map p.310-A1

Hotel IL Mercante di Venezia ★★★

산타 루치아 역 주변 호텔 밀집 지역에 자리한 호텔. 호텔이 자리한 골목은 허름하지만 실내는 정갈하고 고급스럽다. 번잡한 역 주변과 반대로 조용하고 한적하게 쉴 수 있다. 실내 인테리어는 약간 무겁고 장중한 분위기로 세련된 맛은 없지만 친절하고 따뜻한 스태프들이 제공하는 서비스는 친절하다. 1층 파티오의 바도 저녁이면 자리가 없을 정도.

주소 Calle de la Misericordia 381 **전화** 041 275 9290 **홈페이지** www.ilmercantedivenezia.com **요금** €165~ **가는 방법** 산타 루치아 역 앞에서 왼쪽 길 따라 가다 왼쪽 두 번째 골목 안쪽에 위치 Map p.310-A1

Al Ponte Antico ★★★★

리알토 다리를 바라보며 아침을 먹는 것만으로도 행복해지는 호텔. 14세기 후반에 지어진 건물을 리모델링해서 호텔로 꾸몄다. 그만큼 고전적 분위기 물씬 풍기며, 전체적으로 객실은 널찍하고 시원하다. 왕궁에서나 볼 수 있는 화려한 침대 헤드 장식이 인상적이고 벽지가 어두운색을 띄고 있으나 갑갑한 정도는 아니다. 대운하 변에 자리하고 있어 수상택시를 이용하면 바로 호텔로 접근할 수 있다.

주소 Calle Dell Aseo Cannaregio 5768 **전화** 041 241 1944 **홈페이지** www.alponteantico.com **요금** €270~ **가는 방법** 리알토 다리 건너 직진하면 만나는 작은 광장에서 왼쪽으로 들어가 다리 건너 왼쪽 첫 번째 골목 안쪽 Map p.313-D1

Hotel Carlton Capri ★★★

산타 루치아 역 맞은편 안쪽 조그마한 골목에 위치한 3성급 호텔. 갑갑하지 않은 객실 넓이, 과하지 않은 파스텔톤의 인테리어가 인상적이다. 3성급 호텔임에도 오믈렛, 베이컨 등 따뜻한 아침 식사가 제공된다. 욕실마다 욕조가 설치된 것도 이 호텔의 인기 요소.

주소 Santa Croce, 595 **전화** 041 275 2300 **홈페이지** www.hotelcapri.net **요금** €120~ **가는 방법** 산타 루치아 역 앞 다리 건너 오른쪽으로 가다 세 번째 골목 안으로 들어가 도보 100m Map p.310-A1

Hotel Antiche Figure ★★★

스칼치 다리 Ponte degli Scalzi 건너편에 위치한 22개 객실의 소규모 호텔. 15세기에 지어진 귀족 저택을 리모델링했다. 이탈리아에서 리모델링된 수많은 건축물처럼 창틀이나 천장 등 일부분을 지어진 시기 그대로 보존하고 있다. 디럭스 이상의 룸에는 포트와 함께 커피와 차 등을 마실 수 있도록 해 두었다. 호텔 앞 테라스에서 아침 식사를 즐길 수도 있는데 시원한 바닷바람과 함께 할 수 있어 여름이면 예약 경쟁이 치열하다고. 5월부터 7월까지는 매주 재즈공연도 열린다. 음료와 €6를 지불하면 베네치아 지역에서 활동하는 재즈연주자와 보컬의 공연도 즐길 수 있다.

주소 Sestier Santa Croce, 687 **전화** 041 275 9486 **홈페이지** www.hotelantichefigure.it **요금** €150~ **가는 방법** 산타 루치아 역 앞 다리 건너 오른쪽 성당 지나 바로 옆에 위치 Map p.310-A1

유네스코
음악

Verona
로미오와 줄리엣의 이루지 못한 사랑을 추억하는 도시 **베로나**

로미오와 줄리엣의 세레나데가 흐르는 연인들의 도시 베로나. 고대 로마 시대에 만들어진 이 도시는 아레나를 비롯해 곳곳에서 고대 로마 시대의 유적들을 만나볼 수 있다. 로마네스크 · 고딕 · 르네상스 양식의 성당들과 그 안에 소장된 종교미술품들을 관람하는 일 또한 그냥 지나칠 수 없는 여행 포인트다. 하지만 이 도시가 더욱 매력적으로 다가오는 것은 한여름 밤 펼쳐지는 오페라 축제 때문일 것이다. 아담한 도시의 돌길을 걸으며 아름다운 오페라 아리아의 선율과 함께 로미오와 줄리엣의 이루지 못한 사랑을 추억해보자. 6월 말부터 9월 말 사이에 펼쳐지는 오페라 공연은 절대 놓치지 말자. 평생 잊지 못할 멋진 공연을 감상할 수 있을 것이다.

이런 사람 꼭 가자!!
로미오와 줄리엣의 가슴 아픈 사랑 이야기를 품고 있다면 / 오페라 애호가라면 / 종교미술품에 관심이 많다면

저자 추천
이 책 읽고 가자 『로미오와 줄리엣』
이 음악 듣고 가자 베르디의 오페라 작품들, 〈로미오와 줄리엣〉의 OST 〈Kissing You〉

Information 여행 전 유용한 정보

클릭! 클릭!! 클릭!!!
베로나 여행 정보 www.visitverona.it

여행 안내소
중앙역 ⓘ Map p.335-A3
운영 매일 07:00~21:00
가는 방법 역 플랫폼 오른쪽 복도에 있다.
구시가 ⓘ Map p.335-B2
주소 Via degli Alpini 11 **전화** 045 806 8680
운영 월~토 09:00~19:00, 일 09:00~15:00
가는 방법 브라 광장 Piazza Brá 아레나 옆의 노란색 건물인 Palazzo Barbieri 오른쪽에 있다.

환전소
작은 도시라 대규모 환전소는 없다. 역에서 브라 광장으로 가는 길 주변, 에르베 광장 주변에 은행들이 있으며 ATM이 설치되어 있다.

슈퍼마켓
Pam Map p.335-A2

주소 Via dei Mutiliati 3
운영 월~토 08:00~21:00, 일 09:00~20:00
가는 방법 브라 광장에서 역 방향으로 성문을 지나서 오른쪽 첫번째 골목에 있다.

경찰서
위치 역 내 타바키 옆
운영 24시간

Access 베로나 가는 법

베로나는 밀라노와 베네치아 사이에 위치해 있어 기차를 이용하는 것이 편리하다. 가장 느린 Regionale 기차를 이용하더라도 밀라노와 베네치아 각 구간은 2시간도 채 걸리지 않으며, 따라서 교통비가 적게 든다. 베로나의 중앙역은 포르타 누오바 Porta Nuova 역이며, 시내에서 약 1.5㎞ 정도 떨어져 있다. 역 안에는 유인 짐 보관소, 여행 안내소와 카페테리아가 있으며, 역 외부로 나가는 출입구 오른편 타바키에서 베로나 카드와 교통권을 구입할 수 있다.

역에서 시내까지는 버스를 이용해야 한다. 역 외부 광장에는 시내버스 정류장이 있는데, 정류장별로 노선이 다르므로 확인하고 타야 한다. 시내 중심인 브라 광장으로 가려면 A정류장을, 공식 유스호스텔로 가려면 F정류장을 이용해야 한다.

유인 짐 보관소

위치 플랫폼에서 내려오면 역 출구 오른편에 있다.
요금 €6/5시간, 이후 6~12시간 €1/시간, 그 이후 €0.50/시간

주간이동 가능 도시

출발지	목적지	교통편/소요 시간
베로나 Porta Nuova	비첸차	기차 25분~1시간
베로나 Porta Nuova	베네치아 Santa Lucia	기차 1시간 10분~2시간 10분
베로나 Porta Nuova	밀라노 Centrale	기차 1시간 20분~2시간

Transportation 시내 교통

시내 곳곳으로 버스가 운행하지만 역과 시내를 오갈 때 외에는 버스를 탈 일이 없다. 역 앞 버스정류장에서 평일에는 11 · 12 · 13 · 51 · 52번, 일 · 공휴일에는 90 · 92 · 94 · 96 · 97 · 98번 버스를 타면 브라 광장까지 갈 수 있다. 티켓은 타바키에서 구입할 수 있으며, 베로나 카드 사용이 가능하다. 요금은 60분간 유효한 1회권이 €1.50. 버스 안의 자동발매기에서도 구입할 수 있으나 거스름돈이 나오지 않으며, 요금은 €2. 미처 티켓을 구입하지 못했다면 잔돈을 준비해서 타자. 시내 여행은 도보로도 충분하다.

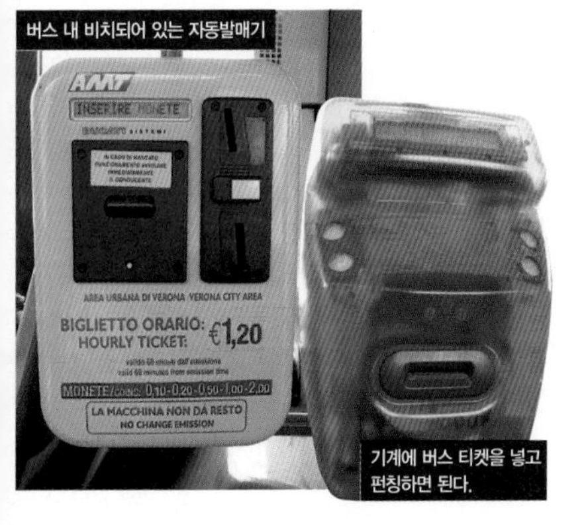

버스 내 비치되어 있는 자동발매기

기계에 버스 티켓을 넣고 펀칭하면 된다.

유용한 카드

1) 베로나 카드 Verona Card

하루 종일 또는 1박 정도 머물며 베로나를 여행할 때, 아레나와 함께 두 곳 정도의 여행지를 돌아 볼 생각이라면 버스 이용이 가능하고 시내의 모든 여행지를 무료로 입장할 수 있는 베로나 카드 구입을 고려해보자. 관광안내소나 각 여행지의 티켓판매소에서 구입이 가능하며, 베로나 역 정문 출구 오른편에 위치한 타바키에서도 살 수 있다. 요금은 24시간 €27, 48시간 €32.

2) Ingresso 5 Chiesa

베로나에서 성당만 둘러볼 생각이라면 이 카드를 추천한다. 산 제노 성당, 두오모, 산타나스타시아 성당, 산 페르모 성당의 입장료는 각각 €4인데, 이 모두를 €8에 입장할 수 있어서 매우 저렴하다. 성당 매표소에서 구입 가능하다. 물론 베로나 카드로도 위의 성당들에 입장할 수 있다.

홈페이지 www.chieseverona.it

베로나 완전 정복

베로나는 베네치아나 밀라노에서 하루 정도 할애해 돌아보기에 적당한 도시다. 일단 역에서 내려 여행 안내소에서 정보를 얻은 후 버스를 타거나 도보로 브라 광장까지 간다. 걸어갈 때는 역 앞 버스 정류장을 지나 포르타 누오바 Porta Nuova 문을 지나 포르타 누오바 거리 Corso Porta Nuova를 따라 25분 정도 걸으면 브라 광장이 나온다. 브라 광장의 아레나를 관람한 후 마치니 Mazzini 거리를 따라 걷다보면 여행자들이 모여 있는 줄리엣의 집이 눈에 띈다. 줄리엣의 집에서 나와 에르베 광장의 노천시장에서 쇼핑을 즐기자. 그런 다음 시뇨리 광장에 있는 단테 상을 보고 주변의 산타나스타시아 성당과 두오모를 본 후 피에트라 Pietra 다리를 건너면 로마 극장까지 둘러볼 수 있다. 브라 광장에서 로마 거리를 따라 서쪽으로 가면 베키오 성이 있고 강변을 따라 20분 정도 걸으면 산 체노 마조레 성당이 나온다.

시내 여행을 즐기는 Key Point

여행 포인트 로미오와 줄리엣의 흔적, 시내 곳곳 성당의 종교미술품
랜드 마크 아레나
뷰 포인트 람베르티의 탑, 로마 극장
점심 먹고 쇼핑하기 좋은 곳 Via Mazzini, Via Cappello

이것만은 놓치지 말자!

❶ 이탈리아에서 세 번째로 큰 원형 극장 아레나
❷ 이루지 못한 사랑의 아픔을 간직하고 있는 줄리엣의 집
❸ 이탈리아 북부에서 가장 화려한 로마네스크 양식의 산 체노 마조레 성당
❹ 6월 말에서 9월에 방문한다면, 한여름 밤에 펼쳐지는 오페라 축제

Best Course

중앙역→브라 광장 & 아레나→줄리엣의 집→에르베 광장→시뇨리 광장→베키오 성→산 체노 마조레 성당
예상 소요 시간 하루

ATTRACTION

보는 즐거움

베로나의 볼거리는 아레나가 위치한 브라 광장을 비롯한 그 주변의 작은 광장과 줄리엣의 집이 대표적이다. 성당에는 소박한 도시 분위기와 달리 화려한 종교미술품이 가득하므로, 종교미술품에 관심이 많다면 곳곳의 성당들을 찾아다니는 것도 의미 있는 일이 될 것이다. 누오보 다리 Ponte Nuovo 위에서 바라보는 베로나의 풍경은 낮에도 밤에도 매우 아름답다.

원형 극장 아레나 Anfiteatro Arena 건축, 음악

베로나에서 가장 유명한 건축물로 1세기 무렵 만들어졌다. 브라 광장 Piazza Brá 중앙에 위치하고 있다. 로마의 콜로세움과 카우파의 원형극장에 이어 이탈리아에서 세 번째로 큰 원형 극장이다. 12세기에 발생한 대지진 때문에 외벽은 대부분 무너졌으나 내부 시설과 관중석은 원래의 형태를 그대로 유지하고 있다. 고대에는 검투장으로 이용했는데 약 2만 명의 인원을 수용할 수 있어서 한때 베로나 시민 전체가 들어갈 수 있었다고 한다. 현재는 연극제와 오페라 축제의 공연장으로 사용하고 있다. 아레나가 위치한 브라 광장은 베로나 여행의 중심지로서 늘 여행자들로 붐비며 거리예술가들이 공

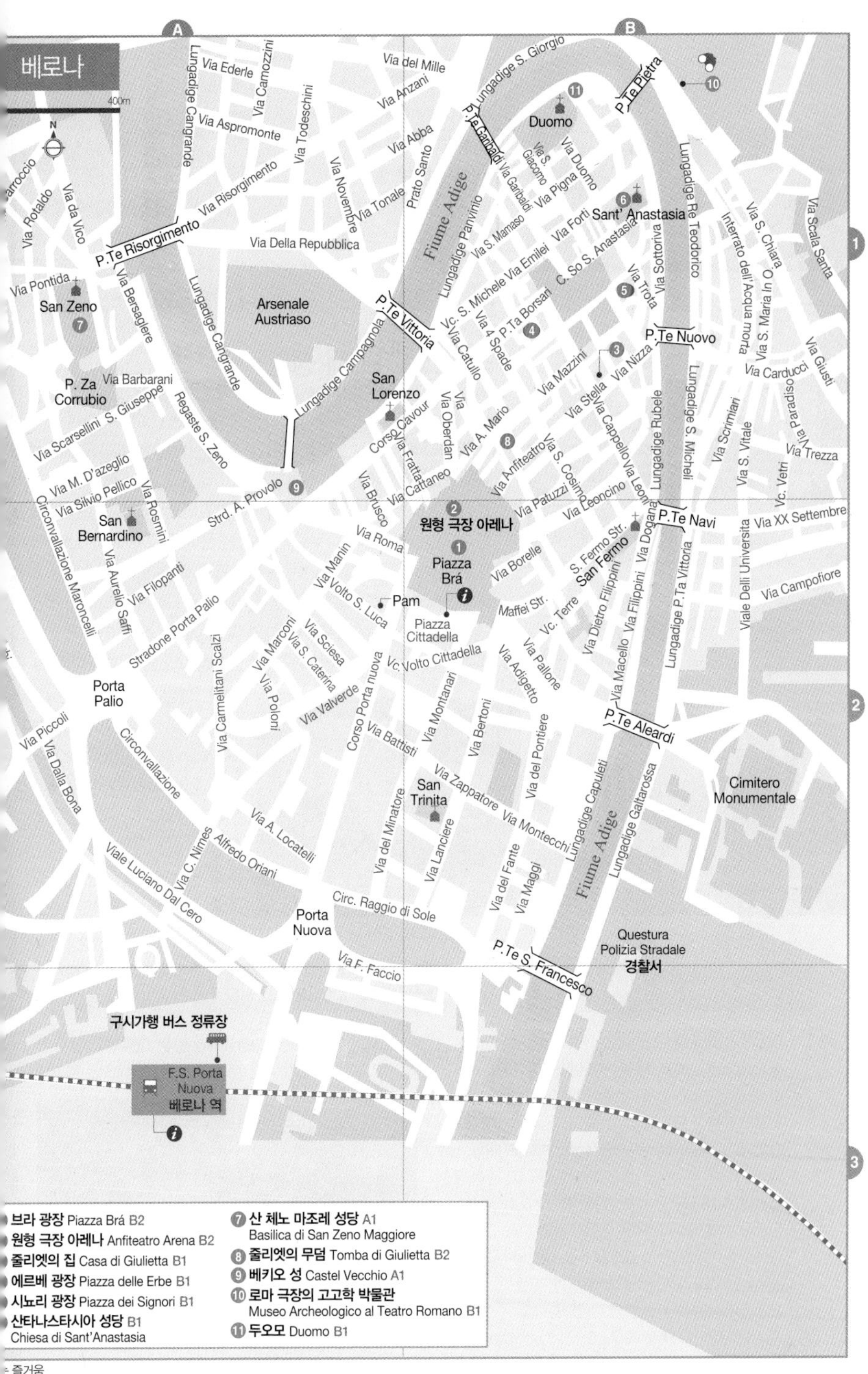

베로나
400m
N
A
B
1
2
3
Via Ederle
Via Camozzini
Lungadige Cangrande
Via Aspromonte
Via Todeschini
Via del Mille
Via Anzani
Lungadige S. Giorgio
P.Te Pietra
P.Te Garibaldi
Duomo
Via Abba
Prato Santo
Via Risorgimento
Via Novembre
Via Tonale
Fiume Adige
Via Garibaldi
Via S. Giacomo
Via Duomo
Via Pigna
Via Rotaldo
Via da Vico
P.Te Risorgimento
Via Della Repubblica
Lungadige Panvinio
Via S. Mamaso
Via Forti
Sant' Anastasia
Lungadige Re Teodorico
Interrato dell'Acqua morta
Via S. Chiara
Via Scala Santa
Via Pontida
San Zeno
Via Bersagliere
Lungadige Cangrande
Arsenale Austriaso
P.Te Vittoria
Vc. S. Michele
Via Emilei
C. So S. Anastasia
Via Trota
Via Sottoriva
Via S. Maria In O.
P.Te Nuovo
P.Ta Borsari
Via 4 Spade
Via Catullo
Lungadige Campagnola
San Lorenzo
Via Mazzini
Via Nizza
Via Carducci
Via Giusti
P. Za Corrubio
Via Barbarani
Via Scarsellini
S. Giuseppe
Regaste S. Zeno
Corso Cavour
Via Oberdan
Via A. Mario
Via Stella
Via Cappello
Lungadige Rubele
Lungadige S. Micheli
Via Scrimiari
Via S. Vitale
Via Paradiso
Via Trezza
Via M. D'azeglio
Via Silvio Pellico
Via Rosmini
Strd. A. Provolo
Via Fratta
Via Cattaneo
Via Anfiteatro
Via S. Cosimo
Via Leoni
Vc. Vetri
San Bernardino
Via Brusco
원형 극장 아레나
Via Patuzzi
Via Leoncino
P.Te Navi
Via XX Settembre
Circonvallazione Maroncelli
Via Aurelio Saffi
Via Roma
Piazza Brá
Via Borelle
S. Fermo Str.
San Fermo
Via Dogana
Lungadige P.Ta Vittoria
Viale Delli Universita
Via Campofiore
Via Filopanti
Via Manin
Volto S. Luca
Pam
Maffei Str.
Vc. Terre
Via Dietro Filippini
Via Filippini
Piazza Cittadella
Stradone Porta Palio
Via Carmelitani Scalzi
Via Marconi
Via Sciesa
Via S. Caterina
Vc. Volto Cittadella
Via Adigetto
Via Pallone
Via Macello
Porta Palio
Via Poloni
Via Valverde
Corso Porta nuova
Via Montanari
Via Bertoni
P.Te Aleardi
Via Piccoli
Via Dalla Bona
Circonvallazione
Via Battisti
Via del Pontiere
Via Zappatore
San Trinita
Lungadige Capuleti
Lungadige Galtarossa
Cimitero Monumentale
Via Montecchi
Via A. Locatelli
Alfredo Oriani
Via C. Nimes
Viale Luciano Dal Cero
Via del Minatore
Via Lanciere
Via del Fante
Via Maggi
Circ. Raggio di Sole
Porta Nuova
Via F. Faccio
P.Te S. Francesco
Questura Polizia Stradale 경찰서
구시가행 버스 정류장
F.S. Porta Nuova 베로나 역
브라 광장 Piazza Brá B2
원형 극장 아레나 Anfiteatro Arena B2
줄리엣의 집 Casa di Giulietta B1
에르베 광장 Piazza delle Erbe B1
시뇨리 광장 Piazza dei Signori B1
산타나스타시아 성당 B1 Chiesa di Sant'Anastasia
7 산 체노 마조레 성당 A1 Basilica di San Zeno Maggiore
8 줄리엣의 무덤 Tomba di Giulietta B2
9 베키오 성 Castel Vecchio A1
10 로마 극장의 고고학 박물관 Museo Archeologico al Teatro Romano B1
11 두오모 Duomo B1

는 즐거움

연을 펼친다. 베로나 아레나는 2026년 밀라노 · 코르티나담페초 동계올림픽 폐막식 장소로 예정되어 있다.

주소 Piazza Brá **홈페이지** www.arena.it **운영** 화~일 09:00~19:00(입장 마감 18:30), 공연 여부에 따라 개관 시간 다르니 미리 체크 요망 **휴무** 월요일, 1/1, 12/25, 오페라 공연 당일 **입장료** €10(베로나 카드 사용 가능) **오디오 가이드** €5 **가는 방법** 베로나 역에서 포르타 누오바 거리 Corso Porta Nuova를 따라 도보 25분. 또는 역에서 버스 평일 11 · 12 · 13 · 51 · 52번, 일 · 공휴일 90 · 92 · 94 · 96 · 97 · 98번 탑승 Map p.335-B2

베르디 오페라 축제가 열리는 극장 내부

산 체노 마조레 성당

로마네스크와 고딕 양식이 어우러진 수도원 중정

산 체노 마조레 성당
Basilica di San Zeno Maggiore 건축, 미술

1123~1134년 베로나 수호성인인 체노 성인의 성물함을 보관하기 위해 지은 북부 이탈리아 최고의 로마네스크 양식 성당이다. 서쪽 출입문이 매우 인상적인데, 성서 이야기와 산 체노의 일생을 묘사한 24개의 청동판이 나무로 만들어진 문에 못으로 박혀 있다. 내부는 분홍색 벽돌을 쌓아 만든 줄무늬가 특이한데 이는 베로나 지역 로마네스크 양식의 특징이다. 중앙 제단 장식화는 만테냐의 작품인 「성인과 함께 있는 성모 마리아와 아기 예수」. 성모 마리아 머리의 후광을 잘 살펴보면 중앙 현관 위 장미창의 모양과 흡사함을 알 수 있다. 성당 오른편으로 나가면 부속 수도원 중정이 나오는데 로마네스크 양식의 둥근 아치와 고딕 양식의 뾰족한 장식이 어우러진 회랑이 조화로우면서 아름답다.

줄무늬가 인상적인 실내

주소 Piazza San Zeno **운영** 월~금 09:00~18:30, 토 09:00~

Travel Plus ● 한여름 밤에 젖어드는 낭만적인 아리아 선율, 베로나 오페라 축제

루카에 푸치니 페스티벌이 있다면 베로나에는 베르디 오페라 축제가 있습니다. 1913년 베르디 탄생 100주년 기념 공연에서 시작된 오페라 축제는 한여름 밤을 아리아 선율로 수놓는 최고의 이벤트입니다. 〈아이다 Aida〉를 시작으로 열리는 이 축제는 오페라를 좋아하는 여행자들이라면 여행 중 최고의 선물이 될 것입니다. 〈아이다〉, 〈나부코〉, 〈라 트라비아타〉, 〈리골레토〉 등 베르디의 오페라와 함께 비제의 〈카르멘〉, 푸치니의 〈토스카〉, 〈투란도트〉 등이 공연됩니다. 티켓 요금은 €19~198인데, 미리 예약하면 할인받을 수 있습니다. 모든 관객이 공연 시작 전에 초를 켜는 전통이 있으므로, 공연장에 갈 때는 양초를 하나씩 준비하는 것도 잊지 마세요. 별이 반짝이는 듯한 이 모습은 평생 가슴에 남을 만큼 아름답습니다.

2024년 공연 일정 6/7~9/7 관련 정보 www.arena.it

©Fondazione Arena di Verona

18:00, 일 · 공휴일 13:00~18:30 **입장료** €4(베로나 카드 사용 가능) **가는 방법** 베키오 성에서 강변을 따라 도보 10분. 또는 에르베 광장 Piazza delle Erbe에서 버스 73번을 타고 다섯 번째 정류장인 San Zeno에서 하차 Map p.335-A1

에르베 광장

에르베 광장 Piazza delle Erbe

고대 로마 시대 공회당 유적지에 만든 광장으로 베로나 구시가의 중심 광장이다. 광장 중앙에 서 있는 14세기에 만들어진 분수와 주변을 둘러싸고 있는 건물들이 한데 어우러져 중세의 멋을 한껏 자아낸다. 이곳은 유서 깊은 약초시장이었는데, 현재는 노천시장이 형성되어 매우 활기찬 분위기이며 각종 기념품 쇼핑이 가능하다.
가는 방법 브라 광장에서 북쪽으로 도보 10분 Map p.335-B1

시뇨리 광장
Piazza dei Signori 뷰포인트

단테의 동상이 서있어서 단테 광장이라고도 한다. 시의 공관과 시청으로 사용하고 있는 르네상스 양식의 두 건물과 람베르티의 탑이 광장을 둘러싸고 있어 조용하고 차분하다. 시청사 마당으로 들어가면 높이가 84m에 달하는 람베르티 탑 Torre dei Lamberti이 있으며 이 탑 위에서 베로나 시내의 전경을 한눈에 내려다볼 수 있다.
가는 방법 에르베 광장 뒤편에 있다. Map p.335-B1

시뇨리 광장

람베르티 탑

람베르티 탑
홈페이지 www.torredeilamberti.it **운영** 월~금 10:00~18:00, 토 · 일 · 공휴일 11:00~19:00 **입장료** 일반 €6(베로나 카드 사용 가능)

줄리엣의 집 Casa di Giulietta 영화

13세기 귀족의 생활 모습을 볼 수 있는 곳으로 줄리엣의 모델이 되었던 여인의 집이다. 집으로 들어가는 입구 벽에는 각 나라 말로 써 붙인 사랑의 메시지들이 가득하다. 마당에 서 있는 줄리엣 동상의 가슴을 만지면 사랑을 이룰 수 있다는 전설 때문에 사람들의 손길이 끊이지 않는다. 마당에서 바로 보이는 3층 발코니가 로미오와 대화를 나누던 곳이라고 한다. 연인과 함께 여행길을 떠났다면 영화 속 장면을 떠올리며 세레나데 한 곡을 불러보는 것은 어떨까.
주소 Via Cappello 23 **홈페이지** casadigiulietta.comune.verona.it **운영**

줄리엣의 집

화~일 09:00~19:00(입장 마감 18:30) **휴무** 월요일 **입장료** €12(줄리엣의 동상이 있는 마당은 무료 입장, 티켓 인터넷으로만 구매 가능, 베로나 카드 사용 가능) **가는 방법** 에르베 광장에서 Via Cappello를 따라 한 블록 지나 왼쪽에 있다. Map p.335-B1

각 나라 언어로 쓰여있는 사랑을 이루기 위한 기원문들

늘 꽃 한송이 놓여있는 줄리엣의 무덤

줄리엣의 무덤 Tomba di Giulietta

베로나 시민과 여행자들 사이에서는 줄리엣의 무덤으로 알려져 있지만, 원래 이곳은 프란체스코 수도사들의 은신처였다. 13~14세기 베로나를 비롯한 이탈리아 전역은 황제와 교황의 세력 다툼으로 매우 혼란스러웠고, 『로미오와 줄리엣』은 이러한 혼란을 배경으로 한 소설이다. 셰익스피어는 베로나의 한 가문을 소재로 삼았는데 그 가문의 무덤이 이곳이어서 희곡의 여주인공인 줄리엣이 이곳에 묻혔을 것이라는 추측이 생겨났다. 줄리엣의 관에는 오늘도 그녀의 가슴 아픈 사랑을 기리는 이들이 꽃을 놓고 간다. 로미오와 줄리엣이 결혼식을 올린 성당도 바로 이곳이다.

주소 Via del Pointiere **전화** 045 800 0361 **운영** 화~일 10:00~18:00 **휴무** 월요일 **입장료** €6(베로나 카드 사용 가능) **가는 방법** 원형 극장 아레나에서 Via Pallone를 따라 도보 5분 Map p.335-B2

로마 극장의 고고학 박물관
Museo Archeologico al Teatro Romano 미술

로마 극장

기원전 1세기경 세워진 극장으로 현재 반원형의 관중석만 남아 있다. 오늘날에도 연극이나 각종 콘서트가 열리기도 한다. 뒤편으로 올라가면 수도원 시설이 나오는데 중정이 아름답고 이곳에 전시되어 있는 고고학 유물들은 도시의 역사를 말해준다. 수도원에서 바라보는 베로나의 전경은 차분하고 아름답다.

주소 Rigaste Redentore 2 **홈페이지** museoarcheologico.comune.verona.it **운영** 10:00~18:00(입장 마감 17:30) **휴무** 월요일 **입장료**

SAY! SAY! SAY!

세기의 연인들의 사랑 이야기, 로미오와 줄리엣

셰익스피어의 4대 비극 중 하나인 세기의 러브 스토리 『로미오와 줄리엣』. 연세가 지긋한 세대에게는 소설보다는 영화 속 올리비아 허시의 청초함이, 젊은 세대에게는 레오나르도 디카프리오의 꽃미남 얼굴이 생각나는 이야기일 것입니다.

『로미오와 줄리엣』의 기원은 고대로까지 거슬러 올라갑니다. 셰익스피어는 아서 브룩의 서사시를 바탕으로 13~14세기 신성로마제국의 황제와 교황의 세력 다툼이 극심했던 시대를 배경으로 베로나의 두 가문 몬태규와 캐퓰릿을 등장시켜 이야기를 풀어갑니다. 실제 그 당시에 몬태규 가문과 캐퓰릿 가문은 이탈리아의 유력한 귀족이었다고 합니다.

원작 속의 장소는 오늘날 관광객들이 즐겨 찾는 명소가 되었습니다. 줄리엣의 집과 그녀의 무덤이라 알려진 곳은 늘 그녀를 추억하고 기억하는 관광객들의 발길이 끊이지 않고 있어요. 그렇다면 로미오의 집은 어디 있을까요? 안타깝게도 현재 일반 레스토랑으로 영업 중이라고 합니다. 사실 베로나 시 당국도 줄리엣의 집이나 줄리엣의 무덤이 실제 그녀가 살고 묻힌 곳이 아니라고 당당히 밝힌다고 하네요.

€9(베로나 카드 사용 가능) **가는 방법** 산타나스타시아 성당에서 강변을 따라 걷다가 피에트라 Pietra 다리 건너면 바로 맞은편에 있다. Map p.335-B1

두오모 Duomo 미술

두오모

1139년에 건축을 시작해 로마네스크 양식으로 지어진 성당이다. 소박한 느낌의 전면 파사드는 기독교 성인들의 모습이 장식돼 있는데, 산 체노 성당의 장식을 맡았던 니콜로가 조각한 것이다.
정면 입구에는 검을 든 샤를마뉴의 두 기사 올리버와 롤란드 조각상도 있다. 내부에는 16세기 티치아노의 걸작 「성모 마리아의 승천」이 전시되어 있다.

주소 Piazza Duomo **운영** 월~금 11:00~17:30, 토 11:00~15:30, 일 · 공휴일 13:30~17:30 **입장료** 일반 €4(베로나 카드 사용 가능) **가는 방법** 산타나스타시아 성당에서 Via Duomo를 따라 도보 5분 Map p.335-B1

산타나스타시아 성당
Chiesa di Sant'Anastasia 

산타나스타시아 성당

1290년에 건축을 시작해 15세기 후반에야 완성된 고딕 양식의 성당이다. 입구에는 베드로의 삶이 조각되어 있으며 내부에는 훌륭한 예술품이 가득하다. 특히 구걸하는 사람들이 떠받치고 있는 두 개의 성수반이 유명하다.

주소 Piazza Sant'Anastasia **운영** 월~금 09:00~18:30, 토 09:00~18:00, 일 · 공휴일 13:00~18:30 **미사** 평일 18:30, 일요일 09:00 · 10:00 · 11:00 · 12:10 · 18:30 **입장료** 일반 €4(베로나 카드 사용 가능) **가는 방법** 시뇨리 광장에서 도보 5분 Map p.335-B1

베키오 성 Castel Vecchio 미술

베로나의 명가 스칼리제레가의 저택으로 사용되던 성으로 14세기에 캉그란데가 지었다. 18세기에는 베네치아 공국의 사관학교가 있었고, 1944년 무솔리니를 반대했던 장교들이 사형선고를 받았던 곳이다. 현재는 후기 로마의 풍부한 유물 및 초기 기독교와 관련한 유물들과 함께 베로네세, 티치아노 등 이탈리아 유명 화가들의 작품이 다수 전시되고 있는 박물관 겸 갤러리로 사용되고 있다.
성 외부 산책로를 따라가면 성의 부속 시설인 스칼리제로 다리가 강 위에 놓인 모습을 볼 수 있는데 매우 근사하다.

주소 Corso Castelvecchio 2 **홈페이지** museodicastelvecchio.comune.verona.it **운영** 화~일 10:00~18:00(입장 마감 17:30) **휴무** 월요일 **입장료** 일반 €6, 학생 €4.50, 매월 첫째 주 일요일 무료 **가는 방법** 아레나에서 Via Roma를 따라 도보 5분 Map p.335-A1

베키오 성

Vicenza
팔라디오의, 팔라디오에 의한, 팔라디오를 위한 도시 **비첸차**

스페인에 가우디의 도시 바르셀로나가 있다면 이탈리아에는 팔라디오의 도시 비첸차가 있다. 섬유 산업과 컴퓨터 산업의 중심지로 이탈리아 내에서 매우 부유한 도시 중 한 곳인 비첸차는 르네상스 최고의 건축가였던 팔라디오가 남긴 건물들로 가득하다. 무심히 지나치기 쉽지만 건축을 전공하는 여행자라면 꼭 한번 들러봐야 할 곳. 우아한 팔라디오의 유적만큼 달콤한 시뇨리 광장의 초콜릿 시장도 빼놓을 수 없는 볼거리다.

이런 사람 꼭 가자!!
달달한 화이트 와인 애호가라면 / 아무 생각 없이 걷고 싶다면

저자 추천
이 사람 알고 가자 팔라디오
이 드라마 보고 가자 〈전쟁의 여신 아테나(SBS 드라마)〉

Information 여행 전 유용한 정보

클릭! 클릭!! 클릭!!!

비첸차 관광청 www.vicenza.org

여행 안내소

숙소와 축제 정보 등 도시 여행에 필요한 여러 정보를 얻을 수 있다. 특히 한국어로 된 브로슈어가 준비되어 있어 반갑다. 도시 내에서 촬영한 영화 정보가 담긴 지도도 얻을 수 있으니 영화를 좋아하는 여행자라면 놓치지 말 것.

시뇨리 광장 ⓘ Map p.341
주소 Piazza dei Signori 8 **전화** 044 454 4122
운영 10:00~14:00 · 14:30~18:30

마테오티 광장 ⓘ Map p.341
주소 Piazza Matteotti 12 **전화** 044 432 0854
운영 09:00~13:00 · 14:00~18:00

Access 비첸차 가는 법 & 시내 교통

비첸차는 베네치아와 베로나 사이에 있어 기차를 이용하는 것이 편리하다. 두 도시와 비첸차 간은 25분~1시간 10분 정도 소요되며 요금은 €4.55~14. 역은 작은 규모이며 짐 보관소가 없으니 유의할 것.

주간이동 가능 도시

출발지	목적지	교통편/소요 시간
비첸차	베네치아 S. Lucia	기차 40분~1시간 10분
비첸차	베로나 Porta Nuova	기차 25분~1시간
비첸차	밀라노 Centrale	기차 1시간 50분~2시간 40분

매우 작은 도시여서 걸어서 이동하는 데 무리가 없다. 도시 곳곳에 팔라디오의 건축물들이 모여 있기 때문에 시내를 여행할 때 버스를 이용할 일은 거의 없다. 다만, 도심에서 떨어진 빌라 로톤다나 빌라 발마라나에 갈 때는 버스를 이용해야 한다. 버스 요금은 편도 €1.20이며 티켓은 다른 도시들과 마찬가지로 타바키에서 구입한다.

비첸차 완전 정복

팔라디오의 건축물은 거의 개방되지 않아서 겉에서만 구경해야 한다. 그렇다고 해서 여행이 싱거워질 것이라는 생각은 금물. 밖에서만 본다 하더라도 그의 건물이 도시 곳곳에 산재해 있기 때문에 시간이 꽤 걸린다. 게다가 팔라디오 최고의 걸작인 빌라 로톤다는 비첸차 외곽에 있기 때문에 버스를 타고 가야 한다.

당일치기로 여행한다면 오전에 시내를 둘러보고 오후에 빌라 로톤다를 둘러보는 것이 좋다. 역 앞에서 8번 버스를 타면 된다. 버스 티켓은 비첸차에서 출발할 때 미리 2장을 구입해두자.

시내 여행을 즐기는 Key Point

여행 포인트 팔라디오의 건축물

점심 먹고 쇼핑하기 좋은 곳 안드레아 팔라디오 거리 주변

이것만은 놓치지 말자!

❶ 완벽한 대칭을 이루고 있는 빌라 로톤다
❷ 올림피코 극장의 섬세한 무대 설계
❸ 도시 곳곳에 박혀 있는 팔라디오의 건축물

Best Course

비첸차 역 → 안드레아 팔라디오 거리(발마라나 궁전, 바르바란 궁전, 티에네 궁전) → 올림피코 극장 → 시뇨리 광장 (바실리카 팔라디아나, 로지아) → 빌라 로톤다

예상 소요 시간 하루

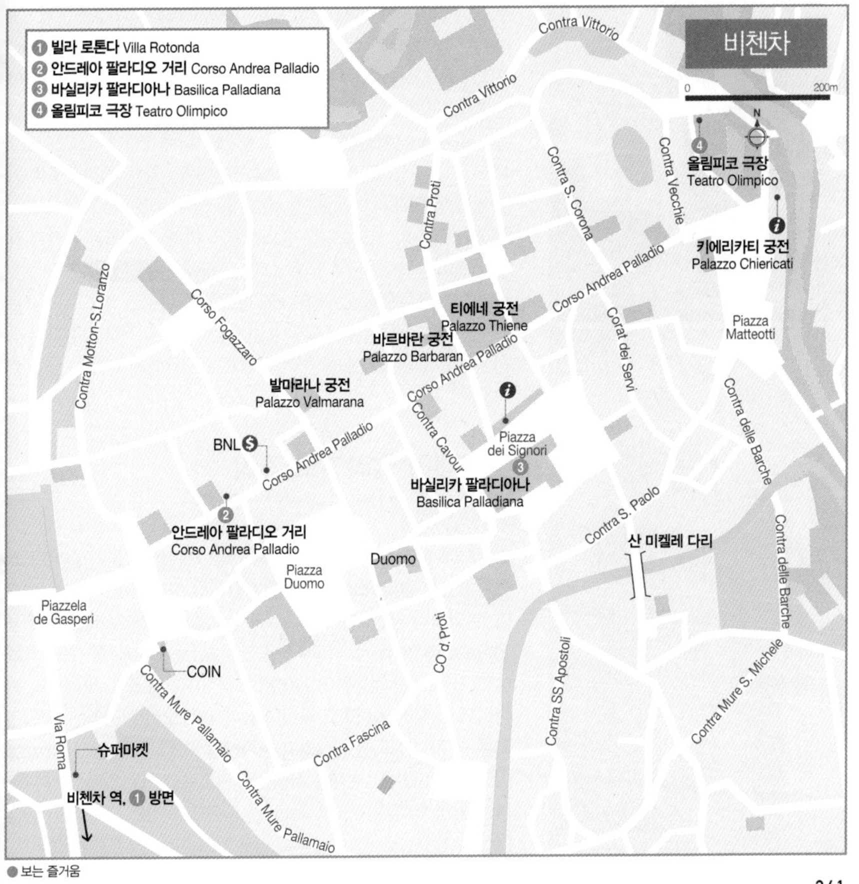

ATTRACTION

보는 즐거움

팔라디오의 도시라고 생각될 만큼 도시 곳곳에 그의 건축물이 있다. 서양건축이 발전하는 데 큰 영향을 미친 팔라디오의 건축물을 감상하고, 그의 숨결을 느끼는 것만으로도 의미는 충분하다.

빌라 로톤다

빌라의 사면 모두 같은 모양이다.

바르바란 궁전

빌라 로톤다 Villa La Rotonda 건축

팔라디오의 최고 걸작품이라 할 수 있다. 미국에 지어진 수많은 빌라들의 모델이 된 건물이다. 잔디 언덕 위에 세워진 이 집은 정사각형의 형태로 양 사면에 그리스 신전 형태의 페디먼트 Pediment가 있는 것이 특징이다. 성당 등 종교적 건물에만 사용하던 돔을 얹은 최초의 민간주택이라고 한다. 이러한 구성 요소들 때문인지 건물은 차분하고 경건한 느낌을 준다. 또한 언덕 위에 있어 휴식을 취하며 주변 경관을 감상하기에도 그만이다. 내부는 그리스 · 로마 신화가 주 내용인 프레스코화로 화려하게 장식되어 있어 외관과는 다른 분위기를 느낄 수 있다.

주소 Via della Rotonda 25 **홈페이지** www.villalarotonda.it **운영** 3 · 11월 토 · 일 10:00~12:30 · 14:30~17:00, 4/15~10/31 금~일 10:00~12:00 · 15:00~18:00 ※운영 시간에 변화가 많다. 여행을 계획한다면 홈페이지를 참고하자. **휴무** 1/1, 1/6, 12/25 · 26 · 31 **입장료** €10, ※특별 개장 부활절(2025/4/20), 부활절 다음 월요일(2025/4/21), 4/25, 5/1, 6/2, 8/15, 11/1 건물 내부, 정원 관람 가능, 입장료 €10 **가는 방법** 역 앞에서 버스 8번을 타고 Via Riviera Berica 70에서 하차 후 표지판을 따라 도보 7분(승차하면서 미리 기사에게 이야기 해 두는 것이 좋다) 또는 역 앞에서 택시 이용 €10 Map p.341

※버스가 자주 있는 것이 아니기 때문에 돌아오는 버스 시간표는 맞은편 버스 정류장에서 확인해 둘 것. 택시를 이용하고 싶다면 직전 전화(0444 920600)를 하거나 매표소 직원에게 택시 호출을 부탁하자.

안드레아 팔라디오 거리
Corso Andrea Palladio

비첸차에서 가장 번화한 곳. 각종 유명 브랜드 상점이 즐비한 쇼핑가이면서 팔라디오의 건축 전시장이라 불러도 손색 없는 거리다. 발마라나 궁전 Palazzo Valmarana을 시작으로 바르바란 궁전 Palazzo Barbaran, 티에네 궁전 Palazzo Thiene 등 거리 양쪽에 그가 설계한 건물들이 늘어서 있다. 이 거리 끝이 마테오티 광장이고 그 끝에 올림피코 극장이 있다. 마테오티 광장에는 그의 건축물 중 가장 성숙한 형태라고 평가받는 키에리카티 궁전 Palazzo Chiericati이 있는데 현재는 시립 박물관으로 쓰이고 있다.

가는 방법 역 앞길인 Via Roma를 따라 도보 3분. 가스페리 광장 Piazzela de Gasperi에서 오른쪽 길을 따라 도보 3분 Map p.341

바실리카 팔라디아나 Basilica Palladiana 건축

비첸차의 중심 광장인 시뇨리 광장에 위치한 건물. 12세기경에 지었으며 15세기 말 무너지기 시작한 것을 50여 년 후 팔라디오가 수리해 지금까지 남아 있다. 덕분에 날렵한 종탑은 12세기의 모습을 그대로 간직하고 있다. 맞은편에 위치한 건물 로지아 역시 팔라디오의 작품인데 작업 도중 그가 사망하는 바람에 미완성의 형태로 남아 있다.

바실리카 팔라디아나

미완성 형태의 로지아

주소 Piazza dei Signori **운영** 화~일 09:00~17:00 **휴무** 월요일 **가는 방법** 안드레아 팔라디오 거리 Corso Andrea Palladio에서 Contra Cavour로 들어가면 바로 맞은편에 있다. Map p.341

올림피코 극장 Teatro Olimpico 건축

말년의 팔라디오가 건축을 시작해 그의 제자인 스카모치가 완성한 건물로, 근대에 처음으로 지어진 실내 극장이다. 원근감을 극대화한 집들이 무대 정면에 서 있으며, 나무로 바닥을 깐 반원형의 객석과 무대 사이에는 오케스트라 박스가 남아 있다. 현재도 공연이 열리며 그 음향시설이나 무대 장치는 단연 최고 수준이라고 한다. 모두 대리석으로 만든 것처럼 보이나 사실은 나무와 회반죽을 주재료로 사용했고 대리석처럼 보이도록 색을 칠한 것이다.

주소 Piazza Matteotti **홈페이지** www.teatrolimpicovicenza.it **운영** 화~일 7·8월 10:00~18:00(입장 마감 17:30), 9~6월 09:00~17:00(입장 마감 16:30) **휴무** 월요일, 1/1, 12/25 **입장료** €11 **가는 방법** 안드레아 팔라디오 거리 Corso Andrea Palladio 끝에 있는 마테오티 광장 내에 있다. Map p.341

올림피코 극장

극장 외벽은 대리석처럼 보이지만 모두 나무로 만든 것이다.

SAY! SAY! SAY!

영화의 도시 비첸차

이탈리아 북부의 조용한 도시 비첸차는 2010년에 방영된 드라마 〈전쟁의 여신 아테나〉의 무대가 되면서 국내에 알려지기 시작했습니다. 극중 주인공 이정우(정우성 분)와 김기수(김민종 분)가 수상한 분위기를 눈치 채고 밀라노를 거쳐 찾아간 곳이 비첸차입니다. 그리고 이곳 시뇨리 광장 로지아에서 대통령의 딸 수영(이보영 분)을 만나서 그녀의 납치 사건을 해결하게 됩니다. 드라마 속에서는 팔라디오의 동상과 올림피코 극장 외부, 시뇨리 광장의 바실리카, 로지아, 산 미켈레 다리 등이 등장합니다.

산 미켈레 다리

그리고 정우와 혜인(수애 분)의 키스 신이 촬영된 곳은 몬테 베리코 성당입니다. 하지만 이 드라마가 비첸차에서 촬영된 우리나라 첫 드라마는 아닙니다. 드라마 〈온리 유〉도 이곳에서 촬영되었다고 하네요.
비첸차는 우리에게는 잘 알려지지 않았지만 이탈리아 내에서도 많은 영화가 촬영되었다고 합니다. 대표적인 작품으로는 〈카사노바〉 등이 있습니다. 여행 안내소에서 관련 자료를 받아보고, 마음에 드는 곳을 찾아가 보는 것은 어떨까요?

건축
미술

Milano

과거에도, 현재에도, 미래에도 화려한 도시
밀라노

이탈리아에서 가장 부유한 롬바르디아의 주도 밀라노는 이탈리아 패션의 중심지이며, 대표적인 공업도시이다. 마냥 현대적일 것 같은 도시에는 4세기에 지은 성당이 있고, 르네상스 최고의 천재 화가 레오나르도 다 빈치의 흔적이 남아있으며, 섬세한 고딕양식의 성당이 우리를 맞이한다. 화려했던 과거의 영광을 현재에는 패션과 건축 기술로 재현하고 있는 멋진 도시가 밀라노이다.

이런 사람 꼭 가자!!
패션에 관심 많은 사람이라면
축구 마니아라면

저자 추천
이 사람 알고 가자
레오나르도 다 빈치

이 책 읽고 가자
『냉정과 열정 사이』

Information 여행 전 유용한 정보

클릭! 클릭!! 클릭!!!

밀라노 관광청 www.yesmilano.it

여행 안내소

숙소와 각종 투어, 행사 관련 정보를 얻을 수 있다.

중앙역 ⓘ Map p.356-B1

위치 14번 플랫폼 앞 **운영** 월~토 09:00~18:00 일·공휴일 09:00~13:00 · 14:00~17:00

두오모 광장 ⓘ Map p.354-B2

주소 Piazza Duomo, 19/A

운영 월~토 08:45~13:00 · 14:00~18:00 일 · 공휴일 09:00~13:00 · 14:00~17:00

여행사

Zani Viaggi Map p.354-A1

밀라노 근교 아웃렛을 오가는 셔틀버스를 운영하며 밀라노 시티투어, 근교 도시 투어 프로그램을 진행한다. 아웃렛 쇼핑을 계획하고 있다면 들러보자. 교통이 불편한 아웃렛을 편안하게 오고갈 수 있다.

주소 Foro Bonaporte 76 **전화** 02 867 131

홈페이지 www.zaniViaggi.it

운영 월~금 09:00~19:00, 토 08:30~17:00(아웃렛 투어는 일요일도 시행, 버스 시간에 맞춰 여행사 사무실 앞에 버스가 대기하고 있다)

휴무 일요일 **가는 방법** 메트로 1호선 Cairoli 역에서 Via Q. Sella 방향 출구

환전소

밀라노 중앙역 내에 ATM이 있으며 두오모, 몬테나폴레오네 거리 주변 곳곳에서도 찾을 수 있다.

통신사

이탈리아 여행의 시작이 되는 도시인 만큼 중앙역에 통신사별 매장이 모두 자리한다. 여행자 전용 프로모션 요금은 시시각각 변동이 있을 수 있다. 메트로 1호선 Cordusio 역 부근에서도 만날 수 있다.

Tim

위치 중앙역 G층 중앙 구역 티켓 오피스 맞은편

운영 매일 08:00~21:00

Wind

위치 중앙역 G층 홀 Piazza Quattro Novembre 방향 출구 직전

운영 매일 08:00~21:00

Vodafone

위치 중앙역 G층 쇼핑가 중앙 구역 에스컬레이터 옆

운영 매일 08:00~21:00

우체국

중앙우체국 Map p.354-A2

주소 Via Cordusio4(메트로 1호선 Cordusio 역 부근)

운영 월~금 09:00~19:00, 토 08:30~12:00

휴무 일요일

중앙역 Map p.356-B1

위치 중앙역 1층 Piazza Luigi di Savoia, 방향 출구 부근

운영 월~금 09:00~19:00, 토 08:30~12:30

휴무 일요일

경찰서

중앙역 Map p.356-B1

위치 21번 플랫폼 맞은편 **운영** 24시간

시내 Map p.356-A2

주소 Via della Mosaova 21(메트로 3호선 Turati 역 부근)

병원

Ospedale Maggiore Policlinico Map p.355-B2

주소 Via Francesco Sforza 35

가는 방법 메트로 Crocetta 역에서 하차 후 밀라노 대학 방향으로 나와 도보 5분

IRCCS San Raffaele

주소 Via Olgettina 60

Istituto Clinico Sant'Ambrogio–Palazzo della Salute

주소 Viale Teodorico 25

전화 02 8346 8966(월~토 12:00~18:00)

이메일 privati.icsa@grupposandonato.it

Unisalus

주소 Via Giovanni Battista Pierelli 16/B

전화 02 4801 3784 / 349 946 3910

Humanitas
주소 Via Alessandro Manzoni, 56-20089 Rozzano Milano 등 밀라노 내 다수
전화 02 8224 3838
홈페이지 https://www.humanitas.it/

Access 밀라노 가는 법

이탈리아 북부의 대표적인 대도시로 로마 다음으로 많은 수의 항공편이 취항하고 있다. 베네치아와 더불어 이탈리아 여행의 시작, 또는 끝 도시로 삼기에 좋은 여건을 갖췄다.

비행기

우리나라에서 대한항공이 주 3회 직항편을 운항하며, 그 밖에 유럽계 항공사 다수가 취항한다. 아시아계 항공사로는 일본항공, 타이항공, 캐세이퍼시픽항공, 아랍에미레이트항공, 카타르항공이 취항한다.
밀라노의 공항은 대부분의 국제선이 취항하는 말펜사 공항과, 일부 국내선과 저가 항공사가 취항하는 리나테 공항 두 곳이 있으며, 라이언에어를 이용해 도착한다면 밀라노에서 50㎞ 떨어진 곳에 위치한 오리오 알 세리오 공항을 이용한다.

말펜사 공항 Aeroporto Malpensa (MXP)

시내에서 50㎞ 떨어진 곳에 위치한 국제선 공항으로 우리나라에서 간다면 이 공항에 도착한다. 1터미널과 2터미널, 2개의 터미널이 있다. 여행자들은 주로 1터미널을 이용하며, 2터미널은 이지제트 전용 터미널이다. 터미널이 떨어져 있어서 15분에 한 대씩 운행되는 셔틀버스가 연결해 준다.
공항 정보 www.milanomalpensa-airport.com

택스 리펀드 오피스 Agenzia delle Dogane
위치 1터미널 12번 카운터 부근

공항에서 시내로
밀라노 시내까지는 기차와 셔틀버스가 운행하며 중앙역으로 갈 여행자라면 셔틀버스를 이용하는 것이 운행편수가 많아 편리하다.

기차

말펜사 익스프레스 Malpensa Express

공항 1터미널에 역이 있다. 곳곳에 위치한 Treni 라고 써 있는 표지판을 따라가면 쉽게 공항 역에 도착한다. 공항에서 출발해 중앙역으로 가는 기차가 있고 메트로 1 · 2호선 Cadorna에 도착하는 기차가 있으니 행선지를 잘 살펴야 한다.
운행 공항→밀라노 Cadorna 역 05:20~00:20, 밀라노 Cadorna 역→공항 04:27~23:27, 공항→밀라노 중앙역 05:37~22:37, 밀라노 중앙역→공항 05:25~23:25
소요시간 40~55분 **요금** 일반 €13, 어린이 €6.50
홈페이지 www.malpensaexpress.it

버스

말펜사 공항과 밀라노 중앙역 사이를 3개의 노선이 운행한다. 각 터미널 도착홀 맞은 편에 버스가 모여 있으며, 출구 옆 매표소에서 티켓을 구입할 수 있다. 인터넷으로 티켓을 구입할 경우 약간의 할인 혜택이 주어지니 미리 구입하고 승차권을 꼭 출력해가자.
공항 탑승장소 1터미널 4번 출구 맞은편 버스 정류장, 2터미널 외부 주차장
시내 탑승장소 중앙역 마주보고 왼쪽 Piazza Quattro Novembre (Via Giovanni Battista Sammartini) Map p.356-B1 **소요시간** 50분

• Malpensa Shuttle

운행 공항→밀라노 05:20~00:50, 밀라노→공항 03:40~23:40 **요금** 편도 €10, 왕복 €16
홈페이지 milanairportshuttle.com

• Malpensa Bus Express

운행 공항→밀라노 05:00~02:30, 밀라노→공항 03:20~00:50 **요금** 편도 €10, 왕복 €16
홈페이지 www.autostradale.it

• Terravision

운행 공항→중앙역 05:10~01:40, 중앙역→공항 03:30~24:00 **요금** 편도 €10, 왕복 €16, 만 4세 미만 무료 **홈페이지** www.terravision.eu

택시

짐이 많거나 가족 여행이라면 이용을 고려해보자. 밀라노 시내까지 요금은 정찰제로 €110, 밀라노 전시장 부근까지는 €92. 4인까지 탑승 가능하다. 1터미널 6번 출입구 앞과 2터미널 4번 출입구 앞 택시 정류장에서 탑승한다.

리나테 공항 Aeroporto Linate (LIN)

일부 유럽계 항공사와 국내선, 저가 항공사가 취항한다. 공항에서 시내까지는 버스가 연결된다. 아우토스트라달레 Autostradale 버스가 중앙역 바라보고 오른편 루이지 디 사보이아 광장 Piazza Luigi di Savoia까지 운행한다(공항→중앙역 08:30~20:30, 중앙역→공항 06:45~19:30, 30분에 1대, 요금 편도 €7).

Linate Shuttle 버스는 다테오 광장 Piazza Dateo을 지나 중앙역까지 운행한다(공항→중앙역 09:00~22:30, 중앙역→공항 07:30~21:00, 30분에 1대, 요금 편도 €7). 또한 ATM 사에서 운행하는 973번 버스가 두오모와 공항 사이를 운행한다(공항→두오모 05:30~01:06, 두오모→공항 05:03~00:36, 요금 편도 €5).

산 바빌라 역에서 메트로 4호선을 타면 리나테 공항에 도착한다(운행 09:00~00:30, 소요 시간 15분, 요금 편도 €2.20).

공항 정보 www.milanolinate-airport.com

베르가모/오리오 알 세리오 공항 Aeroporto Bergamo/Orio al Serio (BGY)

베르가모 부근에 자리한 공항으로 라이언에어를 이용하면 이 공항에 도착한다. 밀라노 시내 루이지 디 사보이아 광장 Piazza Luigi di Savoia까지는 버스가 운행된다.

공항 정보 www.orioaeroporto.it

• 아우토스트랄레 버스
홈페이지 www.autostradale.it
운행 공항→중앙역 03:50~01:30, 중앙역→공항 04:00~00:15, 1시간 소요 **요금** 편도 €10

• Terravision 버스
홈페이지 www.treeavision.eu
운행 공항→중앙역 02:40~01:40, 중앙역→공항 03:40~00:10, 30분에 1대, 1시간 소요 **요금** 편도 €10, 왕복 €18, 만 4세 미만 무료

• Orioshuttle
홈페이지 www.orioshuttle.com
운행 공항→중앙역 05:10~03:40, 중앙역→공항 03:40~00:10, 30분에 1대, 1시간 소요 **요금** 편도 €10, 왕복 €18

기차

밀라노는 베네치아와 함께 이탈리아 여행의 관문이 되는 도시다. 밀라노에 국철이 지나가는 역은 7곳이 있으나 여행자들이 주로 이용하는 역은 중앙역 Centrale, 그리고 가리발디 역 Garibaldi F. S(Map p.356-A1), 이렇게 두 곳이다. 대부분 기차는 중앙역에 발착하고,

말펜사 공항을 오고 가는 말펜사 익스프레스는 중앙역과 메트로 1, 2호선 Candorna 역에서 출발한다. 근교 코모 호수 등으로 출발하는 저렴한 레지오날레 Regionale 기차와 일부 야간기차는 가리발디 역에서 발착한다. 미리 출발역에 대한 정보를 알아두자.

밀라노 중앙역(Map p.356-B1)은 총 3개 층으로 구성되어 있고 지그재그로 구성된 에스컬레이터로 연결된다. 0층 Ground Floor (우리나라 1층) 중앙 구역에는 티켓 오피스가 있고 왼쪽에 약국, 오른쪽에 짐 보관소 등이 있다. 플랫폼은 1층(Platform Floor; 우리나라로 치면 2층)에 있으며, 두 개 층 사이에 조성된 0M층(Mezzanine Floor)에는 쇼핑몰이 위치한다.

외부에서 역으로 들어와 에스컬레이터를 타고 1층으로 올라가면 4번부터 21번까지의 플랫폼이 펼쳐지는데 로마 테르미니 역과 마찬가지로 게이트를 통해 탑승권 소지자만 플랫폼으로 접근할 수 있다. 말펜사 익스프레스 기차가 발착하는 1번 플랫폼은 역 뒤쪽에 자리하고 있으니 공항으로 갈 계획이라면 역에 20~30분 일찍 도착해 이동하자. 중앙역을 바라보고 왼쪽 Piazza Quattro Novembre(Via Giovanni Battista Sammartini)에서는 말펜사 공항행 공항버스가, 오른쪽인 루이지 디 사보아 광장 Piazza Luisi gi Savoia에서는 리나테 공항행과 오리오 알 세리오 공항행 공항버스가 발착한다. 지하로 내려가면 메트로 2 · 3호선 Centrale 역과 연결된다.

유인 짐 보관소

위치 0층(Ground Floor)으로 내려와 중앙 출입구 왼편의 루이지 디 사보이아 광장 방향 출구 옆에 있다.
운영 06:00~24:00 **요금** €6/5시간, 이후 6~12시간 €1/시간, 그 이후 €0.50/시간

근교이동 가능 도시

출발지	목적지	교통편/소요 시간
밀라노 Centrale	코모 San Giovanni	기차 1시간

주간이동 가능 도시(고속기차 기준)

출발지	목적지	교통편/소요 시간
밀라노 Centrale	토리노 Porta Nuova	기차 1시간 40분
밀라노 Centrale	피렌체 S. M. N.	기차 1시간 40분
밀라노 Centrale	베네치아 Santa Lucia	기차 2시간 35분
밀라노 Centrale	로마 Termini	기차 3시간 30분

야간이동 가능 도시

출발지	목적지	교통편/소요 시간
밀라노 Prota Garibaldi	로마 Tiburtina	기차 8시간
밀라노 Porta Garibaldi	나폴리 Centrale	기차 10시간 20분
밀라노 Centrale	바리 Centrale	기차 9시간 54분

Transportation 시내 교통

밀라노는 대중교통이 잘 발달되어 있다. 특히 대부분의 여행명소는 메트로로 이동 가능하며, 시내 곳곳을 연결해주는 버스와 트램을 적절히 이용하면 된다. 티켓은 공용이며 신문가판대 · 타바키 · 자동발매기 등에서 구입할 수 있다.

가장 편리한 교통수단은 메트로인데, 보기 드문 현대적 시설을 갖추고 있다. 메트로 노선은 총 4개로 각 노선별로 사이좋게 여행지를 배분하고 있어서 버스와 트램에 비해 활용도가 높다.

버스나 트램은 오렌지색으로 ATM이라 쓰여 있는 정류장에 정차한다. 버스 정류장에는 버스 노선도와 시간표가 잘 나와있기는 하나, 시내가 워낙 복잡하고 교통체증이 심해 권할 만한 교통수단은 아니다. 두오모 부근에서 「최후의 만찬」을 보기 위해 산타 마리아 델레 그라치에 성당에 갈 때 16번 트램을 이용하는 것 외에는 거의 탈 일은 없다.

대중교통 정보 www.atm.it

메트로 운행 평일 06:05~00:20

대중교통 요금

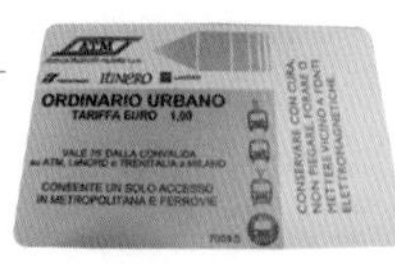

여행지는 두오모를 중심으로 걸어서 다닐 만한 거리에 대부분 모여 있으나 저렴한 숙소가 위치한 중앙역 부근은 시내와 조금 떨어져 있으므로 체류 일정과 숙소 위치를 생각해 교통권을 구입하자.

티켓 종류와 요금

1회권 Biglietto Urbano 90분 유효한 티켓. 요금 €2.20

10회권 Carnet 10 biglietti 10회 이용할 수 있는 티켓. 요금 €19.50

1일권 Biglietto giornaliero €7.60

3일권 Biglietto 3 giorni €15.50

알고 가면 좋아요

비싼 도시를 찾은 알뜰 여행자를 위한 밀라노 카드 Milano Card

물가 비싼 도시 밀라노를 조금이라도 알뜰하게 여행하고 싶다면 밀라노 카드 구입을 고려해보자. 정해진 시간 동안 시내 교통을 무료로 이용할 수 있으며, 산시로 박물관, 스칼라 극장 박물관, 아르마니 사일로 등에서의 할인 혜택이 있다. 공항 셔틀, 두오모 통합권 등의 할인 혜택이 있는 카드도 있다.
가격 1일 €15, 2일 €22.50, 3일 €24

밀라노 완전 정복

밀라노 시내 여행은 여행자 본인의 관심사에 따라 기간이 달라진다. 랜드마크들만 관람할 계획이라면 한나절이면 충분하지만, 시내 모든 명소를 자세히 보고 싶다면 이틀 정도 할애해야 한다. 여기에 브레라 미술관이나 스포르체스코 성, 폴디 페촐리 미술관 관람을 더하거나 최후의 만찬을 예약했다면 하루가 더 필요하다.
패션에 관심 있는 여행자라면 하루 더 밀라노에 머물러 보자. 패션의 고장답게 도시 곳곳에 있는 유명 명품 브랜드 매장뿐만 아니라, 밀라노에서 가장 트렌디한 분위기의 거리이자 개성있는 숍, 갤러리, 식당들이 즐비한 토르토나 거리 Via Tortona를 방문해도 좋다. 폴디 페촐리 미술관부터 프라다 재단에서 만든 폰다지오네 프라다까지 관람한다면 과거부터 현대까지의 미술의 흐름을 알아볼 수 있다. 이탈리아에 최초로 생긴 스타벅스 로스터리도 생략하긴 아쉽다.

시내 여행을 즐기는 Key Point

여행 포인트 현대적이고 상업적인 도시 속에 자리한 오래된 성당, 화려한 상가
랜드 마크 두오모
뷰 포인트 두오모 옥상
점심 먹기 좋은 곳 두오모 주변, 단테 거리, 브레라 미술관 주변
쇼핑 하기 좋은 곳 몬테 나폴레오네 거리, 부에노스 아이레스 거리, 아울렌티 광장 주변

이것만은 놓치지 말자!

❶ 성인들이 기다리고 있는 두오모 꼭대기
❷ 폭격에서 살아남은 기적적인 그림 「최후의 만찬」 감상
❸ 거대한 유리지붕을 가진 비토리오 에마누엘레 2세 갤러리에서 소원 빌기
❹ 몬테 나폴레오네 거리에서 쇼핑하기

충분한 시간이 없는 여행자를 위한 하루 코스

두오모 → 비토리오 에마누엘레 2세 회랑 → 스칼라 극장 → 몬테 나폴레오네 거리 → 브레라 미술관 → 스포르체스코 성 → 산타 마리아 델레 그라치에 성당 → 나빌리오 지구 (또는 축구나 공연 관람)

밀라노 메트로

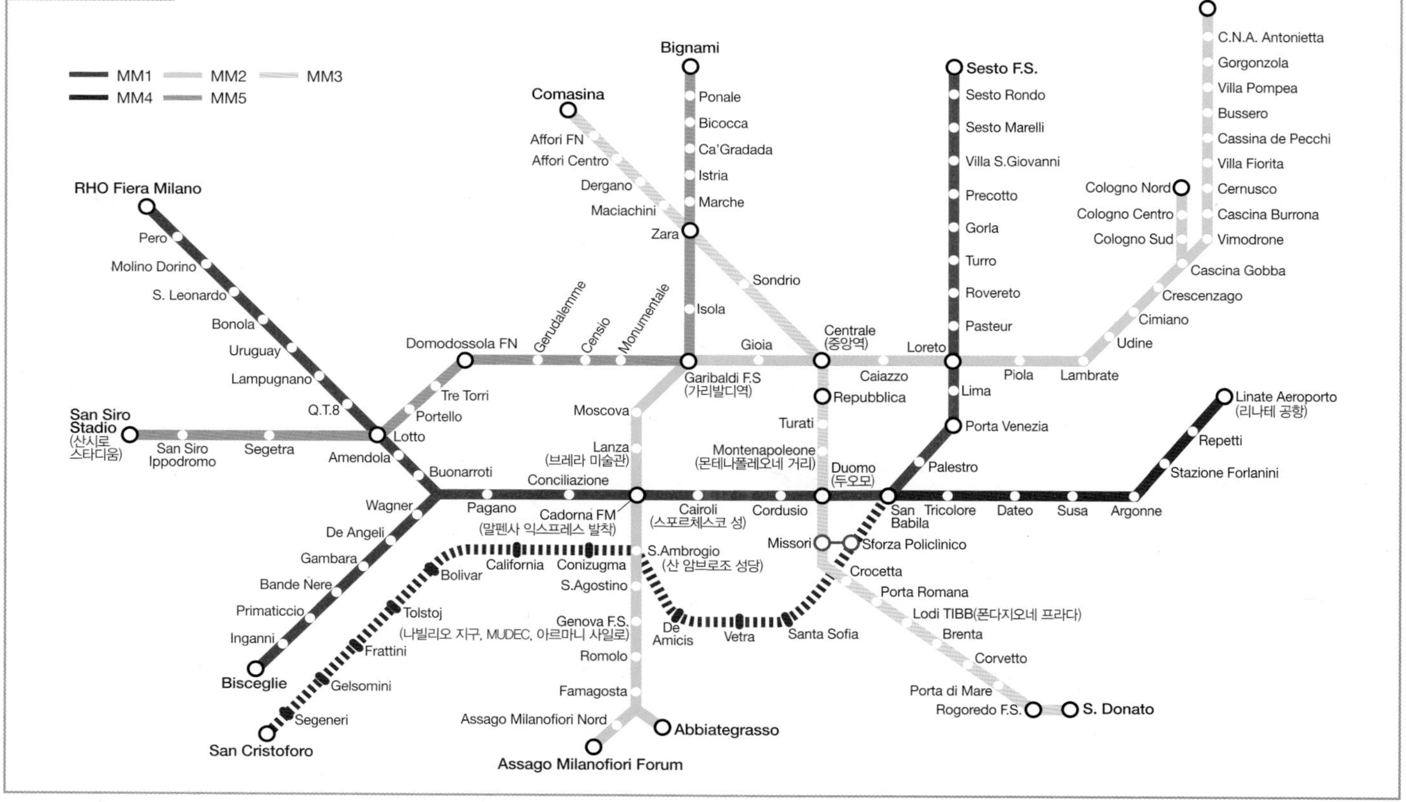

MM1
MM2
MM3
MM4
MM5

Gessate
C.N.A. Antonietta
Gorgonzola
Villa Pompea
Bussero
Cassina de Pecchi
Villa Fiorita
Cernusco
Cascina Burrona
Vimodrone
Cologno Nord
Cologno Centro
Cologno Sud
Cascina Gobba
Crescenzago
Cimiano
Udine
Lambrate
Piola
Loreto
Lima
Porta Venezia
Palestro
San Babila
Sesto F.S.
Sesto Rondo
Sesto Marelli
Villa S.Giovanni
Precotto
Gorla
Turro
Rovereto
Pasteur
Linate Aeroporto
(리나테 공항)
Repetti
Stazione Forlanini
Argonne
Susa
Dateo
Tricolore
Bignami
Ponale
Bicocca
Ca'Gradada
Istria
Marche
Zara
Isola
Comasina
Affori FN
Affori Centro
Dergano
Maciachini
Sondrio
Centrale
(중앙역)
Caiazzo
Repubblica
Turati
Montenapoleone
(몬테나폴레오네 거리)
Duomo
(두오모)
Missori
Sforza Policlinico
Crocetta
Porta Romana
Lodi TIBB(폰다지오네 프라다)
Brenta
Corvetto
Porta di Mare
Rogoredo F.S.
S. Donato
Gioia
Garibaldi F.S
(가리발디역)
Domodossola FN
Gerudalemme
Censio
Monumentale
Tre Torri
Portello
Lotto
RHO Fiera Milano
Pero
Molino Dorino
S. Leonardo
Bonola
Uruguay
Lampugnano
Q.T.8
San Siro Stadio
(산시로 스타디움)
San Siro Ippodromo
Segetra
Amendola
Buonarroti
Pagano
Conciliazione
Cadorna FM
(말펜사 익스프레스 발착)
Cairoli
(스포르체스코 성)
Cordusio
Moscova
Lanza
(브레라 미술관)
S.Ambrogio
(산 암브로조 성당)
De Amicis
Vetra
Santa Sofia
S.Agostino
Genova F.S.
(나빌리오 지구, MUDEC, 아르마니 사일로)
Romolo
Famagosta
Assago Milanofiori Nord
Abbiategrasso
Assago Milanofiori Forum
California
Conizugma
Bolivar
Tolstoj
Frattini
Gelsomini
Segeneri
San Cristoforo
Wagner
De Angeli
Gambara
Bande Nere
Primaticcio
Inganni
Bisceglie

Milano Best Course

밀라노 충분히 느끼기 2일 코스

도시에 들어서면 괜스레 옷매무새를 점검하는 자신을 느낄 것이다. 도시 전체에 흐르는 세련된 기운은 캐주얼한 복장의 여행자들을 주눅 들게 할지도 모른다. 섬세한 건축물과 우아한 쇼핑 거리, 예술의 향기가 가득한 미술관과 경이로운 기적의 산물, 세련된 패션의 역사, 첨단 건축까지 천천히 둘러보자.

1일째

밀라노의 랜드마크들을 둘러본다. 고딕양식의 멋진 성당, 아름다운 회랑, 멋진 상점들의 거리, 단정한 미술관, 기적처럼 살아남은 그림 등 도시에서 중요한 랜드마크는 모두 둘러 볼 수 있는 알짜배기 코스.

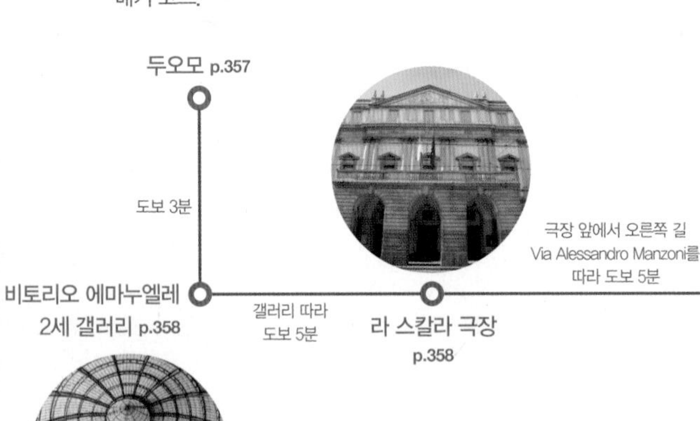

두오모 p.357

도보 3분

비토리오 에마누엘레 2세 갤러리 p.358

갤러리 따라 도보 5분

라 스칼라 극장 p.358

극장 앞에서 오른쪽 길 Via Alessandro Manzoni를 따라 도보 5분

몬테 나폴레오네 거리 p.373

아르마니 콘셉트 스토어 앞 작은 광장 북쪽 길 Via dei Giardini를 따라 가다 왼쪽 두 번째 길 Via Brera로 들어가 도보 200m

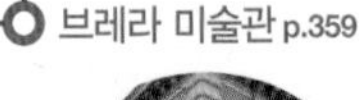

브레라 미술관 p.359

미술관에서 나와 오른쪽 길 따라 가다 만나는 큰 길 Via Pontaccio를 따라 길 끝까지 가면 성벽이 보인다.

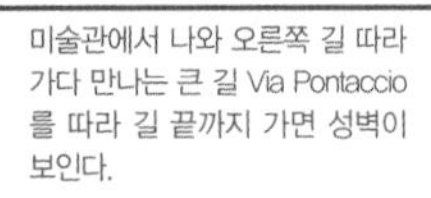

스포르체스코 성 p.361

메트로 1호선 타고 Conciliazione 하차, Via Giovanni Boccaccio를 따라 걷다가 로터리에서 우회전, Via Fratelli Ruffini를 따라 도보 100m

산타 마리아 델레 그라치에 성당 p.358

알아두세요!!
〈최후의 만찬〉은 꼭 예약해야 한다.

2일째

고전적인 하루를 보냈다면 세련된 모던의 하루를 보내보자. 폰다지오네 프라다, MUDEC에서 현대미술을 관람하고 아르마니 사일로에서 지난 컬렉션 들을 감상하자. 나빌리오 지구가 가까우니 그 곳에서 저녁 시간을 보내거나 가리발디 역 부근으로 이동해 아울렌티 광장의 현대 건축물을 감상한다.

폰다지오네 프라다
p.365

건물 앞 큰길 따라 왼쪽으로 걷다 오른쪽 첫 번째 골목에서 우회전, 철로 위 다리 건너 만나는 큰길에서 버스 90번 타고 10번째 정류장 P.le Delle Milizie V.le Troya 하차, 왼쪽 길 Via Tortona를 따라 도보 5분

MUDEC
p.366

Via Tortona를 따라 걷다 만나는 로터리에서 우회전, 도보 50m

아르마니 사일로
p.365

Mission!!
시상식 화보 속에서 만났던 드레스를 찾아보자.

메트로 2호선 P.TA Genova F. S. 역 탑승 후 Cadorna 역에서 1호선 환승, Lotto 역에서 5호선 환승해 San Siro Stadio 역 하차

산 시로 경기장
p.364

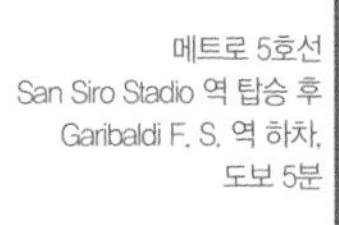

메트로 5호선 San Siro Stadio 역 탑승 후 Garibaldi F. S. 역 하차, 도보 5분

아울렌티 광장
p.366

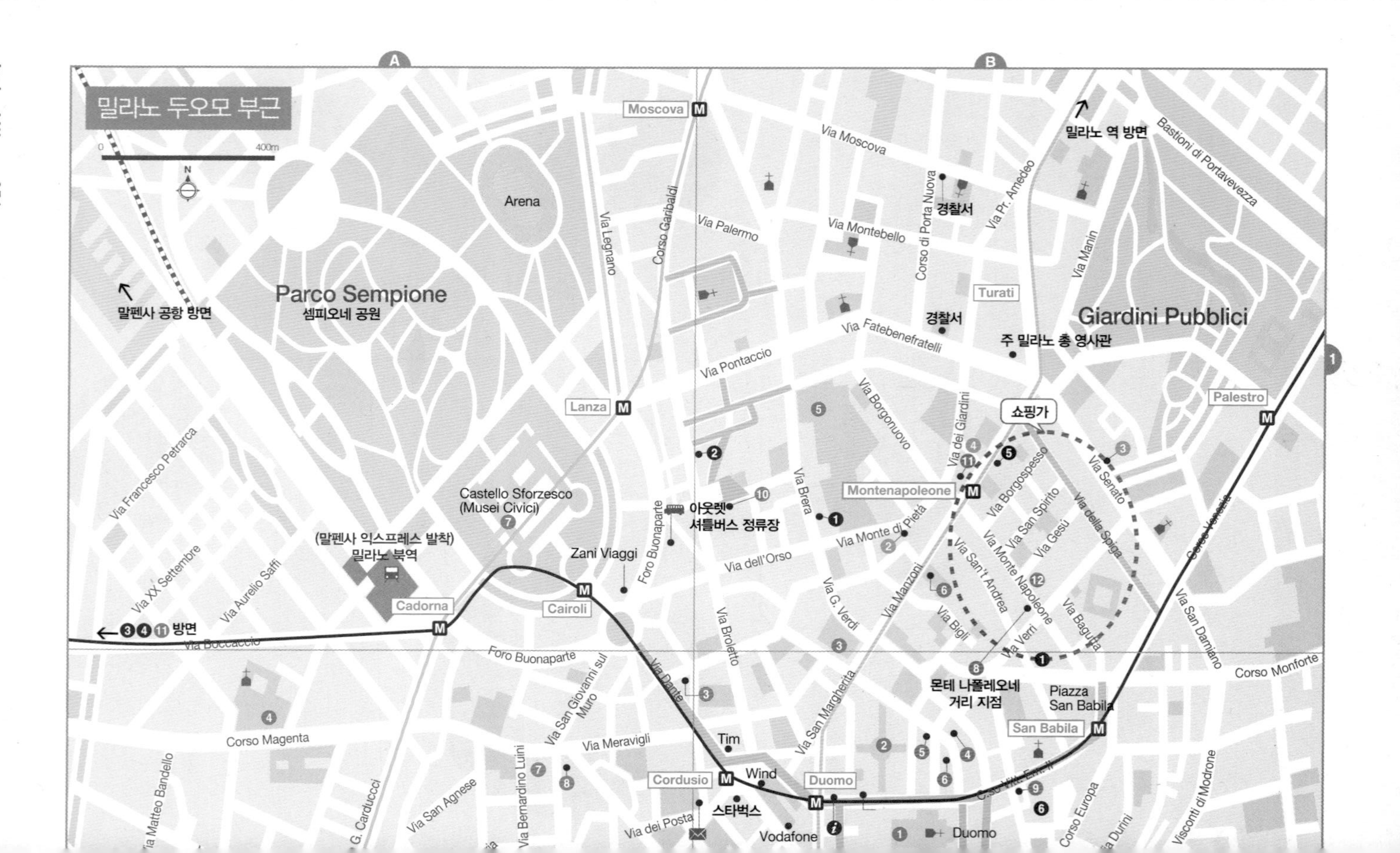
밀라노 두오모 부근
0
400m
N
말펜사 공항 방면
Parco Sempione
셈피오네 공원
Arena
Moscova
Lanza
Cadorna
Cairoli
Cordusio
Duomo
Montenapoleone
Turati
Palestro
San Babila
Castello Sforzesco
(Musei Civici)
(말펜사 익스프레스 발착)
밀라노 북역
Zani Viaggi
아웃렛
셔틀버스 정류장
경찰서
경찰서
밀라노 역 방면
Giardini Pubblici
주 밀라노 총 영사관
쇼핑가
몬테 나폴레오네
거리 지점
Piazza
San Babila
Tim
Wind
스타벅스
Vodafone
Duomo
방면
Via Moscova
Via Palermo
Via Montebello
Corso di Porta Nuova
Via Pr. Amedeo
Via Manin
Bastioni di Portavevezza
Via Legnano
Corso Garibaldi
Via Fatebenefratelli
Via Pontaccio
Via Borgonuovo
Via dei Giardini
Via Brera
Via Monte di Pietà
Via dell'Orso
Foro Buonaparte
Via Borgospesso
Via San Spirito
Via Gesù
Via della Spiga
Via Senato
Corso Venezia
Via San Damiano
Corso Monforte
Via Sant'Andrea
Via Monte Napoleone
Via Bagutta
Via Verri
Via Bigli
Via Manzoni
Via G. Verdi
Via Broletto
Via Dante
Via San Margherita
Via Francesco Petrarca
Via XX Settembre
Via Aurelio Saffi
Via Boccaccio
Corso Magenta
Via San Giovanni sul Muro
Via Meravigli
Via Matteo Bandello
G. Carducci
Via San Agnese
Via Bernardino Luini
Via dei Posta
C.so Vitt. Em. II
Corso Europa
Via Durini
Visconti di Modrone

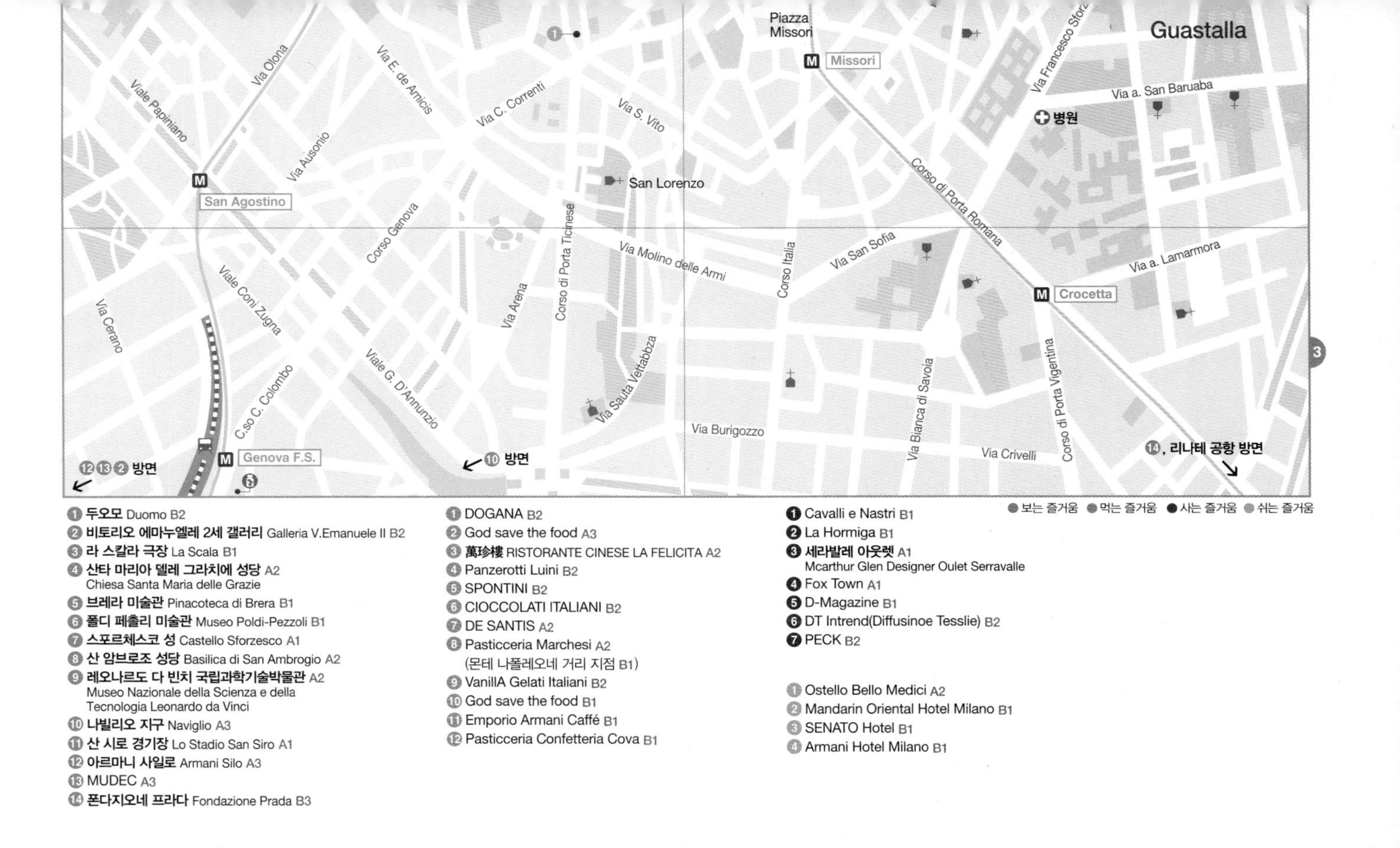

① 두오모 Duomo B2
② 비토리오 에마누엘레 2세 갤러리 Galleria V.Emanuele II B2
③ 라 스칼라 극장 La Scala B1
④ 산타 마리아 델레 그라치에 성당 A2 Chiesa Santa Maria delle Grazie
⑤ 브레라 미술관 Pinacoteca di Brera B1
⑥ 폴디 페촐리 미술관 Museo Poldi-Pezzoli B1
⑦ 스포르체스코 성 Castello Sforzesco A1
⑧ 산 암브로조 성당 Basilica di San Ambrogio A2
⑨ 레오나르도 다 빈치 국립과학기술박물관 A2 Museo Nazionale della Scienza e della Tecnologia Leonardo da Vinci
⑩ 나빌리오 지구 Naviglio A3
⑪ 산 시로 경기장 Lo Stadio San Siro A1
⑫ 아르마니 사일로 Armani Silo A3
⑬ MUDEC A3
⑭ 폰다지오네 프라다 Fondazione Prada B3

① DOGANA B2
② God save the food A3
③ 萬珍樓 RISTORANTE CINESE LA FELICITA A2
④ Panzerotti Luini B2
⑤ SPONTINI B2
⑥ CIOCCOLATI ITALIANI B2
⑦ DE SANTIS A2
⑧ Pasticceria Marchesi A2 (몬테 나폴레오네 거리 지점 B1)
⑨ VanillA Gelati Italiani B2
⑩ God save the food B1
⑪ Emporio Armani Caffé B1
⑫ Pasticceria Confetteria Cova B1

❶ Cavalli e Nastri B1
❷ La Hormiga B1
❸ 세라발레 아웃렛 A1 Mcarthur Glen Designer Oulet Serravalle
❹ Fox Town A1
❺ D-Magazine B1
❻ DT Intrend(Diffusinoe Tesslie) B2
❼ PECK B2

① Ostello Bello Medici A2
② Mandarin Oriental Hotel Milano B1
③ SENATO Hotel B1
④ Armani Hotel Milano B1

Piazzale Lagosta
Sondrio
말펜사 공항버스 정류장
슈퍼마켓
Centrale
밀라노 중앙역
Piazza Luigi di Savoia
경찰서
통신사
Piazza Duca d'Aosta
가리발디 역 (코모행 기차 발착)
Monumentale
Isola
Gioia
Centrale F.S.
Garibaldi F.S.
아울렌티 광장 Piazza Gae Aulenti
리나테, 오리오 알 세리오 공항버스
Trattoria la Baita
Ostello Bello Grande
Ristorante
10 Corso Como Café
EATALY
Hotel Principe di Savoia
Hotel delle Nazioni Milano
Repubblica
카페, 바 밀집 지역
Moscova
밀라노 두오모 부근 P.354~355
Turati
경찰서
경찰서
주 밀라노 총영사관
Porta Venezia
밀라노 중앙역 부
Lanza
Palestro
● 보는 즐거움 ● 먹는 즐거움 ● 쉬는 즐거움

ATTRACTION

보는 즐거움

4세기 무렵 지은 오래된 성당과 세련된 최신의 유행 문화가 태연하게 공존하고 있는 밀라노. 시간을 초월해 내려오는 도시의 풍요로움을 즐겨보자. 아름다운 건물과 훌륭한 미술 작품, 수준 높은 공연과 함께 최신 패션 트렌드까지 모두 놓치지 말고 구경할 것.

두오모 Duomo 뷰포인트, 건축

설명이 필요 없는 밀라노의 상징이다. 이 대성당은 이탈리아 뿐만 아니라 유럽의 고딕 양식 건축물을 대표하는 걸작으로서 숲이 우거진 듯한 모양새와 섬세한 첨탑들이 아름답고 웅장하다. 성당의 규모는 바티칸의 성 베드로 대성당, 런던의 세인트 폴 대성당, 쾰른 대성당에 이어 세계에서 네 번째로 크다.

1385년에 공사를 시작해 500년의 긴 세월을 거쳐 1858년에 완공되었다. 전형적인 고딕 양식의 135개 탑 하나하나마다 성인을 조각한 작품이 올려져 있으며, 가장 높은 첨탑에는 황금빛 마리아상이 서 있다. 거대한 삼각형 모양의 전면 파사드는 고딕 · 르네상스 · 신고전주의 양식이 혼합되어 있고 청동문은 성모 마리아, 성 암브로조의 일화와 밀라노의 역사 등을 담고 있다.

두오모

내부는 높은 천장과 어두운 조명이 어우러져 스테인드글라스가 더욱 돋보이고 창을 통해 들어오는 은은한 빛 때문에 신비로운 분위기가 감돈다.

장엄한 느낌의 스테인드글라스

숲 속 같은 느낌의 내부

성당 왼쪽으로 돌아가면 계단이나 엘리베이터를 통해 옥상으로 올라갈 수 있는데 가까이서 볼 수 있는 수많은 탑들과 밀라노 시내 풍경이 일품이며 날씨가 좋은 날이면 멀리 알프스까지 보인다.

주소 Piazza Del Duomo, 18 **홈페이지** www. duomomilano.it **운영** 09:00~16:10 **미사** 평일 07:00 · 08:00 · 11:00 · 13:00 · 17:30, 토요일 09:30 · 17:30, 일요일 07:00 · 08:00 · 09:30 · 11:00 · 12:30 · 17:30 **요금** 성당 입장 €8, 두오모 패스(3일 유효) A–성당 입장+옥상 엘레베이터 이용+두오모 박물관+고고학 유적지 관람 €25, B–성당 입장+옥상 도보 이용+두오모 박물관+고고학 유적지 관람 €20 밀라노 카드 소지자 10% 할인 **가는 방법** 메트로 1 · 3호선 Duomo 역에서 하차 또는 트램 16번을 타고 두오모 광장 Piazza del Duomo에서 하차 Map p.354-B2

옥상

운영 09:00~19:00(입장 마감 18:10) **요금** 엘리베이터 이용 €16, 계단 이용 €14

두오모 옥상

비토리오 에마누엘레 2세 갤러리

라 스칼라 극장

산타 마리아 델레 그라치에 성당

비토리오 에마누엘레 2세 갤러리
Galleria V.Emanuele II 건축

두오모와 라 스칼라 극장 사이에 있는 쇼핑가. 유리로 만든 거대한 천장이 아름답고 그에 못지않은 내부가 여행자들의 눈길을 끈다. '밀라노의 응접실'이라고도 불리는 이 갤러리는 1865년 주세페 멘고니가 설계했다. 내부에는 카페, 레스토랑, 각종 명품숍들이 들어서 있고 전체적으로 우아하고 풍요로운 분위기를 풍긴다. 바닥의 모자이크는 12궁도를 표현하고 있는데, 이 중 황소자리에 여행자들이 모여든다. 그 이유는 황소의 생식기를 발뒤꿈치로 밟고 한 바퀴 돌면 소원이 이루어진다는 전설이 있기 때문. 그 부분만 움푹 파여 있다. 옆에 있는 리나센테 백화점은 밀라노에서 가장 큰 쇼핑센터이며 이곳의 8층 화장실은 무료다.

가는 방법 메트로 1 · 3호선 Duomo 역에서 하차, 두오모에서 도보 1분 Map p.354-B2

라 스칼라 극장 La Scala 음악

이탈리아 최고의 오페라 하우스. 전 세계 성악가들의 꿈의 무대로 마리아 칼라스와 우리나라 성악가 조수미의 주 무대이기도 했던 곳이다. 원래 산타 마리아 델라 스칼라 성당이 있던 자리에 세워진 공연장으로 1778년에 완공했으나 제2차 세계대전 중이던 1943년 공습으로 파괴됐으며 3년 후인 1946년에 재건하였다. 수수한 외관과는 달리 로코코 양식으로 장식된 내부와 붉은색 우단이 씌워진 좌석은 매우 화려하다. 1층에 위치한 극장 박물관에는 베르디가 사용하던 책상과 펜 등의 유품과 데스마스크, 푸치니의 초상화 등이 있고 극장 내부 관람도 가능하다.

주소 Via Filodrammatici 2, Piazza Scala **홈페이지** www.teatroallascala.org **가는 방법** 두오모에서 비토리오 에마누엘레 2세 회랑을 가로질러 도보 3분 Map p.354-B1

극장 박물관

홈페이지 www.museoscala.org **운영** 매일 10:00~18:00(입장 마감 17:30) **휴무** 12/7, 12/24, 12/25 · 26, 12/31 오후, 1/1, 부활절(2025/4/20), 5/1, 8/15 **요금** €12

극장 가이드 투어

운영 매일 09:30(영어), 10:30(프랑스어 · 영어), 12:00(영어 · 스페인어), 13:00(이탈리아어 · 프랑스어 · 영어), 16:00(영어) **소요시간** 60분 **요금** €30(극장 박물관 입장권 포함)

산타 마리아 델레 그라치에 성당
Chiesa Santa Maria delle Grazie 유네스코, 건축, 미술, 영화

고딕 양식의 성당을 건축가 브라만테가 돔을 더해서 재건한 도미니

코 수도회 성당. 특이한 형태의 돔과 아름다운 중정이 볼만하지만 사람들이 이곳을 찾는 이유는 수도원 식당 벽에 그려진 레오나르도 다빈치의 프레스코화 「최후의 만찬」을 보기 위해서다. 그리스도가 '너희들 중 한 명이 나를 배신할 것이다'라고 말하는 순간을 묘사한 그림이다. 창을 등지고 앉은 예수의 머리 위로 빛이 쏟아져 들어오고, 그의 양옆에는 제자들이 6명씩 앉아 있다. 6명씩 나뉜 12명의 사도는 다시 3명씩 나뉘어 얼굴 표정과 몸짓으로 그 말씀에 대한 반응을 나타내고 있다. 모두가 마음의 동요를 진정시키지 못하는 가운데 오직 한 사람, 예수만이 평온한 표정을 짓고 중앙에 앉아 있다. 15분마다 20명씩 입장할 수 있으며 예약은 필수다. 우측 QR 코드 참조!

영화 속 여주인공 아오이가 책을 읽던 안뜰

성당은 1465~1482년 사이에 건축되었으며 내부 천장의 화려하고 독특한 문양이 아름답다. 성당 뒤쪽의 안뜰 또한 놓치기 아까운 아름다운 풍경이며, 영화 〈냉정과 열정 사이〉에 등장하는 곳이다.

주소 Piazza Santa Maria delle Grazie 2 **운영** 평일 07:00~13:00 · 15:00~19:30, 일 · 공휴일 07:30~12:30 · 15:00~21:00 **가는 방법** 메트로 1 · 2호선 Cadorna 역에서 하차. Via Carducci를 따라 걷다가 Corso Magenta에서 우회전하면 보인다. 또는 트램 16번을 타고 Corso Magenta-Santa Maria delle Grazie에서 하차 Map p.354-A2

최후의 만찬
인터넷으로 예약하기

「최후의 만찬」 관람

운영 화~일 08:15~18:45 **휴무** 월요일, 1/1, 12/25 **요금** €15(예약비 €2 포함) **오디오 가이드** €4(영어 외 6개 국어) **예약** 홈페이지(cenacolovinciano.vivaticket.it)

브레라 미술관 Pinacoteca di Brera (미술)

예수회 수도원에서 만든 교육시설이었으며 국유화 된 후 미술학교가 자리했고 지금은 미술학교 건물 일부에 소장 미술품을 전시하고 있다. 이탈리아 바로크와 르네상스 시대의 걸작품을 소장하고 있는 미술관으로 롬바르디아 화파와 베네치아 화파들의 그림을 중심으로 15세기 르네상스에서 19세기까지 회화가 전시되고 있다. 이탈리아에서는 우피치 미술관, 바티칸 미술관과 더불어 훌륭한 미술관 중의 하나로 평가받는 미술관이다.

브레라 미술관

주요 작품으로는 이색적 구도를 가진 만테냐 Andrea Mantegna의 〈죽은 그리스도 Cristo Morto〉, 이탈리아 관능적 낭만주의 대표작인 프란체스코 하예즈 Francesco Hayez의 〈입맞춤 Il Bacio〉이 있다. 자세한 설명은 별책 P.29 참조.

주소 Via Brera 28 **홈페이지** www.pinacotecabrera.org **운영** 화~일 08:30~19:15 **휴무** 월요일, 12/25 **입장료** €15, 매월 첫째 일요일 무료 **가는 방법** 메트로 2호선 Lanza 하차 후 폰타치오 거리 Via Pontaccio 따라 걷다 브레라 거리 Via Brera에서 우회전, 스칼라 극장에서 베르디 거리 Via Verdi 따라 브레라 거리 Via Brera로 와서 도보 10분 Map p.354-B1

SAY! SAY! SAY!

기적적으로 살아남은 그림 「최후의 만찬」, 그리고 레오나르도 다 빈치

르네상스 시대를 대표하는 3명의 천재 중 맏형인 레오나르도 다 빈치는 토스카나 지방의 산골 마을인 빈치에서 사생아로 태어났습니다. 14세 때 가족과 함께 토스카나의 수도였던 피렌체로 이주한 후 15세부터 20대 초반까지 피렌체 화파의 대가였던 안드레아 델 베로키오의 밑에서 미술 및 기술 공작 수업을 받았습니다. 피렌체 우피치 미술관에 전시되어 있는 「예수 그리스도의 세례」를 그와 함께 작업한 후 베로키오는 조각에만 몰두할 정도로 다 빈치의 재능은 뛰어났습니다. 그후 다 빈치는 인물화와 풍경화에서 독창적인 구도와 표현 기술을 익혀 화려한 작품 세계로 접어들게 됩니다. 1481년 밀라노의 스포르차 귀족 가문의 화가로 초빙되어 약 12년 동안 그림뿐만 아니라 조각, 건축, 공학 등 다방면에서 천재성을 발휘합니다.

「최후의 만찬」은 1498년에 유채와 템페라 기법으로 그려진 그림입니다. 제2차 세계대전 중에 수도원이 폭격을 맞아 식당 전체가 무너졌으나 이 그림이 있는 벽만 홀로 우뚝 서있었다고 합니다.

이 그림을 연구한 신학자들은 레오나르도 다 빈치가 위대한 화가이기도 하지만 성서에 정통한 신학자라고도 말합니다. 그림 속에 등장한 예수의 12사도는 제각각 성서 속 말씀을 기반으로 행동하고 있다고 합니다. 예수가 십자가에 못 박히기 전날 제자 12명과 마지막으로 만찬을 함께하면서 (누구라고 지칭하진 않았지만) 유다의 배신을 모두에게 알려주고 빵과 포도주로 제자들을 축복하며 "너희들은 이것을 받아 먹어라. 이것은 내 몸이다. 이것은 나의 피다. 많은 사람을 위하여 내가 흘리는 계약의 피다"라고 말씀하셨다는 내용이 나옵니다.

이전에 최후의 만찬을 주제로 그림을 그렸던 안드레아 델 가스타뇨나 기를란다요는 예수를 배신한 유다를 정확하게 지목하여 예수의 반대편에 그려 넣음으로써 그가 유다라는 것을 사람들에게 알렸는데요. 다빈치는 해석을 달리하여 예수가 예언을 하는 그 당시에는 누가 배신을 하는 것인지 모르게 유다를 12사도 안에 섞어 놓고 제자들이 궁금하게 여겨 조심스럽게 서로 말을 주고받는 모습으로 표현했습니다. 그리고 유다의 손에 돈 주머니를 그려 넣어 돈을 받고 예수를 팔아넘긴 사람이 유다라는 것을 암시하고 있습니다.

그리고 등장 인물들을 치밀하게 계획하여 배치해놓았습니다. 먼저 그리스도의 오른편에는 그가 사랑했던 제자 요한이 있고, 성격이 급했던 베드로는 요한의 어깨를 잡고 누가 배신자인지를 묻기 위해 벌떡 일어나고 있는 모습으로 묘사되어 있습니다. 괴테에 의하면 그가 일어나면서 '손에 들고 있던 칼이 본의 아니게 유다의 옆구리를 건드려서 유다가 놀라며 소금 그릇을 엎지르는 장면을 통해 멋진 긴장 효과를 냈다'고 합니다. 그 주변으로는 유다 뒤에 베드로의 동생 안드레아가 그 뒷자리의 야고보 · 바르톨로메오와 짝을 이루고 있고, 또 다른 야고보 뒤에는 토마스와 필립보가 자기의 결백을 주장하면서 한 그룹을 이루고 있으며, 마태오와 타대오, 시몬이 또다른 그룹을 형성하고 있습니다. 이렇게 12사도를 4개의 무리를 이루게 해서 새 예루살렘의 열두 문과 4복음서를, 그리고 배경으로 3개의 창문을 만들어 그리스도교의 삼위일체를 상징했다는 해석이 있습니다.

해석도 해석이지만 그림을 보고 있으면 등장인물이 일렬로 늘어서 있음에도 불구하고 산만하지 않고 예수를 중심으로 시선이 집중됨을 느낄 수 있는데요. 이는 극적인 순간을 정적으로 표현해내는 다 빈치의 천재성이 발휘된 것이라고 할 수 있습니다.

다 빈치는 이 그림을 그리고 나서 20여 년이 지난 1516년 프랑수아 1세가 있는 프랑스 클로 뤼세 Clos Lucé로 이주한 후 1519년 5월 2일, 67세의 나이로 사망합니다.

대표 작품 「그리스도의 세례」, 「수태고지(이상 우피치 미술관)」, 「암굴의 성모(런던 국립 미술관)」, 「최후의 만찬(산타 마리아 델레 그라치에 성당)」, 「모나리자(루브르 박물관)」 등

왼쪽부터 바르톨로메오, 야고보(小), 안드레아, 유다, 베드로, 요한, 예수, 토마스, 야고보(大), 필립보, 마태오, 타대오, 시몬

폴디 페촐리 미술관 Museo Poldi-Pezzoli 미술

이탈리아의 훌륭한 개인 컬렉션 중 하나. 폴디 페촐리 가문의 수집품들이 전시되어 있는 미술관으로 회화와 조각품은 물론 각종 갑옷과 무기, 생활용품, 보석 등 이탈리아 상류층의 생활을 엿볼 수 있다. 가장 유명한 작품은 피에로 델 폴라이올로가 그린 「젊은 귀부인의 초상 Ritratto di Dama」. 폴디 페촐리 미술관의 상징처럼 된 이 그림은 구름이 약간 낀 맑고 푸른 하늘을 배경으로 명료한 옆모습을 그린 여성 초상화다. 주인공은 15세기 피렌체 은행가 조반니의 부인으로 밀라노의 모나리자라고도 불린다. 그 외 보티첼리, 조반니 벨리니, 만테냐 등 르네상스 시대 이탈리아 중 · 북부 거장들의 작품이 모여 있다.

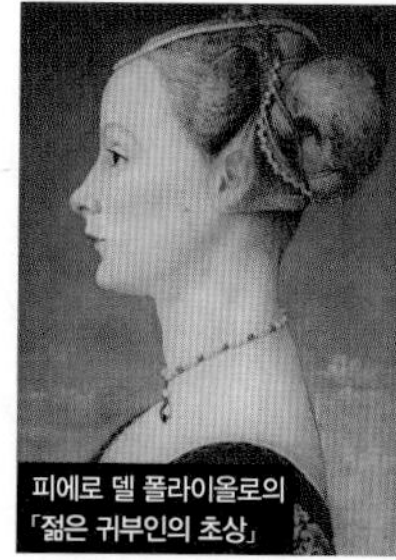
피에로 델 폴라이올로의 「젊은 귀부인의 초상」

폴디 페촐리 미술관

주소 Via Alessandro Manzoni 12 **홈페이지** www.museopoldipezzoli.it **운영** 수~월 10:00~19:30(입장 마감 18:30) **휴무** 화요일, 1/1, 부활절(2025/4/20), 4/25, 5/1, 8/15, 11/1, 12/8, 12/25 **입장료** 일반 €14(밀라노 카드 소지자 €10) **가는 방법** 메트로 2호선 Monte Napoleone 역에서 도보 5분 Map p.354-B1

스포르체스코 성 Castello Sforzesco 

중세시대 밀라노의 유력 가문이었던 비스콘티 공작 집안의 성이었던 것을 15세기에 대공 스포르차가 확장한 것이다. 성의 외벽은 레오나르도 다 빈치가 설계하였으며 1466년에 완성되었다.

현재의 성은 5개의 섹션으로 나뉘어 박물관으로 쓰이고 있다. 가장 유명한 작품은 1층에 전시된 「론다니니의 피에타」. 미켈란젤로의 유작으로 알려진 이 그림은 인생의 끝자락에 선 미켈란젤로의 삶에 대한 관조적 시각과 예술의 원숙함이 드러나 있는 작품으로 평가받는다. 그 밖에 틴토레토, 만테냐의 그림들도 전시되어 있으며 응용 미술품, 고고학 유물 등과 함께 방대한 악기 컬렉션도 볼만하다. 모든 전시실을 제대로 둘러보려면 꽤 오랜 시간을 투자해야 하므로 매표소에서 미리 컬렉션에 대한 정보를 알아두고 관심 있는 작품들 위주로 보는 것이 좋다.

스포르체스코 성

주소 Piazza Castello **홈페이지** www.milanocastello.it **가는 방법** 메트로 1호선 Cairoli 역이나 2호선 Lanza 역에서 하차 또는 버스 43 · 50 · 57 · 58 · 61 · 70 · 94번이나 트램 1 · 3 · 4 · 12 · 14 · 20 · 27번 이용 Map p.354-A1

성

운영 여름 07:00~19:30(겨울 ~18:00)

박물관

운영 화~일 10:00~17:30 **휴무** 월요일, 12/25, 1/1, 5/1 **입장료** €5

악기 박물관에 전시되어 있는 고악기들

평생에 걸친 모성에 대한 그리움을 표현한, 미켈란젤로의 「피에타」

르네상스 최고의 거장인 미켈란젤로 부오나로티는 모든 예술 분야에 천재적이었으나 특히 조각 부분에 있어 탁월한 재능을 보여줬고, 그 역시 조각가라는 타이틀을 좋아했다고 합니다.

「피에타」는 그의 조각 인생을 화려하게 열어주었으며, 생을 마감하는 순간까지 함께한 작품입니다. 그의 90년 인생 중 65년이라는 세월 동안 시차를 두고 총 3번 만들어진 「피에타」는 아마도 그가 가장 사랑했던 작품이며, 자신의 인생을 담으려 했던 작품이 아니었을까 싶습니다.

'피에타 Pietà'는 이탈리아어로 '비탄'을 의미하는데 십자가에 못 박혀 죽은 아들을 품에 안고 슬퍼하는 성모 마리아의 모습을 뜻합니다. 그는 왜 그렇게도 「피에타」라는 작품에 큰 의미를 두었을까요?

미켈란젤로는 1475년 귀족이었던 부오나로티 가문에서 태어났습니다. 그가 태어났을 때 집안의 사정은 최악이었고, 어머니는 미켈란젤로가 6세 때 세상을 떠났습니다. 그는 어머니의 이른 죽음으로 엄한 아버지 슬하에서 정을 제대로 느끼지 못하고 유년 시절을 보냈습니다. 이 시절의 경험이 미켈란젤로의 인생과 작품에 큰 영향을 미쳤다고 할 수 있습니다. 그는 평생 자기 스스로를 엄격하게 관리하고 통제하면서 인간의 한계를 뛰어넘는 고통을 감수하며 작품들을 만들어냈습니다. 미켈란젤로는 그의 작품 인생의 시작부터 마지막까지 어린 시절 이별해 제대로 기억하지도 못하는 어머니의 모습을 담아내기 위해 노력했습니다. 그래서 숨을 거두는 마지막 순간까지도 「피에타」를 통해 어머니의 모습을 찾으려 했던 것은 아닐까요?

그의 첫 번째 「피에타」는 1499년 프랑스 추기경 산 디오니지의 주문으로 만든 「산 피에트로의 피에타 La Pietà in San Pietro」로, 산 피에트로 대성당에 전시돼 있습니다. 성모 마리아가 죽은 예수를 품에 안고 앉아 오른손으로 등을 받치고 왼손은 하늘을 향해 들어 "하느님 당신의 아들을 이제 다시 당신 곁으로 돌려보냅니다"라는 뜻을 보여주고 있는 작품입니다.

산 피에트로의 「피에타」

두 번째 피에타 「La Pietà di Michelangelo a Firenze」는 피렌체 두오모 박물관에 전시돼 있습니다. 첫 번째 「피에타」와는 전혀 다른 모습으로 많은 사람들이 등장합니다. 십자가에 못 박혀 죽은 예수의 몸을 뒤에서 니코데모가 받치고, 왼쪽에서는 막달라 마리아가 양팔로 자신이 사랑했던 예수의 등과 다리를 받치고 있습니다. 그리고 성모 마리아는 오른쪽에서 죽은 자신의 아들 예수를 온몸으로 일으켜 세우고 있습니다. 1550~1555년경에 만든 것으로 추정되며 작업 중 돌의 결을 잘못 치는 바람에 작품이 두 조각으로 금이 가 포기한 것을 바사리가 보존한 작품입니다.

마지막 「피에타」는 밀라노 스포르체스코 성 박물관에 소장되어 있는 「론다니니의 피에타 Pietà Rondanini」로 1552년 시작해 1564년 그가 죽기 6일 전까지 손을 떼지 못했던 작품입니다. 성모 마리아가 죽은 예수 뒤쪽에서 선 자세로 시신을 일으켜 세우는 모습을 묘사하였습니다.

피렌체의 「피에타」

그가 남긴 세 개의 피에타를 비교해 보면 젊은 시절 만든 것은 죽은 아들을 하늘로 돌려보내는 어머니의 모습을 오히려 고요하며 평안한 모습으로 묘사하여 슬픔과 고통을 승화시키려 한 그의 생각을 엿볼 수 있습니다. 반면 말년에 만든 2개의 피에타는 죽은 예수를 끌어올려 일으키는 모습이 중심이 되고 있는데, 이는 부활을 상징하는 것으로 죽음 이후에 구원받기 원했던 자신의 염원을 무덤 위에 세워질 작품에 담고자 했던 것으로 생각됩니다.
3개의 「피에타」는 모두 아들을 잃은 슬픔에 빠져있는 인간애가 담긴 어머니의 얼굴은 만들지 못했습니다. 첫 번째 상은 가장 이상적인 여성을 만들어내는 데는 성공했지만 진정한 어머니의 모습은 아니었습니다. 예수의 나이에 비해 마리아의 얼굴이 너무 젊게 묘사되었기 때문입니다. 그리고 두 번째와 세 번째 피에타는 성모의 얼굴을 만들지도 못하고 미완성으로 남겼습니다.
마지막 「피에타」는 미완성이긴 해도 보는 이들로 하여금 가슴 한 곳을 울리는 감동을 느끼게 합니다. 아들의 시신을 뒤에서 일으켜 세우려고 안간힘을 쓰고 있는 그녀에게서 모든 이들의 어머니의 모습이 보이기 때문이 아닐까요.
조각에서는 신과 비교되었던 거장 미켈란젤로도 이렇게 생의 마지막 순간에 와서야 어렴풋이 어머니의 자식에 대한 사랑을 이해할 수 있었던 것이겠지요. 비록 자신이 어머니의 사랑을 받지 못했더라도 말입니다.

론다니니의 「피에타」

산 암브로조 성당

Basilica di San Ambrogio 건축

산 암브로조 성당

밀라노의 수호성인 성 암브로시오가 4세기 후반부터 짓기 시작한 성당으로 밀라노에서 가장 오래되었다. 현재 모습은 9~11세기에 재건한 것이다. 롬바르디아 주의 로마네스크 양식 건물로는 최고의 아름다움을 지니고 있다. 성당의 외관은 고즈넉하고 내부 천장의 장식과 제단이 아름다우며 지하로 내려가면 암브로시오 성인의 무덤이 있다. 늦은 오후 창을 통해 제단까지 들어오는 빛줄기가 신비로운 분위기를 자아낸다.

주소 Piazza San Ambrogio **홈페이지** www.basilicasantambrogio.it **운영** 월~토 10:00~12:00 · 14:30~18:00, 일 15:00~17:00 **가는 방법** 메트로 2호선 S. Ambrogio에서 하차 후 도보 2분 Map p.354-A2

레오나르도 다 빈치 국립과학기술박물관

Museo Nazionale della Scienza e della Tecnologia Leonardo da Vinci

아이와 함께 둘러볼 만한 곳. 이탈리아가 낳은 천재 레오나르도 다 빈치 탄생 500주년 기념으로 수도원을 개조해 1953년에 개관한 박물관이다. 다 빈치의 발명품과 그 이후 발달한 과학 기술 자료들이 전시되어 있다. 2층에 전시되어 있는 다빈치의 비행기가 볼만하고 복제품이지만 「모나리자」, 「최후의 만찬」도 전시되어 있다.

주소 Via S. Vittore 21 **홈페이지** www.museoscienza.org **운영** 화~

금 10:00~18:00, 토 · 일 10:00~19:00 **휴무** 월요일, 1/1, 12/24 · 25 **입장료** 일반 €10(밀라노 카드 소지자 20% 할인) **가는 방법** 메트로 2호선 S. Ambrogio에서 하차 후 도보 5분. 또는 버스 50 · 54 · 58번을 타고 San Vittore에서 하차 Map p.354-A2

나빌리오 지구

나빌리오 지구 Naviglio 핫스폿

이 지역에는 두오모 건축 당시 대리석을 운반하기 위해 만들어진 운하 Naviglio가 있는데 레오나르도 다 빈치가 기획에 참여했다고 한다. 메트로 2호선 Porta Genova F. S. 역에서 나오면 만나게 되는 조용한 서민동네로 소박하면서도 곳곳에 젊은 예술가들의 공방과 분위기 좋은 레스토랑, 바가 들어서 있다. 매달 마지막 일요일 벼룩시장이 열리면 조용하던 이곳도 북적거리며 활기를 띤다. 트렌디하고 세련된 식당이 곳곳에 있어서 저녁 시간을 보내기 좋은 장소.
가는 방법 메트로 2호선 Porta Genova F. S.에서 하차 후 도보 10분 Map p.350-A3

산 시로 경기장 Lo Stadio San Siro 핫스폿

산 시로 경기장

축구 마니아라면 토리노의 알리안츠 스타디움(p.386)과 더불어 그냥 지나치기 아쉬운 장소. 밀라노의 전통 축구 구단인 AC밀란과 인터밀란의 홈구장으로 주세페 메아차 Guiseppe Meazza 구장으로도 부른다. 게임이 있는 날이면 밀라노가 하루 종일 시끌벅적한데 특히 이 두 팀 간 경기는 밀란 더비라고 하며 도시가 온통 축구 열기로 들썩인다. 이런 날 다른 축구팀 유니폼을 입는 것은 자살 행위. 그만큼 밀라노 시민들의 축구 사랑은 대단하다.
박물관의 가건물 같은 외관은 실망스럽지만 두 팀의 오래된 유니폼, 우승 트로피 등이 전시되어 있으며 그들의 역사와 자부심을 한껏 느낄 수 있는 공간이다. 박물관에서 나와 화살표를 따라 구장을 둘러볼 수 있는데 믹스트 존, 선수들의 라커룸을 지나 구장 안을 둘러볼 수 있다. 출구 쪽에 위치한 산 시로 스토어에서는 AC밀란과 인터 밀란 유니폼은 물론 각종 상품 구입도 가능하다.
산 시로 경기장은 8만여 명을 수용할 수 있는 유럽 내에서도 최상위권 구장이다. 월드컵, 챔피언스 리그 등 주요 축구 경기가 열렸고, 마돈나, 마이클 잭슨, 콜드플레이 등 팝 가수의 콘서트장으로도 사용되었다. 2026년 밀라노 · 코르티나담페초 동계올림픽 개막식이 열리고 주 경기장으로 사용될 예정이다. 일부 반대의 움직임이 있지만 개장 100주년 맞이 리모델링을 계획 중인 구장이라 철거되기 전 역사의 현장을 봐두는 것을 추천한다.
주소 Via Alessandro Manzoni 12 **홈페이지** www.sansirostadium.com **운영** 09:30~19:00(단, 축구 경기가 있거나 행사 개최 시 변동 가능. 홈페이지 확인 후 방문) **입장료** 박물관+구장 투어 €30 **가는 방법** 메트로 5호선 San Siro Stadio 역 하차, Stadio Meazza 출구로 나가 도보 5분 Map p.354-A1

선수들이 휴식을 취하는 라커룸

아르마니 사일로 Armani Silos 핫스폿

우아한 선으로 대표되는 브랜드 아르마니의 컬렉션이 가득한 공간. 아르마니사 창업 40주년을 기념해 2015년에 문을 열었다. 1950년대에 지어진 곡물가공 공장을 원형을 그대로 살리면서 리모델링했는데, 아르마니가 직접 설계와 감독을 맡았다. 600벌의 의류와 200점의 신발, 액세서리 등이 전시되어 있다. 입구를 지나 들어가면 만나는 공간은 회색 톤의 시멘트 바닥과 검정색 천장을 기본으로 사용해 아르마니 특유의 정체성을 공간에 구현했다. 전시실은 인테리어를 단순하게 하여 전시된 의상 자체가 돋보이도록 했다. 1, 2층은 'Daywear(평상복)', 'Exoticism(이국주의)'를 주제로 한 의상이 전시되어 있다. 3층은 'Color-Scheme(색채 조합)'을 주제로 한 의상을 전시하고 있는데, 전시장 전체를 강렬하면서도 과감한 색을 사용한 것이 이색적이다. 마지막 4층의 주제는 'Light'. 시폰과 레이스를 주로 사용한 의상이 전시되어 있고 전시장도 시폰 재질의 천으로 장식되어 있다. 이 외 아르마니의 스케치, 테크니컬 드로잉, 패브릭 등도 볼 수 있으니, 의상학도라면 놓치지 말자(홈페이지 예약 필수).

주소 Via Bergognone 40 **전화** 02 9163 0010 **홈페이지** www.armanisilos.com **운영** 수~일 11:00~19:00(목 · 토 ~21:00) **휴무** 월 · 화요일 **요금** 일반 €12, 밀라노 카드 소지자 €8.40 **가는 방법** 메트로 2호선 Genova F. S. 역 하차, 역 앞 광장 왼쪽 지하도 건너 왼쪽 Via Tortona를 따라 걷다 만나는 로터리에서 오른쪽. 또는 두오모 앞에서 트램 14번 타고 Piazza del Rosario 하차 후 Via Bergognone를 따라 직진 450m Map p.355-A3

아르마니 사일로

폰다지오네 프라다 Fondazione Prada 핫스폿

오래된 양조 공장 부지를 네덜란드 건축가 램 쿨하스 Remment Koolhaas의 주도로 리모델링해 미술관으로 꾸민 공간. 오래된 공장과 새로 지어진 건물의 조화 속에서 관객들은 자유롭게 작품을 관람하면서 산책을 즐긴다. 2만여 평 규모의 대지 위에 11개의 건물이 각각 전시장, 극장, 카페, 세미나장 등으로 사용되고 있다.

프라다 창업주의 손녀 미우치아 프라다의 주도로 만들어진 이 공간은 황금색으로 칠해진 헌티드 하우스 Haunted Haouse, 유리 외벽의 포디움 Podium 등 각기 다른 개성을 가진 건물 안에 프라다 재단이 후원 및 발굴하는 신진 현대미술 작가의 초대전이 주로 열리는 공간이다. 약간 난해할 수 있는 전시들을 관람했다면 바 루체 Bar Luce로 가자. 영화 〈부다페스트 호텔〉의 감독 웨스 앤더슨 Wes Anderson이 디자인한 실내는 1950년대 밀라노의 분위기를 재현한 인테리어와 소품들로 인기가 높은 곳이다.

주의할 점은 반드시 티켓을 보관해 둘 것! 14일 안에 비토리오 에마누엘레 2세 갤러리 안에 있는 프라다 본점 안에 자리한 또 하나의 전시 공간 Prada Osservatorio를 관람할 수 있다.

폰다지오네 프라다

바 루체

MUDEC

커튼이 쳐져 있는 듯한 MUDEC의 실내 전시장

아울렌티 광장

주소 Largo Isarco 2 **홈페이지** www.fondazioneprada.org **운영** 수~월 10:00~19:00 **휴무** 화요일 **입장료** €15, (기획전 여부에 따라 입장료 변동 가능) **가는 방법** 메트로 3호선 Lodi T.i.b.b. 역 하차 Corso Lodi를 따라 걷다 오른쪽 첫 번째 길로 들어가 도보 10분

Map p.355-B3

MUDEC Museo delle Culture 건축, 미술

현재 밀라노에서 디자인, 예술의 중심으로 주목받고 있는 토르토나 거리 Via Tortona에 자리한 박물관. 철도 신호 장비를 공급하던 안살도 STS Ansaldo STS사의 공장을 영국 건축가 데이비드 치퍼필드 David Chipperfield가 리모델링해 2015년에 개관했다. 비록 시공 과정에서 밀라노 시와의 갈등으로 건축가가 자신의 이력에서 제외하고 박물관의 공식 사이트에도 건축가 이름이 사라지는 해프닝이 있었지만.

매표소, 아트숍, 카페 등이 자리한 1층에서 계단을 따라 올라가면 커튼이 드리워진 것 같은 실내가 인상적인 전시장과 만나게 된다. 상설전시는 밀라노 시에서 소장하고 있는 세계 각지의 문화인류학적 공예품 약 7천여 점을 전시하고 있으며 수준 높은 기획전시로 이탈리아 내에서 가장 핫한 미술관이 되었다.

주소 Via Tortona 56 **홈페이지** www.mudec.it **운영** 월 14:30~19:30, 화~일 09:30~19:30(목 · 토 ~22:30) **휴무** 월요일 오전 **입장료** 상설전시 무료, 특별전시 별도 가격 **가는 방법** 메트로 2호선 Genova F. S. 역 하차, 역 앞 광장 왼쪽 지하도 건너 왼쪽 Via Tornatona를 따라 직진 400m, 또는 두오모 앞에서 트램 14번 타고 9번째 정류장 Via Solari Via Stendhal 하차 후 좌회전, Via Stendhal 따라 직진 250m Map p.355-A3

아울렌티 광장 Piazza Gae Aulenti 건축

밀라노에서 고전적인 하루를 보냈다면 모던함을 만끽할 수 있는 하루를 보낼 수 있는 곳. 오르세 미술관 리모델링 프로젝트로 전 세계적인 명성을 얻은 이탈리아의 여성 건축가 가에 아울렌티 Gae Aulenti(1927~2012)의 업적을 기리며 만든 광장이다.

아울렌티 광장은 이탈리아에서 보기 드문 현대식 고층 건물로 둘러싸인 원형 광장으로, 바닥은 지하 환풍구 역할을 하는 커다란 세 개의 원형 채광창이 있고 그 주변을 찰랑거리는 물소리가 가득한 얕은 연못으로 구성되어 있다. 광장을 가로지르다 경계가 없는 연못에 빠질 수도 있으니 주의할 것. 광장 주변은 상가와 서점 등이 들어서 있고 주변에는 현대적 느낌을 물씬 풍기는 건물들이 즐비하고 '숲 아파트'로 유명세를 탄 Bosco Verticale이 주변에 있어 건축학도라면 그냥 지나치기 아쉽다.

주소 Piazza Gae Aulenti **가는 방법** 메트로 2 · 5호선 Garibaldi F. S. 역 하차 후 역 앞 광장에서 도보 5분 Map p.355-A1

RESTAURANT

먹는 즐거움

간편한 패스트푸드부터 파인 다이닝까지, 다양한 식사가 가능한 밀라노. 바쁘게 돌아가는 상업 도시지만 한 끼의 여유는 잃지 말자. 입이 즐거워야 여행도 즐겁다. 스포르체스코 성 앞길에 저렴하고 캐주얼한 식당이 모여있으니 참고하자.

피자 & 샌드위치

바쁜 도시 밀라노에서 간단하게 즐기는 식사. 여유로움보다 시간의 효율을 중시 여긴다면 찾아가 볼 만한 곳들을 소개한다.

Panzerotti Luini

남부 풀리아 지방 전통음식 판제로티 전문점. 점심시간이면 길게 줄을 늘어서야 할 정도로 현지인과 여행자들 모두에게 인기가 좋다. 피자 도우를 반으로 접어 속에 내용물을 넣고 튀겨낸 판제로티 프리타 Panzerotti Fritti가 대표 음식. 기름에 튀긴 것이 부담스럽다면 구워낸 판제로티 알 포르노 Panzerotti al Forno를 주문하자. 가짓수는 적지만 모든 음식이 담백하고 맛있다.

주소 Via Santa Radegonda 16 **홈페이지** www.luini.it **영업** 월~토 10:00~20:00 **휴무** 일요일 **예산** 판제로티 €2~ **가는 방법** 두오모 옆 리나센테 백화점을 왼쪽에 끼고 골목 안으로 들어가 직진 도보 3분

Map p.354-B2

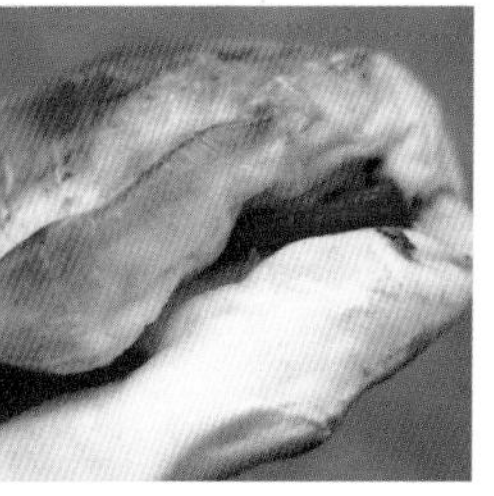

DE SANTIS

작지만 정감 있는 인테리어 속 신선한 파니니들이 가득한 파니니 전문점. 50여 개에 달하는 파니니가 준비되어 있어 메뉴를 고르는 것만으로도 배가 부를 지경이다. 바에서 마시는 커피 한잔도 일품이고, 17:00부터는 아페르티보(간단한 음료와 함께 가벼운 안주를 먹는 이탈리아 북부에서 발달한 식사 문화)를 운영해 잠시 쉬어가기에도 좋다. 라 리나센테 백화점 7층에도 지점이 있다(운영 09:30~24:00).

주소 Corso Magenta 9 **홈페이지** www.paninidesantis.it **영업** 매일 11:00~23:00 **예산** 파니니 €9~ **가는 방법** 메트로 1호선 Cordusio 역 광장에서 Tiger 매장 방향 Via Meravigli 따라 직진 도보 200m Map p.354-A2

SPONTINI

푹신한 도우의 조각 피자 전문점. 저렴한 가격으로 간단히 조각 피자와 음료로 끼니를 해결할 수 있어서 직장인들이나 여행자들에게 인기가 높다. 저렴한 만큼 피자 맛은 크게 기대하지 말 것.

주소 Via Santa Radegonda 11 **전화** 02 7209 5124 **영업** 매일 11:00~23:00 **예산** 피자 €8~ **가는 방법** 두오모 옆 리나센테 백화점을 오른쪽에 끼고 골목 안으로 들어가 직진해 첫 번째 보이는 코너에 위치 Map p.354-B2

레스토랑

세련된 도시에서 세련된 분위기의 레스토랑에서 즐기는 한 끼는 여행을 훨씬 더 윤택하게 한다. 부유한 상업 도시이니 입안도 부유하게!

Trattoria la Baita

1960년부터 운영 중인 따뜻한 분위기의 남부 음식 전문점. 동네 사랑방 같은 분위기에서 식사를 즐길 수 있다. 매일 바뀌는 셰프 추천 요리는 그날의 식재료 중 가장 좋은 재료를 사용해 만들어낸다고.

주소 Via Roberto Lepetit 29 **전화** 02 5656 8971 **홈페이지** www.labaitamilano.it **운영** 월~토 11:30~14:30 · 18:30~23:00 **예산** 전식 €12~, 파스타류 €12~, 어 · 육류 요리 €12~, 자릿세 €2 **가는 방법** 밀라노 중앙역에서 도보 5분 Map p.356-B1

God Save the Food

밀라노의 핫 플레이스로 부상하고 있는 토르토나 거리 Via Tortona에 있다. 특히 일요일 브런치 메뉴가 푸짐하고 맛있다. 제철에 생산된 유기농 식재료를 사용하는 건강한 메뉴 구성을 위해 신경 쓴다고. 트렌디하면서도 깔끔한 분위기의 널찍한 실내가 활기찬 분위기다. Piazza del Carmine (Map p.354-B1)에도 지점이 있다.

주소 Via Tortona 34 **전화** 02 8942 3806 **홈페이지** www.godsavethefood.it **운영** 월~금 08:00~21:00, 토 · 일 10:00~21:00 **예산** 전식 €10~, 샐러드 €16~, 샌드위치 €18~, 자릿세 €3 **가는 방법** 메트로 2호선 Genova F. S. 역 하차 후 역 앞 광장에서 왼쪽 길로 가다 지하도 건너 왼쪽 Via Tortona를 따라 도보 500m, 아르마니 사일로에서 도보 3분 Map p.354-A3

DOGANA

실내가 고풍스러운 파스타 전문점. 분위기에 비해 음식 가격은 저렴한 편이다. 두오모와 가깝고 넓은 실내 덕분에 단체 여행자들이 몰리기도 하지만 이 부근에서 이 가격으로 이런 음식 먹기도 쉽지 않다. 외국인 여행자들을 대상으로 하는 우리나라 식당들을 생각해 볼 것.

주소 Via Digana 3 **전화** 02 805 6766 **홈페이지** www.pizzeriadogana.it **영업** 매일 12:00~23:00 **예산** 파스타 €15~, 피자 €8.50~, 육류 요리 €24~, 생선 요리 €25~, 자릿세 €3 **가는 방법** 두오모 광장에서 도보 3분 Map p.354-B2

아시안 푸드

아무리 세련되고 맛있는 음식을 먹어도 뜨끈하고 얼큰한 국물이 최고라는 여행자를 위한 제안. 오래오래 자리하고 있는 곳이니만큼 음식 맛도 평균은 한다.

萬珍樓 RISTORANTE CINESE LA FELICITA

스포르체스코 성 부근에서 들러볼 만한 중국집. 인스턴트 음식이나 카페테리아에 질렸다면 찾아가보자. 평범한 분위기이지만 음식 양과 맛은 훌륭하고 가격까지 저렴하다.

주소 Via Rovello 3 **전화** 02 805 6766 **영업** 매일 10:00~15:30 · 17:30~23:00 **예산** 면 · 밥류 €5~, 육류 요리 €6~, 해산물 요리 €8~, 자릿세 €2 **가는 방법** 스포르체스코 성을 등지고 보행자 거리로 걷다가 왼쪽 첫 번째 골목 안쪽에 있다. **Map p.354-A2**

Ristorante XIER

중앙역 부근에 있는 큰 규모의 중식/일식 뷔페. 손님의 구성은 중국인과 이탈리아인 반반으로 이루어진다. 볶음 국수, 볶음밥, 튀긴 만두, 딤섬 등의 중국음식과 회전 초밥을 먹을 수 있고 원하는 재료들을 조합해 직접 볶아주는 그릴 요리도 제공한다. 피자와 파스타에 질렸다면 한 번쯤 찾아가 볼 만한 음식점.

주소 Via Lepetit 20 **전화** 02 6748 1999 **홈페이지** www.xier-milano.it **영업** 12:00~15:00 · 19:00~23:00 **예산** 평일 점심 €13.90, 일 · 공휴일 €17.90, 저녁 €24.90, 자릿세 €1, 와인 등 주류와 음료는 별도 **가는 방법** 중앙역에서 도보 5분, 오스텔로 벨로 그란데 맞은편 **Map p.356-B1**

젤라테리아

더운 여름 식사 후 한 입 베어 무는 젤라토는 천상의 맛. 천연 재료로 만든 고급스럽고 진한 젤라토의 향연에 빠져보자.

cioccolat italiani

진한 초콜릿 맛이 일품인 젤라테리아. 주로 루이니, 스폰티니 등 주변 식당에서 식사를 마친 사람들이 후식으로 젤라토나 커피를 즐기는 곳이다. 젤라토를 주문하면 컵이나 콘에 넣어주는데, 이때 다크 초컬릿을 선택할 수도 있다. 전체적으로 맛이 진한 편이고 추천하는 맛은 초콜릿과 피스타치오다.

주소 Via San Raffaele 4 **홈페이지** www.cioccolatitaliani.it **영업** 월~금 08:30~22:00, 토 · 일 08:30~23:00 **예산** 젤라토 €5.50~, 커피 €2.50~ **가는 방법** 두오모 옆 리나센테 백화점을 왼쪽에 끼고 골목 안으로 들어가 직진 도보 3분, Luini 맞은편 **Map p.354-B2**

GELATI Vanilla ITALIANI

유지방 소화가 어려워 젤라토 먹는 것을 망설이는 여행자라면 가볼 만한 젤라테리아. 일반적인 젤라토와 함께 올리브 오일을 이용해 유지방과 글루텐이 없는 젤라토도 마련되어 있다. 담백하고 가벼운 맛으로 부담없이 즐길 수 있다.

주소 Via Pattari 2 **홈페이지** www.vanilla-gelati-italiani.it **영업** 매일 10:30~21:30 **예산** 젤라토 €2.50/3.50/5.50 **가는 방법** 두오모 광장에서 도보 5분

Map p.354-B2

카페

이탈리아 어느 도시나 그러하지만, 특히 밀라노에는 세련된 분위기의 카페가 많이 있다. 특히 유명 브랜드에서 운영하는 카페는 다른 도시에서 찾아보기 힘든 분위기.

Pasticceria Marchesi

1824년부터 운영되고 있는 빵집 겸 카페. 2015년 프라다에서 지분을 인수해 프라다의 베이커리라고도 부른다. 고전적인 카페 외관이 정겨운 느낌이라, 간판이 바뀌지 않았으면 하는 바람이 있다. 맛있는 커피와 신선한 샌드위치로 현지인들의 사랑을 듬뿍 받고 있는 곳이다. 특히 커피는 밀라노에서 마셔본 커피 중 가장 훌륭한 맛을 갖고 있다. 크림빵 종류는 오후에 가면 다 팔리고 없으니 오전에 들러보자. 몬테 나폴레오네 거리(운영 07:30~21:00, Map p.354-B1)와 비토리오 에마누엘레 2세 갤러리(운영 07:30~21:00)에도 지점이 있는데 본점의 인테리어와 사뭇 다른 분위기다.

주소 Via Santa Maria alla Porta 11 **전화** 02 862 770 **홈페이지** www.pasticceriamarchesi.com **영업** 월~토 07:30~21:00, 일 08:30~21:00 **예산** 커피 €1.50~€2.50 **가는 방법** 메트로 1호선 Cordusio 역 광장에서 Tiger 매장 방향 Via Meravigli를 따라 직진 도보 200m Map p.355-A2

Pasticceria Confetteria Cova

푸치니와 베르디가 단골이었고 헤밍웨이의 〈무기여 잘 있거라〉에도 등장하는 카페로 1817년에 문을 열었다. 200년 가까이 가족회사로 운영되다가 2013년 루이비통모에헤네시 LVMH가 인수해 화제가 되기도 했다. 고풍스러운 실내에서 마시는 커피 한 잔은 여행의 피로를 씻기에 그만이다.

주소 Via Monte Napoleone 8 **홈페이지** www.pasticceriacova.com **영업** 월~토 08:30~20:00, 일 09:30~19:30 **예산** (테이블 기준) 커피 €5~8, 차 €7, 맥주 €10, 와인 1잔 €12~20, 베이커리류 €2~12, 젤라토 €12 **가는 방법** 몬테 나폴레오네 거리 프라다 여성복 매장 옆 Map p.354-B1

Emporio Armani Caffe

아르마니 컨셉 스토어에 위치한 카페. 깔끔하고 산뜻한 분위기 속에서 커피를 마실 수 있다. 레드와 그린이 섞인 인테리어가 강렬한데 커피 맛은 약간 심심하다.

주소 Via Croce Rossa, 2 **전화** 02 723181 **홈페이지** armaniristorante.com **영업** 일~화 08:00~19:30, 수~토 08:00~22:30 **휴무** 7/21, 7/28, 8/4, 8/11~18, 8/25 **가는 방법** 메트로 3호선 몬테 나폴레오네 역 Via Manzoni 방향 출구 Map p.354-B1

사는 즐거움

밀라노에서 가장 유명한 쇼핑가는 몬테 나폴레오네 거리와 그 주변으로 세계적인 유명 브랜드숍이 가득하다. 저렴하고 캐주얼한 현지 브랜드를 만나보고 싶다면 메트로 1호선 Porta Venezia 역에서 Lima 역 사이의 부에노스 아이레스 거리 Corso Buenos Aires로 가자.

세라발레 아웃렛
Mcarthur Glen Designer Oulet Serravalle

밀라노 근교 최대의 아웃렛으로 3만5000㎡의 면적에 300여 개 브랜드의 상점에서 30~70% 할인된 가격의 상품을 만나볼 수 있다. 유명 브랜드 상품부터 현지의 트렌드를 반영하는 브랜드까지 입점 브랜드의 폭이 넓기 때문에 남녀노소 쇼핑하기에 좋다. 추천 브랜드는 디스퀘어드 Dsquared2, 라 페를라 La Perla, 판도라 Pandora와 럭셔리 브랜드 아동복을 구입할 수 있는 Kids Around.

주소 Via della Moda 1, 15069 Serravalle Scrivia **홈페이지** www.mcarthurglen.com **영업** 매일 10:00~20:00 **가는 방법** 밀라노 중앙역에서 Arquata ScriVia 역까지 기차로 이동한 후 역 앞 버스 정류장에서 버스(요금 €2)나 택시(€15)로 이동한다. 또는 중앙역 앞 광장, 두오모 광장, Foro Bonaparte 등에서 출발하는 셔틀버스 이용(왕복 €25) Map p.354-A1

Fox Town

코모 여행 후 시간이 남는다면 들러볼만한 아웃렛. 코모 역에서 30분 거리에 위치한 스위스의 멘드리시오에 위치한 2만7000㎡의 부지에 약 130여 개의 점포가 입점해 있다. 인기 브랜드의 의류, 가방, 구두, 소품, 스포츠 용품, 가정용품 등 다양한 상품을 30~70% 할인된 가격에 구입할 수 있다. 추천 브랜드는 버버리, 아웃도어 브랜드, 어그 UGG

주소 Via Ang. Maspoli 08 Mendrisio, Switzerland **홈페이지** www.foxtown.ch **영업** 매일 11:00~19:00 **휴무** 1/1, 부활절(2025/4/20), 8/1, 12/25, 12/26 **가는 방법** 밀라노 중앙역에서 Mendrisio 역까지 기차로 이동한 후 역 뒤편으로 도보 10분. Map p.354-A1

D-Magazine

몬테 나폴레오네 거리에 위치한 아웃렛 편집 숍. 주변에 위치한 숍에서 정상 가격으로 팔리던 제품들이 한참 시간이 지난 후 들어온다. 의류는 인내심과 끈기를 갖고 물건을 골라야 하지만 벨트, 장갑 등의 소품은 적절한 가격으로 괜찮은 상품을 고를 수 있다.

주소 Via Manzoni 44 **영업** 매일 10:00~19:30 **가는 방법** 메트로 3호선 Montenapoleone 역에서 하차 후 Via Manzoni 방향으로 나와 길 따라 직진 도보 5분

Map p.354-B1

DMAGAZINEoutlet

DT Intrend (Diffusinoe Tesslie)

막스마라 그룹 제품이 모여 있는 아웃렛 숍. 인기 상품인 캐시미어 코트류는 물론 출퇴근용으로 적당한 정장과 가볍게 입을 만한 캐주얼 의류 및 소품들이 모여 있다.

주소 Gallerian San Carlo **영업** 매일 10:00~20:00 **가는 방법** 두오모 왼쪽 길인 Corso Vittorio Emanuelle II로 들어가 걷다가 오른쪽 Stefanel 매장 옆 골목에 있다. Map p.354-B2

Cavalli e Nastri

브레라 미술관 가는 길목에 위치한 빈티지 숍. 1960~1970년대에 제작된 발렌티노, 에르메르, 구치 등 유명 브랜드의 빈티지 핸드백, 드레스, 소품 등이 가득하다. 디자인과 분위기가 매력적인만큼 가격도 높다.

주소 Via Brera 2 **홈페이지** www.cavallienastri.com **영업** 월~토 10:30~13:30 · 14:30~19:30, 일 12:00~19:30 **가는 방법** 스칼라 극장 오른쪽 길 Via Guiseppe Verdi 따라 직진 200m 후 길 건너 브레라 미술관 방향 도보 50m Map p.354-B1

10 Corso Como

이탈리아 보그 Vogue 지 편집장이었던 카를라 소차니 Carla Sozzani가 만든 편집숍. 쇼핑, 휴식, 전시관람 등을 모두 가능하게한 곳으로, 담쟁이 넝쿨이 가득한 정원을 지나면 상품들이 가득한 숍으로 들어갈 수 있다. 1층은 패션상품, 2층은 디자인, 인테리어 상품이 판매되고 있으며 3층에서는 기획전이 열린다. 4개의 객실을 갖고 있는 게스트 하우스도 한 건물에 위치한다. 가리발디 역 부근에 아웃렛 매장(주소 Via Tazzoli 3)을 두고 있으며, 우리나라 청담동에도 매장이 있다.

주소 Corso Como 10 **홈페이지** www.10corsocomo.com **영업** 매일 10:30~19:30 **가는 방법** 메트로 2호선 Porta Garibaldi 역에서 길 건너 Corso 거리로 들어가 도보 5분 Map p.354-A1

EATALY

2007년 토리노에서 문을 열어 전국으로 퍼져나가고 있는 대형식품매장. 마치 테마파크에 들어온 것 같은 느낌을 받게 하는 3층 규모의 대형매장이다. 깨끗하고 건강한 먹거리와 전통음식을 현대적으로 해석하고자 하는 컨셉으로 운영되고 있으며 깔끔하고 쾌적한 분위기에서 식재료 쇼핑을 즐길 수 있으며 요리책, 조리도구 쇼핑이 가능하고 직접 식사도 가능하다.

주소 Piazza 25 Aprile 10 **홈페이지** www.eataly.net **영업** 08:30~23:00 **가는 방법** 메트로 2호선 Porta Garibaldi 역에서 길 건너 Corso 거리로 들어가 직진 길 끝 가리발디 문 Porta Garibaldi 왼쪽에 위치 Map p.356-A1

PECK

밀라노 최고의 고급식품점으로 질 좋은 향신료, 햄, 치즈 등이 가득해 요리에 관심 있는 여행자라면 한참 동안 돌아보며 양 손이 무거워질 곳이다. 1층에서 주문한 몇몇 요리는 2층에서 먹을 수도 있다. 우리나라 잠실 제2롯데월드 쇼핑몰에도 입점해 있다.

주소 Via Spadari 9 **홈페이지** www.peck.it **영업** 월 15:00~19:30, 화~토 09:00~19:30 **휴무** 일요일 **가는 방법** 두오모 광장 왼쪽 끝 자라 Zara 매장을 오른쪽에 두고 직진 후 오른쪽 첫 번째 길로 우회전, 도보 3분 Map p.354-B2

Travel Plus • 보기만 해도 즐겁다, 몬테 나폴레오네 거리

몬테 나폴레오네 거리와 그 주변 도로들이 모여 하나의 평행사변형을 이루고 있어서 콰드릴라테로 Quadrilatero 라고 불리는 이 구역은 전 세계의 패션 피플들로 늘 붐비는데요. 잠시 눈이 풍요로워지는 시간을 즐기세요. 숍을 구경하는 데 지장은 없겠지만 눈총 받기 싫다면 옷매무새에 신경 쓰시고요.

알베르타 페레티 Alberta Ferretti

깔끔하면서 섬세한 디테일이 오히려 화려해 보이는 여성복 브랜드로 파티용 의상이 많이 구비되어 있다. 1968년 처음 부티크를 열었다. 고급스러우면서 편안하고 가벼운 느낌의 여성복을 추구하는 브랜드로 잘 알려져 있다.

돌체 앤 가바나 Dolce & Gabbana

시칠리아 출신의 도미니코 돌체 Dominico Dolce와 베네치아 출신의 스테파노 가바나 Stefano Gabbana가 함께 만든 브랜드로 패션업계에서는 보기 드물게 두 디자이너가 함께 꾸려나가는 브랜드. 지중해 여인의 이미지를 바탕으로 도시적이고 세련된 룩을 추구한다.

에트로 Etro

화려한 색상의 페이즐리 문양이 특색인 밀라노의 대표 브랜드. 1968년에 직물 전문 업체로 시작해 1975년 페이즐리 문양을 사용한 가죽 제품이 생산되기 시작하면서 세계적으로 유명해졌다. 다른 명품 브랜드들이 자신의 로고로 어필한다면 에트로는 원단의 페이즐리 문양이 브랜드 로고처럼 인식되고 있다.

프라다 Prada

'포코노'라 불리는 검정색 나일론 소재의 가방과 삼각형 로고가 특징인 브랜드. 미니멀하고 실용적인 디자인으로 소박한 아름다움을 지향한다. 간혹 놀라울 만큼 화려한 디자인의 제품이 쇼윈도에 전시되긴 하지만, 특별히 떠오르는 이미지보다는 친숙하고 편안함이 특징인 브랜드.

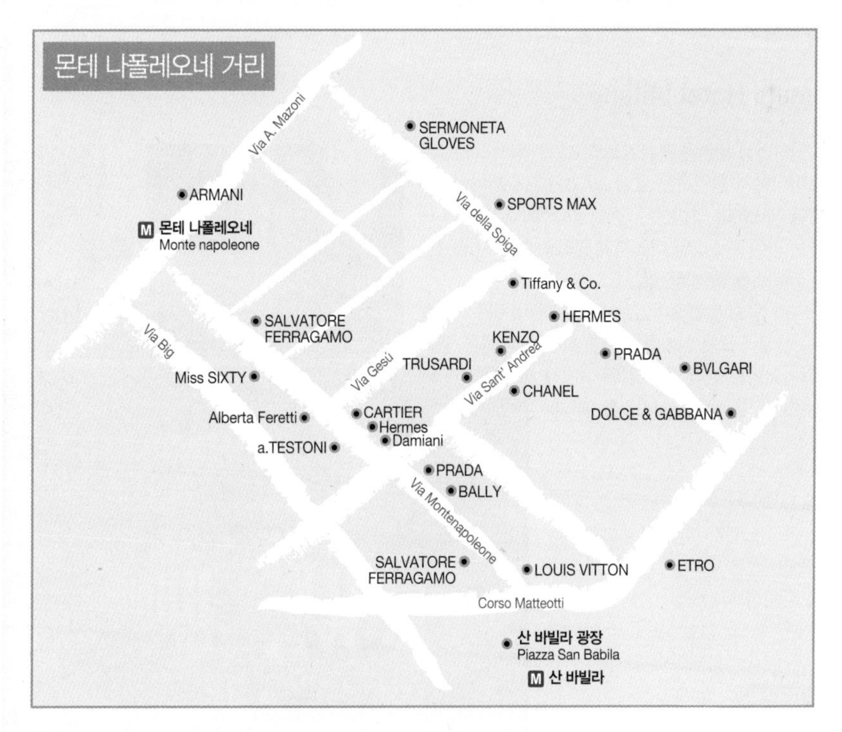

La Hormiga

브레라 지구에 위치한 수공예 액세서리 전문점. 오너가 직접 디자인한 비즈와 와이어를 이용한 액세서리들이 판매되고 있다. 꽃과 식물을 모티브로 한 제품들이 많고 디자인 별로 극소량 제작되어 판매되므로 나만의 액세서리를 구입할 수 있다. 가격대가 높은 편인데 수공예라고 생각하면 납득할 만한 수준이다.

주소 Via Mercato 8 **전화** 02 3663 2106 **홈페이지** www.lahormiga.net **영업** 매일 10:30~19:30 **가는 방법** 메트로 1호선 Cairoli Castello에서 하차 후 스포르체스코 성 마주보고 Foro Buonaparte를 따라 오른쪽으로 걷다 오른쪽 세 번째 골목 Via Arco로 들어가 길 끝 맞은편

Map p.354-B1

STAY

쉬는 즐거움

밀라노는 각종 전시회가 자주 열리는 상업도시로 전시회 기간에는 숙소 가격이 천정부지로 오른다. 중앙역 부근에는 저렴한 호텔과 호스텔이 모여 있고 유명 브랜드의 집합소이니만큼 럭셔리 호텔에서 운영하는 호텔 체인들도 많다. 세련된 디자인 부티크 호텔도 늘어나는 추세다.

Armani Hotel Milano ★★★★★

고전적이면서 세련된 분위기로 대표되는 럭셔리 브랜드 아르마니에서 운영하는 호텔. 1930년대에 지어진 8층 건물에 자리하며 리셉션은 7층에 있다. 예약 확정 후 배정되는 라이프 스타일 매니저가 밀라노 여행 시 필요한 모든 서비스를 대행해준다.

2~6층에 걸쳐 마련되어있는 전 객실에 비치된 태블릿 PC로 객실의 모든 설비를 컨트롤 하는 것은 물론, 룸서비스나 교통편 예약 등 호텔에 숙박하며 누릴 수 있는 모든 서비스를 예약할 수 있다.

© Armani Hotel Milano

주소 Via Manzoni 31 **전화** 02 8883 8888 **홈페이지** www.armanihotelmilano.com **요금** €960~ **부대시설** 레스토랑, 바, 스파, 사우나, 피트니스 **주차** 인근 공영 주차장 1일 €60 **가는 방법** 메트로 3호선 Monte Napoleone 역 하차 후 Via Manzoni 방향 출구에 위치

Map p.354-B1

© Armani Hotel Milano

Mandarin Oriental Hotel Milano

★★★★★

아시아를 대표하는 고급 호텔, 만다린 오리엔탈 호텔 그룹의 일원으로 고급스러우며 인테리어가 포근하다. 동남아시아에서도 그러하듯 스파의 명성은 밀라노 최고의 평가를 받고 있으며 문을 연 지 6개월도 되지 않아서 미슐랭 스타에 등재된 SETA 라는 이름의 레스토랑 역시 호텔의 자랑거리. 숙박 예약과 함께 식사 예약도 하자.

주소 Via Andegari 9 **전화** 02 8731 8888 **홈페이지** www.mandarinoriental.com **요금** €930~ **부대시설** 피트니스, 스파, 수영장 **주차** 전용 주차장 1일 €58 **가는 방법** 메트로 3호선 Monte Napoleone 역 하차 후 Via Manzoni 방향 출구로 나와서 아르마니 건물 반대 방향으로 도보 3분. 폴디 페촐리 미술관 맞은편

Map p.354-B1

Hotel Principe di Savoia

★★★★★

중앙역에서 한 정거장 떨어진 레푸블리카 광장의 작은 공원 뒤에 위치한 고전적 외형의 건물 안에 자리한다. 19세기 롬바르디아 지방의 귀족 가문의 저택을 연상 시키는 실내 12개 타입의 301개의 객실은 모든 방에서 훌륭한 전망을 볼 수 있다. 이탈리아 호텔에서는 드물게 지하 주차장을 완비하고 있는 것이 특색.

주소 Piazza della Repubblica, 17 **전화** 02 62301 **홈페이지** www.dorchestercollection.com/en/milan/hotel-principe-di-savoia/ **요금** €495~ **부대시설** 스파, 피트니스, 수영장 **주차** 호텔 전용 주차장 1일 €65 **가는 방법** 메트로 3호선 Repubblica 역 하차 후 도보 3분 Map p.356-B1

SENATO Hotel ★★★★

몬테 나폴레오네 거리에서 약간 벗어난 세나토 거리에 위치한 부티크 호텔. 호텔이 위치한 곳은 조용하고 차분한 분위기로 실내는 어둑하면서도 장중한 분위기다. 전반적으로 무채색 색조의 침구, 커텐, 가구가 사용된 가운데 파스텔 색조의 의자가 포인트처럼 눈에 띈다. 전체적으로 현대적인 분위기와 설비를 갖고 있는 호텔이면서 레스토랑은 또 다르게 아기자기한 분위기다.

주소 Via Senato 22 **전화** 02 781236 **홈페이지** www.senatohotelmilano.it **요금** €340~ **부대시설** 피트니스, 마사지 **주차** 호텔 전용 주차장 1일 €35 **가는 방법** 메트로 3호선 Turati 역 하차 후 Via Filippo Turati를 따라 Piazza Cavour 방향으로 가다가 Via Senato를 따라 도보 100m Map p.355-B1

Hotel delle Nazioni Milano ★★★

중앙역 부근 3성급 호텔 밀집 지역에 위치한 호텔. 깔끔하고 고급스러운 바 특유의 분위기를 즐기러 오는 현지인들이 있을 정도다. 객실 분위기는 주변의 다른 3성급 호텔과 별 차이 없는 기본 설비를 갖추고 있으며 불편할 정도는 아니다. 차이는 아침식사. 푸짐한 종류의 빵과 시리얼, 햄 등이 준비되며 차 종류가 다양한 것이 특징이다.

주소 Via Alfredo Cappellini 18 **전화** 02 6698 1221 **홈페이지** www.hoteldellenazionimilan.com **요금** €65~ **주차** 전용 주차장 1일 €25 **가는 방법** 중앙역 앞 광장 중앙 큰 길을 따라 가다 왼쪽 두 번째 길 Via Alfredo Cappellini를 따라 도보 200m Map p.356-B1

Ostello Bello Grande

원색의 컬러로 장식된 경쾌한 분위기의 호스텔. 중앙역 광장 가까운 곳에 위치해 있는 것이 최대 장점이다. 방마다 화장실, 샤워실이 완비되어 있고 별도로 요청하면 수건, 샴푸, 시트도 대여도 가능하다. 푸짐한 아침식사는 물론 저녁마다 열리는 아페르티보(19:00~21:00)도 장점. 두오모 부근에 위치한 Ostello Bello Medici(Map p.354-A2)도 여행자들에게 인기 좋은 숙소다.

주소 Via R. Lepetit 33 **전화** 02 670 59 21 **홈페이지** www.ostellobello.com **요금** 도미토리 €45~, 2인실 €100~ **가는 방법** 중앙역 좌측 출구로 나와 Mini Hotel Aosta 뒤편 건물에 위치 Map p.356-B1

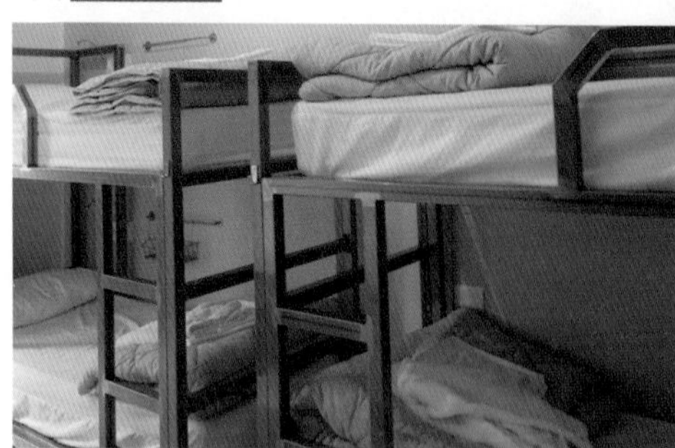

Como

눈부신 호숫가에서 누리는 평화로운 시간 **코모**

유럽에서 가장 깊은 호수로, 이탈리아 북부와 스위스의 국경 지대에 위치한다. 밀라노에서 1시간 떨어진 곳에 있어, 반나절 여행이 가능하다. 호수 주변의 산세가 험하면서 선이 아름다워 로마 시대부터 휴양지로 사랑받아 온 곳이다. 지금도 세계 각국의 부호와 할리우드 스타들의 별장이 호수 주변에 자리하고 있고 영화 촬영 장소로도 각광받고 있다.

코모 역에서 10분 정도 걸어가면 마을의 중심인 카보우르 광장 Piazza Cavour에 닿는다. 광장에서 호숫가를 따라 오른쪽으로 10분 정도 걸으면 브루나테 Brunate 산으로 올라가는 푸니콜라레 정류장이 있다. 노란색 푸니콜라레를 타고 정상으로 오르면 호수와 주변의 풍경이 한눈에 들어오고 멀리 스위스 루가노 지방까지 보인다. 정상에서 시내로 내려오는 길은 약 1시간 정도 걸리니 산책로를 따라 천천히 걷는 것도 좋다(푸니콜라레 왕복 요금 €5.70, 편도 €3).

호수 유람선은 카보우르 광장 선착장에서 하루에 30편 이상 운행된다. 하루 종일 전 구간을 마음껏 탈 수 있는 티켓은 €20.70. 주변 마을을 연결해주는 유람선도 있고 1시간 정도의 여정으로 호수를 한 바퀴 도는 유람선도 있으니 일정에 맞는 것을 선택하자. 호수의 바람은 은근히 차니 여름이라도 얇은 카디건 하나는 준비하는 것이 좋다.

카보우르 광장에서 왼쪽을 바라보면 멀리 신고전주의 양식의 건물이 보인다. 코모에서 태어나 전기 배터리를 만든 알레산드로 볼타의 생애를 보여주는 기념관인 볼티아노 기념관 Tempio Voltiano이다. 전압의 단위인 볼트는 그의 이름에서 따왔다고 한다.

코모 파시스트의 집

카보우르 광장에서 보행자 거리인 플리니오 거리 Via Plinio를 따라 3분 정도 걸어가면 우뚝 솟은 두오모를 만날 수 있다. 14~18세기 사이에 지어진 이 두오모는 고딕 · 로마네스크 · 바로크 · 르네상스 양식이 혼재되어 있으며 대리석 파사드가 아름답다.

두오모 뒤편으로 가면 이탈리아에 있을 것 같지 않은 네모반듯한 건물을 만날 수 있는데 이는 모더니즘 건축가 주세페 테라니가 28세 때 설계해 지은 코모 파시스트의 집 Casa del Fascio, Como. 약 70여 년 전에 지어졌으며 모더니즘 건축의 역작으로 평가받는 건물이다. 무솔리니가 이탈리아를 통치할 때 파시스트 지구당 사무실로 쓰였으며 현재는 이탈리아 재무성 건물로 쓰이고 있어 내부 견학은 불가하다. 그 외에도 코모에는 테라니의 건물들이 여러 군데 있으니 여행 안내소에 자료를 요청해보자.

여행 정보

www.lakecomo.org

유람선 정보

www.navigazionelaghi.it

가는 방법 & 돌아다니기

밀라노에서 기차로 40분 정도 걸린다. 밀라노 중앙역에서 편도 €4.60, 밀라노 가리발디 역 Garibaldi F. S.에서 편도 €3.50이다.

여행 안내소

주소 Via Cavour 17

운영 월~토 09:00~13:00, 14:30~ 18:00(두오모 옆 Tourist Kiosk 매일 운영)

Torino · 달콤 쌉싸름한 공업 도시 토리노

통일 이탈리아 왕국의 첫 번째 수도였던 토리노. 우리에게는 동계 올림픽 개최지로 더 친숙한 토리노는 이탈리아 북부의 공업 도시이다. 19세기 사보이 왕가가 중심이 되어 시작된 이탈리아 통일 전쟁의 중심지로, 1861년 통일 이탈리아 왕국이 설립된 후 5년간 수도이기도 했다. 제2차 세계대전 중 극심한 폭격으로 큰 피해를 당하였으나 여전히 이탈리아의 주요 공업 도시의 지위를 갖고 있으며, 이탈리아 축구 명문 유벤투스 구단의 연고지이기도 하다. 이탈리아 공산당의 창시자 안토니오 그람시 Antonio Gramsci가 토리노 대학에서 학문을 닦았으며, 이탈리아 노동 운동사에서도 빼놓을 수 없는 도시로 볼로냐와 함께 언급되는 도시이다.

이런 사람 꼭 가자!!
축구 없이 못사는 축구광 / 영화, 그 끝나지 않는 꿈을 찾는 여행자 / 자동차의 역사를 알고 싶은 자동차 마니아

저자 추천
이 영화 보고 가자 〈본 얼티메이텀〉, 〈이탈리안 잡〉
이 사람 알고 가자 비토리오 에마누엘레 2세, 성 돈 보스코, 안토니오 그람시

Information 여행 전 유용한 정보

클릭! 클릭!! 클릭!!!

토리노 시 정부 www.comune.torino.it/torinoplus
토리노 관광청 www.turismotorino.org

여행 안내소

산 카스텔로 광장 ⓘ Map p.382-B1
위치 Via Garibaldi(카스텔로 광장에서 가리발디 거리로 가는 코너) **운영** 09:30~19:00

환전소

환전소 찾기 어려운 도시 토리노. 이전 도시에서 넉넉하게 현금을 준비하거나 신용카드를 사용하는 것이 가장 좋다.

BNL Bank Map p.382-B2
주소 Via Venti Settembre, 40 **가는 방법** 산 카를로 광장에서 포르타 누오바 Porta Nuova 역 방향으로 가다가 두 성당 왼쪽 길 첫 번째 왼쪽 코너

우체국 Map p.382-B2

주소 Via Maria Vittoria, 24
가는 방법 산 카를로 광장에서 포르타 누오바 Porta Nuova 역 방향으로 가다가 성당 왼쪽 길 두 번째 블록 오른편에 위치

경찰서

기차역 Map p.382-B2
위치 16번 플랫폼 옆 **운영** 24시간
시내 Map p.382-B1
주소 Piazza Cesare Augusto 5 **전화** 011 464 7411
가는 방법 두오모 앞에서 오른쪽 길로 가다가 왼쪽 첫 번째 골목 Via della Basilica로 들어가 오른쪽 첫 번째 골목 Via Porta Palatina로 도보 50m, 왼쪽에 위치

주간이동 가능 도시 (직행 고속기차 기준)

출발지	목적지	교통편/소요 시간
토리노 Porta Nuova	밀라노 Centrale	기차 1시간 20분
토리노 Porta Nuova	베네치아 Santa Lucia	기차 3시간 30분
토리노 Porta Nuova	로마 Termini	기차 4시간

Access 토리노 가는 법

이탈리아 북부에 위치한 도시로 각종 전시회가 자주 열린다. 프랑스와 스위스 국경으로 갈 수 있는 관문이기도 해 겨울이면 이탈리아 알프스 여행이 활성화되어 비행기나 기차 편이 조금 늘어나기도 한다.

비행기

한국에서 토리노로 가려면 유럽계 항공사를 이용해야 한다. 도착하는 공항은 카셀레 Caselle 공항. 작은 규모의 공항으로 시내까지는 기차와 버스로 올 수 있지만, 기차는 시 외곽까지만 운행하므로 중앙역까지 운행하는 버스를 이용하는 것이 편리하다. 단, 교통체증은 감수하자. 티켓은 도착층 출구 왼쪽 ⓘ 옆 부스에서 구입하면 된다.
공항 홈페이지 www.aeroportoditorino.it/it

1) SADEM bus service

토리노 공항에서 포르타 수사, 포르타 누오바 역까지 운행하는 셔틀버스. 포르타 누오바 역 정문 왼쪽 정류장에서 발착한다. 시내에서 공항까지는 40분 정도 걸리는데 교통체증을 생각해서 조금 일찍 출발하는 것이 좋다.

운행 공항→포르타 누오바 역 평일 06:10~00:30(1일 73회 운행), 주말 06:10~23:45(1일 38회 운행), 포르타 누오바 역→공항 평일 04:45~23:30(1일 73회 운행), 주말 05:15~23:30(1일 39회 운행)(40분 소요)

중앙역

요금 €7.50(버스에서 구입 시 €8.50, 토리노+피에몬테 카드 소지자 €6.50) 왕복 €11 **홈페이지** www.sadem.it

2) Terravision 버스

공항에서 토리노 포르타 수사 Torino Porta Susa 역 부근 Livello senza titolo 정류장까지 운행한다. 이곳에서 토리노 포르타 누오바 역까지는 트램 5정거장 거리. 숙소 위치를 고려해 교통수단을 선택하자.

운행 공항→토리노 04:05~00:10, 토리노→공항 03:30~23:35 **요금** 편도 €6.99, 왕복 €13.98 **홈페이지** www.terravision.eu

3) 택시

함께 움직이는 인원이 많거나 짐이 많다면 택시로 숙소까지 움직이는 것도 현명한 선택이다. 다른 도시와 마찬가지로 주말과 22:00 이후에는 할증 요금이 붙고, 짐 가방은 한 개에 €1의 추가 요금이 발생한다. 소요시간은 약 30분, 요금은 €30~50.

기차

토리노의 중앙역은 1868년에 완공된 포르타 누오바 Porta Nuova 역. 하루 19만여 명이 이용하는 역으로 20개의 플랫폼, 쇼핑센터 등 시설을 갖추고 있는 대규모의 역이다. 많은 사람이 이용하는 역이니 그만큼 소매치기도 많다. 조심, 또 조심하자.

유인 짐 보관소

위치 1번 플랫폼 옆 **운영** 08:00~20:00 **요금** €6/5시간, 이후 6~12시간 €1/시간, 그 이후 €0.50/시간

Transportation 시내 교통

토리노는 대중교통 수단이 잘 발달한 도시다. 도시 구석구석을 버스와 트램이 연결해주지만, 볼거리는 주로 도심에 몰려 있어 그리 많이 이용할 일은 없다. 자동차 박물관 갈 때 메트로를 이용하게 된다. 티켓은 모두 공용이며 구입 장소는 타바키 Tabacchi에서 구입할 수 있다.

대중교통 운행 평일 05:30~23:30, 토 05:30~01:10, 일, 공휴일 08:00~22:00

대중교통 요금 1회권(100분 사용) €2, 48시간권 €7, 72시간권 €9

택시

대중교통을 주로 이용하게 되지만, 간혹 이용하게 택시를 이용하는 경우도 있다. 토리노에서 택시를 이용하려면 전화로 불러야 하는 경우가 많다. 또는 시내에서 멀리 떨어진 곳에서 식사하거나 관람을 마치고 이용하고 싶다면 데스크에 요청하자. 직접 전화를 걸어서 현재 위치를 주소로 말해주면 불러준 위치로 택시가 도착한다.

토리노 라디오 택시 홈페이지 www.radiotaxi.torino.it **전화** 065730

알고 가면 좋아요

토리노+피에몬테 카드 TORINO+PIEMONTE CARD

토리노와 머무는 동안 미술관, 박물관을 주로 관람하고자 한다면 구입을 고려해보자. 주요 박물관과 미술관에 무료로 입장할 수 있고 공항버스, 시티 투어버스도 할인받을 수 있다. 시내 교통권 구입 40% 할인 혜택도 있다.

요금 24시간 €29, 48시간 €39, 72시간 €45, 120시간 €50

빨간색 투어버스

토리노에도 이탈리아 전역에서 점차 늘고 있는 빨간색 2층 투어버스가 운행된다. 시내를 운행하는 노선 A, 시내와 더불어 자동차 박물관, 예전 피아트 공장이었던 Lingotto 등을 운행하는 노선 B, 유네스코 세계문화유산인 베나리아 궁전, 유벤투스 구장을 운행하는 노선 C, 이렇게 3가지 노선이 있다. 배차 시간에 맞춰야 하는 점이 조금 번거롭지만, 편히 여행할 수 있는 방법 중 하나다.

요금 노선 A+B(24시간) €23, 노선 A+B+C(48시간) €27, 노선 C(24시간) €13

토리노 완전 정복

전쟁의 타격을 입고 다시 재건한 공업 도시의 역할을 수행해온 토리노. 도시 내부에 반듯반듯한 길이 있어 다른 이탈리아 도시들보다 찾아다니기 쉽다. 도심의 대표적인 여행지인 이집트 박물관, 두오모, 영화 박물관 등을 둘러보려면 하루면 충분하다. 여행의 시작은 산 카를로 광장. 로마의 포폴로 광장처럼 쌍둥이 성당이 있는 광장에서 커피 한 잔 마시고 시작하자. 이집트 박물관, 왕궁, 두오모, 영화 박물관만 관람하면 하루면 충분하다. 그러나 유벤투스 구장, 자동차 박물관까지 생각한다면 이틀을 예상하자. 시 외곽에 위치해 있어 오가는데 시간이 필요하고 두 곳 모두 볼거리가 풍부하기 때문이다.

시내 여행을 즐기는 Key Point

여행 포인트 통일 왕국의 주역 사보이 왕가의 궁전들

랜드마크 산 카를로 광장

뷰 포인트 몰레 안토넬리아나

이것만은 놓치지 말자!

❶ 이탈리아를 통일시킨 비토리오 에마뉴엘레 2세 Vittorio Emmauele II가 살았던 왕궁 Palazzo Reale

❷ 토리노의 오래된 유명 카페에서의 커피 한 잔과 달콤한 초콜릿 맛보기

❸ 수준 높은 영화 박물관과 그 탑 Mole Antone-lliana에 올라 야경보기

❹ 자동차의 역사를 한눈에 볼 수 있는 자동차 박물관

❺ 이탈리아 최고의 명문 구단 유벤투스와 함께 숨쉬기

Best Course

왕궁 → 두오모 → 이집트 박물관 → 영화 박물관 → 몰레 안토넬리아나

예상 소요 시간 하루

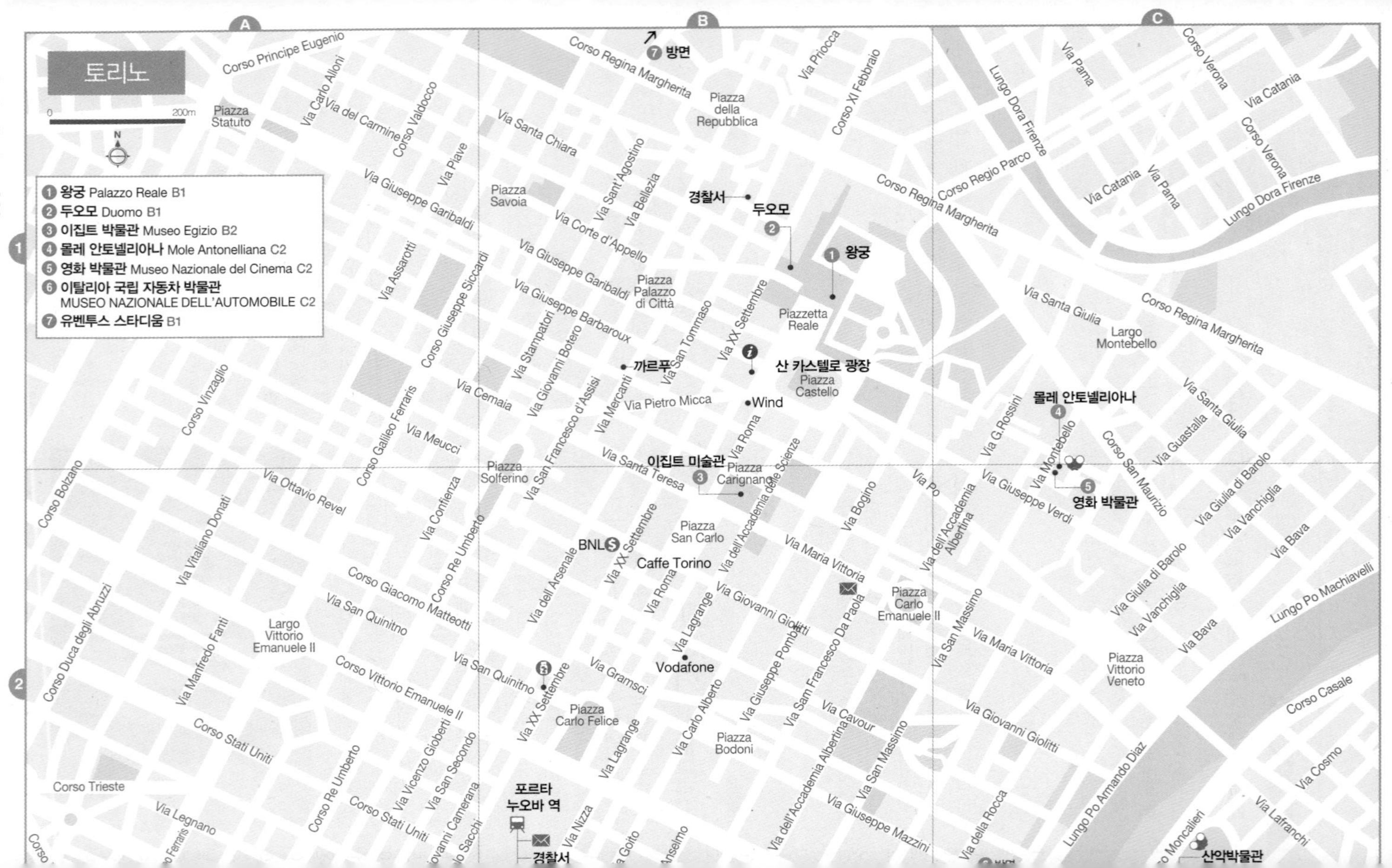

토리노
0 200m
N
1 왕궁 Palazzo Reale B1
2 두오모 Duomo B1
3 이집트 박물관 Museo Egizio B2
4 몰레 안토넬리아나 Mole Antonelliana C2
5 영화 박물관 Museo Nazionale del Cinema C2
6 이탈리아 국립 자동차 박물관 MUSEO NAZIONALE DELL'AUTOMOBILE C2
7 유벤투스 스타디움 B1
7 방면
경찰서
두오모
왕궁
산 카스텔로 광장
Piazza Castello
Piazzetta Reale
까르푸
Wind
이집트 미술관
Piazza Carignano
몰레 안토넬리아나
영화 박물관
BNL
Caffe Torino
Vodafone
포르타 누오바 역
경찰서
산악박물관
Piazza Statuto
Piazza della Repubblica
Piazza Savoia
Piazza Palazzo di Città
Piazza Solferino
Piazza San Carlo
Piazza Carlo Emanuele II
Piazza Carlo Felice
Piazza Bodoni
Piazza Vittorio Veneto
Largo Montebello
Largo Vittorio Emanuele II
Corso Principe Eugenio
Corso Regina Margherita
Corso Valdocco
Via del Carmine
Via Carlo Alloni
Via Garibaldi
Via Giuseppe Garibaldi
Via Santa Chiara
Via Corte d'Appello
Via Sant'Agostino
Via Bellezia
Via XX Settembre
Via San Tommaso
Via Pietro Micca
Via Roma
Via Santa Teresa
Via dell'Accademia delle Scienze
Via Po
Via Maria Vittoria
Via Giovanni Giolitti
Via Lagrange
Via Carlo Alberto
Via Cavour
Via San Massimo
Via Giuseppe Verdi
Via Montebello
Corso San Maurizio
Via G.Rossini
Lungo Po Machiavelli
Lungo Po Armando Diaz
Lungo Dora Firenze
Corso Regio Parco
Corso Vittorio Emanuele II
Corso Re Umberto
Corso Stati Uniti
Corso Giacomo Matteotti
Corso Vinzaglio
Corso Bolzano
Corso Duca degli Abruzzi
Corso Trieste
Corso Casale
Via Nizza

ATTRACTION

보는 즐거움

통일 이탈리아 왕국의 첫 번째 수도이자 바로크의 완성지. 1900년대 중반부터 시작된 자동차 생산으로 인해 부유한 도시로 변모하면서 더불어 노동 운동의 중심지이기도 했다. 다양한 모습을 가진 도시 속으로 들어가 보자.

왕궁 Palazzo Reale 유네스코

19세기 말 통일운동 Risorsimento의 중심이 될 때까지 토리노는 사보이 공국의 수도였다. 왕궁은 사보이 공국의 군주 사보이 왕가 Casa di Savoia의 거주지로 17세기 프랑스의 크리스틴 마리가 사보이 왕가에 시집을 오면서 그녀를 위해 지은 궁전이다.
궁전 내 방들은 테마별로 다른 색을 사용해 당시의 화려함을 느낄 수 있다. 실크로드를 통해 중국에서 들여온 장식장, 이탈리아에서 생산된 질 좋은 대리석으로 만든 장식, 대규모 연회 준비로 눈코 뜰 새 없었을 주방 등이 개방되어 그 당시 생활상을 엿볼 수 있게 했다.
이후 비토리오 에마누엘레 2세 Vittorio Emmauele II가 통일 이탈리아 전쟁을 시작하고 마침내 이탈리아 왕국을 통일시키면서 토리노가 이탈리아 수도 역할을 할 때 이탈리아의 중심지의 지위를 누리기도 했다.

주소 Piazzetta Reale 1 **홈페이지** www.ilpalazzorealeditorino.it/ **운영** 화~일 08:30~18:00 **휴무** 월요일 **입장료** €15 **가는 방법** 카스텔로 광장 Piazza Castelo 마다마 궁전 Palazzo Madama에서 두오모 성당 가는 방향에 보이는 큰 건물 Map p.382-B1

왕궁 정면

두오모 Duomo

정갈한 기운의 르네상스 양식 건물. 15세기 말엽 완공된 성당으로 토리노에서 가장 긴 역사를 가진 성당이다. 파사드나 내부는 다른 도시의 두오모와 다르게 큰 특징이 없고 소박한 느낌까지 나지만, 이 성당이 특별한 이유는 예수의 수의가 보관되어 있기 때문인데, 14세기 중엽 프랑스에서 처음 공개된 예수의 수의는 이후 사보이 왕가에 소유권이 넘어가면서 1578년부터 이곳에서 보관하고 있다.
이 수의에 대해서는 찬반의 논란이 거세다. 현재 관람자들은 성당에서 직접 수의를 촬영한 사진만 볼 수 있는데 사진으로 보았을 때, 수의에서 눈이 있었을 것으로 추정되는 자리에 동전이 놓인 흔적이 남아 있는데, 이 모양이 로마 시대 빌라도 총독이 발행한 동전과 같은 문양이기에 진품이라는 의견이 있는 반면, 탄소 방사성 동의원소 연대측정 결과 동전은 1200년대의 것으로 나타났다는 반대 의견도 있다. 측정 방법의 오류를 지적하는 여러 가지 정황과 그를 뒷받침하는 학문적 논리, 또 다른 테스트 방법으로 수의가 예수 그리스도 생존 시대의 것으로 판명되면서, 예수 그리스도의 수의로 인정받았다. 그래서 전 세계 순례자들의 발길이 끊이지 않는다.

두오모

예수님의 수의

이집트 미술관 입구

이집트관 내부

몰레 안토넬리아나

수의는 1532년 보관되어 있었던 프랑스 샹베리의 사보이 대성당에 불이 나면서 가장자리에 그을음이 남았다. 1997년 4월 11일에는 두오모에 원인 모를 화재가 일어났는데 신기하게도 수의에는 그 어떤 일도 없었다고. 혹자들은 이것 자체가 기적이지 않으냐는 의견을 피력하기도 한다. 어쩌면 믿기 어려운 일일 수도 있지만, 이곳에 방문한 신앙인이라면 믿어보자. 신앙의 힘으로.

주소 Via XX Settembre 87 **홈페이지** www.duomoditorino.it **운영** 10:00~12:30 · 16:00~19:00 토 · 일 09:00~13:00 · 15:00~19:00 **미사** 평일 07:30 · 18:00, 주일 09:00 · 10:00 · 18:00 **가는 방법** 토리노 왕궁 왼쪽 **Map p.382-B1**

이집트 박물관 Museo Egizio

이집트 카이로 박물관 다음으로 세계에서 두 번째로 큰 규모의 이집트 박물관. 미라를 가장 많이 소유하고 있는 곳이기도 하다.
1824년 카를로 펠리체 Carlo Felice가 통치하던 시절 다른 대부분의 이집트 유물이 그러하듯 약탈해 온 5천여 점의 유물을 기반으로 설립되었다. 현재 3만 점 이상의 유물을 소장하고 있으며, 검은색 화강암으로 만든 람세스 2세의 석상이 가장 유명하고 수많은 석상과 파피루스로 되어있는 여러 가지 고문서, 오래된 지형도, 장례용품, 미라, 부적, 석관, 복원된 무덤 등이 4층 규모의 박물관은 많은 양의 유물로 가득 차 있다. 유물 훼손 방지를 위해 출입 시 백팩은 반입을 금하고 있다. 고고학 유물에 관심 있는 여행자라면 하루 종일 관람해도 모자랄 정도의 유물이 있으니 체력안배에 신경 써서 둘러보자.

주소 Via Accademia delle Scienze 6 **홈페이지** www.museoegizio.it **운영** 월 09:00~14:00, 화~일 09:00~18:30 **휴무** 12/25 **요금** €15(오디오 가이드 포함, 토리노+피에몬테 카드 소지자 무료) ※입장 시 백팩은 라커에 보관(요금 €1) **가는 방법** 왕궁 맞은편 길 Via Roma의 오른쪽 Via Accademia delle Scienze를 따라서 3번째 블록 오른쪽 건물 **Map p.382-B2**

몰레 안토넬리아나 Mole Antonelliana 뷰포인트

이탈리아에서 주조되는 2센트짜리 동전 뒷면에 새겨진 토리노의 상징 건축물. 설계자 건축가 알레산드로 안토넬리 Alessandro Antonelli의 이름을 그대로 쓰고 있다. 167.5m의 높이를 갖고 있으며 정상에서는 토리노를 한눈에 담을 수 있다.
유대교 회당으로 계획된 건물이나 비용에 대한 부담으로 공사가 중단되었고 토리노 시에서 다른 부지를 제공한 후 공사가 재개되어 지금의 모습을 갖게 되었다. 현재 국립 영화 박물관으로 사용되고 있으며, 토리노를 배경으로 하는 영화에 단골로 출연한다. 박물관에 흥미가 없다면 탑만 오를 수도 있는데, 특히 밤에 오르면 풍경이 매우 아름답다.

주소 Via Montebello 20 **운영** 수~월 09:00~19:00 **휴무** 화요일 입

장료 €9(영화 박물관과 복합 티켓 €20) **가는 방법** 왕궁을 등지고 광장 왼편에 있는 Via Giuseppe Verdi를 따라 400m쯤 가다가 Via Momtebello가 나오면 왼쪽으로 80m 앞쪽 왼편에 있는 건물 **Map p.382-C2**

영화 박물관

영화 박물관 핫스폿
Museo Nazionale del Cinema

유럽여행을 떠나면서 영화와 관련된 박물관을 가야 한다면 주저 없이 추천하고 싶은 곳. 박물관이라는 이름을 갖고 있지만 하나의 테마파크 같은 느낌이다. 영화사에 관심을 두고 있던 역사학자 마리아 아드리아나 파올로 Maria Adriana Paolo가 1941년 기획을 시작해 1953년 완성되었다. 이 기획이 알려지자마자 이탈리아의 유명 영화감독들이 전폭적인 지지를 했다. 몰레 안토넬리아나의 내부 공간을 사용하고 있는데 입구로 들어서면 넓은 홀 중앙을 오르내리는 엘리베이터가 보이고 주변에 누워있는 사람들이 흩어져 있는 모습이 몽환적 분위기를 자아낸다. 벽을 따라 만들어진 복도를 따라 올라가면 유명 영화들의 포스터 30만 점과 8만 점 이상의 사진들 그리고 오래된 영사기, 카메라 등을 만날 수 있고 곳곳에 오래된 필름 영화의 재생장면, 특수효과와 세트장 등을 재현해 두어 과연 유럽 최고의 영화 박물관임을 깨닫게 한다.

주소 Via Montebello 20 **홈페이지** www.museocinema.it **운영** 수~월 09:00~19:00(토 ~21:00) **휴무** 화요일 **입장료** €15(몰레 안토리아나와 복합 티켓 €20) **가는 방법** 왕궁을 등지고 광장 왼편에 있는 Via Giuseppe Verdi를 따라 400m쯤 가다가 Via Momtebello가 나오면 왼쪽으로 80m 앞쪽 왼편에 있는 건물에 위치 **Map p.382-C2**

자동차 박물관

이탈리아 국립 자동차 박물관 핫스폿
MUSEO NAZIONALE DELL'AUTOMOBILE

이탈리아의 자동차 대부분을 생산하고 있는 토리노의 명성에 걸맞은 대규모 자동차 박물관. 세계에서 가장 오래된 자동차 박물관 중 하나로, 유일한 국립 자동차 박물관이다. 1932년부터 피아트 창업자들이 수집한 자동차들을 시작으로 1960년에 공식으로 개장, 2011년 현재의 위치로 옮겨와 재개장했다. 2013년 타임지 선정 '교육 · 과학 분야로 훌륭한 세계의 박물관 50곳' 중 하나로 선정하였다.

전시장은 두 개 층으로 나뉘어 있는데 피아트에서 생산되는 자동차는 거의 모든 종류가 전시되어 있다. 또한 지금은 역사 속으로 사라진 이소타 프라스키니 Isotta Fraschini, 오스틴 Austin에서 제작한 고전적인 자동차도 볼 수 있다. 그 외 BMW, 재규어 등의 전 세계에서 생산된 80여 개 브랜드의 200여 대의 자동차가 전시되어 있다. 눈길을 끄는 코너는 포뮬러 1(F1) 우승자들의 사진과 우승 자동차 전시. 세계에서 가장 오래된 자동차 경주의 우승자와 그들이 운전했던 자동차를 볼 수 있다. 영화 속에 등장했던 자동차들의 코너도

마련되어 있고, 자동차를 테마로 한 영상과 모형도 재미있게 꾸며져 있다. 박물관 한쪽에는 작은 레일이 설치되어 있어 자동차 제작 공정을 볼 수 있는 코너도 마련되어 있다.

주소 Corso Unità d'Italia 40 **홈페이지** www.museoauto.com **운영** 월 10:00~14:00, 화~일 10:00~19:00 **휴무** 월요일 오후 **입장료** €15 (토리노 피에몬테 카드 소지자 무료) **가는 방법** 메트로 Lingotto 역 하차, Via Nizza를 따라 자동차 진행 반대 방향으로 걷다 첫 번째 길 Via Garessio로 들어가 길 끝까지 직진해 왼쪽 길 Map p.382-C2

알리안츠 스타디움 Allianz stadium 핫스폿

이탈리아 축구 리그인 세리에 A 리그에서 32회 우승한 이탈리아 최고의 명문구단 유벤투스 소유의 구장으로, 축구 덕후(마니아)라면 그냥 지나치기 어려운 곳. 세리에 A리그 클럽 소유의 경기장 3곳 중 하나로 경기장과 함께 박물관, 공식 숍 등이 한자리에 모여 유벤투스의 모든 것을 볼 수 있는 공간이다. 1990년 월드컵 때 지어진 스타디오 델레 알피를 허물고 다시 지은 것으로 지금의 구장은 2011년에 완공되었으며 4만1,500명이 경기를 관람할 수 있는 규모이고, 향후 5만 석까지 늘릴 수 있도록 설계되었다고 한다.

경기장은 가이드 투어(1시간 반 소요)로 둘러볼 수 있다. 믹스드 존 Mixed Zone(선수들이 처음 나오는 문 입구나 옆 통로에 만들어진 인터뷰 장소), 라커룸, 프레스룸 등을 둘러 볼 수 있으며, 곳곳에 걸린 유벤투스 출신의 유명 선수들의 사진과 우승 장면 등도 볼 수 있다. 관중석은 2층으로 지어졌으며, 2층 난간에는 우승컵을 받은 연도가 우승컵 그림과 함께 표시되어 있다. 박물관에는 그동안 유벤투스 구단이 걸어온 모든 것이 전시되어 있다. 주요 경기 장면, 유벤투스 구단을 거쳐 간 유명 인사들의 인터뷰 영상, 유니폼, 우승컵 등이 가득한 공간이다.

주소 Corso Gaetano Scirea 50 **홈페이지** www.juventus.com **운영 박물관** 3/16~9/15 수~월 10:30~19:00(토·일·공휴일 ~19:30), 9/16~3/15 수~월 10:30~18:00 (토·일·공휴일 ~19:30) ※경기 당일 단축 운영하니 홈페이지 확인 필요. **[투어]** 평일 11:00·12:30·14:45·16:15·17:00*, 토·일·공휴일 11:00·11:30·12:00·12:30·14:30**·15:00·15:30·16:00·16:30·17:00·17:30·18:00* (*3/16~9/15, **9/16~3/15) **휴무** 12/25 **입장료** 박물관 €15, 박물관+스타디움 투어 €30 **가는 방법** 포르타 누오바 Porta Nuova 역에서 Via Roma를 따라 산 카를로 광장 지나 애플숍 끼고 왼쪽 길 Via Bertol에서 72, 72/번 타고 23번째 정류장 Stadio 하차 Map p.382-B1

알아두세요!

대중교통 이용이 어렵거나 운행 편수가 적은 주말에 방문한다면 빨간색 투어버스나 택시를 이용하자. 택시는 중앙역 기준 왕복 €35 정도. 투어는 1시간 반 정도 소요되며 투어와 박물관 관람이 끝나는 시간을 얼추 계산해 택시와 미리 약속을 정하는 것도 나쁘지 않은 선택이다.

이탈리아 남부
Southern Italy

Napoli
신도시였던 오래된 아름다운 항구 도시 나폴리

나폴리는 이탈리아 남부 캄파니아의 주도이며 남부 여행의 중심지. 고대 그리스 시대에는 새로운 도시라는 뜻의 네아폴리스 Neapolis로 불렸던 오래된 도시다. 예로부터 주변의 수려한 자연환경 덕분에 휴양지로 이름이 드높았으며 지리적 위치로 인해 상업의 요충지로 발달하며 그리스 문화를 근간으로 도시를 만들어나갔다. 로마제국의 멸망 이후 1860년 이탈리아 왕국에 편입되기까지 독립된 도시국가로 명성을 누리다 외세의 침략에 시달리며 여러 문화가 혼합된 독특한 분위기를 지니게 되었다.
오늘날 나폴리는 세계 3대 미항 美港이라는 호칭이 무색할 만큼 혼란스러운 분위기다. 혹자는 미항 迷港이라고 부를 만큼 정신없고 무질서하고 시끄럽고 지저분하고 혼란스럽다. 하지만 여러 인종이 모여 만들어내는 활기참, 오래된 골목들 사이에 펄럭이는 빨래들이 만들어내는 사람 냄새가 나폴리의 매력이 아닐까? 단순히 겉으로 보이는 모습만으로 나폴리를 외면하고 카프리로, 아말피로 떠나는 우를 범하지 말자. 나폴리의 속내를 들여다볼 수 있는 여유를 갖춘 여행자가 되어보자.

이런 사람 꼭 가자!!
아름다운 항구의 풍경을 보고 싶다면 / 아기자기한 골목을 느끼고 싶다면

Information 여행 전 유용한 정보

클릭! 클릭!! 클릭!!!

나폴리 관광청 visit-napoli.com
나폴리 주변 정보 www.napoli.com
나폴리 실용 정보 www.napolinapoli.com

여행 안내소

중앙역 ⓘ Map p.394-B1
폼페이 · 소렌토행 사철 시간표와 페리 시간표를 알 수 있다.
위치 20번 플랫폼 앞 **운영** 09:00~18:00

시내 ⓘ
주소 Mergellina Train Station(메트로 Mergellina 역)
운영 월~토 09:00~19:00, 일 09:00~13:30
주소 Piazza dei Gesù Nuovo, Via San Carlo 7 (Piazza Gesu, Il Gesu 성당 맞은편)
운영 월~토 09:00~20:00, 일 09:00~15:00
Map p.394-A1

Qui Napoli
ⓘ에서 무료로 배포하는 월간지로 도시 지도와 주요 여행지에 대한 정보를 담고 있다. 수시로 바뀌는 버스 노선에 관한 안내도 나와있으니 잘 살펴보자.

경찰서

나폴리의 치안은 매우 불안정한 상태. 이탈리아 어느 곳에서도 그렇지만 나폴리에서는 특히 소지품에 대한 주의가 각별히 요구된다. 조심하고 또 조심하자.
중앙역 경찰서 Map p.394-B1
위치 역 오른쪽 **운영** 24시간

병원

Ospedale S. Maria di Loreto Nuovo
주소 Via Amerigo Vespucci
가는 방법 중앙역에서 도보 5분
Map p.392-B1

Access 나폴리 가는 법

이탈리아 남부 교통의 중심지로 로마에서 기차로 움직이는 것이 일반적이며 항공은 에어프랑스, 알이탈리아항공 등 주요 유럽 항공사가 취항하고 있다. 또한 산타 루치아 항구에는 시칠리아, 튀니지 등에서 도착한 페리가 정박한다. 남부 해안 마을을 오고가거나 카프리로 가는 페리는 몰로 베베렐로 Molo Beverello 항구에서 발착한다.

비행기 Map p.394-B1

우리나라에서 나폴리로 가려면 알이탈리아, 루프트한자 등 유럽계 항공사를 이용해야 한다. 나폴리 도착 공항은 이탈리아 남부의 메인 공항인 카포디키노 공항 Aeroporto Capodichino. 공항과 나폴리 도심 간의 거리는 약 5㎞이며, 버스로 이동하면 된다. 공항과 시내를 연결하는 알리부스 AliBus는 공항→시내/몰로베베렐로 항구 05:30~23:55, 몰로베베렐로 항구→공항 05:30~23:48, 가리발디 광장→공항 05:40~23:59 사이에 운행하며 중앙역 앞 광장과 나폴리 항구에 정차한다. 보통 시내까지는 20분 정도 걸리는데, 러시아워에는 1시간 정도 생각하고 움직이는 편이 마음 편하다. 버스 정류장은 공항 도착홀 맞은편에 위치하며 티켓은 버스를 탈 때 운전사에게 직접 구입해야 한다. 시내에서 공항으로 이동할 때는 나폴리 중앙역 내 Tiger 앞 버스 정류장에서 출발한다. 정류장 위치가 자주 바뀌니 조금 일찍 나가는 것이 현명하다. 요금은 €5. 공항에서 시내로의 택시는 정액제로 운영된다. Radio Taxi 라고 써 있는 흰색 택시를 이용하고 미리 기사에게 요금을 확답받는다. 공항에서 중앙역까지는 €18, 몰로 베베렐로 항구까지는 €21.
공항 정보 www.naples-airport.info

기차 Map p.394-B1

나폴리 중앙역 Napoli Centrale은 남부 교통의 중심지다. 기차는 로마에서 1시간에 1편꼴로 운행된다. 밀라노와 베네치아에서 야간기차가 운행되지만 시기에 따라 유동성이 있으니 스케줄을 미리 알아두자. 바리 Bari 방면에서 운행하는 기차도 자주 있다. 일부 IC의 경우 지하 플랫폼에서 출발하기도 한다. 갑자기 바뀌는 경우가 많으므로 역 곳곳에 있는 모니터를 통해 자주 확인할 것.
플랫폼으로 나오면 맞은편에 약국과 여행 안내소가 보인다. 이곳을 지나쳐 출구로 나가면 가리발디 광장 Piazza Garibaldi이고 이 광장에서 시내 곳곳을 운행하는 시내버스와 남부 지방과 근교 해안을 연결하는 시외버스들이 발착한다.

유인 짐 보관소

위치 5번 플랫폼 앞 **운영** 07:00~20:00 **요금** €6/5시간, 이후 6~12시간 €1/시간, 그 이후 €0.50/시간

사철 Circumvesuviana Map p.394-B1

나폴리와 주변의 폼페이, 소렌토 등으로 이동할 때 이용하게 된다. 나폴리 사철 역은 나폴리 포르타 놀라나 Napoli Porta Nolana역이라는 이름을 갖고 있으며, 중앙역 앞 광장 가리발디 광장 끝에서 큰 길 따라 10분 정도 걸어가는 곳에 있다. 아르떼 카드를 구입했다면 무료로 탑승할 수 있다.

운행 05:00~22:30 **요금** 폼페이행 €3.20, 소렌토행 €4.50

버스

나폴리는 주변의 폼페이와 소렌토, 아말피 해안 여행의 거점이 되는 도시. 이들 도시는 철도 노선이 없기 때문에 SITA 버스를 이용해야 한다. 구불거리는 해안도로의 참맛을 느낄 수 있는 여정이 될 것이다. 버스는 역을 등지고 왼편으로 3분 정도 걸어간 페라리스 거리 Via G. Ferraris에서 탈 수 있다.
SENA 버스는 시에나, 피렌체를 거쳐 피사까지 가는 야간버스를 운영하기도 한다(요금 €28~). 또한 남부의 바리 Bari에서 올라올 때 버스를 이용할 수 있다.

근교이동 가능 도시

출발지	목적지	교통편/소요 시간
나폴리 Garibaldi	폼페이	사철 30분
나폴리 Garibaldi	소렌토	사철 40분
나폴리 Santa Lucia	카프리	페리 40분~1시간 40분

주간이동 가능 도시(고속기차 기준)

출발지	목적지	교통편/소요 시간
나폴리 Centrale	로마 Termini	기차 1시간 10분
나폴리 Centrale	피렌체 S. M. N.	기차 3시간

야간이동 가능 도시

출발지	목적지	교통편/소요 시간
나폴리 Centrale	밀라노 Porta Garibaldi	기차 10시간 20분
나폴리 Centrale	카타니아 Centrale	기차 8시간 20분
나폴리 Centrale	팔레르모 Centrale	기차 11시간
나폴리 Santa Lucia	팔레르모	페리 12시간

Transportation 시내 교통

시내는 버스 · 트램 · 메트로가 거미줄처럼 연결되나 충분히 걸어다닐 수 있을 만한 거리다. 산텔모 성이 위치한 보메로 지구에 갈 때에만 푸니콜라레를 이용한다. 티켓 한 장으로 모든 교통수단을 이용할 수 있으며 타바키와 바 Bar 등에서 구입할 수 있다.
대중교통 요금 1회권 €1.10, 1일권 €4.50

버스 & 트램

나폴리에서 버스와 트램은 가장 확실하고 편리한 교통수단이지만 수시로 바뀌고 새로운 노선이 생기기도 하고 기존 노선이 없어지기도 한다. 따라서 여행 안내소에 도착하자마자 가장 최근의 노선도를 얻는 것이 좋다. 또한 대부분의 노선이 순환선이다. 트램은 1번과 4번 노선이 중앙역과 메르젤리나 역 사이를 해안선을 따라 운행하며 몰로 베베렐로 항을 경유한다.

주요 노선

201번 버스 : 중앙역에서 출발해 국립 고고학 박물관을 거쳐 무니피치오 광장 Piazza Munipicio을 거쳐 산 카를로 극장 부근까지 운행
1번 트램 : 가리발디 역을 출발해 해안도로를 따라 몰로 베베렐로 항을 지나 비토리아 광장까지 운행
29번 트램 : 가리발디 광장을 출발해 가리발디 거리 Corso Garibaldi를 따라 시내를 관통하는 노선

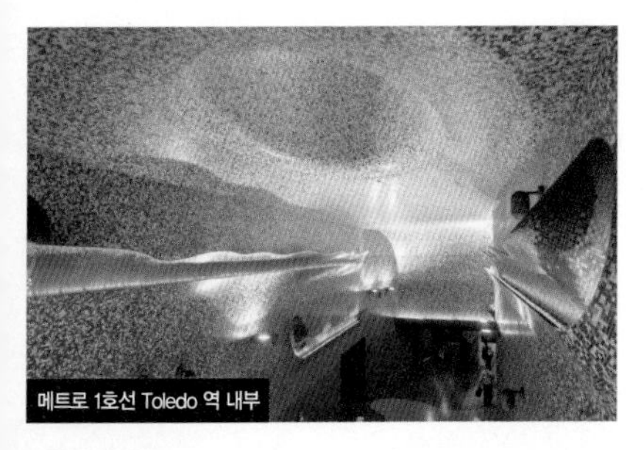

메트로 Metro

나폴리 메트로는 현재 두 개의 노선이 운행 중이다. 운행 시간은 07:00~23:00이며, 시간대별로 배차시간은 다르나 약 10분에 한 대꼴로 운행된다. 2호선은 국철 구간으로 유레일패스로 사용이 가능하다. 가리발디 역은 1, 2호선 간 플랫폼이 연결되어 있지 않고, 1호선 Museo 역과 2호선 Cavour 역은 환승은 불가능하나 연결되어 있다. 메트로 1호선의 Garibaldi 역부터 Quattro Giornate 역은 내부가 아름답기로 이름난 곳이다.

푸니콜라레 Funicolare

스위스 등산열차와 유사한 형태로 운행되는 교통수단. 총 4개의 노선이 있고 그중 3개는 보메로 언덕으로 운행되고 다른 1개는 메르젤리나 역과 포시리포 언덕 사이를 연결한다.

푸니콜라레 첸트랄레 Funicolare Centrale

Piazza Fuga – Petraio – Corso Vittorio Emanuele – Augusteo (움베르토 1세 갤러리 부근)

운행 06:30~00:30

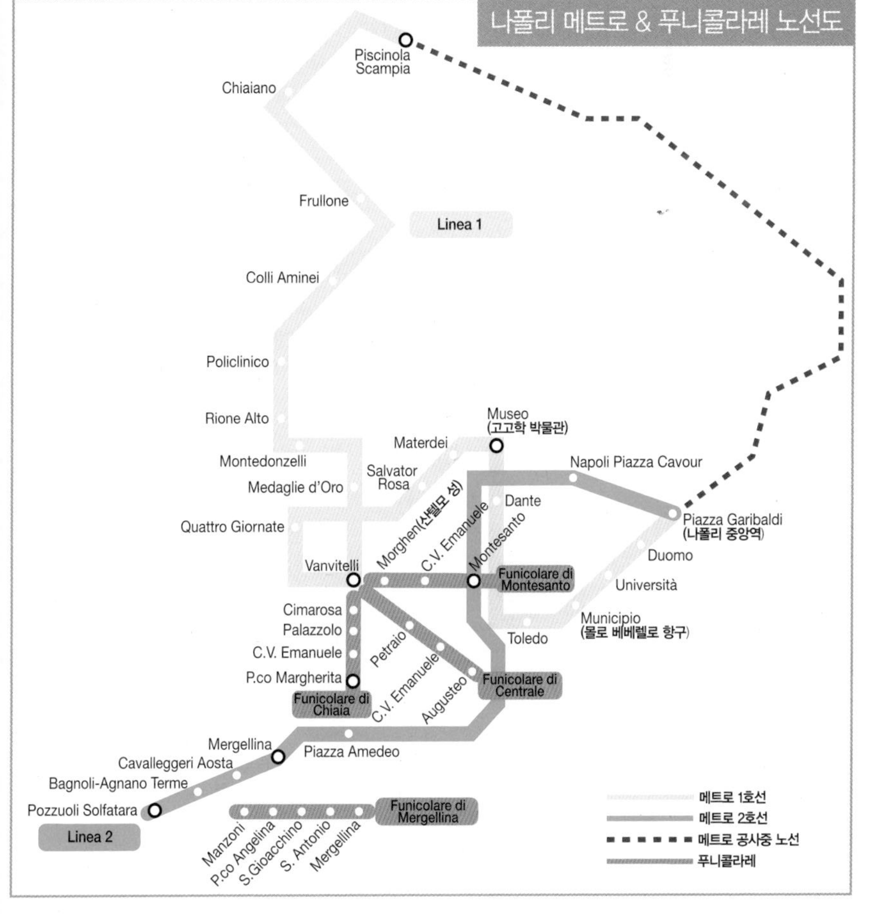

푸니콜라레 디 몬테산토 Funicolare di Montesanto
Morghen(산텔모 성 부근) – Corso Vittorio Emanuele – Montesanto(메트로 2호선 몬테산토 역 부근)
운행 07:00~22:00
푸니콜라레 디 키아이아 Funicolare di Chiaia
Cimarosa – Palazzolo – Corso Vittorio Emanuele – Parco Margherita(메트로 Amedeo 역 부근)
운행 06:30~00:30
푸니콜라레 디 메르젤리나 Funicolare di Mergellina
Via Manzoni – Parco Angelina – San Gioacchino – Sant'Antonio – Mergellina(메트로 Mergellina 역 부근)
운행 07:00~22:00

아르테 카드 Arte Card

나폴리에서 3일 이상 머물면서 주변 폼페이, 소렌토, 아말피 해안과 시내 곳곳을 여행할 생각이라면 필히 구입해야 할 카드. 3일 동안 나폴리와 나폴리가 속해 있는 캄파니아 지방의 버스, 철도 등을 무제한으로 이용할 수 있다. 카드를 구입하면 팸플릿을 주는데 여기에 수록되어 있는 유적지 2군데는 무료 입장, 이후로는 50% 할인된 가격으로 입장할 수 있다. 간혹 아말피 지역을 여행할 때 검표원이 잘 모를 수도 있으니 구입할 때 받은 책자는 꼭 소지하도록!

Napoli Artecard(나폴리 시내에서 사용)
일반 €21, 학생 €12
Campania Artecard(나폴리와 인근 지역 통용)
일반 €32, 학생 €25
홈페이지 www.campaniartecard.it

나폴리 완전 정복

'나폴리를 보고 죽어라! Vedi Napoli e poi muori' 이탈리아 속담인 이 말은 오래된 항구도시 나폴리의 아름다움을 한마디로 표현해주는 말일 것이다. 한때 세계 미항 美港에 꼽히던 나폴리, 비록 지금 혼란스럽고 어지러울지라도 예전의 기품은 잃지 않고 있다.
나폴리를 제대로 만끽하려면 이틀은 여행하는 것이 좋다. 하루는 스파카 나폴리를 중심으로 두오모, 일 제수 누오보 등의 성당을 관람하고 움베르토 1세 갤러리, 산 카를로 극장, 플레비시토 광장 등을 둘러본 후 해변을 따라 누오보 성, 산타 루치아 항구, 오보 성 등을 여행하자.
다른 하루는 국립 고고학 박물관, 카포디몬테 미술관 등을 관람한 후 보메로 지구의 산 마르티노 수도원과 산텔모 성 등에서 아름다운 나폴리만의 전경을 바라보며 여행을 마무리 짓는다.

시내 여행을 즐기는 Key Point
여행 포인트 혼잡하면서 정겨운 골목길, 기품 있는 성당들, 싸고 맛있는 피자
뷰 포인트 산텔모 성
랜드 마크 스파카 나폴리, 몬테산토 역
점심 먹기 좋은 곳 움베르토 1세 갤러리 주변
쇼핑하기 좋은 곳 움베르토 1세 갤러리 주변

이것만은 놓치지 말자!
❶ 산타 루치아 항구에서 맞이하는 바닷바람
❷ 고고학 박물관에 보관되어 있는 고대 유물
❸ 정겨운 빨래들이 반겨주는 스파카 나폴리
❹ 마르게리타 피자의 원조 맛을 찾아서!

Best Course
오보 성 → 플레비시토 광장 → 산 카를로 극장 → 움베르토 1세 갤러리 → 산텔모 성 → 국립 고고학 박물관 → 일 제수 누오보 성당 → 스파카 나폴리
예상 소요 시간 하루

Napoli Best Course

나폴리 충분히 느끼기 2일 코스

사람 사는 냄새가 물씬 풍기는 나폴리. 아름다운 바다와 항만이 늘 여행자를 향해 손짓한다. 골목에 널려있는 빨래조차 정겨운 도시를 샅샅이 탐험하자.

1일째

나폴리에 왔으니 나폴리 시민들이 자주 가는 곳을 찾아가보자. 오래된 성당과 멋진 성, 그리고 바다를 만끽할 수 있다.

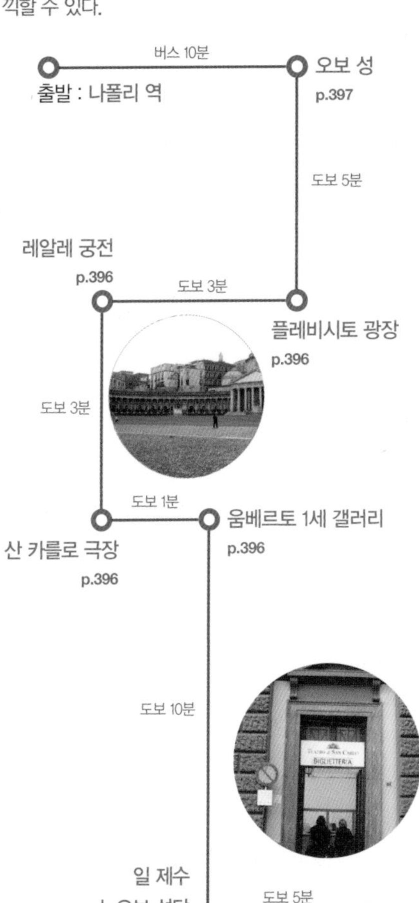

출발 : 나폴리 역

버스 10분

오보 성 p.397

도보 5분

플레비시토 광장 p.396

도보 3분

레알레 궁전 p.396

도보 3분

산 카를로 극장 p.396

도보 1분

움베르토 1세 갤러리 p.396

도보 10분

일 제수 누오보 성당 p.395

도보 5분

두오모 p.395

2일째

세계에서 가장 훌륭한 고고학 관련 유물이 전시되어 있는 국립 고고학 박물관을 관람한 후 카포디몬테 미술관을 둘러본다. 시원한 전망의 산텔모 성에서 나폴리만의 아름다운 모습을 눈에 담는다.

출발 : 국립 고고학 박물관 p.394

버스 20분

카포디몬테 미술관 p.397

버스 20분 후 푸니콜라레 5분

산텔모 성 p.397

ATTRACTION

보는 즐거움

천천히 걷는 것을 즐기다 보면 눈에 보이는 풍경들이 장면 장면 바뀔 것이다. 혼잡한 시내에서 탁 트인 바다, 세련된 쇼핑가, 우아한 성당까지… 지나가다 맛보는 길거리 음식은 보너스!

국립 고고학 박물관

「알렉산더 대왕과 다리우스의 싸움」

국립 고고학 박물관

Museo Archeologico Nazionale 미술

유럽에서 가장 중요한 고고학 박물관 중의 하나로 폼페이, 헤르쿨라네움 등 고대도시에서 출토된 모자이크, 예술품 등 다양한 발굴품들을 소장하고 있다. 사랑과 미의 여신 「아프로디테 상」, 「알렉산더의 이소의 전투」, 「춤추는 목신 상 Fauno」 등을 놓치지 말자. 특히 폼페이에서 출토된 모자이크 작품인 「알렉산더 대왕과 다리우스의 싸움」은 놓쳐서는 안 되는 걸작. 그 외 많은 유물이 소장되어 있다. 가장 인기 있는 곳은 폼페이에서 출토된 유물들이 소장된 일명 19금 전시실. 이 전시실이 처음 개관하던 때에 박물관 앞은 인산인해를 이뤘다고 한다. 이 박물관은 폼페이 유적지를 여행한 후 돌아보는 것이 의미있고 효과적이다.

주소 Piazza Museo Nazionale 18-19 **홈페이지** mann-napoli.it **운영**

수~월 09:00~19:30 **휴무** 화요일, 1/1, 12/25 **입장료** €22 **가는 방법** 메트로 Museo 역 하차 후 도보 2분 Map p.394-A1

스파카 나폴리 Spacca Napoli

스파카 나폴리

두오모

국립 고고학 박물관 아래쪽에 있는 나폴리에서 가장 오래된 주거지. 보메로 언덕에서 내려다보면 곧게 뻗은 길이 보이는데 나폴리를 둘로 나누는 길이다. 창문마다 널려 있는 빨래가 정겨우며 가장 나폴리스러운 구역이라고 말해진다. 대낮에도 건물들이 만들어내는 그림자 때문에 어둑어둑해 음산한 느낌도 들지만 그것마저 나폴리스럽다. 단 나폴리스러움에 너무 취해있다 보면 소지품 도난 사고가 일어날 수도 있다. 조심할 것.

가는 방법 메트로 2호선 Cavour 역과 Montesanto 역 사이에 위치 Map p.394-A1

두오모 중앙 제단

두오모 Duomo 건축

다른 도시의 두오모들에 비해 골목 안쪽에 숨어 있어 사람들에게 잘 알려지지 않은 성당이다. 넵튠의 신전이 있던 자리에 세워졌으며 15세기 중반 지진으로 파괴된 것을 17세기 바로크 양식으로 재건했다. 외부는 아이보리 색의 단아한 느낌이며 내부는 전형적인 바실리카 양식을 따랐다. 나폴리의 수호성인 성 젠나로를 위해 봉헌된 성당으로 성당에는 성인의 두개골과 응고된 혈액이 보관되어 있다. 이 혈액은 일년에 두 번 액체 상태로 변하고 이날을 나폴리에서는 성 젠나로 기적의 날로 기념한다.

주소 Via Duomo **운영** 매일 08:30~19:30 **가는 방법** 메트로 2호선 Cavour 역에서 나와 Via Duomo를 따라 도보 3분 Map p.394-B1

일 제수 누오보 성당 Chiesa Il Gesù Nuovo 건축

독특한 느낌의
일 제수 누오보 성당의 외관

외관에 비해 엄청나게 화려한 일 제수 누오보 성당 내부

올록볼록한 외관이 특색있는 성당. 그냥 지나치면 성당이라는 사실을 모를 수도 있다. 르네상스 양식으로 지어졌던 궁전 건물을 예수회가 구입해 성당으로 개조했다. 로마의 일 제수 성당과 같이 수수한 외관이지만 내부는 매우 드라마틱하고 화려하다.

광장을 사이에 두고 맞은편에 위치

한 산타 키아라 성당 Basilica di Santa Chiara은 일 제수 누오보 성당과 달리 사랑스러운 분위기이며 결혼식장으로 자주 이용된다.
주소 Piazza del Gesù Nuovo **운영** 매일 08:00~13:00 · 16:00~19:30(일 ~20:30) **가는 방법** 메트로 1호선 Dante 역에서 도보 3분. 또는 두오모에서 도보 5분 Map p.394-A1

플레비시토 광장

레알레 궁전

플레비시토 광장 건축
Piazza del Plebiscito

시내의 혼잡함으로 피곤하다면 이곳으로 가자. 탁 트인 광장 주위를 감싸고 있는 건물들이 안정적이다. 나폴리에서 열리는 각종 축제의 중심지로 나폴리 시민들의 정신적 교감이 이루어지는 곳이다. 신고전주의 양식의 성 프란체스코 디 파올라 성당, 프레페투라 궁전, 살레르로 왕자 궁전 등이 조화를 이루어 엄숙하고 안정된 분위기를 조성한다. 하지만 주말이 되면 결혼 기념 사진 찍는 신혼부부들이 곳곳에 보이고 주요 음악회와 축제가 열려 북적인다.
광장 맞은편에 위치한 레알레 궁전 Palazzo Reale은 17세기에 건립한 왕궁으로 화재와 전쟁으로 파손된 후 재건되었다. 전면에 교대로 배치된 조각상이 특징인데 원래는 모두 뚫려있던 아치를 건물의 안전 때문에 하나 건너 하나씩 막고 나폴리를 통치한 여러 왕실의 국왕 조각상을 세운 것이다.
가는 방법 메트로 Municipio 역 하차 후 도보 3분 Map p.394-A2

레알레 궁전
운영 목~화 09:00~20:00 **휴무** 수요일, 1/1, 5/1, 12/25 **입장료** €4
Map p.394-A2

산 카를로 극장 매표소

산 카를로 극장 Teatro San Carlo 음악

로마, 밀라노와 더불어 이탈리아의 3대 오페라 하우스 중 한 곳. 18세기 부르봉 왕가의 카를로 3세에 의해 왕궁 옆에 세워진 오페라 극장으로 매우 호화스러우면서 엄숙한 분위기다. 공연이 있는 날이면 내부 관람이 가능하다.
주소 Piazza Trieste e Trento 1 **홈페이지** www.teatrosancarlo.it **가는 방법** 플레비시토 광장에서 도보 1분 Map p.394-A2

움베르토 1세 갤러리

움베르토 1세 갤러리 Galleria Umberto I 건축

나폴리 왕이었던 움베르토 1세에 의해 세워진 고급 상가건물이다. 건축 당시 현대문명의 상징으로 부유층의 취향을 반영했으며 철골과 유리로 만들어진 천장이 밀라노의 비토리오 에마누엘레 2세 갤러리와 유사하다. 주변은 나폴리 최고의 쇼핑가로 세련된 패션 피플과 깔끔한 식당들이 많다.
가는 방법 플레비시토 광장에서 도보 1분 Map p.394-A2

누오보 성 Castel Nuovo 건축

새로운 성이라는 뜻으로 13세기 말 나폴리를 통치하던 프랑스 샤를 1세에 의해 세워졌다. 원래 성 주인과 정복자의 역사가 그대로 담긴 성으로 현재 입구 양쪽의 원통형 기둥은 1400년대에 건립되었으며 그 사이의 개선문은 15세기 중반 스페인의 알폰소 왕이 승리하여 나폴리로 들어온 것을 기념하기 위해 만든 것이다.

주소 Via Parco del Castello **운영** 월~토 08:30~18:30 **휴무** 일요일 **입장료** €6 **가는 방법** 플레비시토 광장에서 도보 2분. 또는 트램 1·4번이나 버스 R2번 Map p.394-A2

누오보 성

오보 성 Castel dell'Ovo 건축

바다를 향해 툭 튀어 나가 있는 이 성은 나폴리 건축의 전통이자 나폴리의 상징이다. 일명 달걀성이라고 불리는데 나폴리만 중앙에 위치하며 나폴리 건축양식의 변화를 보여주는 중요한 유적이다. 12세기 노르만 왕에 의해 세워졌으며 성을 지을 때 깨뜨리면 재앙이 온다는 달걀을 묻은 데서 그 이름이 유래했다. 2024년 7월 현재 리모델링 공사로 인해 휴관 중이다.

주소 Borgo Marinari **가는 방법** 플레비시토 광장에서 도보 10분 Map p.394-A2

오보 성

산텔모 성 Castel Sant'Elmo 뷰포인트

나폴리 전경을 볼 수 있는 곳으로 성 내부는 특별히 볼만한 것이 없으나 성에서 내려다보는 나폴리 만의 풍경과 베수비오 산은 아름답기 그지없다. 성 뒤는 산 마르티노 수도원으로 현재 박물관으로 사용되고 있다. 산텔모 성 주변은 보메로 지구로 불리는 나폴리의 부촌이다. 시내의 번잡하고 혼잡스러운 분위기와는 다른 조용하고 아늑한 분위기를 느낄 수 있는 곳이다.

주소 Largo San Martino **운영** 매일 08:30~18:30 **입장료** €5 **가는 방법** 보메로 Vomero행 푸니콜라레 몬테산토 Montesanto 선 종점에서 하차 후 도보 10분 Map p.394-A1

산텔모 성에서 바라본 나폴리 만의 풍경

카포디몬테 미술관 미술 Museo di Capodimonte

18세기에 완공된 건물로 보르보네 왕가의 궁으로 쓰이다가 현재 19세기 미술관, 왕실 아파트, 도자기, 태피스트리, 스케치, 판화박물관이 자리하고 있다. 미술관에 소장된 작품들도 멋지지만 미술관이 자리한 공원도 잘 손질되어 있어 피크닉 즐기기에 좋은 장소다.

주소 Via Miano n.1 **운영** 목~화 08:30~19:30 **휴무** 수요일 **입장료** €15 **가는 방법** 버스 24·C40번을 타고 Parco Capodimonte에서 하차 후 길을 건넌 후 도보 5분 Map p.394-B1

카포디몬테 미술관

RESTAURANT

먹는 즐거움

나폴리 하면 뭐니 뭐니 해도 피자가 최고다. 폭신한 도우 위에 토마토와 모차렐라 치즈를 얹어 전통 화덕에서 구워내는 피자는 아무리 먹어도 질리지 않을 만큼 신선하고 맛있다. 그뿐만 아니라, 항구도시인 만큼 해물요리도 발달했는데 조개와 홍합을 이용한 요리가 특히 좋다.

Antica Pizzeria da Michele

나폴리에서 가장 유명하다는 피자집이다. 선대부터 마리나라 피자와 마르게리타 피자만 만드는 오래된 집인데 외관이 허름하다고 얕보지 말자. 피자 한 조각 입에 넣고 나면 후회할 테니.

주소 Via Cesare Sersale 1/3 **전화** 081 553 9204 **영업** 매일 11:00~23:00 **예산** 마르게리타 · 마리나라 €6 **가는 방법** 중앙역 앞 가리발디 광장 왼쪽 모서리쪽 길인 Corso Umberto I을 따라 5분 정도 걷다가 오른쪽 길 Via Cesare Sersale로 들어가 도보 2분

Map p.394-B1

Pizzeria Brandi

마르게리타 피자가 시작된 곳으로 많은 유명 인사들이 다녀갔다. 실내에 걸려있는 사진들이 이 집의 전통과 권위를 느끼게 해준다. 길 하나를 사이에 두고 양쪽에서 영업하고 있다. 손님이 많기 때문에 오래 기다려야 한다. 미리 예약하는 게 좋다.

주소 Salita S. Anna di Palazzo 1 **전화** 081 416 928 **홈페이지** pizzeriabrandi.com **영업** 12:30~15:30 · 19:30~23:30 **휴무** 8/14~8/17 **예산** 마르게리타 피자 €9 **가는 방법** 움베르토 1세 갤러리에서 도보 2분 Map p.394-A2

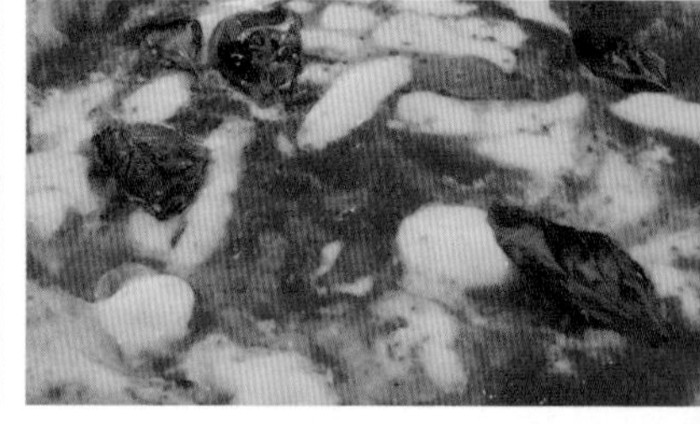

Pizzeria di Matteo

화덕에서 구워져 나오는 대로 족족 팔려 나가는 마르게리타 피자가 가히 놀라운 양을 자랑하는 나폴리의 유명 피체리아. 가게 한쪽에는 클린턴 전(前) 미국 대통령이 방문했다는 사진이 걸려 있다. 푸짐한 양에 맛도 훌륭한 이 피자의 가격은 단돈 €1.50! 피자 메뉴와 더불어 아란치니나 크로켓도 맛있다. 저렴함을 추구하는 여행자에게는 더할 나위 없이 좋은 선택이다.

주소 Via Tribuna 94 **홈페이지** www.pizzeriadimatteo.com **영업** 월~토 10:00~23:00, 일 14:30~15:00 **예산** 마르게리타 €5~, 아란치니 €2 **가는 방법** 두오모에서 나와 오른쪽으로 걷다 만나는 첫 번째 사거리에서 왼쪽 Via Tribuna로 들어가 도보 100m

Map p.394-B1

Gran Caffè GAMBERINUS

고급스러운 실내 분위기와 퀄리티 높은 케이크로 소문난 카페. 게다가 레알레 궁전 Palazzo Reale 앞에 자리하고 있어 지리적 요건 또한 완벽하다. 이탈리아 대통령도 방문한다고 알려질 정도로 유명하지만, 의외로 커피 맛은 평범한 편. 일반 커피보다는 조금 다른 커피를 주문해보자. 참고로 견과류 크림이 들어있는 Caffe Nocciola가 인기가 많다.

주소 Via Chiaia 1 **홈페이지** www.grancaffegam brinus.com **영업** 07:00~24:00 **예산** 에스프레소 €1.60, 카페 노촐라 €3 **가는 방법** 플레시비토 광장 코너 Map p.394-A2

IL GELATO Mennella

1969년에 문을 연 젤라테리아. 이탈리아 남부 캄파니아 Campania 지방에서 생산된 유제품을 주재료로 사용해 주변 아말피 해안이나 풀리아 지방산 견과류, 과일을 섞어 젤라토를 만든다. 아몬드와 피스타치오 맛이 베스트 메뉴. 풀리아 지방에서 생산되는 아몬드 우유도 별미다.

주소 Piazza Trieste e Trento 57 **홈페이지** www.pasticceria mennella.it **영업** 10:00~23:00 **예산** 젤라토 €2.50~ 4.50 **가는 방법** 산카를로 극장 앞 작은 광장 맞은편 오른쪽 끝 코너에 위치 Map p.394-A2

STAY

쉬는 즐거움

중앙역 앞 가리발디 광장, 단테 광장과 두오모 주변에 저렴한 숙소가 몰려 있으며 유스호스텔은 좀 멀리 떨어져 있다. 한국 음식이 그립다면 중앙역 근처에 민박이 있으니 그곳으로 가자.

Starhotels Terminus ★★★★

중앙역 맞은편에 자리한 4성급 호텔. 나폴리의 치안을 생각해서 고른다는 평가가 다수를 차지할 만큼 안전하고 편리한 위치에 자리한다. 조식도 평균 이상의 수준을 갖고 있으나 객실 분위기가 약간 올드한 것이 단점.

주소 P.za Giuseppe Garibaldi 91 **전화** 081 779 3111 **홈페이지** www.starhotels.com **요금** €160~ **부대시설** 피트니스, 레스토랑 **주차** 전용주차장 1일 €24 **가는 방법** 중앙역 맞은편 Map p.394-B1

Cineholiday Hotel ★★★

중앙역 부근에 위치한 호텔. 이름에서 짐작할 수 있듯이 영화와 관련된 소품으로 장식된 아기자기한 분위기가 일품이다. 꽃, 나비, 요정 등을 모티브로 한 벽 장식은 다소 유치해 보이면서도 보는 재미를 더한다. 아침식사로 나오는 코르네토가 맛있으나 커피 맛은 약간 서운한 수준. 오래된 건물에 자리하다 보니 엘리베이터가 없다는 것은 치명적 단점이다.

주소 Via Silvio Spaventa 18 **전화** 081 554 4265 **홈페이지** www.cineholiday.it **요금** €220~ **가는 방법** 중앙역에서 가리발디 광장 쪽으로 나와 STARHOTEL 지나 세 번째 골목 안쪽 Map p.394-B1

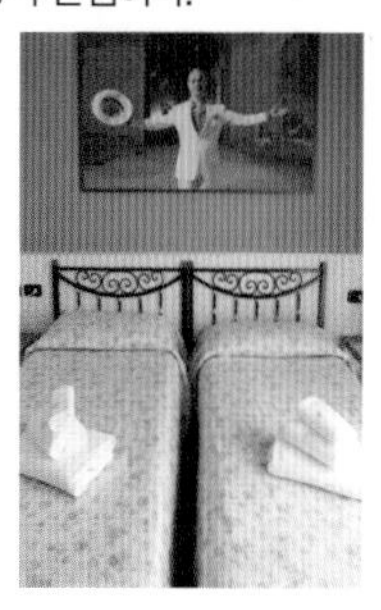

유네스코
건축

Pompei · 고대의 영화를 느껴볼까? 폼페이

언제 다시 화산재에 묻힐지 모르는 도시. 그렇기 때문에 꼭 한번 가봐야 하는 곳 폼페이. 기원전 8세기경부터 생성된 도시로 주변 그리스 식민지의 영향을 받았으며 번성했던 항구였다. 로마의 지배를 받기 시작하면서 로마의 건축양식과 도시구조가 그대로 적용되었으며 고대 로마 귀족들의 주택과 별장들이 늘어서 있던 풍요롭고 화려한 도시였다. 그러나 서기 79년 베수비오스 화산의 폭발로 화산재 밑에 묻히면서 잊혀진 도시가 되었다. 1700여 년이 지난 후 발굴이 시작되어 오늘날의 모습으로 다시 역사 속에 등장했다. 잊혀졌다 다시 돌아온 도시, 그리고 또 언제 다시 사라질지 아무도 모르는 도시 폼페이로 가보자.

이런 사람 꼭 가자!!
다시 화산재에 묻히기 전에 유적지를 돌아보고 싶다면 / 고고학 전공자라면

저자 추천
이 영화 보고 가자 〈폼페이 최후의 날〉

Information & Access 여행 전 유용한 정보 & 폼페이 가는 법

폼페이 유적지

홈페이지 www.pompeiisites.org
운영 4~10월 매일 09:00~19:00, 11~3월 매일 09:00~17:00(마지막 입장은 1시간 30분 전까지)
휴무 1/1, 5/1, 12/25 **입장료** €18 **오디오 가이드** €6.50
가는 방법 ① 나폴리에서 사철 Circumvesuviana을 이용해 Pompei Scavi villa dei Misteri 역에서 하차한다. 요금은 €4이며, 40분 걸린다. 역에서 유적지 입구까지는 도보 3분 걸린다.
② 국철로 이동하면 나폴리 중앙역에서 살레르노행 레지오날레 Regionale 기차를 타고 Pompei 역에서 하차한다. 요금은 €3.30이며, 30분 걸린다. 셔틀버스를 운행하는데 요금은 편도 €1.50이며 걷게 되면 10분 정도 걸린다.
③ 나폴리에서 SITA 버스로도 이동할 수 있다. 요금은 €3.50이며, 40분 걸린다.

폼페이 완전 정복

폼페이 유적지는 생각보다 넓어 다 보려면 시간이 꽤 걸린다. 한여름이면 햇볕이 강하니 물과 모자, 선글라스를 준비하도록 하자. 바닥은 모두 울퉁불퉁한 돌길. 편한 운동화를 신고 나서는 것이 좋다. 유적지 내에 매점이 있으나 비싸고 맛도 별로다. 출발하기 전 간단히 도시락을 준비하는 게 좋다.
티켓을 구입하면서 내부 안내도를 받아두는 것을 잊지 말자. 유적지 내에 안내 표지가 거의 없어 길 헤매기 좋다. 본인이 지나온 길을 지도에 표시하면서 다니는 것이 가장 좋은 방법이다.
나폴리에서 사철을 이용해 마리나 문으로 들어가게 되면 유적지 전체를 크게 한 바퀴 도는 모양이 된다. 국철을 이용하게 되면 원형경기장 쪽으로 들어가 마리나 문 쪽으로 나와서 사철을 이용해 나폴리로 귀환할 수 있다.
현재 발굴 상황은 약 3분의 2 정도. 아직도 일부 구역은 작업 중이다. 발굴되어 공개된 부분이라 해도 오래된 유적지인 만큼 예고 없이 공사 때문에 막혀 있거나 개방하지 않는 주택들이 많이 있으니 너무 실망하지 말 것!
관람 후 아말피 해안을 여행할 여행자라면 마리나 문으로 나와 다시 사철로 이동하거나 마리나 문 옆의 에세드레 광장 Piazza Esedre에서 SITA 버스를 이용할 수도 있다. 유적지에 입장하기 전에 버스 시간표를 미리 알아둔 후 관람에 나서자.

Best Course

마리나 문 → 바실리카 → 아폴로 신전 → 공회장 → 공회장 목욕탕 → 대극장 → 원형경기장 → 비너스의 집 → 목신의 집 → 베티의 집 → 비극시의 집

예상 소요 시간 하루

ATTRACTION

보는 즐거움

길가의 무심한 돌덩어리 하나에도 숨어 있는 역사와 이야기들은 무궁무진하다. 마음과 귀를 열어보자. 번성했던 시기 그들의 웃음소리와 흥을 돋워주던 음악소리를 상상해보자. 최후의 날 고통스럽게 사라져 간 이들의 영혼을 위로하며.

마리나 문

마리나 문 Porta Marina Map p.401

사철 역 쪽의 폼페이 유적지 입구. 탄탄한 벽돌 구조물이 인상적이다. 보행자를 위한 통로와 마차와 가축의 출입구 두 개의 문으로 이루어져 있다. 문을 통과하면 나오는 길이 Via della Marina이고 이 길을 따라 폼페이 시내로 진입한다. 커다란 돌이 깔린 길이 오늘날 수많은 여행자들을 맞이하며 굳건히 자리를 지키고 있다.

바실리카

바실리카 Basilica Map p.401

당시 시민생활과 상업활동의 중심지 역할을 해온 곳으로 폼페이에서 가장 중요한 장소. 지금은 밑둥만 남아있는 원주들이 당시의 모습을 짐작하게 한다. 재판을 집행하고 경제 · 법률 문제 등을 처리하며 각종 사업회담도 열렸던 곳으로 추정된다.
외벽은 거의 다 무너졌지만 넓은 공간 안에 늘어서 있는 기둥의 밑둥으로 미루어 보건대 꽤 큰 규모였음을 알 수 있다. 건물은 네 면이 28개의 큰 원주로 둘러싸인 본당 한 개와 양 옆으로 두 개의 복도가 있는 전형적인 바실리카 양식으로 지어졌다.

공회장

공회장 Foro Map p.401

입구에서 만나는 첫 번째 광장이자 폼페이 유적 중 가장 큰 광장이다. 마차가 들어올 수 없었던 보행자 전용 구역으로 도시 전체의 중심지 역할을 하던 곳이었다. 주변은 정치, 경제, 종교, 행정의 중심지였던 의회, 제우스 신전, 시청 등으로 둘러싸여 있다.

제우스 신전 Tempio di Giove

사제만 출입할 수 있었던 신성한 구역으로 기원전 2세기에 지어졌다. 제우스, 헤라, 미네르바의 3신상이 놓여있었으며(현재 나폴리 국립 고고학 박물관에 전시) 정면에는 코린트식 기둥이 세워져 있었다. 멀리 베수비오스 화산을 배경으로 사진 찍기 좋은 곳이다.

제우스 신전

아폴로 신전

아폴로 신전 Santuario di Apollo

공회장 왼쪽에 있는, 헬레니즘의 영향을

받은 건물로 코린트 양식의 기둥 48개로 둘러싸여 있다. 모조품이긴 하지만 활을 쏘는 아폴로와 다이아나의 흉상을 볼 수 있다.

공회장 목욕탕 Terme del Foro
남탕과 여탕이 구분되고 냉탕과 온탕이 따로 있는 훌륭한 시설의 목욕탕이다.

공회장 목욕탕

비극시의 집 Casa del Poeta Tragio Map p.401

입구 바닥에 있는 사슬에 묶인 개 모자이크가 유명하다. 바닥에 써 있는 개조심 Cave Canem 문구가 확실한 경고를 나타내며 내부에 커다란 창고가 있는 것으로 보아 상인의 집이었음을 짐작할 수 있다.

비극시의 집 입구의 모자이크

목신의 집 Casa del Fauno Map p.401

파우노 저택이 원래 이름인 이곳은 로마 술라 장군의 처조카인 푸블리오 술라의 자택으로 추정된다. 정원에 있는 춤추는 듯한 목신의 조각으로 인해 목신의 집으로 불리며 폼페이의 개인 저택 중 가장 아름답다.

목신의 조각

베티의 집 Casa dei Vetti Map p.401

폼페이의 유적 중에서 꼭 봐야 하는 곳으로 '폼페이의 빨강'이라 불리는 적갈색 프레스코화가 인상적이다. 부유한 상인 아울루스 베티우스 콘비바와 아울루스 베티우스 레스티투투스의 저택으로 내부와 외부 모두 보존 상태가 좋아 폼페이 말년의 건축과 장식의 특성을 잘 보여준다. 마구간, 하인들의 방, 화장실, 부엌 등 다양한 방과 구조물들을 볼 수 있으며 적나라한 벽화들 때문에 유곽으로 오해받기도 했는데 그 그림들은 부적 역할을 했다고 한다.

베티의 집

SAY! SAY! SAY!

많은 유물들은 어디에 있나요?

폼페이 유적지 내에서 출토된 유물들은 그 수를 헤아릴 수 없습니다. 정교한 모자이크, 그 시대에 쓰이던 그릇, 조각상 등과 피할 수 없어 화산재 속에서 죽어간 사람들의 형상까지 종류도 다양하지요. 특히 여행자의 호기심을 자극하는 것은 당시의 적나라하고 개방적인 성에 관련된 유물들과 전설처럼(?) 회자되는 몇몇 인물 상인데요. 지금 현재 그 유물들은 폼페이에 전시되어 있지 않고 이곳으로 오기 위해 거쳤던 나폴리의 국립 고고학 박물관에 얌전히 전시 중입니다. 허망하세요? 돌아가는 길에 잠시 들러보세요. 미성년자는 관람 불가입니다.

루파나레의 벽화들

루파나레 Lupanare Map p.401

온갖 야한 그림과 낙서가 즐비한 창녀들의 방이 있는 2층 건물로 각 층에 5개의 방이 있고 방마다 돌로 만든 침대가 있다. 방 위쪽에 방 주인의 능력(?)을 보여주는 벽화들이 있는데 손님들은 그 그림을 보고 선택해 들어갔다고 한다. 폼페이가 멸망했던 이유가 타락한 사회상 때문이라는 말이 나올 만큼 적나라하다.

대극장

스타비아 목욕장 Terme Stabiane Map p.401

폼페이의 욕장 중 가장 보존 상태가 좋다. 목욕탕뿐만 아니라 여러 가지 체육시설과 수도관, 온수 공급을 위한 가마도 볼 수 있다.

대극장 Teatro Grande Map p.401

5,000명을 수용할 수 있는 커다란 규모의 극장으로 움푹 파인 지형을 최대한 이용해 만들었다. 계단 하단과 무대 시설 일부가 남아 있다.

소극장

소극장 Teatro Piccolo Map p.401

대극장 바로 옆에 있으며 폼페이의 극장 중 가장 보존 상태가 좋다. 때때로 천막을 쳐서 실내 극장처럼 만들어 사용하기도 했다고 한다. 극장 가운데 서서 소리를 내면 본인의 소리가 울리는 것을 체험할 수 있다.

비너스의 집 Casa di Venere Map p.401

비너스의 집

집에 들어서면 조개 위에 고혹적인 자태로 누워있는 비너스를 그린 아름다운 프레스코화가 여행자들을 반긴다. 한쪽 옆에는 그녀의 공인된 불륜 애인 군신 마르스도 서 있다.

원형경기장 Anfiteatro Map p.401

원형경기장

기원전 80년에 지어진 것으로 2만 명을 수용할 수 있는 규모다. 로마의 콜로세움과 같은 3층 구조의 관객석을 갖고 있다. 관람석 첫 줄과 둘째 줄은 상석으로 귀족들을 위한 자리였고 여성들은 극장 상단에 앉았다. 비가 오거나 날씨가 너무 더우면 콜로세움과 마찬가지로 극장 위에 벨라리움이라 불리는 천막을 쳐 햇빛과 비를 막았다고 전해진다.

유네스코

Costiera Amalfitana
구불구불 해안길 따라가는 여행 아말피 해안

지중해 연안에 자리 잡고 있는 이탈리아는 예부터 온화한 기후와 아름다운 해안 경치로 유명했다. 북부에 리비에라 해안이 있다면 남부에서는 아말피 해안을 빼놓을 수 없다. 이탈리아 남부를 여행한다면 내셔널 지오그래픽이 '죽기 전에 가봐야 할 곳'으로 선정한 이곳에 꼭 한번 들러보자. 나폴리 만에서 살레르노 만까지 이어지는 해안의 산등성이를 타고 곳곳에 숨어 있는 마을들은 부유한 북부에 비해 뒤떨어지는 경제력 때문에 무시당하지만 한때 지중해를 주름잡은 해상공국이 있던 지역이다. 그 옛날의 영광은 없지만 천혜의 자연환경과 조화를 이루며 살아가고 있는 사람들을 만날 수 있을 것이다.

이런 사람 꼭 가자!!
구불구불 절벽 위의 길을 달리며 스릴을 느끼고 싶다면 / 아늑한 지중해 바닷가 마을이 궁금하다면

저자 추천
이 영화 보고 가자 〈태양은 가득히〉, 〈그랑 블루〉, 〈굿 우먼〉, 〈일 포스티노〉

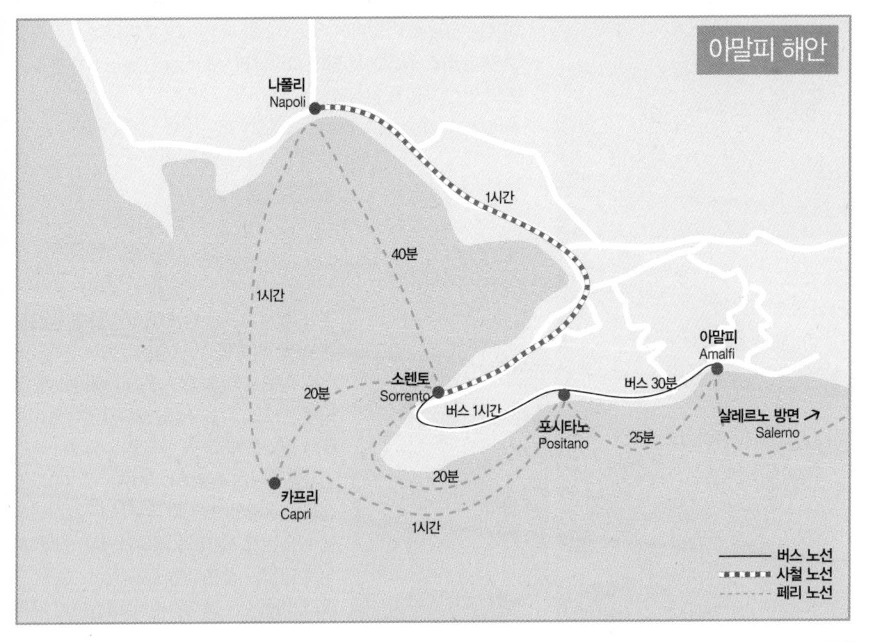

Access 아말피 가는 법

나폴리를 기점으로 하루 코스 여행이 가능하기는 하지만 도중에 소렌토나 포시타노 등 마음에 드는 도시에서 하루 숙박하며 여유롭게 주변을 돌아보는 것도 좋다.
나폴리에서 소렌토까지는 사철로 이동하고 그 이후부터는 SITA 버스나 페리로 이동한다. 절벽 위로 난 아찔한 도로를 달리고 싶다면 버스를, 뱃길을 이용하고 싶으면 페리를 이용하면 된다. 선택은 여행자의 몫. 다만 페리는 운항 편수가 많지 않고 가격이 비싸다.

소렌토에서 아말피로 이동할 때 SITA 버스를 이용한다면 가는 방향의 오른편 자리에 앉자. 맨 앞 오른편 창가 자리는 뻥 뚫리는 풍경을 볼 수 있고 뒤에서 두 번째 자리는 굽이치는 길의 모습이 한눈에 들어온다.
나폴리를 기점으로 이 지역을 여행하고자 한다면 아르테 카드를 구입하는 것이 효율적이다. 자세한 정보는 p.392 참조.
SITA 버스 www.sitabus.it
페리 정보 www.metrodelmare.com

ATTRACTION

보는 즐거움

구불구불 절벽을 따라 나있는 도로 위에서 보는 아름다운 해안, 그리고 절벽 사이에 숨어있다가 나타나는 파스텔 톤의 작은 마을. 아말피 해안의 최대 볼거리는 이동하면서 즐기는 절벽의 아찔함과 마을의 아기자기함이다.

소렌토

소렌토 Sorrento

〈돌아오라, 소렌토로〉라는 가곡으로도 잘 알려진 이 도시는 고급스러운 휴양지다. 도시의 번화가는 역에서 타소 광장 Piazza Tasso에 이르는 코르소 이탈리아 Corso Italia 주변이며 로마시대 유적지도 보인다. 타소 광장에서 빌라 코무날레 Villa Comunale로 가면 소렌토의 멋진 해안을 감상할 수 있다.
홈페이지 www.sorrentotourism.com **가는 방법** 나폴리에서 사철을 타고 1시간, 요금은 €4.50. 또는 카프리에서 페리를 타고 20분, 요금은 편도 €8.80~12.50 Map p.405

포시타노 Positano

포시타노

포시타노의 SITA 버스 정류장

절벽 위의 파스텔 톤 외벽의 집들이 인상적인 마을. 바다의 신 넵튠의 연인 이름을 땄다는 마을로 9세기경 아말피 공국에 편입되었고 16세기 오늘날의 모습을 갖추었다.
SITA 버스를 타고 첫 번째 정류장에서 내리면 전망대 Belvedere di Positano이며 마을 전체를 조망할 수 있다. 여기서 구불구불하게 나있는 길을 따라 내려가거나, 집들 사이로 나있는 좁은 골목길을 걸어보는 것도 좋다. 마을 어귀에 위치한 정류장에서 내리면 해변으로 가기에 편하다.
포시타노는 화가들의 그림 속 배경으로도 사랑받았지만 디자이너들의 영감을 불러일으키기도 했다. 도시 특유의 스타일에 영감을 얻어 제작된 의상들은 고급 맞춤 브랜드로 유명하다. 또한 이곳에선 일년 내내 크고 작은 패션쇼가 열린다.
3~10월 사이에는 해변에서 보트를 타고 에메랄드 동굴에 들어갈 수도 있다.
가는 방법 소렌토 역 앞에서 SITA 버스를 타고 1시간, 요금은 €1.30. 또는 카프리에서 페리를 타고 1시간, 요금은 편도 €12, 소렌토나 아말피에서 페리를 타고 20~25분, 요금은 €5 Map p.405

흰 벽에 매달린 화분이 정겹다.

아말피 Amalfi

피사, 제노바, 베네치아와 함께 중세 이탈리아의 4대 해상국 중 하나였던 아말피 공국이 자리 잡았던 도시. 한때 전 지중해에 통용된 아말피 해상법 Tabula Amalphitana이 만들어진 곳이다. 지금은 그 시절 영화를 뒤로하고 아말피 해안 여행의 종착점으로 전 세계 여행자들의 사랑을 받고 있다. 높은 계단 위에 화려한 외벽을 가진 두오모는 이곳에서 가장 큰 볼거리인데 여러 가지 양식이 복잡하게 섞여있는 외관이 압권이다. 두오모 왼편에 위치한 천국의 회랑 Chiostro del Paradiso은 이 도시 귀족의 묘소였던 곳으로 무어 양식으로 지어져 형태가 특이하다.
홈페이지 www.amalficoastweb.com **가는 방법** 포시타노에서 SITA 버스를 타고 30분, 요금은 €1.30. 또는 포시타노에서 페리를 타고 25분, 요금은 €6. 살레르노에서 페리를 타고 1시간, 요금은 €4
Map p.405

아말피

무어 양식의 천국의 회랑

STAY

쉬는 즐거움

저렴한 숙소는 예약하기 힘들거나 버스 정류장이나 역에서 멀다. 해변에 가까울수록, 전망이 좋을수록 숙박비는 비싸진다. 각 도시 여행 안내소에서 B&B 리스트를 제공하고 숙박 예약을 도와준다.

Ostello Delle Sirene

소렌토에 위치한 호스텔. 취사가 가능하고 역에서 가까운 곳에 위치한 저렴한 숙소로 늘 인기가 좋다. 숙박을 원한다면 서두를 것.
주소 Via degli Aranci 160, Sorrento **전화** 089 87 5857 **홈페이지** www.hostellesirene.com **요금** 도미토리 €16~20, 2인실 €22.50~30(아침 · 시트 포함) **가는 방법** 소렌토 역 뒷길로 올라가 왼쪽으로 도보 5분

Ulisse De Luxe Ostello

역에서 조금 멀지만 깔끔하고 고급스러운 호스텔.
주소 Via degli Aranci 160, Sorrento **전화** 089 87 5857 **홈페이지** www.ulissedeluxe.com **요금** 도미토리 €18~28, 2인실 €28~48, 아침식사 €6 **인터넷** 유선 30분 €3, 1시간 €5, 1일 €10, 무선 무료 **가는 방법** Corso Italia에서 길 따라 왼쪽으로 걷다가 Via del Capo에서 아래 계단으로 내려가 Via del Mare를 따라 도보 10분

Capri · 푸른빛 가득한 우아한 섬 카프리

온화한 기후와 우아한 풍경을 가진 카프리는 섬 전체가 용암으로 뒤덮여 있다. 선사시대부터 사람이 살기 시작한 이 섬의 아름다움에 빠진 사람은 많다. 이스키아 섬을 갖고 있던 아우구스투스 황제는 이 섬의 아름다움에 반해 훨씬 큰 규모의 이스키아 섬을 포기하고 카프리를 나폴리로부터 구입했고 티베리우스 황제는 올림푸스의 12신에게 바치는 12채의 저택을 지었다고 한다. 영국의 찰스 왕세자와 고 다이애나빈의 허니문 장소로도 유명한 이 섬은 세계적 명사들의 휴양지이기도 하다. 구불구불한 산악도로와 까마득한 리프트를 통해 바라보는 카프리의 모습은 너무나도 아름답고 평화롭다. 신비한 푸른빛이 가득한 푸른 동굴 속에 들어가면 자연의 신비로움까지 느끼게 될 터. 잠시 모든 걸 잊고 자연의 아름다움에 취할 수 있는 그곳이 카프리섬이다.

이런 사람 꼭 가자!!
우아한 섬에서 하루를 보내고 싶다면

Information 여행 전 유용한 정보

클릭! 클릭!! 클릭!!!

카프리 관광청 www.capritourism.com
카프리 숙소 · 페리 정보 www.capri.net
카프리 지역 정보 www.caprionline.com

여행 안내소

위치 마리나 그란데 항구 선착장에 있다.
운영 6~9월 08:30~20:30, 10~3월 월~토 09:00~13:00, 15:30~18:45

Access 카프리 가는 법

나폴리의 몰로 베베렐로 Molo Beverello 항구에서 출발하는 쾌속선으로 이동한다. 페리로 1시간 40분, 쾌속정으로 40분 걸린다. 요금은 편도 €10.50~20.50 사이이며 시간대별로 운행하는 배의 종류가 다르다. 소렌토와 포시타노, 아말피 등지에서도 페리가 운행하는데 20~40분 걸린다. 요금은 편도 €16.80~18. 4~10월에는 나폴리에서 기차로 1시간 정도 떨어진 곳에 있는 살레르노에서도 페리가 운행한다(편도 요금 €14).

카프리 섬 안에는 작은 미니 버스가 운행된다. 요금은 1회권 €1.80, 1일권 €8.60. 톡 건드리면 넘어갈 것 같은 미니 버스를 타고 절벽 위의 구불구불한 길을 따라가는 것도 색다른 경험이 될 것이다. 택시는 정액제로 운행된다. 성수기에는 버스가 늘 붐비고 사람이 많으니 일행을 모아 택시로 이동하는 것도 나쁘지 않은 선택이다.

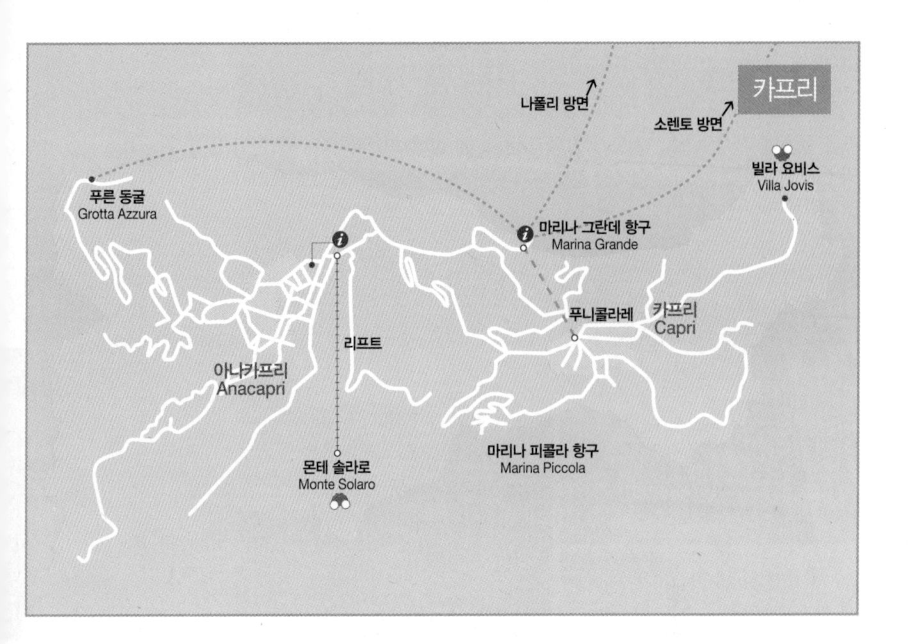

카프리 완전 정복

카프리 섬은 나폴리에서, 약간 무리한다면 로마에서 당일치기로 여행하려는 사람들이 많다. 그러나 카프리는 은근히 시간이 많이 걸리는 여행지다. 섬의 여유로움을 즐기고 싶다면 하루 숙박하는 것이 좋다. 특히 성수기에는 사람도 많고 붐비기 때문에 움직이기 힘들다. 섬은 카프리 Capri와 아나카프리 Anacapri, 두 마을로 나뉘어 있는데 한 구역씩 나눠서 여행하는 것이 좋다. 숙박하는 여행자라면 체크인하고 아나카프리 쪽을 먼저 본 후 그 다음날 일찍 푸른 동굴을 다녀온 다음 카프리 마을을 돌아보는 것이 효율적이다.
당일치기 여행자라면 아침 일찍 움직이는 것이 좋다. 늦어도 08:00에는 몰로 베베렐로 항에 도착해야 여유로운 여행이 가능하다. 항구에 도착해 먼저 푸른 동굴로 가는 조각배를 타고 동굴을 여행한다. 동굴을 본 후에는 바로 택시(요금 €10)로 아나카프리로 가거나 다시 항구로 돌아와 아나카프리까지 미니 버스(편도 €1.40)를 타고 간 후 몬테 솔라로 Monte Solaro에 오르는 짜릿한 리프트(왕복 €8)를 탄다. 산 정상에서 바라보는 카프리 섬과 주변 바다 풍경을 만끽하고 다시 내려와 점심을 먹자. 이곳에서 버스를 타고 카프리 마을로 간다. 아나카프리보다 조금 더 번화한 마을을 둘러보고 다시 항구로 돌아와 배를 타고 나폴리로 들어간다.'

•• 시내 여행을 즐기는 Key Point

여행 포인트 조용한 섬의 깔끔함, 푸른 동굴의 신비로운 푸른빛
뷰 포인트 몬테 솔라로
점심 먹기 좋은 곳 아나카프리의 비토리오 광장
쇼핑하기 좋은 곳 카프리 마을

ATTRACTION

보는 즐거움

푸른 동굴에 가지 못했다 해도 낙담하지 말자. 섬 전체의 아늑하고 우아한 느낌이, 편안하고 푸른 바다가 여행자를 유혹한다. 수영복을 준비하지 못했다면 발이라도 담그고 오자. 마을은 작지만 알찬 쇼핑도 가능하고 편안히 걸어다닐 수 있다.

카프리

빌라 요비스

움베르토 1세 광장

푸른 동굴

카프리 Capri

빌라 요비스에서 바라보는 카프리

마리나 그란데 항구에서 푸니콜라레로 오르면 만나는 마을. 전체적으로 여유롭고 고급스러운 분위기다. 수많은 유명 브랜드 상점과 우아한 부티크들, 고급 호텔들이 어우러진 곳으로 편히 산책하기 좋다. 성수기면 저녁 늦게까지 영업하는 식당, 바 Bar와 함께 골목이 아늑한 느낌을 준다.

마을의 중심 광장인 움베르토 1세 광장 Piazza Umberto Ⅰ에서 Viale Botteghe를 따라 1시간 정도 걸어가면 티베리우스 황제가 살았던 빌라 요비스 Villa Jovis(09:00~일몰 한 시간 전, 요금 €2)가 나온다. 걸어가는 동안 비탈길과 계단 때문에 조금 힘에 부치겠지만 빌라에서 바라보는 카프리 섬의 전망은 실로 예술이다.

가는 방법 마리나 그란데 항구에서 푸니콜라레로 5분(요금 €1.80), 또는 택시 이용(요금 €15) Map p.409

푸른 동굴 Grotta Azzura

카프리 섬의 최고 인기 여행지. 이곳에 가기 위해 섬을 찾는 여행자들이 대다수다. 수천 년에 걸친 파도의 침식으로 형성된 동굴로 간조 때 열리는 입구로 들어가면 지중해 물 위를 비추는 햇빛으로 인해 푸른빛이 가득하다.

마리나 그란데 항구 앞에서 동굴까지 가는 배를 타고 동굴 입구에서 다시 작은 조각배로 갈아탄 후 좁은 입구를 통과해 들어가면 말로 형언할 수 없는 신비로운 푸른빛이 동굴 안을 감싸고 있다. 아무리 좋은 카메라로 아무리 뛰어난 사진작가가 찍는다 해도 표현되지 않을 푸른빛을 눈에 잘 담아두자.

카프리의 푸른 동굴은 까다롭다. 만조 때 파도로 동굴이 막힐 수도 있고 날씨가 좋지 않다면 빛이 제 색깔을 내지 못한다. 단 한번 카프리 섬을 찾았는데 그 영롱함을 감상한 여행자가 있는가 하면 4~5번을 방문했지만 들어갔다 나온 것만으로 만족하며 돌아온 불운의 여행자도 있다. 선택했다면 본인의 운을 굳게 믿을 것.
운영 09:00~일몰 1시간 전 **입장료** €4 **가는 방법** 마리나 그란데 항구 앞에서 배(요금 €14)를 타고 동굴 입구에서 다시 조각배로 갈아탄다(요금 €4.50+입장료 €4). Map p.409

몬테 솔라로로 오르는 리프트

아나카프리 Anacapri

카프리 마을 반대편에 위치한 작은 마을. 골목골목 풍경이 정겹고 각 주택 앞에 타일로 만든 표지판이 예쁘다. 마리나 그란데 항에서 타고 온 버스가 정차하는 비토리아 광장 Plazza Vittoria이 최고 번화가일 정도로 작고 소박하다.
비토리아 광장의 리프트 탑승장에서 리프트(왕복 €11)를 타고 몬테 솔라로 Monte Solaro로 오르자. 이곳은 카프리에서 가장 높은 지대로 멀리 소렌토, 나폴리의 전경이 한눈에 들어오며 또한 맑은 카프리의 바다도 맘껏 감상할 수 있다. 불어오는 바람에 날리는 레이스 자락 같은 우아한 카프리의 절경을 한껏 즐길 수 있는 장소로 사진 찍기에도 좋다.
가는 방법 마리나 그란데 항구에서 오렌지색 미니 버스를 타고 40분(요금 €1.80) Map p.409

몬테 솔라로 정상에서 내려다보는 바닷가

STAY

쉬는 즐거움

카프리 섬은 최고급 휴양지 중 한 곳으로 숙소 선택의 폭이 넓지만 숙박비가 만만치 않다. 성수기와 비수기의 가격 차이는 거의 두 배에 이르기도 한다. B&B와 게스트 하우스는 아나카프리에, 1~2성 호텔은 카프리 쪽에 많다. 미리 숙소를 예약하지 못했다면 마리나 그란데 항구의 여행 안내소에 요청하자.

B&B Il Songno

객실이 총 3개인 소규모 B&B. 흰색으로 장식된 실내와 꽃 장식 가득한 방이 아늑한 느낌을 준다. 넓은 정원과 조용한 분위기가 아나카프리 마을과 잘 어울린다. 근처의 San Michele 호텔의 수영장을 무료로 이용할 수 있다.
주소 Via Vignola 20 **전화** 081 837 14 76, 380 366 2744 **요금** 싱글 €100~150, 2인실 €110~180(아침 · 시트 포함) **가는 방법** 비토리아 광장 오른쪽의 타바키 옆 골목 Via Vignola를 따라 도보 3분

Aiano Capri

카프리 마을의 전경이 한눈에 들어오는 B&B. 흰색과 파란색으로 장식된 실내가 시원하고 산뜻하다. 방마다 테라스가 있고 무선 인터넷 사용이 가능하며 에어컨 시설이 되어 있다.
주소 Via Aiano di Sopra 10 **전화** 081 8377878, 329 1115749 **요금** 싱글 €65~90, 2인실 €90~130, 3인실 €130~180(아침 · 시트 포함) **가는 방법** 카프리 버스 정류장에서 경찰서 방향으로 도보 5분

Bari · 또 다른 세상으로 나갈 수 있는 관문 바리

장화 모양의 이탈리아 반도 뒤꿈치 부분에 위치한 항구 도시 바리. 십자군 원정 때부터 동방과 서방을 연결하는 항구로 사용된 오래된 도시로, 구시가 골목 안에 중세시대의 향기가 가득한 도시이다. 이탈리아의 다른 항구 도시에 비해 거친 느낌이 덜해 편안하게 여행할 수 있고 주변의 작은 소도시들도 다양한 모습을 갖고 있어 남부 여행의 거점으로 여행자들이 많이 찾는 도시이기도 하다. 그뿐만 아니라 이탈리아 여행을 마치고 그리스나 발칸 여행을 시작하는 출발점으로도 좋은 고요한 항구 도시로 떠나보자.

이런 사람 꼭 가자!!
이탈리아 동남부의 해안도시를 둘러보고 싶다면 / 페리로 그리스, 튀니지로 이동하기 전 시간적 여유가 많은 여행자라면

Information 여행 전 유용한 정보

클릭! 클릭!! 클릭!!!

바리 관광청 www.infopointbari.com

여행 안내소

Informazioni Turistiche ⓘ Map p.415-B3
주소 Piazza Aldo Moro **전화** 080 990 93 41
운영 월~토 10:00~13:00 · 15:00~18:00, 일 10:00~13:00 **휴무** 일요일 오후

우체국 PT Map p.415-B3

주소 Piazza Cesare Battisti
전화 080 576 08 11
운영 월~금 08:00~18:30, 토 08:00~12:30

경찰서 Stazione di Polizia Map p.415-A2

주소 Via Gioacchino Murat 4
전화 080 529 11 11

Access 바리 가는 법

장화 모양의 이탈리아 반도에서 발뒤꿈치 위치에 있는 항구 도시로, 기차, 비행기, 배 모두 이용 가능하다. 크로아티아나 그리스 여행을 마치고 이탈리아로 들어오는 관문이기도 하며, 반대로 발칸 반도로의 여행의 시작점이 되기도 한다.

비행기

한국에서 바리로 직접 가려면 영국항공, 터키항공 등 유럽계 항공사를 이용해야 하는데, 알이탈리아항공이 가장 편리하다. 이탈리아 국내에서 이동하려면 라이언에어를 이용하는 것도 좋은 선택.
바리 공항은 풀리아 주 공항 중 가장 큰 규모로, 바리 시내에서 동쪽으로 10km 정도 떨어진 곳에 위치한다. 바리 팔레제 공항 Aeroporto di Bari–Palese 또는 바리 카롤 보이티와 공항 Aeroporto di Bari–Karol Wojtyla으로 불린다. 카롤 보이티와는 2014년에 성인품에 오른 교황 요한 바오로 2세의 본명이다.
시내로 들어오는 방법은 공항철도와 버스 두 가지가

있다. 도착층 출구 위에 각 교통편의 시간표가 표기된 전광판이 있으니 가까운 시간에 이용할 수 있는 교통수단을 선택하면 된다.
홈페이지 bari.airports.aeroportidipuglia.it

1) 버스

공항에 도착해 청사 밖으로 나오면 왼쪽에 항공기 도착 시간에 맞춰서 버스들이 대기하고 있다. 중앙역까지 운행하며 Tempest와 Autostrale 두 회사의 버스가 운행된다. 중앙역까지 소요시간은 30분.

Tempest 버스
홈페이지 www.autoservizitempesta.it
운행 공항→중앙역 07:30~00:10, 중앙역→공항 05:10~20:30 **요금** €5

Terravision 버스
홈페이지 www.terravision.eu
운행 공항→중앙역 07:30~00:10, 중앙역→공항 05:10~20:30 **요금** 편도 €4, 왕복 €8, 만 3세 미만 무료

2) 기차

공항 청사 왼쪽에 역사가 바로 연결되기 때문에 편리하게 기차를 타고 바리 시내로 갈 수 있다. 게다가 버스보다 운행 횟수가 많다. 도착은 중앙역 옆 Ferrovie Nord Barese에 도착한다. 바로 마테라 Matera로 이동할 예정이라면 뒤쪽에 위치한 또 하나의 사철 Ferrovie Appulo Lucane 역사로 이동해 기차를 갈아타면 된다.
홈페이지 www.ferrovienordbarese.it
운행 시간 공항→중앙역 05:35~00:10(1일 38회), 중앙역→공항 04:53~22:56(1일 38회)
소요 시간 20분 **요금** €5.30

기차 Map p.415-B3

바리 중앙역은 풀리아 주 여행의 중심지. 다른 도시의 중앙역에 비해 규모는 작지만, 로마, 나폴리 등 서쪽 지방은 물론 해안선을 타고 남북으로 뻗어 나가는 철도 노선의 중심지이다. 역사에는 티켓 자동판매기는 물론 화장실, 유인 짐 보관소, 바 Bar 등의 시설이 있다. 여기서 주의할 점은 알베로벨로와 마테라로 가는 기차는 국영철도가 아니라는 것. 알베로벨로행 기차는 Ferrovie Sud-Est에서 운영하는데 중앙역 플랫폼 아래 지하도를 건너 맨 뒤쪽에 자리한 플랫폼에서 출발한다. 티켓도 이곳에서 판매하니 알아두자.
중앙역에서 나와 왼쪽에 보이는 큰 건물은 두 개의 사철이 함께 이용한다. 공항을 오가는 Ferrovie Nord Barese 노선과 마테라행 노선이 운행되는 Ferrovie Appulo Lucane가 사용하고 있다(Map p.415-B3). 두 노선 모두 주말에는 운행 편수가 줄어드니 여행을 계획한다면 평일에 이동하거나 버스를 이용하자.
기차역 앞 광장에는 다른 도시와 마찬가지로 여행 안내소와 대중교통센터가 설치되어 있다. 이 광장을 건너 계속 직진하면 바리 구시가에 도착한다.

유인 짐 보관소
위치 1번 플랫폼 옆 왼쪽 끝 **운영** 08:00~20:00
요금 €6/5시간, 이후 6~12시간 €1/시간, 그 이후 €0.50/시간

버스 Map p.415-B3

바리를 오가는 시외버스 정류장은 중앙역 뒤 Via Capruzzi와 중앙역 앞 광장 Piazza Aldo Moro에 있다. 목적지에 따라 정류장 위치가 다르고 시기에 따라 변화도 많으니 티켓을 구입하면서 정류장의 위치를 미리 알아두는 것이 중요하다. 마테라행 Ferrovie Appulo Lucane 버스와 SITA 버스, 최근 인기 상승 중인 FLiX 버스 등 대다수의 장거리 버스는 기차역 뒤편 Via Capruzzi에서 발착하고, 알베로벨로행 Ferrovie Sud-Est 버스와 로마행 야간버스는 중앙역 앞 광장 Piazza Aldo Moro에서 발착한다.

주요 버스 회사

Marozzi(로마 연결)
홈페이지 www.marozzivt.it

Ferrovie del Sud-Est(알베로벨로 연결)
홈페이지 www.fseonline.it

Ferrovie Appulo Lucane(마테라 연결)
홈페이지 www.ferrovieappulolucane.it

주간이동 가능 도시

출발지	목적지	교통편/소요 시간
바리 Centrale	트라니	기차 40분
바리 Ferrovie del Sud-Est	알베로벨로	기차 1시간 30분
바리 Ferrovie Appulo Lucane	마테라	기차 1시간 50분
바리 Centrale	로마 Termini	기차 4시간

야간이동 가능 도시

출발지	목적지	교통편/소요 시간
바리 Centrale	로마 Termini	기차 6시간 15분
바리 Centrale	볼로냐 Centrale	기차 7시간 40분

페리 Map p.415-B1

바리는 지중해나 발칸 지역 여행을 마친 후 이탈리아

여행의 시작점이 되거나, 반대의 경우 이탈리아 여행의 마지막을 장식하는 도시가 된다. 주로 여행자들은 바리에서 그리스나 크로아티아로 향하는 페리를 타게 되는데 그리스행 페리는 유레일 패스를 사용할 수 있기 때문에 패스 소지자의 경우 경제적으로 여행할 수 있다.

불행히도 항구에 짐 보관소의 운영은 매우 불규칙하다. 페리로 바리에 도착해 당일치기로 여행하고자 한다면 번거롭더라도 중앙역으로 가서 중앙역 내 유인 짐 보관소를 이용하는 것이 좋다. 페리의 운행은 변화가 많으니, 여행 계획을 세우고 미리 확인해두는 것이 좋다.

주요 페리 회사

Ventouris Ferries(그리스, 알바니아 연결)
홈페이지 www.ventouris.gr

Superfast(그리스 연결, 유레일 패스 할인)
홈페이지 www.superfast.com

Jadrolinija(크로아티아 두브로브니크, 몬테네그로 연결)
홈페이지 www.jadrolinija.hr

Transportation 시내 교통

시내를 둘러볼 때 버스나 다른 교통수단은 필요 없다. 다만 역 주변에서 항구로 갈 때 짐을 갖고 이동하기에 조금 어려우므로 한 번 정도 이용하게 된다. 바리 중앙역에서 주요 여행지가 모여 있는 구시가까지는 20분 정도 걸어가면 된다. 기차역에 짐을 보관했을 경우 짐을 찾아서 항구로 이동하려면 중앙역 앞 광장 Piazza Aldo Moro에서 20번 버스를 타면 항구로 연결된다.

대중교통 요금

1회권 €1.00

1회권(90분 사용) €1.20

1일권(24시간 사용) €2.50

바리 완전 정복

바리 중앙역 앞부터 구시가까지는 현대적인 대도시의 모습을 하고 있다. 그러나 구시가로 들어서는 순간 갑자기 세상이 바뀐다. 좁은 골목들 사이에 자리한 작은 숍과 식당들, 그리고 빼곡히 들어선 서민들의 주택가가 어우러진 모습이 매력적이다.

바리 시내만 둘러본다면 하루면 충분하다. 선선히 불어오는 아드리아 해의 바람을 맞으며, 우리나라 1960~70년대를 연상케 하는 구시가 구석구석을 산책하면서 잠시 휴식을 취하는 것도 좋다.

여름이면 주변의 해변 마을 오스투니 Ostuni나 폴리냐노 아 마레 Polignano A Mare 등으로 연결되는 투어버스가 운행되니 해변에서의 휴양을 즐기고 싶다면 참고하자.

고깔 모양의 집들이 가득한 알베로벨로, 시간 여행을 떠날 수 있는 마테라, 고상한 마을 트라니는 기차로 연결된다. 자동차 여행을 떠났다면 이탈리아에서 발행한 유로화 1센트 동전 뒷면에 새겨진 성이자 유네스코 세계문화유산인 카스텔 델 몬테 Castel del monte를 돌아보는 것도 좋겠다.

시내 여행을 즐기는 Key Point

여행 포인트 좁은 골목길 사이를 걷다 만나는 탁 트인 풍경의 해안 산책로

점심 먹기 좋은 곳 Piazza del Ferrarese 부근

쇼핑하기 좋은 곳 바리 중앙역부터 구시가 입구 사이의 Via Argiro, Via sparano da Bari

Best Course

바리 중앙역→바리 구시가→노르만 스베보 성→산 사비노 대성당→산 니콜라스 바실리카

예상 소요 시간 반나절

바리
바리 역사 지구 세부도
Piazza San Nicola
Strada Vito
Via Ruggiero II Normanno
Via delle Crociate
Strada San Marco
Strada Palazzo di Città
Strada Filioli
Piazza dell'Odegitria
Strada San Sabino
Via Verrone
Pizza Federico II di Svevia
Strada San Bartolomeo
Via Roberto il Guiscardo
Piazza Massari
Strada Palazzo dell'Intendenza
Corso Vittorio Emanuele II
페리 터미널
Tullio
바리 역사 지구
Piazza San Nicola
Piazza dell' Odegitria
Largo San Sabino
Piazza Mercantile
Corso Vittorio Veneto
경찰서
Via Corridoni
Piazza del Ferrarese
Via Niccolò Pizzoli
Via Napoli
Piazza Garibaldi
Corso Vittorio Emanuele II
Lungomare Araldo Di Crollalanza
Via Quintino
Via Benedetto Cairoli
Via Abate Giacinto Gimma
Via Alessandro Maria Calefati
Corso Cavour
Via 24 Maggio
Via Visconti Sagariga
Via Roberto da Bari
Via Andrea da Bari
Via Argiro
Via Niccolò Putignani
Via Alessandro Manzoni
Via Principe Amedeo
Via Matteo Renato Imbriani
Via Dante Alighieri
Via Domenico Nicolai
Via Melo da Bari
Via Celentano
Via Garruba
Vodatone
Via Prospero Petroni
Via Gian Giuseppe Carulli
Via Crisanzio
Wind
Tim
Via de Cesare
Piazza Aldo Moro
로마 & 알베로벨로행 버스 터미널
Via Nicolò Dall'Arca
Ferrovie Nord Barese & Ferrovie Appulo Lucane
바리 역
← 바리 팔레세 공항 방면
Via Giuseppe Capruzzi
시외버스 터미널 (SITA, FLixBus, FAL 등)
역사지구 Bari Vecchia B1
간노 스베보 성 Castello Normanno Svevo A1
콜라 바실리카 Basilica di San Nicola A1
비노 대성당 Cattedrale di San Sabino
ana del Polpo A1
ocanda di Federico B2
Tree Hostel A3
Western Hotel Executive A2
거움 ● 먹는 즐거움 ● 쉬는 즐거움

ATTRACTION

보는 즐거움

반나절이면 돌아보는 바리 구시가. 작은 골목 사이에 숨어있는 풍경들이 평범한 것 같지만 그들만의 이야기를 담고 있다. 바닷바람과 함께 들려오는 그들만의 이야기에 귀 기울여보자.

바리 역사 지구 Bari Vecchia

흔히 말하는 구시가. 오래된 도시 바리의 역사를 한껏 느껴볼 수 있는 지역이다. 중앙역 앞 직선 도로를 따라 10분 정도 가면 길쭉한 녹지대가 나오고 그 녹지대를 지나 작은 골목으로 가자. 골목 안으로 들어서자마자 도시적인 풍경에서 갑자기 전혀 다른 모습의 구시가를 만날 수 있다. 두오모인 산 사비노 대성당, 산 니콜라 성당, 노르만노 스베보 성까지 바리의 중요한 문화유적들을 품고 있는 곳이다. 오래된 성당들이 곳곳에 자리한 거미줄 같은 골목길 사이로 이탈리아 항구 도시들에서 흔하게 볼 수 있는 풍경으로 발코니의 빨래가 펄럭이는 모습들이 정겹다. 동쪽 해안선을 따라 만들어진 산책로는 중세시대에 외부의 침입으로부터 도시를 지키기 위해 만들었던 성벽을 그대로 활용하고 있다.

남쪽의 페라레세 광장 Piazza del Ferrarese은 바리 젊은이들의 집합소. 주말 밤이면 오래된 펍 Pub들이 모두 문을 열어 나이트라이프를 즐길 수 있고 아침이면 재래시장이 열려 바리 현지인들의 생활을 가장 가까이에서 볼 수 있다. 바리 전통 음식을 먹고 싶다면 이 광장 부근의 음식점을 찾는 것이 좋다. Map p.415-B1

바리의 역사지구

노르만노 스베보 성벽의 날카로운 모서리

노르만노 스베보 성

노르만노 스베보 성 Castello Normanno Svevo

보는 것만으로도 장중함과 위압감이 느껴지는 중세 시대의 성. 고대 그리스-로마 시대부터 도시 방어를 위한 성이 있던 자리에 12세기 신성 로마 제국의 황제 페데리코 2세의 명으로 대대적인 공사를 거쳤고 이후 스포르차 가문, 나폴리 왕국 등으로 소유자가 바뀌면서 성의 모습도 조금씩 변하면서 지금의 모습을 갖게 되었다. 성 주변의 넓고 깊은 해자 垓字와 두터운 벽이 노르만노 스베보 성이 난공불락의 요새였음을 보여준다. 내부는 고대 시대의 모습이 남아있는 지하 발굴터가 잘 보존되어 있고 이곳에서 출토된 여러 석상이 한쪽에 전시되어 있다. 전설에 따르면 이 성에서 프리드리히 2세 황제와 아씨시의 프란체스코성인이 이 성에서 만남을 가졌고 그의 인품에 감탄해 황제와 성인이 밤새 이야기를 나눴다는 이야기가 전해져 내려온다.

주소 Piazza Federico II di Svevia **운영** 화~일 09:00~18:00 **휴무** 월요일 **입장료** €10 **가는 방법** 중앙역 앞에서 직진해 큰길 Corso Vittorio Emanuele II를 나와 왼쪽으로 걷다 오른쪽의 광장 Piazza Guiseppe Massari을 만나면 광장을 따라 직진 Map p.415-A1

산 사비노 대성당 Cattedrale di San Sabino 건축

산 사비노 대성당

바리의 주교가 기거하는 대성당, 두오모이다. 6세기 때부터 이곳에 성당이 있었고 비잔틴 시대에 그리스 십자가 모습의 성당이 만들어졌다. 이후 파손된 성당을 12세기 말 산 니콜라 성당과 유사한 모습으로 지어져 오늘날에 모습을 갖게 되었다. 산 니콜라 성당과 같이 로마네스크 양식으로 지어졌으며, 3개의 문과 아이보리색 대리석 파사드로 인해 산 니콜라 성당과 쌍둥이처럼 보인다.
내부는 소박한 모습으로 기존의 성당의 기둥을 재활용해 모습이 서로 다른 16개의 기둥이 늘어서 있는 삼랑식 구조로 되어 있다.
주소 Piazza dell'Odegitria **운영** 월~토 08:30~19:00, 일 08:00~10:00 · 11:00~19:00 **가는 방법** 노르만노 스베보 성에서 나와 왼쪽 길 따라 걷다 오른쪽 Piazza dell'Odegitria로 들어가 도보 2분
Map p.415-A1

산 니콜라 바실리카 Basilica di San Nicola

산 니콜라 성당의 중앙제단

아담하고 우아한 삼각형 모양의 정교회 성당. 가톨릭 교회 뿐만 아니라 동방 정교회의 성지순례 여행자들에게 빼놓을 수 없는 순례지이다. 12세기 말에 만들어진 로마네스크 양식의 성당으로 아이보리색 대리석으로 만든 전면 파사드가 인상적이다. 성당 중앙 출입구 위에는 이집트 신화에 주로 등장하는 스핑크스가 조각된 모습이 이채롭다.
성당은 미라 Myra(현 튀르키예 안탈랴 지역)의 주교였던 니콜라 성인의 유체를 바리로 옮겨온 후 성인을 모시기 위해 만들어진 성당이다. 성인은 현재 지하 성당에 모셔져 있다. 니콜라 성인은 현재 산타 클라우스라는 이름으로 잘 알려진 인물로, 11세기 바리의 상인들이 동방 무역을 갔다가 미라 지역에서 자선사업으로 유명했던 성인의 유체를 가지고 와서 이 성당에 모셨다고 한다.
중간에 베네치아 지역 상인들과 다툼이 있었는데 바리 지역 상인들이 승리했다는 일화가 있다.
성인은 가난한 이들에 대한 자선사업으로 명성이 드높았고 이후 1800년대에는 만화에 소개되고, 1930년대 미국의 한 음료 회사 광고에 쓰이면서 빨간 옷을 입은 인자한 할아버지의 이미지로 각인되었다.
주소 Piazza San Nicola **홈페이지** www.basilicasannicola.org **운영** 월~토 06:30~20:30, 일 06:30~22:00 **가는 방법** 노르만노 스베보 성에서 Corso Antonio de Tullio를 따라 걷다가 Strada Tresca로 들어가 왼쪽으로 직진, Strada Shiara로 들어가 도보 3분 Map p.415-A1

산 니콜라 성당

RESTAURANT

먹는 즐거움

항구 도시인 만큼 해산물 요리에 집중해보자. 신선하고 푸짐한 해산물 요리가 당신을 반겨줄 터이니. 해산물에 관심이 없다면 부라타 치즈를 맛보자. 모차렐라 치즈의 일종으로 생크림 질감에 조금 가깝고 부드럽고 고소한 맛을 자랑한다. 귀 모양의 파스타인 오레키에테 Orechhiette는 바리 특선 요리이다.

LA TANA del POLPO

천정에 붙어있는 커다란 문어 모형이 인상적인 식당. 그날그날 신선한 재료로 만든 메뉴를 추천해 주는데, '문어의 소굴'이라는 식당 이름처럼 문어 요리를 주문해보자. 쫄깃하면서 신선한 문어의 식감이 잘 살아있다. 홈메이드 파스타도 일품. 유쾌한 종업원들의 친절한 서비스도 인상적인 곳이다.

주소 Strada Roberto II Guiscardo 51 **전화** 809 753 338 **영업** 12:00~15:30 · 19:00~24:00 **예산** 전식 €10~, 본식 €10~, 자릿세 €2 **가는 방법** 구시가 입구 Corso Vittorio Emanuele II의 녹색 정원 오른쪽 끝 골목으로 들어가 왼쪽 첫 번째 골목 안에 위치

Map p.415-A1

La Locanda di Federico

구시가 안쪽에 자리한 식당. 고즈넉한 분위기 속에서 바리 현지 음식을 먹을 수 있다. 무청으로 만든 파스타는 이 지역에서 꼭 먹어봐야 할 음식 중 하나로, 이 집의 특선 메뉴이기도 하다. 엔초비가 함께 들어가 짠맛이 강하니 참고할 것.

주소 Piazza Mercantile 63 **전화** 080 522 7705 **홈페이지** www.lalocandadifederico.com **영업** 12:30~15:30 · 19:30~24:00 **예산** 전식 €12~, 파스타류 €13~, 메인 요리 €16~, 자릿세 €2.50 **가는 방법** Corso Vittorio Emanuele II에서 오른쪽 끝까지 가서 Piazza del Ferrarese로 들어가 길 끝에서 왼쪽으로 가다 다시 오른쪽 골목, 길 끝에서 만나는 작은 광장에 위치

Map p.415-B2

STAY

쉬는 즐거움

바리는 그리스나 크로아티아를 가기 위한 거점으로 그리고 주변의 풀리아 Puglia 지방의 다른 도시들을 여행하기에 거점으로 삼기 좋은 도시이다. 중앙역 부근에 다양한 가격대의 숙소가 있으며 페리를 이용해 바리를 떠날 예정이라면 구시가 쪽에 숙소를 잡는 것도 좋은 선택이다.

Olive Tree Hostel

바리 중앙역에서 가까운 곳에 위치한 호스텔. 도미토리룸이 널찍하고 개인 라커, 독서등이 설치되어 편리하다. 주방시설도 완비되어 있어 호스텔로 들어오는 길에 슈퍼마켓을 잘 활용한다면 알뜰한 여행도 가능하다. 슈퍼마켓 중 한 곳에서 한국 라면도 구입할 수 있다. 함께 운영하는 B&B도 시내에 4곳이 있으니 도미토리룸을 잡기 어렵다면 문의해 보자. 10:00~17:00에는 리셉션이 열리지 않는다.

주소 Via Scipione Crisanzio 90 **전화** 331 196 3949 **홈페이지** www.hostelabari.com **요금** 도미토리 €18~ 30 **가는 방법** 바리 중앙역 앞 광장 사철역 청사 지나 Corso Italia로 들어가 오른쪽 네 번째 골목 Via Sagarriga Visconti로 들어가 첫 번째 코너 Map p.415-A3

Best Western Hotel Executive

바리 도심에 위치한 3성호텔. 깔끔하고 모던한 분위기의 널찍한 객실이 여행자들에게 좋은 평가를 받는다. 도심 대로변에 위치해 소음이 있을 수 있다는 게 단점. 주변에 공원, 극장 등이 있고 가까운 곳에 주차빌딩이 있다.

주소 Corso Vittorio Emanuele II 201 **전화** 080 521 6810 **홈페이지** www.executivebusinesshotel.it **요금** €100~ **가는 방법** 중앙역 앞에서 Corso Vittorio Emanuele II까지 직진, 왼쪽으로 도보 5분 Map p.415-A2

SAY! SAY! SAY!

바리 근교의 독특한 풍경, 폴리냐노 아 마레 Polignano a Mare와 오스투니 Ostuni

바리 주변에는 독특한 풍경과 역사를 갖고 있는 작은 도시들이 많이 자리합니다. 폴리냐노 아 마레는 바리에서 기차로 20분 정도 걸리는 거리에 자리한 도시로 SNS를 통해 많이 알려진 아름다운 해변이 인상적인 도시입니다. 이 도시는 선사시대부터 사람이 살았던 고대 그리스 도시 네아폴리스 중 하나로 생각되는 곳으로 곳곳에 자리한 고풍스러운 성당이 도시의 매력을 돋워줍니다.

흰색 가옥이 만들어내는 풍경이 인상적인 오스투니 역시 선사시대부터 사람이 살았던 도시이며 포에니 전쟁 때 파괴되었다가 로마인에 의해 재건된 도시입니다. 흑사병이 전 유럽을 휩쓸던 시절, 이 지역 수호 성인인 오론초 성인에게 100일 기도를 드리며 마을 외벽을 흰색으로 칠한 후 흑사병의 공포로 벗어났다고 해요. 이후 오스투니에는 오론초 성인을 기리는 기둥을 세웠고 기둥은 구도심 광장의 수호신처럼 우뚝 서 있습니다.

폴리냐노 아 마레

오스투니

바리근교여행

Trani

작지만 강한 항구 도시 트라니

트라니 대성당

'풀리아의 진주'라 불리는 작은 항구 도시 트라니. 고대 로마시대 투레눔 Turenum이라 불리던 도시로 정확히 역사에 등장하는 시대는 9세기 중엽부터이다. 11세기 십자군 전쟁 당시 번성하여, 아드리아해 해상무역상을 통해 중동과 유럽의 연결고리 역할을 하기도 했다. 이때 유입된 유대인들이 트라니에 정착하면서 지은 유대인 회당은 유럽에서 가장 오래된 유대인 회당 Synagogue이다.

1063년, 서부 라틴 지역에서 가장 오래 살아남은 해상법 Ordinamenta et Consuetudo maris이 트라니에서 공표되면서 트라니는 아드리아 해에서 가장 중요한 도시 중 하나가 되었다. 12세기에는 베네치아 공국, 네덜란드, 북구 유럽의 영사관이 주재하면서 중세 무역의 정치적 중심지이기도 했다.

도시는 이러한 번영의 역사를 그대로 간직하고 있다. 석회암으로 주재료로 한 건물들은 고상함을 가득 담고 있으며 해안가에 자리한 트라니 대성당은 도시의 상징과도 같은 역할을 한다. 흰색 석회암을 이용해 풀리아 로마네스크 양식으로 지어진 트라니 대성당은 날씨가 좋은 날이면 눈부신 아름다움을 뽐낸다.

트라니 대성당 뒷모습

여름이면 고급 요트가 즐비할 트라니 항

성당 왼편으로 자리한 오래된 성은 13세기 페데리코 황제에 의해 건설된 성으로, 해안가를 지키는 수호신 같은 역할을 한다. 1974년까지 감옥으로 쓰이기도 했던 이 성은 이후 리모델링을 거쳐 1998년부터 일반에 공개되고 있다.

트라니 역

구시가 골목은 분홍빛의 석회암 외벽으로 인해 구시가 전체가 단아하면서도 우아한 분위기를 자아낸다. 구시가 곳곳에 자리한 숍, 카페와 함께 오래된 성당들이 도시의 역사를 흠뻑 느끼게 해준다. 여름이면 고급스러운 요트들이 항구를 가득 메우고, 아드리아 해에서 잡아온 신선한 해산물을 팔고 사는 사람들로 인해 도시는 북적인다.

정갈한 중앙 제단

여행 정보

turismo.comune.trani.bt.it

가는 방법 & 돌아다니기

❶ 바리 Bari 중앙역에서 Regionale 기차로 1시간 정도 소요, 요금은 €3.20.

❷ 트라니 역에서 나와 정면의 Corso Cavour를 따라 10분 정도 계속 직진하면 Villa Comunale가 나온다. 작은 공원을 지나 바다 쪽으로 난 길 끝까지 가면 트라니 항구 전체와 두오모의 뒷모습을 바라볼 수 있다.

❸ 해안을 따라 천천히 걸으면 식당, 시장, 요트 선착장을 만날 수 있다. 해안을 따라 Piazza Trieste에서 길 안쪽으로 들어오면 두오모와 만난다. 두오모 맞은편에 트라니 성이 있고 구시가 곳곳을 구경해 볼 수 있다.

핑크톤의 석회암이 우아한 모습을 만들어준다.

트라니 대성당 Basilica Cattedrale di San Nicola Pellegrino

주소 Reginaldo Giuseppe Maria Addazi 1 **홈페이지** www.cattedraletrani.it **운영** 11~3월 평일 09:00~12:30 · 15:30~18:00, 공휴일 09:00~12:30 · 16:00~19:30, 4~10월 평일 09:00~12:30 · 15:30~19:00, 공휴일 09:00~12:30 · 16:00~20:00

트라니 성

바리근교여행

Matera
선사시대로 떠나는 시간 여행 마테라

유네스코, 영화

산 피에트로 카베오소 성당

영화 〈벤허 2016〉에 주인공 유다의 집 앞길

아직 우리나라 여행자들에게는 낯선 바실리카타 지방에서 현재 가장 주목받는 여행지 마테라. 우리에겐 영화 〈패션 오브 크라이스트 The Passion of the Christ〉(2004), 〈벤허 Ben-Hur〉(2016), 가장 최근의 007 시리즈 〈노 타임 투 다이 No Time to Die〉 등의 영화 촬영지로 알려진 정도이지만, 마테라는 이탈리아 내에서 가장 오래된 도시 중 한 곳으로 유럽 내에서 주목받는 곳이다.

바리에서 사철 아풀로 철도 Ferrovie Appulo-Lacane를 이용해 마테라 중앙역에 도착하면 시외버스 터미널로 사용되는 역 앞 광장을 지나 15분 정도 걸어 도착하는 사시 Sassi 지구까지 가는 길까지 여느 도시와 다를 것 없는 풍경이 펼쳐진다. 하지만 사시 입구를 들어서면지금까지와는 180도 다른 풍경이 펼쳐지고, 시간 여행을 떠나게 된다.

마테라에 처음 인류가 거주하기 시작했던 것은 구석기시대부터. 그라비나 Gravina 협곡에 자리한 동굴 속에 주거지를 만들면서 도시의 역사가 시작되었다. 이후 거주자가 늘어나면서 주변 동굴을 계속 파고들어서, 15세기 말경 지금의 사시 지구 풍경이 완성되었다.

가난하고 소외받은 이들의 주거지였던 마테라 사시 지구는 1950년대에 정부에서 거주하던 사람들을 역에서 사시 지구 입구까지에 조

사시 지구로 들어서면 보이는 풍경은 나를 시간여행자로 만들어준다.

깎아지른 듯한 바위 안으로 수도원이 있고 뒤쪽으로 산 피에트로 카베오소 성당과 연결되는 통로가 있다.

성된 신도시로 이주시켰다. 이후 도시공학자들의 설계를 거쳐 가옥의 외관과 배관 배수시설이 설치되었다. 현재 3천여 개의 동굴집이 보존되어 있고, 호텔, 레스토랑, 숍 또는 박물관 등으로 개조되어 여행자들을 기다리고 있다. 마테라에서 숙박해야 한다면 사시 지구를 추천한다.

마테라 사시 지구는 크게 세 곳으로 나뉜다. 사소 바리사노 Sasso Barisano, 사소 카베오소 Sasso Caveoso, 그리고 중간의 치비타 Civita가 그것이다. 이 세 구역 중 가장 오래된 곳은 치비타이며, 사소 카베오소 지구에는 동굴 성당이나 경당이 많이 남아 있다.

도시의 독특한 풍경 덕에 영화 촬영지로도 주목받고 있는데, 특별히 세트를 지을 필요 없이 고대로의 시간 여행이 가능하기 때문이다.

골목마다 풍경도 좋지만, 마테라 여행의 백미는 해 질 녘. 소위 골든 타임에 도시 곳곳에 불이 들어오는 모습을 볼 수 있기 때문에 사진가들에게는 도시 전체가 놓칠 수 없는 피사체가 된다. 특히 파스콜리 광장 Piazza Pascoli이 사진을 담기 최적인 장소. 깎아지른 바위 위에 지어진 성당 산 피에트로 카베오소 성당 Chiesa di San Pietro Caveoso 뒷길로 내려가 그라비나 협곡을 건너 맞은편 전망대로 올라가서 보는 모습 또한 일품이다. 깎아지르는 경사가 가파르고 무섭긴 하지만 전망대에서 보는 마테라의 모습은 그 모든 것을 상쇄시켜줄 만큼 아름답다. 팔순 노인의 심폐 기능을 가진 필자는 협곡을 내려다보며 10분 고민하다 35분 정도 하산과 등산을 했는데 전혀 후회스럽지 않을 정도였다. 숨이 턱 끝까지 차오를 때쯤 고통이 단숨에 사라질 정도로 멋진 풍경이 펼쳐진다. 여기서 팁! 내려가는 길이 아득하다면 뒤를 돌아보자. 넓게 조성된 주차장에 택시 회사 전화번호가 있다. 택시를 이용하면 편도 €25 가격으로 마테라 비토리오 베네토 광장 Piazza Vittorio Veneto까지 갈 수 있다. 택시를 부르기 전 요금 협상은 필수!

바리↔마테라 구간을 이용하는 FAL 기차. 잊지 말자, 앞차 탑승!

바리에서 이곳에서 기차를 타야 한다.

동굴 집을 개조한 호텔과 레스토랑

• 여행 정보

www.sassiweb.it

• 가는 방법 & 돌아다니기

❶ 바리 Bari 중앙역 광장 왼쪽에 위치한 사철 Ferrovie Appulo-Lacane(FAL)를 이용해 갈 수 있다. 기차는 두 대가 연결된 상태로 운행되는데 알타무라 Altamura에서 기차가 갈라진다. 바리에서 탑승할 때 반드시 앞쪽 기차에 탑승하자. 안내방송이 나오지 않고 역무원이 지나가면서 이탈리아 말로 이야기해주는데 시간이 매우 짧다. 잊지 말자, 앞차 탑승! 소요시간은 1시간 50분, 요금은 €5.

사철 홈페이지 www.ferrovieappulolucane.it

❷ 일요일에는 기차가 운행하지 않는다. 바리 중앙역 뒤편 정류장에서 버스가 운행한다. 정류장 위치가 바뀌거나 편수가 변하는 경우가 많으니 사철 매표소에서 미리 버스 정차 위치와 시간표를 받아두자. 이왕이면 평일에 이동하는 것이 좋다.

❸ 마테라에서 다른 도시로 이동할 때 다시 사철을 이용해 바리나 레체 Lecce로 나올 수 있으나 버스를 이용한다면 바실리카타 주의 다른 도시는 물론 풀리아 주, 캄파냐 주, 시칠리아까지도 바로 이동할 수 있다. 버스 회사별로 출발하는 곳이 다르니 미리 파악해 둘 것. 사시 지역에서 기차역이나 버스 정류장까지는 택시로 €10 정도면 이동 가능하다. 택시는 예약해두거나 호텔 리셉션에 요청하자.

❹ 사시 지구는 발길 닿는 대로 걸어보자. 간간이 보이는 표지판이 여행자들이 다니기 좋은 풍경의 길을 안내해주니 그대로 걸어보는 것도 좋다.

바리 근교 여행

Alberobello · 스머프를 만날 수 있을 것 같은 동화 마을 알베로벨로

유네스코, 영화

풀리아 지방 여행의 매력은 다른 곳에서는 볼 수 없는 독특한 모습을 볼 수 있다는 것인데, 아마 단연코 알베로벨로 때문일 것이다. 벽돌로 지어 올린 고깔 모양의 회색 지붕 트룰로 Trullo와 이탈리아 남부 특유의 흰색 외벽이 만들어내는 조화가 마치 동화 속에 들어온 것만 같은 상상을 불러일으킨다.

알베로벨로가 역사에 등장한 것은 16세기 중반부터다. 돌이 많고 비옥한 토질과 울창한 삼림이 우거진 알베로벨로에서는 주로 농업과 목축업에 종사하던 목동들과 농민들이 거주했다. 당시 아쿠아비바 Acquaviva 주의 지배권 아래 있었는데 봉건 영주가 자신은 편법으로 세금을 감면받으면서 소작인들에게 엄청난 세금을 징수시켰다. 세금 책정을 위한 조사관이 들이닥칠 때를 대비하여 집을 빨리 부수고 빨리 지어야 하기 때문에 시멘트를 쓰지 않았다.

이후 18세기 말 페르도난도 4세 Ferdinando IV di Borbone 황제로부터 알베로벨로는 독립자치권을 얻었고 지금의 모습이 되었다. 현재 알베로벨로에는 약 만여 명이 거주하고 있으며 독특한 마을은 그 역사와 희소성을 인정받아 마을 전체가 1996년에 유네스코 세계문화유산에 지정되었다.

트룰리 사이를 다니다 보면 회색 벽돌 지붕 위에 흰색으로 그림이 그려져 있는 것을 볼 수 있다. '투룰로의 열쇠'라고 불리는 이 그림들은 트룰로를 각 공방과 기술자를 구분하는 서명의 역할을 했다. 또한 기호학적인 그림들은 종교적인 의미와 별자리 12궁 등 다양한 모양으로 그려졌다.

알베로벨로에 도착하면 딱히 명소를 찾아 헤매거나 할 필요는 없다. 골목을 따라 걸으면서 지붕 위 그림과 꼭대기의 장식을 감상하고, 여행자를 위해 개방돼 있는 트룰리들에 한 번씩 들어가 알베로벨로를 만끽해보자. 독특한 형태의 내부에 와인 숍, 수공예 전문점, 식당 등이 운영되고 있다.

바리에서 당일치기하기에도 좋지만 이왕이면 하루 정도 숙박하는 것을 추천한다. 독특한 형태의 트룰리에서 하룻밤을 보내는 것도 색다른 경험일 것이다. 트룰리에는 방이 하나만 있기 때문에 독채를 사용하는 기분으로 편안하게 하룻밤을 묵을 수 있다.

∞ 여행 정보

www.alberobello.net

∞ 가는 방법 & 돌아다니기

❶ 바리 Bari 중앙역 맨 뒤 플랫폼에서 운행하는 사철 Ferrovie Sud-Est을 이용해 갈 수 있다. 소요 시간은 1시간 30분. 요금은 €4.90.

❷ 주말에는 기차가 운행하지 않는다. 바리 중앙역 앞 광장에서 출발하는 Ferrovie Sud-Est버스를 타고 가야한다. 소요 시간은 1시간 20분. 요금은 €4.90.

❸ 알베로벨로 기차역 앞 왼쪽 길 Via Manzzini로 직진하면 나오는 길 Via Garibaldi를 따라 5분 정도 걸어가면 포폴로 광장 Piazza del Popolo에 도착한다. 광장 왼쪽 지구가 Rione Monti로 알베로벨로의 구시가이다.

❹ 알베로벨로를 여행한 후 마테라 Matera로 이동할 예정이라면 택시 대절도 가능하다. 편도 요금 €50로 1시간 정도 걸린다. 여럿이 여행을 떠났다면 알아보는 것도 나쁘지 않은 선택. 숙소에 요청하거나 여행 안내소에 문의해보자.

∞ 여행 안내소

IAT-Informazioni e Accoglienza Turistica

주소 Via Brigata Regina **전화** 080 4324419

운영 월~토 10:00~13:00 · 14:30~17:30, 일 10:00~13:00 · 14:30~20:30

Ufficio Turistico

주소 Via Monte Nero 1 **전화** 080 4325171 **운영** 월~일 09:00~13:00 · 15:00~19:00, 7~8월 09:00~19:00

시칠리아 섬
Sicilia Island

L'ARTE RINNOVA I POPOLI E NE
VANO DELLE SCENE IL DILETTO OVE NON MIRI
BIGLIETTERIA
VISITE GUIDATE
CAFFÈ DEL TEATRO

Palermo

활기찬 문화의 용광로 팔레르모

영화 〈대부〉의 촬영지였으면서 실제 이탈리아 마피아의 근거지였던 팔레르모. 기원전 8세기에 페니키아의 식민지였고, 이후 로마와 비잔틴을 거쳐 아랍 제국의 지배를 받으면서 도시는 번창했다. 12세기부터 시칠리아 왕국의 수도로 자리하면서 지중해 문화권의 중요한 도시 중 하나가 되었다. 마피아의 이미지가 강하고 극심한 빈부의 격차와 이민자의 문제가 혼재하지만 팔레르모의 모습은 다양하다. 눈부신 모자이크가 가득한 성당, 항구 도시 특유의 거침이 젖어있는 골목길, 현지인들의 활기찬 기운이 넘치는 시장까지, 팔레르모에 머무는 시간 내내 다이나믹한 감정과 다채로운 풍경을 볼 수 있을 것이다.

이런 사람 꼭 가자!!
이탈리아 남부의 서민적 정취를 느끼고 싶다면
시칠리아 돌체를 맛보고 싶다면

저자 추천
이 영화 보고 가자
〈대부〉

이 사람 알고 가자
안토넬로 다 메시나

이 책 읽고 가자
『신화의 섬 시칠리아』

Information 여행 전 유용한 정보

클릭! 클릭!! 클릭!!!

팔레르모 관광청 turismo.comune.palermo.it

여행 안내소

aapt ⓘ Map p.435-C1
주소 Piazza Castelnuovo 34
전화 091 583 847, 091 605 83 51
운영 월~토 08:30~18:30 **휴무** 일요일

슈퍼마켓

Lidl Map p.434-B2
주소 Via Roma 51 **운영** 매일 08:00~22:00

통신사

Tim Map p.435-C1
주소 Via Ruggero Settimo 19(마시모 극장 맞은편)
운영 09:30~13:30, 16:00~20:00

Wind Map p.435-B2
주소 Via Roma 278(부치리아 시장 입구 맞은편)
운영 월~토 09:00~13:00, 16:00~20:00

Vodafone Map p.435-C1
주소 Via Principe di Belmonte 104(폴리테아마 극장 부근)
운영 월~토 09:30~20:00

우체국

Palazzo delle posto Map p.435-B2
주소 Via Roma 316~318 **전화** 091 75 31 111
운영 월~토 08:00~18:30 **휴무** 일요일

경찰서 Map p.434-A2

위치 중앙역 3번 플랫폼 앞
운영 24시간
전화 091 61 61 984

병원 Map p.434-A1

Ospedale Civico
주소 Via Carmelo Lazzaro
가는 방법 중앙역에서 도보 10분

Access 팔레르모 가는 법

팔레르모는 시칠리아의 주도. 그만큼 다양한 교통수단으로 접근할 수 있다. 항공 이동이 가장 편리하고 페리는 다른 도시에서 느껴볼 수 없는 밤바다의 낭만을 느낄 수 있다. 철도 패스가 있다면 야간기차를 이용해 이동하는 것도 좋으며 장거리 버스도 운행되고 있다.

비행기

한국에서 팔레르모로 바로 가는 직항편은 없고 이탈리아 국적기인 ITA항공(로마 경유)을 이용하는 것이 가장 편리하다. 루프트한자는 뮌헨에서 하루 숙박해야 하고, 에티하드항공은 2회 환승해야 한다.
이탈리아 대륙 여행을 마치고 팔레르모로 이동할 때에는 주로 저가 항공을 이용하게 되는데, 피사에서 라이언에어를 이용하는 것이 편수도 많고 편리하다. 로마에서 ITA항공을 이용하는 것도 좋다. 시간은 1시간 반 정도 걸린다.

팔레르모에 비행기로 도착하면 팔레르모 시내에서 35km 떨어진 푼타 라이시 Punta Raisi에 위치한 팔코네-보르셀리노 공항 Aeroporto Falcone-Borsellino에 도착한다. 이탈리아의 많은 도시가 지역을 대표하는 공항이나 역 이름을 그 지역 출신 또는 지역을 기반으로 활동한 유명인의 이름을 따서 짓는 경우가 많은데, 팔레르모도 예외는 아니다. '팔코네-보르셀리노'라는 공항 이름은 시칠리아를 근거로

활동하며, 마피아 탕진에 큰 공을 세우고 암살당한 판사 파올로 보르셀리노 Paulo Borsellino와 검사 지오반니 팔코네 Giovanni Falcone의 이름에서 따왔다.
홈페이지 www.gesap.it

공항에서 시내로

공항에서 팔레르모 시내까지는 공항철도, 버스와 택시를 이용할 수 있다. 공항버스는 폴리테아마 극장 부근, 항구 부근을 거쳐 중앙역으로 간다. 팔레르모 공항에서 아그리젠토, 트라파니 등의 도시로 연결되는 버스편도 운행되고 있다.

1) 기차

오랜 기간 리모델링을 거쳐 공항철도가 다시 개통했다. 공항 터미널 지하와 연결되는 푼타 라이시 Punta Raisi 역에서 출발해 팔레르모 중앙역에 도착한다. 소요시간은 40분~1시간 10분. 요금은 €6.80.
운행 공항→시내 05:15~22:42, 시내→공항 04:00~22:08

2) 버스 prestia e comando

도착층 출구 오른쪽에 위치한 버스 정류장에서 탑승한다. 시내로 들어오면서 풀리테아마 극장 Piazza Politeama 부근과 페리 항구 Via E. Amari(Porto)를 거쳐 중앙역 앞 광장 Piazza Giulio Cesare에 도착한다. 소요시간은 50분. 버스표는 운전기사에게 직접 구입한다. 팔레르모 시내에서 공항으로 갈 때는 숙소 위치에 따라 다르지만, 중앙역 앞 광장이나 폴리테아마 극장 옆(Map p.435-C1)에서 탑승한다. 그리고 Via Liberta 따라 몇몇 정류장이 있으니 숙소 위치에 따라 편리하게 이용할 수 있다. 버스표는 버스 회사 명패를 달고 있는 직원에게 구입하자. Terravision 버스 홈페이지(www.terravision.eu)에서도 티켓 구입이 가능하다.

> **알아두세요!**
> 팔레르모에 도착해 트라파니 Trapani나 아그리젠토로 Agrigento로 바로 이동할 여행자라면 공항에서 바로 가는 버스가 있으니 도착 시간과 잘 맞춰보자. 트라파니까지는 Segesta 버스(www.interbus.it)가 운행한다. 요금은 편도 €10. 아그리젠토까지는 Licata 버스(www.autolineesal.it)가 운행하며 요금은 편도 €12.60이다.

운행 공항→시내 05:05~01:05, 시내→공항 04:00~21:30
요금 편도 €6, 왕복 €12
홈페이지 www.prestiaecomande.it

3) 택시

공항청사 앞쪽에 비행기 도착 시각에 맞춰 택시들이 줄을 서서 대기하고 있으며 팔레르모 시내까지 요금은 목적지에 따라 €39~50이다. 서 있는 택시가 없으면 전화로 부르자. 20분 정도 기다려야 한다.
Trinacria 091 225 455, 091 6878
Autoradio Taxi 091 513 311, 091 8481

> **알아두세요!**
> 팔레르모 공항에는 택시 쉐어링 Taxi Sharing 제도가 있다. 1인당 요금은 €8이며 4~7명이 모이면 출발한다고 하니 버스를 놓쳤다면 고려해보자.

기차 Map p.434-A2

시칠리아는 본토보다 철도망이 좋지 않다. 나폴리나 로마에서 야간기차로 이동하려면 메시나 Messina에서 환승해야 하는 경우가 많다. 다른 도시로 이동할 때에는 가까운 체팔루 Cafalu(p.452)나 아그리젠토 Agrigento(p.456) 정도가 기차로 이동하기 편한 편이다. 팔레르모 중앙역은 외부에서 보는 규모와 달리 내부는 소박하다. 경찰서, 유인 짐 보관소, 화장실, 바, 맥도날드, 타바키 등이 내부에 있다. 다른 도시와 마찬가지로 중앙역은 시내 교통의 중심지이며, 역 앞 광장에서는 시내 곳곳을 연결해주는 시내버스가 정차하고, 공항버스와 택시 정류장이 있다.

유인 짐 보관소

위치 3번 플랫폼 앞 **운영** 07:00~20:00
요금 €6/5시간, 이후 6~12시간 €1/시간, 그 이후 €0.50/시간

버스 Map p.432-A2

시칠리아 섬을 여행할 때에는 버스를 많이 이용하게 된다. 중앙역 건물을 바라보고 왼쪽으로 걸어가면 시외버스 정류장이 모여 있는데 정류장이 두 곳으로 나뉘어 있다. 행선지 별로 이동하는 버스 회사가 다르니 매표소의 표지판을 잘 확인하자.

주요 버스 회사

AST(라구사, 모디카 연결)
홈페이지 www.aziendasicilianatrasporti.it
SAIS Autolinee(카타니아, 체팔루, 로마 연결)
홈페이지 www.saisautolinee.it
Cuffaro(아그리젠토 연결)
홈페이지 www.cuffaro.info
Interbus(시라쿠사 연결)
홈페이지 www.interbus.it
Segesta(트라파니 연결)
홈페이지 www.segesta.it

페리 Map p.435-C2

색다른 여행을 꿈꾼다면 이용해볼 만한 교통수단이다. 크루즈 여행을 떠난 기분을 낼 수 있고 선실을 단독으로 사용할 수 있어 기차보다 안전하며 선박 규모가 크기 때문에 뱃멀미 걱정도 하지 않아도 된다. 로마(치비타베키아 항구), 나폴리 외에도 살레르노 Salerno, 리보르노 Livorno, 제노바 Genova 등 이탈리아 대륙의 여러 도시를 연결하는 배편이 거의 매일 운행된다. 이탈리아 여행을 마치고 튀니지 여행을 계획한다면 팔레르모에서 페리로 갈 수도 있다. 페리는 계절에 따라서 운행 요일과 출발 시각 등이 아주 다르다. 미리 확인해두자.
비토리오 베네토 Molo Vittorio Veneto 항구에서 중앙역까지는 107번 버스를 이용해 갈 수 있다. 성수기에는 페리 도착 시각에 맞춰 중앙역까지 무료 셔틀버스가 운행하기도 한다.

주요 페리 회사

Tirrenia(나폴리, 사르데냐 연결)
홈페이지 www.ti rrenia.it
Grandi Navi Veloci(로마, 나폴리, 제노바, 튀니지 연결)
홈페이지 www.gnv.it

근교이동 가능 도시

출발지	목적지	교통편/소요 시간
팔레르모 Centrale	체팔루	기차 45분, SAIS 버스 1시간
팔레르모 Centrale	몬레알레	버스 1시간

주간이동 가능 도시

출발지	목적지	교통편/소요 시간
팔레르모 Centrale	트라파니	Segesta 버스 1시간
팔레르모 Centrale	아그리젠토	기차 2시간 15분, Cuffaro 버스 2시간
팔레르모 Centrale	카타니아	기차 2시간 50분, SAIS 버스 2시간 30분

야간이동 가능 도시

출발지	목적지	교통편/소요 시간
팔레르모 Centrale	로마 Termini	기차 12시간(1회 환승)
팔레르모	로마 치비타베키아 Roma Civitavecchia	페리 12시간
팔레르모 Centrale	나폴리 Centrale	기차 10시간(1회 환승)
팔레르모	나폴리 Santa Lucia Tirrenia	페리 11시간

Transportation 시내 교통

숙소 위치에 따라 조금 달라질 수 있으나 여행자들은 주로 중심 거리인 로마 거리 Via Roma를 따라 운행하는 버스 101, 102, 103번을 이용한다. 또한 구시가 역사 지구를 순환 운행하는 오렌지색 무료 버스가 11분마다 한 대씩 중앙역 앞에서 출발하니 참고하자. 중앙역 앞을 출발해 발라로 시장 입구, 노르만 궁전, 카테드랄레, 마시모 극장을 거쳐 마리나 광장을 지나 다시 중앙역으로 돌아온다. 이 버스는 무료로 운행하는 만큼 현지인들도 많이 이용하는 버스이니 소지품 관리에 유의하자.

홈페이지 www.amat.pa.it

대중교통 요금

1회권(90분 사용) €1.40

1일권(당일 날 자정까지 사용 가능) €3.50

팔레르모 완전 정복

우리에게 팔레르모는 '팔레르모=마피아'라는 인식이 강하게 남아있는 도시지만, 그렇다고 너무 긴장할 필요는 없다. 시칠리아 섬에 있는 도시 중 가장 활기차고 정감 넘치는 곳이 팔레르모이기 때문이다. 중앙역 부근과 시장으로 가기 위한 작은 골목에서만 조금 주의를 기울이면 안전한 여행에 큰 문제는 없다. 그래도 안심이 되지 않는다면 Via Roma, Via Maqueda, Corso Vittorio Emanuelle 등 큰길을 따라 이동하자. 특히 콰트로 칸티부터 마시모 극장 사이의 Via Maqueda, 그리고 Corso Vittorio Emanuelle를 따라 대성당까지는 10:00~24:00 동안 보행자 전용 구역으로 지정되어 안전하게 여행할 수 있을 뿐만 아니라, 거리 곳곳에서 공연도 열려 재미있는 풍경을 선사한다. 하절기에는 유럽 주요 도시에서 볼 수 있는 빨간색 2층 버스도 운행하니 참고하자.

팔레르모 시내 여행은 콰트로 칸티를 중심으로 동쪽과 서쪽 구역으로 나눠서 이틀 정도면 충분하다. 콰트로 칸티 동쪽, 두 성당과 부키리아 시장, 시칠리아 주립미술관, 고고학박물관, 마리오네트 박물관과 항구 쪽을 둘러보려면 하루가 꼬박 소요된다. 두 번째 날엔 콰트로 칸티 서쪽 구역을 돌아보자. 발라로 시장, 대성당, 노르만 궁전 등을 둘러보는데 반나절 정도 소요되니 이후 마시모 극장 투어에 참여해도 좋다. 시내 여행을 오후로 미루고 오전에 몬레알레에 다녀온 후 오후에 시내 여행을 나서는 것도 시간을 절약하는 방법 중 하나.

팔레르모 시내 여행을 끝냈다면 주변 소도시에 관심을 기울여보자. 눈부신 모자이크의 두오모가 자리한 몬레알레, 영화 〈시네마 천국〉의 촬영지 체팔루, 소금 염전이 있는 트라파니, 산 중턱의 작은 도시 에리체 등이 당신을 기다리고 있다. 조금 부지런히 움직이면 아그리젠토도 당일치기 여행이 가능하다.

∞ 시내 여행을 즐기는 Key Point

여행 포인트 눈부신 모자이크가 가득한 아랍-노르만 양식의 건물들, 팔레르모 시민의 정서가 가득한 골목과 시장들, 유럽에서 가장 큰 오페라 하우스 마시모 극장에서 관람하는 여러 공연

랜드 마크 콰트로 칸티, 마시모 극장

쇼핑하기 좋은 곳 Via Maqueda, Via Ruggiero Settimo

∞ 이것만은 놓치지 말자!

❶ 여러 문화의 용광로 아랍-노르만 양식의 건축물들

❷ 사람 사는 냄새 가득한 시칠리아의 재래시장

❸ 뜨거운 열기만큼이나 달콤한 시칠리아의 돌체

∞ 충분한 시간이 없는 여행자를 위한 하루 코스

콰트로 칸티 → 프레토리아 광장 → 산 카탈도 성당 → 라 마르토라나 → 대성당 → 노르만 궁전 → 산 조반니 델리 에레미티 성당

팔레르모 충분히 느끼기 2일 코스

시칠리아의 주도 팔레르모. 이탈리아 본토와는 많이 다른 고유의 문화를 지켜나가고 있는 팔레르모는 찬란한 모자이크의 성당과 정감 있는 골목이 공존하며 여행자들을 유혹한다. 본토에서 바쁜 일정을 소화했다면 팔레르모에서는 잠시 게으름을 피워가 보자. 아침 식사 후 시장을 둘러보며 느긋하게 하루 관광을 시작해도 좋다. 이틀 이상 시간을 낼 수 없다면 두 번째 날 오전에 몬레알레를 먼저 다녀오는 것도 좋다.

1일째

팔레르모 특유의 활기찬 에너지를 받아보자. 콰트로 칸티 주변의 성당들은 다른 곳에서 볼 수 없는 특이한 모습을 하고 있다. 인간의 다양한 모습을 표현한 프레토리아 분수 앞에서 내 모습과 비슷한 조각을 찾아보는 것도 여행에 재미를 더한다.

출발 : 콰트로 칸티
Quatro Canti p.436

도보 1분

산 카탈도 성당
Chiesa di S,Cataldo
p.437

바로 옆

라 마르토라나
Chiesa di S.Maria
Dell'Ammiraglio p.437

콰트로 칸티에서 비토리오 에마누엘레 거리 따라 항구 쪽으로 가다 Via Roma를 지나 왼쪽 첫 번째 골목 Via Pannieri 안

부치리아 시장
Mercato Vucciria
p.449

비토리오 에마누엘레 거리로 다시 나와 항구 쪽으로 직진, 반원형 광장에서 중앙역 방향 Via Butera를 따라가다 오른쪽 첫 번째 골목 Vicolo Niscemi로 들어가 도보 2분

마리오네트 인형 박물관
Museo Internazionale
delle Marionette p.442

Via Butera로 나와 오른쪽 방향으로 직진, 오른쪽 세 번째 골목 Via Alloro로 들어가 도보 2분

시칠리아 주립 미술관
Palazzo Abatellis p.439

2일째

콰트로 칸티 위쪽 구역을 여행한다. 역시 여행의 시작은 생기 넘치는 시장. 발라로 시장에서 눈과 입과 배를 채우고 대성당, 노르만 궁전, 산 지오바니 델리 에레미티 성당을 본 후 오렌지색 무료 버스를 타고 마시모 극장으로 가자.

출발 : 발라로 시장 Mercato Ballarò **p.448**

시장 북쪽 산타 키아라 성당에서 왼쪽 길 따라가다 Vicolo S. Tommaso dei Greci로 들어가 직진, 큰길 건너편

대성당 Cattedrale **p.438**

성당 앞 큰길을 따라 왼쪽 방향으로 직진, 도보 5분

포르타 누오바 Porta Nuova **Map p.434-B1**

문을 통과해서 길 따라 걷다 왼쪽으로 도보 5분

노르만 궁전 Palazzo dei Normani O Reale **p.438**

관람을 마치고 나와 왼쪽으로 걷다가 첫 번째 골목으로 들어가 오른쪽 첫 번째 길, 도보 3분

산 지오바니 델리 에레미티 성당 Chiesa di San Giovanni degli Eremiti **p.439**

관람을 마치고 나와 오른쪽 병원 앞 Benedettini 정류장에서 오렌지색 무료 버스를 타고 8번째 정류장 Donizzetti 하차, 도보 3분

마시모 극장 Teatro Massimo **p.443**

A
1
2
Piazza Indipendenza
Corso Re Ruggero
카푸치니 카타콤베 방면
몬네 알레 방면
Corso Alberto Amedeo
Via Vittorio Emanuele
노르만 궁전 6
포르타 누오바
Porta Nuova
7 산 조반니 델리 에레미티 성당
Via del Bastione
Via dei Benedettini
Via Porta di Castro
Piazza della Vittoria
대성당 5
Via Matteo Bonello
Piazza della Cattedrale
Via Antonino
Via Giovanni Di Cristina
Via Albergheria
Mongitore
Vicolo Brugnò
Vicolo Dello Zingaro
Via Scuole
Via dei Biscottari
Piazza dell'Origlione
Piazza Manfredi Francesco Baronio
Piazza Colajanni
발라로 시장
Piazza S.Chiara
병원
Corso Tukory
Via Avolio
Via Nassi
Via Puglia
Via C. Professa
Via Formaggi
Rua Via dell'Università
Via Giuseppe D'Alessi
Piazza Ballarò
Vic. S. Michele Arc.
Piazza Casa Professa
Via Ponticello
Via Collegio di Maria al Crimine
Via del Bosco
산 카탈도 성당 4
Vicolo del Teatro Bellini
Tim
Via Maqueda
라 마르토라나 3
Via Divisi
Piazza S.Antonio
Via Torino
Piazza S. Anna
Via Oreto
Via Roma
슈퍼마켓
경찰서
Piazza Giulio Cesare
몬레알레행 버스 정류장
Via Aragona
Via Milano
팔레르모 역
Via Abramo Lincoln
Via Garibaldi
Via della Magione
Via Rosario Gregorio
Via Balsamo
Via Palmieri
Via Pirri
시외버스터미널
Corso dei Mille
Via Randazzo
Piazza Magione
Via Rao
Piazza S. Euno
Via Michele Cipolla
Via Gian Filippo Ingrassia
1 콰트로 칸티 Quattro Canti B1
2 프레토리아 분수 Fontana Pretoria B2
3 라 마르토라나 B2 Chiesa di S. Maria dell'Ammiraglio
4 산 카탈도 성당 Chiesa Di S. Cataldo B2
5 대성당 Cattedrale B1
6 노르만 궁전 Palazzo Reale O dei Normanni A1
7 산 조반니 델리 에레미티 성당 A1 Chiesa di San Giovanni degli Eremiti
8 시칠리아 주립 미술관 B2 Galleria Regionale della Sicilia
9 고고학 박물관 C1 Museo Archeologico Regionale
10 카푸치니 카타콤베 B1 Catacombe dei Cappuccini
11 마리오네트 인형 박물관 B2 Museo Internazionalle delle Marionette Antonio Pasqualino
12 마시모 극장 Teatro Massio C1
13 폴리테아마 극장 Teatro Poiteama Gribaldi C1
1 Casa del Brodo B2
2 Il Mirto e La Rose C1
3 La Brace C1
4 Antica Focacceria San Francesco B2
5 Yoshi C1
6 SPINNATO C1
7 Trattoria da Salvo B2
1 OPERA DEL PUPI C1
1 Hotel Politeama C1
2 Hotel Garibaldi C1
3 Hostel A casa di Amici C1
보는 즐거움 먹는 즐거움 노는 즐거움 쉬는 즐거움

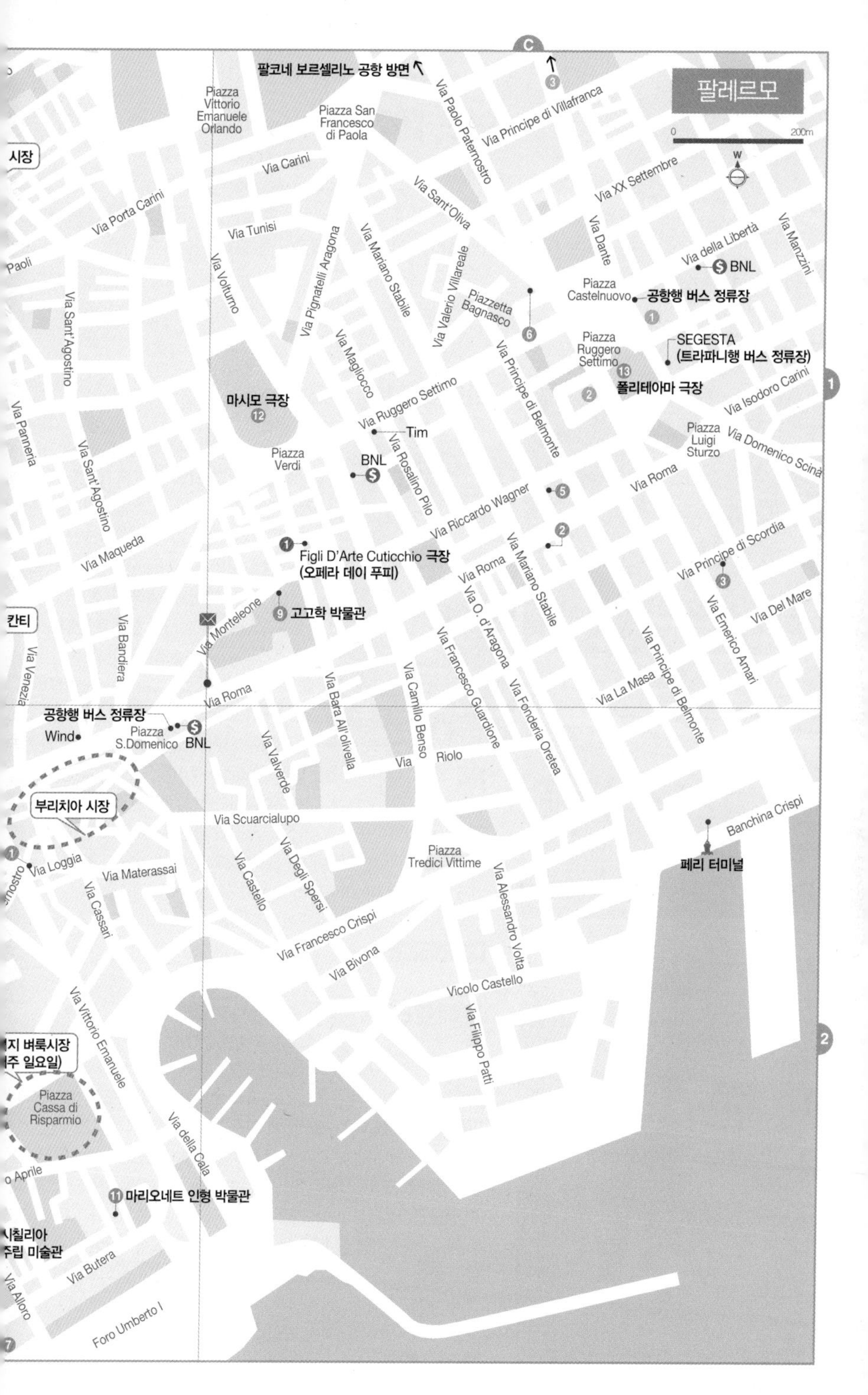
팔레르모
팔코네 보르셀리노 공항 방면
Piazza Vittorio Emanuele Orlando
Piazza San Francesco di Paola
Via Paolo Paternostro
Via Principe di Villafranca
Via Carini
Via Porta Carini
Via Tunisi
Via Sant'Oliva
Via XX Settembre
Via Dante
Via della Libertà
BNL
Via Manzzini
Paoli
시장
Via Sant'Agostino
Via Volturno
Via Pignatelli Aragona
Via Mariano Stabile
Via Valerio Villareale
Piazzetta Bagnasco
Piazza Castelnuovo
공항행 버스 정류장
Via Maglioccо
Via Principe di Belmonte
Piazza Ruggero Settimo
SEGESTA
(트라파니행 버스 정류장)
폴리테아마 극장
마시모 극장
Via Ruggero Settimo
Tim
Via Isodoro Carini
Piazza Luigi Sturzo
Via Domenico Scinà
Via Pannieria
Piazza Verdi
BNL
Via Rosalino Pilo
Via Roma
Via Riccardo Wagner
Via Maqueda
Figli D'Arte Cuticchio 극장
(오페라 데이 푸피)
Via Roma
Via Mariano Stabile
Via Principe di Scordia
Via O. d'Aragona
고고학 박물관
Via Del Mare
칸티
Via Bandiera
Via Monteleone
Via Francesco Guardione
Via Emerico Amari
Via Venezia
Via Principe di Belmonte
Via Camillo Benso
Via Fonderia Oretea
Via La Masa
Via Roma
Via Bara All'olivella
공항행 버스 정류장
Wind
Piazza S.Domenico
BNL
Via Valverde
Via Riolo
부리치아 시장
Via Scuarcialupo
Via Degli Spersi
Banchina Crispi
Via Loggia
Via Castello
Piazza Tredici Vittime
페리 터미널
Via Materassai
Via Cassari
Via Alessandro Volta
Via Francesco Crispi
Via Bivona
Vicolo Castello
Via Filippo Patti
Via Vittorio Emanuele
지 벼룩시장
주 일요일)
Piazza Cassa di Risparmio
Via della Cala
o Aprile
마리오네트 인형 박물관
시칠리아
주립 미술관
Via Butera
Via Alloro
Foro Umberto I
0
200m
W

ATTRACTION

보는 즐거움

다양한 인종, 문명의 충돌이 일어났고 그 문화들이 모두 녹아있는 도시 팔레르모에는 노르만 양식과 바로크 양식의 건축물들과 비잔틴 양식의 황금빛 모자이크들이 도시를 채우고 있다. 휘황찬란한 분위기에 지쳤다면 골목으로 눈을 돌려보자. 좁은 골목 사이사이 보이는 개성 있는 숍과 사람 냄새 가득한 풍경이 어우러져 흥미를 더한다.

코르소 비토리오 에마누엘레 길 사이에 있는 콰트로 칸티

프레토리아 분수 정면

나체상으로 인해 '수치의 분수'라는 별명이 붙었다.

콰트로 칸티 Quattro Canti

콰트로 칸티

팔레르모 여행의 중심이 되는 곳. 로마 시내의 콰트로 폰타네를 떠올려보자. 차이점이 있다면 분수가 있고 없고의 차이 정도. 팔레르모에서 가장 오래된 지역에 있는 중심 도로인 비토리오 엠마누엘레 거리 Corso Vittorio Emanuele와 마쿠에다 거리 Via Maqueda가 십자가 형태로 만나는 곳 양 모서리에 4개의 분수가 있다.

콰트로 칸티 Quatro Canti는 이탈리아어로 '4개의 모서리'라는 의미인데, 두 거리가 만나는 사거리 코너에 자리한 4개에 건물을 의미한다. 각 건물은 3개 층으로 이루어져 있으며, 1층은 사계절의 여신들의 모습이, 2층은 시칠리아를 지배했던 왕들이, 마지막 3층은 시칠리아 출신 성녀 산타 크리스티나 Santa Cristina, 산타 닌파 Santa Ninfa, 산타 올리바 Santa Oliva, 산타 아가타 Sant'Agata가 자리하고 있다. 이곳부터 보행자 구역이 시작된다.

가는 방법 중앙역에서 Via Maqueda를 따라 직진. 도보 5분

Map p.434-B1

프레토리아 분수 Fontana Pretoria

콰트로 칸티에 자리한 아름다운 분수. 피렌체 출신의 조각가인 프란체스코 카밀리아니 Francesco Camiliani의 작품으로 1554년에 피렌체에서 만들어져 1574년에 이곳으로 왔다. 644개의 조각상, 계단, 난간 등을 운반하고 다시 조립하는 과정이 당시로써는 매우 큰 행사였다고. 조각상들은 그리스 신화 속에 등장하는 12명의 올림푸스 신들과 다른 신화 속 인물, 동물 등을 묘사하고 있다. 프레토리아 분수는 '수치의 분수'로 불리기도 하는데, 조각상들이 모두 나체로 만들어져 있어 분수 옆을 지나 성당으로 가던 성직자들이 지은 별명이라고 한다.

주소 Piazza Pretoria **가는 방법** 콰트로 칸티 바로 옆. 도보 1분

Map p.434-B2

라 마르토라나

Chiesa di S. Maria dell'Ammiraglio 유네스코

여러 문화와 문명이 지나갔던 팔레르모의 일면을 보여주는 대표적인 건물. 노르만 왕가의 왕 루게로 2세 Ruggero II 통치 하에 제독(admiral)이었던 조르지오 디 안티오키아 Giorgio d'Antiochia에 의해 12세기 초에 만들어졌다. 건설 당시에는 아랍 사원인 모스크로 계획되었으나 완공 후 그리스 정교회 성당으로 사용되었다. 그 후 15세기 중반 마르토라나로 칭해지는 베네딕토 수녀원에 소속되었다가 1935년 무솔리니에 의해 그리스 정교회로 반환되었다. '라 마르토라나'라는 이름은 성당에 소속되어 있던 수녀원에서 만들던 과일 모양의 시칠리아 전통 돌체를 칭하는 말로, 현재 수녀원은 없어지고 돌체만 남아 팔레르모를 찾는 이들과 주민들의 입을 즐겁게 해주고 있다.

성당의 외관은 허름하다 싶을 정도로 색바랜 갈색 벽돌로 되어 있으며, 중앙 문 주변으로는 회색의 바로크 양식의 장식이 있다. 성당은 처음엔 가로 세로 길이가 같은 그리스식 십자가 모양의 구조였다가 16세기에 리모델링을 하면서 세로가 긴 라틴식 십자가 구조로 만들어졌다.

내부는 삼랑식 三欘式 구조로 되어 있는데 절반은 비잔틴 양식의 황금색으로 빛나는 모자이크로 절반은 바로크 화풍의 화려한 프레스코화로 장식되어 있다. 처음에는 모든 천정이 모자이크로 장식되어 있던 것을 베네딕토 수녀원에서 관리하면서 반을 떼어 버리고 프레스코화로 장식했다고 한다. 아쉽게도 모자이크는 일부만 남아 있는데 서로 다른 두 양식의 조화가 이채롭다.

주소 Piazza Bellini 3 **운영** 월~토 09:30~13:00 **휴무** 일요일 **입장료** €2 **가는 방법** 콰트로 칸티에서 Via Maqueda를 따라 직진. 도보 1분 Map p.434-B2

라 마르토라나

라 마르토라나 내부

산 카탈도 성당

Chiesa Di S. Cataldo 유네스코

라 마르토라나와 비슷한 시기에 만들어져, 팔레르모의 오래된 역사를 보여주는 성당이다. 나란히 놓여있는 3개의 붉은 돔 구조의 건물로 부르봉 왕조가 시칠리아를 지배하던 시절에는 우체국으로 사용했었다. 견고해 보이는 성당의 외벽은 북유럽에서 볼 수 있는 성벽과 유사한 모습을 하고 있고, 창틀 장식은 이슬람 양식에서 왔다. 중앙제단 뒤 창의 붉은 십자가는 예루살렘의 성묘성당의 상징이다. 지붕 위의 붉은 돔은 이슬람의 모스크를 떠올리게도 하지만 19세기 리모델링 공사를 하면서 건축가의 실수로 만들어진 것이라고 한다.

주소 Piazza Bellini 3 **운영** 매일 10:00~18:00 **입장료** €2.50 **가는 방법** 콰트로 칸티에서 Via Maqueda를 따라 직진 도보 1분. 라 마르토라나 바로 옆에 위치 Map p.434-B2

산 카탈도 성당

산 카탈도 성당 내부

비잔틴부터 바로크까지 건축 양식이 혼재되어 있는 팔레르모 대성당

여러 양식이 혼합된 외부에 비해 내부는 깔끔하고 단조롭다.

노르만 궁전 외관

팔라티나 예배당

대성당 Cattedrale 유네스코

라 마르토라나와 산 카탈도 성당이 여러 문화가 융합된 흔적을 보여준다면 팔레르모의 대성당은 종합선물세트 같은 건축물이다. 성당은 비잔틴 시대에 건축이 시작되어 천 년 이상을 거치면서 아랍의 모스크 양식, 르네상스와 바로크 양식 등 다양한 건축 양식이 한데 섞여 기묘하면서도 재미있는 모습을 하고 있다. 내부는 널찍하고 시원시원한 분위기. 성당 외관에서 느껴지는 오래된 역사에 비해 내부는 현대적인 느낌이 나는데 여러 번의 리모델링을 거쳤기 때문이다. 입구로 들어가 오른쪽에는 시칠리아를 다스렸던 왕들의 무덤이 있고 지하 보물실에는 왕과 왕비의 왕관, 성당에서 사용하였던 오래된 성물, 주교들과 고위 성직자, 귀족들의 관들이 전시되어 있다.

주소 Piazza Cattedrale **운영** 월~토 07:00~19:00, 일 · 공휴일 08:00~19:00 **입장료 성당** 무료, **성당 내부에 있는 왕들의 무덤과 보물 박물관** €5 **가는 방법** 콰트로 칸티에서 Via Vittorio Emenuele를 따라 직진, 도보 5분 Map p.434-B1

노르만 궁전 Palazzo dei Normanni O Reale 유네스코

현재 시칠리아 주 의회 의사당으로 사용되고 있는 건물. 대성당만큼 다양한 건축 양식으로 지어진 건축물로 팔레르모에서 가장 중요한 볼거리 중 하나이다.

9세기 아랍인들이 성벽에 요새를 만들어 사용했고 이후 노르만인들이 팔레르모를 점령 후 성벽 안에 궁전을 지으면서 오늘날의 모습을 갖추기 시작했다. 이후 1140년 루지에로 2세가 팔라티나 Palatina라 불리는 소성당을 만들었는데 비잔틴 양식의 황금빛 모자이크가 성스러운 분위기를 내뿜으며 화려하면서도 근사한 분위기를 낸다. 몬레알레 대성당의 모자이크를 미리 이곳에서 예습한다는 마음으로 관람해도 좋다. 전형적인 바실리카 양식으로 만들어진 내부 전면에는 예수 그리스도를 중심으로 오른쪽에는 베드로 성인이, 왼쪽에는 바오로 성인이 모자이크로 표현되어 있고 벽면을 따라 성인의 생애가 그려져 있다. 성수반(성수를 담아 놓은 그릇으로 성당 입구에 놓아둔다) 하단이나 독서대, 칸막이 등을 보면 작은 돌들로 기하학적인 무늬를 새겨 두었는데, 이는 아랍 양식을 따른 것으로, 다른 형식의 모자이크를 보는 것 같다. 팔라티노 예배당 관람을 끝내고 계단으로 올라가면 현재 의정활동에 사용되고 있는 여러 회의실을 둘러볼 수 있다. 회의실 내부를 둘러 보는 투어가 진행되기도 하는데 영어와 이탈리아어로 투어가 진행된다. 투어는 헤라클레스의 방에서 시작, 노란 방, 붉은 방을 거쳐 노르만 왕들이 만든 탑 그리고 동양의 분위기를 최대한 살린 차이나 방 등을 돌아보는데, 40분 정도 걸리며 사진 촬영은 금지다.

주소 Piazza Indipendenza **홈페이지** www.fondazionefedericosecondo.it **운영** 월~토 08:30~16:00, 일 · 공휴일 08:30~12:30 **휴무** 1/1, 12/25 **입장료** 금~월 · 공휴일 팔라티노 예배당 · 로열 아파트먼

트 · 왕실 정원 · 전시 및 고고학 지역 €19, 화~목 팔라티노 예배당 · 왕실 정원 · 전시 및 고고학 지역 입구 €15.50 **가는 방법** 대성당에서 Via Vittorio Emenuele를 따라 큰 문 Porta Nuova을 지나 길 따라 왼쪽으로 따라가면 여행자 입구가 나온다. 도보 10분
Map p.434-A1

산 지오바니 델리 에레미티 성당
Chiesa di San Giovanni degli Eremiti 유네스코

산 지오바니 델리 에레미티 성당

노르만 궁전 옆쪽에 자리한 성당. 건물 위쪽에 있는 붉은 돔의 외관이 특이하다. 베네딕토 수도원으로 사용되다 아랍 모스크로 사용되었고, 1136년에 다시 가톨릭 성당의 용도로 되돌아왔다. 숲 같은 정원은 예전 노르만 양식 그대로 보존되어 있고 내부는 아무 장식 없는 벽돌로 만들어졌다. 성당 방문만으로 어딘가 심심하고 서운하다면 바로 옆에 있는 산 주세페 카파소 성당 Parrocchia San Giuseppe Cafasso으로 가자. 종탑에 오르면 산 지오바니 델리 에레미티 성당의 정원, 수도원 회랑, 붉은 돔이 한눈에 보인다.

산 지오바니 델리 에레미티 성당의 붉은 색 돔

주소 Via delli Benedettini 13 Map p.434-A1

성당

운영 월~토 09:00~18:30, 일 09:00~13:00 **입장료** €6 **가는 방법** 노르만 궁전에서 나와 왼쪽으로 건물을 끼고 돌아 길 건너 오른쪽 첫 번째 길 Via dei Benedetti을 따라 도보 5분

시칠리아 주립 미술관
Galleria Regionale della Sicilia-Palazzo Abatellis 미술

시칠리아 주립 미술관

15세기에 지어진 건물로 팔레르모의 고위 관리였던 프란체스코 아바텔리스 Francesco Abatellis의 궁전이다. 제2차 세계대전 당시 폭격으로 심한 손상을 입었던 것을 복원해 1954년 시칠리아 주립 미술관으로 개관했고 재단장을 거쳐 현재의 깔끔한 실내를 갖게 되었다. 미술관은 12세기 초기 중세 회화를 시작으로 르네상스와 바로크로 이어지는 작품이 전시되어 있으며 시칠리아뿐만 아니라 이탈리아에서도 중요한 컬렉션으로 인정받고 있다. 특히 메시나 출신 화가 안토넬로 다 메시나 Antonello da Messina의 〈성 아고스티노 Sant' Agostino 〉, 〈성 그레고리오 마뇨 San Gregorio Magno〉, 〈성 지롤라모 San Girolamo〉와 〈수태고지 Annunziata〉 등 주요 작품들이 거의 모여 있다. 그 외 작가 미상의 〈죽음의 승리 Trionfo della Morte〉, 피에트로 노벨리 Pietro Novelli의 〈모세 Mosè〉 등이 있다. 이 중 안토넬로 다 메시나의 〈수태고지〉는 이 미술관의 대표작이자 시칠리아 출신 화가들의 대표작이다.

〈죽음의 승리 Trionfo della Morte〉(작자 미상)

주소 Via Alloro 4 **운영** 화~토 09:00~18:30, 일 · 공휴일 09:00~13:00 **휴무** 월요일 **입장료** €8 **가는 방법** 오렌지색 무료 버스를 타고 종점 하차, 반원형 광장에서 Via Butera을 따라 걷다 오른쪽 세 번째 길 Via Alloro로 들어가 도보 3분 Map p.435-B2

SAY! SAY! SAY!

나, 모든 것을 받아들입니다
안토넬로 다 메시나 Antonello da Messina의
<수태고지 Annunciaziata>

안토넬로 다 메시나는 1430년 시칠리아 섬 메시나에서 태어나 나폴리에서 그림 공부를 하고 1457년부터 이탈리아 북부와 중부 지역에서 활동했습니다. 그는 베네치아 화파의 빛의 사용법과 피렌체 화파와 움브리아 화파 화가들의 정교한 묘사를 자신의 것으로 소화했고 플랑드르 지역 화가들의 유화 기법을 터득해 이탈리아 유화 분야의 선구자적 역할을 했죠.

그의 대표작인 〈수태고지〉는 다른 수태고지와는 아주 다릅니다. 수태고지는 많은 화가가 화폭에 담은 주제로, 성령을 받아 예수를 잉태한 성모 마리아에 대한 이야기입니다. 대부분 수태고지는 성서의 내용에 따라 하느님의 뜻을 전달하는 가브리엘 천사와 성령의 비둘기 그리고 이를 받아들이는 한 여자, 성모 마리아가 등장합니다. 성스러운 분위기 속에서 담담히 신의 뜻을 따르겠다고 순종하는 마리아의 모습을 그려내는 것이 가장 일반적인 수태고지의 내용입니다.

그러나 안토넬로 다 메시나의 수태고지 속에서는 천사의 모습도 성령의 비둘기도 찾아볼 수 없습니다. 그의 수태고지에는 그 당시 시대를 살아갔을 법한 한 여자의 모습만이 존재하지요. 도대체 왜 이런 식으로 그림을 그렸을까요? 천사와 성령의 비둘기, 성모 마리아는 〈수태고지〉에서는 빠져서는 안 될 중요한 구성 요소였고 이러한 프레임 안에 갇혀 있는 필자에게 이 그림은 그저 그 당시 어떤 귀부인의 일반적인 초상화라고밖에는 볼 수 없었습니다. 적혀있던 그림의 제목을 보기 전까지는 〈수태고지〉라는 것을 상상조차 할 수 없었어요.

한참을 그림 앞에 앉아 바라보던 중 이런 목소리가 들립니다.

'나, 모든 것을 받아들입니다.'

그림 속의 성모 마리아는 칠흑 같은 어둠 속에서 성경책이 올려진 책상 앞에 앉아 파란 베일을 머리에 쓰고 있습니다. 왼손은 베일을 모아 잡고, 오른손은 앞을 향해 뻗으며, 기쁨도 슬픔도 없는 담담한 얼굴로 왼쪽 앞을 물끄러미 바라보고 있습니다. 지금까지의 봐왔던 〈수태고지〉는 성모 마리아가 갑작스러운 상황에 놀라서 당황하거나 혹은 성령을 받아들여 순종하는 모습이 일반적이었습니다. 그러나 이 그림에서는 그런 모습들은 전혀 찾아볼 수 없습니다. 자신에게 앞으로 다가올 수많은 시련과 고난을 모두 알고 있으며, 그것을 받아들일 준비가 되었다는 담담한 모습이지요. 그림을 바라보고 있는 관람자를 마치 성령을 전달하기 위해 온 가브리엘 대천사를 보듯 바라보며, 오른손을 들어 "나, 모든 것을 받아들입니다."라고 이야기하는 것 같습니다.

안토넬로 다 메시나는 당시 일반적이었던 〈수태고지〉의 양식을 거부하고, 주체가 되는 성모마리아만을 그림으로써 한 여자 성모마리아의 입장에서 〈수태고지〉를 바라보고자 한 것이 아니었겠느냐는 생각을 합니다. 임신, 출산의 고통, 그리고 먼저 죽음에 이르는 아들의 운명을 알면서도 자신의 운명을 받아들이는 한 명의 당당한 여성에 대한 경외심을 표현한 것이 아닐까요.

고고학 박물관

Museo Archeologico Regionale Antonio Salinas

고고학 박물관 외관

시칠리아의 유구한 역사에 흥미를 갖고 있다면 들러보자. 시칠리아가 역사에 등장했던 시점부터 이 섬을 스쳐 지나간 여러 정복자, 문명의 흔적을 볼 수 있는 곳이다.

1873년부터 고고학 박물관의 감독관이었던 안토니오 살리나스 Antonio Salinas가 시칠리아 각지에 흩어져 있는 유물들과 개인 소장 유물들을 체계적으로 모으기 시작해 고고학 박물관의 기틀을 마련했다. 1914년 그의 사후 유언대로 개인 소장이었던 6,000여 점의 유물을 박물관에 기증해 박물관을 열었다. 현재 시칠리아 주립 고고학 박물관은 이탈리아에서 가장 풍성한 그리스와 페니키아 유물을 소장하고 있는 박물관으로 손꼽힌다. 르네상스 양식의 건물 안에 잘 정돈된 정원 주변의 석상부터 전시가 시작된다.

주소 Piazza Olivella 24 **운영** 화~토 09:30~19:00, 일 · 공휴일 09:30~13:30 **휴무** 월요일 **입장료** €7 **가는 방법** 마시모 극장 건너편 Via Bara all'Olivella로 들어간 후 길 끝 맞은편에 위치

Map p.435-C1

카푸치니 카타콤베

Catacombe dei Cappuccini

로마 여행 중 관람했던 카타콤베를 생각하고 찾았다면 방문하는 것에 대해 다시 생각해보자. 묻혀있던 시신들이 관에 들어있지 않고 벽에 걸려있거나 관 뚜껑을 열고 안에 시신이 안치되어 있는 모습을 그대로 볼 수 있는 일명 엽기 명소 중 하나로 꼽히는 곳이다.

16세기에 만들어진 카푸치니 수도원 건물 지하에 자리한 지하무덤으로, 이곳에서 수도 생활을 하고 생을 마감한 카푸치니 수도사들의 시신을 안치했으며, 이후 1920년까지 팔레르모 시민들의 시신도 매장해 공동묘지의 역할을 하던 곳이다.

가이드 없이 복도를 따라서 자유롭게 관람할 수 있으며 현재 8,000여 구의 시신들과 1,200여 구의 미라가 수도원 건물 지하 터널에 전시되고 있는데, 모두 방부 처리되어 더 부패하지 않는다고 한다. 이곳에서 가장 유명한 인물은 1920년에 폐렴으로 사망한 일명 '잠자는 공주'. 산타 로잘리아 예배당 안에 안치된 시신으로 2009년 발견될 당시 모습이 마치 어제 잠든 아이의 모습으로 남아있어 세간의 화제를 불러일으켰다.

주소 Piazza Cappuccini **홈페이지** www.catacombefraticappuccini.com **운영** 매일 09:00~12:30 · 15:00~17:30 **입장료** €5(현금만 가능) **가는 방법** Piazza Indipendenza에서 109 · 318번 버스를 타고 세 번째 정류장 Pitre'–Pindemonte에서 하차 후 오던 방향으로 되돌아오다 왼쪽 첫 번째 길 Via Pindemonte을 따라 직진

Map p.434-B1

마리오네트 인형 박물관

마리오네트 인형 박물관

Museo Internazionale delle Marionette Antonio Pasqualino

외과 의사이자 인류학자였던 안토니오 파스퀄리노 Antonio Pasqualino가 1975년에 설립한 인형극 보존 협회가 주도해 만든 박물관이다. 유럽 내에서도 최대 규모로 손꼽히는 인형 박물관으로, 유럽뿐만 아니라 태국, 베트남, 미얀마 등지에서 행해지는 인형극에 사용되는 인형을 비롯해 대본, 무대장치 설계도, 모형 등 4천여 점이 전시되어 있다.

벽을 따라 전시된 인형들이 크고 괴기스러운 분위기까지 만드는 기묘한 분위기가 재미있다. 전시뿐만 아니라 연구 공간으로도 활용되고 있으며, 여름 시즌에는 공연도 열린다.

주소 Piazza Antonio Pasqualino 5 **홈페이지** www.museodellemarionette.it **운영** 일 · 월 10:00~14:00, 화~토 10:00~18:00 **휴무** 공휴일 **입장료** €10 **가는 방법** 오렌지색 무료 버스를 타고 종점 하차, 반원형 광장에서 Via Butera를 따라 걷다 오른쪽 첫 번째 길 안쪽에 위치 Map p.435-B2

SAY! SAY! SAY!

유네스코에 등재된 시칠리아 전통 인형극 오페라 데이 푸피 OPERA DEI PUPI

오페라 데이 푸피는 19세기 초 시칠리아에서 시작되어, 노동자들 사이에서 큰 인기를 끌었던 인형극입니다. 공연은 주로 카를 대제가 사라센족을 물리치는 내용이지만, 유명한 도둑 이야기나 르네상스 시대의 문학 등 다양한 내용을 다루고 있습니다.

제2차 세계대전 이후 사회의 불안정함 속에서 이탈리아의 다른 지역에서 행해지던 유사한 형태의 극들은 사라졌으나 오페라 데이 푸피는 중단된 적 없이 전통을 이어온 유일한 사례입니다. 그 가치를 인정받아 2008년에는 유네스코 인류무형문화유산으로 등재되기도 했습니다.

인형극에 사용이 되는 인형은 나무로 만들어 색을 칠하고 옷을 입힌 것으로, 그 무게만 15kg까지 나가요. 대부분 소극장에서 열리는 인형극은 인형에 줄을 매달아 사람이 직접 손으로 조작하여 움직입니다.

인형을 조종하는 사람을 Il Puparo라고 부르는데 대를 이어 기술과 전통을 전수하고 있습니다. 그러나 최근 경제 불황 때문에 더 이상 인형극만으로 생계를 유지할 수 없어 인형극 종사자가 줄어들고 있어요. 또한 여행산업이 발달하면서 외국인 여행자를 위해 원래의 인형극과는 다른 형태로 공연되는 것이 문제점으로 대두되고도 있습니다.

인형극은 이탈리아어로 진행되어 이해하기에는 어려울 것이라 생각하지만 관객석에 앉아서 그 자체를 즐겨보세요. 전혀 알아듣지 못하는 대사가 재미있게 들리면서 저절로 웃음이 나기도 합니다.

Figli D'Arte Cuticchio 극장

주소 Via Bara all'Olivella 95 **전화** 091 32 34 00 **홈페이지** www.figlidartecuticchio.com **운영** 화~금 17:30~, 토 · 일 18:30~ **휴무** 일요일 **입장료** 성인 €10~, 어린이 €5~ **가는 방법** 마시모 극장 앞길을 건너 Via Bara all'Olivella 골목으로 직진, 세 번째 블록 좌측에 위치. 도보 5분 Map p.435-C1

마시모 극장 Teatro Massimo 음악, 영화

이탈리아에서 가장 큰 오페라 극장이며 프랑스 파리의 오페라 극장, 오스트리아 빈 오페라 극장에 이어 유럽에서 세 번째로 큰 오페라 극장이다. 1861년 시칠리아 왕국이 이탈리아 왕국에 병합되고 이를 기념하기 위해 1864년 지오반 바티스타 필리포 바실레 Giovan Battista Filippo Basile의 설계로 건축을 시작해 비리 사건, 부실공사 등 여러 우여곡절을 거쳐 1897년에 개관했고, 1997년 개관 100주년을 기념해 리모델링 후 재개관했다. 영화 〈대부 3〉 마지막 장면이 촬영된 곳으로 영화 팬들에게는 친숙한 장소이기도 하다. 특히 콰트로 칸티에서 마시모 극장까지는 보행자 구역이고 극장 맞은편에는 아페르티보를 즐길 수 있는 바들이 많이 있어 늘 극장 주변은 사람들로 붐빈다.

전체적인 분위기와 전면 파사드는 그리스 신전의 파사드를 본뜬 신고전주의 양식으로 만들어졌으며 내부는 붉은 벨벳과 황금 장식으로 화려하게 구성되어 있다. 내부는 가이드 투어로 돌아볼 수 있는데 30분 정도 소요되며 영어와 이탈리아어로 진행된다. 곳곳에 시칠리아를 스쳐 지나간 여러 문명의 디테일을 차용한 요소들을 찾아보는 것이 투어를 더욱 재미있게 즐길 수 있는 비법! 물론 일정이 맞는다면 저렴한 좌석이라도 공연을 관람하는 것이 가장 잘 즐길 방법이다.

주소 Piazza Verdi **홈페이지** www.teatromassimo.it **운영** 가이드 투어 09:30~19:00(마지막 투어 18:20) **입장료** €12 **가는 방법** 콰트로 칸티에서 Via Maqueda를 따라 도보 10분 **Map p.435-C1**

폴리테아마 극장 Teatro Politeama Garibaldi

팔레르모 구시가와 신시가지 경계에 자리한 극장. 마시모 극장이 시칠리아 주 정부의 주도로 귀족계층을 대상으로 하는 오페라와 발레 위주의 공연을 위한 극장으로 만들어졌다면 폴리테아마 극장은 팔레르모 시민 대중을 위한 다용도 목적의 공연장으로 만들어졌다. 950석 규모의 공연장으로 외부는 개선문과 비슷한 분위기의 정면 입구 뒤로 기둥이 늘어서 있는 원형 건물이 자리한다. 1865년 처음 극장을 계획했던 당시에는 고대 로마의 원형극장 Amphitheatro과 같은 야외극장으로 계획되었으나 이후 실용성의 문제 등이 제기되면서 실내 극장이 되었고 1874년 빈센초 벨리니 Vincenzo Bellini의 오페라 〈캐플렛가와 몬테규가 I Capuleti e i Montecchi〉가 초연되었다. 이 작품은 베로나 지역에 구전으로 내려오는 〈로미오와 줄리엣〉의 전설을 기반으로 한다.

시칠리아 주립 오케스트라의 주 공연장으로 사용되며 오페라, 발레 공연이 많이 열리는 마시모 극장에 비해 음악 공연이 주로 열린다.

주소 Piazza Verdi **홈페이지** orchestrasinfonicasiciliana.it **가는 방법** 콰트로 칸티에서 Via Maqueda를 따라 도보 10분 **Map p.434-C1**

RESTAURANT

먹는 즐거움

시칠리아에 왔다면 반드시 해산물 요리를 먹자. 특히 황새치 Pesce Spada를 소금간만 해서 올리브 오일에 구워낸 요리는 특별할 것은 없지만 특유의 신선함과 담백함으로 인기가 좋은 음식이다. 또한 한국에서 만나기 어려운 레드 오렌지 Arancia Rossa도 별미. 보일 때 사서 많이 먹어두자. 시칠리아를 떠나면 만나기 어려운 과일이니 말이다.

Trattoria da Salvo

시칠리아 주립 미술관 부근에 있는 식당. 외관은 허름하지만 신선한 재료로 만드는 음식이 일품. 특히 모둠 생선구이 또는 모둠 육류와 샐러드, 음료, 와인이 함께 나오는 세트 메뉴가 가성비 좋고 맛도 좋다.

주소 Via Torremuzza, 28, 90133 Palermo **전화** 080 521 6810 **영업** 매일 11:00~15:30 · 18:30~01:30 **예산** 전식 €5~, 파스타 €7~, 어 · 육류 €7~, 세트 메뉴 €20/25 **가는 방법** 콰트로 칸티에서 비토리오 에마누엘레 2세 거리 Via Vittorio Emanuele 따라 직진하다가 부테라 거리 Via Butera 원형 로톤다에서 오른쪽 길로 직진, 도보 15분 Map p.435-B2

Casa del Brodo

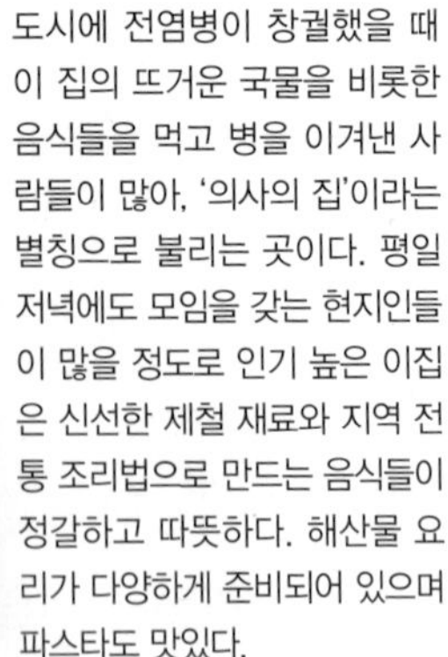

비토리오 에마누엘레 거리에 위치한 레스토랑. 1900년대 초반 도시에 전염병이 창궐했을 때 이 집의 뜨거운 국물을 비롯한 음식들을 먹고 병을 이겨낸 사람들이 많아, '의사의 집'이라는 별칭으로 불리는 곳이다. 평일 저녁에도 모임을 갖는 현지인들이 많을 정도로 인기 높은 이집은 신선한 제철 재료와 지역 전통 조리법으로 만드는 음식들이 정갈하고 따뜻하다. 해산물 요리가 다양하게 준비되어 있으며 파스타도 맛있다.

주소 Corso Vittorio Emanuele 175 **전화** 091 32 16 55 **홈페이지** www.casadelbrodo.it **영업** 월~토 12:30~15:00, 19:30~23:00 **휴무** 일요일 **예산** 전식 €7~, 파스타류 €11~, 메인 요리 €12~, 자릿세 €3 **가는 방법** 콰트로 칸티에서 Via Vittorio Emanuele를 따라 항구 방향으로 도보 300m Map p.434-B2

Il Mirto e La Rosa

꽃과 책으로 장식된 내부가 인상적인 레스토랑. 채식과 하이제닉 요리를 공부하던 친구들이 모여 만든 레스토랑으로, 지금은 해산물, 육류 요리 전반을 다루는데 재료 본연의 맛을 잘 살린 음식 맛이 일품이다. 궁합 맞는 음식들끼리 잘 구성된 세트 메뉴가 다양한 가격대로 준비되어 있으니 결정 장애가 있다 해도 걱정하지 말자.

주소 Via Principe Granatelli 30 **전화** 091 324 353 **홈페이지** www.ilmirtoelarosa.com **영업** 매일 12:00~15:00 · 19:00~23:00 **예산** 전식 €6~, 파스타류 €13~, 메인 요리 €18~, 피자 €7~, 자릿세 €2 **가는 방법** 폴리테아마 극장 옆길 Via E. Amari를 따라가다 Via Roma를 만나면 우회전 후 직진하다 오른쪽 세 번째 길 Via Principe Granatelli로 들어가 두 번째 블록 왼쪽에 위치 Map p.435-C1

La Brace

항구와 가까운 곳에 있는 레스토랑. 쇼케이스 속에는 맛깔나 보이는 앙증맞은 크기의 샌드위치들이 진열돼 있고 한쪽의 화덕에서 구워지는 피자도 먹음직스럽다. 페리를 타고 이동하기 전 들러서 도시락으로 사도 좋을 것 같은 분위기. 피자를 먹을 예정이라면 조금 더 지급하고 버팔로 치즈를 얹은 피자를 먹어보자. 향과 풍미가 다르다. 한국의 통닭 요리와 유사한 닭 구이도 맛있다.

주소 Via Principe Scordia 105/107 **전화** 091 982 0689 **홈페이지** labracepolleria.it **영업** 월~금 11:00~24:30, 토 · 일 12:00~24:30 **예산** 전식 €3~, 피자 €5~, 버거류 €7~ **가는 방법** 폴리테아마 극장 오른쪽 옆길 Via E. Amari를 따라 항구 방향으로 직진하다 왼쪽의 약국을 끼고 안쪽 골목으로 도보 2분

Map p.435-C1

Antica Focacceria San Francesco

1834년부터 운영되고 있는 레스토랑. 이곳과 마시모 극장 부근, 그리고 로마와 밀라노에도 지점이 있다. 다 빈치 공항 3터미널에도 지점이 있으니 팔레르모에서 방문하지 못했다면 공항에서 방문해보자. 고전적 분위기의 외관을 지나 레스토랑 안으로 들어서면 1층에서는 간단히 아란치니, 조각 피자, 칸놀리 Cannoli 등을 먹을 수 있으며, 2층에서는 일반 식사가 가능하다.

주소 Via Alessandro Paternostro 58 **전화** 091 32 02 64 **영업** 11:00~23:00 **예산** 빵 €2~, 커피 €0.8~ **가는 방법** 콰트로 칸티에서 Via Vittorio Emanuele을 따라가다가 Via Roma를 건너 오른쪽 다섯 번째 골목 Via Alessandro Paternostro로 들어가 도보 3분

Map p.434-B2

Yoshi

일정 금액을 지불하고 원하는 만큼의 초밥과 롤 등을 양껏 먹을 수 있는 초밥 뷔페. 초밥뿐만 아니라 야끼우동, 돈부리, 튀김 등도 준비되어 있다. 음료와 디저트는 불포함이다. 라면과 우동도 준비돼 있는데, 뜨끈한 국물을 원한다면 라면보다는 우동이 좋은 선택.

주소 Via Principe Granatelli 29 **전화** 091 32 61 02 **영업** 12:00~15:00 · 17:00~23:00 **예산** 점심 €18, 저녁 €25 **가는 방법** 폴리테아마 극장 옆길 Via E. Amari을 따라가다 Via Roma 만나면 우회전 후 직진하다 오른쪽 세 번째 길 Via Principe Granatelli로 들어가 오른쪽에 위치

Map p.435-C1

SPINNATO

팔레르모에서 가장 유명한 돌체 전문점. 1860년부터 운영되고 있는 곳으로 갖가지 시칠리아의 전통 돌체들을 맛볼 수 있다. 특히 칸놀리 Cannoli는 다른 곳에 비해 덜 달고 풍부한 크림의 질감이 일품이다. 시칠리아 전통 돌체뿐만 아니라 자체 생산하는 초콜릿, 비스킷, 누가 등도 판매한다. 맞은편 Via Principe di Belmonte(Map p.435-C1)에도 매장이 있는데 이곳보다 조금 더 고급스러운 분위기이다.

주소 Piazza Castelnuovo 16~17 **전화** 091 32 92 20 **홈페이지** www.spinnato.it **영업** 07:30~21:30(토 · 일 ~23:00) **예산** 칸놀리 €2.50, 커피€1~ **가는 방법** 폴리테아마 극장에서 길 건너 맞은편에 위치 Map p.435-C1

Travel Plus ● 뜨거운 열기를 단숨에 녹여버릴 달콤한 디저트 시칠리아 돌체

'달콤함'이라는 뜻의 이탈리아어 돌체 dolce는 이탈리아 식당에서 디저트 Dessert와 같은 의미로 쓰인다. 이탈리아를 다니다 보면 식당에서 여러 가지 돌체 메뉴를 만날 수 있지만, 이탈리아를 대표하는 돌체는 시칠리아에서 시작됐다. '이탈리아 돌체의 역사는 시칠리아 돌체의 역사'라는 말도 있을 만큼 시칠리아 돌체의 역사는 깊다. 특히 팔레르모는 오랜 시간 시칠리아의 중심지 역할을 하면서 음식 문화가 발달했고 돌체의 역사도 함께 진행되었다. 그중 대표적으로 만날 수 있는 돌체들을 알아보자.

칸놀리 Cannoli
밀가루와 계피, 설탕, 꿀 등을 넣어 만든 원통형 모양의 과자에 리코타 Ricotta 치즈를 넣어 만든 돌체로 시칠리아뿐만 아니라 피렌체, 로마 등지의 카페에서도 만날 수 있고, 우리나라에서도 찾아볼 수 있는 시칠리아 돌체의 대표 선수이다.

카사타 Cassata
시칠리아의 전통 케이크로, 케이크를 만드는 그릇을 뜻하는 아랍어 Qas'ah에서 만들어진 이름이다. 즉, 시칠리아를 아랍 문명이 지배하던 시절부터 만들었던 돌체. 과일 주스나 과일주에 적신 카스테라 빵에 리코타 Ricotta, 판 디 스파냐 Pan Di Spagna, 설탕으로 절인 과일 등으로 장식한다.

프루티 델라 마르토라나 Frutti della Martorana
아몬드 앙금과 설탕을 섞어 만든 반죽을 과일이나 채소 모양으로 만든 돌체. 마르토라나 Martorana의 수도원 수녀들이 시작해 팔레르모뿐만 아니라 바다 건너 레조 칼라브리아 지방에서도 볼 수 있다.

STAY

쉬는 즐거움

팔레르모는 시칠리아 여행이 시작되는 도시이자 주도인 만큼 여러 종류의 숙소가 혼재한다. 다른 도시에 비해 B&B가 많으며 오래된 건물에 위치해 엘리베이터가 없는 숙소들도 많다. 짐이 많다면 엘리베이터 유무를 미리 알아보는 것이 좋다. 중앙역 주변은 슬럼가라 저녁이면 위험하니, 비교적 치안이 안전한 콰트로 칸티와 폴리테아마 사이 대로변(Via Roma, Via Maqueada)에 숙소를 잡는 것이 좋다.

Hotel Politeama ★★★★

폴리테아마 극장 옆에 위치한 4성급 호텔. 호텔 앞 길에 시칠리아 각 지방으로 떠나는 시외버스, 그리고 팔레르모 공항버스가 정차하므로 팔레르모에 늦게 도착 예정이거나, 아침 일찍 다른 도시로 떠날 여행자들이라면 눈여겨봐야 할 숙소다. 리모델링 후 2019년 하반기에 재개관해 객실 컨디션이 좋다. 아침 일찍 체크아웃 할 예정이라면 체크인할 때 미리 요청하자. 체크아웃 시 잘 갖춰진 아침 도시락을 받을 수 있다.

주소 Piazza Ruggiero Settimo 15 **전화** 091 322777 **홈페이지** www.hotelpoliteama.com **요금** €110~ **가는 방법** 중앙역 광장 왼쪽 버스 정류장에서 101번 버스 타고 9번째 정류장 Sturzo – Politeama(폴리테아마 극장 옆) 하차, 도보 2분 Map p.435-C1

Hostel A casa di Amici

폴리테아마 극장 맞은편에 위치한 호스텔. 친근한 분위기의 스태프들이 24시간 상주하고 있어 늦은 시간에 팔레르모에 도착하더라도 안심하고 체크인할 수 있다. 깔끔하고 널찍한 도미토리룸 안에는 라커룸이 별도로 마련되어 있어 쾌적하게 사용할 수 있다. 침대 머리맡에는 개인 독서등, 전기 콘센트가 마련되어 있다. 깔끔하고 훌륭한 주방 설비도 알뜰 여행자들에게 반가운 소식. 대로변에 위치해 늦은 시간까지 통행하는데 비교적 안전하지만, 조금 시끄럽다는 것이 단점.

주소 Via Dante 57 **전화** 091 584884 **홈페이지** www.acasadiamici.com **요금** €24~(아침, 시트 포함), 수건 대여 €1, 세탁 €4 **가는 방법** 팔레르모 중앙역 왼쪽 버스 정류장에서 101번 탑승 후 9번째 정류장 Sturzo – Politeama (폴리테아마 극장 옆) 하차, 앞쪽으로 길 건너 직진. 여섯 번째 블록에 위치. 도보 10분 Map p.435-C1

Hotel Garibaldi ★★★★

폴리테아마 광장변에 자리한 호텔. 호텔 앞에 공항 버스 정류장이 있어 늦은 시간 팔레르모 공항을 통해 도착한다면 안전하고 편리하게 숙박할 수 있다. 깔끔한 객실 인테리어가 세련되고 푸짐한 아침 식사가 일품이며 전용 주차장이 있어 주차도 편리하다. 번화가에 자리하다 보니 약간의 소음이 있는 점은 감안하자.

주소 Via Emerico Amari, 146 **전화** 091 6017111 **홈페이지** www.ghshotels.it/garibaldi **요금** €70~ **가는 방법** 폴리테아마 극장이 위치한 광장에서 극장 마주 보고 오른편 Map p.435-C1

사람 냄새 물씬 나는 **팔레르모 시장 구경하기**

화려한 건축물이 만들어낸 그늘에 거미줄처럼 얽혀있는 팔레르모 시내의 좁은 골목길 속에서 만날 수 있는 전통시장은 팔레르모 여행 중 빼놓을 수 없는 볼거리이다. 상인들의 왁자지껄한 호객 행위와 오가는 사람들로 인해 정신은 없지만, 서민들의 살아 숨 쉬는 움직임이 가득한 곳이 바로 시장이다.
어디에서나 볼 수 있는 흔한 풍경이지만 갈 곳을 기다리고 있는 여러 가지 식재료들(항구에서 금방 도착한 신선한 생선들, 화려함을 자랑하는 과일과 진짜 과일처럼 보이는 돌체들, 보기 힘든 향신료 등)을 구경하다 보면 어느새 지갑은 가벼워지고 손은 무거워지는 마법에 빠지게 되는 곳, 팔레르모의 시장 속으로 들어가 보자.

발라로 시장 Mercato Storico Ballarò

좁은 골목 안에 각종 야채, 과일, 생선, 고기들을 판매하는 상점들이 빼곡하게 자리한다. 팔레르모 시민들이 식재료를 사기 위해 찾는 곳으로, 팔레르모에서 가장 규모가 큰 시장이다. 여러 가지 식재료들과 사람들이 어우러져 만들어내는 냄새도 시장의 특징이 되어버린 곳. 시장이 위치한 곳은 빈민가로 분류되었던 지역으로 지금도 이민자들이 많이 사는 지역이다. 어디서든 마찬가지지만 너무 깊은 곳까지 들어가지 않도록 조심하자.

주소 Via Ballaro, 14 **영업** 월~토 06:00~14:00 **휴무** 일요일 **가는 방법** Via Maqueda에서 Via del Bosco를 따라 직진 Map p.434-B1

부치리아 시장 Mercato Storico Vucciria

12세기 무렵부터 시작된 역사와 전통을 자랑하는 시장. 부치리아라는 이름은 '혼돈, 혼란'이라는 뜻의 시칠리아 방언인데, 호객을 위한 상인들의 외침 때문에 붙여졌다고 한다. 과일, 향신료들과 함께 작은 규모의 빈티지 상점들도 자리한다. 특색있는 기념품을 쇼핑하고 싶다면 들러볼 것. 시장 영업이 마감되고 해가 질 무렵이면 시장은 맥주 홀로 변신한다. 현지인들과 함께 가볍게 한잔을 즐기고 싶다면 저녁 무렵 시장을 찾아보자.

주소 Piazza Caracciolo **영업** 06:00~14:00 **가는 방법** Via Roma에서 Piazza San Domenico 오른쪽 첫 번째 골목으로 진입

Map p.435-B2

카포 시장 Mercato Il Capo

마시모 극장 뒤쪽에 자리한 시장. 여행자보다는 현지인의 비율이 월등히 많은, 팔레르모 시민들의 시장이다. 앞의 두 시장보다는 분위기가 차분하고 소박하며 식재료와 빈티지 제품이나 소품의 비율이 50:50으로 구성되어 있다.

운영 06:00~14:00 **가는 방법** 대성당에서 나와 오른쪽 길 Via Matteo Bonello를 따라가다가 Via Cappuccinelle로 들어가 직진, 길 끝에서 Via Porta Carini로 진입. 도보 200m Map p.434-B1

빈티지 벼룩시장

매주 일요일 오전에 열리는 벼룩시장. 빈티지 소품을 좋아한다면 꼭 들러보자.

오래된 농기구, 장식 소품, 그릇 등을 판매하는데 전업 판매자보다는 시민들이 소장하고 있는 제품들을 갖고 나와서 판매한다.

영업 일 06:00~14:00 **가는 방법** 콰트로 칸티에서 Via Vittorio Emanuelle를 따라 직진, 도보 600m. 또는 오렌지색 셔틀버스 타고 Piazza Marina에서 하차

Map p.435-B2

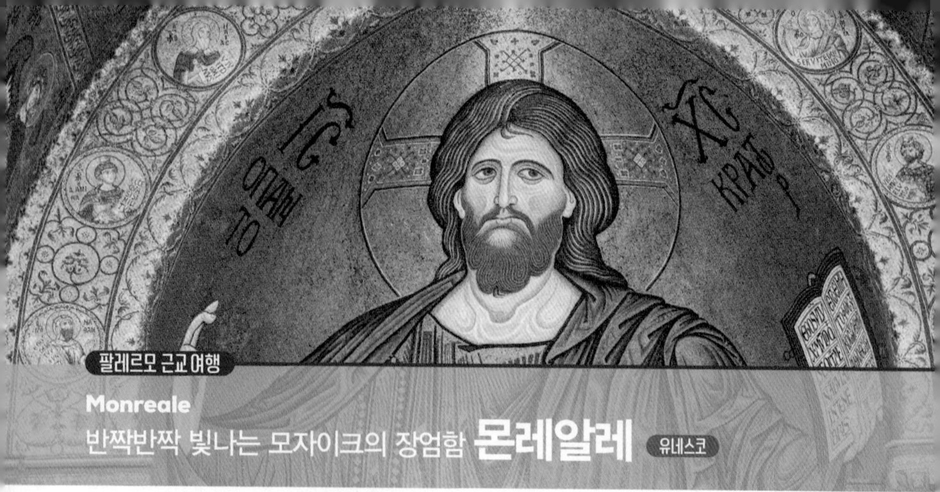

팔레르모 근교여행

Monreale
반짝반짝 빛나는 모자이크의 장엄함 몬레알레 유네스코

'왕 Reala의 산 Monte'이라는 의미를 가진 몬레알레. 팔레르모 시내에서 버스로 30분 정도를 달리면 도달하는 구릉 지대에 자리한 작은 마을로, 예전에는 왕족들의 휴양지였던 마을이다.

마을을 가로지르는 큰길을 따라 걸으면 15분 정도밖에 걸리지 않을 정도로 작은 마을에 여행자들이 몰리는 이유는 다름아닌 이 도시의 중심 성당인 두오모 때문이다.

성당 내부를 가득 채운 황금색의 비잔틴 양식의 모자이크는 어디에서도 찾아보기 힘든 풍경으로 작은 마을에 있는 성당 같지 않은 장엄함과 화려함의 극치를 보여준다. 그 가치를 인정받아 2015년에는 유네스코 세계문화유산에 지정됐다.

11세기 말부터 12세기 사이, 고딕 양식이 시작되기 전에 성행했던 건축 양식인 노르만 양식의 대표 주자인 이 두오모는 1172년~1176년에 굴리엘모 2세 Guglielmo II가 지었다. 노르만 양식의 건축물 특징을 살려 나무로 만든 천장과 건물의 구석구석에는 기하학적인 무늬가 새겨져 있다.

화려한 모자이크로 가득한 내부는 삼랑식으로 구성되어 있고 내부 회랑 기둥 위쪽에는 구약의 이야기가, 외벽 안쪽에는 신약의 이야기가 새겨져 있다. 성서의 내용을 알고 있다면 모자이크 장면마다 이야기를 떠올리며 감상하는 것도 묘미 중의 묘미.

독특한 점은 성당 내부에 특별한 조명이 없다는 것. 따라서 햇살이 가득한 낮 시간대에 방문해야 화려한 모자이크를 제대로 감상할 수 있다. 밝은 날 창을 통해 들어오는 햇살은 모자이크를 더욱 화려하게 볼 수 있게 한다. 여의치 않아 해가 질 무렵에 들렀다면 어두운 분위기가 만들어 주는 경건함 속에서 여기저기서 켜지는 조명에 의지하면서 관람하는 것이 최선이다.

성당 내부에서 지붕 위로 올라갈 수 있는데, 발코니에 오르면 성당 옆의 베네딕트 키오스트로 Chiostro dei Benedettini와 저 멀리 팔레르모의 시내, 그리고 푸른 바다를 한눈에 감상할 수 있다.

베네딕트 키오스트로는 정교한 상감 장식의 228개의 기둥과 꼬불꼬불한 아랍 양식의 아치들이 장관을 이루는 곳으로, 마치 스페인 그라나다의 알함브라 궁전에 와 있는 듯한 기분을 선사한다. 입장료는 €6.

●● 가는 방법 & 돌아다니기

리팔레르모 노르만 궁전 부근 Piazza Indipendenza에서 389번 버스를 타고 40분, 버스에서 내려오던 방향으로 직진해 도보 10분. 또는 중앙역 맞은편에 정차해 있는 AST 버스로 편도 50분, 버스에서 내려 오르막길을 따라 올라와 길 끝에서 오른쪽으로 직진, 도보 10분. 참고로 AST 버스는 일요일에는 운행하지 않으니 주의하자.

몬레알레 마을 자체의 볼거리는 두오모 하나밖에 없다. 오전에 관람하려면 늦어도 11:00 즈음에, 오후에는 늦어도 15:00 즈음 도착할 수 있게 일정을 잡자. 일요일 밖에 시간이 나지 않는다면 오후에 도착하자.

두오모 Duomo

주소 Piazza Duomo **전화** 091 640 44 13 **홈페이지** www.duomomonreale.com **운영** 월~토 09:00~13:00 · 14:00~17:00, 일 14:00~17:00 **입장료** 성당 무료, 두오모 지붕 €5

Chiostro dei Benedettini

운영 09:00~18:30 **입장료** 일반 €6, 할인 €3 **가는 방법** 두오모 성당 우측에 위치

1 성당 외부
2 성당 내부
3 성당 뒤편
4 성당 중앙제단. 상단에는 예수 그리스도가, 그 아래에는 성모자와 예수 그리스도의 제자들과 시칠리아의 주보 성인과 성녀들이 그려져 있다.
5 뱀의 유혹에 빠지는 아담과 이브
6 오병이어 五餠二魚의 기적
7 이사악을 제물로 바치는 아브라함
8 지붕 발코니에서 본 회랑
9 지붕 위에서 보이는 팔레르모 전경

팔레르모 근교여행

Cefalù

토토와 알프레도, 그리고 헬레나를 기억하며 걸어보자 체팔루

두오모 내부

두오모 외부

성모 마리아와 4천사, 열두 제자

1985년 만들어진 신약과 구약의 주요 장면을 추상적으로 표현한 스테인드글라스

초승달 모양의 해변 뒤로 도시의 수호신처럼 서 있는 두오모와 뒤에 우뚝 솟아 있는 바위산이 만들어내는 장엄한 풍경의 체팔루. 필자의 인생 영화 〈시네마 천국 Cinema Paradiso〉 속 한 장면이 촬영된 이 마을은 팔레르모에서 Regionale 기차로 해안선을 따라 1시간 정도 달리면 도착한다.

체팔루는 기원전 5세기경부터 역사에 등장했다. 초승달 모양의 해변에 툭 튀어난 곶과 우뚝 솟아있는 바위산으로 인해 머리를 뜻하는 그리스어 'Κεφαλή'에서 도시의 이름이 만들어졌고, 체팔루가 한눈에 보이는 로카 Rocca에 오르면 기원전 4세기경에 만든 성벽이 지금도 남아있다. 시라쿠사, 카르타고, 로마에 의해 정복되었으며 12세기 시칠리아 왕국의 루게르 2세가 도시를 건설했다.

이 시기에 지어진 두오모는 팔레르모, 몬레알레에 남아있는 건축물과 더불어 이탈리아의 노르만 양식 건축물을 대표하며, 특히 체팔루의 두오모는 현재까지도 원형 그대로 잘 보존되어 있어 2015년 유네스코 세계문화유산으로 지정되었다. 다른 성당들과 같이 모자이크가 화려하진 않지만 천정의 나무 장식과 깔끔한 회랑이 정갈한 느낌을 자아낸다. 두오모와 해변 사이에 자리한 구시가는 중세시대 느낌이 물씬 풍기는 오래된 골목이 그대로 남아있다. 주택 테라스에 걸려있는 빨래는 항구 도시 특유의 낭만을 느끼게 하고, 골목 끝에 보이는 티레니아 해의 푸른색은 가슴을 뻥 뚫리게 한다. 구시가를 걷다 만나는 16세기에 만들어진 공공 빨래터(Lavatoio Medievale Fiume Cefalino, Via Vittorio Emanuele)는 마치 우리네 그것을 보는 느낌이 들어 정겹기까지 하다.

잠시 시간을 흘려보내 보자

체팔루에 왔다면 해안으로 내려가 보자. 작은 고깃배들이 정박해 있는 작은 항구에서 영화 〈시네마 천국〉 속 야외극장 장면이 촬영되었다. 바다 끝으로 나 있는 방파제 앞에 놓인 벤치에서 잠시 시간을 보내보아도 좋다. 영화 OST가 준비되었다면 금상첨화! 오래된 영화 속을 가득 채우던 선율로 훌쩍 떠나온 여행의 여백을 채워볼 좋은 기회이다. 반짝거리는 눈망울로 꿈과 사랑을 키워가던 토토를 생각하며….

영화 속 야외상영관이 촬영되었던 장소

중세 시대 만들어진 빨래터

여행 정보

www.cefalu-sicily.it

가는 방법 & 돌아다니기

❶ 팔레르모 중앙역에서 Regionale 기차 1시간 소요, 요금은 편도 €5.60.

❷ 기차역에서 내려서 왼쪽 길을 따라 걷다 보면 구시가로 들어선다. 두오모를 관람한 후 해변으로 내려가자. 영화 속 야외상영관이 만들어졌던 작은 항구와 방파제가 만들어주는 풍경이 포근하다.

❸ 해안선을 따라 걷다 보면 두오모와 두오모 뒤 절벽이 근사하게 보이는 곳이 있다. 여름에는 해수욕을 즐기는 이들로 붐비는 해변이다.

❹ 체팔루 기차역은 매표소가 문을 닫는 경우도 많고 자동판매기도 작동하지 않을 때가 많다. 당황하지 말자. 다른 이탈리아 내 소도시 역에서처럼 역 내 바에서 티켓을 구입할 수 있다.

두오모 Duomo

주소 Piazza Duomo 전화 0921 92 20 21 홈페이지 duomocefalu.it
운영 **두오모** 11~3월 매일 08:30~13:00 · 15:30~17:00, 4~10월 매일 08:00~13:00 · 15:00~18:00 **수도원 회랑** 11~3월 월~금 10:00~13:00, 4~10월 월~토 10:00~18:00, 일 10:00~13:00 · 15:00~18:00(입장 마감 폐장 15분 전) 입장료 성당 무료, 정원 €3
가는 방법 기차역에서 밖으로 나와 오른쪽 Via A. Moro를 따라 도보 15분

로카 Rocca

운영 08:00~20:00 입장료 €5 가는 방법 두오모 광장에서 왼쪽 Via Ruggiero를 따라가다 Yamamay 매장을 끼고 왼쪽 골목 들어가 길 따라 150m 직진하면 왼쪽에 로카로 올라가는 입구가 나온다.

흔한 이탈리아 항구 도시 풍경

알아두세요!

로카를 올라가는 길은 가파르고 험하다. 비가 오거나 바람이 강하게 부는 날이면 출입을 통제하기도 한다. 두 번째 출입구에서 올라가는 여행자의 신상을 기록하는데 혹시 모를 낙상사고를 대비해야 하기 위한 것이라고. 실제로 필자가 체팔루에 방문했던 날은 바람이 강하게 불던 날이었고, 전날 내린 비로 인해 땅이 젖어있어 상당히 미끄러운 상태였다. 로카 등반을 시도했지만 결국 직원의 적극적인 만류에 등반을 포기해야 했다.

Trapani · 뜨거운 태양 아래 쌓여가는 소금밭의 도시 트라파니

세계 최고 품질의 소금을 생산하는 염전의 도시 트라파니. 시칠리아 북서쪽 끝에 있는 항구도시로, 드레파나 Drepana라고 불리던 고대부터 전략적 위치로 인해 제1차 포에니 전쟁 때에 카르타고의 해군기지로 역사에 등장했다. 이후 시칠리아 많은 도시가 그러했듯이 카르타고를 시작으로 로마, 반달족, 비잔틴 제국, 사라센, 노르만족의 지배를 받았다. 현재에는 주변의 평야 지대에서 생산되는 올리브, 와인과 함께 강렬한 태양빛 아래에서 생산되는 소금으로 잘 알려져 있으며, 인근 마을 에리체를 여행하거나 에가디 제도의 섬들을 여행하기 위한 하나의 기점으로 여행자들이 찾는 곳이다.

시외버스 정류장이 위치한 항구 주변의 구시가 곳곳에는 14세기~17세기 사이에 지어진 궁전과 성당들이 자리한다. 제2차 세계대전 중에 시가지의 대부분이 파괴되었으나 대부분 옛 모습 그대로 복원되어 자리를 지키고 있다. 성당, 박물관, 상점, 레스토랑이 뒤섞여 있는 거리는 전쟁의 영향 때문인지 여러 가지 모습이 혼재되어 있다. 꼬불꼬불하고 장식이 가득한 시칠리아 특유의 바로크 양식을 보여주는 발코니가 가득한 건물 옆으로 정갈하고 세련된 숍이 있는가 하면, 시선을 막아버린 성벽을 지나면 탁 트인 바다를 향해 뻗어있는 반도 끝에 트라파니의 수호신처럼 서 있는 아르누보 형식의 건물 빌리노 나시 Villino Nasi나 리니탑 Torre Ligny이 눈에 들어온다.

강렬한 햇살 아래 소금이 만들어지는 염전은 대중교통으로는 갈 수 없다. 숙소나 여행 안내소에서 택시를 소개받는 것이 최선. 요금은 2시간에 €50 정도로 생각하면 된다. 겨울에 방문했다면 굳이 찾아갈 이유는 없지만 여름이라면 색다른 모습을 볼 수 있는 또 하나의 기회가 될 것이다.

트라파니산 소금은 이탈리아를 넘어서 세계 최고의 품질이다.

여행 정보

www.turismo.trapani.it / www.turismotrapani.com

가는 방법 & 돌아다니기

❶ 팔레르모에서는 기차보다는 버스가 훨씬 편리하다. 팔레르모 중앙역 옆 버스 터미널이나 폴리테아마 극장 옆 Via Filippo Turati에 위치한 SEGESTA 사무실에서 SEGESTA 버스를 이용하자. 편도 2시간 소요, 요금 €8.60

❷ 팔레르모에서 SEGESTA 버스를 타고 오면 중앙역 부근이나 항구에서 하차하게 된다. 여행하기에는 항구에서 내리는 것이 편하다. 항구에서 하차했다면 하차한 곳 부근에 위치한 EGATOUR 사무실에서 팔레르모로 돌아가는 버스 티켓을 구입할 수 있다. 팔레르모로 돌아갈 때는 내린 곳 건너편에 위치한 버스 정류장에서 타면 된다. 이 정류장에서 에리체행 버스도 탈 수 있다. 에리체까지는 35분 정도 걸린다. 요금은 €2.90.

❸ 조금 색다르게 여행하고 싶다면 법원(Via XXX Gennaio) 앞이나 비토리오 에마누엘레 2세 광장 Piazza Vittorio Emanuele II 건너편에서 21번 또는 23번 버스(요금 €1.40)를 타고 에리체행 케이블카 정류장으로 가자. 아찔한 높이를 운행하는 케이블카를 타고 트라니 시내를 한눈에 보며 에리체까지 갈 수 있다. 20분 정도 걸리며 요금은 편도 €5.50, 왕복 €9. 그러나 운행 시간이 시기와 날씨에 따라 유동적이니, 여행 안내소에서 운행 여부를 꼭 알아보고 탑승할 것. 구시가를 둘러보는데 한나절이면 충분하다. 에리체 여행까지 계획한다면 숙박은 필수. 항구쪽 버스 정류장에서 하차했다면 부근에 사설 짐 보관소가 있으니 이용해 볼 것.

❹ 트라파니 시내에서 남쪽으로 15km 정도 떨어진 곳에 빈센초 플로리오 공항 트라파니-비르지 Aeroporto Vincenzo Florio Trapani Birgi (www.airgest.it)가 있다. 시칠리아에서 3위 규모의 공항으로 트라파니 시내까지는 AST 버스가 운행하며 50분 정도 걸린다. 이 외 팔레르모, 아그리젠토로 연결되는 버스도 있다.

여행 안내소

Ufficio informazioni turistiche di Trapani
주소 Via Torrearsa esq. Piazzetta Saturno

Erice
천공의 마을 에리체

트라파니에서 케이블카로 20분, 버스로 40분 정도 걸려 도착하는 마을 에리체. 줄리아노산 Monte San Giuliano 정상에 자리한 자그마한 마을로, 약 500여 명(여름 성수기에는 4~5배로 인구가 늘어나지만)이 거주하는 초소형 도시이다. 그리스 신화 속 아프로디테의 아들인 에릭스 Eryx가 만들었다고 하는 이 마을은 트로이 전쟁 이후 트로이에서 도망친 망명자들이 정착하면서 도시의 형태가 완성되었다고 전해지며, 제1차 포에니 전쟁 때부터 산 아래 트라파니와 역사의 궤를 같이하고 있다.

도시는 고즈넉하고 조용한 분위기이다. 견고하게 짜인 돌길은 돌 사이사이에서 피어나는 이끼의 초록이 사시사철 싱그러운 느낌을 준다. 해발 750m에 자리한 만큼 곳곳에서 바라보는 전망 또한 훌륭하다. 특히 몬테 코파노 Monte Còfano의 모습을 바라보고 있으면 에리체에게 시칠리아 최고의 전망대라는 수식어를 부여하고 싶을 정도.

삼각형 모양의 마을 꼭짓점에 자리한 비너스 성 Castello di Venere은 우리가 흔히 유럽의 성하면 떠올리는 외관을 갖고 있다. 이곳에서 바라보는 주변의 전망도 일품. 가끔 짙은 안개가 피어올라 도시 전체를 채울 때도 있는데 이를 현지에서는 '비너스의 키스'라고 한다고.

취재를 겨울에 떠났기에 직접 방문하지는 못했지만, 에리체 최고의 맛집은 Pasticceria Maria Grammatico(**주소** Via Vittorio Emanuele 14 **홈페이지** www.mariagrammatico.it)로 유명하다. 수도원의 비밀 레시피를 갖고 나와 만들어내는 케이크류의 맛이 일품이며 성수기에는 골목 안에 단맛이 가득하다고.

16세기에 지어진 Castello Pepoli. 지금은 호텔로 사용되고 있다.

에리체는 고즈넉한 중세의 마을이지만 이 도시는 과학의 도시라는 별칭도 갖고 있다. 20세기를 대표하는 천재 물리학자이자 스스로 세상에서 자취를 감춘 에토레 마조라나 Ettore Majorana를 기리며 안토니노 지키키 Antonino Zichichi의 주도 하에 만든 Centro di cultura scientifica Ettore Majorana가 에리체에 자리하며, 매년 과학자, 공학자, 분석가 및 경제학자들이 모여 지구의 현상을 연구 및 토론하는 학술회의가 열리기도 한다. 에토레 마조라나는 몇 년 전 지상파 TV를 통해 소개되어 화제를 불러일으킨 천재 물리학자로 1938년 어느 날 편지 한 장만을 남겨놓은 채 종적을 감췄고 이후 그의 인생은 미스테리로 남아 있다. 또 하나 특이한 점은 에리체에서는 매년 분자 요리 分子料理 심포지엄이 열린다. 분자 요리란 음식의 질감 및 요리 과정 등을 과학적으로 분석해 새롭게 변형시키거나 매우 다른 형태의 음식으로 창조하는 음식이다.

고요하고 오래된 돌길과 돌벽이 가득한 중세 도시에서 수도원의 레시피로 만든 케이크를 맛볼 수 있고, 최근의 물리학적 연구 동향이 논의되기도 하며, 요리의 과학적 분석이 이루어지는 도시. 여러 가지 모습을 가진 에리체의 매력 속으로 빠져보자.

여행 정보

www.facebook.com/EriceTourism

가는 방법 & 돌아다니기

❶ 트라파니에서 중앙역 부근 버스 터미널이나 항구에서 AST 버스를 타고 40분이면 에리체 구시가 입구인 Porta Trapani에 도착한다. 돌아갈 때도 이곳에서 버스를 타면 되고 티켓은 기사에게 구입한다. 요금은 €2.90.

❷ 트라파니에서 타고 온 버스 정류장에서 왼쪽으로 조금 가면 케이블카 정류장이 있다. 트라파니 시내를 바라보며 20분 정도 내려가는 케이블카로, 운행이 유동적이니 운행한다면 한 번쯤 타보는 것을 추천한다.

❸ 에리체 시내를 둘러보는 데에는 3~4시간이면 충분하다. 골목들이 모두 연결되어 있어 어디로 가든 길이 다 통한다. 풍경이 이끄는 대로 발길 가는 대로 걸어보자.

Agrigento · 귓가에 들리는 신들의 속삭임 아그리젠토

멀리 보이는 푸른 바다에서 불어오는 나풀거리는 옷자락을 추스르며 걸어야 할 것 같은 도시 아그리젠토. BC6세기 그리스인들이 만든 신전들이 길에 늘어서 있는 신전들의 계곡을 보기 위해 시칠리아를 찾는 여행자들이 사랑하는 도시이다. 언덕 위의 구시가와 남쪽 구릉 지대에 자리한 신전들의 계곡, 그리고 신전들의 계곡에서 내려다볼 수 있는 지중해의 바다가 만들어내는 풍경은 왜 여행자들이 이토록 아그리젠토를 사랑하는지, 또 과거 고대 그리스인들이 사랑했는지 알게 한다. 천천히 걸으면서 신들의 속삭임에 귀를 기울여보자.

이런 사람 꼭 가자!!
그리스 신전들의 신비로움과 장엄함을 느끼고 싶다면

Information 여행 전 유용한 정보

클릭! 클릭!! 클릭!!!

아그리젠토 관광청 www.provincia.agrigento.it

여행 안내소

Ufficio Turistico Principale
주소 Piazza Aldo Moro 7 **전화** 0922 04 54
운영 월~금 08:00~13:30 · 14:00~19:00, 토 08:00~13:30 **휴무** 일요일

경찰서

주소 Piazza Vittorio Emanuelle 2
전화 0922 48 31 11

Access 아그리젠토 가는 법

아그리젠토는 시칠리아를 여행하는 여행자들이 많이 찾는 도시임에도 불구하고, 기차 연결편이 좋은 편이 아니다.
팔레르모에서 이동할 땐 버스, 기차 모두 이용할 수 있다. 기차는 08:00에 1대가 출발한 후 11:00부터 매 시간 한 대꼴로 운행한다. 당일치기로 여행을 계획했다면 08:00대에 출발하는 기차를 타야 여유롭게 관광을 할 수 있다. 기차역의 짐 보관소는 운영이 유동적이라 없다고 생각하는 편이 정신 건강에 좋다.
기차역 앞에 택시들이 정차해 있는데 여럿이 당일치기로 짧게 여행한다면 신전들의 계곡까지 택시를 이용하는 것도 나쁘지 않은 선택. 요금은 €20. 기사와 요금에 대해 이야기 나누고 탑승하자.
카타니아나 시라쿠사에서 이동하려면 버스를 타는 것이 좋으며, SAIS 버스(www.sais.tranporti.it)가 10~14회 운행한다. 짐 보관시설이 여의치 않기 때문에 카타니아나 시라쿠사에서 이동할 때에는 1박을 하는 것이 좋다.

주간이동 가능 도시

출발지	목적지	교통편/소요 시간
팔레르모 Centrale	아그리젠토 Centrale	기차 2시간 20분
팔레르모	아그리젠토	Cuffaro 버스 2시간
카타니아	아그리젠토	SAIS 버스 3시간

Transportation 시내 교통

아그리젠토 버스 터미널이나 중앙역에서 신전들의 계곡까지는 버스로 이동할 수 있는데 1, 2, 3번 버스가 동쪽 입구에 도착한다. 1번 버스는 30분에 한 대꼴로, 나머지 두 노선은 1시간에 한 대 꼴로 운행한다. 운행 횟수가 약간 적지만 2/번 버스를 타면 헤라 신전 부근 서쪽 입구에 정차한다. 이곳에서 하차해 신전들의 계곡을 따라가면 다시 되돌아오지 않아 시간 쓰는 데 유리하다. '/' 표시가 잘 보이지 않으니 잘 살피고 탑승할 것. 버스 티켓은 미리 중앙역 내 바에서 미리 2장을 구입해두자. 1회권 가격은 €1.20. 택시는 편도 €20.

성수기에는 아그리젠토 시내와 고고학 박물관, 신전들의 계곡 그리고 인근 해안 항구와 신비로운 풍경의 해안 튀르키예인의 계단 Scala dei Turchi까지 운행하는 오픈 탑 투어 버스(홈페이지 www.templetourbusagrigento.com 요금 1일 €15, 2일 €20)가 운행한다. 대중교통 수단이 원활하지 않던 아그리젠토에서 이 버스의 등장은 획기적인 혁명과도 같은 일. 택시로만 갈 수 있었던 해안까지 여행이 가능하니 시간이 허락한다면 꼭 이용해보자. 단 버스는 월요일에는 운행하지 않으니, 주의하자.

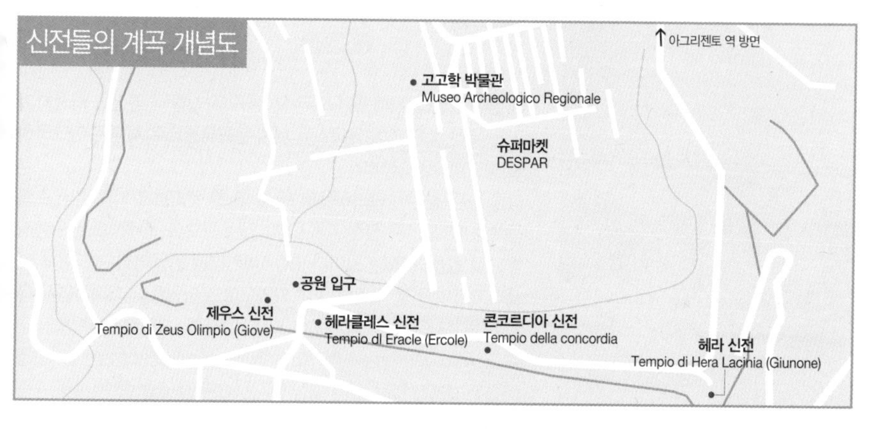

아그리젠토 완전 정복

아그리젠토는 시칠리아 여행에서 생략하면 아쉬운, 아니 빼서는 안 되는 여행지 중 한 곳이다. 당일치기 여행을 계획한다면 팔레르모에서 08:00 경에 출발하는 것이 좋다. 이 경우 아그리젠토에 도착해 반드시 돌아가는 기차나 버스 시간표를 확인해야 한다. 신전들의 계곡만 둘러 볼 예정이라면 시내버스 티켓 2장을 구입하자. 중앙역 앞 광장에서 출발하는 버스로 15분 정도 가면 신전들의 계곡에 도착한다. 헤라 신전 쪽 입구로 들어가면 쭉 뻗은 길을 따라 늘어서 있는 신전들을 차례로 감상할 수 있으니 천천히 걸으며 신전들을 하나씩 방문해보자.

한여름의 신전들의 계곡 관람은 땡볕 아래 행군과도 같다. 선글라스는 필수이고 모자나 양산, 그리고 충분한 물이나 이온 음료를 준비하자. 중간에 카페가 있긴 하지만 운영이 유동적이고, 동쪽 입구 맞은편에도 카페가 있는데 가격대가 시내보다 약간 비싸다.

버스는 주로 동쪽 입구 쪽에 더 많다. 만일 동쪽 입구로 돌아가야 한다면 경내를 운행하는 카트를 이용하는 것도 나쁘지 않은 선택. 요금은 €3.

고고학 박물관을 보려면 동쪽 입구에서 10분 정도 걸어야 하고 튀르키예인의 계단 Scala dei Turchi를 가려면 택시를 이용하거나 오픈 탑 투어버스를 이용해야 한다.

시내 여행을 즐기는 Key Point

여행 포인트 그리스 신전들이 모여 있는 신전들의 계곡과 고고학 박물관
랜드 마크 헤라 신전, 콘코르디아 신전
점심 먹기 좋은 곳 Piazza San Calogero, Via San Francesco

Best Course

신전들의 계곡(헤라 신전–콘코르디아 신전–헤라클레스 신전–제우스 신전–카스토르와 폴룩스 신전) → 고고학 박물관
예상 소요 시간 하루

ATTRACTION

보는 즐거움

고대 그리스인들의 영광으로 들어가는 시간 여행을 떠나보자. 멀리서 오렌지빛 흙과 돌로 만들어진 신전들의 계곡, 그리고 함께 시간을 보내왔던 올리브 나무까지…. 신비로움 그 자체의 시간을 보내게 될 것이다.

신전들의 계곡
Valle dei Templi 유네스코

시칠리아 섬을 지배했던 그리스인들이 자신들의 영광을 자축하며 만든 유산. 1997년에 유네스코 세계 문화유산으로 지정된 아그리젠토 최고의 여행지이다.

다른 모든 신전이 그러하듯이 해 뜰 때 첫 햇빛을 맞이할 수 있도록 동쪽을 향해 만든 신전 7개가 남아있는 곳으로 전체적으로 오렌지빛으로 물들어 있는 길이다. BC 5세기경에 만들어졌으나 이후 카르타고와의 전쟁 시 많이 파손되었으며 로마인들이 지배하면서 다시 복원했지만, 이후 방치, 파손되면서 지금의 모습으로 남았다.

주소 Valle dei Templi **홈페이지** www.parcovalledeitempli.it **운영** 08:30~20:00(입장 마감 폐장 1시간 30분전), 6월 중순~9월 중순

헤라 신전

콘코르디아 신전

~23:00 **입장료** 일반 €12, 할인 €7(고고학 박물관과 함께 입장하면 일반 €16, 할인 €8) **오디오 가이드** €5(영어, 이탈리아어, 프랑스어, 독일어) **가는 방법** 아그리젠토 중앙역 앞 광장에서 30분 간격으로 출발하는 1, 2, 2/, 3/번 시내버스 모두 신전의 계곡으로 이동하며 Piazzale dei Templi에서 하차. 2번 버스 헤라 신전 앞 광장에 정차. 10분 소요 Map p.457

콘코르디아 신전

헤라 신전 Tempio di Hera Lacinia (Giunone)

신전들의 계곡에서 가장 높은 곳에 자리한 신전으로 신전들의 계곡을 내려다보며 그 자태를 뽐내고 있다. 결혼의 신이며 제우스의 부인인 헤라 여신을 위한 신전으로 도리아식으로 만들어졌다. 길이가 40m, 폭이 17m 규모의 신전으로 카르타고 침공 당시 불에 탔던 신전으로 로마인들이 복원했으나 이후 이교도의 신전이라는 이유로 기독교인들이 파괴했고 지진으로 손상을 입어 지금은 기둥들만 남아있다.

콘코르디아 신전 Tempio di concordia

신전들의 계곡의 신전 중 가장 본 모습을 간직하고 있는 신전. 흔히 생각하는 그리스 신전의 모습을 그대로 보여주고 있다. 34개의 기둥이 서 있는 직사각형의 신전으로 길이 42m, 폭 19m, 높이 6.7m의 규모이다. 신전 내부에 또 다른 신전이 있는데, 신상을 모시는 공간이었다고 한다. 다른 신전들에 비해 원형이 잘 보존된 이유는 신전을 중세 시대부터 18세기 말까지 약간의 내부공사를 한 후 성당으로 사용했기 때문이라고. 18세기 이후 성당으로 사용하기 위해 만들었던 장치는 모두 제거한 후 지금의 모습으로 복원했다고 한다.

제우스 신전

제우스 신전 Tempio di Zeus Olimpio (Giove)

가장 많은 파손을 입어, 표지판이 없다면 흔한 돌무더기로 볼 수밖에 없는 모습의 신전. 오랜 세월동안 자연재해로 파괴되고, 18세기 중엽 엠페도클레 항구 Porto Empedocle 건설 당시 채석장으로 사용되어 지금의 모습이 되었다. 전해져 내려오는 기록을 토대로 한

제우스 신전

헤라클레스 신전

카스토르와 폴룩스 신전

고고학 박물관에 소장돼 있는 제우스 신전의 텔라몬

신전의 규모는 길이 113m, 폭이 57m에 달했으며 높이가 20m, 둘레가 4m를 훨씬 넘는 기둥들이 신전을 구성하고 있었다고. 그리고 신전의 옆면 기둥 사이는 남자 모습의 건물 기둥 테라몬 Telamone이 서 있었다고 한다. 이 테라몬은 발은 나란하게 붙이고 팔은 들어 귀 뒤로 굽혀 붙인 모습으로 마치 지붕을 떠받치고 있는 듯한 모습으로 지금은 신전 옆에 누워있는 형태로 남아있다.

헤라클레스 신전 Tempio dl Eracle (Ercole)

도리아식 기둥 8개가 나란히 서 있는 신전으로 영웅 헤라클레스를 위해 만들어졌다. 길이 74m, 폭 28m로 추정되며 전형적인 직사각형 형태의 그리스 신전의 모습이었다고 추정될 뿐이지만 남아있는 기둥의 크기만으로도 당시의 웅장함을 상상할 수 있다.

카스토르와 폴룩스 신전 Tempio di Castore e Polluce o dei Dioscuri

쌍둥이자리 여행자라면 그냥 지나쳐서는 안 될 신전. 제우스와 스파르타의 여왕 레다 사이에서 태어난 쌍둥이 형제 카스토르와 폴룩스를 위한 신전으로 역시 많이 파괴되어 한쪽 모서리만 남아있다. 원형의 규모는 길이 31m 폭은 16m의 터 위에 34개의 기둥들에 세워져 있을 것으로 추정된다.

고고학 박물관 Museo Archeologico Regionale

아그리젠토 전역에서 출토된 고대 유물들을 보관하고 있는 박물관. 박물관이 자리한 곳은 고대 그리스 반원형 극장이었고, 중세시대에는 산 니콜라 San Nicola 수도원으로 사용

되던 곳이다. 현재도 수도원 건물의 원형과 반원형 극장을 그대로 유지해 사용 중이다.

내부는 18개의 전시 공간으로 나뉘어져 있는데 6전시실의 제우스 신전에서 발견되었던 사람 모양의 기둥 테라몬 Telamone과 당시 모습 그대로 재현한 제우스 신전의 모형은 놓치지 말 것. 한때 웅장했던 신전의 모습을 상상케 한다.

주소 Via Panoramica dei Templi **전화** 0922 40 15 65 **운영** 화~토 09:00~19:00, 일 09:00~13:00 **휴무** 월요일 **입장료** €9 **가는 방법** 아그리젠토 중앙역 앞 광장에서 시내버스 1, 2, 3번을 타고 Museo 앞에서 하차 Map p.457

그리스 반원형 극장이 있는 고고학 박물관

Travel Plus ● 신비로운 해안 풍경 스칼라 데이 투르키 Scala dei Turchi

아그리젠토 신전들의 계곡에서 자동차로 20분 정도 거리에 위치한 해변 스칼라 데이 투르키 Scala dei Turchi. 흰색 석회암과 푸른 바다가 어우러진 풍경이 눈을 잡아끄는 곳으로 튀르키예인들의 침략을 많이 받아 '튀르키예인들의 계단'이라는 이름이 붙었다. 아그리젠토에서 오픈 탑 투어 버스를 타면 도착할 수 있는데 이 버스 매출의 대부분은 여기에 오기 위함이라 해도 과언이 아닐 정도다. 석회암 절벽에 오르면 자연적으로 생성된 계단이 길게 만들어져 있는데 여름이면 기대 누워 일광욕을 즐기며 사색에 잠기는 여행자들로 가득 차기 일쑤다. 이탈리아에서도 독특하기로 단연 으뜸인 해안. 어디에서도 보기 힘든 풍경을 원한다면 꼭 방문해보자.

LUCIÆ V.M.P.

Siracusa

이오니아해와 지중해의 교차점에 위치한 고대 그리스의 도시

시라쿠사

로마 시대 철학자 키케로가 '가장 위대하고 가장 아름다운 그리스 도시'라고 칭했던 시라쿠사. BC 8세기 그리스가 이탈리아 땅에 가장 먼저 세운 도시로 BC 3세기에 포에니 전쟁에서 승리한 로마가 이 도시를 로마인을 위해 리모델링하면서 그리스 문명과 로마 문명이 혼재하게 되었다.
시칠리아에서 가장 오래된 그리스 신전의 유적지를 갖고 있으며 기적이 일어난 세련된 성당이 자리한 도시. 도시의 여러 기운을 받으며 걷다 보면 어느새 이 도시에서 태어나고, 죽음을 맞이했던 아르키메데스가 외쳤던 말을 외치고 있을 것이다. 유레카 Eureka!

이런 사람 꼭 가자!!
고대 그리스를 느끼고 싶다면

저자 추천
이 영화 보고 가자
〈말레나〉

이 사람 알고 가자
아르키메데스

Information 여행 전 유용한 정보

클릭! 클릭!! 클릭!!!

시라쿠사 관광청 www.siracusaturismo.net

여행 안내소

Ufficio Turistiche Regionale Siracusa

Map p.468-A2

주소 Via Roma 31 **전화** 800 05 55 00

운영 월~금 09:00~13:00 · 15:00~18:00, 토 09:00~13:00 **휴무** 일요일 **가는 방법** Piazza Archimede 뒤 Via Roma로 직진. 도보 3분

슈퍼마켓

inCOOP Map p.468-A2

주소 Via Cavour 71

운영 월~토 06:30~21:30, 일 07:30~17:30

가는 방법 아폴로 신전에서 큰길 Corso Giacomo Mateotti를 따라 가다 오른쪽에 Viola Espresso Bar를 끼고 안쪽 골목 Via Cavour로 들어가 도보 2분

통신사

Wind Map p.468-A1

주소 Via Adda 19

영업 월~토 09:00~13:00 · 16:00~20:00

우체국 PT

주소 Riva della Posta 1

운영 월~금 08:00~18:30, 토 08:00~13:00

가는 방법 오르티지아로 건너가는 Ponte Umbertino 건너 왼쪽에 위치 Map p.468-A2

주소 Via dei Santi Coronati 12

운영 월~금 08:00~18:30, 토 08:00~13:00

가는 방법 다이아나 분수가 있는 Piazza Archimede에서 막스 마라 Max Mara 앞을 지나 길을 따라 가다 왼쪽 첫 번째 골목에 위치

Map p.468-A2

경찰서

주소 Largo Arezzo della Targia

전화 0931 49 51 11

가는 방법 오르티지아로 건너가는 Ponte Santa Lucia를 건너 오른쪽 두 번째 골목 Via dei Mille로 들어가 길 끝까지 도보 3분 Map p.468-A2

Access 시라쿠사 가는 법

본토에서 이동할 때에는 로마나 나폴리에서 야간기차로 이동할 수 있다. 기나긴 기차 여정의 종착역이 시라쿠사이니, 시라쿠사를 시작으로 시칠리아 일주를 시작하는 것도 좋은 방법이다. 발 디 노토 Val di Noto(p.478) 지역 소도시를 여행할 때에는 기차가 좀 더 편리할 수 있다. 카타니아, 팔레르모로는 버스로 이동하는 것도 나쁘지 않다.

기차

본토에서 도착하는 기차의 종착역이긴 하나 시라쿠사 기차역의 규모는 그리 크지 않고 운행되는 기차 편도 많지 않다. 규모가 작다 보니 역 내 시설도 매표소와 바가 전부. 화장실은 계절에 따라 운영 여부가

나뉘므로 미리 숙소에서 해결하고 가는 것이 좋다.
운영되는 기차 편이 많지 않아 매표소 운영 시간도 유동적이다. 일정이 정해졌다면 미리 기차표를 구입해 두거나 자판기를 이용하자. 일요일에는 기차 편이 거의 운행되지 않으니, 여행 계획 시 참고할 것.
역에는 따로 짐 보관소가 없고 역 앞 광장 오른편에 위치한 바에서 짐 보관 서비스를 제공한다. 요금은 €3~5. 이용하고 싶다면 미리 운영 여부를 타진해두자. 이곳 역시 운영이 유동적일 때가 많다.

버스

기차역 맞은편 Corso Umberto I에 시외버스 정류장이 있다. 카타니아나 메시나, 팔레르모 등 대도시로 이동할 경우 버스를 이용하는 것이 편하다. 정류장에 시간표와 운행 횟수가 명시되어 있고 매표소도 있으니 미리 스케줄을 알아두는 것이 필요하다.

INTERBUS(노토, 카타니아, 팔레르모 연결)
홈페이지 www.interbus.it

근교이동 가능 도시

출발지	목적지	교통편/소요 시간
시라쿠사	노토	기차 40분
시라쿠사	모디카	기차 1시간 40분

주간이동 가능 도시

출발지	목적지	교통편/소요 시간
시라쿠사	라구사	기차 2시간
시라쿠사	카타니아	기차 1시간 20분 또는 Interbus 버스 1시간 20분
시라쿠사	팔레르모	Interbus 버스 4시간

근교이동 가능 도시

출발지	목적지	교통편/소요 시간
시라쿠사	로마 Termini	기차 12시간 30분
시라쿠사	나폴리 Centrale	기차 10시간

Transportation 시내 교통

시라쿠사의 대중교통 수단은 버스. AST에서 운행하는 버스들이 시라쿠사의 시내를 순환하는데 여행자가 이용하기는 조금 까다롭다. 대신 Syracuse d'Amare라는 이름의 하늘색 미니버스 3개 노선이 시내를 순환한다. 버스는 시내의 주요 여행지를 모두 거치기 때문에 유용하다. 여행 안내소에서 노선도를 받아 이용하자. 자전거를 능숙하게 탈 수 있는 여행자라면, 자전거로 시내를 돌아보아도 좋다. 시내에 자전거 공유대가 있다. 이용 요금은 1시간에 €1.
버스 요금 90분 유효한 1회권 €0.50, 1일권 €2

시라쿠사
완전 정복

시라쿠사는 고대 그리스인들의 영광부터 현대적인 건물까지 전 세기를 아우를 수 있는 도시 중 하나다. 특히 오르티지아 구시가의 골목은 바로크 시대 특유의 아기자기함에 푹 빠질 수 있는 곳 중 하나이다. 이틀 정도 할애해서 여행한다면 도시 대부분을 여행할 수 있다.
하루는 오르티지아 섬을 샅샅이 둘러보자. 영화 〈말레나〉 속에 등장하는 두오모 광장은 이탈리아에서 손꼽히는 아름다운 풍경을 자랑하며 야경도 예쁘다. 오래된 신전, 분수 근처에 자리한 현대적인 숍, 오전에 열리는 활기찬 시장 등 천천히 걸어 다니면서 만끽할 것이 가득하다.
남은 하루는 기차역 북부에 자리한 고고학 공원과 눈물의 성모 마리아 성당 등을 둘러보자. 고고학 공원에 자리한 그리스 극장과 로마 극장이 어떻게 다른지 둘러보고, 당시의 이야기를 속삭이듯 들려줄 것만 같은 채석장을 둘러보자. 기적이 일어난 산 조반니 성당과 카타콤베도 이색적인 여행지이다.
발 디 노토 지역 여행을 계획한다면 노토 Noto나 모디카 Modica는 당일치기로 둘러볼 만하며 라구사 Ragusa는 숙박하는 것이 좋다.

시내 여행을 즐기는 Key Point

여행 포인트 고대부터 바로크까지의 여러 흔적, 그리고 그 속에 품은 낭만
랜드 마크 두오모, 눈물의 성모 마리아 성당
점심식사 하기 좋은 곳 오르티지아 섬의 Piazza Duomo

이것만은 놓치지 말자!

❶ 멋진 공연을 상상할 수 있는 탁 트인 공간, 고대 그리스 극장
❷ 이오니아해와 지중해의 바람이 교차되는 오르티지아 섬 해안 길을 따라 한 바퀴 돌기
❸ 두오모 광장의 아름다운 야경

충분한 시간이 없는 여행자를 위한 하루 코스

낭만적인 구시가와 고대 유적의 숙연함이 가득한 고고학 공원과 모던한 성당을 둘러보자. 고대 도시인 만큼 훌륭한 고고학 박물관이 있지만 다른 곳에서 아쉬움을 달랠 수밖에.
두오모 → 산타 루치아 알라 바디아 성당 → 아레투사의 샘 → 고고학 공원 → 눈물의 성모 마리아 성당

Siracusa Best Course

시라쿠사 충분히 느끼기 2일 코스

각기 다른 분위기의 구역을 천천히 돌아보자. 오후 한나절에 느낄 수 있는 나른함과 부드러운 거품이 가득한 카푸치노 한잔의 여유는 시라쿠사를 여행하면서 놓치기 아까운 달콤함이다.

1일째

도시에 도착했다면 숙소에 짐을 풀고 오르티지아 섬을 여행한다. 남부의 낭만을 느낄 수 있는 광장과 분수 사이를 거닐며 도시의 분위기를 만끽해 보자.

출발 : 두오모
Duomo **p.473**

도보 1분

산타 루치아 알라 바디아 성당 Chiesa di S. Lucia alla Badia **p.473**

도보 3분

벨로모 주립 박물관
Galleria Regionale di Palazzo Bellomo **p.474**

도보 7분

아레투사의 샘
Fonte Aretusa
p.475

도보 10분

아폴로 신전
Tempio di Apollo **p.474**

2일째

기차역이 위치한 북부 지역은 고고학 박물관이 최대 볼거리. 하나하나 눈여겨보자. 어느 것 하나 그냥 쓰이고 만들어진 것이 없으니 말이다. 기적이 일어난 성당과 죽음을 생각하게 되는 카타콤베에서 여행을 마무리한다.

출발 : 고고학 공원 Parco Archeologico della Neapolis (로마 원형 극장, 그리스 극장, 천국의 채석장) **p.470**

도보 10분

눈물의 성모 마리아 성당
Basilica Santuario Madonna delle Lacrime **p.469**

도보 3분

파올로 오르시 고고학 박물관
Museo Archeologico Paolo Orsi **p.472**

도보 3분

산 지오바니 성당과 카타콤베
Chiesa di San Giovanni e Catacombe **p.471**

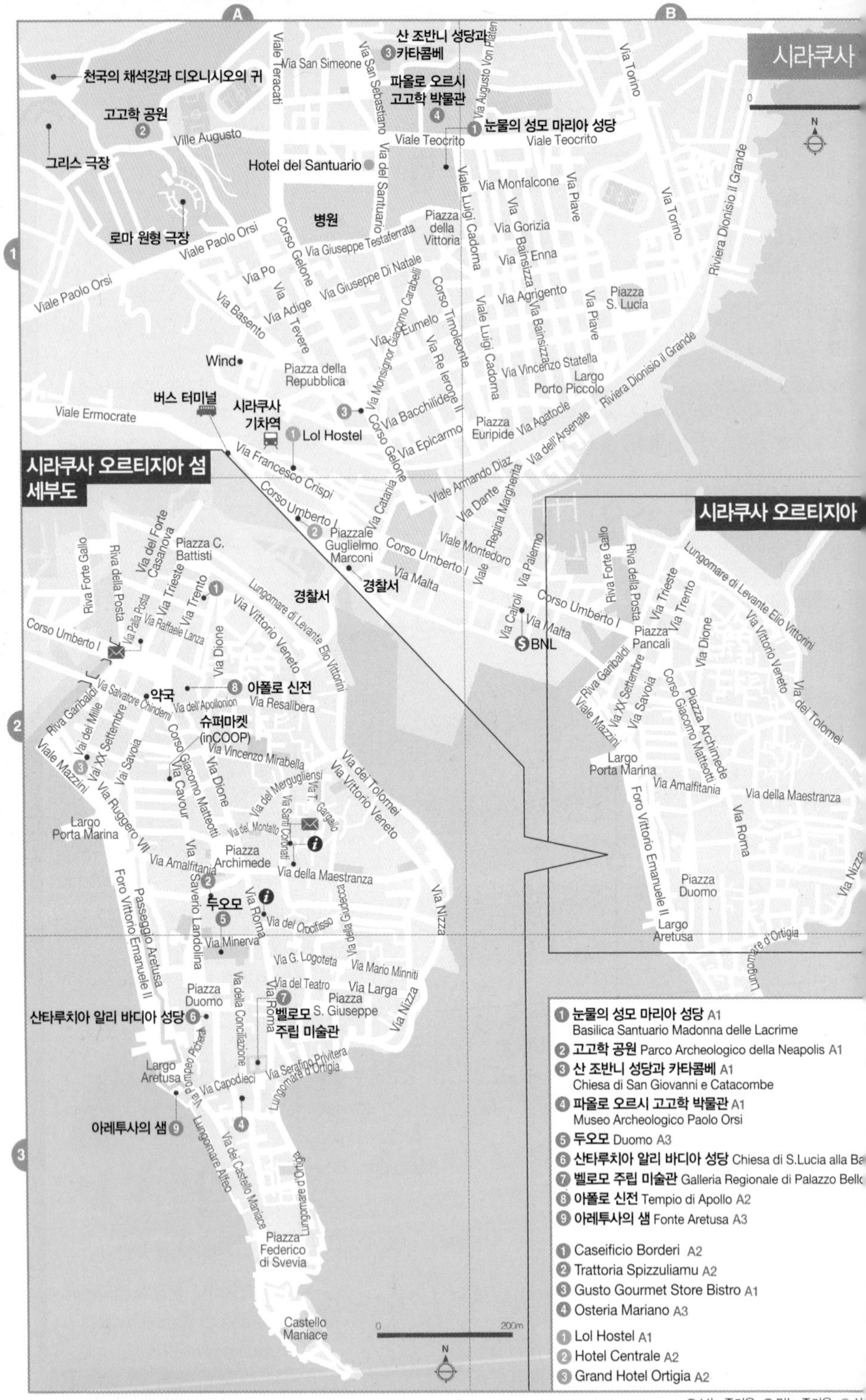

● 보는 즐거움 ● 먹는 즐거움 ● 쉬

ATTRACTION

보는 즐거움

고대인의 숨결이 가득한 고고학 공원부터 기적을 기념하는 현대적인 성당까지 다채로운 모습의 시라쿠사. 오르티지아의 아기자기한 구시가 골목과 탁 트인 바다의 조화는 예상 밖의 풍경을 선사한다. 천천히 하나하나 주변을 살피며 걸어보자.

눈물의 성모 마리아 성당
Basilica Santuario Madonna delle Lacrime

고대 그리스인들의 도시 시라쿠사의 현대적 상징. 1953년 8월 29일부터 9월 1일까지 시라쿠사 시내의 가정집에 모셔져 있던 성모 마리아상이 눈물을 흘렸던 기적을 기념하고 이를 보존할 목적으로 만들어진 성당이다. 마치 종이접이로 만든 고깔모자 모양의 74.5m의 첨탑이 독특한 성당은 프랑스 건축가 미셸 안드로 Michel Andrault의 설계로 지어졌다. 성모 마리아의 성당인 만큼 첨탑의 정상에는 금으로 도금된 성모 마리아의 청동상이 서 있다.

성당은 두 개 층으로 구성되어 있는데 성소 Santuario라 부르는 위층에는 대성전과 기적이 일어났던 성모 마리아상이 모셔져 있다. 내부로 들어서면 벽을 돌아가며 소성당이 자리한 원형의 실내에 고깔모자 형태의 첩탑 사이로 쏟아져 내려오는 햇살이 신비로운 분위기를 자아낸다.

기적의 성모 마리아상은 중앙 제단 뒤편이 모셔져 있다. 1953년 당시 성모상에서 흘러나온 눈물을 채취해 성분을 분석한 결과 사람의 눈물과 같은 성분이라는 결론이 난 이후 시칠리아를 찾는 순례자들의 발길이 끊이지 않는다.
아래층의 경당은 위층과 마찬가지로 원형 형태로 만들어져 있으며 한쪽 구석에 예전 고고학 유적의 터가 남아있다.

주소 Viale Teocrito **홈페이지** www.madonna dellelacrime.it **운영** 월~토 07:30~12:30 · 16:00~19:00, 일 07:30~13:00 · 16:00~20:30 **미사** 평일 08:00 · 10:00 · 19:00, 일 · 공휴일 08:00 · 10:00 · 12:00 · 17:30 · 19:00 · 20:00 **가는 방법** 하늘색 미니버스 2번을 타고 Santuario 하차. 또는 Ponte Umbertino에서 Corso Umberto I를 따라 직진, 오른쪽 네 번째 길 Viale Regina Margherita로 들어가 원형 로터리에서 Viale Luigi Cadorna를 따라 도보 600m Map p.468-A1

눈물의 성모 마리아 성당

고고학 공원 Parco Archeologico della Neapolis

고고학 공원 입구

고대 그리스인들의 영광과 정복자 로마의 흔적을 만날 수 있는 곳. 공원을 둘러보다 보면 BC4세기에 폭군 디오니시오 Dionisio가 이 지역 패권을 장악하면서, 가장 강한 도시 국가로 위용을 떨쳤던 시라쿠사의 면면이 여실히 느껴진다. 포에니 전쟁에 휘말려 로마 제국에 굴복하기 전까지 지중해의 해상에서 가장 강력했던 도시 국가였던 시라쿠사의 역사적 흔적을 공원 곳곳에서 발견할 수 있다.

로마 원형극장

로마 원형 극장 Anfiteatro Romano

공원 초입에 자리한 타원 형태의 극장. 로마의 콜로세움과 유사한 형태로 규모는 작지만 관중석과 무대가 잘 남아있다. 고대 로마인들이 이곳에서 검투 경기나 모의 해전 나우마키아 Naumachia를 즐기기 위해 만들었다고.

시민들의 유흥 장소로 사용되던 로마식 극장은 시내 중심에 자리했다. 로마 극장에서의 공연은 정치, 사회 상황 또는 실생활을 주 내용으로 했고 대규모의 국가적 행사도 주로 열렸다. 무대를 커다란 직사각형 모양의 돌출된 형태로 설계해 배우의 행동이 잘 보이도록 했으며, 지붕을 만들어 무대에 집중할 수 있게 했다. 그리스식 극장과 가장 큰 차이점은 로마 제국은 엄격한 신분제를 채택하고 있었기 때문에 관중석이 신분에 따라 구분된다는 것이다.

그리스 극장

그리스 극장 Teatro Greco

고고학 공원 안쪽에 자리한 부채꼴 모양의 극장. 로마 극장보다 규모가 훨씬 크다. 1만 6천여 명을 수용할 수 있는 규모로 각종 공연과 연극들이 이곳에서 상연되었고 지금도 공연장으로 사용되고 있다. 원래의 지형을 이용해 이곳에 있던 거대한 암석을 깎아서 만든 극장으로, 당시의 기술 수준을 엿볼 수 있다. 로마 정복 이후 로마 극장으로 만족하지 못한 로마인들이 검투 경기와 나우마키아 Naumachia를 즐기기 위해 극장을 개조했고 그 흔적이 극장의 무대 바닥에 고스란히 남아있다.

그리스식 극장은 주로 신전과 가까운 곳에 위치하고 산비탈이나 계곡에 만들어졌다. 종교적인 행사나 신화와 전설을 극화하거나 역사와 철학에 대한 연극 공연이 열리곤 했다. 그리스의 연극은 인간의 본성과 감성, 이성과 지성을 융합시키는데 많은 주의를 기울였다.

극장의 형태는 중앙에 둥글고 낮은 무대가 중심에 자리하고 그 주변으로 부채꼴 모양의 관람석이 비탈진 경사면을 따라 넓게 퍼지면서 올라가는 형태다. 이는 관객들이 극에 출연한 배우의 움직임을 내려다보면서 함께 느끼고 공감하게 하기 위해서였다. 또 그리스에서 시작된 민주주의를 구현하듯 신분의 차이가 없이 관람석이 모든 이에게 자유롭게 개방돼 있다.

천국의 채석장과 디오니시오의 귀
Latomia del Paradiso e Orecchio di Dionisio

탁 트인 그리스 극장에서 벗어나 뒤쪽으로 들어가면 가로수들이 어우러져 만든 아치형의 나무 터널과 같은 길을 걷게 된다. 삼림욕 하는 기분으로 걷다 보면 갑자기 커다란 바위산이 나타나는데, 바로 천국의 채석장 Latomia del Paradiso이다.
시라쿠사 대부분의 건축물에 사용된 암석이 이곳 채석장에서 채취되었다는 이야기가 전해지며, 당시 만들어진 동굴들 10여 개가 남아있다. 여러 동굴이 있지만 우리가 들어가 볼 수 있는 곳은 디오니시오의 귀 Orecchio di Dionisio라는 이름이 붙은 동굴 하나다. 길이 65m의 길쭉한 S자 모양의 곡선으로 만들어진 동굴로, 내부 천장의 높이는 23m에 달한다. 한때는 이곳에 7천여 명의 아테네인 포로들이 수감되어 있었는데, 공명으로 인하여 크게 울리는 효과가 있어 작은 목소리로 속삭이기만 해도 잘 들렸다고 한다. 이로 인해 폭군 디오니시오가 일부러 이곳에서 고문을 자행해 비명 소리만으로도 포로들이 공포에 젖어 자신에게 복종할 수 있게 만들었다는 이야기가 전해져 온다. 또 한 가지는 그리스 극장에서 열리는 공연에서 발생하는 여러 음향 효과를 증폭시키는 앰프의 역할을 했다고. 이런 이야기들이 전해져 올 만큼 이곳의 공명은 훌륭하다.

주소 Via del Teatro Greco **운영** 여름 08:30~19:30(입장 마감 18:00), 겨울 08:30~일몰 1시간 전(2월 ~16:30, 3월 ~17:30) **입장료** 일반 €16.50, 매월 첫 번째 일요일 무료, 파올로 오르시 고고학 박물관과 통합 티켓 €18 **가는 방법** 하늘색 미니버스 2번을 타고 Parco della Neapolis 하차. 또는 시내 중심에서 Corso Umberto I를 따라 북쪽으로 직진, 길 끝에서 건넌 후 오른쪽 첫 번째 길로 직진, 도보 5분 Map p.468-A1

디오니시오의 귀

천국의 채석장 전경

산 지오바니 성당과 카타콤베
Chiesa di San Giovanni e Catacombe 건축

눈물의 성모 마리아 성당 맞은편에 자리한 성당으로, 3세기에 순교한 산 마르치아노 S. Marciano를 위해 봉헌되었다. 도리아식 12개 기둥으로 이루어진 삼랑식의 성당을 노르만 시대에 장미 창을 만들었고, 15세기에는 기존 성당에 문을 하나 더 만들면서 지금의 모습이 되었다. 그러나 1693년 시칠리아를 강타한 지진의 여파로 파손을 입었다. 성당 지하에는 시라쿠사에 기독교를 처음으로 알렸던 산 마르치아노의 시신을 모시는 무덤이자 초기 시라쿠사의 기독교들이 모여 미사를 드리던 예배당이 있다.
별도로 만들어져 있는 다른 지하 입구로 내려가면 그리스인들 만든 지하 수로를 개조한 카타콤베가 있다. 수로를 개조해서인지 넓은

산 조반니 성당과 카타콤베

카타콤베 내부

파올로 오르시 고고학 박물관 입구

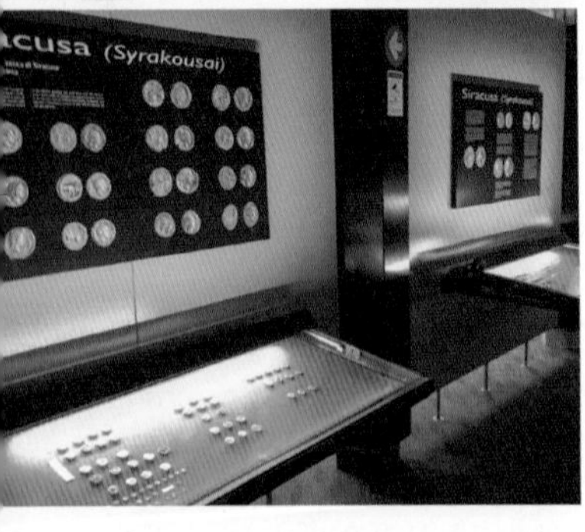

통로와 갑갑한 느낌이 들지 않는 것이 특징이고, 동정을 약속한 처녀들이 단체로 묻힌 방이나 가족묘 등 다양한 형태의 무덤이 있는 것도 특이하다. 다른 카타콤베에서도 볼 수 있는 노아의 방주, 물고기, PX를 겹쳐 놓은 모습 등 초기 기독교도들의 상징도 곳곳에서 찾아볼 수 있다.
현재 아쉽게도 복원 및 보수 작업 중이라 중후한 멋도 없고 어딘가 밋밋하면서도 어색한 느낌이 든다.
주소 Largo San Marciano 1 **운영** 12/26~1/7 · 2/19~7/31 · 9/1~11/12 09:30~12:30 · 14:30~17:30, 8월 10:00~13:00 · 14:30~18:00, 11/14~12/25 09:30~12:30 **휴무** 1/8~2/13, 2~3월, 11~12월 월요일 **입장료** €8 **가는 방법** 눈물의 성모 마리아 성당에서 나와 로터리에서 Via S. Giovanni alle Catacombe를 따라 도보 2분 Map p.468-A1

파올로 오르시 고고학 박물관
Museo Archeologico Paolo Orsi

시칠리아 유적 발굴에 인생을 바친 파올로 오르시 Paolo Orsi의 이름을 딴 고고학 박물관으로, 시칠리아 전역에서 발굴된 수많은 유물을 보관하고 있다. 1988년에 문을 연 박물관은 원형 정원을 가운데 두고 3개의 섹션으로 나뉜 2층 건물 안에 전시실이 마련되어 있다. 약간 복잡한 느낌도 드는데 화살표만 잘 따라다니면 전시 관람하는 데 문제는 없다.
시라쿠사의 북서쪽 35km 정도 떨어진 곳에 위치한 선사시대의 판탈리카 Pantalica의 무덤 유적에서 다양한 모습의 토기, 그리스 시대에 만들어진 여러 토기와 조각, 고대 유적지에서 발굴된 건축물의 파편들을 이용해 재현한 신전들의 모형 등 볼거리가 다양하다.
특히 지하의 동전 갤러리 Il Medagliere는 시라쿠사가 지중해 무역의 중심지였을 때 통용된 여러 나라의 동전을 모아 전시하는 공간인데 매우 특색 있고 재미있다.
주소 Viale Cadorna **운영** 화~토 09:00~19:00(매표소 마감 18:00), 일 · 공휴일 09:00~14:00(매표소 마감 13:00) **휴무** 일요일 오후~월요일 **입장료** €10(고고학 공원과 함께 입장권을 구입하면 두 곳을 동시에 관람하는 것으로 €18) **가는 방법** 눈물의 성모 마리아 성당 후문으로 나와 우측으로 길 건너 정면에 위치. 도보 1분
Map p.468-A1

두오모 Duomo

화려한 바로크 양식의 파사드가 인상적인 성당. BC5세기경에 만들어진 아테네 신전 자리에 만들어졌다. 지금도 신전의 흔적이 남아있는데 성당 왼쪽 벽에 남아있는 기둥이 그것이다. 성당을 건축하면서 신전을 모두 철거하지 않고 기둥은 남겨둔 채 외벽을 세워 그 모습이 다른 성당에서는 보기 힘든 풍경을 만들어 준다.
7세기에 성당이 완성되었으나 1693년 지진으로 인해 파괴되었고, 건축가 안드레아 팔마 Andrea Palma의 설계로 리모델링해 18세기에 지금의 모습으로 완성되었다. 전형적인 바로크 양식의 파사드를 갖고 있으며 중앙 상단에는 성모 마리아상이, 옆으로는 산 마르지아노 San Marziano와 산타 루치아 Santa Lucia의 석상이 각각 자리한다. 성당 앞 계단 양옆에는 베드로 성인과 바오로 성인이 나란히 서 있다.

두오모

내부는 중앙 제단 뒤편을 제외하고는 정갈하고 큰 장식 없이 깔끔하게 정리되어 있는데, 여느 두오모의 화려한 파사드와 비교되는 모습이다. 성당 우측 회랑에는 시라쿠사의 수호 성녀 산타 루치아를 모시는 작은 경당이 있다. 이곳에 성녀의 왼쪽 팔뼈를 모시는 작은 함이 소장되어 있다고 한다.

두오모 광장은 이탈리아에서 아름답기로 손꼽히는 곳으로 모니카 벨루치가 주연한 영화 〈말레나〉가 촬영되기도 했다. 두오모 반대편 카페 테이블에 앉아 일광욕하면서 시간 보내기도 좋고, 아름다운 밤 풍경을 즐기기에도 좋다.

주소 Piazza Duomo **운영** 4~10월 09:00~18:30, 11~3월 09:00~17:30 **입장료** €2 **가는 방법** Piazza Archimede에서 분수 등지고 오른쪽 길 Via della Amalfitania로 들어가 왼쪽 첫 번째 골목으로 좌회전 후 직진 150m Map p.468-A3

산타 루치아 알라 바디아 성당
Chiesa di S.Lucia alla Badia

시라쿠사 수호 성녀 산타 루치아를 위한 성당으로 바로크 양식으로 지어졌다. 루치아노 카라치올로 Luciano Caracciolo의 설계로 지어졌으며, 전면 파사드에는 성녀의 순교를 상징하는 칼과 기둥, 구원과 승리를 상징하는 종려나무가 조각되어 있다. 25m 높이로 두오모 한편의 수호신처럼 자리한 곳이다. 여행자들이 이곳을 찾는 또 하나의 이유는 카라바조가 그린 〈산타 루치아의 순교〉를 보기 위

산타루치아 알라 바디아 성당

벨로모 주립 미술관 입구

카라바조의 「산타 루치아의 순교」

해서이다. 신앙을 지키려다 목에 칼이 찔려 죽은 동정녀 산타 루치아의 매장 장면을 묘사한 걸작으로, 그림을 그릴 당시 카라바조는 살인 사건을 일으켜 시라쿠사로 피신 온 상태였다고 한다.

주소 Piazza Duomo **운영** 화~일 11:00~16:00 **휴무** 월요일 **가는 방법** 두오모 광장의 오른쪽 끝에 위치 **Map p.468-A3**

벨로모 주립 미술관
Galleria Regionale di Palazzo Bellomo 미술

안토넬로 다 메시나의 「수태고지」

조용한 골목 안에 자리한 미술관. 벨로모 가문이 소유했던 궁전에 꾸며진 미술관으로, 중세 시대부터 현대까지 많은 작품들이 소장되어 있다. 회화 작품뿐만 아니라 조각상, 공예품, 성물 등도 전시되어 있어 천천히 둘러보아야 한다.

미술관에서 가장 눈여겨봐야 할 작품은 바로 안토넬로 다 메시나의 〈수태고지〉. 팔레르모의 시칠리아 주립 미술관 Galleria Regionale della Sicilia–Palazzo Abatellis에 소장되어 있는 〈수태고지〉(p.440)보다 먼저 그려진 작품으로 팔레르모의 수태고지가 사건의 단편적 시선을 보여준다면, 이 그림은 전체적인 시선으로 사건을 보고 있음을 알게 해준다. 1475년경에 그려진 나무 목판 위에 유화로 이탈리아 반도에 유화 기법을 전파한 화가의 솜씨를 엿볼 수 있는 작품이다. 오래된 목판화이다 보니 군데군데 손상이 있긴 하지만 왼쪽의 가브리엘 천사, 기둥 뒤로 숨어있는 천사가 들고 있는 백합꽃, 성서 등 전형적인 수태고지의 요소를 갖추고 있다.

주소 Via Capodieci 16 **전화** 0931 695 11 **홈페이지** www.regione.sicilia.it/beniculturali/palazzobellomo **운영** 화~토 09:00~19:00, 일 14:00~19:30 **휴무** 월요일 **입장료** €8 **가는 방법** 산타 루치아 알라 바디아 성당 앞에서 왼쪽 길로 들어가 길 끝까지 직진 후 왼쪽으로 다시 직진, 도보 50m **Map p.468-A3**

아폴로 신전

아폴로 신전 Tempio di Apollo

시칠리아에서 가장 오래된 그리스식 신전. BC6세기경에 만들어진 신전으로 지금은 예전 신전의 터와 기둥 일부만 남아있다. 세로 54m, 가로 24m의 규모로 아그리젠토의 헤라 신전(p.459) 보다 큰 규모였다. 태양신 아폴로를 위해 만들어졌으나 시라쿠사를 스쳐 간 많은 정복자에 의해 비잔틴 양식의 성당, 이슬람 사원 등으로 사용되다 1860년경에 신전의 유적이 발견되어 성당은 철거되고 현재의 모습을 되찾게 되었다.

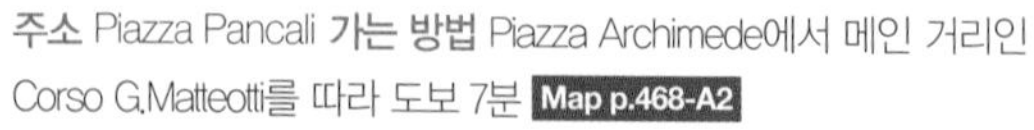
주소 Piazza Pancali **가는 방법** Piazza Archimede에서 메인 거리인 Corso G.Matteotti를 따라 도보 7분 **Map p.468-A2**

아레투사의 샘 Fonte Aretusa

아레투사의 샘

아레투사의 샘에서 바라본 해안산책로와 그란데 마레

해안가에 위치해 있으면서 지하수가 샘솟아 만들어진 연못. 샘에서 바라보는 시라쿠사 항구의 모습이 일품이다. 오비디우스의 〈변신 이야기〉에 따르면, 달의 여신이자 사냥의 여신인 아르테미스 Artemis의 시녀였던 요정 아레투사 Arethusa가 사냥 후 목욕을 하기 위해 강에 들어갔다가 강의 신 알페이오스 Alpheios의 눈에 뜨인다. 아레투사에게 첫눈에 반한 알페이오스는 사랑에 빠져 아레투사를 쫓아다니고 당황한 아레투사는 시라쿠사까지 도망쳐 왔지만 그를 피할 수 없었다. 결국 아레투사는 아르테미스에게 도와 달라고 요청했고 아르테미스는 땅을 갈라 아레투사가 땅 사이로 도망갈 수 있도록 샘으로 변신시켜 주었다. 아레투사는 땅 아래로 흐르다 땅 위로 솟아올랐는데 그곳이 지금의 아레투사의 샘의 자리이다.
샘 가운데에 솟아있는 파피루스가 만들어내는 풍경으로 인해 로맨틱한 기분이 들기도 하지만 아레투사에게는 공포가, 알페이오스에게는 이뤄내지 못한 사랑이 담겨있는 장소다.
주소 Largo Aretusa **홈페이지** www.fontearetusasiracusa.it **운영** 월 · 수~금 10:00~13:00, 토 · 일 18:00~21:00 **휴무** 화요일 **입장료** €5 **가는 방법** 두오모를 바라보고 Via Picherali 길을 따라 도보 5분 Map p.468-A3

RESTAURANT

먹는 즐거움

바다와 가까운 도시 시라쿠사에 왔으니 해산물 요리에 빠져보자. 단맛까지 느껴지는 신선한 해산물로 만든 파스타는 본토에서는 만나기 힘든 풍성함을 느낄 수 있다. 오르티지아 골목 안을 잘 살펴보자. 작은 규모의 트라토리아 Trattoria에서 만들어내는 따뜻한 음식이 여행의 즐거움을 풍성하게 한다.

Caseificio Borderi

시칠리아를 넘어 이탈리아에서 가장 푸짐하고 신선한 재료의 파니니를 먹을 수 있는 곳. 오르티지아 섬 식료품 시장 끝에 자리한다. 파니니 속 재료는 정해져 있지 않고 그날그날 준비된 올리브, 프로슈토, 치즈, 버섯, 토마토, 야채 등을 듬뿍 넣어 주는데 특히 치즈가 신선하고 맛있다. 'Do you trust me?'라는 질문을 받게 된다면 단호하게 대답하자. 'Absolutely!'라고. 파니니 크기가 커진다.
주소 Via Emmanuele De Benedectis 6 **홈페이지** www.caseificioborderi.eu **영업** 월~토 07:00~16:00 **휴무** 일요일 **예산** 파니니 €10(상황에 따라 변동이 있을 수 있음) **가는 방법** 아폴로 신전 건너편 Ancito Mercato 지나 Via Emmanuele De Benedectis 끝에 위치 Map p.468-A2

Trattoria Spizzuliamu

작은 골목 안에 자리한 식당. 실내 분위기는 아늑하고 좁은 골목에 놓인 야외 테이블의 바람도 시원하고 좋다. 전형적인 시칠리아 음식을 먹을 수 있으며 와인 리스트도 훌륭하다는 평가다. 서비스가 조금 느리긴 하지만 여기는 시칠리아다. 여유롭게 받아들이자.

주소 Via Consiglio Reginale 33 **전화** 338 546 5855 **영업** 금~수 12:00~15:00 · 18:00~23:00 **휴무** 목요일 **예산** 전식 €8~, 파스타류€12~, 메인 요리 €13~, 자릿세 €1.50 **가는 방법** Piazza Archimede에서 Via della Amalfitania로 들어가 왼쪽 첫 번째 길로 들어가 만나는 성당 맞은편 골목 Via Consiglio Reginale 안쪽 Map p.468-A2

Gusto Gourmet Store Bistro

깔끔하고 현대적인 식료품 상점 2층에 자리한 레스토랑. 시칠리아와는 어울리지 않을 것 같은 실내 분위기가 조금 어색하지만 시칠리아에서 생산되는 식재료를 사용하고 최대한 건강한 요리를 추구한다. 단출한 메뉴 구성이지만 담백하고 신선한 음식을 먹을 수 있다.

주소 Via Tirso 1 **전화** 0931 61706 **영업** 월~토 08:30~20:30 **휴무** 일요일 **예산** 전식 €9~, 파스타류 €10~, 메인 요리 €12~, 자릿세 €2 **가는 방법** Ponte Umbertino에서 기차역 쪽으로 직진하다 공원을 지나 첫 번째 길 Via Catania로 들어가 원형 로터리에서 첫 번째 길 약국 지나 직진, 도보 200m

Map p.468-A1

Osteria Mariano

부자 父子가 운영하는 작은 식당. 가족적이고 따뜻한 분위기가 일품이다. 작은 골목 안에 있어 현지인들이 많이 찾고 주로 단골들 위주로 영업이 이루어지다 보니 여행자들은 퉁명스럽거나 불편하게 느껴질 수 있는 것이 단점. 그러나 음식은 기본에 충실한 재료와 맛을 보여준다. 약간 짜게 느껴질 수 있으니 소금양을 조절해 달라고 부탁하자. Poco Sale Per Favore(포코 살레 페르 파보레)~

주소 Vicolo Zuccolà 9 **전화** 0931 67 444 **영업** 수~월 12:00~14:45 · 19:00~22:30 **휴무** 화요일 **예산** 전식 €2~, 파스타류 €10~, 메인 요리 €9~, 음료 €2~4, 자릿세 €2 **가는 방법** 아레투사의 샘에서 섬 아래쪽으로 걷다 왼쪽 첫 번째 골목 Via Santa Teresa로 들어가 왼쪽 첫 번째 작은 골목 Vicolo Zuccolà 안쪽 노란 차양의 식당 Map p.468-A3

STAY

쉬는 즐거움

시라쿠사는 시칠리아를 찾는 성지순례자뿐만 아니라 고고학에 관심 있는 여행자, 바다를 찾는 여행자들이 즐겨 찾는 도시이다 보니 다양한 등급의 숙소가 존재하고 호텔 사정도 좋은 편이다. 그러나 성수기와 비수기 요금차가 크고, 겨울 시즌에 운영하지 않는 숙소도 꽤 있다. 주변 도시 여행을 중점적으로 한다면 Corso Umnerto I 거리 주변이나 중앙역 주변에, 시내 여행을 중점적으로 한다면 오르티지아 섬에 숙소를 정하자.

Grand Hotel Ortigia ★★★★★

해안가에 자리한 5성급호텔. 정갈한 인테리어와 서비스가 인상적이다. 조용한 분위기로 휴식 취하기 좋고, 옥상 테라스에서 즐기는 푸짐한 조식은 여행자들의 사랑을 받는다.

주소 V.le Mazzini 12 **전화** 0931 464 600 **홈페이지** www.grandhotelortigia.it **부대시설** 마사지, 스파, 수영장 **주차** 호텔 인근 전용 주차장 1일 €15 **요금** €210~ **가는 방법** 오르티지아 섬 항구 앞, 중앙역에서 도보 15분

Map p.468-A2

Hotel Centrale ★★★★

시라쿠사 기차역 부근 버스 터미널과 가까운 곳에 자리한 4성급 호텔. 깔끔하고 정갈한 서비스를 제공한다. 수학여행을 떠난 단체 여행자들도 많이 찾고 있으며 가장 위층에 마련된 식당에서 바라보는 시라쿠사 전망이 일품이다. 주차가 가능하다는 것도 장점.

주소 Corso Umberto 141 **전화** 0931 605 28 **홈페이지** www.hotelcentralesiracusa.com **요금** €75~ **가는 방법** 시라쿠사 기차역 앞 광장 끝에서 왼쪽 길 Corso Umberto I로 들어가 도보 2분 Map p.468-A2

Lol Hostel

시라쿠사 기차역 앞에 위치한 호스텔. 여행자들에게 인기가 좋다. 저렴한 가격과 깔끔한 시설로 여행자들에게 호평을 받고 있으며 주방 시설이 잘되어 있어 부근에 위치한 슈퍼마켓을 이용해 알뜰한 식사를 즐길 수도 있다. 단, 겨울 시즌에는 운영하지 않는다.

주소 Via Francesco Crispi 92/96 **전화** 0931 465 088 **홈페이지** www.lolhostel.com/it **요금** €50~ **가는 방법** 시라쿠사 기차역에서 나와 광장 옆길 Via Francesco Crispi를 따라 도보 2분 Map p.468-A1

Val di Noto
지진을 딛고 일어선 바로크의 완성 발 디 노토 유네스코

1693년 시칠리아 전역을 휩쓸었던 지진은 시칠리아의 많은 도시들을 엉망으로 만들었다. 특히 시칠리아 섬 남동부 지역은 처참할 정도로 파괴되었고 그 후 폐허 위에 도시를 다시 세우거나 근처에 도시를 새로 만들면서 도시의 재건은 18세기까지 이어졌다. 이 지역의 8개의 도시-칼타지로네 Caltagirone, 밀리텔로 발 디 카타니아 Militello Val di Catania, 카타니아 Catania, 모디카 Modica, 노토 Noto, 팔라촐로 Palazzolo, 라구사 Ragusa, 시클리 Scicli-는 후기 바로크 시대의 정점을 보여주는 건축물과 철저한 고증에 바탕을 둔 새로운 도시 계획을 인정받아 2002년 도시 자체가 유네스코 세계문화유산으로 지정되었다.
본토만큼 수준 높은 예술과 건축 기술을 자랑하며 재건된 도시들은 당시 유행하던 후기 바로크 양식을 기반으로 도시가 갖고 있던 이전의 모습을 따르면서 자신들만의 새롭고 독특한 기법으로 도시를 꾸몄다. 이 중 노토, 모디카, 라구사는 바로크의 삼각편대라고 불릴 만큼 독특하고 아름다운 바로크 건축물들로 이름 높다.
잠시 모든 것을 내려놓고 걸어보자. 작은 도시 속 골목을 걷다가 우연히 만나게 되는 숨어있는 위대한 바로크의 영광을 보고 느끼고 감상하자. 멋들어진 풍경을 배경으로 모델이 되는 것도 좋고, 도시만의 특색 있는 먹거리를 탐닉하는 것도 좋겠다. 소도시 여행의 매력이 그런 것이 아닌가.

알아두세요!
발 디 노토 지역의 바로크 도시와 더불어 방문해 볼 만한 곳으로 피아차 아르메리나 Piazza Armerina가 있다. 빌라 카살레 Villa Casale라 불리는 고대 로마의 별장이 유명한데 시칠리아 섬에서 가장 먼저 유네스코 세계문화유산으로 지정된 곳이다. 섬세한 모자이크가 압권이며 비키니 수영복을 입은 여성의 군상이 흥미롭다.
가는 방법 카타니아에서 Interbus로 1시간 30분, 팔레르모에서 SAIS 버스로 2시간, 버스 터미널에서 빌라 카살레까지 성수기에 셔틀버스 운영, 또는 택시 왕복 €20
※이 지역의 기차, 버스는 모두 주말에는 운행하지 않거나 1~2편만 운행한다. 대중교통을 이용해 여행한다면 평일에 이동하자.

Noto
고소한 피스타치오 향 가득한 노토

시라쿠사에서 기차로 40분 정도 걸리는 곳에 위치한 도시. 지진으로 인해 도시는 완전히 파괴되었고 현재는 재건된 도시다. 도시의 중심 거리는 레알레 문 Porta Reale에서 시작하는 750m 길이의 Corso Vittorio Emanuele로, 거리 양옆으로 두오모를 비롯한 여러 성당과 극장, 시청사 등이 자리한다. 성당과 건물 하나하나를 살피면서, 그리고 길옆으로 뻗어있는 골목의 풍경을 살피며 걷다 보면 금세 시간이 지나간다.

발 디 노토 지역 도시들 중 바로크의 최고 정점이자 완성품으로 칭해지는 노토의 최고 볼거리는 역시 노토 대성당 Cattedrale di San Nicoló(**주소** Piazza del Municipio). 노토의 자부심이자 시칠리아 바로크의 대표 선수인 성당으로, 3단으로 만들어진 50여 개의 계단 위에 위풍당당한 자태를 뽐내며 우뚝 서 있다. 왼쪽에는 종탑, 오른쪽에서 시계탑을 거느리고 있는 모습으로 노토를 찾는 여행자를 팔 벌려 환영하는 듯한 기분을 선사하는 건물이다. 전체적으로 오렌지색 기운의 노토가 가장 화려해지는 순간은 꽃 축제 Infiorata가 열리는 5월의 한 주이다. 두오모 옆 반원형 광장을 지나 만나는 첫 번째 길인 Via Corrado Nicolaci를 꽃잎으로 수놓는 행사로 매년 5월 중순에 열린다. 축제가 끝나면 Via Corrado Nicolaci 위에는 축제 때 쓰인 그림의 스케치가 남아있으니 아쉬움을 달래보자.

노토는 주변에서 생산되는 올리브, 아몬드, 네로 다볼라 Nero d'avola 와인 품질이 좋기로도 유명하다. 곳곳의 노점, 식료품상에서 시식도 가능하니 식재료에 관심 있다면 놓치지 말 것. Caffè Sicilia(**주소** Corso Vittorio Emanuele 125)의 그라니타 Granita와 Caffe Costanzo(**주소** Via Silvio Spaventa 7)의 피스타치오 젤라토는 지나치면 서운한 먹거리다.

노토 두오모

노토가 가장 화려해지는 꽃 축제 ©www.infioratanoto.it

노토에 왔으면 피스타치오 젤라토는 먹어보자

이 문을 지나면 노토 중심으로 들어간다.

노토의 피스타치오는 이탈리아 최고품질을 자랑한다.

• 지역 정보
www.noto.it

• 꽃 축제 관련 정보
www.infioratadinoto.it

• 가는 방법
시라쿠사에서 기차로 40분 정도 걸린다. 기차역에서 Porta Reale까지는 완만한 경사로로 10분 정도 걸린다. 카타니아, 시라쿠사에서 AST 버스나 Interbus로 올 수 있다. 정류장은 Porta Reale 맞은편 공원. 당일치기를 계획했다면 티켓은 왕복으로 구입하자.

Modica
초콜릿과 바로크 성당의 도시 모디카

모디카 알타 전경

열두 제자의 호위를 받으며 들어갈 수 있는 산 피에트로 성당. 모디카 바싸 지구의 두오모다.

모디카 알타 지구의 두오모 산 지오르지오 성당

달콤 쌉싸래한 모디카 초컬릿은 선물용으로 그만이다.

달콤 쌉싸래한 초콜릿의 도시 모디카. 여행 안내소에서 지도를 받을 때 도시에 대한 설명을 부탁하면 이렇게 말한다. '모디카는 초콜릿과 바로크 성당들의 도시야.'라고.

다른 도시와 마찬가지로 1693년 일어난 지진으로 큰 피해를 입었던 모디카는 지진 이후 남쪽 이벨리 Ibeli 언덕 위에 모디카 알타 Modica Alta와 언덕 아래쪽에 자리한 또 하나의 도심 모디카 바싸 Modica Bassa로 나뉘어 재건되었다.

모디카 알타 지역은 오르막길과 계단이 끝없는 거미줄처럼 연결되어 있다. 굽이굽이 돌아나가면서 만나는 맞은편 언덕의 풍경과 이어진 기와지붕들의 풍경이 정겹고 재미있다. 아늑한 골목 사이에 자리잡고 있는 거대한 성당들 또한 볼거리. 위풍당당한 모습의 산 지오르지오 대성당 Duomo di San Giorgio은 모디카의 수호신과 같다.

모디카 바싸 지구의 중심 거리인 움베르토 1세 거리 Corso Umberto I에는 또 하나의 두오모, 산 피에트로 대성당 Duomo di San Pietro이 자리한다. 성당으로 오르는 계단을 따라 열두 제자들의 석상이 서 있는 아름다운 바로크 양식의 성당이다. 거리에는 성당뿐만 아니라 여행 안내소와 초콜릿 상점들도 늘어서 있다.

시칠리아 초콜릿은 스페인이 시칠리아를 다스리던 16세기에 멕시코에서 들여온 카카오를 아즈텍인들의 요리법과 함께 들여온 데에서 시작한다. 모디카에서는 여러 세대에 걸쳐서 전통적 기법을 고수해 만들고 있는데 다른 초콜릿에 비해 아삭아삭한 질감을 갖고 있으며 유제품을 쓰지 않지만 굉장히 부드럽다. 거기에 시칠리아 전통의 향신료를 첨가해 만드는데 대표적인 것이 피스타치오이다. 가장 유명한 초콜릿 상점은 Antica Dolceria Bonajuto(**주소** Corso Umberto I 159, www.bonajuto.it, **영업** 09:00~20:30). 이탈리아에서 가장 오래된 초콜릿 상점으로 기본 초콜릿뿐만 아니라 후추, 생강, 고추맛 등 다양한 맛의 초콜릿이 있다. 갓 만들어낸 초콜릿을 바로 녹여주는 핫초코도 별미 중의 별미.

• 지역 정보

www.modica.it/turismo.htm

• 가는 방법

시라쿠사에서 기차로 1시간 40분, 노토에서 1시간 정도 걸리고 AST 버스가 라구사, 노토, 카타니아를 연결한다. 노토와 라구사 중간에 있어 두 도시에서 당일치기하기에도 좋은 위치에 있다.

Ragusa
협곡 사이의 예쁜 섬 라구사

이르미니오 강 협곡 위에 우뚝 솟아있는 라구사는 라구사 이블라 Ragusa Ibla로 칭하는 구도시와 고지대에 있는 신도시 라구사 수페리오레 Ragusa Superiore로 나뉜다.
기차역이 위치한 신시가지 라구사 수페리오레는 지진 이후 새로 만들어진 신도시로, 반듯한 도로 구획과 깔끔하고 현대적인 건물들이 자리한다. 그 중간에 우뚝 솟아있는 산 지오바니 바티스타 대성당 Cattedrale di San Giovanni Battista은 이 지역의 터줏대감처럼 자리한다. 성당 앞에 있는 여행 안내소에서 뷰포인트까지 표시된 친절한 지도를 받아들고 라구사 이블라로 나서보자.
잘 닦인 내리막길을 따라가다 Largo Santa Maria에 서면 절로 탄성이 나온다. 발 디 노토 지역의 소도시들이 모두 저마다의 개성과 아름다움을 갖고 있지만 라구사의 모습은 조금 더 특별해 보인다. 깊은 협곡 사이에 우뚝 솟아있는 이블라 지구의 모습은 미니어처 같기도 하다. 꼬불꼬불한 길을 따라 이블라 지구로 들어서면 그때부터는 또 다시 골목 여행이 시작된다. 시칠리아 바로크의 특징이라는 장식 가득한 발코니 모양을 하나하나 비교하면서 걷는 재미가 가득한 곳이다. 골목 사이로 보이는 산 지오르지오 대성당 Duomo San Giorgio의 둥근 쿠폴라가 성당의 모습을 기대하게 하고 웅장하고 화려한 성당의 모습은 경이롭기까지 하다. 이블라 지구 끝에는 공원으로 사용되는 정원이 있는데, 이곳에서 바라보는 주변의 모습도 이채롭다.
선사시대 유적, 고대 그리스 시대에 만들었던 묘지부터 아름다운 바로크 양식으로 지어진 성당과 궁전들이 있는 라구사는 제2차 세계대전 때 연합군의 상륙 합류 지점이기도 했다. 이뿐만 아니라 주변에서는 예로부터 아스팔트가 채굴되고 석유가 발견되기도 했다니, 다른 곳에서 볼 수 없는 풍경을 가진 라구사가 오묘한 도시라는 생각이 든다.

라구사 이블라 전경

라구사 수페리오레의 산 지오바니 바티스타 대성당

파란 타일의 성당 지붕과
빛바랜 이블라 지구의 주택들이 조화롭다.

장식 가득한 발코니는 시칠리아 바로크의 특징이다

•• 지역 정보
www.modica.it/turismo.htm

•• 가는 방법
시라쿠사에서 기차로 오면 노토, 모디카를 거쳐 2시간 정도 걸린다. 기차역에서 10분 정도 떨어진 Via Zama에 버스 터미널이 있는데 AST 버스가 모디카, 시라쿠사를, Interbus가 카타니아와 시라쿠사를 각각 연결한다. 여기서 시내버스 11번과 33번이 라구사 이블라 Ragusa Ibla를 연결한다. 라구사에서 16km 떨어진 곳에 코미소 공항 Aeroporto di Comiso이 위치한다. ITA항공 국내선을 비롯해 라이언에어 등 몇몇 저가 항공이 취항한다. 라구사까지는 AST 버스로 30분 정도 걸린다.

Catania · 고난과 역경을 이겨낸 그들에게 경의를! 카타니아

시칠리아의 밀라노라는 별칭을 가진 시칠리아 제2의 도시. 시칠리아 섬의 동쪽에 자리 잡고 있으며 에트나 화산과 함께 살아왔다. 1693년 시칠리아 섬을 강타한 지진으로 인해 도시는 완전히 파괴되었고 잦은 에트나 화산의 심술은 도시를 늘 긴장하게 했다. BC8세기에 시작된 오래된 도시로, 중세 시대에는 시칠리아 문화의 중심지로 번성하기도 했다. 시칠리아에서 가장 오래된 대학인 카타니아 대학이 있고, 성녀 아가타와 미스테릭한 삶을 산 20세기 천재 물리학자 에토레 마요라나 Ettore Majorana가 태어난 도시이기도 하다. 바로크 양식의 화려한 건물들이 곳곳에 자리하면서도 어딘가 현대적인 느낌이 있는 도시 카타니아는 에트나 산과 함께 하면서 지진, 화산, 전쟁의 피해로부터 오뚝이처럼 일어선 당당한 역사의 도시이다.

저자 추천
이 사람 알고 가자 빈첸초 벨리니

Information 여행 전 유용한 정보

클릭! 클릭!! 클릭!!!

카타니아 관광청 www.comune.catania.it/la-citta/turismo

여행 안내소

공항청사

위치 공항청사 도착 층 유실물 센터 옆

운영 09:00~20:00

시내 Map p.486-B1

주소 Via Vittorio Emanuele II 54 **운영** 월~토 08:15~19:15 **휴무** 일요일 **가는 방법** 두오모 옆에서 Via Vittorio Emanuele II를 따라 도보 5분

우체국 PT Map p.486-A1

주소 Via Etnea 215

운영 월~금 08:00~18:30, 토 08:30~12:30

가는 방법 두오모 광장에서 Via Etnea를 따라 직진 도보 7분 거리

경찰서 Questra Map p.486-A1

주소 Piazza G. Verga 8

전화 095 53 79 99

가는 방법 두오모 광장에서 Via Etnea를 따라 직진하다가 Viale XX Settembre로 우회전, 다시 Piazza G. Verga로 우회전 후 도보 10분

Access 카타니아 가는 법

시칠리아 여행을 위해서 한 번 정도는 들르는 도시, 카타니아. 시칠리아의 부유한 상업 도시로 항구와 공항을 갖고 있고, 해안을 따라 시라쿠사까지 철도 노선이 연결되어 있다. 메시나와 더불어 본토에서 버스로 오기도 편리하다.

비행기

한국에서 카타니아로 비행기를 이용해 오려면 알이탈리아항공이나 터키항공을 이용하는 것이 편리하다. 그 외 유럽계 항공이 운행하는데 대부분 경유지 공항에서 1박을 해야 한다.

폰타나로싸 공항
Aeroporto Internazionale Vincenzo Bellini di Catania-Fontanarossa Map p.486-B2

이탈리아에서 6번째 규모의 공항이자 시칠리아의 제1 공항이다. 카타니아 시내에서 남동쪽으로 5km 정도 떨어진 곳에 자리한다. 카타니아 공항은 빈센초 벨리니 Vincenzo Bellini라고도 불리는데 카타니아 출신 오페라 작곡가의 이름에서 따왔다.

터미널은 주요 항공사가 이용하는 A터미널과, 이지제트 EasyJet 전용 C터미널로 나뉜다. 두 터미널은 도보로 이동 가능하다.

한국에서 오려면 이탈리아 국적기인 ITA항공을 이용해 로마에서 환승 후 도착한다. ITA항공은 로마, 밀라노, 볼로냐 노선도 운행하니 본토 여행 후 시칠리아로 올 때 이용할 수도 있다. 그 외에는 터키항공도 취항한다. 여러 저가 항공도 취항하고 있으며, 주도인 팔레르모 공항보다 항공편이 더 많아 편리하다. 공항은 2개 층으로 이루어져 있고, 1층에 환전소, 바, 여행 안내소 등 여러 시설이 몰려있다.

홈페이지 www.aeroporto.catania.it

공항에서 시내로

공항 청사 밖으로 나와 왼쪽으로 오면 보이는 버스 정류장에서 알리부스 ALIBUS를 이용하자. 두오모, 카타니아 중앙역 등 주요 시내를 돌아 공항으로 다시 오는 버스다. 버스표는 기사에게 구입하고 티켓은 구입 후 꼭 펀칭하도록 한다. 짐이 많거나 일행이 많다면 택시도 좋은 선택. 카타니아 시내까지 요금은 €18이다.

ALIBUS

운행 공항→시내 05:00~24:00(매시간 20분 간격으로 출발), 중앙역→공항 05:10~23:50(매시간 10분/30분/50분에 출발) **소요 시간** 20분 **요금** €4

공항에서 주변 도시로

카타니아가 아닌 다른 도시로 먼저 이동할 여행자라면 공항 청사 오른쪽 끝 출구로 이동하자. 이 곳에 위치한 버스 티켓 매표소에서 타오르미나, 시라쿠사 등 다른 도시로 향하는 티켓을 구매할 수 있다.

Interbus 버스(노토, 시라쿠사 연결)
홈페이지 www.interbus.it
ETNA TRASPORTI 버스(라구사, 타오르미나 연결)
홈페이지 www.etnatrasporti.it
AST 버스(모디카, 노토 연결)
홈페이지 www.aziendasicilianatrasporti.it

기차 Map p.486-C1

해안을 따라 철로가 연결되어 있어 아름다운 풍경을 자랑하는 카타니아 중앙역. 그러나 아쉽게도 아름다운 풍경에 비해 철도 이용은 그리 편리하지 않다. 버스가 기차보다 운행 편수도 많고 연결되는 목적지도 많다. 역 내 시설도 바, 화장실 정도가 전부. 짐 보관소가 없으니 유의할 것.

버스

기차보다는 버스가 카타니아로 이동하거나 카타니아에서 다음 도시로 이동하기에 수월하다. 시칠리아 도시뿐만 아니라 로마, 나폴리, 그리고 풀리아 지방으로 가는 버스들도 운행한다. 카타니아 중앙역 앞 광장에서 에트나 산행 버스가 출발한다. 그리고 대부분의 장거리 버스는 중앙역 앞 광장 왼쪽 대각선 방향의 Via Archimede에서 출발한다. 매표소(Map p.486-B1)는 버스 터미널에서 나와 오른쪽 대각선 방향의 Via D'amico에 모여 있다.

근교이동 가능 도시

출발지	목적지	교통편/소요 시간
카타니아 Centrale	에트나	AST 버스 1시간 20분
카타니아 Centrale	타오르미나	기차 45분
카타니아 Via Archimede	타오르미나	Interbus 버스 1시간 10분

주간이동 가능 도시

출발지	목적지	교통편/소요 시간
카타니아 Centrale	팔레르모 Centrale	기차 2시간 50분
카타니아 Via Archimede	팔레르모	SAIS 버스 2시간 30분
카타니아 Centrale	시라쿠사	기차 1시간 20분
카타니아 Via Archimede	시라쿠사	Interbus 버스 1시간 20분
카타니아 Via Archimede	아그리젠토	SAIS 버스 3시간

야간이동 가능 도시

출발지	목적지	교통편/소요 시간
카타니아 Centrale	로마 Termini	기차 10시간 50분
카타니아 Via Archimede	로마 Tiburtina	SAIS 버스 14시간
카타니아 Centrale	나폴리 Centrale	기차 8시간 30분
카타니아 항구	나폴리 Santa Lucia	TTT Lines 페리 11시간

주요 장거리 버스 회사

AST(에트나 연결)
홈페이지 www.aziendasicilianatrasporti.it
Interbus(시라쿠사, 타오르미나, 라구사 연결)
홈페이지 www.etnatrasporti.it
SAIS Autolinee(팔레르모 연결)
홈페이지 www.saisautolinee.it
SAIS Transporti(아그리젠토, 로마 연결)
홈페이지 www.saistrasporti.it

페리

카타니아 항구는 주로 화물선이 통행하지만 여름 성수기 시즌에는 크루즈선이 정박하기도 하고, 몰타와 나폴리에서 출발하는 페리 노선이 취항한다. 항구는 중앙역에서 왼쪽으로 10분 정도 걸으면 도착한다.

주요 페리 회사

Virtu Ferries(몰타 섬 연결)
홈페이지 www.virtuferries.com
TTTlines(나폴리 연결)
홈페이지 www.tttlines.com

Transportation 시내 교통

다른 도시와 마찬가지로 중앙역 앞 광장 Piazza Giovanni XXIII은 시내 교통의 중심지이다. 이곳에서 시내 중심 여행지로 이동하는 오렌지색 시내버스와 공항버스 ALIBUS가 발착한다. 또한 에트나 산으로 가는 AST 버스도 이 광장에서 출발한다. 카타니아 번화가인 Via Etnea로 가려면 1~4번 버스를 타면 된다. 택시를 이용할 경우 역 앞에 택시들이 늘어서 있는데 미터기 여부와 택시 마크를 보고 탑승하자.
AMT 시내버스 요금 1회권(90분 사용) €1

카타니아 완전 정복

두오모 광장에서 곧게 뻗어 있는 Via Etnea가 카타니아의 가장 번화한 거리다. 이 거리를 중심으로 대부분의 유적지가 연결돼 도보로 이동이 가능하다. 도시 안에 둘러볼 여행지가 그리 많은 편은 아니고 하루 정도면 충분히 돌아볼 수 있는 정도다. 에트나 산, 타오르미나 등을 둘러보려면 하루나 이틀 정도 머무는 것이 좋다. 도시는 어딘지 모르게 현대적인 느낌이 드는 도시이다. 1693년 지진 이후 새로 만들어진 건물들이 많은데 지진을 견뎌내고 지금까지 남아있는 오랜 바로크 양식의 성당들이 눈길을 사로잡는다.

시내 여행을 즐기는 Key Point
여행 포인트 깔끔한 분위기의 거리, 도시 곳곳에 보이는 용암 덩어리
랜드 마크 Piazza Duomo
점심 먹기 좋은 곳 어시장 Piazza Pardo 부근과 Via Santa Filomena
쇼핑하기 좋은 곳 Via Etnea

Best Course
기차역 → 카테드랄레 → 우르시노 성 → 로마 극장과 오데온 → 로마 원형극장 → Via Etna

카타니아
0
400m
N
A
B
C
1
2
지중해
Mediterraneo
카타니아 기차역
Piazza Giovanni XXIII
버스 터미널
페리 터미널
나폴리 방면
로마 방면
카테드랄레
로마 원형 극장
로마 극장과 오데온
우르시노 성
경찰서
BNL
Wind
Vodatone
Tim
Via Raffineria
Viale della Libertà
Via d'Amico
Via Archimede
Via Conte di Torino
Via Ursino
Via Francesco Cilea
Via Francesco Crispi
Via De Pretis
Via D'Amico
Via Monsignore Ventimiglia
Corso Martiri della Libertà
Via Giovanni di Prima
Via Platamone
Via Tezzano
Via VI Aprile
Piazza Giovanni Falcone
Piazza Gandolfo
Piazza dei Martiri
Piazza Majorana
Via Antonino di Sangiuliano
Piazza Pietro Lupo
Via Vittorio Emanuele II
Via Cali
Via Dusmet
Via San Gaetano
Via Iandolina
Piazza Bellini
Via Teatro Massimo
Via Pistone
Catania
Via Luigi Struzo
Piazza della Repubblica
Via Maddem
Via Carmelitani
Via Giuseppe Verdi
Via Cosentino
Via Guglielmo Oberdan
Piazza Carlo Alberto
Via Pacini
Corso Sicilia
Via Giacomo Puccini
Via Etnea
Piazza Stesicoro
Via Sant'Euplio
Largo Paisiello
Via Reclusorio del Lume
Via Pebliscito
Via Santa Maddalena
Via manzoni
Via crociferi
Piazza Universita
Piazza Duomo
Piazza Borsellino
Villa Pacini
Via Mulino Santa Luci
Via Cristoforo Colombo
Via Fornaciai
Via Grimaldi
Piazza Curro
Via San Calogero
Via Gisira
Piazza Mazzini
Via Auteri
Via Transito
Via Castello Ursino
Piazza San Francesco d'Assisi
Via Teatro Greco
Via Garibaldi
Via Naumachia
Via Santa Maria dell'Aiuto
Via Plebiscito
Via Reitano
Via Angelo Custode
Piazza Federico di Svevia
Via Gramignani
Via Plaia
Piazza Dante
1 카테드랄레 Cattedrale A2
2 로마 극장과 오데온 Teatro Romano e Odeón A2
3 로마 원형 극장 Anfiteatro Romano A1
4 우르시노 성 Castello Ursino A2
1 Osteria Antica Marina A2

ATTRACTION

보는 즐거움

뭐라 정의 내리기 어려운 도시 분위기. 그로 인해 뭔가 재미있는 일이 일어날 것만 같은 도시가 바로 카타니아다. 중앙역 부근의 약간 스산한 분위기, 두오모 광장의 정돈되고 여느 도시와 같은 분위기의 활기참, Via Etna 주변의 세련된 상점들, 뒷골목에 숨어있는 맛집까지 다양한 얼굴을 가진 도시 속으로 들어가 보자. 그들이 지나온 역사에 대해 경의를 표하며.

카테드랄레 Basilica Cattedrale Sant'Agata

시칠리아에서는 도시의 중심 성당을 카테드랄레 Cattedrale로 표기하는 경우가 있다. 이는 두오모 Duomo와 같은 뜻으로 스페인이나 프랑스에서 많이 쓰는 표기법이다.

카테드랄레는 로마 시대 목욕탕 자리에 세워진 것으로, 1093년에 처음 지어졌다. 이후 여러 차례의 지진과 화산 폭발로 파손을 거듭하다가 1669년에 에트나 산이 대폭발하면서 완전히 부서진 후 재건축되어 지금의 모습을 갖게 되었다.

전면 파사드는 지안 바티스타 바카리니 Gian Battista Vaccarini의 디자인이며 모든 석상은 최고 품질을 자랑하는 카라라 Carrara 산 대리석으로 만들어졌다. 중앙 출입문 양옆으로 성 베드로와 사도 바오로의 석상이 지키고 있으며, 문 위에는 도시의 수호 성녀인 아가타 성녀 석상이 지키고 있다.

성당 내부는 큰 장식 없이 심플하고 단정한 느낌이다. 정면 제대 뒤의 성녀를 상징하는 스테인드글라스가 있고 오른쪽 회당에는 성녀의 유체 일부(두개골과 팔뼈)를 보관하고 있다.

아가타 성녀는 개종을 거부하는 대가로 양쪽 젖가슴을 도려내는 형벌을 받았다고 한다. 그림 속 성녀는 젖가슴이 얹힌 쟁반을 들고 있는 모습인데 이후 그림의 의도가 잘못 전달되어 빵으로 변하기도 했다. 때문에 2월 2~5일 사이에 카타니아에서 열리는 성녀를 기리는 축제에서는 빵을 봉헌하고 축성하기도 한다고. 축제 기간이 되면 카타니아 주요 거리에 루미나리에 장식이 늘어서고 이 장식을 따라 성당에서 석상을 들고나와 카타니아 시가지를 도는 축제 행렬이 행해진다.

성녀의 사망 1년 후 에트나 산의 대폭발이 있었고 카타니아 시민들이 그녀의 무덤으로 달려가 그녀가 생전에 사용하던 수건을 들자 화산 활동이 중지되었다는 전설이 있다. 이후 성녀는 화산 활동, 화재, 번개 등을 막는 수호성인이 되었다고 한다. 그리고 가슴을 잘리는 형벌을 받고 치유되었다는 이유로 수유하는 여인들, 유방암 환자들의 수호성인이 되었다.

두오모 광장에는 오벨리스크를 업은 코끼리상이 있다. 이 코끼리상은 현재 카타니아의 상징으로 에트나 산의 현무암으로 만든 상이며 카타니아 시 깃발에도 그려져 있다.

주소 Piazza del Duomo **홈페이지** www.cattedralecatania.it **운영**

두오모

두오모 내부

매일 07:30~12:30 · 16:30~19:00 **미사** 평일 07:30 · 10:00 · 18:00, 일 · 공휴일 08:00 · 09:30 · 11:00 · 18:00 **가는 방법** 카타니아 기차역에서 42번 버스를 타고 Piazza Duomo(혹은 Via Etnea)에서 하차 후 도보 2분 Map p.486-A2

로마 극장과 오데온 Teatro Romano e Odeón

로마 극장

오데온

5,000여 명의 관객을 수용할 수 있는 크기의 부채꼴의 극장. 그리스인들이 만들었던 극장을 로마인들이 재건축한 것이다. 5천여 명의 관객을 수용할 수 있었던 규모로 지금 남아있는 부분은 일부다. 6세기 이후부터 세간의 관심에서 벗어나면서 잊혔고, 중세 시대에는 집을 지어 사람들이 거주하기도 했다. 지금도 극장의 유적과 함께 중세시대 사람들이 거주했던 집이 함께 남아있어 박물관의 역할을 한다. 한쪽에는 극장을 축소해 만든 건물이 있는데, 이를 오데온 Odeon이라 부른다. 일종의 대기실, 연습실로 사용되던 공간이다.
주소 Via Vittorio Emanuele II 262 **운영** 매일 09:00~17:00 **입장료** €6 **가는 방법** 카테드랄레를 등지고 맞은편 왼쪽 길 Via Vittorio Emanuele II 을 따라 도보 7분 Map p.486-A2

로마 원형 극장 Anfiteatro Romano 건축

로마 원형극장

도심에 자리한 또 하나의 극장. 2세기경에 로마인들이 만들었는데 검투사 경기와 모의 해전 나우마키에 Naumachie를 즐기기 위해 만들었다. 1만 5천 명을 수용할 수 있는 규모의 경기장이었다고 기록에 남아 있으나 지금은 절반 정도만 남아있다.
극장은 252년 에트나 산의 폭발이 있었을 때 용암이 극장을 덮치면서 손상되었고 이후 카타니아 건물을 짓는 데 쓰이는 골재 채취장이 되었다. 이후 점점 훼손되어 방치되던 것을 1906년에 발굴이 시작되어 지금의 모습을 찾았다. 입구를 통해 지하 통로를 관람할 수 있다.
주소 Piazza Sitesicoro **가는 방법** 카테드랄레 앞 광장에서 Via Etnea를 따라 도보 7분 Map p.486-A1

우르시노 성 Castello Ursino

우르시노 성

13세기 중엽 아랍인의 해상 침략을 방어하고자 만든 성이다. 해상 침략을 막기 위한 성이라면서 지나치게 내륙에 지어진 게 아닌가 생각되겠지만 원래 성이 있던 곳은 해안가였다. 1669년 에트나 산 대폭발 때 용암이 도시를 습격했고 그 덕(?)에 성 주변이 육지가 되면서 졸지에 성은 도시 내륙에 고립되었다. 그 광경은 성 내에 있는 지아친토 플라타니아 Giacinto Platania의 그림으로 잘 묘사되어 있다.
노르만 양식으로 지어진 성은 2.5m 두께의 벽을 가졌으며 사방 50m의 정사각형 형태로 각 모서리에는 원형 탑이 만들어져 있다.

성 주변에는 다른 성들과 마찬가지로 깊은 해자 垓字(성 주변을 파 경계로 삼은 구덩이. 동물, 외부인, 외적으로부터의 침입을 방어하기 위한 목적으로 만들어짐)로 둘러싸여 있다.
처음에는 외적으로부터 도시를 방어하기 위해 만들어졌지만 이후 왕들의 거주지로 사용되면서 여러 방과 거실이 만들어졌다. 그러나 에트나 산 폭발 이후 감옥으로 사용되기도 했다고.
지금은 오랜 복원 작업을 거쳐 카타니아 시립 박물관으로 사용된다. 내부는 중세 시대의 성의 모습이 잘 남아있고 여러 회화와 성의 모형 등이 전시되어 있다. 간혹 여러 기획 전시도 열린다.
주소 Pizza Federico di Svevia **운영** 매일 09:00~19:00 **입장료** €6(특별전시 시 요금 변동) **가는 방법** 카테드랄레를 등지고 정면 왼쪽 길 Via Giuseppe Garibaldi를 따라서 직진하다 왼쪽 다섯 번째 골목 Via Castello Ursino로 들어가 도보 10분 Map p.486-A2

RESTAURANT

먹는 즐거움

카타니아는 항구 도시. 카테드랄레 앞 광장 부근 Piazza Pardo에 어시장이 있어 주변 레스토랑에서 신선한 해산물 요리를 맘껏 즐길 수 있다. Via Etna 주변 작은 골목에 숨어있는 맛집 찾기도 재미있는 여행 거리가 될 것이다.

Osteria Antica Marina

출입문에 잔뜩 붙어있는 여러 마크만 보아도 식당의 위상이 느껴지는 해산물 레스토랑. 해산물 요리 천국이라고 할 만큼 해산물 요리가 가득한 메뉴판에서 고르는 것만으로도 행복해지는 곳이다. 세트 메뉴 구성도 매우 훌륭하다.

주소 Via Pardo 29 **전화** 095 348 197 **홈페이지** www.anticamarina.it **영업** 매일 12:30~15:00 · 19:30~23:00 **휴무** 수요일 **예산** 전식 €6~, 파스타 €13.50~, 생선요리 100g당 €6.50~, 셰프 추천 코스요리 €25~ **가는 방법** 카테드랄레를 등지고 광장 끝에서 왼쪽 길을 따라 직진, 처음 만나는 사거리에서 왼쪽 Via Pardo로 진입해 왼쪽 건물 Map p.486-A2

STAY

쉬는 즐거움

시칠리아 여행 시 한 번쯤 들르는 도시 카타니아. 각 지역으로 떠나는 교통의 요지인 만큼 다양한 숙소들이 존재한다. 시내 여행을 주로 생각한다면 Via Etna 주변 시내에, 근교 도시 여행을 주로 생각한다면 중앙역 부근에 숙소를 잡자.

Ostello degli Elefanti

두오모 광장과 가까운 곳에 위치한 호스텔. 시설이 깔끔하고 현대적인 맛은 없지만 친절하고 정감 있는 서비스를 제공한다. 사전에 예약을 하면 이용 가능한 저녁 식사가 알차고 맛있다는 평가다.

주소 Via Etnea 28 **전화** 095 226 5691 **홈페이지** www.ostellodeglielefanti.it **요금** 도미토리 €35~(아침, 시트 포함) **가는 방법** 카테드랄레 앞 광장 Piazza Duomo과 우니베르시타 광장 Piazza Università 중간에 위치 Map p.486-A2

카타니아 근교 여행

Etna
불칸의 분노를 잠재워라 에트나 유네스코

화산 활동으로 피해 입은 집 옆에 새로 지은 집. 관측소라고 설명 들었다.

정상에서 바라보는 풍경

유럽 최대의 활화산 에트나. 카타니아와 타오르미나에서 보이는 모습만으로도 신비감 가득한 곳이지만 한편으로는 자연에 대한 두려움과 경외감의 대상이기도 하다. 그리고 오랜 시간 동안 시칠리아 사람들과 함께 살아온 화산으로 많은 이야기의 대상이기도 하다.
그 중 대표적인 두 가지를 들어보면 하나는 이 산에 괴물이 갇혀 있다는 것이다. 그리스 신화에 따르면 제우스가 괴물 티폰을 산 아래 가뒀고 분을 이기지 못하는 티폰이 몸부림칠 때마다 화산 활동이 일어난다고 한다. 다른 하나는 대장장이신 헤파이토스 Hephaistus(로마식 이름 불카노 Vulcano)가 부인인 아프로디테 Aphrodite(로마식 이름 비너스 Venus)가 바람을 피울 때마다 에트나 산 용광로에서 쇠 담금질을 할 때 화산이 분출한다는 이야기가 전해져 온다.
어찌되었던 에트나 산은 지금도 활발하게 활동하는 활화산으로 90번 넘게 폭발했으며, 가장 큰 폭발은 1669년이었다. 이 폭발로 인해 2만 명 이상의 인명 피해가 났고 1693년에 일어난 대지진에도 영향을 주었다고. 폭발의 위력이 얼마나 대단한지는 산의 높이에서 알

8인승 케이블카

케이블카에서 이 버스로 갈아타면 정상으로 올라간다.

화산 활동의 증거

지열로 인한 연기는 끊임없이 피어 오른다.

수 있다. 잦은 폭발로 인해 에트나 산의 높이는 매번 다르게 측정되는데, 현재는 3,330m 정도의 높이라고 한다.
카타니아에서는 AST 버스로 산 중턱 Piazzale Rifugio Sapienza까지 도착한다. 이곳에서 케이블카를 타고 산에 오르고, 케이블카 종점에서 다시 지프를 타거나 걸어서 정상으로 올라야 한다.
필자에게는 단 한 번 에트나 방문이 허락되었는데 그때는 11월 초순이었다. 정상에 올랐을 때 주변은 온통 검은 흙들이었다. 가이드의 설명으로는 이 검은 흙은 화산재와 현무암의 가루가 대부분이며, 그 아래에는 눈이 쌓여있는 곳이 많다고 설명을 들었다. 그리고 겨울에는 스위스 알프스에서 볼 수 있는 눈밭이 펼쳐지기도 한다. 기온은 산 아래에 비해 낮고 바람에 세차게 불어온다. 일부 구역은 가이드를 동반하지 않고서는 다닐 수 없는 구역도 있다. 실제로 하얀 김이 모락모락 피어오르는 분화구가 보이기도 한다. 검은 흙과 함께 붉은색을 띤 부분이 보일 때면, '설마?' 하는 공포가 밀려오기도 한다. 실제로 발아래에는 상상을 초월할 열기를 품은 용암이 꿈틀대고 있을 것이니 말이다.
스위스 알프스에 오를 때처럼 에트나 산도 날씨와 화산 활동 여부에 따라 많은 변수가 존재한다. 쉽게 만날 수 없는 위대한 자연에 대한 경외심으로 방문을 계획해보자. 본인의 운을 믿으며.

붉은색의 분화구가 조금은 무섭다.

또 다른 곳에 있는 작은 분화구

●● 여행 정보

www.funiviaetna.com
전화 095 9141 41, 095 9141 42 운영 여름 08:30~15:15, 겨울 08:30~15:45 입장료 €50(해발 2,500m까지 오르는 케이블카), €69/80(케이블카+지프차+가이드, 화·목 운영/예약 필수)

●● 가는 방법 & 돌아다니기

❶ 카타니아 중앙역 앞 광장에서 AST 버스를 타면 된다. 티켓은 전날 미리 구입해두는 것이 좋다. 티켓은 광장 앞 왼쪽 Via Don Luigi Struzo에 위치한 AST 사무실에서 판매한다. 운전기사에게 직접 구입하는 것도 가능하다. 총 소요 시간은 2시간, 왕복 요금은 €6.60.
버스 운행 정보 카타니아→에트나 07:30 · 08:30, 에트나→카타니아 16:30 · 18:30
❷ 아침 일찍 출발하는 것이 부담스럽다면 사설 업체를 찾는 수밖에 없다. 두오모 부근에 자리한 몇몇 여행사에서 10:00 대에 출발하는 버스를 운행하며, 요금은 €35이다.
❸ 타오르미나에서도 투어가 운영된다. 가격은 €50선. 날씨 때문에 카타니아에서 오르지 못했다면 고려해보자.

카타니아 근교 여행

Taormina
지중해 바닷바람과 함께 하는 도시 타오르미나

탁 트인 전망을 자랑하는 Piazza IX Aprile

정갈한 모습의 타오르미나 두오모

귀여운 화분들이 놓여있는 골목길

시라쿠사와 더불어 고대 그리스인들이 만들어낸 아름다운 도시 타오르미나. 지정학적 위치로 인해 이웃한 도시 메시나 Messina가 대륙으로 가는 발판의 역할을 했고, 타오르미나는 그들의 휴식처였다. 그 덕에 이탈리아에서도 아름답기로 손꼽히는 그리스 극장을 갖게 되었고 풍경을 만끽하기 위해 이탈리아는 물론 전 유럽 여행자들이 여름이면 타오르미나를 찾곤 한다.

타오르미나의 중심 거리인 움베르토 거리 Corso Umberto의 양 끝에는 메시나 문 Porta Messia과 카타니아 문 Porta Catania이 서 있다. 마치 타오르미나가 메시나와 카타니아 귀족들의 휴양지였다는 것을 보여주는 듯하다. 다양한 상점, 레스토랑으로 가득한 거리를 구경하며 걷다보면 탁 트인 광장 Piazza IX Aprile이 나온다. 광장에서는 타오르미나 해변과 멀리 끝없이 펼쳐진 바다, 그리고 에트나 산까지 한눈에 보인다. 감탄사가 절로 나오는 절경을 보고 있으면 왜 이곳을 고대인들이 휴양지로 삼았는지 단번에 이해가 간다.

타오르미나의 최고 볼거리는 이탈리아에서 가장 아름다운 그리스 극장으로 손꼽히는 그리스 극장 Teatro Greco(**주소** Via Teatro Greco 59 **운영** 4~10월 09:00~19:00, 11월~3월 09:00~16:30 **입장료** €10). BC 3세기에 세워진 극장은 시라쿠사의 그리스 극장에 이어 두 번째로 큰 규모로 지금도 여러 공연이 열린다. 6월 중순에는 영화제가, 7월 중순부터 9월 사이에는 오페라 페스티벌이 열린다. 그리스 극장을 방문할 때 가능하다면 케이블 채널에서 방영한 크로스 오버 음악 경연 프로그램 결승곡이었던 〈오디세아 Odissea〉 음원을 준비해가자. 극장 관중석 상단에 앉아 탁 트인 전경과 멀리 보이는 활화산 에트나 산, 그리고 고대 그리스인들의 숨

이탈리아 최고의 그리스 극장

아름다운 섬 이졸라 벨라 Isola Bella

아늑한 Piazza IX Aprile의 밤 풍경

결과 함께 이어폰을 통해 노래를 들으면 여행 최고의 감동을 받을 수 있을 것이다.
아름다운 섬이라는 이름이 붙은 이졸라 벨라 Isola Bella도 그냥 지나치긴 아쉽다. Porta Messia에서 Via L. Pirandello를 따라 3분 정도 걸어 내려오면 왼쪽에 자리한 케이블카 정류장에서 케이블카로 갈 수 있다(요금 편도 €3, 겨울 시즌 버스 운행 편도 €1).
맑은 물 사이로 자연이 만들어준 길을 따라 걸어갈 수 있는 섬으로, 여름이면 주변은 해수욕과 일광욕으로 즐기는 여행자들로 붐빈다. 섬은 사유지라 섬 안으로 들어가려면 입장료(€4)를 내야 한다. 잘 꾸며진 정원이 있는 저택이 볼만하다. 그리 관심이 가지 않는다면 대신 주변을 둘러보자. 맑은 바닷물이 만들어내는 신비로운 푸른빛을 감상할 수 있는 동굴로 안내해주는 보트들이 보인다. €30 정도의 요금을 부르는데 흥정은 필수.

도시 중간에 우뚝 솟아있는 시계탑

가는 방법

기차와 버스 모두 이용할 수 있지만, 시내로 진입하기엔 버스가 가장 편리하다. 자동차 여행을 떠났다면 숙소에 주차장이 있는지를 꼭 확인해야 한다. 움베르토 거리 양 끝으로 주차장이 운영되고 있는데 성수기에는 주차 전쟁이다.

❶ 기차

카타니아나 메시나에서 운행하는 Regionale 기차를 이용해 도착할 수 있다. 타오르미나–지아르디니 Taormina–Giardini 역은 이탈리아 내에서도 아름답기로 손꼽히는 기차역. 명성에 맞게 풍광은 아름답지만 매표소가 운영되지 않는 경우가 많아 아쉽다. 티켓을 구입하지 못했다면 닫힌 매표소 사진과 운영되지 않는 자판기 사진을 찍어둔 후 기차에서 티켓을 구입하자. 페널티 없이 티켓 가격만 내고 티켓을 구입할 수 있다. 물론, 막무가내로 페널티(€5)를 부과하는 역무원도 있지만. 시내까지는 역 앞 광장에서 Interbus를 타고 타오르미나 버스 정류장 종점에서 하차하면 된다. 요금은 €1.50.

❷ 버스

카타니아 공항이나 또는 중앙역 건너편 버스 터미널에서 하루 6~8회 정도 Interbus(www.interbus.it) 운행된다. 1시간 30분 소요. 타오르미나에 도착하면 버스 정류장 밖으로 나와 Via L. Pirandello를 따라 오르막 경사로 직진하면 왼쪽에 Porta Messina가 나온다. 이곳이 타오르미나의 중심지 움베르토 거리의 시작이다. 정류장에서 도보 5분.

아름다운 풍경의 타오르미나 기차역

이탈리아
여행 준비 & 실전

여행 준비편

여권 만들기 | 이탈리아 무비자 | 항공권 구입 요령 및 예약
여행자보험과 면허증 준비하기 | 현지 교통편 준비하기
현지 숙소 이용하기 | 환전하기 | 여행 예산 짜기 |
여행가방 꾸리기 | 사건 · 사고 대처 요령

Let's Go 이탈리아

가자! 인천공항 | 인천공항 도착! 출국 수속
기내에서 | 환승 및 유럽 입국하기 | 현지 교통 이용하기
도시 여행 노하우 | 스마트하게 스마트폰 사용하기
이탈리아에서 출국하기 | 한국으로 귀국하기

이탈리아 여행 준비편

01 여권 만들기

해외여행을 준비할 때 반드시 필요한 신분증이다. 여권은 공항 출입국 심사와 면세품 구입, 환전, 숙소 체크인, 택스 리펀드 Tax Refund 등을 할 때뿐만 아니라 미술관, 박물관에서 오디오 가이드를 대여할 때도 꼭 필요하다. 여권을 발급 받은 후 서명란에 바로 서명하고 여행 중에 분실하거나 도난당하지 않도록 주의를 기울여야 한다. 특히 이탈리아에서 한국인 여행자들의 여권은 아주 인기 좋은 표적이라고 한다. 이미 여권을 소지하고 있다면 유효기간을 살펴보자. 이탈리아뿐만 아니라 대부분 나라에서는 여권 잔여 유효기간을 6개월 이상으로 규정하고 있다. 잔여 유효기간이 6개월 미만이라면 재발급받아야 한다.

❶ 여권

현재 발급되고 있는 전자여권 ePassport에는 보안성 극대화를 위해 IC칩이 내장되어 있다. 칩에는 얼굴, 지문 등의 바이오인식정보(Biometric data)와 성명, 여권번호, 생년월일 등 신원정보가 저장되어 있다. 전자여권은 18세 이상 성인이면 신청 가능하며, 대리 신청은 불가하다. 만 18세 미만의 미성년자의 경우 본인의 2촌 이내 친족, 법정대리인의 배우자가 대리신청할 수 있다. 여권 접수는 서울 지역 모든 구청과 광역시청, 지방 도청 여권과에서 한다. 신청부터 발급까지는 공휴일을 제외하고 최소 4일 이상 걸린다. 특히 6~8월, 11~1월의 성수기에는 신규 여권 신청자가 많이 몰리므로 발급이 더 늦어질 수도 있다. 이때 여권을 신청해야 한다면 예약제를 실시하는 기관을 이용하는 것도 좋다.

외교통상부 여권 안내

홈페이지 www.passport.go.kr

❷ 여권 발급 준비 서류

- 여권 발급 신청서 1부 : 외교통상부 홈페이지에서 다운로드 가능하며, 각 여권과에 신청서가 구비되어 있다.
- 여권용 사진 2매 : 반드시 여권용 사진으로 찍어야 한다.
- 신분증 : 주민등록증, 운전면허증, 공무원증
- 수수료 : 단수여권 2만원, 복수여권 5만원(24면), 유효기간만 연장할 경우 2만5,000원
- 군 미필자의 국외여행허가서 : 군 복무를 마치지 않은 25~37세의 남자는 국외여행 허가서를 받아야 한다. 병무청 홈페이지(www.mma.go.kr)에서 간단히 신청할 수 있으며, 신청 2일 후에 출력할 수 있다. 발급받은 국외여행허가서는 여권 발급 시 제출하면 된다.(여권 재발급의 경우 기존 여권을 소지해야 한다.)

알아두세요!

18세 미만의 미성년자는 유효기간 5년의 복수여권을 발급받을 수 있다. 8~18세 청소년의 여권 수수료는 4만7000원이며 8세 미만 어린이의 여권 수수료는 3만5000원이다. 여권에 들어가는 사진 촬영 조건은 성인과 동일하다.

❸ 여권 사진 규정 안내

- 사진 규격은 가로 3.5㎝, 세로 4.5㎝이며, 6개월 이내에 촬영한 천연색 상반신 정면 탈모 사진으로 얼굴의 길이가 3.2~3.6㎝이어야 한다.
- 사진 바탕색은 흰색이어야 한다. 복사한 사진, 포토샵으로 수정된 사진은 사용할 수 없다.
- 사진이 접히거나 손상되지 않아야 하며, 표면이 균일하지 않거나 저품질의 인화지를 사용하여서는 안 된다.
- 즉석사진 또는 개인이 촬영한 디지털 사진은 여권 사진으로 부적합하다.
- 눈동자는 정면을 응시해야 하며, 컬러렌즈를 착용하면 안 된다. 색안경을 착용해서도 안 된다.
- 머리카락으로 얼굴 윤곽을 가리거나 두꺼운 안경테로 눈썹을 가려서도 안 된다.

SAY! SAY! SAY!

여권을 분실했어요!

우리나라 여권 소지자는 유럽 국가 대부분에 무비자로 입국할 수 있어 도둑들의 좋은 표적입니다. 이런 도난 사고로 분실된 여권은 위조되어 밀입국, 불법 체류에 이용될 확률이 높습니다. 만일의 사고에 대비해 여행을 떠나기 전 여권 사본 2~3부를 만들어 분리 보관하고 여분 사진도 4~5장 정도 준비해 가세요. 현지에서 여권을 분실했다면 먼저 경찰서로 가서 여권 분실 증명서를 발급받습니다. 이때 여권 번호를 알려줘야 하니 여권 번호는 따로 메모해 두는 것이 좋습니다. 또는 주이탈리아 한국 대사관에 문의해도 알 수 있답니다. 경찰서에서 분실 증명서를 발급받은 후에는 사진 2장을 들고 로마의 주 이탈리아 한국대사관이나 밀라노의 주 밀라노 대한민국 총영사관으로 가면 됩니다.

주이탈리아 한국 대사관

주소 Via Barnaba Oriani 30 전화 [대표번호] 06 802 461 (평일 업무 시간), 335 185 0499 (근무 시간 외), [사건 · 사고 신고 · 상담] 06 8024 6228(평일), 335 185 0383 (공휴일 · 주말) [여권(재발급 · 분실)] 06 8024 6227 이메일 공관 대표 koremb-it@mofa.go.kr, 영사업무 consul-it@mofa.go.kr 운영 영사과 민원업무 월~금 09:30~12:00, 14:00~16:30 휴무 이탈리아 휴일과 한국의 공휴일 가는 방법 로마 테르미니역에서 버스 223번 타고 Piazza Santiago del Cile 하차 후 도보 5분

주밀라노 총 영사관 주소

주소 Piazza Cavour 3 Milano 전화 02 2906 2641 긴급 전화(사건 사고, 24시간) 329 751 1936 운영 영사관 민원업무 월~금 09:30~11:30, 14:30~16:30 휴일 이탈리아 공휴일과 한국 4대 국경일 가는 방법 메트로 3호선 Turati역 하차, 트램 1번, 버스 61 · 94번 Piazza Cavour 하차 카보우르 광장 Piazza Cavour에서 Naracamicie (옷가게)와 Milanese Cafè(카페) 사이 통로로 들어와 오른편에 3번지 입구로 들어와 엘리베이터를 타고 4층

02 이탈리아 입국 요건

이탈리아는 90일간 무비자 체류가 가능하다. 이는 입국 이후 90일 전에 반드시 한국으로 돌아와야 한다는 이야기. 아시아 여성들의 불법 성매매 사건 이후 여성 여행자들에 대한 입국심사가 까다롭게 행해지고 있다. 이탈리아 입국 시 여권 유효기간은 3개월 이상이어야 하니 체크해 두자. 이탈리아는 우리나라와 쉥겐협약과 양자협약 모두를 체결하고 있으나 상세 규정을 살펴보면 180일 이내에 90일 이상 머무를 수 없다. 아쉬움이 남더라도 90일 안에 여행을 끝마쳐야 한다. 몇 년 전부터 추진되어 온 ETIAS 비자 면제 신청 제도가 시행된다면 여행 전 온라인으로 ETIAS를 신청하고 일정 수수료(€7 예상)를 납부하면 3년간 유효한 복수입국비자를 받아야 한다. (정확한 시행일자 미정, 2024년부터 시작으로 추정)

03 항공권 구입 요령 및 예약

항공권 구입은 여행의 시작을 의미하는 중요한 절차다. 또한 여행 경비의 3분의 1이 여기에 소요되므로 신중히 결정해야 한다. 내가 원하는 최상의 스케줄이면서 저렴한 항공권을 구입하고 싶다면 최소 3개월 전에 예약하는 것이 좋다.

❶ 저렴한 항공권 구입 요령

저렴한 항공권을 원한다면 미리 여행 계획을 세우고 성수기를 피해야 한다. 보통 유럽 성수기는 6/20~8/20, 12/20~1/20, 그리고 설과 추석 연휴로, 미리 계획을 세워 조기발권을 이용하는 것이 좋다.

조기발권은 여행 출발 3~4개월 전에 하는 것이 일반적이고 예약이 확정되면 72시간 이내에 비용을 지불하고 발권해야 한다. 이 경우 변경이 불가하거나 수

알아두세요!

그 밖에 항공권 구입 시 체크해야 할 사항

유효 기간 항공권에도 유효 기간이 있다. 혹시 모를 여행 기간의 변화에 대비하자.
변경 가능 여부 귀국 일자, 또는 귀국 도시의 변경이 가능한지도 체크하자. 일부 항공사의 경우 변경 수수료를 부과한다.
스톱오버 여부 직항이 아닌 경우 경유지 스톱오버를 제공하는 항공사들이 있다. 이를 이용하면 이탈리아 이외의 다른 나라도 여행할 수 있는 기회가 되니 활용하자.
경유지 숙박 제공 여부 일부 항공사의 경우 당일 연결이 되지 않을 경우 숙박지를 제공하는 프로그램을 가지고 있다.
공동운항 여부 항공사끼리 동맹을 맺고 공동운항하는 경우가 있는데 이를 코드 셰어 Code Share라고 한다. 이럴 경우 예약은 외국 항공사에 하고 국적기를 이용하게 되는 경우도 있다.

수료가 비싼 단점이 있으니 신중하게 결정하자.
조기발권을 놓쳤다면 직항인 국적기보다는 조금 불편해도 외국계 항공사의 경유편이 싸다. 항공사 홈페이지에 특가 행사가 열리기도 하니 평소 선호하는 항공사 홈페이지를 주시하자. 항공사에 따라 학생 또는 나이별 특별 할인 요금이 적용되는 경우도 있으니 꼼꼼히 살펴보고 같은 이탈리아 내라도 IN/OUT을 같은 도시로 하는 왕복 항공권이 IN/OUT을 다르게 하는 왕복 항공권보다 특가 요금도 많고 더 저렴하다.

❷ 항공권 예약 및 발권

우리나라에 취항하는 대부분의 항공사가 이탈리아에 취항하고 있고, 로마에 도착한다. 유럽계 항공사를 선택한다면 로마 외 이탈리아 주요 도시로도 취항하기 때문에 루트를 짤 때 선택의 폭이 넓어진다. 일부 동남아계 항공사나 아랍계 항공사는 밀라노, 베네치아에 취항한다. 이탈리아의 지형적인 특성상 먼저 북부로 들어가 여행을 시작한 후 남부로 내려오는 것이 여행의 효율을 높여주므로, 자신의 여행 취향에 따라 맞는 항공권을 선택하자.
루트를 만들고 항공사를 정했다면 정확한 출발일과 귀국일, 목적지와 귀국지, 여권과 동일한 영문 이름을 항공사 측에 알려주고 항공권을 예약한다. 만일 원하는 항공사에 좌석이 없다면 대기자(Waiting List)로 이름을 올려놓고, 다른 항공사에도 같은 스케줄을 예약해 두는 것이 안전하다.
항공권 예약 후 좌석이 확정되면 전자항공권을 받을 수 있다. 발권 직전에는 여권과 동일한 영문 이름이 제대로 항공권에 들어가 있는지, 예약한 출발일과 귀국일, 목적지와 귀국지 등이 예약한 대로 잡혀있는지, 예약 상태가 OK인지 등을 반드시 확인해야 한다. 발권 이후 변경을 하게 되면 수수료를 내야 하는 경우가 생긴다. 또한 귀국 시 현지에서 해당 항공사에 예약 재확인(Reconfirm)이 필요한지 미리 확인하자.
마지막으로 항공사 마일리지를 적립하면 국내 항공을 저렴하게 이용하거나 무료로 이용할 수 있는 기회가 주어지니 잊지 말고 적립하자.

❸ 항공권 보는 법

eTicket Itinerary Receipt　　CATHAY PACIFIC

Important Notes: Please note that you are required to keep a printed copy of this Itinerary/Receipt with you throughout your journey, as it is required for check-in and immigration purposes.

TICKET DETAILS

ELECTRONIC TICKET NUMBER : 160-2308772936 항공권 번호

ISSUED BY : CATHAY PACIFIC AIRWAYS LIMITED
DATE/PLACE OF TICKET ISSUANCE: 12JUL11/SEOUL(1)　17391242

NAME OF PASSENGER: HWANG/HYUN HEE MS
FORM OF IDENTITY : NONE

X/O	DEP/ ARR	AIRPORT-CITY	DATE	DAY	TIME	CARRIER& FLIGHT/ AIRCRAFT	CLASS/ BOOKING STATUS (확약상태)	NOT VALID BEFORE (항공권 유효기간)	NOT VALID AFTER	BAG (수하물 무게)
	DEP	HONG KONG INTL T1	08OCT	SAT	1425	CX 418	ECONOMY-S	06AUG	02NOV	20K
	ARR	SEOUL INCHEON	08OCT	SAT	1855	(330)	CONFIRMED			

BOOKING REFERENCE: HPV8M　　COUPON STATUS: OPEN FOR USE

FARE : KRW 3125400
EQUIV. FARE PAID:
TAX/FEE/CHARGE : KRW 28000BP
TAX/FEE/CHARGE : KRW 19300FR
TAX/FEE/CHARGE : KRW427600XT
TOTAL : KRW 3600300

FORM OF PAYMENT:
CC(SHXXXXXXXXXXXX8003)

RESTRICTIONS/ ENDORSEMENTS : BCODE1704528Z,VLD CX/KA ONLY,DTE CHG OK,RFD CHG KRW70000,3D/3M

FARE CALCULATION: 03AUG11SEL CX X/HKG CX FRA Q4.24M1100.08 //PAR CX HKG CX SEL Q4.24M HKGFRA1782.06NUC2890.62END ROE1081.190000 XT KRW 11400FR KRW 6100IZ KRW 39300QX KRW 16600HK KRW 354200YR

YR/YQ - FUEL SURCHARGE/INSURANCE SURCHARGE/FEES LEVIED BY AIRLINES
OC - BOOKING & TICKETING SERVICE FEE LEVIED BY AIRLINES
OO - PASSENGER SECURITY SERVICE CHARGE
OP - AVIATION LEVY
SG - PASSENGER SERVICE AND SECURITY CHARGE

CONJUNCTION TICKETS: 160-2308772935/36

❹ 항공사 마일리지 적립하기

각 항공사에서는 탑승 거리에 따라 마일리지를 적립해 일정 기준에 도달하면 무료 항공권, 할인, 좌석 승급 등의 다양한 혜택을 받을 수 있는 서비스를 제공한다. 마일리지 적립 카드는 인터넷으로 신청이 가능하다. 카드가 배송되는 데 약 1달 정도 걸리니 출발 전에 여유를 두고 신청하자. 특별한 사정이 없다면 국적기로 마일리지를 적립하는 것이 좋다. 국내선 탑승 시 활용하기도 좋고 마일리지를 이용한 보너스 항공권 발권 시에 소요 마일리지도 절약할 수 있다.

항공 마일리지 동맹체

스카이 팀 SKY TEAM
대한항공 · 델타항공 · 아에로멕시코 · ITA 항공 · 에어프랑스 · 체코에어라인 · 베트

남항공 · 중화항공 · 중국동방항공 · 케냐항공 · 아르헨티나항공 · 가루다인도네시아항공 · KLM · 중동항공 · 사우디아항공 · 샤먼항공 · 에어유로파 · 타롬항공
홈페이지 www.skyteam.com

스타 얼라이언스 STAR ALLIANCE

아시아나항공 · 루프트한자 · 스칸디나비아항공 · 싱가포르항공 · 에어 뉴질랜드 · 에어캐나다 · 오스트리아항공 · 유나이티드항공 · 전일본공수 · 타이항공 · 폴란드 항공 · 아에게안 · 에어차이나 · 브뤼셀에어라인 · 크로아티아항공 · 이집트에어 · 남아프리카항공 · 스위스항공 · 포르투갈항공 · 터키항공 · 아비앙카 · 코파항공 · 에티오피아항공 · 에바항공 · 심천항공 · 에어 인디아
홈페이지 www.staralliance.com

원 월드 ONE WORLD

아메리칸 에어라인 · 영국항공 · 이베리아항공 · 핀에어 · 캐세이퍼시픽 · 콴타스항공 · 일본항공 · 로열 요르단 항공 · 말레이시아항공 · 카타르항공 · S7항공 · 스리랑카항공
홈페이지 www.oneworld.com

❺ 이탈리아에 취항하는 주요 항공사 안내

우리나라에서 이탈리아로 가는 길은 매우 다양하다. 우리나라에서 로마까지 대한항공, 아시아나항공, 알이탈리아항공 3개 항공사가 로마행 직항편을 운행하고 있고 대부분의 항공사를 이용해 1, 2회 경유하면 이탈리아로 입국할 수 있다. 유럽계 항공사의 경우 자사가 아니더라도 서브 항공사나 저가 항공사와 공동운항으로 로마, 밀라노, 베네치아 외의 도시에 취항하므로 여행의 폭이 넓어진다는 장점이 있다. 아시아 항공사를 이용하면 스케줄은 편리하나 로마, 밀라노, 베네치아 등 취항지가 제한되어 있다는 단점이 있다 (아래 정보는 2024년 7월 현재 취항현황으로 향후 변동 가능성 높음).

직항편

대한항공 Korean Air (KE)

우리나라 사람들이 가장 선호하는 항공사. 편리한 스케줄, 우리 입맛에 딱 맞는 기내식 등 친절한 서비스로 이름 높다. 항공권 가격이 비싼 것이 흠이나 아시아나 항공의 로마 취항으로 가격 인하의 가능성이 있다.
취항 도시 로마, 밀라노 홈페이지 kr.koreanair.com

아시아나항공 Asiana Airlines (OZ)

이탈리아에 취항하는 또 하나의 국적기로 로마에 취항한다. 스타얼라이언스 회원 항공사로 마일리지 활용도가 높다. 짧은 운행시간이 매력적. 직항 취항의 후발주자로 서비스와 가격적 메리트를 기대할 수 있다.
취항 도시 로마 홈페이지 flyasiana.com

ITA항공 (AZ)

2021년 운행을 시작한 이탈리아의 새 국영항공사. 시칠리아 여행을 계획하거나 주요 도시가 아닌 토리노, 볼로냐 등에서부터 여행을 시작할 때 고려해볼 만한 항공사.
취항 도시 로마 및 이탈리아 전역
홈페이지 www.alitalia.com

유럽계 항공사

유럽 내 공항에서 환승하는 항공사. 환승 공항에서 입국 심사를 받게 된다. 그다지 까다로운 질문은 없기 때문에 긴장할 필요는 없고 여권 유효 기간에 신경 쓰자. 대체적으로 유럽에 점심시간대에 도착해 환승하므로 현지 도착 시간은 늦은 저녁이 되기 쉽다. 미리 숙소와 교통편을 확보해 두는 것이 좋다.

에어프랑스 Air France (AF)

여행자들이 가고싶어하는 도시 중 한 곳인 파리를 경유한다. 스카이팀 일원으로 대한항공과 공동운항하는 비행기를 탈 수도 있지만 이 경우 현지에 너무 늦은 시간에 도착한다.
취항 도시 로마, 밀라노, 베네치아, 피렌체, 피사, 토리노, 볼로냐 등
홈페이지 www.airfrance.co.kr

네덜란드항공 KLM Royal Dutch Airlines (KL)

에어프랑스와 합병된 네덜란드 국적기. 암스테르담 스히폴 공항을 허브로 사용한다. 밤에 출발하는 스케줄로 현지에 오전에 도착하기 때문에 시간 효율성이 좋다.
취항 도시 로마, 밀라노, 베네치아, 볼로냐 등
홈페이지 www.klm.co.kr

루프트한자 Lufthansa (LH)

프랑크푸르트와 뮌헨을 기반으로 하는 독일 국적기. 주6회 프랑크푸르트와 뮌헨에 운항하며 이탈리아 주요 도시와 연결된다. 독일 특유의 정확성과 깔끔함이 돋보이며 아시아나 항공과 마일리지 교환이 가능하다는 장점이 있다. 프랑크푸르트 경유보다는 뮌헨 경유편이 대기 시간도 짧고 조금 일찍 도착한다.
취항 도시 로마, 밀라노, 피렌체, 베네치아, 볼로냐, 나폴리, 바리 등 홈페이지 www.lufthansa.com

터키항공 Turkish Airlines (TK)

남유럽 최고 항공사로 인정받고 있는 튀르키예의 국적기. 동서양 문화의 접점 이스탄불을 기반으로 하며 스톱오버를 제공한다. 편리한 스케줄과 스타얼라이언스 팀 멤버로 아시아나 마일리지 공유가 매력적이다. 하늘 위 레스토랑이라 불리는 기내식도 일품이다.
취항 도시 로마, 밀라노, 베네치아, 토리노, 볼로냐, 나폴리, 제노바, 카타니아, 바리 등
홈페이지 www.turkishairlines.com

핀에어 Finnair (AY)

핀란드 국영 항공사로 헬싱키에서 환승한다. 스톱오버가 가능해 극과 극의 날씨를 체험할 수 있다. 원월드 항공사로 평균 10년 정도 된 항공기를 소유하고 있다.
취항 도시 로마, 밀라노, 베네치아
홈페이지 www.finnair.co.kr

아시아계 항공사

아시아와 중동 지역을 기반으로 움직이는 항공사. 인천에서 늦은 밤 출발해 이탈리아에 오전에 도착하는 스케줄로 시간을 효율적으로 사용할 수 있고 스톱오버가 비교적 자유롭게 허용되는 장점이 있다. 단점이라면 항공편에 따라 경유 시간이 오래 걸릴 수 있다는 것.

케세이패시픽 Cathaypacific (CX)

홍콩을 기반으로 운행되는 항공사. 인천~홍콩의 경우 하루에 2~3회 운항한다. 홍콩 스톱오버가 가능하며 스톱오버가 아니더라도 경유 시간을 이용해 잠시 시내 여행이 가능한 장점이 있다.
취항 도시 로마, 밀라노
홈페이지 www.cathaypacific.com/kr

타이항공 Thai Air (TG)

여행자의 천국이라는 방콕을 경유하는 태국 국적기. 싱가포르항공과 더불어 스타얼라이언스팀으로 아시아나 항공사와 마일리지 교환이 가능하다. 방콕 스톱오버가 매력적이다.
취항 도시 로마, 밀라노 홈페이지 www.thaiair.co.kr

싱가포르항공 Singapore Air (SQ)

세계에서 가장 안전하고 좋은 서비스로 유명한 싱가포르 국적기. 흠잡을 데 없는 기내식과 서비스, 그리고 최신식 여객기로 유명하다. 스타얼라이언스팀의 일원으로 아시아나 항공과 마일리지 교환이 가능하다. 짧은 경유 시간이 최대 장점이며 싱가포르 스톱오버도 가능하다.
취항 도시 로마, 밀라노
홈페이지 www.singaporeair.com

아랍에미리트항공 Emirates Airlines(EK)

두바이를 기반으로 운행되는 항공사. 늦은 밤 출발하는 스케줄로 인해 직장인들에게 인기가 높다. 최신식 기종의 항공기와 친절한 서비스로 점차 떠오르는 항공사 중 하나. 두바이 스톱오버도 매력적이다.
취항 도시 로마, 밀라노, 베네치아
홈페이지 www.emirates.com

카타르항공 Qatar Airway

카타르의 국영 항공사로 도하를 중심으로 운항한다. 스타얼라이언스 회원사는 아니지만 아시아나 마일리지를 적립할 수 있다. 기내 서비스 부분에서 세계 최상위권을 자랑한다.
취항 도시 로마, 밀라노, 베네치아
홈페이지 www.easternair.co.kr

SAY! SAY! SAY!

이코노미는 좁고 비즈니스는 비싸다? 그렇다면 프리미엄 이코노미

항공 좌석은 일반적으로 이코노미, 비즈니스, 퍼스트로 나뉘어 있어요. 옴짝달싹하기 힘든 공간 안에서 10시간 이상 여행한다는 것은 여행의 큰 난관 중 하나입니다. 비행기를 조금이라도 편하게 이용하고 싶다면 프리미엄 이코노미를 선택해 보면 어떨까요? 일명 눕지 못하는 비즈니스라고도 불리는 이 좌석은 영국항공이 처음 도입했으며 왕복 20~40만 원 정도의 추가 요금으로 비즈니스 좌석의 서비스를 받으며 비행기를 이용할 수 있다는 장점이 있습니다. 이코노미 좌석보다 10~20cm 정도 넓은 공간을 제공하며 항공사 별로 상이한 서비스를 제공하는데 우선 탑승 서비스, 항공사 비즈니스 라운지 이용권, 웰컴 드링크, 어메니티 제공 등의 서비스와 더불어 수화물 2개를 허용하기도 합니다. 쇼핑을 목적으로 여행을 떠났다면 프리미엄 이코노미를 선택하는 것도 나쁘지 않은 선택인 것 같습니다.

04 여행자보험과 면허증 준비하기

혹시 일어날지 모르는 사고를 대비하는 여행자보험은 여행을 떠나기 전 반드시 준비해야 하는 사항. 그리고 시칠리아와 토스카나 지역을 렌터카로 여행할 계획이라면 국제운전면허증도 준비해야 한다.

❶ 여행자보험

여행 중 어디에서 어떤 사고가 일어날지 모르기 때문에 여행자보험은 반드시 가입하자. 휴대품 도난 등의 사고가 발생하거나 상해, 질병 등으로 병원 치료를 받을 경우에 여행자보험에 가입하면 혜택을 받을 수 있다. 보험사 홈페이지를 통해 신청할 수 있으며, 출발 전 공항에서 가입할 수 있지만, 미리 가입하는 게 더 저렴하다. 사고가 발생하면 관할 경찰서에서 분실도난증명서를 받고, 치료를 받으면 진단서와 영수증 등을 증빙서류로 제출한다. 한국에 돌아와서 필요한 서류를 챙겨 보험사로 연락하면 규정에 따라 보험 처리를 받을 수 있다.

보험 가입 시 체크해야 할 내용

❶ 의료비 : 상해, 또는 질병 발생 시 보장 받을 수 있는 의료비

❷ 배상책임 손해비 : 우연한 사고로 상대방의 신체, 또는 물품에 손해를 입혔을 때 배상의 범위와 금액

❸ 휴대품 손해비 : 여행 중 소지품 등을 도난당했을 때 보장 받을 수 있는 금액

해외여행자보험사

보험사	홈페이지	전화
LIG 손해보험	www.lig.co.kr	1544-0114
한화 다이렉트	www.hanhwadirect.com	1566-8000
삼성화재	www.samsunglife.com	1588-3339

❷ 국제운전면허증 발급

렌터카를 이용할 예정이라면 필수로 발급받아야 하는 문서. 발급을 받으려면 본인 여권, 6개월 이내 촬영한 사진과 수수료 8,500원을 갖고 전국 면허시험장이나 전국 경찰서를 방문하면 그 자리에서 발급받을 수 있다.

시간이 여의치 않아 면허증을 준비하지 못했다면 인천공항 제1여객터미널 3층, 제2여객터미널 2층에 자리한 국제운전면허 발급센터와 김해국제공항 국제선 1층 출국장에서도 발급받을 수 있다. 국제운전면허증의 유효기간은 발급일로부터 1년이며, 여행 시 본인 여권과 한국에서 발급받은 운전면허증도 소지해야한다. 2019년 9월부터 발급되고 있는 '영문운전면허증'은 아직 이탈리아에서 사용할 수 없다.

05 현지 교통편 준비하기

이탈리아 여행 시 가장 편리하게 이용할 수 있는 교통수단은 기차다. 국영 철도 트랜이탈리아 Trenitaiia와 함께 주요 도시를 연결하는 이탈로 Italo는 여러 프로모션을 통해 저렴한 가격으로 여행자를 유혹한다. 토스카나 지역을 여행할 때에는 버스가, 시칠리아로 이동할 때에는 페리나 저가항공을 이용하기도 한다. 최근 렌터카를 이용해 여행하는 여행자가 늘어나고 있다. 일정의 자유로움과 탄력성이 매력적이며 그만큼의 책임이 따른다.

❶ 비행기

주로 시칠리아로 갈 때나, 북부에서 남부로 이동할 때 이용하게 된다. 저가 항공편으로는 라이언에어 Ryanair, 볼로테아 Volotea 항공 등이 운항하고 간혹 이탈리아 국적기인 ITA항공의 특가를 이용할 수 있다. 저가항공을 이용할 때에는 환불, 취소가 어려우니 예약 시 유의해야 한다. 운임별로 서비스가 차이 나는데 수하물, 기내 반입 가방에 대한 규제가 엄격한 편이다. 구입한 항공권의 서비스 규정(온라인 체크인 여부, 보딩패스 출력 여부 등)을 잘 숙지하자.

❷ 기차

이탈리아 여행 시 가장 편리하게 이용할 수 있는 교통 수단. 전 국토를 거미줄처럼 연결하고 있고 예전과 달리 연착과 취소의 빈도는 줄었다. 주요 노선에는 초고속기차가 운행되고 있어 빠르고 편리하게 이동이 가능하다.

구간 티켓을 이용하는 여행자들이 늘어나고 있는데 이때 티켓을 개찰구에 넣지 않아서 벌금을 내는 경우도 있다. 기차를 타기 전 역 곳곳에 위치한 개찰구에 티켓을 넣어 개시하는 것을 잊지 말자. 만일 개찰 없이 탑승했다가 역무원에게 적발되면 운임과 함께 €50의 벌금을 내야 한다.

1) 이탈리아 철도청 트랜이탈리아 Trenitalia 이용하기

최근 10년, 놀라울 만큼 깔끔하고 정확해진 이탈리아 철도. 유럽 내에서도 저렴한 요금이며 여러 할인 요금을 운영하고 있어 여행자의 부담을 덜어준다. 이탈리아 주요 도시는 고속 기차가 운행하며 근교 도시를 오고 가는 기차들도 점차 깔끔하고 시설이 좋아지고 있다.

기차 종류

레 프레체 Le Frecce
(구 에우로스타 이탈리아 Eurostar Italia)

이탈리아 국영 철도청에서 운행하는 초고속 기차이다. 운행하는 노선, 최고 속도에 따라 기차의 색깔로 구분한다. 패스 소지자의 예약비는 1, 2등석 구분 없이 €10.

프레차로사Frecciarossa

토리노~밀라노~볼로냐~로마~나폴리~살레르노 구간을 운행하는 열차. 최고 속도 360km/h에 달한다.

프레차르젠토 Frecciargento

로마에서 베네치아, 베로나, 바리/레체, 레조칼라브리아 등의 구간을 운행하는 열차. 최고 속도는 250Km/h.

프레차비앙카 Frecciabianca

밀라노에서 베네치아, 우디네, 트리에스테 구간과 제노바나 로마에서 바리, 레체까지의 구간을 운행하는 열차. 최고 속도는 200km/h.

좌석은 가장 저렴한 스탠다드 Standard, 프리미엄 Premium이 2등석에 해당하며, 조금 더 넓고 고급스러운 실내의 비즈니스 Business와 특실 Executive, 이렇게 4등급으로 나뉜다.

스탠다드 좌석

비즈니스 1인용 좌석

프레차로사 프레차르젠토 프레차비앙카

인터시티 플러스 Intercity Plus, 인터시티 Intercity
주요 도시를 연결해주는 기차로 ESI 보다 약간 느리고 정차하는 도시 수가 많다. 인터시티 플러스의 경우 좌석 예약을 권장하고 있는데 예약비는 €5다.

인터시티 나이트 Intercity Night
이탈리아 내를 운행하는 야간기차. 역시 예약은 필수이며 쿠셰트의 경우 예약비는 €25~35.

레지오날레 Regionale
소도시 여행 때 이용하게 되는 완행기차. 예약은 필요 없고 티켓 역시 미리 구입할 필요가 없다.

인터시티 1등석 내부

인터시티 나이트 내부

레지오날레 기차 내부

기차 요금

Base 요금
정상운임으로 별도의 할인이 없는 일반 가격. 현지 역에서 구입하는 것과 동일한 요금이다.
- 구입 조건 : 출발 4개월 전부터 출발 직전까지
- 티켓 변경 : 출발 전 – 횟수 제한 없이 가능, 출발 후 – 1시간 이내 1회 이용 가능
- 환불 조건 : 출발 전 – 20% 공제 후 환불, 출발 후 – 불가

Economy 요금
Regionale 기차를 제외한 모든 기차에 적용 가능한 할인요금이다. 초고속기차를 €10대에 이용 가능하지만 날짜별, 구간별 요금이 모두 다르기 때문에 복불복의 성격이 강하다. 한정된 좌석이 판매되므로 일정이 정해졌다면 먼저 예약해두는 것이 좋다.
주요 구간 요금 : 로마~피렌체 €19~, 로마~베네치아 €29~
- 구입 조건 : 출발 4개월 전부터 출발 2일 전 자정까지
- 구입 방법 : 이탈리아 철도청 사이트
- 적용 기차 : Regionale 기차를 제외한 모든 기차
- 예약 변경 : 출발일 전 날짜까지 1회 가능하며 정상 요금과의 차액을 지불해야 한다.
- 환불 조건 : 불가

Super Economy 요금
구간마다 €9부터 시작하는 파격적인 할인요금. 한정된 좌석을 판매하므로 일정이 정해졌다면 예약을 서둘러야 한다. 그러나 구입한 티켓의 변경이나 환불이 불가하므로 신중히 결정하자.
- 구입 방법 : 이탈리아 철도청 사이트.
- 적용 기차 : Regionale 기차를 제외한 모든 기차
- 변경&환불 : 모두 불가

기차 티켓 구입

여행 일정이 확실하다면 여러 가지 할인 행사가 열리니 일정이 확실하다면 빠른 손을 동원하자. 다만 이탈리아 철도청 사이트 예약은 한국에서 발급된 신용카드를 거부하는 사례가 많아, 여행 준비 중에서도 고난이도의 작업으로 손꼽힌다. 인내 또 인내하는 마음으로 시도해 보자. 예약 방법은 QR코드 참고.
철도청 홈페이지 www.trenitalia.com

철도청 티켓 예약하기

2) 이탈로 Italo 이용하기

이탈리아 주요 도시를 연결하는 또 하나의 고속철도 이탈로. 장중한 디자인과 세련된 객실, 여러 프로모션 서비스로 여행자를 유혹한다. 노선 수는 이탈리아 철도청 기차에 비해 적지만 세련된 서비스와 잦은 프로모션으로 인해 승객 수가 점차 늘어나고 있다. 사이

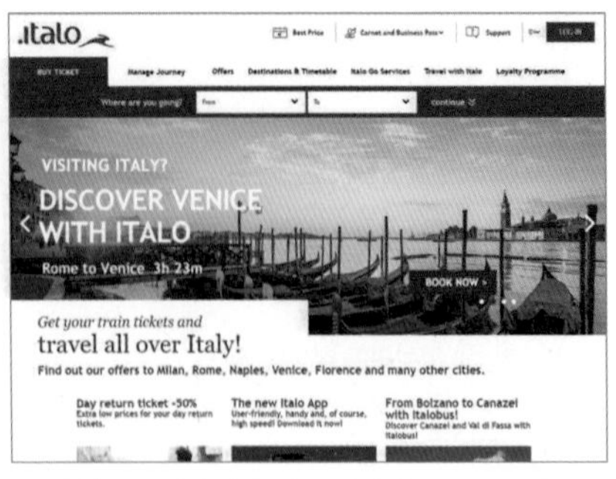

트 회원으로 가입하면 매주 이메일로 프로모션 코드를 받을 수 있는데, 이를 잘 활용하면 저렴한 가격에 편안하게 이용할 수 있다. 단 프로모션 코드는 스마트와 컴포트 좌석에만 적용 가능하다.
홈페이지 www.italotreno.it
가장 저렴한 좌석인 스마트 Smart는 2×2 배열이며, 컴포트 Comport, 프리마 Prima, 클럽 이큐제큐티브 Club Executive는 2×1 배열이다. 3시간 이상 운행하는 기차에는 시네마 코치 Cinema Coach가 운영되어 지루함을 덜 수도 있다. 예약은 180일 전부터 가능하며 요금은 3가지로 나뉜다.

종류	특징	환불 조건
Low Cost	• 가장 저렴한 요금 • 탑승자 이름 변경 시 수수료 발생 • 일정 변경 시 수수료 발생 (요금의 50%)	불가
Economy	일정 변경 시 수수료 (요금의 20%) 발생	수수료 발생 (요금의 40%)
Flex	가장 비싼 요금	수수료 발생 (요금의 20%)

홈페이지에서 티켓을 예매한 후 애플리케이션을 다운받아 이용하면 편리하나 인터넷 환경으로 인해 애플리케이션을 이용하지 못할 경우 낭패를 볼 수 있다. 티켓은 미리 출력해 가거나 스마트폰에 저장해 두자. 기차 시간보다 일찍 역에 도착했다면 역에 있는 자판기에서 출력하는 것도 좋은 방법. 이때 탑승 전 티켓 펀칭을 잊지 말 것. 예약 방법은 QR코드 참조.

.italo 예약 사용 방법

3) 대행사 이용하기

에러가 잦고 불안정한 시스템을 이용하기 힘들다면, 대행사를 이용하자. 수수료를 부담해야 하며 할인 요금이 아닌 정가로 구입해야 하는 단점은 있지만 마음이 편해진다.
레일유럽 홈페이지 www.raileurope.co.kr

4) 이탈리아 패스 이용하기

여행을 급하게 결정했거나 가족과 함께 여행한다면 패스 사용을 고려해볼 수 있다. 늘 할인 요금으로 티켓을 구입할 수 있는 것이 아니기 때문에 패스 사용이 경제적인 경우가 있다. 전 구간에서 패스를 사용하기 보다는 편도 2시간 이상의 고속기차 구간과, 야간기차 구간에 패스를 이용하는 것도 나쁘지 않은 선택이다.

기간	1등석		2등석	
	성인	유스	성인	유스
3일	€169	€135	€127	€105
4일	€204	€163	€153	€126
5일	€236	€189	€177	€146
6일	€266	€212	€200	€164
8일	€320	€256	€240	€198

❸ 버스

기차보다는 바깥 풍경을 음미하며 시간을 보내기 좋은 교통수단. 토스카나 지역을 여행할 때 특히 버스를 많이 이용하게 된다. 일부 도시의 경우 기차보다 버스 편이 더 많기도 하고, 버스 정류장이 시내 가까운 곳에 자리한 도시도 있다.

토스카나 지방과 나폴리 주변 여행 시 이용하게 되는 SITA 버스

저렴한 요금으로 인기 끌고 있는 플릭스 버스

세련된 디자인의 이탈로 버스

저렴한 요금으로 여행자들의 인기를 끌고 있는 플릭스 버스 FLix Bus로 여행하는 여행자들이 늘어나고 있다. 도시 간 €10 가격대라는 파격적인 요금으로 운영되고 있어 여행자들의 구미를 당긴다. 간혹 예고 없이 취소되는 경우가 있는데, 이 경우 예약 계정으로 이후 사용할 수 있는 쿠폰을 발행하기도 하니 예약 시 요금 조건을 잘 살피자.
밀라노~베르가모, 나폴리~소렌토, 살레르노~마테라 구간에 이탈로 Italo 버스가 운행한다. 기차와 마찬가지로 세련된 디자인의 깔끔한 버스로 여행자들의 이용이 늘어나고 있다고.

❹ 페리

이탈리아반도에서 시칠리아로 이동할 때, 나폴리에서 주변 지역을 이용할 때 이용하게 되는 수단. 페리는 지중해의 상쾌한 바람을 맞으며 여행하는 낭만을 느낄 수 있게 한다. 노선에 따라, 계절별로 운행시간과 편수에 변화가 있으니 여행을 떠나기 전 미리 체크해 두자.

팔레르모 항구에 정박 중인 페리

나폴리와 카프리 사이를 운행하는 페리

❺ 렌터카

3명 이상이 여행하거나 가족 여행 시 이용하면 편리한 교통수단. 짐을 직접 들지 않아도 된다는 장점이 있고 마음에 드는 여행지에 머물 수 있는 등 일정에 탄력성이 생긴다. 토스카나 지역 소도시를 여행할 때 많이 이용하고 시칠리아 섬 여행 시에도 편리하게 이용할 수 있다.
렌터카를 이용하려면 최소 3일 이상이어야 할인 혜택을 받을 수 있다. 원하는 차종을 확보하려면 예약을 해야 한다. 이탈리아에는 수동변속기 차량이 월등히 많으므로, 자동변속기 면허 소지자라면 예약 시 차량에 대한 조건을 확실히 걸어둬야 한다. 또한 사건사고가 많은 나라인 만큼 보험 가입 여부, 보장사항에 대한 꼼꼼한 체크도 필요하며 반납 시 조건에 대한 규정 숙지도 중요하다.
렌터카를 이용할 때에는 국제운전면허증과 함께 한국에서 발급받은 운전면허증을 함께 소지해야 한다. 차를 인수 받을 때는 먼저 차 외관의 사진을 꼼꼼하게 찍어두자. 자동차 문, 트렁크 문이 동작하는 동영상을 찍어두는 것도 만일을 대비해 필요하다. 최근 차량에는 텔레패스 Telepass(우리나라의 하이패스)가 사용되고 있는데, 카드의 초기 충전 액수에 대해서도 꼼꼼히 체크해 둬야 반납 시 불편한 일이 발생하지 않는다. 반납할 때 역시 직원과 함께 차 외관을 살피는 것이 중요하다.
이탈리아 고속도로 시스템은 우리나라와 매우 유사하다. 운전하며 달리다 보면 경부고속도로를 달리고 있는 착각에 빠져들 수도 있다. 실제로 우리나라의 경부고속도로는 이탈리아 1번 고속도로 Autostrada 1을 모델로 건설되었다.
이탈리아 도시 내에서의 운전은 쉽지 않다. 여행자들이 가장 어려워하는 부분은 ZTL 구역 위반. 이탈리아 대부분 도시에는 진입 제한 구역 ZTL Zona a traffico limitato이 있다. 유적지를 보호하기 위해 만들어진 차량 제한 구역으로, 자칫 잘못해 이 구역에 진입하게 되면 최대 €500까지의 벌금을 내야 하니 주의하자.
또한 이탈리아 내에서 차량 절도사건, 사고는 매우 빈번하게 일어난다. 차 안에 가방이나 소지품은 절대 남겨둬서는 안 된다. 문을 뜯고, 유리를 깨고 가방을 집어가는 일은 물론, 심지어 차를 통째로 운전해 가기도 한다. 조심 또 조심하자.

우리나라의 고속도로 풍경과 유사한 이탈리아 고속도로

06 현지 숙소 이용하기

여행지에서의 잠자리는 그다음 날의 컨디션을 결정한다 해도 과언이 아니다. 자칫 '아무 데서나 자면 어때'라고 생각하기 쉽지만 숙소 선택은 신중해야 한다. 무조건 저렴한 곳이 아니라 쾌적하고 안전한 곳을 선택해야 하기 때문이다. 이탈리아의 숙소 종류와 이용 시 주의 사항에 대해 알아보자.

❶ 숙소 종류

1) 호스텔 Hostel

이탈리아뿐만 아니라 유럽 내 대표적인 저가형 숙소. 4인 이상 다인실인 도미토리가 많고 시설에 따라 1, 2인실도 갖춰져 있다. 자유롭고 활기찬 분위기를 갖고 있으며 호스텔 자체에서 바 Bar를 운영하기도 하고, 각종 시티 투어, 자전거 렌털 등의 프로그램을 마련해 놓는 곳도 있다.

홈페이지 www.hostelworld.com

4인 도미토리

저녁 식사를 제공하는 호스텔도 있다.

2) 한인 민박

저렴한 가격에다 한식을 먹을 수 있고, 한국어가 통하는 숙소가 대부분이라 여행정보를 쉽게 얻을 수 있다. 가정집에서 운영하기 때문에 시설은 모두 다르다. 예전과 비교해 정식 허가를 받고 운영하는 업체가 늘

한인 민박도 점차 고급화되는 추세

민박집에서 즐기는 푸짐한 한식 저녁 식사

어나면서 시설이 개선되고 있다. 처음 여행을 떠났다면 심리적 안정을 얻을 수 있어 초보 여행자들이 주로 선택하는 숙소. 예약은 민박 별로 운영하는 홈페이지를 통해서 해야 한다.

3) 호텔

서비스나 환경이 가장 쾌적한 숙소로 그만큼 비싸다. 오래된 건물이 많은 이탈리아의 특성상 허름한 외관 때문에 실망하기 쉽지만 내부는 매우 잘 꾸며져 있다. 시내에는 작고 오래된 호텔들이 주로 있고 우리가 잘 아는 체인 호텔들은 시 외곽에 위치한다. 미리 한국에서 예약하고 가는 것이 좋다.

예약 사이트 www.booking.com, www.hotels.com

호텔 더블룸

뷔페로 제공되는 조식

4) 아그리투리스모 Agriturismo

농가민박이라 불리는 곳으로 주로 토스카나 지방에 많이 있다. 피렌체 여행 후 토스카나 지역을 렌터카로 여행한다면 한 번쯤 묵어볼 만한 숙소. 지역 특산물로 만들어주는 이탈리아 농가의 전통 가정식은 도시 어디에서도 만나기 힘든 맛과 멋을 지니고 있다.

홈페이지 www.agriturismo.it

5) 아파트 렌털

가족 여행을 떠났다면 고려해 볼 만한 숙소. 집 한 채를 온전히 쓸 수 있으며 취사가 가능하기에 식비를 줄일 수 있고, 자유롭다는 장점이 있다. 단점이라면 그만큼 책임이 따른다는 것. 체크인하면서 비품, 설비, 시설에 대해 꼼꼼히 점검해 두고 사진도 찍어두는 것이 좋다. 비용에 청소, 관리비가 별도로 청구될 수도 있으며 혹시 모를 기물파손에 대한 책임 공방이 오고 가기도 한다. 체크아웃 후 짐 보관이 불가능한 숙소가 많다는 것도 단점. 호스트와의 의사소통이 무엇보다 중요하다.

알아두세요!

이탈리아에서는 여행자들에게 도시세 City Tax를 부과합니다. 주로 숙소에서 체크아웃할 때 지불하게 되는데 숙소의 등급에 따라 €1.50~7까지 부과합니다. 숙소를 예약할 때 이 비용이 포함되어 있는지, 별도 지불인지를 미리 파악해두세요!

❷ 숙소 이용하기

1) 체크인 Check in

대부분 12:00 이후에 체크인이 가능하다. 체크인 시 예약번호나 바우처를 제시하면 되고 아침식사 시간과 장소를 안내받는다. 기타 부대시설 이용이나 인터넷 사용 등에 대한 문의는 물론 시내 무료지도와 간단한 여행안내도 받을 수 있다.

2) 체크아웃 Check out

경우에 따라 다르지만 일반적으로 12:00 이전까지 해야 한다. 호텔에서는 미니바, Pay TV, 전화 등을 이용했다면 요금을 지불해야 한다. 대부분 숙소에서는 짐 보관 서비스를 시행하고 있으니 이용하자.

3) 객실 이용

여럿이 함께 이용하는 도미토리에서는 같은 방에 숙박하는 다른 여행자들에게 폐 끼치는 일은 하지 않도록 하는 것이 가장 중요하다. 취침시간은 되도록 함께 맞추는 것이 좋고 부득이한 경우 개인조명을 쓰는 것이 좋다. 남들보다 일찍 새벽에 떠나야 할 경우 복도에서 짐 정리하는 센스를 발휘하는 것도 매너 있는 행동이다. 마음에 맞는 여행자들과 늦게까지 지나치게 떠들면 제재를 받게 되니 주의해야 한다. 호텔에서는 매일 아침 메이드가 청소를 하게 되는데 귀중품 보관에 주의하자. 몸에 지니거나 큰 가방에 넣어 자물쇠로 잠가두는 것이 안전하다. 일부 숙소의 객실 문은 닫히면 자동으로 잠기니 늘 열쇠를 갖고 다니자.

❸ 호텔 이용하기

1) 의사를 전달하세요

객실 탁자에 스티커나 종이로 된 푯말이 놓여 있다. 아침시간 약간 늦게 체크아웃하면서 방해받고 싶지 않을 때 사용하는 'Don't Disturb', 그리고

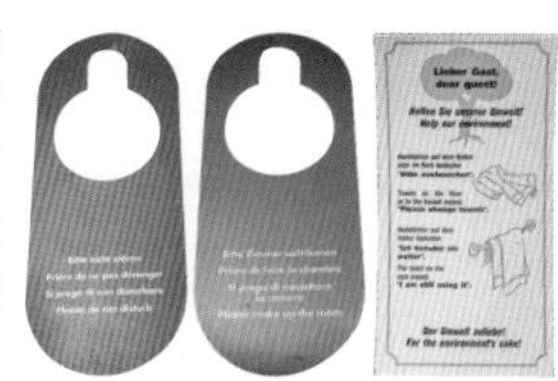

방 청소를 원할 때 사용하는 'Make a Room, Please', 그리고 수건을 하루 더 쓰겠다는 그린카드. 본인의 상황에 따라 적절히 사용하자. 샤워하고 있을 때 누군가 들어오게 된다면 낭패다.

2) 전화나 인터넷

호텔 객실의 전화로 객실 간 통화, 시내통화, 그리고 국제전화 모두 이용할 수 있다. 이때 시내통화와 국제전화는 시중보다 훨씬 비싸니 비상시가 아니라면 참자. 수신자 부담 전화를 이용해도 약간의 비용을 지불해야 하는 경우가 있다. 인터넷도 호텔에 따라 비용을 지불해야 한다. 체크인 할 때 미리 문의해두자.

3) 금고 Safety Box

금고는 주로 옷장 내에 마련되어 있다. 작은 크기로 현금, 귀중품, 여권 등을 넣어둘 때 유용하다. 금고가 없다면 리셉션 데스크에서 보관해 주기도 한다.

4) 미니바

객실 내 냉장고에 준비되어 있는 음료수와 주류, 그리고 스낵은 모두 무료가 아니다. 역시 시중보다 비싼 가격이며 이용한 후 체크아웃 시 비용을 지불해야 한다. 호텔에 따라 웰컴 드링크로 생수를 제공하는 곳도 있다. 가격표를 살펴본 후 이용하자.

5) TV

객실의 TV에는 일반 채널은 물론 성인영화와 최신영화를 상영하는 유료 채널이 있다. 보통 안내문이 비치되어 있고 채널을 선택하면 안내창이 나올 때도 있다. 시청한 후 체크아웃 시 리셉션에 요금을 지불하면 된다.

6) 욕실

사용할 때 가장 주의가 필요하다. 욕실에는 기본적으로 수건, 비누, 샴푸, 샤워젤, 헤어캡 등이 있으며 가끔 헤어드라이기도 있다. 유럽 호텔의 욕실 바닥은 배수시설이 없고 간혹 카페트가 깔려 있는 경우가 있다. 샤워할 때 샤워 커튼을 욕조 안쪽으로 드리워 놓고 사용하거나 샤워부스 문을 제대로 닫아야 한다.

수건은 사용 후 매일 바꿔주지만 최근 환경문제를 생각해 이틀 쓰기 캠페인이 벌어지고 있다. 그린카드를 이용하자.

7) 아침식사

보통 호텔에서는 아침식사로 뷔페를 제공한다. 간단하게 빵, 잼, 시리얼, 커피 또는 차가 제공되는 컨티넨털 Continental 뷔페와 컨티넨털 뷔페에 과일, 요거트와 소시지, 햄, 삶은 달걀, 오믈렛 등 따뜻한 식사가 제공되는 아메리칸 American 뷔페가 있다. 본인의 기호에 따라 양껏 접시에 가져와 먹으면 되지만 도시락을 만드는 행위는 삼가자.

8) 팁 Tip

객실을 이용하면 방 담당 메이드에게 팁을 지불하는 것이 매너. 하루에 €1~2면 적당하다. 단, 의무사항은 아니다.

알아두세요! 숙박 시설에 대한 Q&A

1. 도미토리가 뭐예요?

4인부터 10인 이상까지 함께 쓰는 방이다. 2층 침대가 놓여 있고 개인별 로커를 사용할 수 있다. 남녀혼숙인 경우도 흔하다.

2. 더블룸과 트윈룸은 어떻게 다르죠?

더블룸은 더블 침대가 하나 놓여 있는 방이고, 트윈룸은 싱글 침대 두 개가 놓인 방을 의미한다. 호텔에서 싱글룸을 예약하게 되면 더블이나 트윈룸을 혼자 사용하게 된다.

3. 도미토리나 민박에서 소지품 관리는 어떻게 하나요?

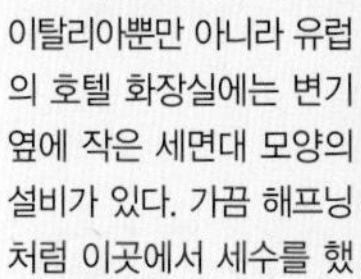

호스텔의 경우 방마다 개인 로커가 있는 경우가 많다. 로커에 넣고 튼튼한 자물쇠로 잠그면 된다. 만일 로커가 없다면 본인의 가장 큰 가방에 넣고 역시 자물쇠로 잠가두는 것이 좋다. 샤워 때문에 방을 떠나야 한다면 비닐봉투에 귀중품을 넣고 샤워실로 가져가는 것도 방법이다.

4. 호스텔 아침식사는 어떻게 나오나요?

간단하게 빵, 잼, 치즈 그리고 커피 또는 차가 제공된다. 시리얼이나 햄이 나오면 좋은 편에 속한다. 마음껏 먹을 수 있는 뷔페식이 있고 개인별로 정해진 양을 제공하는 배급의 형태가 있다.

5. 침대는 어떻게 사용하나요?

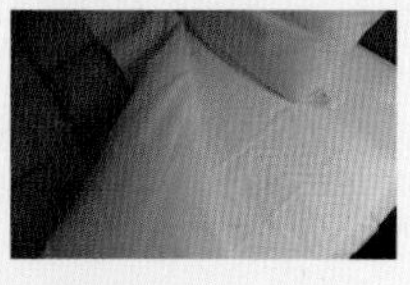

침대에 누울 때는 시트 사이로 들어가면 안 된다. 즉 매트리스를 감싸고 있는 시트 위에 눕고 시트에 감싸져 있는 이불을 덮어야 한다. 시트는 매일 갈지만 이불 세탁은 자주 하지 않기 때문에 그다지 깨끗하지는 않다.

6. 변기 옆 이것은 무엇인가요?

이탈리아뿐만 아니라 유럽의 호텔 화장실에는 변기 옆에 작은 세면대 모양의 설비가 있다. 가끔 해프닝처럼 이곳에서 세수를 했다던가 물을 채워 놓고 냉장고처럼 썼다는 에피소드가 전해져 오는데, 이는 중세시대 때부터 내려오는 세척 기구다. 용변을 본 후 이곳에서 물로 씻어낸 후 휴지나 비데 위에 놓인 작은 수건으로 물기를 닦아내면 되는데 전자식 비데에 익숙한 우리에게는 매우 생소한 물건이 아닐 수 없다.

07 환전하기

환전을 하기 전에 여행 일수가 얼마나 되고 하루에 대략 얼마를 쓸 것인가를 생각하자. 그리고 현금과 신용카드를 어떻게 적절히 분배해 사용할 것인지 생각해야 한다.

가장 편리한 수단은 현금이다. 즉각적으로 자신의 씀씀이를 파악할 수 있지만, 분실 위험이 가장 크다. 다른 유럽 국가에서처럼 이탈리아에서도 신용카드나 체크카드를 편리하게 사용할 수 있다. 대부분의 숙소, 식당, 상점에서 카드를 사용할 수 있으니 너무 걱정하지 않아도 된다. 현금과 카드의 사용 비율은 5대5로 생각해도 무방하다.

신용카드나 체크카드를 사용하려면 국내 전용이 아닌 해외에서 사용할 수 있는 카드를 만들어야 한

마스터 MASTER

비자 VISA

다. 비자 VISA, 마스터 MASTER가 안정적으로 사용 가능하며, 아멕스 AMEX는 상점에 따라 사용이 제한되는 경우가 있다.

현재 발급되는 신용카드나 체크카드에는 IC칩이 부착되어 있다. 카드 비밀번호와 별개로 IC칩 비밀번호를 설정해야 하는 경우가 있다. 여행을 떠나기 전 카드 회사에 연락해 비밀번호를 설정하고, 잊지 않도록 주의하자. 3번 이상 비밀번호를 잘못 입력하게 되면 카드 사용이 불가능할 수 있다.

한 달 이상의 장기 여행을 계획하고 있다면 국제현금카드를 만드는 것이 좋다. 본인이 거래하는 은행별로 외국에서 쓸 수 있는 현금카드를 발급받을 수 있다. 이탈리아 내에서는 BNL 은행 ATM(현지에서는 Bancomat라고 한다)을 사용하는 것이 수수료가 조금 적다고 한다. 신용카드나 국제현금카드를 발급받은 후에는 카드에 International 표시가 되어 있는지를 꼭 확인해야 한다. 이 표시가 있어야 이탈리아에서 사용이 가능하다. 환전은 본인의 주거래 은행을 이용하는 것이 조금이라도 알뜰하게 환전하는 방법이다. 만일 주거래 은행이 없다면 인터넷상으로 환전클럽 등을 이용하는 것도 좋다.

최근 해외여행자들에게 인기를 얻고 있는 외화 충전카드(트래블월렛, 트래블로그)는 그날의 매매기준율로 외화를 충전한 후 현지에서 체크카드의 형식으로 대금 결제가 가능해 신용카드를 사용할 때에 비해 저렴하게 이용할 수 있다. 현금이 필요할 때 인출 수수료 없이 현금을 찾아 쓸 수 있다.

국민은행

우리은행

하나은행

신한은행

08 여행 예산 짜기

이탈리아의 물가는 한국과 비슷한 편이다. 미술관 · 박물관과 성당 입장료에 따라 도시별로 예산의 차이는 극과 극을 달린다. 로마는 미술관 · 박물관을 제외한 대부분의 여행지를 관람할 때 입장료가 없지만 피렌체 · 베네치아는 성당마다 입장료를 내야 한다. 숙박비는 도미토리를 기준으로 €20~30 호텔은 €60~ 정도를 생각하자. 슈퍼마켓 등에서 판매하는 식료품 등은 저렴한 편이므로, 한 숙소에서 2~3일 이상 머물 예정이라면 주방이 있는 숙소를 구해서 음식을 해먹는 것도 경비를 아낄 수 있는 방법이다. 철도패스를 소지하고 있어도 예약비가 발생하는 경우가 있어 교통비도 만만치 않다. 또한 대도시와 중소도시의 편차가 심한 편이다.

최저 예산과 최고 예산 비교

도시마다 편차가 크긴 하지만 1일 체류비는 호스텔이나 민박 숙박비를 포함해 10만원 내외로 잡아야 한다. 호텔 숙박을 계획한다면 1박당 3만원 이상 추가해 예산을 세워야 한다. 소도시의 경우에는 이보다 3만~4만원 적게 책정해도 무리가 없다.

※ 본인의 취향에 따라 성당 · 미술관 · 박물관 입장료는 편차가 있다.

로마 베스트 코스 1일 예산(p.96)

숙박비 도미토리 €30
교통비 · 입장료 1일권 €7, 콜로세움 · 포로로마노 · 팔라티노 입장료 €16
3끼 식사 아침 €3(카페+브리오슈), 점심 피자 €10, 저녁 중국집 €10
기타 경비 엽서, 물 등 €5

1일 경비 €81 ≒ 10만 9,120원

피렌체 베스트 코스 1일 예산(p.200)

숙박비 도미토리 €30
교통비 · 입장료 1회권 2장 €2.40, 산타 마리아 노벨라 성당 €7.50, 메디치 예배당 입장료 €8, 두오모 통합 티켓 €30, 우피치 미술관 €12
3끼 식사 아침 €3(카페+브리오슈), 점심 피자 €8, 저녁 피렌체 특선 스테이크 €50
기타 경비 엽서, 물 등 €5

1일 경비 €155.90 ≒ 21만 20원

09 여행가방 꾸리기

항공사별로 약간의 차이는 있지만 보통 한 사람이 반입할 수 있는 짐의 무게는 이코노미석을 기준으로 기내는 10㎏, 수하물은 20㎏이다. 이를 초과한다면 추가요금을 지불해야 한다. 한국에서 출발할 때는 2~3㎏ 정도는 눈감아주지만 귀국할 때 이탈리아 공항에서는 엄격히 제한하는 편이다. 여행은 하면 할수록 짐이 늘어나기 마련. 특히 쇼핑 천국 이탈리아 여행이라면 더욱더 그렇다. 미리 가방의 여유 공간을 확보할 수 있는 효율적인 짐 꾸리기가 필요하다.

❶ 가방

배낭은 두 손이 자유롭고 기동성이 확보되지만 허리와 어깨가 약하다면 매우 고통스럽다. 배낭을 고를 땐 어깨끈이 튼튼한지, 바느질이 촘촘히 잘 되어 있는지를 확인한다.

캐리어 사용이 일반화되어 가고 있는데 이탈리아 도시는 길이 돌로 만들어져 울퉁불퉁 하지만 다니기 어려운 정도는 아니다. 캐리어는 바퀴가 4개 달려있는 것이 편리하다.

도시 여행 시 간단한 소지품을 넣기 위한 보조가방을 사용하게 되는데 어떤 것을 사용하든지 여행자라는 표지가 된다. 배낭을 사용한다면 지퍼에 자물쇠를 달아놓는 것이 안전하다. 크로스백은 대각선으로 메고 늘 몸 앞에 두도록 하자.

쇼핑을 염두에 뒀다면 접이식 폴딩백을 준비하는 것도 추천. 작은 부피라 휴대하기 좋고 펼쳤을 때 기내 반입이 가능한 크기로 준비하자.

❷ 신발

여행을 떠나게 되면 하루에 최소한 5~6시간 이상을 걷는다. 본인이 신던 익숙한 신발이 좋다. 푹신한 운동화가 가장 좋지만 여름이라면 스포츠 샌들도 유용하다. 숙소 내부에서 사용할 슬리퍼 하나 챙기고 근사한 저녁 식사나 공연 관람을 계획한다면 구두 한 켤레도 준비하는 것이 좋다.

❸ 옷

개인차가 크긴 하지만 셔츠 2~3장, 바지 1~2벌, 양말과 속옷은 3개씩 정도면 충분하다. 성당 입장 시에 어깨가 드러나거나 무릎 위 맨살이 드러나는 옷은 입을 수 없으니 주의하자. 얇고 넓은 머플러는 멋내기에도 그만이고 성당 입장 시 유용하다. 일교차를 대비해 한여름이라도 긴 옷은 필요하고 10월 이후에 이탈리아는 비가 많이 오기 때문에 우산과 방수 기능이 있는 옷을 준비하자.

❹ 비상약

아무리 무쇠팔 무쇠다리라 해도 일주일에서 한 달 내내 걸어다니며 여행하다보면 몸이 탈 나기 쉽다. 몸살감기약과 진통제, 두통약과 소화제 정도는 챙겨두자. 혹시 모를 상처에 대비해 연고를 준비하고 평소 운동과 거리가 멀었던 여행자라면 파스도 준비해둔다. 장이 민감하다면 지사제도 빼놓을 수 없다.

❺ 세면 도구

호텔에 숙박할 여행자라면 굳이 준비하지 않아도 되지만 호스텔이나 민박에 숙박할 예정이라면 준비해야 한다. 개인차가 있겠지만 샤워젤이나 샴푸 등은 100mL 용량이면 25일 정도 사용 가능하다.

❻ 각종 전자제품

전자제품 중 가장 큰 비중을 차지하는 것은 카메라. 스마트폰 기술이 나날이 발전하고 있지만, 스마트폰 사진이 카메라로 찍는 사진에 비할 수 없다. 본인의 사진 습관에 대해 잘 생각해본 후 스마트폰 카메라인지 카메라를 가져갈 것인지 결정하자.

DSLR 카메라는 사진의 품질을 보장하지만 그만큼 무겁고 부피가 크다. 콤팩트 카메라는 휴대성이 좋긴 하나 어딘가 아쉽다. 두 기종의 절충형인 미러리스 카메라는 부피는 콤팩트 카메라에 비해 크지만 DSLR에 못지않은 사진 품질을 자랑한다.

이탈리아는 규모가 큰 성당, 건축물, 광장이 많은 여행지이다. 표준 줌 렌즈 이외에 넓은 화각의 사진을 찍고 싶다면 광각렌즈를, 종탑이나 모자이크 등을 클로즈업해서 찍고 싶다면 망원렌즈를 준비해야 한다. 요즘은 광각부터 망원까지의 화각을 가진 렌즈들도 출시되고 있으니 잘 알아보고 선택하자.
사진 저장을 위해서는 노트북을 사용하는 것이 안전하다. 메모리카드를 넉넉하게 준비하는 것도 짐을 가볍게 하는 방법이다.
이탈리아의 전기 플러그는 모양은 한국과 같지만 폭이 조금 좁다. 멀티어댑터를 준비하자. 소지하는 전자제품이 많다면 주먹코라고 불리는 멀티탭을 준비하는 게 좋다.

❼ 한국음식

식성이 좋아서 음식 때문에 여행이 힘들지는 않은 사람도 장기간 여행에 몸이 지치면 자연스럽게 한국음식 생각이 나기 마련. 집에서처럼 먹지는 못해도 간단한 준비물과 함께라면 아쉬움을 달랠 수 있다. 즉석밥, 튜브에 든 볶음 고추장, 라면수프, 스틱형으로 포장된 조미료 등은 부피도 작고 간단하니 2~3개 챙기자.

❽ 그 외 유용한 물품

빨랫줄 빨래를 의자나 침대난간에 널어 말려도 되지만 뭔가 불편하다. 4~5m 길이의 노끈이라면 충분하다. 세탁소에서 받을 수 있는 철사로 된 옷걸이 또한 유용하다.
맥가이버 칼 정말 유용한 물건 중 하나. 다재다능 만능이다.
스포츠 타월 쓰고 짜서 널어두기만 하면 되고 작은 부피지만 흡수성이 좋아 여행 시 유용하다. 특히 여름 여행 때 준비하면 좋다.
목베개 비행기에서 또는 장거리 버스 이동 시에 유용하다. 누워서 자는 것만큼은 아니더라도 편안한 취침을 도와준다.
위생팩(또는 지퍼백) 젖은 물건을 담거나 도시락 싸서 나가는 날에 편리하다. 부피도 작으니 더더욱 부담없다.
식염수 유럽은 렌즈용품이 상상 이상으로 비싸다. 되도록이면 한국에서 챙겨가거나 일회용 렌즈 또는 안경을 사용하는 편이 좋다.
개인 위생용품 신종 코로나 바이러스 감염증이 아직 종식되지 않은 상황에서 개인위생은 각자 챙기는 것이 중요하다. 많이 풀렸다고는 하나 아직 이탈리아에서는 FFP2 등급 마스크를 요구하는 곳이 있으니 준비해두고, 손 소독제나 알코올 스왑을 챙겨 가는 것도 좋다. 과한 것이 때로는 모자라는 것보다 좋을 때가 있다.

❾ 없으면 아쉬운 물건

손톱깎이 한국에 있어도, 유럽에 있어도 손톱과 발톱은 쉼 없이 자란다.
면도기 덥수룩한 수염이 소매치기나 도둑은 쫓을지 모르지만 친구도 쫓을 수 있다. 적당히 깔끔하게 정리하자.
자물쇠와 와이어 안전 여행을 위한 필수품

❿ 기내 반입할 물건

각종 전자제품 노트북과 카메라는 물론 이에 따라오는 케이블과 메모리카드 등은 기내에 들고 타자. 수하물 처리가 거칠기에 파손의 위험이 있으며 짐이 분실될 때를 대비해야 한다. 또한 모든 보조배터리도 기내로 들고 타야 하는데, 100WH 이하의 보조배터리와 100~160WH 이하의 배터리는 1인당 2개까지 기내 반입이 허용된다. 여기서 160WH는 약 43,000mAh로 일반 스마트폰 보조 배터리는 걱정하지 말고 기내에 들고 탈 것.
얇은 카디건 비행기 안은 건조하며 서늘하다. 이로 인한 컨디션 저하로 여행에 문제가 생길 수 있다. 얇은 겉옷 하나는 준비하자.
책 장시간의 비행을 지루하지 않게 도와줄 준비물. 가이드북이나 소설책 한 권 준비하자.
수분 보충 제품 건조한 기내에서 수시로 수분 제품을 얼굴에 발라주고, 콘택트 렌즈 사용자들은 인공눈물을 넣어 주는 것이 좋다. 이 때 모든 제품의 용량은 100ml가 넘어서는 안 되고 투명한 비닐 지퍼백에 넣어야 한다.

알아두세요!

테러 등의 사고를 방지하기 위해 기내 반입품 관련 규정이 까다로워졌습니다. 우선 100mL가 넘는 액체류(향수, 스킨, 로션 등) · 젤류(고추장, 된장, 잼 등), 스프레이류 등 인화성 물질, 그리고 손톱깎이 · 가위 · 칼 · 맥가이버 칼 같은 날카로운 금속성 물질은 반입이 금지되므로, 잊지 말고 수하물로 부칠 짐에 넣어두세요. 특히, 보안 강화로 액체류와 젤류는 20×20㎝의 투명비닐에 넣을 수 있는 물품만 기내 반입이 허용됩니다.

⑪ 체크리스트

필수품

항목	체크	항목	체크
여권 및 여권 사본		수건/치약/칫솔/면도기	
여행 경비		구급약품	
사진 3~4장		식염수	
항공권		복대	
국외여행허가신고필증		보조가방	
여행자보험		한화	
국제학생증		양말	
철도 패스 or 기차 예약 티켓		속옷	
여행 정보 책자		반팔 셔츠	
필기구, 메모지		반바지 또는 치마	
(디지털)카메라와 그 외 장비들		긴 바지	

선택

항목	체크	항목	체크
샌들		맥가이버 칼	
한국음식		기념품	
국제운전면허증		자전거 잠금장치	
주민등록증		비닐봉지 몇 장	
신용카드		주소록/전화번호	
모자/선글라스		책 1~2권	
우산		방수재킷	

10 사건 · 사고 대처 요령

여행 중 사건 · 사고는 불시에 찾아온다. 특히 이탈리아는 소매치기 등의 사례가 빈번하므로 각별히 신경을 써야 한다. 안전한 여행을 위한 어드바이스와 신속하게 사고에 대처하는 방법을 안내한다.

① 치안 사고 방지 주의 사항

여행을 떠나기 전

① 여권, 신용카드, 항공권 등의 번호를 별도로 2장 기록해 놓는다. 하나는 가족에게 줘서 혹시 모를 사고에 신속하게 대처할 수 있도록 한다.
② 그날의 여행을 시작하기 전 늘 여권과 여행 경비를 몸에 지니고 숙소를 떠나자. 여행 경비는 분산해 보관하는 것이 좋다.
③ 귀중품이 많을 경우 여행자보험에 가입해 두자.

여행 중

① 전화를 걸거나 티켓을 구입하는 새에 짐이 없어지기도 한다. 모든 짐은 몸에서 떼어놓지 않도록 한다.
② 일행을 만들자! 서로서로 짐을 지켜주며 화장실도 번갈아 가고 좋다.
③ 가방을 몸에서 떨어지지 않게 가까이 두자. 크로스백은 대각선으로 메고 항상 몸 앞에 둔다. 백팩 사용자라면 자물쇠를 채우자!
④ 인적 드문 곳을 배회하거나 과도한 음주 후 돌아다니는 것은 무척이나 위험한 일이므로 삼가자.
⑤ 늦은 시간에 도착한다면 숙소나 한인 투어회사의 픽업 서비스를 이용하자.
⑥ 아이를 안은 집시 여인이 돈을 구걸하면서 가방이나 주머니에 손을 대는 경우가 늘어나고 있다. 이들

2인 1조로 피렌체 거리를 걷는 집시들

은 2인 1조로 활동하며 한 명은 시선을 분산시키고 한 명이 행동에 나선다. 조심 또 조심하자.

❷ 사건 사고 대처하기

1) 병원을 이용 시

여행 중 병원을 이용했다면 진단서와 진료비 영수증을 꼭 챙겨오자. 처방전을 받아 약을 샀을 경우에도 약 구입 영수증을 잘 보관해 가져와야 한다. 이 서류들이 있어야 여행 후 보험사를 통해 보상받을 수 있다.

2) 도난을 당했을 때

즉시 가까운 경찰서로 가서 도난신고를 하자. 대부분 도시의 역이나 버스터미널에는 24시간 운영되는 경찰서가 있다. 경찰서에서 사건에 대한 몇 가지 질문을 한 후 사고 경위서 Police Report를 작성해 준다. 사고 경위서에는 도난 경위와 도난당한 품목을 최대한 자세히 적어야 한다. 잘 보관해 두고, 귀국 후에 보험사에 제출하면 심사 후 한도액에 한해 보상해준다. 소지품이나 쇼핑한 물건 등에 한해서 보상 받을 수 있다. 그러나 분실인 경우 개인의 부주의 때문이므로 보상을 전혀 받을 수 없다. 기차 티켓이나 현금 등도 보험 혜택을 받을 수 없다.

❸ 귀국 후 보상 절차

귀국 후 보험사에 구비서류를 준비해 제출하면 심사를 통해 보상액을 책정, 1~2개월 이내에 개인통장으로 보상액을 입금해 준다. 필요한 서류는 도난의 경우 사고 경위서 Police Report, 질병이나 상해의 경우 병원비 영수증, 진단서, 처방전, 약제비 영수증 일체와 함께 신분증 사본, 통장 사본, 증권번호, 개인 연락처 등이다.

여행자보험이 없이 여행을 떠났는데 부득이하게 현지에서 의료기관을 이용해야 될 수도 있다. 이 경우 여행자 본인이 가입한 실손의료비보험의 약관에 따라 해외 의료기관에서 지불한 비용을 보상받는다. 본인의 보험 약관을 잘 살펴보도록 하자. 여행자보험을 가입하고 떠났을 경우 중복보상규정에 의해 두 보험이 분할로 보상해주기도 한다.

필자의 경우 스위스에서 넘어지면서 뇌진탕으로 병원을 찾았고, 280여만원의 병원비를 지출할 일이 발생했었다. 진단서, 진료비 영수증, 처방전, 약제비 영수증 일체를 준비해 여행자보험사에 청구했고, 여행자보험에서 60%, 실손의료비보험에서 40%를 분할 지급받았던 경험이 있다.

일부 여행자에 한정된 사례겠지만 여행 중 자신이 잃어버린 물건에 대해 도난으로 신고한 후 보상금을 받는 여행자들이 있다. 이런 사건이 적발되어 감옥에 가는 경우도 있다고 한다. 허위 신고자들이 늘어나면서 여행자보험 상품이 점점 더 비싸지고 도난 품목에 대한 보상액이 점점 줄어들고 있다. 어쩌면 앞으로 도난을 당해도 혜택을 받지 못할지도 모르므로 양심에 거리낄 행동은 하지 말자.

알아두세요!

신속 해외 송금 지원 제도

여행 중 아무리 조심해도 사건 사고는 발생할 수 있다. 특히 소매치기 사건은 여행자를 늘 공포에 휩싸이게 한다. 지갑을 소매치기당해서 수중에 현금이 하나도 없을 때 해외 공관에서 시행하고 있는 신속 해외 송금 지원 제도를 이용할 수 있다. 이 제도는 여행자가 공관을 방문해 국내 가족에게 송금을 요청하면, 영사콜센터가 입금을 확인한 후 해외공관을 통해 긴급 경비를 지원하는 제도다.

로마에 위치한 한국대사관이나, 밀라노의 영사관에 긴급 경비를 요청하면 국내 연고자에게 직접 연락, 국내 외교부 농협계좌로 입금 요청하고 국내에서 송금이 완료되면 이를 지원받는 제도로 미화 3000달러 상당의 돈을 송금 받을 수 있다.

외교통상부 영사 콜센터

국내 02-3210-0404 / 이탈리아 + 822-3210-0404, + 800-2100-0404

01 가자! 인천공항

우리나라에서 유럽으로 떠나는 대부분의 항공편은 인천국제공항에서 출발한다. 최근 부산 김해국제공항에서 출발하는 항공편도 늘어나고 있으나 극히 일부 항공사에 국한되어 있다.
공항에는 출국 3시간 전에 도착하도록 하자. 공항 도착 후 탑승권 발권, 출국심사 등의 과정을 거치는데 성수기의 경우 많이 혼잡하고, 오래 기다려야 하므로 여유 있게 도착하는 것이 좋다.

● 인천국제공항으로 가는 법

공항으로 가는 대중교통편은 크게 세 가지로 가장 많은 노선과 운행 편수의 버스, 서울 및 인천지하철과 연계되어있는 공항철도 AREX, 그리고 택시이다. 2018년 1월 인천공항 제2여객터미널이 개장됐고 모든 교통수단은 1터미널에 정차한 후 2터미널로 간다. 두 터미널 사이는 셔틀버스가 운행하는데 10~15분 정도 소요된다. 본인이 이용하는 항공사와 이용 터미널을 미리 알아두는 것이 중요하다.

인천국제공항
문의 1577-2600 홈페이지 www.airport.kr

❶ 리무진 버스

노선이 가장 다양하고 운행 편수가 많은 교통수단. 서울 시내 각지뿐만 아니라 인천, 수원, 대전 등 지방의 각 버스 터미널에서 인천국제공항까지 직행으로 운행한다.
노선 · 시간표 검색 www.airport.kr(교통 · 주차/대중교통 항목 참조)

❷ 공항철도 AREX

수도권 거주 여행자들이 저렴하게 이용할 수 있는 교통수단. 지방에서 국내선 항공편을 이용해 김포국제공항에 도착했을 때, 일반 기차 편으로 서울역에 도착했을 때도 편리하게 이용할 수 있다. 서울역에서 출발해 김포국제공항을 거쳐 인천국제공항까지 운행한다. 서울시 지하철과 인천지하철과 환승할 수 있고 교통카드 이용 시 환승 할인을 받을 수 있다. 서울역 출발편은 인천국제공항까지 논스톱으로 운행하는 직행과 일반 기차로 나뉜다.

운행 (서울역→인천국제공항 기준) 일반 05:20~00:40, 직행 06:10~22:20
소요 시간 (인천국제공항 2터미널 기준) 일반 1시간 6분, 직행 50분
요금 (서울역→인천국제공항 2터미널 기준) 일반 4,750원, 직행 9,500원

❸ 택시

대중교통을 이용하기 어려운 이른 시간에 공항으로 이동해야 한다면 고려할만한 교통수단. 가족여행일 경우 경제적일 수도 있다.
예상 요금 서울 시청 기준 5만원, 서울 영등포 기준 4만5,000원, 잠실 롯데월드 기준 5만5,000원

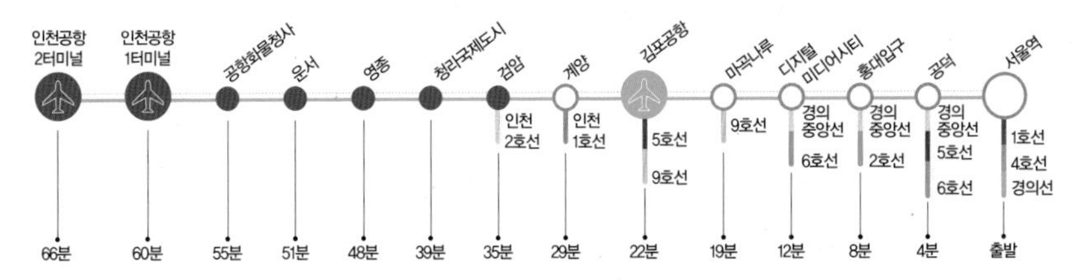

02 인천공항 도착! 출국 수속

공항에 도착하면 먼저 부근의 모니터를 살펴보자. 모니터 속에서 자신이 탑승해야 할 항공편명과 출발시간 · 목적지를 참고해 해당 카운터 Check in Counter 번호를 확인하고 이동하자.

❶ 탑승 수속 Check in (여권과 항공권 필요)

인천공항 제2여객터미널이 개장하면서 항공사 별로 이용하는 터미널에 변화가 생겼다. 여행자 자신이 이용하는 항공사가 어느 터미널을 이용하는지 미리 알아두고 공항행 교통편에 탑승하는 것이 중요하다.

1터미널 이용 항공사

아시아나항공, 루프트한자항공, 말레이시아항공, 베트남항공, 싱가포르항공, 아랍에미레이트항공, 에바항공, 카타르항공, 캐세이퍼시픽항공, 타이항공, 터키항공 등

2터미널 이용 항공사

대한항공, 에어프랑스, KLM, 델타항공, 아에로 멕시코, 아에로플로트, 가루다 인도네시아, 중화항공, 샤먼항공

공동운항편(코드 쉐어)의 경우 실제 탑승하는 항공편에 따라 출입국 터미널이 달라질 수 있으니 미리 확인해두자. 카운터는 각 터미널 3층의 출발층 오른쪽부터 왼쪽까지 알파벳 순서로 반원형으로 나열되어 있다. 해당 카운터에 가면 이코노미 클래스 Economy Class와 비즈니스 클래스 Business Class, 퍼스트 클래스 First Class의 줄이 다른데 해당하는 곳에 가서 줄을 서면 된다. 이때 여권 Passport과 항공권 Airline Ticket, 그리고 마일리지 카드를 준비하자.

차례가 되면 소지하고 있던 여권과 항공권을 제출한다. 그러면 비행기 좌석번호와 탑승구 번호가 적힌 탑승권 Boarding Pass을 건네준다. 이때 원하는 좌석을 요구할 수 있는데, 창밖을 보고 싶다면 창가석 Window Seat, 화장실 가기에 편한 곳을 원한다면 통로석 Aisle Seat을 말하면 된다. 요즘은 인터넷을 통해 미리 좌석 배정을 받을 수도 있다.

짐은 이코노미인 경우 20kg 1개, 비즈니스는 30kg 2개까지 수하물로 부칠 수 있고, 프리미엄 이코노미에 탑승할 경우 항공사에 따라 20kg의 짐 2개를 수화물로 보낼 수 있다. 기내 반입은 10kg까지 허용된다. 해당 항공사마다 기내에 반입할 수 있는 규격이 조금씩 다른데 일반적으로는 가로 · 세로 · 높이의 합이 115cm 이하다.

마일리지 프로그램에 가입한 상태라면 마일리지 카드를 잊지 말고 제시해 적립하도록 하자. 만일 잊었다면 탑승권을 잘 보관했다가 여행 후 공항 창구나 지점을 방문하거나 팩스로 적립하면 된다.

수속이 끝나고 나면 마지막으로 탑승권에 배기지 태그 Baggage Tag 스티커를 붙여주는데 잘 보관해야 한다. 나중에 짐이 분실되었을 경우 배기지 태그의 바코드가 있어야 찾을 수 있다.

알아두세요!

빠르고 편리한 도심공항터미널

KTX를 타고 서울역에 도착했다면 도심공항터미널 이용을 고려해보는 것도 좋다. 짐 부치기, 탑승권 발권, 출국 심사 등을 미리 할 수 있다. 인천국제공항에서는 외교관 및 승무원과 함께 사용하는 도심공항전용 출국 통로를 이용해 한갓지게 출국 수속을 마무리할 수 있다. 기관별로 공동 운항편에 대한 수속 여부가 다르니 탑승 전 미리 체크하자.

서울역 도심공항터미널

홈페이지 www.arex.or.kr

이용 가능 항공사 대한항공, 아시아나항공

이용 시간 05:20~19:00

탑승 수속 마감 항공기 출발 3시간 20분 전

※서울역 도심공항터미널을 이용하려면 인천국제공항행 직행 공항철도 티켓을 구입해야 한다.

❷ 환전, 보험가입, 로밍 등의 업무 처리

여행 일정이 빠듯하거나 바쁜 용무로 미처 환전하지 못했거나 여행자보험에 가입하지 못했을 경우 공항에서 처리가 가능하다. 다만 시중과 비교할 때 환율은 높고, 보험료는 비싸니 미리 준비하도록 하자.

❸ 출국 심사 (여권과 탑승권 필요)

발권 받은 탑승권 Bording Pass의 탑승시간 Bording Time을 확인한다. 보통 비행기 출발 시간 40~50분 전으로 적혀 있는데 그 시간까지 탑승장 Bording Gate으로 가야 한다. 탑승장까지 가기 위해선 출국장으로 들어가 출국 심사를 거쳐야 한다. 가장 시간이 많이 걸리는 과정인데 줄이 긴 경우가 많으니 특별히 공항 내에서 할 일이 없다면 탑승 수속 후 출국장으로 들어가는 것이 좋다. 고가의 물품을 소지하고 출국했다가 다시 입국해야 하는 경우 미리 세관신고를 할 수 있다. 출국심사 받기 전 전용 창구에서 '휴대물품반출신고(확인)서'를 받아두자. 이 과정을 거치지 않고 입국할 때 세관 단속에 걸렸다면 국내에서 구입했다는 영수증 등의 증빙이 필요하다. 특별히 신고할 물품이 없다면 X-Ray 검색대를 통과하는데 노트북 소지자는 미리 가방에서 꺼내 놓아야 한다. 앞에서 언급한 반입 금지 품목이 있으면 압수당한다.

X-Ray 검색대를 통과한 후 맞은편 창구에서 여권과 탑승권을 보여주고 심사를 마치면 출국 도장을 찍어준다. 도심공항터미널을 이용한 승객들은 승무원, 외교관 전용 통로를 통과해 면세구역으로 들어가게 된다.

> 알아두세요!
>
> **이제 더 이상 여권에 도장을 찍어주지 않아요**
>
> 2016년 11월부터 내국인 출입국 시 여권에 출입국 도장을 찍어주지 않습니다. 여권에 도장 모으는 것이 하나의 취미였던 필자에게는 슬픈 소식이네요. 그리고 전자여권 소지자는 별다른 신청 절차 없이 자동출입국심사가 가능합니다. 다만 19세 미만이거나 주민등록증을 발급받은 지 30년이 지났다면 사전에 등록해야만 자동출입국 심사가 가능합니다.

모든 업무가 끝나면 탑승 구역으로 이동하자.

❹ 면세구역에서

출국 심사 과정이 끝나면 탑승장의 위치와 탑승 시간을 체크하고, 면세구역에서 쇼핑을 즐기면 된다. 시내 면세점에서 면세품을 구입했다면 면세품 인도장에서 구입한 물품을 찾아야 한다. 성수기에는 사람들이 붐비므로 꽤 오랜 시간이 걸린다.

담배나 필름, 카메라 배터리 등은 우리나라가 가장 저렴하므로 공항 면세점에서 구입하는 것이 좋다.

예약해 둔 기차, 버스 승차권, 미술관, 공연 예약 티켓의 출력이 필요하다면 곳곳에 설치되어있는 인터넷 카페나 항공사 라운지에서 출력 가능하다.

❺ 탑승구 확인 및 탑승

탑승권 Bording Pass에 적힌 탑승시간 Bording Time 무렵에는 해당 탑승구 Gate 앞에 있어야 한다. 보통 출발 시간 30~45분 전부터 탑승이 시작된다. 여권과 탑승권을 준비하고 승무원들의 지시에 따라 비행기 안으로 들어가면 된다. 탑승 순서는 퍼스트·비즈니스 클래스, 어린이와 임산부·노약자, 이코노미 클래스 순이다.

제1여객터미널 이용자 중 탑승 게이트가 101~132번이라면 셔틀트레인을 타고 탑승동으로 가야 한다. 셔틀트레인 탑승장은 28번 게이트 맞은편에서 에스컬레이터를 타고 내려간다. 이때 항공권 확인이 필요하고 한번 탑승동으로 갔다면 다시 돌아올 수 없으니 주의해야 한다.

03 기내에서

이탈리아에 가기 위해서는 최소한 11시간 이상을 비행기 안에서 지내야 한다. 최대한 즐겁고 효율적으로 시간을 보내자. 지금부터 진정한 여행의 시작이다. 깔끔하고 기분 좋은 여행의 시작을 위한 노하우 공개!

❶ 기내 예절

승무원의 안내에 따라 자신의 좌석을 찾아가면 먼저 짐을 좌석 위 선반이나 발밑에 넣고 자리에 앉는다. 모든 승객의 탑승이 완료되고 나면 안전벨트를 매라는 안내방송이 나오고 비행기는 이륙한다. 이착륙 시에는 전자제품을 사용해서는 안 된다. 비행기가 정상궤도에 진입하고 안전벨트 사인이 사라지면 이때부터 벨트를 풀고 화장실 등 기내를 돌아다닐 수 있다. 종종 기류 이상 등의 안전 문제가 생기면 안전벨트 사인이 다시 뜨는데, 이때는 좌석으로 돌아가 안전벨트를 매야 한다. 기내의 좌석이 여유로울 경우, 빈자리로 이동해도 되는데 이때 꼭 승무원에게 양해를 구하고 자리를 이동하자.

이코노미 좌석 내부

비즈니스 좌석 내부

❷ 좌석 사용법

자리에 앉게 되면 앞 좌석 등받이에 모니터가 붙어 있고 그 아래에 식판이 접혀있다. 기내용 엔터테인먼트를 위한 리모컨은 좌석 팔걸이 쪽에 숨겨져 있거나 모니터 아래에 붙어있기도 하다. 일부 신기종 비행기의 경우 USB 충전 단자도 마련되어 있다. 좌석의 맨 앞줄에 앉게 되면 모니터는 팔걸이 아래에, 식판은 팔걸이 안쪽에 있으니 잘 찾아서 지루한 여행을 한껏 즐겨보자. 리모컨에는 기내 엔터테인먼트용 버튼들과 함께 승무원 호출 버튼, 개인 조명등 버튼 등이 있으니 적절히 사용하도록.

앞 좌석 등받이에는
많은 기능이 있다

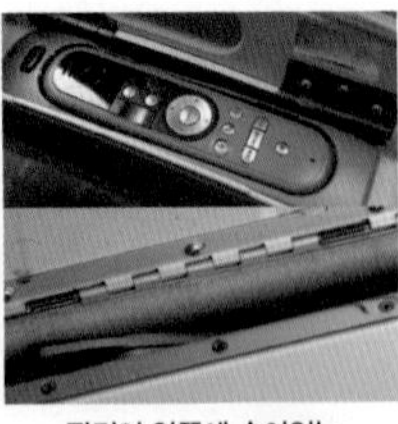
팔걸이 안쪽에 숨어있는
식판과 리모컨

❸ 기내식

비행시간대에 따라 약간의 차이가 있지만 안전벨트 사인이 사라지고 나서 음료 서비스가 시작된다. 기본적으로 물, 탄산, 주스, 맥주, 와인 등이 제공되는데 원하는 음료를 말하고 뒤에 "Please"를 붙이자.
음료 서비스 후 기내식이 제공되는데 주로 두 가지 메뉴가 제공된다. 일부 항공사에서는 비빔밥 등 한식류와 양식류를 제공하기도 한다. 원하는 메뉴를 이야기하며 "Please"를 잊지 말도록.
기내식은 전식 + 주요리 + 후식 그리고 음료로 구성되며 은근히 많은 양이다. 게다가 상공에 있기 때문에 평소와 다른 포만감을 느끼게 된다. 너무 많이 먹

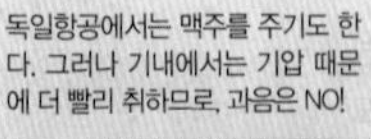
독일항공에서는 맥주를 주기도 한다. 그러나 기내에서는 기압 때문에 더 빨리 취하므로, 과음은 NO!

아침 메뉴

외항사 기내 비빔밥

알아두세요!

기내식은 종교와 체질에 따른 특수식을 주문할 수 있고 어린이나 유아를 위한 메뉴도 준비되어 있으니 가족여행을 한다면 참고하세요. 출발 48시간 전까지 신청 가능합니다.

지 말고 음료를 자주 마시는 것이 좋다.
다양한 종류의 술이 제공되지만 역시 기압 때문에 쉽게 취하기 쉬우니 조심하자. 최근 기내에서 과도한 음주로 인한 사건 사고가 빈번하게 일어나고 있다. 본인의 주량을 과신하지 말고, 탑승 전 음주는 자제하는 것이 좋다. 또한 기내에서 일정량의 주류를 주문하게 되면 요주의 인물이 되어 집중 관찰 대상이 되며, 주류 주문이 금지될 수도 있다.
식사 시간 후 일정 시간이 지나면 샌드위치 등 간단한 간식을 제공한다. 일부 항공사 기내에는 승객들을 위한 셀프바도 운영되고 있다. 음료들은 수시로 제공된다. 필요할 때 승무원 호출 버튼을 누르고 요청하자.

④ 화장실 사용

비행기 화장실 문은 접이식이다. Push라고 써 있는 가운데 세로선 근처를 밀면 안으로 접히며 열린다. 녹색의 Vacant 표시가 있으면 사람이 없다는 것이고, 빨간색으로 Occupied 표시가 되어 있으면 누군가가 사용 중이라는 뜻이다. 화장실 내에는 1회용 화장실 시트 Toilet Sheet가 있다. 변기 위에 깐 후 사용하고, 물내림 버튼을 누르면 함께 내려진다.

공간은 매우 좁다. 화장실을 사용한 후 바닥이나 주변에 물이 많이 튀었다면 깨끗하게 정리하고 나오는 센스를 발휘하자. 다음 사람을 위해.

⑤ 건강 관리

수분 공급 기내는 매우 건조하기 때문에 수분 섭취가 중요하다. 물을 자주 마시고 수분이 많은 화장품을 충분히 발라주는 것이 좋다. 콘택트렌즈 사용자라면 비행 시간 동안에는 렌즈를 빼고 안경을 착용하거나 인공눈물을 자주 넣어주는 것이 좋다.
다리 저림 좁은 공간에 장시간 동안 앉아있다 보면 다리가 저리고 불편하다. 아주 꼭 죄는 옷은 불편하지만 적당한 피트감 있는 옷은 오히려 다리 저림을 방지해준다. 또한 규칙적으로 기내 통로를 걷거나 스트레칭을 해 주는 것도 좋다.
의자 젖힘 비행기의 이착륙 시와 식사를 할 때에는 의자를 젖히면 안 되고 원상태로 돌려놓아야 한다. 그 외에는 의자를 젖혀도 되는데 항상 뒷자리에 앉은 사람을 배려하자. 천천히 적당히 젖혀야 하며, 젖히기 전에 "Do you mind if I push my seat back? 의자를 뒤로 젖혀도 괜찮겠습니까?"라고 양해를 구하는 게 좋다.
신발 벗기 좌석에 앉아있을 때 신발을 벗는 것은 괜찮다. 항공사에 따라 기내용 양말이나 슬리퍼를 제공하는데 기내에서 신발 대신 신고 다니는 것은 결례가 아니다.

항공사에서 제공하는 기내용 슬리퍼

금연 기내에서의 흡연은 철저히 금지되어 있다. 몰래 화장실 등에서 담배를 피우다가 발각되면 경고는 물론, 50만~60만원의 벌금을 내거나, 공항 착륙 후 경찰서로 안내 받을 수도 있다.

04 환승 및 유럽 입국하기

이탈리아로 향하는 대부분의 여행자들이 직항보다는 경유편을 이용하는 것이 현실. 여행자들이 두려워하는 것 중 하나가 비행기 갈아타는 과정이다. 하지만 두려워하지 말자. 매우 쉬운 과정이다.

① 환승하기

직항이 아닌 경유 항공사를 이용했을 때 비행기를 갈아타야 한다. 항공편에 따라 트랜짓 Transit(중간기착)이나 환승 Transfer할 경우가 생긴다.

1) 트랜짓 Transit

동남아계 항공사를 이용할 때 겪을 수 있는 과정이다. 예를 들어 타이항공을 이용하면 서울~타이페이~방콕 구간을 이동하게 된다. 타이페이에서 승객을 내려주고 같은 비행기로 다음 목적지인 방콕으로 가게 되는데 이때 방콕으로 가는 승객들은 짐을 기내에 둔 채 잠시 비행기에서 내린다. 승객들이 탑승구 Boarding Gate에서 기다리거나 면세점을 구경하는 동안 기내청소와 급유가 진행된다. 그 후 탑승시간 Boarding Time에 맞춰 다시 탑승하는데 이런 경우를 '트랜짓'이라고 한다.

2) 트랜스퍼 Transfer

루프트한자 항공 등 유럽계 항공사를 이용해 이탈리아에 간다면 프랑크푸르트나 뮌헨에서 비행기를 갈아타야 한다. 기내에 있는 짐을 모두 가지고 비행기 밖으로 나와 트랜스퍼 Transfer 안내 표지판을 따라 이동하자. 곳곳의 공항 안내 모니터를 보면 이탈리아행 항공편명과 번호가 뜨는데 그것을 참고해 해당 탑승구 게이트 번호를 찾아가면 된다. 이 경우 프랑크푸르트나 뮌헨에서 입국심사를 받게 되는데 별다른 질문은 없다. 유럽계 항공사의 경우 2~3시간, 동남아계 항공사의 경우 최소 2시간에서 최대 9시간까지의 시간이 생긴다. 공항에 따라 환승 승객을 위한 투어를 운영하는 공항이 있으니 이용하는 것도 좋다.

❷ 유럽 입국하기(국적기나 동남아 항공 이용 시)

공항에 내려 입국 Arrival 표시를 따라가면, 입국심사장 Immigration 또는 Passport Control 에 도착하게 된다. 이탈리아 입국시에는 특별하게 입국신고서나 세관신고서를 작성하지 않으니 여권만 준비하자. 입국심사대에 가면 EU Nationals와 Non EU Nationals로 구분되는데 한국인 여행자는 Non EU Nationals 쪽으로 가서 줄을 서자. 일부 심사관의 경우 까다로운 질문을 던지기도 하는데 당황하지 말고 침착하게 대처하자.

입국 심사 과정이 끝나면 수하물을 찾아야 한다. 배기지 클레임 Baggage Claim 표시를 보고 따라간 다음 자신의 항공편명을 전광판에서 확인하고 해당 벨트에서 기다리자. 짐이 나오지 않았을 경우 배기지 클레임 카운터로 가서 인천공항에서 받은 배기지 태그 Baggage tag를 보여주자. 짐이 분실되거나 다른 곳으로 가는 경우가 있는데 자신의 가방에 대해 설명하고 신고서를 쓰면 2~3일 내에 짐을 숙소로 보내준다. 정말 운이 없다면 영영 찾지 못할 수도 있다. 두 가지 경우 모두 보상금을 주는데 항공사에 따라 다르지만 한화로 8만~10만원 정도를 받게 된다. 분실 시에는 항공사의 수하물 규정에 따라 정해져 있는 보상금을 주는데 산출 기준은 짐의 무게다. 저가항공사는 짐 분실 시 책임을 지지 않는다. 수하물을 찾아 공항의 입국장에 나온 후 교통수단을 이용해 시내로 들어가면 된다.

알아두세요!

피우미치노 공항에서도 자동출입국심사가 가능합니다!

인천국제공항에서 출국할 때와 같이 피우미치노 공항에서도 자동출입국심사를 받을 수 있어요. 이 제도는 미국, 호주 여권 소지자와 함께 대한민국 전자여권을 소지한 14세 이상의 여행자들이면 누구나 이용할 수 있습니다. 피우미치노 공항에 도착해 항공기에서 밖으로 나와 진청색 줄을 따라가면 E-gate에 도착합니다. 여기서 여권의 사진이 있는 면을 스캐너에 대면 문이 열리고, 내부로 진입해 표시된 곳에 서서 카메라를 바라보면 심사가 이루어집니다. 이상이 없을 경우 문이 열리고, 출구(또는 입구)로 이동할 수 있습니다. 만일 출입국 도장이 필요하면 맞은편 부스에서 도장을 찍어주니 너무 서운해하지 마세요.

05 현지 교통 이용하기

이탈리아 기차역은 각 도시를 이동할 때뿐만 아니라 시내 여행의 중심이 되기도 한다. 이러한 기차역의 100% 활용법과 기차 티켓 구입법, 그리고 시내 교통수단에 대해 알아보자.

❶ 기차역 이용하기

이탈리아 각 도시의 중앙역은 기차가 오가는 곳이기도 하면서 시내 교통의 중심지이기도 하다. 대부분의 중앙역에는 쇼핑몰과 함께 경찰서, 은행, 우체국, 짐 보관소, 약국 등이 들어서 있어 기차를 이용하지 않더라도 자주 들러 이용하게 된다.

Deposito bagagli/Left luggage →

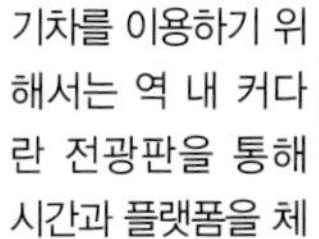

이탈리아의 주요 도시 역에는 유인 짐 보관소가 운영되고 있으며, 짐 보관소가 없다면 역 내 매점이나 바에서 짐 보관서비스를 시행하기도 한다.

기차를 이용하기 위해서는 역 내 커다란 전광판을 통해 시간과 플랫폼을 체크한 후 시간에 맞춰 이동해야 한다. 일부 역 플랫폼에는 기차 칸을 나타내는 모니터가 설치되어 있다. 탑승 시 혼란을 막아주는 편리한 설비이니 미리 확인하고 이동하자. 티켓은 미리 출력해 두는 것이 좋으며 한국에서 기차 티켓을 예매한 후 출력하지 못했다면 기차역에서 출력할 수도 있다.

역내 자동발매기 이용하기

이탈리아 역 창구는 늘 긴 줄이 늘어서 있다. 언제 내 차례가 올지 알 수 없고 일분 일초라도 아끼고 싶은 마음이 앞서는 것은 당연하다. 조금 더 빨리 티켓을 구입하려면 역 내에 비치되어 있는 티켓 자동발매기를 이용하자. 현지어를 모르더라도 간단한 조작법만 익혀두면 간편하게 티켓을 구입할 수 있고, 시간도 아낄 수 있다.

1 이탈리아 철도청 자판기
2 이탈로 자판기

> **알아두세요!**
> 간혹 자판기 앞에서 소소하게나마 도와주면서 주의를 산만하게 한 후 가방 속 소지품을 슬쩍 하거나 돈을 달라는 사람들이 있습니다. 자판기 주변에 트렌이탈리아 제복을 입은 사람들이 아니라면 이런 도움은 단호하게 거절하세요!

❷ 발권한 기차 티켓 보는 법

1) 실물 티켓

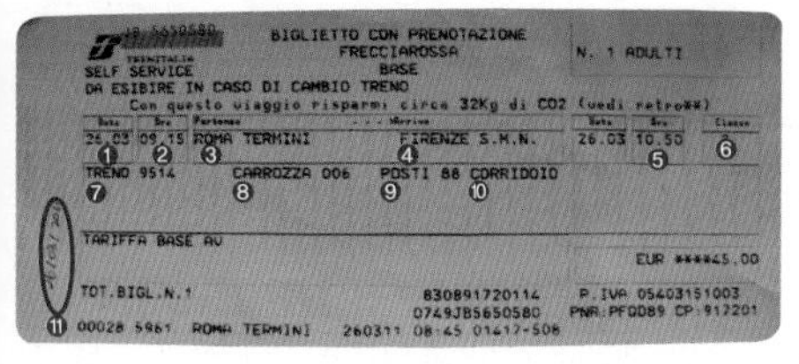

BIGLIETTO CON PRENOTAZIONE
FRECCIAROSSA
BASE
SELF SERVICE
DA ESIBIRE IN CASO DI CAMBIO TRENO
N. 1 ADULTI

Data	Ora	Partenza	Arrivo	Data	Ora	Classe
26.03 ❶	09.15 ❷	ROMA TERMINI ❸	FIRENZE S.M.N. ❹	26.03	10.50 ❺	❻

TRENO 9514 ❼ CARROZZA 006 ❽ POSTI 08 ❾ CORRIDOIO ❿

TARIFFA BASE AV
EUR *****45.00
TOT.BIGL.N.1
P.IVA 05403151003
⓫ 00028 5961 ROMA TERMINI

1 출발일 2 출발 시간 3 출발역 4 도착역 5 도착 시간 6 좌석 등급 7 기차 번호 8 객차 번호 9 좌석 번호 10 좌석 위치 11 만일 기차역 개표기에 개시하지 못했다면 이렇게 탑승 일자를 펜으로 써도 무방하다.

2) 이탈리아 철도청 이메일 티켓

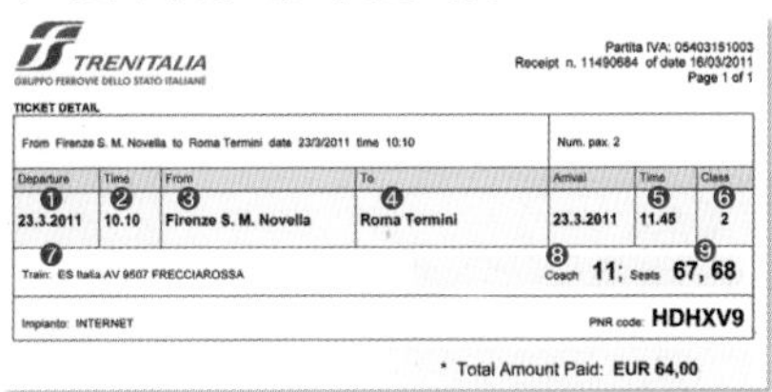

TRENITALIA
Partita IVA: 05403151003
Receipt n. 11490684 of date 16/03/2011
Page 1 of 1

TICKET DETAIL

From Firenze S. M. Novella to Roma Termini date 23/3/2011 time 10.10 — Num. pax 2

Departure	Time	From	To	Arrival	Time	Class
❶ 23.3.2011	❷ 10.10	❸ Firenze S. M. Novella	❹ Roma Termini	23.3.2011	❺ 11.45	❻ 2

❼ Train: ES Italia AV 9507 FRECCIAROSSA — ❽ Coach 11; ❾ Seats 67, 68

Impianto: INTERNET — PNR code: HDHXV9

* Total Amount Paid: EUR 64,00

1 출발일 2 출발 시간 3 출발역 4 도착역 5 도착 시간 6 좌석 등급 7 기차 번호 8 객차 번호 9 좌석 번호

인터넷으로 미리 예약한 티켓 찾기

화면에서 영문을 선택한다.

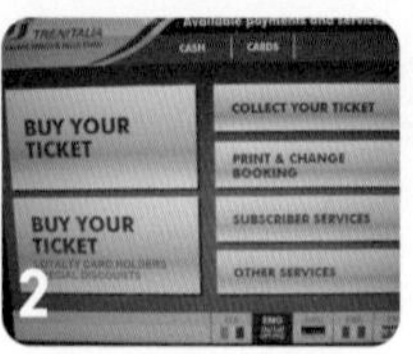

Collect Your Ticket을 선택한다.

예약 시 받은 PNR 코드를 입력한다.

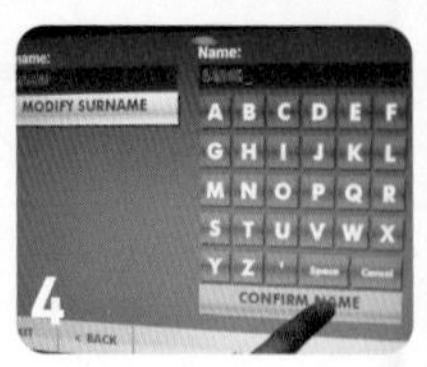

예약자 이름을 입력한다. 예약 사항을 확인하고 출력된 티켓을 찾는다.

현지에서 티켓 구매하기

자판기에서 영문을 선택한다.

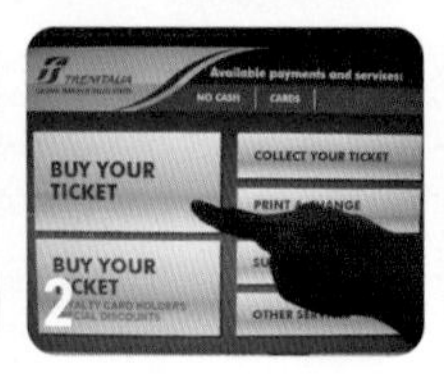

Buy Your Ticket을 선택한다.

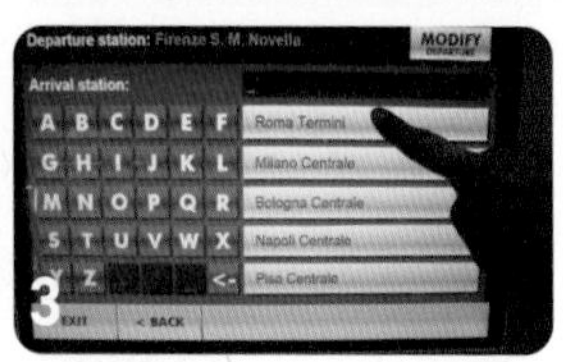

도착역을 선택한다. 만일 리스트에 없을 경우 알파벳을 눌러 선택한다.

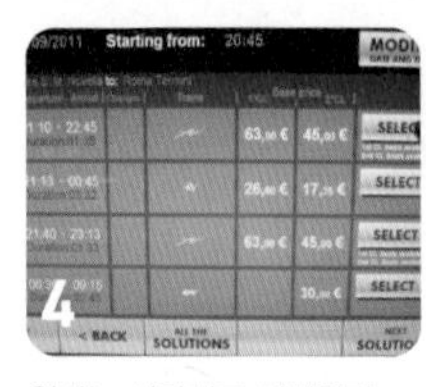

원하는 시간대를 선택한다.

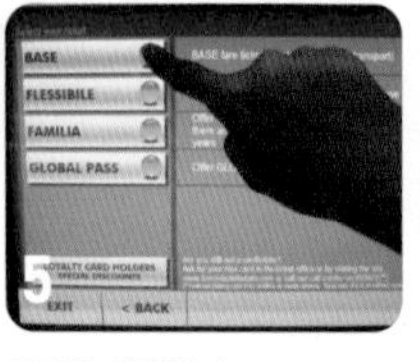

요금을 선택한다.

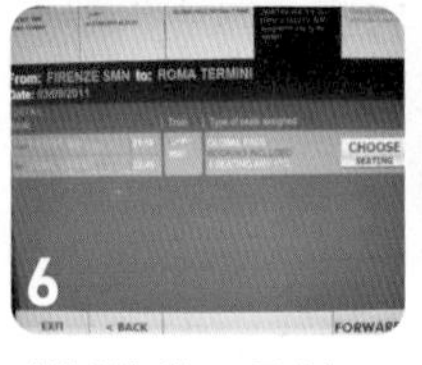

좌석 선택 메뉴로 들어가 원하는 좌석을 선택한다.

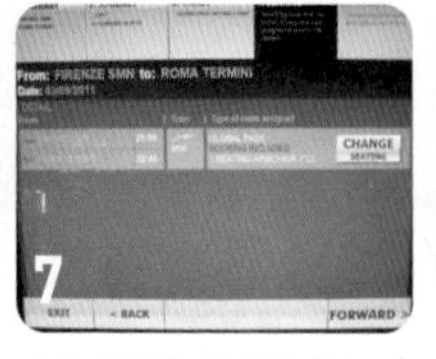

예약 상황을 확인한 후 요금을 지불한다. 기계에 따라 현금 또는 신용카드만 받는 경우가 있으니 주의하자.

❸ 시내 교통 이용하기

유럽의 시내 교통은 '자율'이라는 모토 아래 운영되고 있다. 티켓을 구입하고 펀칭하는 과정은 모두 자율적으로 이루어지고 있으며 무임승차 시 50~100배의 벌금을 내야 한다. 티켓은 꼭 구입 후 펀칭 과정을 거치도록 한다.

밀라노 교통권 자판기

1) 메트로

로마 메트로 표지판

우리나라의 지하철. 로마, 밀라노, 토리노, 나폴리에 건설되어 운행 중이다. 개찰구 출입 방법은 우리나라와 별반 다르지 않아 이용하기 어렵지 않다. 출퇴근 시간에는 우리나라와 마찬가지로 만원 지하철을 경험할 수 있으며 소매치

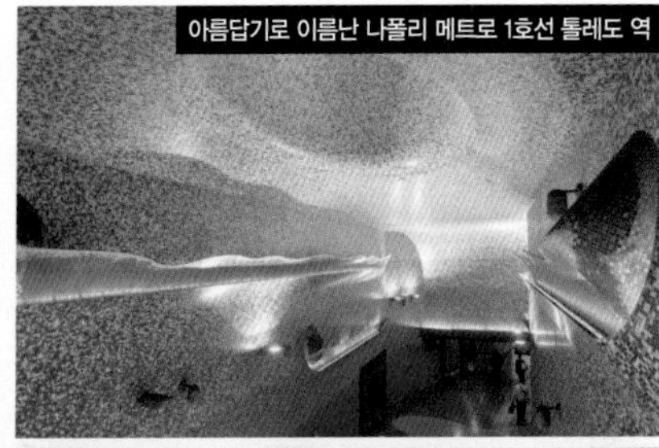
아름답기로 이름난 나폴리 메트로 1호선 톨레도 역

문에 이런 버튼이 있다면
눌러야 문이 열린다.

우리나라와 별반 차이점 없는
토리노 메트로 승차권 투입 방법

기의 주 활동 시간대이기도 하다. 가방과 주머니를 조심하자.

2) 버스

우리나라처럼 안내 방송이 나오지 않아 이용하기 조금 불편할 수도 있다. 반가운 소식은 최근 신형버스들이 도입되면서 하차 정류장을 안내하는 모니터가 생기기도 하고, 점차 깔끔한 시설로 운행한다는 점이다. 인기 노선에는 늘 위험이 도사리는 법. 탑승 전 미리 몇 정거장을 가야 하는지 알아두는 것도 좋겠다.

로마 시내버스 내 모니터, 정류장을 표시해 준다.

나폴리 시내버스

3) 트램

우리나라에서는 볼 수 없는 교통수단. 노면전차라고도 불리며 복고풍의 외관으로 인해 여행자들의 카메라 피사체로도 인기가 좋다. 점차 현대식 트램이 등장하고 있어 조금 아쉽다. 로마 외곽, 트라스테베레 지역과 피렌체 서쪽 지역, 그리고 밀라노, 토리노에서 쉽게 볼 수 있다.

밀라노의 구형 트램

밀라노의 신형 트램

4) 택시 Taxi

이탈리아의 택시는 정해진 곳에서만 탑승이 가능하다. 식당에서 식사를 마치고 늦은 시간 숙소로 이동할 때 힘들다면 계산하면서 택시 호출을 요청하면 된다. 이때 택시라고 발음하면 못 알아듣는 경우가 있다. '딱씨'라고 말해보자. 요금은 우리나라에 비해 비싼 편. 공항과 시내 사이는 정액 요금으로 운영되고 있으며 시내에서 이용할 때에는 미터기가 있는지, 택시 마크가 제대로 부착되어 있는지 확인 후 탑승하자. 피치 못할 경우 시내 외곽에서 시내 사이를 이용해야 할 때에는 탑승 전 미리 요금에 대해 협의를 한 후 탑승하자.

TAXI

택시 정류장 표시

로마 택시

06 도시 여행 노하우

낯선 이탈리아 도시에서 허둥대지 않고 효율적으로 여행하기 위해서는 어떻게 해야 할까? 여행자들을 위한 필살기를 공개한다.

❶ 여행 안내소를 이용하자!

도시 중심 또는 역의 여행 안내소를 이용하자. 시내에서 영어가 잘 통하지 않아도 관광 안내소만큼은 영어 사용이 자유롭다. 지도, 숙소 정보 등 여행에 필요한 모든 것이 제공되며 각 도시에서 여행할 때 유용한 카드 등도 판매된다.

알아두세요!

이탈리아의 길 이름은 주로 이탈리아 통일에 기여한 인물들의 이름을 따왔습니다. 이탈리아 초대 왕 비토리오 에마누엘레 2세 Vittorio Emanuelle II, 시칠리아 의용군을 이끌고 남부지방을 통일한 주세페 가리발디 Giuseppe Garibaldi, 통일의 발판을 마련한 외교관 카밀로 벤소 카보우르 Camillo Benso Cavour 등이 그들입니다. 이들의 이름은 주로 중심 광장이나 거리 명칭으로 쓰이고 있는데요. 1946년 이탈리아가 왕국에서 공화국으로 탈바꿈하면서 주요 도시의 중심 광장은 공화국 광장 Piazza della Repubblica으로 이름이 바뀌게 됩니다. 또한 시민 행사가 자주 열리는 곳은 포폴로 광장 Piazza del Popolo으로 불리는데 '민중의'라는 뜻을 가진 포폴라레 Popolare에서 유래했습니다. 그 외 카니발 행렬이 지나갈 만큼 큰 거리에는 '행렬'이라는 뜻의 코르소 Corso가 사용됩니다. 이탈리아의 오랜 수도 이름을 딴 로마 거리 Via del Roma는 그 도시의 가장 중심 거리입니다.

❷ 길을 알면 이탈리아가 보인다!

여행지에서 우리는 길을 통해 가고자 하는 목적지를 찾아 간다. 이탈리아 지도를 보면 길 · 거리를 나타내는 용어들이 다양한 것을 볼 수 있다. 이들이 어떻게 다른지 알아보자.

길을 구분하는 용어

Piazza 일반적으로 광장을 뜻함
Corte 건물들로 에워싸인 작은 광장
Corso 도시 중심에 위치한 크고 넓은 길
Via 일반적으로 시내와 시외의 길을 뜻함.
Calle 좁은 길 좌우로 상점들이나 거주지들이 들어서 있는 형태의 길. 베네치아에서 많이 볼 수 있다.

❸ 유적지 쉽게 보는 방법

이탈리아는 나라 전체가 유네스코 세계문화유산으로 지정되어 있다 해도 과언이 아니다. 작은 소도시라도 그 도시가 갖고 있는 역사와 문화, 그리고 숨어 있는 이야기는 무궁무진하다. 특히 포로 로마노나 폼페이의 고대 유적지는 그냥 지나치면 한낱 돌무더기로 여겨질 만큼 그 속의 이야기를 아는 것과 모르는 것의 차이는 크다.

각 도시별로 마련된 투어프로그램을 이용해보자. 생생한 가이드의 설명과 함께하다보면 무너진 돌무더기들이 하나둘씩 살아나는 느낌을 받을 것이다. 미술관 속 그림들 또한 마찬가지. 여행 안내소에 문의하자. 주요 대도시에서는 한국인 가이드 투어도 운영되고 있다. 이탈리아는 아는 만큼 보인다.

이탈리아 내 한국인 투어회사

맘마미아 투어 www.a-roma.co.kr
피렌체 투어 www.firenzetour.co.kr

07 스마트하게 스마트폰 사용하기

더 이상 생활에서 빼놓을 수 없는 스마트폰의 발달은 여행의 문화도 많이 바꿔주었다. 현지 통신사의 유심 U-Sim 카드를 구입해 여행자 자신의 전화에 끼우면 한국에서처럼 데이터를 사용하면서 스마트폰을 사용할 수 있다. 단기 여행이라해도 국내 통신사의 로밍 요금보다는 현지 유심 U-Sim 카드를 이용하는 것이 저렴하다.

❶ 현지 통신사

이탈리아의 대표적인 통신사는 보다폰 Vodafone, 팀 Tim, 윈드 Wind 등이 있다. 이 중 현지인들은 보다폰과 팀을 추천한다.

보다폰 Vodafone

유럽 최대의 통신회사. 통화 품질이 가장 좋다는 평이다. 요금은 30일 동안 20GB의 데이터 사용 요금이 €9.99부터 시작한다(심 카드 가격과 선불 요금 별도 지불).

팀 Tim

이탈리아의 휴대전화 회사. 한국의 KT라고 생각하면 무난하다. 적당한 요금으로 이탈리아에서는 매우 많은 사람들이 사용한다. 요금은 30일 동안 10GB 데이터 사용 요금이 €20부터 시작하며 전 유럽 로밍 데이터 포함해 10GB 사용 요금은 €42.99.

윈드 Wind

오렌지색 마크가 눈에 띄는 회사. 이탈리아에서 세 번째 큰 이동통신 회사다. 요금은 30일 동안 20GB 데이터 사용 €24부터.

쓰리심 Three Sim

영국 통신 회사로 이탈리아 여행 이후 다른 나라 여행도 계획한다면 고려해 볼만하다. 전 유럽에서 3만 5천원에 한 달 동안 300분 전화통화를 할 수 있고 데이터도 12GB를 사용할 수 있다.

❷ 여행 시 필요한 필수 애플리케이션

구글맵

구글맵은 단순한 지도가 아니라 손안에 들어있는 가이드북의 역할도 한다. 구글맵 내 '내 지도' 기능을 사용해 흥미 있는 장소를 미리 마킹해 두고 여행을 떠나는 것도 팁 중의 팁!

trenit

기차 시간표를 알아보기 위한 애플리케이션. 시간표, 요금뿐만 아니라 탑승 플랫폼 위치, 연착 또는 일찍 도착하는 정보 등이 표시된다.

구글 번역

이탈리아에서는 은근히 영어가 통하지 않을 때가 있다. 많은 식당에서 영어 메뉴판을 준비하고 있긴 하지만 그렇지 않은 곳도 많다. 그럴 때 사용하기 적격인 애플리케이션.

il Meteo

여행 중 날씨는 매우 중요한 요소. 날씨에 관해서는 최고라는 평가를 받는 애플리케이션이다. 이탈리아를 포함해 유럽 전 지역의 날씨를 알아볼 수 있다.

그 외 여행지 별로 고유의 애플리케이션이 제작되어 배포되고 있다. QR 코드를 사용해 다운받아 미리 볼 수 있으니 활용해 보자.

08 이탈리아에서 출국하기

여행을 마치고 추억을 가득 안은 채 귀국하는 길. 무사히 각자의 집, 각자의 방으로 들어가기 전까지 여행은 계속 진행 중이다. 귀국을 위한 어드바이스!

❶ 공항 가기 & 체크인 하기

한국에서 출국할 때와 마찬가지로 공항에는 3시간 전에 도착하는 것이 좋다. 성수기에 귀국하면서 택스 리펀드 Tax Refund를 받을 예정이라면 4시간 전에 도착하는 것으로 생각해두자.

※주요 공항 택스 리펀드 창구 위치

로마 피우미치노 공항 T3 출국장 326번 카운터 부근
밀라노 말펜사 공항 1터미널 12번 카운터 부근
베네치아 마르코 폴로 공항 출국장 왼쪽 끝(51번 카운터 건너편) 부근

❷ 택스 리펀드 받기

이탈리아에서 면세 혜택을 받으려면 우선 한 상점에서 하루에 €155 이상을 구입해야 하고 상점에서 택스 리펀드 용지를 받아야 한다. 이때 여권이 필요하다. 공항에서 택스 리펀드를 받으려면 먼저 항공사 카운터에서 체크인을 진행한 후 물품이 들어있는 가방을 받아서 가방과 택스 리펀드 용지와 항공권을 들고 택스 리펀드 사무실로 가자.

이탈리아만 여행했다면 봉투 겉면에 표시된 회사 창구로 바로 가서 세금 환급 업무를 진행하면 된다. 창구에서 여권과 영수증, 택스 리펀드 용지를 보여준 후 일정 금액의 수수료를 제하고 그 자리에서 현금으로 받거나 카드로 돌려받을 수 있다.

카드로 돌려받는 경우, 본인의 인적사항(주소, 여권번호, 카드 번호 등)을 빠짐없이 적은 후 용지에 도장을 받고 봉투에 넣어 해당 회사 우편함에 넣으면 1~3개월 후에 신용카드 매출 취소 형식으로 입금된다.

이탈리아 이외의 나라에서 구입한 물건이 있다면 세관 사무실에서 먼저 도장을 받은 후 해당 회사 창구로 가서 업무를 진행해야 한다.

> **알아두세요!**
>
> 카드로 세금 환급을 받으려고 신청하는 경우 간혹 누락될 때가 있습니다. 이럴 때를 대비해서 택스 리펀드 용지를 사진 찍어 두시는 게 좋습니다. 환급이 들어오지 않으면 해당 회사 홈페이지에 문의하면서 찍어놓은 사진을 제시하면 일 처리가 한결 빠르게 진행됩니다.

❸ 출국하기

이후 별다른 일이 없다면 출국심사대로 가자. Partenza Departures라고 써 있는 표지판을 따라간다. 출국하기 위해 보안 검색대를 통과하고 나면 바로 출국 심사대로 이어진다. 유럽계 항공사를 이용했다면 여권검사를 경유지 공항에서 받게 될 것이고, 국적기나 동남아, 중동 계열 항공사를 이용했다면 이곳에서 여권검사를 받게 된다. 여권과 보딩패스를 보여주고 출국 도장을 받으면 통과. 그리고 모니터를 통해 본인이 타야 할 비행기 게이트를 알아둔 후 귀국을 준비한다.

귀국하는 나를 향해 손을 흔들어주는 로마 공항 면세점의 장갑들

09 한국으로 귀국하기

여 행 자 휴 대 품 신 고 서

◇모든 입국자는 관세법에 따라 신고서를 작성·제출하여야 하며, 세관공무원이 지정하는 경우에는 휴대품 검사를 받아야 합니다.
◇가족여행인 경우에는 1명이 대표로 신고할 수 있습니다.
◇신고서 작성 전에 반드시 뒷면의 유의사항을 읽어보시기 바랍니다.

성 명			
생년월일		여권번호	
직 업		여행기간	일
여행목적	□ 여행 □ 사업 □ 친지방문 □ 공무 □ 기타		
항공편명		동반가족수	명

대한민국에 입국하기 전에 방문했던 국가(총 개국)
1. 2. 3.

국내 주소	
전화번호 (휴대폰)	☎ ( )

세관 신고 사항
- 아래 질문의 **해당 □에 "√"표시** 하시기 바랍니다. -

항목	있음	없음
1. 해외(국내외 면세점 포함)에서 **취득 (구입, 기증, 선물 포함)**한 면세범위 초과 물품(뒷면 1 참조) [총 금액 : 약] * **면세범위 초과 물품을 자진신고하시면 관세의 30%(15만원 한도)가 감면됩니다.**	□	□
2. **FTA 협정국가**의 원산지 물품으로 **특혜관세**를 적용받으려는 물품	□	□
3. 미화로 환산하여 **$10,000을 초과하는 지급수단**(원화·달러화 등 법정통화, 자기앞수표, 여행자수표 및 그 밖의 유가증권) [총금액 : 약]	□	□
4. 총포류, 도검류, 마약류 및 **헌법질서·공공의 안녕질서·풍속을 해치는 물품 등 반입이 금지되거나 제한되는 물품(뒷면 2 참조)**	□	□
5. 동물, 식물, 육가공품 등 **검역대상물품** 또는 가축전염병발생국의 **축산농가 방문** * 축산농가 방문자는 **검역본부에 신고**하시기 바랍니다.	□	□
6. **판매용 물품, 업무용 물품(샘플 등)**, 다른 사람의 부탁으로 **반입한 물품, 예치 또는 일시수출입물품**	□	□

본인은 이 신고서를 사실대로 성실하게 작성하였습니다.
년 월 일
신고인: (서명)

85㎜ × 210㎜[백상지 120g/㎡]

[신고물품 기재란]

☞ **주류·향수·담배**(면세범위를 초과하는 경우에는 전체 반입량을 적습니다)

주류	( )병, 총 ( )ℓ, 금액 US $( )		
담배	( )갑(20개비 기준)	향수	( )㎖

☞ **그 밖의 면세범위(US $600) 초과 물품**

품 명	수(중)량	금 액

1. 휴대품 면세범위

☞ **주류·향수·담배**

주류	향수	담배
1병 (1ℓ 이하로서 US $400 이하)	60㎖	200개비

* **만 19세 미만인 사람에게는 주류 및 담배를 면세하지 않습니다.**

☞ **기타 물품**

US $600 이하
(자가 사용, 선물용, 신변용품 등으로 한정합니다)
* **다만, 농림축산물, 한약재 등은 10만원 이하로 한정하며, 품목별로 수량 또는 중량에 제한이 있습니다.**

2. 반입이 금지되거나 제한되는 물품

☞ 총포(모의총포)·도검 등 무기류, 실탄 및 화약류, 방사성물질, 감청설비 등
☞ 메트암페타민·아편·헤로인·대마 등 마약류 및 오·남용 우려 의약품
☞ 헌법질서·공공의 안녕질서·풍속을 해치는 물품 및 정부의 기밀을 누설하거나 첩보활동에 사용되는 물품
☞ 위조(가짜)상품 등 지식재산권 침해물품, 위조지폐 및 위·변조된 유가증권
☞ 웅담, 사향, 녹용, 악어 가죽, 상아 등 멸종위기에 처한 야생 동식물 및 관련 제품

3. 검역 대상 물품

☞ 살아있는 동물(반려견 등) 및 수산동물(물고기 등), 고기, 육포, 소시지, 햄, 치즈 등 육가공품
☞ 흙, 호두, 장뇌삼, 송이, 망고·오렌지·체리 등 생과일, 견과류 및 채소류

※ 유의사항

-**성명**은 여권의 **한글** 또는 **영문명**으로 적으시기 바랍니다.
-신고 대상 물품을 신고하지 않거나 허위신고 또는 대리반입하는 경우 「관세법」에 따라 5년 이하의 징역 또는 해당 물품 유치, 가산세 부과(납부세액의 40%, 2년 이내 2회를 초과할 경우에는 60%), 통고처분 및 해당 물품 몰수 등의 불이익을 받게 됩니다.
-**FTA 협정** 등에 따라 일정 요건을 갖춘 물품은 **특혜관세를 적용**받을 수 있으며, 다만 **사후**에 **특혜관세를 신청**하려는 경우에는 **일반 수입신고**가 **필요**합니다.
-그 밖에 궁금하신 사항은 세관공무원 또는 ☎125로 문의하시기 바랍니다.

❶ 여행자 휴대품 신고서 작성하기(세금신고 해당자만 작성)

비행기 착륙이 가까워지면 승무원들이 여행자 휴대품 신고서를 나눠준다. 한국에 입국할 때 반입할 수 있는 물품 가격의 한도는 $800. 유로(€)로 환산하면 €740 정도 되는 금액이다. 본인이 쇼핑한 물건의 합산 가격이 이 가격을 초과했다면 쇼핑한 물건의 리스트를 작성해두자. 신고 물품이 없는 경우에는 작성하지 않아도 무방하다.

❷ 입국 심사

별다른 제한이 없다면 자동입국심사대에서 입국 심사를 받는 것도 편리하다. 별도로 입국 심사관이 내국인에게 여권에 출입국 도장을 찍어주지 않으며, 만 19세 이상의 전자여권 소지자라면 누구나 자동입국 심사를 이용할 수 있다.

❸ 수하물 확인

입국 심사를 마친 후 나와 보이는 모니터에서 항공편을 확인한 후, 지정된 수하물 수취대로 간다. 최근 비슷한 디자인 또는 색의 여행 가방이 많아 바뀌는 경우가 있으니 가방에 달린 이름표를 꼭 확인하도록 한다.

❹ 세관 신고

한국에 입국할 때 반입할 수 있는 별도 면세 상품으로는 1인당 $800 이하의 1L 이하 주류 1병, 담배 200개비, 향수 2온스 (60ml)이다. 이 물품 이외의 초과 물품이 있고 쇼핑 액수가 $800이 넘었다면 미리 작성한 신고서를 갖고 세관 신고를 하자. 자진 신고자의 경우 세액의 30%를 감면해 주는 제도를 운영한다. 이때 택스 리펀드 받은 물건이 있다면 택스 리펀드 용지 사진을 찍어두는 것도 유용하다.

인덱스 Index

강남 식당

물 1병 제공

1테이블 당 1매 사용
(중복 사용 불가)

Friends Italy

우노 피렌체

숙박료 총액에서 €2 할인

1인 1매 사용 가능
(중복 사용 불가)

Friends Italy

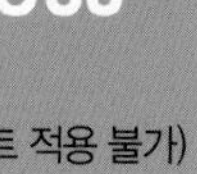

이태리 맘마미아투어

바티칸투어 4만원

남부투어 7만원 입금+현지 지불 €50

토스카나투어 8만원 입금+현지 지불 €50

입금액 1만원 할인 쿠폰
※단 해당 할인 쿠폰은 맘마미아투어 홈페이지 예약 시에만 적용됩니다(플랫폼 사이트 적용 불가)

Friends Italy

피렌체투어

10% 할인

www.firenzetour.co.kr
카카오톡 아이디 sara0907/ firenzetour
※카카오톡 통해 가능일자 확인 후 사이트에서 예약 시 쿠폰 적용 가능합니다.

Friends Italy

Friends Italy

강남 식당

물 1병 제공

1테이블 당 1매 사용
(중복 사용 불가)

Friends Italy

우노 피렌체

숙박료 총액에서 €2 할인

1인 1매 사용 가능
(중복 사용 불가)

Friends Italy

이태리 맘마미아투어

바티칸투어 4만원
남부투어 7만원 입금+현지 지불 €50

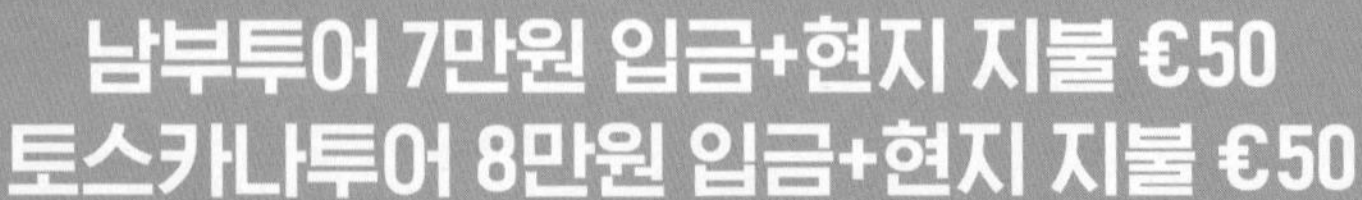

토스카나투어 8만원 입금+현지 지불 €50

입금액 1만원 할인 쿠폰
※단 해당 할인 쿠폰은 맘마미아투어 홈페이지 예약 시에만 적용됩니다(플랫폼 사이트 적용 불가)

Friends Italy

피렌체투어

10% 할인

www.firenzetour.co.kr
카카오톡 아이디 sara0907/ firenzetour
※카카오톡 통해 가능일자 확인 후 사이트에서 예약 시 쿠폰 적용 가능합니다.

MEMO.

프렌즈 시리즈 18

프렌즈 이탈리아

발행일 | 초판 1쇄 2011년 12월 26일
개정 11판 1쇄 2024년 8월 5일

지은이 | 황현희

발행인 | 박장희
대표이사 · 제작총괄 | 정철근
본부장 | 이정아
파트장 | 문주미
책임편집 | 허진

기획위원 | 박정호

마케팅 | 김주희, 이현지, 한륜아
디자인 | 양재연, 변바희, 김미연

발행처 | 중앙일보에스(주)
주소 | (03909) 서울시 마포구 상암산로 48-6
등록 | 2008년 1월 25일 제2014-000178호
문의 | jbooks@joongang.co.kr
홈페이지 | jbooks.joins.com
네이버 포스트 | post.naver.com/joongangbooks
인스타그램 | @j__books

ISBN 978-89-278-8050-9 14980
ISBN 978-89-278-8003-5(세트)

중앙books는 중앙일보에스(주)의 단행본 출판 브랜드입니다.

프렌즈 시리즈 18

Italy GALLERY BOOK

프렌즈 이탈리아 미술관 별책

중앙books

Contents

프렌즈 이탈리아 미술관 별책

프렌즈 시리즈 18

Italy GALLERY BOOK

프렌즈 이탈리아 미술관 별책

중앙books

COLLEZIONE PEGGY GUGGENHEIM

베네치아를 사랑했던 구겐하임 여사의 숨결이 가득한 곳

페기 구겐하임 미술관

이탈리아에서 찾아보기 힘든 현대 미술관으로 대운하 변에 위치한 아름다운 저택 안에 꾸며져 있다. 이곳은 베네치아의 아름다움에 반한 페기 구겐하임(뉴욕 구겐하임 미술관의 설립자 솔로몬 구겐하임의 조카) 여사가 살던 곳인데, 그녀가 사망한 후 미술품을 베네치아 시에 기증하면서 미술관으로 개관했다.

소장되어 있는 작품들은 그녀가 생전에 구입했던 개인 컬렉션들이다. 뉴욕의 구겐하임 미술관과 더불어 현대 미술 컬렉션으로는 가장 높은 수준의 개인 컬렉션 중 하나로 손 꼽힌다.

미술관에는 추상주의, 초현실주의 등 현대 회화와 조각품이 전시되어 있다. 주요 작품으로는 르네 마그리트의 「빛의 제국 L'impero della Luce」, 피카소의 「La Baignade」, 몬드리안의 「콤포지션 Composition」 등과 달리, 샤갈, 미로, 브랑쿠시, 칸딘스키 등의 작품들이 있다. 또한 1910년까지 주요 예술운동을 펼친 페기 구겐하임의 베네치아 생활상과 베네치아의 변모 과정을 담은 작품을 전시하고 있으며, 여러 개의 조각품들로 잘 꾸며진 정원도 있다. 운하 쪽으로 난 테라스에서 보는 베네치아의 풍경도 멋지고 미술관 카페와 기념품 숍도 잘 꾸며 놓았다.

INFO.

주소 Palazzo Venier dei Leoni Dorsoduro 701 **전화** 041 2405 411, 041 2405 440/419
홈페이지 www.guggenheim-venice.it **운영** 수~월 10:00~18:00(마지막 입장은 17:45까지) **휴무** 화요일, 12/25
입장료 일반 €16, 학생 €9 **오디오 가이드** €7(영어 외 4개 국어)
가는 방법 바포레토 1 · 2번 Accademia에서 하차 후 아카데미아 미술관 왼편으로 들어가서 좌회전 후 도보 3분. 또는 산타 마리아 살루테 성당에서 오른쪽 길로 도보 5분 Map p.309-C3

❶ 이 작품은 절대 놓치지 마세요! 르네 마그리트 「빛의 제국」

미술관 효율적으로 둘러보는 팁

❶ 정문으로 들어가면 바로 티켓 오피스가 나온다. 큰 가방은 로커에 맡겨야 한다. 사진 촬영은 플래시를 사용하지 않는다면 가능하다.

❷ 티켓 오피스에 있는 미술관 지도는 꼭 챙겨두자.

❸ 정원 한구석에 페기 구겐하임 여사의 무덤이 있다. 이처럼 아름다운 저택에서 수준 높은 미술품을 관람하는 기회를 선사해 준 그녀에게 감사의 마음을 전하자.

하이라이트 작품

빛의 제국

L'impero della Luce(1954)

르네 마그리트

1898년에 태어난 벨기에 출신의 초현실주의 화가. 18세 되던 해, 브뤼셀에서 미술공부를 시작했고 20대 중반까지는 미래주의와 입체주의 성향의 그림을 그렸으나 그 이후 초현실주의적인 작품을 주로 그렸다. 주로 주변에 있는 대상들을 사실적으로 묘사하면서 전혀 다른 요소들을 작품 속에 배치하는 데페이즈망 Depaysement 기법을 사용했다. 1950년대부터는 이전 작품들과는 완전히 다른 분위기의 작품을 제작했는데 르누아르와 야수파의 영향을 받은 작품들이다. 신비한 분위기와 고정관념을 깨는 소재와 구조, 발상의 전환 등이 그의 그림의 특징이며 이러한 특징은 모든 것들을 새로운 시선으로 바라보도록 한다. 그의 작품은 현대미술의 팝아트와 그래픽 디자인에 큰 영향을 주었으며 영화 「매트릭스」, 「하울의 움직이는 성」 등에 모티브를 제공하기도 했다.

작품 설명

1954년에 그려진 것으로 르네 마그리트가 즐겨 쓰던 데페이즈망 기법의 대표적인 작품이다. 그는 이와 비슷한 주제로 총 10점을 그렸으며 마지막 작품은 완성하지 못하고 세상을 떠났다고 한다. 그림 앞에 서면 무언가 알 수 없는 기운과 기묘함이 온몸을 감싼다. 맑고 화사한 하늘 아래 어두침침한 풍경이 보이고 창문 안에서 흘러나오는 빛과 집 앞을 비추고 있는 외등의 불빛이 묘한 기분이 들게 한다. 모두 자기 자리에서 자신의 역할을 다하고 있으나 그 조합의 엉뚱함이 재미있다. 평범한 두 가지의 시간이 하나로 합쳐지면서 가져다주는 신비로움에 잠시 소름이 돋기도 한다.

주요 작품

몬드리안의「콤포지션 Composition」(1938)

네덜란드 출신으로서 추상미술 운동의 대표적인 화가인 몬드리안. 수많은 패러디 또는 표절작을 낳은 그의 대표작「콤포지션 Composition」은 흰색 캔버스 위에 불규칙한 간격의 검정색 가로, 세로줄이 놓이고 그 선들이 만들어 낸 소수의 공간에 채워진 원색이 특징이다. 그는 우주와 개인의 진정한 평등을 추구했고 이러한 세계관을 그림으로 표현했다. 정갈하고 깔끔한 느낌의 그림으로 무한한 상상력을 펼치게 된다.

마르크 샤갈의「비 La Pluie」(1911)

피카소와 함께 20세기 최고의 화가로 칭해지는 샤갈의 초기 작품. 러시아 출신인 그는 파리에서 공부하면서 피카소와 함께 입체파의 영향을 받았고 야수파의 색감을 이용하여 환상적이고 강렬하면서도 따스한 그림을 주로 그렸다. 특히 러시아의 중세 종교미술과 민속미술을 자신만의 감각으로 재구성해 표현하는 데 능했던 화가. 이 그림의 제목은 '비 雨'. 그러나 캔버스 어디에도 빗방울은 보이지 않고 그저 비 오기 전 사람들이 부지런히 준비하고 있는 모습을 묘사하고 있다. 공간이 특별히 규정되어 있지 않고 자유롭게 표현되어 있는 것과 어두운 계열의 컬러를 사용했음에도 불구하고 몽환적인 느낌은 샤갈의 그림이 갖고 있는 특색이라 할 수 있다.

Marc Chagall Rain(La Pluie), 1911
Oil (and charcoal?) on canvas, 86.7×108cm
Peggy Guggenheim Collection, Venice 76.2553 PG 63
© Marc Chagall, by SIAE 2010

호안 미로의「앉아 있는 여인 II Femme assise II」(1939)

스페인 바르셀로나 출신의 대표적인 초현실주의 화가 호안 미로의 작품. 야수파의 영향을 받았고 피카소와 만난 후에 입체주의적 성향의 그림을 그리기 시작했다. 1922년 이후부터 초현실주의 화풍의 작품을 발표했으며 스페인 특유의 열정과 정서를 작가 자신 특유의 조형감과 색감으로 승화시켰다. 장난스러우면서 따뜻한 그림을 많이 남겼으나 미술관에 소장되어 있는 이 그림은 조금은 괴기스럽다. 극단적으로 변형된 여인의 몸은 광포하고 폭력적인 느낌을 주기까지 한다. 그 밖에「네덜란드 인테리어 Intérieur hollandais」를 찾아볼 것.

피카소의「시인 Le Poète」(1911)
조르주 브라크 Georges Braque「클라리넷 La Clarinette」(1912)

두 작품은 라벨을 보지 않았다면 한 화가의 그림이라고 오해할 만큼 비슷한 분위기가 흐른다. 입체파 화가의 대표 주자인 두 작가는 한때 작업을 함께 하기도 했다고 한다. 피카소의 작품은 생각에 잠긴 시인의 모습을 여러 방향에서 본 모습으로 세분화해 구성하면서 입체적인 면을 부각시켰다. 반면 브라크의 작품은 피카소의 것에 비해 곡선의 사용이 많아 더 온화하고 부드러운 느낌이며 구조적인 치밀함은 덜해 보인다. 대신 온화하고 부드러운 면이 강조되어 있다.

마크 로스코의「희생 Sacrificio」(1946)

'색면 회화'라 불리는 그림으로 유명한 마크 로스코의 수채화 작품. 그는 캔버스 위에 두껍고 무거운 유화물감을 칠하고 그 위에 작고 윤곽선이 뚜렷하지 않은 사각형을 그리면서 각각의 사각형이 떠있는 듯한 그림을 많이 그렸다. 이 그림은 그러한 '색면 회화'를 발전시키기 직전의 작품으로 몽롱한 분위기다.

마리노 마리니의 「도시의 천사 L'angelo della Città」 (1948)

대운하로 나가는 테라스에 놓여 있는 작품으로 재미있는 형태의 조각 작품이다. 이상한 비율의 인물이 역시 이상한 비율의 (말이라고 추정되는) 동물 위에 나체로 앉아 양 팔과 다리를 쭉 뻗은 포즈를 취하고 있다. 모든 형태를 단순화시킨 현대미술의 특징이 잘 나타나 있는 이 작품은 마리니라는 이탈리아 출신 작가가 만들었다. 그는 고대 에투르스칸 미술의 영향을 많이 받았으며 1952년에는 베니스 비엔날레에서 조각 부문 그랑프리를 차지하기도 했다. 안정적으로 서 있는 말 등에 불안정해 보이는 자세로 하늘을 향해 무언가 절규하는 듯, 또는 바람을 느끼는 듯 앉아 있는 인물의 자세는 현대인들의 미래에 대한 절망과 불안을 표현해 주는 듯하다.

Pablo Picasso The Poet(Le Poete), August 1911
Oil on linen canvas, 131.2×89.5㎝
Peggy Guggenheim Collection, Venice
© Succession Picasso, by SIAE 2008

Georges Braque
The Clarinet(La Clarinette), summer-fall 1912
Oil with sand on oval canvas, 91.4×64.5㎝
Peggy Guggenheim Collection, Venice 76.2553 PG 7
© Georges Braque, by SIAE 2010

미술관 내 숍 & 카페

미술관 숍은 전시관 맞은편에 있다. 간단한 미술관 안내서는 €5, 좀 더 자세한 안내서를 원한다면 €15 이상을 지불해야 한다. 미술관에 전시되어 있는 피카소, 에른스트 등 현대 미술 작가와 바우하우스, 코르뷔지에 등 현대 건축 관련 서적들도 구입할 수 있다. 그 외 필통, 컵, 마그네틱 등 여러 가지 디자인 제품들을 다양하게 전시하고 있으나 가격대는 비싼 편이다. 엽서는 장당 €1.

숍 옆에 위치한 카페 겸 레스토랑에서는 샐러드, 샌드위치 등으로 간단하게 식사를 할 수 있다. 격식을 갖춘 고급스러운 분위기로 그만큼 가격대가 높다. 그러나 카페의 핫초콜릿은 그 진한 향과 맛이 으뜸이다. 커피 맛도 수준급.

봄 향기 가득한 르네상스 미술품의 보고

우피치 미술관

르네상스의 시작과 절정, 그리고 바로크로 이어지는 회화 작품을 감상할 수 있는 미술관. 수세기에 걸쳐 모은 메디치 가문의 소장품들을 마지막 후손인 안나 마리아 루도비카가 피렌체 시에 기증하면서 피렌체 시민뿐만 아니라 전 인류의 문화유산이 된 곳이다. 이 미술관은 소장품뿐만 아니라 건물 자체도 위풍당당한 르네상스 건축의 백미를 보여준다. 기다란 두 건물이 마주 보고 있고 두 건물 사이의 공간은 낮에는 관광객과 잡상인들로, 밤에는 공연을 펼치는 음악가들로 붐빈다.
소장품은 13세기 비잔틴과 고딕 양식의 그림부터 18세기 바로크 양식의 그림까지 망라되어 있다. 특히 조토, 보티첼리 등 피렌체를 중심으로 활동했던 화가들의 그림은 물론, 시오네 마르티니 등의 시에나 화파, 티치아노 · 틴토레토 등 베네치아 화파 등 전 이탈리아 화파의 작품들을 살펴볼 수 있다. 이 중 필립보 리피, 보티첼리, 레오나르도 다 빈치 등 르네상스 화가들의 작품들은 다른 어느 미술관에서도 찾아볼 수 없는 높은 작품성과 중요도를 자랑한다. 2, 3층 전체에 걸쳐 이탈리아 중세 종교화로부터 르네상스의 탄생과 그 후 북유럽으로 전파되면서 어떤 차이점이 새겨났는지, 그리고 어떻게 바로크로 이어졌는지 한눈에 감상할 수 있는 미술관이다. 관람시간은 넉넉하게 잡고 가는 것이 좋다.

INFO.

주소 Piazzale degli Uffizi 6 **홈페이지** www.uffizi.firenze.it **운영** 화~일 08:15~18:30(2024/12/17까지 매주 화 ~22:00) **휴무** 월요일, 1/1, 12/25 **요금** €25, 예약비 €4 매월 첫 번째 일요일 무료 입장. 입구 맞은편 티켓 오피스에서 티켓은 발급받아야 하며 예약은 불가. **오디오 가이드** €5.50 (영어 · 독일어 · 이탈리아어 · 스페인어 · 프랑스어 · 일본어) **가는 방법** 시뇨리아 광장 뒤편에 있다. Map p.201-A2 **인터넷 예약 방법** QR코드 참조.

❶ 이 작품은 절대 놓치지 마세요!
보티첼리 「봄」, 「비너스의 탄생」, 레오나르도 다 빈치 「수태고지」, 라파엘로 「검은 방울새의 성모」

미술관 효율적으로 둘러보는 팁

❶ 보안검색대를 거쳐 입장한 후 티켓을 구입한다. 워낙 많은 관광객들이 입장하므로 커다란 백팩, 긴 우산을 제외하고는 로커에서 보관해주지 않는다. 미리 숙소에서부터 가벼운 차림으로 나서자.

❷ 관광 안내소에서 박물관 지도를 받고 관심 있는 작가의 작품이 전시되어있는 방을 먼저 찍어놓는다. 그냥 지나치면 돌아가기가 힘든 구조다.

❸ 계단을 올라가면 조각상들이 보이고 2층에 스케치들이 전시된 방이 있으며 한 층 올라가면 검표원이 있다. 티켓 검사를 거쳐 안으로 들어가면 된다. 그로테스크풍의 천장화와 메디치 가문 사람들과 피렌체의 주요 인물들의 초상화로 장식된 복도가 있고 그 옆으로 전시실이 시작된다.

❹ 소장 작품의 수준, 작품 수에 비해 전시공간이 협소해 시간대별로 일정 인원만 입장할 수 있다. 성수기라면 미리 예약하는 것이 좋다.

❺ 만일 예약하지 못했을 경우에는 최소 1시간에서 5시간까지 기다려야 하므로 무조건 아침 일찍 나가서 줄을 서야 한다.

❻ 간혹 비정기적으로 야간개장이 시행되는 경우도 있다. 여행을 계획하면서 홈페이지를 살펴보자. 늦은 밤 야경도 근사하고 무엇보다 입장료가 무료다.

미술관 내 숍 & 카페

미술관 숍은 전시실을 다 둘러본 후 출구로 나가는 방향에 자리한다. 만일 관람 후 숍에 들르지 못하고 나왔다면, 입구에 이야기하고 다시 들어갈 수 있다. 여러 종류의 도록과 엽서, 연필, 수첩 등을 구입할 수 있는데, 엽서는 한 장당 €1, 미술관에서 출판한 공식 가이드북은 €9.50, €16, €29 세 종류가 있다. 그 외 미술관과 관련한 여러 책자와 르네상스 미술 관련 서적 등 많은 종류가 구비되어 있다. 주요 작품을 수록하거나 한 화가의 그림, 또는 테마를 잡고 제작된 달력은 €7.50. 특이하게도 미술관 컬렉션으로 디자인된 페라가모 제품들을 전시 · 판매하고 있다. 지갑 €40~, 파우치 €20~.

우피치 미술관 내의 카페는 전시실 위층에 자리하고 있으며 옥상과 연결되어 있다. 옥상에서는 두오모 쿠폴라의 모습을 바라볼 수 있으며 바로 옆에 위치한 베키오 궁전의 당당함도 느껴볼 수 있다. 다만 내부의 바와 비교해 두 배 이상의 돈을 지불해야 하는 것이 단점. 커피 €1~, 토스트 €3이고 테이블을 이용하면 €2 정도를 추가로 지불해야 한다.

하이라이트 작품

비너스의 탄생 La Nascita di Venere(1485)
봄 La Primavera(1476)

산드로 보티첼리

'보티첼리의 작품을 감상하기 위해 우피치 미술관에 간다' 할 만큼 보티첼리의 작품은 이 미술관에서 중요한 위치를 차지한다. 그의 본명은 알레산드로 디 마리아노 필리페피로 필리포 리피의 제자로 그림을 시작해 1472년 피렌체 화가 길드에 가입하고 메디치 가문을 위해 일하기 시작하면서 예술을 꽃피우기 시작했다. 주요 작품으로는 「동방박사의 경배 (우피치 미술관 소장)」, 「비너스와 마르스 (런던 국립미술관 소장)」 등이 있으며 바티칸의 시스티나 소성당 벽화 작업에도 참여했다. 그는 초기에 여성의 아름다움을 찬양한 작품을 많이 그렸다. 그러나 메디치 가문 추방으로 혼란 상태에 놓인 피렌체에 등장한 사보나롤라의 "신의 심판이 가까워졌다. 회개하라!"는 세기말적인 설교에 영향받은 후 작품 세계가 음울하게 변해갔으며 사람들에게서 점점 멀어졌다. 그의 인생 말년의 활동과 행적에 대한 기록은 거의 남아있지 않고, 무덤은 피렌체의 오니산티 성당에 있다. 우피치 미술관에 소장되어 있는 「비너스의 탄생」과 「봄」은 그의 가장 위대한 작품이며 르네상스의 정신을 가장 잘 보여주는 작품이다.

「비너스의 탄생 La Nascita di Venere」

우울한 기분으로 우피치 미술관을 찾았다면 이 작품을 보는 순간 기분이 좋아질 것이다. 회화사 최초의 누드화인 이 작품은 보티첼리 최고의 걸작이며 특유의 관능미학이 잘 드러난 작품으로 「봄」에서 살짝 보여준 여체의 관능적인 느낌이 이 작품에서는 절정을 이룬다. 거세된 우라노스의 핏방울이 떨어져 바닷물과 만나고 거기서 생겨난 거품 속에서 탄생한 비너스가 조개껍데기 위에 서있다. 왼쪽에서는 서풍의 신 제피로스와 클로리스가 바람을 불어 그녀를 해변으로 보내고, 땅 위에서는 계절의 여신이 그녀에게 옷을 걸쳐주고 있다.

그리스 신화와 호메로스와 오비디우스, 시인 안젤로 폴리치아노의 시에서 묘사한 장면을 보티첼리는 이전 회화 속 예수의 세례 장면 형태를 차용해 묘사했다. 그래서 누드화임에도 불구하고 종교적 분위기가 풍기며, 나체로 정면을 보고 있는 비너스의 모습이 천박하거나 야하지 않고 오히려 성스럽게 느껴진다. 실제 비너스에게 옷을 걸쳐주고 있는 계절의 여신의 손의 위치는 세례를 주는 형태와 매우 흡사하다. 비너스가 몸을 비틀고 서있는 자세는 콘트라포스토 Contraposto라고 하는데, 누드 묘사의 한 전형이 되었다. 신화의 내용을 종교적 의미를 빌려 표현하면서 자유로움과 성스러움을 한꺼번에 보여주는 그림인 것이다.

이 그림 속에 비너스로 묘사된 여자는 그 당시 피렌체에서 가장 미인으로 손꼽혔던 시모네타 카타네오. 그녀는 줄리아노 메디치의 연인으로 보티첼리 역시 그녀를 흠모했다. 하지만 줄리아노의 상대가 될 수 없었던 보티첼리는 마음을 고백하지 못하고 혼자만의 사랑으로 간직하다가 자신의 그림 속에 그녀의 모습을 그린 것으로 전해진다.

「봄 La Primavera」

작품 앞에 서기 전 피아노 또는 하프로 연주되는 멘델스존의 「봄노래」를 준비하자. 「봄」은 보티첼리가 뛰어난 화가임을 세상에 알려준 작품임과 동시에 보티첼리 전성기의 시작을 알리는 작품으로 그리스 · 로마 신화를 주제로 한 보티첼리의 첫 번째 그림이며 가장 복잡하다. 사랑의 계절인 봄을 묘사한 이 그림은 오른쪽에서부터 봄의 무대에 입장하듯 관람을 시작하면 된다. 사랑에 빠진 서풍의 신 제피로스가 혼신의 힘을 다하여 클로리스를 쫓고 있고 그 사랑의 결과로 클로리스는 조금씩 입에서부터 꽃을 뿜어내며, 꽃의 여신 플로라로 다시 태어난다. 플로라는 봄철에 토스카나 언덕에 피어나는 수십 가지의 꽃으로 만들어진 화관을 쓰고 역시 꽃으로 치장된 옷을 입고 치맛자락에서 꽃을 한 움큼 쥐고 들판에 뿌려 봄이 왔음을 알린다. 플로라의 옆에는 사랑의 여신 비너스가 봄은 사랑의 계절임을 알리듯 그림의 정중앙에 자리하고 있다. 그녀의 왼쪽에는 삼미의 여신이 관능적인 자세로 하늘하늘 비치는 옷을 입고 서 있다. 그 옆에는 전령의 신 헤르메스(머큐리)가 먹구름 즉 겨울을 전령의 지팡이로 흩어버리며 완연한 봄이 왔음을 확인시켜 주고 있다. 마지막으로 그림의 정중앙 가장 상단에는 눈을 가린 큐피드가 잔뜩 활시위를 당겨 삼미의 여신 중 누군가에게 화살을 쏠 판국이다.

이 그림의 등장인물과 각종 소품들에 대해서는 다양한 해석들이 존재한다. 눈을 가린 채 화살을 쏘려 하는 큐피드는 맹목적인 사랑을 상징하고 있으며, 먹구름을 흩어버리는 헤르메스는 중세의 암흑기는 이제 끝나고 르네상스가 왔음을 암시하는 것이라 해석된다. 그림 중앙 비너스의 정숙한 모습은 남편을 향한 신부의 정숙한 마음가짐과 순결을 묘사하는 것이라고 한다. 마지막으로 그림 전체를 뒤덮은 꽃과 식물들은 신랑 · 신부의 사랑이 충만하기를, 그림 속 배경으로 등장하는 오렌지 나무는 그들의 사랑이 늘 변함없기를 기원한다는 것이다. 이렇게 신혼 부부의 영원한 사랑의 기원을 봄날의 나른한 몽실한 기운 속에 만발한 꽃과 아름다운 여신들을 통해 표현한 보티첼리. 그는 이 두 작품을 통해서 일약 스타 화가로 떠올랐다. 그림 속 인물의 비정상적인 비례, 불편한 자세 등은 문제되지 않는다. 금기 되었던 여체를 자유롭게 그려냈고 천박하지 않고 우아하고 아름답게 표현함으로써 오히려 정신세계를 한 차원 높였다는 평가를 받았다.

주요 작품

치마부에 · 두치오 · 조토의 「마에스타 Maestà」

이 방에서 가장 눈에 띄는 작품은 「마에스타」(옥좌에 앉은 성모 마리아)라는 공통된 제목의 오각형 형태의 패널화 세 개. 이 가운데 가장 먼저 그려진 치마부에의 「산타 트리니타의 마돈나 Maestà di Santa Trinita」(1280~1290)는 비잔틴 양식의 범주를 벗어나지 못하고, 마치 종이를 오려 붙인 듯한 느낌을 준다. 각 인물의 배치가 일렬로 되어 있고 모두 같은 표정을 하고 있는 점이 그 시대 회화의 특징을 잘 나타내면서도 단조롭고 어색하다.

5년 뒤인 1285년에 그려진 두치오의 「루첼라이의 마돈나 Madonna di Rucellai」 역시 인물의 비례와 자세 등이 불안정하고 치마부에의 작품과 마찬가지로 얼굴이 무표정하나 조금씩 인물들의 양감과 원근법이 나타나 있다.

가장 마지막에 그려진 조토의 「오니산티의 마돈나 Madonna di Ognissanti」는 1310년에 제작됐는데, 이전의 두 작품에 비해 양감이 확실하게 드러나고 인물의 자세나 표정이 훨씬 더 자연스럽다. 또한 성모자가 앉아 있는 옥좌의 공간감이 나타나기 시작했으며, 인물에 대한 세부 묘사가 훨씬 더 세밀하다. 마리아의 발밑의 두 천사는 마리아의 상징인 장미와 백합을 들고 있고 그 위의 두 천사는 예수 그리스도의 수난을 상징하는 왕관과 성합을 바치고 있다.

이 세 작품은 중세 회화의 변천사를 한눈에 알아볼 수 있게 한다. 천년 넘게 내려오던 이차원적인 중세 회화의 틀이 30년 만에 깨지고 원근법이 만들어지기 시작하는 획기적인 움직임을 볼 수 있는 그림들이다.

시모네 마르티니의 「수태고지 Annuncia-zion」 (1333)

화려한 장식의 황금빛 패널이 인상적인 작품. 다른 패널화들에 비해 가볍고 경쾌한 느낌이다. 순결함을 상징하는 백합 화분을 중심에 놓고 가브리엘 대천사의 메시지를 듣고 있는 마리아를 그렸다. 갑작스러운 천사의 방문에 화들짝 놀란 듯한 포즈와 표정을 묘사했는데, 마치 화난 것처럼 그려져 있다. 또한 천사가 성모 마리아에게 전달하는 메시지를 실제 금으로 박아 넣어 마치 영화에서 자막으로 대화를 전달하듯이 해놓았다.

따로 배경 묘사를 하지 않고 패널 자체로 공간감을 나타내고 있는 점이 특이하며 가브리엘 천사의 화려한 날개와 옷의 문양도 독특하다. 시모네 마르티니는 시에나 화파의 화풍을 확립한 작가로 아비뇽에서 활동하기도 했다. 이 그림 하단에는 자신의 사인과 함께 제작연도를 새겨 넣었다. "이 그림은 내거야!"라고 주장하듯이.

젠틸레 다 파브리아노의 「동방박사들의 경배 Adorazione dei Magi」 (1423)

젠틸레 다 파브리아노는 15세기에 가장 왕성하게 활동하며 르네상스 초기를 이끌었던 거장 중 한 명이다. 특히 화려한 옷 장식이나 우아한 귀족풍을 묘사하는 데 능했는데 피렌체의 메디치 가문과 경쟁

관계였던 스트로치 가문의 주문으로 이 그림을 그렸다고 한다. 그림의 주제는 예수님의 탄생을 알리는 찬란한 별을 쫓아 찾아온 동방박사의 경배다. 그 당시 피렌체의 부의 중심에 있었던 스트로치 가문은 자신들의 위용과 부유함을 과시하기 위해 모든 피렌체 사람들이 드나드는 성당에 전시할 계획으로 이 그림을 주문했다. 그래서인지 전체 그림에 사용된 물감의 반이 순금이다. 조금 더 자세히 살펴보면 그림을 주문한 스트로치 가문 사람들을 발견할 수 있다. 일행 중 성가족과 접하고 있는 3명의 동방박사 뒤에서 가문의 상징인 매를 한 손에 들고 있는 사람이 그림의 주문자 팔라 스트로치다. 그리고 바로 그의 왼쪽 옆에서 정면을 응시하고 있는 사람이 바로 그의 아들 로렌초 스트로치다. 주요 인물 곁에 자신들을 그려넣게 하는 교묘하고 치밀한 방법으로 가문의 자부심을 드러내려 했다.

파올로 우첼로의 「산 로마노 전투 La Battaglia di San Romano」(1438)

초기 르네상스 시대의 명작으로, 피렌체가 시에나와 밀라노의 연합군을 물리친 것을 기념해 그린 작품이다. 총 3점으로 구성되어 있으며 한 점은 런던 국립미술관에, 다른 한 점은 파리 루브르 박물관에 각각 소장되어 있다. 세 편의 스토리 구성상 이 그림은 가운데 부분이다. 전투의 향방을 결정지은 중요한 교전을 묘사하고 있으며 유일하게 작가의 서명이 들어가 있는 작품이다. 앞쪽에 크게 표현되어 있는 전쟁 장면은 넓게 퍼져 있으며 땅을 향해, 그리고 적장을 향해 뻗은 창이 승리를 거둔 피렌체 군의 기쁨을 표현해 주는 듯하다. 그림은 어둡지만 뒷배경 속 산과 도망치는 군사들의 표현이 재미있게 느껴진다.

피에로 델라 프란체스카 「우르비노 공작과 부인의 초상 Ritratti di Battista Sforza e Federico da Montefeltro, duchi di Urbino」(1467~1470)

이 작품은 르네상스 시대에 이름난 용병이었던 우르비노 공작 페데리코 다 몬테펠트로와 그의 부인 바티스타 스포르차의 초상화다. 두 인물이 모두 앞을 바라보지 않고 옆얼굴을 마주하고 있는 모습이 특이하다. 사실 우르비노 공작이 전쟁 중 오른쪽 눈을 잃었기 때문에 오른쪽 얼굴이 보이지 않게 옆모습을 그리게 했다고 한다. 그래서 자연스럽게 그의 부인은 그와 정반대로 오른쪽 얼굴이 보이게 그려져 있다.
스포르차의 초상은 위엄과 화려함을 누리며 살았던 15세기 당시 귀족 부인의 모습을 잘 보여주고 있다. 하지만 지나친 치장과 장신구는 피하여 절제할 줄 아는 현명한 아내임을 나타내고 있다. 이 초상에서 특이한 점은 남편과 달리 부인의 얼굴이 얼음장처럼 차갑게 그려졌다는 것인데 이 그림이 그려진 당시 부인은 사망한 상태였기에 얼굴을 핏기 없이 그려 죽음을 상징했다고 한다. 인물 뒷배경의 세밀한 묘사는 플랑드르 지역 회화의 영향으로 보인다. 초상화 뒷면에는 두 공작 부부의 덕성을 칭송하는 내용이 그려져 있다. 실제 이 두 부부는 금실이 좋았으며 인품도 훌륭했다고 한다.

프라 필리포 리피 「마리아와 아기 예수 그리고 두 천사 Madonna col Bambino e due angeli」(1469)

수도사 출신의 화가였던 필리포 리피는 우리에게 잘 알려져 있지 않으나 그의 제자인 산드로 보티첼리는 너무나 유명하다. 보티첼리의 전시실이 시작되기 이전 그의 스승이었던 필리포 리피의 그림을 먼저 보여주는 미술관의 의도는 보티첼리의 그림의 발원지를 먼저 알자는 취지가 아닐까 싶다.
필리포 리피는 선의 대가라 칭송받았는데, 이 성모자 상에서 보이는 성모 마리아의 머리 장식은 투명해서 여성의 아름다운 목선을 한껏 살려 준다. 이런 방식의 베일 처리는 보티첼리의 「봄」에 등장하는 삼미의 여신들과 클로리스의 모습에서 그대로 찾아볼 수 있다. 즉 이렇게 유연한 선 처리는 보티첼리가 필리포 리피의 제자임을 알려주는 것이라 할 수 있겠다.

특히 이 작품은 사람들에게 알 수 없는 사랑의 마음을 전달하는 힘이 있다. 그가 남겼던 많은 그림들 중에서도 가장 아름다운 성모상이라는 칭송을 받고 있는데 모델은 그가 목숨을 걸고 사랑했던 수녀 루크레티아 부티라고 한다.

수도사와 수녀의 신분으로 만난 두 사람은 너무나 사랑한 나머지 자신들의 신분마저 벗어던져버리고 도피를 감행했다. 결혼까지 하여 목숨이 위태로웠지만 그의 실력을 아꼈던 메디치가의 도움으로 죽음을 면하게 되었고, 피렌체로 돌아와 작품 활동에 전념할 수 있었다. 이 작품은 종교적 교리를 거스르고, 수도자들의 순명 서원까지 폐기하면서 사랑에 모든 것을 걸어 그 사랑을 지켜낸 너무나 인간적인 화가가 자신의 사랑을 고백하는 그림인 것이다.

베로키오&레오나르도 다 빈치의 「예수 그리스도의 세례 Il Battesimo de Cristo」(1474~1475)

보티첼리 「비너스의 탄생」의 형태적 모티브를 제공했으며 레오나르도 다 빈치를 세상에 알린 작품이다. 서 있는 예수 그리스도와 그에게 세례를 하기 위해 손을 뻗은 세례자 요한의 형태는 보티첼리의 작품 속 비너스 및 계절의 여신의 형태와 매우 흡사하다.

보티첼리는 베로키오의 제자였고 그는 스승의 그림을 차용해 「비너스의 탄생」이라는 걸작을 만들어냈다. 또 한 명의 제자인 레오나르도 다 빈치는 「예수 그리스도의 세례」 제작에 참여함으로써 그의 스승이 그림을 완전히 포기하게 만들었다. 예수의 왼편에 앉아 있는 두 명의 천사를 다빈치가 그렸는데, 이전과는 다른 방식의 선, 색채, 형태 등을 사용해 당시에는 천재의 출현이라는 찬사를 받았다고 한다. 이 외에 예수가 발을 담그고 있는 물의 울림, 주변 풍경의 세세한 묘사 모두 레오나르도 다 빈치의 솜씨로 완성되었다.

이렇게 베로키오의 두 제자들은 '청출어람청어람 靑出於藍靑於藍'이라는 고사성어를 떠올리게 할 만큼 훌륭했다. 베로키오는 이 그림을 그린 이후, 그림을 포기하고 조각가의 길을 걸었다.

레오나르도 다 빈치의 「수태고지 Annun-ciazion」(1472~1475)

앞서 감상한 시모네 마르티니의 「수태고지」와 비교해 보자.

다 빈치의 「수태고지」는 여느 「수태고지」와 다른 두 인물의 자세를 발견할 수 있다. 대부분의 「수태고지」가 성스러운 분위기의 공간과 다소 주눅든 듯한 또는 두려워하는 듯한 모습의 마리아, 권위적으로 보이는 가브리엘 천사의 모습이지만 다빈치의 「수태고지」 속에서의 마리아는

위엄 있는 자세로 가브리엘 천사를 맞이하고 자신의 숙명으로 예수의 잉태를 받아들이고 있다. 한 여인의 운명이 결정되는 이 장면을 레오나르도 다 빈치는 다른 화가들과 달리 거룩한 분위기가 아닌 평범하고 차분한 느낌으로 표현해 낸 것이다. 일상이 이루어지는 공간에서 담담하게, 그러나 당당하게 자신의 운명을 받아들이는 마리아와 하느님의 아들을 잉태할 그녀에게 그 사실을 알리는 가브리엘 천사를 묘사한 레오나르도 다 빈치의 사고는 가히 혁명적이라 할 만하다. 또한 이 그림 속에서는 천재적인 건축가였던 레오나르도 다빈치의 자신감을 엿볼 수 있다. 그림 속에 등장하는 탁자나 마리아 뒤편에 보이는 건물의 벽돌이나 바닥 등은 당시 피렌체에서 유행하고 널리 쓰이던 양식의 것들로 다방면에 일가견이 있었던 다 빈치의 면모를 보여주는 작품이다.

알브레흐트 뒤러의 「동방박사의 경배 Adorazione di Magi」(1504)

르네상스 시대 그리고 뒤이어 오는 바로크 시대에 자주 그려졌던 장면인 동방박사의 경배를 표현하고 있는 이 그림은 북구 르네상스의 대표 화가인 알브레흐트 뒤러의 작품이다. 뉘른베르크 출신인 뒤러는 이탈리아 르네상스의 전형을 계승하며 자신만의 화풍을 확립했다. 섬세한 감정 표현과 극적인 묘사, 색채의 대비 등은 이탈리아 르네상스의 특징을 계승하고 있으나 과장되지 않은 사실적 묘사와 선의 표현은 독일의 고딕 양식의 전통을 버리지 않았다. 당시 피렌체 유력 가문의 위세를 나타내고 있는 젠틸레 다 파브리아노의 작품과 비교해 보자. 마리아와 아기 예수, 그리고 그들을 찾아온 동방박사 세 사람이 주요 인물로 등장하고 있는 것만 봐도 이러한 특징은 두드러진다. 뒤편의 마구간과 벽돌벽들의 묘사도 매우 섬세하고 사실적이다.

미켈란젤로의 「성 가족 Sacra Famiglia」(1503~1504)

피렌체의 유력한 가문이었던 스트로치 가의 딸이 출산한 것을 기념해 제작된 작품이다. 미켈란젤로가 디자인한 액자에 담겨 있는데, 색채가 화려하며, 과하다 싶게 역동적인 근육이 인상적이다. 다른 화가들의 성가족화와 비교하면 특이한 점을 발견할 수 있다. 성모 마리아와 예수 그리스도의 자세를 자세히 살펴보자. 일반적으로 성가족화, 또는 성모자화에서는 예수 그리스도가 마리아의 품 안에 자리하는데 이 그림에서는 마리아의 어깨 위에 앉아 있다.

라파엘로 「검은 방울새의 성모 Madonna col Bambino e san Giovannino (Madonna del cardellino)」(1906)

라파엘로가 친구 로렌초 나지의 결혼 선물로 그린 작품이다. 라파엘로는 다른 어떤 화가들보다도 성모 마리아와 관련된 그림을 많이 그렸는데, 특히 그의 삼각형 구도는 매우 안정적이며, 어머니의 자애로움과 따스함을 느끼게 한다. 이 그림은 그의 성모자화 가운데 대표적인 작품이며 성모 마리아를 중심으로 왼편 무릎 앞의 아기예수에게 세례자 요한이 검은 방울새를 바치는 모습을 그리고 있다. 검은 방울새는 예수의 가시 면류관을 만든 나무의 가시를 먹는다고 알려져 있는데 이는 곧 예수의 수난을 상징하는 것이다.

티치아노 「우르비노의 비너스 Venere d'Urbino」(1538)

파리 오르세 미술관에 전시되어 있는 마네의 「올랭피아 Olympia」의 원형이 된 그림으로 16세기 베네치아 화파의 대표 화가 티치아노의 누드화다. 벌거벗은 몸을 부끄러워하지 않고 당당하게 내보이는 여인의 표정이 고혹적이다. 금발의 머리가 어깨의 곡선을 따라 곱게 흘러내리고, 목선을 따라 전신을 흐르는 곡선, 그리고 관람객을 바라보는 듯한 여인의 강렬한 눈빛은 그림을 보는 이로 하여금 사랑에 빠지게 하는 힘이 느껴진다. 손에 쥐고 있는 장미와 흐트러진 침대 시트, 그리고 여인의 모습 뒤로 분주하게 움직이는 하녀들의 모습을 보면, 갓 사랑을 나눈 후의 장면을 연출한 게 아닐까 상상이 된다. 발치에 누워 있는 강아지는 순종 · 복종을 의미한다고.

티치아노는 이 그림 이후 많은 귀족 부인들로부터 자신의 누드화를 그려달라는 주문을 받았다고 하니 이 그림이 당시 남자들의 마음을 얼마나 흥분시켰는지 알 수 있을 것 같다.

파르미자니노의 「목이 긴 성모 Madonna del collo lungo」(1533~1540)

매너리즘 화가 중 1세대로 꼽히는 파르미자니노의 그림으로 아름답고 우아하다. 그러나 인체의 비례는 보티첼리의 「비너스」는 애교로 보일 만큼 비정상적이다.

르네상스에서 완성된 완벽한 선과 비례의 고정 속에 답답함을 느낀 화가가 손 가는 대로 선을 흘려보내 그린, 매너리즘을 대표하는 작품으로 불편해보이기까지 한다. 매너리즘 작품 중 이 그림만큼 형태의 왜곡이 심한 작품도 없다는 평가를 받고 있는데 성모 마리아의 무릎에 누워있는 아기 예수는 거의 7세 이상 아이의 몸이라고.

루벤스의 「이사벨라 브란트의 초상 Ritratto di Isabella Brandt」(1625~1626)

이탈리아에서 유학하고 이탈리아 르네상스 화가들의 그림을 공부했으며 바로크의 선두 주자가 된 루벤스의 작품. 유복한 환경에서 자랐으며 외교관이란 직업 덕분에 여러 나라를 돌아다니며 풍요로운 삶을 산 그의 그림은 늘 여유로움이 넘친다. 첫 번째 부인의 초상인 이 그림은 루벤스의 초상화 작품 중 걸작으로 평가받는다. 미소를 짓고 있지만 어딘지 모르게 불안한 듯한 표정과 배경의 붉은색은 그녀가 젊은 나이에 죽을 것임을 예견이라도 하는 듯 우울하다. 실제로 그의 부인은 젊은 나이에 세상을 떠났다.

파르미자니노의 「목이 긴 성모 Madonna del collo lungo」(1533~1540)

루벤스의 「이사벨라 브란트의 초상 Ritratto di Isabella Brandt」(1625~1626)

카라바조의 「이삭의 희생 Il Sacrificio di Isacco」(1598)

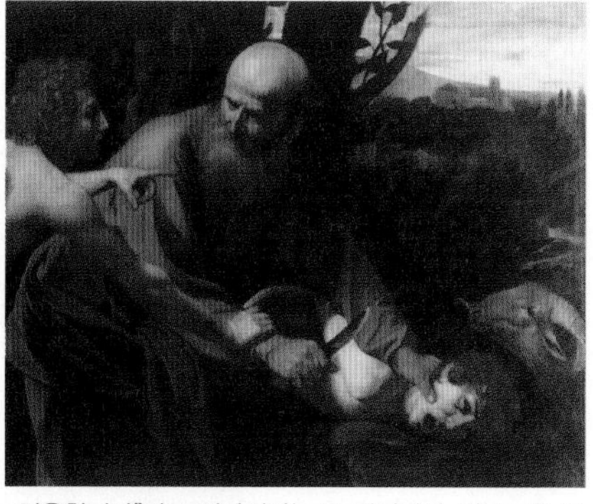

이탈리아 바로크의 대표 화가인 카라바조는 빛과 어둠을 이용해 극적인 효과를 내는 데 천재적 소질이 있었다. 이 작품은 그의 특징을 잘 나타내주는 것으로 늦게 얻은 사랑스러운 아들 이삭을 하느님의 명령에 따라 제물로 바치려는 아브라함과 그를 만류하는 천사, 그리고 아무것도 모른 채 아브라함의 손에 짓눌려 공포에 질린 아들 이삭의 모습이 대각선 구도로 표현되어 있어, 더욱 역동적이다. 특히 왼쪽 천사의 손에서 시작되어 칼을 들고 있는 아브라함의 손을 따라 마지막으로 시선이 닿는 이삭의 표정은 정말 죽음에 공포 앞에서 "아버지 왜 저를 죽이려 하십니까? 저는 억울합니다"라고 이야기하는 듯 리얼하다. 바로크를 대표하는 최고 거장의 솜씨를 잘 보여주고 있다.

렘브란트의 「젊은 시절의 자화상 Autoritratto giovanile」(1634)

루벤스와 함께 북유럽을 대표했던 최고의 화가였지만, 그의 삶은 루벤스의 삶과 달리 성공과 환희로 가득하지는 못했다. 그래서인지 그의 그림을 보면 인생의 희로애락을 다 담고 있는 듯하며, 우리에게 감동을 주는 빛으로 그림을 그렸다.

그는 평생 80점이 넘는 자화상을 그렸다고 한다. 사진기가 없었던 시절 렘브란트는 스스로의 인생 변천사를 기록이라도 하고 싶었던 것 같다.

우피치에 전시되어 있는 그림은 자신의 젊은 시절 모습을 빛의 대가답게 명암 대비를 이용해 인물의 심상까지 드러나도록 잘 묘사했다. 이 그림을 보고 있자면 렘브란트는 젊은 시절부터 사색에 잘 빠져든 화가였음이 역력하게 드러난다. 이 그림을 그리는 순간 그는 이런 심각한 얼굴로 어떤 생각에 빠져있었을까?

아르테미지아 젠틸레스키 Artemisia Gentileschi의 〈유디트와 홀로페르네스 Giuditta decapita Oloferne〉

유디트는 예루살렘에 살던 아름다운 과부로 구약성서 속 여걸 중 하나로 많은 화가들의 소재가 되었다. 예루살렘에 침공한 아시리아 군대로 인해 예루살렘은 멸망의 위기를 맞이하고 그녀의 미모에 반한 아시리아의 장수 홀로페르네스는 그녀를 연회에 초대한다. 유디트는 그런 그에게 술을 먹이고 그의 목을 쳐 창문에 매달고 다음 날 홀로페르네스의 목을 본 아시리아의 병사들은 혼비백산 해 철수했다. 이 일화는 많은 화가들에게 영감을 주어 그림으로 그려졌다. 대표적으로 오스트리아 수도 빈에 위치한 벨베데레 궁전에 있는 클림트의 〈유디트〉를 떠올릴 수 있다. 매혹적인 팜므 파탈 Famme Fatal의 이미지가 강했던 클림트의 유디트처럼 많은 화가들은 유디트를 요부 妖婦의 이미지로 구현했다. 그런데 과연 유디트는 '단순한 요부'였을까?

이 그림을 그린 젠틸레스키는 그 시대에 몇 안 되는 여성화가로 자신의 스승에게 성폭행을 당한 후 오히려 그를 유혹했다는 누명을 썼다. 그녀는 이에 항의하고 오랜 시간 동안 고통스러운 재판과정을 겪었고 결국 결백이 밝혀졌지만 그 시간은 여성으로써 견디기 힘든 치욕의 시간이었을 것이다. 그리고 이 그림은 그 사건 이후 그려진 그림이다. 섬뜩하리만큼 사실적으로 퍼져나가는 핏방울, 고통스러워하는 홀로페스네스의 표정, 그리고 결연한 의지로 온 힘을 다해 그의 목을 자르는 유디트는 다른 유디트와 다르게 근육질의 어깨와 우람한 팔뚝이 인상적이기까지 하다.

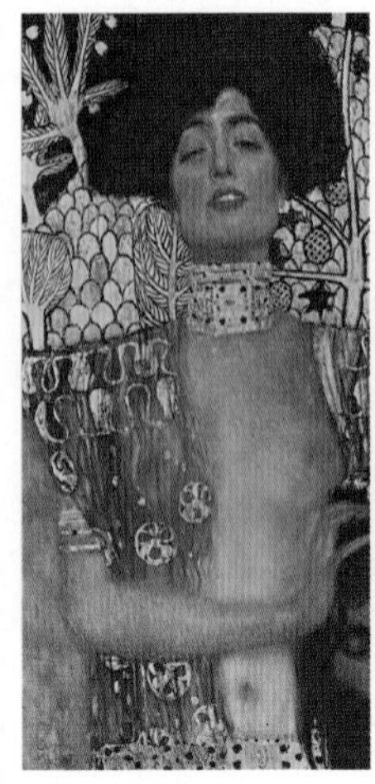

잠시 생각해보자. 다른 그림 속 유디트와 같이 야들야들한 여인의 몸이라면(예를 들어 보티첼리의 〈유디트〉 거구의 장수의 목을 벨 수 있었을까? 이 그림 속 유디트의 얼굴은 작가 자신의 얼굴이고, 홀로페르네스의 얼굴은 스승의 얼굴이라고 하는 이야기가 전해져온다. 그럼으로 자신을 범한 스승에 대한 복수를 표현하기도 했지만 더 이상 여성은 유약하고 미의 대상만이 아니라는 걸 표현해주고 있기도 하다.

아뇰로 브론치노 Agnolo Bronzino의 〈아들 지오반니와 함께 있는 엘레오노라의 초상 Ritratto di Eleonora di Toledo col Foglio〉

코지모 1세의 궁정화가였으며 피렌체 매너리즘의 진수로 평가받는 화가 아뇰로 브론치노가 그린 코지모 1세의 부인과 아들을 그린 초상화. 화려한 문양 하나하나가 그대로 표현된 드레스가 인상적이고 두 인물의 홍조띤 뺨이 사랑스럽게 느껴진다. 인물들의 표정이 조금 좋은 표정이었다면 어땠을까 싶지만 토실하고 분홍색 뺨을 갖고 있는 아들 지오반니의 얼굴은 귀엽게만 보인다.

로소 피오렌티노 Rosso Fiorentino의 〈음악의 천사 Putto che suona〉

라파엘로의 〈시스티나의 성모〉(독일 드레스덴 고전회화관) 속 하단 천사들의 그림과 함께 천사를 주제로 한 달력이나 인쇄물에 단골로 등장하는 그림. 천사가 류트에 기대어 졸고 있는 듯한 포즈로 악기를 연주하고 있다. 어두운 배경, 붉은 색의 날개, 그리고 뽀얗고 통통한 천사의 팔뚝의 색채 대비가 강렬하면서도 사랑스럽다. 잠시 포근하고 따뜻한 이 그림 앞에서 숨을 고르고 상상해보자. 천사의 작은 손 끝에서 나오는 음악은 어떤 느낌이고 어떤 소리일까? 그리고 천사의 손 끝에서 나오는 음악으로 우리는 어떤 위로를 받을 수 있을까.

MUSEO NAZIONALE DEL BARGELLO

조용한 골목길 안에 위치한 세계 최고의 조각전문 미술관

바르젤로 미술관

시뇨리아 광장 뒤편 조용한 골목에 위치한 세계 최고의 조각전문 미술관. 메디치 가문이 수집한 조각작품들이 전시되어 있는 곳으로 미술관 건물은 시뇨리아 광장의 베키오 궁과 동일한 소재의 외벽을 갖고 있고 매우 유사한 형태로 지어져 베키오 궁의 동생과 같은 느낌이다. 13세기경에 지어진 건물로 정부청사로 사용되면서 포폴로 궁 Palazzo del Popolo으로 이름지어졌고 정부의 수장 Capitano del Popolo(훗날 포데스타 Podesta로 불리는 총독)이 기거하는 건물이 된다. 그 후 16세기 사법부 청사로 바뀌면서 그 수장을 바르젤로 Bargello라 칭하기 시작했고 건물 이름도 바르젤로 궁 Palazzo del Bargello으로 바뀌었다. 이 곳에서 코시모 1세는 자신의 정적들을 건물에 지하 감옥에 감금했고 안뜰에서 처형했다고 한다.

하지만 오늘날 미술관 안뜰은 따뜻한 공기 속에서 포데스타의 출신 가문의 문장이 새겨져 있는 화려한 회랑의 궁륭과 신화 속 주인공들의 조각이 늘어서 있는 우아한 회랑으로 인해 이런 분위기를 느낄 수 없을 정도. 이 미술관은 오전에만 오픈하기 때문에 관람을 원한다면 조금 일찍 서두르자.

INFO.

주소 Via del Proconsolo 4 운영 수~월 08:15~13:50
휴무 화요일 입장료 €10, 예약비 €3, 매월 첫 번째 일요일 무료
가는 방법 두오모 광장에서 지오토의 종탑 있는 방향 오른쪽 프로콘솔리오 거리 Via del Proconsolio 직진, 도보 5분
Map p.201-B2

❗ 이 작품은 절대 놓치지 마세요!
도나텔로와 베로키오의 「다비드」, 미켈란젤로의 「바쿠스」

미술관 효율적으로 둘러보는 팁

❶ 보안검색을 거쳐 입장 한 후 티켓을 구입한다. 조각 작품이 많은 관계로 백팩을 갖고 입장한다면 주의하자. 작품의 안전상 앞으로 멘다면 현명한 여행자의 센스를 보여줄 수 있다.

❷ 매표소에서 밖으로 나가면 우아한 안뜰을 볼 수 있다. 마당 중앙에는 우물이 있고 회랑을 따라 인물조각상들이 늘어서 있다.

❸ 매표소와 연관된 전시실에는 미켈란젤로의 작은 크기의 조각상들과 바쿠스를 볼 수 있다. 베키오 다리 중앙에 놓여있는 흉상의 주인공 벤베누토 첼리니의 조각과 잠볼로냐의 머큐리도 찾아보자.

❹ 안뜰을 가로질러 문으로 들어가 윗층으로 올라가면 옛 주교들의 성구, 식기 등을 전시한 전시실이 나오고 길을 따라가면 다비드들을 볼 수 있다.

하이라이트 작품

다비드 David

도나텔로 · 베로키오

피렌체 최고의 인기스타 미켈란젤로의 〈다비드〉에 앞서 만들어진 두 〈다비드〉. 미켈란젤로의 〈다비드〉와 달리 이 두 〈다비드〉는 청동으로 만들어져 있다. 먼저 볼 작품은 도나텔로의 〈다비드〉. 아담하고 잘 빠진 몸매를 갖고 있는 이 청동 조각상은 중세시대 이후 최초의 나체상으로 시대를 넘어선 파격의 아이콘이 된 조각상이다. 파격적이긴 하지만 그리스, 로마 시대 영웅들의 아이콘인 화관을 성서 속 인물인 다비드의 머리에 씌우면서 그리스, 로마의 고전과 기독교를 융합하려했던 피렌체 르네상스의 이상을 구현하고 있다. 도나텔로는 이 작품 이후 아름다움과 함께 파격을 추구하는 작품들을 만들었다. 그리고 그의 이런 행보는 이후의 미켈란젤로가 만든 〈다비드〉가 가는 길을 열어주었다고도 할 수 있다.
두 번째 〈다비드〉는 베로키오의 작품으로 비슷한 크기를 갖고 있지만 많이 다른 분위기를 풍긴다. 골격이 드러나 전체적으로 날카로우면서 시크한 느낌을 주는 이 조각상은 몸에 딱 붙은 상의와 스커트 같은 느낌의 하의를 입고 있어 도나텔로의 〈다비드〉가 받았던 비난과 사람들에게 주었던 충격을 완화시켰다. 특징이 있다면 〈다비드〉의 발 아래 놓인 골리앗의 두상은 노인으로 표현되어 〈다비드〉는 훨씬 더 어리고 순수한 미소년의 모습으로 강조되고 있다.

주요 작품

미켈란젤로의 「바커스 Bacco」(1496)

미켈란젤로의 초기작품으로 1496년 한 추기경의 주문으로 제작되었으나 추기경의 승인을 받지 못해 납품이 좌절되고 후에 한 은행가에게 팔린 작품이다. 왜 그랬을까?
바커스는 로마신화에 등장하는 주신 酒神으로 그리스 신화의 디오니소스와 동일인물이다. 자신이 주신이라는 것을 온 몸으로 나타내고 있는 이 바커스는 술잔을 들고 있음은 물론, 머리카락이 포도송이로 만들어져 있다. 살짝 숙이고 있는 고갯짓과 표정은 나른함과 몽롱함이 밀려온다. 포동포동한 몸매, 특히 볼록한 복부는 술고래의 배 그것으로 보인다. 여기까지는 큰 문제 없어 보인다. 주신을 주신답게 잘 표현했다. 그러나 문제는 바커스 뒤에 붙어있는 반인반수 半人半獸 사튀로스가 아닐까. 몽롱하고 나른한 느낌의 옅은 미소를 짓고 있는 바커스와 달리 흐뭇하게, 또는 음흉한 웃음을 지으며 바커스가 들고 있는 포도를 뜯어먹고 있는 아기 사튀로스. 이 둘의 성별은 모두 남자. 당시 피렌체에 동성애가 만연했다 하더라도 암암리에 진행되었을 것이고 조금이라도 의혹이 있을 법한 일을 피해가고 싶었던 추기경은 이 작품을 승인할 수 없었을 지도 모른다.
비록 이 작품은 주문자에게 퇴짜를 받았지만 다른 은행가에게 팔렸고 이 작품을 본 그의 친구에 의해 미켈란젤로는 그의 출세작 바티칸의 〈피에타〉를 제작하게 되었으니 그에게 이 작품은 그리 나쁜 기억은 아니었을 것이다.

미켈란젤로의 「브루투스 Bruto」(1538)

로마제국역사의 대표적인 배신의 아이콘인 그는 시저의 양자였으면서 시저를 살해한 범인 중 한명이다. 매우 강인하고 신념 가득한 표정이 인상적인 이 조각상의 모델은 메디치 가문에서 권력다툼 중 알렉산드로 메디치 공작을 살해한 로렌치노가 모델이라고 한다. 가족들 간에 벌어진 피비린내 가득한 암투를 상징하는 것이라고.
자유로운 사상의 시작이라 평가되는 르네상스도 실상은 지배계층이나 후원자들의 의도에 따라 철저히 계산된 작품들이 제작되었음을 보여주는 작품 중 하나이다. 미켈란젤로의 유일한 흉상 작품이며 미완성작품으로 이 작품을 제작하는 동안 브루투스의 죄상(시저를 배신한)을 떠올리며 제작을 중단했다고 전해지는데 다른 미완성작품과 비교해본다면 매우 긍정적인 해석이라고.
미켈란젤로의 실제 성격은 매우 불같고 모난 점이 많았다고 전해진다. 아카데미아 미술관의 노예 시리즈가 제작 중 갑작스러운 중단 명령에 방치되었던 것을 볼 때 자신의 뜻이 아닌 작품의 의뢰자의 의도에 따라 움직여야 할 때의 답답함이 어땠을까 하는 생각을 하게 한다.

미술관 내 숍 & 카페

미술관 숍은 따로 마련되어 있지 않고 매표소와 함께 운영된다. 도록은 €6~, 엽서 €1.

GALLERIA DELL'ACCADEMIA

미켈란젤로의 천재성이 엿보이는 작품들이 즐비한

아카데미아 미술관

18C 중엽 설립된 미술관으로 미술학교 학생들의 작품을 보관하면서 시작되었고 다비드를 비롯한 방대한 미켈란젤로의 컬렉션이 자랑이다. 피에트로 레오폴도 Pietro Leopoldo 대공이 자신이 수집한 미술품들을 미술학교 학생들의 교재로 기부하면서 미술관의 규모와 컬렉션의 수준이 향상되었다.
가장 대표적인 작품은 미켈란젤로의 〈다비드〉. 시뇨리아 광장의 모사품으로 만족하지 못한 관광객들로 그 주변은 늘 붐빈다. 〈다비드〉 상으로 가기 위해 지나가는 복도 양 옆의 노예 시리즈 또한 빼놓아서는 안될 작품들이며 매너리즘 조각의 정수라고 하는 잠볼로냐의 〈사비네 여인의 능욕〉도 이 미술관에 소장되어 있다. 이 외에도 르네상스 전후의 프레스코화, 패널화, 종교화와 19세기 아카데미아 교수들의 조각품이 전시되어 있다. 지나치기 쉬운 악기 박물관에는 이탈리아에서 제작된 수많은 명품악기들이 전시되어 있고 그 악기로 연주되는 소리를 들을 수도 있다.
미술관 규모는 작으나 소장되어 있는 작품의 명성으로 인해 늘 관광객들로 붐빈다. 성수기에는 미리 예약하는 것이 좋다.

INFO.

주소 Via Ricasoli 58–60 **운영** 화~일 08:15~18:50(2024/6/4~9/26 화 ~22:00, 목 ~21:00)
휴무 월, 1/1, 5/1, 12/25 **입장료** €12, 예약비 €4, 예약 권장
오디오 가이드 1인용 €6, 2인용 €10
가는 방법 두오모 광장 북쪽 Via Ricasoli 따라 직진, 도보 5분 Map p.200-B1

❗ 이 작품은 절대 놓치지 마세요! 미켈란젤로의 「노예시리즈」, 「다비드」, 잠볼로냐의 「사비나 여인의 능욕」

미술관 효율적으로 둘러보는 팁

❶ 티켓을 구입한 후 보안검색을 거쳐 입장한다. 조각 작품이 많은 관계로 백팩을 갖고 입장한다면 작품을 훼손할 가능성이 있기 때문에 주의해야 한다. 작품의 안전상 앞으로 메는 것도 좋다. 따로 박물관 지도를 만들지 않기 때문에 입구 벽면의 안내도를 참고하자. 미술관 내 구조는 어려운 편은 아니다.

❷ 안으로 들어가면 가장 먼저 만나게 되는 작품은 잠볼로냐의 〈사비네 여인의 납치〉. 이 방에서 오른쪽 문으로 나가게 되면 회랑 복도를 따라 악기 박물관과 연결된다. 흔히 볼 수 없는 고악기들과 현재에도 손꼽히는 명품악기들이 한 곳에 모여 있고 그것들로 연주하는 소리를 들을 수 있다.

❸ 다시 돌아와 반대편으로 나가면 노예상들이 전시되어 있는 일명 '노예들의 복도'가 이어지고 그 끝에 다비드 상이 전시되어 있다. 다비드 상을 중심으로 왼쪽으로 가면 패널화와 르네상스 시대 회화 그리고 미술학교에서 교재로 쓰던 조각작품들이 전시되어 있다.

미술관 내 숍 & 카페

미술관 숍은 매표소 맞은편과 출구 부근에 위치한다. 공식 가이드북은 €9.50. 그 외 미켈란젤로 관련된 여러 서적을 구입할 수 있으며 주요 작품 엽서와 수첩 등을 구입할 수 있다. 미술관을 좀 더 자세히 보고 싶다면 입구의 숍에서 가이드북을 구입해 돌아보는 것도 좋다. 엽서는 €1, 수첩 €4~

SAY! SAY! SAY!

그냥 지나치지 마세요, 악기 박물관

아카데미아 미술관 안에 숨어있는 또 하나의 박물관이 있습니다. 바로 악기 박물관이 그 곳인데요. 이탈리아는 수많은 명품의 고향이기도 합니다. 그 중에서도 17세기에 만들어진 스트라디바리우스 Stradivarius, 과르네리 Guarneri 등의 현악기는 천문학적인 가격으로 거래되고 있으며 지금도 세계의 명장들이 탐내는 악기들입니다. 이들 악기는 현대의 과학기술로도 그 소리의 비밀을 풀지 못 할 만큼 신비에 쌓여있고 지금도 구비오 Gubbio, 크레모나 Cremona 등의 도시에서는 악기공방이 운영되고 직접 제작도 이루어지고 있어요. 이 도시들까지 찾아가기 힘들다면 아카데미아 미술관을 꼭 찾아보세요. 정문 입구로 들어가 티켓을 구입하고 〈사비네 여인의 능욕〉이 전시되어 있는 방으로 들어가 맞은편 출구로 나가면 정원이 나와요. 아늑한 회랑을 따라 걸어가면 다시 긴 전시 공간이 나오는데 이 곳이 악기 박물관입니다. 17세기 무렵 이탈리아에서 생산된 오래된 바이올린과 첼로를 실제로 볼 수 있고 각종 건반악기와 타악기들도 있습니다. 한 곳에 마련된 멀티미디어 코너에서는 이 악기들로 연주되는 음악도 들을 수 있답니다.

하이라이트 작품

노예 시리즈

미켈란젤로

이 작품들은 로마의 산 피에트로 인 빈콜리 성당(p.119)에 위치한 교황 율리우스 2세의 영묘작업의 일환으로 만들어진 것이다. 대규모 영묘 작업이 진행 중이라는 소식에 비난이 쏟아졌고 결국 교황이 작업 중지 명령을 내리면서 작업이 멈춰지고 완성되지 못했고 피티 궁내 보볼리 정원에 전시되어 있던 것들을 1909년에 아카데미아 미술관으로 옮겨왔다.
다비드 상이 전시되어 있는 안쪽 트리뷴(원형 홀)로 가기 전 긴 복도 양 옆에 배치되어 있는 작품들이 그것이다. 왼쪽 앞에 있는 것이 〈젊은 노예〉이고 오른쪽 맨 앞에 있는 것이 〈깨어나는 노예〉, 세 번째 조각상이 〈수염난 노예〉이다.
모두 무언가에 갇혀 있는 자신을 갑갑해 하는 느낌을 주는 이 작품들은 모두 미완성 작품들이다. 인간이 갖고 있는 끝나지 않을 번민과 고뇌를 미켈란젤로는 이 세 노예 상으로 표현하고 있으며 그 종착점은 복도 왼쪽 맨 끝의 〈아틀란티스〉. 머리 위에 커다란 대리석을 이고 있는 이 조각상은 결국 번민과 고뇌에서 빠져나오지 못하고 점점더 가라앉고 있는 인간의 모습을 표현하고 있다. 〈수염난 노예〉와 〈깨어나는 노예〉 사이에 자리하고 있는 조각상은 〈성 마태오〉상이고 가장 안쪽에 있는 조각상은 〈팔레스트리나의 피에타〉이다. 〈팔레스트리나의 피에타〉는 작품 스타일로 봤을 때 미켈란젤로의 것으로 추정되지만 확실하진 않다고.
이 홀 안의 작품들의 공통점이 있다면 미완성이면서도 작가의 메시지의 전달이 명확하다는 것이다. 속박되어 있는 것에 대한 답답함과 굴레를 벗어나고 싶어하는 마음, 그리고 그 고통이 폭발하려하기 직전의 긴장감이 팽팽하게 표현되어 있다. 자칫 조금만이라도 건들게 되면 주변에 정리되지 않은 대리석들을 깨고 튀어 오를 것 같은 팔뚝의 근육이 사실적이다.
대리석 속에 숨어있는 사람을 찾는다던 천재 조각가 미켈란젤로. 자유로운 영혼의 예술가였으나 시대의 흐름 속에서 자유롭지 못했던 자신의 심정을 이렇게 표현한 것이 아닐까.

주요 작품

미켈란젤로의 「다비드 David」

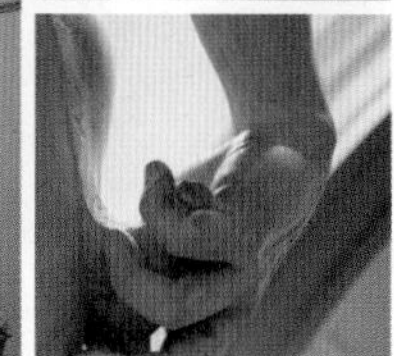

노예들의 복도를 지나 트리뷴 중앙에 우뚝 솟아있는 조각상. 피렌체의 한 조각가에게서 버려진 대리석에서 탄생한 이 작품은 아카데미아 미술관을 찾는 이들의 최종 목적인 조각상으로 늘 주변에 사람들이 가득하다. 대부분의 다비드가 골리앗을 물리친 후의 기쁨을 표현하거나 승리 후 안도감을 나타내고, 자신을 승리 할 수 있게 해준 하느님에게 감사하는 마음을 표현한다면 미켈란젤로의 다비드는 골리앗과의 일전을 바로 복전에 둔 결연하고 긴장된 순간을 표현하고 있다.

전체적으로 조각상은 팽팽한 긴장감을 갖고 있다. 돌을 불끈 쥐고 있을 오른손도, 어깨 위에 얹혀져 있지만 언제 뻗어 나갈지 모르는 왼손, 그리고 막 돌팔매질을 위해 균형을 잡는 다리 선, 그리고 동족을 구해내야 한다는 결연한 의지를 가득 담은 얼굴 표정까지….

많은 이들이 열광하고 극찬하는 다비드에게도 감추고 싶은 비밀이 있다. 노예들의 복도에서 바라본 다비드는 뭔가 불균형하고 어딘가 이상한 느낌이 들 것이다. 하지만 점차 가까이 가보자. 다들 열광하고 칭송하는 완벽한 신체를 가진 다비드를 볼 수 있을 것이다. 주변에 마련된 의자가 있다면 거기 앉아서 바라보자. 더 더욱더 완벽한 비율의 다비드와 만나게 된다. 사실 다비드 상과 눈을 맞추고 함께 서서 보면 그는 큰 머리에 긴 허리를 갖고 있으며 이상하게 긴 팔과 길이가 다른 다리를 갖고 있다는 걸 알게 될 것이다. 하지만 미켈란젤로는 이 다비드 상이 2m 높이의 받침대 위에 세워질 것을 알고 사람의 눈높이에 따라 달라지는 착시현상까지 계산해서 다비드를 제작했다고 한다. 앉아서 봤을 때 더 완벽한 비율을 자랑하는 것은 그 시절 사람들의 평균 신장은 지금 우리보다 작기 때문일 것이다. 이러한 사실로 미루어볼 때 미켈란젤로는 진실로 궁극의 천재였던 것이다.

잠볼로냐 Giambologna의 「사비네 여인의 능욕 Ratto delle Sabine」

매너리즘 계열의 조각품들 중 최고의 작품으로 평가받는 작품이다. 몸부림치고 있는 여인을 안고 있는 로마를 상징하는 젊은 남자의 다리 사이에 늙은 남자가 그들을 바라보고 있다. 로마 건국 초기 비극의 역사를 담은 작품으로 여성이 없던 로마인들이 이웃인 사바나인들을 초대해 잔치를 열어 남자들을 취하게 한 후 여인들을 납치하는 일화를 담고 있다.여인은 남자에게서 벗어나기 위해, 젊은 남자는 여인을 놓치지 않기 위해, 그리고 노인은 젊은 남자의 다리 사이에서 벗어나기 위해 각각 있는 힘껏 몸을 뒤틀고 있다. 뒤틀린 몸을 표현하기 위해 묘사한 근육의 움직임이 생생한 느낌이고 인물들의 자세를 통해 느껴지는 에너지가 엄청난 크기로 다가온다.

로마 패스 소지자 예약 방법

작고 우아한 건물 속에 가득한 걸작품들

보르게세 미술관

보르게세 미술관 예약 방법

로마 시민들의 휴식처인 보르게세 공원 한구석에 자리 잡고 있는 미술관. 1613년 시피오네 보르게세 추기경이 자신의 저택으로 지은 건물로 바로크와 신고전주의 양식이 혼합되어 있다. 교황의 영빈관으로 사용했던 이 건물은 추기경의 사후 저택과 수집품을 정부가 구입해 미술관으로 개조, 일반에 공개하고 있다. 시피오네 보르게세 추기경은 추기경의 직위에 오른 후 미술 작품에 대한 남다른 견해와 식견으로 작품 수집에 열을 올렸다. 심지어 몰래 가져오기도 하고, 화가를 감금하면서까지 그림을 그리게 하여 작품을 모았다고 전해진다. 그의 이런 탐욕은 도덕적으로는 비난 받아야 마땅하나 덕분에 후세의 우리는 한곳에서 걸작품을 모두 감상할 수 있는 기회를 얻은 셈이다. 미술관은 규모가 작지만 전시되어 있는 작품들의 가치나 예술성이 높아 늘 사람이 몰리기 때문에 예약제로 운영된다. 예약자에게는 미술관을 관람하는 데 2시간이 주어진다. '2시간이면 충분하겠지'라고 생각하면 큰 오산이다. 작품들의 수준이 훌륭하기 때문에 어느 것 하나 쉽게 지나치기 어렵다. 작품별 시간 안배를 적절히 해야 한다.

INFO.

주소 Piazzale Scipione Borghese 5 **홈페이지** www.galleriaborghese.it **운영** 화~일 08:30~19:30(목 ~21:00) **휴무** 월요일, 12/25, 1/1 **입장료** €15(예약비 €2.00), ※특별전시 시 입장료 변동 가능 **오디오 가이드** €5(영어 외 4개 국어) **예약 방법** 예약 필수. 예약 방법은 상단의 QR코드를 참조한다. **가는 방법** 메트로 A선 Barberini 역에서 하차 후 Via Veneto를 따라 도보 10분, 메트로 A선 Spagna 역에서 Via Veneto 방향 지하보도 따라 출구로 나온 후 핀치아나 문 Porta Pinciana을 통과해 도보 10분. 또는 버스 116 · 119 · 910번을 타고 베네토 거리 Via Veneto에서 하차 후 도보 10분 Map p.114-B1

❗ 이 작품은 절대 놓치지 마세요! 베르니니의 「다비드」, 「아폴로와 다프네」, 「플루토와 페르세포네」
카노바의 「파올리나 보르게세」, 카라바조의 「다윗과 골리앗」, 라파엘로의 「무덤으로 운반되는 그리스도」

미술관 효율적으로 둘러보는 팁

❶ 티켓창구는 건물 지하로 내려가야 한다. 예약 시 받은 예약번호를 말하고 티켓을 구입한다.
❷ 큰 가방은 가지고 들어갈 수 없으므로 로커에 맡기자.
❸ 입장 시간에 맞춰 정문 입구로 간다. 티켓을 제시하고 입장하고, 정해진 동선에 따라 전시실을 순회하며 관람하면 된다.
❹ 1층의 제1전시실~제8전시실까지는 조각상이, 2층의 제9전시실~제20전시실까지는 회화가 전시돼 있다.
❺ 1층에는 베르니니의 조각 작품들이, 2층의 회화갤러리에는 카라바조, 라파엘로, 티치아노 등 이탈리아 화가들과 루벤스, 크라나흐 등 북유럽 화가들의 회화가 전시돼 있다.
❻ 미술관 하이라이트인 베르니니의 조각 작품을 감상하다보면 시간이 훌쩍 가므로, 시간 안배를 잘 하자.

미술관 내 숍 & 카페

미술관 숍은 매표소가 있는 지하에 자리한다. 미술관에 들어가지 않더라도 숍은 이용 가능하다. 공식 도록(€10)과 베르니니 조각품들에 대한 해설서(€5)를 구입할 수 있다. 도록에는 소장전시품뿐만 아니라 각 전시실의 프레스코화들에 대한 자세한 설명이 담겨 있다. 그 외 엽서는 한 장에 €1이며 각종 슬라이드, 달력, 노트 등도 있다. 숍 뒤편으로 간단하게 커피와 간식을 먹을 수 있는 카페가 마련되어 있다. 커피는 €1~1.50.

하이라이트 작품

아폴로와 다프네(1622~1625)
페르세포네의 납치(1621~1622)

베르니니

1층에 자리하고 있는 미술관 최대의 하이라이트, 17세기 바로크의 대가 베르니니의 명작 둘을 만나보자. 베르니니는 매너리즘 조각가인 피에트로 베르니니의 아들로 1598년 나폴리에서 태어났다. 7세 때에 로마로 이주해 아버지의 지도를 받으며 자랐다. 화가 안니발 카라치와 교황 바오로 5세의 눈에 들었고, 교황의 사촌이었던 시피오네 보르게세 추기경의 전폭적인 후원을 받았다. 로마를 중심으로 활동했으며 지금의 로마는 그의 손을 거쳐서 완성되었다고 해도 과언이 아닐 정도로 시내 곳곳에 그의 작품들이 자리하고 있다. 특히 그는 대리석을 다루는 재주가 뛰어났으며 조각뿐만 아니라 장식미술, 건축, 분수 등 다방면에 걸쳐 재능을 발휘했다. 그의 주요 작품으로는 「아폴로와 다프네」, 「페르세포네의 납치」, 「다비드」 등이 있고 「성녀 테레사의 환희」는 산타 마리아 델라 비토리아 성당에 소장돼있다. 나보나 광장, 바르베리니 광장, 산 피에트로 광장 등을 설계했고, 산 피에트로 대성당의 내부 장식을 맡아 진행했다. 왕성한 작품 활동을 펼치던 그는 수많은 작품을 로마에 남겨둔 채 1680년 사망했으며 현재 산타 마리아 마조레 성당(p.122)에 그의 묘가 있다.

작품 설명

「아폴로와 다프네 Apollo e Dafne」

작품 전체에 흐르는 고전적인 우아한 아름다움과 대리석으로 만들었다고 믿기에 어려운 섬세함이 압권인 작품이다. 베르니니가 1622~1625년에 만든 대리석 조각품으로 그리스 신화 속 이야기를 모티브로 만들어졌다.

명궁인 태양의 신 아폴로가 사랑의 화살과 활을 갖고 놀고 있는 큐피드를 조롱하고 이에 격분한 큐피드가 아폴로에게는 처음 만나는 그녀에게 첫눈에 반하는 화살을 쏜다. 화살을 맞은 아폴로는 다프네를 만나고 이어 큐피드는 다프네에게 처음 만나는 남자를 무서워하게 하는 화살을 쏜다. 큐피드의 계획대로 아폴로는 다프네에게 첫눈에 반하고 다프네는 그런 그가 무서워 도망을 친다. 더 이상 도망칠 수 없게 되자 다프네는 강의 신인 자신의 아버지에게 도움을 청하고 아폴로의 손이 그녀에게 닿는 순간 그녀는 월계수로 변한다.

이 작품은 다프네가 아폴로를 피해 달아나다 월계수로 변하는 순간을 묘사하고 있다. 그녀가 나뭇잎으로 변하는 손끝부터 뿌리가 돋아나는 발끝까지 대리석으로 만들었다고는 믿기 어려운 섬세하게 표현하고 있다. 또한 월계수로 변하면서도 아폴로에 대한 두려움으로 가득 찬 다프네의 표정과 그녀를 놓치고 싶지 않은 아폴로의 표정이 대비를 이루고 있다.

「페르세포네의 납치 Ratto di Proserpina」

피렌체 아카데미아 미술관에 전시되어 있는 잠볼로냐의 〈사비네 여인의 납치〉와 함께 인물의 팽팽한 에너지가 느껴지는 작품이다. 〈아폴로와 다프네〉보다 먼저 만든 작품으로 저승의 신 플루토에게서 벗어나기 위한 페르세포네의 절박한 몸부림과 그녀를 움켜쥐고 있는 플루토의 묘사가 생생하다. 페르세포네를 보내지 않으려 하면서 은근슬쩍 웃음을 흘리는 플루토의 표정이 야비하게 느껴지고, 필사적으로 그에게서 벗어나려는 페르세포네의 공포에 질린 얼굴 표현이 무척 실감 난다. 그리고 그녀의 눈에서 흐르는 한 방울의 눈물을 보며 '역시 베르니니!' 하는 탄성을 지르게 한다. 조각상 주변을 천천히 돌아보며 천천히 살펴보자. 페르세포네를 움켜쥐고 있는 플루토의 손 아래로 움푹 들어간 그녀의 피부 표현과 절박함이 그대로 묻어나는 그녀의 손가락 끝은 이 조각상을 정말 대리석으로 만들었을까 싶을 정도로 섬세함이 돋보인다.

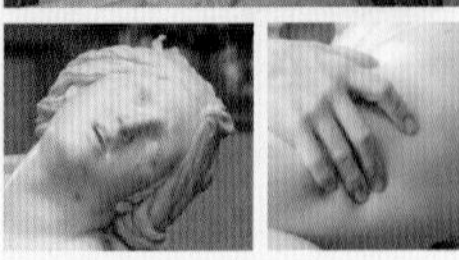

주요 작품

안토니오 카노바 「파올리나 보르게세 Paolina Borghese Bonaparte come Venere Vincitrine」 (1805~1808)

전시실 한가운데에 놓여 있는 우아한 여인의 조각상으로, 보르게세 가문으로 시집온 나폴레옹의 조카 파올리나 보르게세를 마치 비너스처럼 표현했다. 우아한 여체의 곡선이 눈길을 끄는 작품으로 도도하고 우아한 귀부인의 모습을 한 치의 오차 없이 표현했다. 그리고 놓치기 쉬운 포인트는 조각상이 앉아있는 기단 부분. 실제로 손으로 한번 쿡 찔러 보고 싶을 만큼 천으로 만든 것이 아니겠느냐는 생각이 들 정도로 섬세한 질감의 표현이 놀라운 수준이다. 이 조각상이 완성된 후 카노바는 단 한 번도 볼 수 없었는데 그 이유는 반나체로 만들어진 이 조각상이 너무나 아름답기에 파올리나 보르게세의 남편이 보관하면서 타인에게 개방하지 않았기 때문이라는 이야기가 전해져온다. 인토니오 카노바는 매우 화려하고 극적인 감동을 추구했던 바로크나 로코코의 유행을 멀리하고 고대 그리스 · 로마 조각을 재해석해 신고전주의 양식을 완성한 조각가이다. 특히 그는 곡선과 질감의 묘사에 대해 발군의 실력을 갖추고 있었다고 한다.

베르니니 「다비드 David」 (1623~1624)

피렌체의 다비드 삼형제의 후속 작품으로 베르니니가 25세때 만들었다. 미켈란젤로의 「다비드」상이 골리앗과의 승부를 앞둔 다비드의 결연함과 다짐을 표현하고 있다면 이 「다비드」는 온 마음을 다하여 골리앗에게 돌을 던지는 그 순간을 묘사하고 있다. 돌을 던지기 위해 비틀린 몸, 꾹 다문 입술, 잔뜩 찌푸린 미간 등 어느 하나도 그냥 넘어가지 않은 그의 섬세함이 감탄스럽고, 팽팽한 긴장감과 함께 금방이라도 움직일 듯한 정적으로 표현된 동작의 움직임의 묘사가 바로크의 완성을 보여준다.

이 동작 이후의 그 이후의 모습은? 피렌체 바르젤로 미술관에 전시되고 있는 적장 골리앗의 목을 베고 승리에 도취하여 있는 도나텔로의 「다비드」를 떠올려 보자(별책 p.20 참고). 미술관 안의 아름다운 조각상과 함께 로마 곳곳에 훌륭한 건축물과 작품을 남긴 베르니니의 모습이 궁금하다면 조각상의 얼굴을 잘 살펴보자. 베르니니 자신의 얼굴을 모델로 했다고 한다.

카라바조 「다윗과 골리앗 Davide con la testa di Golia」과 「팔라프레니에리의 마돈나 La Madonna dei Palafrenieri」(1609~1610)

카라바조는 바로크 시대 화가로, 특히 빛을 이용한 극적 효과를 표현하는 데 뛰어난 재능을 가지고 있었다. 「다윗과 골리앗」은 카라바조가 수배자 시절 반성하는 뜻에서 그린 작품으로 골리앗의 머리를 들고 있는 다윗의 얼굴이 승리감보다는 왠지 모를 처연함을 느끼게 한다. 해석에 의하면 골리앗의 얼굴은 카라바조 자신의 모습인데 방탕한 생활을 했던 자신을 질책하는 표현이라고 할 수 있겠다.

또 하나 눈여겨 봐야 할 작품은 「팔라프레니에리의 마돈나」다. 어둑한 배경을 바탕으로 세 인물에 조명이 집중되어 있다. 단호하고 엄격한 표정을 한 두 여인, 마리아와 그녀의 어머니 안나가 겁에 질린 어린 예수에게 뱀을 밟아 죽이는 법을 가르치고 있는 장면이다. 뱀은 죄악과 이단을 상징한다. 훗날 그가 세상 모든 이의 죄를 대신하여 죽는다는 것을 은유적으로 나타내면서 동시에 당시 북유럽을 휩쓸던 종교개혁에 대해 경고적 의미를 담고 있다. 어두운 배경과 대조적으로 세 인물의 표정, 특히 예수 그리스도의 몸이 환하게 빛을 받도록 표현되어 극적 효과를 준다. 이 전시실에서는 이 외에도 「바쿠스 Ⅱ Bacchino Malato」, 「과일 바구니를 든 소년」 등 카라바조의 여러 작품들을 볼 수 있다.

라파엘로 「무덤으로 운반되는 그리스도 Il Trasporto di Cristo」(1507)

르네상스 시대의 정점을 보여주는 라파엘로의 작품으로 원래 페루자 Perugia의 산 프란체스코 성당에 소장되어 있던 제단화 중 일부다. 이 작품에 매료된 교황 바오로 5세가 조카인 시피오네 보르게세 추기경에게 선물하기 위해 강제로 빼돌린 후 파리에 옮겨졌다가 다시 로마로 돌아온 파란만장한 작품. 예수가 십자가에서 숨진 채 장례식장으로 옮겨지는 장면을 묘사하고 있다. 왼쪽 부분에는 예수의 시체를 옮기는 제자와 그의 시신을 따르며 슬퍼하는 막달라 마리아가 그려졌는데 비통함이 느껴진다. 간간이 쓰인 붉은색이 관람객의 시선을 잡아끈다. 반면 오른쪽에는 아들의 죽음을 애통해하는 마리아와 그녀를 부축하는 이들이 브라운 톤으로 묘사되어 있다. 두 그룹 인물들의 컬러 대비로 인해 그림은 훨씬 더 입체적으로 보이고 장중한 느낌이다.

루카스 크라나흐 「비너스와 벌집을 든 큐피드 Venere e Amor che reca il favo di miele」(1530)

15세기 회화의 대표 주자인 독일의 루카스 크라나흐의 그림. 늘씬한 비너스의 고혹적 자태가 인상적이다. 투명한 베일이 늘어지는 큰 모자를 쓰고 있는 비너스와 벌집을 든 큐피드가 서 있다. 우아하게 미소 짓고 있는 비너스 얼굴과 벌에 쏘인 듯 얼굴을 찡그리고 있는 큐피드의 표정이 대비된다. 벌집은 기쁨은 반드시 고통을 수반한다는 것을 상징한다. 북유럽 회화 특유의 세밀한 붓질과 섬세한 묘사가 특징이다.

티치아노 「신성과 세속의 사랑 L'Amor Sacro e L'Amor Profano」(1515)

베네치아 화파 화가인 티치아노의 대표작이다. 베네치아 귀족 가문의 결혼을 축하하기 위해 제작되었다는 이 작품은 평화로운 전원 풍경을 배경으로 고대 석관 양 끝에 앉아 있는 두 여인을 묘사하고 있는데 이 두

사람은 비너스라고 풀이된다. 왼쪽의 화려한 옷차림을 하고 있는 여인이 세속의 사랑을 나타내는 비너스이고, 오른쪽의 붉은 천을 걸치고 있는 여인이 신성의 사랑을 나타내는 비너스라고 한다. 붉은 옷을 걸치고 있는 인물은 일반적으로 회화 속에서 신성을 상징하며 나체는 원죄를 입기 전의 순수한 인간을 표현하는 것이라고 한다.

Travel Plus ● 미술관 곳곳에서 빛나고 있는 프레스코화

보르게세 미술관은 작지만 그 속의 전시품들은 매우 알찹니다. 전시된 작품도 훌륭하지만 잠시 고개를 들어 천장을 보세요. 방마다 스토리 있는 천장화들이 관람객들을 내려다보고 있답니다. 그냥 지나치기에 아까운 작품들이니 발 빠르게 움직여 주옥 같은 작품들을 눈에 가득 담아 보세요.

나폴레옹이 만든 멋진 미술관

브레라 미술관

밀라노에서 가장 화려한 지역인 콰트랄레 이북의 조용한 골목길에 자리한 미술관. 원래는 14세기에 지어진 수도원과 성당이 있던 곳으로 예수회가 인수해 이곳에 학교를 설립했다. 예수회 해체 후 건물이 국유화되면서 미술학교와 롬바르디아 인문과학원이 들어섰고 성당을 허물면서 지금의 건물을 짓고 1805년 미술관이 탄생했다. 이때 이탈리아 왕이었던 나폴레옹의 문화정책으로 지금의 미술품이 전시됐으니 그가 만들어 놓은 미술관이라 해도 과언은 아니다. 현재 브레라 미술관은 회화 컬렉션으로는 이탈리아에서 우피치 미술관, 바티칸 미술관과 더불어 훌륭한 미술관 중의 하나로 평가받고 있다.

브레라 미술관은 이탈리아 바로크와 르네상스 시대의 걸작품을 소장하고 있으며 롬바르디아 화파와 베네치아 화파의 그림을 중심으로 15세기 르네상스에서 19세기까지의 회화가 전시되고 있다.

주요 작품으로는 안드레아 만테냐의 「죽은 그리스도 Cristo Morto」와 프란체스코 하예즈의 「입맞춤 Il Baccio」, 라파엘로의 「동정녀의 약혼식 Sposalizio della Vergine」 등이 있다.

INFO.

주소 Via Brera 28 홈페이지 www.pinacotecabrera.org

운영 화~일 08:30~19:15(매월 세 번째 목요일 ~22:15) 휴무 월요일, 1/1, 5/1, 12/25

입장료 €15, 매월 첫째 일요일 무료 오디오 가이드 €5

가는 방법 메트로 2호선 Lanza 하차 후 폰타치오 거리 Via Pontaccio 따라 걷다 브레라 거리 Via Brera에서 우회전, 스칼라 극장에서 베르디 거리 Via Verdi 따라 브레라 거리 Via Brera로 와서 도보 10분 Map p.350-B1

❗ 이 작품은 절대 놓치지 마세요! 프란체스코 하예즈의 「입맞춤」, 안드레아 만테냐의 「죽은 그리스도」

미술관 효율적으로 둘러보는 팁

❶ 미술관 정문으로 들어가면 조용한 중앙 정원이 나온다. 맞은편 계단으로 올라가면 매표소가 있다.

❷ 티켓을 구입하고 먼저 미술관 숍을 돌아보자. 주요 그림들의 엽서들이 제작되어 있어 어떤 그림을 봐야 할지 대충 감을 잡을 수 있다.

❸ 매표소에서 나가면 바로 전시실과 연결된다. 사진 촬영은 엄격히 금지되어 있으니 먼저 로커(무료)에 짐을 넣어놓고 관람을 시작하는 것이 좋다. 커다란 백팩, 가방과 우산도 반입 금지 품목이다.

❹ 그림은 크게 지역별로 구분되어 있으며 다시 시대별, 연대순으로 분류해 전시되어 있다. 전시실 중간에 커다란 유리벽으로 되어 있는 공간이 있는데 그곳에서 그림의 복원 과정도 볼 수 있다.

미술관 내 숍 & 카페

미술관숍은 입구에 위치한다. 미술관 관련 도록은 €8.20~, 엽서는 장당 €1이며, 이탈리아 화가들에 대한 안내서가 마련되어 있다. 미술관 내에 따로 카페나 바 Bar는 없지만 주변은 미술학교 학생을 대상으로 하는 분위기 좋은 카페나 Bar가 즐비한 구역. 몬테 나폴레오네 거리와도 가까워 세련된 분위기의 식당도 있다.

하이라이트 작품

죽은 예수

Cristo Morto(1475~1478)

안드레아 만테냐

15세기 말 북부 이탈리아 회화의 거장으로 파도바 출신이다. 목수의 아들로 태어나 파도바에서 공부하며 당시 그곳에서 활동하던 도나텔로와 파올로 우첼로의 영향을 받았다. 이후 베네치아 화파의 시조인 야코포 벨리니에게서 베네치아 채색법을 배워 이 둘을 적절히 결합함으로써 엄격하나 갑갑하지 않은 자신만의 화풍을 완성했다. 그의 대표작으로는 이곳에 소장되어 있는 「죽은 예수」를 비롯해 「성 세바스티아노」, 「파르나소스」(프랑스 파리 루브르 박물관 소장) 등이 있다.

〈성 세바스티아노〉, 루브르 박물관

작품 설명

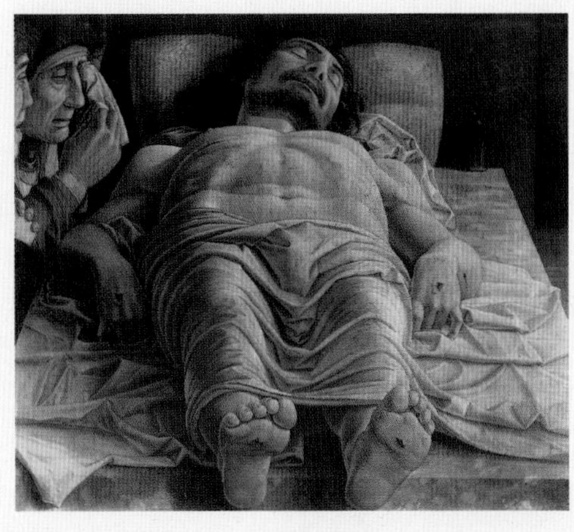

대부분의 예수 그리스도 그림이 누워있는 옆쪽에서 본 모습이라면 이 그림은 발치에서 바라본 구도가 특징이며 그의 대표작 중 하나다. 잿빛이 음울하게 감도는 이 그림은 옆에서 보는 모습보다는 훨씬 더 입체적으로 보인다. 예수 그리스도를 덮고 있는 천의 주름, 시신으로 누워 있는 예수 그리스도의 주름진 표정, 그리고 아들을 바라보며 슬퍼하고 있는 늙은 성모 마리아의 통곡하는 얼굴 등 그림 속에 등장하는 인물과 사물의 표현이 세심하다. 기법과 구도, 색채의 사용 모두 실험적이라고 평가받는 이 작품은 특히, 그림 중앙에 예수 그리스도의 성기 부분이 위치함으로써 (비록 천에 덮여 있더라도) 그러한 평가를 더욱 도드라지게 하고 있다.

이 그림의 운명 또한 화제가 되었다. 만테냐 사후 그의 아들이 빚을 갚기 위해 당시 세도가였던 곤차가 공작에게 팔았고, 120여 년 후 전쟁을 겪으며 잠시 행방이 묘연했다가 어느 날 골동품 시장에서 발견된 것을 화가였던 보시 Bossi의 상속자가 1824년에 브레라 미술관에 기증했다고 한다.

주요 작품

피에로 델라 프란체스카의 「성 모자와 성인 La Vergine con il Bambino e santi」(1472~1474)

페데리코 다 몬테펠트로 공작의 의뢰로 그려진 작품. 그는 우피치 미술관에 소장되어 있는 옆모습 초상화의 주인공이다. 인물들 뒤편 구조물의 색상과 그림자의 대비로 앞 인물들이 강조되고 있으며 천장의 타조알에서 시작되는 마리아와 아기 예수의 자리를 중심으로 대칭된 구도를 갖고 있으나 이 대칭성을 오른편에 무릎 꿇은 채 앉아 있는 공작이 깨고 있다. 학자들은 공작이 죽은 부인의 부활, 또는 영생을 기원하기 위해 이 그림 제작을 의뢰한 것이라고 한다. 그림을 다시 보면, 등장 인물은 마리아의 무릎 위에서 자고 있는 예수 그리스도에게 시선을 맞추고 있고 공작의 시선 역시 그러하다. 성 모자와 예수 그리스도를 중심으로 그들에게 존경을 드러내는 듯하지만 사실은 공작의 부인을 위한 그림이라고 할 수 있는 것이다.

산치오 라파엘로 「마리아의 결혼 Sposalizio della Vergine」(1504)

라파엘로는 스승의 작품 또는 당대 유명 화가의 작품을 응용해 그림을 그린 경우가 많았는데 이 그림도 그 가운데 하나다. 중앙에 사제가 서 있고 왼쪽의 여자가 마리아, 그리고 오른쪽에 반지를 넘겨주는 남자가 요셉이다. 마리아가 아이를 가진 사실을 알고 있는 요셉은 결혼을 파기하려 했으나 천사의 제지로 결혼을 강행했고 그 속마음이 얼굴 표정에 보이는 듯하다.

이 작품은 라파엘로가 20대 초반에 그린 것으로 그의 초기 작품 중 걸작으로 꼽힌다. 스승인 페루지노가 시스티나 성당에 그린 벽화 「베드로에게 열쇠를 넘겨주는 예수 그리스도 Consegna della chiavi」와 유사한 구성이다. 뒷배경 속의 건물은 로마에 위치한 브라만테의 템피에토와 유사한 형태를 보여준다.

카라바조의 「엠마오의 만찬 Cena in Emmaus」(1606)

빛을 사용한 극적 효과에 능했던 바로크 시대 화가 카라바조의 작품. 예수 그리스도가 부활한 후 첫 번째 저녁 식사 장면을 그린 것으로, 차분하고 경건한 분위기다. 디테일을 최대한 절제하고 오로지 중심 인물인 예수 그리스도의 얼굴과 손, 그리고 등장 인물의 일부에만 빛을 비춤으로써 각자 인물의 특징을 잘 살리고 있다. 이 작품의 원작은 런던 국립 미술관에 소장되어 있다. 기회가 된다면 비교해서 보는 것도 좋을 것이다.

루벤스의 「최후의 만찬 Cenacolo」(1632)

플랑드르 바로크 회화의 대가 루벤스가 말리네스 Malines 성당을 위해 만든 거대한 제단화. 루벤스 특유의 여유롭고 풍부한 감정 표현과 정교한 인물들의 묘사가 돋보이는 작품이다. 평온한 표정으로 하늘을 바라보며 마지막 만찬을 이끌어가는 예수 그리스도와 맞은편에 앉아 슬며시 그를 외면하는 유다의 표정이 대비된다.

프란체스코 하예즈의 「입맞춤 Il Baccio」(1859)

롬바르디아 낭만주의를 대표하는 화가 프란체스코 하예즈의 작품으로 매우 포근한 느낌을 준다. 열렬히 키스를 나누고 있는 두 남녀가 주인공이다. 남자는 깃털 장식이 달린 모자와 망토 차림으로 공단 드레스를 입은 여인에게 격정적으로 키스를 하고 있다. 매우 단순한 자세와 구도로 그려진 그림이나 그림 전체에 흐르는 아늑하고 따스한 기운이 관람객들을 사로잡는다.

Italy GALLERY BOOK

프렌즈 이탈리아 미술관 별책

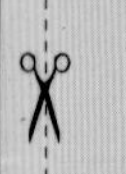

중앙books